集成电路大师级系列

Design of CMOS Phase-Locked Loops

From Circuit Level to Architecture Level

CMOS锁相环设计

从电路到结构

[美] 毕查德·拉扎维 著
（Behzad Razavi）

李成罡 李瑄 王志华 译

机械工业出版社
CHINA MACHINE PRESS

图书在版编目（CIP）数据

CMOS 锁相环设计：从电路到结构 /（美）毕查德·拉扎维（Behzad Razavi）著；李成罡，李瑄，王志华译．北京：机械工业出版社，2025. 1. --（集成电路大师级系列）. -- ISBN 978-7-111-77279-8

Ⅰ. TN432.02

中国国家版本馆 CIP 数据核字第 2025MW3104 号

机械工业出版社（北京市百万庄大街 22 号　邮政编码 100037）

策划编辑：王　颖　　　　责任编辑：王　颖　刘松林

责任校对：杜丹丹　李可意　景　飞　　责任印制：李　昂

河北宝昌佳彩印刷有限公司印刷

2025 年 4 月第 1 版第 1 次印刷

186mm × 240mm · 23.5 印张 · 720 千字

标准书号：ISBN 978-7-111-77279-8

定价：119.00 元

电话服务

客服电话：010-88361066

010-88379833

010-68326294

网络服务

机　工　官　网：www.cmpbook.com

机　工　官　博：weibo.com/cmp1952

金　　书　　网：www.golden-book.com

机工教育服务网：www.cmpedu.com

|The Translator's Words| 译者序

锁相环(Phase-Locked Loop，PLL)是现代电子系统中不可或缺的核心组件，犹如系统的“心脏”，为各种复杂的电路和通信系统提供精确的时钟信号和频率参考源。在高速数字系统中，PLL 像一位精确的指挥家，协调各个模块的工作节奏；在无线通信领域，它则如同一个灵敏的调谐器，精准地产生和跟踪所需的载波频率。随着集成电路技术的不断进步和系统对高性能、低抖动时钟需求的日益增长，PLL 的设计变得越来越具有挑战性和重要性。

本书由著名的模拟集成电路专家 Behzad Razavi 教授撰写，是一本融合理论与实践的 PLL 设计图书。它全面、系统地介绍了从基本概念到高级应用的 PLL 设计技术，涵盖了时钟生成、抖动控制、频率合成、时钟和数据恢复等关键主题，为读者提供了深入理解和掌握这一关键技术的宝贵指南。

尽管市面上已有不少关于 PLL 的书籍，但本书的独特之处在于其系统化的教学方法和对现代 CMOS PLL 设计的全面覆盖。本书采用循序渐进的方式，从最简单的概念出发，逐步深入到实际系统，使读者能够清晰地理解每个组件的必要性、选择标准以及设计中的注意事项。

本书的内容安排充分体现了这一理念。从振荡器基础开始，逐步深入到抖动和相位噪声的分析，再到各种振荡器的设计细节。随后，书中详细讨论了锁相环的基本架构、设计考虑因素，以及完整的设计案例。在此基础上，本书还探讨了数字锁相环、延迟锁相环、射频频率综合器等高级主题，最后以时钟和数据恢复技术以及分频器设计作为收尾，构成了完整的 PLL 设计知识体系。特别值得一提的是，本书广泛使用问题启发的方式来讲解设计思路，突出设计难点，并将理论与实践紧密结合。

为了让国内的集成电路设计者和研究人员能够更方便地学习这本优秀著作，我们组织了本书的翻译工作。在翻译过程中，我们力求准确传达原著的技术内容，同时也注重语言的通顺性和专业术语的规范使用。

李成罡翻译了第 1~6 章和第 15 章，李瑄翻译了第 7~14 章。黎体民对第 7~8 章和第 12~14 章的翻译提供了帮助，简芸琦对第 9 章和第 15 章的翻译提供了帮助，冯礼群、王喆隆和何以凡对第 10 章、第 11 章和第 13 章的翻译提供了帮助。译者对译稿进行了交叉校阅。清华大学的王志华教授对全文进行了校阅。简芸琦来自电子科技大学，其他来自清华大学。

作为一本涉及复杂技术的专业著作，译本中难免存在不足之处。我们诚挚地欢迎读者提出宝贵意见，以便在后续版本中不断完善。

最后，希望本书能够为国内从事 PLL 设计的工程师、研究人员以及相关专业的学生提供有价值的参考和指导。让我们在学习的过程中体验求知的乐趣，培养探索的精神，共同推动中国集成电路设计技术的发展。

译者

2024 年 9 月

前言 | Preface |

如果通过网络搜索，读者可以很快找到有关锁相环设计的书籍，那么为什么还需要本书呢？本书基于电路级到结构级的改进，条理清晰且系统地讲解了广泛应用的现代 CMOS 锁相环的相关知识，以使读者逐步认识和了解锁相环。

本书基于作者 30 年相关课程的教学经验以及行业的最新发展趋势，内容涉及振荡器、相位噪声、模拟锁相环、数字锁相环、射频频率综合器、延迟锁相环、时钟和数据恢复电路以及分频器。目标是在保持知识连贯性的基础上，为更多的读者提供帮助。

本书从最简单的 CMOS 锁相环结构开始讲解它的工作原理及优缺点，然后再讲解如何通过添加一些组件来提高其性能。这种方法能够使读者清楚地认识到一个基本的 CMOS 锁相环结构是如何演变为一个复杂系统的。本书在奠定了相关理论基础之后，逐步介绍了设计流程和如何进行电路设计。

并非所有的设计尝试都会成功。在本书中，读者可以清楚地看到一些设计决策是如何导致失败的，以及我们是怎样修改这些决策来达成一个新的且更实际的解决方案的。这种探索不仅使学习过程更加令人兴奋，而且有助于读者了解为什么某些组件是必需的，是哪些条件决定了其选择，而哪些是不该做的。

本书广泛使用仿真来讲授电路设计的理论研究与实践之间的一致性。对于每个设计，本书都通过基础理论分析来选择某些器件参数并预测性能，然后再对电路进行仿真。如果仿真结果与预测结果不一致，那么我们将深入研究细节并确定原因。本书还将不同领域的广泛知识归于一处，将一个领域(例如无线技术)的概念转变为另一个领域(例如有线通信)的概念。

Behzad Razavi

Acknowledgments 致谢

非常乐于向本书的贡献者表示感谢。首先是下列审稿人。

Morteza Alavi，代尔夫特理工大学
Tejasvi Anand，俄勒冈州立大学
Pietro Andreani，隆德大学
Baktash Behmanesh，隆德大学
Amir Bozorg，都柏林大学
Farhad Bozorgi，帕维亚大学
Francesco Brandonisio，英飞凌
Brian Buell，IDT 公司
Wei Sung Chang，联发科技
Chienwen Chen，瑞昱
Nick Young Chen，澳门大学
Peng Chen，都柏林大学
Yung-Tai Chen，瑞昱
Dmytro Cherniak，英飞凌
Murat Demirkan，亚德诺半导体
Jianglin Du，都柏林大学
Alper Eken，亚德诺半导体
Eythan Familier，迈凌
Zhong Gao，都柏林大学
Werner Grollitsch，英飞凌
Jane Gu，加州大学戴维斯分校
Ehsan Hadizadeh，不列颠哥伦比亚大学
Zhiqiang Hang，三星
Shilei Hao，高通
Aravind Heragu，Semitech 公司
Cheng Ru Ho，南加州大学
Ali Homayoun，Movandi 公司
Kenny Hsieh，台积电
Chien Hsueh，加州大学圣地亚哥分校
Yizhe Hu，都柏林大学
Rulin Huang，加州大学洛杉矶分校
Zue-Der Huang，瑞昱
Jeongho Hwang，首尔大学
Milad Kalantari，香港科技大学
Nader Kalantari，ArianRF 公司
Sivash Kananian，斯坦福大学
Alireza Karimi，加州大学欧文分校
Ting-Kuei Kuan，台积电
Guansheng Li，博通
Bangan Liu，东京工业大学
Hanli Liu，东京工业大学
Lorenzo Lotti，加州大学伯克利分校
Enrico Mammei，意法半导体
Abishek Manian，德州仪器
Dennis Andrade Miceli，都柏林大学
Aravind Narayanan，爱立信
Reza Nikandish，都柏林大学
Ali Nikoofard，加州大学圣地亚哥分校
Minh Hieu Nguyen，都柏林大学
Viet Nguyen，都柏林大学
Fabio Padovan，英飞凌
Kwanseo Park，首尔大学
Fabio Quadrelli，英飞凌
Ehsan Rahimi，帕维亚大学
Wahid Rahman，Alphawave 公司
Negar Reiskarimian，麻省理工学院
Sujiang Rong，TransaSemi 公司
Jhoan Salinas，多伦多大学
Saurabh Saxena，印度理工学院马德拉斯分校
Mohamed Shehata，都柏林大学
Fei Song，Ubilinx 公司
Mrunmay Talegaonkar，Inphi 公司

Bortecene Terlemez，IDT 公司
Howie Tu，瑞昱
Eric Vandel，Semitch 公司
Marco Vigilante，高通
Haisong Wang，Semitech 公司
Zisong Wang，加州大学欧文分校
Zhongzheng Wang，都柏林大学
Ying Wu，代尔夫特理工大学
Kai Xu，都柏林大学
Yu-Che Yang，瑞昱
Sheng Ye，迈凌
Jun Yin，澳门大学
Hongyang Zhang，帕维亚大学
Yan Zhang，加州大学洛杉矶分校

在这里要特别感谢 Pietro Andreani，他几乎审阅了整本书的内容。此外，Pavan Hanumolu、Long Kong 和 Bogdan Staszewski 友善地解答了许多问题，并帮助丰富了本书的内容。

还要感谢剑桥大学出版社的工作人员，在他们的支持下本书得以出版，特别感谢 Elizabeth Horne、Charles Howell 和 Beverley Lawrence。

我的妻子 Angelina 负责了整本书的打字工作，非常感谢她。

Behzad Razavi

Contents 目录

振荡器基础

锁相环电路的核心是振荡器，它对锁相环的性能起着至关重要的作用。因此，本书用了 5 章的篇幅专门讲解振荡器的设计。本章和第 2 章旨在讲解振荡器基础知识，第 3~6 章将深入研究高性能锁相环的设计。本章从振荡系统的基本组成开始，研究负反馈系统如何振荡，接着将扩展到环形振荡器、*LC* 振荡器和压控振荡器。

1.1 振荡系统的基本组成

如果我们从某个角度释放钟摆，那么它会摆动一段时间并逐渐停止。“振荡”开始是因为当钟摆到达其垂直位置时，原始的势能转变为动能（见图 1-1），而这又将驱使钟摆继续摆动到另一个最大的角度（位置 3），这时动能又转变为势能。振荡停止是因为转轴上的摩擦和空气阻力会在每个振荡周期中将钟摆的一部分动能和势能转化为热能。

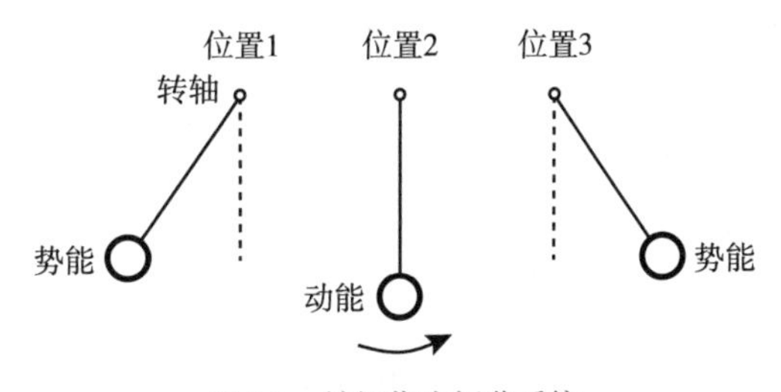

图 1-1 钟摆作为振荡系统

为了维持钟摆的振荡，我们可以从外部为钟摆提供额外的能量，用以补偿由转轴和空气引入的能量损耗。例如，如果我们每次在钟摆回到位置 1 时轻轻地推动它，那么它就会持续摆动。如果推力太弱，即补偿不足，则振荡依旧会终止；如果推力太大，即补偿过度，则振荡的摆幅将在下一周期增大。同时，我们还注意到，振荡周期与摆幅无关⊖。

从上述钟摆机械装置的示例可得出振荡系统的基本组成：①初始“不平衡”，例如初始条件或者能量（通过将钟摆置于位置 1 来提供）；②一种能量转换为另一种能量的机制，并允许反复转换；③维持机制，用于补偿由于系统存在不可避免的缺陷而损失的能量。并非所有的振荡器电路都包含上述组成，但是牢记这些基本组成是有用的。

例 1-1 利用“无损”钟摆重复上述实验。

解：如果从某个角度释放，这种“无损”钟摆会无限期振荡。现在，如果每次在钟摆到达左端时都推动一下，那么由于在每个周期里向系统中注入了额外的能量，摆幅会持续增大。值得注意的是，如果我们用钟摆自然振荡频率不同的频率来推动，这种无限的增大就不会发生。

从上面的示例可得出：如果系统的振荡发生在频率 ω_0 处，那么当在频率 ω_0 处注入外部能量时，这个系统就会有越来越大的振荡输出。从另外的角度看，这样的系统会无限地放大频率 ω_0 处的周期性能量输入。

⊖ 仅适用于钟摆以小幅度振荡的情况。

1.2 振荡反馈系统

由基本的模拟电路设计原理可知，负反馈系统也可能变得不稳定。我们可以利用这一性质来构建振荡器。

我们首先研究在频域的振荡。在图1-2a的简单反馈系统中，加法器输入的负号表示低频负反馈。图1-2b描述的是一个实例，它在响应低频正弦输入时，用作单位增益缓冲器。需要注意的是，运算放大器在低频时的相移可忽略不计。

下面来看看图1-2a或b是如何实现振荡的。图1-2a的闭环传递函数为

$$\frac{Y(s)}{X(s)}=\frac{H(s)}{1+H(s)} \tag{1-1}$$

我们观察到，当s取特定值使得$H(s)=-1$时，式(1-1)的分母为零。如果$X(s)$是正弦信号，那么当$s=j\omega_0$时有$H(j\omega_0)=-1$。此时，对于开环频率响应，它在ω_0处对应单位幅度和180°相移(见图1-2c)。因为$(Y/X)(j\omega_0)\to\pm\infty$，所以可得出该系统对输入的正弦信号提供了无穷大增益的结论。正如前一节所述，这种情况预示着振荡环路的产生。

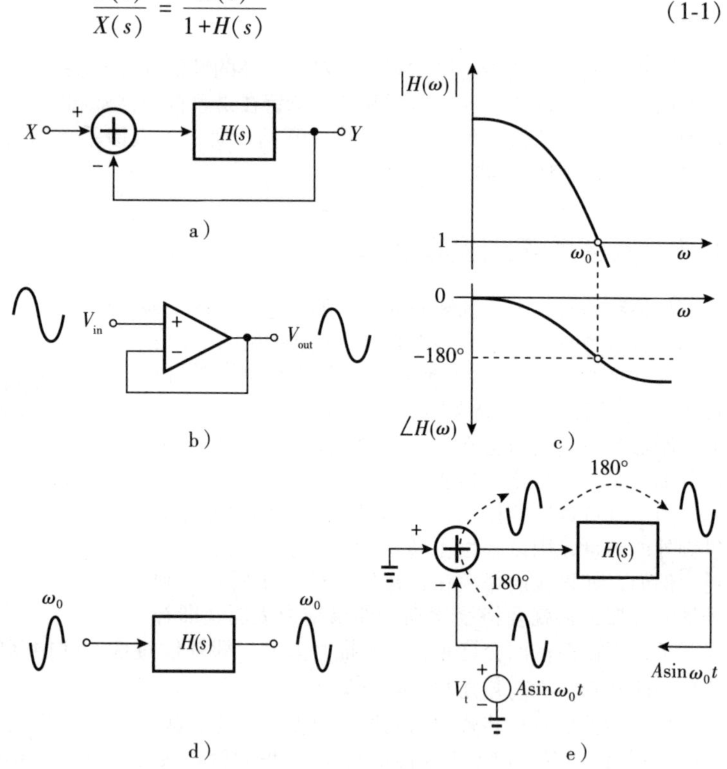

图1-2 a)简单反馈系统；b)运算放大器实现反馈系统；c)相位裕度为零的开环频率响应；d)ω_0频率信号反相；e)ω_0频率正弦信号的环路传播

我们更仔细地研究条件$H(j\omega_0)=-1$：这种相等关系意味着$H(s)$的输入在该频率下反相(见图1-2d)。也就是说，$H(s)$在ω_0处有很大的相移(或延迟)，使得整体反馈变为正。这可以通过将主输入X设为零，断开环路，并施加与该频率相同的外部激励后沿着环路来分析得到(见图1-2e)。返回信号与测试电压V_t的相位相同。我们说该环路包括了一个由负反馈带来的180°直流相移(与频率无关)和另一个由$H(s)$带来的180°频率相关的相移。这两个相移一定不能相互混淆。

在ω_0处的360°总相移意味着信号沿着环路循环返回后会增强自身。这种现象会导致幅度增大，因为返回的信号至少与起始信号一样大，$|H(j\omega_0)|=1$正说明了这一点。因此，我们将振荡的条件总结如下：

$$|H(j\omega_0)|=1 \tag{1-2}$$

$$\angle H(j\omega_0)=180° \tag{1-3}$$

这也被称为巴克豪森(Barkhausen)准则。我们也将$H(j\omega_0)=-1$称为启动条件。需要注意到，$H(j\omega)$通常在$\omega\neq\omega_0$处具有复数值，仅在ω_0处变为实数。

也可以在时域研究振荡的建立过程。我们从图 1-3a 开始分析，注意到当 $H(j\omega_0)=-1$ 时，输出和输入相等，但是发生了 180°相移。如果是图 1-3b 中的闭环情况，那么输入减去输出会在 A 处产生更大摆幅的信号。该信号接下来再次反相，输入减去该反相输出，将使得 A 处的摆幅无限增大(见图 1-3c)。

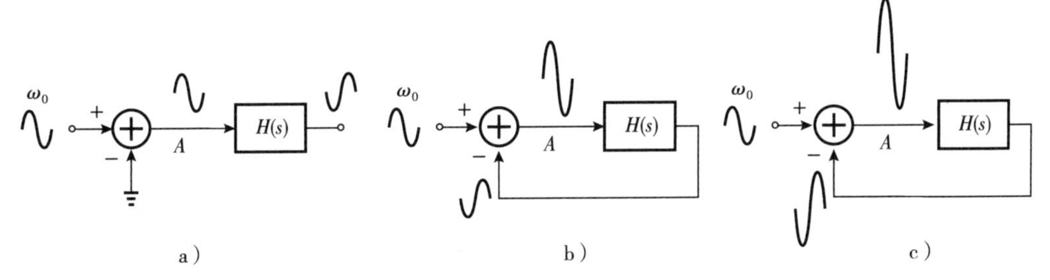

图 1-3 正弦输入沿环路随时间的变化

总结起来，如果负反馈系统的环路增益在有限的频率 ω_0 处达到-1，则它可响应正弦输入而产生持续增大的周期性输出。但是如果我们不加输入，这样的系统可以振荡吗？答案是可以的，环路内元件的宽带噪声在 ω_0 附近表现出有限的能量，产生了一个很小的分量，该分量在环路内循环并引起振荡。例如，图 1-4 所示的系统中有一个噪声源 V_n，它作为 $H(s)$ 的输入得到的输出为

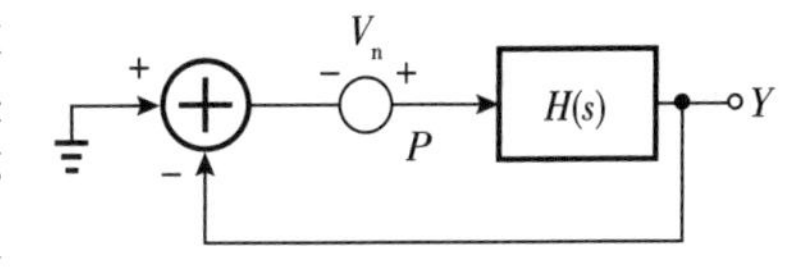

图 1-4 噪声注入闭环系统的影响

$$Y=V_n\frac{H(s)}{1+H(s)} \tag{1-4}$$

因此，在 $s=j\omega_0$ 处获得无限增益。也就是说，即使 V_n 在 ω_0 处无穷小，Y 也可以产生有限摆幅。

前面的分析表明，为了测试振荡，我们可以在任意点注入正弦输入并观察任意点的响应，只要两个点都在环路内即可[⊖]。例如，在图 1-4 中，V_n 可以放在 $H(s)$ 的输出处，此时观测点可以变为 P 而不是 Y。同样地，注入点和观测点可以是相同的，这也是找到某些电路振荡条件的一种方法。通过将 ω_0 频率处的电流注入环路的某个节点，然后检测该节点处的电压，我们可以计算出该点的阻抗。如果电压和由此得到的阻抗在 ω_0 处为无穷大，那么电路就产生振荡，如图 1-5 所示。这一点将在 1.5.3 节再次讨论。

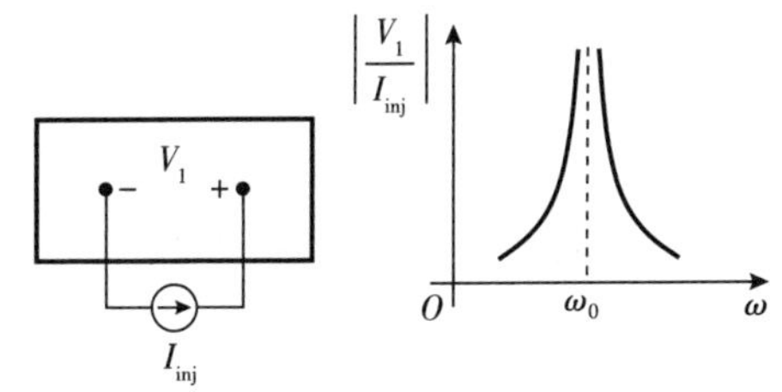

图 1-5 振荡电路中的无限大端口阻抗

1.3 深入理解

分析方法 在分析振荡器时，我们首先要明确如何选择元件参数和偏置条件才能保证振荡。我们先前的研究指出了三种使用电路小信号模型的方法：

1)断开环路并强制启动条件 $H(j\omega_0)=-1$，从而获得电路的设计要求。

2)与理想钟摆的例子类似，以初始条件启动闭环电路并确定振荡的设计参数。初始条件可以通过向环路内的节点注入脉冲电流或在电容器上施加有限的电压来创建。

3)将正弦电流注入闭环电路的某个节点，并计算使该节点处的阻抗达到无穷大的所需条件。这个方法并不通用，但仍然是有帮助的。

⊖ 如果从注入点到输出的传递函数不为零，则认为注入点在环路内。

当给定振荡器的拓扑结构后，就容易确定适用的分析方法。

例 1-2 如图 1-6a 所示，一个共源级电路置于反馈环路中，该电路可以振荡吗？忽略其他寄生电容和沟道长度调制效应。

解： 为了与图 1-2a 中的框图保持一致，考虑到低频时共源级电路的信号从栅极到漏极有一个反相（对应 180°的直流相移），我们可以用 $-H(s)$ 来表示虚线框中的电路（为什么？）。采用第一种分析方法，有

$$H(s)=g_m\left(R_D \| \frac{1}{C_L s}\right) \tag{1-5}$$

$$=g_m \frac{R_D}{R_D C_L s+1} \tag{1-6}$$

由于该电路只含有一个极点，$H(s)$ 可以提供 $-90°$ 的最大相移（在频率无穷大处），导致不满足 $H(j\omega_0)=-1$。因此，该环路不能振荡。

我们采用第二种方法来分析，给电容 C_L 施加初始状态。由于 M_1 作为二极管连接的器件工作，因此电路的小信号模型简化为图 1-6b 所示，这表明 C_L 仅通过 $R_D \| g_m^{-1}$ 放电，并不会发生振荡。同样地，采用第三种方法分析得到从输出节点看到的阻抗为 $R_D \| g_m^{-1} \| (C_L s)^{-1}$，这表示在任何 $s=j\omega$ 处都不能使阻抗达到无穷大。

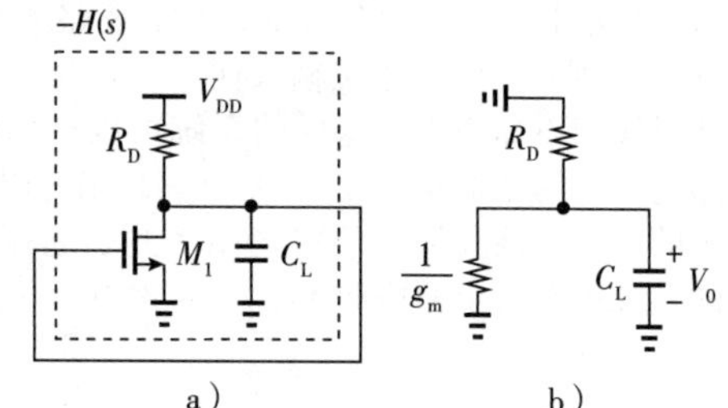

图 1-6 a）含共源级的反馈；b）等效电路

例 1-3 前面的示例中研究的共源级不能产生足够的相移来激发振荡。图 1-7a 以延迟线的形式在环路中插入了额外的延迟。这样的话，漏极的电压变化需要 ΔT（秒）后才能到达栅极。试确定启动条件和振荡频率。忽略所有的电容和沟道长度调制效应。

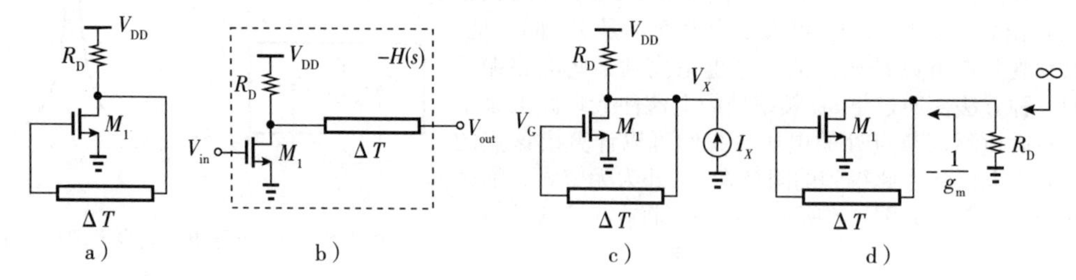

图 1-7 a）含反馈延迟线的共源级；b）开环系统；c）某节点的阻抗计算；d）ω_0 处无穷大阻抗说明

解： 我们采用第一种分析方法，按照如图 1-7b 所示将环路断开，得到开环传递函数如下：

$$H(s)=-\frac{V_{out}}{V_{in}} \tag{1-7}$$

$$=g_m R_D e^{-s\Delta T} \tag{1-8}$$

（理想延迟线的传递函数等于 $e^{-s\Delta T}$）。需要满足的启动条件是 $H(j\omega_0)=-1$，也就是 $g_m R_D \exp(-j\omega_0\Delta T)=-1$。根据 $|H(j\omega_0)|=1$ 和 $\angle H(j\omega_0)=180°$，得到

$$g_m R_D=1 \tag{1-9}$$

$$\omega_0 \Delta T=\pi \tag{1-10}$$

式（1-9）表示启动条件，第二个公式可以写为

$$f_0 = \frac{1}{2\Delta T} \tag{1-11}$$

式中，$f_0=\omega_0/(2\pi)$。因此，电路以 $2\Delta T$ 的周期振荡。需要注意的是，延迟线在 ω_0 处引入了 180°的相移。

我们也可以采用第三种分析方法，比如计算在输出节点上看到的闭环阻抗。从图 1-7c 分析得到，晶体管的栅极电压 $V_G=V_X\exp(-s\Delta T)$，因此小信号漏端电流为 $g_m V_X\exp(-s\Delta T)$。在输出节点利用基尔霍夫电流定律可以得到

$$\frac{V_X}{R_D}+g_m V_X e^{-s\Delta T}=I_X \tag{1-12}$$

进一步，

$$\frac{V_X}{I_X}=\frac{R_D}{1+g_m R_D e^{-s\Delta T}} \tag{1-13}$$

从中我们观察到，如果启动条件 $g_m R_D=1$ 被满足，那么当 $s=j\omega_0=j2\pi/(2\Delta T)$ 时，式(1-13)分母为零。同样，读者可以尝试用第二种方法来分析。

为了更好地理解，我们来计算不包括 R_D 的电路输出阻抗。如果式(1-13)中 $R_D=\infty$，则有

$$\frac{V_X}{I_X}=\frac{1}{g_m e^{-s\Delta T}} \tag{1-14}$$

当 $s=j\omega_0$ 时，上式简化为 $V_X/I_X=-1/g_m$。有趣的是，包含 M_1 和 ΔT 的环路呈负阻状态，如果 $g_m R_D=1$，则可以消除由于 R_D 引入的“损耗”(见图 1-7d)。

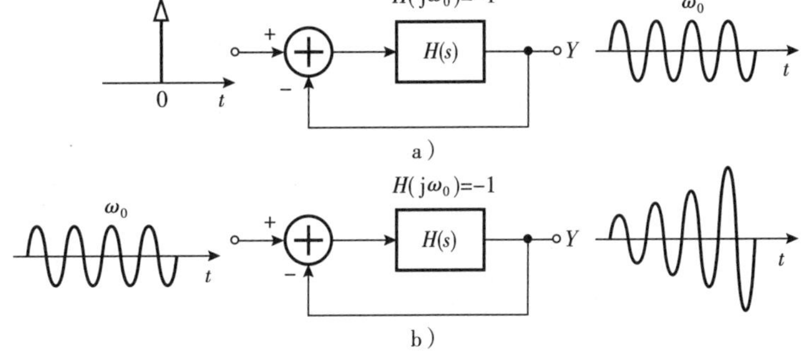

图 1-8 振荡系统对 a)脉冲和 b)ω_0 处的正弦激励的响应

振荡增长 重要的是区分两种情况：$H(j\omega_0)=-1$ 与环路被激励。作为对初始状态(或脉冲)的响应，电路以恒定的幅度振荡(见图 1-8a)，就和之前章节中理想的钟摆一样。另外，当 ω_0 处有正弦激励时，振荡幅度会持续增大(见图 1-8b)，除非有其他机制(例如非线性)来阻止增大。

重审启动条件 条件 $H(j\omega_0)=-1$ 使反馈环路处于振荡的边缘，如果工艺、电压和温度(PVT)的变化导致环路增益有所下降，那么振荡过程就无法保持。此外，该条件不允许大信号振荡：如果振荡幅度增大到使电路变为非线性的，则环路增益可能会降到 1 以下，从而违背了启动条件。下面的示例说明了这一点。

例 1-4 图 1-9 是例 1-3 中研究的振荡器的差分实现。如果 $g_m R_D=1$，说明为什么振荡幅度仍然很小。

解： 该电路的工作方式是 V_X 和 V_Y 以差分方式摆动，V_A 和 V_B 也是这样。如果 V_A 和 V_B 的摆幅较小，则差分对将通过单位电压增益来维持振荡。该电路不能大摆幅工作，因为增益将在 V_A 和 V_B 的峰值处降低到小于 1 的水平。

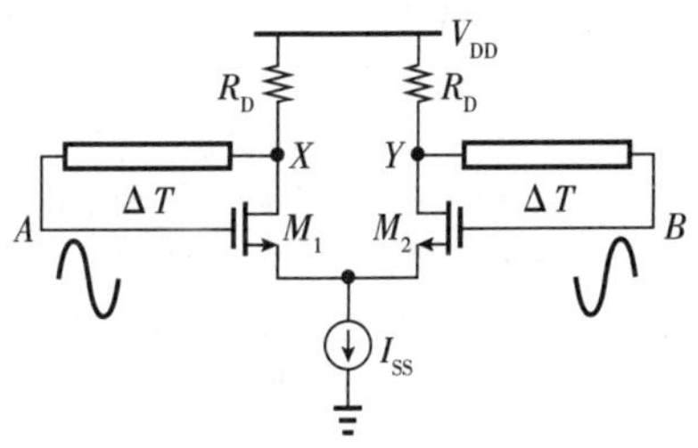

图 1-9 含反馈延迟线的差分对

由于上述两个原因，即非线性导致的增益下降和 PVT 变化，

通常将振荡器设计为 $|H(j\omega_0)|>1$ 且 $\angle H(j\omega_0)=180°$。

例1-5 重新设计图1-9中的差分振荡器，使其具有足够大的电压摆幅，以确保 I_{SS} 可以完全流向左边或者右边。确定小信号的环路增益。

解： 假设四个节点的峰-峰值摆动为 V_0。对于 M_1 或者 M_2 完全流过 I_{SS}，有 $|V_A-V_B|_{max}=V_0=\sqrt{2}(V_{GS}-V_{TH})$[1]，其中，$V_{GS}-V_{TH}$ 表示晶体管在平衡状态下的过驱动电压(当 $V_A=V_B$ 时)。随着差分对的完全切换，有 $|V_X-V_Y|_{max}=I_{SS}R_D=|V_A-V_B|_{max}$。它遵循

$$\sqrt{2}(V_{GS}-V_{TH})=I_{SS}R_D \tag{1-15}$$

所以，

$$g_mR_D=\sqrt{2} \tag{1-16}$$

因为平衡状态下 $g_m=I_{SS}/(V_{GS}-V_{TH})(I_{D1}=I_{D2}=I_{SS}/2)$。

在图1-10a中，$|H(j\omega_0)|>1$ 且 $\angle H(j\omega_0)=180°$，此时我们面临一个有趣的难题。例如，当 $H(j\omega_0)=-2$ 时，闭环增益为 $H(j\omega_0)/[1+H(j\omega_0)]=+2$，并不是无穷大。那么这个电路是如何振荡的呢？该结果表明，环路并不在 ω_0 处振荡，而是电路可以找到另一个值 s，使得 $H(s)/[1+H(s)]\to\infty$，即 $H(s_1)=-1$，其中 $s_1=\sigma_1+j\omega_1$ 且 $\sigma_1>0$。我们在1.7节中研究了这种情况，但在这里应该指出，即使对于图1-10b中的脉冲输入，这样的 s 值也会导致正弦曲线的增长，这样的结果和图1-8a所示的情况形成对比[在1.7节中，条件 $|H(j\omega_0)|>1$ 并不总能保证起振，但足以满足典型振荡器的需求]。

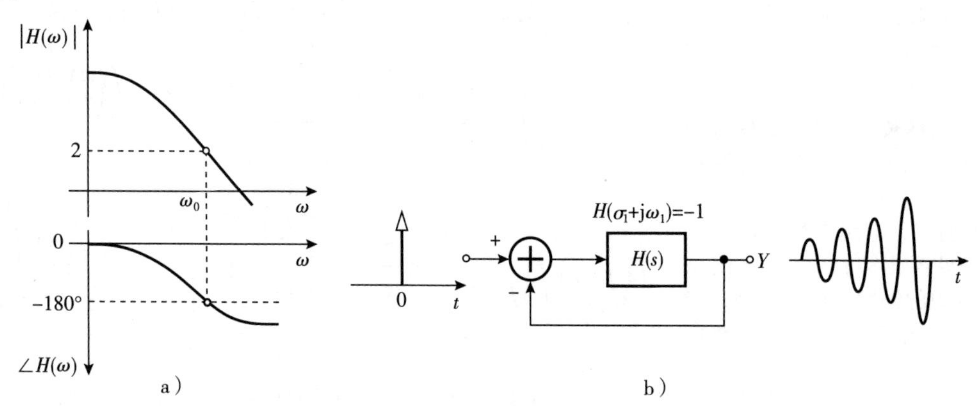

图1-10 a) ω_0 处增益大于1的开环响应；b)闭环系统的脉冲响应

在 $|H(j\omega_0)|>1$ 且 $\angle H(j\omega_0)=180°$ 的情况下，节点阻抗也必须重新考虑。例如，当式(1-13)中有 $g_mR_D>1$ 时，在 $s=j\omega_0$，$|V_X/I_X|$ 是实数且为负(为什么?)。特别是，图1-7d的输出电阻现在比 $-R_D$ "强"，在消除 R_D 之后会留下残余的负分量且该分量使振荡幅度增大。

直流下的正反馈 我们已经知道在有限频率 ω_0 上的正反馈会引起振荡。但是，如果在直流(低频)上也有正反馈，会发生什么呢？例如，如果我们将两个共源级电路级联来获得更大的相移，如图1-11所示，在直流下该反馈为正。如果低频的环路增益大于1，那么电路就会锁定。比如，当 V_X 发生向上的扰动而导致 V_Y 发生了更大的向下的变化。这种变化反过来会导致 V_X 进一步变大。我们说电路"再生"直到 V_X 达到 V_{DD} 并且 V_Y 下降到一个低值，关断 M_1。该电路实际上被用作存储单元。

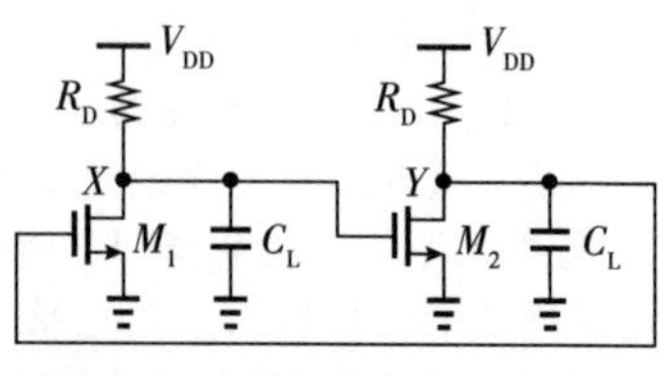

图1-11 反馈环路中两个共源级的级联

为了避免发生锁定，我们设计振荡器时，使其在直流时的反馈为

负，或者如果为正，则环路增益要远小于 1。

振荡器拓扑结构　这些年来，已经引入了许多振荡器拓扑结构，例如“相移”“维恩桥”“松弛”“多谐振荡器”“环形”和 *LC* 振荡器。在本书中，我们主要讨论最后两种，因为它们是集成电路设计中最常用的。

1.4　基本环形振荡器

环形振荡器因其设计灵活和调谐范围宽而广泛用于锁相系统。本节为这些振荡器奠定了基础，第 3 章和第 4 章将介绍高级环形振荡器的设计。

我们已经看到，单个共源级无法提供足够的相移来满足 $\angle H(j\omega_0)=-180°$。即使环路中包含了两个共源级也无法实现振荡，因为只有当 $\omega=\infty$时，$\angle H(j\omega_0)$才能达到$-180°$。因此，我们推测一个包含三级共源级环路可以同时满足 $\angle H(j\omega_0)=-180°$和 $|H(j\omega_0)|=1$，如图 1-12a 所示。这个简单的环形振荡器在低频处有负反馈，可以通过假设每一级都相同来进行分析。在虚线框中的电路称为$-H(s)$来对应图 1-2a 所示的负反馈系统。我们可以写出

$$-H(s)=\left[-g_m\left(R_D\parallel\frac{1}{C_Ls}\right)\right]^3 \tag{1-17}$$

式中忽略沟道长度调制效应和其他电容。接着有

$$H(j\omega)=\frac{g_m^3R_D^3}{(R_DC_Lj\omega+1)^3} \tag{1-18}$$

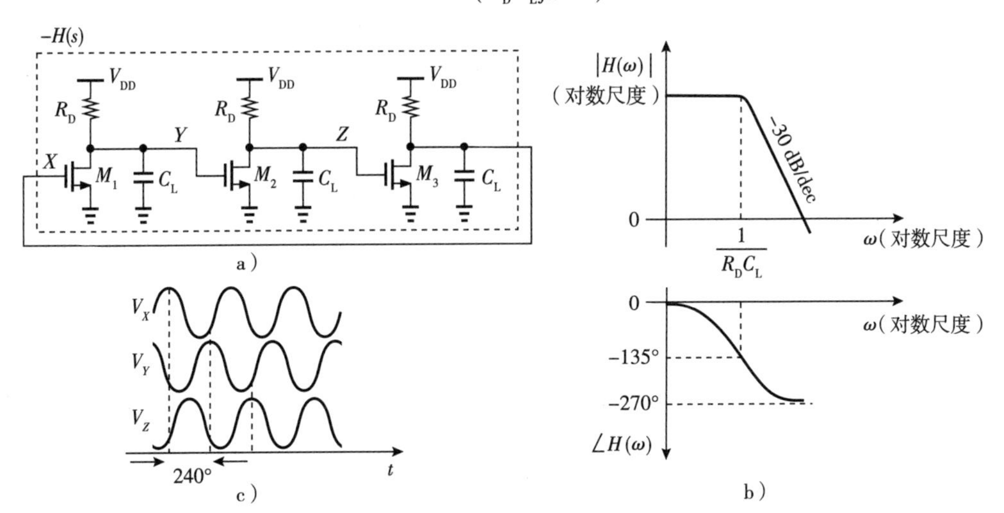

图 1-12　a）三级共源级构成的反馈环路；b）环路特性；c）节点波形

图 1-12b 展示了幅度和相位特性。对于 $|H(j\omega_0)|=1$，我们有

$$\left(\frac{g_mR_D}{\sqrt{R_D^2C_L^2\omega_0^2+1}}\right)^3=1 \tag{1-19}$$

因此，

$$\omega_0=\frac{\sqrt{g_m^2R_D^2-1}}{R_DC_L} \tag{1-20}$$

同样，对于$\angle H(\mathrm{j}\omega_0)=-180°$有

$$\arctan(R_D C_L \omega_0)=60° \tag{1-21}$$

即

$$\omega_0=\frac{\sqrt{3}}{R_D C_L} \tag{1-22}$$

有趣的是，由式(1-20)和式(1-22)可以得到

$$g_m R_D = 2 \tag{1-23}$$

换句话说，每一级必须提供等于2的低频增益来保证振荡。

上述振荡器的一些特性值得注意。首先，每一级都会产生由输出极点带来的60°相移和共源放大器低频反相带来的180°相移。因此，在图1-12a中，X、Y和Z节点的波形间存在240°的相位差(见图1-12c)。其次，C_L可以以合理的精度表示所有的晶体管电容。例如，在Y节点，C_L包含了C_{GS2}、C_{DB1}和C_{GD2}的米勒电容。由于图1-12c中的波形表明在三个节点有着相同的电压摆幅，我们可以假定从节点Y到节点Z有一个值为-1的大信号电压增益，得到米勒电容为$C_{mill}=[1-(-1)]C_{GD2}=2C_{GD2}$。

例1-6 一个类似于图1-12a的环形振荡器包含了N个相同的共源级，其中N是奇数。确定启动条件和振荡频率。

解： 奇数级表示环路在低频时会提供负反馈，因此每级必须产生$-180°/N$的相移才可以保证振荡，即

$$-\frac{180°}{N}=-\arctan(R_D C_L \omega_0) \tag{1-24}$$

从而得到

$$\omega_0=\frac{1}{R_D C_L}\tan\frac{180°}{N} \tag{1-25}$$

随着N的增加，ω_0会逐渐减小，因为每一级必须建立更小的相移。为了保证在该频率上的单位环路增益，我们必须有

$$\left|g_m\left(R_D \parallel \frac{1}{C_L \mathrm{j}\omega_0}\right)\right|=1 \tag{1-26}$$

得到

$$g_m R_D=\sqrt{\tan^2\frac{180°}{N}+1} \tag{1-27}$$

随着N的增加，所需的每一级的低频增益逐渐减小。

振荡幅度 如前所述，在ω_0处的单位环路增益仅产生较小的振荡幅度。实际中，图1-12a的三级环路必须产生接近轨到轨的摆幅，这要求每级的小信号低频增益都大于2。我们鼓励读者证明，当$g_m R_D>2$时，电路的闭环极点位于右半平面。

我们可以通过假设每一级都是相同的，因此三个节点有着相同的初始电压，来对振荡启动条件进行可视化。如图1-13所示，在小扰动(比如器件的噪声)的刺激下，电路开始振荡并且幅度逐渐增加。增加会一直持续，直到每一级的非线性导致增益下降并维持在峰值附近。我们说“平均”环路增益由于非线性而下降到单位增益。

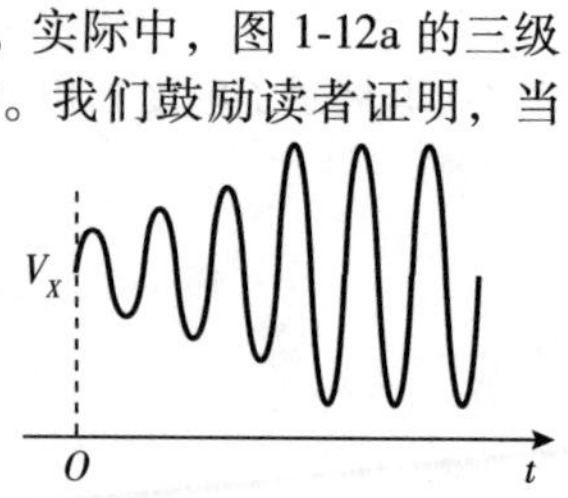

图1-13 V_X的初始增长

例 1-7 式(1-20)表明 ω_0 是 g_m 的函数，然而式(1-22)并不是这样。试解释其矛盾。

解： 因为式(1-22)是从相移准则得到的，它甚至适用于大信号。毕竟，每一级的相移必须为 60°，不论摆幅是大还是小。另外，当环路进入大信号状态时，式(1-20)开始失去其有效性。因此，两式的适用情况不同[⊖]。

我们认识到，如果 $|H(j\omega_0)|>1$，振荡幅度由电路的非线性来决定，否则幅度就会无限增长。图 1-12a 中电路的振荡幅度的计算是比较困难的，因为额外的 60°相移要求将共源级视为非线性的动态系统。幸运的是，实践中使用的振荡器拓扑提供了明确定义的电压摆幅，在后面的章节中会提及。

理想波形 我们已经知道，当 $|H(j\omega_0)|=1$ 时，环形振荡器的波形接近于正弦曲线；当 $|H(j\omega_0)|$ 远远大于 1 时，波形开始类似于方波。我们接着会问振荡器的理想波形应该是什么。大多数应用都希望采用陡峭的过渡，以确保振荡器驱动的器件能够快速开启和关闭。例如，检测振荡器输出的射频(RF)混频器在振荡输出波形更为陡峭时会产生更小的噪声。因此，如果可能的话，我们希望将波形设计为方波。

反相器组成的环形振荡器

环形振荡器的一种常见实现方式是采用 CMOS 反相器(而不是电阻作为负载的共源放大器)作为增益级。图 1-14a 所示为一个示例。如果电路的起始状态满足 $V_X=V_Y=V_Z$，则每一级将建立 $-(g_{mN}+g_{mP})(r_{ON}\|r_{OP})$ 的小信号电压增益，通常大于 2。器件的噪声会导致再生，直到振荡幅度达到轨到轨电压摆幅为止。注意，直流负反馈可以防止闩锁。

如果加电时环路的某个节点是从零开始的呢？例如，如果 $V_X=0$，那么 $V_Y=V_{DD}$ 且 $V_Z=0$，第三级反相器又将 V_X 提升至 V_{DD}。换句话说，$V_X=0$ 并不是稳定状态。图 1-14b 描绘了该电路的节点波形，揭示了在反相器延时 T_D 后，一个节点上的过渡会导致下一个节点上的过渡。因此，总的振荡周期为 $6T_D$。

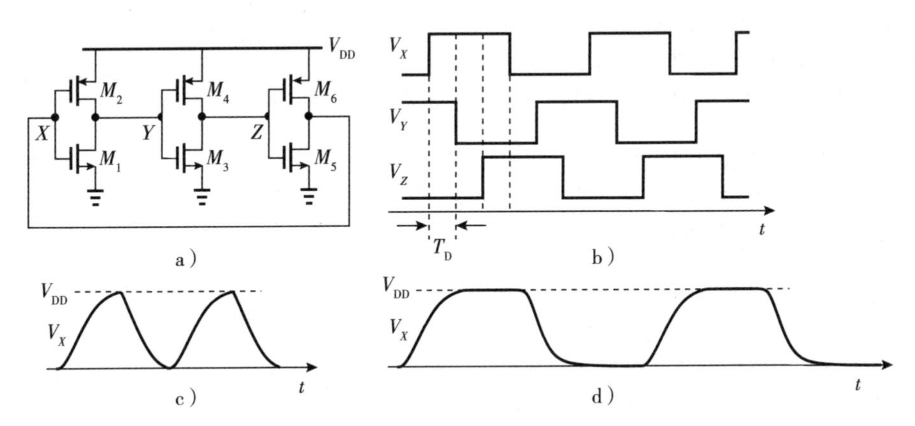

图 1-14 a)三级反相器组成的环形振荡器；b)节点波形；c)实际的信号形状；d)五级环形振荡器的信号形状

读者可能想知道，通过小信号和大信号分析获得的振荡频率是否相等。对于图 1-14a 中的三级环形振荡器，之前的分析和式(1-22)给出 $\omega_0=2\pi f_0=\sqrt{3}/[(r_{ON}\|r_{OP})C_L]$，其中 C_L 表示从每个节点到地的总电容。另外，后面的分析预测 $f_0=1/(6T_D)$。这两个值通常不相等，其中 $1/(6T_D)$ 正确预测了频率，

⊖ 为了提高式(1-20)的精确度，我们可以使用“平均”跨导。因为 g_m 周期性变化，所以可以表示为傅里叶级数，其中的第一项为平均值。

但是小信号结果给了我们更多的启发。

一些性质 前述三级环形振荡器的实际波形不如图1-14b中的方波陡峭，但也不如正弦波渐变。如图1-14c所示，由于环形振荡器的短暂延迟，V_X 到达 V_{DD} 或者地时会立即改变方向。相比之下，图1-14d中的五级环形振荡器提供了 $10T_D$ 的振荡周期，从而为 V_X 的高电平和低电平提供了一些"松弛"时间。

一些数字设计原理揭示了环形振荡器的其他特性。首先，由于反相器的延迟随着 V_{DD} 的增加而降低，因此振荡频率与电源电压成反比。正如第3章中所述，在大多数应用中，环形振荡器的电源灵敏度都存在问题。其次，每个反相器消耗的平均功耗为 $f_0C_LV_{DD}^2$，所以 n 级环形振荡器的总功耗为 $nf_0C_LV_{DD}^2$。

1.5 基本 *LC* 振荡器

LC 振荡器相对于环形结构有一些优势，特别是相位噪声低和能够在较高的频率下工作。因此，我们在许多应用中采用了 *LC* 拓扑结构。*LC* 振荡器的分析和设计在很大程度上取决于 *LC* 谐振腔的性质和建模。因此，有必要从基本的 *LC* 电路开始我们的研究。

1.5.1 *LC* 电路

从基本的电路理论可知，理想电容器在时域表现为 $I=C_1\mathrm{d}V/\mathrm{d}t$，在频域表现为 $V=I/(C_1s)$。同样，理想电感的建模为 $V=L_1\mathrm{d}I/\mathrm{d}t$ 或 $V=(L_1s)I$。这两个元件的并联会带来一些有趣的特性。如图1-15a所示，阻抗在低频时由 L_1 主导，在高频时由 C_1 主导(为什么?)。因此，我们希望 $|Z_1|$ 和 $\angle Z_1$ 也能体现这样的特性。如图1-15b所示，Z_1 在 $\omega<\omega_0=1/\sqrt{L_1C_1}$ 时表现为感性，在 $\omega>\omega_0$ 时表现为容性。在谐振频率 ω_0 处，容抗和感抗相互抵消，从而产生 $Z_1=(L_1\mathrm{j}\omega_0)\parallel[1/(C_1\mathrm{j}\omega_0)]=\pm\mathrm{j}\infty$。*LC* 腔表现为"谐振腔"。

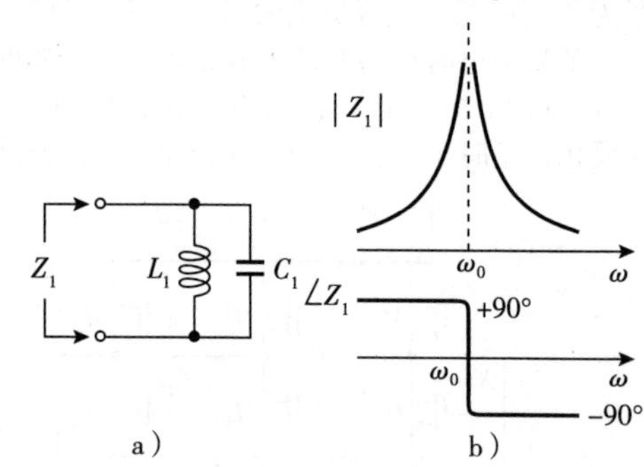

图1-15 a)理想的 *LC* 并联腔；b) *LC* 腔阻抗特性

我们现在使用更贴合实际的电感模型。电感采用实际的金属线，如图1-16a所示，L_1 具有有限的串联电阻 R_s。因为电流经过 R_s 时会产生热量损耗，L_1 是"有损的"。但是，这个物理模型缺乏直观上的判断，尤其是当我们寻求理想 *LC* 腔与有损 *LC* 腔之间的相似性时。如图1-16b所示，我们更喜欢在模型中用并联电阻 R_p 来表示损耗。当然，图1-16a和b中的两个腔体并不是在任何频率上都完全等价(为什么?)。但是一个电路在某频率范围下可以近似为另一个电路。

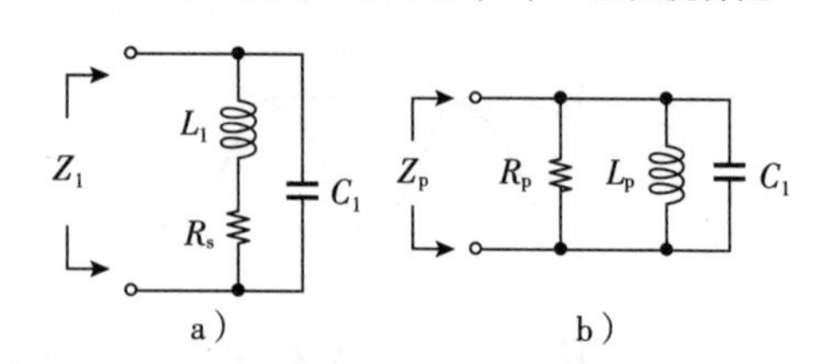

图1-16 a)有损 *LC* 腔；b)等效模型

为了根据 L_1 和 R_s 得出 L_p 和 R_p 的值，我们省略 C_1 并将 Z_1 和 Z_p 等效：

$$L_1s+R_s=(L_ps)\parallel R_p \tag{1-28}$$

$$=\frac{L_pR_ps}{L_ps+R_p} \tag{1-29}$$

对于正弦信号，$s=\mathrm{j}\omega$，有

$$\mathrm{j}\omega(R_sL_p+L_1R_p-L_pR_p)+R_sR_p-L_1L_p\omega^2=0 \tag{1-30}$$

仅当虚部和实部分别为零时，该方程才成立，得到

$$R_sR_p+(L_1-L_p)R_p=0 \tag{1-31}$$

$$R_sR_p=L_1L_p\omega^2 \tag{1-32}$$

用前者计算 R_p 并且代入后者，得到

$$L_p=\frac{R_s^2}{L_1\omega^2}+L_1 \tag{1-33}$$

如后续章节所述，通常 $R_s^2/(L_1\omega^2)<<L_1$，则有

$$L_p\approx L_1 \tag{1-34}$$

从式(1-32)我们得到

$$R_p\approx\frac{L_1^2\omega^2}{R_s} \tag{1-35}$$

重要的是记住，较低的 R_s 或者较高的 R_p 可以转化为更理想的 LC 腔。

例 1-8 说明如果 ω 随意改变，上面的哪一部分分析将不成立。

解： 随着 ω 的降低，$R_s^2/(L_1\omega^2)<<L_1$ 的近似将不成立。若没有这种近似，我们必须用式(1-33)来替换式(1-32)中的 L_p 来获得 R_p 的确切值：

$$R_p=\frac{L_1^2\omega^2}{R_s}+R_s \tag{1-36}$$

由式(1-35)或式(1-36)给出的并联电阻是一个虚拟的数学量，可以简化我们的分析。有趣的是，R_p 是一个与频率有关的量，但是我们通常假定它具有在 LC 谐振频率下计算出的恒定值(如第 5 章所述，由于趋肤效应，R_s 本身会随频率变化)。

例 1-9 在 5 GHz 下谐振的并联谐振电路采用串联电阻为 20 Ω 的 5 nH 电感。确定在 5 GHz 处的 R_p 值，以及将谐振频率更改为 5.5 GHz 时产生的误差。假设 R_s 是常数。

解： 根据式(1-36)，我们有 $R_p\approx 1.25\ \text{k}\Omega(>>R_s)$。另外，在 5.5 GHz 时，实际 $R_p=1.51\ \text{k}\Omega$。因此，恒定值 1.25 kΩ 会在 5.5 GHz 时产生约 18%的误差。

现在我们来检验 LC 腔的阻抗，如图 1-17a 所示，该腔的损耗由并联的电阻 R_p 建模。在非常低或者非常高的频率下，幅度和相位遵循如图 1-17b 所示的结果(为什么?)。从图中可以分析得到，当 L_1 和 C_1 因谐振而相互抵消时，$|Z_1|$仅会上升到 R_p。同样，从图 1-17c 中可以看出，相位也呈现渐变。

这里有一个重要的结论：随着 LC 腔的损失越来越小，$|Z_1|$和$\angle Z_1$ 会表现出越尖锐的变化。

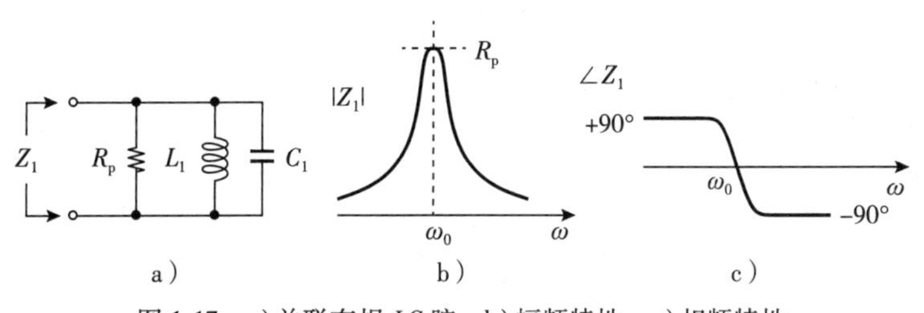

图 1-17 a)并联有损 LC 腔；b)幅频特性；c)相频特性

例 1-10 如果图 1-17a 中的 R_p 加倍，而 L_1 和 C_1 保持不变，那么图 1-17c 中的相频特性会发生怎样的变化?

解： 我们预计在 ω_0 附近的相位会更加尖锐，有

$$Z_1(s)=(L_1s)\parallel\left(\frac{1}{C_1s}\right)\parallel R_p \tag{1-37}$$

$$=\frac{R_pL_1s}{L_1C_1R_ps^2+L_1s+R_p} \tag{1-38}$$

对于 $s=\mathrm{j}\omega$，有

$$Z_1(\mathrm{j}\omega)=\frac{\mathrm{j}R_pL_1\omega}{R_p(1-L_1C_1\omega^2)+\mathrm{j}L_1\omega} \tag{1-39}$$

同时，还有

$$\angle Z_1(\mathrm{j}\omega)=\frac{\pi}{2}-\arctan\frac{L_1\omega}{R_p(1-L_1C_1\omega^2)} \tag{1-40}$$

为了确定 $\angle Z$ 的斜率如何取决于 R_p，我们对式(1-40)进行对 ω 的微分，并将结果中的 $L_1C_1\omega^2$ 替换为1，从而得到

$$\frac{\mathrm{d}}{\mathrm{d}\omega}\angle Z_1(\mathrm{j}\omega)\approx-2R_pC_1 \tag{1-41}$$

因此，ω_0 附近的斜率与 R_p 呈线性比例关系。

我们应该指出，如果 L_1 具有串联电阻 R_s，那么图1-17c所示的相位曲线在低频下并不精确。这是因为 LC 腔仅减小到接近直流下的 R_s 时，才显示出零相移。尽管如此，这在我们大多数的研究中并不重要。

品质因数 为了确定电感“好”的程度，我们可以定义一个品质因数 Q。我们期望理想电感的 Q 值极高，而当考虑损耗时，Q 值会变低。对于具有串联电阻 R_s 的电感 L_1，我们定义 Q 为

$$Q=\frac{L_1\omega}{R_s} \tag{1-42}$$

我们注意到，在感兴趣的频率下，上式将 R_s 和 L_1 的阻抗进行了比较。本质上，分子代表了期望的阻抗，分母代表了不期望的阻抗。如果假设 R_s 与频率无关，则 Q 随 ω 线性增加。

有三点值得注意。首先，我们之前说的近似 $R_s^2/(L_1\omega^2)<<L_1$，实际上转化为这里的 $Q^2>>1$，这在大多数情况下都是成立的。其次，将 $R_s=L_1\omega/Q$ 代入式(1-35)得到

$$Q=\frac{R_p}{L_1\omega} \tag{1-43}$$

表明我们希望 R_p 尽可能大。确实，$R_p=\infty$对应理想的 LC 腔。该表达式可能表明 Q 随着 ω 的增加而下降，但是我们必须知道 R_p 本身是与频率相关的。最后，将 $R_p=QL_1\omega$ 代入式(1-41)，我们得到在谐振频率下 Q 的替代定义：

$$Q=\frac{\omega_0}{2}\left|\frac{\mathrm{d}}{\mathrm{d}\omega}\angle Z_1(\mathrm{j}\omega)\right| \tag{1-44}$$

也就是说，可以将 Q 视为与相频特性的斜率成比例。

调谐放大 并联回路是一个“调谐负载”，它是一种两端电路，其阻抗仅在特定的频率下才达到峰值。与电阻和电流源一样，调谐电路可以用作放大器的负载，提供窄带放大。如图1-18a所示，这样的结果对应的传递函数由下面的式子给出：

$$\frac{V_{\text{out}}}{V_{\text{in}}}(s)=-g_{\text{m}}\left[(L_1 s)\parallel R_{\text{p}}\parallel\frac{1}{C_1 s}\right] \tag{1-45}$$

式中不考虑沟道长度调制效应。现在，我们来分析由并联电阻模型带来的简单性：在谐振频率 ω_0 处，电路结构简化为如图 1-18b 所示的结构，产生的电压增益为 $-g_{\text{m}}R_{\text{p}}$，相移为 180°。从图 1-17 的曲线中，我们容易得出如图 1-18c 所描绘的增益和相位曲线。该放大器还可以作为带通滤波器(BPF)。

例 1-11 图 1-18a 中的调谐放大器检测到 ω_0 处的正弦输入，其峰值幅度为 20 mV，其直流电平为 500 mV。如果 $g_{\text{m}}R_{\text{p}}=5$，绘制输出波形。假设 $V_{\text{DD}}=1$ V。

解： 该电路将信号反相并将其放大 5 倍。但是，输出端的直流电平是多少？如果忽略 L_1 的串联电阻，则从 V_{DD} 到 V_{out} 的直流压降必须为零(理想电感不能承受有限的直流电压)。于是，V_{out} 的平均值为 V_{DD}，在 V_{DD} 上来建立电压摆幅，见图 1-19。并联 LC 腔的这一特性在低压设计中非常有用。

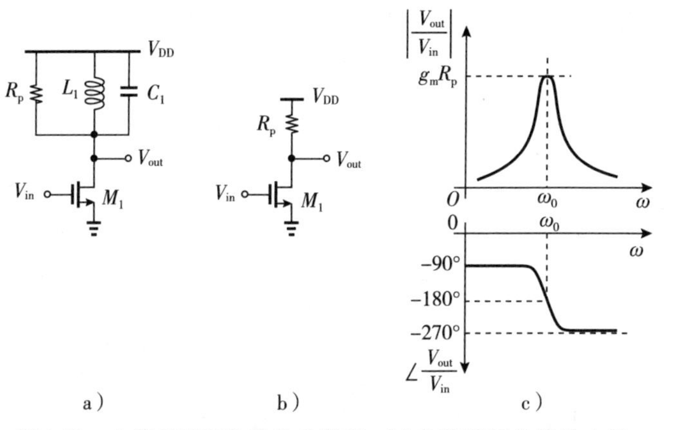

图 1-18 a)带有调谐负载的共源级；b)负载谐振的等效电路；c)频率响应

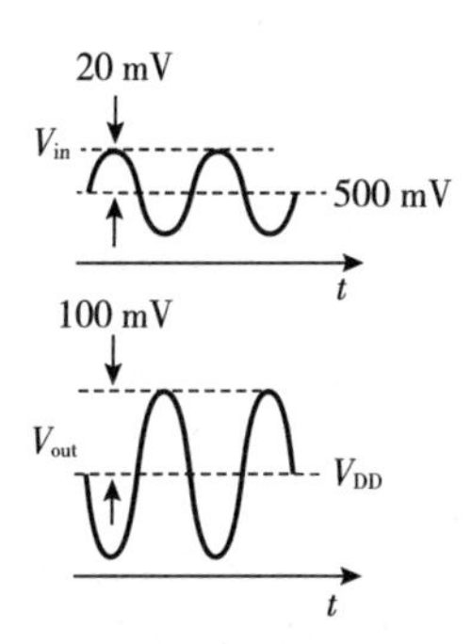

图 1-19 调谐放大器的输入和输出波形

1.5.2 LC 振荡器作为反馈系统

与 1.4 节中电阻作为负载的共源级一样，图 1-18a 的调谐放大器可以放置在反馈环路中来获得振荡。为此，我们必须在 ω_0 频率上建立环路的 360°总相移，而图 1-18a 中的电路无法实现这点。因此，我们级联两个相同的级，如图 1-20a 所示，注意到开环传递函数在 $\omega_0=1/\sqrt{L_1C_1}$ 处建立了 $(g_{\text{m}}R_{\text{p}})^2$ 的幅度和-360°的相移。如果 $(g_{\text{m}}R_{\text{p}})^2\geqslant 1$，则闭环电路将在 ω_0 处振荡。我们通常的振荡器电路画法如图 1-20b 所示。对称性意味着 V_X 和 V_Y 随时间相反变化。

例 1-12 上面的 LC 振荡器会发生闩锁吗？

解： 为了确定闩锁的可能性，我们检查了直流附近的电路工作状态，认为并联电阻模型不再适用。如果每个电感都表现出大小为 R_{s} 的低频串联电阻，则振荡器的结构将简化为如图 1-21 所示，其中环路增益为 $(g_{\text{m}}R_{\text{s}})^2$。为了避免闩锁，我们必须有 $(g_{\text{m}}R_{\text{s}})^2<1$，该条件在典型设计中容易满足。

画出图 1-20b 的振荡器波形很有帮助。如 1.3 节所述，我们通常选择大于 1 的环路增益，以确保较大的摆幅。在图 1-20b 中，如果 $(g_{\text{m}}R_{\text{p}})^2$ 足够大，则 M_1 和 M_2 可以完全切换，例如 V_X 下降而 V_Y 上升，M_2 开始关断而 M_1 开启程度更大。因此，漏极电流在 0 和最大值之间摆动，如图 1-22 所示。电流流过各自对应的 LC 腔，从而产生 V_X 和 V_Y。我们观察到：①输出共模电平大约等于 V_{DD}(见例 1-11)；②电压波形类似于正弦曲线，而电流波形并非这样。这是因为并联回路在将电流转换为电压时会明显过滤$2\omega_0$、$3\omega_0$等频率处的分量。

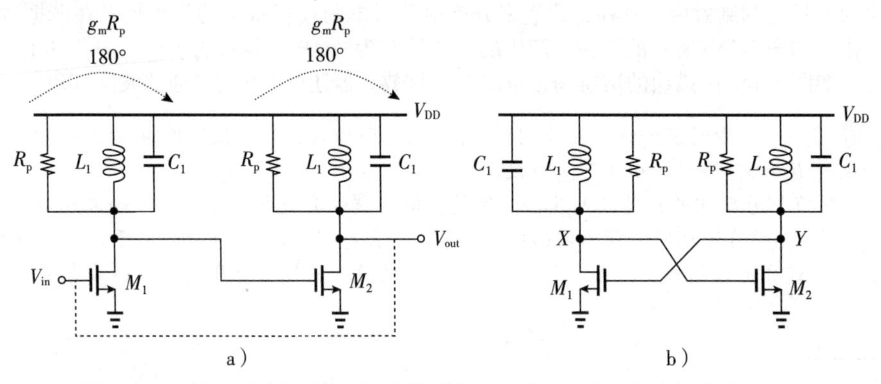

图 1-20 a）同一环路中两级可调谐共源级的级联；b）交叉耦合振荡器的画法

例 1-13 在图 1-20b 中，M_1和M_2能够承受的最大漏-源电压是多少？

解： 对于V_p的单端峰值摆幅，图 1-22 中的漏极电压最大值大约为$V_{DD}+V_p$。该V_{DD}在技术上可能不被允许，因为它会“加重”晶体管，从而缩短其寿命。

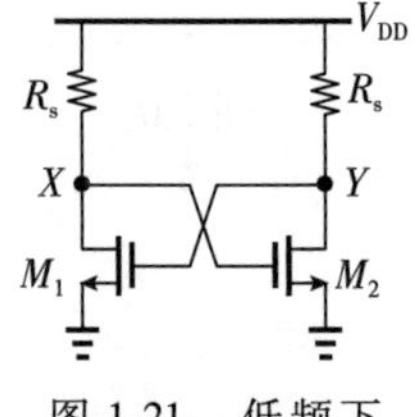

图 1-21 低频下的LC振荡器等效电路

例 1-14 我们在 1.3 节中设计的振荡测试是测量电路两个节点之间的阻抗，并确定它在某个频率下是否达到无穷大。将该测试应用于图 1-20b。忽略沟道长度调制效应。

解： 检查节点X和Y之间的阻抗。如图 1-23a 所示绘制小信号模型。我们观察到，两个LC腔注入地的净电流为零，这是因为V_X和V_Y是差分的。因此，如图 1-23b 所示，我们将两者串联并且取值合并。这使得我们能够将总阻抗计算为两个阻抗的并联组合，也就是虚线框中LC腔的阻抗，以及由M_1和M_2产生的X和Y之间的电阻。对于后者，我们构建如图 1-23c 所示的模型，注意到$g_mV_X+g_mV_Y=0$（为什么？），由 KVL 得到$V_Y+V_t=V_X$，即$V_t=2V_X=-2V_Y$。此外，$I_t=-g_mV_X=-g_mV_t/2$，即

$$\frac{V_t}{I_t}=-\frac{2}{g_m} \tag{1-46}$$

图 1-22 交叉耦合振荡器的波形

为了产生振荡，由上式得到的负阻和图 1-23b 中LC腔的阻抗，两者的并联必须达到无穷大：

$$\left[(2L_1s)\parallel\left(\frac{2}{C_1s}\right)\right]\parallel\left[(2R_p)\parallel\left(\frac{-2}{g_m}\right)\right]=\infty \tag{1-47}$$

我们直观地预测，第一个并联组合和第二个并联组合必须分别为无穷大。为了更加严格，我们回到例 1-10，并且将式(1-39)应用到当前计算：

$$\frac{V_t}{I_t}(j\omega)=\frac{j(2L_1\omega)}{1-L_1C_1\omega^2+\dfrac{j(2L_1\omega)}{(2R_p)\parallel\left(\dfrac{-2}{g_m}\right)}} \tag{1-48}$$

当$\omega=1/\sqrt{L_1C_1}$且$(2R_p)\parallel(-2/g_m)=\pm\infty$（即$g_m=1/R_p$）时，该函数变为无穷大。正如所预料的，该结果

与先前得出的启动条件$(g_m R_p)^2=1$一致。

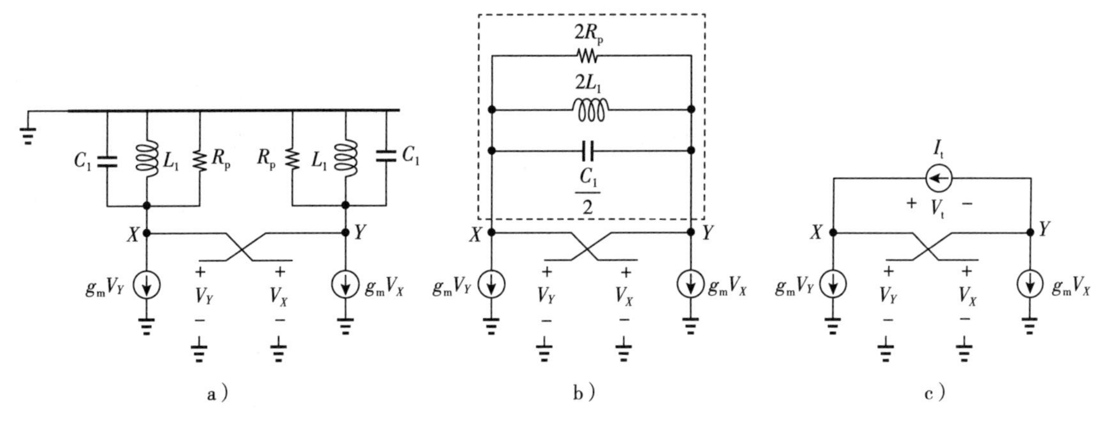

图 1-23 a)振荡器的小信号模型；b)LC 腔合并后的模型；c)计算交叉耦合对输出电阻的等效电路

这里有趣且有用的观察是，图 1-20b 的交叉耦合管 M_1 和 M_2 在它们的漏极间产生了负阻(小信号)。我们将在 1.5.3 节回到这一点。

例 1-15 类似于图 1-12a 中的三级环形振荡器，某同学构造如图 1-24 所示的多相电路。确定振荡频率和启动条件。

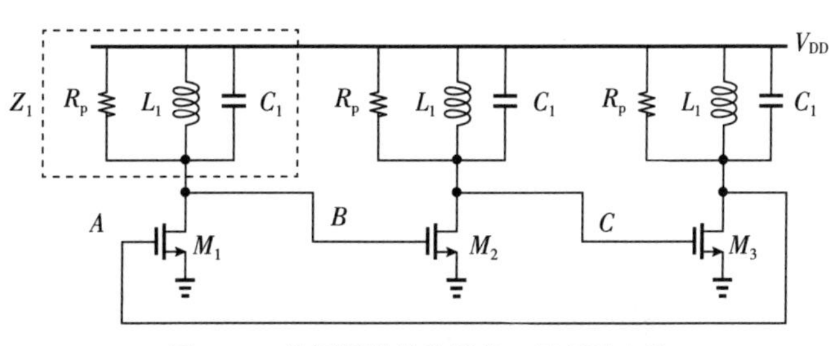

图 1-24 使用调谐放大器的三级环形电路

解： 为了使环路的总相移等于 360°，每一级必须贡献 −120°。因为 $V_B/V_A=-g_m Z_1$，我们有 $\angle(-g_m Z_1)=-120°$。从图 1-18c 中，我们观察到这种情况发生在低于谐振频率 ω_0 的某个频率上。返回到式(1-40)，同时减去由于共源放大器反相所产生的 180°相移，得到

$$-\frac{\pi}{2}-\arctan\frac{L_1\omega_1}{R_p(1-L_1C_1\omega_1^2)}=-\frac{2\pi}{3} \tag{1-49}$$

式中，ω_1 表示振荡频率(不要和谐振频率混淆)。在这种情况下，每个 LC 腔的电流和电压之间的相位差等于 60°，而不是零。于是

$$\frac{L_1\omega_1}{R_p(1-L_1C_1\omega_1^2)}=\frac{1}{\sqrt{3}} \tag{1-50}$$

因此，

$$\omega_1=\frac{-\sqrt{3}L_1+\sqrt{3L_1^2+4L_1C_1R_p^2}}{2L_1C_1R_p} \tag{1-51}$$

上式的结果可以在一定程度上简化，我们将谐振频率下谐振腔的 Q 表示为 $Q=R_p/(L_1\omega_0)$，注意 $\omega_0=1/\sqrt{L_1C_1}$，得到

$$\omega_1=\frac{-\sqrt{3}+\sqrt{3+4Q^2}}{2Q}\omega_0 \tag{1-52}$$

读者可以证明 $\omega_1<\omega_0$。例如，当 $Q=5$ 时，$\omega_1=0.84\omega_0$。为了得到更简单的表达式，我们将 $4Q^2$ 从 $3+4Q^2$ 中分离出来，并近似 $\sqrt{1+3/(4Q^2)}\approx 1+3/(8Q^2)$，当 $8Q^2>>3$ 时，得到

$$\omega_1\approx\left(1-\frac{\sqrt{3}}{2Q}\right)\omega_0 \tag{1-53}$$

正如预期的那样，Q 越高，ω_1 与 ω_0 的偏离越小，发生这种情况的原因是 Q 越高，意味着图 1-17c 所示的 $\angle Z$ 的斜率越高，因此只需要偏离 ω_0 很小的值，LC 腔就可以建立 60°的相移。

与电阻作为负载的环形振荡器一样，该电路的每一级在 ω_1 处都表现出复杂的传递函数，因为 LC 腔的工作状态远离谐振状态。然而，三级级联电路具有实际的传递函数。

对于启动条件，一级传递函数的幅度平方必须在 $\omega=\omega_1$ 时至少为 1。将式(1-39)中 Z_1 的幅度乘以 g_m 后进行平方，我们得到

$$\frac{g_m^2R_p^2L_1^2\omega_1^2}{R_p^2(1-L_1^2C_1^2\omega_1^2)^2+L_1^2\omega_1^2}=1 \tag{1-54}$$

根据式(1-53)可以写出 $\omega_1=\alpha\omega_0$，则有

$$g_m^2R_p^2L_1^2\alpha^2\omega_0^2=R_p^2(1-\alpha^2)^2+L_1^2\alpha^2\omega_0^2 \tag{1-55}$$

于是，

$$g_m^2R_p^2-1=\frac{R_p^2}{L_1^2\omega_0^2}\frac{(1-\alpha^2)^2}{\alpha^2} \tag{1-56}$$

有

$$g_mR_p\geqslant\sqrt{1+\left(\frac{1}{\alpha}-\alpha\right)^2Q^2} \tag{1-57}$$

注意，α 是 Q 的函数，并且 Q 和 R_p 都是在谐振频率 ω_0 上计算的。例如，当 $Q=5$ 时，$\alpha=0.84$，则 g_mR_p 至少为 2.02。我们观察到，该振荡器与两级振荡器相比需要更大的 g_mR_p。

图 1-20b 中的振荡器的偏置电流定义不明确：当栅极电压达到 $V_{DD}+V_p$ 时，漏极电流在很大程度上取决于晶体管的特性和 V_{DD}。为了解决该问题，我们对电路进行如下改动。

差分反馈振荡器 前述振荡器的研究集中在单端可调谐共源级。我们可以考虑选择带可调谐负载的差分对，并探讨是否可以形成振荡器。如图 1-25a 所示，这样的结构表现出类似于图 1-18a 中共源级的小信号传递函数，在 ω_0 处提供 $-g_mR_p$ 的峰值增益。

首先研究在 ω_0 处具有差分正弦输入电路的大信号行为是有益的。如图 1-25b 所示，如果输入信号的幅度足够大，那么 M_1 和 M_2 将经历完全的切换，I_{D1} 和 I_{D2} 在 0 和 I_{SS} 之间摆动。用方波来近似每个漏极电流的波形，我们观察到基波的负载阻抗为 R_p，而高次谐波的阻抗较低。因此，V_X 和 V_Y 类似于正弦曲线。

我们可以计算图 1-25b 中输出电压的摆幅峰值。如图 1-25c 所示，在+1 和−1 之间切换的方波包含一个峰值为 $4/\pi$ 的基波（这是一个要记住的有用性质，同时记住基波的振幅比方波的振幅还要大）。因此，I_{D1} 和 I_{D2} 的峰值基波幅度等于$(4/\pi)(I_{SS}/2)$（为什么?）。由于该分量的频率为 ω_0，它仅流过每一侧的 R_p，产生正弦电压，其单端峰值幅度为

$$V_p=\frac{2}{\pi}I_{SS}R_p \tag{1-58}$$

差分输出摆幅峰-峰值等于 $4V_p=(8/\pi)I_{SS}R_p$。这里要提醒读者不要混淆在这些幅度计算中出现的乘 2 的各种因素。

现在，我们将图 1-25a 中的调谐差分对放在反馈环路中。在我们的第一次尝试中，我们将 X 连接

到 A，将 Y 连接到 B，见图 1-26a。为什么该电路不振荡呢？整个环路必须提供 360°的总相移，但是从图 1-25a 我们知道这是不可能的。然后，我们如图 1-26b 所示交换反馈连接，图 1-25a 中的相位图又增加了 180°相移。现在，在 $\omega=\omega_0$ 处，环路的总相移等于 0°或者 360°。如果$(g_mR_p)^2\geq1$，电路便会振荡。注意，g_m 表示当每个 M_1 或 M_2 流过 $I_{SS}/2$ 电流时的小信号跨导。

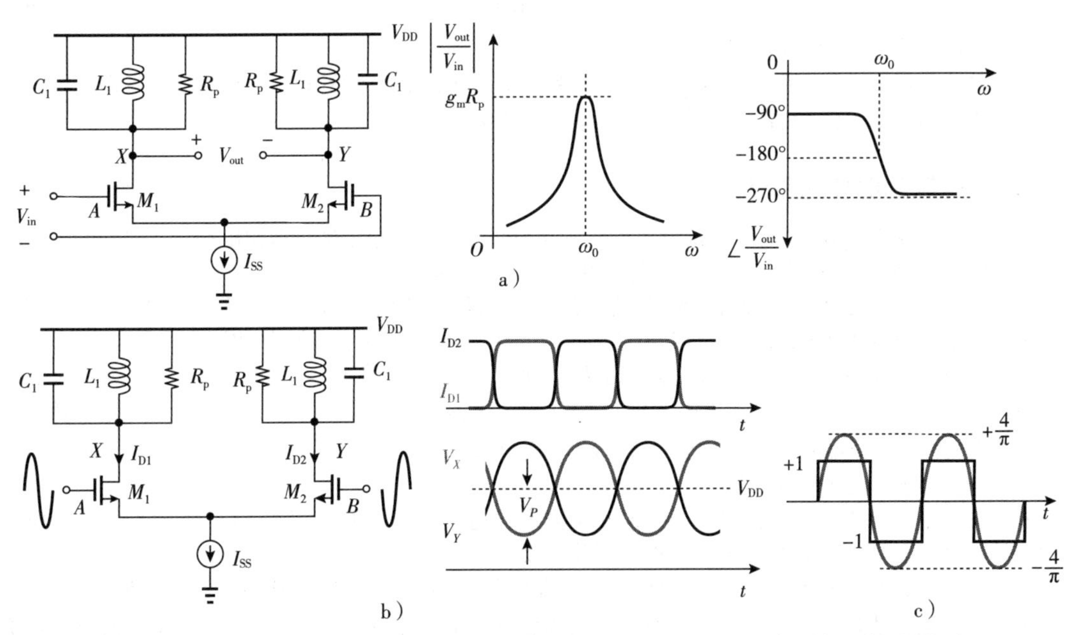

图 1-25 a)LC 作为负载的差分对；b)大信号输入和输出波形；c)方波及其基波间的关系

上面得到的振荡器类似于图 1-20b 中的振荡器，除尾电流源外，它更精确地定义了偏置电流。从推导式(1-58)的过程中，我们了解到，新的拓扑结构提供了大小为$(8/\pi)I_{SS}R_p$ 的差分摆幅峰-峰值(如果 M_1 和 M_2 经历了完全切换)，且 CM(Common Mode，共模)电平为 V_{DD}。

图 1-26b 所示的电路称为交叉耦合振荡器，它是当今使用最广泛的选择，其稳健的工作状态和易于满足的启动条件$(g_mR_p=1)$，使得该结构成为相对安全的解决方案。

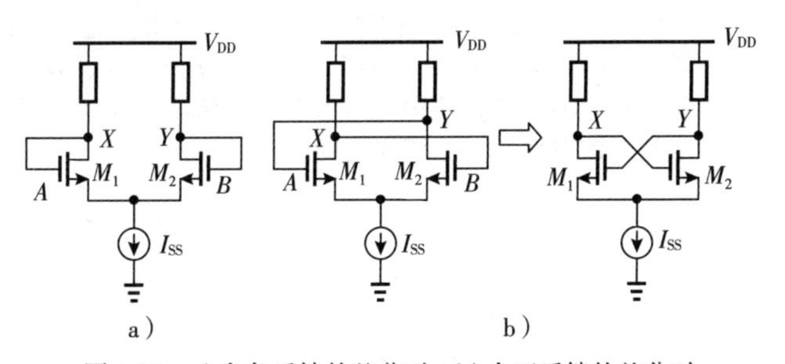

图 1-26 a)含负反馈的差分对；b)含正反馈的差分对

例 1-16 确定上述电路中必要的环路增益，以使 M_1 和 M_2 完全切换。假设晶体管是平方律器件且忽略沟道长度调制效应。

解： 为了使晶体管完全控制 I_{SS}，施加到其栅极的差分电压必须达到$\sqrt{2}(V_{GS}-V_{TH})_{eq}$，其中$(V_{GS}-V_{TH})_{eq}$ 表示平衡过驱动，即当 I_{SS} 均分时，平衡跨导为 $g_m=2I_D/(V_{GS}-V_{TH})_{eq}=I_{SS}/(V_{GS}-V_{TH})_{eq}$。驱动晶体管的差分电压的峰值为 $2V_p$，见图 1-25b，同时 $V_p=(2/\pi)I_{SS}R_p$。我们必须有 $2V_p=\sqrt{2}(V_{GS}-V_{TH})_{eq}$，因此

$$\frac{4}{\pi}I_{SS}R_p=\sqrt{2}(V_{GS}-V_{TH})_{eq} \tag{1-59}$$

即

$$g_m R_p = \frac{\sqrt{2}\pi}{4} \tag{1-60}$$

$$\approx 1.11 \tag{1-61}$$

这等效于环路增益$(g_m R_p)^2$必须超过$\pi^2/8 \approx 1.23$。

前述的计算是乐观的，因为它假设漏极电流是方波。由于每个晶体管几乎不会完全截止，因此这些电流的基波幅度小于$(2/\pi)I_{SS}$，这要求$g_m R_p$实际上要大于$\sqrt{2}\pi/4$。

1.5.3 *LC*振荡器作为单端系统

上一小节中我们对*LC*振荡器的认识基于其在反馈系统中的不稳定性，即输出端口连接到其输入端口。另外的观点是将振荡器视为单端口器件，并提出一些见解。

在本章开始时，我们看到满足初始条件的理想钟摆可以无期限地振荡。我们还观察到，在每个周期用手指推动有损钟摆可以弥补损失。这些概念同样容易应用到*LC*腔中。我们来探究图1-27a中的理想*LC*腔，初始条件是C_1两端有电压V_0。电容通过L_1开始放电，也就是电能$(1/2)C_1V_0^2$逐渐转化为磁能$(1/2)L_1I^2$。在$t=t_1$时刻，$V_{out}=0$，提供给系统的初始能量完全变成了电感中的磁能。这时的状态对应着钟摆到达垂直位置，能量的形式为动能。我们可以写出$(1/2)C_1V_0^2=(1/2)L_1I^2(t_1)$，得到$I(t_1)=\sqrt{C_1/L_1}V_0$。在该时刻，此电流流过$L_1$(和$C_1$)。

在t_1之后，电感电流继续流过电容，向相反方向充电，并迫使V_1变为负值。在$t=t_2$时刻，所有的能量返回到C_1，但电压的极性相反。振荡因此继续进行。

现在，我们将此时域图扩展到有损*LC*腔。如图1-27b所示，只要$V_{out}\neq 0$，R_p上便会流过有限的电流，并且不断消耗能量。因此，在$t=t_1$时刻，电感电流小于$\sqrt{C_1/L_1}V_0$；在$t=t_2$时刻的峰值电压也会小于V_0。振荡将逐渐消失。

我们对图1-27b中的结构做出怎样的改动来补充R_p所消耗的能量呢？如果我们将大小为$-R_p$的负阻并联到腔中，见图1-27c，那么$|R_p \parallel (-R_p)|=\infty$，就好像腔是理想的。因此，电路响应于初始状态而振荡。我们将此拓扑结构称为单端口振荡器，因为它是由将单端口*LC*腔连接到单端口网络$-R_p$产生的。当然，该思想适用于任何有损谐振器。

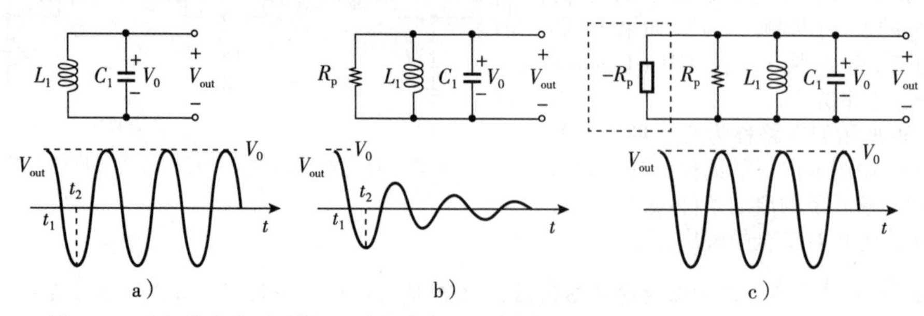

图1-27 a)初始状态下无损*LC*腔的响应；b)有损*LC*腔的响应；c)利用负阻维持振荡

我们已经遇到过单端口振荡器的例子。在例1-14中，交叉耦合晶体管对可以作为负阻，从而补偿*LC*振荡回路的损耗。注意，无论电路是否包含尾电流源都是如此。

例1-17 图1-27c的*LC*腔中的R_p等于1 kΩ。说明如果负阻等于−1.2 kΩ或−800 Ω时会发生什么。

解： 当为−1.2 kΩ时，该腔的净电阻为+6 kΩ。因为负阻不够“强”，所以电路无法振荡。当为

$-800\ \Omega$ 时，LC 腔的并联电阻等于$-4\ \mathrm{k}\Omega$，也就是负阻很强。在这种情况下，振荡幅度会增加直到负阻饱和，从而产生$-1\ \mathrm{k}\Omega$ 的“平均值”。

负阻电路 为了实现如图 1-27c 所示的单端口振荡器，我们必须设计一个在两个节点之间呈负阻的电路。应该指出，小信号负阻并不违背物理定律，它只是指某一端口的小信号电流随着施加到其上的电压的增加而减小。交叉耦合对就是这样的例子。

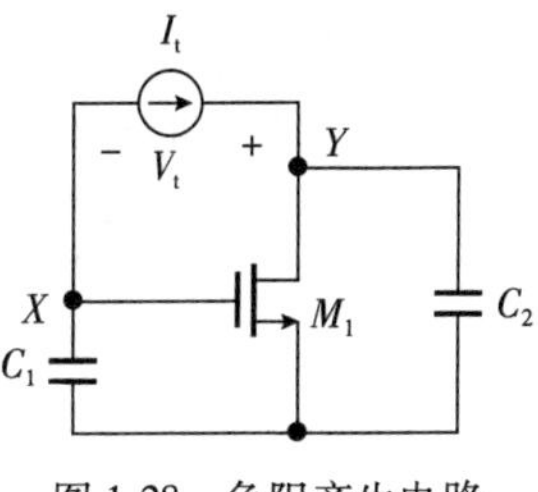

图 1-28 负阻产生电路

产生负阻的另一种拓扑结构如图 1-28 所示。注意，M_1 的源极不需要接地。忽略晶体管的电容，可以写出 $V_{GS}=-I_t(C_1s)^{-1}$，因此 $I_{D1}=g_m(-I_t)(C_1s)^{-1}$。流过 C_2 的电流大小为 $I_t-I_{D1}=I_t[1+g_m(C_1s)^{-1}]$，该电容两端的电压为 $I_t[1+g_m(C_1s)^{-1}](C_2s)^{-1}$。由 KVL 得到

$$-\frac{I_t}{C_1s}+V_t=I_t\left(1+\frac{g_m}{C_1s}\right)\frac{1}{C_2s} \tag{1-62}$$

即

$$\frac{V_t}{I_t}(s)=\frac{1}{C_1s}+\frac{1}{C_2s}+\frac{g_m}{C_1C_2s^2} \tag{1-63}$$

式(1-63)表明 X 和 Y 之间的小信号阻抗由 C_1、C_2 和 $g_m/(C_1C_2s^2)$这三项组成。对于 $s=j\omega$，该项中表示的负阻的取值大小为$-g_m/(C_1C_2\omega^2)$，可以用来抵消谐振器的损耗。与交叉耦合对产生的电阻不同，这里的负阻是频率的函数，但仍然是电阻。

式(1-63)中的两个电容项可以贡献部分 LC 腔中所需的电容。实际上，我们可以简单地在 X 和 Y 之间加一个电感，从而获得称为三点振荡器的电路。如图 1-29 所示，这样的拓扑结构简化为 L_1、C_1、C_2 和负阻的串联。在这种情况下，我们更倾向于用串联电阻 R_s 来表示 L_1 的损耗，启动条件可以表示如下：

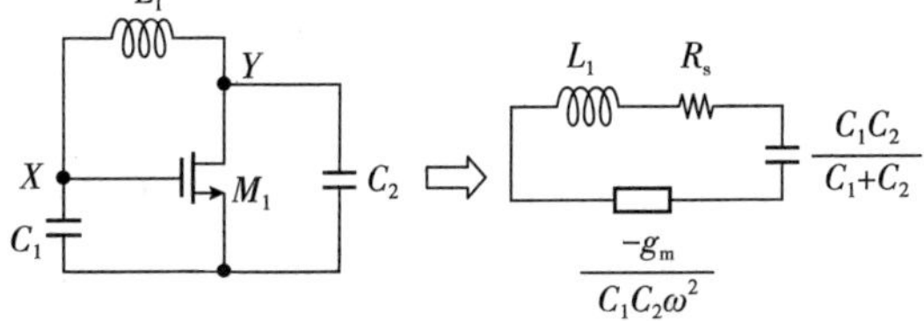

图 1-29 基本的三点振荡器

$$R_s=\frac{g_m}{C_1C_2\omega_0^2} \tag{1-64}$$

如果满足此条件，则该腔将在下式的频率处振荡：

$$\omega_0=\frac{1}{\sqrt{L_1\dfrac{C_1C_2}{C_1+C_2}}} \tag{1-65}$$

我们注意到 L_1 的并联等效电阻为 $R_p=L_1^2\omega_0^2/R_s$，则式(1-64)可以写成

$$\frac{L_1^2\omega_0^2}{R_p}=\frac{g_m}{C_1C_2\omega_0^2} \tag{1-66}$$

因此，

$$g_mR_p=L_1^2\omega_0^4C_1C_2 \tag{1-67}$$

$$=\frac{(C_1+C_2)^2}{C_1C_2} \tag{1-68}$$

当 $C_1=C_2$ 时，g_mR_p 有最小值且等于 4。也就是说，对于给定的电感 Q 值，该电路需要比交叉耦合振荡

器更大的晶体管跨导。

如果三个节点之一交流接地，则图 1-29 中的结构可以引申出三个振荡器。如图 1-30 所示，这些振荡器包含偏置且遵循式(1-64)和式(1-65)，可以将其视为带反馈的单级放大器。下面的例子说明了这一点。

例 1-18 将图 1-30a 的振荡器作为带反馈的共源级，确定其振荡频率和启动条件。

解：我们首先画出如图 1-31 所示的开环电路，用电阻 R_s 来表示 L_1 的损耗。为了能够振荡，反馈网络必须提供 180°的相移。我们计算环路的传递函数 $H(s)$，记为 $-V_F/V_t$。M_1 的漏极电流 g_mV_t 将分流经过 C_2 和 L_1-R_s-C_1 支路。流经后者的电流通过 C_1 将产生电压 V_F：

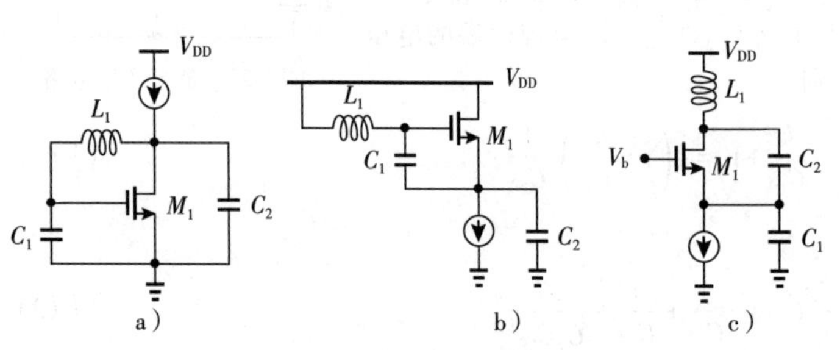

图 1-30 三点拓扑引申出的振荡器结构

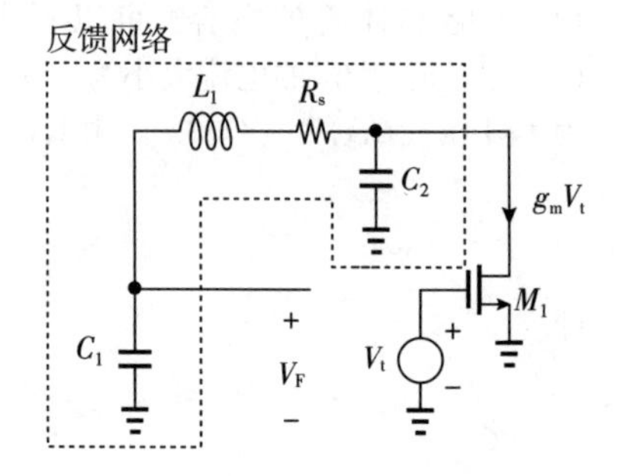

图 1-31 分析三点振荡器的开环电路

$$-g_mV_t\frac{\frac{1}{C_2s}}{\frac{1}{C_2s}+L_1s+R_s+\frac{1}{C_1s}}\frac{1}{C_1s}=V_F \tag{1-69}$$

它遵循

$$H(s)=-\frac{V_F}{V_t} \tag{1-70}$$

$$=\frac{\frac{g_m}{s}}{L_1C_1C_2s^2+C_1+C_2+R_sC_1C_2s} \tag{1-71}$$

将 $H(s)$ 设置为 -1，$s=j\omega$，则有

$$-L_1C_1C_2\omega^2+C_1+C_2+j\omega R_sC_1C_2+\frac{g_m}{j\omega}=0 \tag{1-72}$$

实部和虚部必须各自等于零，从而有

$$\omega_1=\frac{1}{\sqrt{L_1\frac{C_1C_2}{C_1+C_2}}} \tag{1-73}$$

$$R_s=\frac{g_m}{C_1C_2\omega^2} \tag{1-74}$$

与前面的分析一致。

图 1-30b 和 c 中的振荡器可以分别视为带反馈的源跟随器和共栅级。后者称为 Colpitts 振荡器。实际上，图 1-26b 的交叉耦合拓扑结构被证明比这三个振荡器更具有通用性和鲁棒性。

图 1-30b 中振荡器的一个有趣的性质是，它可以通过 M_1 的漏极驱动负载电阻，而不需要额外的电流和 LC 腔作为负载。实际上，我们可以创建如图 1-32 所示的该电路的差分版本，并且直接驱动负载(如天线)。在这种情况下，功率输送到天线需要大的偏置电流，但这也会导致较差的相位噪声(参见第 2 章)，但是该拓扑结构的功率效率低于作为驱动器的简单共源级。在习题 1.20 中，我们将探讨 R_b 的作用以及为什么该电路的左右两部分差分振荡。

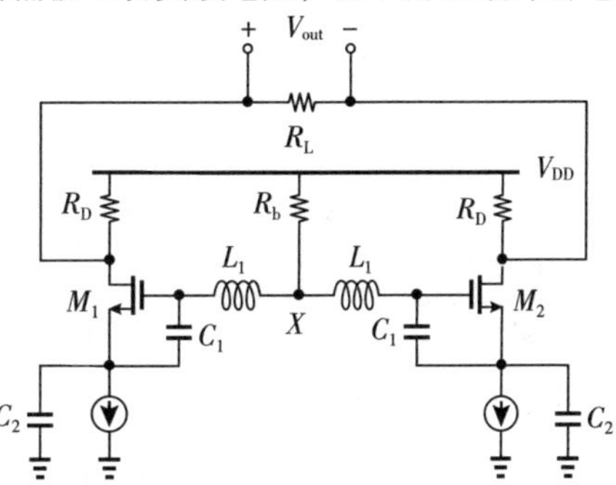

图 1-32 从图 1-30b 中的拓扑派生的差分振荡器

1.6 压控振荡器

在大多数应用中，振荡器的频率必须可变，因为：①它可能是过程、电源电压或温度(PVT)的函数，因此必须通过“调谐”将其恢复到所需要的值；②系统可能在不同的时间要求不同的振荡频率。例如，微处理器以高速时钟运行，以执行计算密集型任务，但在要求不高的操作过程中恢复为低速时钟。我们可以通过电路来改变振荡器内部参数(如电阻、电容或电感)来调谐频率。如果控制信号是电压量，则我们将该电路称为压控振荡器(Voltage-Controlled Oscillator，VCO)。如第 3 章所述，我们还可以构造电流控制振荡器。

理想情况下，VCO 的调谐特性是由 $\omega_{out}=K_{VCO}V_{cont}+\omega_0$(见图 1-33)给出的一条直线，其中 K_{VCO} 称为 VCO 的“增益”，用 rad/s/V 表示，有时也用 Hz/V 来表示 K_{VCO}，但重要的是要记住，对于锁相环(PLL)分析，最终必须将该值乘以 2π。特性 $\omega_{out}=K_{VCO}V_{cont}+\omega_0$ 表示静态特性，即如果 V_{cont} 突然跳变，则输出频率会瞬时变化。虽然不精确，但该模型足以满足大多数的情况。

我们还对 VCO 产生的时域波形感兴趣。对于一般的周期(正弦)信号，我们将其写成 $V_{out}=V_0\cos\omega_1 t$，并将其中余弦项的幅角称为该信号的相位。在这种简单的情况下，相位 $\omega_1 t$ 与时间是线性关系，斜率为 ω_1。如图 1-34 所示，在 t 为半周期的整数倍时，$T/2=2\pi/(2\omega_1)$，相位是 π 的整数倍。类似地，如果 VCO 的控制电压是常数，则有 $V_{out}=V_0\cos(\omega_0 t+K_{VCO}V_{cont}t)$，因此相位的斜率为 $\omega_0+K_{VCO}V_{cont}$。但是，如果 V_{cont} 随时间变化应该怎么办呢？这种情况下，我们将 $\omega_{out}=\omega_0+K_{VCO}V_{cont}$ 视为“瞬时”输出频率，并将总的输出相位 $\phi(t)$ 写成 ω_{out} 的积分：

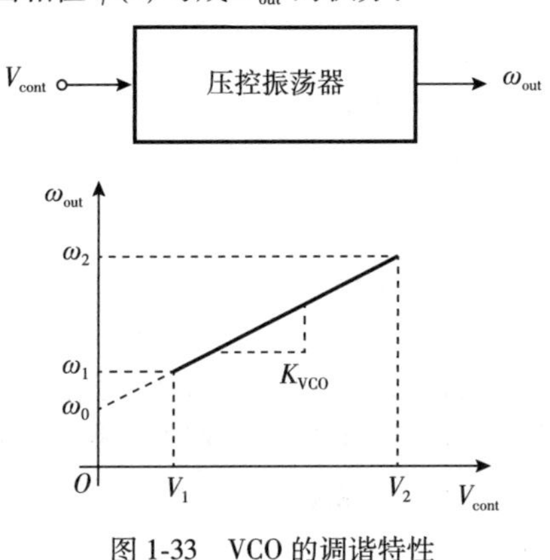

图 1-33 VCO 的调谐特性

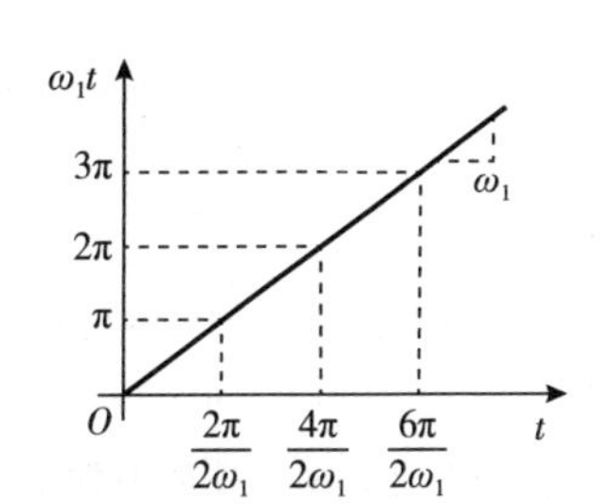

图 1-34 相位随时间的变化关系

$$V_{out}(t)=V_0\cos\phi(t) \tag{1-75}$$

$$=V_0\cos\left(\int\omega_{out}\mathrm{d}t\right) \tag{1-76}$$

$$=V_0\cos\left[\omega_0 t+K_{VCO}\int V_{cont}(t)\mathrm{d}t\right] \tag{1-77}$$

式中，假设 K_{VCO} 随时间保持恒定。这样，VCO 可以作为频率调制器，即施加到其上的控制信号会调制其输出频率。我们还将“附加相位”定义为 ϕ_{ex}，表达式为

$$\phi_{ex}=K_{VCO}\int V_{cont}(t)\ dt \tag{1-78}$$

在 PLL 中，我们主要对 ϕ_{ex} 作为 VCO 的输出感兴趣。注意，该关系对应于传递函数 $\phi_{ex}/V_{cont}=K_{VCO}/s$。

例 1-19 VCO 由方波驱动，见图 1-35a。绘制输出波形、总输出相位和附加相位随时间的变化。

解： 当 $V_{cont}(t)$ 等于 $+V_1$ 或 $-V_1$ 时，VCO 分别工作在 $\omega_0+K_{VCO}V_1$ 和 $\omega_0-K_{VCO}V_1$，产生如图 1-35b 所示的输出波形。总相位 $\phi(t)=\omega_0 t+K_{VCO}\int V_{cont}(t)dt$，如图 1-35c 所示，是由线性关系 $\omega_0 t$ 和方波的积分，即三角波组成。将瞬时频率视为 $d\phi/dt$，我们还观察到 $\phi(t)$ 的斜率在 $\omega_0+K_{VCO}V_1$ 和 $\omega_0-K_{VCO}V_1$ 之间切换。附加相位是三角波形，$\phi_{ex}(t)=K_{VCO}\int V_{cont}(t)dt$，见图 1-35d，峰值为 $K_{VCO}V_1T_m/2$（为什么？）。

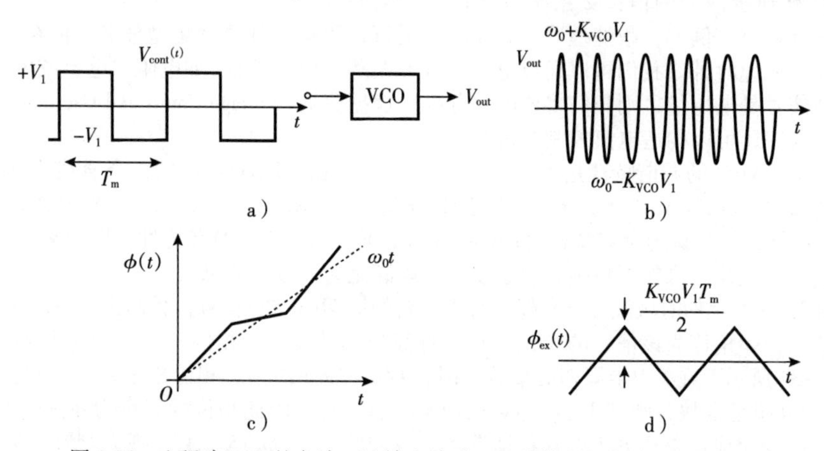

图 1-35 a）驱动 VCO 的方波；b）输出波形；c）总输出相位；d）附加相位

VCO 模型 总结来说，VCO 可以用以下三种模型之一表示：

1）如果关注输出频率，则需要知道静态系统的特征 $\omega_{out}=\omega_0+K_{VCO}V_{cont}$。

2）如果关注输出波形，则需要研究系统产生的 $V_{out}=V_0\cos[\omega_0 t+K_{VCO}\int V_{cont}(t)dt]$。

3）如果关注附加相位，则需要知道理想积分器的特点：

$$\frac{\phi_{ex}}{V_{cont}}(s)=\frac{K_{VCO}}{s} \tag{1-79}$$

最后一点在我们对 PLL 的分析中起着核心作用。积分器特性表示这是一个动态系统，其中 ϕ_{ex} 的当前值取决于 V_{cont} 的过去值。这里的关键是要改变 VCO 的输出附加相位，我们必须改变 V_{cont}，直到 $K_{VCO}\int V_{cont}(t)dt$ 达到所需要的值为止。换句话说，VCO 的相位不能瞬间改变。

例 1-20 VCO 的控制电压在 $t=t_1$ 时刻从 0 跳变到 ΔV，在 $t=t_2$ 时刻重新跳变到 0。绘制出输出波形、总相位和附加相位随时间变化的曲线。

解： 如图 1-36a 所示，输出频率从 ω_0 跳变到 $\omega_0+K_{VCO}\Delta V$，之后重新回到 ω_0。总相位在 t_1 时刻前线性增长且斜率为 ω_0；在 $t_1\sim t_2$ 时刻，斜率变为 $\omega_0+\Delta\omega$；在 t_2 时刻之后斜率重新变为 ω_0，见图 1-36b。附加相位在 t_1 时刻前为 0；在 $t_1\sim t_2$ 时刻按照斜率 $K_{VCO}\Delta V$ 增长；在 t_2 时刻后维持在 $K_{VCO}\Delta V(t_2-t_1)$ 不

变，见图 1-36c。我们说，在实验过程中，VCO 积累了 $K_{VCO}\Delta V(t_2-t_1)$ 大小的附加相位。如前所述，为了改变 VCO 的附加相位，我们必须将控制电压更改一段时间。没有其他可以调整 ϕ_{ex} 的机制。

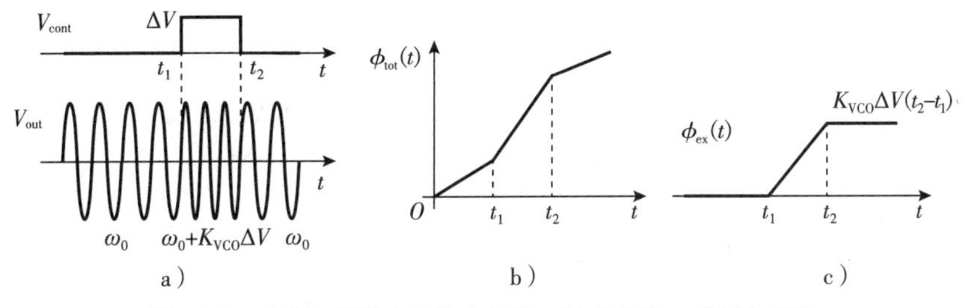

图 1-36 a) VCO 的输入和输出波形；b) 总相位；c) 附加相位

1.7 本章附录

我们想要确定当如图 1-10a 所示 $|H(j\omega_0)|>1$ 和 $\angle H(j\omega_0)=-180°$ 时会发生什么情况。不幸的是，由于伯德图仅限于 $s=j\omega$，因此无法揭示这种情况的复杂性。因此，我们必须借助奈奎斯特的稳定性标准。读者请参阅文献[1-2]以详细了解奈奎斯特方法。

假设 $H(s)$ 具有三个实极点，建立如图 1-37a 所示的幅度和相位响应。我们在复平面上绘制出 $H(s)$ 的值，可以通过绘制 $|H(s)|$ 和 $\angle H(s)$ 在极坐标中构造 $H(s)$。为此，我们允许 s 在 $j\omega$ 坐标轴上从 0 移动到∞，见图 1-37b，在 $j\omega$ 值非常大时移到右半平面，以非常大的半径移动到 $-j\omega$（使其到达 $j\omega$ 轴），并沿 $j\omega$ 负半轴返回到原点。$H(s)$ 在复平面上的轮廓从点 A 开始，见图 1-37c，当 $s=j\omega_0$ 时到达 B 点，当 $s\to+j\infty$ 时以 $-270°$ 角接近原点。轮廓的另一半（灰色）对应于 $\omega<0$，且是对称构造的。

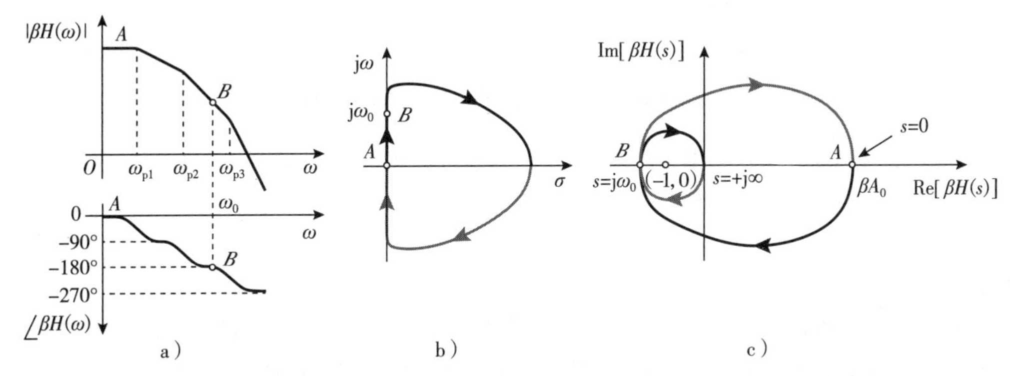

图 1-37 a) 三个极点的环路传输；b) 复平面中 s 的轮廓；c) 响应的奈奎斯特图

我们观察到，如果 $|H(j\omega_0)|>1$，则 H 轮廓顺时针绕点 $(-1, 0)$ 两次，这意味着 $1+H(s)$ 在右半平面(RHP)有两个零点。这些零点有着类似于 $\sigma_1\pm j\omega_1$ 的形式，并成为闭环系统中的极点，从而产生不稳定性。

我们认识到，有着 $\sigma_1\pm j\omega_1$ 形式的极点表示正弦曲线的增长。换句话说，如图 1-38 所示，逐渐增长的正弦曲线会沿环路行进。$|H(j\omega_0)|$ 不等于 -1，但是 $|H(\sigma_1\pm j\omega_1)|$ 等于。

试图概括此结果并得出 $|H(j\omega_0)|>1$ 和 $\angle H(j\omega_0)=-180°$ 总是转换为右半平面的闭环极点是诱人的。但这通常是不正确的。例如，如图 1-39a 所示，$H(s)$ 具有三个极点和两个零点。在此，$\angle H(j\omega)$ 穿过 $-180°$ 两次，而 $|H(j\omega)|>1$（在 A 点和 B 点）。$H(s)$ 的轮廓如图 1-39b 所示，与实轴交于 A 和 B 两点，

并以-90°角接近原点。有趣的是，轮廓沿顺时针方向环绕一次(-1,0)，沿逆时针方向环绕一次(-1,0)。因此，$1+H(s)$在RHP内没有零点，表明这是一个稳定的闭环系统。

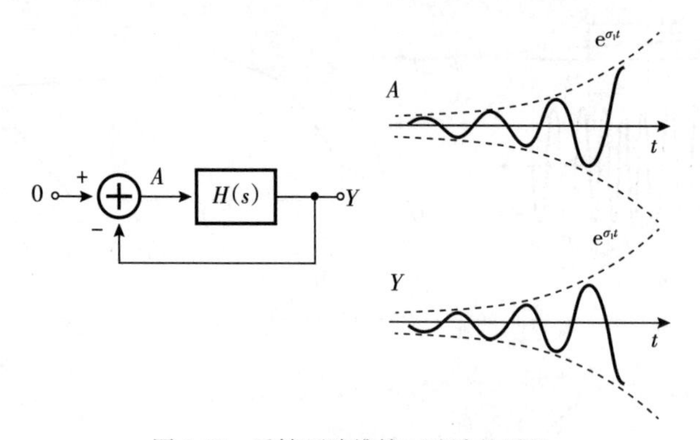

图1-38　反馈环路维持正弦波的增长

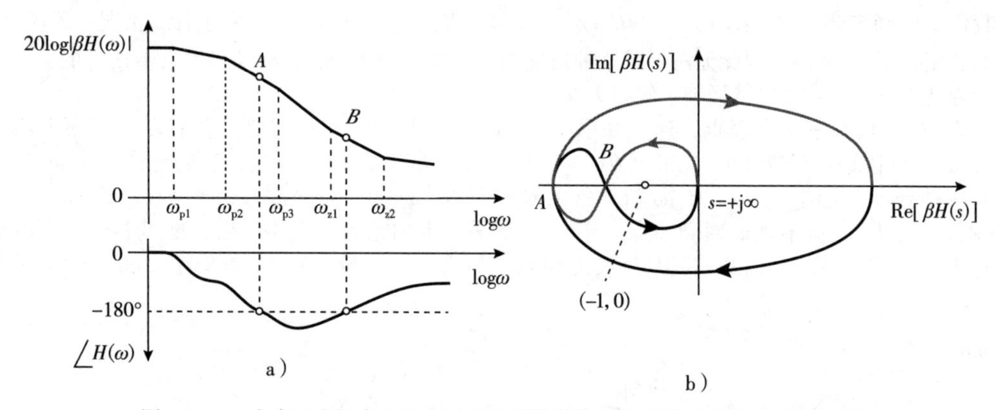

图1-39　a)含有三个极点和两个零点的环路传输；b)频率响应的奈奎斯特图

这些结果可以总结如下：如果$\angle H(j\omega)$穿过-180°奇数次且$|H(j\omega)|>1$，则系统不稳定；如果$\angle H(j\omega)$穿过-180°偶数次且$|H(j\omega)|>1$，则系统稳定。

习题

1.1　假设图1-7c中的I_X是脉冲$I_0\delta(t)$，并符合小信号模型，将V_X视为时间的函数并求解。

1.2　在图1-7a中，在$t=0$时刻V_{DD}跃变ΔV。电路会开始振荡吗？解释原因。

1.3　在图1-7a中，我们将电压源与M_1的源极串联放置，并在$t=0$时将其从100 mV渐变到零。电路会开始振荡吗？解释原因。

1.4　在图1-9中，确定在节点X和Y之间的阻抗，并由此获得振荡条件。

1.5　在图1-12a中，计算在节点Y处的(闭环)阻抗，并确定它是否可以达到无穷大。

1.6　环形振荡器使用N级，每级结构如图1-40所示。注意，M_2提供本地正反馈。确定振荡条件和频率。

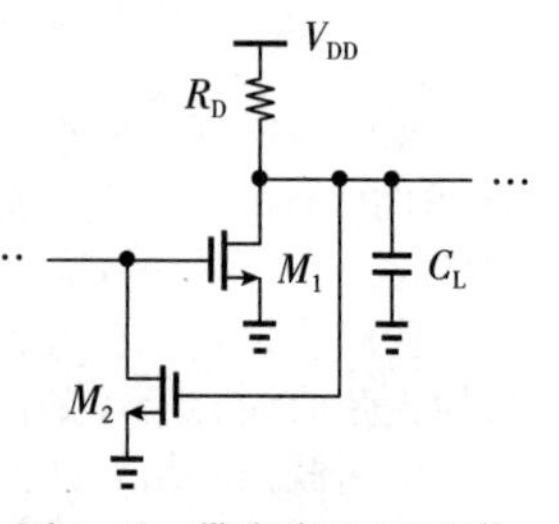

图1-40　带有本地正反馈的共源级

1.7　在图1-14a中的晶体管$M_1\sim M_6$的宽度加倍。解释振荡频率保持不变的原因。

1.8 对于图 1-16a 中的腔体，推导并绘制 $|Z_1|$ 和 $\angle Z_1$ 从低频到高频的变化。

1.9 如果图 1-17a 中的电感值加倍，那么在 ω_0 处 $\angle Z_1$ 的斜率会怎样变化？考虑两种情况：L_1 的串联电阻保持不变或者也加倍。假设 $R_s^2/(L_1\omega_0^2) << L_1$。

1.10 如果 L_1 的串联电阻为 10 Ω，M_1 的偏置电流为 2 mA，重复例 1-11。

1.11 计算图 1-22 中 V_X 或 V_Y 三次谐波的幅度，归一化为一次谐波的幅度。

1.12 在图 1-20b 的电路中，两个电感之间有轻微不同，$L_1 = L_2 + \Delta L$ 且 $\Delta L << L_2$。假设电路的其他部分是对称的，计算振荡频率。

1.13 计算图 1-24 电路中 M_3 漏极和地之间的(闭环)阻抗，从而找到振荡条件。

1.14 在图 1-26a 中插入与 M_1 和 M_2 的栅极串联的两条延迟线。为了使腔体在谐振频率产生振荡，需要多大的延迟？

1.15 通过断开 M_1 栅极的环路，对图 1-30b 所示的振荡器重复例 1-18 的分析。

1.16 通过断开 M_1 漏极的环路并将测试电流 I_t 注入 L_1 和 C_2 的公共端，对图 1-30c 所示的振荡器重复例 1-18 的分析。在这种情况下，环路传输由 $-I_{D1}/I_t$ 给出。

1.17 计算在图 1-30b 中 M_1 的源极处的阻抗，并确定它是否在振荡频率处达到无穷大。

1.18 计算在图 1-30b 中 M_1 的栅极处的阻抗，并确定它是否在振荡频率处达到无穷大。

1.19 计算在图 1-30c 中 M_1 的漏极处的阻抗，并确定它是否在振荡频率处达到无穷大。

1.20 考虑图 1-32 的差分 Colpitts 振荡器。试解释如果两侧在共模下振荡会发生什么。(提示：对于 CM 振荡，因为它们所有对应的电压都相等，所以两侧可以合并为一个。在这种情况下，考虑 R_b 的作用。)

参考文献

[1]. B. Razavi, *Design of Analog CMOS Integrated Circuits,* Boston: McGraw-Hill, Second Edition, 2017.

[2]. R. C. Dorf and R. H. Bishop, *Modern Control Systems,* Reading, Massachusetts: Addison-Wesley, 1995.

第 2 章 |Chapter 2|

抖动和相位噪声

锁相环的设计必须处理抖动和相位噪声。正如我们将在本章中看到的那样，振荡器需要权衡相位噪声和功耗，要求在设计工作之初就将两者都考虑在内。换句话说，在不考虑相位噪声的情况下设计振荡器是没有意义的。因此，在着手进行环形和 *LC* 振荡器的晶体管级设计之前，我们先研究抖动和相位噪声。鼓励读者先阅读第 1 章的 VCO 部分。本章将提供一个有趣且复杂的相位噪声主题的切入点。本书几乎所有剩余的章节都将讨论相位噪声机制。

2.1 噪声的简单回顾

读者应该熟悉噪声现象及其在电路中的表示。在本节中，我们简要回顾其中的一些概念。

2.1.1 时域和频域的噪声

噪声是随机过程。就我们的目的而言，这意味着无法准确预测时域中的噪声瞬时值。繁忙街道上交通的声音、拥挤餐厅里人的声音，以及河水的声音都是随机过程的例证。我们设想如图 2-1a 所示的随机波形来表示时域中的这些现象。

一种可以在时域中计算的噪声属性是其幅度的概率密度函数(Probability Density Function，PDF)(或分布)。例如，如果噪声是由许多人独立产生的，则可以期望它的 PDF 服从高斯分布，如图 2-1b 所示。其分布的标准偏差 σ 等于噪声的方均根(rms)值。高斯噪声的一个有用的经验法则是，它在时域中的峰值很少超过$\pm 4\sigma$。这是因为当 $|x|>4\sigma$ 时，$p_x(x)$下的区域面积非常小。

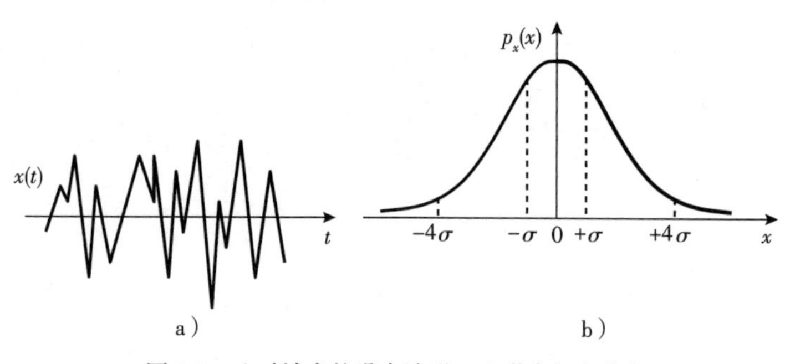

图 2-1 a)时域中的噪声波形；b)噪声幅度分布

我们面对的大部分噪声分析都发生在频域中。但是，由于其随机性，噪声并不能直接将其自身用于傅里叶变换。也就是说，如果我们对图 2-1a 中的 $x(t)$进行傅里叶变换，则无论 $x(t)$波形有多长，都无法获得“平滑”的频域图。因此，我们必须转向适用于随机现象的不同的频域特性。

事实证明，“功率谱密度”或简称“频谱”的概念在我们的工作中非常有用。我们将频谱定义为信号在以每个频率为中心的 1 Hz 带宽内承载的功率(或能量)。例如，我们知道语音中包含从 20 Hz 至 20 kHz 的频率分量。因此，为了构造语音频谱，我们考虑如图 2-2a 所示的概念性测试方法。传声器将语音转换为电信号，然后将其施加到感兴趣频率 f_j 周围具有 1 Hz 带宽的带通滤波器上。产生的带限信号驱动功率计，功率计将显示 1 Hz 带宽内语音所携带的平均功率。滤波器的中心频率控制将 f_j 从 20 Hz 扫描到 20 kHz，产生如图 2-2b 所示的曲线。我们用 $S(f)$ 表示频谱。

实际上，要实现具有高中心频率，例如 $f_j=1$ GHz 的 1 Hz 带宽的滤波器并不容易。取而代之的是，我们使用带宽为 1 MHz 的滤波器，并将测得的输出功率除以 10^6，以获得 1 Hz 内的功率。

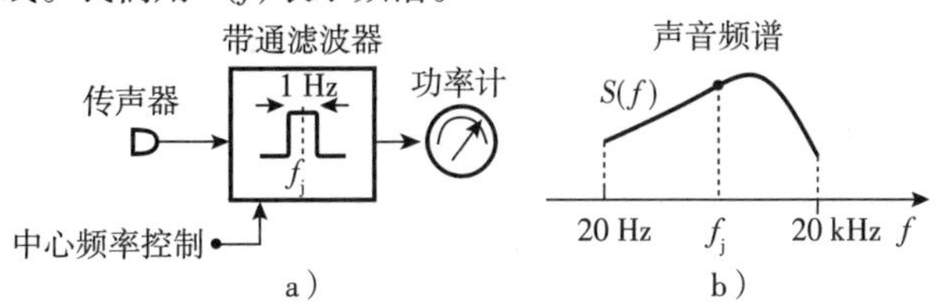

图 2-2 a)测试方法；b)频谱图

2.1.2 器件噪声

在 CMOS 电路设计中，我们主要关注电阻和 MOSFET 产生的噪声。

阻值为 R 的电阻将周围的热能转换为两端的随机电压。电压的频谱由下式给出：

$$S(f)=4kTR(\mathrm{V}^2/\mathrm{Hz}) \tag{2-1}$$

式中，$k=1.38\times10^{-23}\mathrm{J\cdot K^{-1}}$，它是玻耳兹曼常数；$T$ 是绝对温度。注意，$S(f)$ 的单位是 V^2/Hz，而不是 W/Hz，我们通常将此式写为

$$\overline{V_n^2}=4kTR(\mathrm{V}^2/\mathrm{Hz}) \tag{2-2}$$

以强调它代表电压量。将该噪声建模为与电阻串联的电压源，如图 2-3a 所示，其频谱被称为“白色”，因为与白光一样，它在所有频率下都具有相等的功率[⊖]，见图 2-3b。在某些分析中，我们更喜欢使用如图 2-3c 所示的“双边”表示，其中信号功率分布在正和负频率上。另外，在某些情况下，如果我们通过并联电流源对电阻噪声建模，则分析会更简单，见图 2-3d。此时的频谱为 $S(f)=\overline{I_n^2}=4kT/R(\mathrm{A}^2/\mathrm{Hz})$。我们应该指出，电压或电流源的极性不重要。

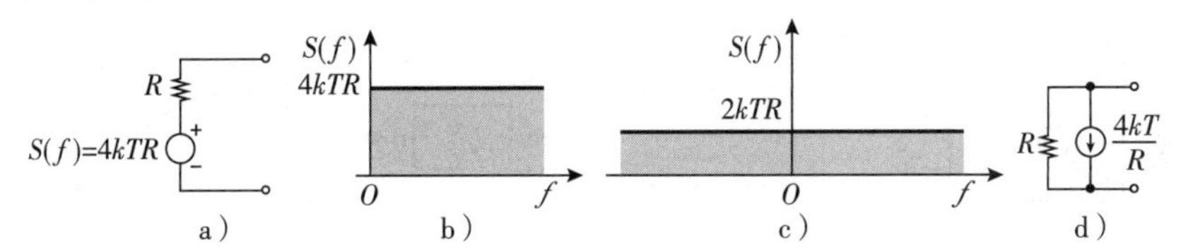

图 2-3 a)电阻噪声模型；b)噪声频谱；c)双边噪声频谱；d)电流源噪声模型

例 2-1 我们希望计算如图 2-4a 所示网络的输出噪声。一个学生构造了图 2-4b 中的等效电路，并将 KVL 记为 $V_{out}+V_{out}R_1C_1s=V_n=\sqrt{4kTR_1}$。解释为什么这个等式是不正确的。

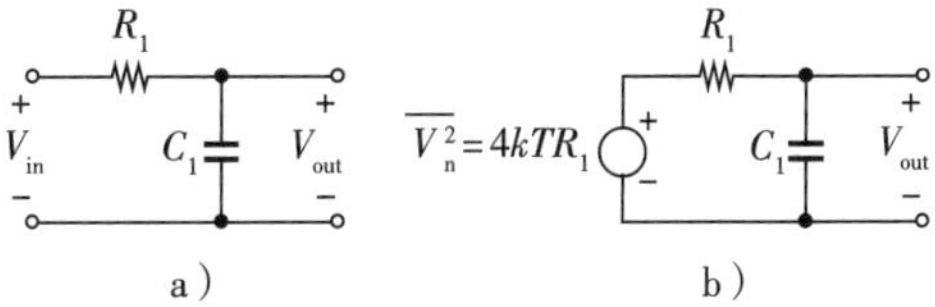

图 2-4 a)简单低通滤波器；b)等效电路

解： 表达式 $\overline{V_n^2}=4kTR$ 只是意味着以 1Hz 测得的平均噪声功率等于 $4kTR$，它不提供有关 V_n 本身的任何信息。因此，我们不能认为 $V_n=\sqrt{4kTR}$，该表达式在频域和时域中是没有意义的。计算输出的正确方法将在本章后面介绍。

MOS 晶体管会产生“闪烁噪声”（也称为“1/f 噪声”）和热噪声。前者被建模为与栅极串联的电压源，如图 2-5a 所示，其频谱为

$$S_{1/f}(f)=\frac{K}{WLC_{ox}}\frac{1}{f}(\mathrm{V}^2/\mathrm{Hz}) \tag{2-3}$$

⊖ 实际频谱并不平坦，大约 6 THz 以上开始下降。

式中，K 是与工艺有关的参数，W、L 和 C_{ox} 分别表示宽度、长度和每单位面积的氧化层电容。对于较小的 f 值，闪烁噪声会变得严重。它同时还与总栅极电容 WLC_{ox} 存在权衡。

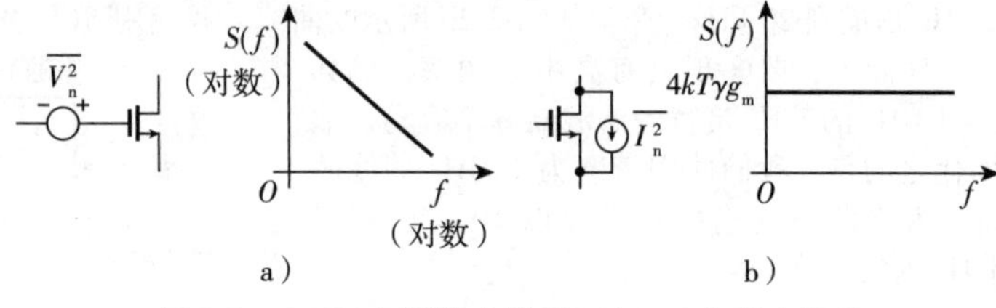

图 2-5 a) MOS 闪烁噪声模型；b) MOS 热噪声模型

饱和区域中 MOSFET 的热噪声建模为连接在漏极和源极之间的电流源，如图 2-5b 所示，并具有白噪声频谱：

$$\overline{I_n^2} = 4kT\gamma g_m (A^2/Hz) \quad (2\text{-}4)$$

式中，γ 为过噪声系数(理想情况下等于 2/3)，在短沟道器件中大约为 1；g_m 是器件跨导。

2.1.3 噪声的传播

电路和系统分析中的一个常见问题是确定给定源所产生的噪声如何“传播”到给定输出，如图 2-6a 所示。换句话说，我们希望找到噪声所经历的传递函数。此任务分为三个步骤执行：①计算从 V_{n1} 到 V_n 的传递函数 $H(s)$，就好像 V_{n1} 是确定性源一样；②用 $j\omega = j2\pi f$ 替换 s 并确定 $H(s)$ 的幅度平方，即 $|H(f)|^2$；③将输出频谱表示为

$$S_{n,out}(f) = S_{n1}(f) \cdot |H(f)|^2 \quad (2\text{-}5)$$

式中，$S_{n1}(f)$ 表示 V_{n1} 的频谱。我们说噪声频谱在传播到输出时被 $|H(f)|^2$“整形”。图 2-6b 举例说明了 $S_{n1}(f)$ 是白噪声频谱，而 $H(s)$ 是低通滤波器的情况。该式与我们为线性时不变系统以 $Y(s) = X(s) \cdot H(s)$ 形式编写的等式相似，但它适用于信号的功率谱。

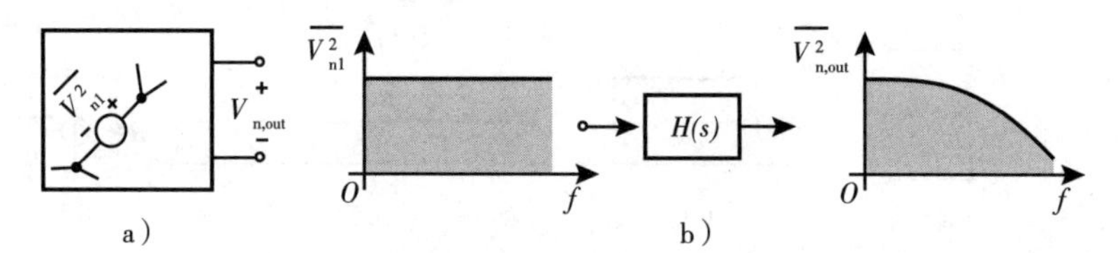

图 2-6 a) 噪声源传播到输出；b) 传递函数对噪声整形

例 2-2 用式(2-5)重复例 2-1。

解： 因为 $H(s) = (R_1C_1s+1)^{-1}$，我们有[⊖]

$$S_{n,out}(f) = 4kTR_1 \frac{1}{R_1^2C_1^2(2\pi f)^2+1} \quad (2\text{-}6)$$

注意，我们以 f 而不是 ω 来表示频谱，因为我们希望以 V^2/Hz 而不是 $V^2/(rad/s)$ 表示。

例 2-3 在图 2-7a 的共源级中，I_1 是理想的无噪声电流源，M_1 处于饱和状态。确定输出噪声电压频谱。

解： 我们首先重画电路，包括噪声源。每个噪声源必须乘以其相应的传递函数。从图 2-7b 中我们观察到，$1/f$ 噪声频谱在到达输出时会有 $(g_m r_o)^2$ 的增益，并且热噪声 $\overline{I_n^2}$ 只需要乘以 r_o^2。然后，我们有

⊖ 复数 $a+jb$ 的幅度大小为 $\sqrt{a^2+b^2}$。

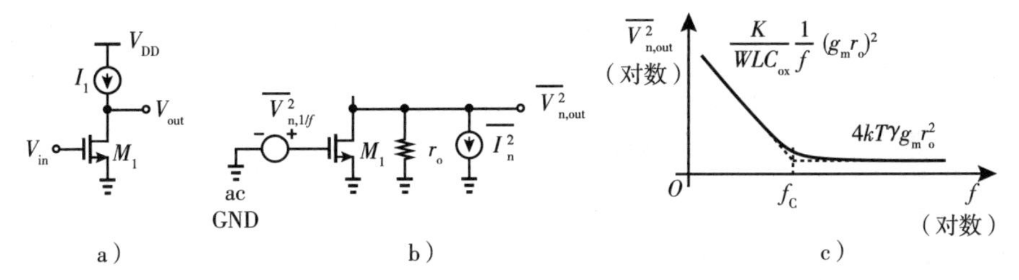

图 2-7 a）简单共源级；b）噪声模型；c）输出噪声电压频谱

$$\overline{V^2_{n,out}} = \frac{K}{WLC_{ox}}\frac{1}{f}(g_m r_o)^2 + 4kT\gamma g_m r_o^2 \tag{2-7}$$

图 2-7c 以对数-对数比例绘制了该频谱，从而使闪烁噪声随频率线性下降。闪烁噪声和热噪声的外推交点f_C称为闪烁噪声转角频率，以衡量噪声的大小。在纳米 CMOS 工艺中，除非晶体管沟道面积很大，否则f_C会达到 50~100 MHz。

2.1.4 噪声的平均功率

对于周期信号 $x_1(t)$，我们定义其平均功率为

$$P_{x1} = \frac{1}{T}\int_{-T/2}^{+T/2} x_1^2(t)\,dt \tag{2-8}$$

式中，T 表示周期。同样，对于随机信号 $x_2(t)$，如果我们在很长的时间内观测信号，则可以计算其平均功率为

$$P_{x2} = \overline{x_2^2(t)} = \lim_{T\to\infty}\frac{1}{T}\int_{-T/2}^{+T/2} x_2^2(t)\,dt \tag{2-9}$$

平均功率也可以从信号频谱中获得。Parseval 定理指出

$$P_{x2} = \int_{-\infty}^{+\infty} S_{x2}(f)\,df \tag{2-10}$$

换句话说，噪声所携带的总平均功率等于其频谱下的面积。注意，频谱中的每个频率分量，无论是否“有意义”，都对时域中幅度的波动有影响。例如，如果将带宽为 5 MHz 的视频信号应用于带宽为 10 MHz 的低通滤波器，则该滤波器产生的所有噪声频率都会破坏该信号(见图 2-8)，除非经过进一步滤波来消除高于 5 MHz 的噪声分量。

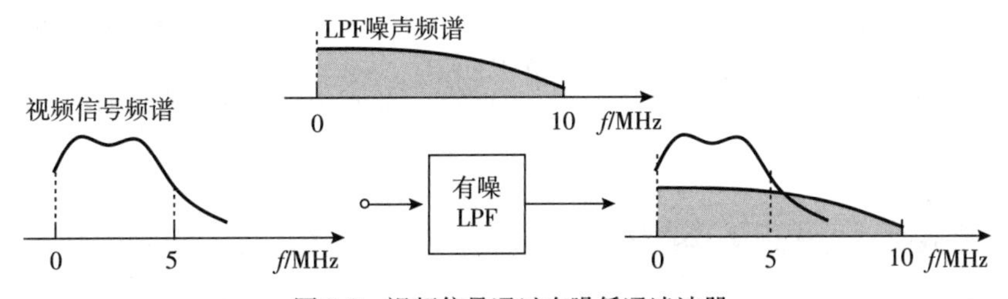

图 2-8 视频信号通过有噪低通滤波器

2.1.5 噪声频谱的近似

在本节中，我们描述连续光谱的近似值，该近似值被证明对噪声影响的可视化很有用，由 Rice[1]

引入，近似过程如下。首先我们将频谱分解为窄带条，如图 2-9a 所示。其次，我们将每条的区域集中成一个脉冲，如图 2-9b 所示。由于每个脉冲在时域中代表一个正弦曲线，我们得出的结论是，噪声可以用大量的正弦曲线建模，如图 2-9c 所示。

图 2-9a 中的条带应该有多窄？在回答这个问题之前，我们必须问另一个问题：图 2-9c 中的确定性正弦曲线如何代表随机信号？我们凭直觉期望图 2-9c 中的时域近似仅在与每条带宽相对应的时间范围内有效。例如，如果每个条的宽度为 1 kHz，则图 2-9c 中的波形大约有效 1 ms。毕竟，确定性正弦波之和不能无限期地表示随机信号。因此，我们根据感兴趣的时间范围来选择条带的带宽。这种对噪声的看法很容易引出一个有趣的观点，后续将对此进行描述。

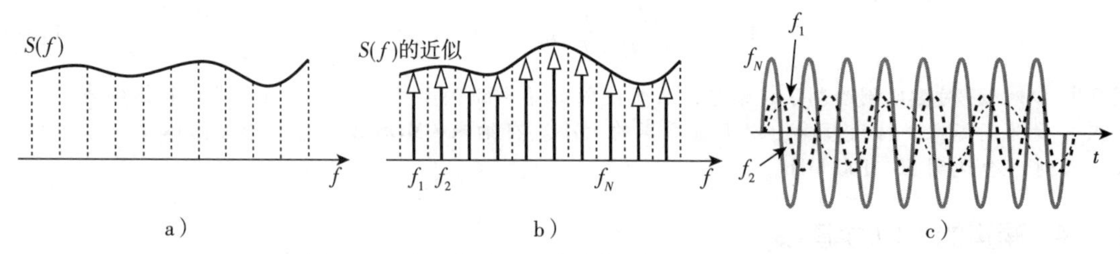

图 2-9 a)任意频谱；b)脉冲的近似；c)时域可视化

2.1.6 噪声随时间的积累

考虑如图 2-10a 所示的噪声频谱及其近似值，让我们在时域中检查 f_1 和 f_N 处的噪声分量。我们假设感兴趣的信号(未显示)也驻留在此带宽中。如图 2-10b 所示，前者的变化要比后者慢得多。因此，如果我们希望看到噪声 $n(t)$ 在从 0 到 t_a 的"观察窗口"内如何变化，则可以说 f_1 的分量在此时间段内变化很小，并且对感兴趣信号的影响可以忽略不计。当然，t_a 越长，f_1 的噪声影响越大。

此处的主要结论是，对于给定的观察窗口，只有在该时间范围内显著变化的频率分量才会影响总体噪声累积。根据经验，如果 $t_a>(1/f_1)/50$，则 f_1 处的分量很重要。

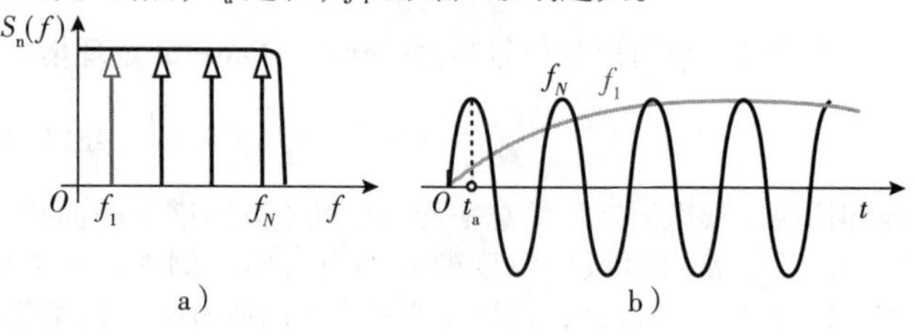

图 2-10 a)通过脉冲近似平坦的带限噪声；b)时域表现

为了得到另一个要点，让我们重新表述前面的结果，即对于给定的(有限)观察窗口，低频噪声分量的影响小于高频分量的影响。这等同于使噪声经过高通滤波器(HPF)的作用，从而增强高频噪声的影响。可以证明，对于远低于 $1/(\pi t_a)$ 的频率，HPF 传递函数大约等于 $\pi t_a f$(一个简单的微分器)[2]。总而言之，在 t_a 秒观察周期内的噪声累积等效于使所有组件经过由 $\pi t_a f$ 给出响应的 HPF。在本章后面的周期间抖动讨论中，这一点被证明是有用的。

2.2 抖动和相位噪声的基本概念

无噪声振荡器会产生完美的周期性输出，例如正弦波或方波形式的输出，如图 2-11a 所示。我们可以看到这样的输出：①周期不随时间变化的波形；②瞬时频率不随时间变化的波形；③零点均匀出现且在 $t=nT_1/2$ 的位置，其中 n 是整数。这三种解读是等效的。

实际上，振荡器电路中的噪声源会干扰这些波形的幅度和相位。让我们忽略振幅变化，观察到噪声：①使周期不相等；②引起瞬时频率随机变化；③产生不在 $nT_1/2$ 位置的零点，如图 2-11b 所示。

我们可以说，噪声随机调制输出的频率和相位。

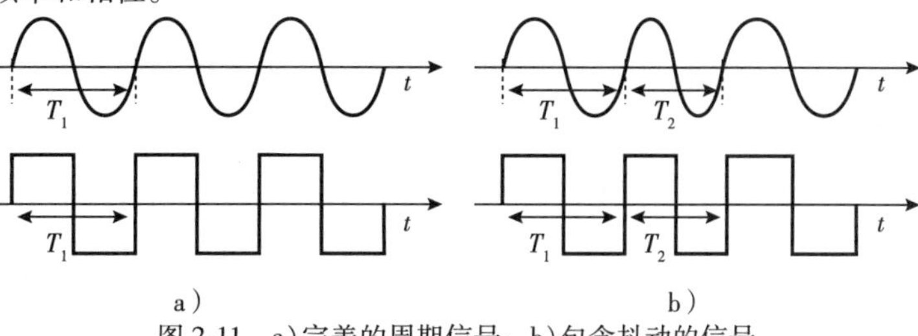

图 2-11　a)完美的周期信号；b)包含抖动的信号

从基本通信理论我们知道，相位调制可以表示为 $V_{out}(t)=V_0\cos[\omega_0 t+\phi_n(t)]$，其中 ω_0 表示“载波”频率，在我们的研究中，其在无噪声情况下等于振荡频率。当然，$\phi_n(t)$代表上述三个观点中的任意一个。例如，如果 $d\phi_n/dt\neq 0$，则对瞬时频率 $\omega_0+d\phi_n/dt$ 进行调制(读者可以阅读第 1 章的 VCO 建模部分)。

例 2-4　如果 $\phi_n(t)\ll 1$ rad，绘制波形 $V_{out}(t)=V_0\sin[\omega_0 t+\phi_n(t)]$的总相位和附加相位。

解：如图 2-12 所示，$\omega_0 t+\phi_n(t)$通常遵循 $\omega_c t$ 轨迹，但具有较小的随机扰动。结果，$V_{out}(t)$的零点偏离了理想位置。图 2-12 还绘制了附加相位 $\phi_n(t)$，其波动仍远低于±1 rad。

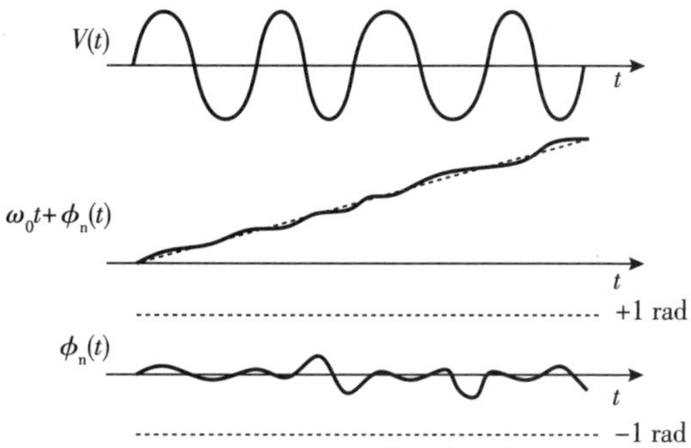

图 2-12　时域中的相位噪声

2.2.1　抖动

周期波形的零点偏离其理想时间点的现象称为“抖动”。但是，实际上，抖动一词还有一些其他定义，将在 2.2.5 节中介绍。要记住的关键点是，抖动通常指时域现象。

例 2-5　VCO 在其控制电压下感测到一个小的确定性扰动，扰动的形式为 $V_{cont}(t)=V_m\cos\omega_m t$。VCO 输出是否会出现抖动？

解：是的，输出确实会出现抖动。由第 1 章，输出可以表示如下：

$$V_{out}(t)=V_0\cos\left(\omega_0 t+K_{VCO}\int V_m\cos\omega_m t\right)\tag{2-11}$$

$$=V_0\cos\left(\omega_0 t+\frac{K_{VCO}V_m}{\omega_m}\sin\omega_m t\right)\tag{2-12}$$

我们观察到，一些零点不是在时间上均匀分布的。图 2-13 绘制了总相位 ϕ_{tot} 和附加相位 ϕ_{ex}。当附加相位达到最大值或最小值时，零点与其理想时间点会出现最大偏离。因此，峰-峰值抖动等于 $2K_{VCO}V_m/\omega_m$ 弧度或$[(2K_{VCO}V_m/\omega_m)/(2\pi)](2\pi/\omega_0)=2K_{VCO}V_m/(\omega_m\omega_0)$秒。我们还可以将抖动归一化为(平均)VCO 周期，并将结果写为$[2K_{VCO}V_m/(\omega_m\omega_0)]/(2\pi/\omega_0)=K_{VCO}V_m/(\pi\omega_m)$。

这种现象称为“确定性抖动”(Deterministic Jitter，DJ)，如果振荡器的频率受到周期性干扰，就会出现这种现象。这种干扰可能来自控制电压，也可能来自电源或基板端的电压。

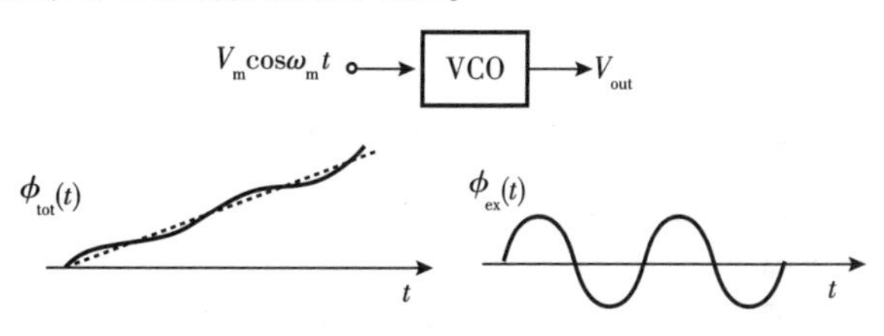

图 2-13　正弦波调制的 VCO 及其相位特性

为了可视化和量化波形的抖动，我们可以构建累积图。考虑如图 2-14a 所示的抖动时钟 CK_{jit}，其中标准周期为 T_0。使用具有相同周期的理想时钟，我们拍摄了从 t_1 到 t_2、从 t_2 到 t_3 等的 CK_{jit} 快照，并叠加了这些周期，如图 2-14b 所示(这是示波器显示波形的方式)。因此，零点差异会在时间 t_a 和 t_b 处显现出来。

该结果称为“眼图”。

振荡器相位调制的时域视图无法轻易揭示出干扰是随机的还是确定性的。例如，如果振荡器受到周期性干扰(见图2-13)，则累积输出波形仍会出现(见图2-14b)。因此，我们经常借助频域以区分不同类型的干扰。

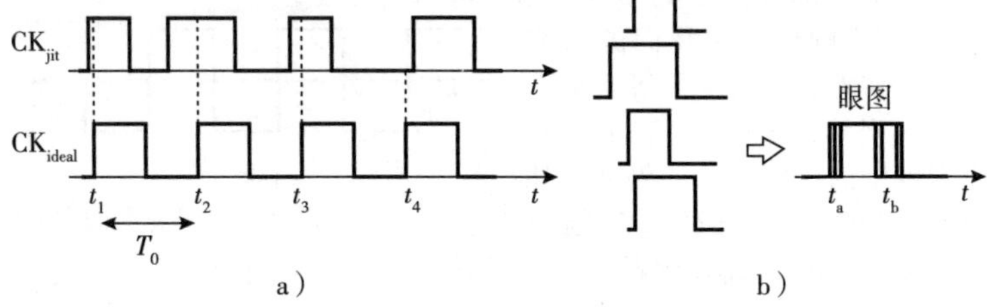

图2-14 a)波形抖动；b)眼图的构建

例2-6 VCO在其控制电压下感测到形式为 $V_{cont}(t)=V_m\cos\omega_m t$ 的小干扰。确定输出频谱。

解： 在式(2-12)中，我们假设 $K_{VCO}V_m/\omega_m\ll1$ rad，并且利用当 $\theta\ll1$ rad 时，存在 $\sin\theta\approx\theta$ 和 $\cos\theta\approx1$ 的近似，可以得到

$$V_{out}(t)\approx V_0\cos\omega_0 t-V_0\frac{K_{VCO}V_m}{\omega_m}\sin\omega_0 t\sin\omega_m t \tag{2-13}$$

$$\approx V_0\cos\omega_0 t-V_0\frac{K_{VCO}V_m}{2\omega_m}[\cos(\omega_0-\omega_m)t-\cos(\omega_0+\omega_m)t] \tag{2-14}$$

这种简化称为“窄带FM近似”。

如图2-15所示，输出频谱由位于 ω_0 的主要成分(称为“载波”)和对称分布在其周围的两个“边带”(也称为“杂散”)组成。我们特别感兴趣的是边带幅度与载波幅度之比，等于 $K_{VCO}V_m/(2\omega_m)$。注意，调制频率 ω_m 增大，比值下降，抖动也降低。

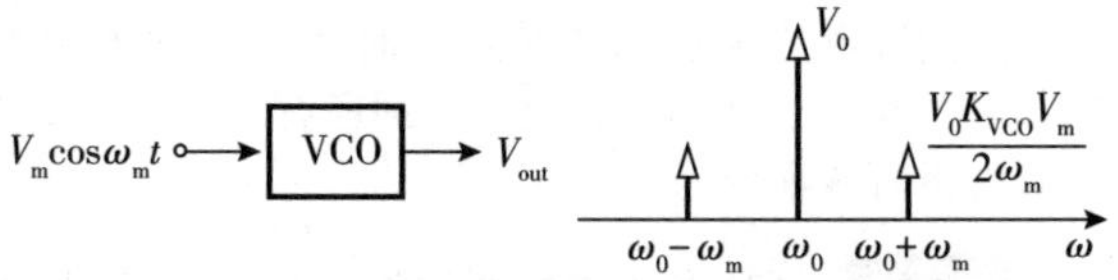

图2-15 正弦波调制的VCO的窄带近似

前面的示例表明，信号频谱可以揭示抖动的本质。实际上，从边带幅度的相对大小，我们可以预测峰-峰值抖动。从例2-5中得出，零点相对于其理想时间点的峰-峰值偏差等于 $2K_{VCO}V_m/\omega_m$ 弧度。因此，归一化的边带幅度乘以4可以得到弧度量纲的峰-峰值抖动。

例2-7 若我们希望振荡器产生的FM边带对峰-峰值抖动的影响小于周期的1%，则容许的最大边带幅度是多少?

解： 为了使归一化输出峰-峰值抖动小于周期的1%，我们有

$$\frac{K_{VCO}V_m}{\pi\omega_m}=1\% \tag{2-15}$$

这意味着相对边带幅度为

$$\frac{K_{VCO}V_m}{2\omega_m}=\frac{\pi}{200} \tag{2-16}$$

$$=-36\text{ dB} \tag{2-17}$$

这是联系确定性抖动的时域和频域特性的有用经验法则。

例2-8 如图2-16所示的 LC 振荡器会经历 $V_{DD}=V_{DD0}+V_m\cos\omega_m t$ 形式的电源噪声。确定最终的输出边带幅度。

解： 在该电路中，V_{DD} 的变化会调制振荡频率。这是因为输出共模电平大约等于 V_{DD}，并且它的变化调制 M_1 和 M_2 的漏-体结电容 C_{DB}。因此，我们计算从 V_{DD} 到输出频率的增益 K_{VCO}，就好像 V_{DD} 是控

制电压一样。X(或 Y)处的电容由常电容 C_1 和与 C_{DB} 产生的电压相关的电容组成。后者可以表示为

$$C_{DB}=\frac{C_{DB0}}{\left(1+\frac{V_{DD}}{\phi_B}\right)^m} \tag{2-18}$$

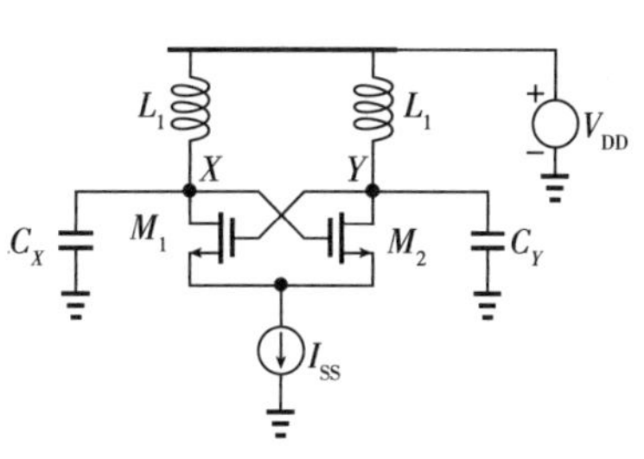

图 2-16 含电源噪声的 LC 振荡器

式中，m 大约为 0.3；ϕ_B 是结的内建电势，约为 0.8 V。因为振荡频率为 $\omega_1=1/\sqrt{L_1(C_1+C_{DB})}$，我们有

$$K_{VCO}=\frac{\partial\omega_1}{\partial V_{DD}} \tag{2-19}$$

$$=\frac{\partial\omega_1}{\partial C_{DB}}\frac{\partial C_{DB}}{\partial V_{DD}} \tag{2-20}$$

取 ω_1 和 C_{DB} 的导数得到

$$K_{VCO}=\frac{1}{2\sqrt{L_1(C_1+C_{DB})}(C_1+C_{DB})}\frac{mC_{DB0}}{\phi_B\left(1+\frac{V_{DD}}{\phi_B}\right)^{m+1}} \tag{2-21}$$

边带的归一化幅度为 $K_{VCO}V_m/(2\omega_m)$。

2.2.2 相位噪声

回想一下，零点或周期的像差可以看作相位调制，并表示为 $V_{out}(t)=V_0\cos[\omega_0t+\phi_n(t)]$。我们把 $\phi_n(t)$ 称为相位噪声。读者可能想知道相位噪声和抖动之间是否有任何区别。通常，相位噪声仅指相位或零点的随机波动，而抖动可能包含确定性(周期性)分量，如例 2-5 中所述。在频率上表征相位噪声也更为常见。

为了检查具有相位噪声的波形的频谱，首先我们进行定性观察：由于 $\phi_n(t)$ 随机调制 V_{out} 的相位和频率，因此频谱不再是 $\omega=\omega_0$ 时的单个脉冲。也就是说，瞬时频率随机偏离 ω_0，从而溢出一些能量传递到脉冲附近。结果，频谱变宽了，如图 2-17 所示。

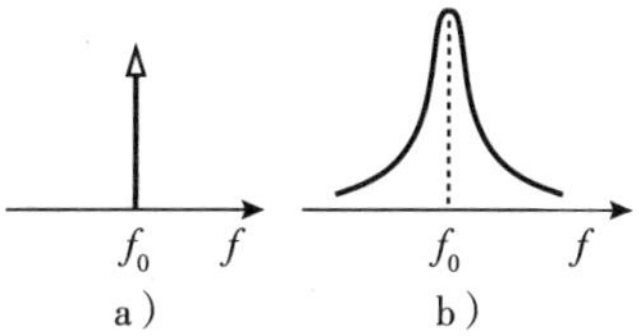

f_0 f a)　　f_0 f b)

图 2-17 a)无噪声正弦波形频谱；b)含噪声正弦波形频谱

我们假设 $\phi_n(t)$<<1 rad 并且利用例 2-6 中的窄带近似得到

$$V_{out}(t)=V_0\cos[\omega_0t+\phi_n(t)] \tag{2-22}$$

$$\approx V_0\cos\omega_0t-V_0\phi_n(t)\sin\omega_0t \tag{2-23}$$

我们识别出振幅为 V_0 的载波，以及 $\phi_n(t)$ 和 $V_0\sin\omega_0t$ 的乘积，这对应于 ϕ_n 频谱中心频率的偏移量等于 ω_0。因此，如果 ϕ_n 的频谱以零为中心，则输出频谱如图 2-18 所示，频率随机偏离 f_0。

我们凭直觉期望出现较大的随机频率误差且概率较低，这是因为振荡器更喜欢在大多数情况下保持 $f=f_0$。这解释了当 $|f-f_0|$ 增加时，频谱逐渐下降。当然，我们最终必须为此相位噪声“轮廓”导出表达式。

读者可以观察到图 2-17b 和图 2-18 所示的输出电压频谱之间的差异：前者不包含脉冲，但后者包含脉冲。我们在 2.2.3 节中将回到这一点，并得出结论，前者是正确的。

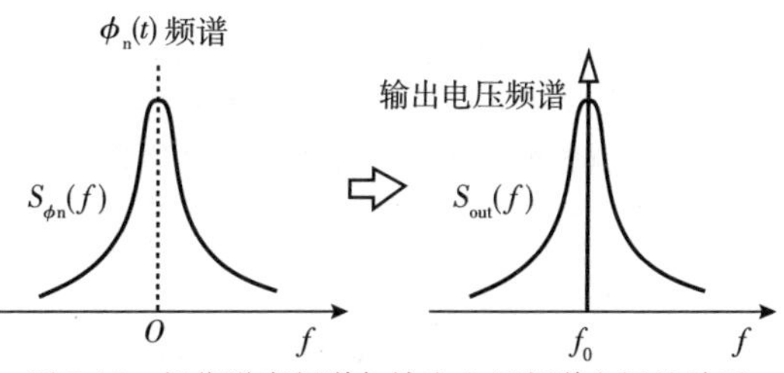

图 2-18 相位噪声频谱与输出电压频谱之间的关系

由于相位噪声频谱不是平坦的，因此我们必须在不同的“频率偏移”(即与图 2-18 中的 f_0 不同的偏移)处指定其值。当然，如果 $S_{out}(f)$ 的形状是唯一的并且完全由一点定义，那么我们可以简单地指定

某个频率偏移处的相位噪声。如图 2-19 所示，该过程包括四个步骤：①选择频率偏移 Δf(例如 100 kHz)；②在 Δf 处以 1 Hz 带宽计算噪声功率；③由式(2-23)中的 $V_0^2/2$ 给出的载波功率对此进行归一化；④取这个比率的 10log。结果以 dBc/Hz 表示，其中字母 c 表示用载波功率的归一化，每赫兹表示 1 Hz 带宽内的相位噪声功率。例如，900 MHz GSM 发射机中的 VCO 必须在 25 MHz 偏移处达到大约-145 dBc/Hz 的相位噪声。

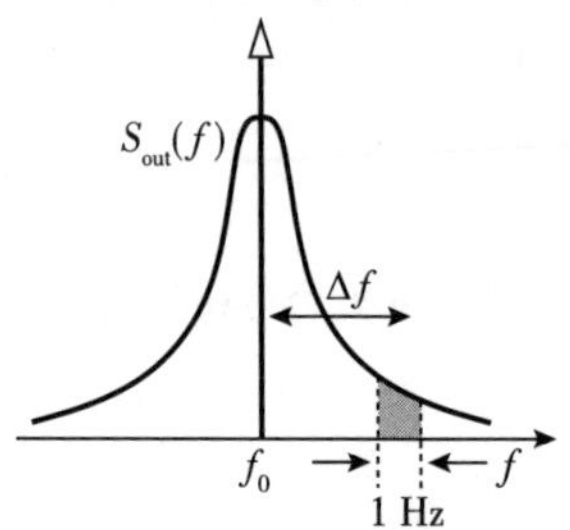

图 2-19　指定相位噪声的频谱

例 2-9　参考图 2-18，解释 $S_{\phi n}$ 和归一化的 $S_{out}(f)$ 是如何关联的。

解：输出包含上变频的频谱 $V_0\phi_n(t)\sin\omega_c t$。由于将 ϕ_n 乘以 $V_0\sin\omega_c t$，因此当其落在 $\pm f_0$ 处时，其频谱将按 $V_0^2/4$ 的比例缩放。因此，单边频谱由 $2(V_0^2/4)S_{\phi n}(f-f_0)$ 给出，在用 $V_0^2/2$ 的载波功率归一化后，得出 $S_{\phi n}(f-f_0)$。因此，除了频移，$S_{\phi n}(f)$ 和归一化的单边输出频谱相同。图 2-20 说明了上述变换。

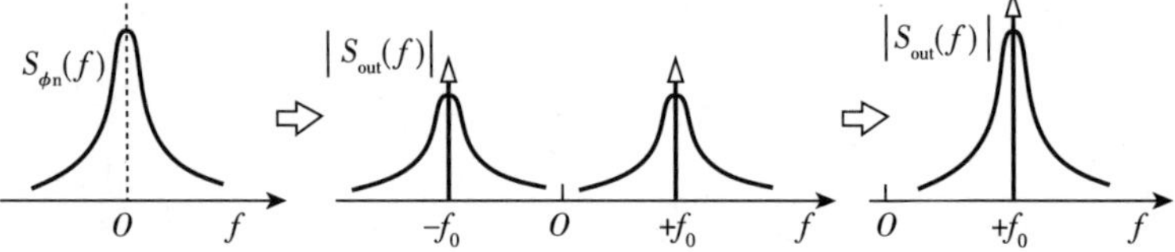

图 2-20　相位噪声和输出电压频谱(如 2.2.3 节所述，实际电压频谱不包含在 f_0 的脉冲)

例 2-10　我们将 900 MHz 振荡器的输出连接到频谱分析仪，并观察到如图 2-21a 所示的频谱。显然，图中没有对应式(2-23)中 $V_0\cos\omega_0 t$ 的脉冲。我们应该如何计算 100 kHz 偏移下的相位噪声?

解：为了测量载波功率，我们必须通过增加频率跨度(即通过增加水平标度的比例)来缩小。例如，在 1 MHz/div 的范围内，频谱如图 2-21b 所示，其类似于脉冲，并产生-3 dBm 的载波功率[㊀]。该峰值略高于图 2-21a 中的峰值。为了理解原因，注意缓慢的频率波动会使频谱向左和向右移动，这种效果在 100 kHz/div 的范围内更加明显。例如，中心频率可能会缓慢波动至 900 MHz±50 kHz。结果就是峰在图 2-21a 中比在图 2-21b 中更“模糊”[㊁]。

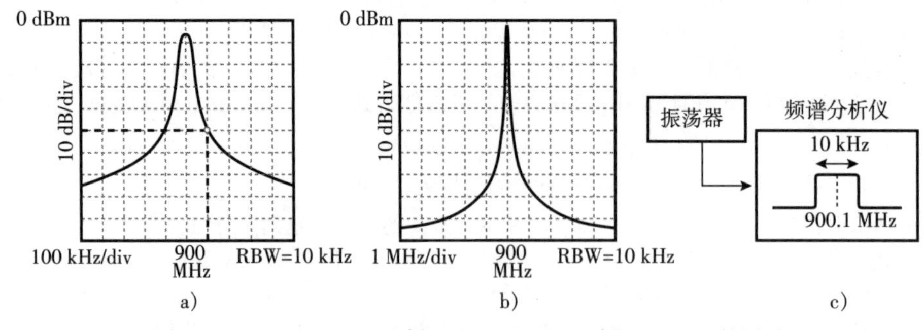

图 2-21　a) 100 kHz/div 比例；b) 1 MHz/div 比例；c) RBW 的图示

在图 2-21a 中测得 100 kHz 偏移处的相位噪声等于-50 dBm，即比-3 dBm 的载波功率低 47 dB。但是，由于中心频率较高，因此该噪声功率不是在 1 Hz 带宽中测量的，而是在 10 kHz 的“分辨率带宽”(RBW)中测量的。这意味着频谱分析仪在 900 MHz+100 kHz 处放置一个带宽为 10 kHz 的带通滤波器，如图 2-21c 所示，并测量信号携带的噪声功率。因此，以 1 Hz 为单位的噪声功率等于-50 dBm-

㊀ dBm 单位用于功率量，以 10log$P$ 的形式获得，其中 P 以 mW 表示。

㊁ 水平刻度的选择取决于振荡器的噪声。

$10\log(10\text{ kHz})=-90$ dBm，从而在 100 kHz 偏移处产生−3 dBm+(−90 dBm/Hz)=−87 dBc/Hz 的相位噪声。重要的是不要将 RBW 与频率偏移混淆。

例 2-11 电阻 R_1 连接在 VCO 的控制电压和地之间，如图 2-22a 所示。确定：(a)输出相位噪声频谱；(b)输出频率噪声频谱。

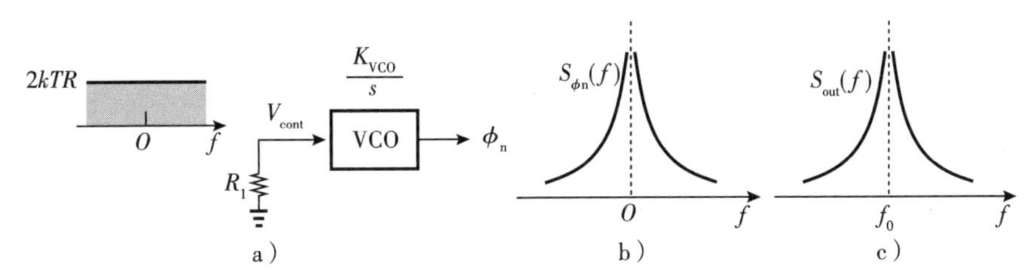

图 2-22 a)由热噪声调制的 VCO；b)相位噪声频谱；c)频率噪声频谱

解：(a)由于相位噪声是输出端的附加相位，因此感兴趣的传递函数是从 V_{cont} 到 $\phi_{ex}=\phi_n$ 的传递函数，即 K_{VCO}/s。由式(2-5)得到

$$S_{\phi n}(f)=2kTR_1\left(\frac{K_{VCO}}{2\pi f}\right)^2 \tag{2-24}$$

$$=\frac{kTR_1K_{VCO}^2}{2\pi^2f^2} \tag{2-25}$$

注意，电阻噪声由双边频谱表示，因此，乘以 $K_{VCO}^2/(2\pi f)^2$ 后，将产生 $S_{\phi n}$ 的双边频谱。图 2-22b 显示了该频谱。如例 2-9 所示，输出波形的归一化频谱 $V_0\cos[\omega_0t+\phi_n(t)]$ 与 $S_{\phi n}(f)$ 相同，但转换为中心频率为 f_0(见图 2-22c)：

$$S_{out}(f)=\frac{kTR_1K_{VCO}^2}{2\pi^2(f-f_0)^2} \tag{2-26}$$

式中，$f-f_0$ 是频率偏移，通常用 Δf 表示。此结果并不完全正确，将在 2.2.3 节中重新讨论。

一些论文和书籍中的错误是，它们将 VCO 前的噪声的单边谱乘以 $K_{VCO}^2/(2\pi f)^2$。必须牢记的是，对施加到 V_{cont} 的噪声利用双边频谱更为简单。(b)输出频率通过 VCO 特性与控制电压相关，即 $\omega_{out}=K_{VCO}V_{cont}+\omega_0$。因此，$V_{out}$ 的变化直接调制 ω_{out}，即该频率还包含白噪声。根据式(2-5)，我们将输入噪声频谱乘以传递函数的幅度平方 K_{VCO}^2，得到频率噪声频谱：

$$S_{\omega out}(f)=2kTR_1K_{VCO}^2 \tag{2-27}$$

这里的一个重要观察结果是，任何通过白噪声调制振荡器频率的机制都会产生与 $1/f^2$ 成比例的相位噪声分布。这是可以预期的，因为频率和相位的相关系数是 $1/s$。

前述示例得到两个重要结果。首先，VCO 的相位噪声可以用两种不同的模型表示：①作为加在控制电压上的电压量，如图 2-23a 所示；②作为加到输出相位的相位量，如图 2-23b 所示。当然，这两个添加量具有不同的频谱。其次，式(2-25)表明，施加到 V_{cont} 的噪声中的任意低频都会在输出上产生任意大的相位波动，因为 $S_{\phi n}\propto 1/f^2$。我们说独立 VCO 的(附加)相位是无界限的。如图 2-24 所示，这意味着有噪 VCO 和具有相同振荡频率的无噪 VCO 之间的相位差 $\Delta\phi$ 可以无限增大。我们也可以说，相对于理想时钟，独立("自由运行")VCO 的白噪声引起的抖动可以任意增大。相反，如第 7 章所述，锁相 VCO 的抖动和相位噪声是有限的。

图 2-24a 所示的场景还展示了如何计算"绝对抖动"，该抖动定义为随着时间的推移，目标振荡器和理想振荡器之间的相位差(在一般情况下，绝对抖动可以包含随机分量和周期分量)。独立有噪振荡

器的绝对抖动是无界限的。

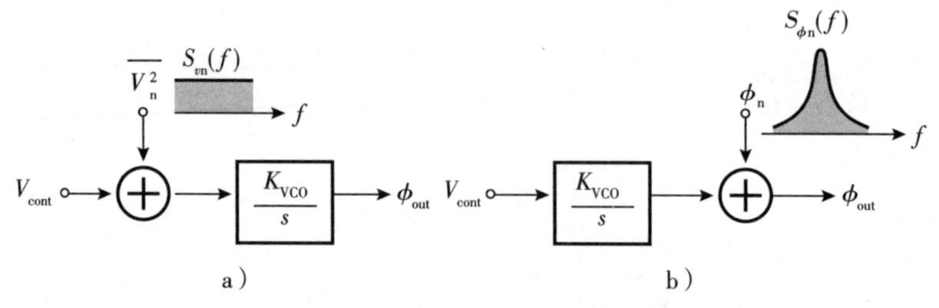

图 2-23　a)使用与V_{cont}相加的噪声电压；b)在输出端添加相位

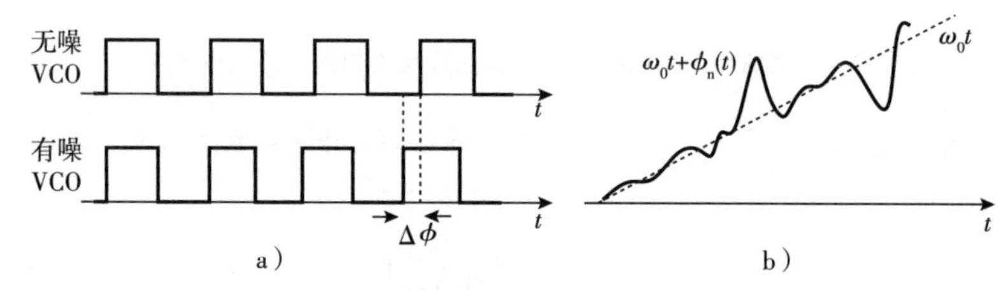

图 2-24　a)无噪和有噪 VCO 的输出波形；b)有噪 VCO 的无界限相位波动

2.2.3　窄带 FM 近似的局限性

尽管在数学上方便，但窄带 FM 近似 $V_0\cos[\omega_0 t+\phi_n(t)]\approx V_0\cos\omega_0 t-\phi_n(t)V_0\sin\omega_0 t$ 确实会导致一些不一致。首先，我们推测频率噪声或相位噪声会扩大 ω_0 处的频谱脉冲，但该等式仍包含一个脉冲，如图 2-18 所示。其次，虽然我们假设 $\phi_n(t)\ll 1\text{rad}$，但图 2-24 则相反：附加相位在时域中可能会变得任意大。通常，我们可以互换地使用两个频谱 $S_{\phi n}(f)$ 和 $S_{out}(f)$，但是我们必须解决这些矛盾之处。

假设振荡器的频率由白噪声调制，如例 2-11 所示。通过 $S_\omega=\eta/2$(其中 S_ω 是双边频谱，η 是常数)建模得到频率噪声，我们知道 $S_{\phi n}(f)=S_\omega/\omega^2=(\eta/2)/(4\pi f)^2$。问题是如何确定输出电压的频谱 $V_0\cos[\omega_0 t+\phi_n(t)]$。这是通过计算波形的自相关并对结果进行傅里叶变换来完成的[3]：

$$S_{out}(f)=\frac{V_0^2(\eta/4)}{(\omega_0-\omega)^2+\eta^2/16}\tag{2-28}$$

$\eta/4$ 称为“相位扩散常数”，并用 D_ϕ 表示。如图 2-25 所示，$S_{out}(f)$ 被称为“洛伦兹”频谱，当 $\omega=\omega_0=2\pi f_0$ 时，达到峰值 V_0^2。注意，在 f_0 处没有脉冲。

实际上，对于数百赫兹以上的 $(\omega-\omega_0)/(2\pi)$，D_ϕ^2 相对于 $(\omega-\omega_0)^2$ 可以忽略不计。换句话说，在大多数情况下，窄带 FM 近似对我们仍然有用，从而无须区分 $S_{\phi n}(f)$ 和 $S_{out}(f)$。

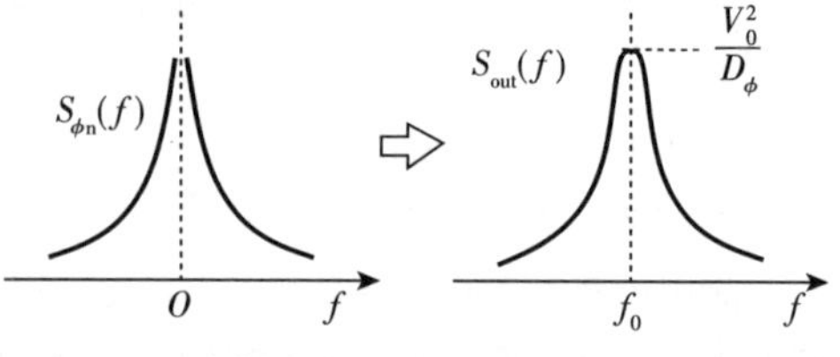

图 2-25　洛伦兹输出电压频谱(对应于白噪声引起的相位噪声)

前述研究已经确定，驱动 VCO 控制电压的白噪声会产生白频率噪声和与 $1/\Delta f^2$ 成正比的白相位噪声分布。我们还必须检查闪烁噪声的影响，如下例所示。

例 2-12　回想一下第 1 章和例 2-8，振荡器通常对其电源电压敏感，在 V_{DD} 至 ω_{out} 之间显示出有限的增益。由于这个原因，VCO 通常由专用的片上电压调节器供电，如图 2-26a 所示，以便将其电源与芯片上其他电路所产生的噪声隔离。不幸的是，调节器本身遭受闪烁噪声的困扰。将 V_{DD} 上的噪声建模为 α/f(其中 α 为常数)，确定输出相位噪声频谱。

解：V_{DD} 至 ω_{out} 的增益 K_{VCO} 可以按照例 2-8 所述计算。得到 K_{VCO} 后有

$$S_{\phi n}(f)=\frac{\alpha}{f}\frac{K_{VCO}^2}{(2\pi f)^2} \tag{2-29}$$

$$S_{\phi n}(f)=\frac{\alpha K_{VCO}^2}{4\pi^2 f^3} \tag{2-30}$$

闪烁噪声引起的相位噪声遵循 $1/f^3$ 关系。如图 2-26b 所示，此行为本身表现为对数-对数㊀刻度上的 −30 dB/dec 斜率，之后是对应于白噪声引起的相位噪声的−20 dB/dec 斜率。同样，在这种情况下，低偏移频率(例如，低于 10 Hz)下的相位波动也会变得非常大，这违反了窄带 FM 近似并产生洛伦兹形状，但是我们通常对更高的偏移感兴趣，并且假设 S_{out}(输出电压频谱)是 $S_{\phi n}$ 的平移复制。

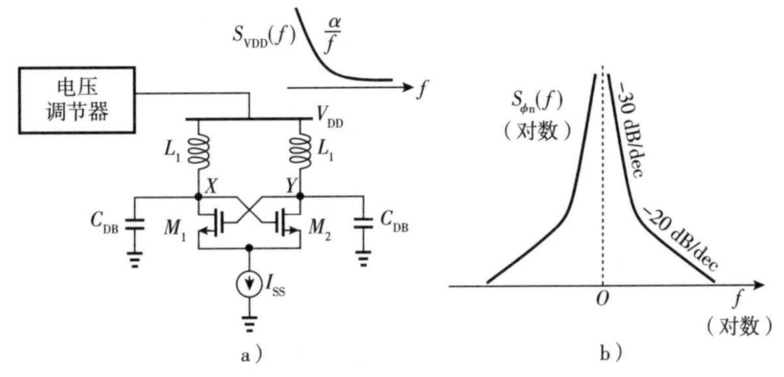

图 2-26 a)电源含 1/f 噪声的 VCO；b)相位噪声频谱

2.2.4 抖动和相位噪声的关系

我们已经看到，时域中的抖动可能来自(确定性)边带或(随机)相位噪声。我们在 2.2.1 节中了解到，确定性抖动的峰-峰值(弧度)等于输出边带归一化幅度的 4 倍。在本节中，我们将推导随机抖动与相位噪声频谱之间的关系。随机性表明我们无法指定峰-峰值抖动，从而必须寻求方均根值㊁。

考虑波形 $V_0\cos[\omega_0 t+\phi_n(t)]$。我们知道 $\phi_n(t)$ 代表零点的波动，并且与任何其他时域量一样，都可由下式来建立平均"功率"：

$$\overline{\phi_n^2(t)}=\lim_{T\to\infty}\frac{1}{T}\int_{-T/2}^{+T/2}\phi_n^2(t)\,dt \tag{2-31}$$

(回想一下 2.1.4 节中平均功率的定义。)这个值很难直接计算，但是从 Parseval 定理中我们知道，平均功率等于频谱下的面积：

$$\overline{\phi_n^2(t)}=\int_{-\infty}^{+\infty}S_{\phi n}(f)\,df \tag{2-32}$$

方均根抖动 J_{rms} 等于 $\overline{\phi_n^2(t)}$ 的平方根：

$$J_{rms}=\sqrt{\int_{-\infty}^{+\infty}S_{\phi n}(f)\,df} \tag{2-33}$$

㊀ 由于频谱表示功率(或平方)量，因此我们取 $10\log S(f)$。

㊁ 对于高斯抖动，峰-峰值抖动很少超过方均根值的 8 倍。

这种关系在根据相位噪声曲线计算方均根(随机)抖动时非常有用。注意，J_{rms} 以弧度为单位，如果我们希望以秒为单位表示，则必须除以 2π 并乘以周期。

例 2-13 锁相环的输出相位噪声可以通过如图 2-27 所示的曲线近似得出。其中，对于 $|f|<f_1$，$S_{\phi n}(f)$ 是平坦的；对于 $|f|>f_1$，其与 $1/f^2$ 成比例下降。计算方均根抖动。

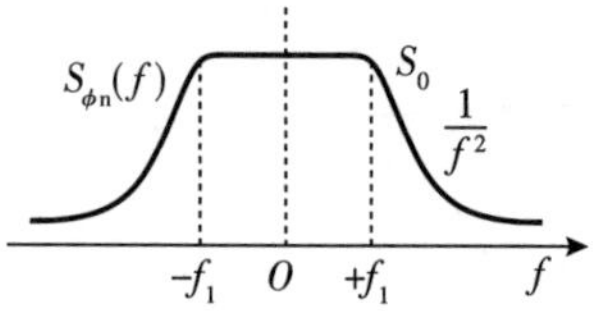

图 2-27 锁相 VCO 的频谱

解： 我们有

$$\overline{\phi_n^2(t)} = 2\int_0^{f_1} S_0 \mathrm{d}f + 2\int_{f_1}^{+\infty} S_{\phi n}(f)\mathrm{d}f \tag{2-34}$$

式中，因数 2 解释了在正负频率上对称分布的功率。由于在 $|f|=f_1$ 处 $S_{\phi n}(f)=S_0$，超出此频率的曲线由 $S_0 f_1^2/f^2$ 给出。它遵循

$$\overline{\phi_n^2(t)} = 2S_0 f_1 + 2\int_{f_1}^{+\infty} \frac{S_0 f_1^2}{f^2}\mathrm{d}f \tag{2-35}$$

$$= 2S_0 f_1 + 2S_0 f_1 \tag{2-36}$$

$$= 4S_0 f_1 \tag{2-37}$$

有趣的是，方均根抖动等于从 0 到 $f=+f_1$ 频谱下面积的 4 倍。记住此结果很有用。

例 2-14 VCO 的控制线由电阻 R_1 驱动。确定输出方均根抖动。

解： 如例 2-11 所述，VCO 产生由 $S_{\phi n}(f)=2kTR_1K_{\mathrm{VCO}}^2/(2\pi f)^2$ 给出的相位噪声分布来响应 $\overline{V_{n,R1}^2}=2kTR_1$。此分布下的区域是无限的，这与我们观察到的相位波动可以无限累积一致，见图 2-24b。如果 VCO 由闪烁噪声调制，也会出现类似情况。我们说独立振荡器的“绝对”抖动是无界的，并且其方均根是无限的。

2.2.5 抖动的类型

到目前为止，我们已经看到了两种类型的抖动：①由周期性频率调制(由频谱中的边带所表现)引起的确定性抖动；②绝对抖动，其定义为有噪振荡器与无噪振荡器之间的相位差。两者有相同的振荡频率。

绝对抖动是无界的，这是一个难题。我们如何指定独立振荡器的抖动呢？幸运的是，我们可以考虑“周期到周期”抖动 J_{cc}，即连续周期之间的差 T_k-T_{k-1}。当然，该测量必须执行多个周期，其方均根定义为

$$J_{\mathrm{cc,rms}} = \lim_{n\to\infty}\sqrt{\frac{1}{n}\sum_{k=1}^{n}(T_k-T_{k-1})^2} \tag{2-38}$$

我们期望逐周期抖动非常小(但不可忽略！)，因为相位噪声分量从一个输出周期到下一个输出周期没有太多时间累加(2.1.6 节)。例如，考虑图 2-28a 中描述的白噪声引起的相位噪声分布。我们假设 $S_{\phi n}(f)=\alpha/f^2$，其中 α 为常数。此分布包含所有噪声频率，但 $|f|$ 增加时功率水平会下降。现在，假设此相位噪声出现在 1 GHz 振荡器的输出上，如图 2-28b 所示。由于每个周期的长度为 1 ns，因此我们推测只有高频相位噪声分量会在 1 ns 之后影响零点。例如，大约 1 MHz 处的相位噪声分量可以近似为 $\phi_0\cos[2\pi(1\ \mathrm{MHz})t]$，其变化在 1 ns 内可忽略不计。

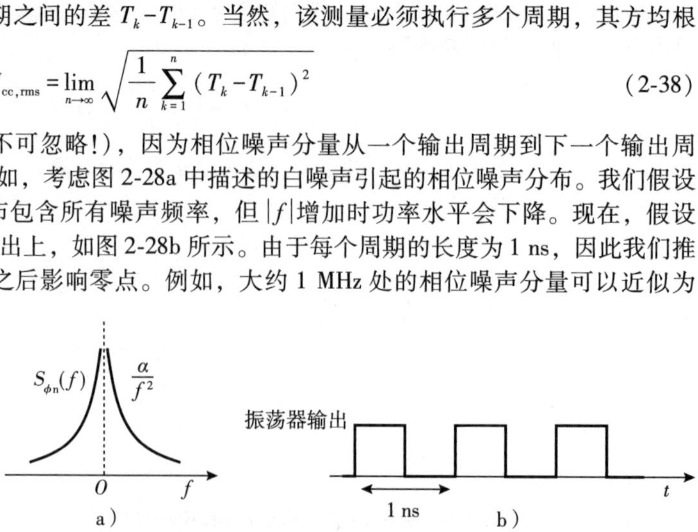

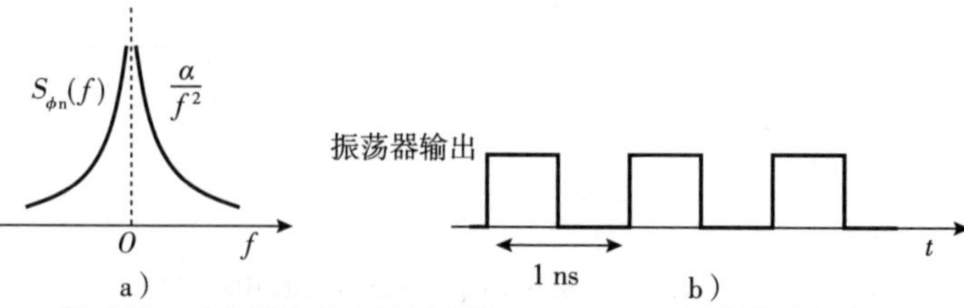

图 2-28 a)白噪声产生的相位噪声；b)1 GHz 振荡器输出波形

上述想法与我们在 2.1.6 节中对噪声累积的研究相似，表明如果在有限的时间(即一个周期)内观察到相位噪声，则会经历高通滤波。可以证明，对于由白噪声引起的相位噪声，在 ω_0 处运行的振荡器的

逐周期抖动等于[3]

$$J_{\text{cc,rms}}^2 = \frac{4\pi}{\omega_0^3}\omega^2 S_{\phi n}(\omega) \tag{2-39}$$

就像 $S_{\phi n}(\omega)$ 已通过微分器。如果 $S_{\phi n}(\omega)$ 的形式为 α/f^2，我们有

$$J_{\text{cc,rms}} = \sqrt{\frac{2\alpha}{f_0^3}} \tag{2-40}$$

归一化为振荡周期，$T_0=1/f_0$，该结果变为

$$\frac{J_{\text{cc,rms}}}{T_0} = \sqrt{\frac{2\alpha}{f_0}} \tag{2-41}$$

例 2-15 1 GHz 振荡器在 100 kHz 偏移下表现出 −90 dBc/Hz 的相位噪声。(a)如果仅考虑白噪声源，确定逐周期抖动；(b)50 个周期后，抖动为多少？

解：(a)根据相位噪声值，我们可以计算出 α：

$$10\log S_{\phi n}(f=100\text{kHz}) = -90\ \text{dBc/Hz} \tag{2-42}$$

因此，

$$\frac{\alpha}{(100\times10^3)^2} = 10^{-9} \tag{2-43}$$

当 $\alpha=10$ Hz 时，$J_{\text{cc,rms}}=\sqrt{20/(1\times10^9)^3}$ s=0.14ps。

(b)抖动会随时间随机累积。如果连续周期的逐周期抖动不相关，我们可以添加其平方：

$$J_N^2 = J_{1,2}^2 + J_{2,3}^2 + \cdots + J_{N-1,N}^2 \tag{2-44}$$

式中，J_N^2 表示 N 个周期后的抖动（相对于无噪振荡器），而 $J_{m,n}$ 是第 m 个周期与第 n 个周期之间的抖动。然后，我们有

$$J_N = \sqrt{N}J_{\text{cc,rms}} \tag{2-45}$$

在本例中，$J_{50}\approx1$ ps。有趣的是，抖动累积到一个周期(1 ns)大约需要 5000 万个周期(50 ms)。

另一种有界抖动是“周期抖动”，表示周期从其平均值 T_{avg} 的随机偏离，表示为

$$J_c = \lim_{n\to\infty}\sqrt{\frac{1}{n}\sum_{k=1}^{n}(T_k-T_{\text{avg}})^2} \tag{2-46}$$

可以证明[3]，对于白噪声引起的抖动，$J_c=J_{cc}/\sqrt{2}$。

表 2-1 总结了三种常见的抖动类型及其特性。确定性抖动可以从输出 FM 边带的幅度中获得，绝对抖动对于独立振荡器而言是无限的，由白噪声引起的逐周期均方根抖动是根据式(2-40)计算得出的。

表 2-1 常见的抖动类型及其特性

抖动类型	频谱	特性
周期性调制引起的确定性抖动	f_C　f	$J_{\text{pp}}=\frac{2K_{\text{VCO}}V_{\text{m}}}{\omega_{\text{m}}}$
白噪声引起的绝对抖动	0　f	$J_{\text{rms}}=\infty$
白噪声引起的逐周期抖动	$\frac{\alpha}{f^2}$　0　f	$J_{\text{rms}}=\sqrt{\frac{2\alpha}{f_0^3}}$

2.3 相位噪声与功耗的折中

在本节中，我们将展示(随机)相位噪声与功耗的直接关系。因此，在大多数情况下，振荡器消耗功率取决于相位噪声指标。

我们使用 N 个名义上相同的振荡器并相加它们的输出电压，如图 2-29 所示。通过式(2-23)，我们可以将输出表示为

$$V_{out}(t) = V_0\cos\omega_1 t - V_0\phi_{n1}\sin\omega_1 t + \cdots + V_0\cos\omega_1 t - V_0\phi_{nN}\sin\omega_1 t \tag{2-47}$$

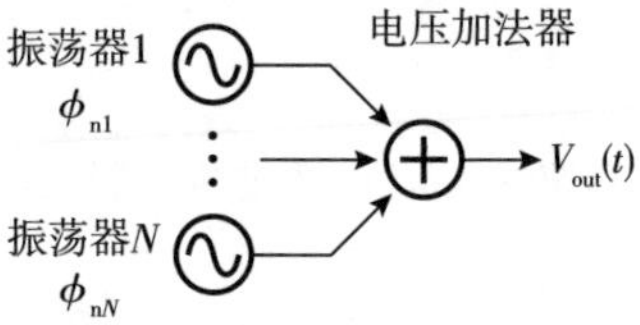

振荡器1 ϕ_{n1} 振荡器N ϕ_{nN} 电压加法器 $V_{out}(t)$

图 2-29 N 个振荡器的输出电压相加

式中，ω_1 是平均振荡频率，而 ϕ_{n1}，…，ϕ_{nN} 表示各个振荡器的相位噪声。它遵循

$$V_{out}(t) = NV_0\cos\omega_1 t - V_0(\phi_{n1} + \cdots + \phi_{nN})\sin\omega_1 t \tag{2-48}$$

归一化的相位噪声等于$(\phi_{n1}+\cdots+\phi_{nN})/N$，并且表现出由下式给出的频谱：

$$S_\phi(f) = \frac{S_{\phi n1} + \cdots + S_{\phi nN}}{N^2} \tag{2-49}$$

因为 N 个振荡器的相位噪声是不相关的。由于这些振荡器名义上是相同的，因此它们的相位噪声频谱是相等的，并且有

$$S_\phi(f) = \frac{S_{\phi n1}}{N} \tag{2-50}$$

即总相位噪声降低了 N 倍，代价是功耗增加 N 倍(如果电压加法器不产生任何噪声)。读者可以证明，这种证明和折中不适用于确定性抖动。

虽然直观，但实际上难以实现如图 2-29 所示的方法。在第 3 章和第 5 章中，我们将介绍权衡相位噪声和功耗的其他方法。

例 2-16 图 2-29 所示的“有思想的实验”似乎有一个缺陷：即使它们以相同的值开始，振荡器的相位也会随时间漂移，从而可能导致输出电压的破坏性相加。这是一个严重的缺陷吗？

解： 就我们的目的而言，并非如此。回顾例 2-15，每个振荡器的抖动累积到该周期的一小部分需要数百万个周期。因此，输出至少在数千个周期内保持“相干”，并且我们的实验在这种时间范围内是有效的。

2.4 相位噪声的基本机制

2.4.1 相位噪声与频率噪声

在本节中，我们进行两个观察，以提供有用的见解。首先，考虑一连串的反相器作为一条简单的延迟线，如图 2-30a 所示，注意，反相器的延迟会随其电源电压 V_{DD} 的变化而变化。我们可以说，V_{DD} 的微小变化 ΔV 会引起线路延迟的变化 Δt_D，或者等效地导致线路的输入-输出相移变化 $\Delta\phi$。其次，我们可以将电源灵敏度(或增益)定义为 $K_{DD}=\Delta\phi/\Delta V$。在电源噪声电压为 V_n 的情况下，延迟线的输出表示为

$$V_{out} = \frac{V_{DD}}{2} + \frac{V_{DD}}{2}\cos(\omega_{in}t + \phi_0 + \Delta\phi) \tag{2-51}$$

$$= \frac{V_{DD}}{2} + \frac{V_{DD}}{2}\cos(\omega_{in}t + \phi_0 + K_{DD}V_n) \tag{2-52}$$

式中，ϕ_0 表示在没有电源扰动情况下的相移。因此，我们得出结论，电源噪声直接调制延迟线的输出相位。例如，白电源噪声会转换为白相位噪声。

接下来，让我们在环形振荡器上重复电源噪声实验，如图 2-30b 所示。我们知道，较高的 V_{DD} 会

导致较高的振荡频率。也就是说，电源扰动直接调制振荡频率。例如，白电源噪声会产生白频率噪声。我们可以从 V_{DD} 定义一个大小为 $K_{DD}=\partial\omega_{out}/\partial V_{DD}$ 的增益，这与 K_{VCO} 相似（注意，延迟线和振荡器 K_{DD} 的单位不同）。振荡器输出等于

$$V_{out}=\frac{V_{DD}}{2}+\frac{V_{DD}}{2}\cos\left(\omega_{osc}t+\int K_{DD}V_n\mathrm{d}t\right) \tag{2-53}$$

在这种情况下，如果 V_n 为白噪声，则相位噪声的频谱与 $1/f^2$ 成正比。类似地，在存在闪烁噪声的情况下，延迟线和振荡器产生的相位噪声曲线分别与 $1/f$ 和 $1/f^3$ 成比例。

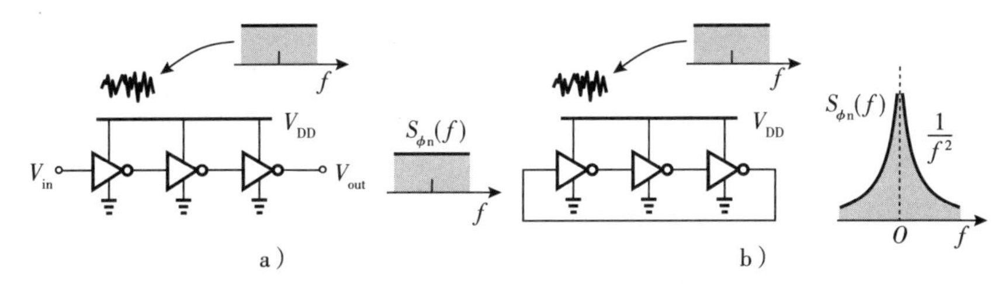

图 2-30 电源噪声对 a）延迟线和 b）环形振荡器的影响

我们在前几节中对相位噪声的研究只考虑了振荡器电路外部的噪声源，例如控制电压或电源上的噪声。但是我们也对“固有”相位噪声，即由振荡器的组成元件产生的相位噪声感兴趣。在后面的各节中，我们将从定性的角度熟悉后者，并阐述这些机制。

例 2-17 一个学生推测环形振荡器的相位噪声应该与无限长的延迟线的相位噪声相同，这是因为沿着环形的流通等效于流通过无限数量的反相器。学生的想法正确吗？

解： 并非如此。回想一下，延迟线上的噪声源直接调制其延迟，从而调制其输出相位，即相位噪声频谱本身具有由 $\alpha/f+\beta$ 给出的形状，其中 α 和 β 是恒定值。随着级数的增加，输出相位噪声频谱只按比例增加，其形状保持不变。另外，振荡器的相位噪声具有 $\alpha/f^2+\beta/f$ 的形式。因此，无限延迟线不能正确预测振荡器的相位噪声。

2.4.2 环形振荡器

我们首先研究环形振荡器。考虑图 2-31a 中的反相器，并假设输入从零上升到 V_{DD}。因此，晶体管 M_1 导通并开始使负载电容 C_L 从 V_{DD} 放电至零。如图 2-31b 所示，对 M_1 进行建模，其中 I_n 表示其噪声，我们观察到 I_n 通过 C_L 的流动会导致一定的抖动 Δt。可以证明，如果 I_n 具有白噪声频谱，则 Δt 也是如此，即对于反相器，白电流噪声会转换为白相位噪声。

我们可以对 N 个级联反相器的抖动和相位噪声做出预测吗？由于反相器包含不相关的噪声源，我们预计相位噪声将增加 N 倍，而方均根抖动将增加 $\sqrt{N}$ 倍。实际上，这就是我们计算延迟线相位噪声的方式，见图 2-32。

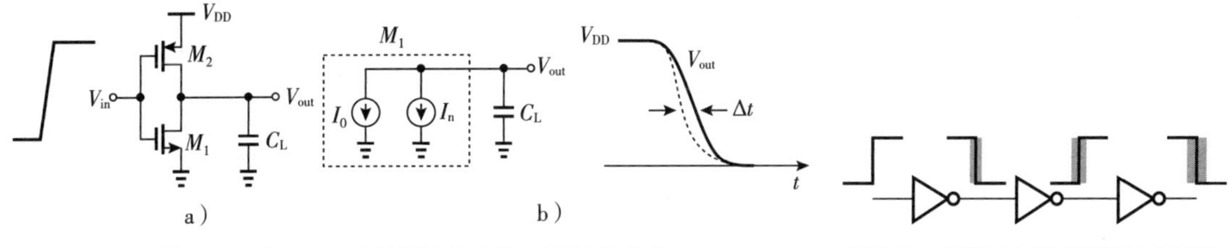

图 2-31 a）CMOS 反相器输入变化；b）输出响应

图 2-32 延迟线中反相器的抖动累积

例 2-18 考虑图 2-31a 中 M_2 的闪烁噪声。通过以栅极为参考的电压对该噪声建模，解释其如何调制反相器。

解：我们首先研究如图 2-33a 所示的单个 PMOS 器件，其中 V_n 表示其闪烁噪声。我们可以将 M_2 视为放大 V_n 的共源设备。如果沟道长度调制可忽略不计，我们可以将 V_n 移至晶体管的源端，如图 2-33b 所示，并将该器件认为是共栅级，该级也将 V_n 放大相同的量。因此，这两种拓扑是等效的。

现在，让我们在反相器中执行相同的转换，如图 2-33c 所示，可以得出一个重要的结论，即 V_n 与 V_{DD} 串联出现，因此调制了电路的延迟。换句话说，相位噪声继承了 V_n 的频谱，并且以 10 dB/dec 的速率下降，对于图 2-26 所示的振荡器相位噪声曲线而言，这是明显的差异。

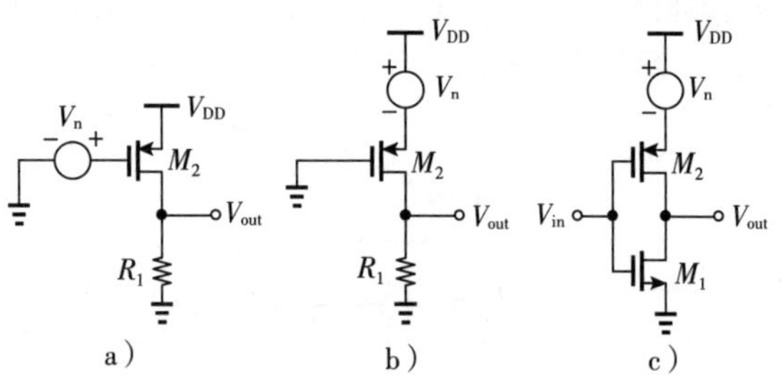

图 2-33 a)噪声电压与 MOS 器件的栅极串联；b)噪声电压移至源端；c)反相器中的 PMOS 噪声电压

如果图 2-32 中的反相器级联变成环形振荡器，相位噪声会怎样？作为一个简单的例子，我们对 PMOS 器件的闪烁噪声重复前面的示例，见图 2-34a。在这里，V_n 调制第二个反相器的延迟，但这意味着振荡频率 f_0 被直接调制，因为 f_0 与延迟之和成反比。也就是说，V_n 在这里转换为频率噪声，并且必须将所得频谱除以 $(2\pi f)^2$ 以获得相位噪声[㊀]。图 2-34b 总结了这些结果。

2.4.3 *LC* 振荡器

第 1 章研究的简单交叉耦合 *LC* 振荡器需要几种相位噪声机制（见第 5 章和第 6 章）。我们在这里简单地考虑一个。

图 2-35 所示为用 I_{n1} 对 M_1 的热噪声电流建模的电路。我们注意到，I_{n1} 被注入节点 X，引起一些抖动 Δt。但是，我们也观察到：①当 M_1 关闭时，I_{n1} 为零；②当 M_2 关闭时，I_{n1} 不会从腔中流出（因为 I_{SS} 使 I_{n1} 退化了）。因此，分析时必须将 I_{n1} 视为其“强度”随时间变化的噪声源。第 5 章中的逐步相位噪声分析确定了 I_{n1} 如何转换为输出波形中的相位噪声。

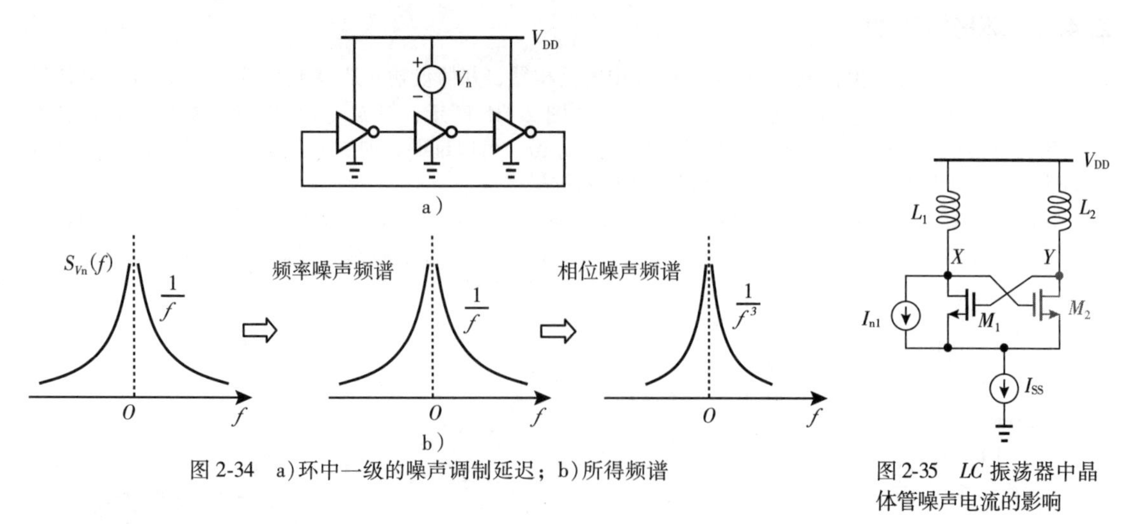

图 2-34 a)环中一级的噪声调制延迟；b)所得频谱

图 2-35 *LC* 振荡器中晶体管噪声电流的影响

㊀ 回想一下，相位是频率相对于时间的积分。

在某些条件下，M_1 和 M_2 的闪烁噪声会在输出中引起相位噪声。我们将在第 6 章中研究这种现象。该章还将研究将 I_{SS} 的热噪声和闪烁噪声转换为相位噪声的机制。

2.5 抖动对性能的影响

抖动主要表现在“定时”应用中，在该应用中，时钟随机采样数据。例如，微处理器和存储芯片之间的高速数据和时钟传输必须处理抖动。

我们直观地认为抖动的时钟波形会降低系统的性能。具体而言，时钟沿偏离其理想位置会导致错误的数据采样。为了理解这一点，让我们从图 2-36a 所示的理想情况开始，其中将二进制随机数据序列 D_{in} 应用于主从触发器[⊖]（FF），并由时钟 CK 采样。在时钟的每个上升沿，都读取 D_{in} 的值，并将其发送到输出 D_{out}。如果 CK 有抖动，如图 2-36b 所示，会发生什么呢？如果 CK 的上升沿之一引起很大的抖动以至于采样了错误的点（例如在 t_b 而不是 t_a 时），则 D_{out} 包含错误。在这种情况下，如果 D_{in} 本身没有抖动，则最大可容许时钟抖动为数据周期 T_{in} 的一半［在数据通信中，我们将 T_{in} 称为“单位间隔”（UI）］。

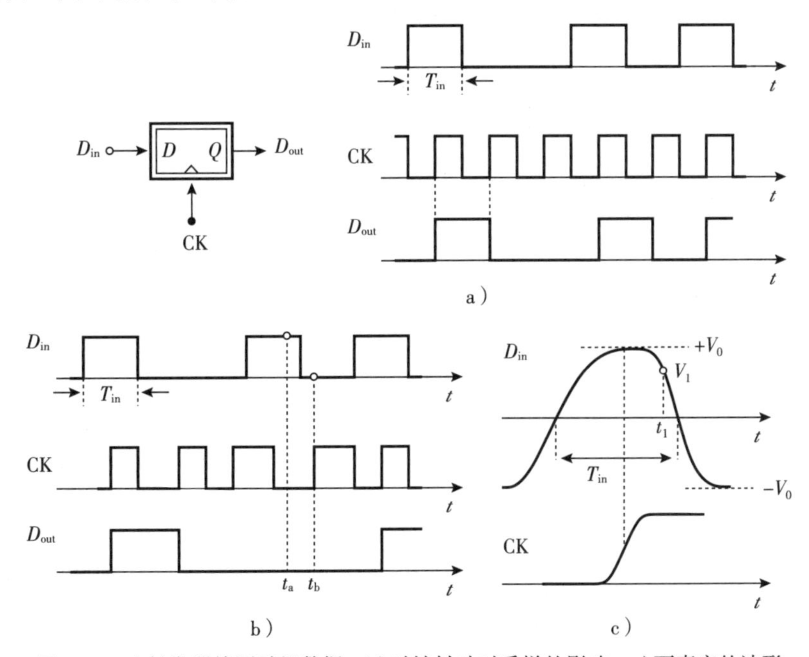

图 2-36 a）触发器检测随机数据；b）时钟抖动对采样的影响；c）更真实的波形

然而，实际上，数据波形也存在缺陷。例如，数据转换需要有限的时间，从而创建了如图 2-36c 所示的方案。对于正确采样的数据来说，CK 似乎仍然具有小于 $T_{in}/2$（=0.5UI）的抖动，但是如果 CK 的上升沿出现在 $t=t_1$ 处，则触发器检测到的数据摆幅会降低到 V_1。因此，FF 需要更长的时间才能在其输出处生成适当的逻辑电平。我们说 FF 是值得关注的。由于亚稳态，后续输出可能会错误地解释 FF 输出。另外，如果 V_1 基本上不大于触发器的偏移量或电子噪声，则数据电平可以解释为逻辑 0，而不是逻辑 1。

在存在以下两个缺陷的情况下，时钟抖动的问题变得更加严重：①如果数据遭受的抖动与时钟抖动不相关；②如果图 2-36a 中的 D_{in} 和 CK 产生偏移，即 CK 的上升沿（确定性）向左或向右偏移。偏移

⊖ 在本书中，我们用两个同心矩形表示主从触发器，用一个矩形表示锁存器。

源于 FF 内 D_{in} 和 CK 路径之间的不对称性或外部源，例如 D_{in} 或 CK 看到的不同的互连走线长度或电容。这些抖动和偏移分量进一步限制了时钟的最大允许抖动。

2.6 相位噪声对性能的影响

在 RF 和无线通信系统中调用相位噪声的频域视图，其中“所需”调制信号可能伴随有不良干扰（也称为“阻塞”）。在本节中，我们将研究振荡器的相位噪声如何影响此类系统的性能。

让我们考虑如图 2-37a 所示的简单 RF 发射机（TX）。此处，基带信号（例如，语音、视频或数据）被施加到调制器，并被加在由振荡器产生的载波上。调制后的信号通过功率放大器（PA），并通过天线发送。在理想情况下，载波没有相位噪声，TX 输出表示为 $A(t)\cos[\omega_0 t+\theta(t)]$，其中 $A(t)$ 和 $\theta(t)$ 携带基带信息。如图 2-37b 所示，频谱因此被限制在指定的信道带宽内，例如在蓝牙中为 1 MHz。另外，如果振荡器输出包含相位噪声，则 TX 输出采用 $A(t)\cos[\omega_0 t+\theta(t)+\phi_n(t)]$ 的形式，表现出如图 2-37c 所示的频谱。现在，假设另一个用户在 f_1 处发送了一个微弱的信号。我们观察到，在 f_0 处发射的高功率信号的噪声边带会破坏 f_1 处的信号。也就是说，对后一个信号感兴趣的接收器可能无法正确检测到它。因此，我们必须确保跨其他用户信道的 TX 振荡器相位噪声足够小。

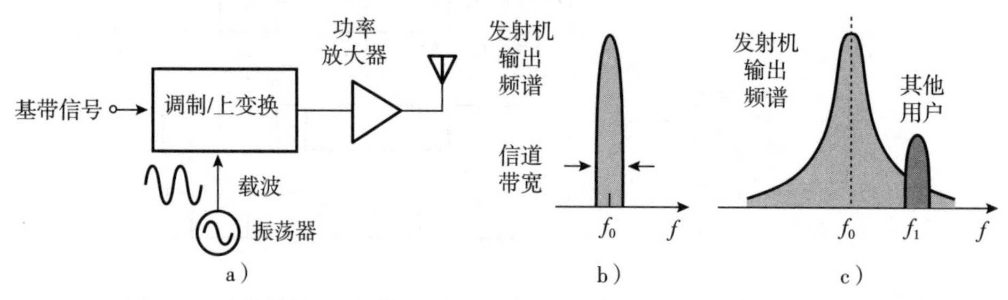

图 2-37 a)简单的 RF 发射机；b)理想输出频谱；c)有噪振荡器的输出频谱

TX 相位噪声另外的不利影响与发射信号本身有关。毕竟，在以上表达式中，$\phi_n(t)$ 破坏了 $\theta(t)$ 携带的信息。例如，如果 $\theta(t)$ 等于 90°的整数倍，则总的积分相位噪声（从非常低的偏移频率到非常高的偏移频率）必须远远小于 90°。更复杂的调制方案（例如，WiFi 中使用的调制方案）需要大约 1°的积分方均根相位噪声。

相位噪声也表现在 RF 接收器中。图 2-38a 所示是一种常见情况：以 f_1 为中心的所需微弱信号伴随着以 f_2 为中心的强干扰源。对前一个信号感兴趣的接收器在时域中将这些信号乘以运行在 f_1 处的振荡器的输出。在频域中，这种“混合”操作将所需信道的中心转换为零，干扰源出现在 $\pm(f_1-f_2)$ 处，如图 2-38b 所示，我们称为混频器“下变频”RF 输入。现在，我们用一个有噪振荡器重复该实验。如图 2-38c 所示，振荡器相位噪声表现为边带延伸到所需信道。这种现象称为“相互混合”，这对手机接收器提出了严格的相位噪声要求。

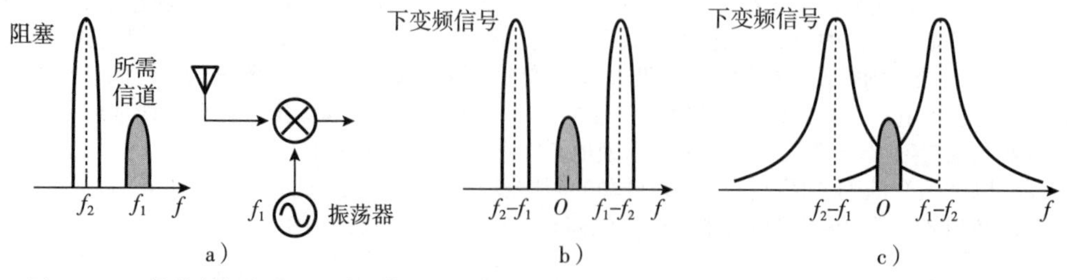

图 2-38 a)简单射频接收机，输入信号包含所需信道和引起阻塞的频谱；b)理想振荡器的下变频频谱；c)有噪振荡器的下变频频谱

相位噪声对接收信号的另一影响与相位的直接破坏有关，如上面针对发射机所述。换句话说，当为给定的调制方案确定可容忍的积分相位噪声时，我们必须牢记 TX 和 RX 都会破坏相位。

习题

2.1 确定如图 2-39 所示电路的输出噪声频谱。

2.2 确定如图 2-40 所示电路的输出噪声频谱。

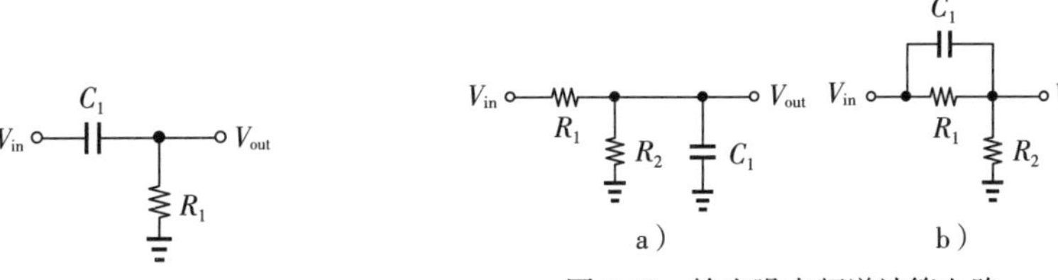

图 2-39 输出噪声频谱计算电路

图 2-40 输出噪声频谱计算电路

2.3 在图 2-7a 的电路中，若晶体管的跨导增加一倍，则 f_c 会怎样？

2.4 在图 2-7a 的电路中，若晶体管的宽度和偏置电流加倍，则 f_c 会怎样？

2.5 考虑电阻 R_1，其环境温度以 50%的占空比在 0 K 和 T_1 之间周期性地切换。说明为什么电阻的噪声频谱减半，即由 $2kTR_1$ 给出。

2.6 考虑如图 2-41 所示的电路，其中 M_1 工作在饱和区，忽略沟道长度调制效应和闪烁噪声。

(a)如果 S_1 保持开启，确定输出热噪声频谱；

(b)假设 S_1 以 50%的占空比打开和关闭，可以直观地预测输出噪声频谱吗？

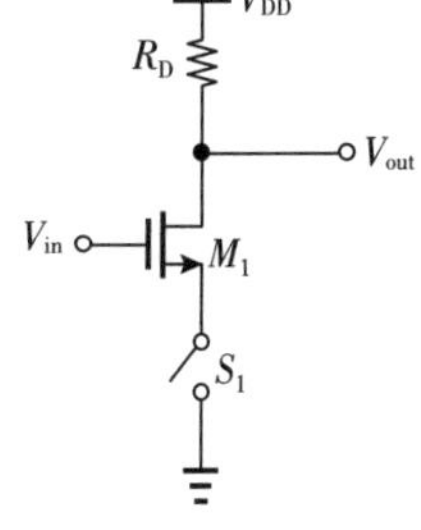

图 2-41 周期性开关的共源级

2.7 在图 2-13 中，我们将 ω_0 加倍。如果以秒表示，则输出抖动会怎样？

2.8 在例 2-6 中，我们选择 $\omega_m=\omega_0$。绘制输出频谱。在这种情况下，输出波形是否包含抖动？

2.9 VCO 的控制电压带有噪声频谱，该噪声频谱由 $\alpha+\beta/f$ 给出。确定输出相位噪声。

2.10 “倍频器”使输出相位加倍，例如，它将 $V_0\cos\omega_0 t$ 转换为 $V_0\cos(2\omega_0 t)$。假设例 2-5 中的 VCO 后接一个倍频器，以秒为单位并以周期的百分比确定输出抖动。

2.11 对例 2-6 重复上述问题，并确定边带的归一化幅度。绘制倍频器的输出频谱。边带和载波之间的间距是否加倍？

2.12 假设在例 2-8 中，电源电压包含白噪声，该白噪声的单侧频谱由 $S_V(f)=\eta$ 给出，其中 η 为常数。确定输出相位噪声。

2.13 在图 2-23b 中，在 1 MHz 偏移处 $S_{\phi n}(f)$ 等于−90 dBc/Hz。如果 $K_{VCO}=100$ MHz/V，则在图 2-23a 中确定等效热噪声。

2.14 如果在图 2-23b 中，$S_{\phi n}(f)$ 既包含闪烁分量又包含热分量，例如 $S_{\phi n}(f)=\alpha/f^2+\beta/f^3$，则确定图 2-23a 中的等效电压频谱密度。

2.15 振荡器具有 $S_{\phi n}(f)=\alpha/f^2$ 给出的(两侧)相位噪声曲线。如果在 100 kHz 偏移处的相位噪声等于 −100 dBc/Hz，则确定 α 的值。

2.16 振荡器表现出由 $S_{\phi n}(f)=\alpha/f^2+\beta/f^3$ 给出的(两侧)相位噪声曲线。如果在 100 kHz 偏移处的相位噪声等于−90 dBc/Hz，而在 1 MHz 偏移处的噪声等于−115 dBc/Hz，则确定 α 和 β 的值。

2.17 对于上一个习题中的振荡器，计算从 50 kHz 到 500 kHz 内的总方均根相位噪声(以 rad 为单位)。

2.18 对图 2-42 所示电路重复例 2-11。假设 VCO 控制输入呈现无限大阻抗。

2.19 对图 2-43 所示电路重复例 2-11。

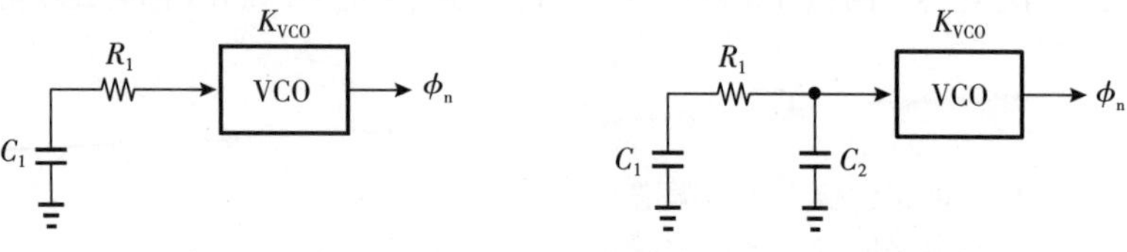

图 2-42 VCO 感测电阻产生的噪声　　图 2-43 VCO 感测带通噪声

2.20 考虑如图 2-44 所示的 VCO 级联，其中两个 VCO 有

$$V_{out1}=V_m\cos[\omega_{01}t+K_{VCO1}\int V_{cont1}dt+\phi_{n1}(t)] \tag{2-54}$$

$$V_{out2}=V_0\cos[\omega_{02}t+K_{VCO2}\int V_{cont2}dt] \tag{2-55}$$

式中，$\phi_{n1}(t)$表示 VCO_1 的相位噪声，由 α/f^2 给出。如果窄带 FM 近似成立，确定 VCO_2 的输出频谱。假设 VCO_1 的输出频率远低于 VCO_2 的输出频率。

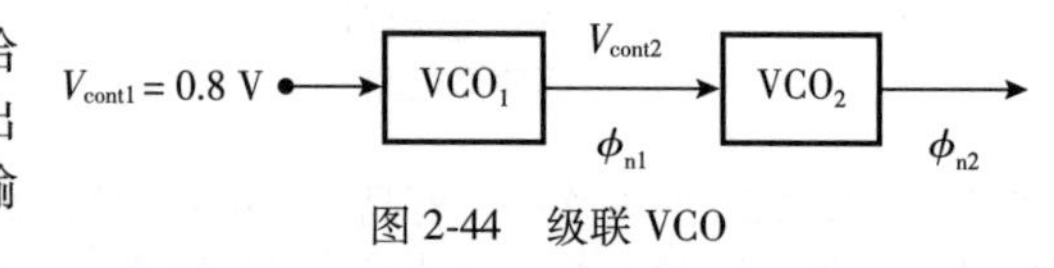

图 2-44 级联 VCO

2.21 图 2-29 中的振荡器共享相同的电源电压。如果电源中包含一个小的正弦波扰动 $V_m\cos\omega_m t$，则确定 $V_{out}(t)$并证明其产生的抖动与同样受该电源噪声影响的单个振荡器的抖动相同。假设振荡器以相同相位开始。

参考文献

[1]. S. O. Rice, “Mathematical analysis of random noise,” *Bell Sys. Tech. J.*, vol. 23, pp. 282-332, July 1944.

[2]. C. C. Enz and G. C. Temes, “Circuit techniques for reducing the effects of op-amp imperfections: autozeroing, correlated double sampling, and chopper stabilization,” *Proc. of IEEE*, vol. 84, pp.1584-1614, Nov.1996.

[3]. F. Herzel and B. Razavi, ”A study of oscillator jitter due to supply and substrate noise,” *IEEE Trans. Circuits and Systems, Part II*, vol. 46, pp. 56-62, Jan. 1999.

基于反相器的环形振荡器设计

在第1章研究了振荡器的基础知识之后，我们现在就可以着手进行振荡器的设计了。本章介绍将CMOS反相器作为延迟级的环形振荡器。我们首先在第2章中扩展相位噪声研究，以得到环形振荡器的简单方程式。其次，我们依次有序地设计、仿真和分析基于反相器的环形振荡器。最后，我们介绍频率调谐技术。

3.1 环形振荡器中的相位噪声

如第2章所述，相位噪声与功耗直接相关，其分析构成了振荡器设计中必不可少的步骤。换句话说，如果没有相位噪声规范，该设计就没有意义。在本节中，我们为环形振荡器开发简单的相位噪声方程，以便我们的后续设计工作可以轻松地针对该参数进行优化。

通用公式

在本节中，我们希望建立环形振荡器的相位噪声（“闭环”相位噪声）与环路断开后获得的延迟线的相位噪声（“开环”）之间的关系。图3-1说明了这两种情况。这种关系在分析和设计中都被证明是有用的。重要的是要注意，这两者在数量上不相同！当通过延迟线（例如，通过三个级联的反相器）传输时，每级仅将其破坏一次，如图3-2a所示。而当通过环形振荡器时，边沿会持续在环路中循环，无限期地积累抖动，如图3-2b所示。

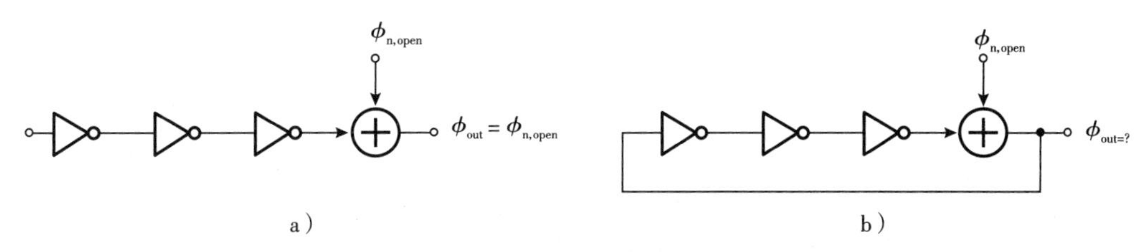

图3-1　a）延迟线；b）环形振荡器的相位噪声

考虑如图3-3a所示的环，假设它是为$T_0=1/f_0$的振荡周期设计的。我们观察到：①T_0等于六个门延迟；②由三个反相器组成的延迟线表现出大小为T_{DL}的延迟，其等于三个门延迟，即$T_0/2$；③T_{DL}对应于$2\pi(T_{DL}/T_0)\equiv180°$的相移。振荡所需的剩余180°相移由链中奇数个反相提供。现在让我们向延迟线的输出添加小的恒定相位ϕ_1，如图3-3b所示（例如，我们可以在第三个反相器之后插入附加级来创建ϕ_1）。振荡频率会如何变化？电路会调整频率，使总相移从A移至B（不包括净反相）回到180°。换句话说，我们必须有

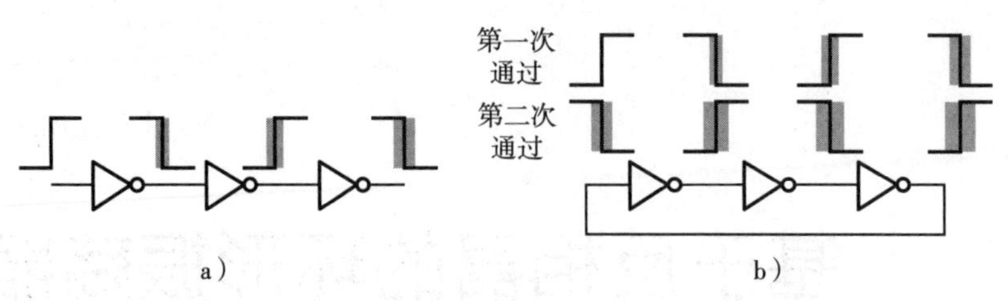

图 3-2 a)延迟线和 b)环形振荡器中的相位噪声累积

$$2\pi\frac{T_{DL}}{T_{osc}}+\phi_1=\pi \tag{3-1}$$

式中，$T_{osc}=1/f_{osc}$ 表示新的振荡周期。

有趣的是，在该实验中，门控延迟不改变[⊖]，但振荡频率却发生了改变。也就是说，如果以秒为单位测量，T_{DL} 是恒定的；但是如果以度为单位测量，则相对于新的振荡频率 T_{DL} 会变化。由于 $T_{DL}=T_0/2=1/(2f_0)$，可从式(3-1)中获得

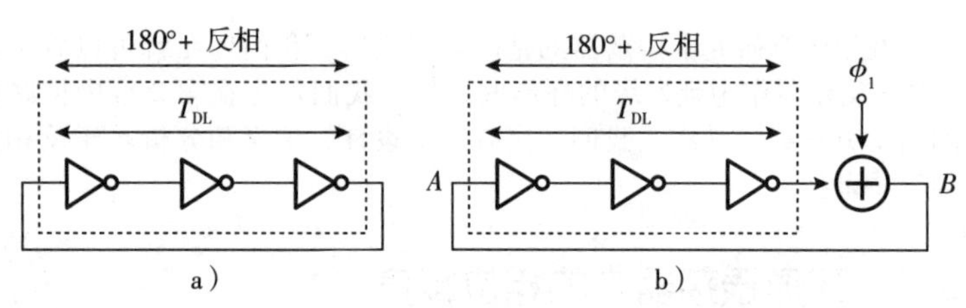

图 3-3 a)总延迟为 T_{DL} 的环形振荡器；b)在环路内增加恒定相移

$$f_{osc}=f_0-f_0\frac{\phi_1}{\pi} \tag{3-2}$$

因此，振荡频率偏离原始值的大小为$f_0\phi_1/\pi$。该结果同时适用于小信号和大信号运算，只要相应地计算出f_0 和f_{osc}。

例 3-1 图 3-4a 显示了一条反相延迟线，其中放大器没有相移。将相移绘制为输入频率的函数，并由此推导出式(3-2)。

解：如前所述，级联反相器型电路的延迟 T_{DL} 相对恒定，并且与输入频率 f_{in} 无关。除净反相外，我们将相移 ϕ_{DL}(以弧度表示)写为

$$\phi_{DL}=2\pi\frac{T_{DL}}{T_{in}} \tag{3-3}$$

$$=2\pi T_{DL}f_{in} \tag{3-4}$$

如图 3-4b 所示，相移在$f_{in}=f_0=1/(2T_{DL})$处与 π 相交。现在考虑利用延迟线并在f_0 处振荡的环路，如图 3-4c 所示。这种情况对应于图 3-3a 所示的环。我们说开环“相位斜率”等于 $2\pi T_{DL}$。

如果我们如图 3-3b 所示插入 ϕ_1 大小的正相移，则环路的振荡频率必须降低，以使 T_{DL} 对应于小于 180°的相移。因此，$2\pi T_{DL}$ 斜率需要发生频率改变$f_0-\phi_1/(2\pi T_{DL})=f_0-f_0\phi_1/\pi$。

以上示例提供的关键点是，如果 ϕ_1 发生变化，则延迟线的相移将按照图 3-4b 所示的特性变化，从而满足振荡所需的总相移。结果是振荡频率发生改变。现在假设 ϕ_1 实际上代表延迟线的相位噪声 $\phi_{n,DL}$(开环相位噪声)，即周期信号通过图 3-2a 的三个反相器传播时所经历的边沿位移。我们认识到，随着 $\phi_{n,DL}$ 的增大和减小，振荡频率也会根据$f_0-f_0\phi_{n,DL}/\pi$ 的变化而变化。

⊖ 每个阶段的延迟由其物理属性(反相器的强度和寄生电容)确定，并且相对而言与工作频率无关。

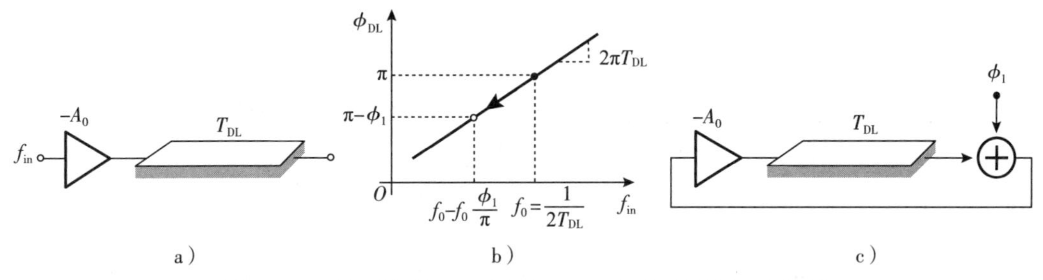

图 3-4 a)反相延迟线；b)相位响应；c)由延迟线形成的振荡器

总之，延迟线的开环相位噪声在环形振荡器中转换为$f_0\phi_{n,DL}/\pi$的闭环频率噪声。因此，振荡器的附加输出相位可以表示为

$$\phi_{n,osc}(t)=\int 2\pi\frac{f_0}{\pi}\phi_{n,DL}(t)\,dt \tag{3-5}$$

式中，2π 将单位从 Hz 转换为 rad/s。我们注意到，通常如果有

$$g(t)=\int\omega(t)\,dt \tag{3-6}$$

那么根据第 2 章，$g(t)$和$\omega(t)$的频谱满足关系：

$$S_g(f)=\frac{1}{4\pi^2f^2}S_\omega(f) \tag{3-7}$$

因为积分器的传递函数由$H(s)=1/s$给出。由式(3-5)得出

$$S_{\phi n,osc}(f)=\frac{4f_0^2}{4\pi^2f^2}S_{\phi n,DL}(f) \tag{3-8}$$

$$=S_{\phi n,DL}(f)\left(\frac{f_0}{\pi f}\right)^2 \tag{3-9}$$

使用与文献[1]不同的方法，这个简单的结果表明，以f_0运行的环形振荡器的相位噪声等于其开环电路的相位噪声乘以“整形函数”$[f_0/(\pi f)]^2$，如图 3-5 所示。由于通常更容易计算开环相位噪声，因此该关系减少了数学上的工作。重要的是要注意，我们的推导没有假设小信号运算，因此适用于线性或非线性电路。

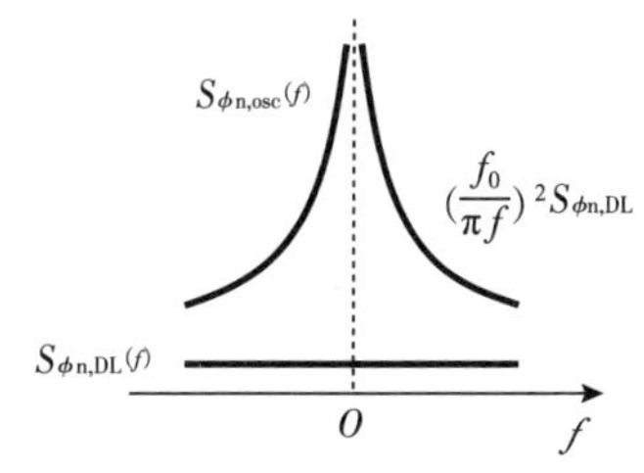

图 3-5 闭合环路导致延迟线相位噪声的整形

例 3-2 图 3-6a 所示可以表示单环形振荡器，其中ϕ_{open}表示从 A 到 B 的相移。假设低频下存在负反馈，请尝试得出开环和闭环相位噪声之间的一般关系。

解： 对于在f_0处的振荡，我们必须使$\phi_{open}(f_0)=180°$[⊖]（对于小信号或大信号操作）。如果在输出端加上一个小相移ϕ_1，则电路会调整振荡频率，使$\phi_{open}+\phi_1=180°$，如图 3-6b 所示。为了计算频率的变化，我们从例 3-1 中注意到，必须将ϕ_1除以相位斜率：

$$\Delta f=\frac{\phi_1}{d\phi_{open}/df} \tag{3-10}$$

⊖ 由于负反馈，我们从ϕ_{open}中去除了信号反相。

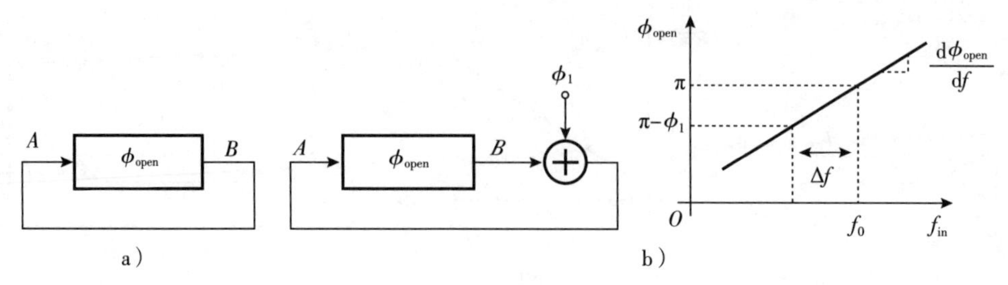

图 3-6 a)由具有ϕ_{open}相移的电路组成的环路；b)相位噪声的影响

如果 ϕ_1 代表开环电路的相位噪声 ϕ_{open}，则 Δf 是振荡器输出中的频率噪声。闭环相位噪声由下式给出：

$$\phi_{n,closed}(t) = \int 2\pi \frac{\phi_{n,open}}{d\phi_{open}/df} dt \tag{3-11}$$

它的频谱表现为

$$S_{\phi n,closed}(f) = \frac{4\pi^2}{|d\phi_{open}/df|^2} \cdot \frac{1}{4\pi^2 f^2} \cdot S_{\phi n,open}(f) \tag{3-12}$$

$$= \frac{1}{|d\phi_{open}/df|^2} \cdot \frac{1}{f^2} \cdot S_{\phi n,open}(f) \tag{3-13}$$

该结果证明了对于任何(单环)振荡器的相位噪声而言，$1/f^2$ 整形函数都与电路的实现方式以及小信号或大信号操作无关。注意，$d\phi_{open}/df$ 只是开环相位曲线在 f_0 处的斜率，如果相位扰动较小，则为常数。当然，如果 $S_{\phi n,open}(f)$ 包含闪烁噪声，则 $S_{\phi n,closed}(f) \propto 1/f^3$，因为 $S_{\phi n,open}(f) \propto 1/f$。

前述分析使我们能够从单个反相器的相位噪声来计算基于反相器的环形振荡器的相位噪声。后者是通过查看 NMOS 和 PMOS 晶体管的噪声如何移位输出边沿来获得的。如图 3-7 所示，当 V_{in} 升至 V_{DD} 时，M_2 关断(就像开关一样)，在 C_L 上沉积 kT/C 噪声，而 M_1 导通，从而将热噪声和闪烁噪声注入输出。因此，V_{out} 的下降沿被损坏。文献[2]和文献[1]中的分析得出了当闭环 N 级环形振荡器工作在 f_0 频率时，白噪声和闪烁噪声源的相位噪声方程如下：

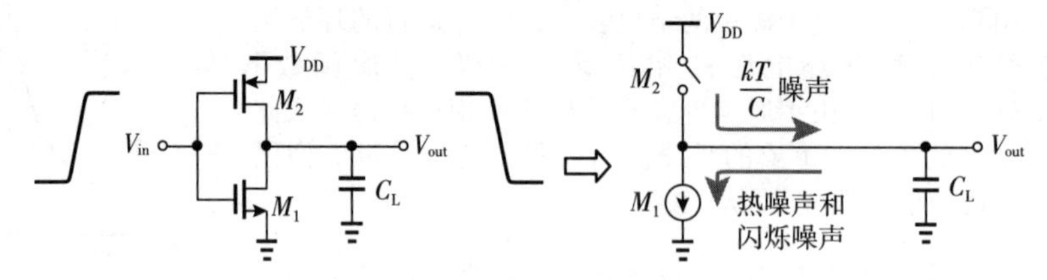

图 3-7 反相器中的噪声机制

$$S_{\phi n,white}(f) = \frac{f_0^2}{f^2}\left[\frac{1}{2I_D^2}(S_{I,NMOS} + S_{I,PMOS}) + \frac{2kT}{I_D V_{DD}}\right] \tag{3-14}$$

$$S_{\phi n,flicker}(f) = \frac{f_0^2}{f^2}\frac{1}{4NI_D^2}(S_{1/f,NMOS} + S_{1/f,PMOS}) \tag{3-15}$$

式中，f 表示频率偏移，I_D 和 S_I 分别对应于单个工作点(即 $|V_{GS}| = V_{DD}$ 且 $|V_{DS}| \approx V_{DD}/2$)处的漏极电流和漏极白噪声电流频谱⊖。类似地，$S_{1/f}$ 是同一工作点下的漏极闪烁噪声电流频谱，并且具有 $1/f$ 依赖

⊖ 假定在这些条件下，NMOS 和 PMOS 晶体管的 I_D 相同。

性。我们应该强调，I_D 是上述条件下的漏极电流，不等于每级的平均电源电流。S_I 和 $S_{1/f}$ 均为双边谱，例如 $S_I(f)=2kT\gamma g_m$。

式(3-14)和式(3-15)为环形振荡器的设计提供了有用的见解。前者表明，白噪声引起的相位噪声与在每个节点上看到的电容，以及环中的级数无关。3.3 节将重新讨论这两点。注意，$S_I=2kT\gamma g_m$(第 2 章)并且 $g_m=2I_D/(V_{DD}-|V_{TH}|)$(因为 $|V_{GS}|=V_{DD}$)[1]，我们可以将式(3-14)简化为

$$S_{\phi n,\text{white}}(f)=\frac{f_0^2}{f^2}\cdot\frac{2kT}{I_D}\cdot\left(\frac{2\gamma}{V_{DD}-|V_{TH}|}+\frac{1}{V_{DD}}\right) \tag{3-16}$$

这里我们假设 $g_{m,N}=g_{m,P}$，$\gamma_N=\gamma_P$，$I_{DN}=I_{DP}$，并且 $V_{THN}=|V_{THP}|=V_{TH}$。如果 $4\gamma/(V_{DD}-|V_{TH}|)>>1/V_{DD}$，那么

$$S_{\phi n,\text{white}}(f)=\frac{f_0^2}{f^2}\cdot\frac{4kT\gamma}{I_D(V_{DD}-|V_{TH}|)} \tag{3-17}$$

例 3-3 为 NMOS 和 PMOS 器件在偏置条件 $|V_{GS}|=V_{DD}$ 且 $|V_{DS}|=V_{DD}/2$ 下设计一个 $I_D=0.5$ mA 的 2 GHz 环形振荡器。如果 $V_{DD}=1$ V 并且 $|V_{TH}|=0.3$ V，估算 $S_{\phi n,\text{white}}$ 在 1 MHz 处的偏移。假设 $T=300$ K 且 $\gamma=1$。

解：由式(3-17)可以得到

$$S_{\phi n,\text{white}}(f)=9.46\times10^{-17}\frac{f_0^2}{f^2}\ \text{Hz}^{-1} \tag{3-18}$$

$$=\frac{189}{f^2}\ \text{Hz}^{-1} \tag{3-19}$$

它遵循

$$S_{\phi n,\text{white}}(f=1\ \text{MHz})=1.89\times10^{-10}\ \text{Hz}^{-1} \tag{3-20}$$

$$=-97\ \text{dBc/Hz} \tag{3-21}$$

式(3-15)意味着，闪烁噪声引起的相位噪声与级数成反比，但与负载电容无关。由于 $S_{1/f}=g_m^2K/(2WLC_{ox}f)$，其中因数 2 表示双边谱，我们有

$$S_{\phi n,\text{flicker}}=\frac{f_0^2}{f^3}\cdot\frac{g_m^2}{4NI_D^2}\left[\frac{K_N}{(2WL)_{NMOS}C_{ox}}+\frac{K_P}{(2WL)_{PMOS}C_{ox}}\right] \tag{3-22}$$

它具有 $1/f^3$ 的依赖性。它遵循

$$S_{\phi n,\text{flicker}}=\frac{f_0^2}{f^3}\cdot\frac{1}{(V_{DD}-|V_{TH}|)^2}\left[\frac{K_N}{2N(WL)_{NMOS}C_{ox}}+\frac{K_P}{2N(WL)_{PMOS}C_{ox}}\right] \tag{3-23}$$

有趣的是，该相位噪声与总 NMOS 栅极电容 $N(WL)_{NMOS}C_{ox}$ 和总 PMOS 栅极电容 $N(WL)_{PMOS}C_{ox}$ 成反比。

例 3-4 在 2 GHz 环形振荡器中，我们将 NMOS 和 PMOS 晶体管的宽度加倍。解释振荡频率和相位噪声将发生什么。

解：由于反相器的强度以及栅极和漏极电容都加倍，因此电路仍以 2 GHz 的频率振荡[2]。在式(3-14)中，I_D 加倍，$S_I=2kT\gamma g_m$(为什么?)。因此，$S_{\phi n,\text{white}}$ 减半。在式(3-22)中，g_m 和 I_D 加倍，栅极面积$(WL)_N$ 和$(WL)_P$ 也加倍，这表明 $S_{\phi n,1/f}$ 也下降了两倍。这种“线性缩放”还证实了相位噪声和功耗之间的直接权衡(第 2 章)。我们将在本章后面回到这一点。

---

[1] g_m 表达式假定即使 $|V_{DS}|\approx V_{DD}/2$，晶体管也处于饱和状态。

[2] 或者，我们可以说每级看到的扇出仍等于 1，从而得出延迟不变的结论。

3.2 初始设计思想

我们希望设计一个运行在 2 GHz 下的基于反相器的环形振荡器。我们应该从哪里开始？电路设计方法如下：我们总是从最小尺寸的器件和最少数量的级数开始，除非有令人信服的理由不这样做。在 40 nm 技术中，L_{min} = 40 nm 且 W_{min} = 120 nm。因此，对于 NMOS 和 PMOS，我们考虑 W/L = 120 nm/40 nm 的三级环，如图 3-8a 所示。其中，反相器上方和下方显示的值分别表示 PMOS 和 NMOS 的宽度。我们在室温下以典型-典型工艺角[⊖]且 V_{DD} = 1 V 对该电路进行仿真，得到如图 3-8b 所示的输出曲线。

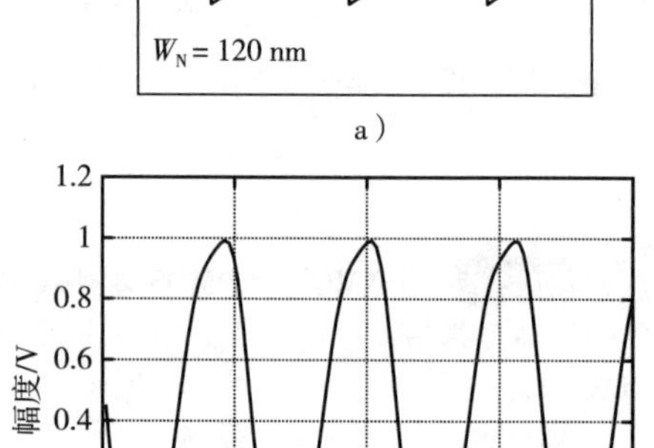

图 3-8 a）简单的环形振荡器设计；b）输出曲线

如第 2 章所述，因为只有三级，电压波形没有时间稳定在 V_{DD} 或地附近，因为反馈信号会迅速返回。

例 3-5 画出上述环形振荡器电源电流 I_{DD} 与时间的关系。

解： 每次 PMOS 器件导通时，它都会从 V_{DD} 汲取电流为其负载电容充电（通过每个反相器中的 PMOS 和 NMOS 晶体管从 V_{DD} 流到地的电流可以忽略不计）。如图 3-9 所示，I_{DD} 在环内的每个上升沿均达到峰值，从而以 $3f_0$ 的频率摆动。

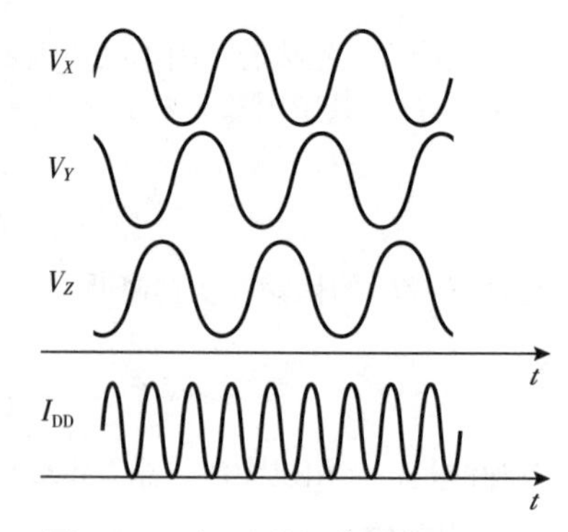

图 3-9 三级环形振荡器的电压和电流波形

在上述仿真中观察到的振荡频率约为 45 GHz，这意味着栅极延迟约为 3.7 ps。这个频率对于环形振荡器而言似乎是令人印象深刻的，但实际上，我们必须考虑其他几个因素：①互连电容；②后续电路（例如缓冲器）的输入电容；③最坏的情况是，例如 V_{DD} = 0.95 V，温度为 75℃，并且工作在慢（Slow-Slow，SS）工艺角下。因此，我们将电路修改为如图 3-10a 所示，其中将估计为 0.2 fF 互连电容添加到每个节点，并以扇出 1 进行缓冲输出。在上述最坏情况的模拟电路下，我们得到如图 3-10b 所示的输出，其中振荡频率已降至 21 GHz。

例 3-6 在图 3-10a 中，最后一个门的输出连接到第一个门的输入的导线很长，从而呈现出较大的电容。我们如何缓解这个问题？

解： 我们重新安排布局，如图 3-11 所示，其中一个反相器放置在另外两个反相器的下方。如果所有三个相位都被利用并且它们的精度很重要，那么我们还将“弯曲”顶部反相器之间的导线，使其长度等于其他两条导线。

在图 3-10a 的电路中，弱 PMOS 器件无法将每个节点上的电压提升到 V_{DD}。为了解决这个问题，我们将其宽度加倍，如图 3-12a 所示。图 3-12b 为输出波形。现在，振荡频率为 22.6 GHz。我们将此电路称为“参考设计”。频率略有增加，因为 PMOS 上拉越强，补偿的电容就越大。

除了振荡频率和输出波形，我们还对环形振荡器的功耗和电源灵敏度感兴趣。前者由下式

⊖ 典型-典型工艺角意味着 NMOS 和 PMOS 器件均具有其典型特性。

给出：

$$P = 3f_0 C_{tot} V_{DD}^2 \quad (3\text{-}24)$$

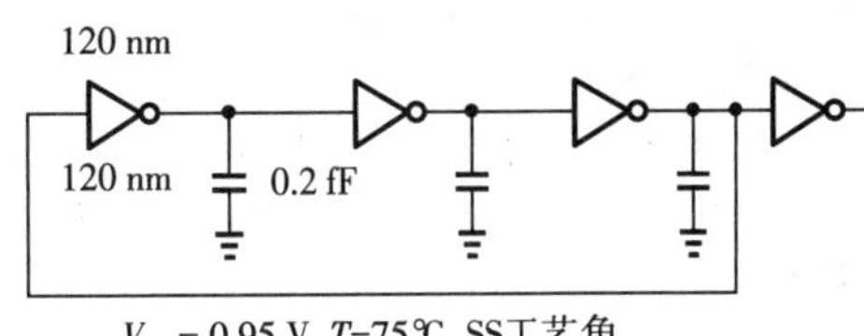

a)

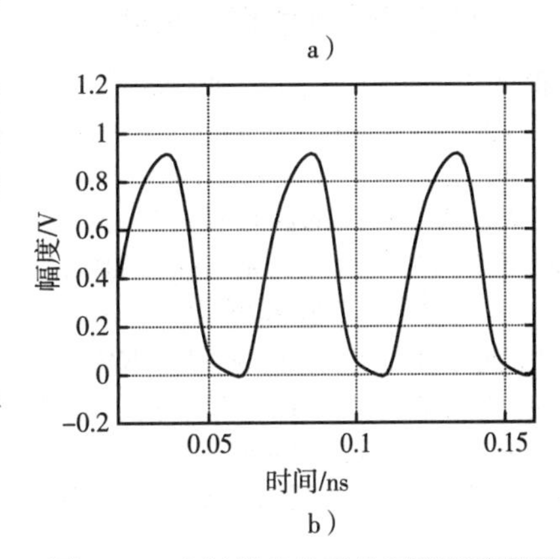

b)

图 3-10 a)极端条件下的环形振荡器设计；b)输出波形

式中，C_{tot} 表示从每个节点到交流地的总电容(包括互连电容)。根据仿真，图 3-12a 中的环路消耗的平均电流为 60 μA，因此消耗 60 μA×0.95 V=57 μW(这意味着 $C_{tot} \approx$ 0.93 fF[⊖])。为了计算电源灵敏度 K_{VDD}，我们将 V_{DD} 少量改变(10 mV)，然后测量 f_0(502 MHz)的变化，得出 K_{VDD} = 50.2 GHz/V。如第 2 章所述，如此高的灵敏度将电源噪声转换为大量的相位噪声。

此后，我们将放弃图 3-8a 中的理想环，并继续使用图 3-12a 所示的更实际的结构。由于实际设计最终必须考虑到最坏的情况，因此在典型-典型工艺角上花费大量精力几乎没有价值。

3.3 获得期望频率

图 3-12a 中的参考设计在 22.6 GHz 下运行，远高于 2 GHz 的规定值。为了达到所需的频率，我们有四种选择：

1)在每个节点上增加电容。

2)增加级数。

3)增加晶体管的长度。

4)将输出频率除以 10 或 11。

图 3-13 从概念上描述了这些方法。当然，这些技术中的两种或更多种也可以组合。接下来让我们探索各个方法。

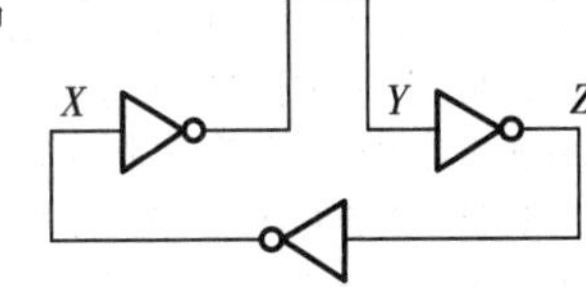

图 3-11 均衡延迟的布局技术

3.3.1 更大的节点电容

为了确定将 f_0 降低至 2 GHz 所需的额外电容，我们首先回想一下，图 3-12a 中的 C_{tot} 等于 0.93 fF。如果反相器本身不发生变化，则频率将直接随 C_{tot} 缩放，电容要求新值(22.6 GHz/2 GHz)×0.93 fF=10.5 fF。因此，我们向每个内部节点增加 10.5 fF−0.93 fF≈9.6 fF 的电容。图 3-14 显示了修改后的设计及其输出波形。振荡频率为 1.93 GHz，接近目标。我们必须指出，上升和下降时间(以及栅极延迟)按比例增加。

此时，查看修改后设计的功耗 P 很有趣。由于 $P=3f_0 C_{tot} V_{DD}^2$ 且 C_{tot} 和 f_0 以大约相同的因数沿相反的方向变化，因此我们认识到功耗与参考设计相同。

通过仿真可知，1.93 GHz 设计的电源灵敏度约为 4.3 GHz/V。为了与参考设计进行合理比较，我们将 K_{VDD} 归一化为 f_0，并注意到 K_{VDD}/f_0 并未更改。这仅仅是因为反相器的强度决定了 K_{VDD} 和 f_0。

3.3.2 更多的级数

对于 2 GHz 的频率，我们可以将环中的级数从 3 增加到大约 31。图 3-15 显示了这种设计及其输出波形，揭示了 2.3 GHz 的振荡频率。有趣的是，该波形的边沿比图 3-14b 的边沿要清晰得多。这是因为 31 级环路中的反相器仍会看到扇出 1，并保持其原始的上升和下降时间。

⊖ 由于存在缓冲器，因此电容在 X 处较高，但我们暂时忽略该电容。

以f_0频率工作的N级环路消耗的功率$P=Nf_0C_{tot}V_{DD}^2$，其中C_{tot}表示从某一级看到的总负载电容。此外，$f_0=(2NT_D)^{-1}$，其中T_D是门控延迟。因此，$P=C_{tot}V_{DD}^2/(2T_D)$，是一个与N无关的量。换句话说，图3-12a中的三级设计和图3-15a中的31级设计有着大约相等的功耗。

通过仿真获得的31级环形振荡器的电源灵敏度等于4.9 GHz/V。归一化灵敏度K_{VDD}/f_0与之前的设计大致相同。

3.3.3 更长的晶体管沟道长度

我们应该如何增加晶体管的沟道长度，使其从22.6 GHz变为2 GHz？我们知道，随着基于反相器的环路中晶体管长度的增加，会产生三种影响：①反相器变弱；②它们的输入电容增大；③晶体管的闪烁噪声减小。前两个暗示，如果(有效)长度增加了m倍，则门控延迟大约会增加m^2倍。因此，对于一阶，$m=\sqrt{22.6\text{GHz}/2\text{GHz}}=3.4$。然而，由于参考设计中的0.2 fF寄生电容和漏极结电容与栅极电容相当，因此，为了使f_0降至2 GHz，必须将长度增加3.4倍以上。实际上，仿真表明，对于6×40 nm=240 nm的沟道，其振荡频率为2.5 GHz。设计及其输出波形如图3-16所示。注意较长的上升和下降时间。

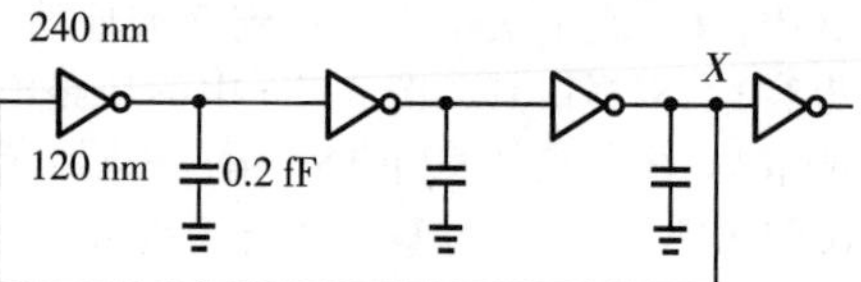

a)

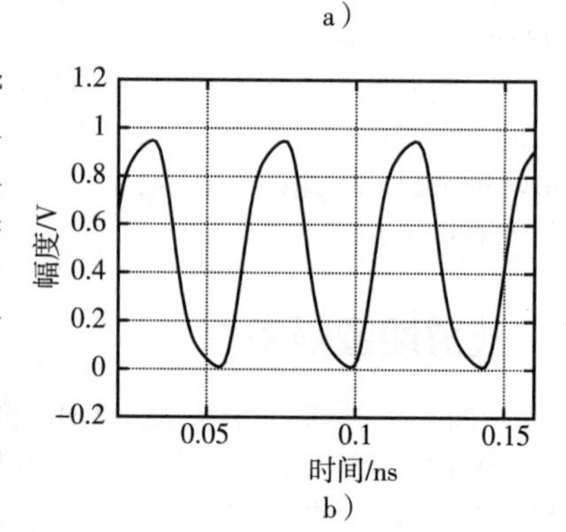

b)

图3-12 a)具有更强PMOS器件的环形振荡器设计；b)输出波形

该修改一个有趣的方面是其较低的功耗，根据仿真，功耗约为14 μA×0.95 V=13.3 μW。为了了解原因，我们就反相器的强度和节点电容这两方面将这种设计与图3-14a中的1.93 GHz环路进行比较。我们注意到，此处的反相器被削弱了6倍。为了使电路以相同的频率工作，这些反相器的总负载电容必须比图3-14a中的总负载电容低6倍。因此，$P=3f_0C_{tot}V_{DD}^2$下降了6倍。实际上，如果我们考虑不同的振荡频率(2.5 GHz与1.93 GHz)，那么我们预测功率降低因子为6×(1.93/2.5)=4.6，新设计的I_{DD}=60 μA/4.6=13 μA，接近于14 μA的仿真值。当然，较低的功耗可能导致较高的相位噪声。我们将在本章的后面回到这一点。该设计的电源灵敏度约为4.96 GHz/V，这意味着其K_{VDD}/f_0会比之前的设计稍小。

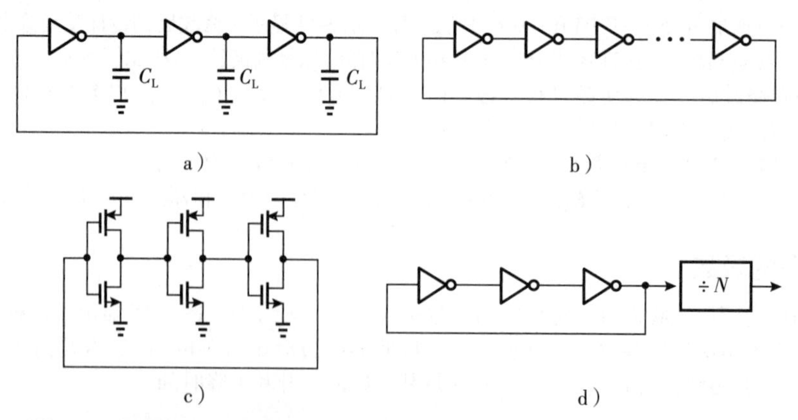

图3-13 获得较低输出频率的方法：a)更大的节点电容；b)更多的级数；c)更长的晶体管沟道长度；d)分频

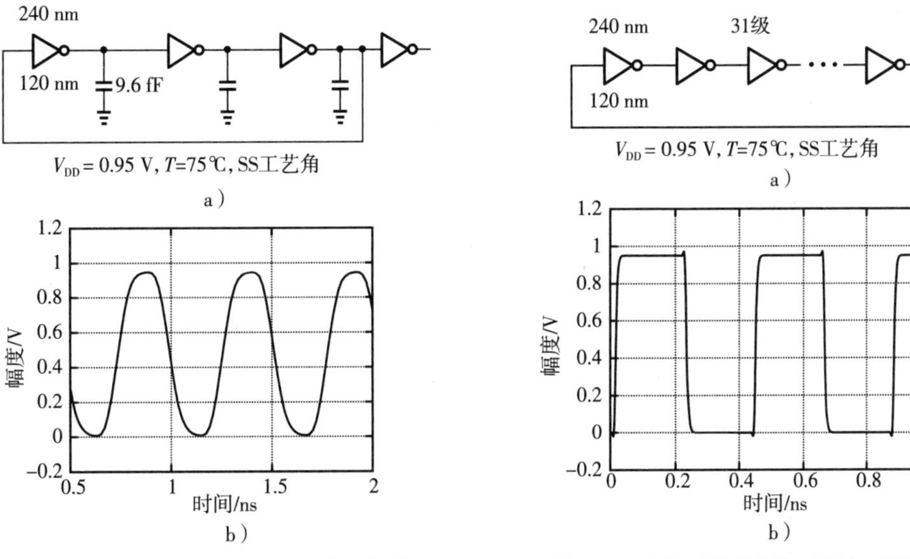

图 3-14 a)具有附加电容的环形振荡器；b)输出波形

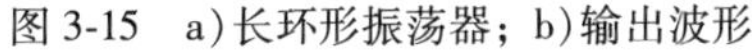

图 3-15 a)长环形振荡器；b)输出波形

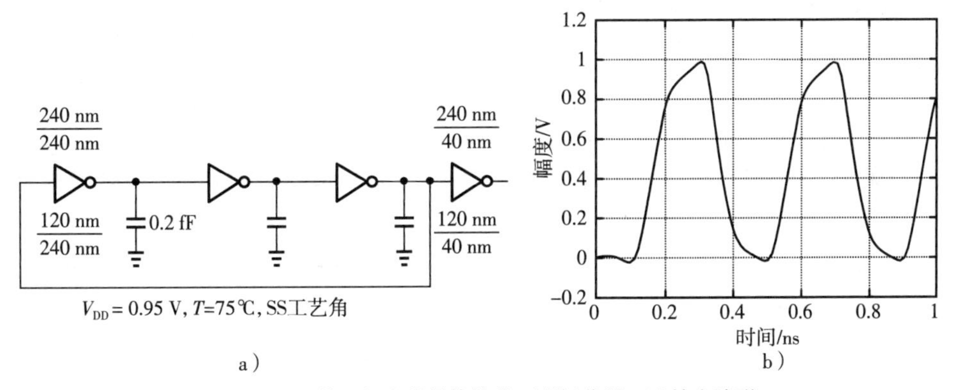

图 3-16 a)使用长沟道晶体管的环形振荡器；b)输出波形

3.3.4 分频

我们可以将图 3-12a 中参考设计的输出应用于分频器(计数器)，以获得 f_0 = 2 GHz。其性能与上述拓扑有何不同？分频器消耗额外的功率，并且归一化电源灵敏度 K_{VDD}/f_0 不变。因此，我们认为这种方法没有优势，除了有产生正交相位的可能性(第 15 章)。

总之，降低振荡频率的四种方法不会改变电源灵敏度，使用更长的晶体管可以降低功耗。但是，最终应从相位噪声的角度研究这些方法的优缺点。

3.4 相位噪声的考虑因素

上一节的设计工作集中在振荡频率、功耗和电源灵敏度上。在对这些设计原则有了基本了解之后，我们现在还可以考虑相位噪声。我们从图 3-12a 中的 22.6 GHz 参考振荡器开始，然后研究使用我们的四种方法得出的2 GHz拓扑的相位噪声行为。所有仿真都使用SS模型，温度为75℃，$V_{DD}=0.95$ V。

重要的是要记住，相位噪声直接与功耗(第2章)和振荡频率进行折中，如式(3-14)和式(3-15)所示。下面的示例说明了这样的折中。

例3-7 振荡器的设计频率为f_0。说明如何将其相位噪声降低3 dB。

解： 一种方法是将两个名义上相同的都以f_0运行的振荡器的输出电压相加，如图3-17a所示。对于振荡器1，我们有$V_1(t)=V_0\cos(\omega_0 t+\phi_{n1})$，对于振荡器2，有$V_2(t)=V_0\cos(\omega_0 t+\phi_{n2})$。注意，$\phi_{n1}$和$\phi_{n2}$是不相关的，因为两个振荡器中的噪声源对彼此一无所知。它遵循

$$V_{out}(t)=V_1(t)+V_2(t) \tag{3-25}$$

$$\approx V_0\cos\omega_0 t-V_0\phi_{n1}\sin\omega_0 t+V_0\cos\omega_0 t-V_0\phi_{n2}\sin\omega_0 t \tag{3-26}$$

$$\approx 2V_0\cos\omega_0 t-V_0(\phi_{n1}+\phi_{n2})\sin\omega_0 t \tag{3-27}$$

第二项的幅度必须与第一项的幅度进行归一化，产生$(\phi_{n1}+\phi_{n2})/2$的相位噪声。由于两个振荡器的设计相同，因此它们具有相同的相位噪声谱，$S_{\phi n1}=S_{\phi n2}$，因此有

$$S_{\phi,out}=\frac{S_{\phi n1}+S_{\phi n2}}{4} \tag{3-28}$$

$$=\frac{S_{\phi n1}}{2} \tag{3-29}$$

换句话说，整个相位噪声频谱减少了一半，对应着功耗增加了一倍。

由于振荡器不可避免地表现出某些频率失配，因此上述结构被证明是不切实际的。“线性缩放”是一种研究相位噪声-功率折中的更好方法。如图3-17b所示，其想法是将所有晶体管的宽度、偏置电流和电容按比例放大2倍，而将所有电感和电阻按此比例缩小。电压幅度保持不变，因为我们将电流与其流过的阻抗的乘积保持恒定。振荡频率也是如此，因为LC和RC乘积没有变化。现在，我们还观察到所有噪声电流频谱都加倍(为什么?)，这乘以阻抗的幅度平方，最终会导致一半的相位噪声(例3-4)。我们经常将线性缩放应用于优化的振荡器，以实现较低的相位噪声(尽管以功耗为代价)，同时避免重复整个设计工作。

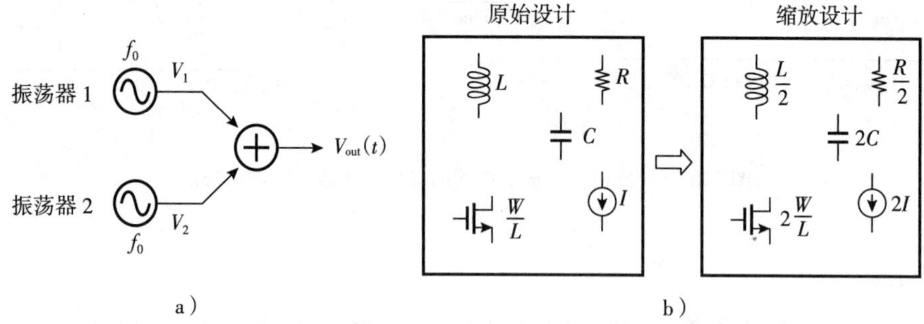

图3-17 用功率换取相位噪声：a)增加相同振荡器的输出；b)线性缩放法

3.4.1 晶体管噪声仿真

从式(3-14)和式(3-15)中得到，相位噪声与$S_I(f)$和$S_{1/f}(f)$(漏极电流的功率谱密度)成正比。因此，我们必须首先为图3-12a的参考设计中使用的晶体管计算这些频谱。对于120 nm/40 nm的NMOS器件，如果$V_{GS}=V_{DD}$且$V_{DS}=V_{DD}/2$，则仿真得出的漏极噪声电流频谱如图3-18所示。此处，纵轴代表$10\log\overline{I_n^2}$，包括闪烁噪声和热噪声。该图提供了大量信息。

首先，闪烁噪声以10 dB/dec的速率从100 kHz下降到几十兆赫兹，然后逐渐下降到几百兆赫兹。

其次，我们可以通过代入 g_m、WLC_{ox} 和 f 来计算 $S_{1/f}(f)=g_m^2K_N/(WLC_{ox}f)$ 中的因子 K_N ㊀。为此，我们使用仿真在上述偏置条件下计算 g_m 和 I_D，分别获得 0.22 mS 和 92 μA。由于 $WL_{eff}C_{ox}\approx120\ \text{nm}\times36\ \text{nm}\times(17\ \text{fF}/\mu\text{m}^2)$，并且由于图 3-18 表示 $S(f=1\ \text{MHz})=-207\ \text{dB}=2\times10^{-21}\ \text{A}^2/\text{Hz}$，因此 $K_N=3\times10^{-24}\ \text{FV}^2$（使用 dB 来表示 A^2/Hz 不太正确，但是我们仍旧知道 $10\log S(f)$ 以 dB 表示）。

其次，如果我们以 −10 dB/dec 的斜率外推该图的低频部分，则会截取 $f\approx500$ MHz㊁附近的热噪声（≈−233 dB），这是晶体管的闪烁噪声转角频率。在 $\gamma=1$ 的情况下，我们有 $4kT\gamma g_m=3.64\times10^{-24}\text{A}^2/\text{Hz}=-234$ dB，该值接近仿真结果。

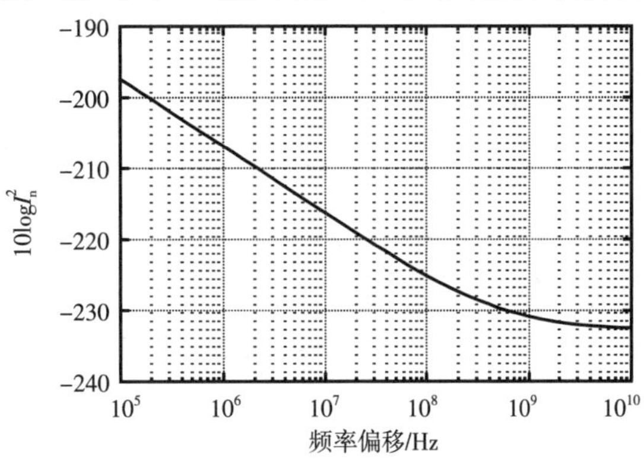

图 3-18　在 $V_{GS}=V_{DD}$ 且 $V_{DS}=V_{DD}/2$ 偏置下，120 nm/40 nm NMOS 器件的噪声电流

例 3-8 对于晶体管噪声电流中 500 MHz 的 $1/f$ 转角，我们是否期望图 3-12a 中的参考环形振荡器的相位噪声具有相同的转角频率？

解： 不完全是的。我们必须计算式(3-14)和式(3-15)的相交频率。考虑一个更简单的情况，其中 $2kT/(I_DV_{DD})$ 可以忽略不计，让我们仅考虑 NMOS 器件的贡献。联立两式得到

$$S_{I,\text{NMOS}}=\frac{1}{2N}S_{1/f,\text{NMOS}}\tag{3-30}$$

这表示转折频率降低了 $2N$ 倍，如图 3-19 所示。对于三级环形振荡器，$2N=6$ 并且 $4kT\gamma g_m=[g_m^2K/(WLC_{ox}f_{c,osc})]/(2N)$，从而求出 $f_{c,osc}\approx500\ \text{MHz}/6\approx83$ MHz。当然，为了获得更准确的结果，我们还必须包括 PMOS 的噪声贡献。

现在，我们对 240 nm/40 nm 的 PMOS 器件重复上述仿真。图 3-20 绘制了漏极噪声电流频谱，显示了约 650 MHz 的闪烁噪声转角频率。在偏置条件 $V_{GS}=V_{DD}$ 且 $V_{DS}=V_{DD}/2$ 下，我们有 $I_D=95$ μA 和 $g_m=0.29$ mS。有趣的是，在这项技术中，PMOS 晶体管比 NMOS 器件具有更高的闪烁噪声。如果将图 3-18 和图 3-20 的漏极电流频谱归一化到栅极面积，则可以更清楚看到这一点。实际上，我们有 $K_P=5.5\times10^{-24}\ \text{FV}^2$。

3.4.2 振荡器参考相位噪声

我们从图 3-12a 中的 22.6 GHz 参考设计的相位噪声开始。图 3-21 所示为仿真的相位噪声，横轴表示相对于载波的频率偏移。我们观察到，从 100 kHz 偏移到 1 MHz，从 1 MHz 到 10 MHz，相位噪声都下降了约 30 dB，这是闪烁噪声上变频的特征。从图中可以预测转角频率约为 90 MHz。相对于之前计算的转角频率(67 MHz)的差异源于 PMOS 器件的噪声贡献。

参考振荡器有非常高的相位噪声，例如在 1 MHz 偏移下噪声为 −47 dBc/Hz。当然，为了有意义地比较，我们必须将该值归一化为功耗和振荡频率的平方。

例 3-9 根据振荡频率、相位噪声和功耗，为振荡器定义品质因数(FOM)。

解： 根据我们的推导，定义如下：

㊀ 注意，此处的 L 表示有效长度，在该技术中约为 36 nm。

㊁ 或者，我们可以通过 $g_m^2K/(WLC_{ox}f)=4kT\gamma g_m$ 来求解 f。

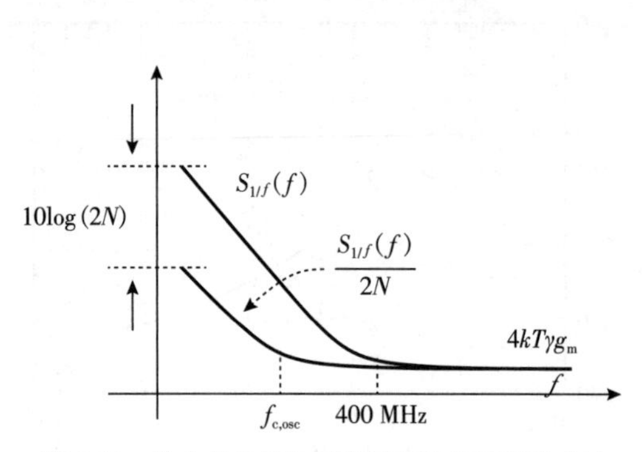

图 3-19 单个晶体管和环形振荡器的闪烁噪声转折频率

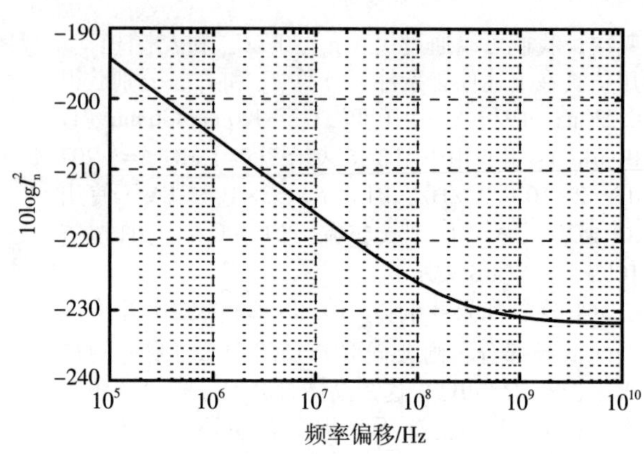

图 3-20 在 $|V_{GS}|=V_{DD}$ 且 $|V_{DS}|=V_{DD}/2$ 条件下，240 nm/40 nm PMOS 器件的噪声电流

$$\text{FOM}=\frac{1}{\text{相位噪声}\times\text{功耗}}\left(\frac{f_0}{f}\right)^2 \tag{3-31}$$

式中，f 是测量相位噪声的偏移量，通常用 Δf 表示。我们通常使用 10logFOM。注意，随着从 $1/f$ 噪声状态(低 f)到白噪声状态(高 f)，FOM 会改善(为什么?)。品质因数为评估振荡器的性能提供了一致的归一化过程。在文献中通常用毫瓦而不是瓦来表示 P。

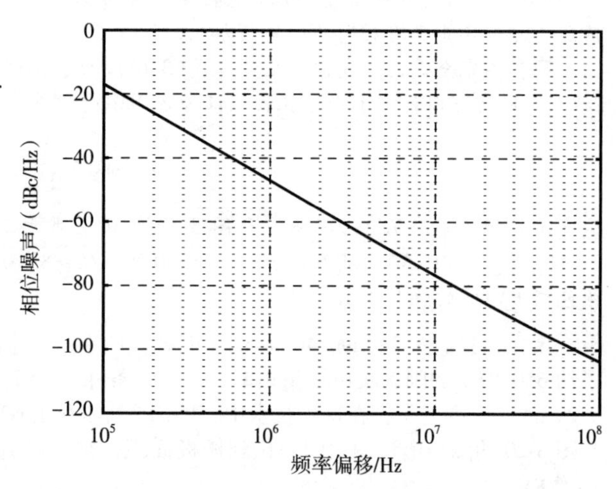

图 3-21 图 3-12a 中 22.6 GHz 参考振荡器的相位噪声

将仿真的相位噪声与式(3-14)和式(3-15)预测的理论值进行比较是有益的。对于热噪声，我们有图 3-18 和图 3-20：$S_{I,\text{NMOS}}=-233$ dB $=5\times10^{-24}$ A^2/Hz 和 $S_{I,\text{PMOS}}=-232$ dB $=6.3\times10^{-24}$ A^2/Hz。由于这两者是不相关的，因此我们直接将它们的频谱密度相加，得出 $S_{I,\text{NMOS}}+S_{I,\text{PMOS}}=1.13\times10^{-23}$ A^2/Hz。考虑到 $|I_D|\approx93$ μA 且 $V_{DD}=0.95$ V，我们有

$$S_{\phi n,\text{white}}(f)=7.45\times10^{-16}\frac{f_0^2}{f^2}\text{Hz}^{-1} \tag{3-32}$$

$$=\frac{3.8\times10^5}{f^2}\text{Hz}^{-1} \tag{3-33}$$

例如，当 $f=100$ MHz 时，相位噪声预计约为-104 dBc/Hz，与图 3-21 接近。

类似地，对于闪烁噪声，我们根据图 3-18 和图 3-20 进行计算。例如，当 1 MHz 时，$S_{1/f,\text{NMOS}}=-207$ dB $=2\times10^{-21}$ A^2/Hz 和 $S_{1/f,\text{PMOS}}=-205$ dB $=3.2\times10^{-21}$ A^2/Hz。相应的噪声电流谱分别等于$(2\times10^{-21})(1\text{ MHz})/f$ 和$(3.2\times10^{-21})(1\text{ MHz})/f$。我们将这两个值相加并将结果乘以$(f_0^2/f^2)/(4NI_D^2)$，得到

$$S_{\phi n,\text{flicker}}(f)=5\times10^{-8}\frac{f_0^2}{f^3}\text{Hz}^{-1} \tag{3-34}$$

它遵循

$$S_{\phi n,\text{flicker}}(f)=\frac{2.55\times10^{13}}{f^{3}}\text{Hz}^{-1} \tag{3-35}$$

例如，当$f=1$ MHz时，相位噪声达到−46 dBc/Hz，接近图3-21中的仿真值。

例3-10 为22.6 GHz振荡器在$f=1$ MHz和$f=100$ MHz处用式(3-31)计算FOM。

解：在1 MHz偏移下，仿真得出$S_{\phi n}=-47$ dBc/Hz$=2\times10^{-5}$ Hz^{-1}。当$P=60$ μA×0.95 V=57 μW时，我们有FOM=4.5×10^{17} Hz/W=177 dB。在100 MHz偏移下，$S_{\phi n}$降至−104 dBc/Hz，得到FOM=194 dB。为了与文献保持一致，我们用毫瓦表示P，分别获得147 dB和164 dB。

例3-11 在相同的振荡频率下，我们如何修改参考振荡器以获得在100 MHz偏移下的−120 dBc/Hz的相位噪声？

解：为了使相位噪声降低16 dB，我们可以将功耗增加$10^{1.6}\approx40$倍。也就是说，我们将所有晶体管的宽度按照这个系数加倍。由于布局尺寸成比例地增大，图3-12a中的寄生电容也上升了约40倍。整个相位噪声图(包括1/f模式)在功率升至40×60 μA×0.95 V=2.3 mW时下降了16 dB。

3.4.3 第一种2 GHz振荡器相位噪声

回顾3.3节，我们可以在环的内部节点上增加电容以降低振荡频率，而无须改变功耗。对于图3-14a中的1.93 GHz设计，我们获得了如图3-22所示的相位噪声。如式(3-14)和式(3-15)所预测，相位噪声应下降10log(22.6 GHz/1.93 GHz)^2=21.5 dB。的确，图3-21和图3-22中的差异几乎完全相同，即振荡器的品质因数没有改变。

3.4.4 第二种2 GHz振荡器相位噪声

在3.3节的第二种修改中，我们将级数增加到31，并得到$f_0=2.3$ GHz。图3-23绘出了该环的相位噪声，在闪烁噪声方面表现出实质性的改善。式(3-15)暗示了随着N的增加，其变化趋势相同。实际上，如果我们计算10log(31/3)≈10 dB，并考虑到图3-14a和图3-15a中设计之间的频率差异，由此减去10log(2.3 GHz/1.93 GHz)^2=0.8 dB，我们期望相位噪声降低9.2 dB，这接近于图3-22和图3-23间的差异。因此，第二种振荡器具有更好的FOM。

这项研究得出的关键点是，对于给定的振荡频率，最好增加级数，而不是增加内部节点的电容。

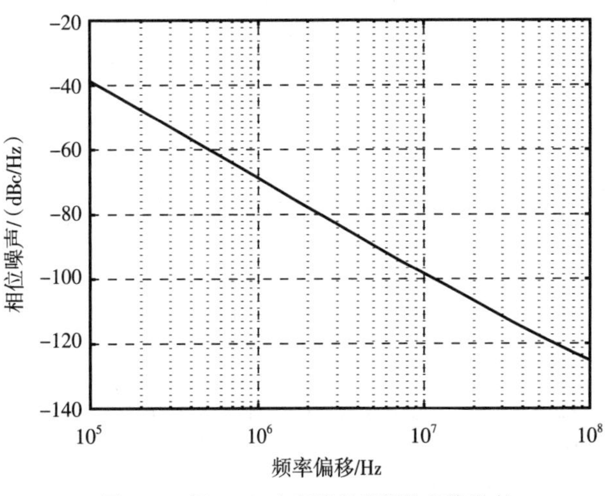

图3-22 图3-14a中环形振荡器的相位噪声

3.4.5 第三种2 GHz振荡器相位噪声

第三种设计包括三级，但具有沟道更长的NMOS和PMOS晶体管。如3.3节所述，这种结构消耗的功率较小，约为13 μW，因为其节点电容较小。图3-24显示了该2.5 GHz环形振荡器的相位噪声。

例3-12 比较图3-23和图3-24中相位噪声曲线的1/f^3范围，并确定它们是否与式(3-23)一致。

解：式(3-23)表明，对于给定的过驱动电压$V_{DD}-V_{TH}$，相位噪声仅取决于总的NMOS和PMOS沟道电容。我们可以对两个振荡器计算$K/[N(WL)_{NMOS}]+K/[N(WL)_{PMOS}]$，然后查看相位噪声是否相应缩放。假设第三种振荡器中器件的有效长度为 236 nm，我们得出第二种设计的和为 $4.11\times10^{-11}\ \mathrm{FV^2/m^2}$，第三种设计的和为 $6.47\times10^{-11}\ \mathrm{FV^2/m^2}$。我们计算出比率为 6.47/4.11 的 10log，然后加上 $10\log(2.5\ \mathrm{GHz}/2.3\ \mathrm{GHz})^2=0.7\ \mathrm{dB}$，以解决频率差异。也就是式(3-23)预测的，在 100 kHz 偏移下，第三种振荡器的相位噪声应提高 2.7 dB。

为什么图 3-23 和图 3-24 之间的实际差异接近 5 dB？根据元件噪声仿真，实际上，K_N 和 K_P 因子随沟道长度而变化，从而导致 2.7 dB 的差异。

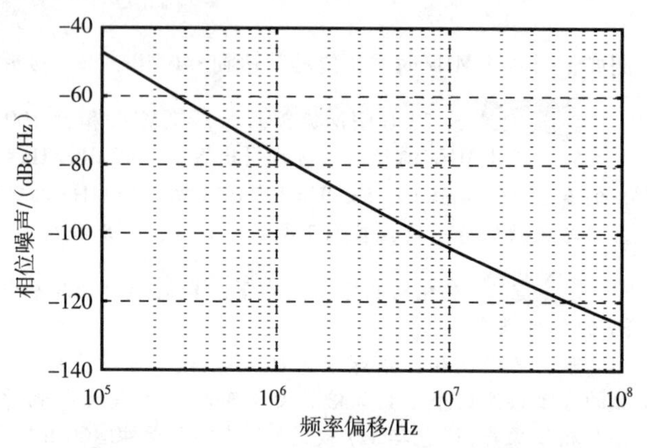

图 3-23 图 3-15a 中 31 级环形振荡器的相位噪声

确定哪种方法可以提高性能具有指导意义：增加级数或增加晶体管沟道长度。考虑到两种设计之间的功耗差为 $10\log(57\ \mu\mathrm{W}/13\ \mu\mathrm{W})=6.4\ \mathrm{dB}$，并需要为频率差再加上 0.7 dB。如果两种方法一样好，我们预计第三种设计的相位噪声要高 7.1 dB。在 100 MHz 偏移下的情况也确实如此。另外，在偏移为 1 MHz 时，第三种设计的相位噪声(−74 dBc/Hz)仅比第二种高 4 dB，这表明其 FOM 具有 3 dB 的优势。换句话说，通常优先选择增加沟道长度。

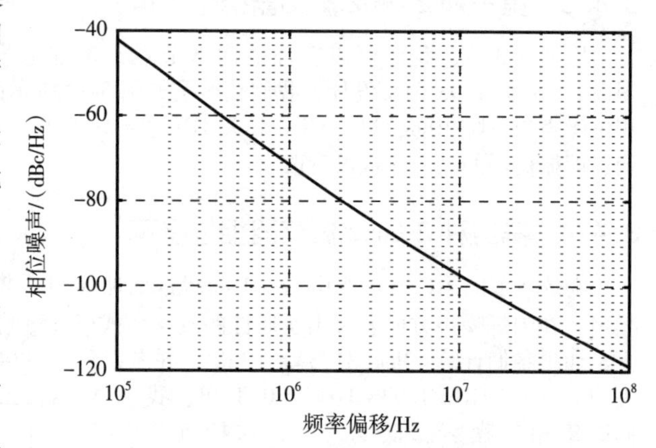

图 3-24 图 3-16a 中环形振荡器的相位噪声

例 3-13 在相同的振荡频率下，我们应该如何修改第三种振荡器以获得在 1 MHz 偏移下−100 dBc/Hz 的相位噪声？

解： 为了使相位噪声从−72 dBc/Hz 降至−100 dBc/Hz，我们可以牺牲 $10^{2.8}\approx631$ 倍的功耗。因此，我们选择 $(W/L)_{\mathrm{NMOS}}=76\ \mu\mathrm{m}/240\ \mathrm{nm}$ 和 $(W/L)_{\mathrm{PMOS}}=152\ \mu\mathrm{m}/240\ \mathrm{nm}$。现在，该电路消耗了 8.2 mW 的大量功耗，并且还占用了很大的面积。

3.4.6 第四种 2 GHz 振荡器相位噪声

实现期望频率的第四种方法是使用分频器。我们忽略分频器的相位噪声和功耗。如果将振荡器的输出频率除以 M，则结果可以表示为

$$V_{\mathrm{div}}(t)=V_0\cos\left[\frac{\omega_0 t+\phi_{\mathrm{n}}(t)}{M}\right] \tag{3-36}$$

也就是说，相位也除以 M，因为相位和频率线性相关。因此，我们得出的结论是，与第一种 2 GHz 振荡器设计一样，输出相位噪声降低了 M 倍(降低了 $20\log M$，以 dB 为单位)。因此，分频并不能改善环形振荡器的 FOM。

例 3-14 说明分频后输出抖动会发生什么。

解： 即使相位噪声下降，以秒表示的抖动也不会改变。如果我们在分频器输入端观察到 ΔT 秒的随机边沿位移(见图 3-25)，就可以看出这一点：分频器输出位移了相同的量。该图还说明了为什么相位噪声会降低：由于输出周期 T_{out} 更长，因此当我们用弧度表示相位为 $(\Delta T/T_{\mathrm{out}})\times(2\pi)$ 时，我们获得

的值要小于$(\Delta T/T_{in})\times(2\pi)$。

总而言之，如果我们希望将环形振荡器的频率降低到所需的值，最好的解决方案是增加晶体管的沟道长度。第二个最佳解决方案是增加级数。表3-1总结了我们四种不同设计方案的性能。包含长沟道晶体管的拓扑在$1/f^2$和$1/f^3$两种情况下均表现出最高的FOM，这将成为后续的研究重点。

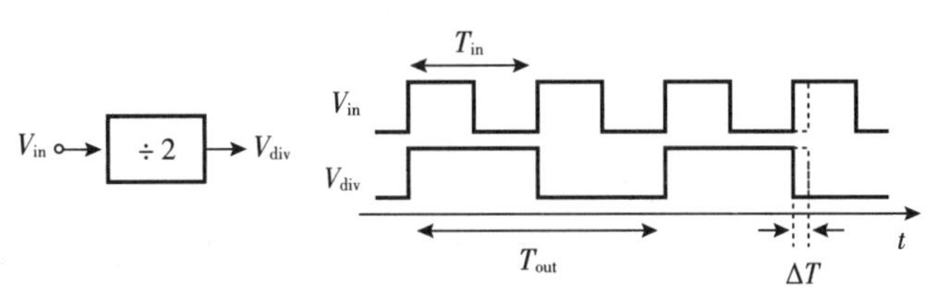

图3-25 分频器中输入抖动的影响

表3-1 2 GHz振荡器设计总结

	设计1 更大的节点电容	设计2 更大的级数	设计3 更长的晶体管沟道长度	设计4 分频[①]
f_0/GHz	1.93	2.3	2.5	2.26
P/μW	57	68	13	60
电源灵敏度K_{VDD}/(GHz/V)	4.3	4.9	5	5
相位噪声/(dBc/Hz)				
1 MHz偏移	-69	-78	-74	-67
100 MHz偏移	-126	-126	-118	-124
FOM/dB				
1 MHz偏移	147	158	161	147
100 MHz偏移	164	164	165	164

① 忽略分频器的功耗和相位噪声。

3.5 频率调谐

我们在第2章中描述了压控振荡器的概念，并为其构建了数学模型。在本节中，我们为基于反相器的环形振荡器设计频率调谐技术，并将其应用于图3-16a的优化振荡器中。

3.5.1 调谐的考虑因素

我们必须研究每种调谐机制的五个方面：

1)可以达到的频率范围。如第1章所述，该范围必须足够宽，以涵盖给定应用中所需的PVT变化和所需的频率范围。

2)VCO增益的值K_{VCO}。通常，我们希望保持相对“低”的K_{VCO}，以使耦合至控制线的任何噪声都不会转化为较大的频率和相位波动。这个问题要求控制电压V_{cont}的范围很宽。如图3-26所示，如果V_{cont}的允许范围(由VCO本身或前面的电路决定)被限制为$[V_1, V_2]$而不是$[0, V_{DD}]$，则K_{VCO}不可避免地会增加。根据经验，我们将K_{VCO}保持在大约$0.1f_m$ Hz/V以下，其中$f_m=(f_{max}+f_{min})/2$。例如，如果$f_m=$ 2 GHz，则我们希望K_{VCO}低于200 MHz/V。在某些情况下，甚至需要更低的K_{VCO}值。

3)调谐特性中的“线性”可以粗略看作斜率K_{VCO}的变化，如图3-27所示。通常，我们希望将这种变化限制为不超过20%。例如，如果频率从f_1变为f_2，我们希望VCO的增益保持相对恒定。如第7章所述，这确保了使用这种振荡器的锁相环在其静态和动态行为方面的变化可忽略不计。

4)振荡器内部电压的变化会摆动。我们更愿意在整个调谐范围内保持相对恒定的摆幅，主要是为了避免恶化相位噪声。

5)整个调谐范围内的相位噪声变化。

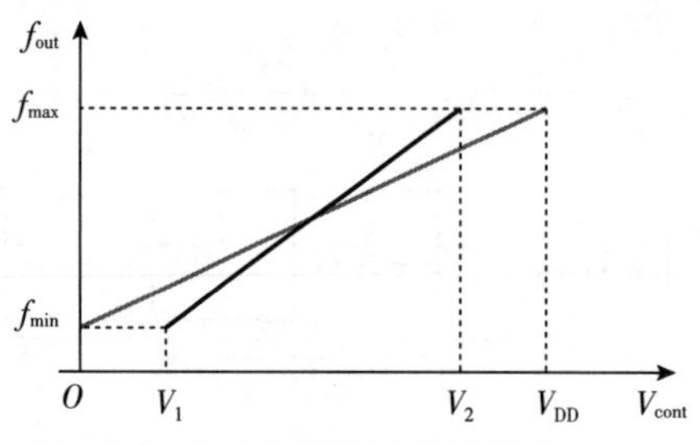

图 3-26 由于控制电压范围较窄，K_{VCO} 的缩放比例不理想

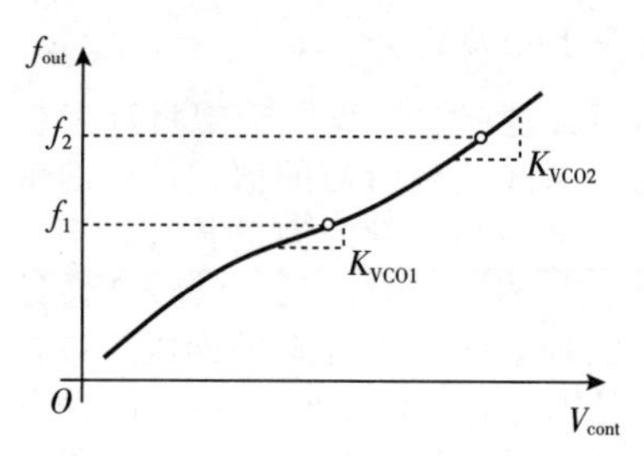

图 3-27 VCO 特性中的“线性”

3.5.2 连续调谐与离散调谐

如图 3-26 所示，K_{VCO} 与调谐范围之间的直接关系带来了一个困难：宽的频率调谐范围不可避免地使 VCO 对其控制线上的噪声更加敏感。在大多数现代系统中，我们通过连续(模拟)和离散(数字)调谐来避免此问题。如图 3-28a 所示，其想法是选择由 V_{cont} 控制足够弱的路径，从而使 K_{VCO} 足够低，同时还通过数字控制 D_{cont} 提供离散的频率跳跃。例如，V_{cont} 可以改变电阻，而 D_{cont} 可以将更多或更少的电容切换到振荡器节点。我们观察到，当 $D_{cont}=11$ 时，随着 V_{cont} 从 V_1 变为 V_2，f_{out} 在最低曲线上变化。如果此频率范围太低，那么我们将 D_{cont} 更改为 10，依此类推。电压范围[V_1，V_2]可能受前级或振荡器本身的限制。

当 V_{cont} 从 V_1 到 V_2 变化时，图 3-28a 所示的总体调谐特性必须覆盖整个所需的频率范围[f_{min}，f_{max}]。重要的是要注意，每条连续调谐曲线必须与其紧邻的上下曲线有足够的重叠，以确保不会出现“盲区”。如图 3-28b 所示，如果两条相邻曲线不重叠，则 VCO 无法覆盖一定的频率范围[f_a，f_b]。在图 3-28a 中，频率 f_1 有两个特征点，即使与 $D_{cont}=10$ 对应的模拟曲线随 PVT 上移，也可以确保将 VCO 调谐至该频率。

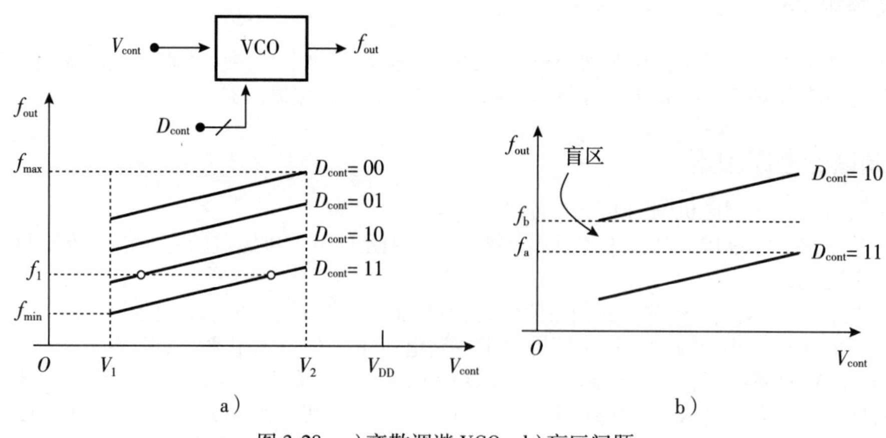

图 3-28 a)离散调谐 VCO；b)盲区问题

例 3-15 从图 3-28a 的特性中，以 V_{cont} 为参数绘制 f_{out} 与 D_{cont} 的关系图。

解： 图 3-29 描述了这种行为，更清楚地显示了重叠部分。

根据经验，我们设计环形 VCO，使 V_{cont} 提供中心频率的±10%至±20%的调谐范围，然后选择数字控制的分辨率以覆盖整个所需范围而不会出现盲区。在某些情况下，这种选择仍然会导致较高的 K_{VCO}，因此需要更精细的离散步骤。

3.5.3 通过可变电阻实现调谐

由于环形振荡器中的栅极延迟由反相器强度和负载电容决定，因此我们推测可以通过改变两者之一来调谐频率。我们从前者开始。

图 3-30a 是通过调整 NMOS 晶体管的强度进行频率调谐的示例。这里，$M_3 \sim M_5$ 作为压控电阻。如果 V_{cont} 从 V_{DD} 开始并减小，则反相器的下拉强度也将下降，从而导致更长的下降时间，如图 3-30b 所示。栅极延迟的增加会因此降低振荡频率。

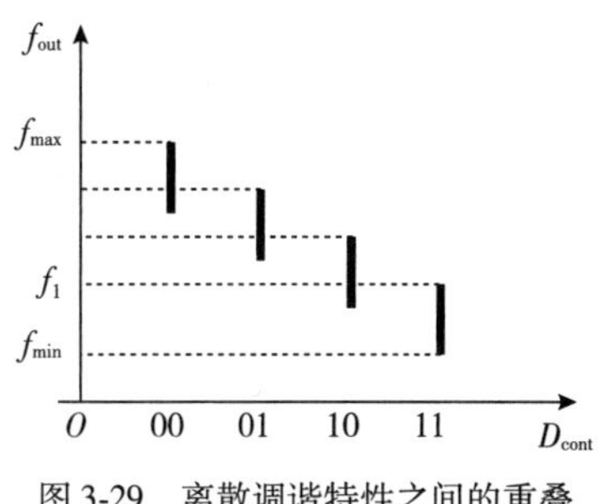

图 3-29 离散调谐特性之间的重叠说明

这种结构面临两个问题。首先，不同的上升和下降时间转化为非最佳设计，因为反相器在下降沿产生的相位噪声比在上升沿产生的相位噪声更多。随着频率降低，这种不对称变得更加明显。其次，随着 V_{cont} 接近 NMOS 阈值电压，$M_3 \sim M_5$ 的导通电阻急剧上升，从而产生非线性的调谐特性，如图 3-30c 所示。实际上，对于 $V_{\mathrm{cont}} \approx 0$，电路无法振荡。如图 3-30d 中的 $M_6 \sim M_8$ 所示，可以通过与 $M_3 \sim M_5$ 并联放置一个恒定电阻来改善此问题。现在，即使对于 $V_{\mathrm{cont}}=0$，下降时间也受 NMOS 导通电阻(例如，M_1 和 M_6 的导通电阻)和 f_{out} 的串联的限制而达到了最小值，如图 3-30e 所示。尽管如此，仍然存在非对称过渡的问题。一个不太关键的问题是 $M_3 \sim M_8$ 不可避免地降低了最大振荡频率(为什么?)。

让我们将这些想法应用到第三种 2 GHz 振荡器设计中。如前所述，连续控制应提供等于中心频率 ±10%至±20%的调谐范围(对于环形振荡器)。因此，我们选择图 3-30d 中足够弱的 $M_6 \sim M_8$，以获得图 3-30e 中的 $f_{\max}-f_{\min} \approx 400 \sim 500$ MHz。根据仿真，我们需要$(W/L)_{6\sim8}=120$ nm/180 nm，得出如图 3-31 所示的设计和 2 GHz 时的相位噪声曲线(对于 $V_{\mathrm{cont}} \approx V_{\mathrm{THN}}$)。

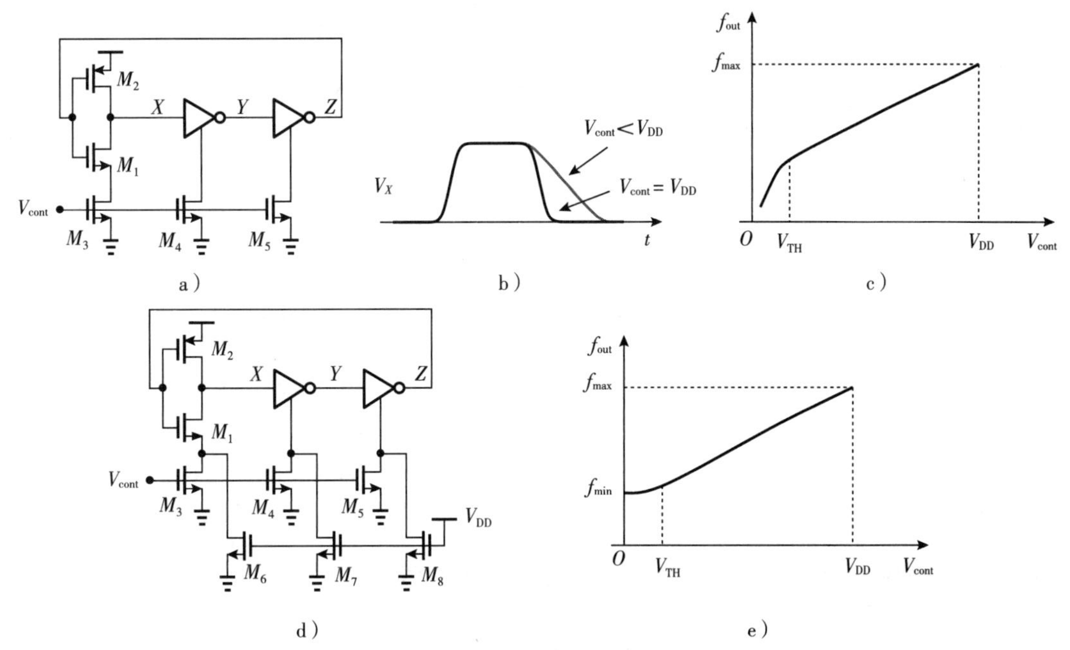

图 3-30 a)通过可变电阻进行频率控制；b)对输出波形的影响；c)结果特性；d)结构修改以避免急剧下降；e)新的结果特性

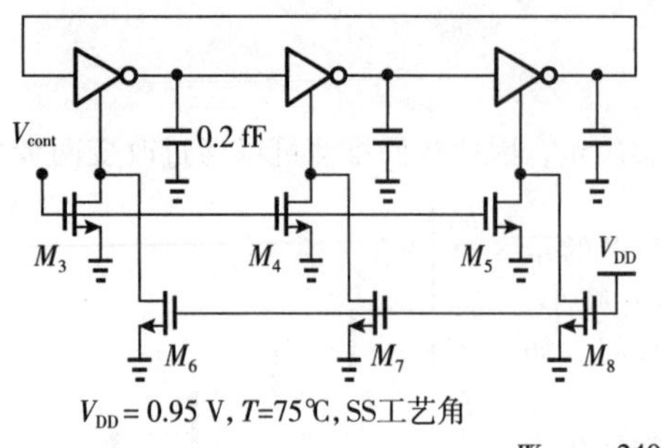

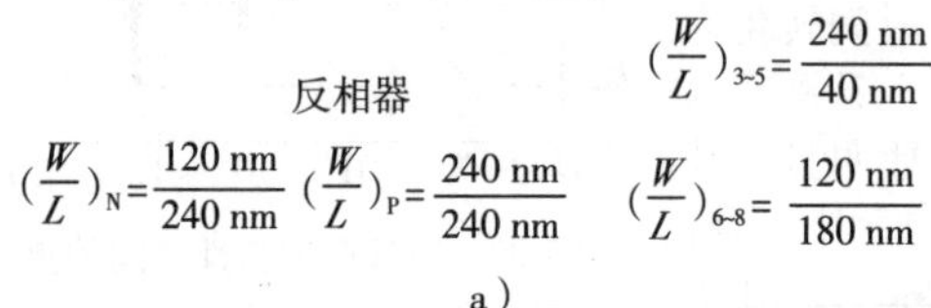

a)

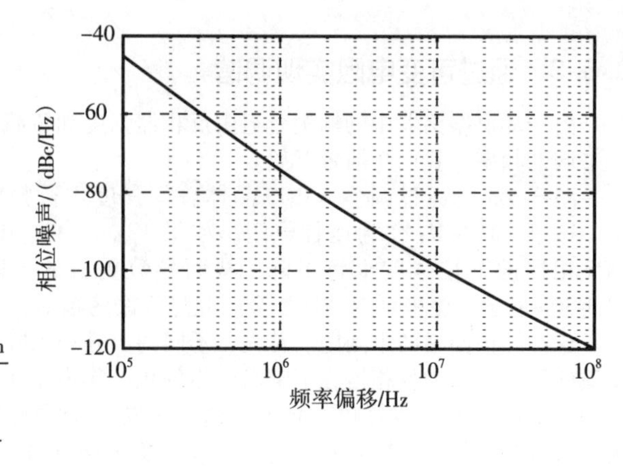

b)

图 3-31 a)环形 VCO；b)相位噪声

我们应该注意两点。首先，选择 $M_3 \sim M_5$ 要足够强以不明显限制最大频率。尽管如此，f_{max} 已从 2.5 GHz 降至 2.4 GHz。其次，在 100 kHz 和 1 MHz 偏移处的相位噪声比图 3-24 小约 3 dB。为什么？让我们分别用 S_N 和 S_P 表示 NMOS 和 PMOS 的贡献，并假定它们相等。我们认识到，对于 $V_{cont} \approx V_{THN}$，在晶体管区域工作的 $M_6 \sim M_8$ 会使反相器内的相应 NMOS 器件退化，如图 3-32a 所示。由于退化等效于使反相器的 NMOS 晶体管的沟道更长，因此我们粗略地等效 M_6，如图 3-32b 所示。等效地，NMOS 沟道面积已从 120 nm×236 nm 增加到 120 nm×236 nm+120 nm×176 nm[⊖]。也就是说，总噪声从 $S_N+S_P=2S_P$ 下降到 $S_N/1.75+S_P=1.57S_P$，这意味着降低了 1 dB。此外，f_0 已从 2.5 GHz 下降到 2 GHz(对于此相位噪声图)，又给出了 1.94 dB。因此，我们预计将减少 2.94 dB 的相位噪声，接近仿真预测的结果。

例 3-16 我们如何对称地调整反相器的强度？

解： 我们可以在顶部串联一个 PMOS 器件，以调整 NMOS 和 PMOS 的强度，如图 3-33a 所示。然而，困难在于两个控制电压必须沿相反的方向变化。因此，我们添加了反相(共源)级，以从 V_{cont1} 产生 V_{cont2}，如图 3-33b 所示。在此，随着 V_{cont1} 从 V_{THN} 上升到 V_{DD}，如果 M_A 比 M_B 强得多，那么 V_{cont2} 从 $V_{DD}-|V_{THP}|$ 下降到几乎为零。因此，在整个调谐范围内，对元器件进行适当的定量分配可产生大约相等的上升和下降时间。

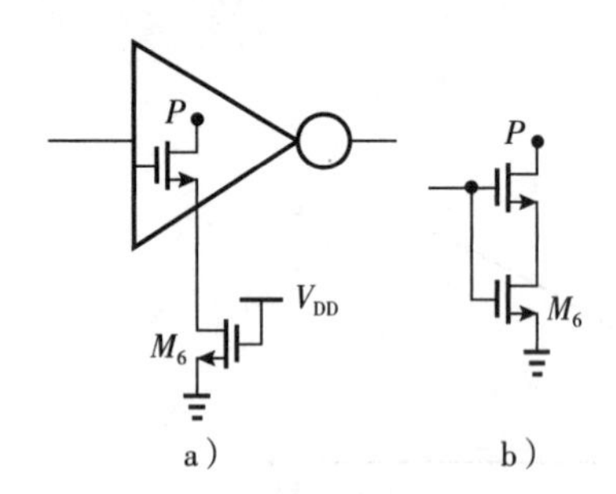

图 3-32 a)实现退化作用的晶体管 M_6；b)近似等效结构

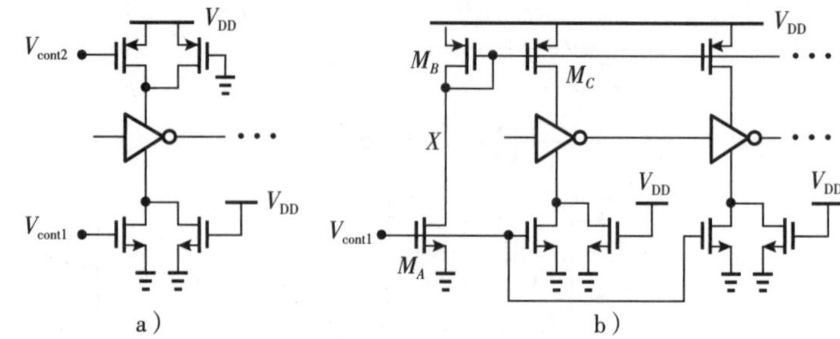

图 3-33 a)调整 PMOS 和 NMOS 的强度；b)引入电流镜

⊖ 即使 M_6 的栅极不是由输入驱动的，该晶体管也会与反相器的 NMOS 器件串联出现，从而减少将 $1/f$ 噪声注入输出转换中。

不幸的是，图 3-33b 中的共源级引入了相当大的噪声，破坏了环形振荡器内的上升沿。为了量化这种影响，我们首先计算 M_A 在 X 处产生的噪声电压。我们将以栅极为参考的 $1/f$ 噪声电压乘以 $g_{m,A}$ 以获得相应的漏极电流，将热噪声电流加到其上，然后将和电流流经二极管的方式连接晶体管 M_B 的阻抗：

$$\overline{V_{n,A}^2}=\left[\frac{K}{(WL)_A C_{ox}}\frac{1}{f}g_{m,A}^2+4kT\gamma g_{m,A}\right]\frac{1}{g_{m,B}^2} \tag{3-37}$$

式中忽略沟道长度调制效应。M_B 的 $1/f$ 和热噪声也必须添加到此结果中，我们留给读者练习。

M_B 的噪声电流不会直接反映到 M_C 上，因为后者会在部分时间内工作在晶体管区域。尽管如此，我们仍然可以确定由于 $V_{n,A}$ 而引起的相位噪声。由于节点 X 的总噪声电压 V_n，X 与 V_{cont2} 串联出现(为什么?)，因此，如果我们知道从 V_{cont2} 到输出频率的增益 K_{VCO2}，就可以很容易地表达输出相位噪声。具体来说，我们有

$$V_{out}(t)=V_0\cos\left(\omega_0 t+K_{VCO2}\int V_{cont2}\mathrm{d}t\right) \tag{3-38}$$

因此，

$$\phi_n(t)=K_{VCO2}\int V_{n,X}\mathrm{d}t \tag{3-39}$$

它遵循

$$S_{\phi n}(f)=K_{VCO2}^2\frac{\overline{V_{n,X}^2}}{4\pi^2 f^2} \tag{3-40}$$

注意，振荡器内部的相位噪声会增加此结果。上面获得的相位噪声占主导地位，从而使该技术的吸引力降低。

现在，我们构造如图 3-31 所示的 VCO 调谐特性，以检查 K_{VCO} 及其变化。如图 3-34 所示，该曲线显示了 $V_{cont}<V_{THN}$ 的平坦区域，这是因为受控 NMOS 器件关闭；$V_{cont}>0.85$ 对应另一个平坦区域，这是因为这些器件的导通电阻随 V_{cont} 的变化可忽略不计。如果我们将频率范围选择为 2~2.4 GHz，则 K_{VCO} 会从两端的 300 MHz/V 变化到中间的 1.25 GHz/V，比例很大。出现此问题的主要原因是，低于 0.35 V 的控制电压对频率几乎没有影响，并且仍未使用。

设计修改 为了消除图 3-34 中的平坦区域，我们必须修改调谐机制，以使频率在 V_{cont} 降至 0.35 V 以下时进一步降低。这意味着 V_{cont} 也必须驱动一些 PMOS 器件的栅极，但是如何做呢？我们希望频率随着 PMOS 分路的增强而下降。如果我们通过受控 PMOS 晶体管在反相器周围施加正反馈，则这是可能做到的。如图 3-35 所示，其想法是随着 V_{cont} 的降低，通过 M_9 提供更大的反馈。当 M_{10} 的导通电阻下降时，M_9 的退化作用也会下降，从而使沿着它的反馈更强。在这种情况下，由于正反馈往往会提高反相器的输出阻抗(为什么?)，因此振荡会慢下来。M_{11} 充当恒定电阻，可确保当 V_{cont} 接近 $V_{DD}-|V_{TH10}|$ 时，反相器不会停止工作。

图 3-35 的拓扑结构涉及两个问题。首先，M_9 必须具有较小的尺寸，以使反相器的负载可以忽略不计。其次，M_{10} 必须是弱器件，以便仅将频率适量降低(回想一下，V_{cont} 应该提供适当的调整范围，以使 K_{VCO} 不会过大)。

我们不试图使 M_{10} 变弱，而选择增加主信号路径的强度。毕竟，我们知道当前设计的相位噪声非常高，只能通过线性缩放来降低(3.4 节)。例如，如果我们将图 3-35 中除 M_9 和 M_{10} 以外的所有晶体管的宽度增加四倍，则相位噪声功率谱密度将下降 10log4 = 6 dB。如图 3-36a 所示，所得电路基于图 3-31a 中的电路，并表现出图 3-36b 中绘制的调谐特性。注意，互连电容也已增加了四倍，因为较大的晶体管不可避免地导致较宽的单元，从而导致更长的导线。调谐范围约为 550 MHz，最大 K_{VCO} 约为 1.4 GHz/V。

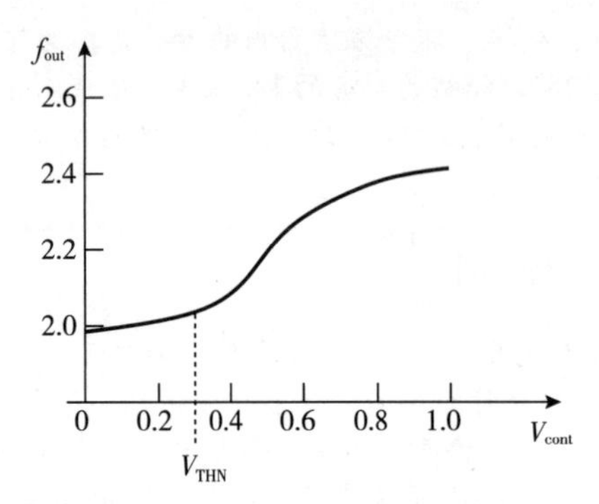

图 3-34 图 3-31 中环形振荡器的调谐特性

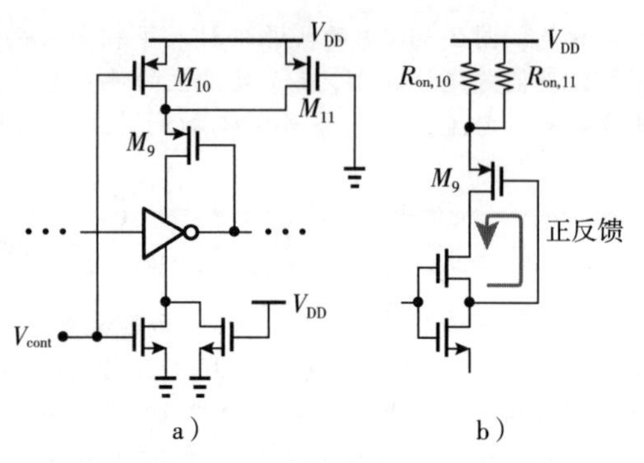

图 3-35 a)通过正反馈进行调整；b)简化电路

图 3-36c 绘制了新设计在 $f_0=2$ GHz 时的相位噪声。如预期的那样，尽管以 42 μA 的电源电流为代价，该曲线仍比图 3-31b 所示的曲线低 6 dB。

例 3-17 图 3-36b 中的最大 K_{VCO} 仍然很大，我们如何同时降低该值并减少 K_{VCO} 的变化？

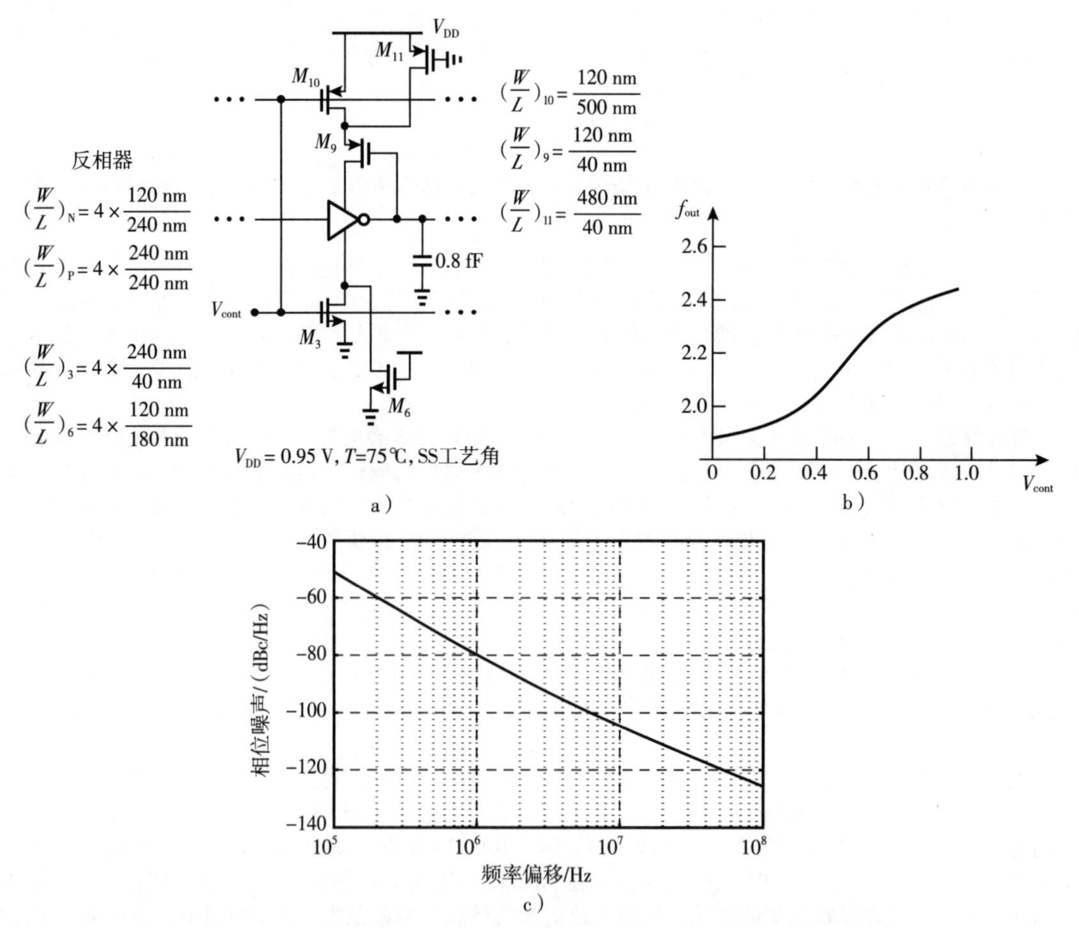

图 3-36 a)使用正反馈进行调谐的修正 VCO；b)结果特性；c)相位噪声

解：我们可以减弱 NMOS 控制路径(例如 M_3)的影响，但这会降低最大振荡频率。为了补偿，我们使反相器内的 NMOS 器件沟道略短一些。图 3-37 显示了最终的设计及其调谐特性和 $f_0=2.07$ GHz 时的相位噪声。相位噪声比图 3-36c 高约 1 dB，部分原因是 $10\log(2.07\text{ GHz}/2.0\text{ GHz})^2=0.3$ dB，部分原因是反相器内的 NMOS 沟道面积较小。最大 K_{VCO} 约为 800 MHz/V。

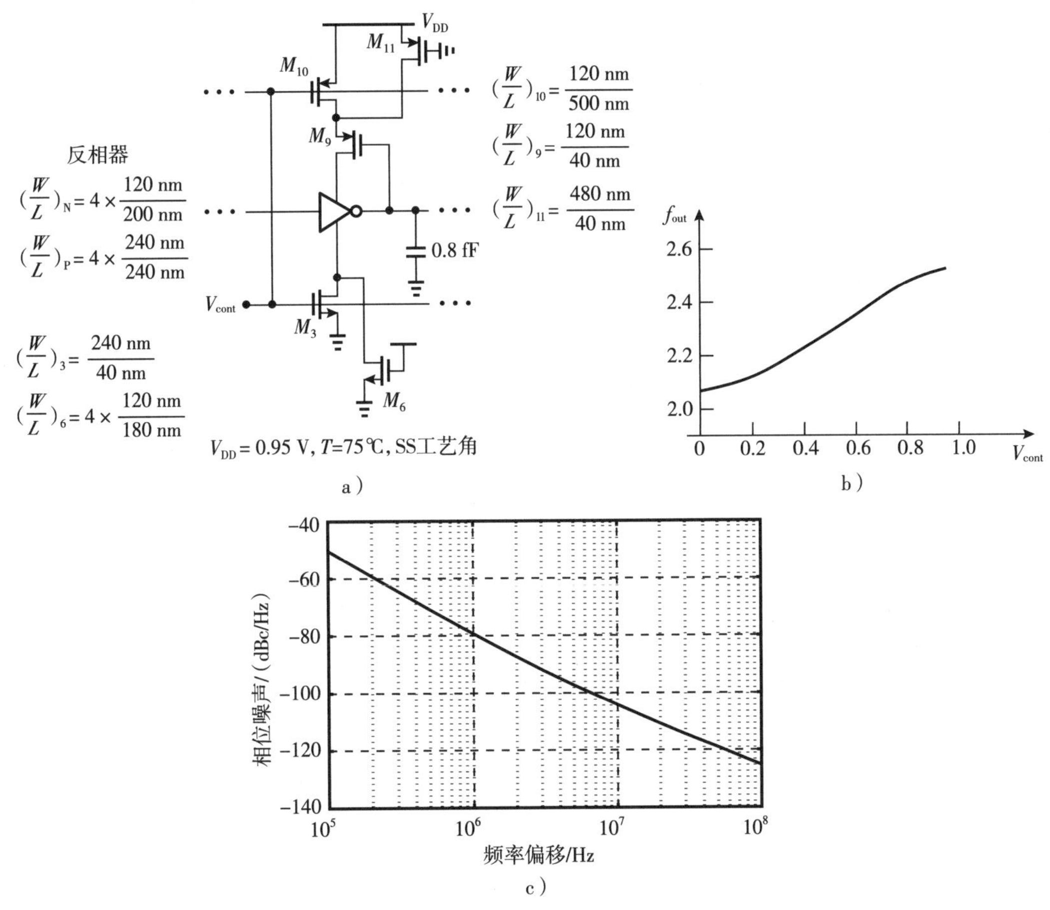

图 3-37 a)在控制路径中具有较弱 NMOS 器件的 VCO；b)结果特性；c)相位噪声

3.5.4 通过可变电容实现调谐

我们可以通过依赖于电压的电容(也称为“变容二极管”)实现连续调谐。图 3-38a 所示为 CMOS 技术中常用的变容二极管结构。它由一个放置在 n 阱内部的 NMOS 晶体管组成，其中的源极、漏极和 n 阱作为一端，而栅极作为另一端。如果 V_{AB} 为负，则电子会从氧化物-硅界面被排斥，从而留下耗尽层，如图 3-38b 所示。因此，总电容 C_{AB} 等于栅极氧化层电容 C_G 和耗尽层电容 C_{dep} 的串联组合，$C_{AB}=C_GC_{dep}/(C_G+C_{dep})$。随着 $|V_{AB}|$减小，耗尽层的厚度也减小，从而产生更大的 C_{AB}。对于足够正的 V_{AB}(见图 3-38c)，在氧化物下面形成电子沟道，该器件在“积累”状态下工作，C_{AB} 等于 C_G。这样就出现了如图 3-38d 所示的 C-V 特性。我们应该指出，变容二极管在 n 阱和衬底之间存在寄生电容。变容二极管的 C-V 特性必须在电路仿真中正确建模。我们通过双曲正切来近似图 3-38d 中的曲线：

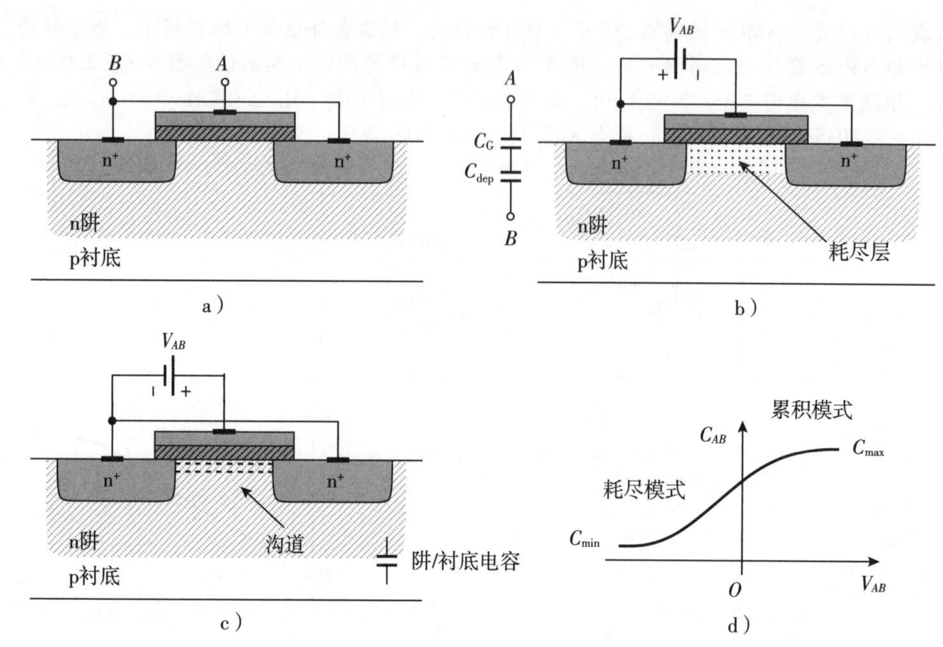

图3-38 a)CMOS变容二极管结构；b)氧化层和耗尽层电容的说明；c)累积模式下的操作；d)C-V特性

$$C_{AB}(V_{AB})=\frac{C_{max}-C_{min}}{2}\tanh\left(\alpha+\frac{V_{AB}}{V_0}\right)+\frac{C_{max}+C_{min}}{2} \tag{3-41}$$

式中，α和V_0分别是截距和斜率的拟合参数。随着$|V_{AB}|$变得足够大，C_{AB}接近C_{min}或C_{max}。重要的是要注意，只有在V_{AB}可以同时采用负值和正值的情况下，范围$[C_{min}, C_{max}]$才可以实现。我们稍后再回到这一点。

为了调整图3-16a的三级环形振荡器，我们将三个变容二极管的栅极连接到内部节点，并使用它们的源极/漏极/阱作为控制电压，如图3-39a所示。合理选择变容二极管的尺寸，以提供必要的连续调谐范围。变容二极管调谐带来的噪声在控制路径中可忽略不计，这是与晶体管调谐相比具有的优势，如图3-36a所示的拓扑结构。但是，该方法需要准确的变容二极管模型。

例3-18 如果$V_{cont}=0$，画出图3-39a中的变容二极管两端的电压随时间变化的示意图。它们的电容如何随时间变化？

解：每个变容二极管的栅极电压在$0\sim V_{DD}$之间摆动。如图3-40所示，这种变化导致C_{AB}从C_{int}变为C_{max}。因此，变容二极管的电容被周期性地调制。注意，$C_{AB}(t)$可以扩展为傅里叶级数，这一点后续被证明是有用的。在这种情况下，由于变容二极管的电压不能变为负值，因此$[C_{min}, C_{int}]$范围仍不能使用。

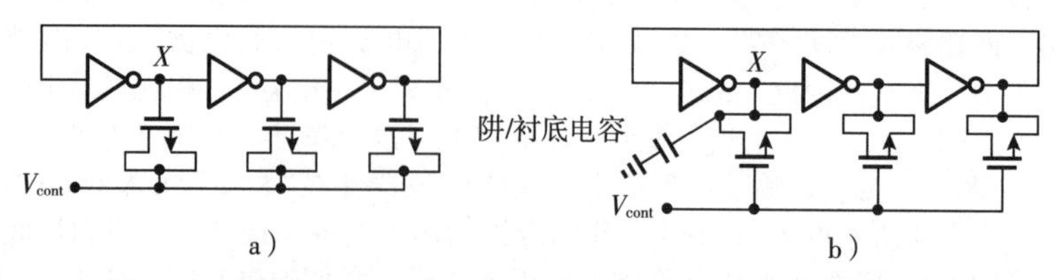

图3-39 使用a)$K_{VCO}>0$和b)$K_{VCO}<0$的变容二极管的环形振荡器

如果加载振荡器节点的电容随时间变化，我们如何确定振荡频率f_0？作为一阶近似，我们使用这些电容的“平均值”，定义为它们傅里叶级数展开中的第一项。在图3-40中，

$$C_{AB}(t)=C_0+C_1\cos\omega_0 t+C_2\cos(2\omega_0 t)+\cdots \tag{3-42}$$

式中，C_0是平均值。如果C_{AB}波形是相对对称的，我们可以写成$C_0\approx(C_{max}+C_{int})/2$。

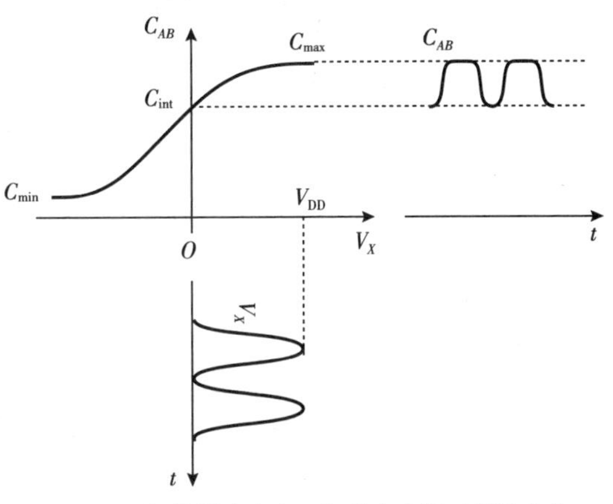

图3-40 振荡器中变容二极管电容随时间的变化

让我们做两个观察。首先，当图3-39a中的V_{cont}从零上升到V_{DD}时，f_0也是如此(为什么?)，即$K_{VCO}>0$；如果我们将变容二极管的栅极连接到V_{cont}(见图3-39b)，那么$K_{VCO}<0$。但是这种选择会使变容二极管的n阱/衬底电容加载到环形振荡器上。其次，即使$V_{cont}=V_{DD}$，该环形振荡器中也会被变容二极管加载额外的固定电容，导致其最大振荡频率下降。尽管如此，由于变容二极管的调谐范围很窄(K_{VCO}很小)，因此变容二极管的固定电容很小，并且这种频率下降是可以容忍的。

3.6 离散频率调谐

我们希望将离散调谐添加到图3-37a所示的设计中，以便获得较宽的频率范围。我们面临两个问题：①我们应该分阶段改变反相器的强度或负载电容吗？②需要多少离散调谐？对于前者，我们更喜欢简单地将负载电容切入输出节点或从输出节点中切除；对于后者，我们应该考虑更多。

我们假设，在给定的应用中，VCO必须始终以2 GHz的频率运行。因此，预计在任何PVT极端条件下，离散(和连续)调谐都会使频率达到该值。由于到目前为止我们的设计都假设器件处在SS工艺角下，$V_{DD}=0.95$ V且$T=75$℃，现在转到另一个极端，晶体管处在FF工艺角下，$V_{DD}=1.05$ V且$T=0$℃。如图3-41所示，电路以更高的频率运行，因此需要通过离散调谐将其降低到2 GHz。对于$V_{cont}\approx 0$ V，通过仿真我们得出$f_{out}=3.45$ GHz。其他PVT工艺角产生的频率介于这两个极端之间。

我们应该在每个节点上增加足够的电容以获得$f_{out}\approx 2$ GHz。由于图3-37b的连续调谐范围(约400 MHz)，我们推测通过四个或五个部分重叠的调谐特性足以将f_{out}从3.45 GHz移到2 GHz。

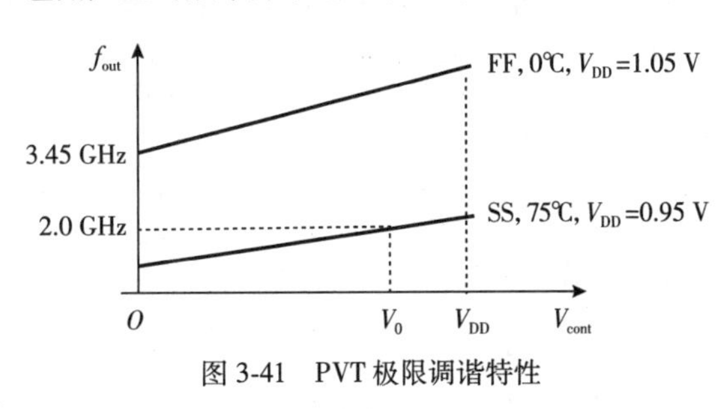

图3-41 PVT极限调谐特性

图3-42a显示了环形振荡器的一级以及可编程电容$C_1\sim C_4$。开关由“温度计”代码驱动[⊖]。也就是说，为了降低f_{out}，我们先打开S_1，然后在S_1接通时打开S_2，然后在S_1和S_2接通时打开S_3，以此类推。图3-42b描述了$D_4D_3D_2D_1$假定的逻辑值：随着温度计代码中“1”的数量的增加，负载电容也随之增加。温度计代码方案可确保f_{out}随$D_4D_3D_2D_1$单调上升，从而使粗调逻辑易于收敛(第8章和第9章)。我们希望为开关选择一个较小的尺寸，以使它们在断开时对电路引入的寄生电容最小。但是，它们的导通电阻必须足够低，以使反相器在导通时能够“看到”$C_1\sim C_4$。

⊖ 对于3bit系统中的十进制值(例如5)，温度计代码由00011111给出。随着值的增加，代码中“1”的数量也随之增加。

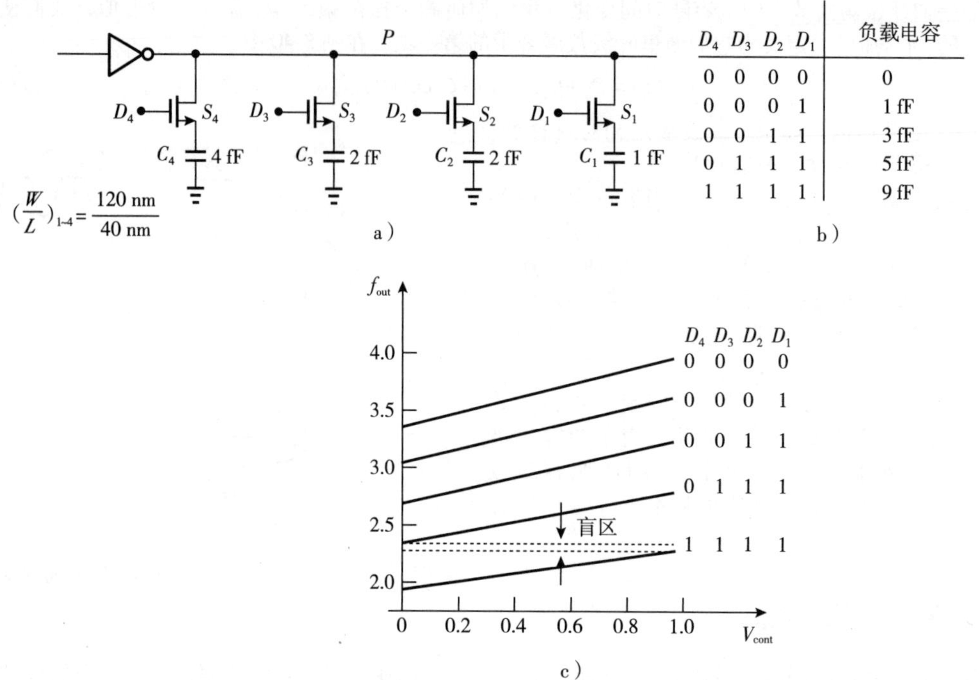

图 3-42 a)具有离散调谐的环形振荡器的一级；b)温度计代码形式的数字控制；c)调谐特性

例 3-19 如果图 3-42a 中的 S_4 接通，则 C_4 上的电压是否跟踪 V_P？

解：并不，当 V_P 达到 V_{DD} 时，电容电压接近 $V_{DD}-V_{TH}$。这意味着节点 P 在整个周期内都看不到 C_4，这是一个小问题。

我们如何选择图 3-42a 中的电容的值？它们应该相等吗？假设当开关断开时，节点 P 处的总电容用 C_P 表示。在第一个向下调谐频率的步骤中，$D_4D_3D_2D_1$ 从 0000 变为 0001，我们仅打开 S_1，从而导致与$(C_1+C_P)/C_P$ 成正比的频率变化。在最后一步中，$D_4D_3D_2D_1$ 从 0111 变为 1111，我们在已经引入负载 $C_1\sim C_3$ 的同时打开 S_4。现在，频率变化与$(C_1+\cdots+C_4+C_P)/(C_1+\cdots+C_3+C_P)$成正比。因此，如果 $C_1=\cdots=C_4$，则负载电容的百分比变化在第一步比在最后一步要大，从而导致频率跳变非常不同。因此，我们期望 C_1 必须最小，而 C_4 必须最大。

查找必要的电容值的步骤如下。当 $V_{cont}\approx 0$ 时，我们仅打开 S_1 并选择 C_1 以将频率降低一定的值，该值等于连续调谐范围减去一些重叠的量。例如，我们的目标是大约 300 MHz 的变化。接下来，我们在 S_1 开启时打开 S_2 并相应地选择 C_2，以此类推。最后，当 $V_{cont}=1$ V 时，通过测量 f_{out} 来测试连续调谐范围的另一端。

前述过程产生的 $C_4=4$ fF，$C_3=C_2=2$ fF，$C_1=1$ fF，开关尺寸为 120 nm/40 nm。调谐特性如图 3-42c 所示。在这种情况下，最小尺寸的开关就足够了[⊖]。我们观察到两条最低曲线之间存在盲区，可以通过将 S_4-C_4 分支分解为两条，每条分支使用大约 3 fF 的方法来避免这种情况。

例 3-20 将图 3-42a 的拓扑与图 3-43a 的拓扑进行比较，其中的开关被连接到电容的底板。

解：假设图 3-43a 中的开关处于关闭状态。开关漏极(例如节点 X)的直流电压是多少？开关 S_4 遭

⊖ 严格来说，我们必须根据其对应的电容缩放开关宽度，但是在此对特性的影响很小。

受漏极结泄漏和亚阈值泄漏，从而在该节点处产生零直流电压。我们还认识到，当 V_{out} 在零和 V_{DD} 之间摆动时，V_X 必须跟随它。由于 V_X 的平均值为零，因此它必须在零以上和零以下摆动，如图 3-43b 所示，打开图 3-43c 中 S_4 的漏极衬底结。也就是说，即使开关处于断开状态，电容也会在部分时间段内为输出负载。因此，至少在环形振荡器中，我们更喜欢图 3-42a 的拓扑。

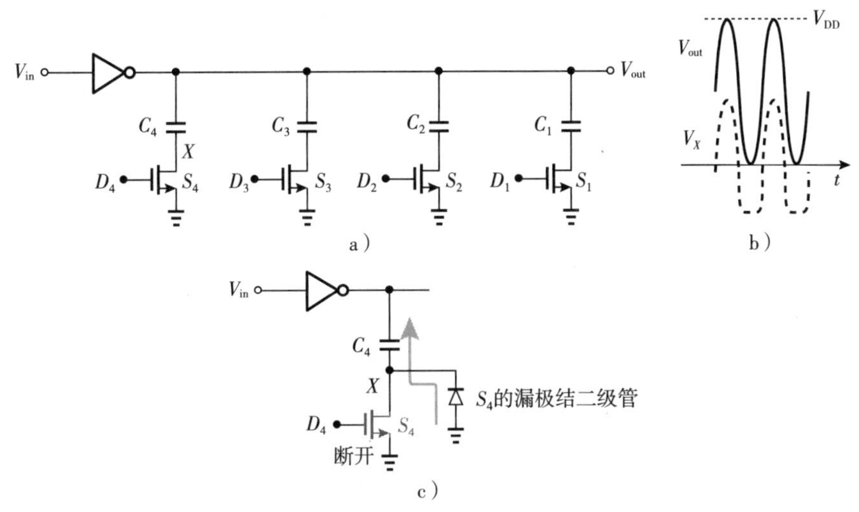

图 3-43　a)通过底板开关进行离散调谐；b)内部波形；c)漏极结二极管的导通

3.7　电源噪声问题

在 3.3 节中描述的 2 GHz 环形振荡器设计中，我们注意到其高电源灵敏度，约为 4.5~5 GHz/V。这意味着电路将 V_{DD} 上的确定性扰动或随机噪声分别转换为边带(杂散)或相位噪声。例如，如图 3-44a 所示，微处理器从电源汲取大的取决于数据的电流。当电源路径中存在寄生电感 L_B 时，此电流变化会转换为较大的电压变化 $L_B \mathrm{d} I_{DD}/\mathrm{d}t$，从而干扰振荡器。

为了缓解这个问题，我们经常在片上全局电源 $V_{DD,G}$ 和环形振荡器之间插入稳压器，如图 3-44b 所示。在本节中，我们研究两个调节示例。但是，我们应该指出，稳压器输出可能包含大量的闪烁噪声，从而调制环形振荡器并产生相位噪声。此外，稳压器的输出电压低于全局电源[⊖]，为环形振荡器留出了更少的裕量。

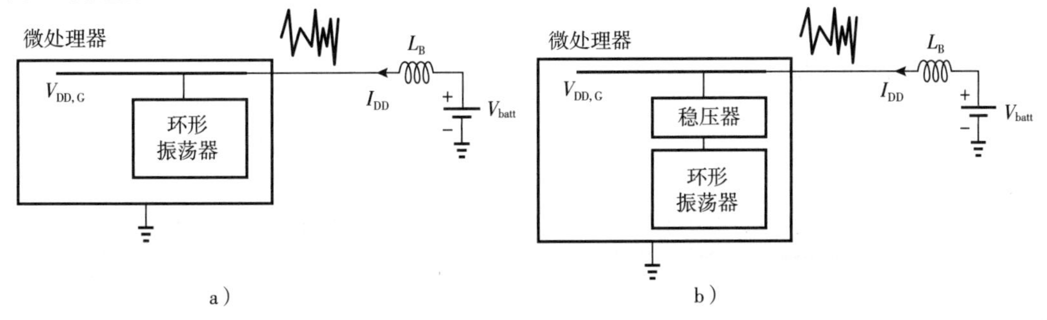

图 3-44　a)由于瞬变电流而产生的电源噪声；b)使用稳压器来降低噪声

⊖　除非我们使用“开关”稳压器，否则必须使用片外电感。

3.7.1 电压调节

图 3-45a 描绘了为环形振荡器供电的“低压差”(LDO)稳压器的示例。由 M_1、电阻分压器和 A_1 组成的高增益伺服环路可确保 $V_1 \approx V_{REF}$，因此 $V_{DD} \approx V_{REF}(1+R_1/R_2)$。也就是说，尽管 $V_{DD,G}$ 有所变化，但振荡器电源 V_{DD} 仍保持稳定。M_1 工作在深晶体管区域，作为压控电阻，其值由 A_1 控制。为了使“压差”$V_{DD,G}-V_{DD}=|V_{DS}|$最小化，我们在这里选择宽晶体管。基准电压 V_{REF} 可以使用带隙电路产生。晶体管区域中 M_1 的跨导由 $g_m=\mu_p C_{ox}(W/L)|V_{DS}|$给出(为什么?)，这是一个较低的值，因为我们希望保持 $|V_{DS}|$较小，例如约 50 mV。与反馈网络相关的环路增益为

$$\text{环路增益}=\frac{R_2}{R_1+R_2}A_1 g_m[(R_1+R_2)\parallel R_{ring}] \tag{3-43}$$

式中，R_{ring} 表示在环形振荡器的电源引脚上的小信号电阻。在习题 3.17 中计算了此电阻。如果 $R_2/(R_1+R_2)\approx 0.5$，$g_m[(R_1+R_2)\parallel R_{ring}]\approx 0.2$，那么 A_1 必须达到数百以确保 V_{DD} 的准确值。另外，M_1 可以在饱和状态下工作，以提供更高的跨导，从而放宽运算放大器所需的增益。在这种情况下，M_1 必须很宽，才能仅消耗很小的裕量。

例 3-21 我们可以在图 3-45a 中选择 $R_1=0$ 和 $R_2=\infty$来提高环路增益吗?

解: 如果这样做，则必须选择 V_{REF} 等于所需的 V_{DD}，并且 A_1 必须容纳等于 V_{DD} 的输入共模电平。这些要求在 V_{REF} 发生器和 A_1 的设计中将成为问题。

图 3-45b 显示了 A_1 的可能实现，其中一个简单的两级运算放大器提供 100~200 范围内的增益。该电路必须包含宽而长的晶体管，以表现出较低的闪烁噪声和高电压增益。由 R_C 和 C_C 组成的串联分支实现频率补偿。取而代之的是，可以考虑在饱和区域中操作 M_1 并消除运算放大器的第二级，从而改善高频调节。

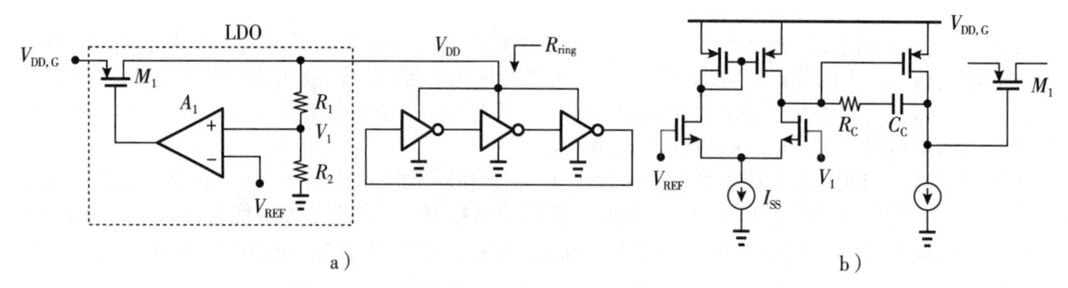

图 3-45 a)简单的 LDO 实现；b)运算放大器的实现

例 3-22 说明图 3-45 的稳压器在从 $V_{DD,G}$ 进入高噪声频率下的行为。

解: 由于运算放大器的增益在高频下下降，因此在 $V_{DD,G}$ 快速波动的情况下，反馈环路保持 V_{DD} 恒定的能力较小。出于这个原因，我们通常将电容从 V_{DD} 连接到地，以便在环路增益开始下降时发挥作用。

图 3-45a 中的 LDO 输出噪声电压也很重要。在习题 3.15 中，我们证明如果环路增益很大，则 M_1 的栅极参考噪声电压在达到 V_{DD} 时将除以 $R_2A_1/(R_2+R_1)$；运算放大器的输入等效噪声仅添加到 V_{REF} 中，因此乘以 $1+R_1/R_2$。

3.7.2 电流调节

将环形振荡器与电源噪声隔离的另一种方法是通过电流源而不是电压源为电路供电。如图 3-46 所

示，其思想是在全局电源 $V_{DD,G}$ 和 V_{DD} 之间插入电流源，并确保 I_{DD} 本身不会随 $V_{DD,G}$ 发生明显变化。当然，I_{DD} 会消耗一些电压裕量，从而限制了 V_{DD} 的最大值以及振荡器的内部摆幅。

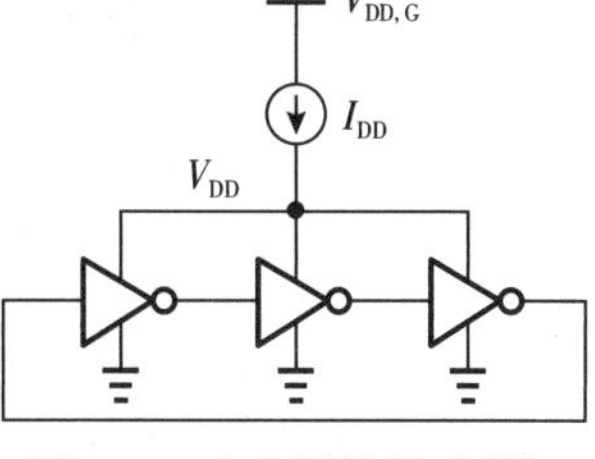

图 3-46 电流源控制环形振荡器

例 3-23 计算图 3-46 中的 V_{DD}。

解： 环形振荡器消耗的平均功率等于 $I_{DD}V_{DD}$，也等于 $3f_0C_{tot}V_{DD}^2$，其中 C_{tot} 表示每个反相器输出的总电容。它遵循

$$V_{DD}=\frac{I_{DD}}{3f_0C_{tot}} \tag{3-44}$$

不出所料，如果 I_{DD} 发生变化，则 f_0 也将发生变化。为了理解这一点，我们通过反证法来说明：如果我们减少 I_{DD} 且 f_0 保持恒定，则 V_{DD} 必须下降。但是我们知道，反相器的延迟会增加，结论是 f_0 必须减小。实际上，f_0 以及 V_{DD} 一定程度上都会随 I_{DD} 而变化。

f_0 对 I_{DD} 的依赖性，如式(3-44)所示，振荡频率可以通过调节电流来调整。图 3-47a 描绘了一个简单的实现，其中 M_1 工作在饱和区。我们可以在这里容易地识别出几个严重的问题：①$V_{DD,G}$ 上的噪声会调制 V_{GS1} 和 I_{DD}，除非 V_{cont} 跟踪该噪声；②M_1 的 $1/f$ 和热噪声直接转换为相位噪声；③V_{cont} 不能达到 $V_{DD,G}$，这会关闭 M_1；④V_{cont} 无法接地，因为它将驱动 M_1 进入晶体管区(为什么?)，使 I_{DD} 依赖于电源。后两个问题严重限制了控制电压范围，从而决定了较大的 K_{VCO}。

现在，我们考虑如图 3-47b 所示的修改后的拓扑。它解决了以上哪一个问题？如果 M_1 和 M_3 的沟道长度调制效应很弱，则 $V_{DD,G}$ 上的噪声对 I_{DD} 的影响可忽略不计。例如，当 $V_{DD,G}$ 升高时，V_X 也会升高，但 I_{D3} 保持恒定；类似地，如果 $|V_{DS1}|$ 增加，I_{D1} 变化不大。因此，我们在这里更喜欢长器件。但不幸的是，所有三个晶体管都会产生噪声，而 V_{cont} 既有上限又有下限。在习题 3.18 中，我们解释了为什么不能通过在 V_{DD} 到地之间连接电容来滤除 M_1 ~ M_3 的噪声。由于这些原因，尽管以运算放大器为代价，但图 3-45 所示的稳压器通常是性能优越的。

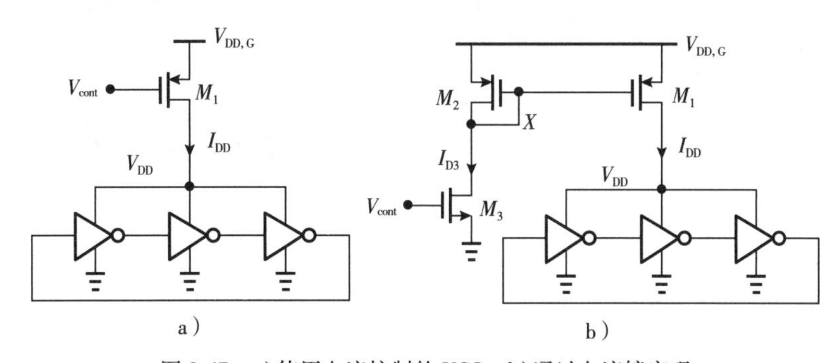

图 3-47 a)使用电流控制的 VCO；b)通过电流镜实现

例 3-24 确定图 3-47b 中 I_{DD} 的总噪声电流。忽略沟道长度调制效应。

解： M_2 和 M_3 在节点 X 处贡献的闪烁和热噪声电压表示为

$$\overline{V_{n,X}^2}=\overline{V_{1/f,3}^2}\left(\frac{g_{m3}}{g_{m2}}\right)^2+4kT\gamma\frac{g_{m3}}{g_{m2}^2}+\overline{V_{1/f,2}^2}+\frac{4kT\gamma}{g_{m2}} \tag{3-45}$$

当出现在 I_{DD} 中时，该噪声乘以 g_{m1}^2。

例 3-25 在图 3-47b 的 VCO 中，我们如何选择 I_{DD}/I_{D3}？

解： 为了节省功耗，我们更喜欢在 5~10 的范围内确定较大的比率。但是，当 M_2 和 M_3 的噪声电

流流向 I_{DD} 时，也要乘以该比率。因此，我们通常必须将此比率限制为单位1，甚至更低。

我们观察到，电源电压或电流的调节会引入闪烁噪声，从而在低偏移频率下提高了振荡器的相位噪声。在某些应用中，该问题特别麻烦。

习题

3.1 假设环形振荡器中的级数大约增加了一倍。确切说明由式(3-14)和式(3-15)给出的振荡频率、功耗和相位噪声会发生什么变化。

3.2 在图3-48中，两个相同环形振荡器中的相应节点彼此短路。解释振荡频率、功耗和相位噪声会发生什么变化。(这是图3-17a所示的线性缩放方法的替代视图。)

3.3 环形振荡器中的PMOS和NMOS晶体管的宽度加倍。说明图3-19中的曲线将如何变化。

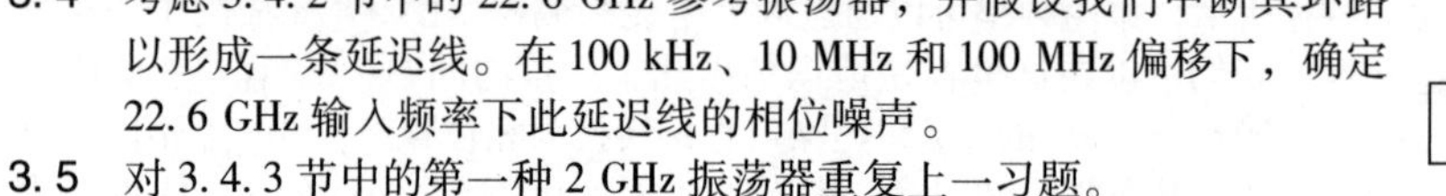

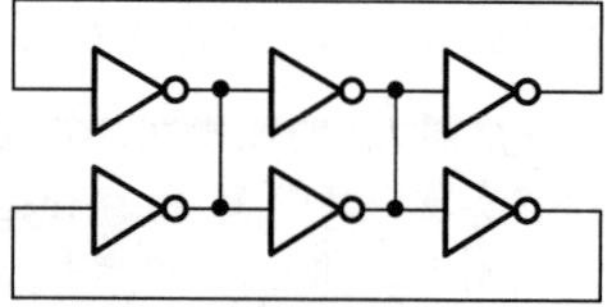

图3-48 两个并联的环形振荡器

3.4 考虑3.4.2节中的22.6 GHz参考振荡器，并假设我们中断其环路以形成一条延迟线。在100 kHz、10 MHz和100 MHz偏移下，确定22.6 GHz输入频率下此延迟线的相位噪声。

3.5 对3.4.3节中的第一种2 GHz振荡器重复上一习题。

3.6 我们设计一个 $f_0 = 5$ GHz的环形振荡器，在10 MHz偏移处的相位噪声为 -100 dBc/Hz。如果 $V_{DD} = 1$ V并且 $|V_{TH}| = 0.3$ V，则式(3-16)中的 I_D 为多少？

3.7 晶体管电容不会直接出现在式(3-14)和式(3-15)中。假设我们将在环形振荡器每个节点上看到的电容加倍，而其他参数保持不变。解释相位噪声和功耗会发生什么变化。

3.8 我们希望通过在环形振荡器的节点与地之间增加相等的电容来降低环形振荡器的振荡频率。电容值是否有上限？换句话说，如果电容很大，振荡器会发生故障吗？

3.9 考虑如图3-49所示的环形振荡器。如果 C_1 增大，那么振荡器是否可能发生故障？请解释。

3.10 对如图3-50所示的电路重复上述习题。

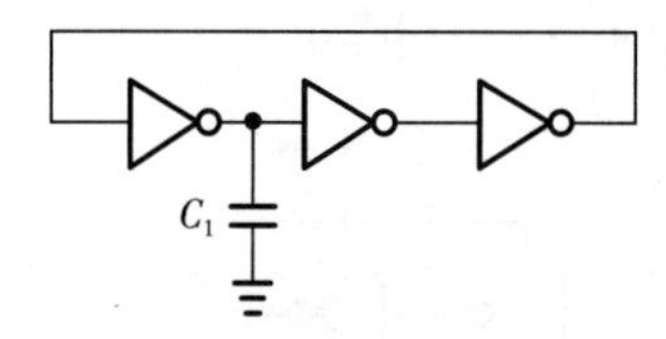

图3-49 在环形振荡器中一个节点引入电容

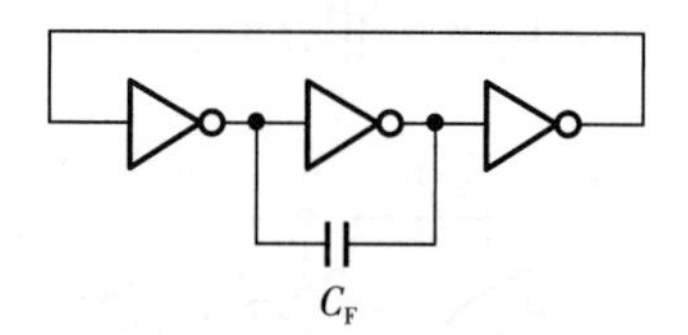

图3-50 引入密勒电容的环形振荡器

3.11 图3-51所示为采用反馈电容的环形振荡器。如果 C_F 很大，那么电路是否会振荡？

3.12 考虑图3-51中的环形振荡器。学生A推测，每个反相器输入端电容的密勒效应仅由 $2C_F$ 给出，因为当 C_F 的左极板从0摆动到 V_{DD} 时，右极板从 V_{DD} 降至0。学生B对此表示不同意见，并指出每个反相器的输入和输出电压波形相差120°，因此 C_F 必须乘以一个复数。谁是对的？

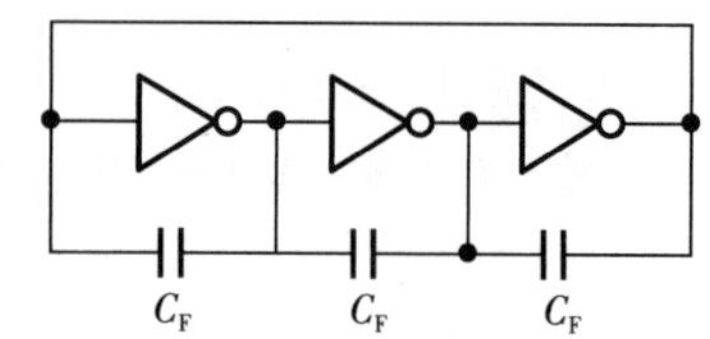

图3-51 引入多个密勒电容的环形振荡器

3.13 图3-45a中的运算放大器表现出以输入为基准的双边噪声频谱 $\overline{V_n^2} = \eta V^2/\sqrt{\text{Hz}}$。如果我们用 $K_{VCO} = \partial f_{out}/\partial V_{DD}$ 表示环形振荡器的电源灵敏度，确定产生的相位噪声。

3.14 如果图3-45a中的晶体管 M_1 处于饱和状态并且具有栅极参考的双边噪声频谱 $\overline{V_n^2} = 2kT\gamma g_m$，重复上述习题。

3.15 如果环路增益较大，则证明当达到 V_{DD} 时，图 3-45a 中 M_1 的栅极参考噪声电压需要除以 $R_2A_1/(R_2+R_1)$。

3.16 我们定义图 3-47a 中从 I_{DD} 到 f_{out} 的增益为 $K=\partial f_{out}/\partial I_{DD}$。我们用栅极参考电压对 M_1 双边噪声频谱建模：

$$\overline{V_n^2}=2kT\gamma g_m+\frac{1}{2}\frac{K_F}{WLC_{ox}f} \tag{3-46}$$

确定相应的相位噪声。

3.17 CMOS 反相器的功耗可以通过一种有趣的方法来计算。首先，考虑如图 3-52a 所示的电路，其中 C_1 定期(完全)充电到 V_{in} 并放电到地。在一个时钟周期内从 V_{in} 流出的电荷等于 C_1V_{in}，证明虚线框中的网络具有等于 $1/(f_{CK}C_1)$的"平均"电阻，其中 f_{CK} 表示时钟频率。现在，让我们研究如图 3-52b 所示的等效反相器电路，认识到虚线框相当于一个平均值等于 $1/(f_{CK}C_L)$的电阻连接在 V_{DD} 与地之间。计算虚线框内电路所消耗的功耗。

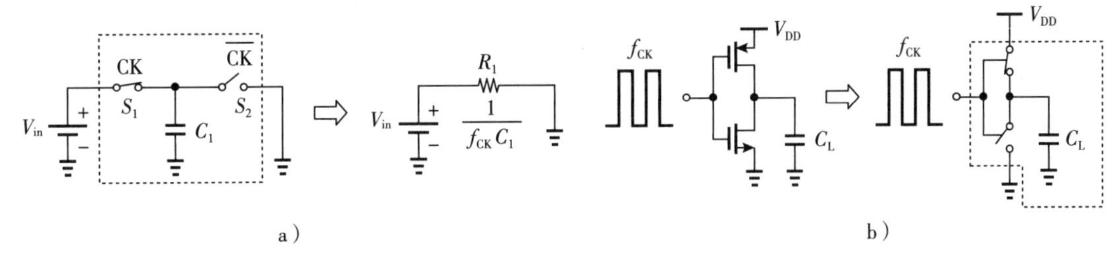

图 3-52 a)等效于开关电容的电阻；b)求出反相器的功耗

3.18 假设图 3-47b 中在 V_{DD} 和地之间连接了一个大电容，以便滤除 $M_1\sim M_3$ 的噪声。该电容产生的极点出现在振荡器的控制路径中。也就是说，我们不能再将传递函数表示为 K_{VCO}/s。这个额外的极点可能会降低锁相环的稳定性。忽略沟道长度调制效应，通过计算在 V_{DD} 上看到的等效电阻来估算极点频率。(提示：使用上一个习题的结果。)

3.19 假设图 3-47b 中的平方律器件忽略了沟道长度调制效应，确定 V_{cont} 的范围，以使 M_3 保持饱和。

3.20 对于如图 3-47b 所示的振荡器，画出振荡频率与 V_{cont} 的关系。

参考文献

[1]. A. Homayoun and B. Razavi, "Relation between delay line phase noise and ring oscillator phase noise," *IEEE J. Solid-State Circuits*, vol. 49, pp. 384-391, Feb. 2014.

[2]. A. Homayoun and B. Razavi, "Analysis of phase noise in phase/frequency detectors," *IEEE Trans. Circuits and Systems - Part I*, vol. 60, pp. 529-539, Mar. 2013.

第 4 章 | Chapter 4 |

差分多相环形振荡器设计

第 3 章研究的基于反相器的环形振荡器会遇到电源抑制不良的问题。因此，在本章中，我们将探讨差分环形振荡器作为一种替代方案，它对电源的敏感度要低得多。我们的设计工作与第 3 章类似，从参考拓扑开始，并通过仿真评估其性能。接下来，我们修改设计以获得所需的 2 GHz 频率，并介绍频率调谐的方法。我们还将研究提供多个均匀间隔输出相位的环形振荡器。鼓励读者在继续本章之前先阅读第 1 章。

4.1 一般考虑因素

差分环形振荡器的第一个优点是可以大大减轻电源噪声的问题。基本设计按第 3 章介绍的单端环形振荡器进行。例如，图 4-1 中的三级拓扑必须确保每一级提供 60°随频率变化的相移且低频电压增益为 2(第 1 章)。注意，低频处的负反馈可确保环路不会发生闩锁。该电路以 60° 的步进产生六个输出相位。

图 4-1 电路中的主要电源依赖性是由晶体管的漏极-衬底结电容引起的。如果 V_{DD} 波动，则每个输出的共模电平也会随之波动，因此这些电容也会波动。习题 4.1 对此效应进行了研究。与反相器相比，此漏极处的小信号电阻相对独立于 V_{DD}。因此，电源灵敏度远低于单端环形振荡器。

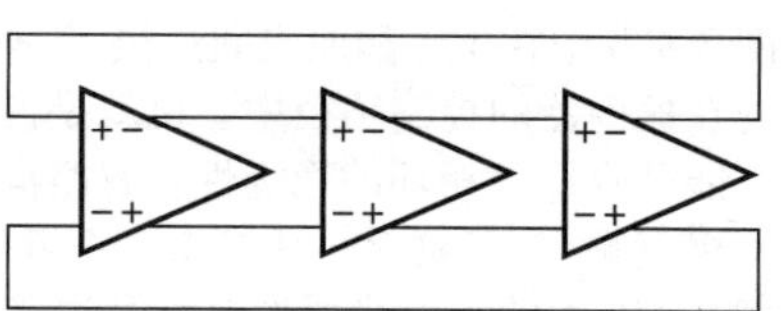

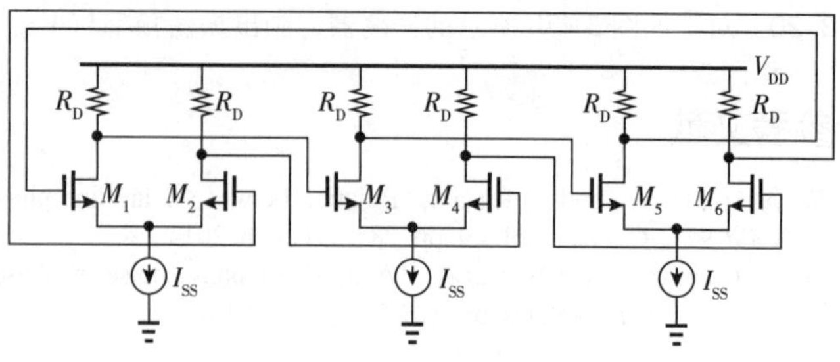

图 4-1　三级差分环形振荡器

例 4-1 一个学生认为不需要图 4-1 中的尾电流源，并将电路简化为如图 4-2a 所示的电路，从而节省了电压裕量。说明这种结构的运作方式。

解：在这里，我们可以识别出两个独立的单端环形振荡器，见图 4-2b。每个环形振荡器根据其自己的频率和初始相位进行运作。换句话说，如果用电阻代替图 4-1 中的尾电流源，并且减小这些电阻的值，则在某些时候差分运作将停止，并出现两个单端环形振荡器。在更高级的研究中，我们说带尾电流源的差分环形振荡器可以看作两个单端环形振荡器，它们通过晶体管的源极相互“注入锁定”，如图 4-2c 所示。在存在尾电流源的情况下，M_1 充当源极跟随器，M_2 充当共栅级，反之亦然，从而允许一个振荡器向另一个振荡器注入电流。为了使两个单端环形振荡器彼此同步并以差分方式运行，注入必须具有足够的“强度”，因此需要高阻抗的尾部器件(如果用较小的电阻代替尾电流源，则来自振荡器的注入大部分会被分流到地）。

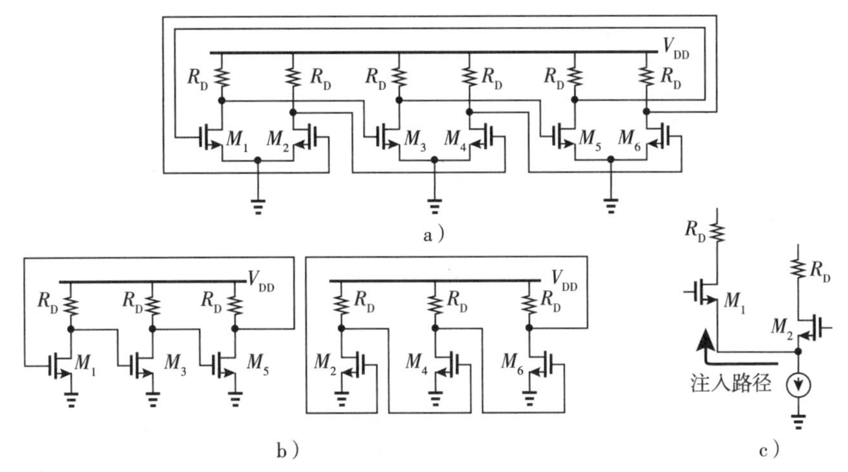

图 4-2 a）不带尾电流源的环形振荡器；b）表示两个单端环形振荡器的等效电路；c）在存在尾电流源的情况下互注入的图示

差分环形振荡器相对于单端环形振荡器的第二个优点是，它们可以轻松生成多个所需的输出相位。例如，四级差分环形振荡器产生具有 45°间隔的八个相位，如图 4-3 所示。如 4.9 节所述，单端环形振荡器难以获得这样的相距。

差分拓扑的第三个优点是它们的速度更快。图 4-1 中每级的延迟小于 CMOS 反相器的延迟，这有两个原因：①单端电压摆幅 $I_{SS}R_D$ 更小（例如约 300 mV），所需的过渡时间更短；②与反相器中的 PMOS 晶体管相比，简单的电阻负载对输入没有电容，而对输出的电容很小。

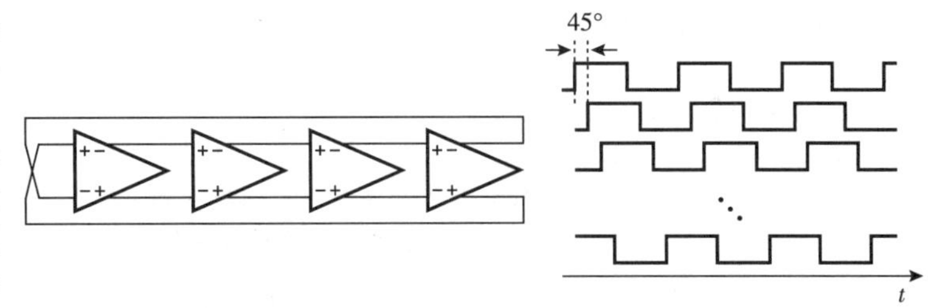

图 4-3 四级差分环形振荡器及其波形

差分环形振荡器的缺点是它们不提供轨到轨电压摆幅，因此需要电平转换器（放大器）。一种常见的方法是使用自偏置反相器来电容性地检测输出，如图 4-4 所示，但以更大的功耗为代价。

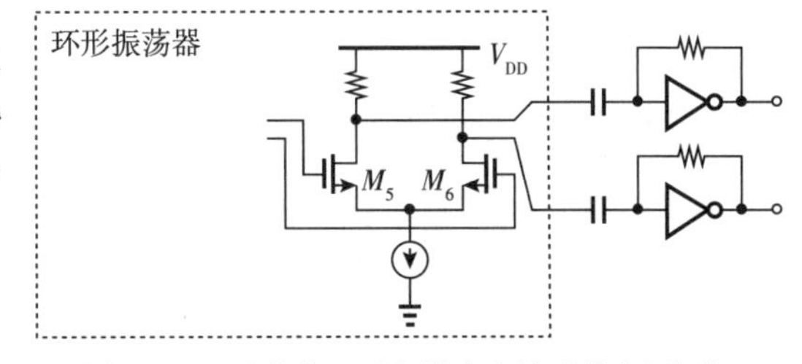

图 4-4 通过自偏置反相器产生轨到轨电压摆幅

4.2 相位噪声考虑因素

差分环形振荡器的主要缺点是其较高的相位噪声。由式(3-13)表达的关系仍然适用，但我们转向已发表的结果：文献[1]表示热态下的相位噪声，其形式可以简化为

$$S_{\phi n}(f) = \frac{8kT}{3I_{SS}}\left(\frac{\gamma}{V_{GS}-V_{TH}} + \frac{1}{R_D I_{SS}}\right)\frac{f_0^2}{\Delta f^2} \tag{4-1}$$

式中，尾电流源的噪声被忽略，$V_{GS}-V_{TH}$ 表示当每个晶体管都流过 $I_{SS}/2$ 电流时晶体管的过驱动电压。

该式假定单端电压摆幅等于 $I_{SS}R_D$，如稍后所示，在某些情况下这可能不准确。让我们从不同的角度检验该式。

例 4-2 在三级环形振荡器中，如何比较式(4-1)中的 $\gamma/(V_{GS}-V_{TH})$ 和 $1/(I_{SS}R_D)$？假设 $\gamma=1$。

解： 对于启动，我们必须使 $g_mR_D\geqslant 2$。将 g_m 写为 $2I_D/(V_{GS}-V_{TH})=I_{SS}/(V_{GS}-V_{TH})$，我们得到

$$\frac{1}{V_{GS}-V_{TH}}\geqslant\frac{2}{I_{SS}R_D}\tag{4-2}$$

这两项表示晶体管和负载电阻对 $S_{\phi n}$ 的相对贡献。

例 4-3 式(4-1)表现出与级数 N 无关。解释当 N 增加时会发生什么。

解： 为了公平地进行比较，我们必须保持功耗，电压摆幅和振荡频率在 N 增大时保持恒定。因此，我们减小 I_{SS} 和 W/L，并按比例增大 R_D。所有晶体管电容均按比例缩小，而 $V_{GS}-V_{TH}$ 和 $I_{SS}R_D$ 保持不变。因此，相位噪声与 $8kT/(3I_{SS})$ 成正比。例如，如果将 N 加倍并将 I_{SS} 减半，则 $S_{\phi n}$ 升高 3 dB。

上述示例表明如果级数被最小化，则发生最佳相位噪声-功耗折中。正如我们将在 4.3 节中看到的那样，这不是很正确，因为随着 N 从 3 变为 4~5，电压摆幅会增加。

闪烁噪声引起的相位噪声更为复杂。如第 6 章所述，如果单端漏极电压波形不具有对称的上升和下降转变，则差分对晶体管的闪烁噪声会引起相位噪声[1]。如图 4-5 所示，这种情况可以看作上升沿和下降沿有着不相等的斜率，尤其是在交叉点处。

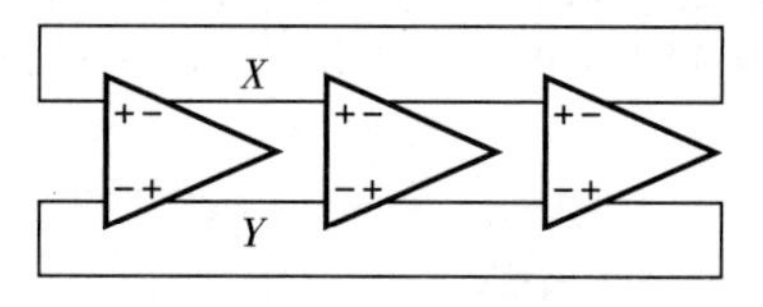

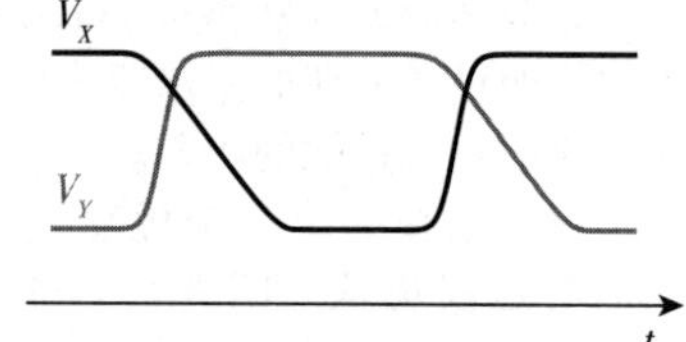

图 4-5 上升和下降时间不对称

例 4-4 解释 V_X 和 V_Y 中二次谐波的存在如何导致不相等的斜率。

解： 假设 $V_X(t)=V_1\sin\omega_0t+V_2\sin(2\omega_0t)+V_{CM}$。如图 4-6 所示，二次谐波加快了上升沿，而减慢了下降沿。我们观察到，V_{CM} 附近的斜率在 $V_1\omega_0+2V_2\omega_0$ 和 $-V_1\omega_0+2V_2\omega_0$ 之间交替。我们将使用一次谐波振幅和二次谐波振幅之比作为波形不对称性的量度。

让我们检查一下二次谐波的起源。考虑图 4-7a 中的差分对，我们可以确定与 V_P 和尾电容 C_T 相关的机制。如图 4-7b 所示，V_P 在 V_{in1} 和 V_{in2} 的交叉点附近下降，呈现 $2\omega_0$ 的频率。从另外的角度看，当 V_{in1} 达到最大值时，M_2 都会关断，M_1 充当源极跟随器，从而抬高 V_P。因此，V_P 在每个周期抬高两次。如果我们假设 $V_{in1}=V_{CM}+V_0\sin\omega_0t$，$V_{in2}=V_{CM}-V_0\sin\omega_0t$，忽略 C_T 汲取的电流，则可以证明[1]：

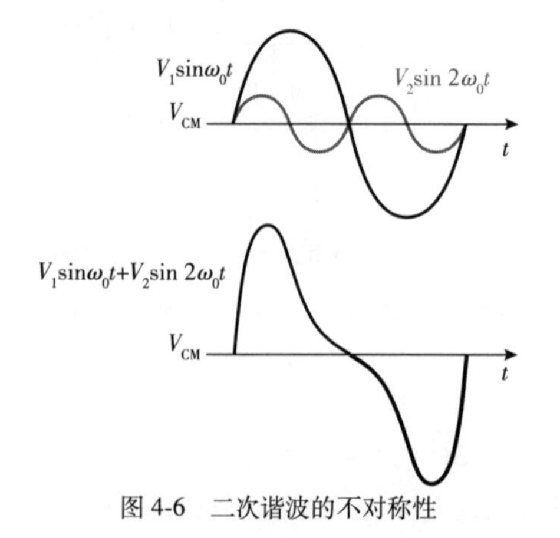

图 4-6 二次谐波的不对称性

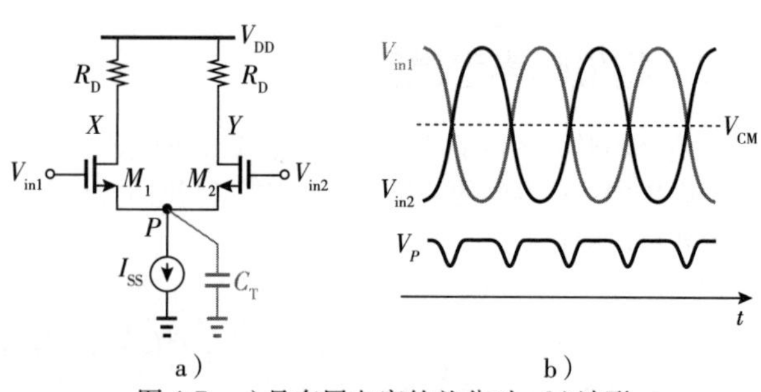

图 4-7 a)具有尾电容的差分对；b)波形

$$V_P = V_{CM} - V_{TH} - \sqrt{(V_{GS} - V_{TH})^2 - V_0^2 \sin^2 \omega_0 t} \tag{4-3}$$

式中，$V_{GS}-V_{TH}$ 表示平衡过驱动电压。注意，仅当两个晶体管都导通时，该式才有效，而在环形振荡器中，我们选择足够大的 V_0 以确保它们导通和截止。尽管如此，如果我们假设 $V_0^2 \sin^2 \omega_0 t << (V_{GS}-V_{TH})^2$，$\sqrt{1+\varepsilon} \approx \varepsilon/2$，并有 $\sin^2\omega_0 t = (1-\cos 2\omega_0 t)/2$，因此获得

$$V_P \approx V_{CM} - V_{TH} - (V_{GS} - V_{TH}) + \frac{V_0^2[1-\cos(2\omega_0 t)]}{4(V_{GS}-V_{TH})} \tag{4-4}$$

电压分量$[-V_0^2\cos(2\omega_0 t)]/[4(V_{GS}-V_{TH})]$通过 $C_T \mathrm{d}V/\mathrm{d}t$ 在 C_T 中生成形式为$[V_0^2 C_T \omega_0 \sin(2\omega_0 t)]/[2(V_{GS}-V_{TH})]$的电流，它从 X 和 Y 流出，从而改变了 V_X 和 V_Y 的正负斜率。第 6 章从另外的角度研究了这种现象。有趣的是，如果我们增加环形振荡器中晶体管的宽度，则 V_0 上升(4.4 节)，C_T 增加，并且 $V_{GS}-V_{TH}$ 下降，所有都会引起二次谐波上升。

如果正斜率与负斜率之比用 α 表示，如例 4-4 中 $\alpha=(V_1+2V_2)/(V_1-2V_2)$，则可以证明相位噪声曲线中的闪烁噪声转角频率为[1]

$$f_{1/f^3} \approx f_{1/f}\frac{3}{2N}\frac{(1-\alpha)^2}{1-\alpha+\alpha^2} \tag{4-5}$$

式中，$f_{1/f}$ 是晶体管本身的闪烁噪声转角频率。

例 4-5 有学生认为，图 4-7a 中的晶体管 M_1 以 f_0 的速率导通和截止，作为混频器工作。如果尾部抽取的二次谐波电流与 f_0 混频，则仅产生 $2f_0+f_0=3f_0$，并且 $2f_0-f_0=f_0$。因此，由尾部引起的二次谐波不会在上升和下降转变中产生不对称性。解释这个论点的缺陷。

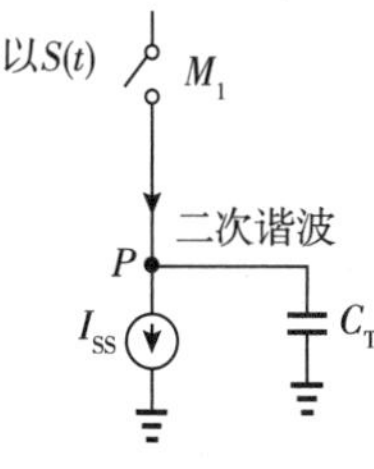

图 4-8　开关状态中尾电流乘以 $S(t)$

解： 作为混频器，M_1 将尾电流乘以方波 $S(t)$，在 0 和 1 之间切换，如图 4-8 所示。考虑到 $S(t)$ 的傅里叶级数，我们认识到它的直流电平为 0.5 乘以尾部引起的二次谐波：$0.5\times\sin(2\omega_0 t)$。因此，$I_{D1}$ 确实携带了该谐波的一半。也就是说，I_{D1} 包含 f_0、$2f_0$、$3f_0$ 等处的分量。

我们还应该考虑尾电流源的闪烁噪声。回顾第 1 章，N 级差分环形振荡器的振荡频率大约等于 $\omega_0=(R_D C_L)^{-1}\tan(180°/N)$。由于该值与尾电流无关，因此我们预计该电流的波动不会对频率或相位调制产生重大影响。但是，如果 C_L 包含非线性分量，则尾部闪烁噪声会转换为相位噪声。第 6 章的 LC 振荡器研究了这种影响。

4.3 基本差分环形振荡器设计

4.3.1 初始设计

让我们设计三级差分环形振荡器并检查其性能。与 3.2 节中的设计过程一样，我们从相对较小的晶体管开始，要记住最终可能需要线性缩放(3.1 节)以减小相位噪声。尾电流、负载电阻和晶体管尺寸的选择取决于以下要求：①每一级的小信号低频电压增益必须至少为 2，以确保启动(第 1 章)；②电压摆幅必须足够大以减少相位噪声，我们目前的目标是单端峰-峰值摆幅约为 300 mV；③希望差分对几乎完全控制其尾电流，以便在给定 I_{SS} 下(即给定功耗下)的电压摆幅最大。在图 4-7a 中，如果晶体管完全切换，则 X 或 Y 的摆幅等于 $I_{SS}R_D$。不幸的是，如下面的例题所示，这对于仅有三级的环形振荡器是不可能的。

例 4-6 证明即使在完全控制尾电流的情况下，图 4-7a 的三级环形振荡器的单端电压摆幅也无法

达到 $I_{SS}R_D$。

证明：考虑如图4-9a所示的级。我们期望输出波形类似于图4-9b，在 V_{min} 和 V_{max} 之间摆动。使用式(1-22)给出的小信号估计振荡频率，我们将周期写为

$$T_0=\frac{1}{f_0}=\frac{2\pi}{\sqrt{3}}R_D C_L \tag{4-6}$$

当 M_1 接通时，我们对电路的左侧进行建模，如图4-9c所示，并在 $T_0/2$ 秒内通过从0到 I_{SS} 的斜坡来近似 $I_1(t)$：

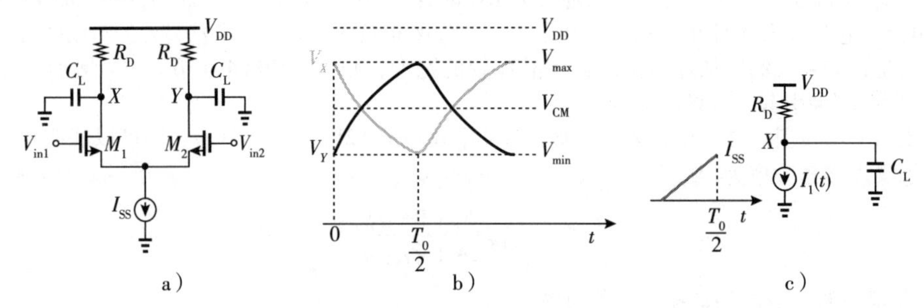

图4-9 a)带有负载电容的差分对；b)近似波形；c)简化模型

$$I_1(t)=I_{SS}\frac{t}{T_0/2}u(t) \tag{4-7}$$

通过积分相对于时间的阶跃响应来获得电路的斜坡响应：

$$V_X(t)=V_{max}-\frac{R_D I_{SS}}{T_0/2}\left(t+R_D C_L\exp\frac{-t}{R_D C_L}-R_D C_L\right) \tag{4-8}$$

式中，$-R_D C_L$ 是确保 $V_X(0)=V_{max}$ 的积分常数。当 $t=T_0/2=(\pi/\sqrt{3})R_D C_L=1.8R_D C_L$ 时，我们有 $V_{min}=V_{max}-0.54R_D I_{SS}$。换句话说，单端峰-峰值电压摆幅大约等于 $0.54R_D I_{SS}$。这是因为通过环形振荡器的延迟太短，无法使 V_X 和 V_Y 达到 V_{DD}。注意，V_{CM} 仍等于 $V_{DD}-R_D I_{SS}/2$(为什么?)。当然，随着环形振荡器中级数的增加，摆幅接近 $R_D I_{SS}$。

在这里，我们对 T_0 的小信号估计是否合理？答案是肯定的，因为式(1-22)基于60°相移准则，而不是小信号增益要求。随着增加尾电流并脱离小信号状态，我们期望即使在大信号操作下，由于相移等于60°，$\omega_0=\sqrt{3}/(R_D C_L)$ 也近似保持成立。

我们继续进行设计，为大约 $0.54I_{SS}R_D\approx320$ mV 的单端摆幅选择 $I_{SS}=100$ μA 和 $R_D=6$ kΩ。对于启动条件，我们考虑小信号状态，有 $g_m\approx2I_D/(V_{GS}-V_{TH})=I_{SS}/(V_{GS}-V_{TH})$，并强制执行条件 $g_m R_D\geqslant2$。如果 $W/L=400$ nm/40 nm，上述条件满足，则会有如图4-10a所示的设计。如3.2节所述，我们在75℃且 $V_{DD}=0.95$ V 的SS工艺角下对电路进行仿真。我们还估计了0.6 fF的互连电容[⊖]，目前使用理想的尾电流源。电路的仿真波形如图4-10b所示。

这些波形提供了有关振荡器的大量信息。单端电压摆幅约为150 mV $=0.25R_D I_{SS}$，这是由于沿回路的短延迟时间以及尾部不完全受控导致的(实际上，I_{D1} 和 I_{D2} 摆幅在30~70 μA之间)。我们观察到42 GHz的振荡频率，约为3.2节中基于反相器的环形振荡器振荡频率的两倍。但我们也注意到，$V_P\approx$

⊖ 该电容大于在3.2节中设计的基于反相器的环形振荡器中的电容，因为6 kΩ电阻占用的面积很大，导致各级之间需要很长的互连线。

80 mV，这是由于较小的晶体管宽度会导致较大的过驱动，$V_{GS}-V_{TH}\approx 0.3$ V，为尾电流源留出了很小的裕量。我们将在后面的章节中解决这些问题。

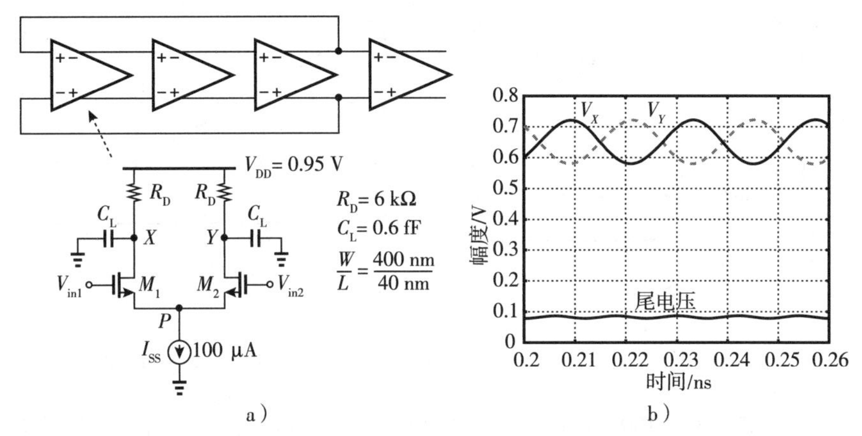

图 4-10 a)三级差分环形振荡器设计；b)仿真波形

图 4-11 绘制了相位噪声，揭示了低于约 1 MHz 偏移下的闪烁噪声上变频(从 100 kHz 到 1 MHz，相位噪声下降了约 26 dB)。考虑到式(4-1)，让我们检查 100 MHz 时的相位噪声，该相位噪声主要由热噪声产生。当 T = 348 K(75℃)，I_{SS} = 100 μA，$V_{GS}-V_{TH}$ = 300 mV 时，式(4-1)产生 $S_{\phi n}(f=100\text{ MHz})\approx -99.5$ dBc/Hz，比图 4-11 中观察到的低约 9.5 dB。之所以出现这种差异，主要是因为式(4-1)假设完成了电流切换，因此假设单端电压摆幅为 $I_{SS}R_D$。我们还注意到，较小的电压摆幅和较大的 $V_{GS}-V_{TH}$ 导致较低的 $1/f$ 噪声上变频(单端输出中的二次谐波为−37 dB)。

将本设计的性能与 3.2 节中 22.6 GHz 单端环形振荡器的性能进行比较很有启发性。我们注意到，后者在高达 100 MHz 的偏移上表现出闪烁噪声上变频。我们将结果总结如下：①对于差分环形振荡器，f_0 = 42 GHz，$S_{\phi n}$(100 MHz) ≈ −90 dBc/Hz，P=3×100 μA×0.95 V=285 μW；②对于基于反相器的环形振荡器，f_0=22.6 GHz，$S_{\phi n}$(100 MHz) ≈ −104 dBc/Hz，P = 60 μA × 0.95 V=57 μW。因此，在热噪声状态下，后者的品质因数 $f_0^2/(\Delta f^2\cdot P\cdot S_{\phi n})$高约 15.6 dB(更好)。在 100 kHz 偏移下，由于差分设计中的闪烁噪声上变频较少，因此该优势缩小至 7.6 dB。

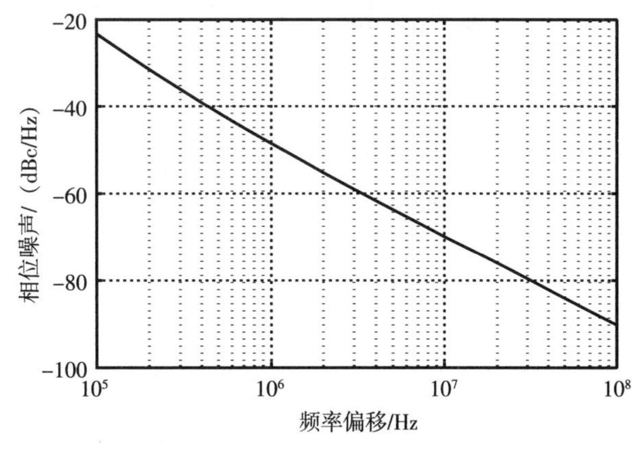

图 4-11 图 4-10 设计的相位噪声

4.3.2 设计改进

我们必须修改差分环形振荡器，从而为尾电流源提供更大的电压裕量，并实现更充分的开关特性。为此，我们将晶体管的宽度加倍，从而得到如图 4-12a 所示的波形。单端漏极电压摆幅增加到 250 mV_{pp}，漏极电流从 17.5 μA 变到 87 μA，电路以 31.3 GHz 振荡。注意，尾电压摆幅已升至约 35 mV_{pp}，从而在尾电容中的二次谐波处产生更高的位移电流。现在，单端漏极电压表现出−23 dB 的二次谐波电平。对于尾电流源而言，尾电压勉强够用。

图 4-12b 绘制了修改后的设计的相位噪声。我们预计 100 MHz 偏移处的相位噪声将下降 10log(42 GHz/31.3 GHz)^2=2.6 dB 和 10log(250 mV/150 mV)^2=4.4 dB，即总计为 7 dB。实际下降约为 8 dB。当

$V_{GS}-V_{TH}=220$ mV 时，式(4-1)预测在 100 MHz 偏移下的相位噪声约为-101 dBc/Hz，比仿真值低约 4 dB。

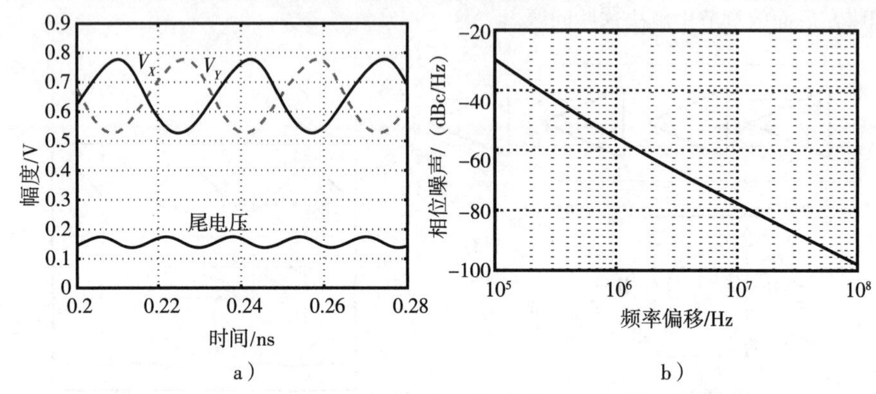

图 4-12 图 4-10a 中设计(W/L=800 nm/40 nm)的 a)波形和 b)相位噪声

对于闪烁噪声引起的大约 100 kHz 偏移的相位噪声，我们推测由于晶体管的沟道面积增加了一倍，因此下降了 7 dB，再加上 3 dB。但是，我们仍然只能观察到 7 dB 的降低。这是因为更高的二次谐波，以及 V_X 和 V_Y 的上升和下降时间之间更大的不对称性。

继续我们的探索，我们再次将晶体管的宽度加倍，达到如图 4-13a 所示的设计并得到如图 4-13b 所示的波形。该环形振荡器在 20.8 GHz 上以 270 mV_{pp} 的单端摆幅振荡，该值接近例 4-6 中我们对 0.54 $I_{SS}R_D$ 的预测。V_X 或 V_Y 中的二次谐波约为-19 dB。

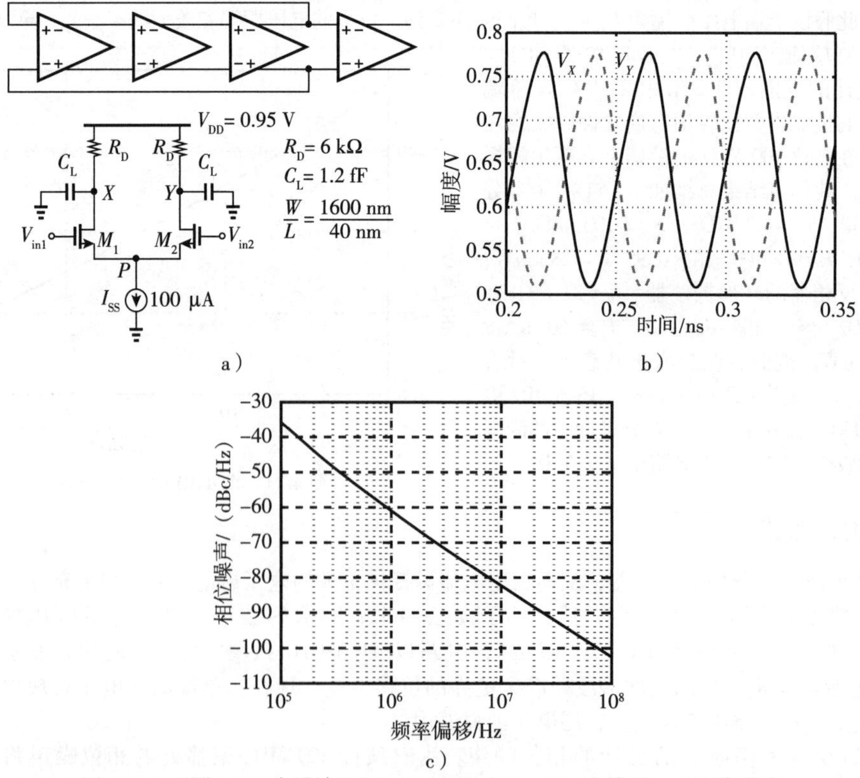

图 4-13 a)图 4-10a 中设计(W/L=1600 nm/40 nm)；b)波形；c)相位噪声

图 4-13c 绘制了相位噪声。我们估计在 100 MHz 偏移处的下降等于 10log(31.3 GHz/20.8 GHz)^2 = 3.55 dB 加上 10log(270 mV/250 mV)^2 = 0.7 dB。实际减少量为 4.5 dB。当 $V_{GS}-V_{TH}$ = 165 mV 时，式(4-1)给出了−103.7 dBc/Hz 的相位噪声，比仿真值低约 1.2 dB。由于较高的二次谐波，在 100 kHz 偏移处的相位噪声降低了 6 dB，而不是 4.25 dB+3 dB = 7.25 dB。从图 4-13b 的波形中注意到，上升和下降时间分别约等于 21 ps 和 28 ps。虽然期望在上升和下降过渡之间保持对称，但是该电路在其设计中没有提供这种灵活性。

图 4-13a 中的 21 GHz 振荡器将用作我们的参考设计。电源灵敏度约为 1.82 GHz/V，比 3.2 节中 22.6 GHz 基于反相器的设计低 28 倍。

表 4-1 总结了本章和前几章中的单端和差分参考设计的性能。表中后者表现出低得多的电源灵敏度，并且在 100 kHz 偏移下的品质因数提高了 11 dB，但由于其更高功耗的原因，在 100 MHz 偏移下表现出差 10 dB。

表 4-1 基于反相器的环形振荡器和差分环形振荡器的比较

性能	f_0/GHz	P/mW	K_{VDD}/(GHz/V)	FOM/dB	
				Δf=100 kHz	Δf=100 MHz
基于反相器的环形振荡器	22.6	0.057	50.2	137	164
差分环形振荡器	20.8	0.285	1.82	148	154

4.4 获得期望频率

在本节中，我们将针对差分环形振荡器重复 3.3 节的设计工作，目标是 $f_0 \approx 2$ GHz。我们有以下选择：

1)在每个节点增加电容。

2)增加晶体管的长度；还应增加宽度，以确保为尾电流源提供足够的电压裕量。

3)增加级数。

我们在 3.3 节中观察到，分频不会提高品质因数。

4.4.1 方法 1：更大的节点电容

在图 4-13a 中 R_D = 6 kΩ 且 f_0 = 20.8 GHz 的情况下，我们可以从 $f_0=\sqrt{3}/(2\pi R_D C_L)$ 估算出节点电容大小为 2.21 fF。为了使 f_0 降至 2 GHz，我们必须将 C_L 提高大约 10 倍，如图 4-14a 所示。仿真表明，25 fF 的外部电容产生 f_0 = 2.14 GHz。波形如图 4-14b 所示，相位噪声如图 4-14c 所示。

式(4-1)表明，热噪声范围内的相位噪声下降了 10log(20.8 GHz/2.14 GHz)^2 = 19.8 dB。对于热噪声和闪烁噪声，实际下降约为 18 dB。

向漏极增加恒定的接地电容可带来的重要好处是较低的电源灵敏度，K_{VDD} = 74 MHz/V。这是因为 C_L = 25 fF 远远大于晶体管的电压相关电容(C_{DB})。如果将其归一化为振荡频率，则该值比参考设计的值小 2.5 倍。我们在习题 4.3 中提出这种改进。

4.4.2 方法 2：更大的晶体管

我们将晶体管的尺寸从 W/L = 1600 nm/40 nm 增加到 8 μm/240 nm，从而获得 f_0 = 2.27 GHz。图 4-15 显示了设计和仿真结果。互连电容加倍用以反应更大的单元尺寸和更长的连接线。

让我们进行一些观察。首先，X 和 Y 处的电压摆幅已从参考设计中的 270 mV$_{pp}$ 增加到 360 mV$_{pp}$，该值接近例 4-6 中的估计值 0.54 $R_D I_{SS}$。的确，晶体管现在可以完全切换。其次，在 100 MHz 偏移处的相位噪声降低了 21.5 dB，即比 20log(20.8 GHz/2.27 GHz) 高出 2 dB。这可以归因于较大的摆幅，因为我们进行计算有 10log(360 mV/270 mV)^2 = 2.5 dB。再次，在 100 kHz 偏移处的相位噪声降低了 26 dB，其中 19.2 dB 是由于频率缩放所致的。剩余的 6.8 dB 是可预期的吗？由于晶体管沟道面积增加了 (8000 nm×236 nm)/(1600 nm×36 nm)≈33 倍[⊖]，预计减少 10log33=15 dB。但是，由于更大的尾部电容和更大的电压摆幅，V_X 和 V_Y 中的二次谐波已升至-12 dB，从而导致图 4-15b 的波形出现明显的不对称性。因此，闪烁噪声的影响降低了 6.8 dB，而不是降低了 15 dB。

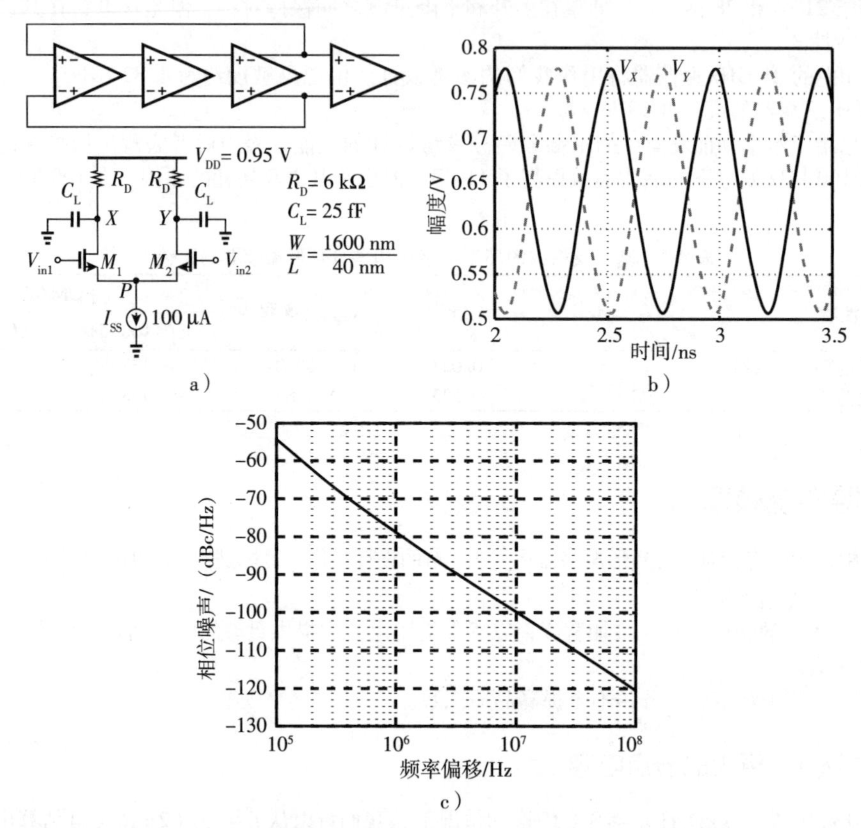

图 4-14 a)使用大负载电容将图 4-13a 的振荡器重新设计为 2 GHz；b)波形；c)相位噪声

该设计在相位噪声方面仍优于图 4-14a，在 100 kHz 偏移时具有 8 dB 的优势，而在 100 MHz 偏移时具有 4 dB 的优势。但是，它的电源灵敏度约为 228 MHz/V。

4.4.3 方法 3：更多的级数

我们的第三种方法是将级数增加，以使 f_0 降低 10 倍。但是我们认识到两个相反的趋势：①如例 4-3 所述，如果功耗恒定，则较大的 N 转换为较高的相位噪声；②随着 N 从 3 变为 4 再到 5，电压摆幅增大，从而降低归一化相位噪声。因此，我们仅将 N 适当提高，通过使用更大的晶体管进一步降低频率。

图 4-16a 显示了一个四级环形振荡器，其中 I_{SS} 降低至 75 μA，W/L=4 μm/240 nm。注意反馈线之间的交叉，这对于在低频下产生负反馈必不可少。波形如图 4-16b 所示，表明尽管尾电流减小，但摆幅现已达到 420 mV。电路在 f_0=2.16 GHz 处振荡时，电源灵敏度为 194 MHz/V，相位噪声如图 4-16c 所示，比图 4-15c 高约 1 dB。换句话说，当 N 从 3 变为 4 时，上述两个相反的趋势会部分抵消。

⊖ 假设有效沟道长度比实际的沟道长度短 4 nm。

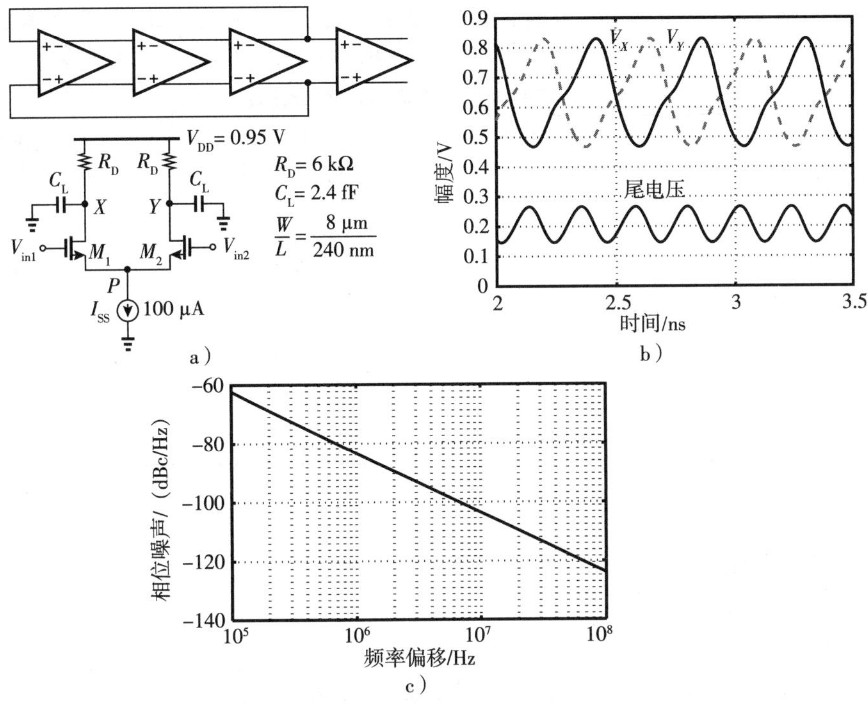

图 4-15 a)使用更大的晶体管尺寸将图 4-13a 的振荡器重新设计为 2 GHz；b)波形；c)相位噪声

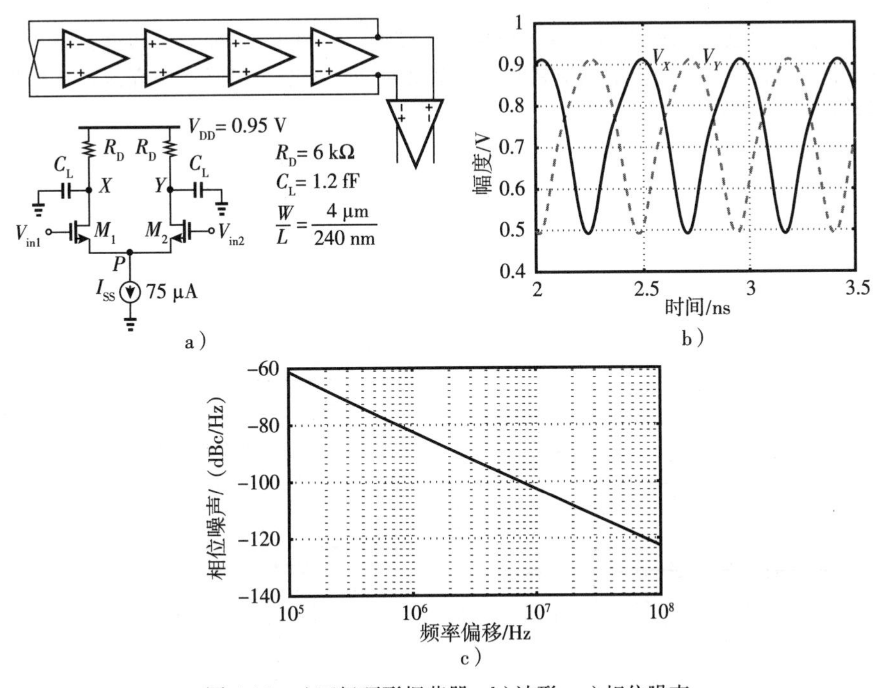

图 4-16 a)四级环形振荡器；b)波形；c)相位噪声

表4-2总结了这三种设计的性能。我们的结论是带有大尺寸晶体管的三级环形振荡器实现了最佳的FOM。另外，四级环形振荡器具有较大的电压摆幅和相位的优势，相位是45°的整数倍。

表4-2 三种差分环形振荡器的性能比较

性能	设计1 更大的节点电容	设计2 更长的晶体管长度	设计3 四级环形振荡器
f_0/GHz	2.14	2.27	2.16
P/μW	285	285	285
电压灵敏度 K_{VDD}/(MHz/V)	74	228	194
相位噪声/(dBc/Hz)			
1 MHz偏移	−79	−83	−82
100 MHz偏移	−120	−123	−122
FOM/dB			
1 MHz偏移	151	156	154
100 MHz偏移	152	156	154

4.5 两级环形振荡器

4.5.1 基本思想

我们对差分环形振荡器的研究始于4.3节，其默认假设最小级数为3。我们推测，如果成功实现，则两级差分环形振荡器将运行得更快，并提供正交输出。当然，如果环形振荡器仅由两个简单的差分对组成，则不会发生振荡，因为该环路仅包含两个极点，并且对于$\omega<\infty$，环绕该环路的与频率相关的相移不会达到180°。

让我们考虑一个两级环形振荡器及其负反馈系统模型，如图4-17a所示。假设每级均实现为差分对，如图4-17b所示，但每个输出端到地之间通过负电阻$-R_p$相连。我们将研究这种结构振荡的可能性。每一级的传递函数由下式给出：

$$\frac{V_{out}}{V_{in}}=-g_{m1,2}\left[R_D \parallel \frac{1}{C_L s}\parallel(-R_p)\right] \tag{4-9}$$

$$=-g_{m1,2}\frac{-R_D R_p}{R_D-R_p}\frac{1}{\dfrac{-R_D R_p}{R_D-R_p}C_L s+1} \tag{4-10}$$

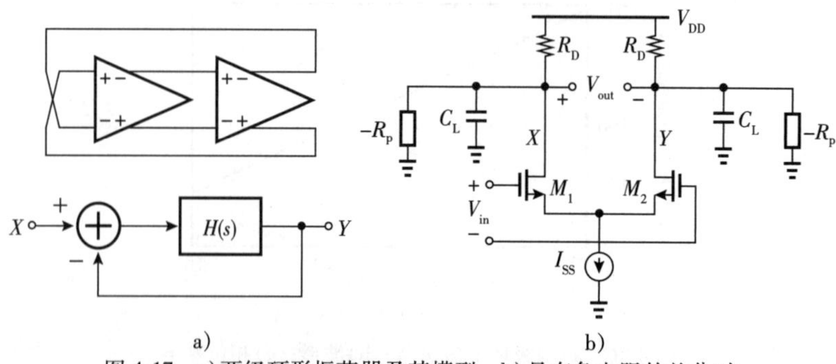

图4-17 a)两级环形振荡器及其模型；b)具有负电阻的差分对

我们假设 $R_p<R_D$，因此 R_D 和 $-R_p$ 的并联结果为负。具有负反馈的两级环形振荡器具有以下环路传输(上述传递函数的平方)：

$$H(s)=\left(\frac{g_{m1,2}R_DR_p}{R_D-R_p}\right)^2\frac{1}{\left(\frac{-R_DR_p}{R_D-R_p}C_Ls+1\right)^2} \tag{4-11}$$

为了使图 4-17a 中的传递函数 $Y/X=H/(1+H)$ 变为无穷大，我们寻求 s 的值，来满足 $H(s)=-1$。若用 $R_L(>0)$ 来表示 $R_D\,R_p/(R_D-R_p)$，则我们有

$$(g_{m1,2}R_L)^2\frac{1}{(-R_LC_Ls+1)^2}=-1 \tag{4-12}$$

因此，

$$g_{m1,2}R_L=\pm j(-R_LC_Ls+1) \tag{4-13}$$

即

$$s=\frac{1}{R_LC_L}\pm j\frac{g_{m1,2}}{C_L} \tag{4-14}$$

有趣的是，闭环系统在右半平面中包含两个复极点。这意味着环路是不稳定的。在小信号状态下，电路不会产生简单的正弦振荡波形，因为极点不在 $j\omega$ 轴上。将 s 写为 $\sigma_1\pm j\omega_1$，我们注意到，满足 $H(s)=-1$ 的解的形式为 $\exp(\sigma_1\pm j\omega_1)$，即在 ω_1 处的正弦曲线，但幅度呈指数增长。图 4-18 说明了该波形在 $H(s)$ 中传播时如何乘以 -1。当然，增长仅持续到负电阻和/或差分对开始饱和为止。

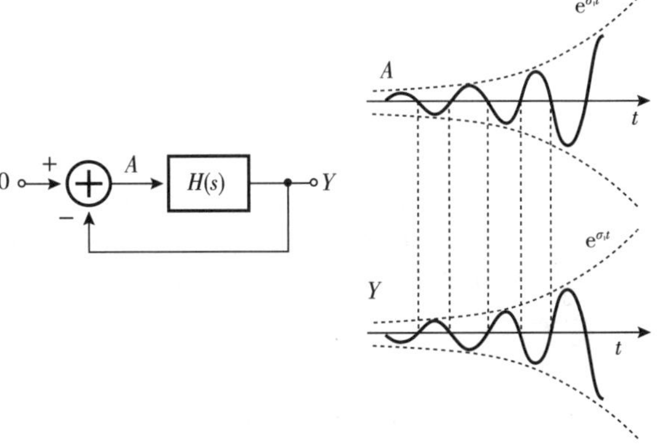

图 4-18 振荡波形的增长

例 4-7 如果 $R_p=\infty$ 或 $R_p=R_D$，则式(4-14)能够预测什么？

解： 如果 $R_p=\infty$，我们有 $R_L=-R_D$ 且 $s=-1/(R_DC_L)\pm jg_{m1,2}/C_L$。闭环系统在左半平面包含两个复极，无法振荡。如果 $R_p>R_D$，也是如此。如果 $R_p=R_D$，则 $R_L=\infty$ 且 $s=\pm jg_{m1,2}/C_L$。在这种情况下，环形振荡器将简化为两个理想的积分器(为什么?)，并以 $\omega=g_{m1,2}/C_L$ 振荡。

图 4-17b 中必要的负电阻可以通过交叉耦合对实现，如图 4-19 所示。在此，M_3 和 M_4 在 X 和 Y 之间引入等于 $-2/g_{m3,4}$ 的电阻，从而得出 $R_p=1/g_{m3,4}$，所以 $R_L=R_D\,R_p/(R_D-R_p)=R_D/(g_{m3,4}\,R_D-1)$。注意，$M_3$ 和 M_4 必须足够强，以确保 $1/g_{m3,4}<R_D$，即 $g_{m3,4}\,R_D>1$。

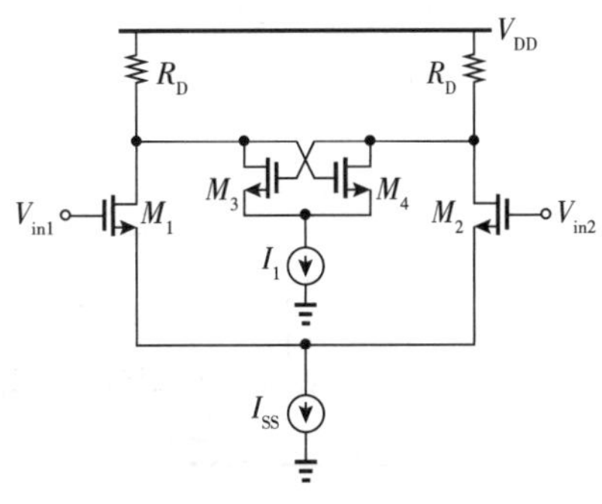

图 4-19 具有交叉耦合对的差分对充当负电阻

例 4-8 $g_{m1,2}$ 的值可以任意选择吗？

解： 我们直观地期望 $g_{m1,2}$ 必须起作用：如果 $g_{m1,2}=0$，则两级环形振荡器会简化为两个独立的交叉耦合对，从而无法振荡。

要了解实际情况，请记住 $g_{m3,4}\,R_D$ 必须超过 1 才能在右半平面中创建极点。现在，考虑如图 4-20

所示的交叉耦合对，注意到由于环路增益$(g_{m3,4}R_D)^2$大于1，因此沿环路的正反馈将V_X和V_Y推向相反的方向。这种发散一直持续到其中一个晶体管截止，另一个晶体管承担所有I_1，例如$V_X=V_{DD}$，$V_Y=V_{DD}-I_1R_D$。再生回路因此闩锁，不再呈现负电阻。换句话说，除非图4-19中的M_1和M_2足够强以使M_3和M_4在每个周期中恢复平衡，从而使交叉耦合对再次充当负电阻，否则振荡状态不可避免地进入闩锁。这意味着$g_{m1,2}$和I_{SS}都应超过最小值。

两级环形振荡器具有吸引力是因为两个原因：①与三级拓扑相比，它们有可能获得更高的振荡频率；②它们提供正交波形，即四个相位是90°的整数倍。但是，由于沿环路的短暂延迟，此类环形振荡器的摆幅较小。

例4-9　一个学生认为，图4-19中的I_1降低了输出CM电平，从而限制了其自身和I_{SS}的电压裕量。然后，学生提出如图4-21所示的拓扑，以避免出现此问题。这是一个好主意吗？

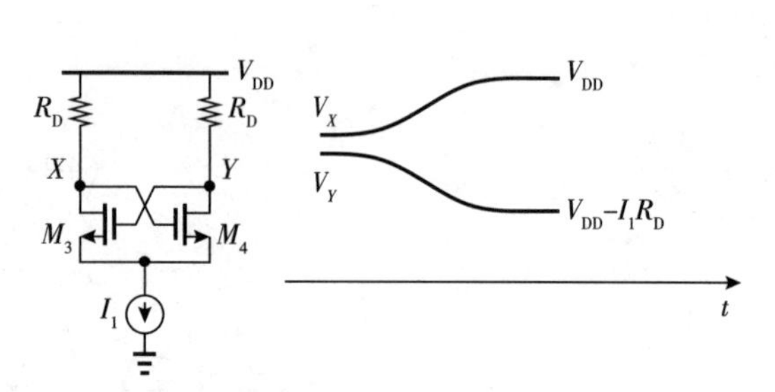

图4-20　交叉耦合对中节点电压的增长

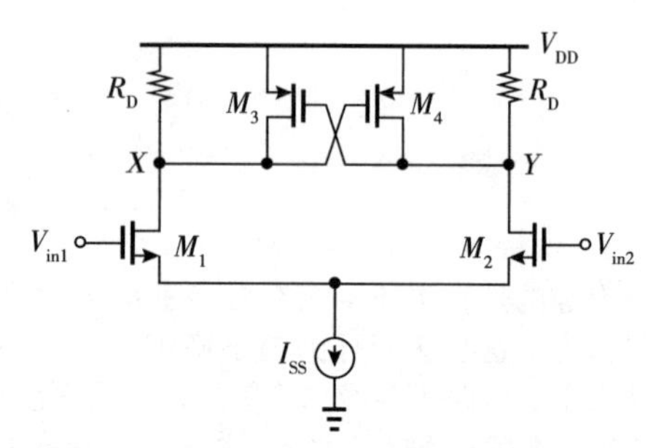

图4-21　在差分对中使用PMOS交叉耦合对

解：不，这并不是个好主意。考虑$V_X=V_Y=V_{DD}-|V_{GS3,4}|$的时间点。电源电压必须适应$|V_{GS3,4}|+V_{DS1,2}+V_{ISS}$，其中$V_{ISS}$表示$I_{SS}$所需的电压。相比之下，在图4-19中，我们需要$V_{DD}=(I_{SS}+I_1)R_D/2+V_{DS1,2}+V_{ISS}$，这不受栅极-源极电压的限制。因此，PMOS器件需要更高的电源电压。

例4-10　一个学生画出了图4-22a两级环形振荡器的小信号差分模型，如图4-22b所示，并声称该电路受到正反馈的影响，因此会闩锁。说明这种观点中的缺陷。

解：假设图4-22b中的电路倾向于以逻辑状态$A=1$，$C=0$，$B=1$和$D=0$闩锁。这意味着$A=B=1$和$C=D=0$，一个不可能的状态。为了理解原因，从图4-22a中注意到，这些状态将暗示M_1和M_2处于关闭状态，而M_3和M_4处于打开状态，但是这对环路中的差分对而言是不会发生的。换句话说，仅当所有四个节点电压均等于$V_{DD}-R_D\,I_{SS}/2$时(这在启动时可以成立)，条件$A=B$和$C=D$才成立(由于器件的噪声，电路仍然会振荡)。这一点与差分对的公共源节点接地的情况相反，在这种情况下，电路确实会闩锁。

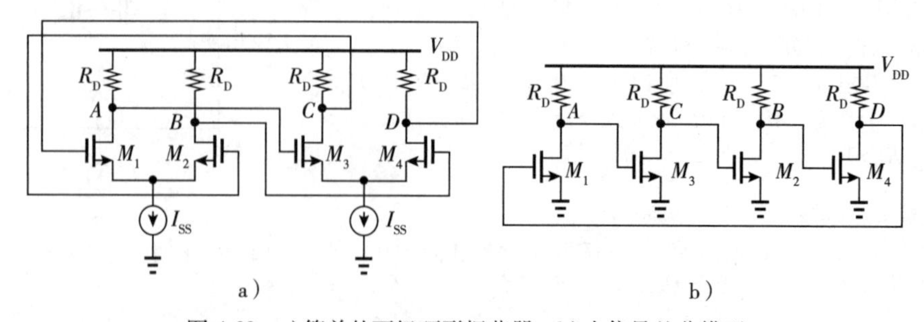

图4-22　a)简单的两级环形振荡器；b)小信号差分模型

4.5.2 设计示例

让我们从图 4-19 所示的阶段开始，并针对 $f_0 \approx 2$ GHz 和 $P=300$ μA×0.95 V 进行设计，其参数与图 4-15a 所示的三级环形振荡器的参数相同。由于每级可以从 V_{DD} 汲取 150 μA 的电流，因此我们将 100 μA 分配给输入对，并将 50 μA 分配给交叉耦合对。图 4-23 显示了该设计，R_D 为 4 kΩ 来保持相同的电压摆幅，并且选择合适的$(W/L)_{3,4}$ 以提供足够的跨导。

根据仿真，$f_0=2.14$ GHz，但摆幅小于 250 mV_{pp}。相位噪声比图 4-15 中的三级设计高 3~4 dB，这可以归因于电压摆幅的比率 $10\log(360 \text{ mV}/250 \text{ mV})^2=3.2$ dB。

图 4-23 的结构可以进行如图 4-24 所示的重新调整，其中差分对和交叉耦合对的节点是共享的。为了在这两对之间正确分配 I_{SS}，所有晶体管的长度必须相等。然后，由于在环形振荡器环境中输入和输出共模电平相等，因此差分对承载的电流为 $I_{SS}W_{1,2}/(W_{1,2}+W_{3,4})$，而交叉耦合对为 $I_{SS}W_{3,4}/(W_{1,2}+W_{3,4})$（为什么？）。

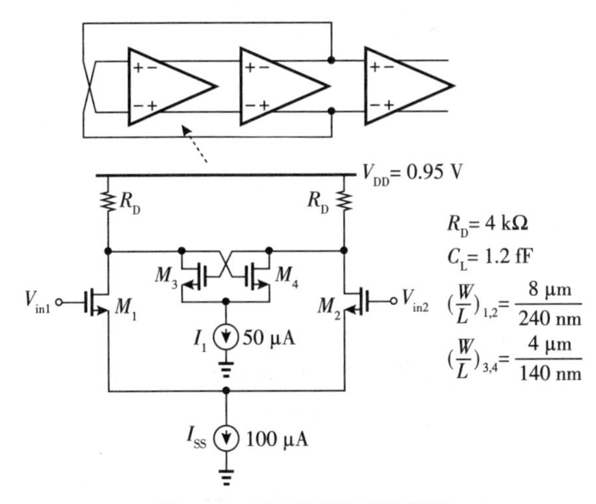

图 4-23 两级环形振荡器设计

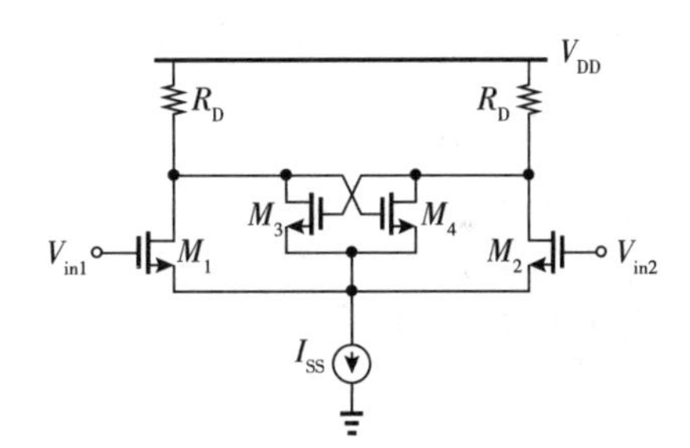

图 4-24 差分对和交叉耦合对尾电流合并

与图 4-19 相比，使用图 4-24 拓扑的两级环形振荡器具有更大的电压摆幅，但闪烁噪声上变频也要高出 10~15 dB！以下例题对此进行了研究。

例 4-11 检查图 4-23 和图 4-24 中差分对和交叉耦合对的尾节点波形。

解： 在两级环形振荡器中，一级的输入和输出波形相位相差 90°。因此，如图 4-25 所示，两个单独的尾节点传输的电压波形（在 $2f_0$ 处）具有 180°的相位差。

通过将这两对视作倍频器，并注意到它们将漏极的 $A\sin\omega_0 t$ 和 $A\sin(\omega_0 t+90°)$ 分别转换为源极的 $A\sin(2\omega_0 t)$ 和 $A\sin(2\omega_0 t+180°)$，可以理解上述情况。

如果我们现在使尾节点短路，如图 4-24 所示，则这两个波形会部分相互抵消。如果 V_P 和 V_Q 完全抵消，则共享的尾节点电压将保持恒定，就像四个晶体管的源极接地一样。在这种情况下，每个晶体管的二阶非线性会在其漏极电流中产生很强的二次

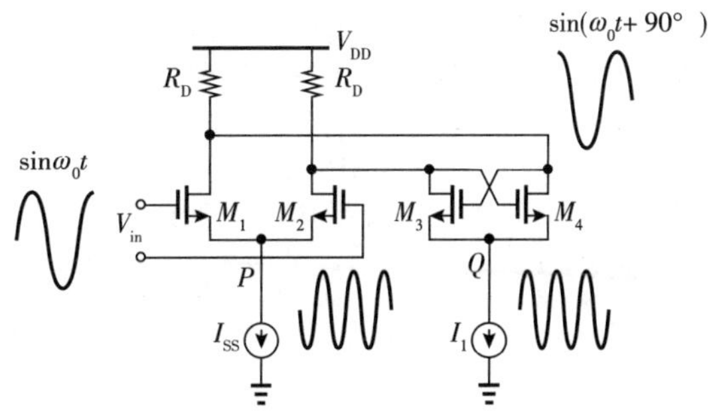

图 4-25 尾节点出现差分波形

谐波。上升时间和下降时间之间产生的不对称会转化为较高的闪烁噪声上变频。注意，该机制与之前涉及尾电容的机制不同，这里即使没有电容也会发生这种机制。

4.6　线性缩放

如3.1节所述，我们可以通过与功耗的折中来降低振荡器的相位噪声。对于之前的2 GHz差分环形振荡器，$P\approx285\ \mu W$，这是很小的值。例如，我们可以将晶体管的宽度和尾电流按比例放大10倍，而对电阻按比例缩小，从而在$P=2.85$ mW的情况下将相位噪声降低10 dB。在此过程中的另一个损失是面积增大。

4.7　调谐技术

在本节中，我们将为图4-15a的2 GHz差分环形振荡器重复3.5节的设计工作。我们的目标是创建一个相对线性的连续调谐特性，然后加入离散调谐。鼓励读者阅读3.5节概述的设计标准。

回忆式(1-25)有

$$\omega_0=\frac{1}{R_D C_L}\tan\frac{180^\circ}{N} \tag{4-15}$$

该式用于N级环形振荡器。这种小信号估计值表明，振荡频率相对独立于尾电流，应通过改变R_D、C_L或N进行调谐。因此，我们设想了三种调谐技术。

4.7.1　电阻调谐

我们试图用PMOS器件替换差分对的负载电阻，PMOS器件可作为受控电阻，即在深三极管区中工作，如图4-26a所示。但是，随着PMOS负载的导通电阻的变化，电压摆幅也会变化。此外，如果M_3和M_4保留在三极管区中，则V_{cont}的上限远低于$V_{DD}-|V_{THP}|$[⊖]。该问题导致频率调谐曲线中出现明显的非线性。

调节负载电阻的另一种方法是与之并联放置一个可变负电阻。如图4-26b所示，其思想是通过交叉耦合的晶体管M_3和M_4在X和Y之间引入等于$-2/g_{m3,4}$的电阻，其中电流源I_1用作调谐器件。如3.5节所指出的，调谐应可忽略不计地降低相位噪声，但如果连续调谐范围限制为f_0的10%～20%，则有可能出现这种情况。

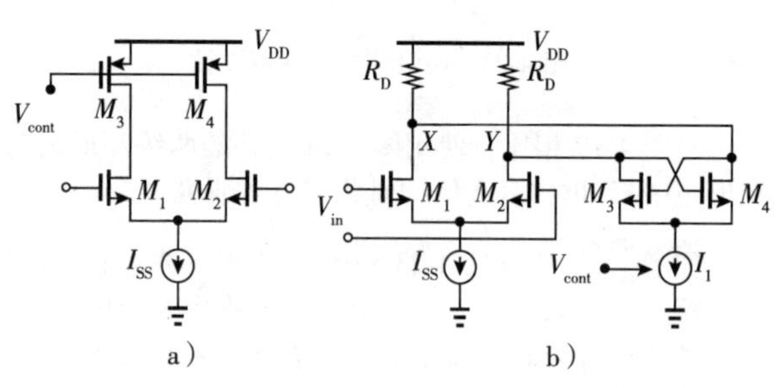

图4-26　通过a)PMOS负载或b)可变负电阻进行频率调谐

图4-27a显示了采用负电阻调谐的三级环形振荡器，图4-27b绘制了其调谐特性。我们选择M_3～M_5的尺寸以提供必要的调谐范围并避免降低相位噪声。随着V_{cont}从250 mV(略低于V_{TH})上升到900 mV，f_0从2.2 GHz下降到1.83 GHz，电压摆幅从360 mV上升到480 mV。最大K_{VCO}约为1 GHz/V。不幸的是，如果M_5必须保持饱和，那么V_{cont}不能达到900 mV。

例4-12　说明为什么当M_5进入三极管区时上述振荡器的电源抑制性能下降。

解：如果M_5在三极管区工作，则交叉耦合对的偏置电流成为V_{DD}的函数，因为在$V_X=V_Y$的瞬间，

⊖　换句话说，我们必须保证$2|V_{GS}-V_{THP}|>>|V_{DS}|$。

我们有 $V_{DS5}=V_{DD}-V_{RD}-V_{GS3,4}$。因此，$V_{DD}$ 的波动会导致 $I_{D3,4}$ 发生变化，从而导致 $g_{m3,4}$ 发生变化，从而调制负阻和 f_0。

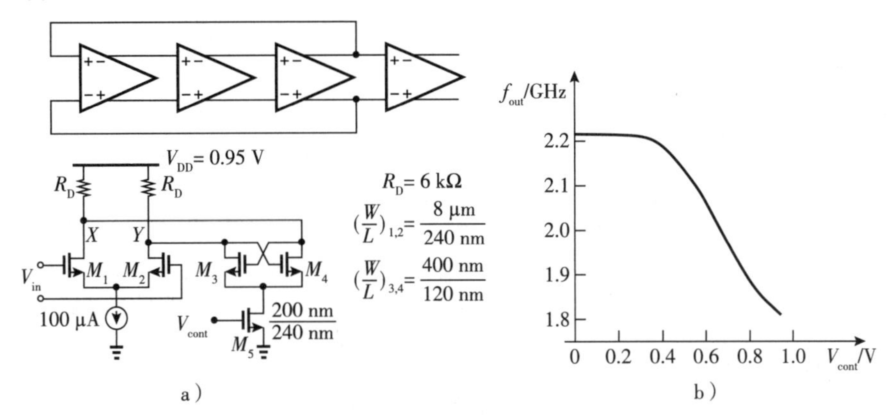

图 4-27　a)三级 VCO；b)调谐特性

$f_0=1.83$ GHz 时的相位噪声预计比 $f_0=2.2$ GHz 时低至少 $10\log(2.2/1.83)^2=1.6$ dB。实际上，由于摆幅也变得更大，在 100 MHz 偏移处的相位噪声降低了 3 dB，降至-127 dBc/Hz。但是，在 100 kHz 偏移下，相位噪声保持不变，等于-62 dBc/Hz。为什么呢？根据仿真，图 4-27a 中的调谐器件 M_5 现在是主要的相位噪声贡献者。毕竟，该晶体管的闪烁噪声电压直接加到 V_{cont} 上。这是负电阻调谐的主要缺点。如果我们将 M_5 的宽度和长度加倍，则相位噪声将降低 1 dB。

图 4-27b 中 $V_{cont}=0$ 和 $V_{cont}\approx400$ mV 之间的平坦区域导致在 400 mV$<V_{cont}<$900 mV 区间内 K_{VCO} 较高。与基于反相器的环形振荡器不同，这种差分拓扑不适用于通过结合 PMOS 和 NMOS 器件以去除平坦区域的技术(3.5 节)。困难源于低电源电压导致 PMOS 晶体管的裕量不足。我们可以通过缩小 M_3～M_5 来降低 K_{VCO}。连续调谐范围也随之减小，当我们在漏极节点上增加开关电容器时(如我们在第 3 章中所做的那样)，需要更精细的离散调谐步骤。

阻性负载的差分环形振荡器的一个重要优点是，它们的 PVT 引起的频率变化小于基于反相器的环形振荡器。正如 $\omega_0=(R_DC_L)^{-1}\tan(180°/N)$ 所表明的那样，振荡频率随 R_D 和 C_L 的变化而变化，几乎不依赖于信号路径中晶体管的强度。R_D 的典型变化范围为±15%，C_L 的典型变化范围为±5%，对于窄带应用，整个调谐范围约为±20%。

4.7.2 变容二极管调谐

3.5 节中描述的 MOS 变容二极管调谐方法也可以应用于差分环形振荡器。如图 4-28 所示，这种方法通过调谐网络可忽略不计地增加相位噪声，但是它依靠变容二极管模型来建立所需的调谐范围。变容二极管调谐通常是首选技术，因为它会在控制路径中引入微不足道的噪声。相比之下，路径中的任何晶体管都会引入闪烁噪声，从而调制振荡频率。我们将在下一节回到这一点。

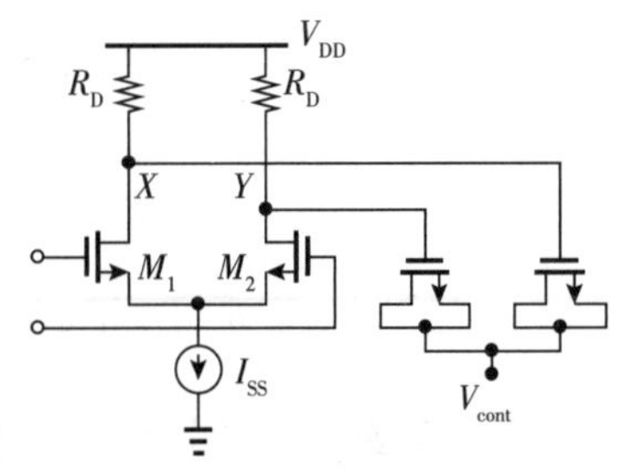

图 4-28　带变容二极管调谐的差分对

例 4-13 MOS 变容二极管具有如图 4-29 所示的 C-V 特性。如果图 4-28 中的 V_{cont} 从 $V_1(\approx0)$ 到 $V_2(\approx V_{DD})$ 变化，则该特性的哪一部分被调谐？

解： 图 4-28 中变容二极管两端的平均电压大约等于 X 和 Y 的共模电平减去 V_{cont}。因此，随着 V_{cont} 从 V_1 变为 V_2，变容二极管的电压从 $V_{DD}-I_{SS}R_D/2-V_1$ 变为 $V_{DD}-I_{SS}R_D/2-V_2$。例如，如果 $V_1=50$ mV，$V_2=0.9$ V，$I_{SS}R_D/2=200$ mV 和 $V_{DD}=0.95$ V，则图 4-28 中 V_{GS} 的范围为

-150 mV ~ $+700$ mV。如果 C_{var} 在 V_{GS} 接近 $+700$ mV 时没有显著变平，则当 V_{cont} 降至 V_1 时 f_{out} 也不会变平。

4.7.3 级数调谐

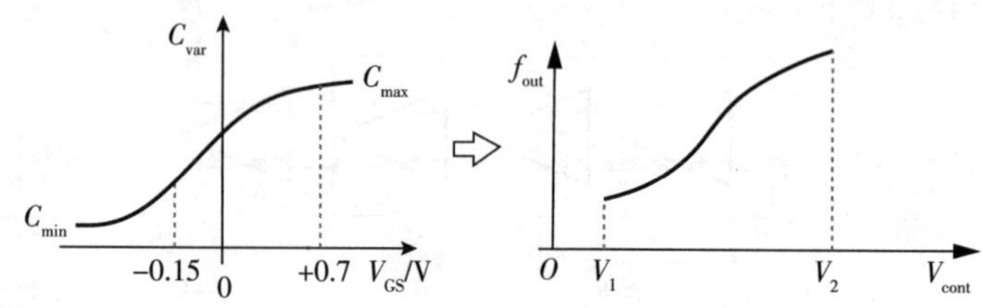

图 4-29 变容二极管的 C-V 特性和产生的调谐行为

连续改变环形振荡器的级数是可行的。该方法特别适合于差分结构，对于三级的示例，该方法的操作如图 4-30a 所示。每级都包含一条慢速路径和一条快速路径，它们的输出相加并应用于下一级。快速路径的强度由 V_{cont} 调整。我们观察到，如果快速路径关闭，则环形振荡器会达到最小振荡频率，因为环路中的各级以最长的延迟运行；如果快速路径完全接通，则信号大部分会绕过每一级中的慢速路径，从而产生最大振荡频率 f_0。对于这两者之间的 V_{cont} 值，我们说电路在慢速路径和快速路径之间“插值”。我们将相应的波形分别称为慢速信号和快速信号。在此示例中，我们看到环形振荡器中的总级数从 6 变为 3。

让我们在晶体管级别实现上述概念。我们很容易想到图 4-30b 所示的两条路径的分布，但是我们如何求和它们的输出呢？注意，M_3-M_4 和 M_5-M_6 的漏极电流分别与慢速信号和快速信号成比例，我们可以先将这些电流求和，然后再将和电流通过电阻。图 4-30c 显示的是结果，其中 V_{cont} 会调整快速信号与慢速信号相加的比例。现在，输出电压摆幅随 I_1 变化，但变化很小，因为我们对窄(连续)调谐范围感兴趣。

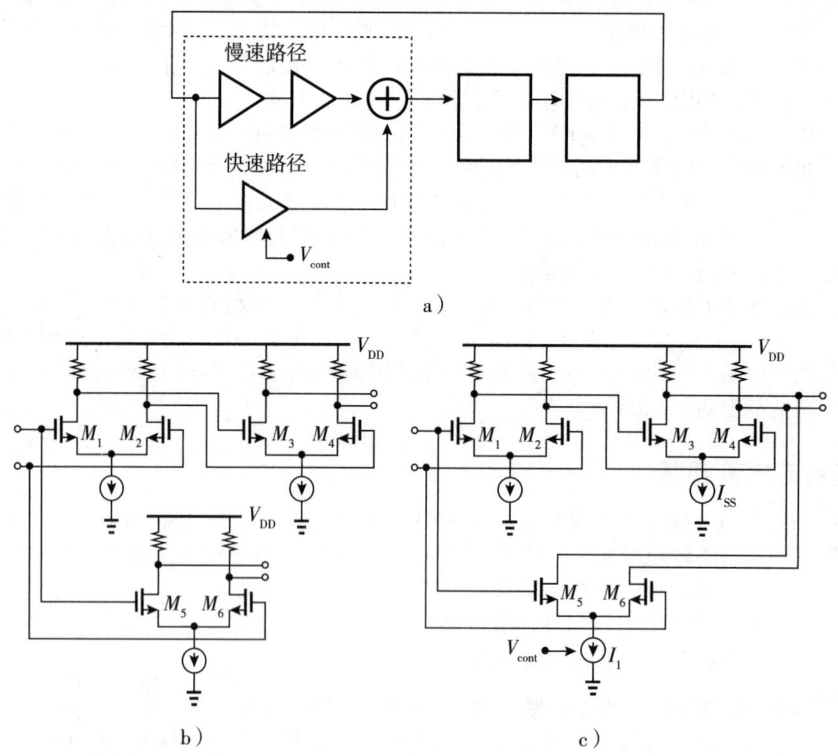

图 4-30 a)通过插值进行频率调谐；b)慢速路径和快速路径的实现；c)插值电路

例 4-14 估计图 4-30c 中的 I_1 值，以使与 $I_1=0$ 时相比，整个电路的延迟减少 20%。

解： 将慢速(电流)信号写为 $A\cos(\omega_0 t+\omega_0\Delta T)$，其中 ΔT 表示延迟，快速(电流)信号写为 $a\cos\omega_0 t$，我们将总和表示为 $A\cos(\omega_0 t+\omega_0\Delta T)+a\cos\omega_0 t=[A\cos(\omega_0\Delta T)+a]\cos\omega_0 t-A\sin(\omega_0\Delta T)\sin\omega_0 t$。结果的相位

由下式给出：

$$\phi = \arctan \frac{-A\sin(\omega_0 \Delta T)}{A\cos(\omega_0 \Delta T) + a} \tag{4-16}$$

对于 $\omega_0 \Delta T << 1$，上式可以简化为

$$\phi \approx \arctan \frac{-A\omega_0 \Delta T}{A+a} \tag{4-17}$$

此相位转换为 $A\Delta T/(A+a)$ 的延迟。因此，对于20%的变化，我们有 $a \approx 0.2A$，因此 $I_1 \approx 0.2I_{SS}$。

图4-30c的电路遵循与图4-27a的负电阻调谐拓扑结构相同的设计过程。NMOS器件充当 I_1，从低值到接近 V_{DD} 感测控制电压。对于 V_{cont} 达到最高值，NMOS电流源位于三极管区，从而加大了电源灵敏度(例4-12)。

上述振荡器通常遭受高相位噪声，当快速路径断开时，通过六个差分对(在三级环形振荡器中)而不是三个差分对来获得所需的振荡频率。如4.2节所述，随着差分对数量的增加，相位噪声趋于上升，而总功耗却保持恒定。同样，当快速路径开启时，I_1 的噪声会调制频率(习题4.15)。

总之，在各种调谐技术中，我们更喜欢连续变容二极管调谐以及开关电容粗调。从例4-13可以明显看出，这种设计在调谐特性方面的平坦区域比图4-27少。

4.8 基于反相器的环形振荡器与差分环形振荡器的比较

我们在第3章和本章中的研究得到基于反相器的环形振荡器与差分环形振荡器之间的两个重要区别：①如表4-1所示，在热噪声状态下，前者在相位噪声和功耗之间表现出更有利的折中；②后者的电源灵敏度要低得多。

这些观察结果表明，在“不利的”应用(电源噪声高的系统)中，我们选择差分环形振荡器；如果电源噪声很小或可以通过低噪声LDO加以抑制，则我们更喜欢基于反相器的环形振荡器。

4.9 基于反相器的具有互补或正交输出的振荡器

4.9.1 耦合振荡器

低频负反馈的需求决定了简单单端振荡器需要采用奇数级，不允许采用 $360°/2^M$ 形式的相位步进。首先让我们问一下，如何使用单端结构产生180°相位分离($M=1$)？回顾例4-1，如果两个振荡器是“耦合的”，即如果一个振荡器的一部分输出“注入”另一个振荡器，则它们可以同步。然后，我们考虑如图4-31所示的两个相同的振荡器，并试问由 R_i 产生的相互耦合是否迫使它们以相反的相位振荡？如果真是这样，那么电流将从振荡器1流经 R_i 到达振荡器2，反之亦然，即一些能量将从一个振荡器转移到另一个。但是，假设两个电路同相振荡。节点 A_1 和 A_2 一起改变，没有电流流过 R_i，并且没有能量交换。这种简单的观点可以预测两个振荡器更喜欢同相工作，无法产生互补的输出。我们说振荡器达到了最小的能量交换点。

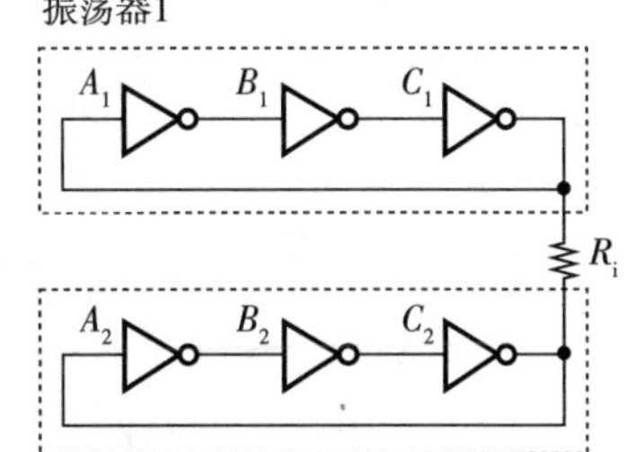

图4-31 通过电阻耦合的两个振荡器

现在我们来看图4-32a中描述的拓扑[2]，其中相等的电阻 R_{i1} 和 R_{i2} 分别将 B_1 耦合到 C_2，C_1 耦合到 B_2。这两个振荡器可以同相工作吗？绘制如图4-32b所示的理想波形，我们认识到能量交换发生在 $t_1 \sim t_2$ 以及 $t_3 \sim t_4$(为什么？)。也就是说，能量交换了三分之二周期。

另外，如果两个振荡器反相180°工作，则图4-32c的波形表明能量只交换了三分之一周期。因此，我们得出的结论是，电路相比前者更喜欢后一种模式。

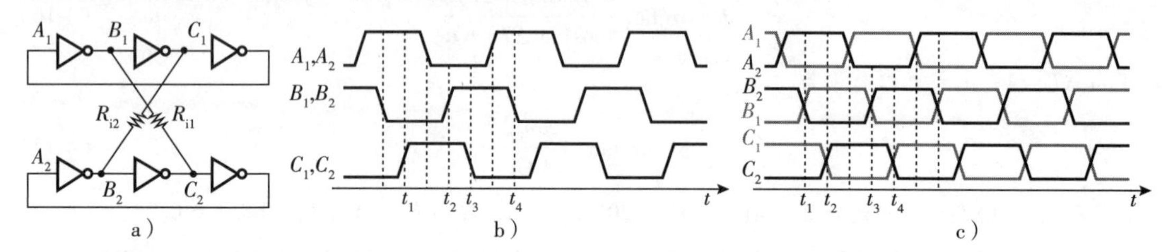

图4-32　a)两个振荡器由两个电阻耦合；b)在同相工作情况下的波形；c)在反相工作情况下的波形

例4-15　图4-32a中的两个振荡器能否在0°~180°之间的某个其他相位差下工作？

解：不，它们不能。读者可以看到，在这种情况下，B_1和C_2之间的能量流将比B_2和C_1之间的能量流持续更长的时间。这不可能发生，因为这与两个振荡器之间的对称性冲突。

图4-33展示了用于产生互补波形的另一种耦合结构。在这里，两个"反并联"(交叉耦合)反相器Inv_1和Inv_2将一个振荡器信号的一小部分注入另一个振荡器。我们发现此处不适合进行同相操作($A_1=A_2$)，因为这将意味着耦合反相器的输入和输出电压相等(而不是互补)，从而Inv_1将严重破坏上面的振荡器。我们说反并联反相器在与相等的状态作斗争。因此，振荡器更喜欢在180°的相位差下工作，Inv_1和Inv_2仅注入瞬态电流。电路的对称性也禁止其他的相位差值。

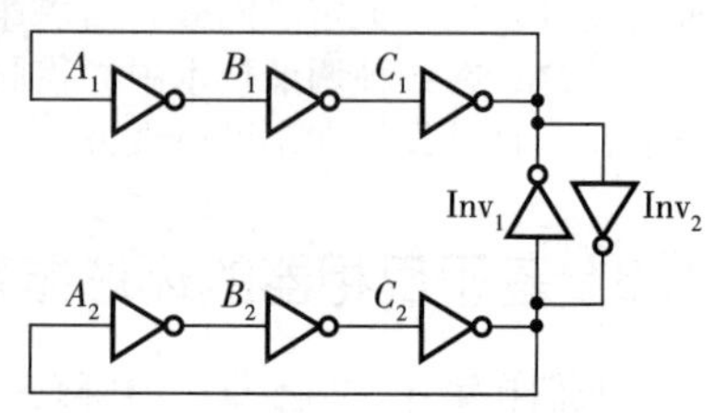

图4-33　由反相器进行振荡器间的耦合

图4-33的拓扑有两个注释。首先，Inv_1和Inv_2不能任意弱或强。如果它们很弱，并且振荡器遭受频率失配，则不会发生同步(注入锁定)。在这种情况下，振荡器会相互"拉"，从而产生损坏的输出。如果Inv_1和Inv_2过强，则它们将作为再生锁存器，永久性地迫使一个输出为1，而另一输出为0。根据经验，这些反相器的强度大约是两个回路内主反相器强度的20%。

其次，耦合反相器仅在A_1和A_2处施加负载，从而在每个环形振荡器周围产生系统的相位失配。在需要所有相位的应用中，可以通过在其他节点之间添加相似的反相器来解决此问题(如图4-34所示)。当然，相位分离是60°的倍数，而不是$180°/2^M$。

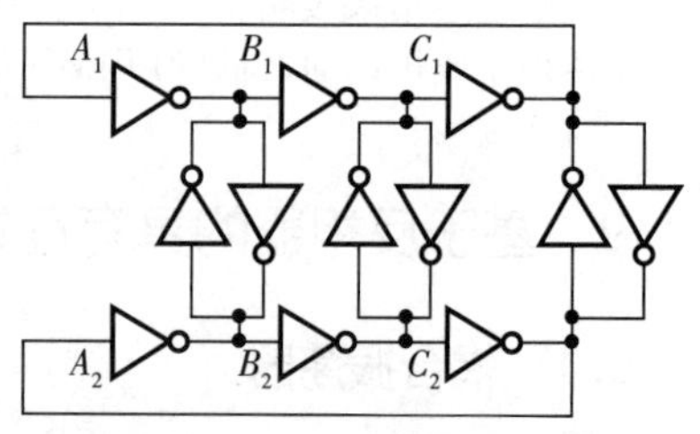

图4-34　两个振荡器由反相器均匀耦合

4.9.2　相位噪声考虑因素

让我们为2 GHz的频率设计如图4-34所示的耦合振荡器，并检查其相位噪声性能。利用图3-16a所示的2.5 GHz三级环形振荡器，我们构建了如图4-35a所示的振荡器。我们根据图3-16a选择耦合反相器，而主反相器的强度是其四倍。在$V_{DD}=0.95$ V，$T=75$℃和SS工艺角下进行的仿真显示了如图4-35b所示的波形，这时$f_0=2.3$ GHz。相位噪声如图4-35c所示。

为了评估新设计的相位噪声，我们注意到图3-16a中的振荡器包含了三个"单元"反相器，它们的$(W/L)_N=120$ nm/240 nm，$(W/L)_P=240$ nm/240 nm，而图4-35a中的电路包含30个这样的单元反相器(为什么?)。因此，新设计的功耗大约是其10倍，我们希望其相位噪声降低10log10=10 dB。实际上，电源电流为115 μA，而不是10×14 μA，但振荡频率也较低。实际上，10log(140 μA/115 μA)恰好等于$10\log(2.5\ \text{GHz}/2.3\ \text{GHz})^2$。因此，与简单的三级环形振荡器相比，我们仍然期望将相位噪声降低10 dB，图4-35c近似满足。因此，电流产生的补偿输出几乎没有FOM损失。

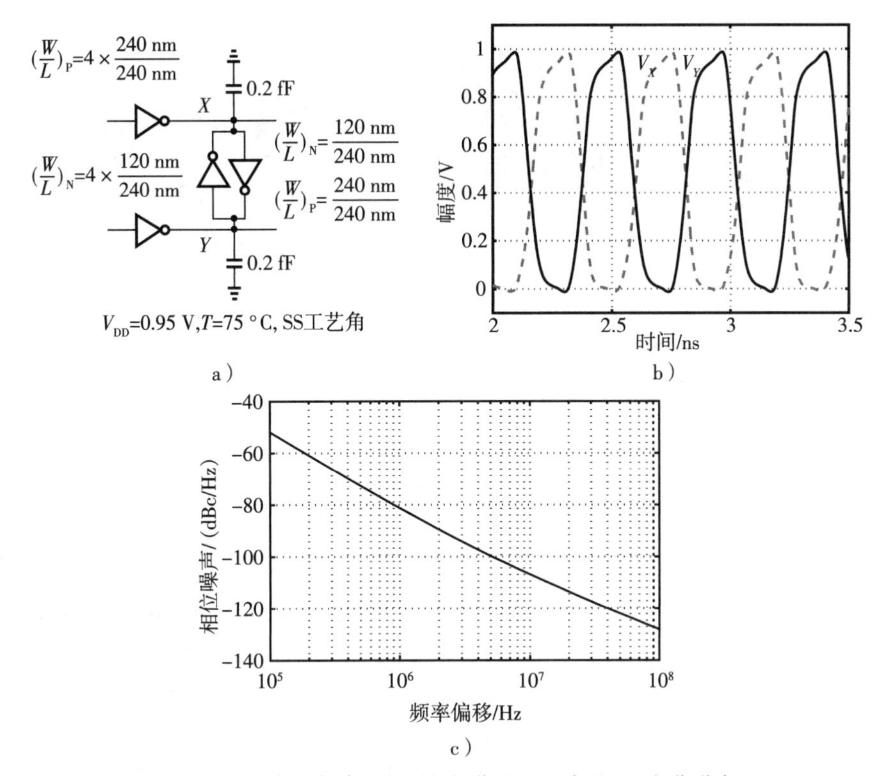

图 4-35 a)使用耦合反相器的振荡器；b)波形；c)相位噪声

例 4-16 通常认为，图 4-34 和图 4-35a 中的两个环形振荡器的“差分”操作大大降低了电源灵敏度。这种看法正确吗？

解： 不，这不正确。与 4.1 节研究的差分振荡器相反，图 4-35a 的拓扑仍然受反相器强度与 V_{DD} 关系的影响。当 V_{DD} 波动时，反相器也会延迟，即两个环路的振荡频率沿相同方向变化。例如，在上述设计中，耦合振荡器的归一化电源灵敏度仅比单端环形振荡器的电源灵敏度低约 15%。

4.9.3 直接正交产生

我们可以从基于反相器的环形振荡器获得互补的正交相位。让我们从如图 4-36a 所示的四级环形振荡器开始。暂时忽略每个级提供的反相，我们认识到电路可以以 $f_0=1/(8T_d)$ 的频率振荡，其中 T_d 表示门延迟。因此，A 和 B 携带互补波形，C 和 D 也携带互补波形。而且，后两个相对于前两个相位相差 90°。从另外的角度看，环路由四个单极点级组成，从而在连续节点之间产生 90°的相位分离。

不幸的是，图 4-36a 的电路容易发生锁存：该环路可以无限期地保持 $A=B=1$ 和 $C=D=0$，反之亦然。因此，我们必须设计一种避免这种状态的机制。回顾图 4-33，一对交叉耦合的反相器可以在其输入和输出节点之间争夺相同的状态。这一点导致了如图 4-36b 所示的结构，通常被重新绘制为如图 4-36c 所示的结构。在这里，交叉耦合的反相器足够强，可以确保主环路不会闩锁。

相对于主回路中的反相器如何确定交叉耦合反相器的尺寸？如果 $\text{Inv}_1\sim\text{Inv}_4$ 倾向于闩锁，则前者必须与后者抗衡。从这个角度来看，$\text{Inv}_5\sim\text{Inv}_8$ 应该足够强大。另外，这些反相器也在转换期间与 $\text{Inv}_1\sim\text{Inv}_4$ 对抗，既消耗功率又注入噪声。因此，$\text{Inv}_5\sim\text{Inv}_8$ 不应过强。根据经验，我们选择 $\text{Inv}_1\sim\text{Inv}_4$ 和 $\text{Inv}_5\sim\text{Inv}_8$ 的强度之比为 2。较大的比率会在不匹配的情况下存在发生闩锁的风险，而较小的比率则会降低品质因数。

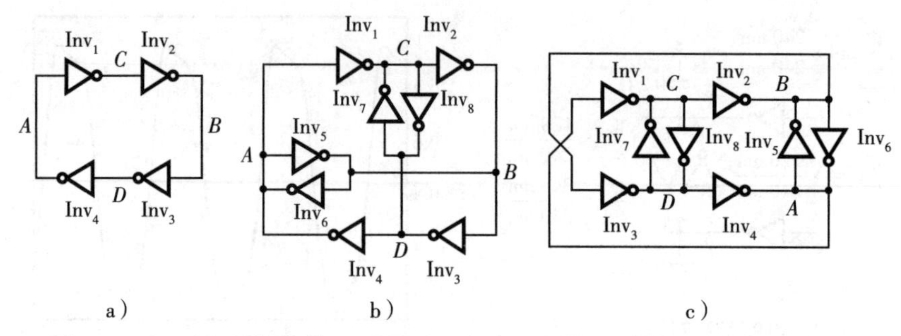

图 4-36 a)四级环形振荡器；b)添加交叉耦合的反相器以避免闩锁；c)重绘拓扑

让我们设计图 4-36b 的电路并研究其性能。返回图 3-12a 中的参考环形振荡器设计，并假设晶体管的最小允许宽度为 120 nm，我们选择主反相器$(W/L)_N=240\ \text{nm}/40\ \text{nm}$ 和$(W/L)_P=480\ \text{nm}/40\ \text{nm}$，对于交叉耦合反相器，$(W/L)_N=120\ \text{nm}/40\ \text{nm}$ 和$(W/L)_P=240\ \text{nm}/40\ \text{nm}$。我们还将输出缓冲级附加到所有节点，如图 4-37a 所示。如图 4-37b 所示，由于主反相器和交叉耦合反相器之间的冲突，正交波形显示出轻微的摆幅下降。振荡频率 f_0 等于 26.5 GHz，比图 3-12a 中的参考设计高约 17%。有趣的是，即使它包含更多的级数，正交拓扑也可以运行得更快。电源电流为 235 μA。

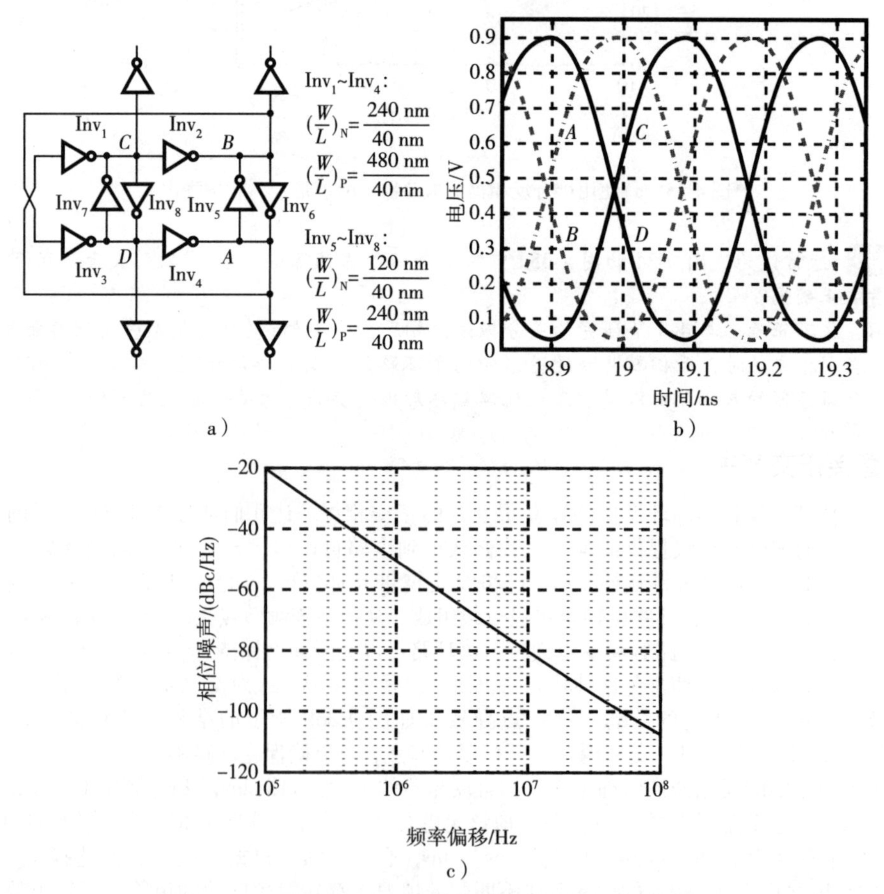

图 4-37 a)正交振荡器设计实例；b)输出波形；c)相位噪声

图 4-37c 绘制了正交振荡器的相位噪声。在 1 MHz 偏移下，相位噪声等于-50 dBc/Hz，比参考设计低 3 dB。为了公平比较，我们必须考虑：①电源电流比为 10log(235 μA/60 μA)= 5.9 dB；②频率比为 20log(26.5 GHz/22.6 GHz)= 1.4 dB；③3 dB 的相位噪声差。因此，正交设计的品质因数更糟，为 5.9 dB-1.4 dB-3 dB=1.5 dB。这是产生正交相位所要付出的代价。

4.9.4 插值正交产生

我们可以通过“相位插值”从基于反相器的简单环形振荡器中获取其他相位。返回图 4-34，我们可以将权重相等的相量 B_1 和 C_2 相加，得到一个垂直于 A_1 的插值相量，如图 4-38a 所示。对于 C_1 和 B_2 也可以重复此操作，如图 4-38b 所示，最后得出 A_1、D_1、A_2 和 D_2 作为所需的正交相位。

让我们更仔细地研究这种相位插值技术。我们如何实现相量求和？考虑到图 4-38c 中的 B_1 和 C_2 波形，我们认识到$(B_1+C_2)/2$恰好位于两者之间的中间位置。因此，我们将 B_1 和 C_2 应用于两个反相器并将它们的输出短路，如图 4-38d 所示。我们暂时不考虑信号反转，并认为结果大致等于$(B_1+C_2)/2$。

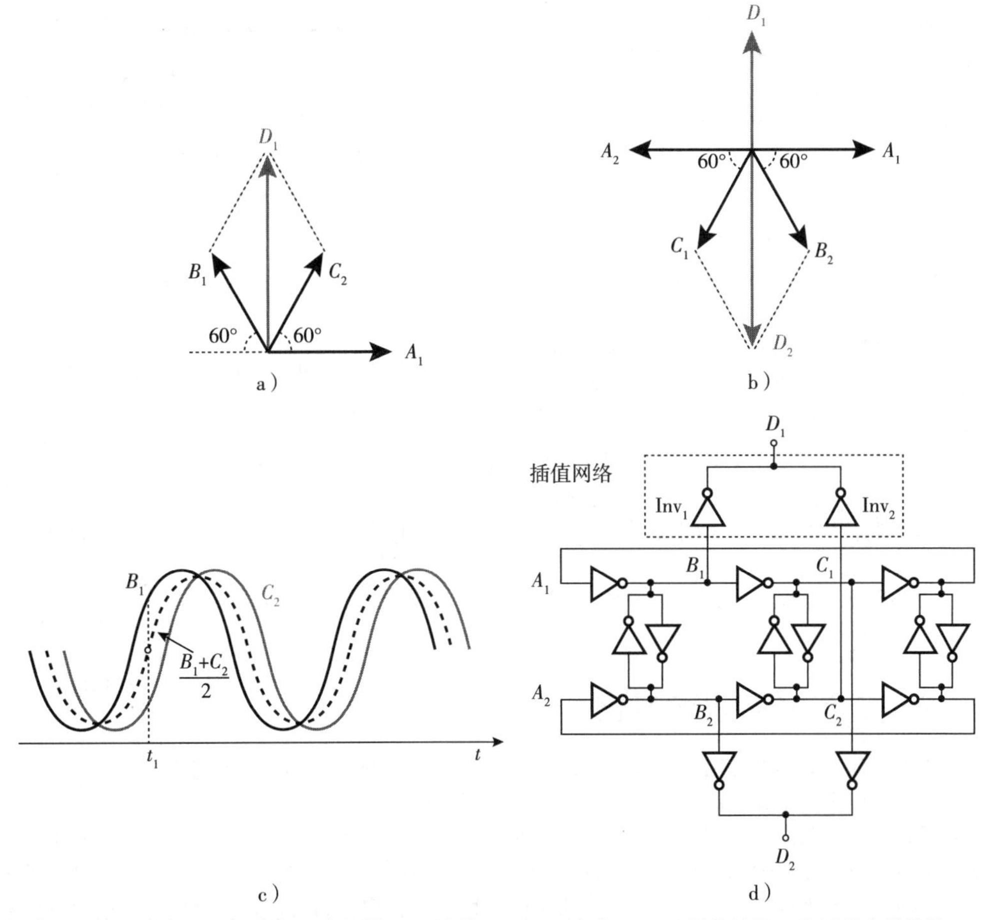

图 4-38 a)从 C_2 和 B_1 产生正交相量 D_1；b)从 C_1 和 B_2 产生 D_2；c)插值波形；d)插值电路结构

读者可能在这里提出两个问题。首先，Inv_1 和 Inv_2 是否会对抗并降低图 4-38c 中$(B_1+C_2)/2$的高低电平？并不会，当 B_1 和 C_2 都为高电平或低电平时，两个反相器不发生冲突，并且插值输出靠近电源轨。其次，两个反相器是否会在 $t=t_1$ 附近进行对抗？是的，事实上，它们必须对抗，才能在 B_1 和

C_2 之间生成插值输出。如图 4-39 所示，一个反相器中的 NMOS 晶体管和另一个反相器中的 PMOS 晶体管同时导通，从而产生插值输出电压。换句话说，该电路在部分时间段内消耗静态功耗。

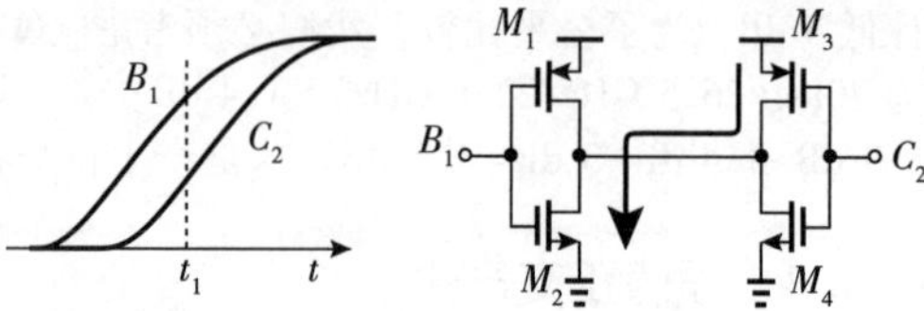

图 4-39 插值过程中两个反相器间的对抗

图 4-38d 的电路还面临另外两个问题。首先，插值反相器引入的负载电容会在 B_1 和 A_1 之间(以及 B_2 和 A_2 之间)产生相位失配。其次，Inv_1 和 Inv_2 的有限延迟会导致 D_1 和 A_1 之间(以及 D_2 和 A_2 之间)产生另一个相位失配。图 4-40 所示为缓解这些问题所需的修改。四个输出 $D_1 \sim D_4$ 用作正交相位。这种拓扑结构中的各种互连往往会引入明显的相位失配，因此需要仔细布局。

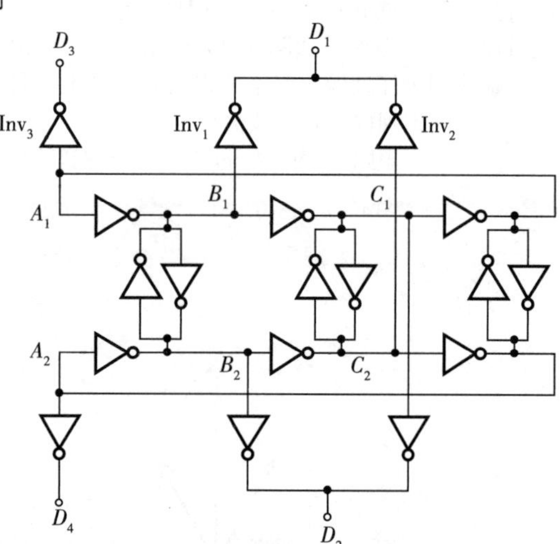

图 4-40 包含插值网络的振荡器

例 4-17 假设图 4-40 中的 D_1 和 D_3 驱动相等的负载电容。在这种情况下，这两个信号是否会出现相位失配？

解：是的，存在相位失配。D_1 的驱动强度大于 D_3 的驱动强度，因为 D_1 由两个反相器组成。为了解决这种情况，我们应该确保在这些输出端看到的扇出很小，即 $\mathrm{Inv}_1 \sim \mathrm{Inv}_3$ 需要比后续级中的反相器大几倍的尺寸。

例 4-18 两个五级环形振荡器耦合在一起，可以异相 180°工作。正交波形应如何产生？

解：如图 4-41 所示，两个环形振荡器的相位分辨率为 360°/10=36°。为了生成 90°相位，我们可以在 36°和 144°输出之间或 72°和 108°输出之间进行插值。我们更喜欢后一种选择，因为较小的相位差意味着插值反相器的对抗程度较小。

我们还应该指出，图 4-40 中引入的插值方案可忽略不计地降低相位噪声。由于插值反相器位于振荡环路之外，因此它们的相位噪声不会受到式(3-9)中 $(f_0/f)^2$ 项的影响，仍然很小。基于这个原因，这些反相器不需要使用大尺寸晶体管。

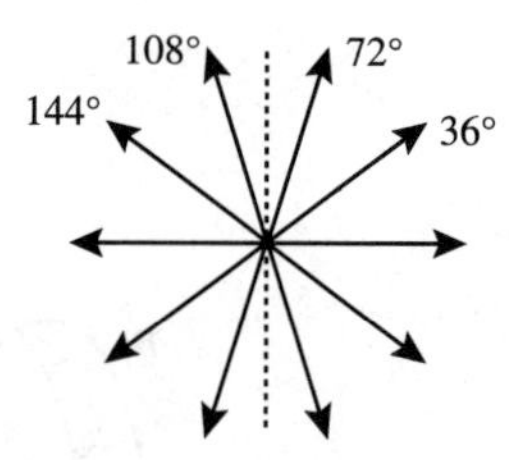

图 4-41 图 4-40 中振荡器的相量图

这里介绍的两种正交产生技术在性能上有些相似，但前者(直接产生)会表现出 1.5 dB 的损失。

4.10 带 LC 负载的环形振荡器

前几节研究的环形振荡器面临着频率限制，这是由级数和每一级所看到的负载电容引起的。在必须由环形振荡器提供多个相位的应用中，这些限制变得很严重。

如果用 LC 腔代替差分环形振荡器中的电阻负载，会发生什么情况？考虑如图 4-42a 所示的结构，其中低频反馈为负。巴克豪森判据表明，这四级在振荡频率下产生的总相移为 180°。如果按图 4-42b 所示实施，则每级均表现出由 $\omega_0 = 1/\sqrt{L_1 C_1}$ 给出的谐振频率，但在 ω_0 处没有相移。因此，振荡频率必须偏离 ω_0，以便每级产生 45°的相移[3]，如图 4-42c 所示。为了计算振荡频率 ω_{osc}，我们将并联 RLC 谐振电路的相移等效为 45°：

$$\frac{\pi}{2} - \arctan \frac{L_1 \omega_{osc}}{R_p(1 - L_1 C_1 \omega_{osc}^2)} = \frac{\pi}{4} \tag{4-18}$$

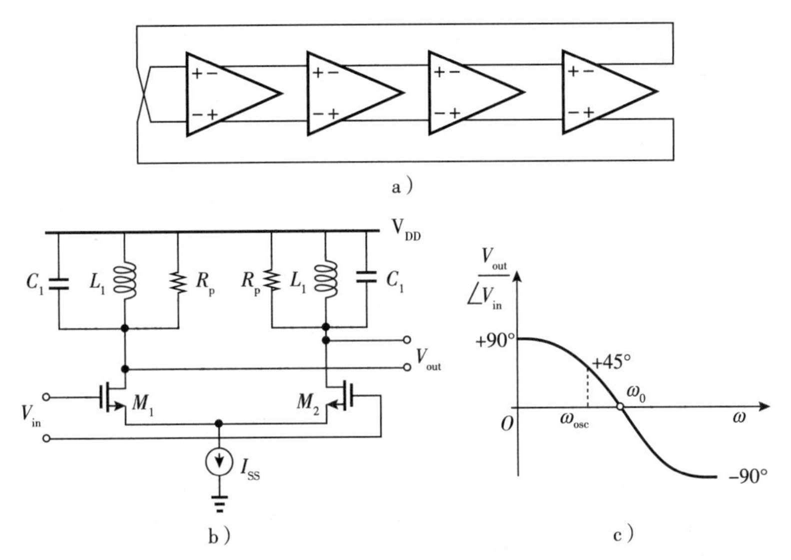

图 4-42　a)四级环形振荡器；b)感性负载级；c)单级的相位响应

如果我们用 ω_0 处的 Q 来逼近 $R_p/(L_1\omega_{osc})$，则我们有(习题 4.19)

$$\omega_{osc}=\sqrt{1-\frac{1}{Q}}\frac{1}{\sqrt{L_1C_1}} \tag{4-19}$$

或者，如果偏差 $\Delta\omega=\omega_0-\omega_{osc}$ 较小，我们可以将 ω_0 附近的腔体的 Q 表示为 $Q=(\omega_0/2)\mathrm{d}\phi/\mathrm{d}\omega$，并有 $\mathrm{d}\phi\approx\pi/4$，则

$$\Delta\omega\approx\frac{\pi}{8Q}\omega_0 \tag{4-20}$$

例如，如果 $Q=5$，则式(4-19)预测偏差为 11%，而式(4-20)预测偏差为 8%。

与之前的拓扑相比，LC 负载环形振荡器具有三个优势。首先，由于感性负载两端的直流压降很小，因此该电路可以在较低的电源电压下工作。这是因为输入和输出 CM 电平接近 V_{DD}，即 $V_{GS}+V_{ISS}\approx V_{DD}$，其中 V_{ISS} 是 I_{SS} 两端的电压。其次，振荡频率只是级数的弱函数。对于环路中的 N 个级，假设以下值，则 $\Delta\omega$ 必然提供每级 π/N 的相移：

$$\Delta\omega\approx\frac{\pi}{2QN}\omega_0 \tag{4-21}$$

有趣的是，随着 N 的增加，ω_{osc} 接近 ω_0。最后，负载电容可以被合并到谐振腔中，从而导致其振荡频率高于电阻作为负载的环形振荡器的振荡频率。该电路的缺点是需要多个螺旋电感。通过堆叠结构可以缓解此问题[3]。

习题

4.1　考虑图 4-1 所示的环形振荡器。假设每个节点都有一个漏极结电容：

$$C_j(V)=\frac{C_0}{\left(1+\frac{V_D}{V_0}\right)^m} \tag{4-22}$$

式中，V_D 表示漏极电压，$V_0 \approx 0.7$ V，m 在 0.3~0.4 范围内。为了简单起见，假设振荡器电压摆幅较小，以使 V_D 大约等于共模电平 $V_{DD}-R_D I_{SS}/2$。确定$\partial C_j/\partial V_{DD}$。

4.2　使用上一个习题获得的结果，并通过恒定的单端电容 C_p 对地建立其他电容的模型，确定 $K_{VDD}=\partial f_0/\partial V_{DD}$。对于$f_0$，使用第 1 章中获得的小信号近似值。

4.3　如果我们增加 C_p 来减小f_0，例如f_0 降低了 10 倍，重复上一个习题。将电源灵敏度归一化为f_0。

4.4　假设图 4-1 中的环形振荡器是为某个振荡频率设计的。我们将晶体管的宽度和 I_{SS} 加倍，并将 R_D 减半。解释电路的电源灵敏度会发生什么。

4.5　在图 4-4 中，环形振荡器的电源灵敏度较低，但反相器则不然。回到第 2 章中的延迟线相位噪声注意事项，解释电源噪声如何影响反相器的输出。

4.6　假设我们将晶体管的宽度和尾电流加倍，并在三级差分环形振荡器中将负载电阻减半。用式(4-1)解释相位噪声会怎样。

4.7　在图 4-6 中，我们假设一次谐波和二次谐波是“同相的”，即都表示为正弦波。解释如果二次谐波的形式为 $V_2\cos 2\omega_0 t$ 会发生什么。

4.8　对于图 4-9a 中的电路，解释为什么无论晶体管是否完全切换，输出共模电平都等于 $V_{DD}-R_D I_{SS}/2$。

4.9　让我们将式(4-1)应用到图 4-10a 中的环形振荡器上，同时用图 4-10b 中观察到的实际单端摆幅(约 150 mV)代替 R_D I_{SS}。该补救措施是否消除了在 100 MHz 偏移处相位噪声计算中的 9.5 dB 差异?

4.10　假设图 4-10a 中的晶体管宽度太大，以致 $V_{GS}-V_{TH}\approx 50$ mV。我们可以假设 M_1 和 M_2 经历了突然且完全的开关，并且它们的漏极电流类似于方波。对于这种情况，重复例 4-6。

4.11　图 4-15b 的输出波形由于−12 dB 的二次谐波而呈现出不对称的上升和下降时间。使用例 4-4 和式(4-5)，用$f_{1/f}$ 表示f_{1/f^3}。

4.12　在图 4-27a 中，V_{DD} 中的 ΔV 会引起 M_3 和 M_4 的源极电压大致相同地变化(为什么?)。假设 M_5 从该节点到地呈现 r_{eq} 的小信号电阻。如果 V_{DD} 变化 ΔV，则确定负电阻的变化和f_0 的变化。假设为平方律器件。

4.13　如果 M_1 和 M_2 的尾电流表现出 r_{eq} 的小信号电阻，重复前面的习题。(注意，在环形振荡器环境中，如果前一级的电源电压变化相同的量，则 M_1 和 M_2 的输入 CM 电平会变化 ΔV。也就是说，振荡器的电源变化会出现在 M_1 和 M_2 的源节点上。)在这种情况下，是否可以有效地频率调制?

4.14　通过以栅极为基准的电压源 $\overline{V_n^2}=K/(WLC_{ox}f)$ 对图 4-27a 中的 M_5 的闪烁噪声进行建模，并忽略其他噪声源，计算振荡器的相位噪声。假设为平方律器件。

4.15　通过电流源 $\overline{I_n^2}$ 对图 4-30c 中 I_1 的闪烁噪声进行建模，并忽略其他噪声源，确定振荡器的相位噪声。(提示：例 4-14 很有用。)

4.16　在图 4-32a 中，反相器的电源电压变化缓慢。下面哪种说法是正确的：①振荡频率被调制了，但图 4-32c 中的相位关系保持不变；②振荡频率保持相对恒定，但相位关系被影响。

4.17　考虑如图 4-43 所示的拓扑，其中外部反相器的选择要弱于内部反相器。该电路是否更易于闩锁或振荡?

4.18　我们希望将单个三级环形振荡器与插值一起使用，以生成正交相位，如图 4-44 所示。绘制插值网络并解释如何权衡插值反相器的强度。

4.19　式(4-18)可以写为

$$\frac{L_1\omega_{osc}}{R_p(1-L_1C_1\omega_{osc}^2)}=1 \tag{4-23}$$

假设 $Q\approx R_p/(L_1\omega_{osc})$，计算 ω_{osc}。

4.20　我们希望对图 4-42 所示的振荡器进行线性缩放，以便将相位噪声降低 3dB。说明如何缩放器件。

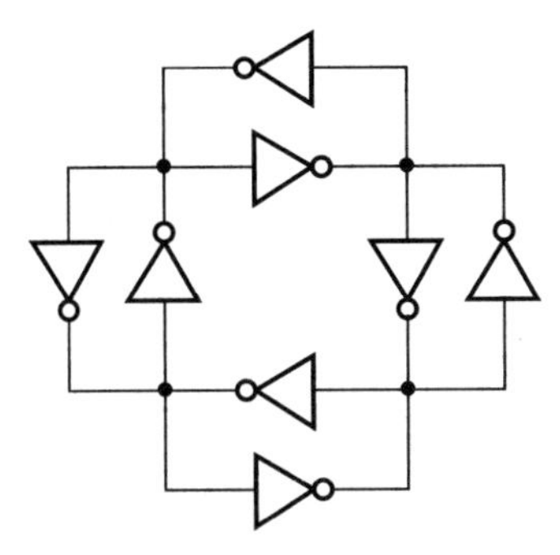

图 4-43 两个环形振荡器以反并联形式连接

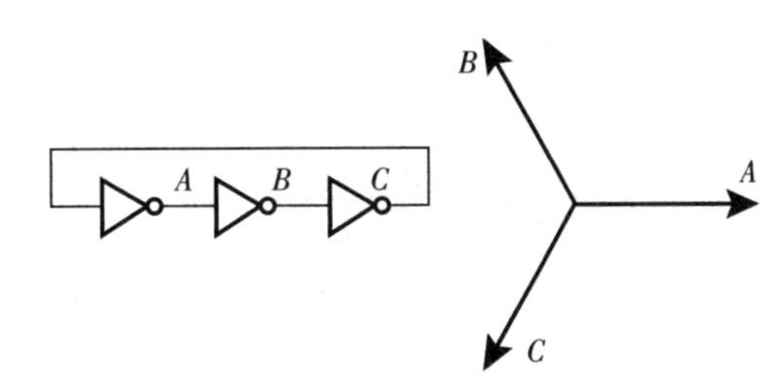

图 4-44 用于插值的三级环形振荡器

参考文献

[1]. A. Hajimiri, S. Limotyrakis, and T. H. Lee, "Jitter and phase noise in ring oscillators," *IEEE J. Solid-State Circuits*, vol.34, pp. 790-804, June 1999.

[2]. J. Alvarez et al., "A wide-bandwidth low-voltage PLL for PowerPC microprocessors," *IEEE J. Solid-State Circuits*, vol. 30, pp. 383-391, April 1995.

[3]. J. Savoj and B. Razavi, "A 10-Gb/s CMOS clock and data recovery circuit with a half-rate binary phase/frequency detector," *IEEE J. of Solid-State Circuits,* vol. 38, pp.13-21, Jan. 2003.

第 5 章 |Chapter 5|

LC 振荡器设计

许多应用都要求使用 LC 振荡器，这主要是因为与环形振荡器相比，LC 振荡器的拓扑表现出的相位噪声要少(对于相同的功耗)。LC 振荡器的拓扑的其他优点包括更高的振荡频率[不受 $1/(2NT_D)$ 的限制]和超出电源轨的电压偏移。缺点有四个方面：① LC 振荡器的调谐范围要窄得多；②集成电感的“足迹”(footprint)很大，占据了很大的芯片面积，并且在信号通路中带来阻碍；③此类电感遭受了与衬底和其他电路之间的大量不必要的耦合；④ LC 振荡器的设计严重依赖于合适的电感和变容二极管模型，通常需要在设计中留出一定余量才能达到目标振荡频率。

借鉴第 1 章和第 2 章提出的概念，我们在本章和后续各章中对 LC 振荡器的研究与第 3 章和第 4 章中对环形振荡器的研究类似，我们鼓励读者回顾一下。本章着重介绍 LC 振荡器中的相位噪声，描述各种拓扑，分析其特性，并使用仿真研究其功率与相位噪声的折中。我们首先介绍一个简单的电感模型。

5.1 电感建模

集成电感已被广泛研究[1-5]。本节介绍振荡器设计中的基本知识，读者可以阅读文献[6]以获取更多详细信息。

振荡器设计中最常用的电感几何形状是如图 5-1 所示的对称螺旋形。如果采用差分驱动，则该结构将展现出比非对称拓扑更高的品质因数 Q[7]，这是降低相位噪声的关键优势。实际上，电感以八边形的形式实现，以最大限度地减小给定电感的串联电阻。我们的目标是开发一种在振荡器设计中产生相当准确的结果的电路模型。

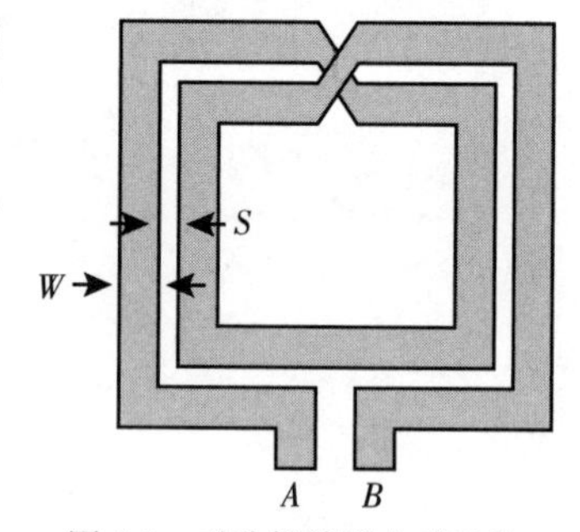

图 5-1　对称螺旋形电感结构

该模型必须反映出集成电感的三个属性：①电感值；②结构周围的寄生电容；③品质因数。LC 振荡器不可避免的窄调谐范围表明，当 $\omega_0=1/\sqrt{LC}$ 时，L 和 C 都必须精确设置。对于螺旋形电感器的电感，已经发表过许多的计算公式[1-2]，但是在某些情况下，它们会产生 10%~20%的误差。我们可以将文献[1]中的公式重写为

$$L=1.3\times10^{-7}\frac{l_{tot}^{5/3}}{\left[\frac{l_{tot}}{4N}+W+(N-1)(W+S)\right]^{1/3}W^{0.083}(W+S)^{0.25}}(\mathrm{nH}) \tag{5-1}$$

式中，l_{tot}、N、W 和 S 分别表示走线的总长度、匝数、走线宽度和走线间距。这种公式仅对电感尺寸的快速估算有用，但是在实践中，我们必须借助电磁场仿真工具(例如 Ansoft 公司的 HFSS)来计算给定结构的电感。

与螺旋形电感相关的寄生电容由两个部分组成：衬底的电容和绕匝之间的电容(见图 5-2)。在图 5-1 的差分拓扑中，由于相邻匝之间的电位差较大，后一个分量占主导地位。这可以从图 5-3 中看

出，其中以四段电感的形式“解开”了一个差分激励螺旋形电感：AC 部分由电感 AC 建模，以此类推[⊖]。该模型表明，C_1 比 C_2 承受更大的电压差。因此，C_1 和 C_2 不能简单地彼此相加。例如，三匝结构表现出的等效电容为

$$C_{eq} = \frac{5}{18}C_{tot} \tag{5-2}$$

式中，C_{tot} 表示相邻绕砸之间的总电容[6]。系数 5/18 将该分布电容转换为集总表示，如图 5-4 所示。

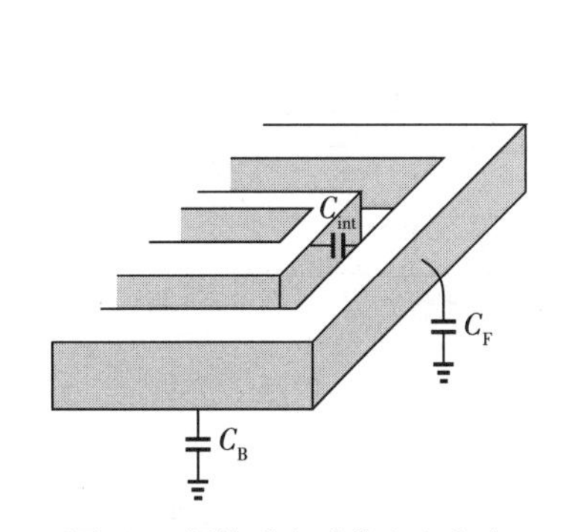

图 5-2 螺旋形电感的寄生电容

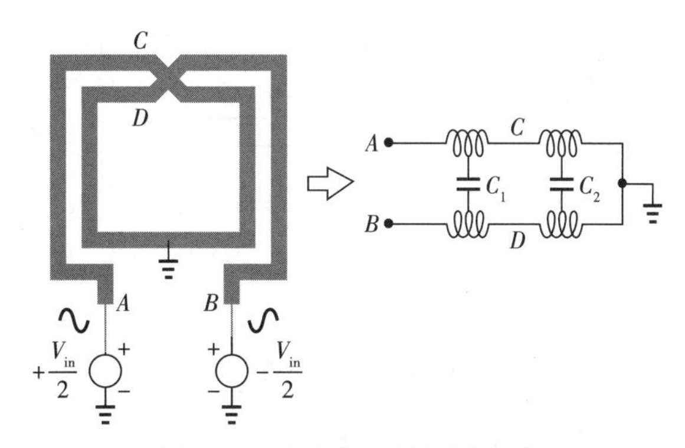

图 5-3 具有差分激励的对称电感

电感寄生电容的准确建模仅在某种程度上至关重要，因为在 $\omega_0 = 1/\sqrt{LC}$ 中，它们仅占总电容的一小部分。毕竟，典型的设计包括晶体管电容，并且还增加了相当大的电容以进行调谐。寄生电容也可以通过电磁场仿真工具来计算。相反，如果使用标准版图提取工具来获取 C_{tot}，则必须按比例缩小此值，如式(5-2)所示，从而得出集总模型。

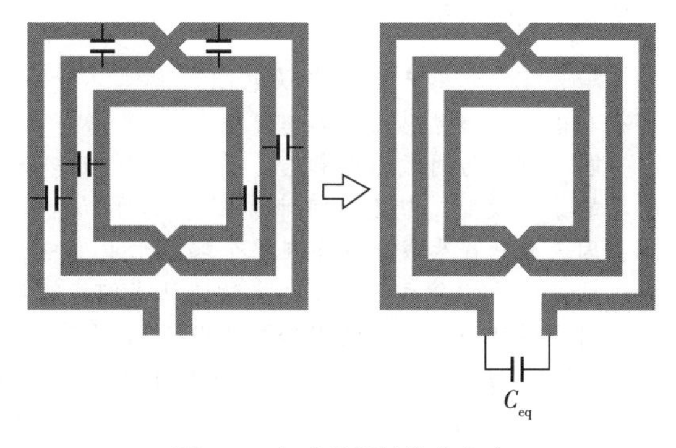

图 5-4 电感的等效集总电容

电感的第三个特性(即 Q)在振荡器相位噪声中起着关键作用(5.2 节)，必须以相对较小的误差(例如，±10%)进行建模。电感的品质因数与它们通过电流时产生的热损耗有关。例如，包含螺旋金属走线的电阻将电能转换为热量，表现为钟摆的摩擦效应(第 1 章)。在这种情况下，我们对电感进行建模，如图 5-5 所示，并将 Q 定义为所需阻抗与不期望阻抗之比：

$$Q = \frac{L_1\omega}{R_s} \tag{5-3}$$

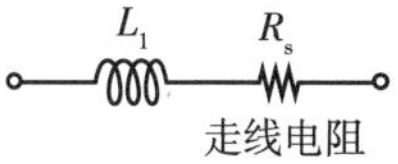

L_1 R_s
走线电阻

图 5-5 包含走线电阻的简单电感模型

式(5-3)表明，Q 随 ω 线性增加，但在几吉赫兹以上的频率，其他几种影响则抵消了这一趋势。首先，金属线内的趋肤效应导致振荡电流在金属边缘附近聚集(如图 5-6a 所示)，从而导致 R_s 增大(大约与 $\sqrt{\omega}$ 成正比)。其次，电感将能量通过衬底损失掉。如图 5-6b 所示，该机制源于螺旋形电感和分布衬底电阻之间的电容。电感上的电压偏移通过电容耦合到该电阻，从而产生损耗。如图 5-6c 所示，另一种机制是由于电感和衬底之间的磁耦合，仿佛两者分别

⊖ 实际上，这些电感段之间也存在相互耦合。

形成了变压器的初级和次级。在这种情况下，电感中的时变电流会在衬底中感应出另一个电流，从而产生热损耗。我们注意到，图 5-6b 和 c 中的耦合现象随着频率的增加而变得更加明显。如图 5-7 所示，前者可以通过“有图案的接地屏蔽”来减少[8]，其中折断的金属线会阻止电场到达衬底，代价则是更大的衬底电容。

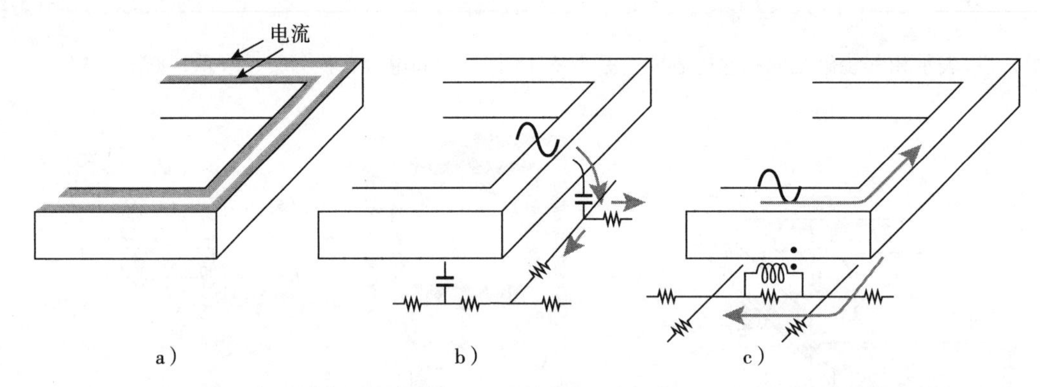

图 5-6 a)电感中的趋肤效应；b)到衬底的电容耦合；c)到衬底的磁耦合

前述观察提供了对限制 Q 的有关因素的见解，但对其建模没有太大帮助。实际上，在电感设计方面，我们也依赖于电磁场仿真。

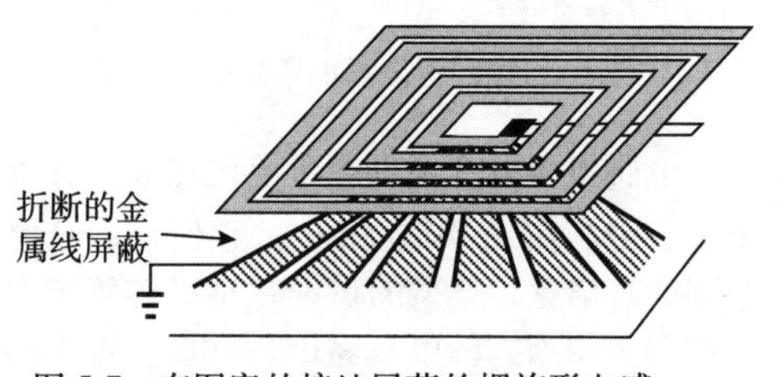

图 5-7 有图案的接地屏蔽的螺旋形电感

例 5-1 电感产生的串联电阻可忽略不计，但衬底损耗却很大。该电感应该如何建模？

解： 对于与衬底的电耦合，我们可以构建如图 5-8a 所示的集总模型，但是如何计算 C_1、C_2 和 R_{sub}？这很困难，因为原始寄生成分分布在整个螺旋形电感中，而我们希望通过集总模型来表示它们。因此，我们将这些值视为拟合参数，即这些数值让我们能够将模型与测量或仿真结果匹配。

对于磁耦合，我们调用如图 5-8b 所示的等效电路，其中 M、L_{sub} 和 R_{sub} 未知。现在，由于变压器向 L_1 提供了 R_{sub} 的缩放版本，因此对于某些频率范围，我们将其简化为如图 5-8c 所示的电路。在此，R'_{sub} 包括两种损耗。这些考虑因素总体上指出了电感建模的挑战。

上述例题表明，衬底损耗本身表现为与电感并联的电阻。下面对此观点进行概括，并将图 5-9 中所示结构的 Q 定义为

$$Q = \frac{R_p}{L_1\omega} \tag{5-4}$$

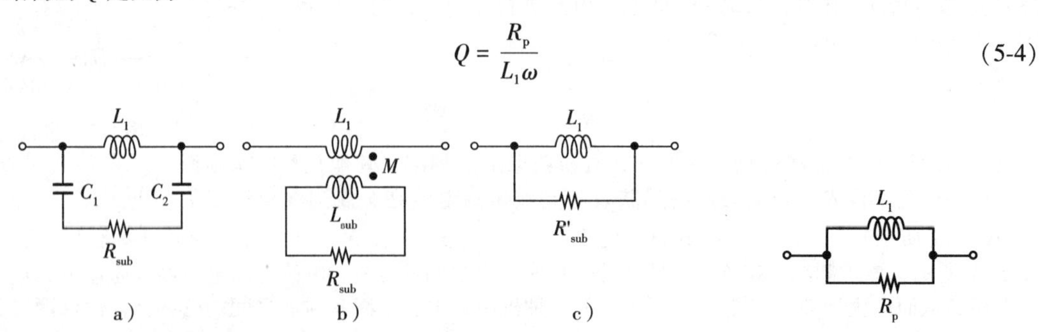

图 5-8 具有以下的电感模型：a)到衬底的电容耦合；b)到衬底的磁耦合；c)代表两种机制的单个电阻

图 5-9 简单的并联电感模型

由式(5-4)可知，当 $R_p \to \infty$时，$Q \to \infty$，电感变得更加理想。虽然在第 2 章中称为虚拟量，但 R_p 实际上可以表示集成电感的衬底损耗。注意，此 Q 随着 ω 的增大而减小。

例 5-2 一名学生推测，LC 振荡器设计所需的电感模型不需要在很宽的频率范围内有效。这种想法正确吗？

解：不完全正确。回顾第 1 章，LC 振荡器中的电流可以类似于方波，表现出相对较强的谐波。现在考虑图 5-10a 中的串联电阻模型，其中 I_{in} 为方波，并注意到这里 $Q=L_1\omega/R_s$ 在高次谐波时线性增加，但我们知道实际 Q 在高频处开始饱和。因此，所得电压 V_X 在此模型中显示出不切实际的尖锐边缘。图 5-10b 中的并联电阻模型发生了相反的变化。因此，我们必须同时包括一个串联电阻和一个并联电阻。

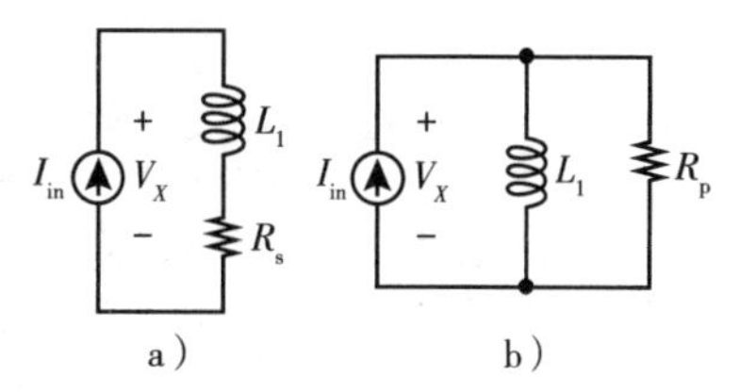

图 5-10 方波电流源激励下的 a)串联和 b)并联模型

从我们的研究中可以得出如图 5-11a 所示的简单且相对准确的模型，并假设衬底已接地。串联电阻和并联电阻代表物理效应，并且可以更好地模拟上述例题中描述的谐波行为。根据电磁场仿真结果，这些值对于图 5-1 的螺旋形电感是对称的。注意，图 5-11a 中的模型在非常高的频率下类似于图 5-9 中的模型，在该频率下 $L_s\omega >> R_s$，C_1 和 C_2 如同短路。也就是说，如果我们假设 R_s 的增加可以忽略不计，则随着频率的增加，Q 渐近地接近$(R_1+R_2)/(L_s\omega)$。

很难根据元件值为该模型定义 Q，但是对于振荡器设计，我们进行如下操作。首先，我们在端 A 和 B 之间添加足够的电容以在所需的频率上产生谐振，如图 5-11b 所示。其次，我们在仿真中测量阻抗 $Z_{AB}=V_X/I_X$ 并绘制其幅值和相位，如图 5-11c 所示。用于振荡器设计的总 Q 由$(\omega_0/2)\mathrm{d}(\angle Z_{AB})/\mathrm{d}\omega$ 给出(第 1 章)，或者我们可以将 ω_0 除以$|Z_{AB}|$的 3 dB 带宽作为 Q 的近似值。

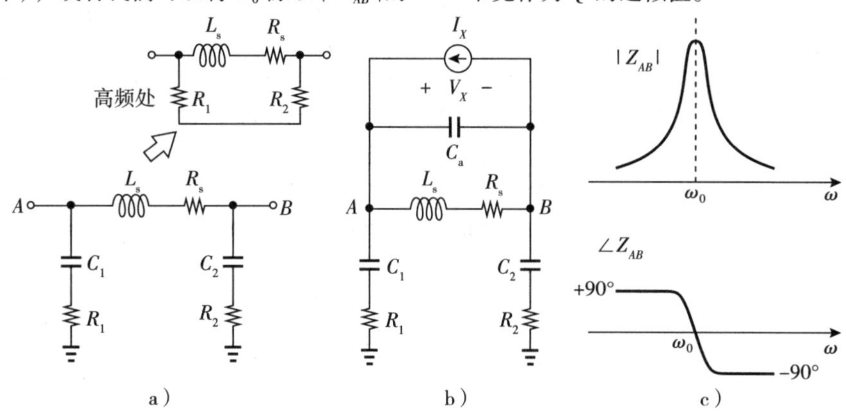

图 5-11 a)基本电感模型；b)与C_a 并联的电感两端添加激励；c)阻抗特性

标准 CMOS 技术中集成的对称电感在 1 GHz 时的 $Q\approx3$ 或 4，在 5 GHz 时 $Q\approx8$，在 10 GHz 时 $Q\approx10$，在 20 GHz 时 $Q\approx15$。提供厚金属层的工艺可提供更高的 Q 值。

例 5-3 一个 5 nH 的电感在 5 GHz 时 $Q\approx8$，集总电容为 50 fF。为该电感构建电路模型。

解：如前所述，Q 必须同时由串联电阻 R_s 和并联电阻 R_p 建模。作为简单的近似，我们将损耗的一半分配给前者，另一半分配给后者。也就是说，我们假设 $Q=16$，用于计算 R_s 和 R_p。由于 $Q=L\omega/R_s=R_p/L\omega$，我们得到 $R_s=9.8\ \Omega$ 和 $R_p=2.5\ \mathrm{k}\Omega$。电感模型如图 5-12 所示。

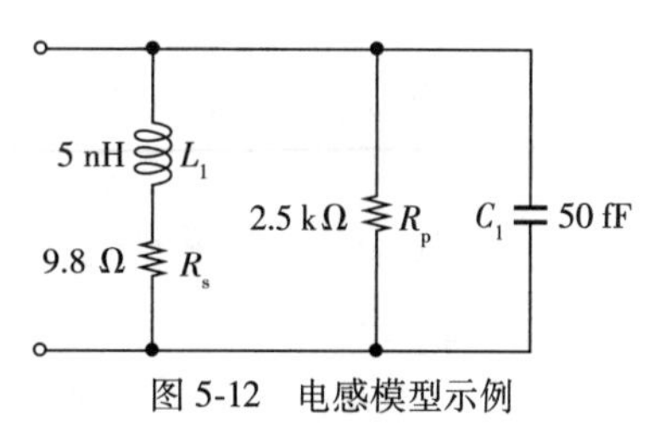

图 5-12 电感模型示例

上述例题中开发的模型是 LC 振荡器设计的良好起点。在本章中，我们将使用这种类型的模型进行研究。

5.2 相位噪声分析

第 2~4 章中描述的相位噪声原理构成了本节研究的基础。我们希望分析第 1 章介绍的基本 LC 振荡器的相位噪声行为，假定目前晶体管不进入三极管区，并且尾电流源是理想的，并且无噪声。完成本章后，鼓励读者学习第 6 章中介绍的另一种相位噪声分析方法。

我们的分析必须回答两个问题：①器件如何将噪声注入振荡波形？②注入的噪声如何转换为相位噪声？我们面临的挑战是晶体管在每个周期内导通和关断，仅在某些时间注入噪声。注意，具有频谱 $S_X(f)$ 并经过传递函数 $H(s)$ 的信号 $x(t)$ 产生由 $S_X(f)\,|H(2\pi jf)|^2$ 给出的输出频谱。

5.2.1 一个简单案例

让我们从一个简单的理想 LC 腔电路开始，如图 5-13a 所示。假设电路由于初始条件而产生振荡输出。现在，我们注入如图 5-13b 所示的噪声电流，并希望确定 $V_{out}(t)$ 中的相位噪声。我们直观地期望 $\overline{I_n^2}$ 在输出端产生附加噪声电压 $n(t)$。例如，假设 $\overline{I_n^2}$ 满足白噪声频谱。腔体阻抗由 $L_a s/(L_a C_a s^2+1)$ 给出，对于 $s=j\omega$，可假设形式为 $jL_a\omega/(1-L_a C_a\omega^2)$。由于我们对 $\omega_0=1/\sqrt{L_a C_a}$ 附近的频率感兴趣，因此设 $\omega=\omega_0+\Delta\omega$，$\Delta\omega<<\omega_0$，从而将阻抗简化为 $jL_a(\omega_0+\Delta\omega)/(-2L_a C_a\omega_0\Delta\omega-L_a C_a\Delta\omega^2)\approx -j/(2C_a\Delta\omega)$。

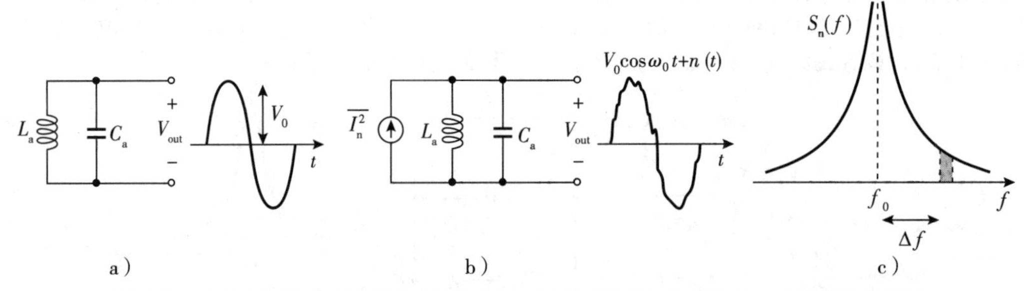

图 5-13 a)具有初始状态的理想 LC 腔电路；b)向 LC 腔中注入噪声；c)输出噪声频谱

我们将输出噪声电压频谱 $S_n(f)$ 用 $\overline{I_n^2}$ 的频谱乘以阻抗的幅度平方表示：

$$S_n(\Delta f)=\overline{I_n^2}\,\frac{1}{4C_a^2(2\pi\Delta f)^2} \tag{5-5}$$

式中，$2\pi\Delta f$ 为 $\Delta\omega$。如图 5-13c 所示，该频谱作为电压量添加到振荡输出波形中。

附加噪声到相位噪声的转换 图 5-13b 中的总输出电压由 $V_{out}(t)=V_0\cos\omega_0 t+n(t)$ 给出，其中 $n(t)$ 具有如图 5-13c 所示的窄带频谱，并由式(5-5)给出。我们必须量化 $V_{out}(t)$ 的相位如何被 $n(t)$ 破坏。可以证明，频谱以 $\omega_0=2\pi f_0$ 为中心的带通噪声可以表示为

$$n(t)=n_I(t)\cos\omega_0 t-n_Q(t)\sin\omega_0 t \tag{5-6}$$

式中，$n_I(t)$ 和 $n_Q(t)$ 称为 $n(t)$ 的正交分量，并且具有低通频谱[11]。我们可以将这个操作可视化为正交上变频，如图 5-14a 所示。如图 5-14b 所示，$n_I(t)\cos\omega_0 t$ 和 $n_Q(t)\sin\omega_0 t$ 表现出正交包络。为了获得 n_I 和 n_Q 的频谱，我们只需要将 $n(t)$ 的单边频谱移至 0[⊖]，如图 5-15 所示。对于式(5-5)给出的带通噪声，

⊖ 为了清楚起见，我们显示了具有 η 峰的频谱，而图 5-13c 中的频谱具有无限大的峰。

正交分量在 $f=0$ 处具有等于 $\overline{I_n^2}/[4C_a^2(2\pi f)^2]$ 的频谱。

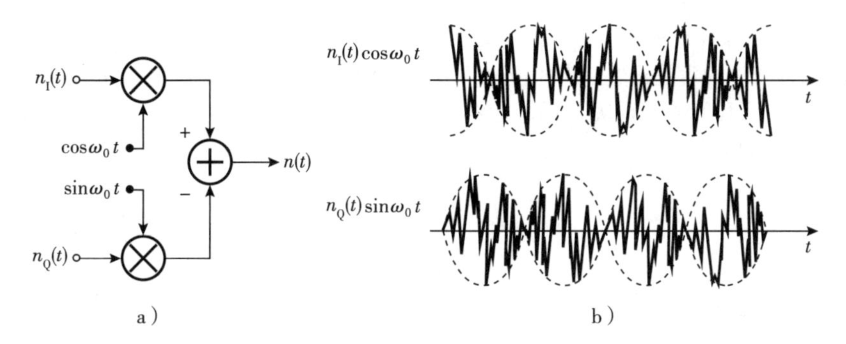

图 5-14　a）将 $n(t)$ 视为正交调制信号；b）n_I 和 n_Q 的正交包络

图 5-13b 中的输出波形可以写成如下形式：

$$V_{out}(t)=V_0\cos\omega_0 t+n(t) \tag{5-7}$$

$$=[V_0+n_I(t)]\cos\omega_0 t-n_Q(t)\sin\omega_0 t \tag{5-8}$$

$$=\sqrt{[V_0+n_I(t)]^2+n_Q^2(t)}\cos\left[\omega_0 t+\arctan\frac{n_Q(t)}{V_0+n_I(t)}\right] \tag{5-9}$$

输出包含幅度（AM）和相位（PM）调制。这也可以从图 5-16 所示的相量图中看出，其中 $n_I(t)$ 干扰了载波相量的长度，$n_Q(t)$ 干扰了它的相位⊖。相位噪声表现为

$$\phi_n(t)=\arctan\frac{n_Q(t)}{V_0+n_I(t)} \tag{5-10}$$

$$\approx\frac{n_Q(t)}{V_0} \tag{5-11}$$

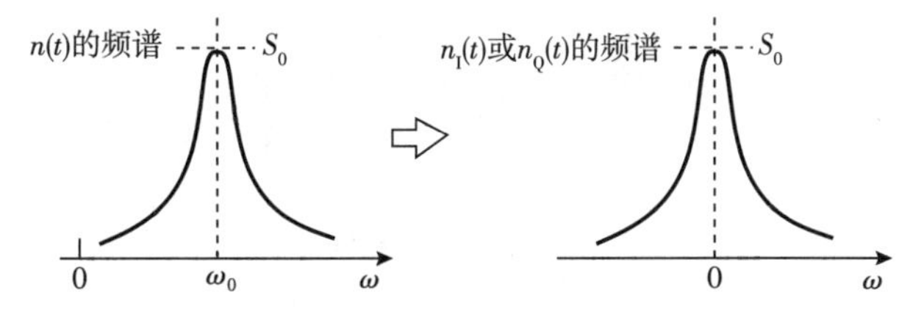

图 5-15　带通噪声的单边频谱与其正交分量频谱之间的关系

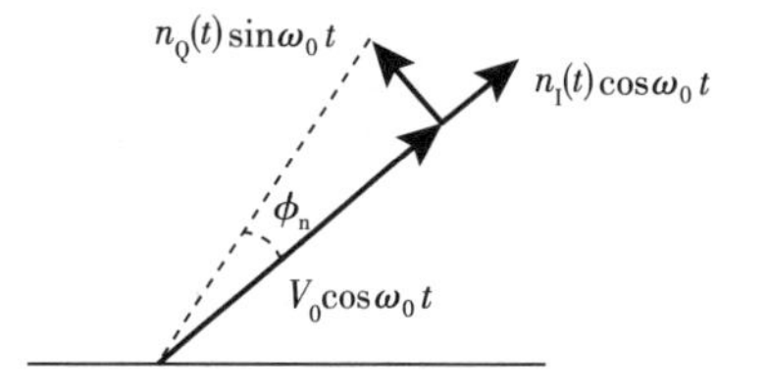

图 5-16　相量图显示了由附加噪声引起的 AM 和 PM 分量

读者可以看到，也可以通过将 $n_Q(t)$ 除以零点处波形的斜率来得出该结果。$\phi_n(t)$ 的频谱就是 $n_Q(t)$ 的频谱乘以 $1/V_0^2$。由式（5-5）得到

$$S_{\phi n}(f)=\overline{I_n^2}\,\frac{1}{4C_a^2(2\pi f)^2}\cdot\frac{1}{V_0^2} \tag{5-12}$$

这是在振荡输出中观察到的相位噪声。注意，我们用 f 代替了 $\Delta f=f-f_0$，因为 $S_{\phi n}$ 以零频率为中心。

⊖　如果从 $n_I(t)\cos\omega_0 t$ 的尖端得出 $n_Q(t)\sin\omega_0 t$，则我们观察到 n_Q 也扰动了振幅，如式（5-9）所示。

让我们更进一步，忽略波形幅度中的 n_I 和 n_Q，并将式(5-9)写为 $V_{out}(t)\approx V_0\cos[\omega_0 t+n_Q(t)/V_0]$。$V_{out}$ 的频谱与 $n_Q(t)/V_0$ 的频谱相同，只是从零中心频率转换到 ω_0 处。

图5-17总结了上述计算步骤。我们注入噪声 I_n 作为附加分量，将其转换为电压，分解为正交分量，求出其对输出相位的贡献，然后将相位噪声频谱的中心频率转换到 f_0 上以获得 V_{out} 的频谱(不包含AM成分)。注意，我们的计算从 $\overline{I_n^2}$ 的单边频谱开始。另外，如第2章所述，归一化为载波功率的 V_{out} 频谱与 ϕ_n 的频谱相同。

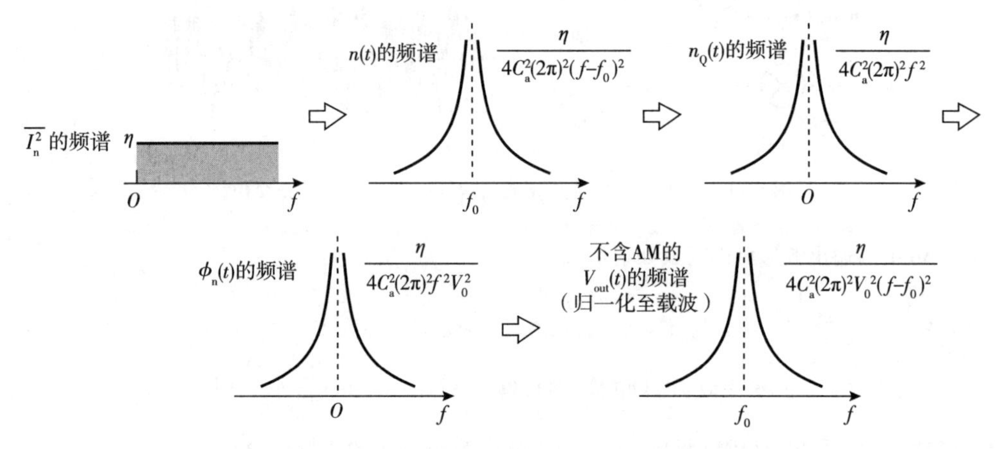

图5-17 注入的噪声电流到输出电压频谱的转换

在接下来的研究中，我们希望通过 $\overline{I_n^2}$ 对 LC 振荡器中晶体管的噪声进行建模。困难在于晶体管导通和截止会产生噪声，其“强度”在振荡周期会发生变化。因此，我们必须处理周期平稳噪声。

5.2.2 周期平稳噪声

让我们检查一下图5-18a的振荡器中的晶体管如何将噪声注入储能器中，注意它们的跨导会随着时间周期性变化。由于漏极噪声电流频谱等于 $4kT\gamma g_m$，因此 M_1 和 M_2 仅在它们导通时才产生噪声。此外，例如当 M_2 完全关闭时，M_1 不会将噪声注入腔体，因为它会被尾电流源严重退化，如图5-18b所示(习题5.6)。或者，我们可以将电路视为差分对，其接收的输入摆幅等于振荡波形的摆幅，如图5-18c所示[⊖]。在图5-18d中，当栅极电压处于极值时，即 $V_{DD}\pm V_0$，M_1 不会产生噪声，因为它要么被 I_{SS} 关闭，要么被 I_{SS} 退化。因此，只有当 M_1 和 M_2 从 t_1 到 t_2 或从 t_3 到 t_4 同时打开时，它们才将噪声注入腔体。最高的噪声注入发生在 V_X 和 V_Y 的交叉点附近。我们说晶体管表现出周期平稳噪声，即周期性切换的噪声。

我们面临的一个有趣的问题是如何测量周期性开关噪声的频谱。回顾第2章，为了构建频谱，我们将噪声通过1 Hz滤波器，然后测量平均输出功率。由于滤波器的输出具有1 Hz的带宽，并且具有1 Hz带宽的信号在1 s量级的时间范围内显示出动态变化(变化显著)，因此我们推测应该在几秒内进行平均功率测量。实际上，我们选择带宽为1 kHz的滤波器，在几毫秒内进行平均测量，然后将得到的功率读数除以1000，以获得1 Hz的功率。这里的关键点是，频谱的测量时间尺度远大于图5-18d中的切换周期，这令我们不能够仅测量从 t_1 到 t_2 的频谱。

为了进一步研究晶体管的噪声，我们应该学习如何处理周期平稳噪声。以下例题是我们的第一步。

⊖ 由于开环相位噪声和闭环相位噪声有很大差异(第3章)，因此该视图仅对研究注入有效，而对计算相位噪声无效。

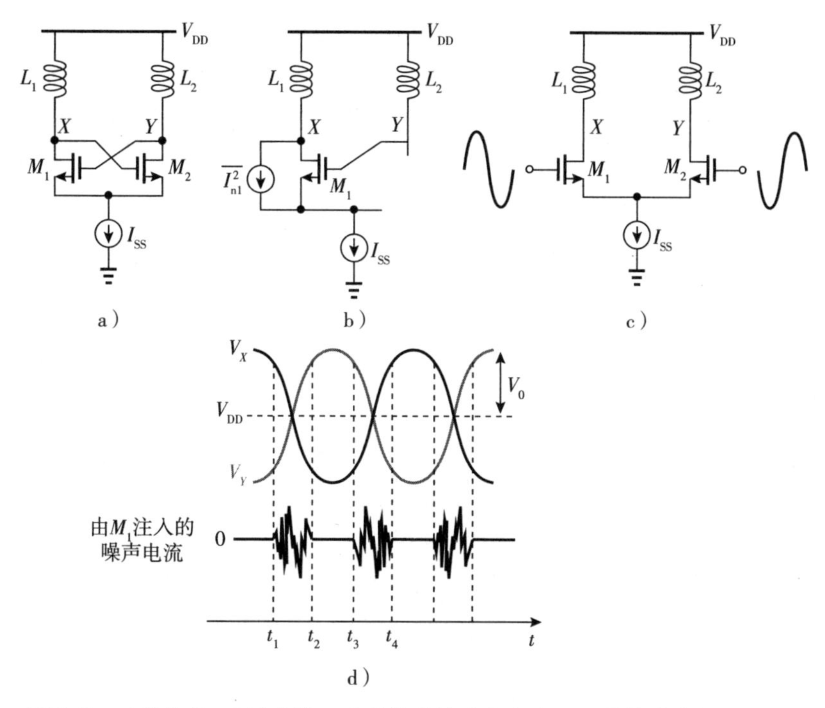

图 5-18　a）简单的 LC 振荡器；b）晶体管的噪声电流；c）晶体管作为差分对；d）晶体管注入的噪声电流作为时间的函数

例 5-4 电阻 R_1 的环境温度以 f_0 的频率周期性地在 0 K 和 T_1 之间瞬间切换。如果切换占空比为 50%，确定由 R_1 产生的噪声频谱。假设电阻始终跟踪环境温度。

解： 该电阻在一半的时间内产生的噪声可忽略不计，而另一半时间内的双边噪声频谱密度为 $2kT_1R_1$。从图 5-19a 的时域波形中，我们注意到，结果 $V_n(t)$ 等于连续噪声波形 $V_1(t)$ 与在 0~1 之间切换的方波 $P(t)$ 的乘积。因此，$V_1(t)$ 和 $P(t)$ 的频谱发生卷积，如图 5-19b 所示。当白噪声频谱与 $P(t)$ 频谱中的每个脉冲进行卷积时，它将向右或向左移动并与其他已经卷积完成且移动过的频谱叠加，但仍旧保持白噪声的频谱特性。此处的主要观察结果是，周期性切换的噪声是白噪声。

现在让我们计算整体噪声频谱密度。由于切换动作消除了一半时间的噪声，因此我们推测输出功率是无切换下噪声功率的一半，即双边输出频谱密度应等于 kT_1R_1。这也可以通过图 5-19b 中的卷积来证明。我们首先注意到 $P(t)$ 的傅里叶变换包含一个在 $f=0$ 处的脉冲，其面积为 1/2(dc 值)，并且在奇次谐波频率处具有脉冲。一次谐波由两个脉冲组成，每个脉冲的面积为 $1/\pi$。但是我们决不能将傅里叶变换与频谱(功率谱密度)混淆。我们由 $P(t)$ 频谱中的脉冲得到的面积是多少呢？例如，我们是否应该假设一次谐波的面积为 $1/\pi$？让我们来问个问题，如果 $P(t)$ 只是一个常数(dc)值 a，我们该怎么办？由于图 5-19a 中的 $V_1(t)$ 将乘以 a(缩放)，因此我们必须将 V_1 的功率谱密度与 $a^2\delta(f)$ 卷积。因此，如果需要关注 $P(t)$ 的频谱，则 $P(t)$ 的第 n 次谐波必须用 $1/(n\pi)^2$ 大小的面积表示，而不是用 $1/(n\pi)$ 大小的面积表示。

双边输出频谱表示为

$$S_{out}(f) = 2kT_1R_1\left[\frac{1}{4} + \frac{2}{\pi^2} + \frac{2}{(3\pi)^2} + \frac{2}{(5\pi)^2} + \cdots\right] \tag{5-13}$$

式中，项 1/4 解释了 $P(t)$ 的 dc 值，分子中的因子 2 是由于在 $\pm nf_0$ 处的脉冲引起的。它遵循

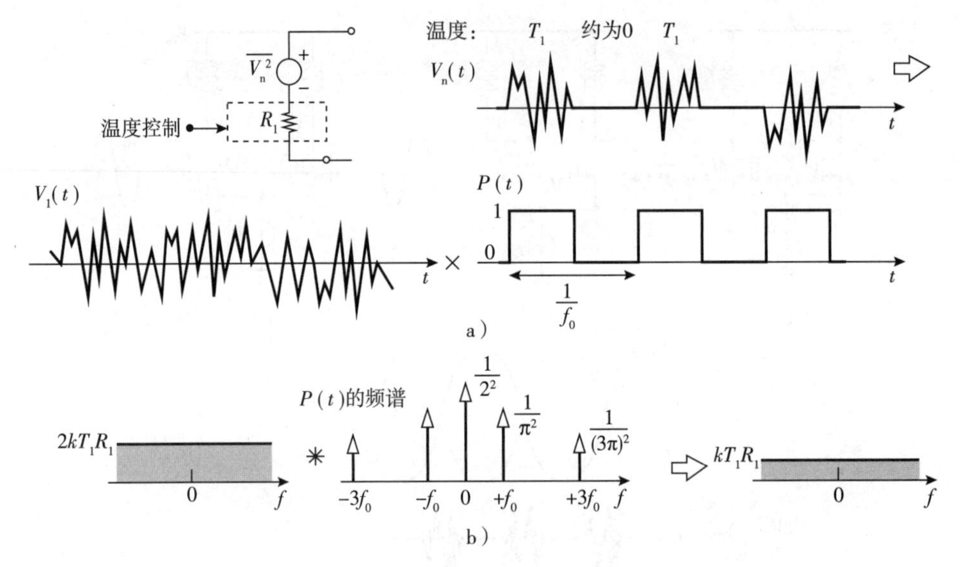

图 5-19 a)周期性切换的热噪声；b)卷积产生的输出频谱

$$S_{\text{out}}(f)=2kT_1R_1\left[\frac{1}{4}+\frac{2}{\pi^2}\left(1+\frac{1}{3^2}+\frac{1}{5^2}+\cdots\right)\right] \tag{5-14}$$

鼓励读者证明 $1+3^{-2}+5^{-2}+\cdots=\pi^2/8$。因此，我们有

$$S_{\text{out}}(f)=kT_1R_1 \tag{5-15}$$

如预期的那样。注意，这是双边频谱。

更普遍的结果是，如果在 t_0 周期内将白噪声周期性地导通 t_1(秒)，则所得频谱为白噪声频谱，并且其频谱密度按 t_1/t_0 的比例进行缩放，这是切换占空比。

除周期平稳噪声外，我们还对周期性切换的电阻感兴趣。下面的例子证明是有用的。

例 5-5 绘制图 5-18a 中 M_1 和 M_2 所表示的负电阻随时间变化的曲线。

解： 在 V_X 和 V_Y 的交点处，负电阻等于 $-2/g_m$；在峰值处，负电阻几乎为负无穷大。曲线如图 5-20 所示。鼓励读者解释为什么电阻在峰值处不会达到正无穷大。

在交叉耦合对的漏极处看到的电阻会随时间周期性变化。我们可以为此写出傅里叶展开式吗?

5.2.3 交叉耦合对的噪声注入

诺顿噪声等效 现在，我们将图 5-21 所示振荡器中的 M_1 和 M_2 产生的噪声公式化。为了确定晶体管同时保持导通的时间，我们进行了两个观察：①图 5-21 表明，当差分电压 V_{XY} 达到$\sqrt{2}(V_{GS}-V_{TH})_{eq}$ 时，其中一个晶体管会关断，$(V_{GS}-V_{TH})_{eq}$ 表示平衡过驱动电压，即当 $V_{XY}=0$ 时[㊀]；②V_{XY} 可以近似为 $V_1\sin\omega_0 t$，其中 $V_1=(4/\pi)R_p I_{SS}$[㊁](第 1 章)。为了使 V_{XY} 达到$\sqrt{2}(V_{GS}-V_{TH})_{eq}$，在图 5-21 中我们必须有

$$V_1\sin\omega_0\Delta T=\sqrt{2}(V_{GS}-V_{TH})_{eq} \tag{5-16}$$

㊀ $\sqrt{2}(V_{GS}-V_{TH})_{eq}$ 的值是针对平方律特性得出的，但对于短沟道器件也适用。

㊁ 在图 5-13a 中，我们用 V_1 表示峰值差分摆幅，以避免与 V_0 混淆。

因此，

$$\Delta T = \frac{1}{\omega_0}\arcsin\frac{\sqrt{2}(V_{GS}-V_{TH})_{eq}}{V_1} \tag{5-17}$$

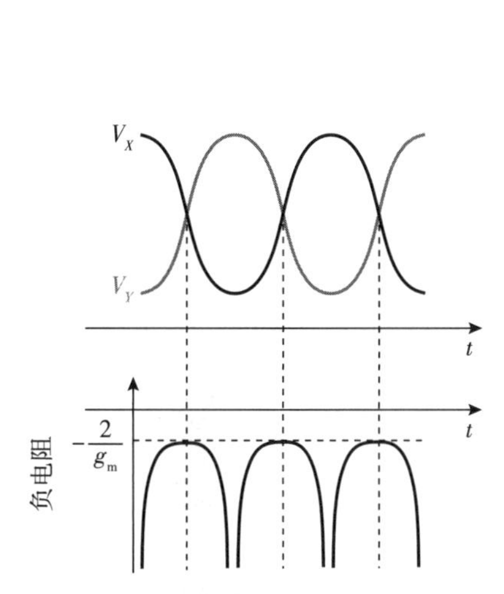

图 5-20 交叉耦合对的负电阻随时间变化的曲线

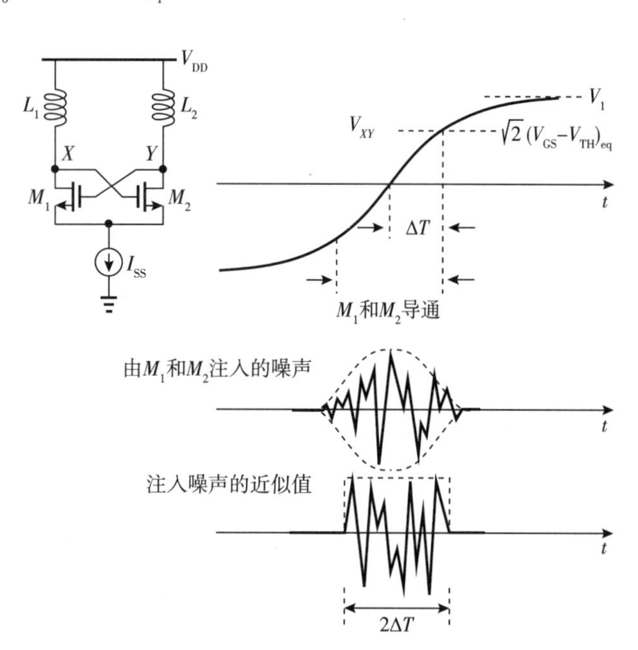

图 5-21 *LC* 振荡器及其差分输出电压，以及注入噪声的近似值

现在，我们用 α 来近似 $\arcsin\alpha$，本质上假设图 5-21 中的 V_{XY} 从 0 线性变化到$\sqrt{2}(V_{GS}-V_{TH})_{eq}$，斜率为 $V_1\omega_0=2\pi V_1/T_0$。该近似值低估了 ΔT。我们有

$$\Delta T \approx \frac{\sqrt{2}(V_{GS}-V_{TH})_{eq}}{2\pi V_1}T_0 \tag{5-18}$$

注意，M_1 和 M_2 在每个周期中同时导通 $4\Delta T$(秒)。

由图 5-18d 可知，由 M_1 和 M_2 注入的噪声在 $V_{XY}=0$ 附近“最强”，并且随着某一个晶体管接近截止状态而变弱。我们做出另一个简化的假设，即由 M_1 和 M_2 注入的噪声在每个零点周围 $2\Delta T$(秒)具有恒定强度，如图 5-21 所示。我们希望低估 ΔT 和高估注入的噪声强度会部分相互抵消，从而得出相对准确的结果。

为了计算注入腔体中的净白噪声，我们必须将 $V_{XY}=0$ 时 M_1 和 M_2 产生的噪声电流频谱密度乘以占空比 $4\Delta T/T_0$。为此，让我们为交叉耦合对构造诺顿(Norton)噪声等效。如图 5-22a 所示，我们寻求短路噪声电流 I_{Nort}。我们认识到 M_1 和 M_2 现在处于二极管连接形式，我们重新绘制如图 5-22b 所示的电路，并注意到 I_{n1} 的一半流经 M_1，另一半流经 M_2(为什么?)；这对 I_{n2} 也同样成立。所以，

$$I_{Nort} = \frac{-I_{n1}+I_{n2}}{2} \tag{5-19}$$

当 $\overline{I_{n1}^2}=\overline{I_{n2}^2}=4kT\gamma g_m$ 时，如果不进行切换，则 I_{Nort} 的频谱将等于 $8kT\gamma g_m/4$。在存在切换的情况下，我们将 M_1 和 M_2 注入的噪声的单边频谱表示为

$$S_{inj}(f) = \frac{8kT\gamma g_m}{4} \cdot \frac{4\Delta T}{T_0} \tag{5-20}$$

$$= 8kT\gamma \frac{I_{SS}}{(V_{GS}-V_{TH})_{eq}} \cdot \frac{\Delta T}{T_0} \tag{5-21}$$

式中，假设当 $V_{XY}=0$ 时 g_m 等于 $I_{SS}/(V_{GS}-V_{TH})_{eq}$。从式(5-18)我们有

$$S_{inj}(f) = 8kT\gamma I_{SS}\frac{\sqrt{2}}{2\pi V_1} \tag{5-22}$$

当 $V_1=(4/\pi)R_pI_{SS}$ 时，可以简化为

$$S_{inj}(f) = \frac{\sqrt{2}kT\gamma}{R_p} \tag{5-23}$$

这是 M_1 和 M_2 注入的噪声电流的总单边频谱。有趣的是，它仅取决于 R_p。我们将在习题5.11~习题5.14中进一步研究这些结果。

噪声电流到电压的转换 让我们总结到目前为止的发现。如图5-23a所示，我们通过 I_{Nort} 对交叉耦合对的噪声贡献进行了建模。晶体管还表现出在 X 和 Y 之间随时间变化的负电阻。节点 N 交流接地，这使我们可以合并两个腔，如图5-23b所示。我们已经通过式(5-23)确定了 I_{Nort} 的频谱，现在需要计算 V_{out} 的频谱(并最终计算 V_{out} 的相位)。

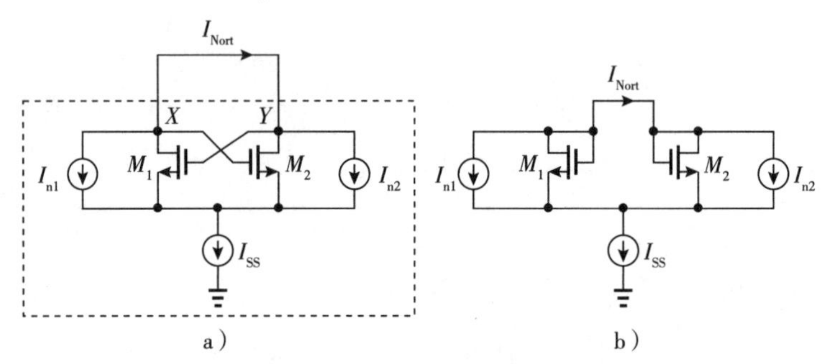

图5-22 a)计算诺顿噪声电流的电路结构；b)简化模型

图5-23b中有多少 I_{Nort} 流过电感和电容呢？答案是全部。为了理解这一点，让我们进行两个观察。首先，负电阻会周期性变化，并且可以用傅里叶级数表示。由于当 $|V_X-V_Y|$ 达到峰值时，该电阻取无穷大，因此我们考虑检查其倒数 G_m。如图5-24a所示，该值在 $0\sim -g_m/2$ 之间摆动，表现出平均值 $G_{m,avg}$ 和大约 $2\Delta T$ 的脉冲宽度。其次，$G_{m,avg}$，即傅里叶展开的第一项必须等于 $1/(2R_p)$，以使振荡幅度稳定。如果该平均值的幅度大于 $1/(2R_p)$(这意味着 $g_mR_p>1$)，则幅度会进一步增大，从而使 G_m 脉冲宽度变窄，反之亦然。为了查看 $G_{m,avg}$ 如何跟踪 $1/(2R_p)$，假设我们将振荡器中的 R_p 人为地从 R_{p1} 增大到 R_{p2}。然后，如图5-24b所示，较高的压摆率使晶体管更突然地开关，并使得同时导通时间减少，即 $2\Delta T_2<2\Delta T_1$，结果便是 $|G_{m,avg}|$ 减小。我们得出的结论是，在很长的时间范围内，平均 G_m 抵消了 $2R_p$，从而使整个 I_{Nort} 都能流过理想的腔体。

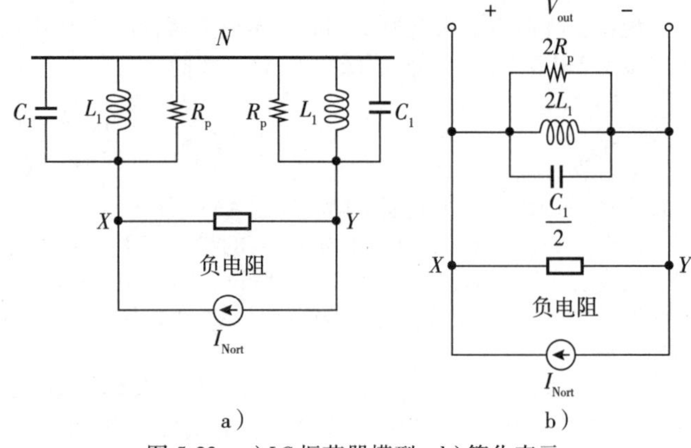

图5-23 a)LC振荡器模型；b)简化表示

例5-6 如果交叉耦合晶体管的宽度加倍，则 G_m 会怎样变化？

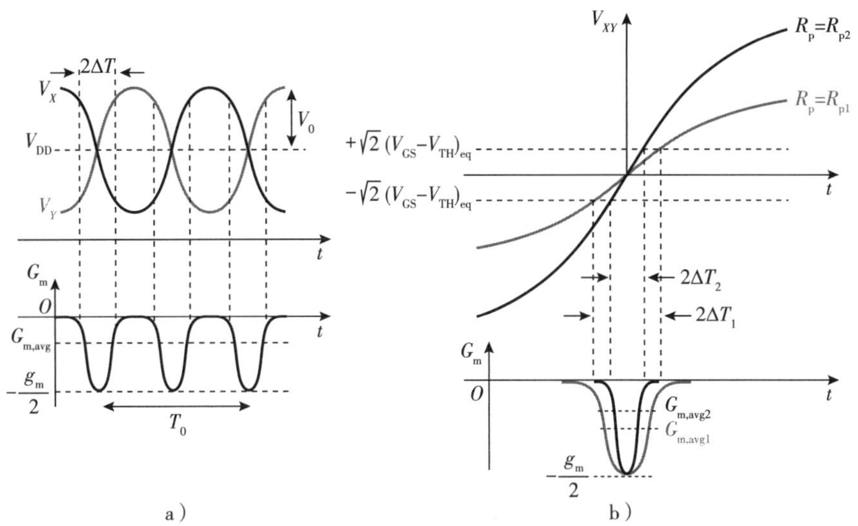

图 5-24 a)交叉耦合对的等效跨导；b)较大的电压摆幅效应

解：在这种情况下，输出电压的压摆率相同，但是较大的宽度转化为较低的平衡过驱动电压$(V_{GS}-V_{TH})_{eq}$。因此，如图 5-25 所示，有两个方面发生改变：漏极电流进行更快的迁移，并且 G_m 峰值(负值)更小。G_m 均值保持不变。

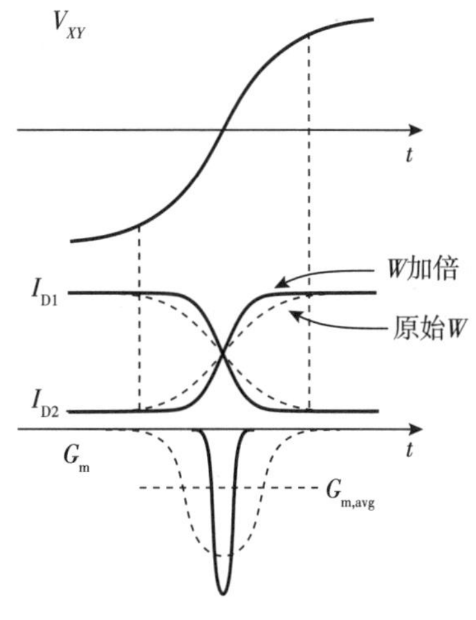

图 5-25 交叉耦合晶体管的宽度加倍带来的效果

例 5-7 证明 G_m 的平均值与晶体管的跨导无关。

证明：以类似于图 5-21 中的噪声波形的方式，我们近似 G_m，如图 5-26 所示。G_m 平均值由下式给出：

$$G_{m,avg}=\frac{-g_m}{2}\cdot\frac{4\Delta T}{T_0} \tag{5-24}$$

结合式(5-18)可简化为

$$G_{m,avg}=\frac{-I_{SS}}{2(V_{GS}-V_{TH})_{eq}}\cdot\frac{4\sqrt{2}(V_{GS}-V_{TH})_{eq}}{2\pi V_1} \tag{5-25}$$

$$=-\frac{\sqrt{2}}{2}\frac{1}{2R_p} \tag{5-26}$$

该值与晶体管参数无关，但是由于图 5-26 中 G_m 的近似波形，它与 $1/(2R_p)$ 相比多了因子$\sqrt{2}/2$。

我们应该指出，如果 G_m 的二次谐波很重要，则 $G_{m,avg}$ 和 $1/(2R_p)$ 之间的跟随关系不太准确。但是我们仍假设 $G_{m,avg}=1/(2R_p)$。

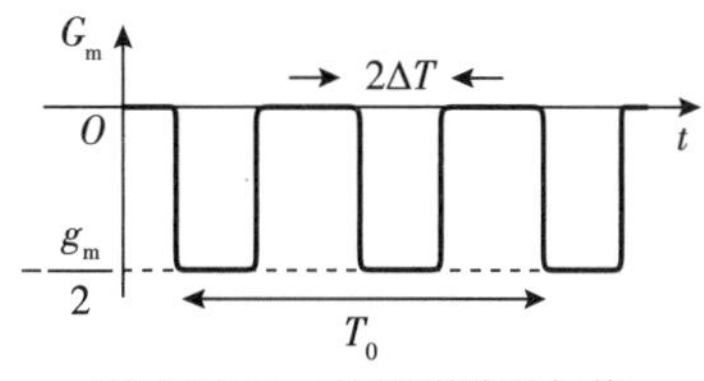

图 5-26 G_m 的矩形波近似值

5.2.4 相位噪声的计算

我们对白噪声影响的分析得出以下结果：图 5-21a 中的交叉耦合晶体管向腔中注入了噪声电流，该腔的单边频谱由$\sqrt{2}kT\gamma/R_p$ 给出。为此，我们必须加上由 $2R_p$ 贡献的噪声，即 $4kT/(2R_p)$。该结果可以用图 5-13b 中的$\overline{I_n^2}$ 来建模。

为了在图 5-13b 和图 5-23b 之间建立对应关系，我们用 L_a 表示 $2L_1$，用 C_a 表示 $C_1/2$，并有 L_a C_a =

$1/\omega_0^2$ 和 $Q=2R_p/(L_a\omega_0)$。所以，

$$C_a^2=\frac{1}{L_a^2\omega_0^4} \tag{5-27}$$

$$=\frac{1}{(4R_p^2/Q^2)\omega_0^2} \tag{5-28}$$

我们回到式(5-12)来查看相位噪声频谱，并用$\sqrt{2}\,kT\gamma/R_p+4kT/(2R_p)$代替$\overline{I_n^2}$，用上式替换 C_a^2，用$(4/\pi)R_p I_{SS}$ 替换 V_0：

$$S_{\phi n}(f)=\left(\frac{\sqrt{2}kT\gamma}{R_p}+\frac{2kT}{R_p}\right)\frac{(4R_p^2/Q^2)\omega_0^2}{4\omega^2}\frac{1}{\frac{4^2}{\pi^2}R_p^2I_{SS}^2} \tag{5-29}$$

$$=\left(\frac{\sqrt{2}}{2}\gamma+1\right)\frac{\pi^2}{2R_p}\frac{kT}{I_{SS}^2}\left(\frac{f_0}{2Qf}\right)^2 \tag{5-30}$$

如前所述，我们更喜欢在式中使用f而不是Δf，因为 $S_{\phi n}$ 以零频率为中心。该结果提供了对交叉耦合 LC 振荡器相位噪声的见解。首先，通过我们一般采用的将延迟线相位噪声转换为振荡器相位噪声的方法，第 3 章就预测了因子$[f_0/(2Qf)]^2$。在典型的 CMOS 工艺中，由于电感的 Q 值有限，因此这个因素在设计者的控制范围内并不排在前列。其次，该式将相位噪声归一化为 $V_0=(4/\pi)R_pI_{SS}$ 的一阶谐波幅度，而实际的漏极电流并非正好是方波，因此会产生较小的电压摆幅。如果近似值 $V_0=(4/\pi)R_pI_{SS}$ 成立，则 $S_{\phi n}(f)$可重写为

$$S_{\phi n}(f)=\left(\frac{\sqrt{2}}{2}\gamma+1\right)\frac{2\pi kT}{I_{SS}V_0}\left(\frac{f_0}{2Qf}\right)^2 \tag{5-31}$$

该式揭示了与 I_{SS} 的简单折中，而不涉及其他电路参数！文献[12]中的分析得到相同的结果，但因子为$\gamma+1$，而不是$(\sqrt{2}/2)\gamma+1$。再次，相位噪声与 M_1 和 M_2 的跨导无关。最后，该结果是在假设 M_1 和 M_2 不进入三极管区的前提下得出的。习题 5.16 和习题 5.17 检验了相位噪声对电感和尾电流的依赖性。

例 5-8 一位学生预测，图 5-21 中 I_{SS} 的加倍会使输出摆幅翻倍，但也会增加晶体管注入的噪声功率。然后，该学生得出结论，相位噪声对尾电流的依赖性应弱于 I_{SS}^2。解释这种推理的缺陷。

解： 将电压摆幅加倍可降低图 5-21 中的 ΔT。从式(5-25)中$(V_{GS}-V_{TH})_{eq}$ 的抵消可以看出，较大的噪声电流和较短的注入时间相互抵消，从而得到式(5-26)，与 g_m 无关。当然，假设是即使摆幅较大，晶体管也不会进入三极管区。我们得出的结论是，将 I_{SS} 加倍可将相位噪声降低 6 dB，这与线性缩放相反。

如果我们假设 V_0 是电源电压的某个分数，即 $V_0=\alpha V_{DD}$，那么相位噪声和功耗之间的折中可以写成：

$$S_{\phi n}(f)\cdot P=\frac{(\sqrt{2}/2)\gamma+1}{\alpha}2\pi kT\left(\frac{f_0}{2Qf}\right)^2 \tag{5-32}$$

式中，$P=I_{SS}V_{DD}$。振荡器的品质因数(第 2 章)将此值归一化为f_0^2/f^2 并取倒数：

$$\text{FOM}=\left[\frac{(\sqrt{2}/2)\gamma+1}{\alpha}\cdot\frac{2\pi kT}{4Q^2}\right]^{-1} \tag{5-33}$$

例如，如果 $\gamma=1$，$\alpha=0.5$，并且 $Q=8$，则在 $T=300$ K 时，10logFOM = 215 dB。由于文献中 FOM 以 mW 来表示 P，因此我们的值应降低 30 dB，得出 FOM = 185 dB。

例 5-9 交叉耦合振荡器中腔体的 Q 值加倍，如果晶体管没有进入三极管区，说明相位噪声如何变化。

解：式(5-30)表明，由于 R_p 和 Q 都加倍，因此 S_ϕ 下降了 8 倍(=9 dB)。这可以直观地解释如下。考虑由 R_p 引起的噪声。随着 Q 加倍，腔体电阻注入的噪声电流是以前的一半，但电压摆幅也加倍。因此，如果我们回到式(5-11)并写出 $S_{\phi n}=S_{nQ}/V_0^2$，我们观察到分子减半并且分母增加了 4 倍。晶体管产生的噪声会经历类似缩放因子带来的变化(为什么?)。

图 5-21 的交叉耦合振荡器还包含另外两个产生相位噪声的源，即 M_1 和 M_2 的闪烁噪声以及尾电流源的热噪声。我们将在下一节中讨论后者，在 5.4 节中讨论前者。

5.3 尾噪声

交叉耦合振荡器中的尾电流源既产生闪烁噪声，又产生白噪声，可能对输出波形产生相位噪声。绘制如图 5-27a 所示的电路，其中 I_{nT} 模拟 I_{SS} 的噪声，并假设 M_1 和 M_2 无噪声，我们希望跟随 I_{nT} 流过振荡器，看看它是否以及如何影响输出相位。将 M_1 和 M_2 视为差分对会很有帮助。同样，回想一下：①差分输出电压近似由 $V_{out}=V_{XY}=(4/\pi)R_pI_{SS}\cos\omega_0t$ 给出；②如果将噪声添加到 V_{out} 中，则仅有其正交分量以 $n(t)\sin\omega_0t$ 的形式产生相位噪声。注意，I_{nT} 只是添加到 I_{SS}，在时域中产生尾电流 $I_{SS}+i_{nT}$。这意味着，在 V_{out} 表达式中，我们必须将 I_{SS} 替换为 $I_{SS}+i_{nT}$，获得 $V_{out}=(4/\pi)R_p(I_{SS}+i_{nT})\cos\omega_0t$。

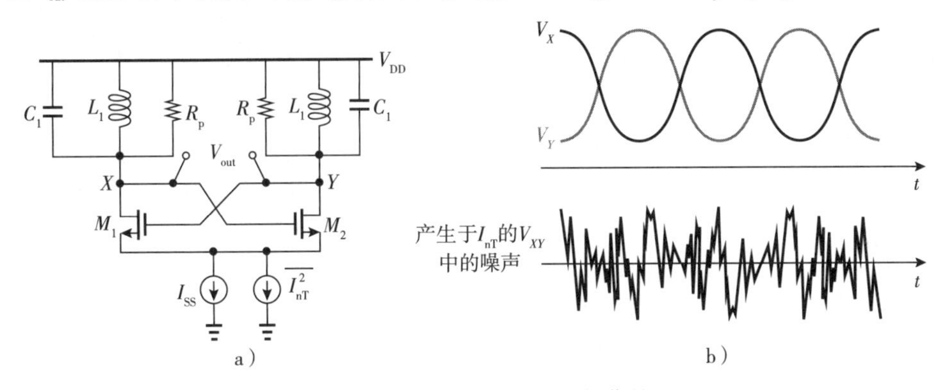

图 5-27 含尾噪声电流的 LC 振荡器

5.3.1 尾热噪声

我们首先定性考察 I_{nT} 的影响。我们有两个观察。在 V_{XY} 的零点附近，I_{nT} 在输出端产生共模噪声，因此在 V_{XY} 中不产生噪声，如图 5-27b 所示。同样，当 V_X 和 V_Y 达到峰值时，I_{nT} 不会产生相位噪声，因为 V_{XY} 的斜率为零(5.2.1 节)。有趣的是，M_1 和 M_2 保持接近平衡状态的时间越长，I_{nT} 产生的相位噪声就越少，因为在大部分时间段内，它被视为 CM 干扰。从这个角度来看，如果我们希望减少因 I_{nT} 引起的相位噪声，则交叉耦合对应该更“温和”地切换[12]。在另外的极端情况下，如果这些晶体管突然导通和截止，则我们可以将它们视为由互补时钟控制的开关，并绘制如图 5-28 所示的电路。我们认识到，M_1(或 M_2)的开关动作等效于在时域中将尾电流乘以在 0 和 1 之间切换的方波。

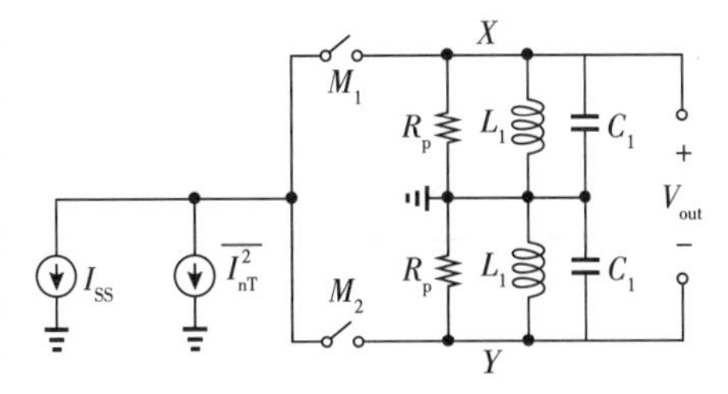

图 5-28 通过作用在尾电流噪声上的开关来表示 M_1 和 M_2

为了进行定量分析，我们试问应考虑尾部的哪些噪声频率分量？让我们研究以中心频率围绕 ω_0 和中心频率围绕 $2\omega_0$ 的这些频率分量(我们将在 5.3.2 节中考虑零频率附近的噪声)。由于总的尾电流等于 $I_{SS}+i_{nT}$，因此输出电压由 $V_{XY}=(4/\pi)R_p(I_{SS}+i_{nT})\cos\omega_0t$ 给出。我们得出的结论是，I_{nT} 在穿过交叉耦合对时经历大小为$(4/\pi)R_p$的“增益”，经过频率转换并变成电压量。我们说M_1和M_2充当混频器。

例5-10 公式$V_{XY}=(4/\pi)R_p(I_{SS}+i_{nT})\cos\omega_0 t$表示$i_{nT}$仅产生幅度调制。这是对的么？

解：如果在交叉耦合对的混频作用之后，i_{nT}的包络与输出电压同相，那么便不会引起相位噪声。例如，利用由$(4/\pi)R_p I_{SS}\cos\omega_0 t$给出的期望输出，$I_{nT}$中的低频成分被上变频为$(4/\pi)R_p i_{nT}\cos\omega_0 t$，不产生相位噪声，如图5-29a所示。该观察结果表明，要出现相位噪声，转换后的尾噪声的包络一定不能在输出零点处变为零。图5-29b为一个例子，其中注入腔中的噪声具有相对于输出振荡波形异相90°的包络。式(5-11)和图5-16b也预测了这一点。因此，我们必须寻找那些在与V_{XY}混频时会转换为正交噪声的尾噪声成分。

现在，我们研究图5-27中ω_0附近的带通尾噪声的影响。用$i_{nT}(t)=n_I(t)\cos\omega_0 t-n_Q(t)\sin\omega_0 t$（5.2.1节）表示该噪声，我们调用图5-28中的简单模型，并注意到M_1和M_2把i_{nT}与ω_0进行混频。其结果是频率降落到$2\omega_0$（和0）处，在转换为电压时，腔体会受到很大的衰减（如图5-30所示）。所以，在这种情况下，i_{nT}在ω_0处不产生输出分量。因此，这种噪声的影响可以忽略不计。

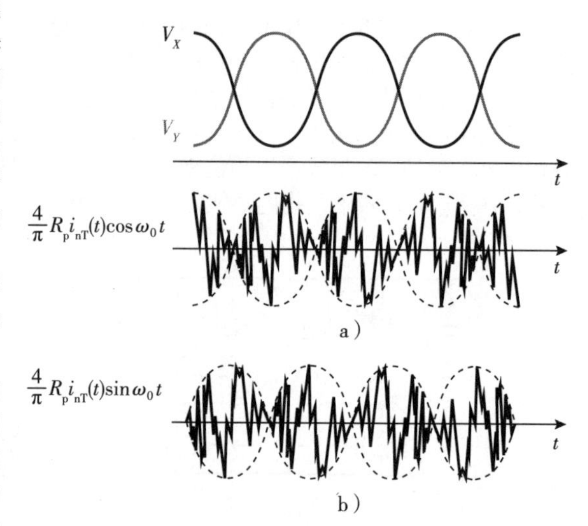

图5-29 尾噪声电流到输出噪声电压的转换，其包络为a)与V_{XY}同相和b)与V_{XY}正交

另外，在$2\omega_0$附近的带通尾噪声被证明是影响严重的。将$i_{nT}(t)=n_I(t)\cos2\omega_0 t-n_Q(t)\sin2\omega_0 t$乘以$\cos\omega_0 t$，可以得到$n_Q(t)\sin\omega_0 t$形式的分量，其包络与输出波形正交，从而产生相位噪声，如图5-29b所示。为了分析这种现象，我们返回到图5-28，现在仅检查X的单端输出。M_1传送到节点X的噪声电流等于i_{nT}乘以在0和1之间切换的方波。考虑方波的一次谐波，我们将此电流记为$i_{nT}(t)(2/\pi)\cos\omega_0 t$，并使其在谐振频率$-\mathrm{j}/(2C_1\Delta\omega)$附近受到谐振电路阻抗的影响（5.2.1节）。$X$处得到的电压在该节点处被添加到单端振荡波形中，并转换为相位噪声。

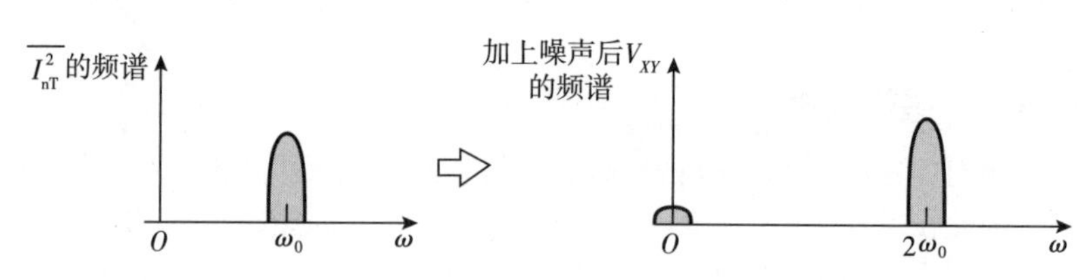

图5-30 混频后尾热噪声在频域中的转换

我们将由M_1带给X的电流表示为$(2/\pi)[n_I(t)\cos2\omega_0 t-n_Q(t)\sin2\omega_0 t]\cos\omega_0 t$，获得关键分量$(1/\pi)n_Q(t)\sin\omega_0 t$。$n_Q(t)$的单边频谱密度与$i_{nT}(t)$的单边频谱密度相同（5.2.1节），用$\overline{I_{nT}^2}$表示。由式(5-12)可得，$V_X$中的相位噪声等于

$$S_{\phi n}(\omega)=\frac{1}{\pi^2}\overline{I_{nT}^2}\frac{1}{(2C_1\omega)^2}\frac{1}{V_{sing}^2} \tag{5-34}$$

式中，V_{sing}是单端峰值振荡摆幅，等于$(2/\pi)R_p I_{SS}$[⊖]。由于$4C_1^2\omega^2=4Q^2\omega^2/(R_p^2\omega_0^2)$，因此，

⊖ 如前所述，通过R_1和M_2传播的噪声看到的是理想谐振回路，因为R_p被负电阻抵消了。

$$S_{\phi n}(f)=\frac{\overline{I_{nT}^2}}{4I_{SS}^2}\left(\frac{f_0}{2Qf}\right)^2 \tag{5-35}$$

这是在每个单端输出中观察到的相位噪声。注意，此结果是上限，因为我们的推导假定晶体管瞬间开关。文献[12]中的分析得出相同的结果。下面的例题说明了差分输出中的相位噪声。

例 5-11 在计算差分输出中的相位噪声时，某学生写出 $V_{out}=V_X-V_Y=(2/\pi)R_pI_{SS}\cos(\omega_0t+\phi_{n,X})+(2/\pi)R_pI_{SS}\cos(\omega_0t+\phi_{n,Y})$，其中 $\phi_{n,X}$ 和 $\phi_{n,Y}$ 表示单端输出中的相位噪声。由于 $V_{out}\approx(4/\pi)R_pI_{SS}\cos\omega_0t-(\phi_{n,X}+\phi_{n,Y})(2/\pi)R_pI_{SS}\sin\omega_0t$，因此该学生认为差分输出 $(\phi_{n,X}+\phi_{n,Y})/2$ 中的归一化相位噪声降低 $\sqrt{2}$ 倍，并产生由 $(S_{\phi n,X}+S_{\phi n,Y})/4=S_{\phi n,X}/2$ 所给出的频谱。这样是对的吗?

解： 不，它不对。学生已经假定 $\phi_{n,X}$ 和 $\phi_{n,Y}$ 不相关，但是它们来自相同的噪声源 i_{nT}。实际上，图 5-28 中的 M_1 和 M_2 注入它们各自腔体中的电流可以分别表示为 $(2/\pi)i_n(t)\cos\omega_0t$ 和 $-(2/\pi)i_n(t)\cos\omega_0t$，这将导致相位噪声量相反且相等。因此，$(\phi_{n,X}+\phi_{n,Y})/2=(2\phi_{n,X})/2=\phi_{n,X}$，并且具有与 $\phi_{n,X}$ 和 $\phi_{n,Y}$ 相同的频谱密度。换句话说，式(5-35)也适用于差分输出。

在图 5-28 中，i_{nT} 也与振荡波形的三次谐波混频。读者可以看到，其所产生的相位噪声与式(5-35)表示的相位噪声不相关，并且在开关突然切换的情况下，该相位噪声值提高了九分之一($\approx$0.46 dB)。

尾电流源的相位噪声贡献可以与交叉耦合对的相位噪声贡献相比较吗？为了回答这个问题，我们将尾噪声表示为 $\overline{I_{nT}^2}=4kT\gamma g_{mT}$，其中 $g_{mT}=2I_{SS}/(V_{GS}-V_{TH})$ 表示充当电流源的晶体管的跨导。如果 $V_{GS}-V_{TH}=V_{DS}$，则我们有 $\overline{I_{nT}^2}=4kT\gamma(2I_{SS})/V_{DS}$，在式(5-35)和式(5-31)中进行替换后，得到

$$S_{\phi n}(f)=\frac{2kT}{I_{SS}}\left\{\frac{\pi[(\sqrt{2}/2)\gamma+1]}{V_0}+\frac{\gamma}{V_{DS}}\right\}\left(\frac{f_0}{2Qf}\right)^2 \tag{5-36}$$

式中，$V_0=(4/\pi)R_pI_{SS}$ 是峰值差分输出摆幅。由于尾电流源的可用 V_{DS} 通常比 V_0 小几倍，因此我们得出结论：γ/V_{DS} 项可以与 $\pi[(\sqrt{2}/2)\gamma+1]/V_0$ 相提并论。我们设想将电容从尾节点连接到地可以抑制这种噪声，但是这种补救措施还带来了其他问题(5.4 节)。在习题 5.20 中，我们研究了另一种降低 $2\omega_0$ 处的尾噪声的方法。

5.3.2 尾闪烁噪声

LC 振荡器中的尾电流源通常会遭受高闪烁噪声的困扰。这可以从如图 5-31a 所示的电流镜实现中看出，其中通常将 $(W/L)_a$ 选择为 $(W/L)_b$ 的 5~10 倍，以节省功耗。不幸的是，这样的选择还会放大 M_b 和 I_{REF} 的噪声，它们本身是从带隙基准中复制得来的，并且可能包含高闪烁噪声。

尾闪烁噪声会在输出端转换为相位噪声吗？答案是这仅会发生在某些情况下。让我们从以下角度开始思考。回想一下，在没有噪声的情况下，$V_{XY}=(4/\pi)R_pI_{SS}\cos\omega_0t$，如果我们改变 I_{SS}，输出幅度就会改变。由于添加了尾闪烁噪声并导致偏置电流 I_{SS} 缓慢波动，我们可以将输出差分电压表示为 $(4/\pi)R_p(I_{SS}+i_{nT})\cos\omega_0t$，其中 i_{nT} 表示时域噪声波形[⊖]。因此，在这种情况下，i_{nT} 缓慢调制输出幅度，并且对相位没有影响。AM 分量通过振荡器后级的限制作用而消除。

在两种情况下，尾电流源的闪烁噪声确实会产生相位噪声：①如果它调制输出共模(CM)电平；②如果 X 和 Y 处的电容没有表现出奇对称非线性，则导致 AM/PM 转换。我们在这里研究这些现象。

共模电平调制 回顾第 1 章，图 5-31a 中的漏极节点处与电压相关的漏-体结电容允许通过 V_{DD} 的变化来调制频率。如果尾电流影响 X 和 Y 处的 CM 电平，则会产生相同的效果：I_{SS} 中的噪声会一起扰动 V_X 和 V_Y，从而调制这些节点处的电容。

在图 5-31a 的振荡器中，由于电感的串联(低频)电阻 r_s，输出 CM 电平保持近似 V_{DD}，仅经历了很

⊖ 由于 i_{nT} 具有低通频谱，因此无法用正交分量 n_I 和 n_Q 表示。

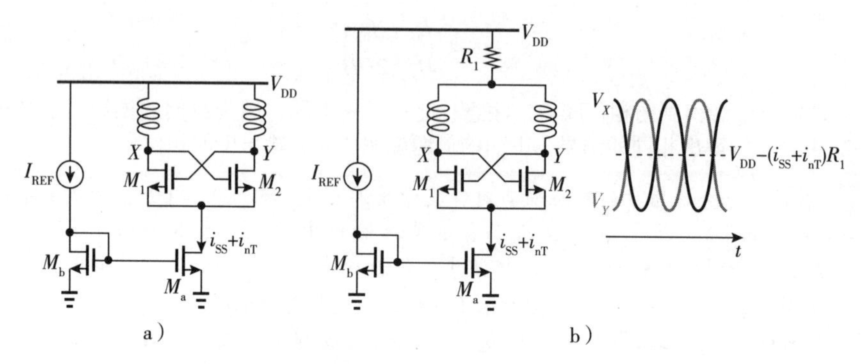

图 5-31 a)尾电流实现说明了闪烁噪声的问题；b)反应闪烁噪声转换到相位噪声的结构

小的下降。也就是说，$V_{CM}=V_{DD}-(I_{SS}/2)r_s$，$I_{SS}$ 中的闪烁噪声仅对漏极处与电压相关的电容进行了轻微调制。现在，假设我们希望将 CM 电平下移，以便与下一级建立合适的连接，并因此插入一个与 V_{DD} 串联的电阻，如图 5-31b 所示。在这种情况下，i_{nT} 通过 $i_{nT}R_1$ 调制 CM 电平以及 X 和 Y 处的电容。

AM/PM 转换 考虑如图 5-32a 所示的 LC 振荡器，注意晶体管的漏-体结电容 C_{DB1} 和 C_{DB2} 与电压有关。如前所述，I_{SS} 中的低频噪声会缓慢调制输出幅度。在本节中，我们研究 AM 如何产生 PM。

为了研究这种现象，我们估计两种情况下的振荡频率：①尾电流等于 I_1；②尾电流等于 $I_1-\Delta I$。如果 ω_0 保持不变，则电路将不建立 AM/PM 转换。在图 5-32b 中，我们绘制了 V_X 与时间的关系，C_{DB1} 与 V_X 的关系，以及 C_{DB1} 与时间的关系，并注意到 I_1 的尾电流会在 V_{DD} 周围产生$(2/\pi)R_pI_1$ 的峰值单端摆幅。漏极结电容随 V_X 的升高而减小，反之亦然，并且随着时间的变化呈现出周期性的行为。我们将振荡频率估计为 $\omega_0=1/\sqrt{L_1(C_1+C_{DB,avg})}$，其中 $C_{DB,avg}$ 表示 $C_{DB1}(t)$ 的平均值(傅里叶级数的第一项)。

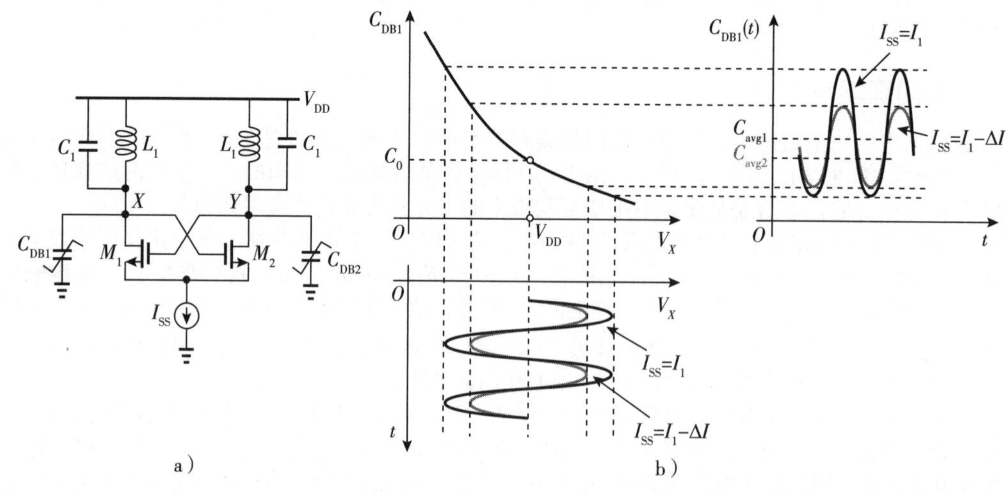

图 5-32 a)包括电压相关负载电容的 LC 振荡器；b)显示平均电容如何随I_{SS} 变化的 C-V 特性

现在，我们将尾电流更改为 $I_1-\Delta I$，因此将摆幅更改为$(2/\pi)R_p(I_1-\Delta I)$(如图 5-32b 中的灰色波形)。如果 $C_{DB1}(t)$的平均值不变，则 ω_0 也不变。如果 C_{DB1}-V_X 特性是围绕点(V_{DD}，C_0)的奇对称函数，则可能发生这种情况。

当将变容二极管添加到振荡器时，AM/PM 转换问题变得更加严重。由于 C_{DB1} 和变容二极管的电容均不具有奇对称特性，因此 I_{SS} 中的闪烁噪声会引起较大的相位噪声(5.5.2 节)。我们还期望更大的变容二极管电容具有更高的上转换性能。也就是说，对于较大的 K_{VCO} 值，AM/PM 转换更为明显。

5.4 尾电容的影响

回顾我们在第 4 章对差分环形振荡器的研究，差分对中的尾电容在振荡频率的二次谐波处引入了尾电流。在流过晶体管时，该电流导致漏极处的上升和下降时间不对称，从而使两个晶体管的闪烁噪声上转换。这些观察结果也适用于交叉耦合振荡器。现在，我们将更详细地研究这种现象。第 6 章将介绍非对称转换与闪烁噪声上转换之间的关系。

考虑如图 5-33a 所示的电路，其中 C_T 表示：① M_1 和 M_2 的源-体电容和 I_{SS} 的漏极电容；②与 P 相连的将 I_{SS} 在 $2\omega_0$ 处的噪声导入地的任何附加电容。如果晶体管没有进入三极管区，则 V_P 在 V_{XY} 的零点会短暂下降，如图 5-33b 所示。因此，C_T 在每个零点(即每个周期两次)周围产生表现出“双峰”(脉冲的导数)的电流。当 $V_X = V_Y$ 时，电流 $C_T\mathrm{d}V_P/\mathrm{d}t$ 在 M_1 和 M_2 之间平均分配。我们认识到，如果 I_{D1} 上升，则 $C_T\mathrm{d}V_P/\mathrm{d}t$ 会使过渡变陡峭，反之亦然。结果就是，漏极电流和电压的上升和下降时间变得不对称，从而导致交叉耦合对的闪烁噪声上转换(可以证明，对于在饱和区工作的理想平方律晶体管，其闪烁噪声不会上转换为相位噪声[10])。

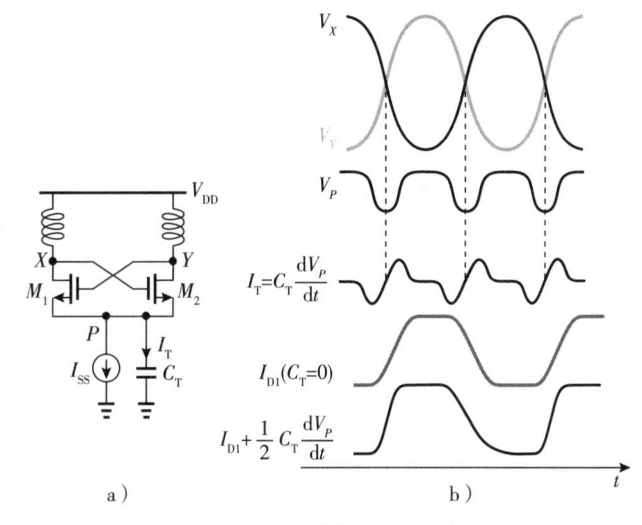

图 5-33 尾电容导致漏极电流过渡不对称

如果 M_1 和 M_2 进入三极管区，则图 5-33a 中尾电容的影响会更加明显。从直观的角度来看，我们可以说，在大多数振荡周期中，M_1 或 M_2 充当电阻，将腔体的一端连接至 C_T。因此，与该电阻相关的损耗会降低 Q。

为了最小化图 5-33a 的尾部所产生的二次谐波电流，我们可以按照图 5-34 修改电路[9]，其中由 L_a 和 C_a 组成的腔体在 $2\omega_0$ 处谐振，从而可以充当高阻抗。我们仍然通过引入电容 C_T 来抑制 I_{SS} 产生的噪声电流。这种方法的缺点是电路复杂度更高。

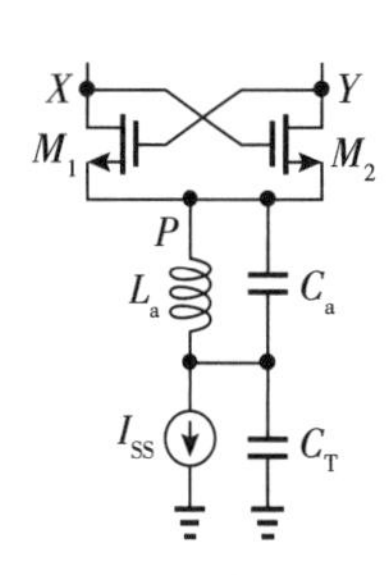

图 5-34 使用谐振腔将尾节点与尾电容隔离

5.5 设计步骤

5.5.1 初始想法

让我们从图 5-35a 中所示的交叉耦合振荡器开始(第 1 章)。我们必须选择 $(W/L)_{1,2}$，以及 L_1、C_1 和 I_{SS} 的值，以便满足特定性能要求，问题在于如何选择。

通常，在第一步中，先假设功率预算 P 和输出电压摆幅 V_0 是有帮助的。为了获得最低的相位噪声，在不将 M_1 和 M_2 驱动到三极管区的情况下，应选择尽可能大的摆幅，例如，图 5-35a 中的峰-峰值单端摆幅可以达到 V_{TH}(为什么?)。由于峰值差分电压摆幅等于 $(4/\pi)R_p I_{SS}$，因此 $I_{SS}=V_{DD}/P$ 是已知的，R_p 也是已知的。因此，对于已知的振荡频率 ω_0，设计空间减小为 $(W/L)_{1,2}$、L_1 和 C_1。

在第二步中，我们检查特征电感库，并找到在 ω_0 处具有上述 R_p 的最小电感，即该电感在感兴趣的频率处具有最高的 $Q[=R_p/(L_1\omega_0)]$。读者可能认识到，如果没有合理的电感模型将无法进行设计，结合例 5-3 可以体会到这一点。

在第三步中，我们选择 $(W/L)_{1,2}$，以便以 $(4/\pi)R_pI_{SS}$ 的电压摆幅相对完全地切换尾电流。回顾例 1-10，完全切换的最佳条件为 $g_{m1,2}R_p=\sqrt{2}\pi/4\approx1.11$。但实际上，我们构造了如图 5-35b 所示的简化模型，应用 $V_{in1}-V_{in2}=(4/\pi)I_{SS}R_p$，并使 $(W/L)_{1,2}$ 大到足以获得 $I_{D1}\approx I_{SS}$。这种情况假设仅在 V_{XY} 的峰值附近才能完成开关操作。我们通常更喜欢即刻控制电流，因此选择较宽的晶体管。

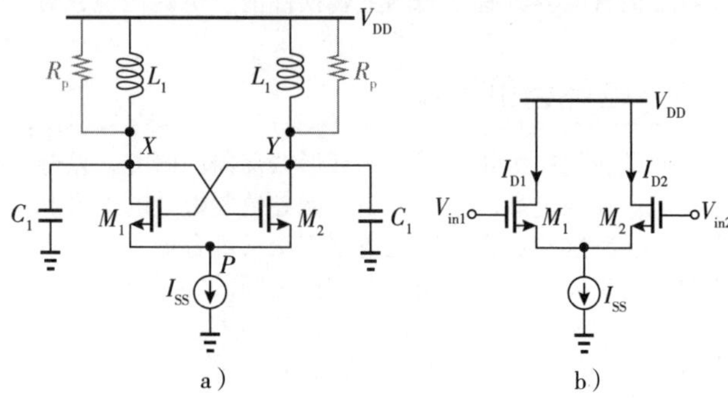

图 5-35 a)交叉耦合振荡器；b)用于研究漏极电流的简化模型

在第四步中，我们允许 C_1 以及 M_1 和 M_2 的电容与 L_1 在 ω_0 处谐振。注意，C_1 最终将包括电感寄生效应和下一级的输入电容。

在第五步中，我们计算相位噪声并确定是否需要更大的功率预算。如果需要，我们从第一步开始进行迭代。

例 5-12 确定图 5-35a 中由 M_1 和 M_2 贡献给节点 X 和 Y 的电容。假设节点 P 的摆幅很小。

解：如图 5-36 所示，每个晶体管将其 X 或 Y 的 C_{GS} 呈现给尾节点 P，将其从输出节点到地的 C_{DB} 呈现出来，并将其 C_{GD} 呈现在 X 和 Y 之间。P 处的小摆幅意味着 C_{GS} 可以认为是接地的。X 和 Y 处的差分摆幅将 $2C_{GD}$ 转换为等于 $4C_{GD}$ 的单端电容。因此，在 X 或 Y 处交流到地的电容等于 $C_{GS}+C_{DB}+4C_{GD}$。

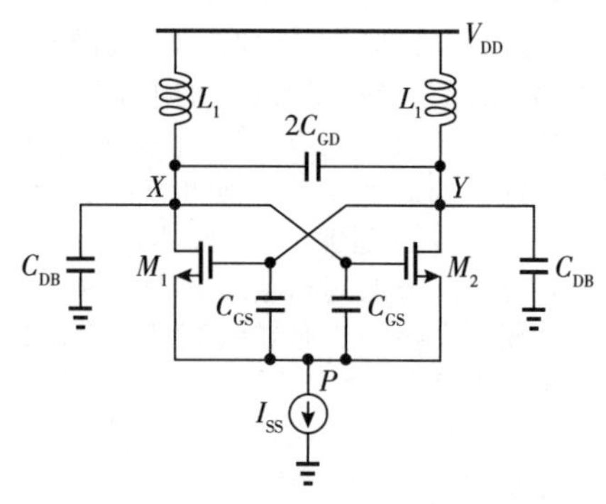

图 5-36 包含晶体管电容的 LC 振荡器

5.5.2 设计示例

为了说明上述步骤，我们设计了一个 5 GHz LC 振荡器，其功率预算为 1 mW，峰-峰值单端(或峰值差分)摆幅为 0.5 V。与第 3 章中的设计相同，我们假设最坏情况 $V_{DD}=0.95$ V，$T=75$℃，并且工作在 SS 工艺角下。

通过 $P=1$ mW$=V_{DD}I_{SS}$，我们得到 $I_{SS}\approx1$ mA。所需的电压摆幅转换为 $(4/\pi)I_{SS}R_p=0.5$ V，因此 $R_p=393\ \Omega$。我们必须找到在 5 GHz 时能提供该值的最小电感。对于典型的 Q，其值为 8，我们得出 $L_1=R_p/(Q\omega_0)=1.56$ nH，对于 5 GHz 的谐振，总的单端电容为 660 fF。首先，我们为晶体管电容分配 60 fF 的电容。

为了以 0.5 V 的差分峰值摆幅控制尾电流，仿真显示需要满足 $(W/L)_{1,2}\approx2\ \mu$m/40 nm。但是我们选择 $(W/L)_{1,2}\approx5\ \mu$m/40 nm，以实现更快的开关切换。设计实例如图 5-37a 所示㊀。注意，在输出摆幅的峰值处，晶体管的漏极电压比其栅极电压低 0.5 V，可能会将器件驱动到“软”三极管区。

仿真的输出波形如图 5-37b 所示，该图揭示了 X 和 Y 处的峰-峰值单端摆幅约为 425 mV，$f_0=5.2$ GHz。为什么摆幅小于期望值呢？让我们检查晶体管的漏极电流波形，如图 5-37c 所示。我们观察到完全切换，但是具有渐变的边缘。因此，一次谐波峰值幅度小于 $(2/\pi)I_{SS}$。

这个设计有多“好”？为了回答这个问题，我们检查了它的电源灵敏度和相位噪声。前者约为 4 MHz/V，比第 3 章研究的差分环形振荡器要小得多。这是因为腔内值恒定且较大的单端电容 C_1 会淹没 M_1 和 M_2 的非线性漏极结电容。相反，如果我们在 X 和 Y 之间引入一个 300 fF 的差分电容，则这个优势将消失。

㊀ 电感的寄生电容被 600 fF 电容吸收。

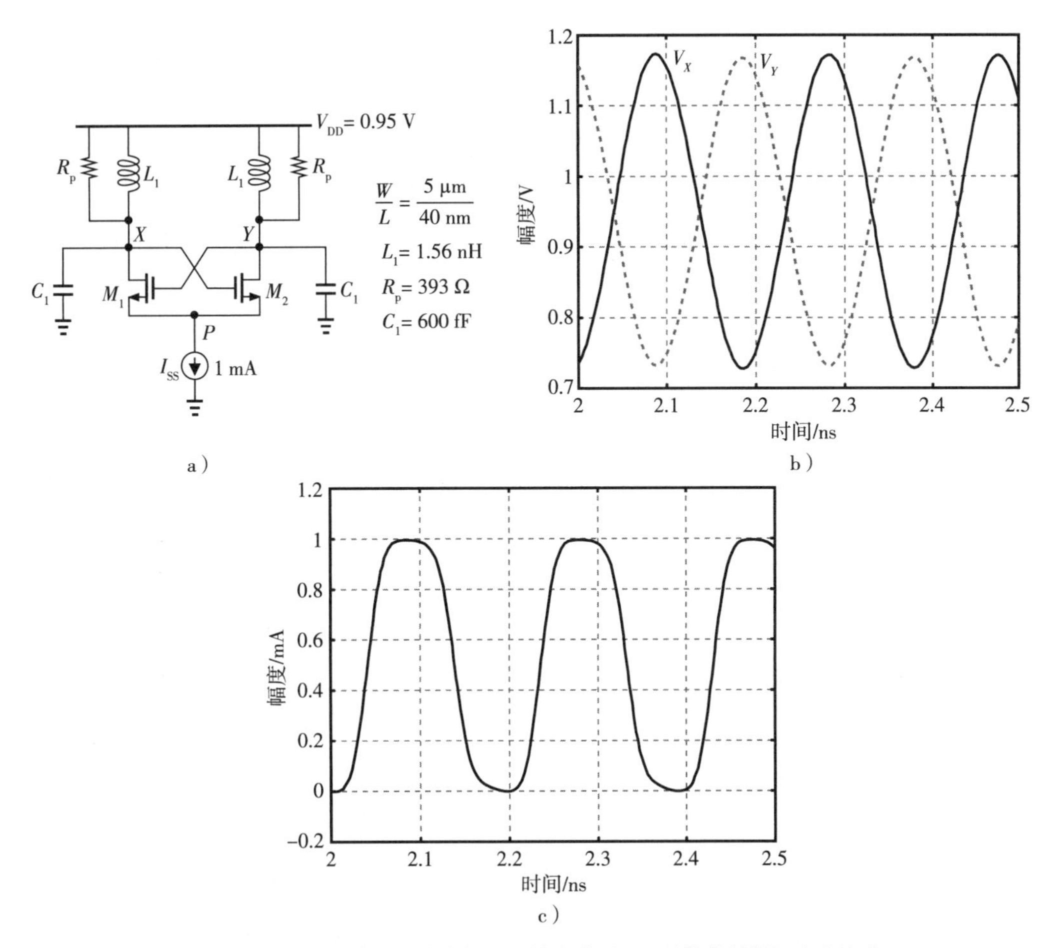

图 5-37 a) LC 振荡器设计实例；b) 输出波形；c) 晶体管的漏极电流波形

相位噪声 让我们使用式(5-30)计算振荡器的相位噪声。我们有 $T = 348$ K，$R_p = 393\ \Omega$，$I_{SS} = 1$ mA，$\gamma = 1$，$f_0 = 5.2$ GHz，$Q = 8$。因此，在 1 MHz 偏移处的相位噪声等于 −109.6 dBc/Hz。图 5-38 绘制了仿真结果，表明与我们的分析预测有着显著的一致性。

图 5-38 中的重要观察结果是，即使对于低至 10 kHz 的偏移，斜率也等于−20 dB/dec，这意味着闪烁噪声贡献很小。如前所述并将在下一章中阐述，闪烁噪声上转换取决于图 5-37a 中 X(和 Y)处的上升和下降转变的对称性，因此，取决于这些电压的二次谐波分量。根据仿真，本设计中 V_X 或 V_Y 中的二次谐波比基波低约 50 dB。

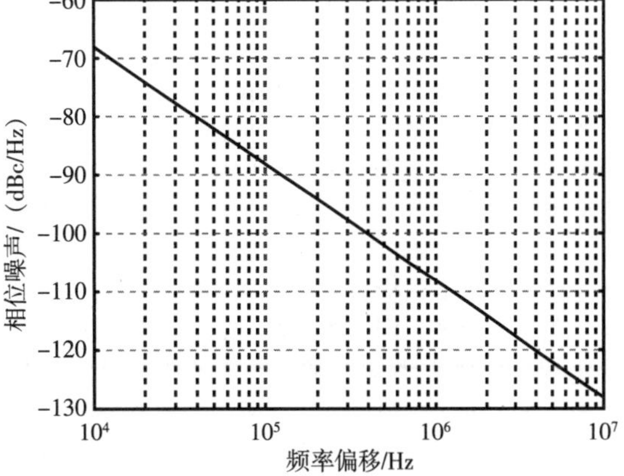

图 5-38 图 5-37a 中设计的相位噪声

通过改变器件参数并观察结果来探索振荡器的设计是有益的。例如，如果我们增加图 5-37a 中 M_1 和 M_2 的宽度，我们期望图 5-24a 中的 ΔT

减小，从而使得漏极电流波形的边缘更陡峭，因此基波幅度更接近 $V_0=(4/\pi)R_pI_{SS}$。当 $W=10\ \mu m$ 时，输出幅度从 425 mV_p 增加到 440 mV_p，仍然比理论值 500 mV 小，但相位噪声大致相同。

如果我们将图 5-37a 中的 I_{SS} 加倍而其他参数不变，会发生什么？我们期望 V_0 增加两倍，根据式(5-30)，$S_{\phi n}$ 降低四倍(6 dB)。图 5-39 绘制了这种情况下的输出和尾节点波形以及相位噪声。有趣的是，摆动增加了一倍以上，在习题 5.21 中进行了研究。我们观察到，偏移大于 100 kHz 的相位噪声降低了 6 dB。但是，在 10 kHz 偏移处的相位噪声没有改变，并且呈现 30 dB/dec 的斜率，因此其揭示了闪烁噪声的影响。这是因为 0.9 V 的单端峰-峰值摆幅将晶体管驱动到深三极管区，从而增加了其闪烁噪声。尾电压的最小值约为 250 mV，为尾电流源留有合理的裕量。

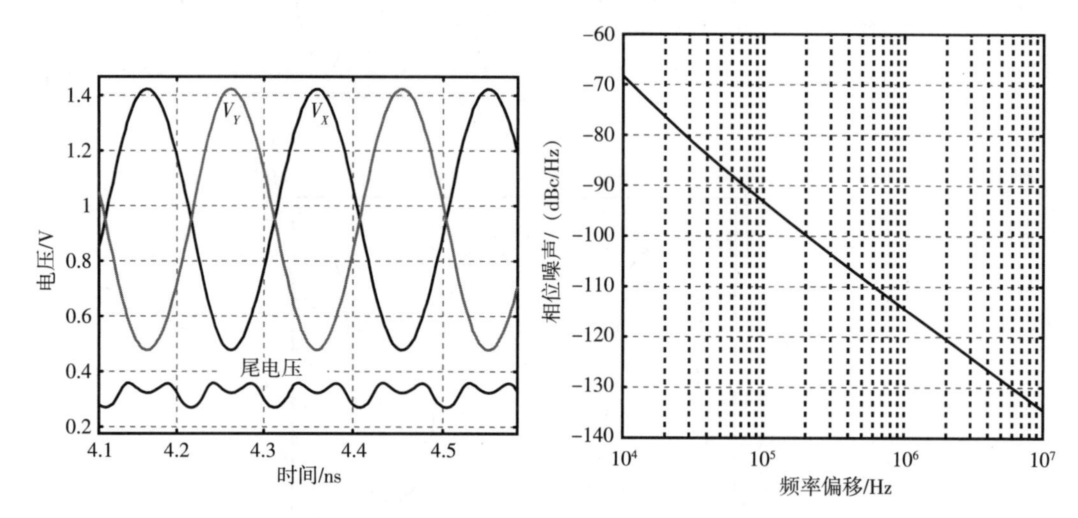

图 5-39　图 5-37a 中设计在I_{SS} 加倍后的输出波形和相位噪声

例 5-13　如果在 $I_{SS}=2$ mA 的情况下将图 5-37a 中的晶体管宽度从 5 μm 更改为 10 μm，则闪烁噪声上变频会增加还是减少？假设 V_0 相对恒定。注意，M_1 和 M_2 进入三极管区。

解： 较宽的晶体管表现出较低的导通电阻，在相同电流下维持较小的 V_{DS}。因此，即使它们的沟道面积增加了一倍，这些器件也会进入三极管区，并提高闪烁噪声的上变频。根据仿真，在这种情况下，10 kHz 偏移处的相位噪声会增加 4 dB。

根据之前的实验和我们的线性缩放理论(第 2 章和第 3 章)，我们可以设想两种不同的方案来权衡相位噪声：①我们仅将图 5-37a 中的 I_{SS} 加倍，从而可以将热噪声引起的相位噪声降低 6 dB，同时观察到更大的闪烁噪声上转换；②我们将 I_{SS}、W 和腔体电容加倍，并将电感减半(线性缩放)，从而在所有频率偏移下均获得降低 3 dB 的相位噪声。这两种情况之间的选择取决于应用，但是前者通常是首选，因为它可以导致较小的积分相位噪声，从 10 kHz 到 100 kHz(即 90 kHz)的相位噪声曲线下的面积通常比从 100 kHz 到 10 MHz(即 9.9 MHz)的面积小得多。

是否可以缓解闪烁噪声上变频的问题？也就是说，图 5-37a 的电路能否在不将晶体管驱动到深三极管区的情况下适应更大的电压摆幅？我们认识到，栅极和漏极电压的变化相等且方向相反，如果必须避免三极管区，则需要将峰-峰值的单端摆幅限制为大约 V_{TH}(为什么?)。但是，例如 M_2 栅极电压的变化不必像 M_1 漏极电压那样大。具体来说，假设我们在一个晶体管的漏极和另一个晶体管的栅极之间插入电容分压器(如图 5-40 所示)，以使栅极处的峰值电压摆幅从 V_0 减小至 $V_a=[C_{a1}/(C_{a1}+C_{b1})]V_0$。现在，我们选择等于 V_{DD} 的偏置电压 V_b。由于 V_P 的峰值必须比 V_X 的谷值最多高 V_{TH}，以确保 M_1 处于饱和状态，因此我们有 $V_{DD}-V_0/2-(V_b+V_a)=-V_{TH}$。也就是说，如果 $V_b=V_{DD}$，则漏极处的允许峰-峰值单端摆幅上升至 $2V_{TH}-2V_1$(为什么?)。当然，电容性衰减一定不能使环路增益下降太多，以至于无法

完全控制 I_{SS}。因此，衰减因子通常限制在 2 左右。

关于图 5-40 的电路有以下说明。首先，在实践中，不需要接地电容 C_{b1} 和 C_{b2}，可以选择足够小的 C_{a1} 和 C_{a2}，以与 M_1 和 M_2 的栅极电容一起形成衰减器。其次，试图选择 $V_b<V_{DD}$ 以允许更大的电压摆幅是很吸引人的，但是较低的 V_b 值将为 I_{SS} 留出很少的电压裕量。最后，可以证明，电容性衰减按比例增加了 MOS 的噪声贡献[10]，因此我们不采用这种拓扑。

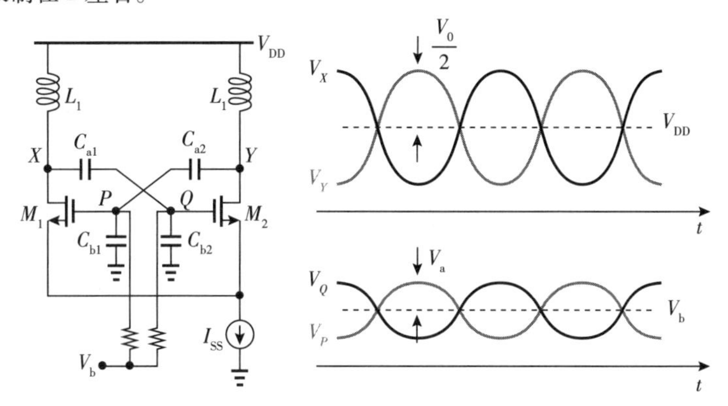

图 5-40 使用电容分压器避免晶体管进入三极管区

尾噪声的影响 让我们用 NMOS 晶体管在图 5-37a 中实现 I_{SS}，如图 5-41a 所示。我们允许 M_3 的 $V_{DS}(=V_{GS}-V_{TH})$ 为 400 mV，以使其噪声电流最小。当 $V_0=425$ mV 且 $\gamma=1$ 时，我们在式(5-36)中获得了两项，$\pi[(\sqrt{2}/2)\gamma+1]/V_0=12.6\ \text{V}^{-1}$ 和 $\gamma/V_{DS3}=2.5\ \text{V}^{-1}$。由于在 $2\omega_0$ 处的尾噪声，相位噪声上升了 $10\log(15.1/12.6)=0.8$ dB。然而，通过仿真，我们看到相位噪声发生较小的变化。这是因为交叉耦合的晶体管不会突然切换，而是将某些尾噪声转换为共模干扰。

为了稳定运行，必须通过电流镜对图 5-41a 中的尾晶体管进行偏置。如图 5-41b 所示，这样的结构布置为二极管连接方式的器件分配了较小的电流，从而节省了功率。在此示例中，M_3 和 M_4 之间的四倍缩放因子将总尾噪声提高了五倍(为什么?)。换句话说，式(5-36)中的 γ/V_{DS} 乘以该倍数，可能对输出相位噪声有显著影响，如果能满足开关突然切换，则影响高达 3 dB。仿真表明，对于大于 100 kHz 的偏移，输出相位噪声上升 3 dB。然而，在 10 kHz 偏移下，相位噪声约为−57 dBc/Hz，其中 11 dB 的恶化是由 M_4 的闪烁噪声引起的。这种恶化的一些原因是 M_1 和 M_2 的漏-体电容引起的 AM/PM 转换㊀。

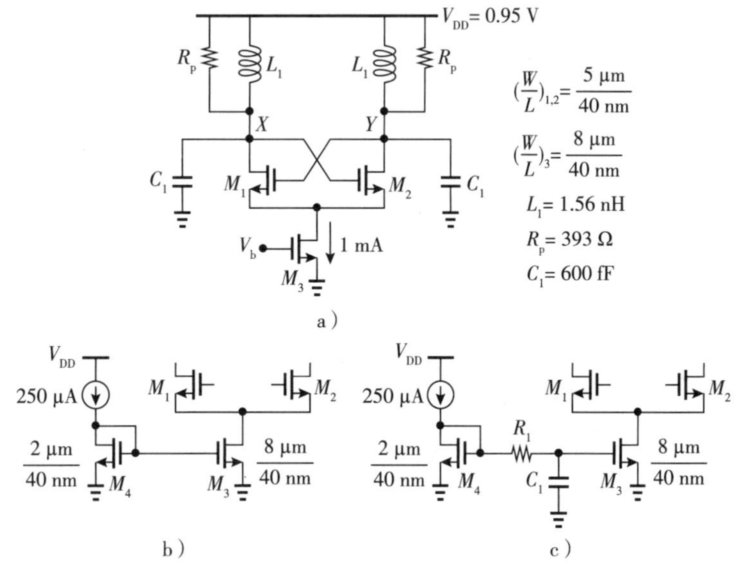

图 5-41 a)具有尾晶体管的 *LC* 振荡器；b)定义尾电流的电流镜结构；c)使用低通滤波器来减少参考支路的噪声贡献

通过在该器件和 M_3 之间插入低通滤波器，可以抑制图 5-41b 中 M_4 产生的热噪声。如图 5-41c 所示，该方法选择的转角频率远小于 $2\omega_0$，从而为 R_1 和 C_1 提供了合理的值，例如 $R_1=2\ \text{k}\Omega$ 和 $C_1=0.5$ pF。另外，对于 M_4 的闪烁噪声，R_1C_1 必须非常大(不切实际)。在下一节中，我们将回到这个

㊀ 为了更准确地研究闪烁噪声，我们必须为 L_1 包含一个串联电阻(如图 5-12 所示)。

问题。

5.5.3 频率调谐

LC 振荡器的总体调谐范围必须包含以下几点：①PVT 的变化，仅占百分之几，相比环形振荡器的变化小得多；②所需的工作频率范围，例如对于 WiFi 为 5.1~5.9 GHz。我们通常将振荡器设计为最高必要频率，并增加足够的调谐电容以达到较低值。

给定 $\omega_0=1/\sqrt{L_1C_1}$，可以通过改变 L_1 或 C_1 来调谐如图 5-37a 所示的 LC 振荡器的振荡频率。由于调谐电感(尤其是集成电路中的电感)很困难，因此我们研究变容二极管的调谐。回顾第 1 章，MOS 变容二极管是通过在 n 阱中放置 NMOS 晶体管而形成的，并由双曲正切进行建模。因此，对于连续的微调，我们可以使用 MOS 变容二极管；对于离散的粗调，我们可以采用开关电容。鼓励读者回顾 3.5 节中的调谐注意事项。

变容二极管电容的选择受两个对立问题的影响。①我们希望获得合理的连续调谐范围，以避免离散特性中出现死区。例如，如果要求总范围为 15%，而连续范围约为 1%，那么我们大约需要 20~30 个离散步长才算是合理的设计。②我们还希望保持适度的 K_{VCO}，大约为每伏电压下 ω_0 的百分之几，以最大限度地减小噪声对控制线的影响。如 5.3.2 节所述，高 K_{VCO} 还会加剧振荡器内的 AM/PM 转换，从而增加相位噪声。

另外的考虑因素涉及变容二极管的尺寸。对于给定的电容，WL 是已知的，它为 W 和 L 的选择提供了灵活性。但是，L 值的选择需要在 Q 和变容二极管的电容之间进行折中。以下例题详细说明了这一点。

例 5-14 图 5-42a 和 b 布置了两个变容二极管。两者的沟道面积均为 $2W_1L_1$(为简单起见，假定绘制长度和有效长度相同)。如果 L_1 是过程允许的最小值，说明哪一种结构表现出更高的 Q，哪一种有更宽的调谐范围。

解： 在图 5-42a 的结构中，由于 L_1 较短，因此栅极与源极和漏极之间的交叠电容 $4W_1C_{ov}$ [⊖]，占总变容二极管电容的很大一部分。在这种情况下，最大-最小电容比等于 $L_1C_{ox}/(2C_{ov})+1$。另外，在第二种结构中，交叠电容等于 $2W_1C_{ov}$，从而产生比例 $L_1C_{ox}/(C_{ov})+1$。后者提供的调谐范围更大。不幸的是，更长的器件在源极和漏极之间具有更大的分布电阻，因此具有较低的 Q。这种效果由集总模型表示，见图 5-42c，得出的 Q 为 $1/(R_vC_v\omega_0)$。对于高达约 10 GHz 的频率，变容二极管可以采用 100~150 nm 的长度，而无须担心 Q。这是因为变容二极管仅占腔体总电容的小部分。电容范围和 Q 之间的折中体现在数十 GHz 范围内的频率上。

例 5-15 将品质因数为 Q_v 的变容二极管连接到品质因数等于 Q_{tank} 的谐振腔上。尝试估计总体的 Q。

解： 我们从图 5-43a 所示的结构开始，其中 $R_v=1/(Q_vC_v\omega_0)$。为了将变容二极管的串联电阻转换为并联电阻(第 1 章)，我们将 R_v 乘以 Q_v^2，得到 $(R_vC_v^2\omega_0^2)^{-1}$，如图 5-43b 所示。由于该电阻与 R_p 并联，并且总 Q 可以写为该并联组合除以 $L_1\omega_0$，因此我们得到

$$\frac{1}{Q}=\frac{L_1\omega_0}{R_p\parallel\dfrac{1}{R_vC_v^2\omega_0^2}} \tag{5-37}$$

$$=L_1\omega_0\left(\frac{1}{R_p}+R_vC_v^2\omega_0^2\right) \tag{5-38}$$

$$=\frac{L_1\omega_0}{R_p}+R_vC_v\omega_0\frac{C_v}{C_1+C_v} \tag{5-39}$$

⊖ C_{ov} 表示每单位宽度的交叠电容。

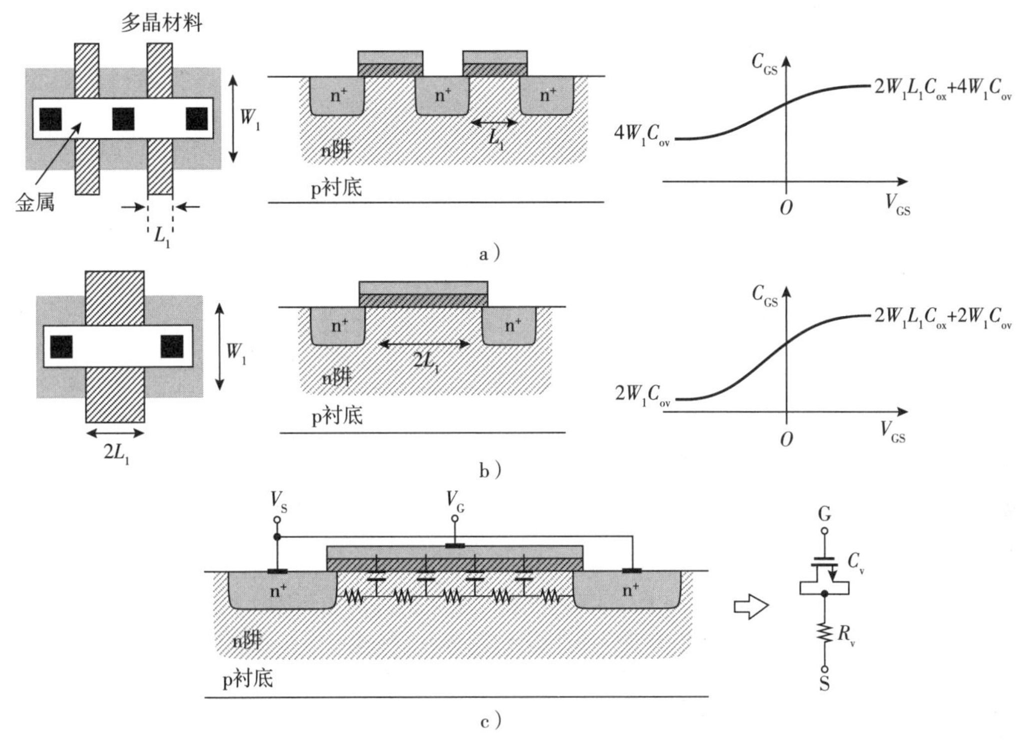

图 5-42 a）MOS 变容二极管；b）两倍长度的变容二极管；c）沟道电阻影响的图示

进一步得到

$$\frac{1}{Q}=\frac{1}{Q_{tank}}+\frac{1}{Q_v}\frac{C_v}{C_1+C_v} \tag{5-40}$$

例如，如果恒定谐振腔电容 C_1 是 C_v 的十倍，则等效于变容二极管的 Q 乘以 11，远远超过电感的 Q。

让我们修改图 5-37a 的 LC 振荡器，使其在 5.1～5.9 GHz 的频率下工作。为了使 $L_1=1.56$ nH 时达到 $f_0=5.9$ GHz，我们要求总电容为 466 fF。因此，我们将 C_1 从 600 fF 降低到大约 450 fF，从而留有一些余量。接下来，我们估计 800 MHz 的调谐范围可以由 8 个离散的步长覆盖，每个步长具有大约 200 MHz 的连续范围。如果 K_{VCO} 变得过大，则应重新考虑离散控制和连续控制之间的划分。图 5-44a 显示了概念设计。

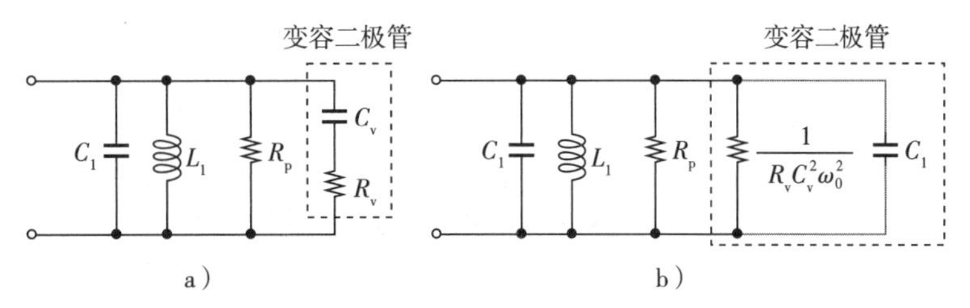

图 5-43 a）包含变容二极管的腔体；b）等效并联网络

连续调谐 为了采用 $\Delta f=200$ MHz 来调谐 f_0，变容二极管的电容必须变化约 $2C_1\Delta f/f_0=2\times$（200 MHz/5.9 GHz）×450 fF＝31 fF（为什么？）。在图 5-44 中，由于前面的一级（第 7 章），V_{cont} 被限制在约 75～875 mV。我们还注意到，X 和 Y 处的共模电平大约等于 V_{DD}，从而得出结论，变容二极管两端的平均电压可以在 0.95 V−75 mV＝0.875 V 到 0.95 V−0.875 V＝75 mV 之间变化。因此，如图 5-44b 所

示，变容二极管的电容仅在有限的范围内变化，我们要求 $C_b - C_a \approx 32$ fF。所以，变容二极管的栅极面积必须足够大，以为上述的电压范围提供电容范围。我们估计，如果变容二极管的 C_{max}/C_{min} 约为 3，并且如果 $C_{max} \approx 80$ fF，则 $C_b - C_a$ 可能会达到所需的值。

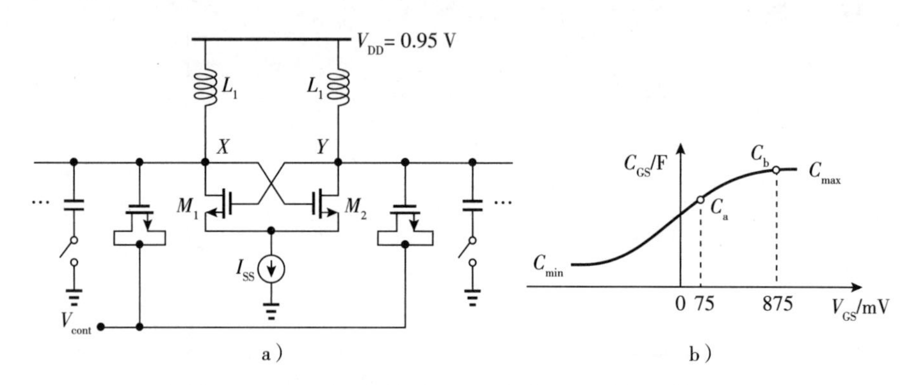

图 5-44 a)具有离散调谐的 VCO；b)变容二极管的调谐范围

图 5-45a 描述了 VCO 设计[⊖]。根据仿真，在 $(W/L)_{var}$ = 30 μm/240 nm 的情况下，随着 V_{cont} 从 875 mV 变为 75 mV，f_0 在 5.7~5.9 GHz 范围内变化。最差情况的相位噪声出现在 V_{cont} = 875 mV 时，并绘制在图 5-45b 中，该图揭示了在 10 kHz 偏移下的相噪为−54 dBc/Hz。回想一下，对于图 5-41a 的电路(工作于 5.2 GHz)，该值约为−57 dBc/Hz。考虑到 20log(5.7 GHz/5.2 GHz) = 0.8 dB，我们观察到在添加变容二极管后，电路仍然会产生 2.2 dB 相噪的额外衰减，这是由尾闪烁噪声的 AM/PM 转换引起的。

噪声降低 在 5.5.2 节和本节中，我们的设计工作遇到了两种会引起相位噪声的现象：①图 5-45a 中的 M_4 在 $2f_0$ 处的热噪声将曲线提高了 3 dB；②M_4 的闪烁噪声在 10 kHz 偏移下导致 11 dB 的衰减。我们希望抑制这些影响并返回到如图 5-38 所示的最初的相位噪声曲线。

假设我们在图 5-45a 中的 M_4 和 M_3 之间插入低通滤波器，以衰减 10 kHz 时 M_4 的闪烁噪声。选择 1 kHz 的转角频率，我们意识到这种滤波器所需的电阻和电容非常大。相反，我们寻求一种通过扩大 M_4 的沟道面积来直接降低 M_4 闪烁噪声的方法。面临的挑战是保持从 M_4 到 M_3 的正确电流复制。例如，如果我们简单地将 W_4 和 L_4 增加 10 倍，则 $I_{D3} \neq I_{D4}$，因为 M_4 的沟道有效长度不等于 M_3 有效长度的 10 倍。图 5-45c 所示结构可以解决此问题，其中 M_4 通过 10 个串联的器件来实现，每个器件有 W/L = 20 μm/80 nm。由于 M_4 的有效长度现在正好是 M_3 的 10 倍，并且 $W_4 = 2.5W_3$，因此我们有 $(W/L)_3 = (10/2.5)(W/L)_4 = 4(W/L)_4$，于是 $I_{D3} = 4I_{D4}$。M_4 的沟道面积增加了 100 倍，从而减小了其闪烁噪声，而 *RC* 滤波器则降低了其热噪声。注意，这 10 个串联器件可以看作一个二极管连接的晶体管，它们不用作共源共栅拓扑。

离散调谐 通过与第 3 章类似的方式，我们使用开关电容来覆盖 5.1~5.9 GHz 的范围[⊜]。确定必须增加的总电容 ΔC，来使频率能够达到较低值。用 C_X 表示图 5-45a 中 X 处的总电容，我们寻求 $C_X + \Delta C$ 使 f_0 降至 5.1 GHz，即 $(C_X + \Delta C)/C_X = (5.9/5.1)^2$，得到 $\Delta C/C_X = 0.34$。由于 $(2\pi\sqrt{L_1 C_X})^{-1}$ = 5.9 GHz，因此 ΔC = 160 fF。图 5-46a 描绘了该结果，其中 C_{e1} 和 C_{e2} 等于 ΔC。

⊖ 为简单起见，此后我们在电路图中不显示腔体的 R_p。

⊜ 开关电容实际上只需要覆盖 5.1~5.7 GHz，因为变容二极管会将 f_0 扩展至 5.9 GHz，但是我们继续采用保守的设计。

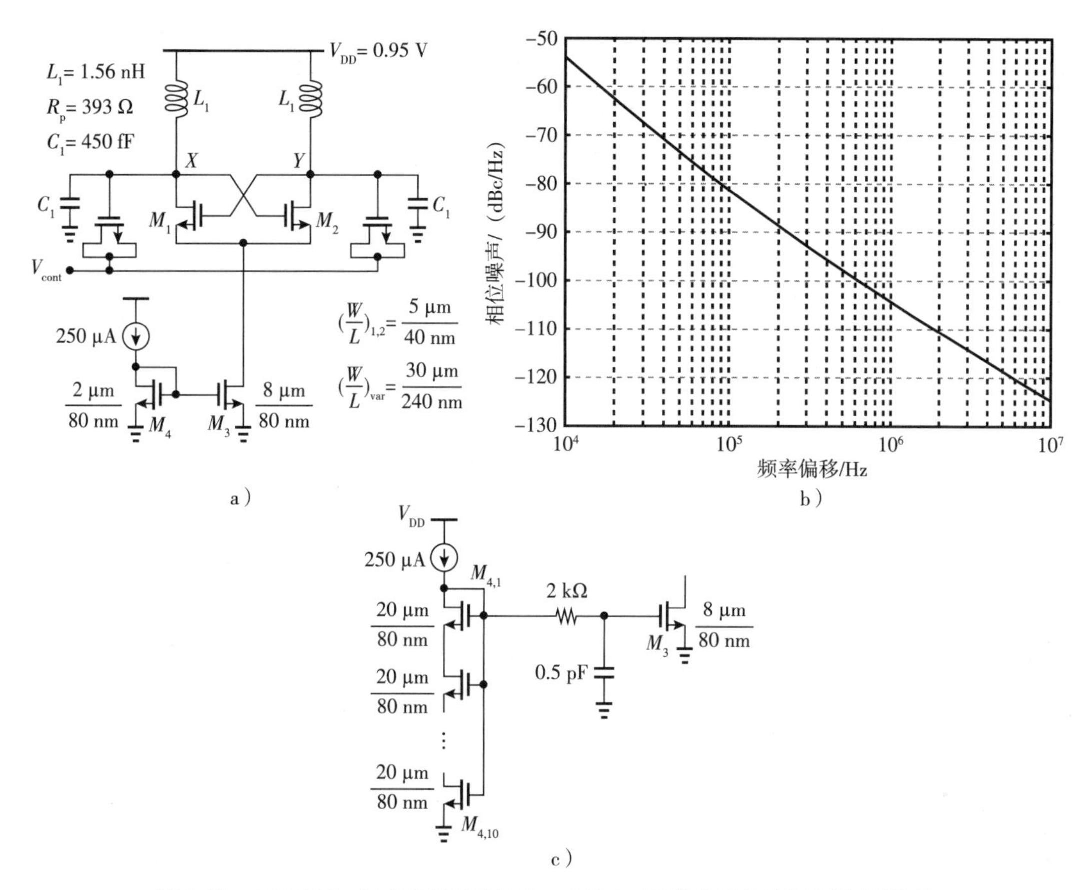

图 5-45 a) *LC* VCO；b)相位噪声的仿真；c)减小二极管连接的晶体管的闪烁噪声

例 5-16 在图 5-46a 中，当 M_{S1} 和 M_{S2} 导通时，其沟道电阻等于 R_{sw}。如果变容二极管无损耗，则在这种情况下确定电路的 Q，并说明如何选择 R_{sw}。

解：这种情况类似于例 5-15，得到

$$\frac{1}{Q}=\frac{1}{Q_{tank}}+\frac{1}{Q_e}\frac{C_e}{C_e+C_1+C_v} \tag{5-41}$$

式中，$Q_{tank}=R_p/(L_1\omega_0)$，$Q_e=1/(R_{sw}C_e\omega_0)$是开关支路的 Q 值，并有 $C_e=C_{e1}=C_{e2}$。

在我们的设计中，$C_e/(C_e+C_1+C_v)\approx0.25$，即开关电容的 Q 等效地增加了 4 倍。为了将相位噪声的影响减少到可以忽略不计，式(5-41)中的第二项必须比第一项小 20 倍。在 $Q_{tank}=8$ 的情况下，我们要求当 5.1 GHz 时 $Q_e\approx8\times20/4\approx40$ 以及 $R_{sw}=4.9\ \Omega$。如此小的 R_{sw} 意味着非常宽的晶体管以及分别在节点 A 和 B 处产生的大量寄生电容 C_A 和 C_B。

上述的例题表明，当图 5-46a 中的 M_{S1} 和 M_{S2} 关断时，C_{e1} 和 C_{e2} 不会完全从电路消失，因为它们会与它们的寄生电容 C_A 和 C_B 串联，如图 5-46b 所示。换句话说，离散调谐范围减小了。

由于在这种环境下 R_{sw} 为 4.9 Ω 是不切实际的，因此对于式(5-41)右侧的两个项之比，我们必须放宽之前所说的 20 倍的比例因数。例如，如果 $Q_e=10$，则 $R_{sw}=20\ \Omega$，但总 Q 下降 20%，这使相位噪声降低约 2 dB。对于中等尺寸的晶体管，20 Ω 的开关电阻仍然很难获得。

为了补救这种情况，我们在如图 5-47a 所示的两个电容下极板之间引入第三个开关。考虑到 X 和 Y

以及 A 和 B 的差分波形，我们可以将 M_{S3} 的导通电阻 R_{sw3} 分解为两个大小为 $R_{sw3}/2$ 的电阻，这等效为将 A 和 B 接地，如图 5-47b 所示。也就是说，对于给定的宽度，M_{S3} 的电阻是 M_{S1} 和 M_{S2} 的一半。因此，在我们的设计示例中，我们选择 $R_{sw} \approx 40\ \Omega$，并选择 M_{S1} 和 M_{S2} 的最小宽度。后两个开关对于保持直流电平为零仍然是必需的[⊖]。

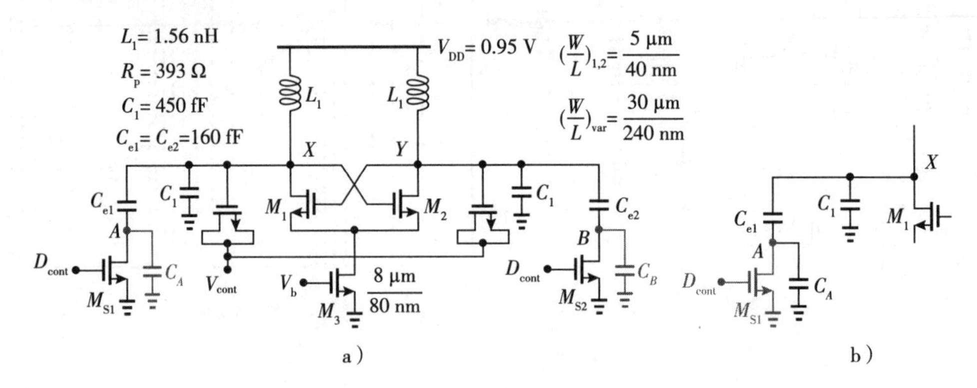

图 5-46　a)图 5-45a 的 VCO 引入离散调谐；b)开关寄生电容的影响

例 5-17　如果图 5-47 中的三个开关断开，尝试绘制 A 和 B 处的波形，并解释如果 X 和 Y 处的峰值电压摆幅较大时会发生什么。

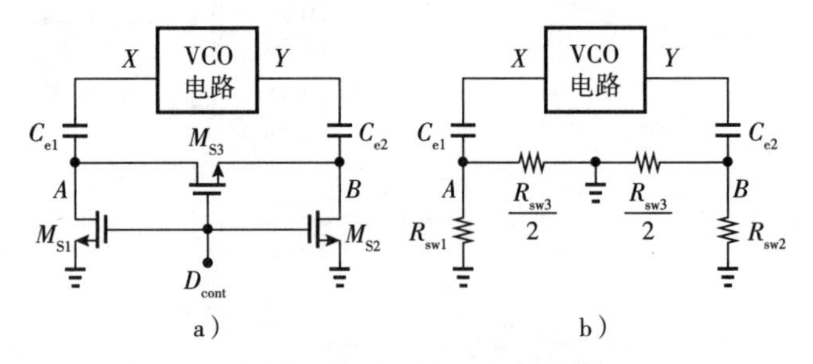

图 5-47　使用差分开关降低串联电阻

解： 开关断开时，X 和 Y 处的电压摆幅分别耦合到 A 和 B，由于受到 A 和 B 到地之间寄生电容的影响，幅度会轻微衰减。V_X 和 V_Y 的 CM 电平接近 V_{DD}，而 V_A 和 V_B 的 CM 电平大约为零。这是因为 M_{S1} ~ M_{S3} 的泄漏电流将这些节点放电到地。因此，我们认识到 V_A 或 V_B 在整个周期的一半时间内会在零电平以下，从而获得如图 5-48a 所示的波形。在此持续时间内，M_{S1}(或 M_{S2})的漏-体结和 M_{S3} 的漏-体结或源-体结处于正向偏置，如图 5-48b 所示。如果 A 和 B 处的峰值负摆幅超过大约 0.7 V，则这些二极管会导通，从而对地的电阻很小。

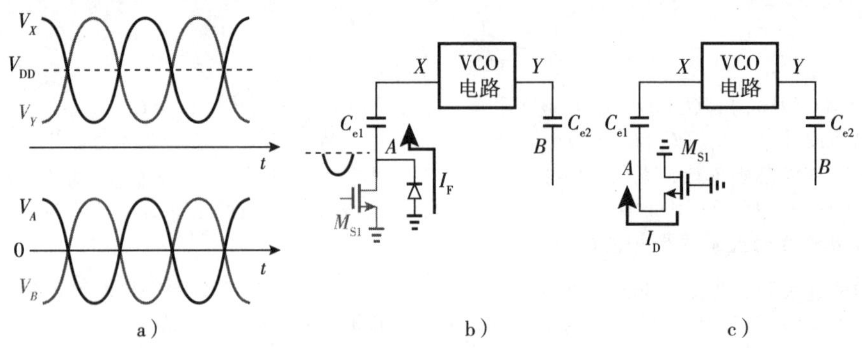

图 5-48　a)振荡器输出和底板电压波形；b)结的导通；c)MOS 器件的导通

⊖　也可以说，主开关的结泄漏使这些节点电压为零，从而消除了对其他两个开关的需求。

即使 A 和 B 处有几百毫伏的峰值摆幅，当 V_A 和 V_B 都为负值时，M_{S1} 和 M_{S2} 仍会部分打开，见图 5-48c。由于 M_{S1} 和 M_{S2} 的尺寸较小，并且它们在饱和区工作，因此这些晶体管的闪烁噪声会产生明显的相位噪声(为什么?)。

为了避免上述例题中描述的问题，我们对设计进行修改，如图 5-49 所示。在此，当 $M_{S1}\sim M_{S3}$ 关断时，A 和 B 通过大电阻连接至 V_{DD}。这些电阻不会降低振荡器的 Q，但是它们的噪声会调制 $M_{S1}\sim M_{S3}$ 的结电容，从而调制谐振频率。

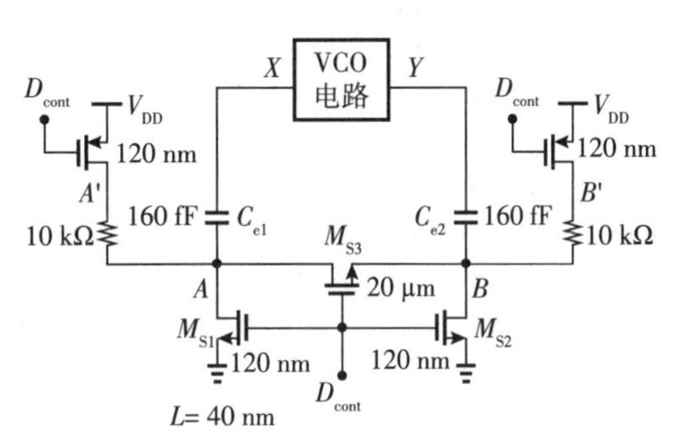

图 5-49 额外的上拉电阻可避免 NMOS 开关导通

通过对上述电路进行仿真，我们发现当 $M_{S1}\sim M_{S3}$ 关闭时，f_0 仅达到 5.5 GHz。这是因为这些开关的寄生电容通过 C_{e1} 和 C_{e2} 会加载到腔体。因此，在图 5-46a 中，我们将电容减小至 400 fF。

图 5-50a 描绘了最终的 VCO 设计，图 5-50b 描绘了其调谐特性以及在 10 kHz 和 10 MHz 偏移处四个边界的相位噪声。相对于图 5-37a 中非调谐振荡器的相位噪声，该设计在 5.71 GHz 处 5 dB 的相噪衰减是由尾晶体管闪烁噪声的 AM/PM 转换引起的。

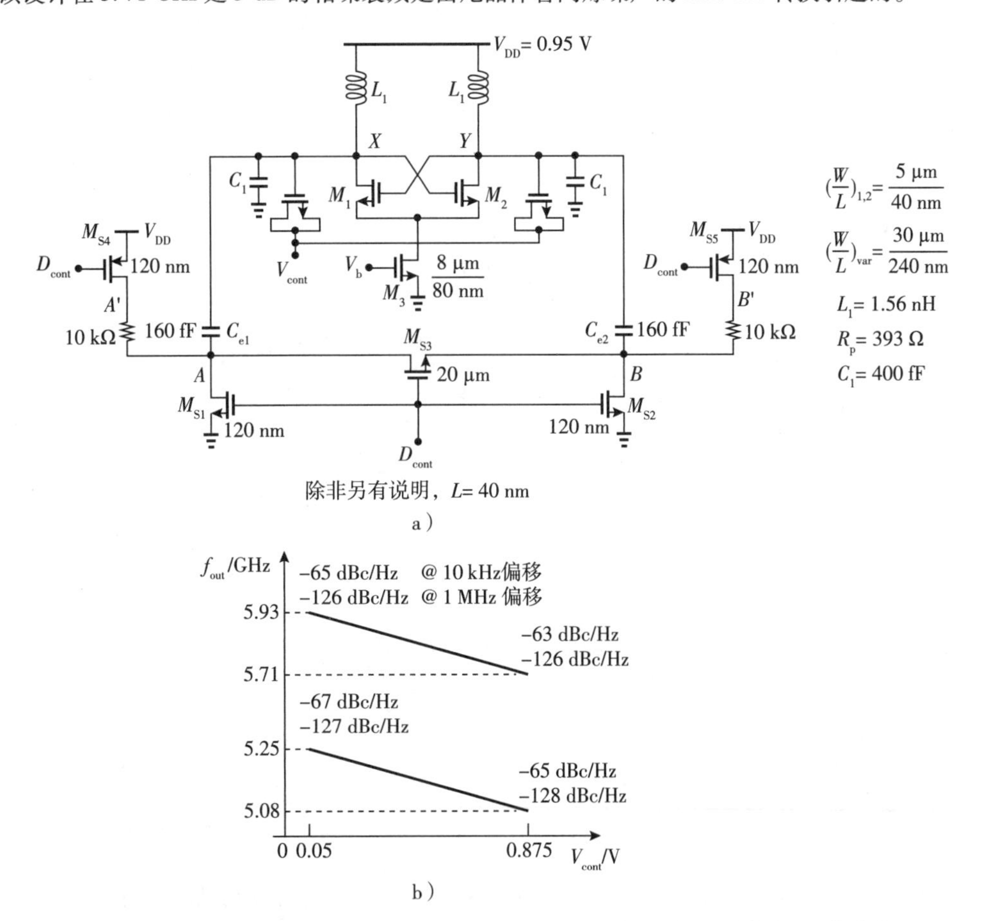

图 5-50 a)最终的 VCO 设计；b)在 10 kHz 和 10 MHz 偏移下的调谐特性和相位噪声

在设计工作的最后一步，我们分解图 5-50a 中的离散调谐器件，以便获得跨越 5～5.9 GHz 范围的重叠特性。最初的猜测是，我们用 8 个 20 fF 电容代替 C_{e1} 和 C_{e2}。原则上，现在必须将分立调谐网络中的所有器件按比例缩放 8 倍，但 M_{S1}、M_{S2}、M_{S4} 和 M_{S5} 是最小尺寸的晶体管，无法按比例缩小。同样，上拉电阻不能超过 10 kΩ。因此，我们得到如图 5-51a 所示的网络，其中由 $D_1 \sim D_8$ 控制的 8 个相同部分提供调谐步长。当将 $D_1 \sim D_8$ 设置为逻辑零时，我们得到 $f_0 \approx 5.9$ GHz。为了减小 f_0，我们将 D_1 升高到 1，然后将 D_2 升高(保持 D_1 为 1)，以此类推。因此，数字控制输入遵循“温度计”码。图 5-51b 说明了该操作。

总体的调谐特性如图 5-51c 所示，有两点值得一提。首先，特性并不能覆盖相同的频率范围：随着更多的恒定电容切换到腔体中，该范围会略有减小(为什么?)。其次，由于这个原因，随着 $D_1 \sim D_8$ 从 0…0 变化到 1…1，连续特性之间的重叠从 100 MHz 下降到 80 MHz。如果对于较高的曲线选择小于 20 fF 的单位电容，而对于较低的曲线选择更大的单位电容，则可以缓解这种不均匀性。

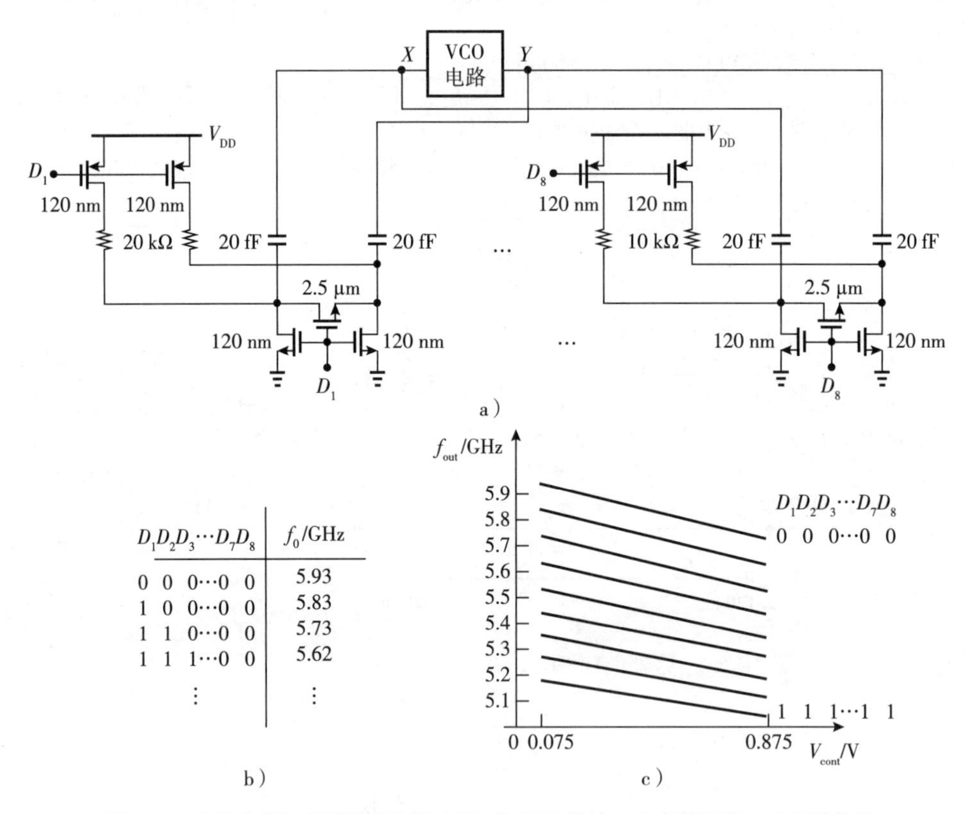

图 5-51 a)具有精细离散调谐的图 5-50a 的 VCO 设计；b)离散调谐；c)调谐特性

5.5.4 振荡器设计步骤总结

本节进行的设计遵循系统性的步骤：

- 选择功率预算 P 和输出电压摆幅 V_0。后者的选择要注意不将交叉耦合的晶体管驱动到三极管区。由 P 和 V_0 确定 I_{SS} 和 R_p。
- 找到在 f_0 处具有必要值 R_p 的最小电感。这一选择可转化为寻找满足条件且有最高 Q 的电感。

- 选择交叉耦合晶体管的必要宽度，以允许在电压摆幅为 V_0 的情况下完全切换尾电流。实际上，我们将该宽度加倍或增加三倍，以确保即刻切换，获得接近方波的漏极电流，从而确保单端峰-峰值摆幅接近 $(4/\pi)I_{SS}R_p$。
- 向腔体中引入足够的电容，以获得最高的目标频率。
- 使用式(5-30)，估计相位噪声，如果不符合规范，则增加 I_{SS} 和/或应用线性缩放（或尝试使用其他振荡器拓扑）。
- 通过电流镜获得 I_{SS}，并通过适当的大小调整和滤波将其噪声影响降至最低。
- 添加变容二极管以获得 K_{VCO}，约为每伏电压下 ω_0 的百分之几。
- 向腔体中引入足够的恒定电容，以获得最低的目标频率。
- 分解该电容，以获得具有足够重叠比例的离散调谐特性。

该过程提供了一阶设计，然后可以通过迭代进行完善。

习题

5.1 LC 振荡器包含一个由 L_1、C_1 和 R_p 并联组成的腔体。假设注入腔体的电流类似于方波。如果 L_1 没有串联电阻，则计算腔体两端电压中三次谐波幅度与一次谐波幅度之比。

5.2 式(5-12)似乎表明，相位噪声不取决于腔体的电感值。这是对的吗？

5.3 两个不同的（理想）腔体设计为具有相同的电容但具有不同的电感。仔细地为每个腔体构造图 5-17 的曲线，并确定相似点和不同点。

5.4 我们将理想腔中的电容加倍，电感减半。解释图 5-17 会发生什么。

5.5 式(5-12)表示相位噪声与 $(C_aV_0)^2$ 成反比。注意，C_aV_0 是 C_a 的初始电荷。我们可以用流过电感的峰值电流来表示 $S_{\phi n}(f)$ 吗？

5.6 证明在图 5-18b 中，如果在尾节点看到的阻抗是无限的，则 I_{n1} 不会流过 L_1。假设 M_1 处于饱和状态。（*提示：在尾节点写一个 KCL，在 M_1 的漏极写一个 KCL。*）

5.7 如果 M_1 在三极管区，重复上一个习题。

5.8 图 5-18b 的尾节点处的寄生电容使 I_{n1} 中的一部分流过 L_1。如果 I_{n1} 的 10%通过电感，则估计最大可容许电容。

5.9 如果给定了 V_0 和图 5-18a 中的振荡频率，则我们可以在电路中做些什么改变以缩短 M_1 和 M_2 都导通的时间？

5.10 在如图 5-52 所示的电路中，开关 S_1 以 50%的占空比导通和关断。确定 $V_{n,out}$ 的频谱。

5.11 在图 5-21 的电路中，我们将 I_{SS} 以及 M_1 和 M_2 的宽度加倍。解释 V_1 和 ΔT 会发生什么。假设振荡频率相对恒定。

5.12 在上一个习题中，式(5-21)和式(5-23)会发生什么？

5.13 在图 5-21 的电路中，我们将 L_1 和 R_p 减半，并使腔体电容加倍。解释 V_1 和 ΔT 会发生什么。假设振荡频率相对恒定。

5.14 在上一个习题中，式(5-21)和式(5-23)中的 $S_{inj}(f)$ 会发生什么？

5.15 如果将 I_{SS} 和 $W_{1,2}$ 减半，则图 5-24a 中的 $G_{m,avg}$ 会怎样？假设振荡频率相对恒定。

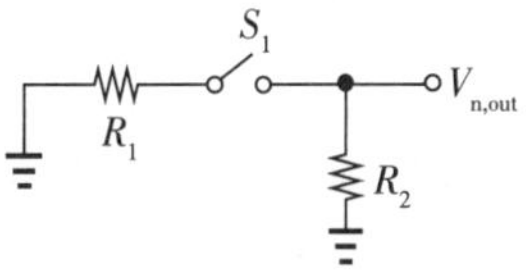

图 5-52　计算相噪的开关网络

5.16 对于图 5-21 的 LC 振荡器，我们进行以下实验。我们将 L_1 和 L_2 加倍，并将腔体电容和 I_{SS} 减半。如果 Q 和振荡频率保持恒定，则 R_p 会加倍。如式(5-30)所预测的，相位噪声会发生什么？这种情况说明了相位噪声与功耗之间的折中。

5.17 重复上一个习题，但 I_{SS} 保持不变。尽管电压摆幅较大，但仍假设 M_1 和 M_2 并未进入三极管区。较低的相位噪声仅表示原始设计未优化，因为未将其电压摆幅选择得尽可能大。

5.18 我们设计两个简单的 LC 振荡器，分别用于频率 f_0 和 $2f_0$。后者是通过将腔体电感和电容减半后从前者获得的。设计的其他部分保持不变。使用式(5-30)，比较两个振荡器的相位噪声，如果：① Q 与频率呈线性比例(乐观的假设)；② Q 为常数(悲观的假设)。

5.19 在图5-28的电路中，M_1 和 M_2 的开关动作将 I_{nT} 与振荡频率的三次谐波混频。检查 I_{nT} 中的噪声频率，并确定是否由于这种混频而将其中任意噪声转换为相位噪声。

5.20 我们希望减小图5-27中 $2\omega_0$ 处的尾噪声电流。如图5-53所示，我们通过在 $2\omega_0$ 处腔体谐振使电流源退化。如果腔体在该频率下减小为等于 R_T 的电阻，确定 I_{nT} 中的噪声电流。

5.21 我们在5.5.2节中观察到，如果图5-37a中的尾电流加倍，则电压摆幅将增加一倍以上(单端摆幅将从425 mV_{pp} 上升至900 mV_{pp})。假设摆幅正好翻倍。由式(5-17)确定 ΔT 如何变化。(提示：平衡过驱动增加了 $\sqrt{2}$ 倍。)较小的 ΔT 对漏极电流的波形及其一次谐波意味着什么？

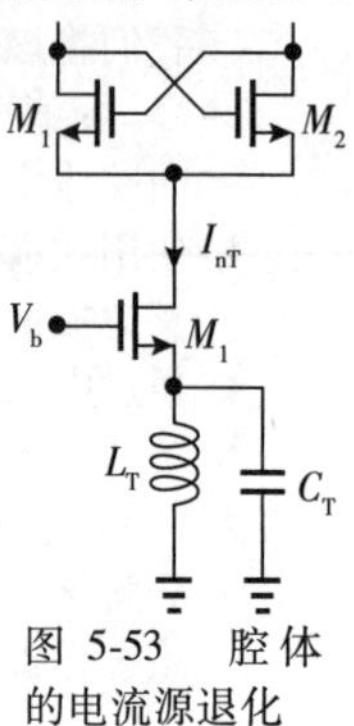

图5-53 腔体的电流源退化

参考文献

[1]. S. Jenei, B. K. J. C. Nauwelaers, and S. Decoutere, "Physics-based closed-form inductance expressions for compact modeling of integrated spiral inductors," *IEEE J. of Solid-State Circuits,* vol. 37, pp. 77-80, Jan. 2002.

[2]. S. S. Mohan et al., "Simple accurate expressions for planar spiral inductances," *IEEE J. Solid-State Circuits,* vol. 34, pp. 1419-1424, Oct. 1999.

[3]. A. Niknejad and R. G. Meyer, "Analysis, design, and optimization of spiral inductors and transformers for Si RF ICs," *IEEE J. Solid-State Circuits,* vol. 33, pp. 1470-1481, Oct. 1998.

[4]. M. Kraemer, D. Dragomirescu, and R. Plana, "Accurate electromagnetic simulation and measurement of millimeter-wave inductors in bulk CMOS technology," *IEEE Topical Meeting on Silison Monolithic Integrated Circuits in RF Systems,* Jan. 2010.

[5]. A. Zolfaghari, A. Y. Chan, and B. Razavi, "Stacked inductors and transformers in CMOS technology," *IEEE J. Solid-State Circuits,* vol. 36, pp. 620-628, April 2001.

[6]. B. Razavi, *RF Microelectronics*, Second Edition, Upper Saddle River, NJ: Prentice-Hall, 2012.

[7]. M. Danesh et al., "A Q-factor enhancement technique for MMIC inductors," *Proc. IEEE Radio Frequency Integrated Circuits Symp.*, pp. 217-220, April 1998.

[8]. P. Yue and S. S. Wong, "On-chip spiral inductors with patterned ground shields for Si-based RF ICs," *IEEE J. Solid-State Circuits,* vol. 33, pp. 743-751, May 1998.

[9]. E. Hegazi, H. Sjoland, and A. A. Abidi, "A filtering technique to lower LC oscillator phase noise," *IEEE J. Solid-State Circuits,* vol. 36, pp. 1921-1930, Dec. 2001.

[10]. P. Andreani and A. Fard, "More on the 1/f phase noise performance of CMOS differential-pair LC -tank oscillators," *IEEE J. Solid-State Circuits,* vol. 41, pp. 2703-2712, Dec. 2006.

[11]. L. W. Couch, *Digital and Analog Communication Systems,* Fourth Edition, New York: Macmillan Co., 1993.

[12]. P. Andreani et al, "A study of phase noise in Colpitts and LC-tank CMOS oscillators," *IEEE J. Solid-State Circuits,* vol. 40, pp. 1107-1118, May 2005.

|Chapter 6| 第6章

高级振荡器

在本章中，我们将通过更高级的原理来提升对相位噪声和 LC 振荡器的研究。我们首先介绍一种相位噪声分析方法，该方法得出了一些关键的结论。接下来，我们将分析在实践中被证明有用的高级 LC 振荡器拓扑。这种拓扑包括互补交叉耦合振荡器、C 类振荡器和正交振荡器。

6.1 通过脉冲响应进行相位噪声分析

在上一章中，我们在交叉耦合 LC 振荡器中计算了各种相位噪声机制。在某些情况下，我们引用了以下原理：如果上升和下降转变是对称的，则某些晶体管的闪烁噪声不会转换为相位噪声。在本节中，我们将根据文献[1]中的分析来得到此原理。

6.1.1 相位脉冲响应

考虑一个理想的 LC 腔，该腔由于初始条件而产生正弦输出，如图 6-1a 所示。在振荡期间，L_1 和 C_1 交换初始能量，前者在过零点处携带全部能量，而后者在峰值处携带全部能量。我们假设电路以电容两端的初始电压 V_0 为起始状态。现在，假定在输出电压的峰值处向振荡电路注入了电流脉冲，如图 6-1b 所示，并由此在 C_1 两端产生电压阶跃。如果

$$I_{in}(t) = I_1\delta(t - t_1)^{\ominus} \tag{6-1}$$

那么额外的能量会产生更大的振荡幅度：

$$V_p = V_0 + \frac{I_1}{C_1} \tag{6-2}$$

此处的关键点是，峰值处的注入不会干扰振荡的相位。

接下来，我们假设在零点处注入了电流脉冲。电压阶跃再次产生，但导致相位跳变，如图 6-1c 所示。由于电压从 0 跳变到 I_1/C_1，因此相位被扰动的量等于 $\arcsin[I_1/(C_1V_0)]$。因此，我们得出结论：如果在峰值处注入噪声，则仅产生振幅调制；如果在零点处注入噪声，则仅产生相位调制。

现在，我们将输出相位变化绘制为电流脉冲注入时间的函数曲线。如上所述，在 V_{out} 峰值处注入会产生零相位变化，而在零点处注入会产生较大的变化。图 6-2 描绘了该结果，我们可以将其视为振荡器的相位脉冲响应。我们将在例 6-4 中得到该响应的形状。

例 6-1 说明如何通过分析确定图 6-1 中电流脉冲的影响。假设 C_1 的初始条件是由 $t=0$ 时刻的脉冲产生的。

⊖ 注意，此式中的 I_1 实际上是电荷量，因为它表示脉冲下的面积。

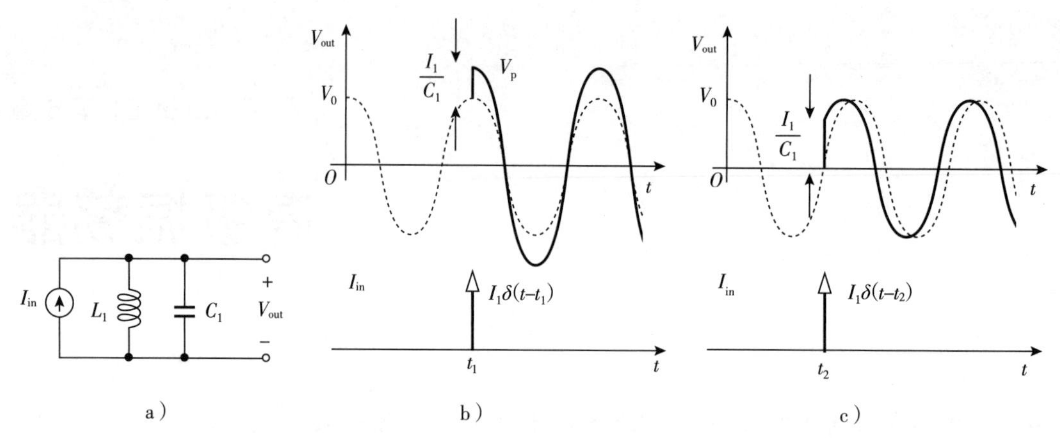

图 6-1 a)具有电流脉冲的理想 LC 腔；b)在波形峰值处的脉冲注入效应；c)在波形零点处的脉冲注入效应

解：腔体的线性特性允许对注入电流(输入)和电压波形(输出)进行叠加。输出波形包括两个正弦波分量，一个是在 $t=0$ 时的初始脉冲(振荡波形)，另一个是在 t_1 或 t_2 时的脉冲。图 6-3 说明了两种情况下的这些分量：如果在 t_1 注入，则脉冲导致正弦波与原始分量完全同相；如果在 t_2 注入，则脉冲产生相对于原始分量异相 90°的正弦波。在前一种情况下，峰不受影响；在后一种情况下，零点不受影响。

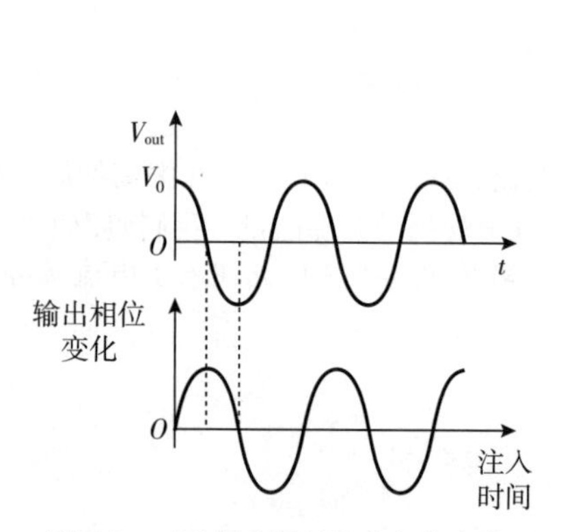

图 6-2 正弦振荡器的输出相位变化

振荡波形
$I_1\delta(t-t_1)$
产生的输出
$I_1\delta(t-t_2)$
产生的输出

图 6-3 使用叠加计算脉冲响应

例 6-2 振荡器产生具有有限上升和下降时间的方波。画出输出相位变化，该变化是电流脉冲注入时间的函数。

解：如图 6-4 所示，如果脉冲“击中”V_{out} 的平坦部分，则输出相位不会改变。仅在过渡期间，电流(或电压)脉冲会产生相位变化。注意，图 6-2 和图 6-4 展示了非常不同的相位脉冲响应。在这两种情况下，脉冲响应都表示时变系统，因为该响应取决于脉冲的注入时间。

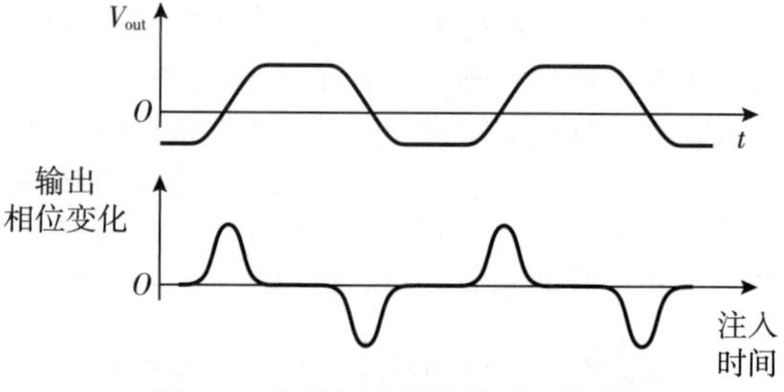

图 6-4 方波振荡器的脉冲灵敏度

上述观察结果表明，需要一种量化振荡器中每个噪声源如何以及何时影响输出波形的方法。当晶体管导通和截止时，噪声源可能仅出现在输出电压的峰值附近，从而产生可忽略不计的相位噪声；而另外的噪声源可能出现在零点附近，从而产生大量的相位噪声。为此，我们定义一个从每个噪声源到输出相位的线性时变系统。线性特性是合理的，因为噪声电平非常小，并且需要时间方差来获得噪声在输出端出现时间的影响。

对于线性时变系统，卷积特性保持不变，但是脉冲响应随时间变化，如图 6-2 和图 6-4 所示。因此，响应于噪声 $n(t)$ 的输出相位由下式给出：

$$\phi(t)=h(t,\tau)*n(t) \tag{6-3}$$

式中，$h(t,\tau)$ 是从 $n(t)$ 到 $\phi(t)$ 的时变脉冲响应。在振荡器中，$h(t,\tau)$ 周期性变化：如图 6-5 所示，在 $t=t_1$ 时刻或此后的整数倍周期时注入的噪声脉冲会产生相同的相位变化。现在，输出相位噪声计算的任务包括为每个噪声源计算 $h(t,\tau)$ 并将其与噪声波形进行卷积。脉冲响应 $h(t,\tau)$ 在文献[1]中被称为“脉冲敏感度函数”(Impulse Sensitivity Function，ISF)。

图 6-5 振荡器中的周期性脉冲响应

例 6-3 说明图 6-1a 中的 LC 谐振腔如何具有随时间变化的行为，即使电感和电容的值保持恒定。

解： 时间变化源于有限的初始条件(例如，C_1 两端的初始电压)。在初始条件为零的情况下，电路从零输出开始，表现出对输入的时不变响应。然而，非零初始条件会导致不同的响应。这种情况也发生在简单的一阶 RC 电路中。

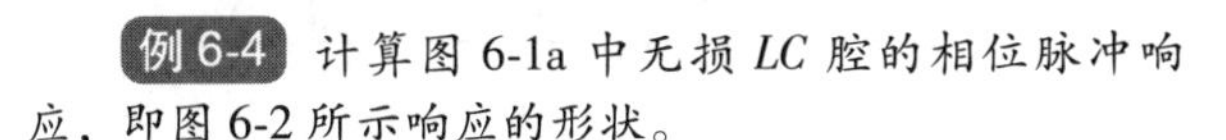

例 6-4 计算图 6-1a 中无损 LC 腔的相位脉冲响应，即图 6-2 所示响应的形状。

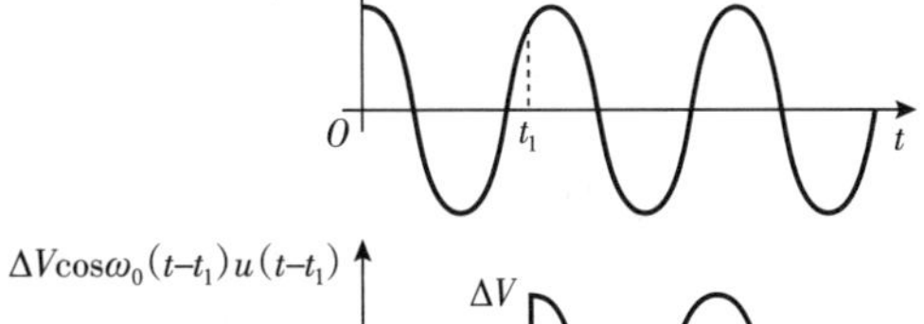

图 6-6 用于计算 LC 腔相位脉冲响应的波形

解： 我们采用例 6-1 的叠加分析方法，并希望计算在任意时间 t_1 由电流脉冲产生的相位变化(见图 6-6)。总输出电压可以表示为

$$V_{out}(t)=V_0\cos\omega_0 t+\Delta V[\cos\omega_0(t-t_1)]u(t-t_1) \tag{6-4}$$

式中，ΔV 由脉冲下的面积(图 6-1 中的 I_1)除以 C_1 得到。对于 $t\geq t_1$，V_{out} 等于两个正弦波之和：

$$V_{out}(t)=V_0\cos\omega_0 t+\Delta V\cos\omega_0(t-t_1) \quad (t\geq t_1) \tag{6-5}$$

上式在第二项经过展开和重新组合后可以变为

$$V_{out}(t)=(V_0+\Delta V\cos\omega_0 t_1)\cos\omega_0 t+\Delta V\sin\omega_0 t_1\sin\omega_0 t \quad (t\geq t_1) \tag{6-6}$$

因此，输出相位等于

$$\phi_{out}=\arctan\frac{\Delta V\sin\omega_0 t_1}{V_0+\Delta V\cos\omega_0 t_1} \quad (t\geq t_1) \tag{6-7}$$

有趣的是，ϕ_{out} 通常并不是 ΔV 的线性函数。但是，如果 $\Delta V<<V_0$，那么

$$\phi_{out}\approx\frac{\Delta V}{V_0}\sin\omega_0 t_1 \quad (t\geq t_1) \tag{6-8}$$

如果归一化为输入脉冲(I_1)下的面积，则此结果将产生脉冲响应：

$$h(t,\ t_1)=\frac{1}{C_1 V_0}\sin\omega_0 t_1 u(t-t_1) \tag{6-9}$$

该响应相对于振荡波形具有正交关系。正如所预料的，$h(t,t_1)$在$t_1=0$时为零(在$V_0\cos\omega_0 t$的峰值处)，在$t_1=\pi/(2\omega_0)$时为最大值(在$V_0\cos\omega_0 t$的零点处)。

现在，我们回到式(6-3)并确定如何进行卷积。从线性时不变系统开始分析是很有启发性的。给定的输入$x(t)$可以通过一系列时域脉冲来近似，每个脉冲都在很短的时间跨度内携带$x(t)$的能量，如图6-7a所示：

$$x(t)\approx\sum_{n=-\infty}^{+\infty}x(t_n)\delta(t-t_n) \tag{6-10}$$

每个脉冲都会在t_n处产生系统的时不变脉冲响应。因此，$y(t)$由$h(t)$的时移副本组成，每个副本都根据$x(t)$的值在幅度上进行相应缩放：

$$y(t)\approx\sum_{n=-\infty}^{+\infty}x(t_n)h(t-t_n) \tag{6-11}$$

$$=\int_{-\infty}^{+\infty}x(\tau)h(t-\tau)\mathrm{d}\tau \tag{6-12}$$

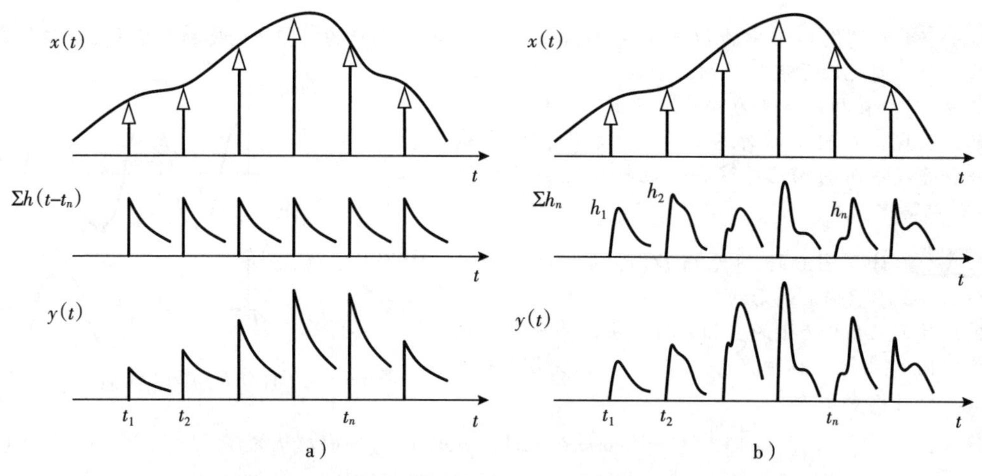

图6-7　a)时不变系统的卷积；b)时变线性系统的卷积

现在，考虑如图6-7b所示的时变线性系统。在这种情况下，$h(t)$的时移副本可能会有所不同，我们将它们表示为$h_1(t)$，$h_2(t)$，…，$h_n(t)$，且$h_j(t)$是t_j附近的脉冲响应。它遵循

$$y(t)\approx\sum_{n=-\infty}^{+\infty}x(t_n)h_n(t) \tag{6-13}$$

我们如何将这些脉冲响应表示为连续时间函数呢？我们将它们简单地写为$h(t,\tau)$，其中τ是特定的时移。例如，$h_1(t)=h(t,\ 1\ \text{ns})$，$h_2(t)=h(t,\ 2\ \text{ns})$，以此类推。于是有

$$y(t)=\int_{-\infty}^{+\infty}x(\tau)h(t,\ \tau)\mathrm{d}\tau \tag{6-14}$$

例6-5　将具有白噪声频谱$S_i(f)$的电流$i_n(t)$注入图6-1a的谐振腔中。确定产生的相位噪声。

解：由式(6-9)和式(6-14)可得

$$\phi_n(t)=\int_{-\infty}^{+\infty}i_n(\tau)\frac{1}{C_1V_0}\sin\omega_0\tau u(t-\tau)\mathrm{d}\tau \tag{6-15}$$

$$=\frac{1}{C_1V_0}\int_{-\infty}^{t}i_n(\tau)\sin\omega_0\tau\mathrm{d}\tau \tag{6-16}$$

如果 $i_n(t)$是白噪声，那么 $g(t)=i_n(t)\sin\omega_0 t$ 也是白噪声(习题6.2)，但是频谱密度是 $i_n(t)$的一半：

$$S_g(f)=\frac{1}{2}S_i(f) \tag{6-17}$$

因此，我们的任务简化为寻找输入为 $g(t)$而输出为 $\phi_n(t)$的系统的传递函数，如图6-8a所示。作为积分器，这样的系统提供的传递函数等于 $H(s)=[1/(C_1V_0)](1/s)$。它遵循

$$S_{\phi n}(f)=|H(\mathrm{j}\omega)|^2S_g(f) \tag{6-18}$$

$$=\frac{1}{C_1^2V_0^2}\frac{1}{(2\pi f)^2}\frac{S_i(f)}{2} \tag{6-19}$$

在习题6.3中，我们将此结果与式(5-12)进行调和。正如预期的那样，相对相位噪声与振荡峰值幅度 V_0 成反比。图6-8b对该式进行了描述。

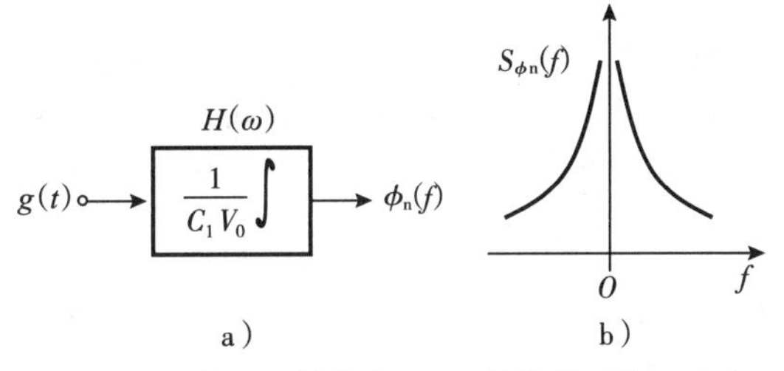

图6-8 a)将 $g(t)$转换为 $\phi_n(t)$的等效系统；b)产生的相位噪声频谱

读者可能会对这些结果提出质疑：如果将具有非零初始条件的无损腔视为具有无限大 Q 值的振荡器，那么为什么相位噪声不为零？我们认识到，当 $Q\to\infty$ 时，维持振荡所需的晶体管宽度和偏置电流会变得无限小。这样，晶体管便会尽早注入零噪声，也就是说，如果 $i_n(t)$表示晶体管噪声，则 $S_i(f)$接近零。

例6-6 上例中 $i_n(t)$中的哪些频率分量会产生明显的相位噪声？

解： 由于将 $i_n(t)$乘以 $\sin\omega_0 t$，ω_0 附近的噪声分量会转换到零频率附近，并出现在式(6-19)中。因此，对于正弦相位脉冲响应，只有 ω_0 附近的噪声频率会产生明显的相位噪声。通常，我们必须检查所有在 $S_{\phi n}(f)$内可能接近零的噪声频率分量。

总之，对于振荡器中的每个噪声源 $n(t)$，我们可以获得相位噪声脉冲响应 $h(t,\tau)$，并通过 $\phi_n(t)=h(t,\tau)*n(t)$来获得相应的相位噪声。如上所述，必须对时域方程进行处理，以产生 ϕ_n 的频谱。

6.1.2 闪烁噪声的影响

由于周期性，振荡器的脉冲响应可以表示为傅里叶级数：

$$h(t,\tau)=[a_0+a_1\cos(\omega_0t+\phi_1)+a_2\cos(2\omega_0t+\phi_2)+\cdots]u(t-\tau) \tag{6-20}$$

式中，a_0 是 $h(t,\tau)$的平均值(或"dc值")。在上面研究的 LC 腔中，对于所有的 $j\neq1$ 都有 $a_j=0$，但通常这可能不正确。特别地，假设 $a_1\neq0$ 和 $a_0\neq0$。前者适合进行例6-5中的分析，将 $i_n(t)$中 ω_0 附近的噪声分量转换为接近于零的 $S_{\phi n}(f)$。另外，对于后者，响应于注入噪声 $i_n(t)$的相位噪声为

$$\phi_{n,a0}=\int_{-\infty}^{t}a_0i_n(\tau)\mathrm{d}\tau \tag{6-21}$$

根据例6-5，积分等于 $1/s$ 的传递函数，从而产生以下频谱：

$$S_{\phi n,a0}(f)=\frac{a_0^2}{(2\pi f)^2}S_i(f) \tag{6-22}$$

$S_i(f)$的哪些成分会产生明显的相位噪声呢？由于$S_{\phi n,a0}(f)$以零为中心，因此$S_i(f)$中的低频噪声[会直接乘以$a_0^2/(2\pi f)^2$]贡献最大。这里的关键是，如果$h(t,\tau)$的“dc”值不为零，则振荡器中MOS晶体管的闪烁噪声会产生相位噪声。由于a_0与$h(t,\tau)$的对称性有关，因此$1/f$噪声的低频上变频要求电路设计具有奇对称的$h(t,\tau)$[1]。这是因为奇周期函数的平均值为零。但是，电路中不同晶体管的$1/f$噪声可能会看到不同的脉冲响应，因此可能无法最小化所有$1/f$噪声源的上变频。一般而言，相位噪声频谱具有如图6-9所示的形状。

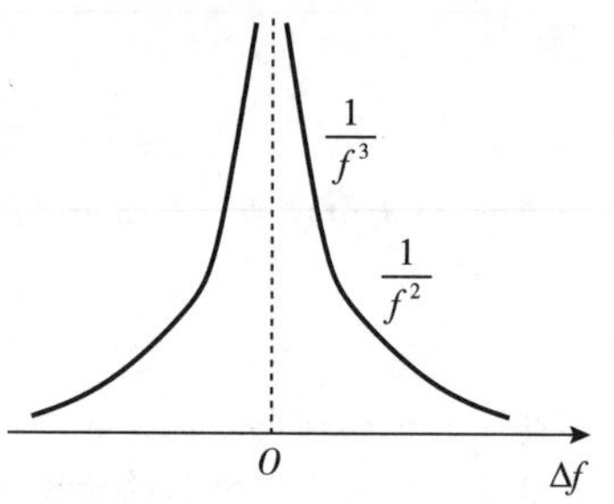

图6-9　显示闪烁噪声和白噪声区域的相位噪声分布图

现在总结一下我们的想法。假设对于振荡器中的给定噪声源，呈现周期波形的相位脉冲响应是奇函数。然后，其傅里叶级数不包含直流项，并且该噪声源中的低频分量不会成为相位噪声。另外，如果dc项不为零，则MOSFET的较大闪烁噪声会转化为相位噪声。

从振荡器的电压和电流波形，我们能否判断ISF为奇函数？在某些情况下，确实可以。具体来说，如果电压或电流的上升和下降过渡是不对称的，则相位脉冲响应也将变得不对称。图6-10中所示的示例说明了由于上升和下降时间不相等而导致的不对称相位跳变。

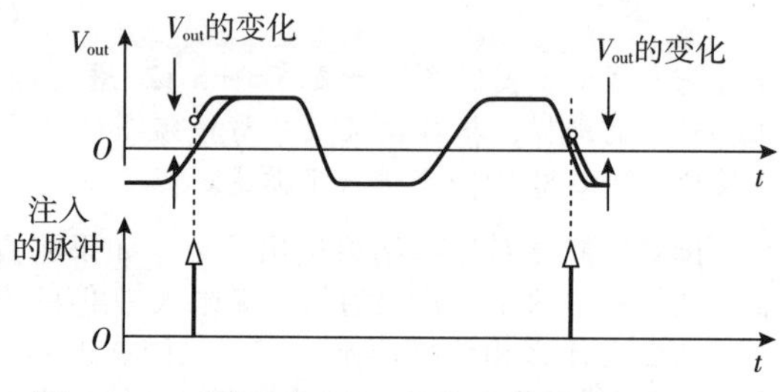

图6-10　上升和下降时间不相等对脉冲敏感度的影响

在两种情况下，上升/下降时间与ISF之间的这种对应关系无法预测闪烁噪声的上变频：①基于反相器的环形振荡器；②如果简单结构的交叉耦合LC振荡器的晶体管遵守平方律，并且处于饱和状态。

6.1.3　周期平稳噪声

我们还必须考虑周期平稳噪声的影响。这种噪声可以看作平稳噪声$n(t)$乘以周期性包络$e(t)$。式(6-14)可以写为

$$y(t)=\int_{-\infty}^{+\infty} n(\tau)e(\tau)h(t,\ \tau)\mathrm{d}\tau \tag{6-23}$$

该式暗示$e(\tau)h(t,\tau)$可被视为“有效”脉冲响应[1]。换句话说，$n(t)$对相位噪声的影响最终取决于周期平稳噪声包络与$h(t,\tau)$的乘积。

这种进行相位噪声分析的方法通常要求根据每个器件的多次仿真确定噪声包络和脉冲响应。因此，设计优化可能会是一项艰巨的任务。

6.2　电流限制与电压限制相位噪声

在第5章中，LC振荡器设计研究假设偏置电流由功率预算决定。如果解除功率限制但电源电压保持恒定，那么简单交叉耦合拓扑的相位噪声会发生什么呢？

从低尾电流源开始，我们观察到电压摆幅很小，交叉耦合的晶体管避开了三极管区，并且$S_{\phi n}\propto 1/I_{SS}^2$。也就是说，将$I_{SS}$加倍可使整个相位噪声分布降低6 dB。因此，相位噪声是“电流限制”的。这种趋势一直持续到单端峰-峰值摆幅超过V_{TH}为止，此时晶体管在该时段的一部分内进入三极管区。如第5章所述，闪烁噪声机制不再下降。

随着我们进一步提高I_{SS}，电压摆幅最终受电源电压限制。超过这一点，增加偏置电流不会降低$S_{\phi n}$。现在，相位噪声是“电压限制”的。从更一般的意义上讲，如果增加电压摆幅(例如，通过增加I_{SS}或R_p)不会降低相位噪声，则可以说相位噪声是受电压限制的。

6.3　含互补交叉耦合对的振荡器

回顾第1章和第5章，交叉耦合晶体管在 LC 振荡器中起负电阻的作用。我们希望探索用同时包含 NMOS 和 PMOS 的交叉耦合对来实现此目的。为此，我们从“单对”LC 振荡器开始，将两个谐振腔的公共节点与 V_{DD} 断开，并添加一个 PMOS 对，如图 6-11a 所示。在这里，从 V_{DD} 到地的偏置电流路径由 M_3 和 M_4 提供，而不是由腔提供。当然，实际上，两个腔可以合并为一个，并且电感设计成对称螺旋形状。这种电路设计结构有时称为互补 LC 振荡器。

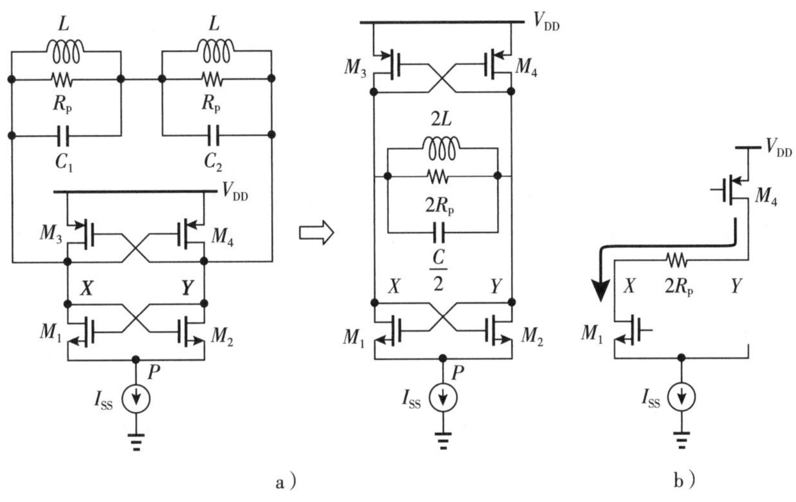

图 6-11　a)具有互补交叉耦合对的振荡器；b)M_2 和 M_3 断开时将电路简化

从小信号的角度看，这两个耦合对线并联工作，提供了 $g_{mN}+g_{mP}$ 的总跨导，即给定 I_{SS} 下的环路增益更高。这种拓扑的主要优点是与单耦合对拓扑相比，其电压摆幅更大。为了理解这一点，我们选择在 M_2 和 M_3 断开时将电路进行简化，如图 6-11b 所示，并认识到 I_{SS} 现在串联通过两个腔，从而产生大小为 $(8/\pi)R_pI_{SS}$ 的差分峰值电压摆幅。注意，每个腔在半周期内通过 $+I_{SS}$ 的峰值电流，在另半周期内通过 $-I_{SS}$ 的峰值电流。相比之下，前几章的 LC 振荡器的腔中通过的电流为 I_{SS} 或零。因此，对于给定的电源电流和电感 Q 值，互补拓扑提供了两倍的电压摆幅。

例 6-7　确定图 6-11a 中振荡器的输出共模电平。

解：我们考虑 $V_X=V_Y$ 的时间，注意，每侧承载的电流等于 $I_{SS}/2$。实际上，就 CM 电平而言，该电路可以简化为图 6-12，这表明 M_3 和 M_4 表现为两个二极管连接的器件，或者我们可以说，电感短路了来自 I_{SS} 的低频噪声。CM 电平由下式给出：

$$V_{CM}=V_{DD}-|V_{GSP,\,eq}| \tag{6-24}$$

式中，$|V_{GSP,eq}|$表示当 PMOS 晶体管的漏极电流等于 $I_{SS}/2$ 时的栅极-源极电压。有趣的是，I_{SS} 中的小波动在转化为 CM 干扰时会乘以 $1/(g_{m3}+g_{m4})$。这种影响会在图 5-46a 的拓扑中发生吗？（提示：该电路中的输出 CM 电平是多少？）

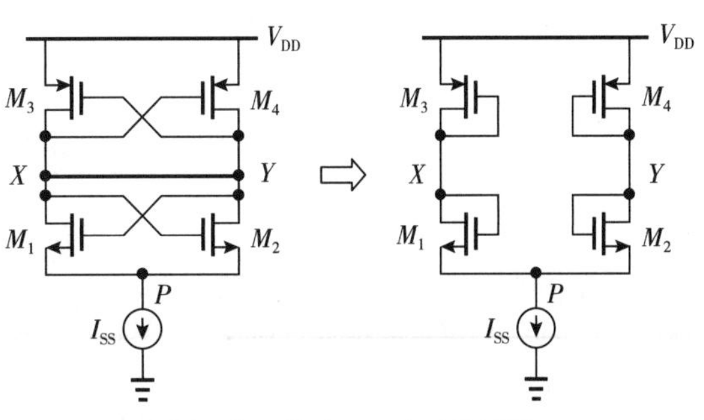

图 6-12　输出 CM 电平的计算

图 6-11a 中的互补对提供的两倍电压摆幅意味着功耗与相位噪声之间的折中更为宽松。回顾例 5-8，摆幅加倍可将晶体管噪声注入腔体的时间减半。在这种情况下，即使四个晶体管产生噪声，此处也会产生相同的效果使相位噪声降低 6 dB[2]。这意味着式(5-30)应该除以 4。重要的是要注意，只有在满足两个条件的情况下，这种优势才会产生。首先，$M_1 \sim M_4$ 不进入三极管区。其次，相对于"浮动"腔电容 C_1 和 C_2，从图 6-11a 中的 X 和 Y 看到的对地的(寄生)电容可忽略不计[2]。否则，PMOS 晶体管的源极与 V_{DD} 而非电流源相连，这会注入额外的噪声，从而降低相位噪声[2]。如下所述，实际上，低压设计对相位噪声的提升约为 3 dB。

6.3.1 设计问题

图 6-11a 的互补振荡器在当今的技术中面临几个严重的困难。在本节中，我们将更仔细地研究电路。为简单起见，有些图未显示腔电容。

与图 5-46a 的拓扑不同，互补结构在电压裕量中额外消耗一个 V_{GS}。如图 6-12 所示，当 V_X 和 V_Y 交叉时，该电路类似于两个二极管连接的器件和一个电流源的堆叠。因此，$V_{GSN}+|V_{GSP}|+V_{ISS}=V_{DD}$，其中 V_{ISS} 是 I_{SS} 所需的电压。我们可以分配较小的 V_{ISS}，但要以较高的尾噪声电流为代价。因此，图 6-11a 中的 $M_1 \sim M_4$ 比图 5-46a 中的 $M_1 \sim M_2$ 宽得多。同样，如果工艺技术允许，则可将低阈值器件用于 $M_1 \sim M_4$。

例 6-8 在 5.5.2 节中描述的设计示例假设 $I_{SS}=1$ mA，峰–峰单端电压摆幅为 0.5 V。我们应如何修改电路以实现互补操作？

解：如果我们使 $I_{SS}=1$ mA 并添加 PMOS 对，则期望输出摆幅翻倍，但使用 0.95 V 电源电压时，这是不可能的。实际上，图 6-11a 中的 $M_1 \sim M_4$ 进入三极管区，尾晶体管的 V_{DS} 极小。这意味着对于给定的 R_p，当我们改变为互补拓扑时(如果我们希望避免深三极管状态工作)，I_{SS} 必须减半(见图 6-13)。同样，如果 M_3 和 M_4 进入三极管区，则它们将充当电阻，将其各自漏极上的单端电容放电至 V_{DD}，从而降低 Q 值。

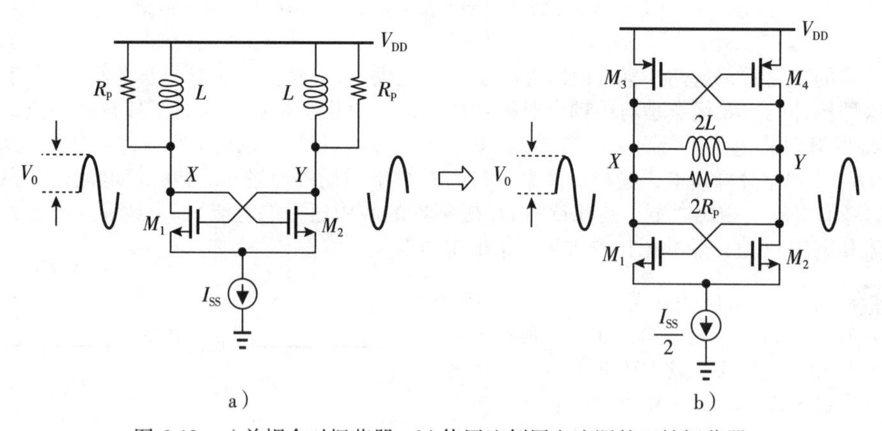

图 6-13 a)单耦合对振荡器；b)使用比例尾电流源的互补振荡器

图 6-13 所示的变换如何影响相位噪声呢？原则上，相位噪声不会改变，因为 I_{SS} 的一半降低抵消了互补结构的 6 dB 相位噪声优势[式(5-30)]。现在，我们可以应用线性缩放(第 5 章)，将相位噪声降低 3 dB，同时将尾电流提高回到 I_{SS}。这里的关键是，如果由于电压裕量限制，输出摆幅必须保持恒定，则互补振荡器可提供 3 dB 的优势。

互补振荡器的重要缺点是其输出 CM 电平由尾电流源调制。如图 6-14a 所示，这种效应可以表示为 $V_{CM}=I_{nT}/(2g_{m3,4})$(习题 6.4)。现在考虑如图 6-14b 所示的 VCO，注意，对于固定的 V_{cont}，变容二极管上的平均电压随输出 CM 电平变化，并因此随尾噪声变化。换句话说，因为可以简单地将 $I_{nT}/(2g_{m3,4})$

给出的 CM 干扰与 V_{cont} 串联，所以尾噪声会调制振荡频率。产生的相位噪声可以表示为

$$S_{\phi n}(f)=\frac{\overline{I_{nT}^2}}{4g_{m3,4}^2}\frac{K_{VCO}^2}{(2\pi f)^2} \tag{6-25}$$

我们应该指出，这种现象需要对变容二极管进行直接调制，并且与 AM/PM 转换不同，其转换更强(5.3.2 节)。在习题 6.5 中，我们解释了为什么在图 5-46a 的振荡器中上述效果不太明显。这种拓扑结构必需的宽尺寸晶体管也限制了其最大振荡频率。

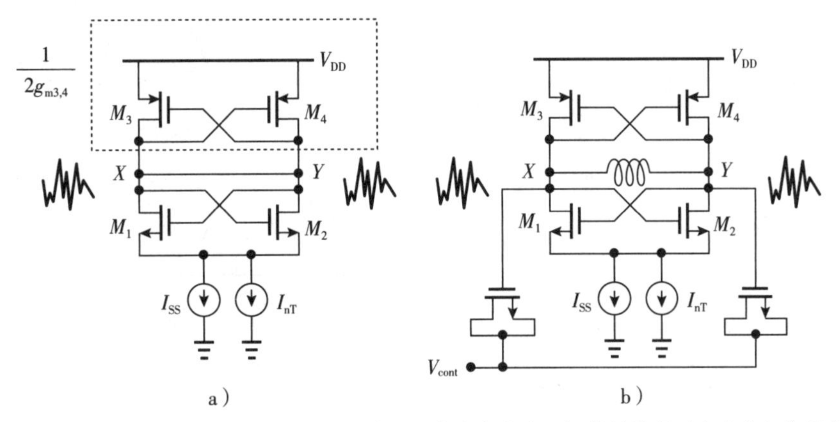

图 6-14 a)尾噪声对输出 CM 电平的影响；b)在存在变容二极管的情况下产生的相位噪声

例 6-9 在“顶部偏置”LC 振荡器中，我们如图 6-15a 所示放置电流源，以使输出 CM 电平在 $V_{DD}/2$ 附近，与下一级更加兼容。I_T 的低频噪声会调制变容二极管吗？

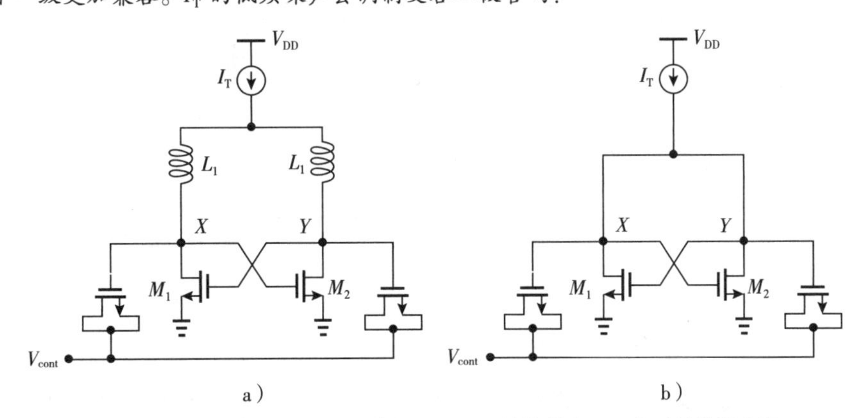

图 6-15 a)“顶部偏置”LC 振荡器；b)用于计算输出 CM 电平的等效电路

解： 调制确实存在。以类似于图 6-12 的方式，我们可以将振荡器简化为如图 6-15b 所示的结构，得出的结论是 I_T 的波动转化为 CM 调制。

6.3.2 设计示例

现修改图 5-37a 中的设计以进行互补操作。根据上一节中的观察和图 6-13 所示的变换，我们构造了如图 6-16a 所示的振荡器。我们选择较宽的低阈值晶体管，以便为尾电流源提供合理的电压裕量。恒定的腔电容减小，以实现在 5 GHz 下振荡。有趣的是，即使新振荡器的尾电流减小到 0.5 mA，它也

具有较大的输出摆幅。这是因为由 PMOS 晶体管提供的有源上拉使 NMOS 器件的导通转变变陡峭，从而提高了一阶谐波幅度。根据仿真，较高的摆幅将晶体管进一步驱动到三极管区，并导致大量的闪烁噪声上变频。因此，我们将 I_{SS} 降低至 450 μA。

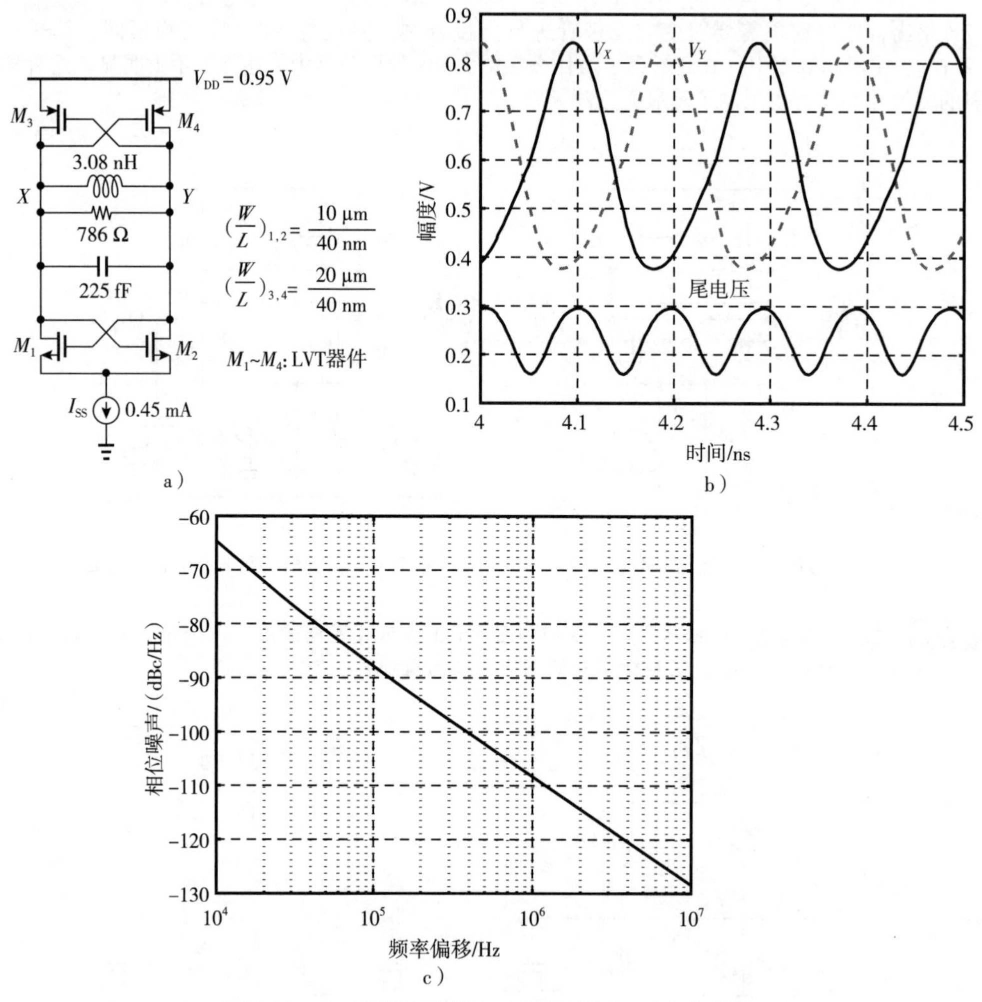

图 6-16 a)互补振荡器设计；b)输出波形；c)相位噪声

图 6-16b 绘制了电路的输出波形，图 6-16c 绘制了相位噪声。由于 X(或 Y)处的上升和下降时间不对称，因此 M_1 和 M_2 的闪烁噪声将 10 kHz 偏移处的相位噪声提高到−65 dBc[⊖](比图 5-38 高 3 dB)。但是在较高的偏移频率下，相位噪声接近图 5-38 中的曲线。当然，我们可以采用线性缩放，并在 $I_{SS}\approx$ 900 μA 的情况下将整个曲线降低 3 dB。

现在总结一下图 6-16a 的互补 LC 振荡器相对于图 5-37a 的单耦合对拓扑的优缺点。如果晶体管必须避开三极管区(闪烁噪声的贡献显著增加)，则互补电路在热状态下可提供 3 dB 的相位噪声优势。但是，它还必须处理有限的电压裕量和尾噪声电流对输出 CM 电平的调制。我们可以用短路代替尾电流

⊖ 可以通过调整 W_P/W_N 来提高对称性，但是根据仿真结果，效果并不明显。

源，但是偏置电流会随着 PVT 的变化而显著变化。下面的例题解决了这一点。

例 6-10 在大多数集成系统中，LC 振荡器由来自全局电源的专用电源电压供电。图 6-17 为采用“低压降”(LDO)稳压器的示例，该稳压器从 V_{DD} 产生“干净”电源。(a)这种方法是否解决了 PVT 变化的问题？(b)如果 LDO 输出包含高频闪烁噪声，说明会发生什么。

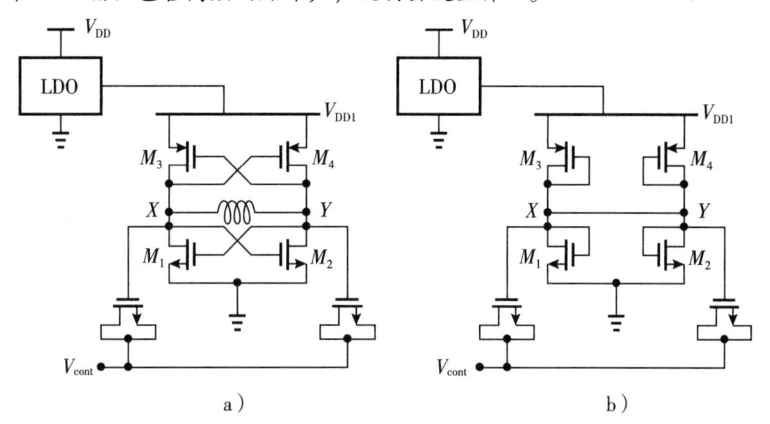

图 6-17 a)使用 LDO 降低电源噪声；b)对输出 CM 电平和变容二极管的影响

解：(a)并没有解决。由于典型的 LDO 设计旨在保持其输出电压恒定，因此 PVT 的变化仍然会在偏置电流中产生较大的变化。当 $V_X=V_Y$ 时，振荡器可构建如图 6-17b 所示的等效电路，V_{DD1} 施加在两个并联的二极管连接的器件上，即 $M_1 \parallel M_2$ 和 $M_3 \parallel M_4$。因此，如果 V_{DD1} 保持恒定，则晶体管特性随工艺和温度的变化会导致偏置电流发生较大的变化，因此电压会波动。

(b)如果 V_{DD1} 遭受高频闪烁噪声的影响，则 X 和 Y 的 CM 电平也是如此。对于小信号，我们可以将图 6-17b 的分压器表达式写为 $V_{CM}=[(g_{m3}+g_{m4})/(g_{m1}+g_{m2}+g_{m3}+g_{m4})]V_{DD1}$。也就是说，如果 NMOS 和 PMOS 器件具有相近的跨导，则 V_{DD1} 中大约一半的闪烁噪声电压会出现在输出端并调制变容二极管。

与接地源极有关的一个问题是，如果 M_1 和 M_2 进入三极管区，则它们会放电各自的漏极电容，从而降低 Q 值。

变容二极管看到的低频噪声对 CM 电平的影响是可以进行抑制的。变容二极管必须在高频下连接到腔体，但在低频下必须与 CM 保持隔离。这可以通过交流耦合来实现。如图 6-18a 所示，其思想是通过耦合电容 C_C 将变容二极管与振荡器核心相连，并在 $V_{DD}/2$ 附近选择偏置电压 V_b。偏置电阻 R_b 必须足够大，以免降低腔体的 Q 值。现在，I_{SS} 中的低频噪声在 X 和 Y 处调制 CM 电平，但是，如图 6-18b 的等效电路所示，在到达变容二极管之前，它流经由 C_C 和 R_b 组成的高通滤波器。

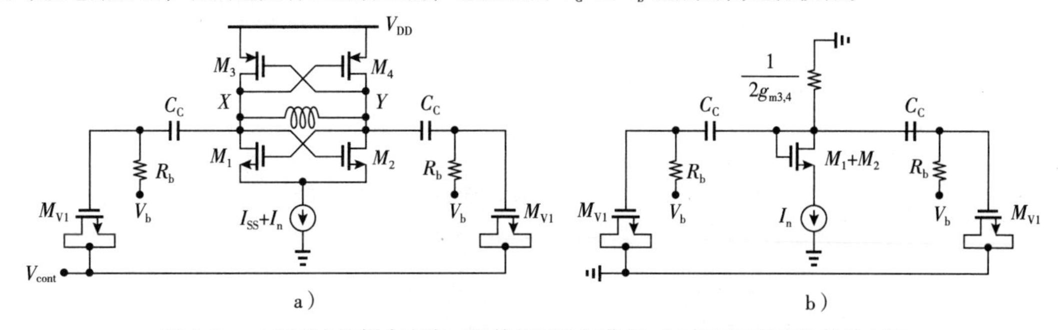

图 6-18 a)具有交流耦合变容二极管的互补振荡器；b)低频尾噪声的等效电路

在这种和其他 LC 振荡器拓扑中，电容耦合也被证明对抑制低频电源噪声对变容二极管的影响非常有用。在图 6-18b 中，V_{DD} 的缓慢波动不会传播到变容二极管。但是，主要缺点是每个 R_b 的低频热噪声会调制其相应的变容二极管。所以，R_b 不能过小或过大。

6.4 C 类振荡器

到目前为止，在我们开发的差分 LC 振荡器中，一个隐含的假设是每个晶体管承载的最大电流等于尾电流 I_{SS}。此属性往往会伴随差分操作，但通常并不需要一直保持。在本节中，我们将探讨如何以及为什么我们可以脱离这种情况，最终实现“C 类振荡器”[3]。

考虑如图 6-19a 所示的振荡器，其中的大电容 C_T 从 P 接地，因此 V_P 不会随时间变化。我们假设 M_1 和 M_2 没有进入三极管区。当 V_X 达到其峰值 $V_{DD}+V_0$ 时会发生什么呢？现在，M_2 的漏极电流由该晶体管的强度决定，$V_{GS}=V_{DD}+V_0-V_P$，并且不必限于 I_{SS}。对于理想的平方律器件，我们可以写出 $I_{D2}=(1/2)\mu_n C_{ox}(W/L)(V_{DD}+V_0-V_P-V_{TH})^2$（当 $V_Y=V_{DD}+V_0$ 时，M_1 也是如此）。

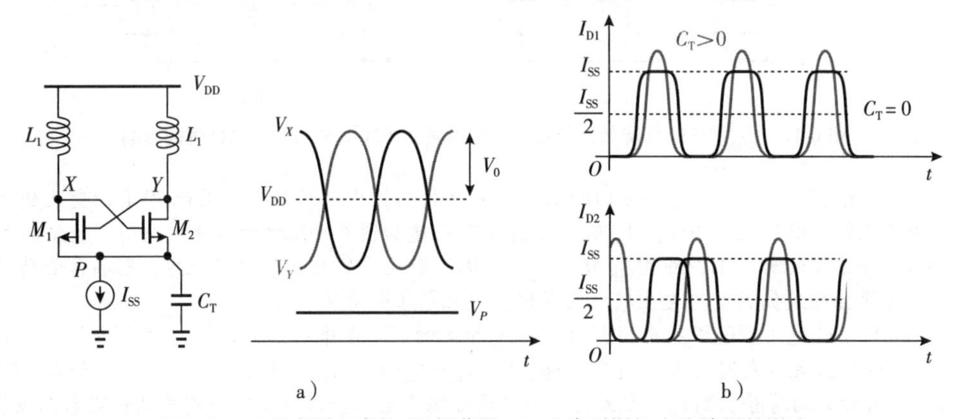

图 6-19 a)具有尾电容的 LC 振荡器；b)电容对漏极电流波形的影响

现在考虑，如果图 6-19a 中的 M_1 和 M_2 的峰值电流超过 I_{SS}，那么从 V_{DD} 汲取的平均电流又如何保持等于尾电流 I_{SS} 呢？仅当每个晶体管的导通时间少于半个周期以保持 $I_{SS}/2$ 的平均漏极电流时，才有可能实现。如图 6-19b 所示，漏极电流表现出 C 类操作，即晶体管的导通角小于 180°。这里的关键点是，较高的电流脉冲会提供大于$(4/\pi)(I_{SS}/2)$的一阶谐波幅度，从而按比例产生较大的电压摆幅。在理想情况下，这种摆幅优势等于 $\pi/2=3.9$ dB[3]。

图 6-19b 所示的电流波形也可能表明晶体管向腔中注入了更少的噪声，并同时保持了更短的导通时间。然而，在文献[3]中，当引入 C_T 时，晶体管对相位噪声的贡献不会改变。换句话说，C 类操作的主要优点是较大的电压摆幅，因此，归一化的相位噪声较低（理想情况下低 3.9 dB）。当然，C_T 还可以消除 I_{SS} 的高频噪声（5.3 节）。

这里需要做三点说明，这些在文献[3]中有所解释。首先，如果晶体管进入深三极管区，则 C 类操作的相位噪声优势将消失。其次，如果图 6-19a 中的 C_T 过大，则输出波形将经历幅度调制，这是低频不稳定性引起的。为了避免此问题，C_T 应小于腔体电容的 3~4 倍。最后，我们可以创建如图 5-40 所示的偏置网络，以确保“更深程度”的 C 类操作。

设计示例

让我们为 C 类操作重新设计图 5-37a 的基本拓扑。我们引入了 2 pF 的 C_T，并且将晶体管加宽到 20 μm，以实现较大的峰值漏极电流。图 6-20a 所示的结果是图 6-20b 中的漏极电流波形以及图 6-20c 中的 V_X 和

V_Y。尾偏置保持不变，我们可以观察到 1.75 mA 的峰值电流和 620 mV 的峰-峰值单端电压摆幅，比原始电路高 2 dB[⊖]。图 6-20d 绘制了相位噪声，显示了 2 dB 的优势。在高电源噪声的情况下，我们更喜欢将 C_T 从尾节点连接到 V_{DD}，以使电源变化不会调制 M_1 和 M_2 的漏极电流(见习题 6.7)。

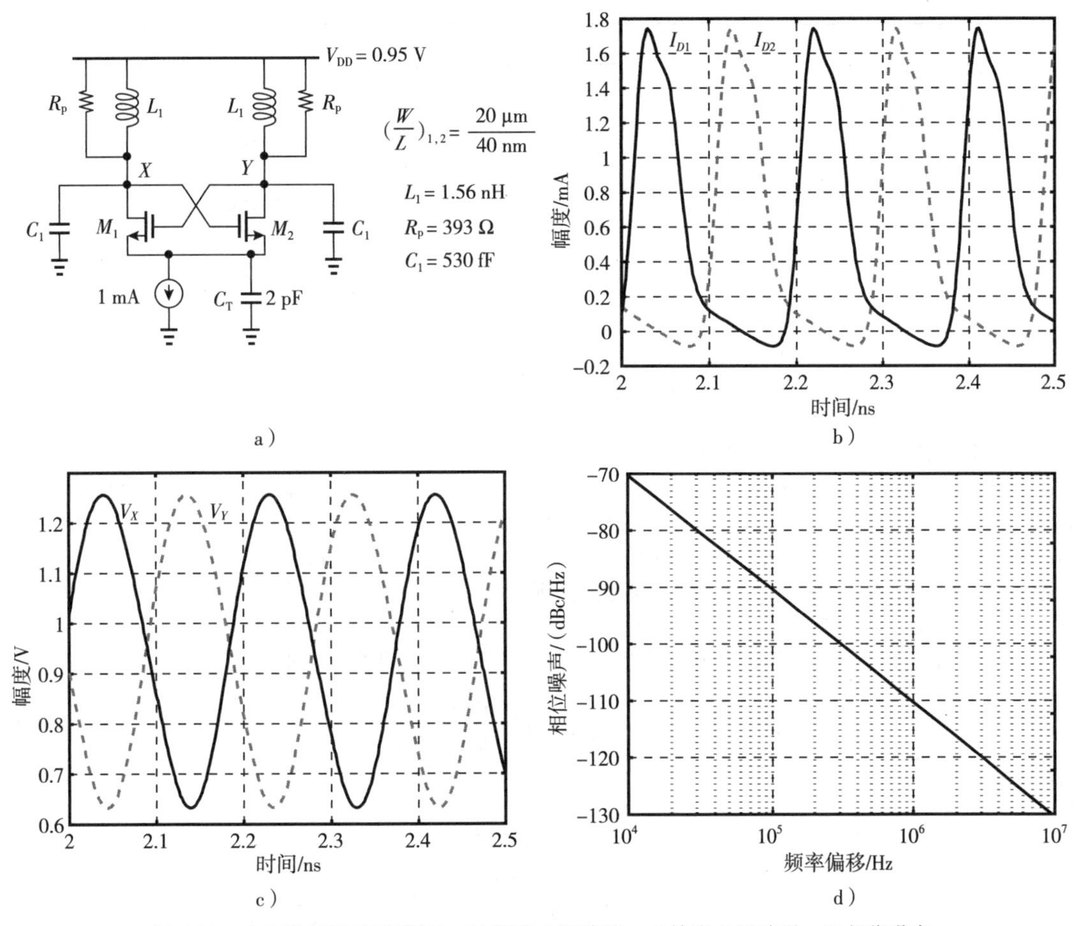

图 6-20 a) C 类 LC 振荡器设计；b) 漏极电流波形；c) 输出电压波形；d) 相位噪声

性能提高 2 dB 不会增加额外的功耗，但需要一个 2 pF 的电容。例如，如果对于特定应用，我们针对 1 MHz 偏移处的目标相位噪声是-113 dBc/Hz，则必须采用线性缩放，这将使 I_{SS} 和 C_T 翻倍，电感减半，并且需要大面积的尾电容。

6.5 分频降低相位噪声

在第 3 章中进行的相位噪声研究表明，通过在更高的频率下运行环形振荡器并将其输出分频以获得所需的 f_0，不会产生相位噪声 FOM 的优势。在本节中，我们将探索用于 LC 振荡器的这种方法，并证明在某些情况下它确实是有益的。

⊖ 在这种情况下，我们假设原始电路设计为 $W_{1,2}$ = 20 μm(而不是 5 μm)，从而在 C 类操作中实现大电流。

从如图6-21a所示的电路开始，并假设它是为$\omega_0=1/\sqrt{L_1C_1}$设计的，其中C_1代表在X或Y处看到的整个单端电容。现在重新设计振荡器，使其在$\omega_1=2\omega_0$工作，同时保持I_{SS}和W/L不变。为此，我们将L_1和C_1减半。此时Q值和R_p会怎样变化呢？下面考虑两种极端情况。

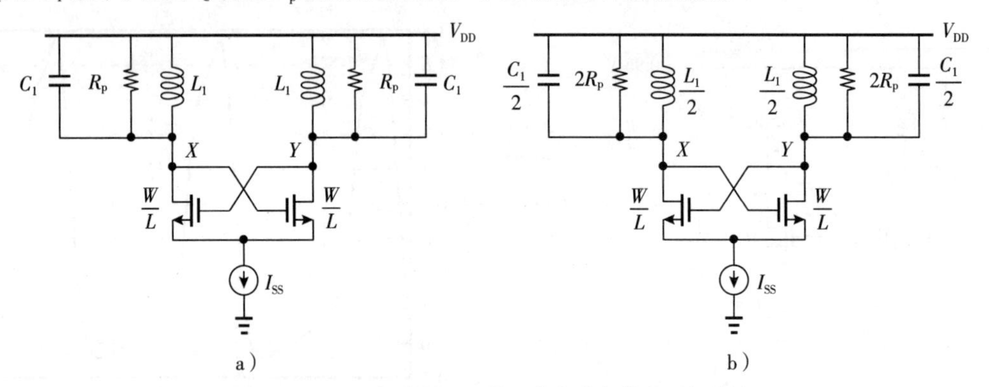

图6-21 a)LC振荡器；b)将工作频率加倍的重新设计

在乐观的情况下，我们进行以下观察：①最简单的物理电感模型仅包含恒定的串联(导线)电阻R_s，并且在$\omega=\omega_0$时表现出的Q值等于$L_1\omega_0/R_s$；②如果L_1减半，我们可以假定R_s大约减半；③因此，$\omega=2\omega_0$处的Q值是$\omega=\omega_0$处的Q值的两倍。结果R_p从$L_1\omega_0Q_{\omega0}$变为$(L_1/2)(2\omega_0)Q_{2\omega0}$，即它被加倍。有趣的是，在这种理想情况下，输出电压摆幅增加了一倍(实际上这是不可能的)。图6-21b显示了生成的电路。读者需要注意，如5.1节所述，实际上，由于衬底损耗、趋肤效应以及变容二极管和开关电容Q值的下降，腔体Q值不会翻倍。

现在我们研究这种情况下的热相位噪声。在5.2.4节中得出的表达式如下：

$$S_{\phi n}(f)=\left(\frac{\sqrt{2}}{2}\gamma+1\right)\frac{\pi^2kT}{2R_pI_{SS}^2}\left(\frac{f_0}{2Qf}\right)^2 \tag{6-26}$$

可以重新写为

$$S_{\phi n}(f)=\left(\frac{\sqrt{2}}{2}\gamma+1\right)\frac{\pi kT}{4I_{SS}^2}\frac{f_0}{Q^3L_1}\frac{1}{(2f)^2} \tag{6-27}$$

因此，如果将f_0加倍，L_1减半，同时Q值加倍，则$S_{\phi n}(f)$降低2倍。将输出频率除以2以获得期望值后，由于波形从$\cos(2\omega_0t+\phi_n)$变为$\cos(\omega_0t+\phi_n/2)$，因此$S_{\phi n}(f)$降低了4倍。我们可以得出结论：在乐观的情况下，如果满足$Q\propto\omega$和分频器的相位噪声及功耗可忽略不计，则FOM值会提高8倍。这种行为与环形振荡器的行为形成鲜明对比。

在悲观的情况下，现在假设从ω_0变为$2\omega_0$时Q保持恒定。因此，R_p也保持恒定，因为$R_p=L_1\omega_0Q_{\omega0}=(L_1/2)(2\omega_0)Q_{2\omega0}$。由式(6-26)可知，$S_{\phi n}$增大4倍，在分频后，$S_{\phi n}$回到其原始值。在这种情况下，分频没有给相位噪声带来好处。

上述研究可以总结如下。如果满足以下两个条件，则可以通过分频来改善相位噪声和功率的折中：①腔体的Q值在较高频率时升高；②分频器的功率可忽略不计[⊖]。当今的技术满足了高达数十千兆赫兹振荡频率下的这些条件。这种方法还有两个优点：振荡器电感在两倍于所需频率下占据的面积较小，并且分频器可以提供正交相位(6.6节)。但是，我们应该补充的是，变容二极管的Q值在高频下会降低，这限制了该技术。

⊖ 分频器的相位噪声通常可以忽略不计。

6.6 正交产生技术

在第3章对环形振荡器的研究中，我们注意到差分拓扑可以很容易地在环路偶数级上产生正交相位。在本节中，我们希望设计其他正交生成方法。

6.6.1 分频

在f_0处产生正交相位的一种常见方法是设计一个在$2f_0$处运行的差分振荡器，并在其后跟随一个主从÷2电路。图6-22a概念性地说明了这种结构，它产生了同相输出I和正交输出Q。

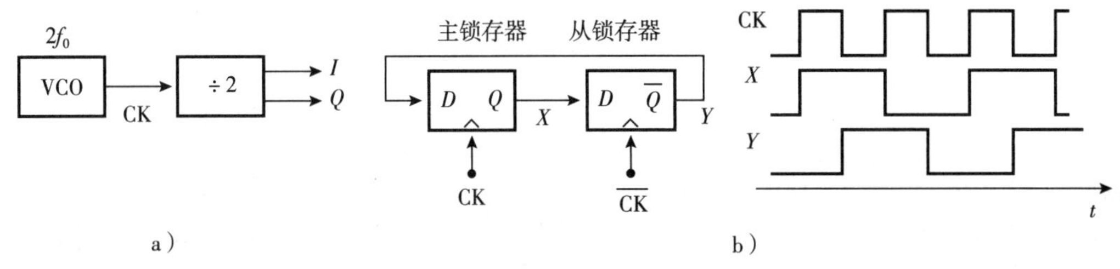

图6-22 a)2分频电路用作正交发生器；b)电路实现和产生波形

÷2电路实现如图6-22b所示，两个D锁存器放置在负反馈环路(一个锁存器反相)中，并由互补信号CK和$\overline{CK}$计时。从基本逻辑设计来考虑，当时钟为高电平时，D锁存器允许其输入D到达其输出Q[⊖]。现在，我们将两个锁存器输出称为X和Y。例如，如果X和Y都从零开始，那么当CK变高时，X也会变高(为什么?)。随后，当CK下降而$\overline{CK}$上升时，X传播到从锁存器的输出，迫使Y变为高电平。在CK的下一个上升沿，Y传播到X，并将X降为零。同样，在CK的下一个下降沿，$X=0$到达Y。由于X和Y分别仅在CK的上升沿和下降沿变化，因此它们的频率为f_0，相位差为90°。因此，X和Y对应于图6-22a中的I和Q输出。锁存器的各种电路实现将在第15章中进行描述。

使用÷2电路生成正交信号是最可靠、最有效的选择，但它要求振荡器以所需频率的两倍运行，更重要的是，分频器必须以$2f_0$可靠地运行。在40 nm技术中，低功耗÷2电路面临15~20 GHz的上限，对于更高的速度，需要耗电更多的分频器(第15章)。

6.6.2 正交LC振荡器

在基于分频器的正交产生失败或消耗过多功耗的应用中，我们转向正交LC振荡器。在研究这种方法之前，我们必须了解“注入”或“耦合”到振荡器的概念。

考虑一个简单的差分LC振荡器，其工作频率为f_0。我们称f_0为“自然振荡频率”。将另外的周期信号注入振荡器，如图6-23a所示，其中M_3和M_4将V_{inj}转换为差分电流。注入的强度取决于V_{inj}的振幅、I_1的值，以及M_3和M_4的尺寸。例如，当所有四个晶体管完成电流切换时，相对强度(也称为“耦合系数”)等于I_1/I_{SS}。

我们可以用两种不同的模型来表示耦合效应。首先，振荡器可以看作反馈系统，而V_{inj}可以作为输入，如图6-23b所示。其次，振荡器可以简化为单端口模型(第1章)，并用电流源表示注入信号，如图6-23c所示。这里，Z_T代表谐振腔，$-R_m$代表负电阻。两种模型都可以帮助我们更好理解耦合效应。

⊖ 不幸的巧合是，字母Q表示我们领域中的四个不同量：锁存器的输出、信号的正交相位、无源器件的品质因数和误差函数$Q(x)$。

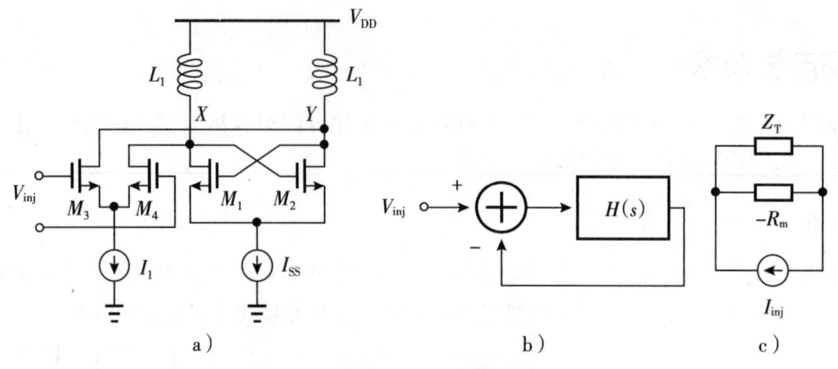

图 6-23 a)注入振荡器；b)反馈模型；c)单端口模型

读者可能想知道振荡器在接收到外部周期性注入信号后的行为。根据输入的频率和强度，以及腔体的 Q 值，振荡器可能会经历“注入锁定”或“注入牵引”。这些有趣的效应已被广泛研究[6-7]，但超出了本书的范围。这里的关键点是，如果注入频率 f_{inj} 足够接近振荡器的固有频率，并且耦合系数足够大，则振荡器“锁定”到输入并处于 f_{inj}，而不是 f_0。

基本正交产生 现在，我们将两个名义上相同的振荡器彼此耦合。如图 6-24 所示，每个输出电压都转换为电流，然后注入另一个中。我们可以区分两种情况，即耦合差分对是否使两个输出都反相或都不反相(图 6-24a，同相耦合)，或者只反相一个输出(图 6-24b，反相耦合)。我们的目标是确定这两种结构的振荡频率和输出相位。如以下例题中所述，单边注入在这里是必不可少的。

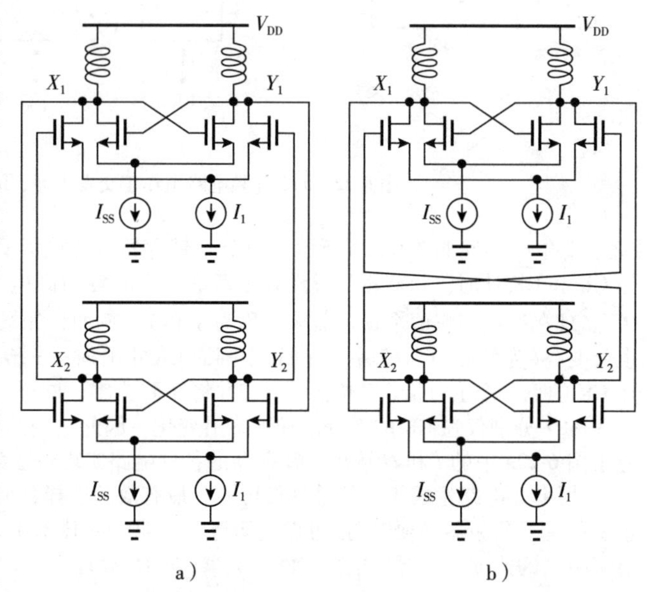

图 6-24 两个振荡器之间的 a)同相耦合和 b)反相耦合

例 6-11 我们可以用电阻(图 6-25)代替图 6-24 中的(单边)耦合差分对吗?

解: 采用电阻后，耦合变为双边(互易)，仅允许同相耦合。如下所述，正交生成需要反相耦合。

我们使用反馈模型进行分析[8]。如图 6-26 所示，差分对提供的单边注入由增益模块 α_1 和 α_2 表示，得到

$$(\alpha_1 A - B)H(s) = B \tag{6-28}$$

$$(\alpha_2 B - A)H(s) = A \tag{6-29}$$

如果振荡器确实振荡，则 A 和 B 非零。此外，如果 $\alpha_1 A - B \neq 0$ 且 $\alpha_2 B - A \neq 0$，则我们可以将式(6-28)的两边分别对应除以式(6-29)的两边，得到

$$\alpha_1 A^2 = \alpha_2 B^2 \tag{6-30}$$

我们观察到，如果 $\alpha_1 = \alpha_2$(同相耦合)，则 $A = \pm B$；如果 $\alpha_1 = -\alpha_2$(反相耦合)，则 $A = \pm jB$。在前一种情况下，两个振荡器以 0°或 180°的相位差工作；而在后一种情况下，以±90°的相位差工作。在习题 6.12 中，我们使用这个模型来展示两个基于反相器的环形振荡器如何以不同的方式工作。

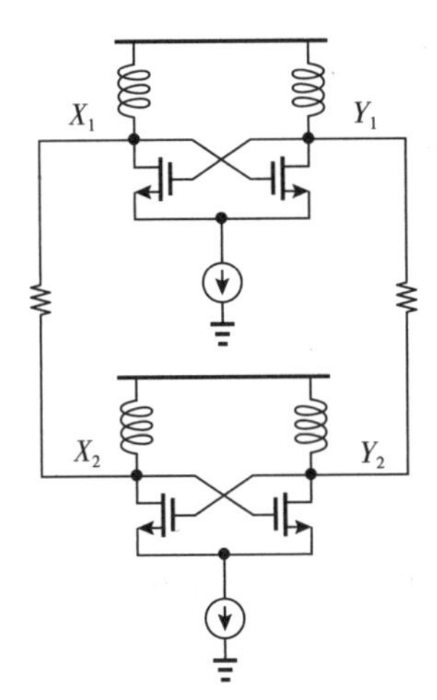

图 6-25 通过电阻实现耦合

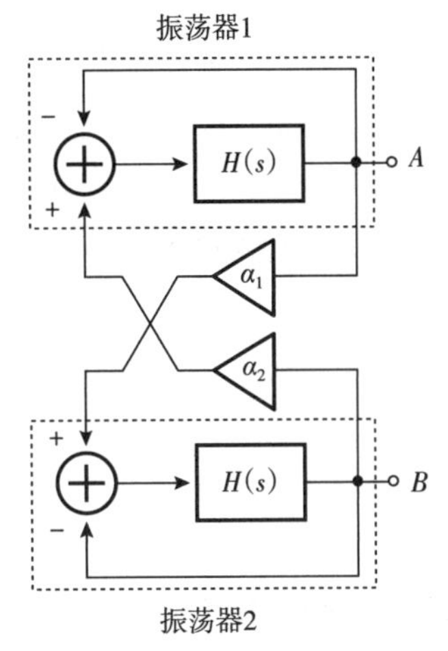

图 6-26 两个互耦振荡器的反馈模型

例 6-12 如何确定图 6-26 中的振荡器以相同的频率运行？

解： 由于前向传递函数 $H(s)$ 被假定为相同，因此两个振荡器具有相同的固有频率。换句话说，假设两者之间的不匹配足够小，这样它们可以通过注入相互锁定。

我们可以借助单端口模型重复分析。如图 6-27 所示，两个振荡器通过相关电流源 $G_{m1}V_A$ 和 $G_{m2}V_B$ 耦合，它们对图 6-24 中的耦合差分对进行建模。将 Z_T 和 $-R_m$ 的并联组合写为 $-Z_TR_m/(Z_T-R_m)$，可有

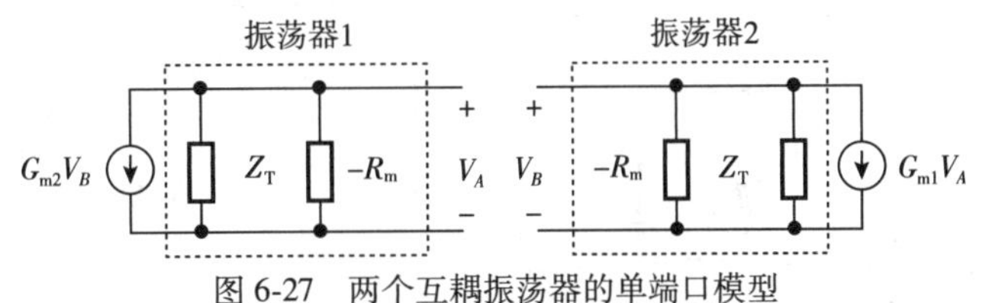

图 6-27 两个互耦振荡器的单端口模型

$$-G_{m1}V_A\frac{-Z_TR_m}{Z_T-R_m}=V_B \tag{6-31}$$

$$-G_{m2}V_B\frac{-Z_TR_m}{Z_T-R_m}=V_A \tag{6-32}$$

假设可以将式(6-31)的两边分别除以式(6-32)的两边，得到

$$G_{m1}V_A^2=G_{m2}V_B^2 \tag{6-33}$$

于是，当 $G_{m1}=G_{m2}$ 时，有 $V_A=\pm V_B$；当 $G_{m1}=-G_{m2}$ 时，有 $V_A=\pm jV_B$。

偏离谐振 假设我们研究的振荡器设计有虚（而不是复数）极点，刚好满足启动条件。如果图 6-26 中的耦合系数 α_1 和 α_2 为零，则两个相互独立的振荡器在 ω_0 处运行，使得 $H(j\omega_0)=-1$，即 $|H(j\omega_0)|=1$ 且 $\angle H(j\omega_0)=-180°$。类似地，如果图 6-27 中的 $G_{m1}=0$ 和 $G_{m2}=0$，则腔体在 ω_0 处简化为 R_p，有 $R_m=R_p$ 以便正确启动。另外，当 $\alpha_1=-\alpha_2\neq0$ 时，我们有 $A=\pm jB$，由式(6-28)可得

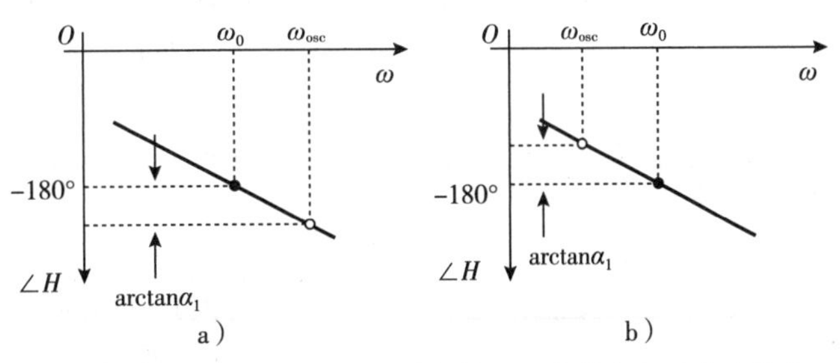

图 6-28 由于相互耦合而引起谐振的 a) 正向偏离和 b) 负向偏离

$$H(\mathrm{j}\omega_{\mathrm{osc}})=\frac{-1}{1\pm\mathrm{j}\alpha_1} \tag{6-34}$$

由于$H\neq-1$，ω_{osc}偏离ω_0。事实上，如图6-28所示，ω_{osc}自我调整，使得

$$\angle H(\mathrm{j}\omega_{\mathrm{osc}})=-180°\pm\arctan\alpha_1 \tag{6-35}$$

同理，将$V_A=\pm\mathrm{j}V_B$代入式(6-31)得到

$$Z_{\mathrm{T}}=\frac{R_{\mathrm{m}}}{1\pm\mathrm{j}G_{\mathrm{m1}}R_{\mathrm{m}}} \tag{6-36}$$

于是有

$$\angle Z_{\mathrm{T}}=\pm\arctan(G_{\mathrm{m1}}R_{\mathrm{m}}) \tag{6-37}$$

也就是说，腔不在谐振状态下工作，必须产生$\pm\arctan(G_{\mathrm{m1}}R_{\mathrm{m}})$大小的相位。注意，$G_{\mathrm{m1}}R_{\mathrm{m}}=G_{\mathrm{m1}}R_{\mathrm{p}}=\alpha_1$。

例6-13 确定图6-29a所示的正交拓扑的振荡频率。假设所有晶体管都可以实现完全电流切换。

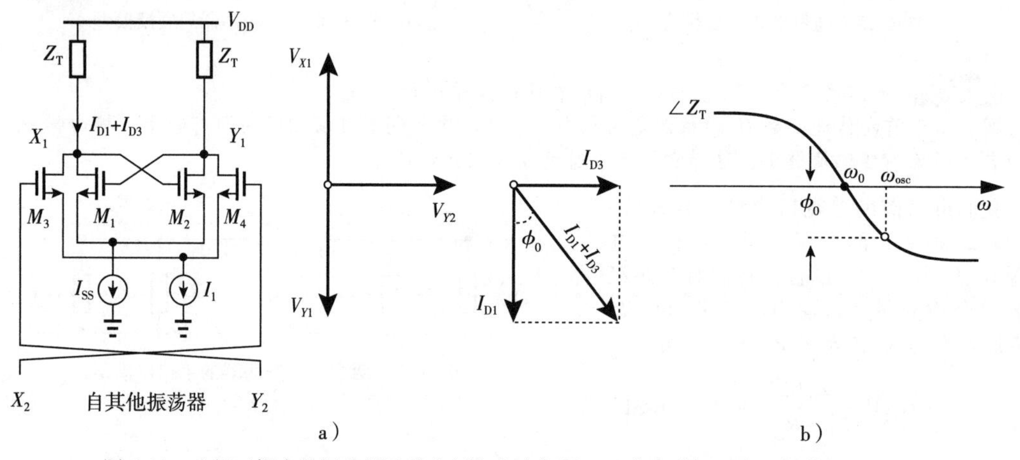

图6-29 a)相互耦合的振荡器及其电压和电流相量；b)偏离谐振以产生额外的相移ϕ_0

解：首先，仔细分析晶体管漏极电流。如图6-29a所示，V_{X1}和V_{Y1}是微分相量，V_{Y2}垂直于它们。注意到I_{D1}和I_{D3}分别与V_{Y1}和V_{Y2}同相，我们获得这些电流及其总和的相量图。流经Z_{T}时，$I_{\mathrm{D1}}+I_{\mathrm{D3}}$必须生成$-V_{X1}$，也就是说，腔体在将此电流转换为电压时必须将$I_{\mathrm{D1}}+I_{\mathrm{D3}}$旋转$\phi_0$。这只有在偏离谐振时才有可能实现，如图6-29b所示。腔体产生的相位等于$\phi_0=\arctan(I_{\mathrm{D3}}/I_{\mathrm{D1}})$，我们有

$$\frac{\pi}{2}-\arctan\frac{L_1\omega_{\mathrm{osc}}}{R_{\mathrm{p}}(1-L_1C_1\omega_{\mathrm{osc}}^2)}=-\arctan\frac{I_{\mathrm{D3}}}{I_{\mathrm{D1}}} \tag{6-38}$$

读者可以将$I_{\mathrm{D3}}/I_{\mathrm{D1}}=I_1/I_{\mathrm{SS}}$视为耦合系数$\alpha$。由于$Q=R_{\mathrm{p}}/(L_1\omega_{\mathrm{osc}})$且$\arctan a-\arctan b=\arctan[(a-b)/(1+ab)]$，式(6-38)重写为

$$\frac{\pi}{2}=\arctan\frac{1}{Q(1-L_1C_1\omega_{\mathrm{osc}}^2)}-\arctan\alpha \tag{6-39}$$

$$=\arctan\frac{1-\alpha Q(1-L_1C_1\omega_{\mathrm{osc}}^2)}{Q(1-L_1C_1\omega_{\mathrm{osc}}^2)+\alpha} \tag{6-40}$$

设分母为零，可得

$$\omega_{osc} = \frac{1}{\sqrt{L_1C_1}}\sqrt{\frac{\alpha}{Q}+1} \tag{6-41}$$

正如预期的那样，如果 α 下降或 Q 上升，则相对于 $\omega_0=1/\sqrt{L_1C_1}$ 的偏离会变小。

如下所述，α 通常不超过 0.25，允许使用以下近似：

$$\omega_{osc} \approx \frac{1}{\sqrt{L_1C_1}}\left(1+\frac{\alpha}{2Q}\right) \tag{6-42}$$

$$\approx \omega_0 + \alpha\frac{\omega_0}{2Q} \tag{6-43}$$

这个偏差也可以从图 6-29b 中估计：由于 $Q=(\omega_0/2)\mathrm{d}\phi/\mathrm{d}\omega$，对于 $\mathrm{d}\phi=\arctan\alpha\approx\alpha$ 的相位变化，我们需要 $\mathrm{d}\omega=[\omega_0/(2Q)]\alpha$ 的频偏。

设计问题 图 6-24b 的正交振荡器在简单的差分 LC 拓扑方面存在许多缺点。第一，它需要两个对称的电感，占用更大的面积并使信号的通路复杂化。第二，它表现出更高的相位噪声。现在让我们深入研究后者。

式(6-43)表明在图 6-29a 中，

$$\omega_{osc} \approx \omega_0 + \frac{\omega_0}{2Q}\frac{I_1}{I_{SS}} \tag{6-44}$$

因此，I_1 和 I_{SS} 中的噪声都会调制耦合系数，从而调制振荡频率。我们分别用 I_{n1} 和 I_{nSS} 表示这些噪声分量，则

$$\omega_{osc} \approx \omega_0 + \frac{\omega_0}{2Q}\frac{I_1+I_{n1}}{I_{SS}+I_{nSS}} \tag{6-45}$$

$$\approx \omega_0 + \frac{\omega_0}{2Q}\frac{I_1}{I_{SS}}\left(1+\frac{I_{n1}}{I_1}-\frac{I_{nSS}}{I_{SS}}\right) \tag{6-46}$$

频率经受等于 $[\omega_0/(2Q)](I_1/I_{SS})(I_{n1}/I_1-I_{nSS}/I_{SS})$ 的随机噪声。此量的频谱乘以 $|1/s|^2=1/\omega^2$ 可以获得相位噪声。由于 I_{n1} 和 I_{nSS} 不相关：

$$S_{\phi n}(\omega) = 2\frac{I_1^2}{I_{SS}^2}\left(\frac{\overline{I_{n1}^2}}{I_1^2}+\frac{\overline{I_{nSS}^2}}{I_{SS}^2}\right)\left(\frac{\omega_0}{2Q\omega}\right)^2 \tag{6-47}$$

式中，因子 2 考虑了顶部和底部振荡器中的尾噪声。关键是，与简单的差分 LC 振荡器相比，尾闪烁噪声总是在这里产生相位噪声。

由式(6-47)我们得出结论：$I_1^2/I_{SS}^2=\alpha^2$ 必须最小化。耦合系数可以小到什么程度呢？在实践中，图 6-24b 中的两个振荡器会产生小的不匹配，如果 α 不够大，则可能无法彼此同步（注入锁定）。在这种情况下，振荡器相互“拉动”，产生严重损坏的输出。如果振荡器的谐振频率由 ω_1 和 ω_2 表示，则保证同步的最小 α 由文献[9]给出：

$$\alpha = 2Q\frac{\omega_1-\omega_2}{\omega_1+\omega_2} \tag{6-48}$$

我们通常在 0.2~0.25 的范围内选择 α。即使相互锁定，不匹配的振荡器仍然表现出相位和幅度不平衡[10-11]。

正交 LC 振荡器的第三个缺点是可能在两个频率之一下工作，称为“模式”。如图 6-28 所示，$\angle H(\mathrm{j}\omega_{osc})$ 有两个解。为了理解这一点，我们回到图 6-29a 并认识到 V_{Y2} 滞后 V_{X1} 达 90°的假设，这最终意味着通过 $I_{D1}+I_{D3}$ 的腔将当前相量顺时针旋转 ϕ_0。也就是说，ω_{osc} 位于 ω_0 以上。但是如果 V_{Y2} 超前 V_{X1} 会发生什么呢？如图 6-30a 所示，合成电流 $I_{D1}+I_{D3}$ 现在必须逆时针旋转 ϕ_0 以产生 V_{X1}，要求 ω_{osc} 小于 ω_0，如图 6-30b 所示。在这种情况下，式(6-38)的右侧变为$+\arctan(I_{D3}/I_{D1})$，并且式(6-42)修改为

$$\omega_{osc} \approx \frac{1}{\sqrt{L_1C_1}}\left(1-\frac{\alpha}{2Q}\right) \tag{6-49}$$

在实践中确实观察到了这两个振荡频率[4-5]。困难在于，如果振荡器从一个值开始，调谐范围必须足以将其带到另一个值。例如，在 $\alpha=0.2$ 和 $Q=8$ 的情况下，为此目的“浪费”了大约2.5%的调谐范围。文献[5]中的工作表明，向一种模式或另一种模式的转变取决于腔中电感和电容的相对损耗，以及耦合系数的虚部和实部(实际上是复数而不是实数)。

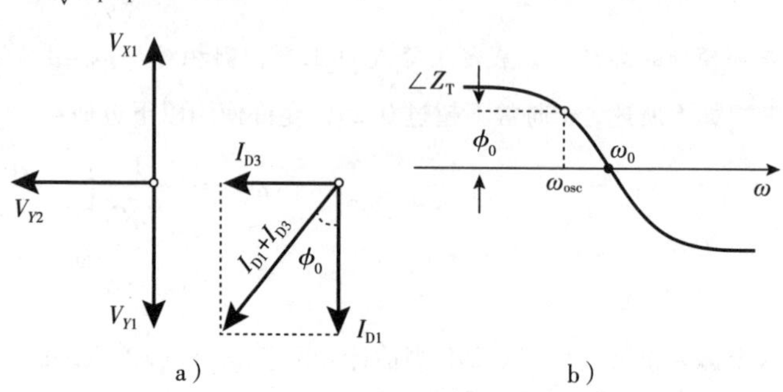

图6-30 a) V_{Y2} 超前 V_{X1} 下正交振荡器锁定情况；b)偏离谐振结果

设计示例 我们使用如图5-37a所示的 LC 拓扑开发正交振荡器。如图6-31a所示，该结构采用0.2大小的耦合系数，通过缩放耦合差分对及尾电流来实现。图6-31b绘制了四个单端输出波形，图6-31c绘制了一个差分输出的相位噪声。

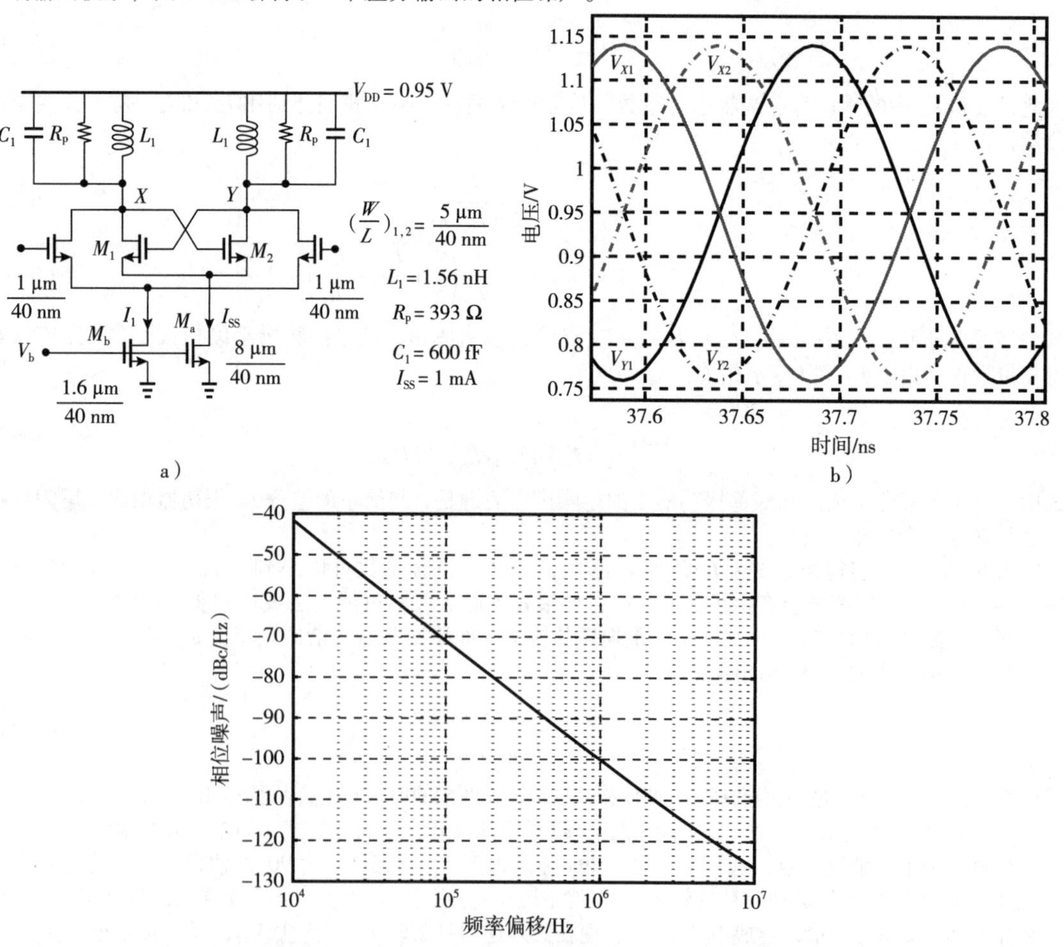

图6-31 a)正交振荡器设计示例；b)输出波形；c)相位噪声

图 6-31 中的结果提供了很多见解。首先，相对于图 5-37b 中的振幅，尽管流过腔体的峰值电流增加了，但振荡幅度有所降低。这是因为腔体阻抗在偏离 ω_0 后会减小。其次，相位噪声在低偏移频率下急剧上升，在 10 MHz 偏移处上升了 2 dB。如果我们回想一下整体功耗增加了一倍以上，这种恶化会更加严重。图 6-31c 中相对于原始差分振荡器的 10 MHz 偏移处的 2 dB 相位噪声有所增加，连同功耗损失，在热状态下转化为 5.4 dB 的 FOM 值恶化。

正如式(6-47)所预测的那样，低偏移处的相位噪声由尾电流源的闪烁噪声支配。下面的例子详细说明了这种影响。

例 6-14 对于图 6-31a 的电路，确定式(6-47)中 $\overline{I_{n1}^2}/I_1^2$ 和 $\overline{I_{nSS}^2}/I_{SS}^2$ 的相对重要性。仅考虑闪烁噪声。

解： 将 M_a 的栅极参考闪烁噪声表示为 $[K/(WLC_{ox})](1/f)$，因此

$$\overline{I_{nSS}^2} = g_{ma}^2 \frac{K}{WLC_{ox}} \frac{1}{f} \tag{6-50}$$

I_1 相对于 I_{SS} 缩小了 5 倍，M_b 的宽度相对于 M_a 的宽度也是如此。因此，M_b 的栅极参考闪烁噪声是 M_a 的 5 倍，即 $[5K/(WLC_{ox})](1/f)$。该噪声乘以 M_b 的 g_m 的平方后得到 $\overline{I_{n1}^2}$：

$$\overline{I_{n1}^2} = g_{mb}^2 \frac{5K}{WLC_{ox}} \frac{1}{f} \tag{6-51}$$

由于 g_{mb} 是 g_{ma} 的 1/5，于是 $\overline{I_{n1}^2} = (1/5)\overline{I_{nSS}^2}$。我们可得结论，$\overline{I_{n1}^2}/I_1^2$ 是 $\overline{I_{nSS}^2}/I_{SS}^2$ 的 5 倍。这与仿真结果一致，图 6-31a 中的 M_b 是低偏移时最大的相位噪声源。

谐振附近的振荡 例 6-11 的研究表明，通过双边器件(例如线性电阻或电容)耦合两个振荡器不会产生正交相位。从式(6-43)中注意到，单边反相耦合使振荡频率与耦合因子成比例地偏离谐振频率，耦合因子本身取决于尾电流的比率。因此，尾电流的闪烁噪声调制频率。目前已经引入了许多技术来最小化谐振偏移和闪烁噪声上变频。

耦合电路可能会引入相移，这样注入的电流与核心振荡器电流几乎同相。图 6-32 说明了一种引入相移的方法，其中耦合对的跨导由下式给出：

$$\frac{I_{out}}{V_{in}}(s) = \frac{g_m(R_1C_1s+1)}{R_1C_1s+g_mR_1/2+1} \tag{6-52}$$

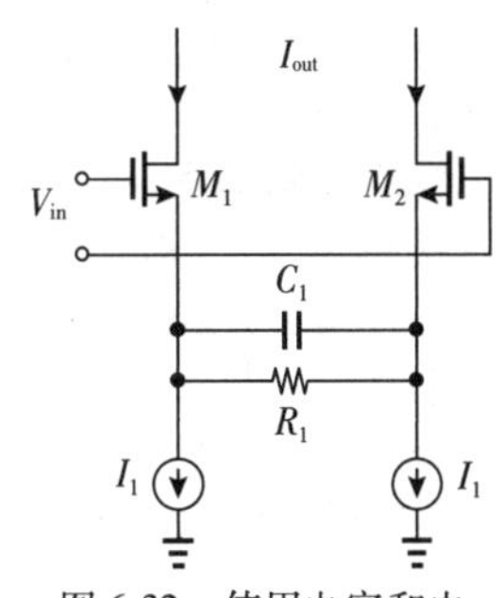

图 6-32 使用电容和电阻来引入相移

如果选择 $1/(2\pi R_1C_1)$ 在振荡频率附近，那么耦合对提供大约 45°的相移。当然，这也意味着耦合强度小于 g_m，需要更宽的晶体管和更大的偏置电流[⊖]。

文献[12]提出了一个有趣的正交振荡器，其通过二极管连接的 MOSFET 实现单边耦合。如图 6-33a 所示，该电路在两个振荡器之间结合了同相和反相二极管耦合。当 $V_{X1}-V_{X2}>V_{TH}$ 时，二极管连接器件 M_{D1} 导通。类似地，其他二极管连接器件在其 V_{GS} 超过 V_{TH} 时导通。检查 M_{D1} 和 M_{D4} 注入 X_1 的电流。如图 6-33b 所示，M_{D1} 在 $t=t_1$ 附近导通，当 $V_{X1}-V_{X2}$ 足够正时，注入电流的峰值大约在 V_{X1} 上升沿后 45°。类似地，M_{D4} 在 $t=t_2$ 附近导通，峰值电流在 V_{X1} 下降沿后 135°。

现在构建如图 6-33c 所示的相量图，我们认识到净注入电流 $I_{inj}=I_{MD4}-I_{MD1}$ 大约与 V_{X1} 平齐。由于 M_1 的漏极电流 I_{D1} 与 V_{Y1} 平齐，可观察到 I_{inj} 和 I_{D1} 也平齐。换句话说，连接到 X_1 的谐振回路不需要在其电流和电压之间产生相移，从而允许电路以谐振频率振荡。这意味着振荡频率不受尾电流调制。因此，我们期望由式(6-47)表示的闪烁噪声上变频能够在这里减少。

⊖ 这些观点适用于小信号操作。如果差分对完全切换，则相移小于 45°，强度由总尾电流给出。

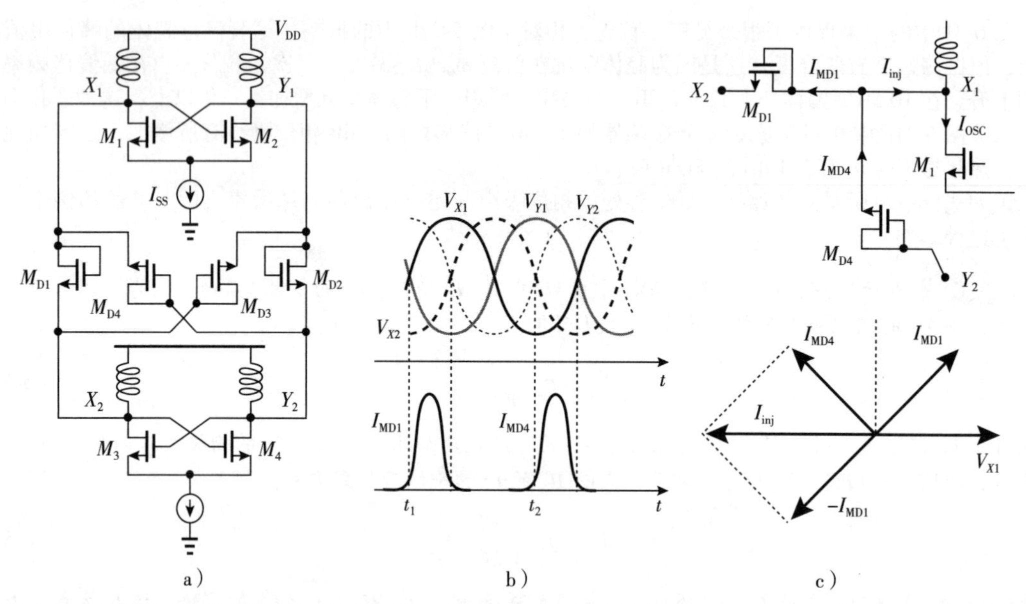

图 6-33 a)通过二极管连接的器件进行耦合的振荡器；b)电压和电流波形；c)流入一个输出节点的电流图示

图 6-33a 电路的主要困难在于它假设 $M_{D1} \sim M_{D4}$ 注入足够大的电流，即 I_{inj} 的一次谐波必须是 M_1 产生的一次谐波的20%左右。这反过来又要求 $V_{X1}-V_{X2}$ 达到远高于 M_{D1} 的 V_{TH} 的峰值，这是低压设计中的一个严重问题，特别是因为 V_{TH} 由于体效应而增加。

例如，让我们重新设计图 5-37a 的带有二极管耦合的电路。对于 $M_{D1} \sim M_{D4}$，选择 $W/L = 8\ \mu m/40\ nm$，并将尾电流提高到 1.5 mA，这样可在二极管连接的器件上提供大的电压摆幅[⊖]。图 6-34 绘制了相位噪声，相对于图 6-31c 中的结果，其在低偏移下有相当大的改进。在 10 MHz 偏移时，相位噪声(−134 dBc/Hz) 比原始差分振荡器(图 5-38)低 6 dB，代价是功率和电压摆幅都增加了。然而，在 100 kHz 偏移时，该电路并没有从功率缩放中受益，仍然受到尾电流闪烁噪声的影响。总之，二极管耦合被证明比差分对耦合更有效，但仍无法实现较好的单个差分振荡器的 FOM 值。

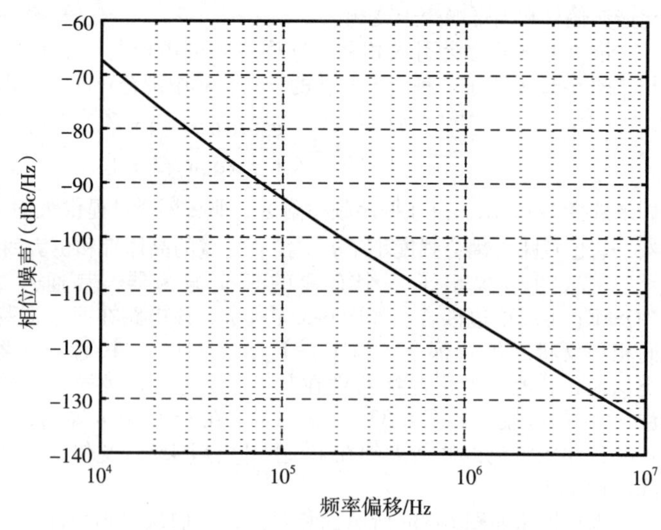

图 6-34 图 6-33a 所示正交振荡器的相位噪声

⊖ 但是大的摆幅会使交叉耦合的晶体管更深地进入三极管区，从而提高它们的闪烁噪声。

习题

6.1 对生成三角输出波形的振荡器重复例6-2。

6.2 假设 $i_n(t)$ 表示白噪声源的时域行为，其双边频谱由 $\overline{I_n^2}=\eta/2$ 给出(例如，对于值为 R 的电阻，有 $\overline{I_n^2}=2kT/R$)。证明 $i_n(t)\sin\omega_0 t$ 的频谱也是白噪声频谱并且等于 $\eta/4$。

6.3 对于白噪声注入下的简单 LC 振荡器的相位噪声，我们已经获得了两种看似不同的表达式。式(5-12)如下：

$$S_{\phi n}(f)=\overline{I_n^2}\frac{1}{4C_a^2(2\pi f)^2}\cdot\frac{1}{V_0^2}\tag{6-53}$$

式(6-19)如下：

$$S_{\phi n}(f)=S_i(f)\frac{1}{2C_1^2(2\pi f)^2}\cdot\frac{1}{V_0^2}\tag{6-54}$$

要了解分母中的“2”的因子差异是如何产生的，可假设前者中 $\overline{I_n^2}=\eta$(单边谱)，而后者中的 $S_i(f)=\eta/2$(双边谱)。注意，$\overline{I_n^2}$ 的频谱必须是单边的(为什么?)，而图6-8中 $g(t)$ 的频谱必须是双边的，因为其低于和高于 $f=0$ 的噪声分量在乘以 $|H(j\omega)|^2$ 后转换为 $S_{\phi n}(f)$ 中的相应分量。

6.4 如果图6-12中的尾电流包含 I_{nT} 的噪声，确定输出共模电平中的噪声。注意，I_{nT} 在两边平均分配，当它转化为CM噪声时流过大小为 $1/g_{m3}$ 或 $1/g_{m4}$ 的平均阻抗。

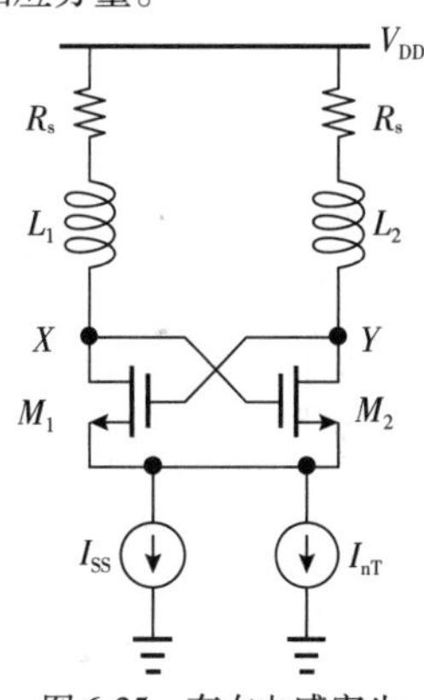

图6-35 存在电感寄生串联电阻时尾噪声的影响

6.5 我们希望将图6-35中所示振荡器的输出CM噪声与图6-14b中的输出CM噪声进行比较。这里，R_s 代表每个电感产生的低频金属电阻。使用上一个习题中概述的方法，根据 I_{nT} 求得CM噪声(通常，R_s 远小于PMOS器件的 $1/g_m$)。

6.6 证明图6-14b中的电源噪声直接调制输出CM电平，因此与 V_{cont} 中的噪声无法区分。(提示：参考图6-12。)

6.7 假设图6-20a中的振荡器受到低频电源噪声的影响。为了确定对 M_1 和 M_2 漏极电流的影响，构建了如图6-36所示的模型。在这里，两个晶体管被合并，腔体阻抗被忽略。计算由 $V_{DD,n}$ 引起的 M_1 和 M_2 中的小信号电流。

6.8 假设 LC 腔的 Q 值可以表示为 $Q=\alpha f^m$，其中 α 和 m 是常数，并且 $m\approx0.5$。对相位噪声重复6.5节中的计算。

6.9 如果图6-22b中的时钟波形没有50%的占空比，则 V_X 和 V_Y 会发生什么变化?

6.10 如果式(6-30)中的 α_1 和 α_2 有一个小的失配，$\alpha_1=\alpha_2+\Delta\alpha$，解释 A 和 B 在同相或反相耦合时会发生什么。

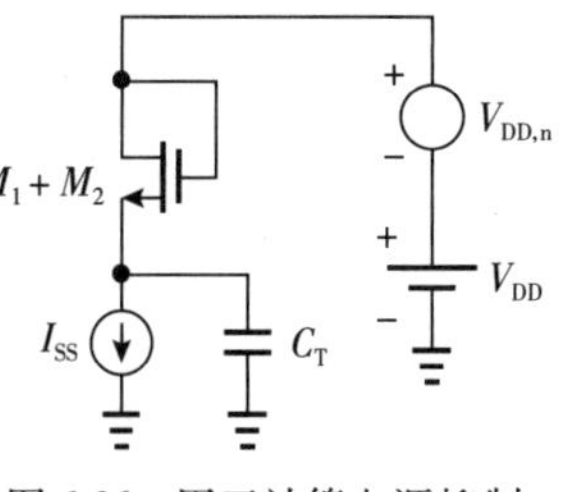

图6-36 用于计算电源抑制的简化振荡器模型

6.11 在图6-26中，α_1 的输入错误地连接到顶部 $H(s)$ 模块的输入。求解电路并找出 A 和 B 之间的关系。

6.12 证明当 $\alpha_1=\alpha_2$ 时图6-37所示的耦合环形振荡器满足图6-26中的模型，此时电路差分工作。

6.13 对于图6-24b所示的正交振荡器，画出晶体管源极的波形。

6.14 在式(6-35)的帮助下，如果耦合系数从0.2变为0.3，确定图6-24b中电路的振荡频率的变化。

6.15 一个学生由式(6-41)提出，可以通过调整 Q 来改变振荡频率。解释这种方法的缺点。

6.16 解释为什么式(6-35)和式(6-41)是不同的，即使它们都适用于正交 LC 振荡器。

6.17 如果图 6-24b 中的 I_1 和 I_{SS} 由 NMOS 器件实现，且该器件具有$g_{m1}=2I_1/(V_{GS}-V_{TH})$和$g_{mSS}=2I_{SS}/(V_{GS}-V_{TH})$，则确定式(6-47)中的相位噪声。假设 $I_1=0.2I_{SS}$。

6.18 我们将上一习题中 NMOS 电流源的宽度和长度加倍。解释相位噪声如何变化。

6.19 如果 $M_{D1}\sim M_{D4}$ 的栅极连接到 V_{DD} 而不是它们的漏极，则图 6-33a 的电路是否提供正交相位？

6.20 图 6-33a 中的电路是否表现出两种不同的振荡模式(如图 6-24b 中的拓扑结构)？

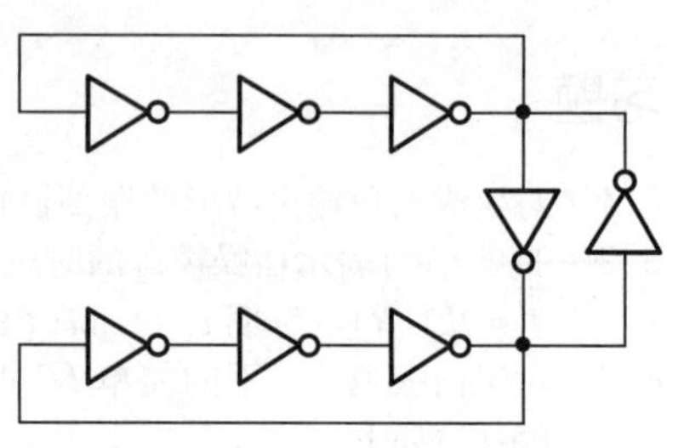

图 6-37 相互注入的环形振荡器

参考文献

[1]. A. Hajimiri, and T. H. Lee, "A general theory of phase noise in electrical oscillators," *IEEE J. Solid-State Circuits,* vol. 33, pp. 179-194, Feb. 1998.

[2]. P. Andreani and A. Fard, "More on the 1/f phase noise performance of CMOS differential-pair LC-tank oscillators," *IEEE J. Solid-State Circuits,* vol. 41, pp. 2703-2712, Dec. 2006.

[3]. A. Mazzanti and P. Andreani, "Class-C harmonic CMOS VCOs, with a general result on phase noise," *IEEE J. Solid-State Circuits,* vol. 43, no. 12, pp. 2716-2729, Dec. 2008.

[4]. S. Li, I. Kipnis, and M. Ismail, "A 10-GHz CMOS quadrature LC-VCO for multirate optical applications," *IEEE J. Solid-State Circuits,* vol. 38, pp. 1626-1634, Oct. 2003.

[5]. I. R. Chamas and S. Raman, "A comprehensive analysis of quadrature signal synthesis in cross-coupled RF VCOs," *IEEE Trans. Circuits and Systems, Part I,* vol.54, pp. 689-704, April 2007.

[6]. R. Adler, "A study of locking phenomena in oscillators," *Proc. IEEE*, vol. 61, No. 10, pp. 1380-1385, Oct. 1973.

[7]. B. Razavi, "A study of injection locking and pulling in oscillators," *IEEE J. Solid-State Circuits,* vol. 39, pp. 1415-1424, Sep. 2004.

[8]. T. P. Liu, "A 6.5-GHz monolithic CMOS voltage-controlled oscillator," *ISSCC Dig. Tech. Papers,* pp. 404-405, Feb. 1999.

[9]. B. Razavi, "Mutual injection pulling between oscillators," *Proc. CICC,* pp. 675-678, Sept. 2006.

[10]. L. Romano et al., "Phase noise and accuracy in quadrature oscillators," *Proc. ISCAS,* pp. 161-164, May 2004.

[11]. A Mazzanti, F. Svelto, and P. Andreani, "On the amplitude and phase errors of quadrature LC-tank CMOS oscillators," *IEEE J. Solid-State Circuits,* vol. 41, pp. 1305-1313, June 2006.

[12]. X. Yi et al., "A 57.9-to-68.3GHz 24.6mW frequency synthesizer with in-phase injection-coupled QVCO in 65nm CMOS," *ISSCC Dig. Tech. Papers,* pp. 354-355, Feb. 2013.

Chapter 7 第7章

基本锁相环架构

前几章分析和设计了不同类型的 VCO，这为本章中对 PLL 的研究打下了基础。为了最小化其频率偏移和相位噪声，大多数振荡器必须工作于锁相状态。从 20 世纪 30 年代开始，相位锁定这一概念便在许多应用中逐渐显示出必不可少的作用，正如将在本章以及接下来的章节中所看到的。PLL 最简单的形式是包括一个 VCO、一个鉴相器(PD)以及一个低通滤波器。本章首先将介绍 PD 的工作原理。

7.1 鉴相器

从基本的电子学知识可知，运算放大器需要测量输入差分电压，理想状态下其输出和输入呈线性关系。同样，在 PLL 结构中需要设计能够测量输入相位差的电路。如图 7-1a 所示，这种电路理想下应该根据输入相位“误差”ϕ_1 产生线性输出——这个量可能是电压。实际应用中鉴相器会产生一个周期输出，其平均值和相位误差 ϕ_1 成比例，这种特性如图 7-1b 所示。

图 7-1b 中的鉴相器特性有些问题值得一提。第一点，该电路特性曲线的斜率或者“增益”一般表示为 K_{PD}，单位是 V/rad。例如，一个鉴相器对于 1 rad 的输入相位差可以产生 100 mV 的输出变化。第二点，该特性曲线仅当两个输入 $V_1(t)$ 和 $V_2(t)$ 的频率相等时才有意义。否则，不同频率输入的相位差会随着时间不断变化(见图 7-1c)。

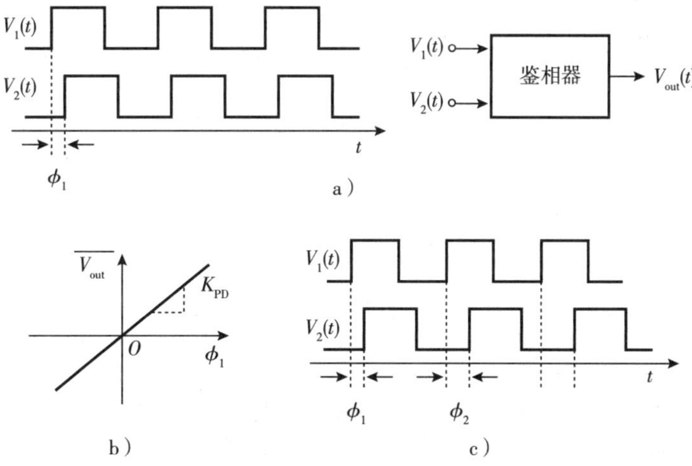

图 7-1 a)PD 测量两个周期信号；b)PD 特性曲线；c)两个不等频率信号的相位差变化

最简单的 PD 可以使用异或(XOR)门来实现。从图 7-2a 中可以注意到，如果输入信号 $V_1(t)$ 和 $V_2(t)$ 不相等，XOR 门输出为 1，因此生成一连串的脉冲信号，其频率是输入频率的两倍，而其脉冲宽度表示了两个输入信号之间的相位差。这些脉冲下的“面积”随着输入相位误差 ϕ_1 不断变化，使得平均输出和相位误差成比例。为了计算该电路的增益 K_{PD}，容易发现对于一个特定的相位误差 ϕ_1 弧度即 $[\phi_1/(2\pi)]T_{in}$ 时刻，平均输出等于 $2[\phi_1/(2\pi)]T_{in}V_0/T_{in}=(V_0/\pi)\phi_1$，因此 $K_{PD}=V_0/\pi$。

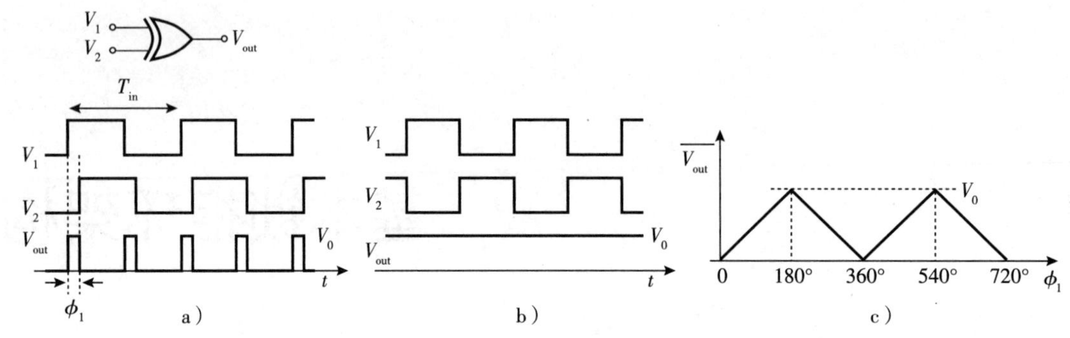

图 7-2 a) XOR 门作为 PD；b) 相位差为 180° 的输入和输出波形；c) 输入输出特性曲线

当 $\phi_1=0$ 时，由图 7-2a 中的波形可以看出，鉴相器的输出特性曲线从 0 开始，并随着 ϕ_1 的增大而线性上升。但是同时可以发现，图 7-2b 中当 $\phi_1=180°$ 时，平均值达到峰值 V_0。当相位误差继续增大时，输出特性线性下降，直到 $\phi_1=360°$ 时返回 0，之后该特性周期重复。图 7-2c 显示了这个结果。

例 7-1 模拟乘法器（混频器）可以用作鉴相器，确定该器件的特性曲线。

解： 如图 7-3a 所示，混频器的输出为 $V_{out}=kV_1(t)V_2(t)$，其中 k 是比例系数。在这种情况下使用正弦波表示输入会简化分析。

输入 $V_1(t)=V_0\cos\omega_1 t$，$V_2(t)=V_0\cos(\omega_1 t+\phi_1)$，此时输出为

$$V_{out}(t)=\frac{kV_0^2}{2}\cos(2\omega_1 t+\phi_1)+\frac{kV_0^2}{2}\cos\phi_1 \tag{7-1}$$

上式等号右边第一项的平均值为 0，因此总体平均值为

$$\overline{V_{out}(t)}=\frac{kV_0^2}{2}\cos\phi_1 \tag{7-2}$$

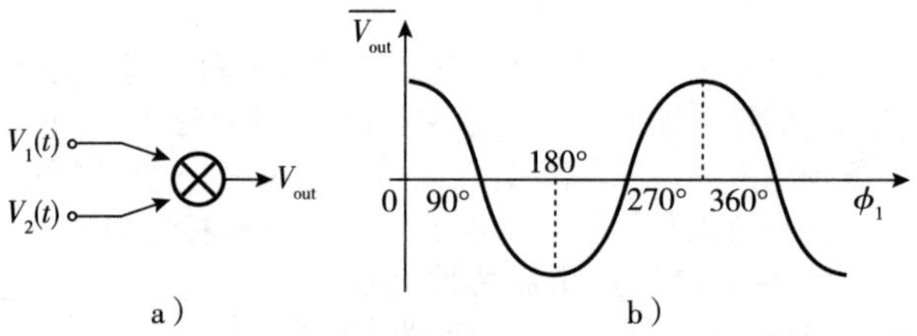

图 7-3 a) 混频器作为 PD；b) 其输入输出特性

如图 7-3b 所示，当 $\phi_1=0$ 时该特性曲线增益为 0；即 PD 的鉴相功能在该点附近失效。该鉴相器增益在 $\phi_1=90°$、$\phi_1=270°$ 等处达到最大值。

7.2 基于反馈的相位控制

假设一个标称频率为 f_0 的振荡器提供时钟信号 CK_{osc} 到某个系统（例如微处理器）。如果周围环境温度缓慢波动会带来什么影响？显然振荡器输出频率也会变化，导致随机相位误差的累积。如图 7-4 所示，和理想时钟相比，CK_{osc} 信号的边沿缓慢地从理想的边沿偏移。当将振荡器相位噪声纳入考虑时，分析结果是类似的。问题在于，当振荡器引入的相位噪声过大时，微处理器可能会失效。为了纠正这个误差，必须有效控制振荡器相位。

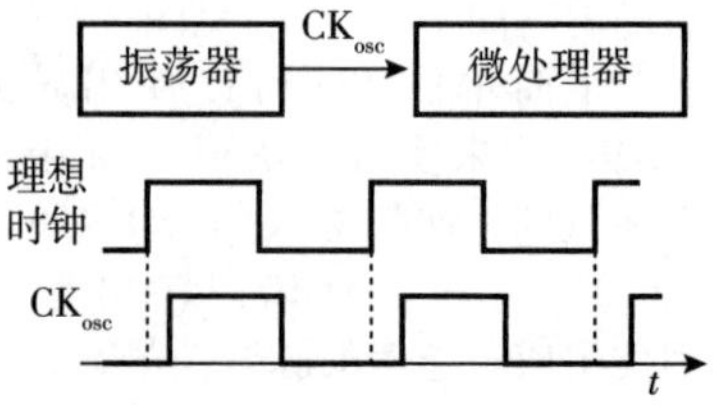

图 7-4 振荡器为微处理器提供时钟信号

我们希望将 VCO 的输出相位和理想的参考时钟的对齐，假设和理想时钟 V_{CK} 相比，VCO 输出的上升沿存在 Δt 的偏移（见图 7-5a）。为了改变 VCO 的相位，系统必须改变 VCO 的频率，使相位累积 $\phi=\int(\omega_0+K_{VCO}V_{cont})\mathrm{d}t$ 得以实现。例如，如图 7-5b 所示，假设 VCO 的输出频率在 $t=t_1$ 时刻有所上升。那时该电路的输出相位累积加快，导致

相位误差逐渐下降。在 $t=t_2$ 时刻，V_{CK} 和 V_{VCO} 之间的相位误差下降至 0，因此如果 V_{cont} 回到其原始值，两个信号会保持对齐。值得关注的是，将 VCO 频率在一定时间间隔内逐步降低到较低值也同样可以实现相位对齐。关键在于，相位对齐只能通过(临时)频率变化来实现。

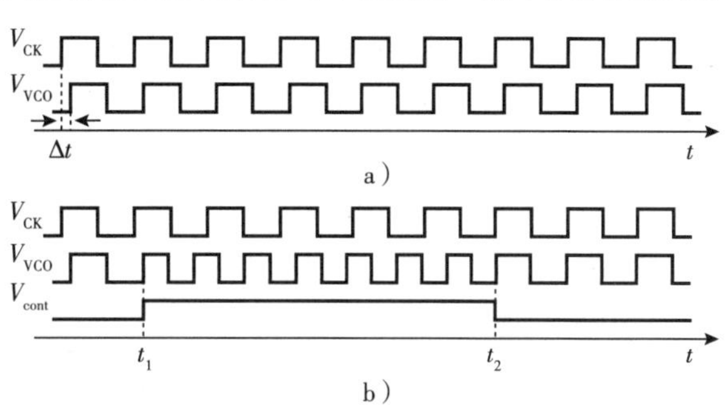

图 7-5 a)时钟和 VCO 输出之间的偏差；b)改变 VCO 频率来消除偏差

前面的实验说明，实现 VCO 输出相位与参考信号的相位对齐需要两个条件：①VCO 频率短时改变；②测量相位误差，即使用鉴相器来判断 VCO 和输入参考信号是否已经对齐。对齐 VCO 相位与参考相位的工作被称为“相位锁定”。在研究以相位量工作的 PLL 时，我们经常与更熟悉的电压模式电路进行类比，如下文所述。

为了能够控制振荡器的输出相位，可以使用负反馈结构。与电压域反馈方式(见图 7-6a)一样，相位负反馈可以先进行鉴相，并使用得到的相位误差来调整 VCO 的频率和相位(见图 7-6b)。如果环路增益足够大，那么在图 7-6a 中 $V_{out} \approx V_{REF}$，在图 7-6b 中 $\phi_{out} \approx \phi_{REF}$。如果 VCO 相位偏移，负反馈环路会强制校正，以使输出相位 ϕ_{out}“跟踪”参考相位 ϕ_{REF}。如第 1 章所述，控制输出相位 ϕ_{out} 唯一的方法就是通过控制电压 V_{cont}，它直接调整输出频率 f_{out}；要将 f_{out} 的变化转化为 ϕ_{out} 的变化，这个过程需要等待。

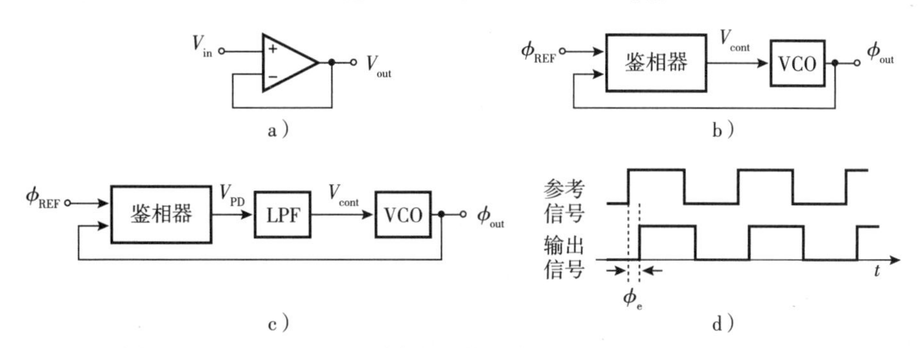

图 7-6 a)单位增益电压跟随器；b)相位控制反馈环路；c)PLL 包含有 LPF；d)其输入输出波形

回想一下 7.1 节，鉴相器输出包含重复的脉冲信号，如图 7-6b 所示，这些脉冲不可避免地会影响 VCO 输出。为了减少这个影响，可以在鉴相器和 VCO 之间引入一个低通滤波器(LPF，也称为“环路滤波器”)(见图 7-6c)，用来抑制 PD 输出的高频分量。这个负反馈电路即为“锁相环”(PLL)。一般认为当输入输出相位差 $\phi_{in}-\phi_{out}$ 不随时间变化(或者最好变化不大)时环路“锁定”。图 7-6d 所示为锁定状态下的输入输出波形。在继续深入研究这个电路之前，需要提前进行一些说明。

- 术语“锁相环”可能有些奇怪；毕竟图 7-6a 中的电路并没有被称为“锁压环”！然而，图 7-6a 和图 7-6c 中的反馈系统中存在一些值得关注的差异，可以证明“锁相环”这个传统命名也确实有一些道理。这一点将在 7.3 节中详细讨论。
- 在图 7-6c 中，当关注的信号在环路中传播时，其物理量纲也发生了变换：鉴相器测量相位量并输出电压(或电流)值，经过低通滤波后该电压(或电流)值输入到 VCO 中；VCO 输出的是周期波形，并将其相位反馈到鉴相器中。当然，也可以认为在图 7-6a 的运算放大器中，输入电压差被转换成了电流，经过负载阻抗后变成电压(例如，在级联级中)，或者经过另一执行类似转换的增益级(例如，在两级运算放大器中)。
- 目前我们的 PLL 设计工作似乎是得到了一个输出和输入非常相似($\phi_{out} \approx \phi_{REF}$)的电路，那么为什么不将 PLL 直接替换成一段导线?！我们将继续讨论电路的工作原理，以理解其锁相的作用。

7.3 简单PLL的分析

7.3.1 静态行为

下面将分析图7-6c中的PLL并理解它的特性和局限性。为了强化我们的设计直觉，将不同构建模块替换为简单的电路实现，如图7-7a所示。我们的目标是计算稳态下环路中的各种指标。

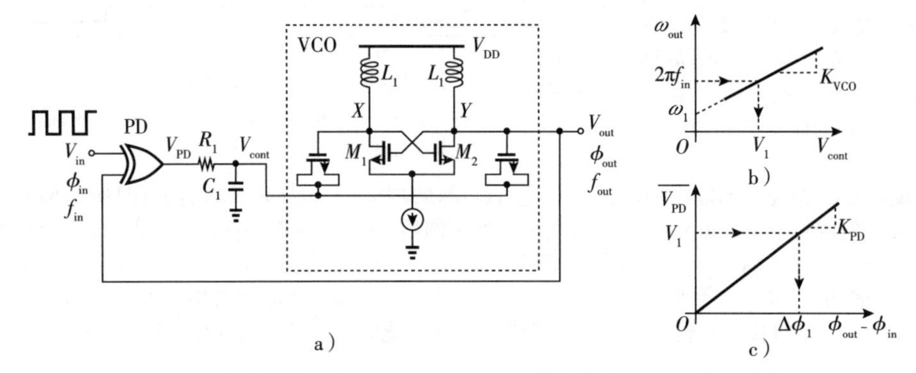

图7-7 a)简单的一种PLL实现；b)VCO特性曲线；c)PD特性曲线

锁相特性为计算任务提供了一个关键点；由于在锁相状态时$\phi_{out}-\phi_{in}$=常数，求导可得

$$\frac{d\phi_{out}}{dt}=\frac{d\phi_{in}}{dt} \tag{7-3}$$

从第1章我们了解到，瞬时频率等于相位对时间的导数，因此

$$2\pi f_{out}=2\pi f_{in} \tag{7-4}$$

这一结果符合图7-6d中的波形：为了使输入输出沿的相位差固定，输入输出的周期必须始终相等。如果环路正常运行，即锁定状态时，可以认为VCO的运行频率等于f_{in}。

现在可以使用VCO和XOR的特性曲线来计算所关注的各项指标。如图7-7b所示，VCO需要一个确定的控制电压来产生$f_{out}=f_{in}$。这个电压必须通过低通滤波器生成，而低通滤波器输出为V_{PD}的平均值。回到图7-7c中XOR的特性曲线，注意到当$\overline{V_{PD}}=V_1$时有一定的相位误差$\Delta\phi_1=V_1/K_{PD}$。总的来说，知晓了$f_{out}=f_{in}$，以及VCO和XOR的特性曲线，得出环路中一组特有的值，被称为“静态相位偏移”，$\Delta\phi_1$被证明在许多应用中是不被接受的。它可以通过增加K_{PD}(或K_{VCO})来降低。

例7-2 当$(2\pi R_1C_1)^{-1}\leqslant f_{in}$时，绘制出图7-7a中的电压波形。假设XOR输出在0和V_{DD}之间跳变。

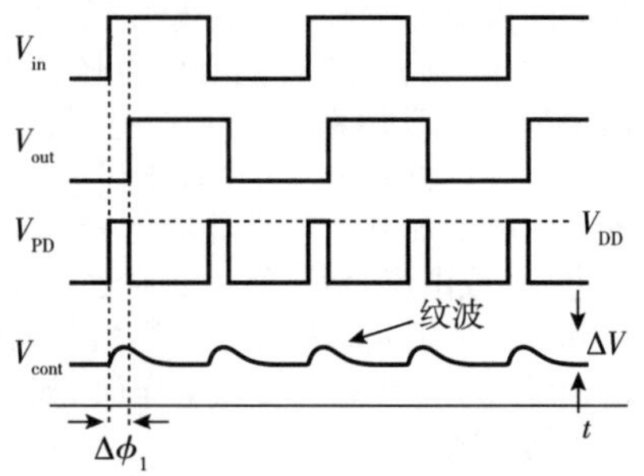

图7-8 图7-7a中的PLL的波形

解： 如图7-8所示，V_{in}和V_{out}之间存在相位差，即$\Delta\phi_1=V_1/K_{PD}$。鉴相器的输出脉冲到达低通滤波器，滤波器响应为$V_{DD}[1-\exp(-t/\tau)]$，其中$\tau=R_1C_1$(在上升沿)。由于τ远大于输入信号周期，可以认为$\exp(-t/\tau)=1+t/\tau$，响应简化为$V_{DD}t/\tau$。因此V_{cont}的峰-峰值变化等于$\Delta V=V_{DD}[\Delta\phi_1/(2\pi)]T_{in}/\tau$(为什么?)。由于$\Delta\phi_1=V_1/K_{PD}$以及$\tau=R_1C_1$，可得

$$\Delta V=\frac{V_{DD}V_1T_{in}}{2\pi R_1C_1K_{PD}} \tag{7-5}$$

这种 V_{cont} 的周期性扰动被称为“纹波”。

例 7-3 在例 7-2 中，将输入频率提高 Δf。说明相位偏移和纹波将会如何变化。假设环路依然处于锁定状态。

解： 如果输入频率提高到 $f_{in}+\Delta f$，由图 7-7b 可知 V_{cont} 必须提高到 $V_1+2\pi\Delta f/K_{VCO}$。这会转变为更大的相位误差，如图 7-7c 所示，即 $V_1/K_{PD}+2\pi\Delta f/(K_{VCO}K_{PD})$。同样，纹波幅度提高到了 $[V_{DD}T_{in}/(2\pi R_1C_1)](V_1+2\pi\Delta f/K_{VCO})/K_{PD}$，这里假设 T_{in} 的变化可以忽略。

例 7-4 由于环境温度的变化，图 7-7b 中的 VCO 特性曲线向上偏移了 $2\pi\Delta f$。如果 K_{VCO} 和输入频率保持不变，确定此时 V_1 和 $\Delta\phi_1$ 的新值。假设环路处于锁定状态。

解： $2\pi\Delta f$ 的向上偏移量说明此时 VCO 需要新的控制电压，即等于 $V_1-2\pi\Delta f/K_{VCO}$，才能保证工作在 $2\pi f_{in}$ 的频率下。从而 $\Delta\phi_1$ 下降了 $2\pi\Delta f/(K_{VCO}K_{PD})$。

7.3.2 倍频

在 7.2 节中曾提出一个问题，即 PLL 与一段导线有何不同。在本节中将讨论 PLL 的一个非常重要且有实际意义的性质，即倍频。假设一个精确且稳定的参考振荡器(例如，晶振)产生一个 20 MHz 的输出，而工作要求是希望以此生成一个 4 GHz 的时钟。一种方法是考虑生成 20 MHz 参考频率的第 200 次谐波，但是这个分量非常小而且容易产生极端噪声[⊖]。相反，PLL 可以提供一种简明的解决方案。如图 7-9a 所示，该方案的关键是设计一个包括了 4 GHz VCO 的 PLL 环路，同时在反馈路径中加入一个“分频器”，即使用一个计数器，当计数到 $M=200$ 个输入脉冲时生成一个输出脉冲。如果环路锁定，鉴相器会收到一个固定的相位差输入，因此输入频率相等。也就是说，$f_B=f_{REF}$，得到 $f_{out}=Mf_B=Mf_{REF}$。这种设计的巧妙之处在于输出频率是“可编程的”：如果 M 从 200 变到 201，f_{out} 将从 4 GHz 变化到 201×20 MHz=4.02 GHz。

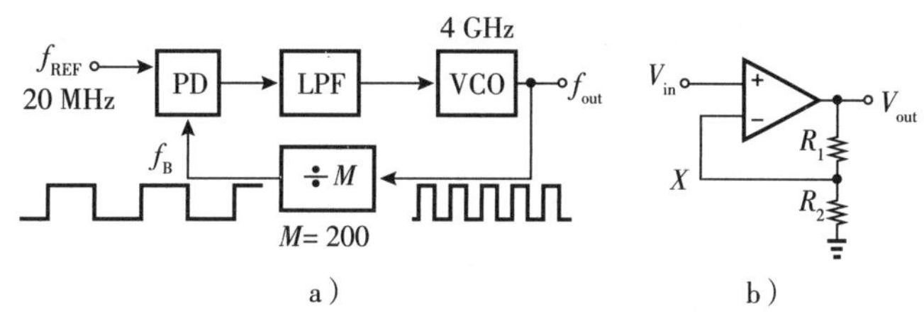

图 7-9 a)倍频 PLL；b)电压域类比

这种在反馈系统中将输出除以某个值后再反馈到输入的形式在电压域中也容易找到。例如，在图 7-9b 中的电压模式电路中，$V_X=V_{out}R_2/(R_1+R_2)$，因此 $V_{out}\approx(1+R_1/R_2)V_{in}$。可以认为这种结构电路实现“倍压”输出。

在习题 7.9 中将研究这种“倍频”PLL 的静态相位误差，其他方面的研究也将在本章稍后进行。

7.3.3 动态行为

接下来将定性地分析图 7-10a 中 PLL 的瞬态行为。与更熟悉的电压模式电路分析一样，必须在输入端引入一个阶跃信号并观察输出。不同的是在 PLL 中鉴相器识别的是相位或频率。后续分析将先讨论输入一个频率阶跃信号的情况，因为这会更直观。

如图 7-10b 所示，在 $t=t_1$ 时刻，输入频率从 ω_1 跳变至 $\omega_1+\Delta\omega$。此时低频滤波器输出 V_{cont} 仍保持为 V_1，故而 VCO 输出频率仍为 ω_1，输入输出频率之间保持频率差 $\Delta\omega$，因此相位差在不断增大。这会导致 PD 的输出脉冲宽度上升，并拉高 V_{cont} 以及 ω_{out}。这个反馈过程会一直持续到 ω_{out} 等于 $\omega_1+\Delta\omega$，此时环路重新进入锁定状态。注意，此时 PD 的输出脉冲更宽，以此得到更高的控制电压。

⊖ 还需要一个非常陡峭的滤波器将它与其他谐波分开。

V_{cont} 的建立过程可能并不像图 7-10b 中所示的那样平滑；如果环路本身是欠阻尼的(不够稳定)，那么 V_{cont} 可能会“振荡”。与反馈放大器类似，必须通过研究开环零点极点以及相位裕度等参数来制定闭环响应。同时需要注意到，环路在 t_1 到 t_2 之间并未锁定，由于 $\phi_{out}-\phi_{in}$ 在这段时间内随时间不断变化。

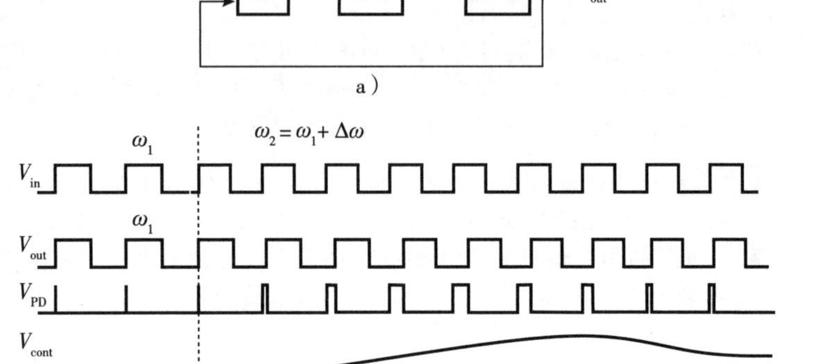

图 7-10 a) PLL 感测输入频率阶跃；b) 其波形

研究完阶跃频率输入响应，下面将研究 PLL 对阶跃相位输入的响应。如图 7-11 所示，这样的阶跃相位只是说明下一个输入沿会比正常情况下来得早或者晚一点。由于 V_{cont} 和输出相位都不能瞬间改变；因此这个阶跃相位会立刻变成相位误差，并展宽 PD 输出脉冲。V_{cont} 和 ω_{out} 的逐渐变化会使得 VCO 输出积累额外的相位并最终赶上输入相位。与图 7-10 中的瞬态行为不同的是，t_2 时刻环路中的量 V_{cont} 以及 $\phi_{out}-\phi_{in}$ 仍然和 t_1 时刻相同。

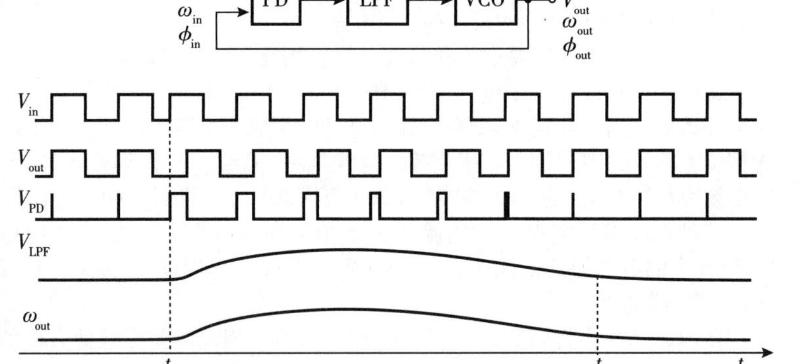

图 7-11 PLL 感测输入相位阶跃及其波形

从上述结果中可以进行一些有趣的观察。第一，图 7-6a 中的放大器电路只能接收输入端的电压阶跃信号，而图 7-10a 中的 PLL 则可以接收频率阶跃以及相位阶跃信号。如图 7-10b 中的 V_{cont} 图所示，我们预计两种不同阶跃输入有不同的输出响应。第二，PLL 中最方便观察瞬态行为的点是 VCO 的控制电压，其他的量，诸如 ϕ_{out} 以及 $\phi_{out}-\phi_{in}$ 并不能提供直观的表示。第三，图 7-10a 说明，环路在 $t=t_a$ 时刻并未进入最终锁定状态，即此时 ω_{out} 已经具有正确的值(和 $t=t_2$ 时刻的值相同)。这是由于该时刻相位误差(PD 输出的脉宽)并未达到建立锁定状态的正确值。换句话说，环路只有在 $\Delta\phi_1$ 和 ω_{out} 同时建立完成后才会进入锁定状态，而上述两个量通过积分关系相关联。我们说“相位锁定”和“频率锁定”都必须完成。

例 7-5 尝试不推导其传递函数，解释图 7-10a 中的 PLL 表现为低通系统。

解： 作为一个简单的版本，首先在 PLL 输入端施加一个频率阶跃。对于高度为 h 的阶跃的响应，低通系统的输出会从初始值开始逐渐建立到终值，其值等于 h 乘以标量。例如，图 7-6a 中的单位增益缓冲器，响应高度为 V_0 的输入阶跃，生成近似为 $V_0[1-\exp(-t/\tau)]$ 的输出。从图 7-10b 中可发现，ω_{out} 经过足够长的时间后变化 $\Delta\omega$。因此从输入频率到输出频率，PLL 的传递函数是一个低通系统，如图 7-12a 所示。

对于输入输出相位量我们预计这个结论仍然成立。在图7-12b中将系统重新表示出来，同时加入一对级联的积分器-微分器保证整体传递函数不变。由于整体系统都是线性时不变的，因此可以将积分器和LPF的位置调换(见图7-12c)，注意到相位等于频率对时间的积分。因此，ϕ_{out}和ϕ_{in}之间也是相同的低通函数相关性。我们将在7.3.4节中详细描述PLL的这个特性。

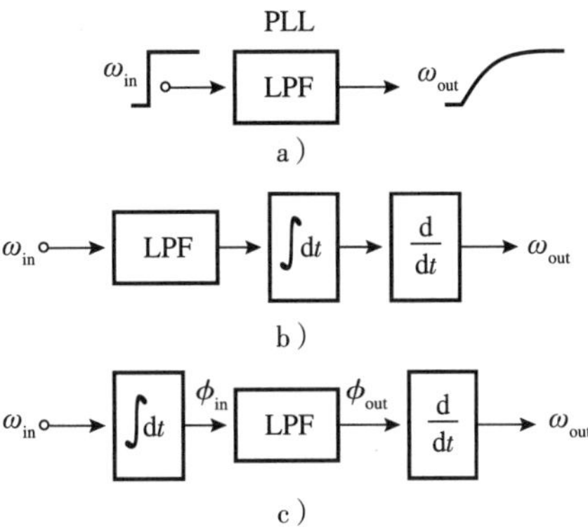

图7-12 a)频率阶跃下PLL的响应；b)添加积分器和微分器；c)对级联重排序来表明PLL对于相位量也表现为低通滤波器

例7-6 由图7-11中解释为什么相位量表示的PLL的环路增益是无限的。

解：为了验证环路增益是无限的，可以在输入施加一个阶跃信号并检验反馈误差是否最终会回到0。例如在图7-6a的放大器中，阶跃输入$V_0u(t)$最终产生的输出为$V_0A_0/(A_0+1)$，其中A_0是运算放大器的增益，反馈误差$V_{out}-V_{REF}$为$V_0/(A_0+1)$。当$A_0=\infty$时该误差为0。而对于PLL，图7-11中的响应表示在瞬态消退后，$\phi_{out}-\phi_{in}$最终返回到其原始值；因此对于相位量来说环路增益是无限的。这是可以预计的，因为环路中存在一个理想的积分器(即VCO)。

例7-7 某个学生注意到上述例子的结果与之前PLL静态相位误差计算结果$\Delta\phi_1=V_1/K_{PD}$之间存在矛盾。为什么环路增益是无限的情况下"静态相位误差"仍不为0?

解：考虑图7-13a所示的电压域反馈系统，其中一个理想的积分器提供了无限的环路增益。如果V_{in}是常数并且值为$V_0\neq0$，那么V_{out}也是如此。这可以通过注意到，如果$V_{out}<\infty$，那么积分器的无限增益要求$V_X=0$，因此$V_{in}-V_{out}=0$。

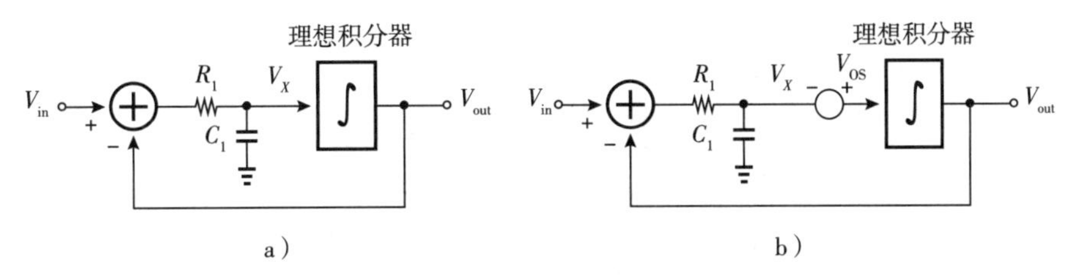

图7-13 a)包含一个积分器的反馈环路；b)含失调电压时的影响

现在，让我们在积分器的输入端插入一个失调电压(见图7-13b)。积分器的输入仍然是零，但是$V_X=-V_{OS}$，$V_{in}-V_{out}=-V_{OS}$。如果VCO能够在$V_{cont}=0$时产生所需的频率，那么PLL就类似于图7-13a中的系统。实际上，VCO可能需要$V_{cont}>0$，这对应于图7-13b中的失调电压。环路增益是无限的，但是由于环路内的失调量而产生了静态反馈误差。

例7-8 解释为什么PLL的环路增益对于频率量也是无限的。

解：我们可以直观地看到，当PLL响应一个频率阶跃后，它没有频率误差，这表明它有无限的环路增益。让我们从另一个角度来看这个问题。如果所关注的是频率量，我们必须相应地以频率量对环路内的传递函数进行建模。由于鉴相器从根本上测量的是相位差，可以写出

$$\phi_{in}-\phi_{out}=\int(\omega_{in}-\omega_{out})\,dt \tag{7-6}$$

并由此用频率量对图7-14a中的PD进行表示。另外，对于VCO，输出频率表示为$\omega_{out}=\omega_1+K_{VCO}V_{cont}$，其中$\omega_1$作为一个偏移量，$K_{VCO}$作为一个无记忆增益(见图7-14b)。因此，整个环路可以如图7-14c所示进行建模。值得关注的是，与图7-13b中的相位模型一样，这个系统也包含了一个积分器，但在PD

内部。另外，图7-14c中的偏移量ω_1出现在理想积分器之后，不增加静态频率误差(思考为什么?)。因此，$\omega_{out}=\omega_{in}$。

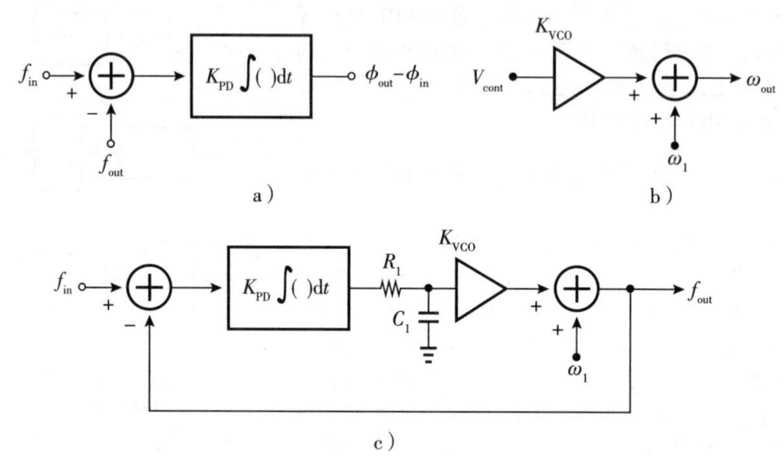

图7-14 a)输入为频率量的PD模型；b)VCO模型；c)闭环模型

7.3.4 PLL传递函数

有了上一节中定性分析作为铺垫，接下来将正式进入PLL动态特性的研究。下面的目标其实和经典电压域电路中讨论的典型问题类似：①如何解释以及定义传递函数？②如何评估环路的稳定性？③环路具有何种滤波性质？④环路在时域中的表现如何？

上一节中的例子其实已经给出了一些对于PLL响应的直观印象，但讨论PLL传递函数的含义仍然是必要的。为此回到上面的第三个问题并仍然用电压模式电路进行类比。假设图7-15是一个单位增益反馈电路，其运算放大器为单极点形式。该系统中，缓慢变化的输入会直接无衰减地传输到输出，即输出能够有效“跟踪”缓慢的输入。另外，对于一个快速变化的输入，例如一个频率超出闭环带宽的正弦信号，此时输出无法有效跟上输入变化，表现为电压幅度减小。因此这个电路显示出低通滤波的性质。

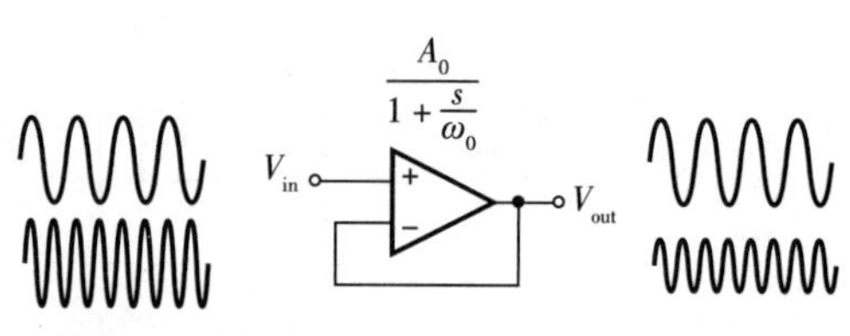

图7-15 单位增益电压跟随器用于学习频率响应

为了将这个概念推广到PLL中，输入相位变化的快慢这一概念必须得到解释。在这个背景下，术语“相位”实际上是指输入信号中的额外的相位，即除线性ωt项之外的任何扰动项。如果将输入波形建模为$V_0\cos[\omega_1 t+\phi_{in}(t)]$，希望确定$\phi_{in}(t)$变化快或慢时，PLL输出相位的变化情况。图7-16举例说明了相位慢速变化和快速变化的两种情况：前者相位缓慢变化而后者相位快速变化。下面对PLL的定量分析将会解释这种相位波动是如何传递到输出相位的。从例7-5可预测，PLL应该只传播缓慢的相位变化。

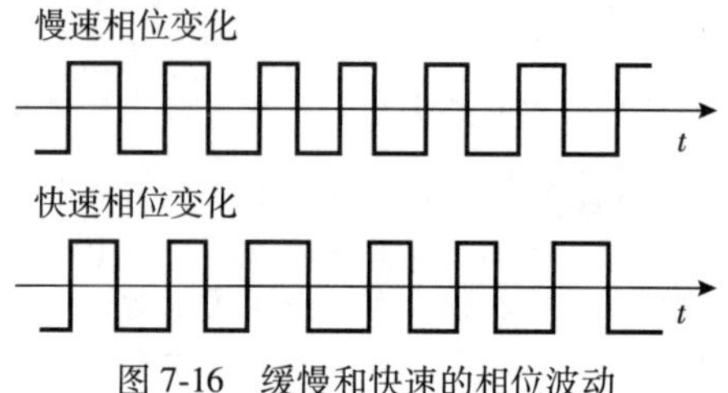

图7-16 缓慢和快速的相位波动

例7-9 如何理解正弦波中存在缓慢的相位波动？

解： 假设正弦波为$V=V_0\cos[\omega_1 t+\phi_{in}(t)]$，而其中$\phi_{in}(t)$是一个缓慢变化的函数，比如$\phi_{in}(t)=\alpha\cos\omega_m t$，其中$\omega_m$为一个较小的数值。例如，如果$\omega_m=2\pi(1\text{ kHz})$，则额外相位以1 kHz的速率变化。

为了计算图7-6c中的PLL的传递函数 ϕ_{out}/ϕ_{in}，可以将各个构建模块用线性模型代替。需要记住VCO必须被建模成积分器，这是因为PD接收的是VCO的相位输出(参考第1章)。对于一阶环路滤波器，图7-17所示为其小信号模型，其中开环传递函数等于 $[K_{PD}/(1+s/\omega_{LPF})]K_{VCO}/s$。这个量通常也被称为环路增益或者"环路传函"⊖。由开环传递函数可以得到闭环传递函数为

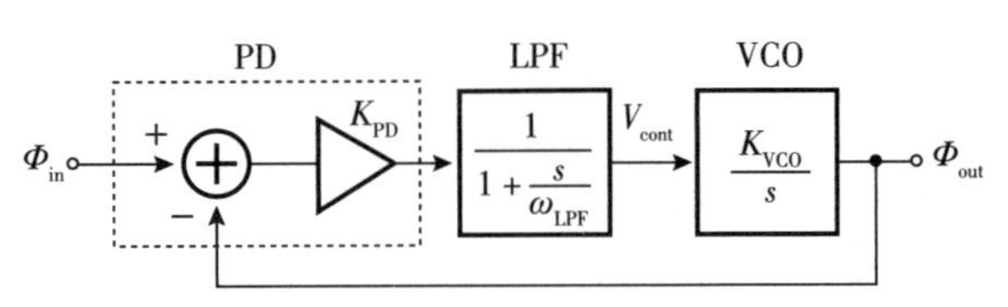

图7-17 简单锁相环的线性模型

$$H(s)=\frac{\phi_{out}}{\phi_{in}}(s) \tag{7-7}$$

$$=\frac{K_{PD}K_{VCO}}{\frac{s^2}{\omega_{LPF}}+s+K_{PD}K_{VCO}} \tag{7-8}$$

上式在控制理论中倾向于将分母表示为 $s^2+2\zeta\omega_n s+\omega_n^2$ 的形式，其中的 ζ 和 ω_n 分别被定义为"阻尼系数"和"固有频率"，从而

$$H(s)=\frac{\omega_n^2}{s^2+2\zeta\omega_n s+\omega_n^2} \tag{7-9}$$

式中，

$$\omega_n=\sqrt{K_{PD}K_{VCO}\omega_{LPF}} \tag{7-10}$$

$$\zeta=\frac{1}{2}\sqrt{\frac{\omega_{LPF}}{K_{PD}K_{VCO}}} \tag{7-11}$$

ζ 参数极其重要，因为它表示了环路的稳定程度。对于临界阻尼响应，$\zeta=\sqrt{2}/2$；一般 ζ 取值在 $\sqrt{2}/2$ 和1之间。图7-17所示的结构被称为"Ⅰ型"PLL，因为其开环传递函数中只有一个理想的积分器(对应1个原点的极点)。

下面将对式(7-9)进行进一步的探究。对于一阶低通滤波器和VCO(作为理想积分器)，期望可以得到二阶传递函数。该系统有着低通特性：对于缓慢的输入相位波动，s 值较小，此时 $H(s)\approx1$，闭环-3 dB带宽(通常也被称为"环路带宽")可以通过令 $|H(s=j\omega)|=\sqrt{2}/2$ 计算 ω 来得到。但这里的 ω 代表了什么？此时 ω 并不是输入或者VCO的频率，而是输入额外相位扰动 $\phi_{in}(t)$ 的变化速率。在图7-15中的电压模式电路中，施加输入为 $V_{in}=V_0\cos\omega_{in}t$ 时如果 ω_{in} 高于-3 dB带宽，则输出电压幅度衰减。而在PLL中，施加输入为 $V_{in}=V_0\cos[\omega_0t+\phi_{in}(t)]$，其中 $\phi_{in}(t)=\alpha\cos\omega_m t$，如果 ω_m 较小，则 $\phi_{in}(t)$ 变化缓慢，$|H|\approx1$，PLL输出为 $V_{out}\approx V_1\cos(\omega_0t+\alpha\cos\omega_m t)$，表现出相位变化能够有效跟随输入相位变化。但如果变化频率 ω_m 高于环路带宽，则输出相位的波动幅度变小。

直观地说明式(7-11)中的 ζ 与 ω_{LPF} 和 $K_{PD}K_{VCO}$ 的相关性是很有意义的。为此构建了开环传递函数 $[K_{PD}/(1+s/\omega_{LPF})]K_{VCO}/s$ 的伯德图(见图7-18)。与更常见的运算放大器设计不同的是，PLL在原点处存在一个极点，使得开环增益从无穷大开始以-20 dB/dec斜率下降，直到 $\omega=\omega_{LPF}$。超过这个频率，斜率变为-40 dB/dec。此外，由于原点处存在极点，相位从-90°开始下降，在 $\omega=\omega_{LPF}$ 处下降到-135°，并渐近地接近-180°。

ζ 与 $K_{PD}K_{VCO}$ 的相关性是直接的。在图7-18中，提高 $K_{PD}K_{VCO}$ 只会将幅频曲线整体抬升，提高 ω_u，但是对相频曲线没有影响(为什么?)。因此相位裕度下降。这种趋势与负反馈放大器中的类似。

⊖ 严格意义上，"环路增益"是指低频值，"环路传函"是指频率相关函数。

回想一下，低通滤波器会抑制PD产生的高频分量。式(7-11)说明，如果ω_{LPF}下降，则ζ也会下降；即如果降低ω_{LPF}以减弱PD引入的干扰，则不可避免地会降低整体环路的稳定性。图7-18的伯德图并不能很直观地表现出这一趋势。然而回到开环传递函数$[K_{\mathrm{PD}}/(1+s/\omega_{\mathrm{LPF}})](K_{\mathrm{VCO}}/s)$中通过将其幅度平方归一化为1，并计算单位增益带宽$\omega_{\mathrm{u}}$，可得

$$\frac{K_{\mathrm{PD}}^2K_{\mathrm{VCO}}^2}{\left(1+\dfrac{\omega_{\mathrm{u}}^2}{\omega_{\mathrm{LPF}}^2}\right)\omega_{\mathrm{u}}^2}=1 \tag{7-12}$$

即

$$\frac{\omega_{\mathrm{u}}}{\omega_{\mathrm{LPF}}}=\sqrt{\frac{K_{\mathrm{PD}}^2K_{\mathrm{VCO}}^2}{\omega_{\mathrm{u}}^2}-1} \tag{7-13}$$

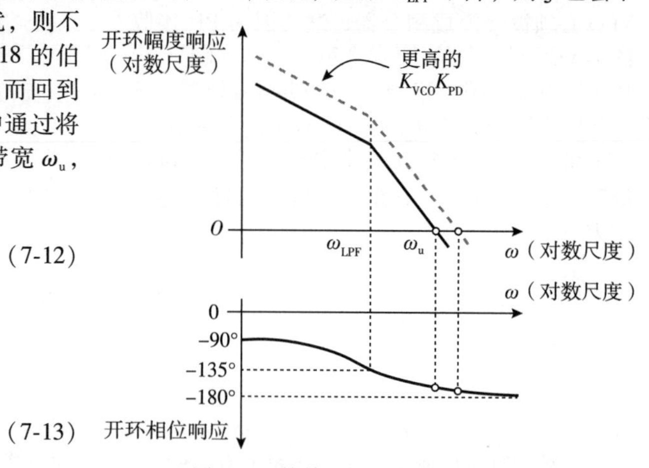

图7-18 简单PLL开环响应的伯德图

ω_{u}处的开环相位为

$$\angle H(\mathrm{j}\omega_{\mathrm{u}})=-90^{\circ}-\arctan\frac{\omega_{\mathrm{u}}}{\omega_{\mathrm{LPF}}}=-90^{\circ}-\arctan\sqrt{\frac{K_{\mathrm{PD}}^2K_{\mathrm{VCO}}^2}{\omega_{\mathrm{u}}^2}-1} \tag{7-14}$$

从图7-18可以注意到，如果ω_{LPF}降低，则ω_{u}也会降低，导致上式中arctan的参数上升，因此相位裕度更小。

例7-10 推导图7-9a中倍频PLL的闭环传递函数。

解： 开环前向传递函数仍然是$[K_{\mathrm{PD}}/(1+s/\omega_{\mathrm{LPF}})](K_{\mathrm{VCO}}/s)$，但是反馈系数从1下降为$1/M$。因此将式(7-8)分母中的$K_{\mathrm{VCO}}$用$K_{\mathrm{VCO}}/M$直接代替，可得

$$H(s)=\frac{K_{\mathrm{PD}}K_{\mathrm{VCO}}}{\dfrac{s^2}{\omega_{\mathrm{LPF}}}+s+K_{\mathrm{PD}}K_{\mathrm{VCO}}/M} \tag{7-15}$$

进一步，

$$\omega_{\mathrm{n}}=\sqrt{\frac{K_{\mathrm{PD}}K_{\mathrm{VCO}}}{M}\omega_{\mathrm{LPF}}} \tag{7-16}$$

$$\zeta=\frac{1}{2}\sqrt{\frac{\omega_{\mathrm{LPF}}}{K_{\mathrm{PD}}K_{\mathrm{VCO}}/M}} \tag{7-17}$$

式(7-17)表明当M上升时环路稳定性增加。其实，画出环路相应的幅频以及相频特性曲线后（见图7-19），容易观察到分频器降低了反馈深度并增加了相位裕度。这是Ⅰ型PLL的特性（运算放大器也一样），这与将在7.5节中研究的Ⅱ型PLL的行为完全相反。

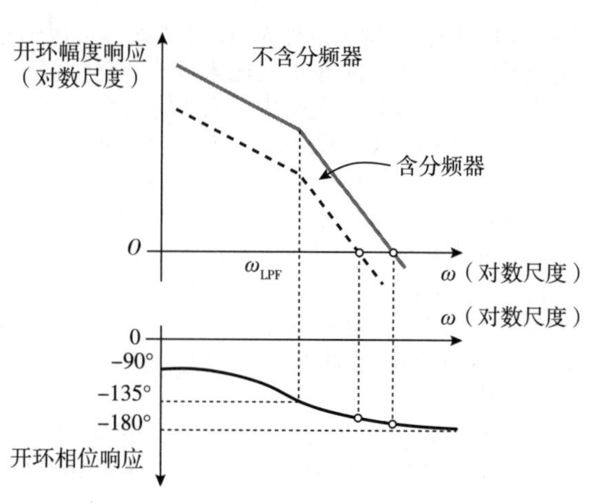

图7-19 是否包含分频器情况下的环路传函幅度和相位曲线

例7-11 某个Ⅰ型PLL使用基于压控反相器的环形振荡器。尝试定性地分析VCO电源噪声到输出相位的传递函数的类型。

解：为了快速验证，可以在 VCO 的电源线处串联加入一个 DC 电压(见图 7-20)并研究其对输出相位 ϕ_{out} 的影响。很明显该电压会改变 f_{out}。为了保持环路锁相，f_{out} 必须等于 f_{in}，即便 VCO 电源电压发生改变。因此只有 V_{cont} 改变去抵消 V_1 的影响才有可能。为了使 V_{cont} 发生变化，静态相位误差必须变成另一个值。因此 V_1 转化为 ϕ_{out} 的改变。

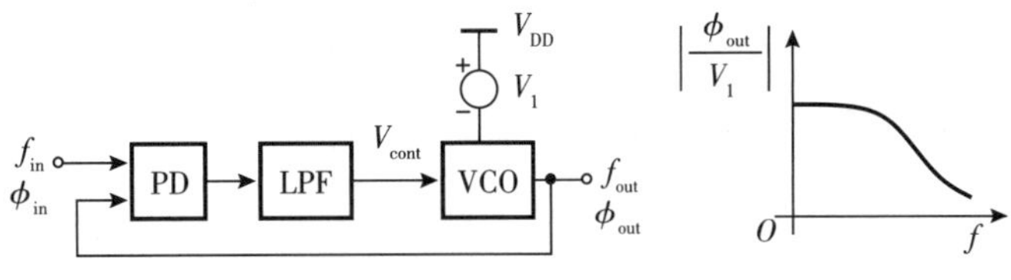

图 7-20 电源噪声影响下的锁相环

现在，如果 V_1 缓慢变化(如低频电源噪声)，则 ϕ_{out} 也会缓慢变化。而 V_1 快速的变化则导致 ϕ_{out} 变化较小(为什么?)。因此从 V_1 到 ϕ_{out} 的传递函数表现为低通响应。上述定性分析方法在 PLL 中其他噪声源的分析中也很有价值。

7.3.5 简单 PLL 的缺点

稳定性问题 式(7-11)中的 ζ 的相关性说明在 I 型 PLL 中存在两个制约条件。首先，如果减小 ω_{LPF} 以抑制控制电压纹波的影响，则环路变得不那么稳定。其次，如果增加 K_{PD} 以尽量减小静态相位误差，则环路也会变得不那么稳定。上述两个问题都会严重制约 PLL 的性能。

锁定捕获 图 7-6c 中的 PLL 还面临另一个严重的制约条件，即 ω_{LPF} 和“捕获范围”之间的权衡。之前的章节一直刻意回避一个重要的问题，即 PLL 导通后一定会进入锁定状态吗？例如，如果 VCO 初始工作频率与输入频率相差很大，那么环路能否有效调谐 VCO，使其最终锁定到输入频率？简短的回答是不，它不能。环路锁定的 $|\omega_{out}-\omega_{in}|$ 的最大初始值被称为“捕获范围”[⊖]。下面将对这个问题进行深入解释。

假设上电后，VCO 的初始工作频率为 $\omega_{out}\neq\omega_{in}$。为了使环路进入锁定状态，VCO 的控制输入端必须建立一个适当的直流值。将图 7-21a 环路打开并研究不同点的频谱。这里 ω_{out} 表示固定的任意频率。为了简化分析，假设 PD 由混频器实现(例 7-1)。PD 的输出包含了一个形式为 $kV_0V_1\cos(\omega_{in}-\omega_{out})t$ 的分量，其中 k 表示混频器的增益。经过 LPF 的部分衰减后该分量用来调制 VCO，在 $\omega_{out}\pm(\omega_{in}-\omega_{out})$ 处产生两个边带(见图 7-21b)。在这种情况下，V_{cont} 的直流分量为 0。现在，将环路关闭，在 ω_{in} 处的输出分量会与输入信号(在 ω_{in} 频点处)混频，产生一个直流值用来推动 VCO 频率趋向 ω_{in}。

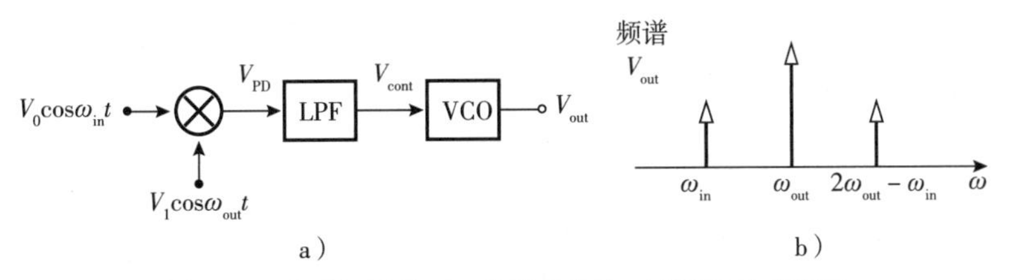

图 7-21 a) 研究开环 PLL 的捕获特性；b) VCO 输出频谱

上述定性分析说明，如果 ω_{in} 和 ω_{out} 的初始频率差过大的话，那么 PD 的输出 $kV_0V_1\cos(\omega_{in}-\omega_{out})t$ 分量在 LPF 中会被严重衰减，以至于 VCO 不足以被有效驱动。结果就是，在 ω_{in} 处的 VCO 输出边带以及 PD 输出中的直流分量会非常小，导致无法进入锁定捕获。关键在于，如果 ω_{LPF} 被设计得过小用来抑制控制电压 V_{cont} 的纹波，则“捕获范围”也会成比例下降。在实际应用中，如果捕获范围过小则环路很容易受到 PVT 影响而失效。

⊖ 传统的 PLL 设计文献对捕获范围、锁定范围、拉入范围、跟踪范围等进行了区分。

总的来说，I 型 PLL 面临三个权衡：ζ 和 ω_{LPF} 之间，ζ 和 K_{PD} 之间，以及捕获范围和 ω_{LPF} 之间。接下来首先将研究如何避免捕获范围带来的限制，而后续章节会设法解决由 ζ 带来的权衡问题。

7.4 鉴频鉴相器

上述研究引导我们开发一种对初始输出频率不敏感的 PLL。理论上这种 PLL 的频率捕获范围与 VCO 的调谐范围一样大，并且不受环路带宽的限制。

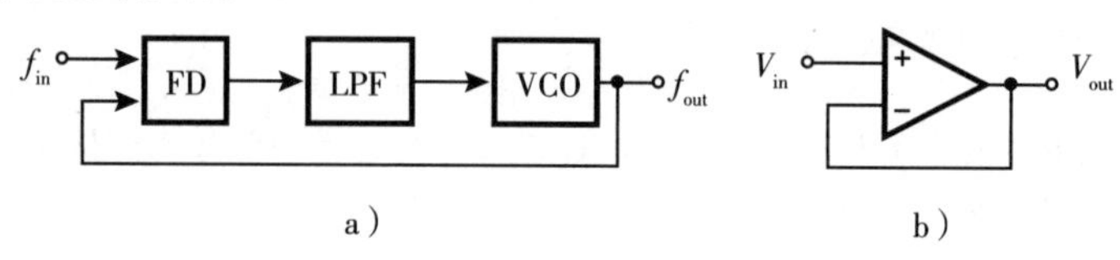

图 7-22 a)频率锁相环路；b)电压域类比

图 7-6c 所示的简单 PLL 的频率捕获范围过小的部分原因在于，鉴相器只能检测相位差而不能检测频率差，因此当输入输出频率差 $|f_{out}-f_{in}|$ 较大时，无法生成有效的 DC 输出。为了解决这个问题，"鉴频器"(FD)的概念由此很自然地引入，这是一种可以检测输入频率误差并产生平均输出电压的电路。实际上，可能会想直接将 PD 替换为 FD(见图 7-22a)，会得到所谓的"锁频环"(FLL)，并且推断其负反馈环路能够将 f_{out} 锁定至 f_{in}。但事实是这样吗？与图 7-22b 的电压模电路进行类比，由于运算放大器有限的增益以及失调电压的影响，V_{in} 并不会完全等于 V_{out}。而在 FLL 中，也可能存在类似的问题：①如果环路增益有限，则 f_{out} 和 f_{in} 不完全相等；②如果存在偏移(FD 内部不对称)，即便环路增益无限大，f_{out} 和 f_{in} 也无法完全匹配。在图 7-22b 中，V_{out} 和 V_{in} 不完全相等是可以接受的，但在图 7-22a 的 FLL 中 f_{out} 和 f_{in} 不同则完全无法接受。例如，如果一个微处理器的时钟频率与其输入数据速率略有不同，则采样数据的触发器会发生错误。

上述分析表明，鲁棒的 PLL 设计必须同时具备相位和频率检测模块：当频率误差较大时，PD 输出中几乎没有有用分量，此时需要依靠 FD 的输出将 VCO 频率调整至所需值。当 $|f_{out}-f_{in}|$ 降到足够低的程度时，PD 开始生成有效的 DC 分量，最终保证锁相并使 $\omega_{out}=\omega_{in}$。

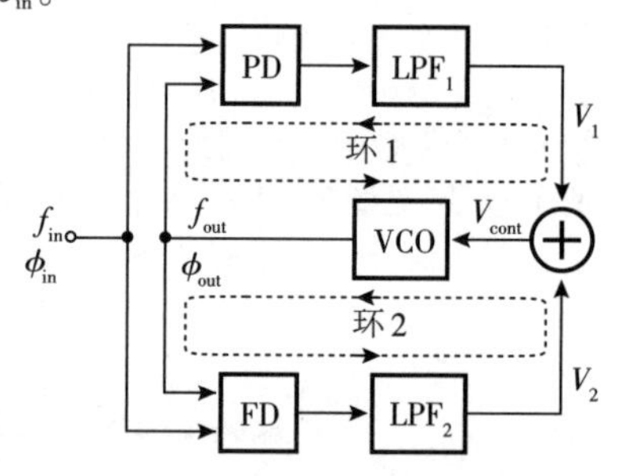

图 7-23 带频率锁定辅助的锁相环

图 7-23 的结构就包含了上述两种环路。环路 1 是前几节中研究的 PLL，环路 2 是 FLL，它们共用一个 VCO。当整体系统上电或有大的瞬变时，环路 2 开始工作，FD 检测 $f_{out}-f_{in}$ 并使用负反馈调节 VCO。此时输出频率 f_{out} 逐渐向 f_{in} 移动，直到 $|f_{out}-f_{in}|$ 进入环路 1 的捕获范围内。之后，环路 1 接手工作并逐渐调整细调 V_{cont}。整体系统进入锁相状态后，$f_{out}=f_{in}$ 且 $V_2\approx 0$，$V_{cont}\approx V_1$。原则上，FLL 此时已经没有必要并且可以停止工作——直到外部瞬态干扰使得 PLL 失去锁定。

图 7-23 的结构中存在两个问题。①两个环路是否会产生"冲突"，使得整体工作状态无法收敛和锁相？是的，这很有可能，因此对于环路 2 必须使得其带宽足够小，以确保其动态特性足够缓慢，保证在环路 1 的 PD 开始控制 VCO 前环路 2 能逐步进入其最终状态。②有没有可能将 PD 和 FD 合二为一？可以，接下来将详细讨论这个想法。

使用时序逻辑可以构建出同时具有 FD 和 PD 特性的电路，并能根据输入输出频率是否相等来调整电路工作在 FD 还是 PD 状态。如图 7-24 所示，这种鉴频鉴相器(PFD)电路接收两个输入信号并产生两个输出信号。这种工作模式基于两个原则(见图 7-24a)：①如果 Q_A 和 Q_B 都为低电平而 A 上出现上升沿，则 Q_A 变为高电平同时 Q_B 保持低电平；②如果 Q_A 为高电平而 B 上出现上升沿，则 Q_A 被复位。该电路相对于 A 和 B 是对称的。

接下来看看上述两个原则是如何完成相位和频率检测的。图 7-24b 所示为频率相等的情况，揭示出输出脉冲宽度与相位差相等(与 XOR 的 PD 不同，该电路仅在上升沿产生脉冲)。因此，Q_A 和 Q_B 的平均值之差与相位误差成线性比例关系。类似地，对于 $\omega_A>\omega_B$ 的情况，如图 7-24c 所示，说明此时 Q_A 的平均值高于 Q_B。

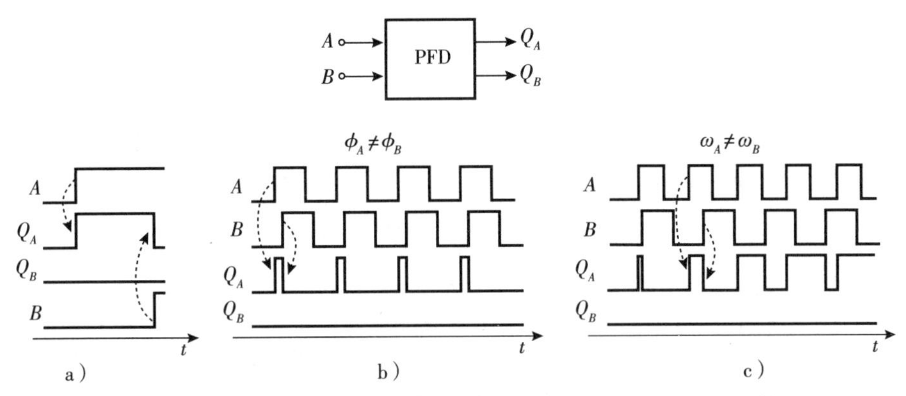

图 7-24 a) PFD 工作模式；b) 输入相差时的情况；c) 输入频差时的情况

现在我们讨论如何在逻辑层面实现上述 PFD。如图 7-25a 所示，该结构包括两个可复位的 D 触发器和一个 AND 门。两个触发器的 D 输入都被固定在逻辑值 1，其时钟输入为 A 和 B 信号。当 Q_A 和 Q_B 都为高电平时，AND 门输出控制触发器复位。例如，如果 A 变为高电平，则上面触发器的 D 输入处的逻辑高电平传输到输出 Q_A。然后，当 B 以及 Q_B 变为高电平时，AND 门输出 1，强制 Q_A 和 Q_B 复位至 0。与图 7-24b 和 c 中的理想情况不同的是，这里的 Q_A 和 Q_B 在短时间内可能会同时为高电平；这个影响带来的后果将在第 8 章中讨论。

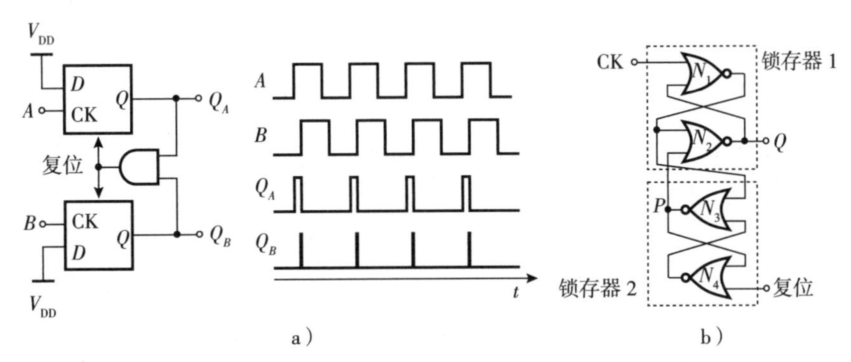

图 7-25 a) PFD 实现；b) 可复位锁存器拓扑示例

一种简单、鲁棒实现的可复位 D 触发器的电路如图 7-25b 所示，由交叉耦合的 NOR 门组成锁存器，一个锁存器的输出用来驱动另一个的输入。

例 7-12 如果图 7-25b 中的输出 Q 为高电平，同时输入复位出现上升沿，则 Q 需要经过多少级门延迟才能下降？

解：复位的上升沿经过 N_4 和 N_3 传播到达 P 处（见图 7-26），P 的上升沿再经过另一级门延迟才到达 Q。如果图 7-25a 中的 AND 门使用 NAND 门和反相器级联实现，则 Q_A 或 Q_B 经过复位环路的总延迟大概是 5 级门延迟。这就是图 7-25a 中 Q_B 的窄脉冲的宽度。这个经验法则在我们后续研究中被证明很有用。

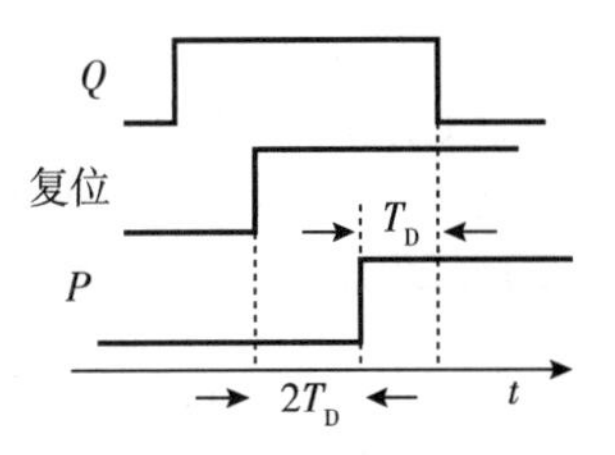

图 7-26 复位到 Q 的传播

PFD 概念的引入消除了捕获范围和环路带宽之间的权衡。例如，图 7-27 描绘了一个使用 PFD 的 PLL，可以将 PFD 输出滤波并取差分后作为控制电压 V_{cont}。但是 I 型锁相环仍然在稳定性，环路带宽和静态相位误差上存在制约关系。接下来的一节将开发一个解决方案来处理这几个权衡问题。

例 7-13 图 7-27 中的放大器 A_1 可能会受到较高闪烁噪声的干扰。尝试定性地分析该噪声转换为输出相位噪声时经历什么类型的传递函数。

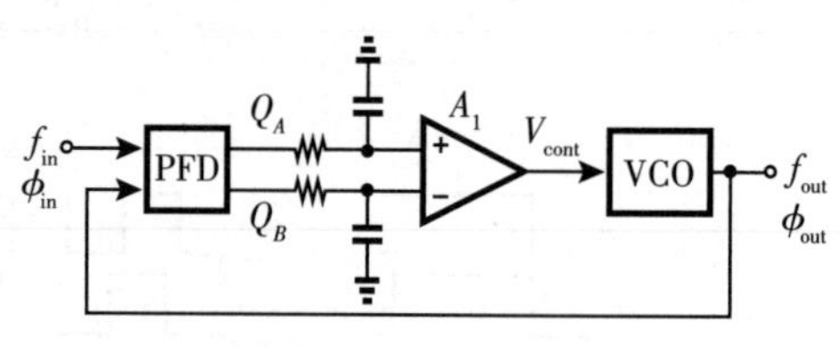

图 7-27 采用 PFD 的 PLL

解： 如例 7-11 中的做法，可以在放大器某个输入处串联加入一个直流电压(见图 7-28)并研究它将如何影响 ϕ_{out}。该电压有影响 V_{cont} 的趋势，但是 PLL 会确保 $f_{out}=f_{in}$，使得 V_{cont} 为恒定的。因此，V_{LPF} 必须变化 $-V_1$ 的额外直流电压的量，使得放大器 A_1 感测到的净差值与加入 V_1 之前相同。由于 V_{LPF} 改变了这样一个量，PFD 测量的相位误差也必然发生变化，因此 ϕ_{out} 也会改变。总的来说，$V_1\neq0$ 转化为了输出相位的变化。V_1 缓慢变化会导致 ϕ_{out} 缓慢变化，因此从 V_1 到 ϕ_{out} 的传递函数为低通滤波整形，这会使得 A_1 的闪烁噪声问题至关重要。在习题 7.28 中，我们会证明图 7-28 中的电阻热噪声的影响是相同的。

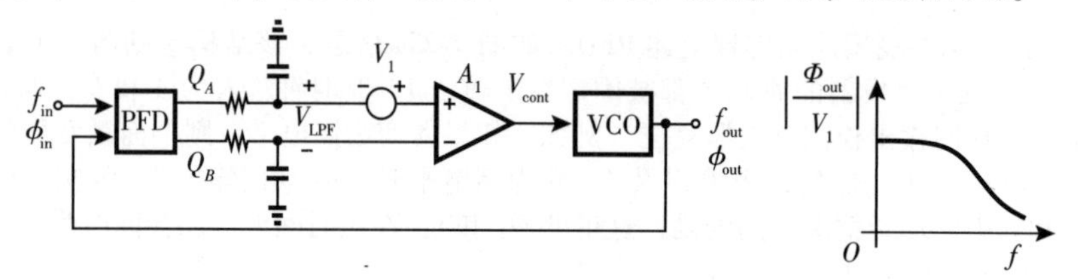

图 7-28 放大器的噪声对 PLL 的影响

7.5 电荷泵 PLL

今天大多数的 PLL 都会联合使用电荷泵(Charge Pump, CP)和 PFD，这种组合表现出值得关注和有用的特性。本节将从电荷泵本身开始研究。

7.5.1 电荷泵

在 PLL 设计中，电荷泵是一种根据时间量的控制来累积或释放电荷的电路。如图 7-29a 所示是一种简单的实现形式：如果 S_1 导通，那么 I_1 对 C_1 充电；如果 S_2 导通，那么 I_2 对 C_1 进行放电。这些控制开关的信号分别叫作 Up 和 Down，因为它们能直接控制输出电压上升还是下降。这里假设 $I_1=I_2=I_p$。如图 7-29b 所示，晶体管级的电荷泵实现可以使用 M_1 和 M_2 作为电流源，并使用 M_3 和 M_4 作为开关。注意到 M_3 的栅极控制被称为 $\overline{\mathrm{Up}}$，是为了强调当 Up 信号为高电平时该开关导通。由于这些开关与电流源的漏极串联，因此该结构也被称为“漏极开关型”电荷泵。

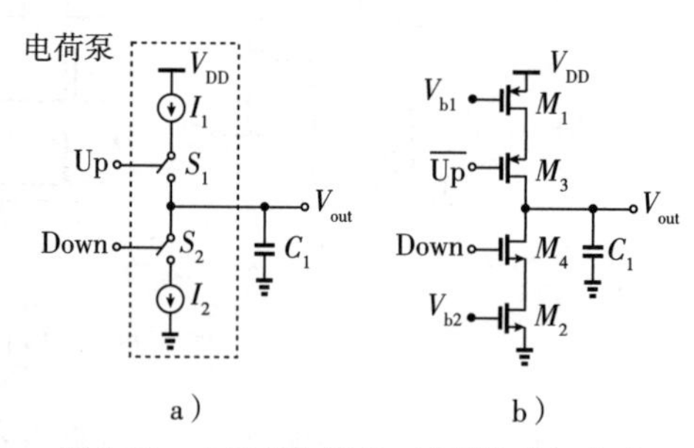

图 7-29 a)基本电荷泵；b)晶体管级实现

7.5.2 PFD/CP/电容级联

考虑图 7-30 中的级联结构，假设信号 A 和 B 之间频率相同但存在有限的相位误

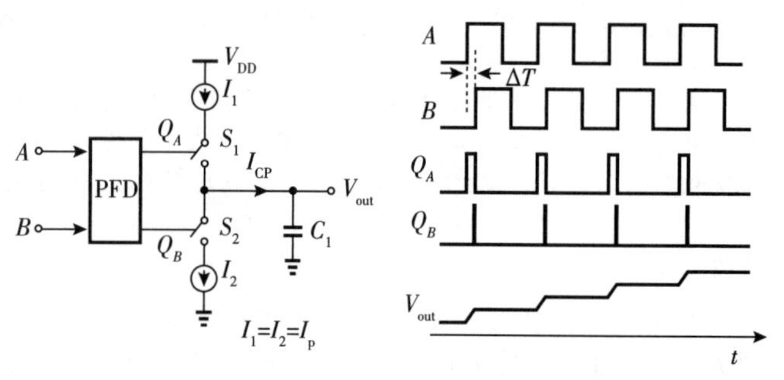

图 7-30 对 PFD、电荷泵和电容的级联及其波形

差。每次进行相位比较时，Q_A 变为高电平，S_1 导通，I_1 对 C_1 充电，同时 V_{out} 上升 $\Delta V=(I_p/C_1)\Delta T$。值得关注的是，如果输入相位差保持不变，则输出电压 V_{out} 会趋向无穷大。直观上看，该结构提供了无限的"增益"，这是因为对于有限的相位误差，输出 V_{out} 会无限增长。从另一个角度理解，为了使 V_{out} 是有限的，相位误差必须为零，使得电荷泵在每个周期充电的净电荷为零。后续的研究会继续讨论这一要点。

7.5.3 基础电荷泵 PLL

下面将构建一个包含 PFD/CP/电容的级联结构的 PLL（见图 7-31）。当环路锁定时，$f_{out}=f_{in}$，控制电压 V_{cont} 具有恒定值。为了使 V_{cont} 恒定，电荷泵对 C_1 注入的净电荷量为零，这就要求 $\phi_{out}=\phi_{in}$。换句话说，不论输入频率，K_{vco} 以及 I_p 等参数如何，环路最终将锁相在"静态"相位误差为零的状态下。这是由电荷泵和电容组合带来的积分效应所导致的，该性质与 I 型 PLL 的各项性质截然不同。

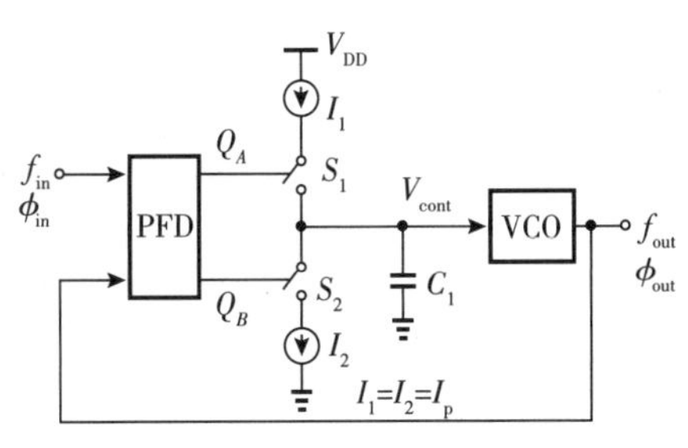

图 7-31 使用 PFD/CP/电容级联的 PLL

例 7-14 定性地解释图 7-31 所示的 PLL，在 VCO 受到低频相位噪声的影响，即具有缓慢相位波动时的反应。

解： 当 ϕ_{out} 和 ϕ_{in} 之间出现相位差 $\Delta\phi$ 时，PFD 会在 Q_A 或者 Q_B 上生成宽度为 $[\Delta\phi/(2\pi)]T_{in}$ 的脉冲，导通其中一个 CP 开关。随后相应的电流源对 C_1 进行充电或放电，改变 V_{cont} 和 f_{out}。VCO 以不同的速率积累相位，将相位差抵消。该过程会重复几个周期，直到 ϕ_{out} 逼近 ϕ_{in}。也就是说该环路会尽量消除 VCO 的相位噪声影响。第 8 章会对该行为进行量化分析。

7.5.4 PFD/CP/电容级联结构的传递函数

为了描述图 7-31 中 PLL 的动态行为，首先必须建立 PFD/CP/电容级联结构的传递函数。这里的难点在于，输入为相位量而输出为电压，中间还有很多转换电路。因此可以先从时域入手进行分析，计算冲激响应，并对结果求拉普拉斯变换得到最终的传递函数。

为了研究级联的冲激响应，必须在输入端施加相位冲激，即图 7-30 中的 A 和 B 之间的相位差必须瞬间跳到无穷大并返回到 0。由于这个操作并不直观，因此施加等效的相位阶跃信号，确定输出并对其求导来求得冲激响应。如图 7-32 所示，在 $t=t_1$ 时刻 B 输入中产生相位阶跃 $\Delta\phi_1$，使得当每次相位比较瞬间 Q_A 在 $[\Delta\phi_1/(2\pi)]T_{in}$ 时间段内保持高电平。因此控制电压每次会上升 $\Delta V=[\Delta\phi_1/(2\pi)]T_{in}(I_p/C_1)$。

图 7-32 所示的 V_{cont} 的波形是系统的真实阶跃响应，这说明该级联是非线性的！快速的线性测试将说明这一点，将 $\Delta\phi_1$ 加倍，观察到 V_{cont} 的平坦部分的值会加倍，但是斜坡部分的斜率仍保持为 I_1/C_1。也就是说，整体 V_{cont} 的波形并非简单乘以 2。尽管如此，仍可以将 V_{cont} 的信号近似为连续斜坡波形，如虚线所示，是由于其斜率为 $\Delta V/T_{in}=[\Delta\phi_1/(2\pi)](I_p/C_1)$。级联的阶跃响应为线性斜坡的系统存在积分器。根据该阶跃响应，可以确定积分器的冲激响应为 $[\Delta\phi_1/(2\pi)](I_p/C_1)u(t)$（对于输入冲激为 $\Delta\phi_1\delta(t)$ 的）。冲激响应经过拉普拉斯变换后即为传递函数：

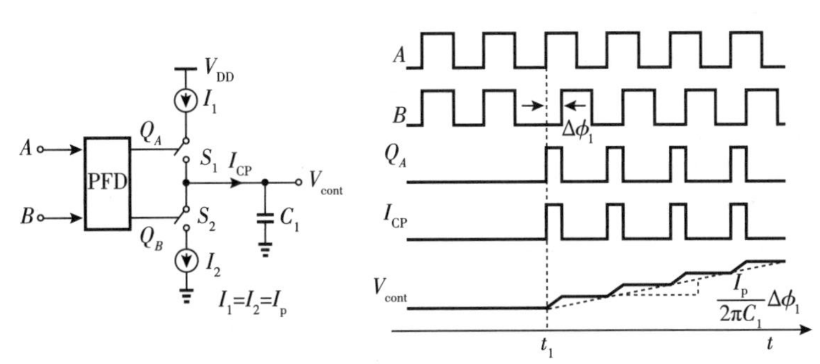

图 7-32 PFD/CP/电容级联对有限输入相位误差的响应

$$\frac{V_{\text{cont}}}{\Delta\phi}(s)=\frac{I_{\text{p}}}{2\pi C_1 s} \tag{7-18}$$

上式中的 $1/s$ 项的相关性说明原点处存在极点，因此是一个理想的积分器。可以进一步近似，写为 $V_{\text{cont}}/\Delta\phi=[I_{\text{p}}/(2\pi)][1/(C_1 s)]$，并认为 $I_{\text{p}}/(2\pi)$ 是 PFD/CP 级联的传递函数，即

$$\frac{I_{\text{CP}}}{\Delta\phi}(s)=\frac{I_{\text{p}}}{2\pi} \tag{7-19}$$

借助式(7-18)，可以构建出图7-33的整体PLL的相位域线性模型，得到开环传递函数为 $[I_{\text{p}}/(2\pi C_1 s)](K_{\text{VCO}}/s)$。该结构被称为Ⅱ型 PLL，因为它有两个原点处的极点(两个积分器)。

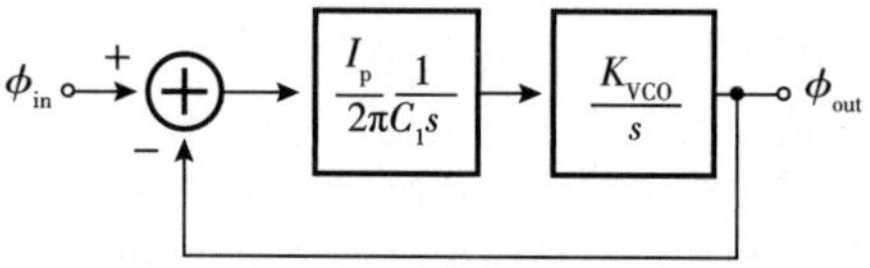

图7-33 包含PFD/CP/电容级联的PLL的线性模型

闭环传递函数表达式为

$$H(s)=\frac{I_{\text{p}}K_{\text{VCO}}}{2\pi C_1 s^2+I_{\text{p}}K_{\text{VCO}}} \tag{7-20}$$

上式表明该系统有两个对称的虚数极点，因此是不稳定的环路(注意此时阻尼系数 $\zeta=0$)。而该问题是由两个理想积分器级联导致的。

具有两个理想积分器的环路要想稳定，有两种选择：①使其中一个积分器是“有损”的，使得其传递函数的形式为 $1/(s+\omega_1)$；②添加一个开环的零点，使其中一个积分器的传递函数变为 $\alpha+\beta/s=(\alpha s+\beta)/s$。这里我们将研究后者。如图7-34所示，在电容上串联一个电阻。现在，当电荷泵导通或关断时，控制电压会突然跳变 $I_{\text{p}}R_1$ 的量，这是在没有零点的环路中不存在的效应。

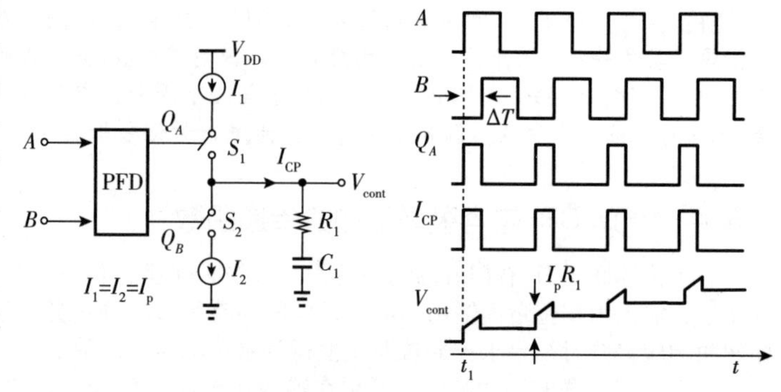

图7-34 在 C_1 上增加串联电阻 R_1 以产生零点

如前所述，可以将传递函数 $I_{\text{p}}/(2\pi)$ 归因于PFD/CP的级联，因此得到

$$\frac{V_{\text{cont}}}{\Delta\phi}(s)=\frac{I_{\text{CP}}}{\Delta\phi}\cdot\frac{V_{\text{cont}}}{I_{\text{CP}}} \tag{7-21}$$

$$=\frac{I_{\text{p}}}{2\pi}\left(\frac{1}{C_1 s}+R_1\right) \tag{7-22}$$

新的级联在 $-1/(R_1C_1)$ 处有一个零点。使用这种布置形式我们最终构建了基础的“电荷泵PLL”(CPPLL)，如图7-35所示，并将 R_1C_1 支路称为“环路滤波器”。注意，此时由于CP和 C_1 提供的积分作用，静态相位误差仍然为0。

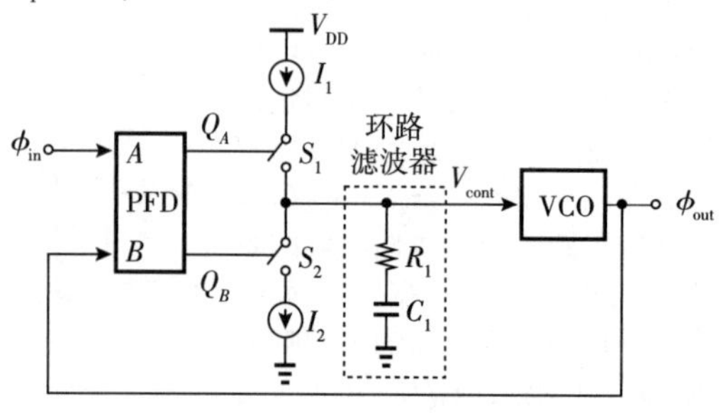

图7-35 电荷泵型锁相环

整体的闭环传递函数为

$$H(s)=\frac{\dfrac{I_{\text{p}}K_{\text{VCO}}}{2\pi C_1}(R_1C_1 s+1)}{s^2+\dfrac{I_{\text{p}}}{2\pi}K_{\text{VCO}}R_1 s+\dfrac{I_{\text{p}}K_{\text{VCO}}}{2\pi C_1}} \tag{7-23}$$

由此可得各个参数为

$$\omega_n = \sqrt{\frac{I_p K_{VCO}}{2\pi C_1}} \tag{7-24}$$

$$\zeta = \frac{R_1}{2}\sqrt{\frac{I_p K_{VCO} C_1}{2\pi}} \tag{7-25}$$

下面对目前为止的结果进行进一步的解释。式(7−23)中的闭环传递函数包含了一个零点和两个极点，表现为低通滤波响应。也就是说，缓慢的输入相位波动可以传播到输出，而快速的相位波动则被滤波。此外，式(7−25)表明ζ会随C_1上升，与Ⅰ型 PLL 相比(7.3.5 节)，这是有益的趋势。也可以计算−3 dB 带宽并绘制系统的频率响应，不过这将放到第 8 章中讲解。总的来说，图 7-35 所示的结构成功解决了 7.3.5 节中Ⅰ型 PLL 的所有 3 个问题。

式(7−24)和式(7−25)中，I_p 和 K_{VCO} 仅以乘积形式出现，表明当它们朝相反的方向变化时，整体响应会保持不变。然而在第 8 章中将看到，如果 K_{VCO} 较高或者 I_p 较低时会出现一系列问题。对于频率为 $\omega_0$rad/s 的 VCO，一般会将 K_{VCO} 限制在 ω_0/10 rad/s/V 以内(见第 3 章和第 5 章)。

例 7-15 使用伯德图检验当 $R_1=0$ 以及 $R_1>0$ 时 CPPLL 的稳定性。

解： 当 $R_1=0$ 时，整体系统包括两个理想积分器，有如图 7-36a 所示的开环特性曲线，并且相位裕度为 0。当 $R_1>0$ 时，系统的开环零点出现在 $-1/(C_1R_1)$ 处，将幅频响应曲线和相频响应曲线向上偏转(见图 7-36b)。因此可以选择单位增益频率 ω_u 进行设计使得相位裕度满足要求(见第 8 章)。值得关注的是，如果 $\omega_u=1/(R_1C_1)$，则相位裕度等于 45°，这是一个有用的经验法测。

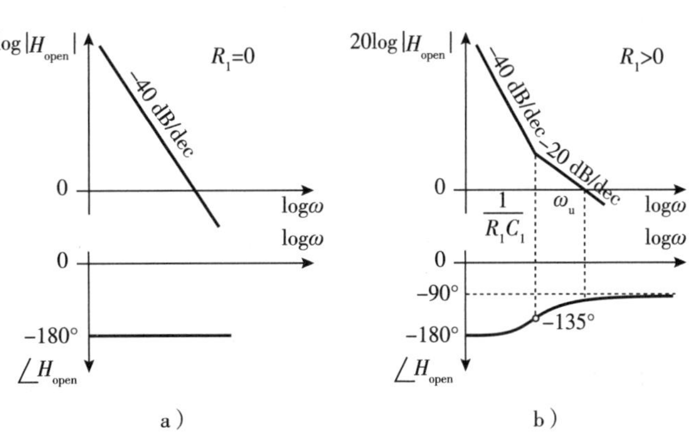

图 7-36 电荷泵型 PLL 的伯德图：a) $R_1=0$；b) $R_1>0$

例 7-16 假设图 7-36b 中的 ω_u 约为 $1/(R_1C_1)$。则对于 $\omega<1/(R_1C_1)$，如果将幅频响应近似为 $|[I_p/(2\pi)][1/(C_1 s)](K_{VCO}/s)|$，令其等于 1，并选择 PM=45°。尝试计算这种情况下的阻尼系数ζ。

解： 首先计算 ω_u：

$$\frac{I_p}{2\pi}\frac{K_{VCO}}{C_1\omega_u^2} = 1 \tag{7-26}$$

因此得到

$$\omega_u = \sqrt{\frac{I_p K_{VCO}}{2\pi C_1}} \tag{7-27}$$

对于 PM=45°，此时零点与 ω_u 重合，由于 $\omega_u=1/(R_1C_1)$，可得 $R_1=\sqrt{2\pi/(I_pK_{VCO}C_1)}$。由式(7-25)可得$\zeta=1/2$，这对于一个性能良好的响应来说是一个不足的数值。换句话说，R_1 必须要更大一些，也就是零点频率必须低于 ω_u。

需要注意的是图 7-35 中反馈的极性很重要，即 VCO 的输出必须正确反馈到 PFD，使得电荷泵向减小$|f_{out}-f_{in}|$的方向调节 V_{cont}。

与Ⅰ型 PLL 结构不同，当 K_{VCO} 增加时，CPPLL 变得更加稳定[见式(7-25)]。这可以从图 7-36b 中的特性曲线看出：较高的 K_{VCO} 会将幅频曲线向上移动但不会改变相频曲线；带来的结果是 ω_u 以及相位裕度增大。电荷泵电流也有类似的影响。这一点表明，如果有效的 I_pK_{VCO} 乘积下降，则整体的稳定性会下降。例如，反馈路径中的分频器会降低环路增益。实际上，7.3.2 节和例 7-10 已经说明，对于图 7-37 中的倍频 CPPLL，有

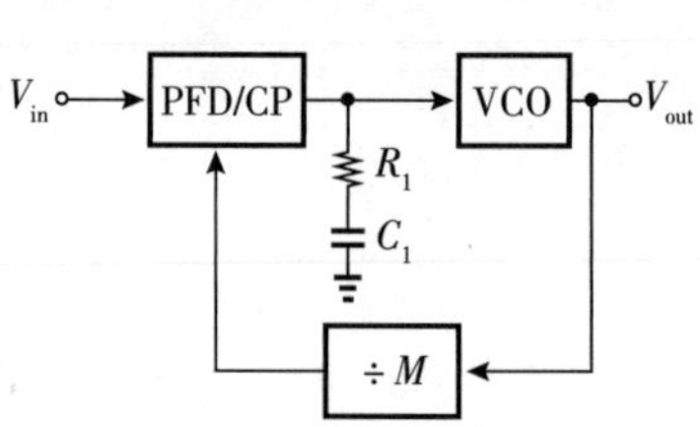

$$\omega_n=\sqrt{\frac{I_pK_{VCO}}{2\pi C_1M}} \tag{7-28}$$

$$\zeta=\frac{R_1}{2}\sqrt{\frac{I_pK_{VCO}C_1}{2\pi M}} \tag{7-29}$$

图 7-37 电荷泵式倍频 CPPLL

因此，R_1、I_p 或 C_1 必须增大以抵消 M 对 ζ 的影响。

例 7-17 一个 5 GHz 的 WiFi 收发器使用 20 MHz 参考频率的 CPPLL。如果 $K_{VCO}=300$ MHz/V(第 5 章)且 $\zeta=1$，尝试求解 I_p、C_1 和 R_1 的取值范围。

解：为了将参考频率倍频到 5 GHz，可得 $M=250$。由式(7−29)可得

$$\zeta=1=\frac{R_1}{2}\sqrt{\frac{I_p(2\pi\times300\times10^6)C_1}{2\pi\times250}} \tag{7-30}$$

因此，

$$R_1\sqrt{I_pC_1}=1.83\times10^{-3} \tag{7-31}$$

下面讨论一下设计参数取值空间。例如，对于 $I_p=100$ μA 和 $C_1=5$ pF，有 $R_1=81.8$ kΩ 和 $\omega_n=2\pi$(780 kHz)。那么这个设计可以接受吗？本章后续和第 9 章将针对这个问题继续讨论。

下面的例子能帮助我们培养设计直觉。

例 7-18 在图 7-35 的结构中，某个学生决定在环路滤波器和 VCO 之间加入一个放大器，以简化 I_p 和 C_1 之间的权衡。尝试解释这个结构存在的问题。

解：加入的放大器将乘积 I_pK_{VCO} 变成了 $I_pA_1K_{VCO}$，此时可以简单地将 A_1 和 VCO 一起视为一个新的 VCO，其增益为 A_1K_{VCO}。然而放大器自身带有的极点可能会降低相位裕度。此外放大器的噪声也会转化成输出相位噪声。为了研究噪声带来的影响，这里可以采用与例 7-13 类似的方法，即在放大器的输入端加入一个恒定电压源(见图 7-38a)并研究其对输出相位 ϕ_{out} 的影响。由于 f_{out} 在添加此电压后不会改变，因此滤波器电压 V_1 必须降低 V_n 以使 V_{cont} 保持恒定。在 CPPLL 中，PFD/CP/滤波器级联结构提供的无限增益可以在不改变 ϕ_{out} 的情况下生成任意 V_1。也就是说，恒定的 V_n(直流失调)对输出没有影响。

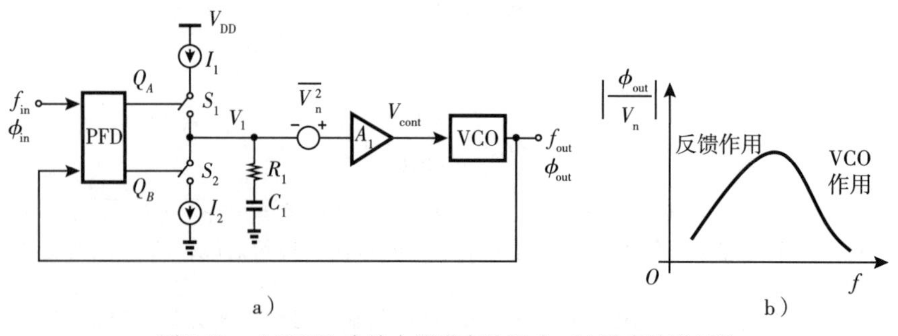

图 7-38 a)CPPLL 中放大器噪声的影响；b)噪声传递函数

现在讨论 V_n 随时间变化的情况。由于 PFD/CP/滤波器级联对交流信号不会提供无限的增益，因此输出相位 ϕ_{out} 会在一定程度上有所变化。也就是说，从 V_n 到 ϕ_{out} 的传递函数具有高通滤波特性，这是和例 7-13 不同的一点。因此Ⅱ型环路有助于抑制 A_1 的闪烁噪声。

实际上对于 V_n 中非常高频的分量，ϕ_{out} 几乎不会被调制。这点可以从注意到 PFD/CP/滤波器积分器的增益下降，反馈作用消失，因此 $\phi_{out} \approx A_1 V_n K_{VCO}/s \to 0$ 看出。也就是说，整个传递函数具有带通滤波整形。图 7-38b 展示了该结果。

例 7-19 图 7-35 中的电阻 R_1 会产生热噪声，干扰 V_{cont}。那么该热噪声到输出相位噪声的传递函数是什么类型的？

解： 使用例 7-13 和例 7-18 的方法，可以接入一个与 R_1 串联的电压源（见图 7-39）并检测其对 ϕ_{out} 的影响。如果 V_n 保持恒定，它会尝试拉高 V_{cont}，但是环路会作出反应以保持 f_{out} 恒定。因此，C_1 上的电压会下降一个等于 V_n 的量，整个影响被控制在了 PFD/CP/滤波器级联结构内，而不会影响 ϕ_{out}。另一方面，如果 V_n 变化的频率足够快，则 V_{cont} 会开始变化，因为反馈环路无法有效地对其进行修正。因此这个传递函数表现为高通滤波响应（实际上为带通滤波响应，见例 7-18）。

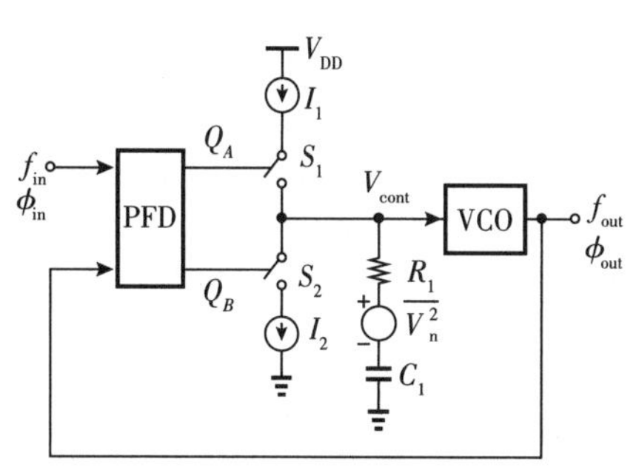

图 7-39 PLL 中电阻噪声的影响

例 7-20 一名学生错误地将 VCO 的控制端连接到了电容而非电阻上（见图 7-40a），这个环路仍然稳定吗？

解： 该环路不稳定。由于当开关 S_1 或 S_2 导通时电阻 R_1 与电流源串联，它并不起作用。该环路退化成图 7-31 所示的双积分器形式。

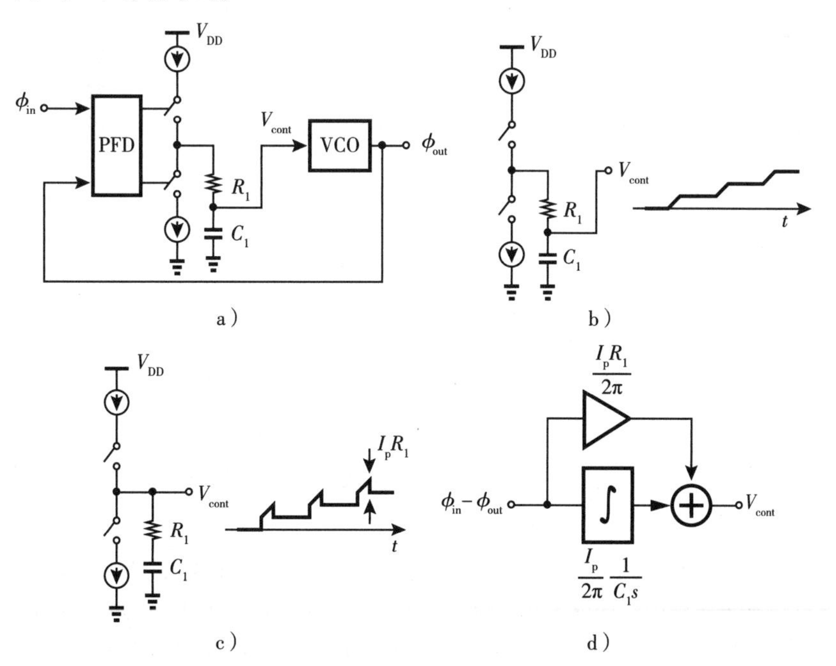

图 7-40 a）感测电容节点电压作为 VCO 控制的 CPPLL；b）开环响应；c）正确的含跳变的开环响应；d）概念模型

还可以在时域中分别检验正确以及不正确的布置形式。如图7-40b和c所示，当一个开关导通时，正确系统的控制电压会瞬间跳变而不正确形式中并无此现象。正是这个“未整合”的跳变特性可以稳定环路。回到频域，可以将PFD/CP/滤波器级联结构视为：①理想积分器；②将信号直接传输到VCO的前馈支路（见图7-40d）。前馈支路引入了一个零点，并且是保证稳定性所必须的。

例7-21 一个微处理器在正常工作状态下必须以100 MHz的时钟频率运行，而在计算任务密集的应用中必须以3 GHz的时钟频率运行。解释将PLL反馈分频器的分频系数变化30倍会带来什么影响？

解： 从式(7-28)和式(7-29)可得，ζ 和 ω_n 都会变化 $\sqrt{30}\approx 5.5$ 左右。因此必须改变其他环路参数来补偿这个变化。当 M 提高到30倍时，可以以同样的倍数提高电荷泵电流，以保证 ζ 和 ω_n 恒定。也就是说，电荷泵的电流源需要被设计成可调形式并能够按这个调节比例缩放。然而，这可能会导致控制电压上较大的纹波。因此环路滤波器也需要调整。在实际中，需要将电荷泵电流源以相同的平行“切片”划分并且能够独立选通以获得需要的 I_p，同时环路滤波器也是可调的。

7.5.5 相位裕度的计算

根据计算出的CPPLL的开环传递函数，可以计算其相位裕度。首先需要确定环路传递函数的幅度降低到1的频点：

$$\left|\frac{I_p}{2\pi}\left(R_1+\frac{1}{C_1 s}\right)\frac{K_{VCO}}{s}\right|^2_{s=j\omega_u}=1 \tag{7-32}$$

即

$$\left(\frac{I_p K_{VCO}}{2\pi}\right)^2\frac{R_1^2C_1^2\omega_u^2+1}{C_1^2\omega_u^4}=1 \tag{7-33}$$

根据式(7-24)和式(7-25)给出的 ζ 和 ω_n 的表达式，可以得到

$$\omega_u^4-4\zeta^2\omega_n^2\omega_u^2-\omega_n^4=0 \tag{7-34}$$

由此可见，

$$\omega_u^2=(2\zeta^2+\sqrt{4\zeta^4+1})\omega_n^2 \tag{7-35}$$

在 $\omega=\omega_u$ 处相位的环路传函（环路增益）（见图7-36b）等于零点的相位贡献减去180°（来自两个原点处的极点），最终可得

$$\text{PM}=\arctan\frac{\omega_u}{\omega_z} \tag{7-36}$$

$$=\arctan\left(2\zeta\sqrt{2\zeta^2+\sqrt{4\zeta^4+1}}\right) \tag{7-37}$$

这是因为 $\omega_n/\omega_z=2\zeta$。在习题7.19中，会证明对于 $\zeta>0.8$，$\text{PM}\approx\arctan 4\zeta^2$，这是一个需要记住的简单且有用的表达式。如果环路中包括分频器，则 $\zeta=(R_1/2)\sqrt{I_pK_{VCO}C_1/(2\pi M)}$。对于较典型的 $\zeta=1$ 的情况，可得 $\text{PM}=76°$，$\omega_u/\omega_z\approx 4$。也就是说，图7-36b中的单位增益带宽是零点频率的4倍。更激进的设计方法是选择 $\zeta=\sqrt{2}/2$，$\text{PM}=65°$，此时 $\omega_u/\omega_z\approx 2.2$。

例 7-22 当 ζ 从 $\sqrt{2}/2$ 变为一个相对较大的值时，依据式(7-35)可得

$$\omega_u \approx 2\zeta\omega_n \tag{7-38}$$

$$\approx \frac{I_p R_1 K_{VCO}}{2\pi} \tag{7-39}$$

即单位增益带宽与 C_1 不相关。直观地解释原因。

解： 将 $R_1^2 C_1^2 \omega_u^2$ 写成 ω_u^2/ω_z^2，可以注意到当 $\zeta=\sqrt{2}/2$ 时，这个值远大于 1。因此在式(7-33)中，有 $(R_1^2C_1^2\omega_u^2+1)/(C_1^2\omega_u^4)\approx(R_1^2C_1^2\omega_u^2)/(C_1^2\omega_u^4)=R_1^2/\omega_u^2$。因此，$\omega_u \approx I_p K_{VCO} R_1/(2\pi)$。从另一个角度而言，可以说，在式(7-32)中，在 $s=j\omega_u$ 时，$R_1 \gg 1/|C_1 s|$，因为 ω_u 远高于 $\omega_z=1/(R_1C_1)$。因此 $[I_p/(2\pi)]R_1K_{VCO}=\omega_u$。将在第 8 章中给出另一种解释。

例 7-23 考虑图 7-41 所示的开环 PLL 的响应曲线。在频率 ω_1 处，环路增益大于 1，且相位显然为 $-180°$。这是否说明 PLL 会进入非稳定状态，并在该频率下振荡？

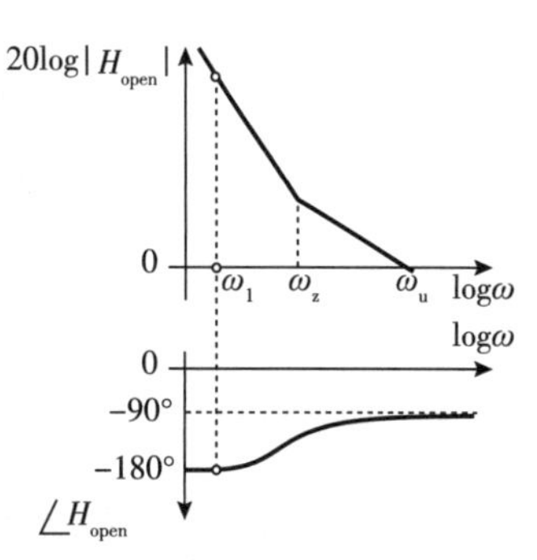

图 7-41 ω_1 处的开环 PLL 的增益和相位值

解： 并不会。简短的解释是，由于零点 ω_z 的存在，不会允许 $\angle H_{open}$ 正好达到 $-180°$，即使在 ω 值很低的情况下。首先将开环传递函数表示为 $H_{open}(s)=\alpha(1+s/\omega_z)/s^2$，其中 $\alpha=I_pK_{VCO}/(2\pi C_1)$，$\omega_z=1/(R_1C_1)$。因此 $\angle H_{open}(j\omega)=-180°+\arctan(\omega/\omega_z)$，这个值略大于 $-180°$。也就是说，零点的作用就是防止环路相频响应达到 $-180°$。

第二个解释思路是，假定环路在某个一般频率 $\sigma_a+j\omega_a$ 下振荡，并判断 σ_a 和 ω_a 的取值是否存在。如果取值存在，则必须有 $H_{open}(\sigma_a+j\omega_a)=-1$，因此

$$\alpha\left(1+\frac{\sigma_a+j\omega_a}{\omega_z}\right)=-(\sigma_a+j\omega_a)^2 \tag{7-40}$$

令等式两边虚部相等，可得

$$\alpha\frac{\omega_a}{\omega_z}=-2\sigma_a\omega_a \tag{7-41}$$

上式只有在 $\omega_a=0$ 或 $\sigma_a=-\alpha/(2\omega_z)$ 时成立，它们都不会引发振荡。进一步会发现，有限的零点频率 ω_z 会造成有限的负的 σ_a，因此只会造成衰减振荡的瞬态波形。

第三种方法是基于奈奎斯特稳定性定理，在 s 穿过整个复平面时检验 $H_{open}(s)$ 的实部以及虚部情况。奈奎斯特方法和伯德图方法不同，后者是假定“测试”频率 s 等于 $j\omega$，为纯虚数，因此变化范围限定在虚轴。很明显伯德图方法并不能很好地反映复数 s 值，即 $s=\sigma+j\omega$ 的环路特性。

为了将奈奎斯特稳定性方法应用到Ⅱ型 PLL 分析中，读者可以参考文献[1]，在这里直接说明结果，如图 7-42 所示。令 s 沿原点附近的一个小圆上移动，而后在 $j\omega$ 轴上移动，并最终以非常大的半径进入右半平面(RHP)。图 7-42a 显示了在没有零点的情况下的奈奎斯特图：H_{open} 的轮廓从大半径(M 点)开始，穿过虚轴(N 点)，返回实轴，在 $s=j\sqrt{\alpha}$ 处穿过点$(-1, 0)$，并在 $s\to+j\infty$ 时逼近原点。由于 H_{open} 的轮廓与$(-1, 0)$相交两次，我们得出结论，闭环系统在 $j\omega$ 轴上具有两个极点。这与我们对于电荷泵 PLL 及其稳定性需求的初步结果一致。

在图 7-42b 中，重复上述分析，但是认为环路中存在一个零点。发现 H_{open} 等值线并没有穿过或者环绕$(-1, 0)$点，因此该闭环系统是稳定的。

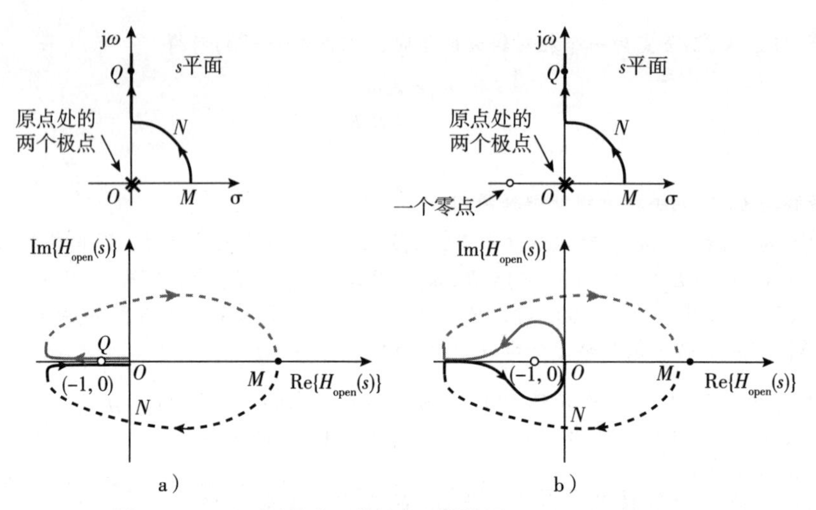

图 7-42 PLL 开环传递函数的奈奎斯特图：a) $R_1=0$；b) $R_1>0$

7.6 高阶环路

由于各种不理想因素(第 8 章)，图 7-35 所示的 CPPLL 实际上在控制电压上会有较高的纹波，因此环路滤波器中至少需要多加入一个电容。下面是一个电路不理想的例子，假设 PLL 中使用图 7-29b 所示的电荷泵，并在 PMOS 开关前加入一个反相器，以便当 Q_A 变为高电平时将其导通(见图 7-43a)。当环路锁定时，相位误差为零，此时 Q_A 和 Q_B 需要同时拉高或者拉低。然而 M_3 要比 M_4 导通或关断的时间晚，也就是说，Up 脉冲和 Down 脉冲之间存在偏差。根据图 7-43b 中的波形来研究电荷泵 I_{CP} 注入环路滤波器的电流。在 Q_B 的上升沿，M_4 导通，电荷泵电流为 I_{CP} 并且此时 M_3 关断。此时控制电压 V_{cont} 负向跳变，等于$-I_pR_1$，同时电容 C_1 被轻微放电，直到$\overline{Q_A}$ 的下降沿来临，M_3 导通之前。当 M_3 和 M_4 都导通时，I_{CP} 为 0。在 Q_B 的下降沿，情况正好相反：I_{CP} 为正，持续一个门延迟时间，造成 V_{cont} 正向跳变。当然，由反相器引入的延迟偏差可以通过在 M_4 的栅极和 PFD 之间插入一个互补的通栅(pass gate)来部分消除(为什么这个通栅不能将偏差彻底消除?)。

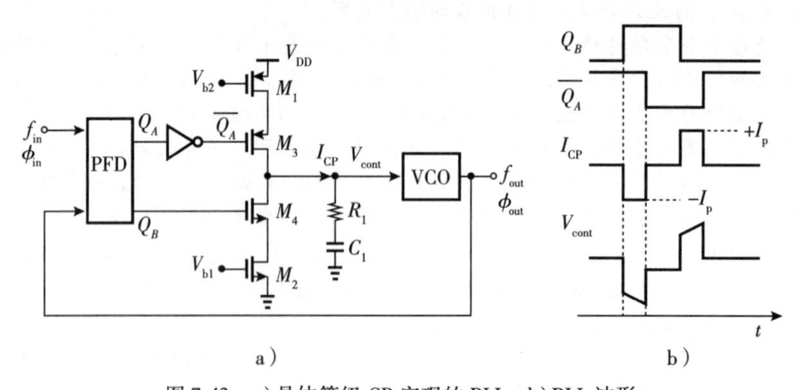

图 7-43 a)晶体管级 CP 实现的 PLL；b)PLL 波形

那么 V_{cont} 上的跳变到底有多显著呢？从例 7-17 中可得，$I_pR_1=100\ \mu A\times81.8\ k\Omega=8.18\ V$！即便受到 V_{DD} 和漏-源电压降的限制，这个跳变依然很大，会剧烈地调节 VCO。

例 7-24 CPPLL 中包含一个分频系数为 M 的分频器。在 Up 和 Down 脉冲之间存在偏差的情况下(见图 7-43b)估计输出频谱。使用窄带 FM 估算(第 2 章)。

解: 图 7-43b 中 V_{cont} 上的双脉冲脉宽为 T_{sk}，其大约为 1 个门延迟宽度，之间间隔为 ΔT，大约为 5 个门延迟大小(例 7-12)。由于这两个值都远小于 PLL 的输入周期 T_{in}，因此可以将脉冲近似为冲激信号(见图 7-44a)，每个冲激信号的面积为 $I_p R_1 T_{sk}$。因此，这些冲激信号的傅里叶变换为两个冲激序列：

$$V_{cont}(f)=\frac{I_p R_1 T_{sk}}{T_{in}}\left[\sum_{k=-\infty}^{+\infty}\delta(f-kf_{in})-\sum_{k=-\infty}^{+\infty}e^{-j2\pi f\Delta T}\delta(f-kf_{in})\right] \tag{7-42}$$

式中，系数 $\exp(-j2\pi f\Delta T)$ 表示冲激之间的时间延迟。由于 ΔT 较小，可以近似 $\exp(-j2\pi f\Delta T)\approx 1-j2\pi f\Delta T$，因此

$$V_{cont}(f)=\frac{I_p R_1 T_{sk}}{T_{in}}(j2\pi f\Delta T)\sum_{k=-\infty}^{+\infty}\delta(f-kf_{in}) \tag{7-43}$$

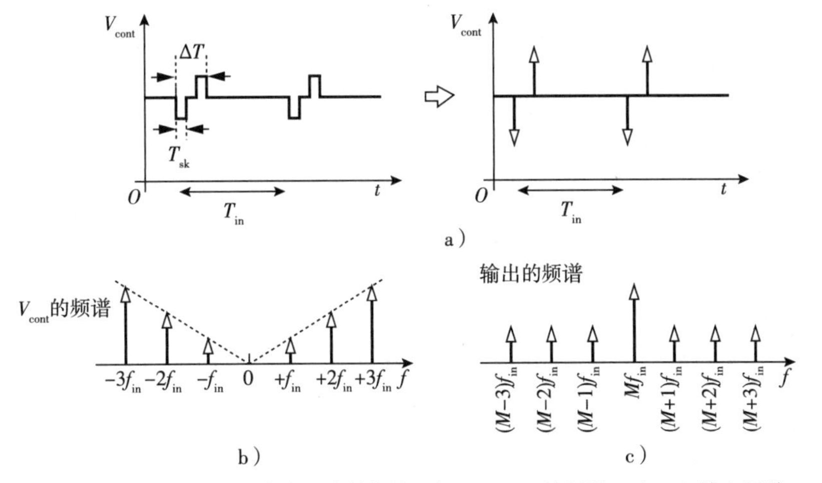

图 7-44 a)控制电压的脉冲用冲激信号近似；b) V_{cont} 的频谱；c) VCO 输出频谱

因此，频域中冲激信号的高度随着频率的增大而增大(见图 7-44b)。在经过 VCO 时，这些冲激信号会乘以 K_{VCO}/ω，并被转移至中心频率 $f_{out}=Mf_{in}$ 处(见图 7-44c)：

$$V_{out}(f)=j\frac{K_{VCO}I_p R_1 T_{sk}\Delta T}{T_{in}}\sum_{k=-\infty}^{+\infty}\delta(f-Mf_{in}-kf_{in}) \tag{7-44}$$

式中，$V_{out}(f)$ 只表示边带信号。注意，这个频谱的幅度以载波幅度被归一化。这些边带信号在射频以及定时应用中会带来麻烦。

在看到纹波问题的严重性后，现在需要设计一种方法来减少它。一个简单的解决方案是在控制线路上直接加入一个连接到地的电容。如图 7-45 所示，这种方法是迫使电荷泵瞬时电流流向 C_2，因此减小 V_{cont} 的阶跃。在图 7-43 中 Up 和 Down 中存在偏差的情况下，此时峰-峰值纹波会降低到 $(I_p/C_2)T_{sk}$。例如，如果 $I_p=100\ \mu A$，$C_2\approx 0.2C_1=1\ pF$，并有 $T_{sk}=10\ ps$，那么由偏差问题引入的纹波幅度降低到约为 1 mV。

图 7-45 添加的滤波电容 C_2 将整个环路的阶数增加到了 3 阶，因此相位裕度下降。尽管如此，如果 C_2 和 $0.2C_1$ 差不多大，那么其对环路建立时间的影响可以忽略不计。

例 7-25 估算图 7-45 所示的 PLL 的相位裕度。

解： 由于此时环路滤波器的阻抗为$[R_1+1/(C_1s)] \parallel [1/(C_2s)]$，那么整体环路增益为

$$T(s)=\frac{I_p}{2\pi}\frac{R_1C_1s+1}{R_1C_{eq}s+1}\frac{1}{(C_1+C_2)s}\frac{K_{VCO}}{Ms} \tag{7-45}$$

式中，$C_{eq}=C_1C_2/(C_1+C_2)$。可以注意到此时$T(s)$中存在第三个极点$|\omega_{p3}|=(R_1C_{eq})^{-1}$，比零点的位置高(见图 7-46)。

图 7-45　在环路滤波器上加入第二个电容

应该如何选择ω_{p3}和ω_u之间的相对大小？如果$\omega_{p3}=\omega_u$，那么相位裕度约为 45°(为什么?)。因此需要令ω_{p3}远高于ω_u，使得其降低的相位裕度可以忽略。在这种情况下，ω_u本身基本也不会受到ω_{p3}的影响。因此可以利用式(7-35)中ω_u的表达式，而ζ仍由式(7-25)定义，有

$$\mathrm{PM}=\arctan\frac{\omega_u}{\omega_z}-\arctan\frac{\omega_u}{\omega_{p3}} \tag{7-46}$$

$$=\arctan(R_1C_1\omega_u)-\arctan(R_1C_{eq}\omega_u) \tag{7-47}$$

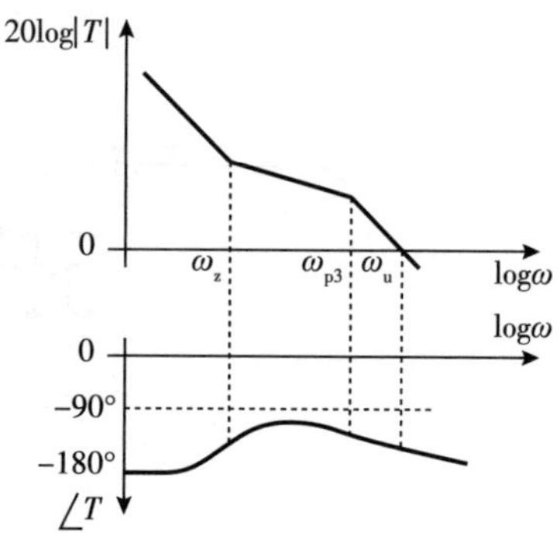

图 7-46　三阶 PLL 的伯德图

注意相位裕度下降了大约$\arctan(\omega_u/\omega_{p3})$的量。例如，如果$\omega_u/\omega_{p3}=1/3$，则相位裕度下降 18°。

重写表达式为$\arctan(R_1C_{eq}\omega_u)=\arctan[R_1C_1\omega_uC_2/(C_1+C_2)]=\arctan[(\omega_u/\omega_z)C_2/(C_1+C_2)]$，对于 PM=65°不带$C_2$的情况，选择$\omega_u/\omega_z\approx2.2$(见 7.5.5 节)。此时，若加入$C_2\approx0.2C_1$，则相位裕度降低了$\arctan(2.2/6)=20°$。实践中，这种退化对环路建立行为的改变可以忽略不计。

例 7-26 设计者构建了一个$\zeta=1$且$C_2=0.2C_1$的 PLL。在此设计中，第三个极点ω_{p3}是否位于ω_u的高处？

解： 在第 8 章中，我们会证明如果$\omega_{p3}>\omega_u$，则有$\omega_u\approx(R_1I_PK_{VCO})/(2\pi M)$。现在继续假设$\omega_{p3}>\omega_u$，看看是否会获得一致的结果。由于

$$\zeta^2=1 \tag{7-48}$$

$$=\frac{R_1^2}{4}\frac{I_pK_{VCO}C_1}{2\pi M} \tag{7-49}$$

$$=\frac{R_1C_1\omega_u}{4} \tag{7-50}$$

因此有$\omega_u=4/(R_1C_1)$。另外，如果$C_2\ll C_1$，则$\omega_{p3}\approx1/(R_1C_2)\approx1/(0.2R_1C_1)$，则

$$\omega_u\approx0.8\omega_{p3} \tag{7-51}$$

因此，ω_{p3}比ω_u略高。

另一种二阶滤波器拓扑如图 7-47 所示。在这种情况下，允许R_1两端的电压跳变，但随后的RC级会衰减纹波。对于给定的 PM 下降量，图 7-45 和图 7-47 中的滤波器提供了大致相等的纹波滤波。

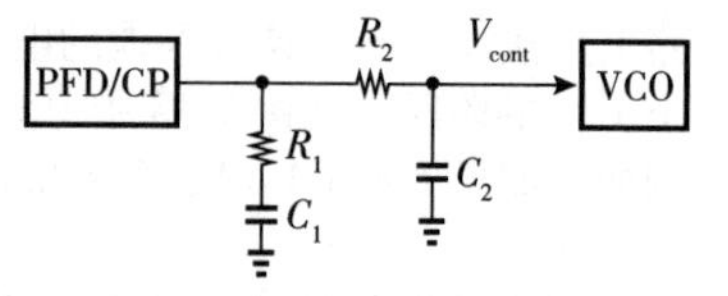

图 7-47　在环路滤波器中附加一个串联电阻

例 7-27 在例 7-20 中，我们观察到V_{cont}上的瞬态跳跃稳定了环路。分析图 7-45 中存在C_2的情况。

解： 如图7-48所示，假设S_1短暂导通，CP电流流入环路滤波器。由于$C_1 \gg C_2$，因此C_1上的电压在此期间变化可以忽略不计。S_1关断后，C_2与C_1共享其电荷，V_{cont}下降。由此在V_{cont}中产生的脉冲可稳定环路。

图7-48　第二个电容对控制电压纹波的影响

7.7　基本电荷泵结构

图7-29b中介绍的电荷泵电路由于开关与电流源的漏极串联放置，被称为“漏极开关”拓扑。将开关移至源极或栅极引脚会产生另外两种配置。

图7-49a所示为“源极开关”电荷泵。这里，M_2和M_3用作电流源，M_1和M_4用作开关。注意，电流源会因开关的导通电阻而退化。为了正确定义电流，V_{b1}和V_{b2}必须通过电流镜像布置来设定，如图7-49b所示。在这种布置中，当M_1和M_4导通时，M_{11}和M_{44}分别模拟M_1和M_4的退化行为。例如，M_{11}、M_{22}、M_{33}和M_{44}的宽度可以是主支路中相应晶体管的五分之一(并且具有相同的长度)，以便提供5倍的缩放因子。

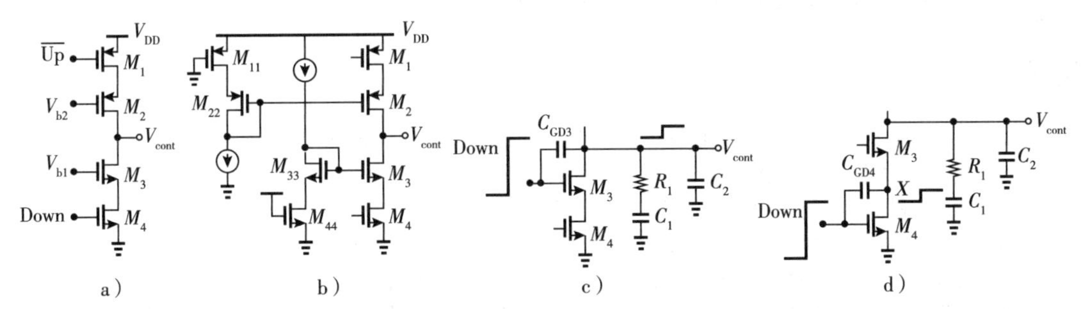

图7-49　a)源极开关的CP；b)偏置实现；c)漏极开关CP中的时钟馈通；d)源极开关CP中的时钟馈通

源极开关拓扑的优点之一来自源极开关提供的反馈。也即，对于给定的电压余量，这种布置表现出比漏极开关CP更高的输出电阻。

另一个优点是与开关的时钟馈通相关。首先，我们考虑图7-49c所示的漏极开关部分，注意到当Down从零变为V_{DD}时，C_{GD3}将该边沿传导至输出，在V_{cont}上产生等于$V_{DD}C_{GD3}/(C_{GD3}+C_2)$的跳跃。其次，检查图7-49d中所示的源极开关对应部分，认识到X处的跳跃只能导致I_{D3}中的一个阶跃，因此V_{cont}中不会发生瞬时跳跃。换句话说，M_3在某种程度上屏蔽了滤波器的开关时钟馈通。读者可以针对Up的下降沿重复此分析。我们将在第8章中更仔细地研究这种效应。

由于开关的导通电阻，漏极开关和源极开关电荷泵会遭受一些电压裕量损失。通过使用“栅极开关”可以避免这个问题。如图7-50a所示，这种拓扑通过将电流源的栅极连接到偏置电压或源极引脚来控制电流源。因此，输出电压范围为$V_{DD}-|V_{DS1,min}|-V_{DS2,min}=V_{DD}-|V_{GS1}-V_{TH1}|-(V_{GS2}-V_{TH2})$。另外，这种结构无电荷分享效应(见第8章)。

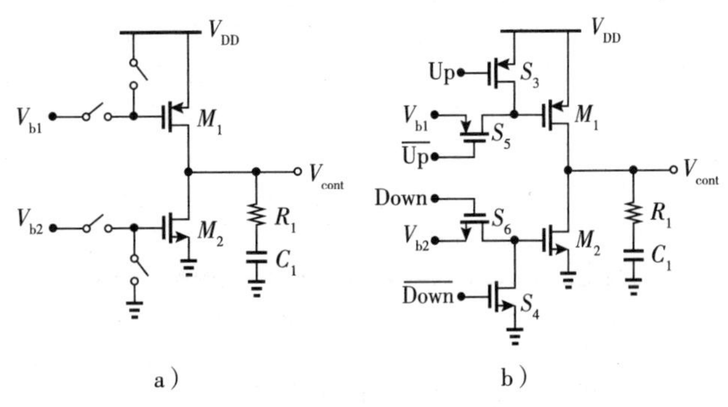

图7-50　a)栅极开关CP；b)晶体管级实现

图7-50a的栅极开关CP的主要缺点是Up路径和Down路径之间的偏差。为了理解这一点，让我们实现如图7-50b所示的开

关，并观察到当 $\overline{\mathrm{Up}}$ 降至 $V_{DD}-|V_{TH1}|-|V_{TH5}|$ 时 M_1 导通，而当 Down 上升至 $V_{TH2}+V_{TH6}$ 时，M_2 导通。因此，从快 N 慢 P 工艺角（低 NMOS 阈值、高 PMOS 阈值）到慢 N 快 P 工艺角（高 NMOS 阈值、低 PMOS 阈值），M_1 和 M_2 的导通时间经历显著的失配。同样，关断时间也有偏差。如第 8 章所述，这些偏差会转化为控制电压上的纹波。在第 8 章中将会研究其他电荷泵拓扑结构。

7.8 建立时间

许多应用都需要快速锁定的 PLL。例如，如果一个微处理器的时钟频率必须在计算紧急任务时突然提高，那么 PLL 就必须快速稳定到新的频率。另一个原因与芯片的测试成本有关：生产线上更长的测试时间会导致每片芯片的成本提高，因此要求 PLL 尽快地锁定。

由式(7-23)给出的闭环传递函数可以估计 PLL 对阶跃信号响应时的建立时间。让我们通过具有相同-3 dB 带宽的单极点环路响应来近似其闭环行为。正如第 8 章中所解释的，该带宽必须选择小于 $\omega_{in}/10$。因此，闭环时间常数 τ 至少等于 $10/\omega_{in}=10T_{in}/(2\pi)$。留出 4~5 个时间常数用于建立，我们估计建立时间约为 $6T_{in}\sim 8T_{in}$。然而实际上，选择 $\omega_{-3dB}\approx\omega_{in}/10$ 会导致 V_{cont} 中纹波过大；为了使 PLL 输出边带小到可接受的程度，带宽需要更小且建立时间达到约 $100T_{in}$。

习题

7.1 考虑例 7-1 中描述的混频器。假设 $V_1(t)$ 和 $V_2(t)$ 是在 0 和 1 之间跳变的方波。绘制输出并说明该电路是否可以用作鉴相器。

7.2 如果 $V_1(t)$ 和 $V_2(t)$ 在-1 和+1 之间跳变，重复上一题。

7.3 如果将图 7-7a 中的 R_1 或 C_1 加倍，图 7-7b 和 c 中会有什么变化？

7.4 如果将图 7-7a 中的 PD 增益 K_{PD} 加倍，图 7-7b 和 c 会有什么变化？

7.5 如果将图 7-7a 中的变容二极管值加倍，图 7-7b 和 c 会有什么变化？假设 ω_1 相对恒定。

7.6 在图 7-8 中，纹波是由 V_{PD} 作用于一阶 RC 滤波器而产生的。仔细绘制出图 7-7a 中 R_1 加倍时的纹波。纹波的峰值是否减半？不假设 τ 远小于输入周期。

7.7 假设图 7-7a 中的 XOR 门被例 7-1 中的混频器替换（并且混频器输入近似为正弦波形）。对于这种情况绘制图 7-7b 和 c，并计算相位误差。

7.8 由式(7-5)绘制 ΔV 与静态相位偏移的关系。

7.9 图 7-9a 中对于倍频 PLL，绘制图 7-7b 和 c 所示的曲线图，并计算静态相位偏移。注意，分频器也缩放相位。也即，VCO 输出相位在到达 PD 时会除以 M。

7.10 运用图 7-13 所示的分析，解释为什么图 7-7 中的相位偏移不为零。

7.11 如果图 7-7b 中 $\omega_1=0$，重新回答上一题。

7.12 当图 7-7a 中的变容二极管值加倍。解释 ω_n 和 ζ 会发生什么变化？

7.13 当 XOR 门的电源电压波动时，电路的输出电压也会波动。解释电源噪声如何影响图 7-2a 中的波形。如果电源变化 ΔV，V_{out} 的平均值会变化多少？

7.14 根据前面的问题并遵循例 7-11 中概述的过程，定性地解释图 7-7a 中从 PD 电源噪声到 ϕ_{out} 会是什么类型的传递函数（低通、带通或高通）。

7.15 对于低通滤波器中的电阻噪声，重复例 7-13 的分析。

7.16 假定图 7-38 中的放大器 A_1 受到电源噪声的影响。假设该噪声只是以 $V_{n,VDD}$ 形式的分量叠加到了放大器的输出。从 $V_{n,VDD}$ 到 ϕ_{out} 是否为带通传递函数？

7.17 如 7.5.4 节所述，包含两个积分器的反馈环路可以通过使其中一个积分器是有损的来稳定。假设图 7-31 中的 PFD/CP/电容级联以这种方式修改，传递函数因此修改为 $\alpha/(s+\beta)$ 的形式。确定 PLL 闭环传递函数并求出 ω_n 和 ζ。

7.18　上一题中的有损积分器是否可以用类似于图 7-40c 中的前馈模型来表示？

7.19　证明：对于 $4\zeta^2 \gg 1$，Ⅱ型 PLL 的相位裕度可以表示为

$$PM \approx \arctan 4\zeta^2 \tag{7-52}$$

注意，对于低至 0.8 的 ζ 值来说，这是一个很好的近似值。

7.20　根据上题，证明

$$PM \approx \arctan \frac{R_1^2 I_p C_1 K_{VCO}}{2\pi} \tag{7-53}$$

$$\approx \arctan(R_1 C_1 \omega_u) \tag{7-54}$$

7.21　某三阶 PLL 采用的环路滤波器参数为 $R_1 = 10\ k\Omega$，$C_1 = 20\ pF$，$C_2 = 4\ pF$。如果 R_1 加倍，相位裕度会怎样变化？分别假设 ω_u(a)不变；(b)减半。

参考文献

[1]. B. Razavi, *Design of Analog CMOS Integrated Circuits,* Boston: MgGraw-Hill, Second Edition, 2017.

第 8 章 |Chapter 8|

锁相环设计考虑

第 7 章中介绍的电荷泵锁相环存在一些不理想因素，这对于必须按照给定的指标设计会带来不小的挑战。环路中所有的构建模块包括输入的不理想性都会降低整体性能，但是影响程度各有不同。本章首先将深入探讨 PLL 的传递函数，并解释上述问题的成因，最后给出一些电路技术来进行解决。分析中一个比较重要的方面是确定在特定应用中到底哪些非理想性是决定性因素。

8.1 PLL 传递函数的进一步解释

之前对简单电荷泵 PLL 的研究已经给出了从不同点到输出的各种闭环传递函数。总之，我们得出①输入相位的波动到输出经历的是二阶低通滤波传递函数，并且有一个零点；②与 VCO 的控制电压或者电源电压串联的噪声电压到输出的响应是带通滤波传递函数。在本节中我们将继续探讨 PLL 的传递函数。

式(7-23)给出的输入/输出传递函数可以重写为

$$H(s)=\frac{2\zeta\omega_n s+\omega_n^2}{s^2+2\zeta\omega_n s+\omega_n^2} \tag{8-1}$$

零点位于 $\omega_z=-\omega_n/(2\zeta)$，而极点位于

$$\omega_{p1,2}=(-\zeta\pm\sqrt{\zeta^2-1})\omega_n \tag{8-2}$$

对于 $\zeta=1$，可得 $\omega_z=-\omega_n/2$ 以及 $\omega_{p1}=\omega_{p2}=-\omega_n$。另外，如果 $\zeta^2\gg 1$，则 $\sqrt{\zeta^2-1}\approx\zeta[1-1/(2\zeta^2)]=\zeta-1/(2\zeta)$，可得

$$\omega_{p1}\approx-\frac{\omega_n}{2\zeta}=-\frac{1}{R_1C_1} \tag{8-3}$$

$$\omega_{p2}\approx-2\zeta\omega_n=-\frac{R_1I_pK_{VCO}}{2\pi} \tag{8-4}$$

如果反馈分频系数为 M，那么上式结果必须将 K_{VCO} 替换为 K_{VCO}/M。这里有两个重要的发现：①ω_{p1} 现在在 ω_z 的附近，某种程度上其影响被消除；②$\omega_{p2}/\omega_{p1}=4\zeta^2>>1$，说明当前系统表现为单极点系统的传递函数，其转角频率等于 $\omega_{p2}=-(R_1I_pK_{VCO})/(2\pi)$。图 8-1 绘制了在 ζ 的三个不同取值下的 $H(s)$ 幅度。注意到在某些相位抖动频率范围内 $|H|>1$；将这一现象称为环路出现“抖动峰值(jitter peaking)”，即系统放大了输入相位噪声。在第 14 章中我们会计算峰值的量。单极点假设被证明对于带宽计算是很有用的，但是抖动峰值一直存在。

上述系统响应的-3 dB 带宽也令人感兴趣。例如，在某些情形下知道带宽可以确定 PLL 会对输入相位噪声进行多大程度的滤波。将式(8-1)中的 $|H(s=j\omega)|$ 设置为 $1/\sqrt{2}$，可得

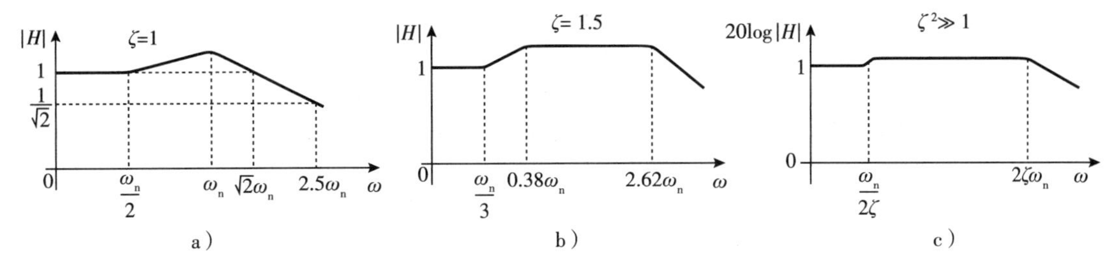

图 8-1 闭环锁相环在不同 ζ 值下的响应

$$\omega_{-3\text{dB}}^2 = \left[1+2\zeta^2+\sqrt{(1+2\zeta^2)^2+1}\right]\omega_n^2 \tag{8-5}$$

在不同情况下近似得到

$$\omega_{-3\text{dB}} \approx 2.5\omega_n,\ \zeta=1\ 时 \tag{8-6}$$

$$\approx 3.3\omega_n,\ \zeta=1.5\ 时 \tag{8-7}$$

$$\approx 2\zeta\omega_n,\ \zeta^2 \gg 1\ 时 \tag{8-8}$$

最后一种情况与图 8-1c 中的单极点近似一致。当 ζ 从 $\sqrt{2}/2$ 变化为更大值时，$\omega_{-3\text{dB}}$ 从 $3\zeta\omega_n$ 变化到 $2\zeta\omega_n$，即环路建立时间也相应等比例地增加了。

除了闭环带宽以外，对开环单位增益带宽 ω_u 也感兴趣。从式(7-35)得到

$$\omega_u^2 = (2\zeta^2+\sqrt{4\zeta^4+1})\omega_n^2 \tag{8-9}$$

因此，

$$\omega_u \approx 2.1\omega_n,\ \zeta=1\ 时 \tag{8-10}$$

$$\approx 3\omega_n,\ \zeta=1.5\ 时 \tag{8-11}$$

$$\approx 2\zeta\omega_n,\ 4\zeta^4 \gg 1\ 时 \tag{8-12}$$

这些结果与例 7-22 的计算结果一致。当 $\zeta \geqslant 1$ 时，容易发现 $\omega_{-3\text{dB}}$ 和 ω_u 相当接近。因此这两项都可以被称作“环路带宽”。

例 8-1 解释为什么 ω_u 和 $\omega_{-3\text{dB}}$ 在 ζ 较大时都变得与 C_1 不相关。

解：回顾之前章节，开环传递函数由 $[I_p/(2\pi)][R_1+1/(C_1s)](K_{VCO}/s)$ 给出。对于远低于或者远高于零点频率的频点处，该表达式分别简化为 $[I_p/(2\pi)][1/(C_1s)](K_{VCO}/s)$ 和 $[I_p/(2\pi)]R_1(K_{VCO}/s)$(见图 8-2)。如果 ζ 足够大并且 ω_u 满足后一种情况，则可以认为此时在 ω_u 频点 C_1 表现为短路，其在环路带宽中不再起重要作用。还可以观察到，如果令 $[I_p/(2\pi)]R_1(K_{VCO}/s)$ 幅度等于 1，则 $\omega_u = I_pR_1K_{VCO}/(2\pi)$。

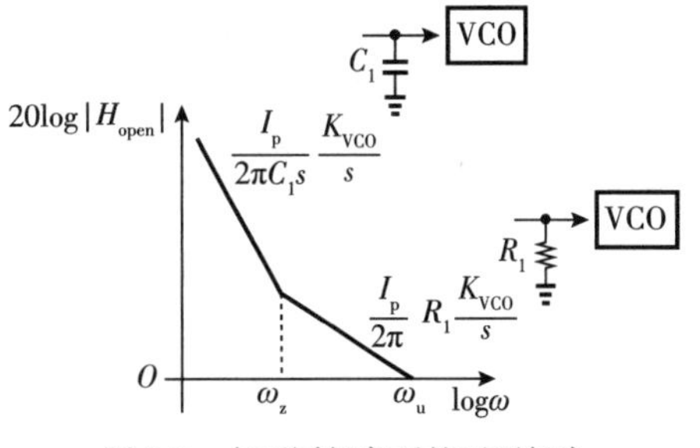

图 8-2 在不同频率下的开环行为

同样，当零极点对相抵消，则产生 $\omega_{-3\text{dB}} \approx \omega_{p2} \approx 2\zeta\omega_n$，闭环带宽同样也变得与 C_1 不相关。

本章稍后部分在研究 PLL 中的相位噪声时，会遇到第三个量，也会被宽松地称作环路带宽。假设将 VCO 产生的相位噪声建模为其输出处的加性相位量(见图 8-3a)。我们希望计算在输入无相位噪声情况下的 $\phi_{out}/\phi_{n,VCO}$。

当 $\phi_{in}=0$ 时，PFD/CP 级联对滤波器的输出电流等于 $(0-\phi_{out}/M)[I_p/(2\pi)]$，生成的 VCO 控制电压为 $(-\phi_{out}/M)[I_p/(2\pi)][R_1+1/(C_1s)]$。经过 VCO 后这个结果乘以 K_{VCO}/s，得出

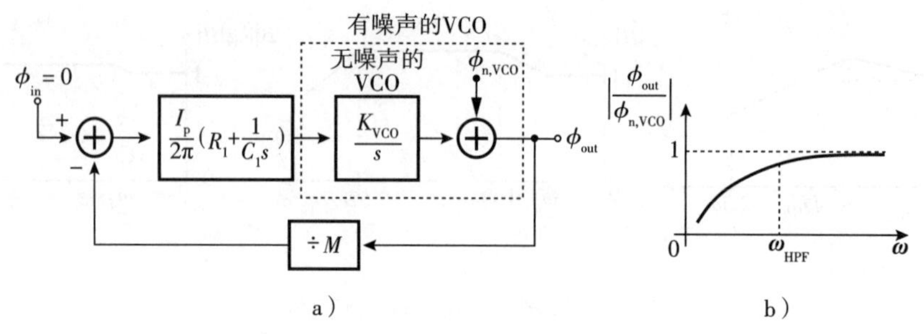

图 8-3 a)CPPLL 中的有噪声 VCO 模型；b)相应的响应曲线

$$-\frac{\phi_{out}}{M}\frac{I_p}{2\pi}\left(R_1+\frac{1}{C_1 s}\right)\frac{K_{VCO}}{s}+\phi_{n,\ VCO}=\phi_{out} \tag{8-13}$$

也就是，

$$\frac{\phi_{out}}{\phi_{n,\ VCO}}(s)=\frac{s^2}{s^2+2\zeta\omega_n s+\omega_n^2} \tag{8-14}$$

上式表示从 VCO 的相位噪声到输出为高通滤波传递函数(见图 8-3b)，该结果与例 7-14 中的直观结论吻合。为了最小化 VCO 的相位噪声贡献，我们必须最大化环路带宽 ω_{HP}。

例 8-2 尝试直观地解释为什么 $\phi_{out}/\phi_{n,VCO}$ 具有高通滤波行为。

解：将图 8-3a 中的系统重新绘制如图 8-4 所示，其中

$$G(s)=\frac{1}{M}\frac{I_p}{2\pi}\left(R_1+\frac{1}{C_1 s}\right)\frac{K_{VCO}}{s} \tag{8-15}$$

上式表示是负的环路传递函数。由于其在低频处环路增益较高，系统迫使 ϕ_1 趋向 $\phi_{n,VCO}$。因此 ϕ_{out} 趋向于0。也就是说，缓慢的 VCO 相位波动会被环路中存在的强反馈所抑制。而对于快速的 VCO 相位变化，环路增益下降，$\phi_{out}\approx\phi_{n,VCO}$。因此 VCO 相位噪声到输出之间为高通滤波响应。

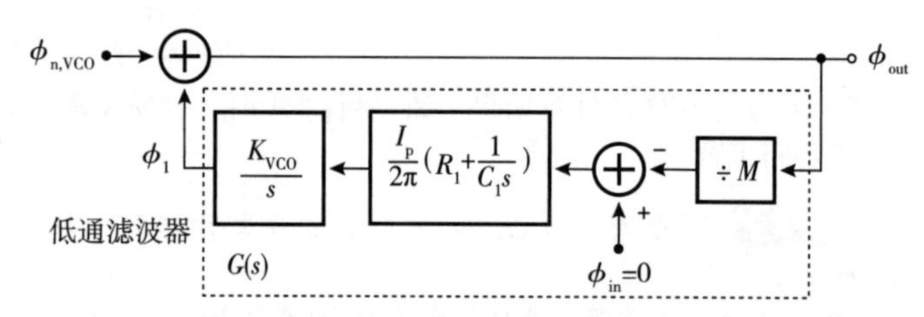

图 8-4 CPPLL 的另一种视图

为了计算图 8-3b 中的高通滤波传递函数的转角频率，可以将式(8-14)的幅度设为 $1/\sqrt{2}$，可得

$$\omega_{HP}^2=\left[2\zeta^2-1+\sqrt{(2\zeta^2-1)^2+1}\right]\omega_n^2 \tag{8-16}$$

在频谱上 VCO 相位噪声直到 $\omega=\omega_{HP}$ 频点处一直会被抑制，根据不同情况计算得到：

$$\omega_{HP}\approx 1.55\omega_n,\ \zeta=1\text{ 时} \tag{8-17}$$

$$\approx 2.7\omega_n,\ \zeta=1.5\text{ 时} \tag{8-18}$$

$$\approx 2\zeta\omega_n,\ 2\zeta^2\gg 1\text{ 时} \tag{8-19}$$

对于较低的 ζ 值，抑制带宽要小于之前计算的其他带宽。

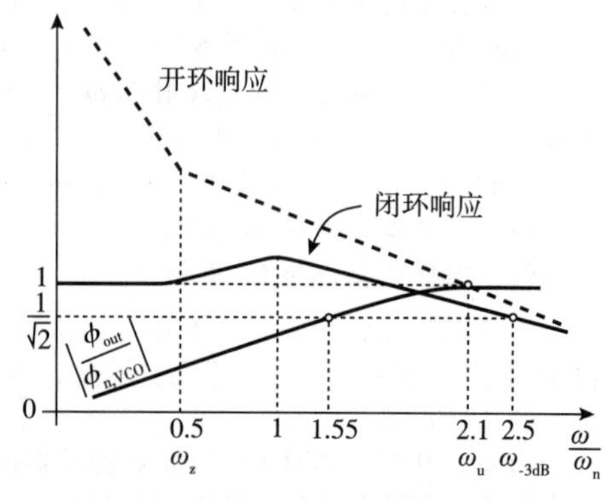

图 8-5 在ζ=1 时 CPPLL 中不同响应的总览图

图 8-5 总结了 $\zeta=1$ 时的环路行为。开环传递函数的斜率在 $\omega_z=1/(R_1C_1)=\omega_n/(2\zeta)=\omega_n/2$ 处从−40 dB/dec 变为

−20 dB/dec，此频率下闭环传递函数开始上升，并在 $\omega_{p1}=\omega_{p2}=\omega_n$ 处达到最大值，而其−3 dB 点位于 $2.5\omega_n$。另外 VCO 噪声传递函数 $|\phi_{out}/\phi_{n,VCO}|$ 在 40 dB/dec 时开始上升，在 $\omega>1.55\omega_n$ 时逐渐接近 1。

例 8-3 解释为什么例 7-18 中的噪声电压到输出为带通响应，而图 8-3a 中的相位噪声到输出为高通响应。

解： 图 7-38a 中 V_n 带来的 VCO 输出相位是 $\phi_{n,VCO}=V_nA_1K_{VCO}/s$。图 8-3a 和图 7-38 两个响应之间相差一个系数 A_1K_{VCO}/s：

$$\frac{\phi_{out}}{\phi_{n,VCO}}=\frac{\phi_{out}}{V_n/(K_{VCO}/s)} \tag{8-20}$$

如果除以 K_{VCO}/s，则与 V_n 相关的带通响应将会变成高通响应（为什么？）。

连续时间近似的局限性

回顾图 7-30，为了得到一个线性系统，需要将 PFD/CP/电容级联的阶跃响应近似为斜坡。这种近似事实上也忽略了 CPPLL 的另一个特性，即它的离散时间（DT）特性。当环路被锁定时，电荷泵在每个相位比较瞬间短暂导通，将一些电荷注入电容，然后关断。因此反馈环路在大多数输入时刻都保持关断状态，就像一个离散时间系统。另一方面，图 7-32 中的斜坡假设 V_{cont} 持续跟随 VCO（和输入）的相位波动。

将离散时间环路近似为连续时间（CT）系统会产生什么后果呢？因为 DT 回路只在小部分的输入时刻提供反馈，直观来看 CT 环路的“平均”环路增益会比真实的高。对于 CPPLL，CT 近似可以等效为有更高的 I_pK_{VCO} 的离散时间环路，而具有一定的稳定性。

注意式（7-23）到式（7-25）准确的前提是，环路状态（VCO 的相位和频率）必须随时间缓慢变化。换言之，如果这些状态在两个输入周期内的变化足够小，那么可以认为变化是连续的。为了深入理解这一点，回到 VCO 控制电压的斜坡近似并考虑两种情况，假设 V_{cont} 将达到某一值 V_1。第一，选取一个特定的环路滤波电容 C_1（见图 8-6a），注意到由 CT 近似产生了峰值为 V_a 的误差。第二，保持相位差恒定，同时将该电容增加为原来的两倍以减缓环路的动态变化，并发现峰值误差减小为原来的一半，记为 V_b。换言之，斜坡斜率越小，则达到的 V_1 越精确。

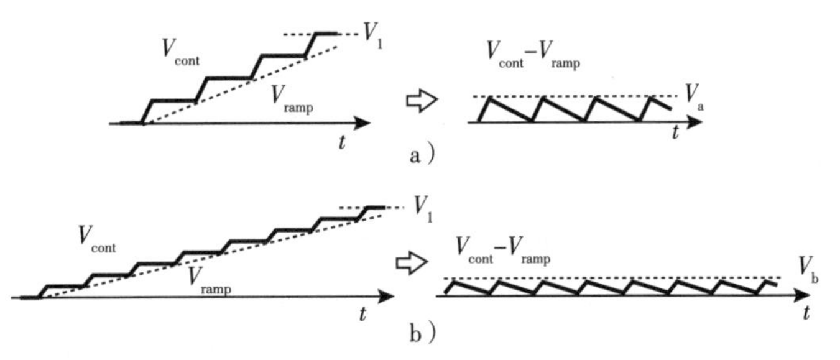

图 8-6 在连续时间近似中产生不同量的误差：a）V_{cont} 快速变化；b）V_{cont} 缓慢变化

作为一个经验法则，为确保环路缓慢变化，通常选择环路带宽大约等于输入频率的十分之一。其实，更精确的近似，采用例 7-17 中，$2\zeta\omega_n\approx\omega_{in}/12.8$。在第 9 章中便采用这一规则设计了 PLL。

可以将 CPPLL 作为线性时变系统进行分析，以便对其稳定性行为形成更为准确的认识[1]。如果设计目标必须是宽环路带宽则上述分析是必要的。

8.2 PFD 问题

PFD 中有三种现象会影响性能：Up 和 Down 脉冲之间的随机偏差、这些脉冲宽度之间的随机失配以及相位噪声。前两个源于随机传播延迟失配，并且可以使用大的晶体管来最小化。版图的对称性当然也很重要，实际上前两个问题基本不会影响性能。

PFD中的门电路会在信号沿经过时对信号加入相位噪声。结果是，Up和Down脉冲的宽度被随机调制了，因此电荷泵电流源导通时间也会不同。环路滤波器接收的Up和Down电荷包也会随机调制，这会转换成 V_{cont} 中的随机噪声。这些效应都在文献[2]中进行了量化研究。

PFD相位噪声会随输入频率的增大而增大[2]。根据文献[2]中的结果，对于20 MHz的输入频率，可以估计相位噪声大约为-175 dBc/Hz。该相位噪声到达PLL输出端后会乘以20log$M$，这在低噪声设计中是容易发现的。作为一个经验法则，PLL构建中相位噪声贡献构建从高到低分别为VCO、CP、PFD和分频器。

8.3 电荷泵问题

电荷泵受到的不理想性影响颇多，会同时造成纹波和噪声。在本节中将详细分析这些不理想因素。

8.3.1 Up和Down偏差

第7章中曾研究过Up和Down脉冲到达电荷泵时的固有偏差。图8-7a所示为对该偏差的一阶校正，其中互补晶体管 M_5 和 M_6 用来复制反相器的延迟。即使使用校准，电荷泵输送的电流脉冲也不会完全重合(见图8-7b)。这是因为对齐 M_3 和 M_4 的开关时间非常困难，特别是在经过工艺和温度转角的情况下。换句话说，这里设计的最终目标是最小化这两个电流之间的偏差而非Up和Down脉冲之间的偏差。如第7章所解释的那样，这种现象会导致 V_{cont} 中的纹波。

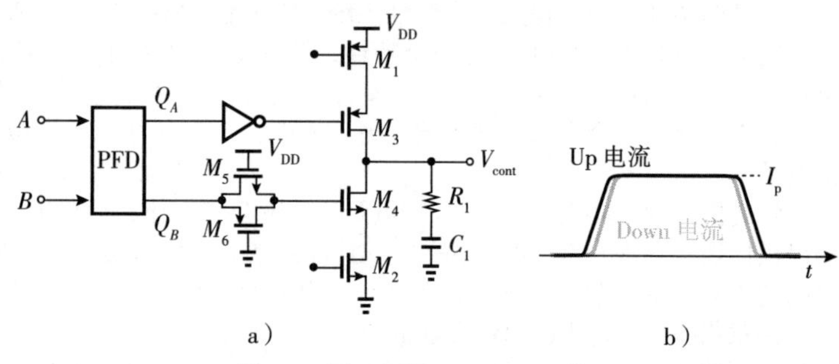

图8-7 用通栅校正Up/Down偏差

8.3.2 电压耐受性与沟道长度调制

电荷泵设计中最大的困难与电流源的输出电压"耐受性"(compliance)和沟道长度调制有关。这两个效应之间存在制约关系。前者表明了在保持相等的Up和Down电流的情况下电荷泵可以支持的输出电压范围。如图8-8a所示，设计者一般希望最大化这个电压耐受区间 $V_{max}-V_{min}$，以获得在 K_{VCO} 给定的情况下最宽的VCO调节范围。现在发现，如果 $V_{cont}=V_{min}$，那么NMOS电流源维持的 V_{DS} 较小，因此其产生的电流比标称值要小，而同时PMOS电流源的 $|V_{DS}|$ 较大，产生的电流也较大(见图8-8b)。如果 $V_{cont}=V_{max}$，则情况正好相反。两个电流之间的失配导致额外的电流流过滤波器，因此产生了控制电压的纹波。

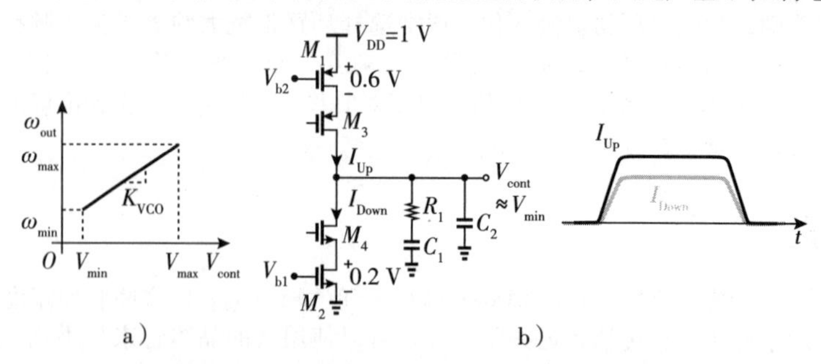

图8-8 a)VCO特性；b)Up和Down电流的失配

例 8-4 当图 8-8b 中的 Up 和 Down 电流值不相等时，PLL 的行为如何？

解： 从图 8-9a 所示的情形开始，$I_{Up}-I_{Down}$ 电流流过环路滤波器，在每个输入周期中持续时间 T_{res} 大约为 5 个门延迟。这种现象会累积电荷，意味着 $V_{cont}\to+\infty$，但这种情况不会发生，因为 PLL 会保证输出频率恒定。结果是，如图 8-9b 所示，这个环路会保持一个静态相位误差 ΔT，使得较小的电流持续时间较长。

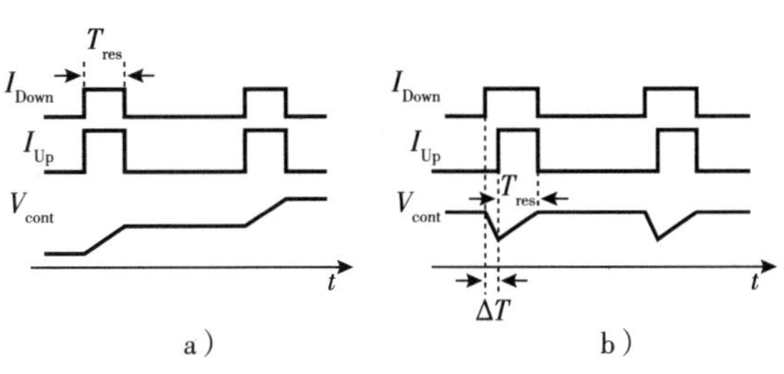

图 8-9 a)在电荷泵不匹配的情况下对锁定条件的初步猜测；b)实际的锁定情况

在本例中，V_{cont} 以 I_{Down}/C_2 为斜率下降 ΔT 片刻，并以$(I_{Up}-I_{Down})/C_2$ 为斜率上升 T_{res} 片刻。在稳态条件下，下降和上升的值必须相抵消，因此

$$\Delta T=\frac{I_{Up}-I_{Down}}{I_{Down}}T_{res} \tag{8-21}$$

$$\approx\frac{\Delta I}{I_p}T_{res} \tag{8-22}$$

式中，$\Delta I=I_{Up}-I_{Down}$，I_p 为标称的电荷泵电流。纹波峰-峰值幅度等于 $\Delta TI_{Down}/C_2\approx\Delta I\cdot T_{res}/C_2$。相位噪声和纹波都会恶化锁相环性能，因此必须最小化 T_{res}。例如，如果 T_{res} 为 50 ps 且 $\Delta I/I_p$ 为 10%，则 $\Delta T\approx5$ ps。

电荷泵沟道长度调制对性能的影响可以由下面的方法来进行测试。如图 8-10a 所示，设置 Up 和 Down 输入，在输出端施加电压源，并从 V_{min} 到 V_{max}“耐受范围”进行扫描。理想情况下，V_X 不会产生任何电流，但实际上，当 V_X 较低时，因为 $I_{Up}>I_{Down}$，I_X 为负值，反之亦然(见图 8-10b)。ΔI_1 和 ΔI_2 的较大值表示电流失配最坏情况下计算的相位偏差和纹波的大小。

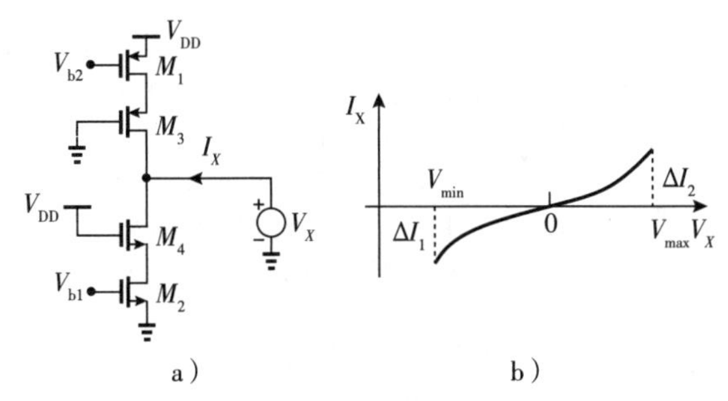

图 8-10 a)电荷泵电流失配的测试；b)产生的特征曲线

为了应对电荷泵中的沟道长度调制效应，电流源可以使用较长(和宽)沟道的晶体管，但这会带来较大的寄生电容，从而引入其他问题(见 8.3.4 节)。缓解该问题的其他方法将在 8.4 节中讲述。

例 8-5 为了减轻沟道长度调制效应，可以在 CP 和 VCO 之间插入一个积分器(见图 8-11)。这里的 R_1 引入了一个零点并稳定了环路。如果运算放大器的开环增益为 A_1，那么 CP 输出电压范围以同样的系数减小，因此会使得 Up 和 Down 电流之间有更强的匹配。也就是说，如果 V_{cont} 可以在 V_{min} 到 V_{max} 之间变化，则 V_X 的变化范围在$(V_{max}-V_{min})/A_1$ 即可。尝试解释积分器会引入的问题。

解： 第一个问题是运算放大器的噪声问题，如图 8-11 所示，用 V_n 表示。根据第 7 章给出的分析方法，可以定性地确定从 V_n 到 ϕ_{out} 的传递函数类型。如果 V_n 为恒定值，则环路必须保持 V_{cont} 不变，这需要通过给予 C_1 的初始量来抵消 V_n 的影响。PLL 可以在不产生相位偏差的情况下产生这样的电压。可以看出，在存在恒定相位误差的情况下，电

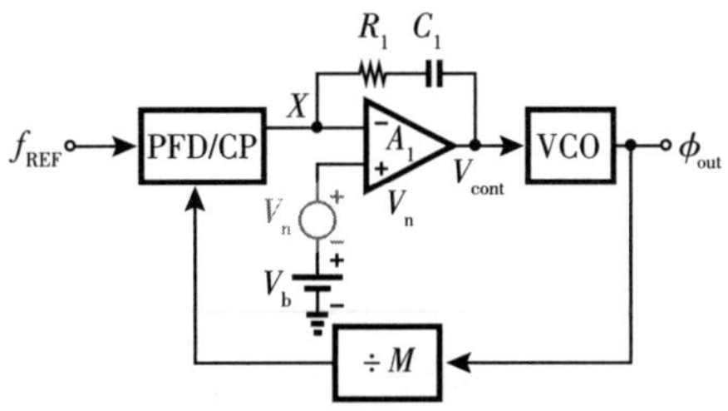

图 8-11 使用基于运算放大器的积分器的 CPPLL

荷泵会周期性地向 C_1 中注入正(或负)的电荷，使得 V_{cont} 趋向无限大。因此可以断定 V_n 经历的是高通滤波响应。由于 VCO 会抑制 V_{cont} 中高频噪声的影响(见例 8-3)，因此该传递函数实际上是带通滤波型的。

另一个问题与运算放大器引入的极点有关，这会降低 PLL 的相位裕度。另外，运算放大器提供的输出电压范围也必须是 V_{min} 到 V_{max}。习题 8.9 到习题 8.12 会继续研究这种 PLL。

8.3.3 随机失配

Up 和 Down 电流同样会受到随机失配的影响。作为一个例子，再次考虑图 7-50 中的栅极开关拓扑结构(见图 8-12)，发现 M_2 和 M_4 之间存在随机失配，同样 M_1 和 M_3 之间也存在失配。因此，$|I_{D1}|$ 和 I_{D2} 之间的失配同样也会引起上一节所述的相位偏差和纹波。

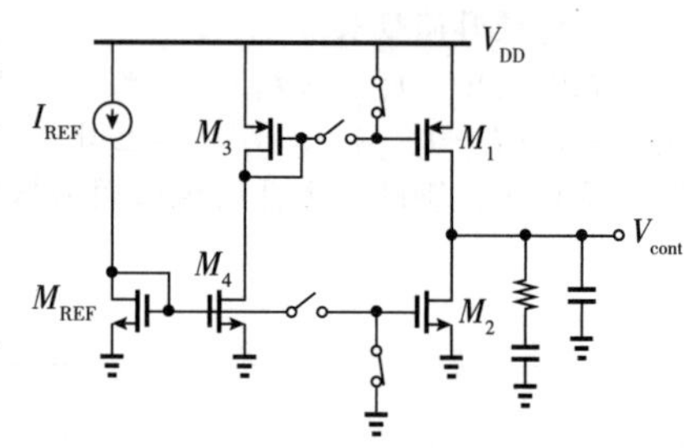

图 8-12 栅极开关的电荷泵

Up 和 Down 电流之间的随机失配可以通过增大电荷泵晶体管尺寸来减小，但代价是寄生电容增大以及会引入与之相关的其他问题(见 8.3.4 节)。总的来说，由沟道长度调制效应引入的(确定性)失配比随机失配要更明显。

8.3.4 时钟馈通和电荷注入

即使在前一节所说的效应不存在的情况下，电荷泵中的开关动作也会在输出端产生纹波。如图 8-13 所示，M_3 和 M_4 的栅-漏电容分别将其栅极和输出节点耦合起来。由于 C_{GD3} 和 C_{GD4} 通常大小不等，因此 V_{cont} 的净改变量为 $V_{DD}(C_{GD3}-C_{GD4})/(C_{GD3}+C_{GD4}+C_2)$。

另外，当 M_3 和 M_4 导通或关断时必须吸收或者释放沟道电荷，数量为 $WLC_{ox}(V_{GS}-V_{TH})$。由于这两个器件携带的电荷量不一定相等，因此在 Up 和 Down 脉冲的上升沿和下降沿，在 V_{cont} 中都会有净噪声产生。

沟道长度调制效应和随机失配等问题，需要增大电荷泵晶体管尺寸，但此时时钟馈通和电荷注入带来的影响会变得严重。因此，需要选择足够大的 C_2 来抑制纹波，同时 C_1 也必须增大。

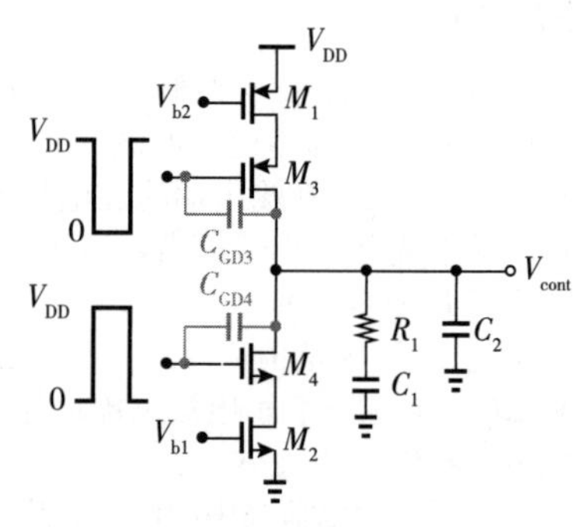

图 8-13 显示时钟馈通路径的漏极开关电荷泵

例 8-6 假设图 7-49 的源极开关电荷泵中的电流源晶体管会将输出节点与开关管隔离，使其不受开关的时钟馈通和电荷注入的影响。这是否说明 V_{cont} 中将没有纹波?

解：即便该结构中开关动作不会直接影响输出，V_{cont} 仍会受到干扰。为了了解这一点，可以考虑 PMOS 部分，如图 8-14a 所示，当 $\overline{Up}$ 变为高电平时。M_1 的时钟馈通和电荷注入会使得 X 点电压向上跳变，暂时升高了 V_X 和 $|I_{D3}|$。此时 X 点会通过 M_3 缓慢放电，使 I_{D3} 向环路滤波器充电，从而导致纹波(见图 8-14b)。

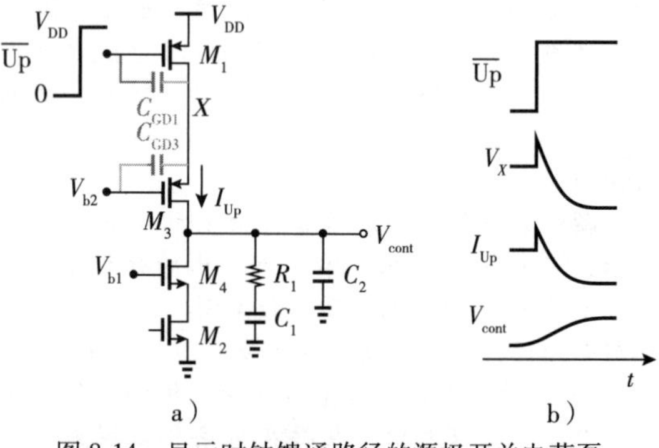

图 8-14 显示时钟馈通路径的源极开关电荷泵

8.3.5 其他电荷泵的非理想性因素

在本节中将讲述如果电荷泵使用短沟道器件会出现的两种特殊现象。第一个现象与 Up 和

Down 电流源同时开启时电路的低输出阻抗有关(见图 8-15a),由于环路滤波器此时被 R_{out} 分流,因此 PFD/CP/滤波器级联结构不再表现为理想的积分器。

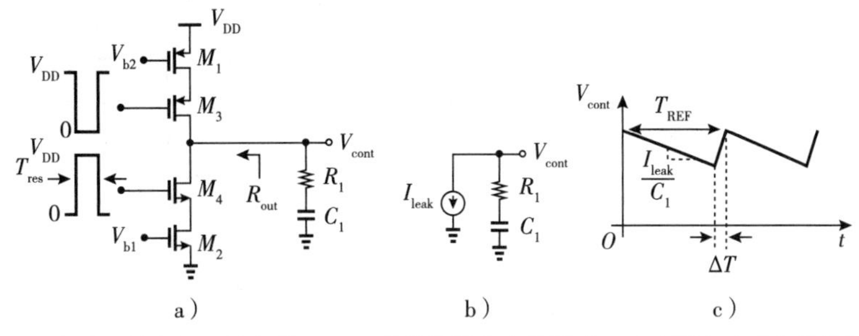

图 8-15 a)具有有限输出电阻的电荷泵;b)晶体管漏电流的影响;c)由漏电流引起的控制电压波形

尝试将开环 PLL 传递函数写成如下形式:

$$H(s)=\frac{I_p}{2\pi}\left[R_{out}\parallel\left(R_1+\frac{1}{C_1s}\right)\right]\frac{K_{VCO}}{Ms} \tag{8-23}$$

但是 R_{out} 只在 T_{res} 片刻内起作用,其中 T_{res} 表示 Up 和 Down 脉冲的宽度(大概 5 个门延迟)。直观上可以认为 R_{out} 的影响需要乘以系数 T_{REF}/T_{res}:

$$H(s)\approx\frac{I_p}{2\pi}\left[\frac{R_{out}T_{REF}}{T_{res}}\parallel\left(R_1+\frac{1}{C_1s}\right)\right]\frac{K_{VCO}}{Ms} \tag{8-24}$$

由于等效阻抗 Z_{eq} 可以写为

$$Z_{eq}=\frac{R_{out}T_{REF}}{T_{res}}\parallel\left(R_1+\frac{1}{C_1s}\right) \tag{8-25}$$

$$=\frac{(R_1C_1s+1)R_{out}T_{REF}/T_{res}}{(R_1+R_{out}T_{REF}/T_{res})C_1s+1} \tag{8-26}$$

可以发现极点已经从原点移动到了大约$[(R_1+R_{out}T_{REF}/T_{res})C_1]^{-1}$处。

第二个不理想现象在于,晶体管电荷泵关断时产生的漏电流(见图 8-15b)。Up 和 Down 漏电流之间的差 I_{leak} 会使环路滤波器放电,时间为 $T_{REF}-T_{res}\approx T_{REF}$,在 V_{cont} 中产生大小为$(I_{leak}/C_1)T_{REF}$ 的改变。在稳态下,控制电压的这一变化必须在电荷泵开启时得到补偿,需要产生一个 ΔT 的相位偏差(见图 8-15c),使得 $I_p\Delta T/C_1=(I_{leak}/C_1)T_{REF}$。也就是说,$\Delta T=(I_{leak}/I_p)T_{REF}$,而纹波峰-峰值等于$(I_{leak}/C_1)T_{REF}$。即使 I_{leak}/I_p 非常小,ΔT 也可能很大,这是由于漏电流持续时间约为一个输入周期。

还有两种情形也可以观察到图 8-15b 和 c 中的行为表现:①如果环路滤波电容有漏电流;②VCO 中为了进行频率控制而加入的可变电容较大且有漏电流。如果环路滤波电容是由较薄氧化层(核)MOSFET 实现的,则第一种情形尤其难以处理,因为其栅极漏电流会较大。这一点将在 8.7 节中继续研究。

8.4 改进型电荷泵

很多电荷泵结构主要关注于减小 Up 和 Down 电流之间的失配。这里将介绍 3 种。

回到图 8-12 所示的栅极开关电荷泵并研究如何抑制沟道长度调制效应。这里的目标是减小当控制电压 V_{cont} 接近 0 或者 V_{DD} 时 Up 和 Down 电流的变化。例如,如果 V_{cont} 相对较高,并且 I_{D2} 大于$|I_{D1}|$,则可以将前者减小。这可以通过图 8-16a 中的结构实现,其中当 V_{cont} 超过 V_{TH3} 时,M_3 会自动降低 M_2 的栅极电压。同样的方法也可以应用于 M_1(见图 8-16b)。

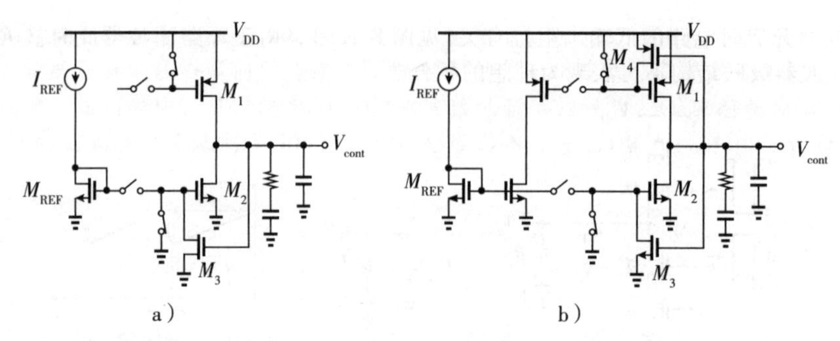

图 8-16 带反馈的栅极开关电荷泵：a)反馈在 NMOS 电流源；b)反馈在 NMOS 和 PMOS 两个电流源

另一种栅极开关电荷泵的派生结构如图 8-17 所示[3]。该电路中加入了一个运算放大器用来检测 V_{cont} 和 V_X 之间的差值。运算放大器调整 M_3 和 M_1 的栅极电压，使得 V_X 趋向于 V_{cont}。为了方便起见，忽略随机失配并假设 M_3 与 M_1 相同，M_4 与 M_2 相同，由于 $V_{DS4}=V_{DS2}$ 可以得出 $I_{D4}=I_{D2}$。同样，$I_{D3}=I_{D1}$。此外，$|I_{D3}|=I_{D4}$。因此，只要环路增益足够大，使得 V_X 接近 V_{cont}，对于任何 V_{cont} 值都有 $I_{D1}=I_{D2}$。因此沟道长度调制效应被抑制。在实际应用中，M_3 和 M_4 会相对于主支路进行缩减，以此来节省功耗。

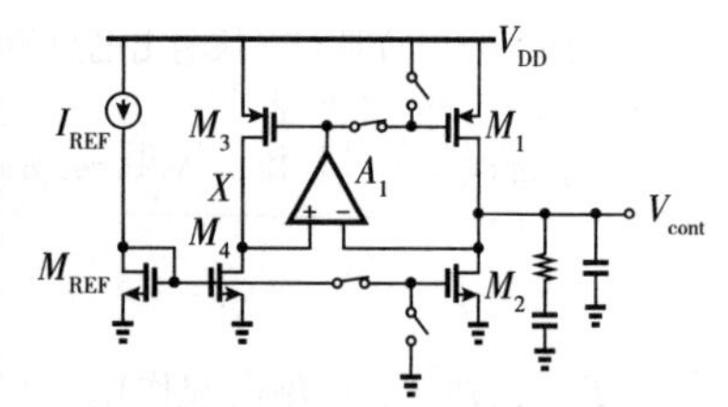

图 8-17 带抑制沟道长度调制影响环路的栅极开关电荷泵

例 8-7 图 8-17 中的电荷泵电路中包含一个负反馈环路和一个正反馈环路。解释为什么该电路可以正常工作？

解： 如果电路中的左右支路的缩放相互匹配，则两个反馈环路的低频增益相等(为什么?)。然而，由 M_1、M_2 和 A_1 构成的环路只会短暂导通。因此该正反馈环路被由 M_3、M_4 和 A_1 构成的连续时间负反馈环路的作用所抑制。不管怎样，整体 PLL 的相位裕度必须被仔细预估并设计，特别是当 A_1 超过一级时。

如第 7 章所解释的那样，图 8-17 所示的栅极开关动作会造成 Up 和 Down 电流之间的时序失配。此外，运算放大器必须具有较宽的输入共模范围，以兼容 V_{cont} 的最小值和最大值。习题 8.14 中会继续研究该运算放大器带来的噪声影响。

为了得到第三种应对电流失配的电荷泵改进方案，可以从图 8-18 中的简单结构出发，并注意到 I_1 和 I_2 之间的差异可以在 S_1 和 S_2 都关断时被测量到，例如，通过导通另外两个开关 S_3 和 S_4，并将 I_1 和 I_2 代数相加。现在的问题在于如何存储这个信息(因为在下次相位比较时 S_3 和 S_4 需要关断)以及如何利用该信息来调整 I_1 和 I_2。

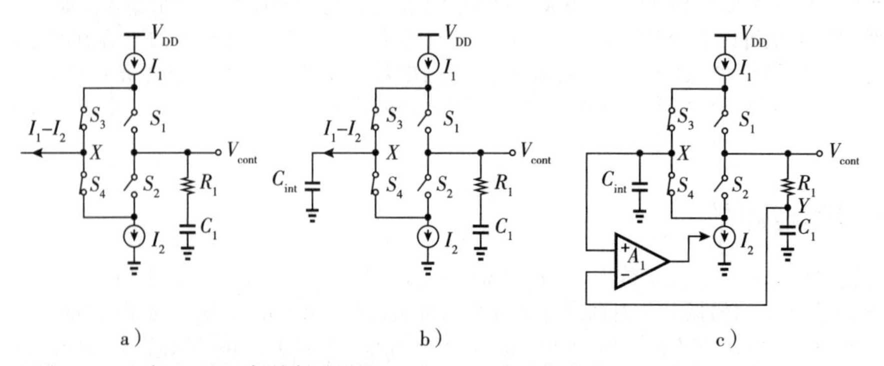

图 8-18 a)当 S_1 和 S_2 都关断时测量 Up 和 Down 电流的失配；b)通过 C_{int} 对 I_1-I_2 积分；c)使用反馈来消除失配影响的电荷泵

当S_3和S_4导通时，通过将I_1-I_2注入电容上是可以存储该信息的(见图8-18b)。例如，如果$I_1>I_2$，则$V_X\to+\infty$，用作表示在I_1和I_2之间随机和确定性失配的误差。

现在利用V_X来调整电荷泵中的一个电流源，如图8-18c所示[4]。这里的伺服环路包括A_1和I_2，迫使V_X-V_Y趋向于0。这只有当$I_1=I_2$时才可能达到；否则V_X会被不断地上拉或下拉。因此，随机和固定的失配都被去除了。值得注意的是，电路检测的是V_Y而非V_{cont}，因为前者是更稳定的。

图8-18c中的电荷泵有助于抑制Up和Down电流之间的失配，但是与图8-17中的结构一样，该结构也同时包含了正反馈和负反馈环路，并且需要运算放大器的输入共模范围较宽。该运放的噪声影响研究见习题8.15。

8.5 带有离散VCO调谐的PLL

在第3章和第5章对VCO的研究中，可以认识到离散(粗略)VCO调谐是必要的。现在必须研究PLL是如何具体执行该功能的。假设VCO中使用开关电容来进行此离散频率调谐。图8-19所示是一种可行的方案。在该结构中，将控制电压与V_{min}和V_{max}使用两个比较器进行比较。而VCO的粗略控制使用一个计数器来进行，该计数器在电路复位时开始工作，例如开始时将所有电容都接入VCO电路中。然后，PFD和电荷泵被启用，环路尝试锁定，沿A_1调谐曲线拉高V_{cont}。如果在$V_{min}<V_{cont}<V_{max}$内未达到所需频率ω_1，则两个比较器生成$D_1D_2=00$或者$D_1D_2=11$，此时计数器加1，并断开VCO中的一个电容。然后环路再次尝试锁定，但此时VCO频率沿A_2曲线变化。该搜索过程会持续进行，直到VCO中足够的电容被断开，并且环路在$V_{min}<V_{cont}<V_{max}$内锁定。在第9章中我们将介绍另一种方法。

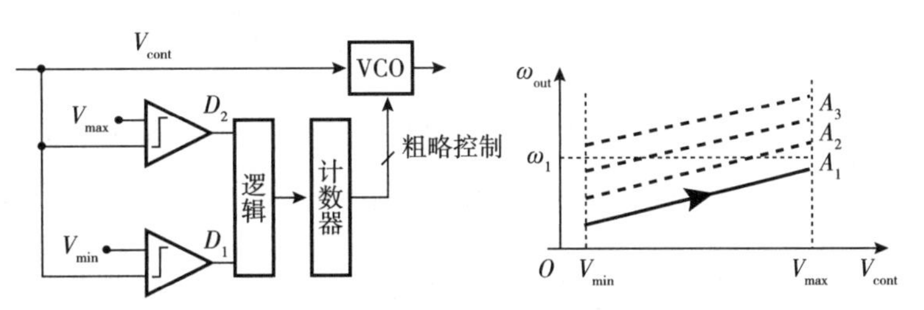

图8-19 使用离散VCO调谐的布置

例8-8 某学生推测将V_{min}和V_{max}设计得相对较近可以减轻电荷泵沟道长度调制问题(见8.3.2节)。解释该方法是否可行?

解： 为了使$V_{max}-V_{min}$较小，例如大约100 mV，那么离散步长之间必须足够接近并且互相重叠，以避免调制盲区。这意味着离散调谐曲线的数量必须同比例增大，使得设计复杂度显著上升。

然而，更严重的难题是VCO频率会随温度漂移，如用户携带设备离开房屋并进入了寒冷环境。这种漂移表现为连续频率调谐曲线垂直偏移(见图8-20)。如果新的曲线不能在$V_{min}<V_{cont}<V_{max}$范围内提供所需频率ω_1，那么上述搜索过程必须再次进行，导致通信中断。同样的情况会在VCO遇到电源噪声时发生。

实际应用中，这种干扰是很难避免的。例如，假设环路锁定的V_{cont}仅比V_{max}略小一点，那么稍微一点温度变化就会使得$V_{cont}>V_{max}$，导致图8-19中的D_2发生变化，环路重新开始频率锁定搜索。总之，$V_{max}-V_{min}$范围越窄，则PLL的设计复杂度越高，受到干扰中断的次数也会越多。

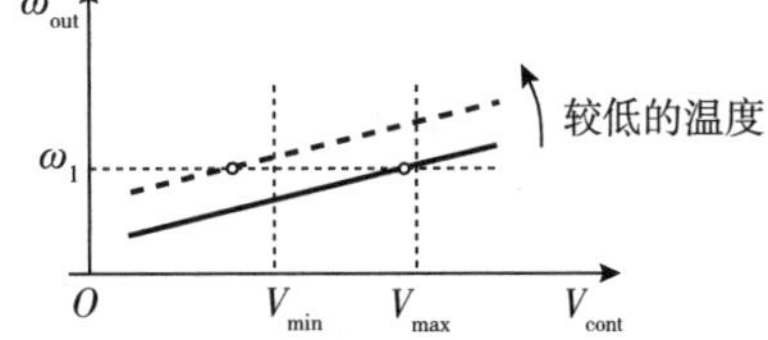

图8-20 将V_{min}和V_{max}设计得彼此接近

8.6 利用采样滤波器的纹波抑制

PFD/CP的不理想性会导致振荡器控制电压上的纹波。对于给定的PFD/CP设计，纹波只能通过增加环路滤波器电容来减小，除非设计出一种新的技术。

一种想法是希望当电荷泵输出产生电压跳变时将振荡器控制端断开，这里其实是推测 V_{cont} 在整个工作流程中不需要一直接入电荷泵输出。考虑图 8-21a 中的结构布置，其中在主环路滤波器和 C_2 之间加入了开关 S_1。假设 S_1 在 PFD/CP 工作期间保持断开，而在电荷泵关断后才导通。因此，VCO 不会“看到”V_1 上的“跳变”，而仅表现出受到 S_1 开关的时钟馈通和电荷注入影响的小干扰。

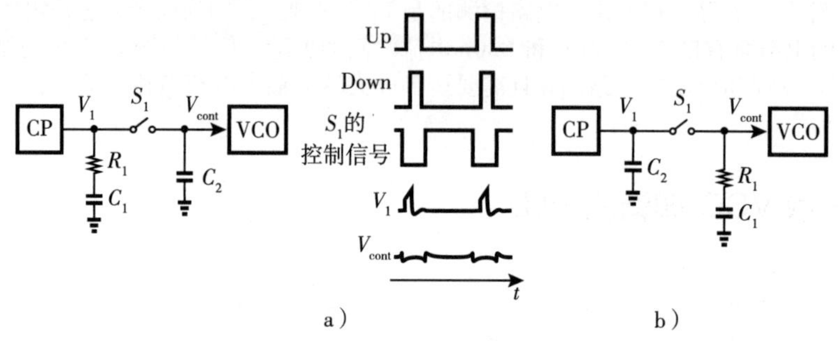

图 8-21 a）在电荷泵和 VCO 之间第一次采样尝试；b）环路中滤波器组件的正确放置

不尽如人意的是，图 8-21a 所示的结构其实是一个不稳定的环路。为了理解其内在的机理，回顾第 7 章中使用 R_1 稳定系统的原理就是在控制电压上产生跳变（以类似前馈路径的形式）。而在这里，由于开关 S_1 关断，R_1 上的初始电压阶跃消失；也就是 V_{cont} 看不到任何电压跳变，因此 S_1 导通后 V_{cont} 的瞬时值与 R_1 不相关，如同 R_1 被置零了一样。

该结构仍有改进的希望。如图 8-21b 所示，改变两个支路的顺序。现在该电路的行为就和标准结构类似了：电荷泵将电荷短暂地输送给 C_2，然后关闭。之后，C_2 将电荷共享给 C_1，在 V_{cont} 上产生了（稳定环路的）超调。该方法也被称为“采样环路滤波器”[5]。

然而就像之前所说的，图 8-21b 中开关 S_1 会在 V_{cont} 上引入电荷注入和时钟馈通，因此纹波是不可避免的。

8.7 环路滤波器漏电流

有些应用需要相对较大的环路滤波电容，例如，当输入频率较低或者环路带宽必须较小时。在这种情况下，电容可以使用 MOSFET 实现，以节省芯片面积，但是栅极漏电流被证明是有问题的。图 8-22 展示了 45 nm 工艺中栅极绝缘层厚度为 20 Å 的 10 μm/0.5 μm NMOS 晶体管的栅极漏电流曲线[6]。源极、漏极和衬底均端接地。

栅极漏电流 I_G 会在电荷泵关断时使环路滤波器放电，其方式与图 8-15b 所示的相同。这可能会带来较大的控制电压下降，在 VCO 输出处造成显著的相位调制。可以证明输出相位改变量的峰-峰值为[6]

$$\phi_{pp}=\frac{1}{2}K_{VCO}\frac{I_G}{C_2}\left(\frac{T_{REF}}{2}\right)^2 \tag{8-27}$$

式中，C_2 是滤波器中第二级较小的电容，而 I_G 是由 C_1 和 C_2 引入的总漏电流。这种周期性的调制会在频谱中产生边带和固定抖动，在低参考频下非常显著。如图 8-22 所示，I_G 是 $V_{GS}(=V_{cont})$ 的强相关函数，因此很难通过电路技术消除漏电流。如果相位调制效应太大以至于需要解决，则电容可以使用厚栅氧化层（I/O）晶体管或者 MIM 电容，代价是面积会增大。

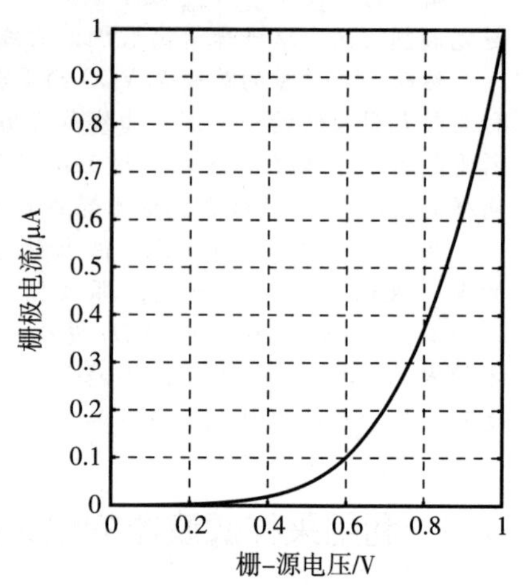

图 8-22 45 nm 工艺中 10 μm/0.5 μm NMOS 的栅极漏电流

从习题 8.16 中得出，环路滤波器漏电流的影响很难通过前一节介绍的采样技术来抑制。但是数字 PLL 可以很有效地规避这个问题（见第 10 章）。

8.8 减小滤波器电容量

假设 $\zeta=1$。环路滤波器的电容在以下情况下值可能很大：①较低的参考频率，因为我们选择 $2\zeta\omega_n=2\omega_n=2\sqrt{I_pK_{VCO}/(2\pi C_1)}\approx 0.1\omega_{REF}$；②较小的电荷泵电流，因为 $\zeta=(R_1/2)\sqrt{I_pK_{VCO}C_1/(2\pi)}=1$。因此希望寻找一种工艺能够得到等效的“倍增”电容。

如图 8-23a 所示是一种电容倍增实现架构，其中包含两组电荷泵，标称电流分别为 I_{p1} 和 I_{p2}，$I_{p1}=\alpha I_{p2}$。注意到 CP_1 的输出会流经 R_1 和 C_1，而 CP_2 的输出只看到 C_1（如果 C_2 相对较小）。假设通过选择 Up 和 Down 脉冲，使得两个电荷泵能够同时导通，但它们的输出电流极性相反。例如，当 CP_1 中的 Up 电流被启用时，CP_2 中的 Down 电流被启用。因此，从 PLL 相位误差到 V_{cont} 的传递函数为

$$\frac{V_{cont}}{\Delta\phi}(s)=\frac{I_{p1}}{2\pi}\left(R_1+\frac{1}{C_1s}\right)-\frac{I_{p2}}{2\pi}\frac{1}{C_1s} \tag{8-28}$$

$$=\frac{I_{p1}R_1}{2\pi}+\frac{I_{p1}-I_{p2}}{2\pi}\frac{1}{C_1s} \tag{8-29}$$

式中，由于 $I_{p1}-I_{p2}=(\alpha-1)I_{p1}$，有

$$\frac{V_{cont}}{\Delta\phi}(s)=\frac{I_{p1}R_1}{2\pi}+\frac{I_{p1}}{2\pi}\frac{1}{\frac{C_1}{\alpha-1}s} \tag{8-30}$$

上式说明 C_1 被等效地放大了 $1/(\alpha-1)$ 倍。例如，如果 $\alpha=1.2$，则 C_1 占据的面积可以缩小 5 倍。值得注意的是，这个结果并不等同于单个电荷泵中电流的减小；关键是 R_1 上用于稳定环路的电压跳变仍然等于 $I_{p1}R_1$。

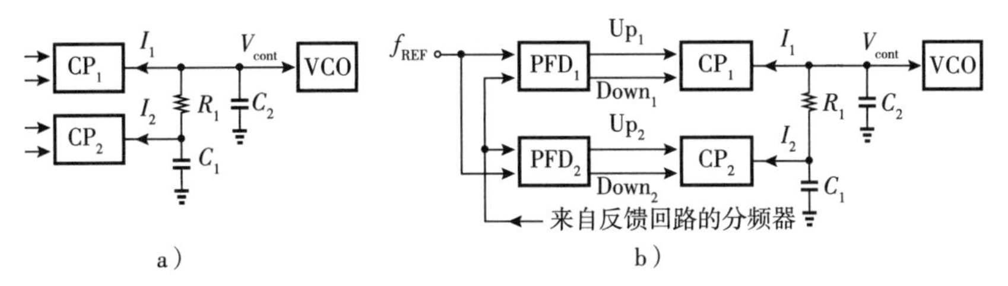

图 8-23 a）使用两组电荷泵产生一个更大的表观电容；b）实际实现

为了生成适当的控制两个电荷泵的 Up 和 Down 脉冲信号，使用两个 PFD，但其中一个的输入是另一个的交换顺序得到的（见图 8-23b）。换句话说，这里使用将 PFD_2 检测到的输入相位误差取反的方法，而非直接将 CP_2 的输出电流取反的方法进行电路实现。读者可以尝试对于给定相位误差绘制出 Up 和 Down 脉冲，并检验电荷泵电流大小。事实证明，这种结构在 C_1 相对较大的情况下很有用，但缺点是电路中存在两个电荷泵的噪声。

8.9 带宽和杂散水平之间的权衡

前几节已经得出大多数 PFD/CP 的不理想性会造成振荡器控制电压上的纹波，在 PLL 输出处会出现参考边带信号（杂散）和固定抖动。如果杂散水平过大，设计者必须不可避免地减小环路带宽，这个重要的设计权衡目前尚未详细说明。在本节中会对该问题进行量化分析，研究单位增益带宽 ω_u 和杂散水平之间的权衡关系。

从某个 PLL 设计开始，其中 $\zeta=1$，$C_2=0.2C_1$。从例 7-26 中可以得知，这些值产生第三个极点为 $\omega_{p3}\approx 1/(R_1C_2)$，比 ω_u 略高。现在假设输出杂散水平比预期的高 20 dB，并假设目前 PFD/CP 级联已经足够优化，纹波已经达到当前最小水平。那么如何有条理地重新设计环路以将杂散降低 20 dB?

下面必须给出几个观察。首先，控制电压上的纹波只能通过两个参数减少：①按比例缩小电荷泵电流 I_p 和其主晶体管的尺寸，使得注入环路滤波器的不必要的电流减少，由于晶体管电流和宽度一起缩放，因此它们的过驱动电压不变，因此电荷泵输出电压的耐受性保持不变；②增大滤波器的第二级电容 C_2。其次，对于重新设计的 PLL，仍然必须保证 $\omega_{p3}>\omega_u$ 以及 $\zeta\geqslant 1$。

设计公式为

$$\omega_{p3}\approx\frac{1}{R_1C_2} \tag{8-31}$$

$$\omega_u\approx\frac{R_1I_pK_{VCO}}{2\pi} \tag{8-32}$$

$$\zeta=\frac{R_1}{2}\sqrt{\frac{I_pK_{VCO}C_1}{2\pi}} \tag{8-33}$$

假设为了将输出杂散水平降低 20 dB 而将电荷泵电流下降 10 倍。那么，ω_u 会下降相同的比例而 ω_{p3} 保持不变。也就是说 ω_u 下降过多。替代的方法是，将电荷泵电流下降 $\sqrt{10}$ 的同时将电容 C_2 的大小提升同样的倍数。这样 ω_{p3} 和 ω_u 同时下降 $\sqrt{10}$。另外，需要将 C_1 提高相同的倍数，以保证 ζ 不变。总之，为了将杂散水平降低 20 dB，环路参数需要重新设计如下：

$$I_p\rightarrow\frac{I_p}{\sqrt{10}} \tag{8-34}$$

$$C_2\rightarrow\sqrt{10}\,C_2 \tag{8-35}$$

$$C_1\rightarrow\sqrt{10}\,C_1 \tag{8-36}$$

$$\omega_{p3}\rightarrow\frac{\omega_{p3}}{\sqrt{10}} \tag{8-37}$$

$$\omega_u\rightarrow\frac{\omega_u}{\sqrt{10}} \tag{8-38}$$

$$\zeta=1 \tag{8-39}$$

读者可以尝试证明，改变 K_{VCO} 替代 I_p，按比例缩小 10 倍，也可以达到同样的效果。由于整个环路仍然保持 $\zeta=1$ 以及 $C_2=0.2C_1$，可以得出结论，ω_{p3} 仍然比 ω_u 稍大，保持相位裕度不变。

8.10 PLL 中的相位噪声

PLL 设计最重要的部分就是控制相位噪声和抖动；而这些问题同时来源于器件噪声，电源噪声以及衬底耦合噪声。

我们在第 7 章中对不同 PLL 传递函数的分析为输出相位噪声的计算奠定了基础。本节会研究不同的噪声源并计算其对输出相位的影响。图 8-24 中标注了几个重要的噪声源：输入相位噪声 $\phi_{n,in}$、电荷泵噪声电流 I_n、环路滤波器电阻噪声 V_n、VCO 相位噪声 $\phi_{n,VCO}$、分频

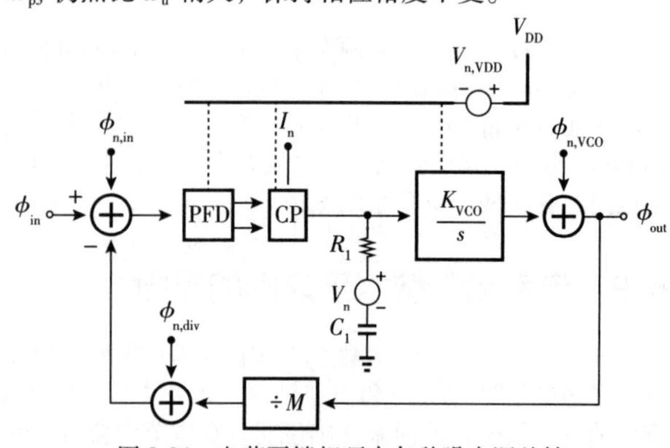

图 8-24 电荷泵锁相环中各种噪声源总结

器相位噪声 $\phi_{n,div}$ 和电源噪声 $V_{n,VDD}$。PFD 也会产生一些噪声(见 8.2 节)。而其中最主要的噪声源为 $\phi_{n,VCO}$、$\phi_{n,in}$ 和 $V_{n,VDD}$。

8.10.1 输入相位噪声整形

根据第 7 章中的推导，输入相位噪声经历的是 PLL 的低通滤波响应。如图 8-25 所示，如果 $\phi_{n,in}$ 的频谱是较为平坦的，幅度为 S_0——这对晶振的相位噪声是一种不错的近似——那么输出频谱显示的是带内幅度为 M^2S_0 和在 PLL 3 dB 带宽时开始滚降。这时我们说输入相位噪声被 PLL 传递函数"整形"。为了得到总输出抖动，必须对这个频谱进行积分。可以看出输出频谱曲线下的面积大于 $2M^2S_0f_{-3dB}$。

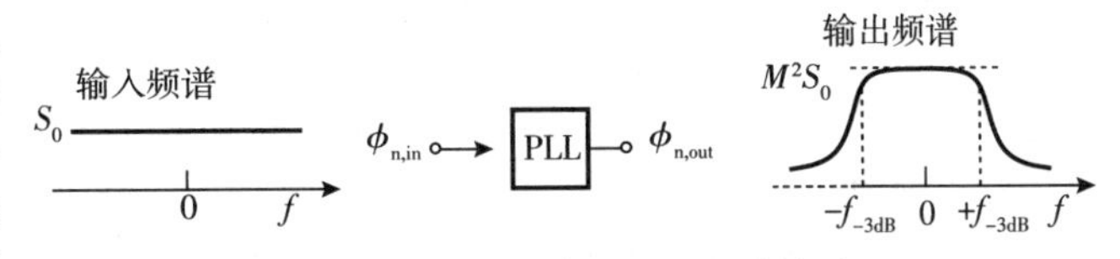

图 8-25 输入相位噪声被 PLL 整形的过程

例 8-9 为什么是 PLL 的带内输入相位噪声频谱乘以 M^2 而不是输入抖动(单位为 s)?

解: 对于输入形式为 $V_1\cos[\omega_{in}t+\phi_{n,in}(t)]$，输出为 $V_2\cos[M\omega_{in}t+M\phi_{n,in}(t)]$，其中 $\phi_{n,in}$ 表示带内相位噪声。因此，输出频谱是输入的 M^2 倍。而对于抖动(单位为 s)，将输入的写为 $\Delta t_{in}=[\phi_{n,in}/(2\pi)]T_{in}$，输出的写为 $\Delta t_{out}=[M\phi_{n,in}/(2\pi)]T_{in}/M$。这两个量大小是相等的。直观上说，可以注意到，如果输入信号沿(缓慢地)漂移了 Δt，则输出信号沿也要跟上该漂移，这是由环路锁相迫使相位误差为零的特性决定的。例如，输入处 1 ps 的缓慢边沿位移也会在输出过零点产生 1 ps 的变化，但是这 1 ps 的时间差在输入和输出处转换为相位值是不同的，这是因为周期不同。

回顾 8.1 节，如果 ζ 高于 1.5，则可以近似 $\omega_{-3dB}\approx 2\zeta\omega_n=R_1I_p(K_{VCO}/M)/(2\pi)$，系统可以近似为单极点响应。因此可以很容易求得图 8-25 中输出相位噪声频谱的积分:

$$\phi^2_{out,\ rms}\approx\int_{-\infty}^{+\infty}\frac{M^2S_0}{1+\left(\dfrac{2\pi f}{\omega_{-3dB}}\right)^2}df \tag{8-40}$$

由于

$$\int\frac{dx}{1+x^2}=\arctan x \tag{8-41}$$

可得

$$\phi^2_{out,\ rms}\approx M^2S_0(\pi f_{-3dB}) \tag{8-42}$$

$$\approx\frac{MS_0R_1I_pK_{VCO}}{4\pi} \tag{8-43}$$

为了求得输出的均方抖动，可以将 $\phi_{out,rms}$ 以 2π 归一化，并乘以输出周期 T_{out}:

$$\Delta t_{rms}=\frac{1}{2\pi}\sqrt{\pi M^2S_0f_{-3dB}}\,T_{out} \tag{8-44}$$

抖动可以通过降低环路带宽来减小。

例 8-10 20 MHz 的晶振的平坦处相位噪声为 −150 dBc/Hz。确定使用该参考晶振的 6 GHz PLL 的输出抖动。假设该系统为单极点响应且 $f_{-3dB}\approx 2$ MHz。

解: 在该例中，$M=300$，带内输出相位噪声为 −150 dBc/Hz+20log300≈−100 dBc/Hz。总体输出抖动可以通过式(8-44)且 $S_0=-150\ \text{dBc/Hz}=10^{-15}\text{Hz}^{-1}$ 计算:

$$\Delta t_{rms}=0.631\ \text{ps} \tag{8-45}$$

$$=1.36° \tag{8-46}$$

注意，这里只计入了输入噪声的贡献。相当多的射频发射器需要小于 1°的输出均方相位噪声。

例 8-11 模数转换器一般需要由 PLL 给出采样时钟。时钟抖动 Δt_{rms} 会影响采样信号的信噪比。如图 8-26 所示，这种影响表现为对模拟信号的非均匀采样。假设 ADC 输入为 $A\cos(2\pi f_{in}t)$，则由抖动引入的噪声功率为 $P_{jit}=2\pi^2 f_{in}^2 A^2 \Delta t_{rms}^2$。那么对于 10 bit 10 GHz 的 ADC 的信噪比的降低不能超过 2 dB，则可以容忍的抖动是多少？这种 ADC 的量化噪声功率为 $P_Q=(2A/2^{10})^2/12$。假设 $f_{in}\approx 5$ GHz。

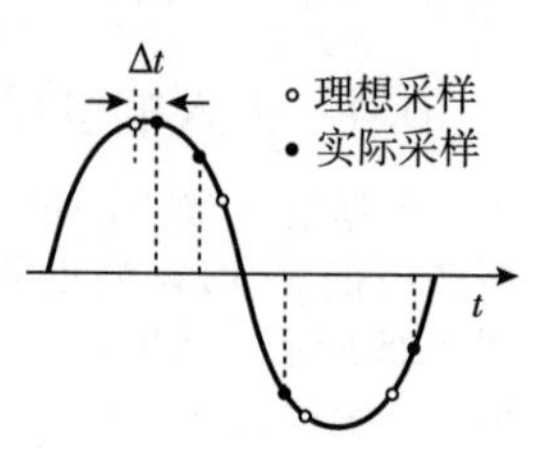

图 8-26 时钟抖动对信号采样的影响

解：为了保证 $10\log[P_Q/(P_Q+P_{jit})]=-2$ dB。即需要使得 $\Delta t_{rms}=19.4$fs。这个非常低的值强调了高速 ADC 设计中严格的抖动要求。事实上，例 8-10 中就暗示了，除非环路带宽被大幅减小，否则甚至参考相位噪声都会导致较大的抖动。

8.10.2 VCO 相位噪声整形

回顾 8.1 节中的分析和图 8-3b 所示曲线，可知 VCO 相位噪声经历的是高通滤波响应。因此，必须将该相位噪声频谱与传递函数幅度的平方相乘，以获得 PLL 输出频谱。通过式(8-14)可得

$$\left|\frac{\phi_{out}}{\phi_{n,\ VCO}}\right|^2=\frac{\omega^4}{(\omega_n^2-\omega^2)^2+4\zeta^2\omega_n^2\omega^2} \tag{8-47}$$

这里的关键在于，为了减小 VCO 相位噪声，环路带宽必须最大化，该要求与减小参考输入相位噪声影响的要求相冲突。对于缓慢的相位波动，$|\phi_{out}/\phi_{n,VCO}|^2\approx\omega^4/\omega_n^4$。

下面进一步研究“噪声整形”现象。开环 VCO 相位噪声频谱可以表示为 $S_{\phi,VCO}(\omega)=\alpha/\omega^3+\beta/\omega^2$，其中两项分别表示闪烁噪声和白噪声贡献[⊖]。为了求出两部分的交点，令 $\alpha/\omega_c^3=\beta/\omega_c^2$，可得 $\omega_c=\alpha/\beta$，该频率被称为闪烁噪声转角(flicker noise corner)。由图 8-27，必须确定 $S_{\phi,VCO}$ 是如何被传递函数整形的。可以预测：①在低 ω 处，式(8-47)和 $S_{\phi,VCO}$ 的乘积简化为 $(\omega^4/\omega_n^4)(\alpha/\omega^3)=\alpha\omega/\omega_n^4$，在 $\omega=0$ 处由零开始线性上升；②在高 ω 处，该乘积为 $(\omega^4/\omega^4)(\beta/\omega^2)=\beta/\omega^2$，即和 VCO 开环相位噪声形状相同。中间部分的峰值大小取决于 ζ、ω_n、α 和 β 的取值。

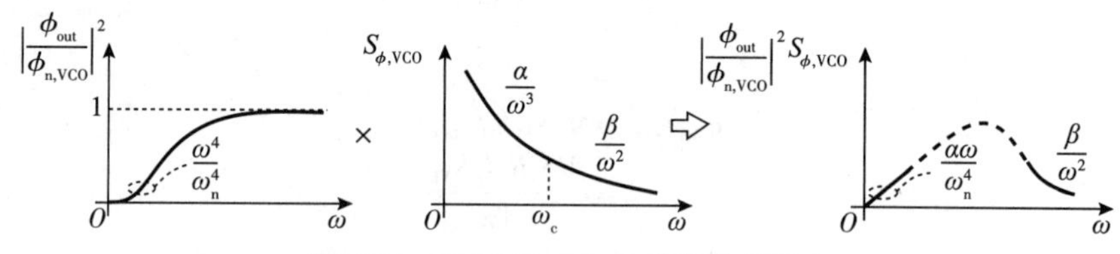

图 8-27 通过 PLL 对 VCO 相位噪声整形

为了深入理解，可以考虑两个特殊情况，即当环路带宽远小于或者远大于 VCO 的闪烁噪声转角频率时。在前一种情况中，只有闪烁噪声引发的相位噪声会在某种程度上被整形(见图 8-28a)，可以写为

$$S_{\phi n}\approx\frac{\alpha}{\omega^3}\left|\frac{\phi_{out}}{\phi_{n,\ VCO}}\right|^2 \tag{8-48}$$

⊖ 实际相位噪声应表示为 $\alpha/f^3+\beta/f^2$。稍后将解释变量的这种变化。

$$\approx \frac{\alpha\omega}{(\omega_n^2-\omega^2)^2+4\zeta^2\omega_n^2\omega^2} \tag{8-49}$$

上式表示缓慢的 VCO 相位波动被抑制的程度，如果 $\zeta=1$，则该频谱在 $\omega=\omega_n/\sqrt{3}$处达到峰值 $9\alpha/(16\sqrt{3}\omega_n^3)\approx\alpha/(3.1\omega_n^3)$。而开环 VCO 在该偏移频点处相位噪声约为 $\alpha/[\omega_n^3/(3\sqrt{3})]\approx5.2\alpha/\omega_n^3$。也就是说，在 $\omega_n/\sqrt{3}$处，相位噪声整体减小了 16 倍，约为 12 dB。值得注意的是，相位噪声达到峰值时的频率为 $\omega_n/\sqrt{3}$，大约比 VCO 相位噪声传递函数的高通滤波转角频率 ω_n 小 40%（见 8.1 节）。

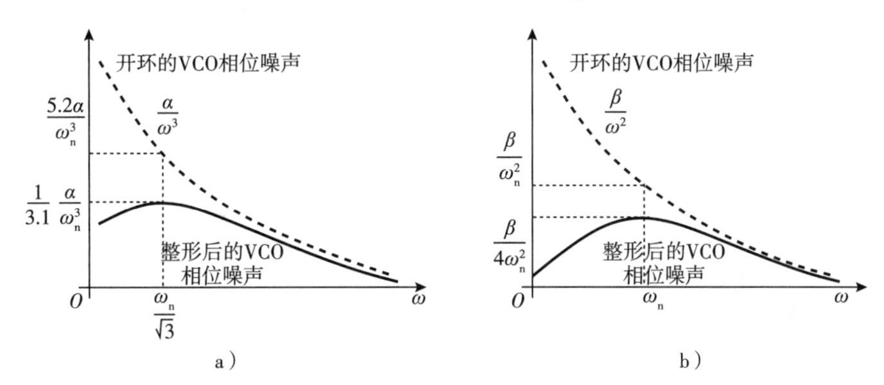

图 8-28 VCO 的相位噪声整形（这里假设 $\zeta=1$）：a）环路带宽远小于 VCO 闪烁噪声转角频率；b）环路带宽远大于 VCO 闪烁噪声转角频率

在第二种特殊情况中，环路带宽远大于闪烁噪声转角频率，因此在低频处噪声抑制较大，并使得白噪声相关的相位噪声 β/ω^2 成为主要部分（见图 8-28b），得到

$$S_{\phi n}=\frac{\beta\omega^2}{(\omega_n^2-\omega^2)^2+4\zeta^2\omega_n^2\omega^2} \tag{8-50}$$

如果 $\zeta=1$，则该频谱在 $\omega=\omega_n$ 处达到最大值 $\beta/(4\omega_n^2)$。可以看到锁相使相位噪声下降了大约 6 dB。

图 8-28a 和 b 中的被整形后的相位噪声峰值分别与 ω_n^3 和 ω_n^2 成反比。因此，环路带宽必须最大化，以抑制 VCO 的相位噪声。但是如果 $\zeta=(R_1/2)\sqrt{I_pK_{VCO}C_1/(2\pi M)}=1$，则 $\omega_n=\sqrt{I_pK_{VCO}C_1/(2\pi M)}$ 只能通过减小 C_1 来增大（同时需要增大 R_1 使得 ζ 不会下降）。由于 C_2 也必须同时减小，因此控制电压上的纹波上升。换句话说，上述分析表明了 PLL 中存在 VCO 相位噪声抑制和纹波幅度（固定抖动）之间的权衡关系。

例 8-12 如果 $\zeta^2\gg1$，画出由 VCO 相位噪声引起的 PLL 输出频谱。忽略闪烁噪声的贡献。

解： 回到 8.1 节，由式(8-14)得出的当 $\zeta^2\gg1$ 时的 VCO 相位噪声传递函数。在这种情况下，由式(8-3)和式(8-4)给出的极点如下：

$$\omega_{p1}=-\frac{\omega_n}{2\zeta} \tag{8-51}$$

$$\omega_{p2}=-2\zeta\omega_n \tag{8-52}$$

该传递函数在原点处还存在两个零点，因此其整体响应如图 8-29a 所示。将传递函数幅度的平方乘以 β/ω^2 后，可以看出在两个极点之间频谱变得平坦（见图 8-29b）。这是 PLL 中常见的特性。

图 8-29b 中频谱平坦区域的幅值 S_0 的估算，可以通过注意到开环 VCO 和整形后的图形大概在 $\omega=2\zeta\omega_n$ 处相遇，因此 $S_0\approx\beta/(2\zeta\omega_n)^2$。然而频谱密度一般是用 f 而非 ω 定义，因此上式必须写为 $S_0\approx\beta/(2\zeta f_n)^2$，其中 $f_n=\omega_n/(2\pi)$。这一点不能搞混：相位噪声的单位是 Hz^{-1}，而不是 $(\text{rad/s})^{-1}$。

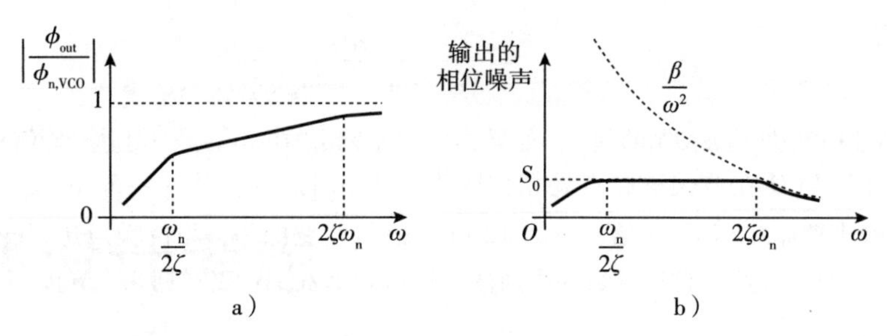

图 8-29 a)在$\zeta^2 \gg 1$的情况下 VCO 的相位噪声；b)整形后的 PLL 的输出频谱

PLL 抖动估计 如果 VCO 相位噪声占 PLL 中主导地位且$\zeta^2 \gg 1$，则图 8-29b 中的图形实际上应该表示为双边带的输出频谱，如图 8-30 所示，其中横轴坐标单位为赫兹。实际上，$f=0$ 附近频谱的"下陷"部分会被 PLL 中其他噪声给填满。

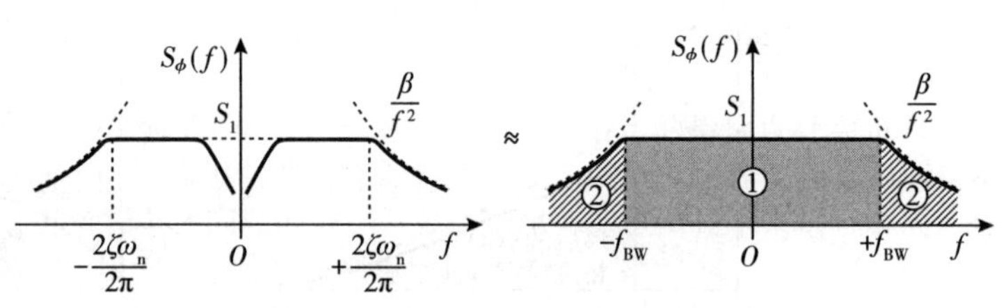

图 8-30 整形后的 VCO 相位噪声近似

同时将 $2\zeta\omega_n/(2\pi)$视为环路带宽f_{BW}，可以将$-f_{BW}$到$+f_{BW}$图形下的面积近似为 $A_1=2f_{BW}S_1=2f_{BW}\beta/(2\zeta f_n)^2=2\beta/f_{BW}$。此外，从$+f_{BW}$到$+\infty$以及从$-f_{BW}$到$-\infty$的总面积计算为$\beta/f^2$的定积分，也等于 $A_2=2\beta/f_{BW}$。因此可得

$$\phi^2_{out,\ rms}=\frac{4\beta}{f_{BW}} \tag{8-53}$$

$$=4S_1 f_{BW} \tag{8-54}$$

该结果可以简单记忆为：4 倍的环路带宽乘以 VCO 在f_{BW}频偏处的开环相位噪声。等效抖动可以计算为

$$\Delta t_{rms}=\frac{1}{2\pi}\sqrt{4S_1 f_{BW}}\,T_{out} \tag{8-55}$$

式中，T_{out}表示输出周期。

例 8-13 某个 PLL 的控制电压纹波过大。工程师将环路带宽减半以减小纹波。那么 VCO 造成的总的综合相位噪声会如何变化？忽略闪烁噪声的贡献。

解：如图 8-31 所示，带内相位噪声从 S_1 上升到 $4S_1$(为什么?)。因此由式(8-54)可得，由于带宽减半，则$\phi^2_{out,rms}$增加了两倍，均方抖动增加了$\sqrt{2}$。

相位噪声优化 在许多应用中 VCO 产生的相位噪声比输入相位噪声要大，因此需要较宽的环路带宽。然而，在某些条件苛刻的例子中，如例 8-10 和例 8-11，被"放大"的输入噪声也不可忽视，因此需要对带宽进行最佳选择。换句话说，必须最小化以下输出频谱下的面积：

$$S_{\phi,\ out}=\frac{M^2S_0(4\zeta^2\omega_n^2\omega^2+\omega_n^2)}{(\omega_n^2-\omega^2)^2+4\zeta^2\omega_n^2\omega^2}+\frac{\beta\omega^2}{(\omega_n^2-\omega^2)^2+4\zeta^2\omega_n^2\omega^2} \tag{8-56}$$

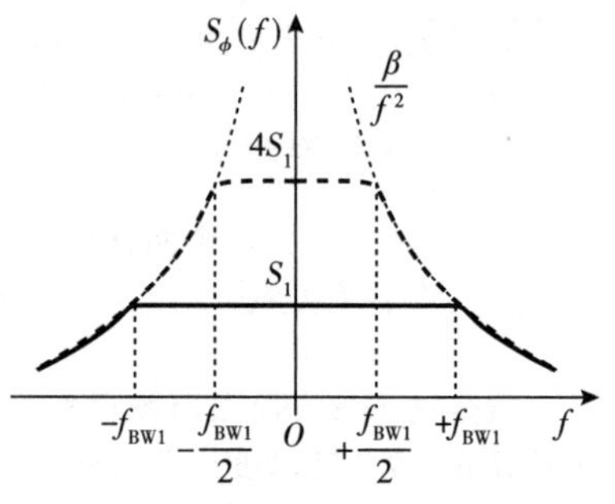

图 8-31 带宽减小对 VCO 相位噪声的影响

式中，闪烁噪声的贡献被忽略，等式右边的两项分别表示参考噪声和 VCO 噪声贡献，具体解释参见文献[6]。

下面从另一种角度来考虑这个最佳选择问题。作为近似值，将综合的参考噪声和 VCO 噪声贡献分别写为 $\pi M^2 S_0 f_{-3\mathrm{dB}}$ 和 $4\beta/f_{\mathrm{BW}}$，其中 S_0 表示参考相位噪声。现在假设 $f_{-3\mathrm{dB}}=f_{\mathrm{BW}}$（见图 8-32）并最小化总和 $\pi M^2 S_0 f_{-3\mathrm{dB}}+4\beta/f_{\mathrm{BW}}$。得出 f_{BW} 必须选择为 $\sqrt{4\beta/(\pi M^2 S_0)}$，这其实表示参考和 VCO 的噪声贡献相等。总的综合相位噪声可以计算为 $4\sqrt{\beta\pi M^2 S_0}$。

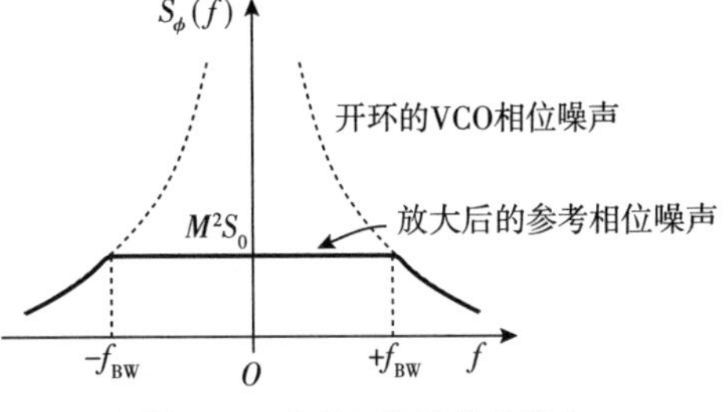

图 8-32　参考相位噪声的影响

8.10.3　电荷泵噪声

电荷泵中的两个电流源也有噪声贡献，导致控制电压在每次相位比较时刻都会被影响。即使 PFD/CP 设计很好，电流源也会在导通的 T_{res} 片刻（大概 5 个门延迟）（见第 7 章），向系统中注入随机噪声。我们的目标是计算这种影响对 PLL 输出相位噪声的贡献量。首先只计入一个电流源的噪声。

例 8-14　尝试不写出传递函数来解释电荷泵噪声到 PLL 输出相位 ϕ_{out} 的响应类型。

解： 在电荷泵其中一个电流源旁边并行加入一个恒定电流源，从 8.3.2 节中可知，这种失配会造成输入和反馈信号之间的相位偏差。如果该电流源电流值现在随时间缓慢变化，则相位偏差和输出相位 ϕ_{out} 也会跟着变化。因此电荷泵噪声经历的是低通响应。

白噪声的影响　如图 8-33a 所示，在每 T_{in} 片刻内 I_1 会注入噪声 T_{res} 片刻。对于白噪声，可以认为其平均注入噪声的功率为 $\overline{I_{1,\mathrm{n}}^2}\times(T_{\mathrm{res}}/T_{\mathrm{in}})$，其中 $\overline{I_{1,\mathrm{n}}^2}$ 表示与 I_1 相关的噪声电流频谱（见第 5 章）。上述分析说明可以将周期性开关（周期平稳）的噪声使用连续时间电流源进行等效建模，并将其直接接入控制电压，该电流源的功率谱密度为 $\overline{I_{\mathrm{n,eq}}^2}=\overline{I_{1,\mathrm{n}}^2}\times(T_{\mathrm{res}}/T_{\mathrm{in}})$（见图 8-33b）。下面必须确定从 $I_{\mathrm{n,eq}}$ 到 ϕ_{out} 的闭环传递函数，为此构建了图 8-33c 所示的线性模型，并令 $\phi_{\mathrm{in}}=0$。

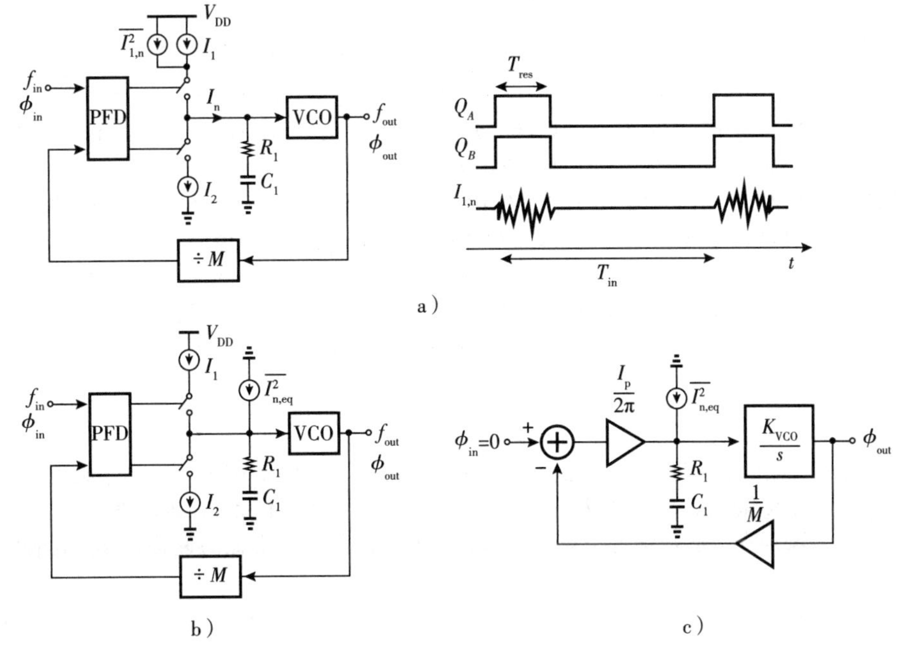

图 8-33　a）电荷泵噪声的影响；b）等效噪声电流源；c）环路模型

由 $I_{n,eq}$ 经历的正向传递函数为$[R_1+1/(C_1s)]K_{VCO}/s$，可得

$$\frac{\phi_{out}}{I_{n,eq}}(s)=\frac{\left(R_1+\dfrac{1}{C_1s}\right)\dfrac{K_{VCO}}{s}}{1+\dfrac{I_p}{2\pi}\left(R_1+\dfrac{1}{C_1s}\right)\dfrac{K_{VCO}}{Ms}} \tag{8-57}$$

$$=\frac{(R_1C_1s+1)(K_{VCO}/C_1)}{s^2+2\zeta\omega_ns+\omega_n^2} \tag{8-58}$$

容易发现$\phi_{out}/I_{n,eq}$ 与 ϕ_{out}/ϕ_{in} 具有同样的零点和极点；区别只是系数K_{VCO}/C_1。对于低频噪声，$|s|$ 很小，于是

$$\frac{\phi_{out}}{I_{n,eq}}\approx\frac{K_{VCO}}{C_1\omega_n^2} \tag{8-59}$$

$$\approx\frac{2\pi M}{I_p} \tag{8-60}$$

因此，由白噪声引起的环路带宽内的输出相位噪声表达式为

$$S_{\phi n,white}=2\overline{I_{1,n}^2}\times\frac{T_{res}}{T_{in}}\times\frac{4\pi^2M^2}{I_p^2} \tag{8-61}$$

式中，系数2表示电荷泵中两个电流源的总体贡献[⊖]。$S_{\phi n}$ 在较高的噪声频率时经历滚降，与低通滤波类似。式(8-61)表明 T_{res} 必须最小化，同时 I_p 必须最大化。

例 8-15 某个WiFi收发机中使用的PLL将$f_{REF}=20$ MHz倍频至$f_{out}=2400$ MHz，其中电荷泵电流源的偏置电流为100 μA，过驱动电压为50 mV。如果$T_{res}=50$ ps，尝试确定输出的带内相位噪声。

解：当$\gamma=1$时，有$\overline{I_{1,n}^2}=4kT\gamma g_m=4kT\gamma[2I_D/(V_{GS}-V_{TH})]=6.624\times10^{-23}$ A²/Hz。同时，$T_{in}=50$ns且$M=120$。由式(8-61)可得

$$S_{\phi n}=7.53\times10^{-12}\text{Hz}^{-1}=-111\text{dBc/Hz} \tag{8-62}$$

虽然在WiFi系统中上式指标是可以接受的，但在某些应用中这种量的相位噪声被证明不可接受。

闪烁噪声的影响 为了研究电荷泵闪烁噪声 $I_{nf}(t)$ 的影响，首先从图8-33a的波形中容易得出，在每个周期内，噪声电流在 T_{res} 片刻内乘以1，而在 $T_{in}-T_{res}$ 片刻内乘以0(见图8-34a)。因此电荷泵输出噪声频谱如图8-34b所示。由于频谱尾端部分的混叠，使得噪声计算变得复杂。然而如果闪烁噪声转角频率小于$f_{in}/2$，可以忽略混叠部分，并认为$f=0$附近的部分为主要贡献者。该部分由$I_{nf}(t)$与$S(t)$的平均值 T_{res}/T_{in} 的乘积得到。值得注意的是，在这里噪声电流需要由系数 T_{res}/T_{in} 加权，正是热噪声，电流频谱需要乘以的系数。因此可以得到图8-33b中的等效噪声电流源为$(T_{res}/T_{in})I_{nf}(t)$。将该电流与式(8-60)中的传递函数相乘，可得到以下环路带宽内的输出频谱：

$$S_{\phi n,1/f}=2\overline{I_{nf}^2}(t)\times\frac{T_{res}^2}{T_{in}^2}\times\frac{4\pi^2M^2}{I_p^2} \tag{8-63}$$

式中，系数2是假设电荷泵中两个电流源的闪烁噪声功率相等。与式(8-61)相比，由于乘以了 T_{res}/T_{in} 的平方，该噪声影响并没有那么大。这个差异的产生是因为白噪声会严重混叠而闪烁噪声不会。因此可以断定电荷泵的闪烁噪声在大多数情况下影响不大，除非我们关注非常低的偏移频率，这种情况下 $\overline{I_{nf}^2}$ 很大。

⊖ 这里假设两个电流源的噪声频谱相等。

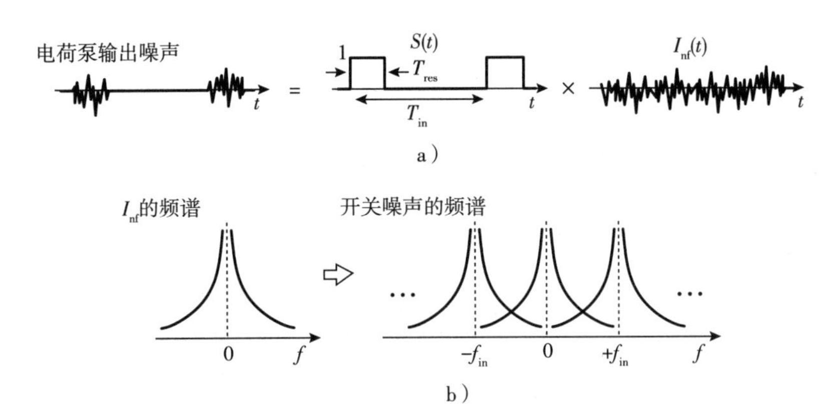

图 8-34 a)电荷泵闪烁噪声的斩波；b)频谱结果

8.10.4 环路滤波器噪声

环路滤波器电阻产生的噪声会对 VCO 频率进行调制，在例 7-19 中已经定性分析过。为了研究其影响，图 8-35a 中绘制了电阻带噪的 PLL 结构，并在此基础上求出传递函数 ϕ_{out}/V_n。由于反馈信号 $\phi_b=\phi_{out}/M$，PFD/CP 级联生成的输出为 $(-\phi_{out}/M)[I_p/(2\pi)]$，产生一个控制电压等于 $(-\phi_{out}/M)[I_p/(2\pi)][R_1+1/(C_1s)]$。在这个电压上加入 V_n 并将结果应用于 VCO，可得

$$\left[-\frac{\phi_{out}}{M}\cdot\frac{I_p}{2\pi}\left(R_1+\frac{1}{C_1s}\right)+V_n\right]\frac{K_{VCO}}{s}=\phi_{out} \tag{8-64}$$

即

$$\frac{\phi_{out}}{V_n}(s)=\frac{2\pi MK_{VCO}C_1s}{2\pi MC_1s^2+K_{VCO}I_pR_1C_1s+K_{VCO}I_p} \tag{8-65}$$

$$=\frac{K_{VCO}s}{s^2+2\zeta\omega_ns+\omega_n^2} \tag{8-66}$$

可以看出该响应为带通滤波，在低频处简化为$(K_{VCO}/\omega_n^2)s$(这是由强反馈导致的)，而在高频处简化为K_{VCO}/s(这是由弱反馈导致的)(见图 8-35b)。

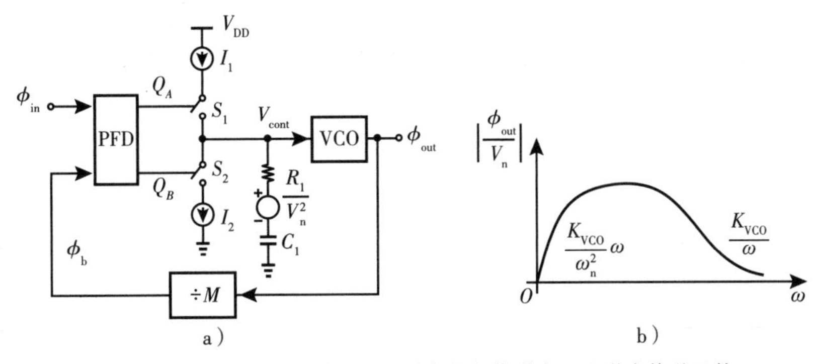

图 8-35 a)由于环路滤波器电阻引起的相位噪声；b)噪声传递函数

读者可以证明$|\phi_{out}/V_n|^2$ 在 $\omega=\omega_n$ 处会达到最大值 $K_{VCO}^2/(4\zeta^2\omega_n^2)$。由于 $2\zeta\omega_n=I_pK_{VCO}R_1/(2\pi M)$，

则峰值输出相位噪声为

$$S_{\phi n,\ p}=\frac{K_{VCO}^{2}}{4\zeta^{2}\omega_{n}^{2}}(4kTR_{1}) \tag{8-67}$$

$$=\frac{16kT\pi^{2}M^{2}}{R_{1}I_{p}^{2}} \tag{8-68}$$

上式是单侧频谱。该峰值可以通过增加 R_1 或者 I_p 来降低。

例 8-16 对于例 7-17 中的 PLL 设计，尝试确定由 R_1 产生的输出相位噪声峰值。

解： 这里有 $R_1=81.8\ \mathrm{k\Omega}$，$K_{VCO}=2\pi(300\ \mathrm{MHz/V})$，$C_1=5\ \mathrm{pF}$，$M=250$，以及 $I_p=100\ \mu\mathrm{A}$。因此，在 780 kHz 频偏处，$\omega_n=2\pi(780\ \mathrm{kHz})$，取到峰值为 $S_{\phi n,p}=5\times10^{-11}\ \mathrm{Hz}^{-1}=-103\ \mathrm{dBc/Hz}$。这个值相对较高，表明 I_p 必须取更高的值。

如果 R_1 不够大，图 8-35b 所示的相位噪声峰值在实践中很容易表现出来。如图 8-36 所示，峰值出现在环路带宽内(为什么?)。

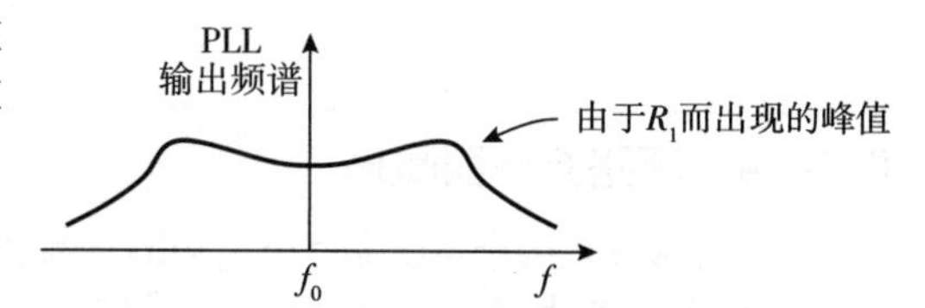

图 8-36 由于环路滤波器电阻噪声引起的相位噪声峰值

8.10.5 电源噪声

电源噪声转换为相位噪声主要通过两种机制：①电荷泵电流的调制；②VCO 频率的调制。下面将分别研究这两种效应。

如果电源电压发生变化，则电荷泵中的 Up 和 Down 电流上会有“共模”变化和“差分”变化，I_1-I_2(见图 8-37)。如果 Up 和 Down 脉冲的宽度相等并且没有偏差，则前者不会转换为相位噪声(为什么?)。而后者与电荷泵电流失配(见 8.3.2 节)以及电荷泵噪声(见 8.10.3 节)类似，遵循相同的表达式，在前几节中已给出。

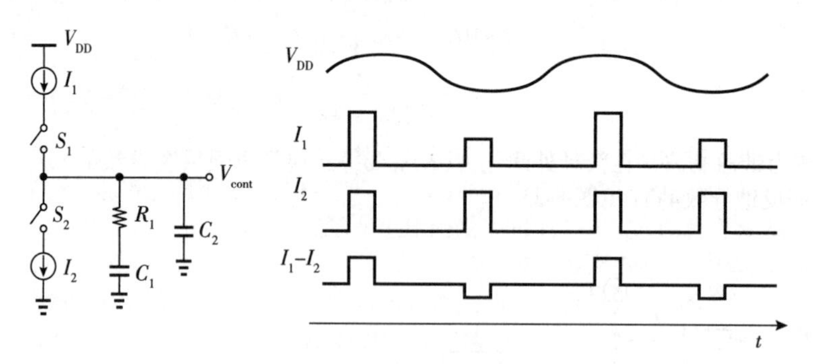

图 8-37 电源噪声对电荷泵输出的影响

例 8-17 某个 PLL 设计师将电荷泵和反馈分频器的电源线路共用，而后者会产生较大的瞬态电流。假设由此产生的电源干扰为 $\Delta I=I_1\cos\omega_{in}t$，调制其中一个电荷泵电源，其中 ω_{in} 表示输入频率(也是分频器输出频率)。尝试确定此时 PLL 中的输出边带。

解： 回顾 8.1.1 节中 PLL 带宽远小于 ω_{in} 的情况下。因此对于较大的 s 可以将式(8-58)简化为

$$\frac{\phi_{out}}{I_{n,\ eq}}(s)\approx\frac{R_1K_{VCO}}{s} \tag{8-69}$$

由此可得

$$\phi_{out} = \frac{R_1 I_1 K_{VCO}}{\omega_{in}} \sin\omega_{in} t \tag{8-70}$$

因此归一化的边带幅度为 $R_1I_1K_{VCO}/(2\omega_{in})$。例如，如果 $I_1=0.001I_p$，则该 PLL 设计(例 7-17)中的边带比载频低-24 dB。这个计算说明了电荷泵电源噪声会有多严重。

电源噪声对 VCO 的影响可以建模为如图 8-38a 所示。将 VCO 的电源灵敏度表示为 $K_{VDD}=\partial\omega_{out}/\partial V_{DD}$(见第 3 章)，并注意到开环 VCO 输出相位为 $K_{VDD}V_n/s$。这种调制其实可以认为是由主控制路径的噪声源引起的，直接加载在 V_{cont} 上的噪声(见图 8-38b)。读者可以证明这种噪声源到输出的传递函数与 R_1 噪声相同(见图 8-35a)。因此，

$$\frac{\phi_{out}}{V_n}(s) = \frac{K_{VDD}s}{s^2+2\zeta\omega_n s+\omega_n^2} \tag{8-71}$$

带通响应在 $\omega=\omega_n$ 处达到峰值 $K_{VDD}/(2\zeta\omega_n)$(见图 8-38c)，说明必须最大化 $2\zeta\omega_n$ 以抑制电源噪声。

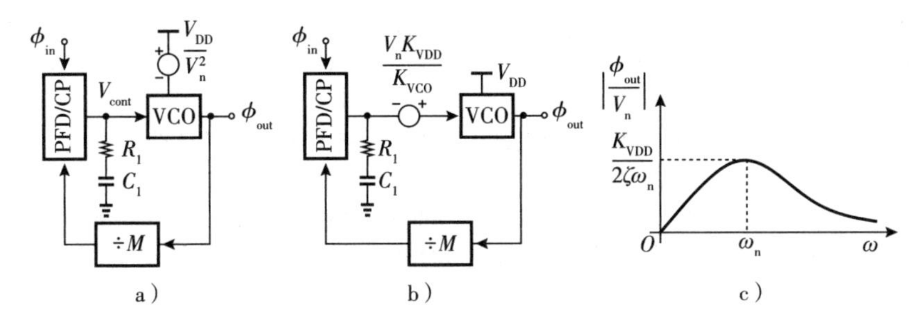

图 8-38 a)电源噪声模型；b)通过与 V_{cont} 串联一个电压表征电源噪声；c)噪声传递函数

例 8-18 例 7-17 中的 5 GHz PLL 设计使用环振 VCO，其 K_{VDD} 为 2π(4 GHz/V)。如果电源电压正好在 $\omega=\omega_n$ 处携带正弦噪声分量，并建模为(0.1mV)$\cos\omega_n t$，尝试确定输出边带和抖动大小。

解：回想例 7-17 中，$\zeta=1$，$\omega_n=2\pi$(780kHz)。在 $\omega=\omega_n$ 时的输出相位可以写为 $V_nK_{VDD}/(2\zeta\omega_n)$，因此，

$$\phi_{out}(t) = \frac{K_{VDD}}{2\zeta\omega_n}(0.1\text{ mV})\cos\omega_n t \tag{8-72}$$

因此产生单边带幅度为$(K_{VDD}\times 0.1\text{mV})/(4\zeta\omega_n)=-18$dBc，VCO 输出为 $V_0\cos[\omega_0 t+\phi_{out}(t)]$，揭示出峰-峰抖动是 $\phi_{out}(t)$ 幅度的两倍，即$[2K_{VDD}/(2\zeta\omega_n)](0.1\text{mV})=0.51$rad，相当于 16.3 ps。注意这个边带幅度和抖动大得不可接受，需要更低的 K_{VDD}。这个例子说明了 PLL 设计中 VCO 电源噪声的严重性。

习题

8.1 考虑图 8-3b 所示的 VCO 相位噪声响应曲线。说明如果 K_{VCO} 翻倍，曲线将如何变化。

8.2 如果电荷泵电流或环路滤波的主电容翻倍，重做上一题。

8.3 在保持 $\zeta=1$ 的同时最大化图 8-3b 中的 ω_{HPF}。说明环路对应参数必须如何调整。

8.4 考虑图 8-5 中的 3 个传递函数。说明如果 K_{VCO} 翻倍，它们将如何变化。

8.5 如果环路滤波器电阻翻倍，重做上一题。

8.6 考虑图 8-8b 中的漏极开关电荷泵。如果将 M_1 和 M_2 的宽度和长度翻倍，电流失配会如何变化？PLL 的相位偏移会如何变化？

8.7 解释为什么图 8-10b 中的曲线在电压范围的两端附近表现为递增的斜率(而不是递减的斜率)。

8.8 如果 M_3 和 M_4 的宽度减半，图 8-10 中的曲线会发生什么变化?

8.9 定性地解释图 8-11 中 R_1 的噪声转化为 ϕ_{out}，是经历低通、带通还是高通响应?

8.10 如果 $A_1=\infty$，推导图 8-11 所示的锁相环的开环和闭环传递函数。

8.11 如果 A_1 很低，比如 10 左右，重复前一题。

8.12 在图 8-11 的电路中，节点 X 处的稳态电压是多少(如果 $V_n=0$)? 电荷泵在这样的电压下能正常工作吗? 我们应该如何修复电路?

8.13 假设我们将图 8-12 中的 I_{REF} 减半。仅考虑沟道长度调制，解释使用此电荷泵的锁相环的电流失配和相位偏移会发生什么(饱和状态下 MOSFET 的输出电阻与漏极电流成反比)。

8.14 考虑图 8-17 所示的电荷泵，并将它的噪声建模为与它的一个输入串联的电压源。首先，假设该电压是恒定的，解释采用该电荷泵的锁相环的输出相位是否会改变。然后定性地确定从该噪声到锁相环输出相位的传递函数的类型。

8.15 对图 8-18c 中的电荷泵重做前一题。

8.16 假设图 8-21b 中的电容 C_1 存在漏电流。画出当锁相环锁定时，V_1 和 V_{cont} 作为时间的函数。假设 $C_2 \ll C_1$。

8.17 我们想要在不改变 ζ 的情况下减小式(8-43)中的 $\phi^2_{out,rms}$。说明必须如何调整 R_1、I_p 和 K_{VCO}。

8.18 不难发现，在式(8-44)中，$MT_{out}=T_{REF}$，从而可以简化 Δt_{rms} 的表达式。如果选择 $f_{-3dB}\approx 0.1f_{REF}$，进一步简化等式。

8.19 考虑由式(8-61)表示的电荷泵噪声。假设我们将 I_p 和所有电荷泵晶体管的宽度加倍。说明相位噪声、环路带宽和阻尼系数会发生什么变化。

8.20 由式(8-68)可知，如果 R_1 最大化，则 R_1 贡献的噪声将被最小化。在环路滤波器中存在第二个电容 C_2 时，说明环路的零点、单位增益频率和相位裕度会发生什么变化。

参考文献

[1]. A. Homayoun and B. Razavi, "On the stability of charge-pump phase-locked loops," *IEEE Trans. Ciruits and Systems - Part I*, vol.63,pp. 626-635, June 2016.

[2]. A. Homayoun and B. Razavi, "Analysis of phase noise in phase/frequency detectors," *IEEE Trans. Circuits and Systems - Part I*, vol. 60, pp. 529-539, March 2013.

[3]. M. Terrovitis et al., "A 3.2 to 4 GHz 0.25 μm CMOS frequency synthesizer for IEEE 802.11a/b/g WLAN," *ISSCC Dig. Tech. Papers,* pp. 98-99, Feb. 2004.

[4]. M. Wakyama, "Low offset and low glitch energy charge pump and method of operating same," US Patent 7057465, April 2005.

[5]. S. E. Meninger and M. H. Perrott, "A 1-MHz bandwidth 3.6-GHz 0.18-μm CMOS fractional-N synthesizer utilizing a hybrid PFD/DAC structure for reduced broadband phase noise," *IEEE J. Solid-State Circuits,* vol. 41, pp. 966-981, April 2006.

[6]. B. Razavi, "The role of PLLs in future wireline transmitters," *IEEE Trans. Circuits and Systems - Part I*, vol. 56, pp. 1786-1793, Aug. 2009.

锁相环设计研究

在前几章中对锁相环的分析也为本章设计锁相环做好了准备。本章将讨论如何一步步地设计一个基于 40 nm CMOS 工艺的“通用”电荷泵锁相环。在针对性提升某些性能指标的同时，我们主要应该关注整个设计流程，电路的哪些方面必须进行分析和模拟，以及最重要的是，设计师是如何考量的。这样的思考有利于把握实际电路设计时的性能极限。正如将看到的，不是每个设计选择都会成功，我们必须不断修改参数值或调整电路架构。

我们的设计目标如下：

输入频率(Reference Frequency) = 20 MHz;

输出频率(Output Frequency) = 2.4 GHz;

功耗(Power Consumption) = 2 mW;

确定性抖动(Deterministic Jitter) = 10 ps，pp;

随机抖动(Random Jitter) = 2 ps，rms;

电源电压(Supply Voltage) = 1 V。

该环路的分频系数为 $M=120$。读者在开始本章的设计学习之前，最好先复习一下第 3 章和第 7 章的知识。

9.1 设计流程

就经验而谈，电路设计一个关键的点是从最简单的拓扑结构和最小的晶体管开始。于是，从一个标准的电荷泵锁相环开始设计，并利用第 3 章中提出的 2.5 GHz 环形压控振荡器。但这样的选择是否产生预期的性能需要进一步观察。

环路参数该如何选择？我们寻求一种易于实现的基础设计方法，并在此基础上进行改进即可。第 7 章中推导的Ⅱ型锁相环的两个方程提供了一个起点：

$$\zeta = \frac{R_1}{2}\sqrt{\frac{I_p K_{VCO} C_1}{2\pi M}} \tag{9-1}$$

$$\omega_n = \sqrt{\frac{I_p K_{VCO}}{2\pi M C_1}} \tag{9-2}$$

式中，VCO 的增益 K_{VCO}，是之前第 3 章得到的，剩下的 I_p、C_1 以及 R_1 都是可控的。如果取 $\zeta\approx1$，ω_n 的值是多少呢？回顾第 8 章所说的，环路具有离散时间的特点，要求将带宽(BW)减小到输入(参考)频率的十分之一左右。但是是哪一个带宽呢？在这里更相关的是开环单位增益带宽，当 $\zeta=1$ 时，需要满足 $\omega_u\approx2.1\,\omega_n$(注意与$-3$ dB 的闭环带宽 $\omega_{-3dB}\approx2.5\,\omega_n$ 大致相同)。因此，

$$\omega_u = 2.1\omega_n = \frac{\omega_{REF}}{10} \tag{9-3}$$

现在有两个方程和三个未知数，因此在选择环路参数上有一定的自由。特别是，电荷泵电流的值可以被假设为一个很宽的范围，其下限由电荷泵噪声(第8章)和环路滤波电容的大小(因为$\zeta \propto \sqrt{I_p C_1}$)共同控制。选择$I_p = 100\mu A$。注意，由于在锁定状态下，从电源中提取$I_p$只需要很短的时间，即鉴频鉴相器复位的时间，因此电荷泵的功耗是十分小的。

由式(9-2)和式(9-3)可得

$$2.1\sqrt{\frac{I_p K_{VCO}}{2\pi M C_1}} = \frac{2\pi \times (20\ \text{MHz})}{10} \tag{9-4}$$

由图3-42c中的离散调谐图得到$K_{VCO} \approx 400$ MHz/V。考虑到K_{VCO}的单位必须是rad/s/V，则$K_{VCO} \approx 2\pi \times (400)$ Mrad/s/V，再由$M = 120$，得到

$$C_1 = 9.3\ \text{pF} \tag{9-5}$$

令式(9-1)等于1，可得

$$R_1 = 35.9\ \text{k}\Omega \tag{9-6}$$

可以选择令$C_2 = 0.2C_1 = 1.86$ pF，则现在可以模拟出该锁相环(见9.4节)。注意，在此情况下，$\zeta = 1$时，VCO的相位噪声抑制带宽为$\omega_n = 2\pi(0.95\ \text{MHz})$。

选择$C_2 = 0.2C_1 = 1.86$ pF也有一个问题：如第7章所解释的，$C_1C_2/(C_1+C_2)$和R_1形成了一个在2.8 MHz的极点，略大于ω_u。由此引发相位裕度下降，以及PLL的输入/输出响应会出现额外峰值。这一点将在9.5节中详细讨论。

9.2 鉴频鉴相器设计

对于PFD，我们回到第7章中描述的基于NOR的实现，并选择所有晶体管的$W/L = 120$ nm/40 nm。这种小型器件具有高闪烁噪声，但在本设计中仍然产生的是可忽略不计的相位噪声。这可以通过仿真来验证，如文献[1]所述。PFD输出脉冲的最小宽度约为100 ps。

9.3 电荷泵设计

纳米技术中的电荷泵设计证明具有挑战性。在本节中，我们将尝试不同的拓扑结构并了解其中的挑战。承前面章节的实践方式，沿用最坏的情况，在$T = 75$℃下，电源为1V−5%，SS工艺角，开始仿真。

9.3.1 第一个CP设计

在最坏情况0.95 V电源下，采取栅极开关CP结构(见第7章)，并设置输出晶体管的大小，以便VCO控制适用于0.1 V到0.85 V的范围。此外，晶体管沟道必须足够长，来满足Up和Down电流之间的充分匹配。比如，假定由于沟道长度调制导致的电流失配必须保持在5%以下。这个值是任意取的，随后将根据它在VCO控制上产生的纹波来重新考量。为了理解实现如此小的失配的困难程度，回顾第7章中的测试失配的设置，重画于图9-1a，即对于$V_X = 0.1$ V或0.85 V，$|I_X| = ||I_{D2}| - |I_{D1}||$必须小于$0.05I_p$，其中$I_p$是CP标称电流。因此，如图9-1b所示，当一个器件位于三极管区域边缘时($|V_{DS}| = 0.1$ V)，而另一个保持在更大的V_{DS}时，它们的电流必须匹配到5%以内，即ΔI_1和ΔI_2必须小于$0.05I_p$。

利用图9-1a中的结构，可以绘制I_X-V_X特性曲线，保持I_p在100 μA左右的同时，调整晶体管尺寸，以实现5%的误差目标。开始选择$L = 40$ nm，以及过驱动电压约为100 mV时的晶体管宽度。在这种情况下，仿真显示I_X的变化高达±75μA！然后我们将L增加到800 nm，并选择$W_N = 40\mu m$和$W_P = 80\mu m$(见图9-2a)，从而得到图9-2b所示的仿真I_X-V_X特性(电流镜像的参考支路目前尚未缩放)。此时仍有±20 μA左右的变化，表明两个晶体管必须更大来实现5%的指标。需要注意，$M_1 \sim M_4$的栅极面积很大，随机失配可以忽略不计。

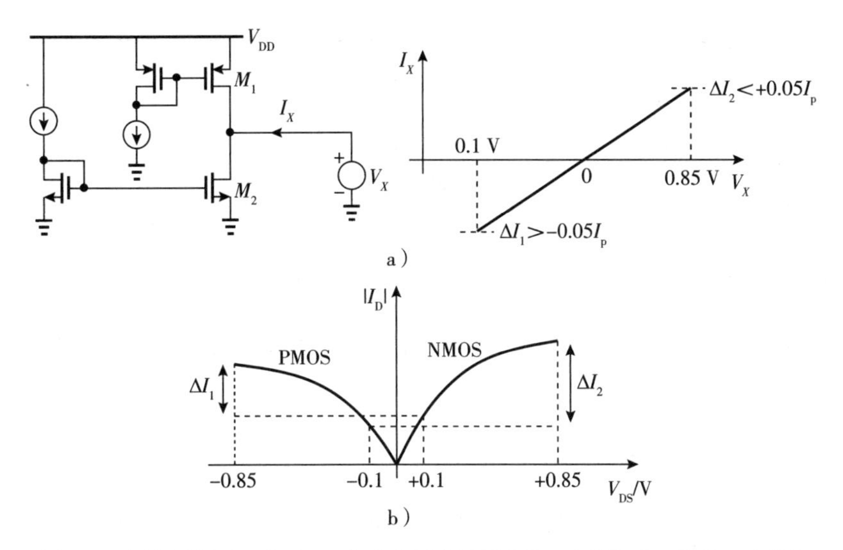

图 9-1 a)用于量化 Up 和 Down 电流之间失配的设置；b)晶体管电流变化示意图

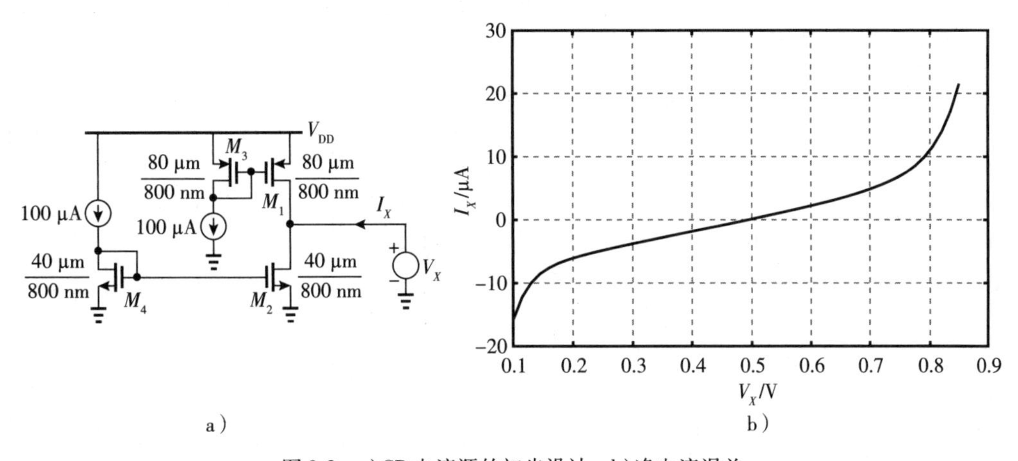

图 9-2 a)CP 电流源的初步设计；b)净电流误差

我们没有选择增大图 9-2a 中的晶体管，而是回到第 7 章中的 CP 电路技术，并在此探讨其实用性。选择图 8-16 所示的简单反馈技术。借助仿真，我们得出了图 9-3a 所示的设计和图 9-3b 所示的特性曲线。注意，M_5 和 M_6 分别在 V_X 值较低和较高时提供校正。如果这些器件校正能力太强，那么在 V_X = 150 mV 和 750 mV 附近的峰值就会增大。在目前的尺寸下，Up 和 Down 电流之间的确定性失配保持在小于 4%。

现在我们必须解决两个问题。首先，图 9-3a 中未缩放的参考支路大幅提高了电路的功耗和面积。如果我们缩减这些支路，那么 M_5 和 M_6 就必须变弱，最好是通过减小它们的宽度，但代价是更高的随机失配。作为一种折中方案，参考支路和这两个晶体管的宽度可以缩小到 1/2[⊖]，但目前我们不采用这种缩放。

⊖ 反馈晶体管并不充当电流镜(即不直接复制电流)，但我们推测，选择 $L_5 = L_1$ 和 $L_6 = L_2$ 可以在跨转折点时更好地追踪工艺角变化。

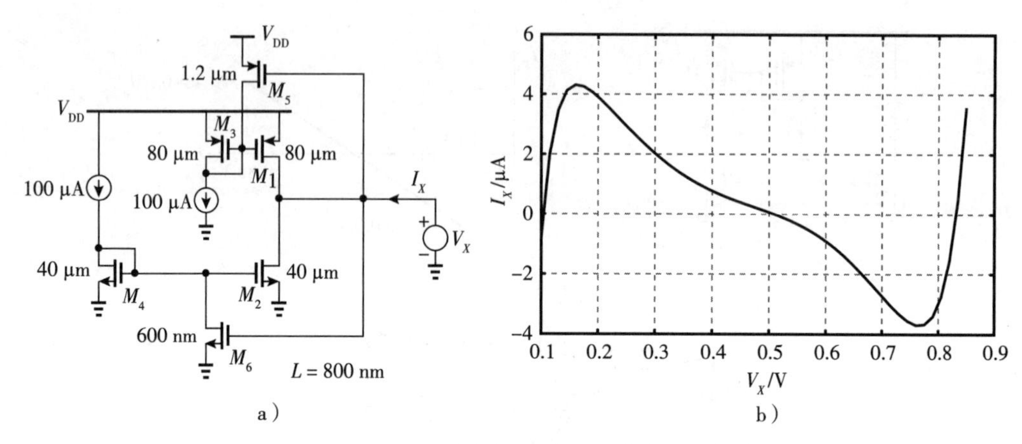

图 9-3 a)通过反馈减少电流变化；b)仿真的电流误差

其次，我们必须研究反馈技术在其他加工工艺和温度转角下的有效性。例如，对于 FF 和 0℃的条件，校正变得过强，导致约 8 μA 的误差。这是因为电路已在 SS 和 75℃条件下进行了优化。因此，我们选择 TT，25℃作为起点，并使用 $W_5=1$ μm 和 $W_6=0.5$ μm 的最佳特性。于是在这种情况下，最大电流失配为 4 μA，而在 FF 和 0℃情况下为 6 μA。

检测我们已经研制的 CP 内核的输出噪声电流具有指导意义。图 9-3a 中，在 $V_X\approx0.5$ V 下，我们可以进行一个小信号噪声仿真，得到图 9-4 所示的曲线。下面做一些观察分析。在 M_2 和 M_4 的闪烁噪声的作用下，噪声电流在 10 kHz 时约为 40 pA/$\sqrt{\text{Hz}}$。在高频率下，噪声电流降至约 7 pA/$\sqrt{\text{Hz}}$，四个主要晶体管的噪声贡献几乎相等。由于闪烁转角频率远低于 10 MHz，因此在 20 MHz 时的 CP 开关动作并不会混叠这个噪声。基于我们在第 8 章中的推导，读者可以评估 CP 噪声对 PLL 性能的影响。

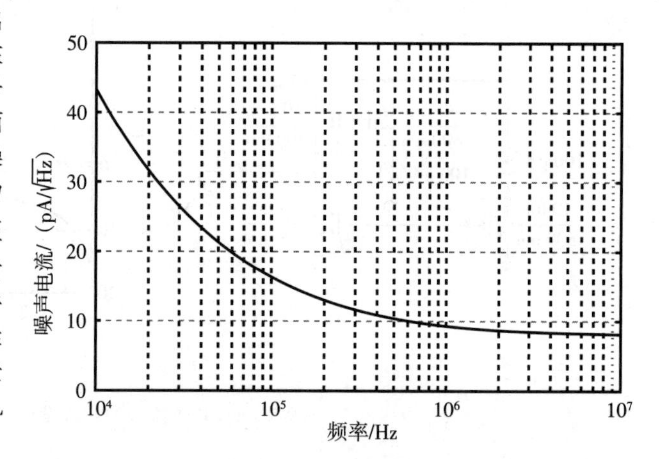

图 9-4 图 9-3a 中电路的输出噪声电流

开关行为 CP 内核中使用的超长晶体管确实引起了人们对开关速度的关注，尤其是在两个电流源通过其栅极进行控制的情况。考虑图 9-5 所示的在概念上的布置，我们希望估算当 S_1 导通时，节点 X 处的时间常数。即使开关的导通电阻可以忽略不计，M_3 相对较高的小信号电阻以及 M_1 和 M_3 的大栅极电容也会导致响应缓慢。具体来说，栅极氧化物电容为 15 fF/μm² 时，相当于 X 处电容为 2×80×0.8×15 fF×(2/3) = 1.28 pF，其中系数 2/3 是考虑到 C_{GS} 在饱和区的情况。由于 M_3 偏置在弱反型区[⊖]，我们估计其跨导为 nI_D/V_T，其中 $n\approx1.5$，$V_T=kT/q$。由此可得 $1/g_{m3}\approx390\ \Omega$，因此 X 处的时间常数约为 0.5 ns。如此，S_1 每开关一次，X 处就需要几纳秒的时间来稳定。

⊖ 在弱反型情况下，晶体管漏极电流近似为其栅-源电压的指数函数，因此 $g_m\approx nI_D/V_T$。

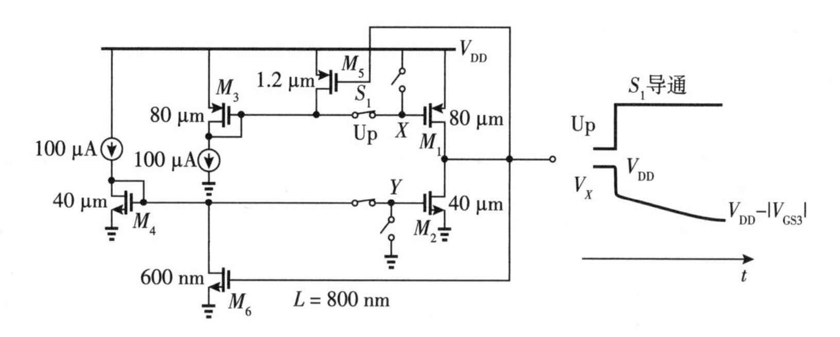

图 9-5 在图 9-3a 的电路中添加开关

例 9-1 采用 40 nm 技术设计的 PFD 能产生最小宽度约为 100 ps 的 Up 和 Down 脉冲。解释如果这样的 PFD 驱动上述电荷泵会发生什么情况。

解： 由于 CP 的时间常数较长，节点 X 和 Y 的摆动不足以分别接通 M_1 和 M_2。也就是说，实际输送到环路滤波器的电荷泵电流非常小(见图 9-6)，可能导致环路不稳定。

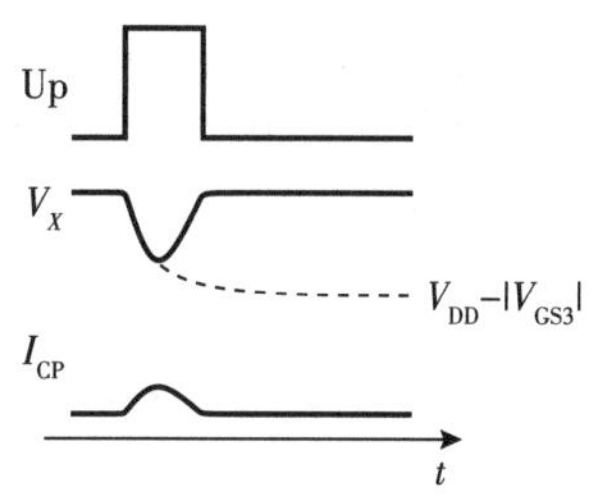

图 9-6 Up 脉冲过窄导致 CP 导通不良

可以通过在 PDF 的复位路径中添加延迟来增加 PFD 输出脉冲的宽度(为什么?)，但正如第 8 章所述，大多数 PLL 的不理想性都会因此而加剧。

这项研究表明，栅极开关 CP 拓扑无法同时实现小的电流失配和快速开关。我们应该注意的是，这种设计中的大型晶体管还引入了大量的时钟馈通和电荷注入。

9.3.2 第二个 CP 设计

鉴于 CP 的栅极开关问题，下文开始尝试源极开关。如图 9-7a 所示，对于电荷泵的上半部分，在 M_1 的源极插入一个宽而短的 PMOS 开关。有了这些尺寸，M_7 维持一个在 $I_D = 100\ \mu A$ 时约为 5 mV 的 $|V_{DS}|$，所消耗的供电裕量微乎其微。晶体管 M_9 维持相同的压降，从而将 I_{REF} 准确地镜像到 M_1 上。不过，该电路的速度还是很慢。假设 $\overline{Up}$ 向下接通 M_7。然后，V_P 从 $V_1+|V_{TH1}|$ 快速上升到接近 V_{DD}，其中 V_1 是 X 处的稳态电压，等于 $V_{DD}-|V_{DS9}|-|V_{GS3}|$ (见图 9-7b)。由于 M_1 最初处于关断状态，V_P 的变化通过 C_{GS1} 传输，导致 V_X 的跳变。现在，V_X 必须返回到 V_1，其时间常数与上一节中计算的第一个 CP 设计的时间常数大致相同，即 $\tau \approx 0.5$ns。因此，I_{Up} 上升缓慢。

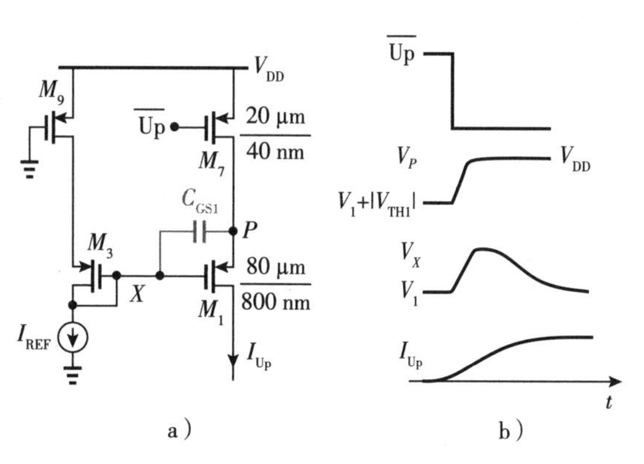

图 9-7 a)源极开关 CP 的 PMOS 部分；b)其瞬态波形

我们能否在图 9-7 中的 X 与 V_{DD} 之间连接一个电容，以抑制 V_X 的跳变？这样的电容只有在其远大于 C_{GS1}，例如大约 100 pF 时才有效；如果小于 C_{GS1}，它也会增加该节点的时间常数，从而产生 I_{Up} 的长尾。

从这项简短研究中可以得出结论，源极开关 CP 对于满足 5%的电流误差标准同样很慢，因此，我们需要寻求其他解决方案。

9.3.3 第三个CP设计

由于栅极和源极开关的结果令人失望，我们考虑采用漏极开关CP结构，并尝试图9-8a所示的设计(注意，宽开关消耗的电压裕量可以忽略不计)。假设 $V_{cont}=V_0$。当 M_7 导通时，V_P 从 V_{DD} 下降到接近 V_0，这一变化通过 C_{GD1} 耦合到 X，产生的扰动比图9-7中更小。这是因为，如图9-8b所示，V_P 的变化在到达 X 时衰减了约 $C_{GD1}/(C_{GD1}+C_{GS1}+C_{GS3})$ 的一个系数。然而，因为 $C_{GD7}\neq C_{GD8}$，M_7 和 M_8 的时钟馈通导致 I_{CP} 大幅飙升。由于 M_7 和 M_8 的时钟馈通和电荷注入很难匹配，因此会产生高纹波。故而需要再尝试一个设计。

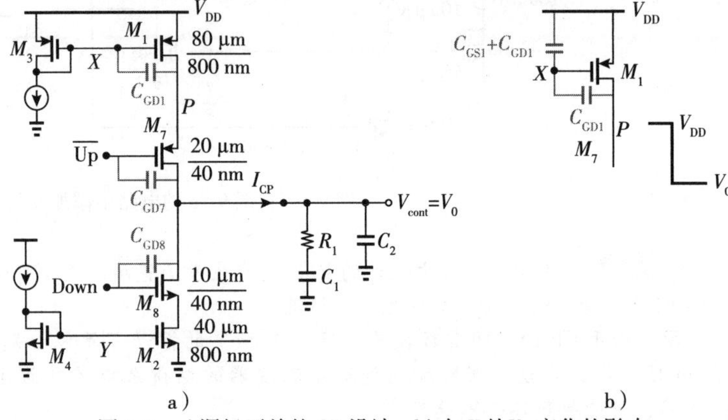

图9-8 a)漏极开关的CP设计；b)在 X 处 V_P 变化的影响

9.3.4 第四个CP设计

为了实现快速栅极开关，我们必须采用沟道长度较短的晶体管。现在研究一下 $L=40$ nm的这种设计。图9-9a显示了新的拓扑结构，图9-9b显示了其 $I-V$ 特性曲线。由于严重的沟道长度调制，当 V_X 从100 mV上升到850 mV时，电流变化超过100%。图9-9c中绘制了独立的Up和Down电流。

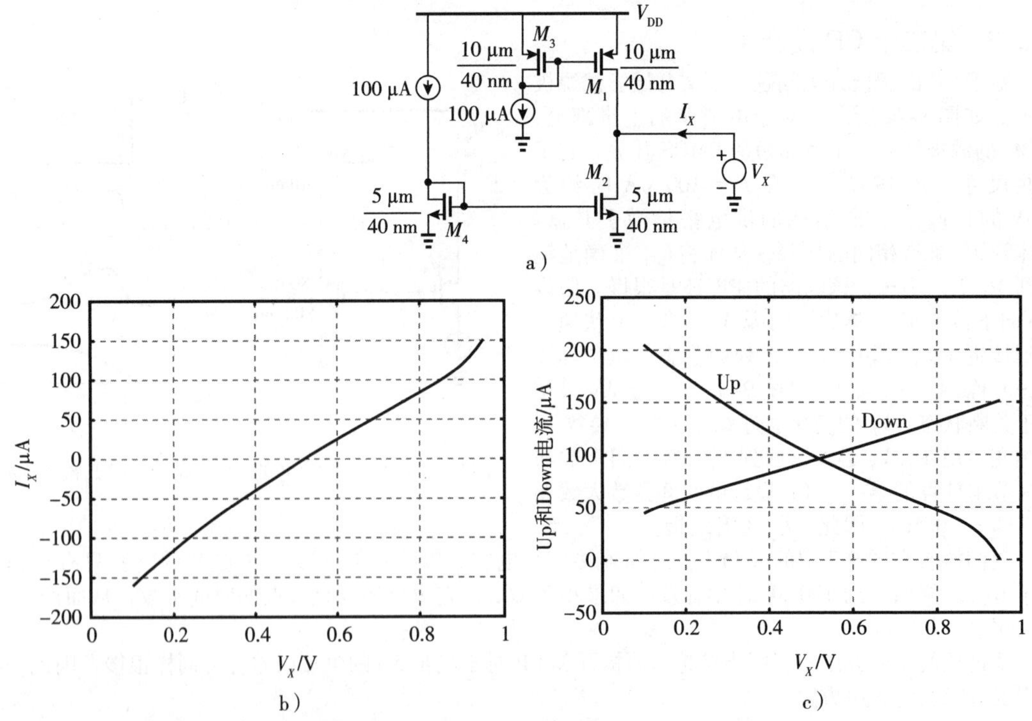

图9-9 a)使用短沟道器件的CP内核；b)仿真的误差电流；c)仿真的Up和Down电流

从第 7 章中了解到，在 CP 和 VCO 之间插入积分器可以抑制沟道长度调制的影响，从而放宽了失配要求。接下来，让我们继续使用图 9-9a 中的简单电荷泵，并在必要时使用积分器。图 9-10a 显示了带开关的 CP，图 9-10b 绘制了 M_1 和 M_2 在 SS，75℃工艺角下导通和关断时的栅极电压。可以发现，当 V_X 下降和 V_Y 上升时，会有一个较长的时间常数。这主要是因为 M_5 和 M_6 的过驱动电压较小，因此导通电阻较大。因此，即使 Up 和 Down 脉冲对齐，I_{Up} 和 I_{Down} 也会出现相当大的错位和不同的峰值(见图 9-10c)。

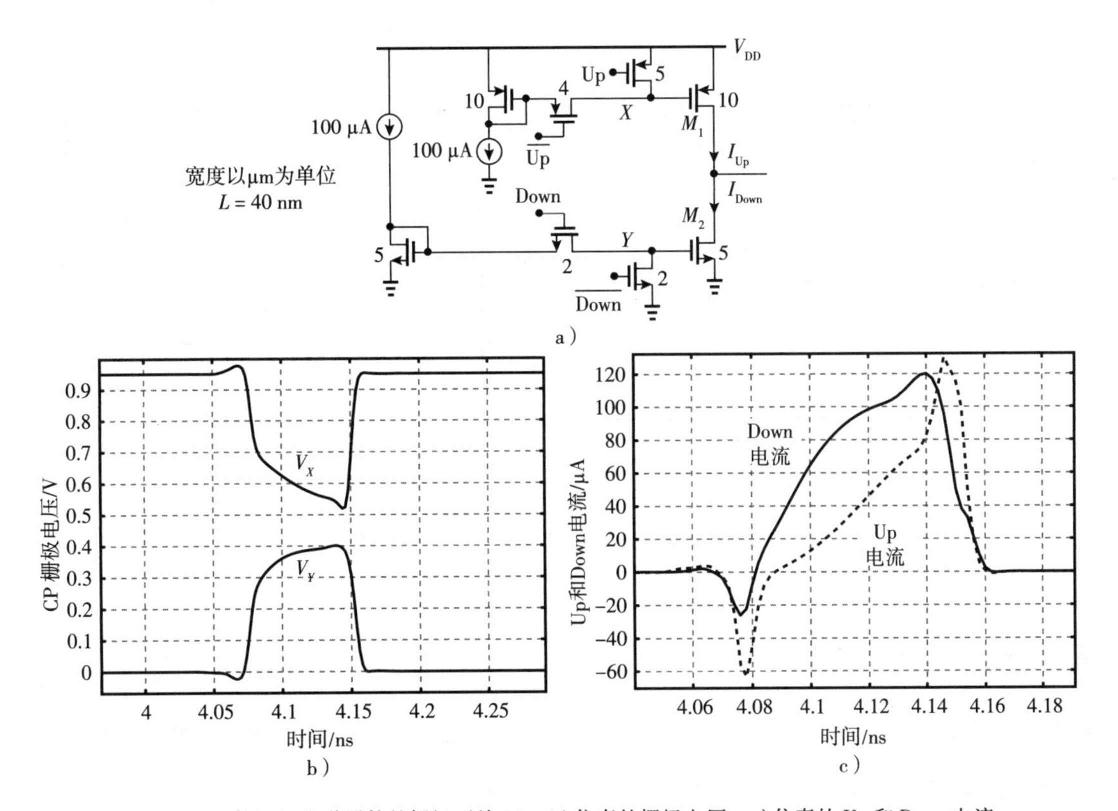

图 9-10 a)使用短沟道器件的栅极开关 CP；b)仿真的栅极电压；c)仿真的 Up 和 Down 电流

怎样才能加速 X 和 Y 处的波形？由于这些电压的变化方向必须分别与 $\overline{Up}$ 和 Down 相同，故而思考后者信号是否可以“帮助”前者。为此，在 Up 到 X 和 Down 到 Y 分别添加了一个前馈电容(见图 9-11a)。现在，CP 的电流表现如图 9-11c 所示，显示出更接近对齐。在实际应用中，分别采用 PMOS 和 NMOS 器件来实现 10 fF 和 4 fF 电容，以确保对跨 PVT 工艺角开关的跟踪。

9.3.5 PFD/CP 接口

图 9-11a 中的 CP 需要 Up 和 Down 脉冲及其互补脉冲。我们按图 9-12 所示配置了 PFD/CP 接口，其中添加了匹配 G_3 延迟的通栅 G_4，G_5 和 G_6 用作缓冲器。对于所有晶体管，W=1 μm，L=40 nm，G_5 和 G_6 除外，其 W=2 μm。由于在 G_3 和 G_4 输入端看到的电容不同(为什么?)，反相器 G_1 和 G_2 也作为缓冲器插入。有了这些选择，CP 的 Up 和 Down 电流保持得相当一致。

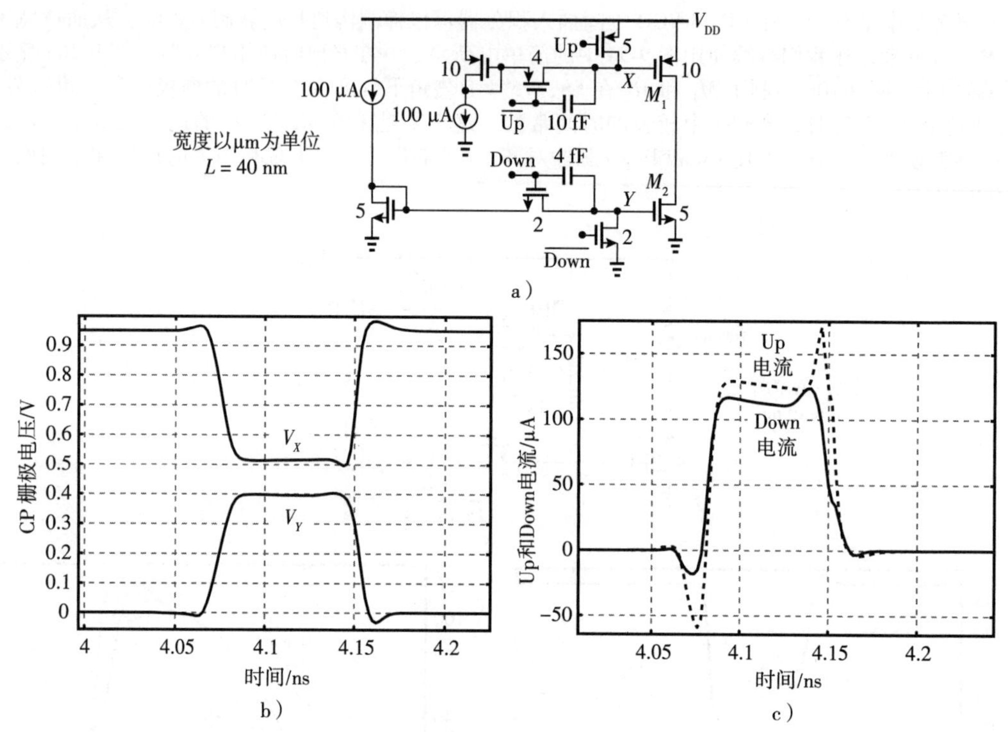

图 9-11 a)CP 使用电容时钟前馈来改善建立特性；b)栅极电压波形；c)Up 和 Down 电流

9.4 PLL 的行为仿真

9.4.1 环路简化

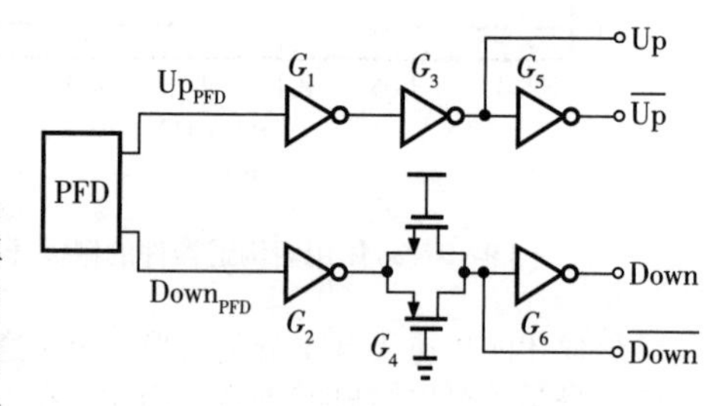

图 9-12 PFD 和 CP 之间的接口

PLL 的仿真通常需要很长的时间。考虑现有的情况，注意到设计中时间尺度的巨大差异：当振荡器的运行频率为 2.4 GHz(周期约为 417 ps)时，环路需要约 100 个输入周期(=5 μs)才能锁定。因此，瞬态仿真必须以远低于输出周期的时间步长进行，并持续约 5 μs，例如仿真 100 000 个时间点。

仿真时间长的另一个同样严重的原因是整个环路包含了大量的晶体管。例如，目前为止开发的 PFD/CP 级联包含大约 60 个晶体管，第 3 章中设计的三级环形 VCO 包含 30 个晶体管。此外，反馈分频器也会使用许多这样的器件。

我们设计 PLL 的方法一般如下。目前，我们已经完成了 VCO、环路滤波器和 PFD/CP 级联。下一项任务是通过瞬态仿真来研究环路动态，其中在优化带宽和减少控制电压纹波时，预计会进行数十次或数百次试验。在这些研究中，我们用一个简单的“行为”模型取代 VCO 和分频器，从而可将仿真时间从数小时缩短到几分钟。

另一个提高仿真速度的关键点是避免使用变化剧烈的信号源，特别是不连续导数的信号源。例如，如果 PLL 参考信号由周期性脉冲表示(见图 9-13a)，那么仿真器就不得不在 t_1 和 t_2 附近进行详细计算，而这可能是不必要的。我们可以用正弦波来替代参考，并通过反相器将其转换为方波。

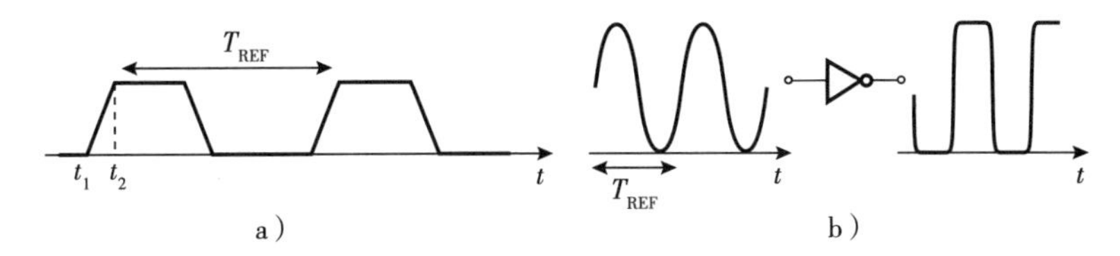

图 9-13 a)使用方波；b)使用反相器后的正弦波

这些方法提供了快速、高效的仿真。在环路设计达到令人满意的状态后，我们可以用实际的晶体管级实现来代表所有的构件，并进行一些最终的仿真。

读者可能会问，为什么我们不对 PFD/CP 链路使用行为模型。这是因为，正如第 7 章和第 8 章所述，该电路引入的非理想性会导致纹波，从而需要与环路带宽和 VCO 相位噪声抑制进行权衡。

考虑 VCO 的行为模型，使用正弦信号为信号源可以更快地仿真，则 VCO 的输出表示为

$$V_{VCO}(t)=V_0+V_0\cos\left(\omega_c t+\int K_{VCO}V_{cont}\,dt\right) \tag{9-7}$$

并且这样的模型在 Cadence 中可以作为 Verilog A 函数使用。在这一级之后，必须跟着一个分频器。我们不需要实现一个独立的分频器模型，从图 9-14a 中可以看出，我们只需要将其视为中心频率为 ω_c/M 和增益为 K_{VCO}/M 的一个 VCO 的输出，输出形式为

$$V_{div}(t)=V_1+V_1\cos\frac{\omega_c t+\int K_{VCO}V_{cont}\,dt}{M} \tag{9-8}$$

根据这一观察结果，可以得出图 9-14b 所示的简化排布，其中的分频器也是用 VCO 建模。

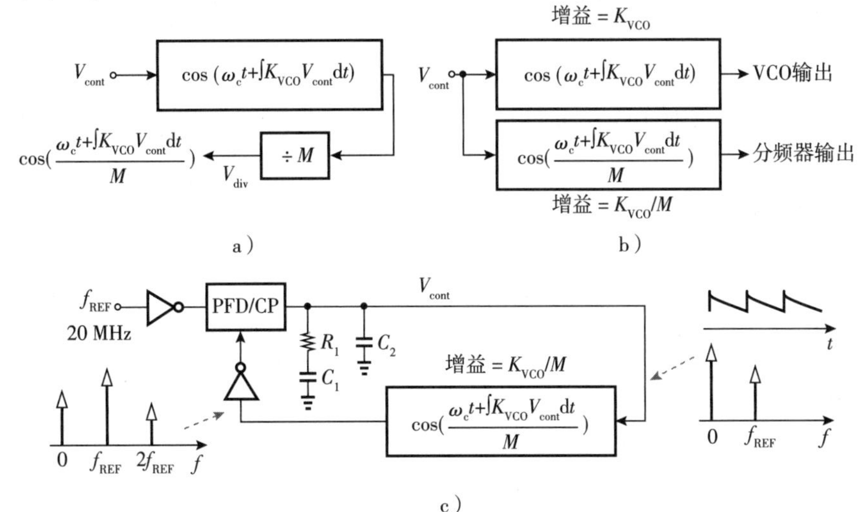

图 9-14 a)压控振荡器/分频器链路；b)另一种视图；c)实际环路的行为模型

回到我们的目标，注意到分析目前关注的是环路动态和纹波的影响。能否取消图 9-14b 中的 VCO 模型呢？这样做的动机是，如果取消则可以避免高频信号偏移，而高频信号偏移会减慢仿真速度。换句话说，图 9-14c 所示的简化架构能否提供我们所需的全部信息？有两点有助于我们理解这种方法的好处：①环路动态不取决于图 9-14b 中的 VCO 模块(为什么?)；②可以在分频器输出端观察到由于纹波引起的边带。VCO 输出端的边带幅度会高出 20log$M$ dB(见第 2 章)。注意，该环路仅包含 20 MHz 的波形，因此仿真速度更快。

我们需要指出的是，由于纹波导致的参考杂散位于分频器输出的$f=0$和$f=2f_{REF}$处。后者会造成两个问题。第一，它可能会与二次谐波混淆。好在正弦 Verilog A 分频器模型不会产生这样的谐波；第二，$2f_{REF}$处的分量并不表现为抖动，因为它只是在主频$f=f_{REF}$的两倍处重复，即在f_{REF}和$2f_{REF}$形成一个周期性波形。因此，抖动(片刻内的)必须通过频域中$2f_{REF}$处分量的相对幅度来间接获得。

9.4.2 环路动态行为

图 9-14c 中的小型 PLL 模型可以在时域中轻松仿真。根据 9.1 节，我们选择$R_1=35.9\ \mathrm{k\Omega}$、$C_1=9.3\ \mathrm{pF}$和$C_2=1.86\ \mathrm{pF}$。如图 9-15a 所示画出了$V_{cont}$与时间的函数关系，表明锁定时间约为 4 μs，比我们由经验法则得出的 100 个输入周期(5 μs)要短。当然，还必须检查纹波的影响，并确定是否可以接受。图 9-15a 中的建立行为并不包含太多的振铃，这表明$\zeta=1$大致满足要求。这种情况下的静态相位误差只有几皮秒。图 9-15b 为纹波的放大图。

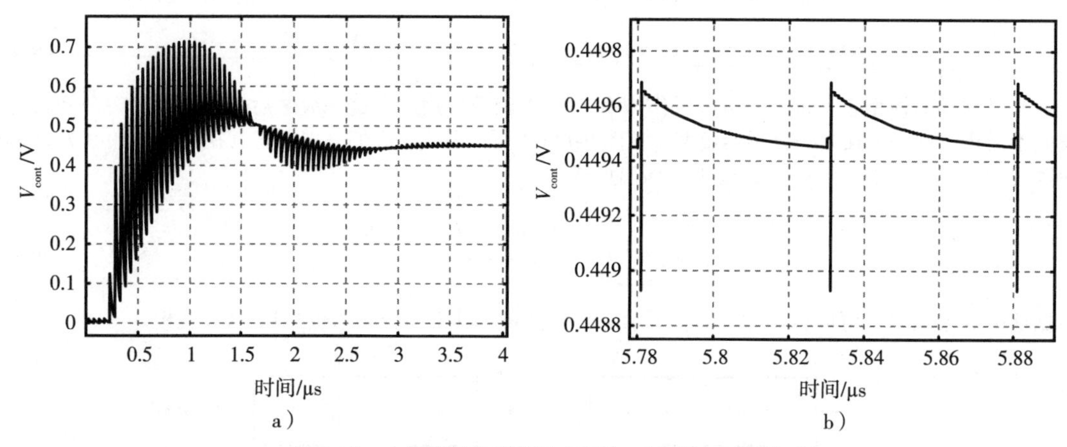

图 9-15 a)仿真锁相环的瞬态行为；b)其放大视图

9.4.3 纹波的影响

仔细观察图 9-15b 中的纹波波形会有所启发。最初的毛刺源于电荷泵的接通和关断，并持续约 5 个门延迟。但是，如图 9-16 所示，随后的放电使$V_{cont}(=V_{C2})$低于V_{C1}。为什么会出现这种情况？事实上，放电源于电荷泵器件关断时的净漏电流，由于晶体管的沟道长度较短，这种影响在这里非常明显。为了响应这种漏电流，环路会产生相位偏移，使一个电荷泵电流源提前接通，从而补充环路滤波器在上一个参考周期中损失的电荷。由此引发两个问题：①由于相位偏移，初始毛刺比 5 个门延迟更宽，携带的能量更大；②V_{cont}的放电波形会导致额外的 VCO 相位漂移。

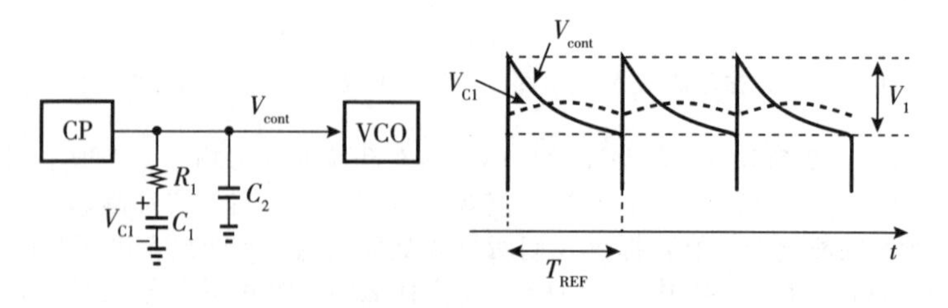

图 9-16 锁相环控制电压和电容电压波形

接下来对上述两个缺陷在 VCO 输出端的影响进行量化。对于初始毛刺，读者可以证明，V_{cont} 上出现的，宽度为 ΔT、高度为 V_0 的窄周期矩形脉冲会产生边带，其归一化幅度等于 $V_0\Delta TK_{VCO}/(2\pi)$，或者更一般地说，等于脉冲下的面积乘以 $K_{VCO}/(2\pi)$。在图 9-15a 的纹波波形中，毛刺面积约为 5×10^{-14} V · s，在 VCO 输出端产生的边带幅度为-94 dBc。因此，初始毛刺可忽略不计。

对于 V_{cont} 的放电部分，我们用锯齿波形来近似，并注意到高度为 V_1 的锯齿波形的傅里叶级数包含一个峰值振幅为 V_1/π 的一次谐波。在图 9-15b 中，$V_1\approx0.2$ mV，其相应的边带幅度等于 $(V_1/\pi)K_{VCO}/(2\omega_{REF})=-64$ dBc。在最坏的情况下，即 $V_{cont}\approx0.85$ V 时，锯齿纹波幅值增加到 1 mV_{pp}，因为 Down 电流源的 V_{DS} 更大，漏电流也更高。由此产生的边带约为-50 dBc，根据仿真，相位偏移约为 350 ps。

例 9-2 确定锯齿纹波产生的确定性抖动。

解： 如图 9-17 所示，使用一个持续 T_{REF} 片刻的线性斜坡来近似纹波。这里，$\alpha=V_1/T_{REF}$。VCO 在一个输入周期内的相位偏离为

$$\Delta\phi=\int_0^{T_{REF}}K_{VCO}V_{cont}\mathrm{d}t \tag{9-9}$$

$$=\int_0^{T_{REF}}K_{VCO}(V_1-\alpha t)\mathrm{d}t \tag{9-10}$$

$$=\frac{V_1K_{VCO}T_{REF}}{2}(\mathrm{rad}) \tag{9-11}$$

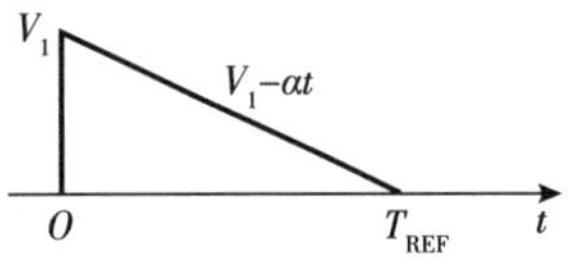

图 9-17 纹波的近似

在 $V_1=1$ mV(在 $V_{cont}=0.85$ V 的最坏情况下)、$K_{VCO}=400$ MHz/V、$T_{VCO}=417$ ps 的条件下，VCO 输出端的峰-峰值抖动等于 $[V_1K_{VCO}T_{REF}/(4\pi)]T_{VCO}=4.2$ ps。该值满足我们的设计要求。

根据上述计算，我们得出结论，图 9-11a 所示的简单电荷泵足以满足我们的设计规范。在要求更高的应用中，可能需要额外的 CP 技术(见第 8 章)。

9.5 PLL 传递函数的仿真

正如我们在前几章中所看到的，PLL 的带宽对性能起着至关重要的作用。因此，我们希望通过仿真来评估 9.1 节中简单带宽计算的正确性。在此考虑了三种方法。

9.5.1 单极点近似

第一种方法是通过单极点响应来近似 PLL 的建立行为，从而推导出闭环时间常数 τ。则闭环带宽等于 $1/(2\pi\tau)$ 赫兹。如图 9-18 所示，假设 V_{cont} 从 V_0 开始最终稳定在 V_1。如果 K_{VCO} 保持不变，V_{cont} 到达一半，即 $V_0+0.5(V_1-V_0)$ 时，所需的时间为 $t_2-t_1=0.69\tau$ (为什么?)。注意，环路在 t_1 之前已经被锁定，然后才应用了一个激励让 V_{cont} 改变。例如，输入频率在 t_1 时刻抬升了一个较小的值。

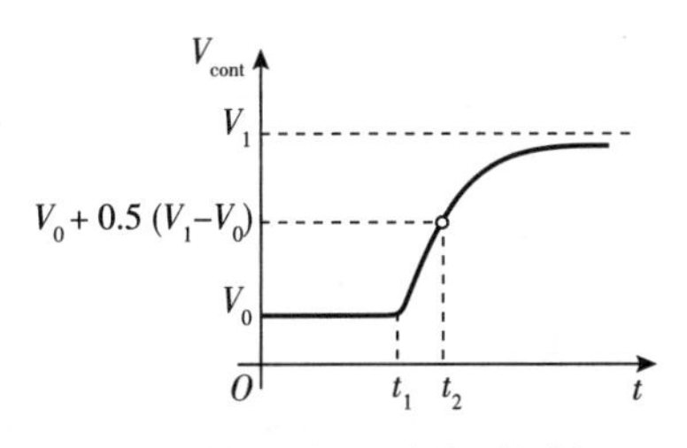

图 9-18 计算环路时间常数的简单方法

为验证这种近似的正确性，用不同的 V_0 值仿真 PLL，并确定这样得到的 τ 值是否相同。仿真结果表明，对于本章研究的 PLL，情况并非如此。这是因为 $\zeta=1$ 导致了重合的极点 $\omega_{p1}=\omega_{p2}=2\omega_z$，不允许单极点近似。

9.5.2 使用调频输入源

第二种方法更为严格，是计算从输入到输出的实际的闭环传递函数，这种技术也适用于实验室测量。回想一下，传递函数是表示有多少输入相位波动出现在输出端。因此，必须设计出调制输入相位

的方法。一种简单的技术是调制图 9-14c 中输入反相器的电源电压，进而调制其输出相位。例如，我们可以将一个 10 mV 1 MHz 的正弦电压源串联在这个反相器的电源上，以该速率创建输入相位调制。或者，我们也可以在 Cadence 中为参考输入选择一个正弦电压源，并明确规定其频率的调制方式。这样的源提供的输出可以表示为

$$V_{FM}(t)=V_a+V_a\cos\left(\omega_{REF}t+K\int\cos\omega_m t\mathrm{d}t\right) \tag{9-12}$$

式中，K 和 ω_m 是调频参数。由于本节中更关注的是输入相位的波动，重写 $V_{FM}(t)$ 为

$$V_{FM}(t)=V_a+V_a\cos\left(\omega_{REF}t+\frac{K}{\omega_m}\sin\omega_m t\right) \tag{9-13}$$

注意到输入峰-峰值相位变化等于 $2K/\omega_m$ 弧度。例如，如果选择 ω_m 等于闭环-3 dB 带宽，则输出相位的变化，即输出(确定性)抖动，为 $(\sqrt{2}/2)(2K/\omega_m)$。因此，我们使用具有某一 ω_m 的频率调制基准进行瞬态仿真，等待环路锁定，然后用输出抖动除以输入抖动，即可得到 $\omega=\omega_m$ 时的传递函数幅度。由于我们的计算处理的是抖动片刻内的，因此“输出”可以简单地表示为图 9-14c 中的 V_{div}[⊖]。对不同的 ω_m 值进行多次仿真，可以得到整体传递函数，预测带宽甚至抖动峰值。

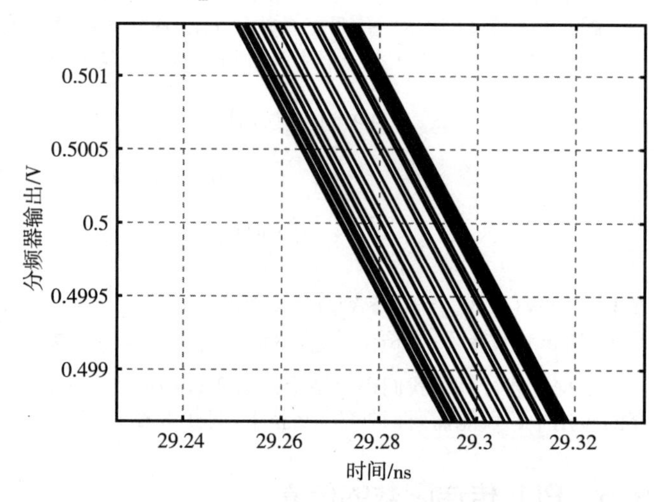

图 9-19 在 1 MHz 时，31 ps,pp 输入相位调制的锁相环输出眼图

作为一个例子，图 9-19 绘制了我们的锁相环在 $\omega_m=2\pi(1\text{ MHz})$ 时响应持续 31 ps 的峰-峰值输入抖动的输出眼图(瞬态仿真足够长，可以提供环路锁定后的 1 μs 的稳态)。注意，这个抖动是在图 9-14c 中的分频器输出端测得的。根据 25 ps,pp 的输出抖动，可以得出结论，在此抖动频率下，PLL 将输入衰减了约 1.9 dB。

根据这一方法，构建了 PLL 的输入-输出响应，如图 9-20 所示。注意到，尽管零点位于 $\omega_z=(35.9\text{ k}\Omega\times 9.3\text{ pF})^{-1}=2\pi(477\text{ kHz})$，但响应从 100 kHz 开始出现峰值，在 500 kHz 时达到 3 dB 的最大值。正如 9.1 节所述，出现这种峰值的部分原因是，在这种情况下 C_2 和 R_1 形成的极点距离 ω_u 不远。3 dB 带宽在 1.2 MHz 左右，约为理论值 $\omega_{-3dB}=2.5\,\omega_n=2\pi(2.4\text{ MHz})$ 的一半。该现象是一个严重的问题，将会通过后文提出的第三种方法解决。

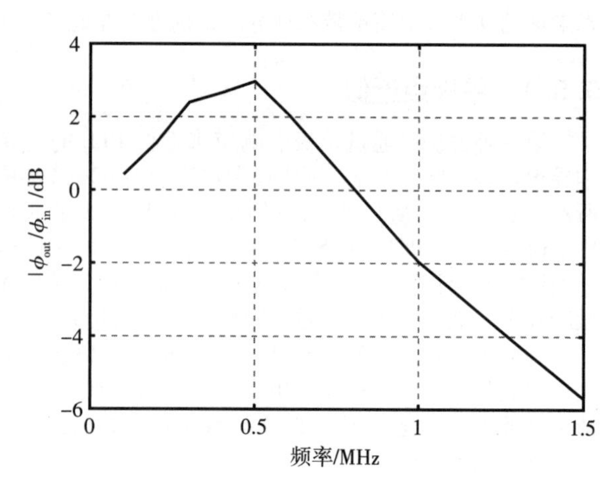

图 9-20 锁相环对输入相位调制的响应

这项研究有几点值得评述。首先，对于 100 kHz

⊖ 与控制电压纹波引起的抖动不同，这种抖动可在分频器输出端观察到。

的输入相位调制，仿真必须运行至少 15 μs，证明了 9.4.1 节中描述的简化环路设计的优势。其次，为了获得更精确的结果，可以查看输入和输出信号的频谱，而不是眼图。如图 9-21 所示，由于相位调制，两个频谱都出现了边带。如果 Δ_1 和 Δ_2 用分贝表示，则 $\Delta_2+20\log120-\Delta_1$ 可表示出 $f=f_m$ 时 PLL 响应(从 ϕ_{REF} 到 ϕ_{out})的幅值(回顾一下，我们的分频系数等于 120)。

输入频谱 分频器输出频谱 Δ_1 Δ_2 0 $f_{REF}-f_m$ f_{REF} $f_{REF}+f_m$ f

图 9-21 响应相位调制的输入和分频器输出频谱

9.5.3 使用随机相位调制

第三种方法可在一次仿真中获得整个传递函数，是最有效、最精确的方法。概念上如图 9-22a 所示，我们在图 9-14c 的输入反相器的电源电压上串联一个具有白噪声频谱的电压源。在第 2 章中了解到，该噪声会直接调制反相器的延迟，进而调制其输出相位：

$$V_{inv}(t)=V_a+V_a\cos(\omega_{REF}t+K_{DD}V_n) \tag{9-14}$$

式中，K_{DD} 表征反相器的电源灵敏度，单位为 rad/V。然后，相位调制后的输入通过 PLL，经历其传递函数后显现出−3 dB 带宽和其他的峰值特性。

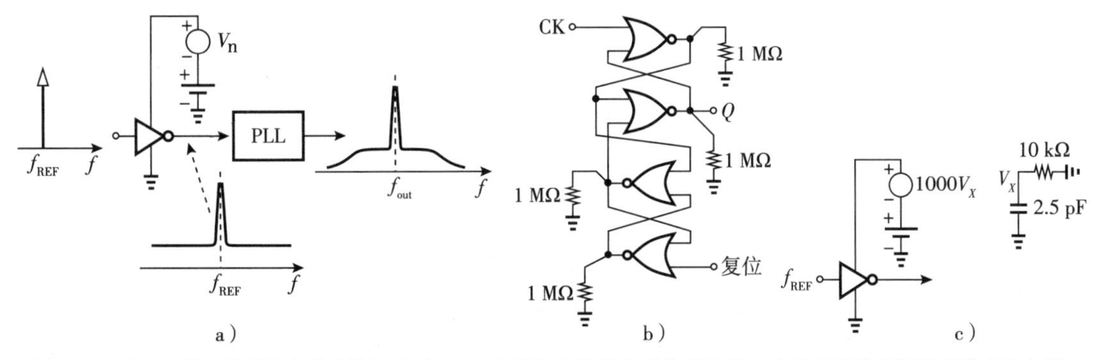

图 9-22 a)PLL 输入的随机相位调制；b)在 PFD 中添加电阻以实现仿真收敛；c)用于相位调制的热噪声发生器

这种方法可以在 Cadence 中通过执行“周期稳态”(pss)和“周期噪声”(pnoise)分析来实现。对于前者，必须指定一个至少等于 PLL 建立时间的“稳定”时间，以确保环路达到稳定状态。然而，即便如此，pss 仍然难以收敛，这主要是因为 PFD 中的交叉耦合的 NOR 门会在 Cadence 中导致状态的不确定性。可以通过在所有 NOR 输出节点与地之间连接一个大电阻(1 MΩ)(见图 9-22b)来解决此问题。

图 9-22c 所示为 20 MHz 参考频率进行白噪声相位调制的装置。*RC* 网络会产生带限热噪声，与电压相关的电压源会将噪声电压放大 1000 倍，从而使相位调制远超过 PLL 固有的相位噪声。

图 9-23 绘制了 $C_2=1.86$ pF 和 $C_2=0.93$ pF 时的 PLL 输出相位噪声。由于 PLL 的内部噪声源产生的相位噪声要小得多，

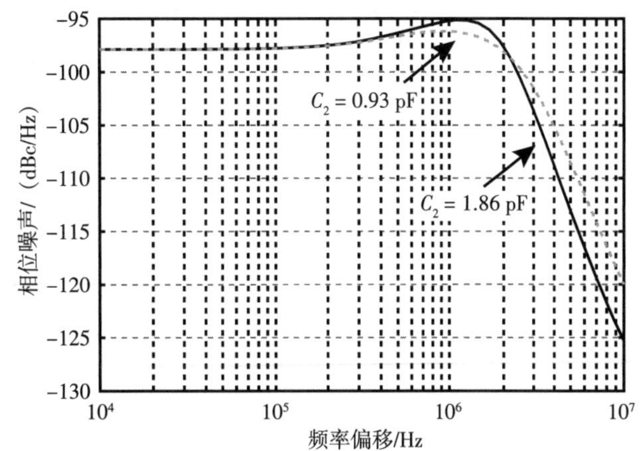

图 9-23 不同 C_2 值下的 PLL 输入输出仿真

因此这些曲线准确地反映了输入-输出传递函数。在 $C_2=1.86$ pF 的情况下，峰值约为 2.7 dB，接近上一节所述方法预测的峰值，−3 dB 带宽为 2.5 MHz，也接近 $2.5\omega_n=2.4$ MHz。之前曾推断，峰值部分的出现是因为 $\omega_u\approx2\pi(2\text{ MHz})$ 并不比第三极点频率 $2\pi(2.8\text{ MHz})$ 低多少。$C_2=0.93$ pF 时的曲线图表明峰值为 1.7 dB，−3 dB 带宽为 2.8 MHz。较低的 C_2 会使得相位噪声曲线下的面积减小，从而减少了由参考相位噪声引起的随机抖动，但在 VCO 控制线路上产生的纹波更大，从而确定性抖动更高。因此，如果参考相位噪声很大，就有必要进行一些优化。

使用图 9-14c 中的简化 PLL 拓扑，pss 和 pnoise 仿真耗时不到 1 min，允许多次设计迭代以获得最佳环路性能。

9.6　VCO 相位噪声的影响

9.6.1　VCO 相位噪声模型

图 9-14c 的模型为无噪声的 VCO 模型，而实际情况则需要将 VCO 的相位噪声也纳入简化模型中。根据第 3 章的 VCO 设计，可将 VCO 相位噪声表示为

$$S_{\phi n}=\frac{\alpha}{f^3}+\frac{\beta}{f^2} \tag{9-15}$$

再选取最佳拟合的 α 和 β（见图 9-24a）。现在我们推测，$S_{\phi n}$ 除以 $K_{VCO}^2/(4\pi^2f^2)$，即可被"等效"为 V_{cont} 的噪声（见图 9-24b）。等效输入噪声电压的频谱为

$$\overline{V_n^2}=\frac{S_{\phi n}}{K_{VCO}^2}4\pi^2f^2 \tag{9-16}$$

$$=\frac{4\pi^2\alpha}{K_{VCO}^2f}+\frac{4\pi^2\beta}{K_{VCO}^2} \tag{9-17}$$

为了生成右侧的两个噪声项，注意到它们分别对应于 $1/f$ 噪声和白噪声，并构建了图 9-24c 所示的电路。这里的二极管连接型晶体管充当 $1/f$ 和热噪声发生器。偏置电流和晶体管尺寸的选择是为了使 M_B 产生的噪声电压与上述 $\overline{V_n^2}$ 的表达式相匹配。然后，再插入一个电压控制的电压源，令 $V_n=V_{n1}$，并与 V_{cont} 串联。在图 9-14c 中，V_n 位于分频器之前。

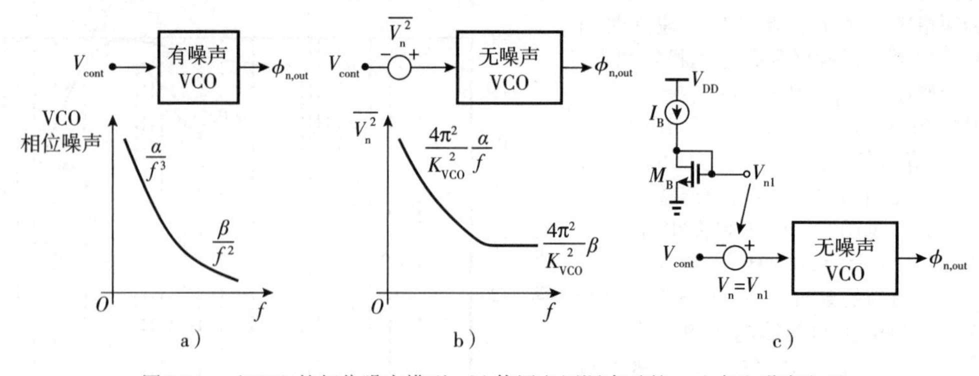

图 9-24　a) VCO 的相位噪声模型；b) 使用电压源表示的；c) 产生噪声电压

9.6.2 VCO 相位噪声抑制

目前为止，开发的 PLL 可将 VCO 相位噪声抑制在大约 $\omega_n=2\pi(1\ \text{MHz})$ 的偏移频率内（由于 $\zeta\approx1$）。回到第 8 章所述的计算抖动的近似方法：如图 9-25 所示，我们假定 $f<f_{BW}$ 时为平坦曲线，并计算整形频谱下的面积。然而，由于这里所考虑的振荡器的相位噪声主要由闪烁噪声的上变频引起的，可高达数十兆赫兹频率偏移，因此必须修改我们的推导。总面积为

$$\overline{\phi_{out,\ rms}^2}=2S_1\cdot f_{BW}+2\int_{f_{BW}}^{\infty}\frac{\alpha}{f^3}df \tag{9-18}$$

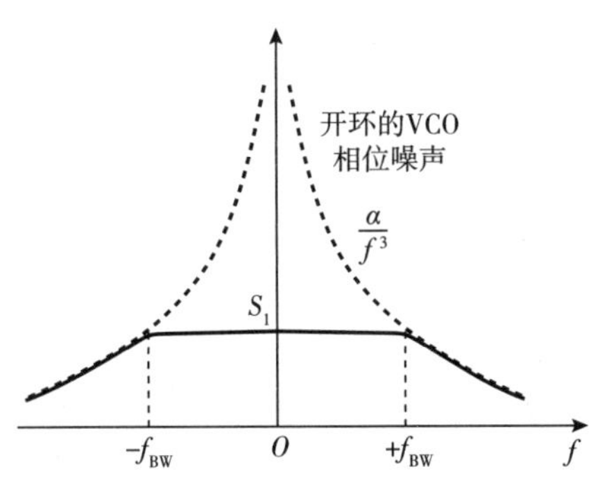

图 9-25 闭环相位噪声近似

式中，S_1 表示在频率 f_{BW} 下开环的 VCO 相位噪声，等于 $\alpha/f_{BW}{}^3$，则式(9-18)可以表示为

$$\overline{\phi_{out,\ rms}^2}=2S_1\cdot f_{BW}+\frac{\alpha}{2f_{BW}^3} \tag{9-19}$$

$$=3S_1\cdot f_{BW} \tag{9-20}$$

与热相位噪声的表达式 $4S_1f_{BW}$ 相比，闪烁噪声的系数为 3 的原因是 α/f^3 的急剧下降。当然，S_1 在存在闪烁噪声时会更高。对于 2.4 GHz 的环形振荡器，$S_1\approx-80$ dBc/Hz，在 1 MHz 的偏移下，得出 $\phi_{out,rms}=0.18$ rad。对于 417 ps 的输出周期而言，这转化为抖动的大小为

$$\Delta t_{rms}=11.6\ \text{ps,rms} \tag{9-21}$$

遗憾的是，目前的设计不符合我们的 2 ps 随机抖动规范。

相位噪声仿真 利用图 9-14c 的简化环路和图 9-24 所示的自由运行的 VCO 噪声模型，可以仿真闭环相位噪声，得到如图 9-26 所示的波形。由于这里考察的是 20 MHz 的分频器输出，因此最大频率偏移为 10 MHz。

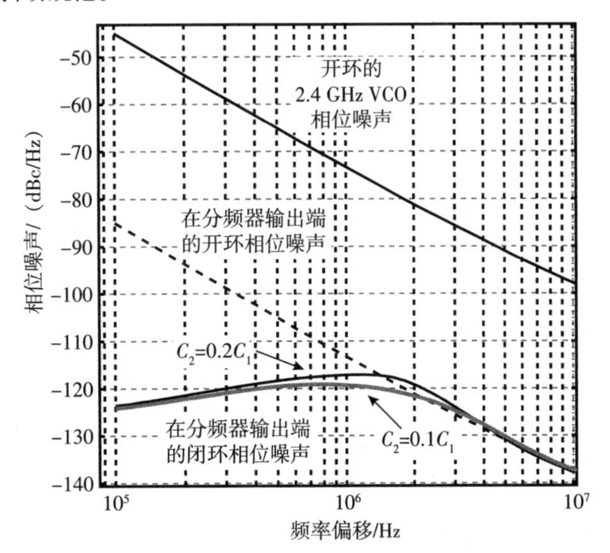

图 9-26 开环和闭环的相位噪声曲线图

这些曲线提供了有趣的信息。最高的曲线对应图 9-24 中的模型，并与第 3 章设计的实际 VCO 的曲线相吻合。分频器输出相位噪声降低了 20 log 120 = 41.6 dB。闭环曲线表征的是 $C_2=0.2C_1$（原始设计）和 $C_2=0.1C_1$。回顾第 8 章的内容，如果闪烁噪声占主导地位，闭环相位噪声在 $\omega_n/\sqrt{3}$ 处达到峰值，比开环的 VCO 相位噪声低 12 dB。对于 $\omega_n/\sqrt{3}\approx2\pi$ (577 kHz)，则理论和仿真结果之间存在合理的一致性。还注意到，$C_2=0.1C_1$ 时会产生一个从 $\omega_n/\sqrt{3}$ 从到大约 $1.2\omega_n$ 的相对平坦的峰值，而 $C_2=0.2C_1$ 使峰值升高了约 2.5 dB，并将波峰推出大约 700 kHz，即 $C_2=0.2C_1$ 会导致更大的随机抖动，但会使得控制线路上的纹波变小。

抖动抑制 如何减少这种随机抖动呢？可以增加环路带宽，但是必须牢记：①ζ 一定不能降低；②控制电压上的纹波和因此的确定性抖动不能变得过大。好在从例 9-2 中了解了后者约为 4 ps,pp，为设计规范的一半。思考如下这个任务：用 $\zeta=(R_1/2)\sqrt{I_pK_{VCO}C_1/(2\pi M)}$，$\omega_n=\sqrt{I_pK_{VCO}/(2\pi C_1M)}$，环

路带宽≈$2.1\omega_n$（对于$\zeta=1$），则可以通过减少C_1来增加带宽，但也必须按比例增加I_p，以保证ζ不变。例如，如果C_1减半，则I_p必须加倍。然而，这样的方案将使纹波变为原来的 4 倍，因为电荷泵晶体管的宽度必须增加 1 倍，以保持相同的输出电压耐受性。相反，将C_1减少为$1/\sqrt{2}$，并将I_p增加$\sqrt{2}$倍。在$C_1=6.6$ pF 和$I_p=140\mu$A 情况下，ω_n增加$\sqrt{2}$倍，达到2π(1.34 MHz)。则现在的环路带宽为$2.1\omega_n\approx 2\pi$(2.8 MHz)，稍稍违背了$\omega_u\approx\omega_{in}/10$的条件。但可以继续进行修改。

回到式(9-20)，注意S_1现在表示 1.34 MHz 偏移处的相位噪声，是 1 MHz 偏移处的相位噪声小$(1.34)^3$倍（为什么?）。由于f_{BW}增加了$\sqrt{2}$倍，$\overline{\phi^2_{out,rms}}$下降 1.7 倍，则得到

$$\Delta t_{rms}=6.8\ \text{ps,rms} \tag{9-22}$$

为了将该值降至规范中的 2 ps,rms，必须在 VCO 相位噪声和功耗之间进行权衡。也就是说，采用线性缩放（见第 2 章），系数为$(6.8/2)^2=12$，将振荡器功率提高到$(42\ \mu A)\times 12\times 0.95V=0.48$ mW，这仍然是一个合理的值，远低于预算。当然，另一个代价是 VCO 占用的面积较大。

值得关注的是，图 9-11 中的简单 CP 不需要积分器也能提供足够的性能，这是因为在这种特定的设计中，环路滤波器电容足够大，足以抑制纹波。

总之，我们的 PLL 设计现在修改为$C_1=6.6$ pF，$C_2=1.3$ pF，$I_p=140\ \mu$A，$\omega_n=2\pi$(1.34 MHz)，开环的 VCO 相位噪声在 1 MHz 偏移时缩减至-80 dBc/Hz$-10\log 19=-93$ dBc/Hz，同时功耗为 0.48 mW。

9.7 环路滤波器噪声

回顾第 8 章中环路滤波器的电阻噪声会调制 VCO 的频率（见图 9-27）。从那一章的推导可以得到，在$\zeta=1$，$\omega=\omega_n$时峰值输出相位噪声的频谱为

$$S_{\phi n,p}=\frac{16kT\pi^2M^2}{R_1I_p^2} \tag{9-23}$$

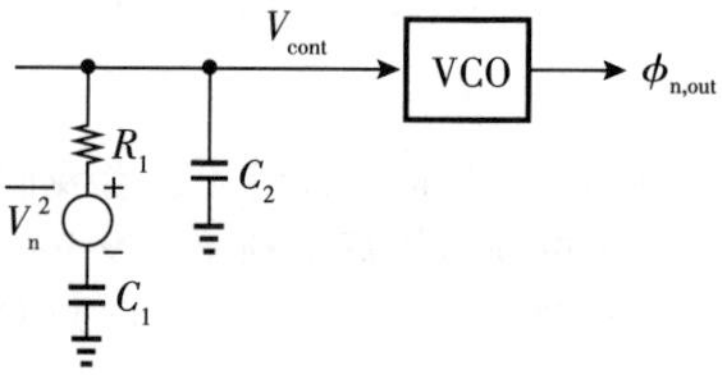

图 9-27 由于环路滤波器噪声带来的相位噪声

对于之前设计的 PLL，即$M=120$，$R_1=35.9$ kΩ，$I_p=140\ \mu$A，在 1 MHz 偏移处得到

$$S_{\phi n,p}=-109\ \text{dBc/Hz} \tag{9-24}$$

而在该偏移量下，VCO 的贡献约为-93 dBc/Hz（见 9.6.2 节）。因此，在这种情况下，R_1产生的噪声峰值可以忽略不计。当然，这个问题在要求更高的应用中必须重新考量。

9.8 参考频率加倍

通常可以通过提高 PLL 的参考频率f_{REF}来改善其性能。参考频率通常由晶体振荡器提供，晶体的频率由应用环境指定。例如，在手机中，f_{REF}约为 20 MHz。因此，只能通过在晶体振荡器和锁相环之间插入一个倍频器来增加f_{REF}。在本节中，我们采用一个倍频器，并相应地重新设计锁相环。

9.8.1 倍频器设计

为了使周期波形的频率加倍，可以将原信号与延迟后的副本信号 XOR 实现（见图 9-28a）。延迟ΔT决定了输出脉冲宽度，并且必须足够长以保证正确的 PFD 操作。

图 9-28b 所示为该倍频器的晶体管级实现。XOR 门接收到V_{in}（$=B$）、其延迟（A）及其互补信号。延迟级包括 32 个反相器，产生大约 350 ps 的延迟。对于所有反相器，$(W/L)_N=500$ nm/40 nm，$(W/L)_P=1000$ nm/40 nm。在 XOR 电路中，$W_N=300$ nm，$W_P=1200$ nm，$L=40$ nm。

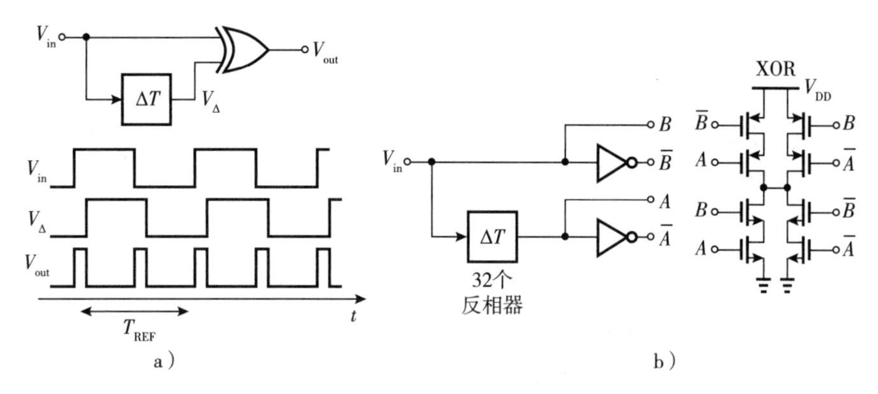

图 9-28 a)倍频器电路；b)其实现电路

9.8.2 倍频问题

倍频行为涉及两个问题。首先，它提高了相位噪声，这是一种不可避免的效应：V_{in} 信号边缘处 1 ps 的位移会转化为输入处大小为 $2\pi(1\text{ps}/T_{REF})$ 弧度的相位扰动和输出处大小为 $2\pi(1\text{ ps}/T_{REF}/2)=4\pi(1\text{ ps}/T_{REF})$ 弧度的相位扰动。不过，①由于在 $f_{out}=2.4$ GHz 时分频系数减半，因此由参考相位噪声引起的输出相位噪声不会改变；②由于原本计划将环路带宽加倍，因此参考相位噪声引起的综合抖动会上升。尽管如此，在这个设计中，这一点可以忽略不计。

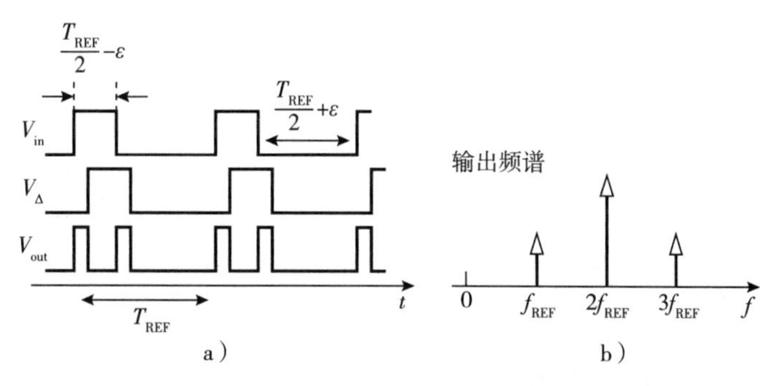

图 9-29 a)占空比误差对倍频器输出的影响；b)得到的频谱

其次，如果输入占空比不是 50%，输出就会呈现出不需要的频率分量。这从图 9-29a 可以看出，其中高电平持续时间比 $T_{REF}/2$ 少了 ε 片刻。我们可以认识到，V_{out} 现在是每 T_{REF} 重复一次，而不是每 $T_{REF}/2$ 重复一次。换句话说，V_{out} 的频谱在 T_{REF}、3 T_{REF} 等处包含了一些较小的不需要的分量(见图 9-29b)。

我们将在第 13 章中再次讨论这一点，并证明，在占空比误差为 ε 的情况下，如果 $\Delta T \ll T_{REF}$，则倍增器输出的一次谐波振幅归一化为二次谐波振幅，等于 $\pi\varepsilon/T_{REF}$。在这种情况下，一次和三次谐波通常被称为“杂散”，以表明它们是不受欢迎的。

量化倍频器缺陷的另一种方法是分析其输出抖动。图 9-30 是倍频器输出眼图，显示出约 10 ps 的峰-峰值抖动。产生抖动的原因是奇数低电平比偶数低电平略窄(见图 9-29a)。

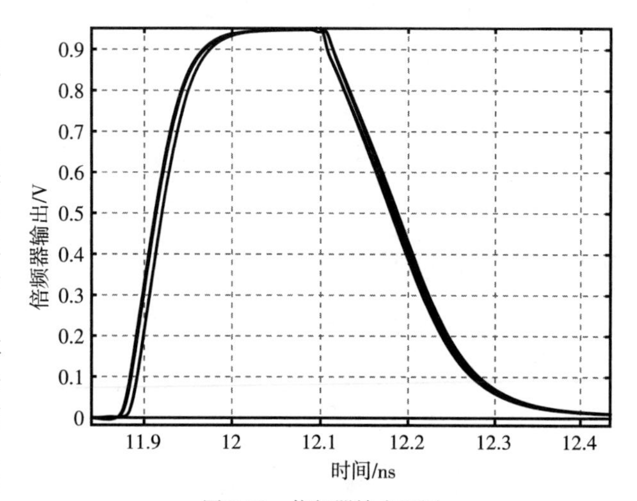

图 9-30 倍频器输出眼图

占空比误差多大是可以被容忍的？我们的意见如下。第一，新的 PLL 设计最好选择

$2\omega_{REF}/10$ 的环路带宽，只对 ω_{REF} 处的一次杂散提供一些衰减。读者可以证明，在我们的设计中，这种衰减约为 14 dB。第二，该杂散归一化电平在传播到 PLL 输出端时，会随着反馈分频系数 M 的增大而增大。例如，当 $M=120/2=60$ 时，输入杂散的“增益”为 $20\log 60-14\text{ dB}\approx 22\text{ dB}$。第三，输出端可容忍的杂散水平取决于实际应用：如果只考虑时域抖动，那么杂散水平的幅度在-35 dBc 至-40 dBc 之间就可以，但在某些射频应用中，需要低于-60 dBc 的水平。

我们的目标是锁相环输出杂散水平为-40 dBc，因此输入噪声水平为-62 dBc。这意味着图 9-29a 中的 $\pi\varepsilon/T_{REF}$ 必须小于 1/1260，因此 $\varepsilon<12.6$ ps。这种严格的要求需要在倍频器之前进行占空比校正，这将在第 11 章中进行介绍。

9.8.3 带倍频参考频率的 PLL 设计

对于 $f_{REF}=40$ MHz，重复 9.1 节中的计算，注意到

$$2.1\sqrt{\frac{I_p K_{VCO}}{2\pi M C_1}}=\frac{2\pi\times(40\text{ MHz})}{10} \tag{9-25}$$

当上式右边被翻倍后，此时 M 等于 60。因此，C_1 必须减半：

$$C_1 = 4.7\text{ pF} \tag{9-26}$$

取 $C_2=0.94$ pF。因为 M 和 C_1 都被减半，式(9-1)表明 R_1 并不会改变：

$$R_1 = 35.9\text{ k}\Omega \tag{9-27}$$

电荷泵电流无须改变，并保持为 100 μA。这样设计的主要好处是 VCO 相位噪声抑制带宽 ω_n 为原来的 2 倍，等于 $2\pi(1.9)$ MHz。由闪烁噪声主导，在该偏移处的 VCO 相位噪声比 0.95 MHz 时小 8 倍(≡9 dB)。因为在式(9-20)中，S_1 按此系数下降，而 f_{BW} 加倍，因此可得到抖动为

$$\Delta t_{rms} = 5.8\text{ ps,rms} \tag{9-28}$$

如果将 9.6.2 节中描述的线性缩放应用于 VCO，则该抖动将又减少 $\sqrt{19}=4.4$ 倍，即降至 1.3 ps,rms 左右。但同样必须分析纹波，并确保确定性抖动足够小。

9.8.4 PLL 仿真

使用图 9-14c 的简化环路，对倍频器/锁相环链路进行仿真。图 9-31a 画出了 VCO 控制电压与时间的函数关系，表明锁定时间约为 0.5 μs[⊖]。图 9-31b 为它的放大后波形，表明纹波幅度为 0.6 mVpp，大约是之前设计的 3 倍。

比较 9.6.2 节和本节中采用的减小 VCO 相位噪声的两种不同方法是有指导意义的，在 9.6.2 节中，环路带宽提高 $\sqrt{2}$ 倍，而纹波(即确定性抖动)增长了 2 倍；而本节中，扩大的倍数分别为 2 和 3(该数据由仿真得到)。

9.9 反馈分频器设计

第 15 章会详细讨论分频器设计，但在此为了设计出一个目标锁相环，将开发一个简单的÷120 的分频电路。

⊖ 大信号的锁定响应取决于环路的初始条件。因此，在不同初始条件下的锁定时间是不同的，并且不与带宽成线性缩放关系。

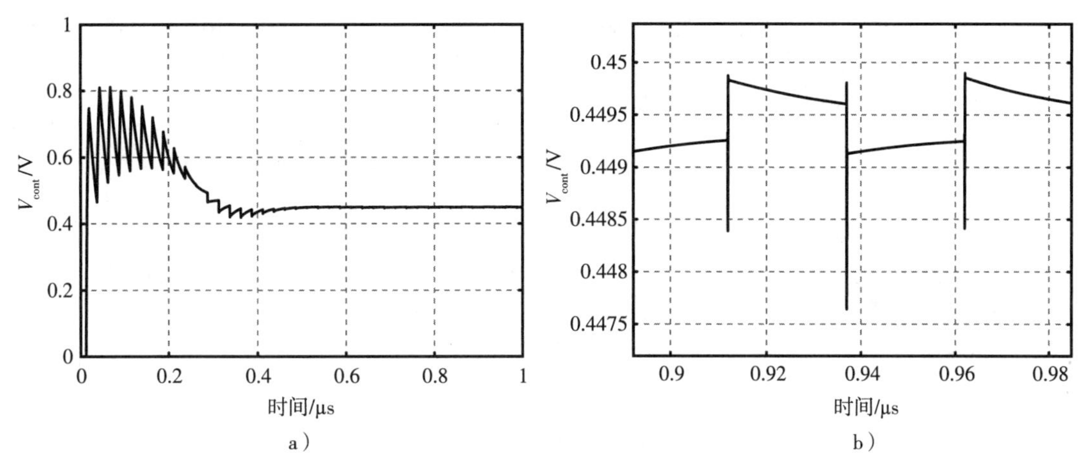

图 9-31 a)仿真倍频器/PLL 电路中V_{cont}的瞬态响应；b)其放大后视图

9.9.1 结构选择

将 120 写为 8×3×5，则可辨别出分频器可以配置为 3 个÷2 的级、1 个÷3 的级和 1 个÷5 的级联(见图 9-32)。

÷2 的电路可以用一个放置在负反馈环路中的主从 D 触发器很容易地实现(见图 9-33a)。在这里，在时钟信号 CK 变为高电平的上升沿，“主”锁存器的输出 A 开始追踪它的输入 B，时钟 CK 变为低电平时，A 冻结保持不变。类似地，“从”锁存器的输出 B 在 CK 下降沿跟随$\overline{A}$ 变化，并且在 CK 上升沿被锁存保持不变。因此，A 和 B 以一半的时钟频率切换，且有 90°的相位差。

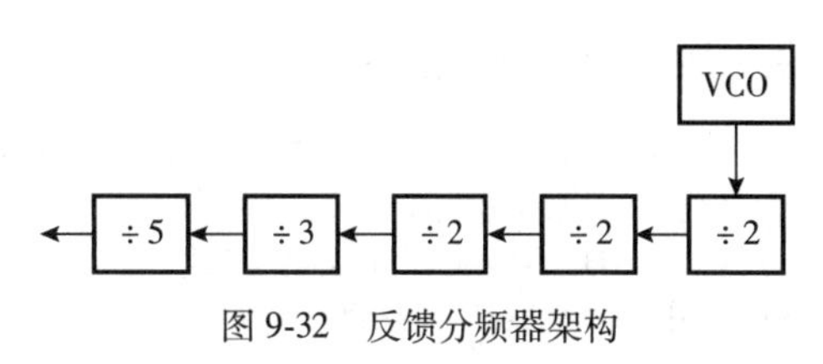

图 9-32 反馈分频器架构

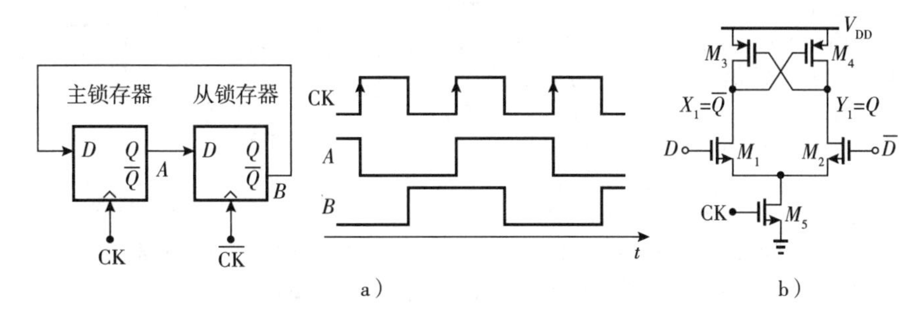

图 9-33 a)简单的÷2 的电路；b)每个锁存器的可行实现

图 9-33a 中的锁存器必须工作在 2.4 GHz 下，并且可以有不同的实现方式(见第 15 章)。图 9-33b 是一个使用互补的轨到轨输入和输出的例子。假设 X_1 为高电平，M_3 导通，D 为高电平，CK 是上升沿。M_1 和 M_5 的串联组合将会从 M_3 吸收电流，并把 X_1 拉低。当 X_1 下降到 $V_{DD}-|V_{THP}|$ 时，M_4 导通，Y_1 升高。M_3 和 M_4 的再生作用持续直到 X_1 下降到 0，Y_1 上升到 V_{DD}。

在上述锁存器中，M_1(或 M_2)和 M_5 的串联组合的驱动强度必须超过 M_3(或 M_4)。因此，该电路被设计为“有比逻辑”。我们通常选择 $W_1=\cdots=W_4$ 和 $W_5\approx 2W_{1,2}$。

图 9-32 中的÷3 电路需要两个 D 触发器以支持三种状态。如图 9-34a 所示，通过 NAND 门检测到状

态 $AB=11$，并相应地将 FF_1 的输入置为0。因此，电路从 $AB=11$ 开始，经过01、10，再回到11。反馈NAND门可以与 FF_1 中的主锁存器合并，以提高速度并使电路集成度更高(见图9-34b)。在这种情况下，M_1、M'_1 和 M_5 必须足够宽才能超过 M_3。读者可以思考画出 C 点的波形。

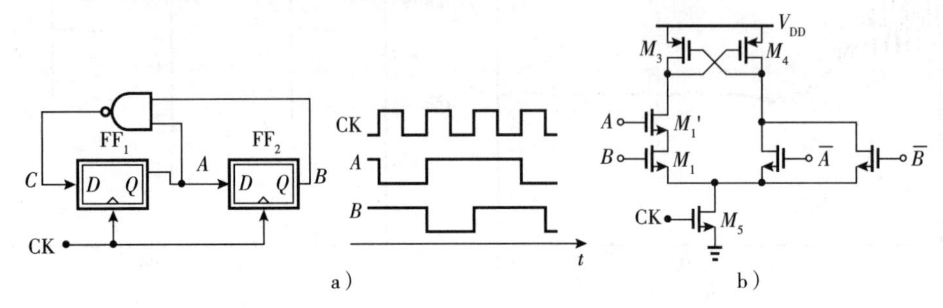

图9-34 a)÷3的电路；b)将NAND门与第一个锁存器合并

对于÷5的电路，是将3个触发器与一个反馈NAND门结合(见图9-35)。读者可以很容易证明，该拓扑通过五种状态循环：$ABC=100$、101、001、011和110。与图9-34b中的方案一样，NAND门可以与 FF_1 合并。

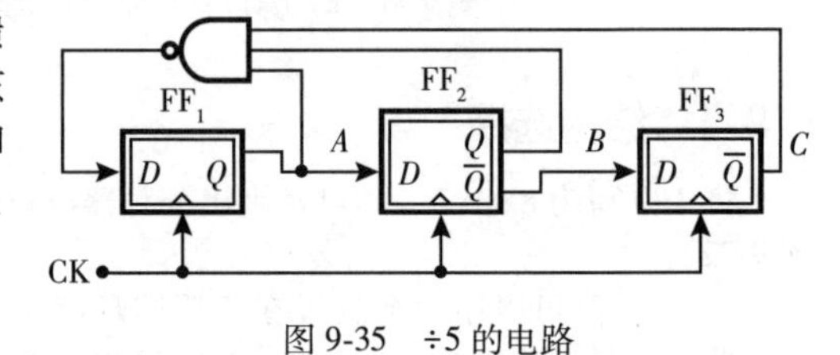

图9-35 ÷5的电路

9.9.2 分频器电路设计

图9-32中第一个÷2的级是感测VCO输出，必须高速下运行，需要在跨工艺角处进行大规模仿真。这个电路切换的速度需要多快？回顾第3章，这里所关注的环形振荡器在FF，0℃工艺角的运行速度高达3.3 GHz，分频器也必须如此。这是因为，当PLL搜索适当的连续调谐范围时(见9.10节)，VCO/分频器级联不能失效。另一个问题是，三级环形振荡器不提供互补输出，而上一节介绍的触发器需要这样的时钟。

为初始仿真创建的架构如图9-36所示，其中反相器和传输门的规格均为 $W/L=1\ \mu m/40\ nm$，将VCO的单向输出信号转换为互补时钟信号。第一个分频器两边具有相同的负载级。在图9-33b中，选择 $(W/L)_{1\text{-}4}=0.5\ \mu m/40\ nm$ 以及 $(W/L)_5=1\ \mu m/40\ nm$。根据仿真结果，在SS，75℃工艺角下，分频器级联的正常工作频率可高达约8 GHz，减轻了对调谐范围的初始搜索的担心。

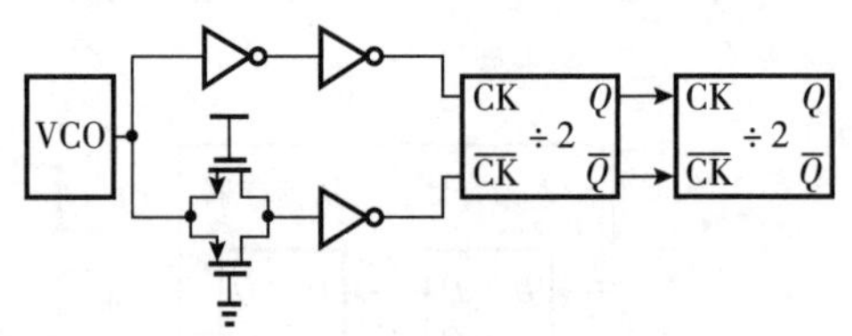

图9-36 环形VCO和分频器之间的接口

对于图9-34b所示的NAND锁存器，选择 M_1、M'_1 和 M_5 为 $W=1\ \mu m$，其余晶体管选择为 $0.5\ \mu m$，则在VCO频率为3 GHz的情况下，整个÷120电路的功耗约为 $200\ \mu W$。

9.10 使用锁定检测器进行校准

如第3章所述，使用离散调谐有助于降低 K_{VCO}，从而将噪声耦合到振荡器控制的影响降低。然而，这样也会使锁相环的设计变得复杂。那么PLL是如何选择合适的连续调谐范围的？在刚启动时，或者如果温度或电源电压明显变化时，需要一个校准过程。在第8章中描述过一种模拟的方法，其中有两个比较器判断给定的调谐曲线是否可接受。下面的例子重新审视了这个方法。

例9-3 假设PLL从VCO调谐曲线的最低拐点开始。如果频率不够高，环路将无法锁定，V_{cont} 将

上升到 V_{DD}。如何利用这一特性进行校准?

解：可以使用一个简单的比较器来检测 V_{cont} 最终是否超过某个不可接受的水平，例如，$V_{REF}=V_{DD}-100\text{ mV}$(见图 9-37)。如果超过了，则该逻辑电平为下一个更高的调谐曲线重新配置 VCO。然后让环路再次稳定下来，并监视比较器的输出。

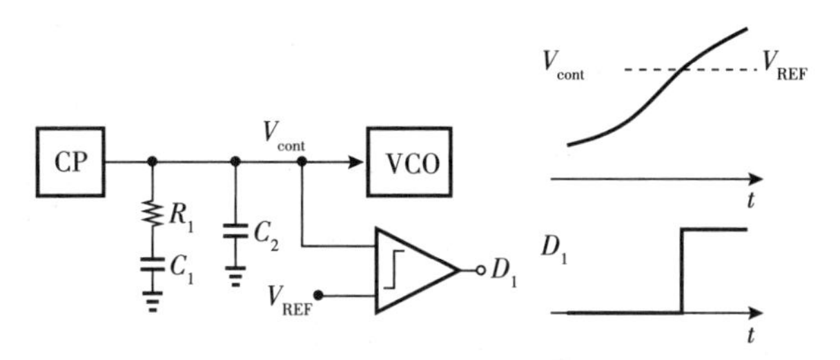

图 9-37　使用比较器判断 VCO 的调频曲线是否可接受

这种方法的困难在于，比较器必须被适当的时钟周期性驱动(或用高增益放大器来实现比较器)，并且它的频偏必须足够小。因此，需要寻求一个更数字化的解决方案。设想校准步骤应如下：①测量 VCO 频率；②将其与所需值进行比较；③如果需要，我们将调谐切换到更高或更低的调谐特性曲线。对于①和②，比较分频器输出频率 f_{div} 与 f_{REF} 会更简单一些。也就是说，我们需要一个电路能够计算 $f_{div}-f_{REF}$，并相应地决定是否有必要切换到另一个调谐曲线。这种电路被称为“锁定检测器”。图 9-38 描述了这种思路。

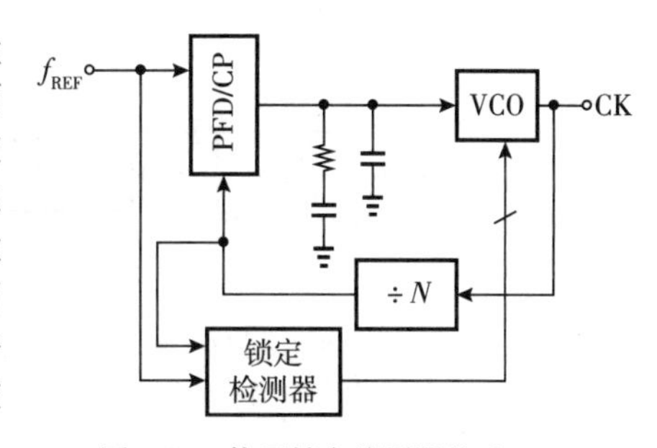

图 9-38　使用锁定检测器校准 VCO

要构建一个锁定检测器，从图 9-39a 所示的结构开始，其中两个相同的计数器分别由 f_{REF} 和 f_{div} 进行时钟控制。例如，假设 $f_{REF}>f_{div}$，并且电路从复位状态开始。最终计数器 1 先计数到最大值，即 D_{out1} 比 D_{out2} 先达到 11...1。现在，如图 9-39b 所示，添加一个 AND 门来监视 D_{out1}，并使用一个 RS 锁存器来控制计数器 2。一旦 D_{out1} 达到 11...1，AND 门就会触发 RS 锁存器，从而禁用计数器 2 的时钟路径[⊖]。这时 D_{out1} 和 D_{out2} 之间的差值与 $f_{REF}-f_{div}$ 成比例。

由于计数器 1 或计数器 2 会先计满数，即由于 $f_{REF}-f_{div}$ 可以是正值或负值，我们也为计数器 2 应用了相同的逻辑结构(见图 9-39c)。在这里，无论哪个计数器先计满，都会触发相应的 RS 锁存器，并冻结另一个计数器。但是，如何利用这个结果呢？情况可以归纳如下。①在一个 RS 锁存器改变状态后，D_{out1} 或 D_{out2} 的互补信号可以代表 f_{REF} 和 f_{div} 之间的差值；②VCO 离散调谐电路使用温度计码运行。因此，我们推测解码器必须将 D_{out1} 或 D_{out2} 转换为温度计码，以便选择正确的 VCO 调谐曲线。当然，解码必须在冻结的计数器输出上进行，在图 9-39c 中由 Q_1 和 Q_2 标识。这些思路引出了图 9-39d 所示的逻辑图。解码器 1 和 2 分别将 $\overline{D_{out1}}$ 和 $\overline{D_{out2}}$ 转换为温度计码。由此产生的数值在到达 VCO 之前由 Q_1 和 Q_2 进行门控制。例如，如果计数器 1 先计满，则 Q_1 会变为高电平，进而使 $\overline{D_{out2}}$ 驱动 VCO。

图 9-39c 的锁定检测器值得评述一下。第一，计数器的分辨率应高于 VCO 的温度计码。例如，本章中使用的环形振荡器有五条调谐曲线，但我们应该选择 4 位或 5 位的计数器，以获得足够精确的 $|D_{out1}-D_{out2}|$ 值。然后，解码器将该值映射到其中一条调谐曲线上。

例 9-4　在图 9-39b 中，假设当 D_{out2} 达到 111111 时，D_{out1} 等于 111100。解释温度计码是如何生成的。假设 VCO 有五条离散的调谐曲线。

⊖　由于计数器 1 随后产生 00...0，因此有必要使用 RS 锁存器来禁用 f_{div} 路径。

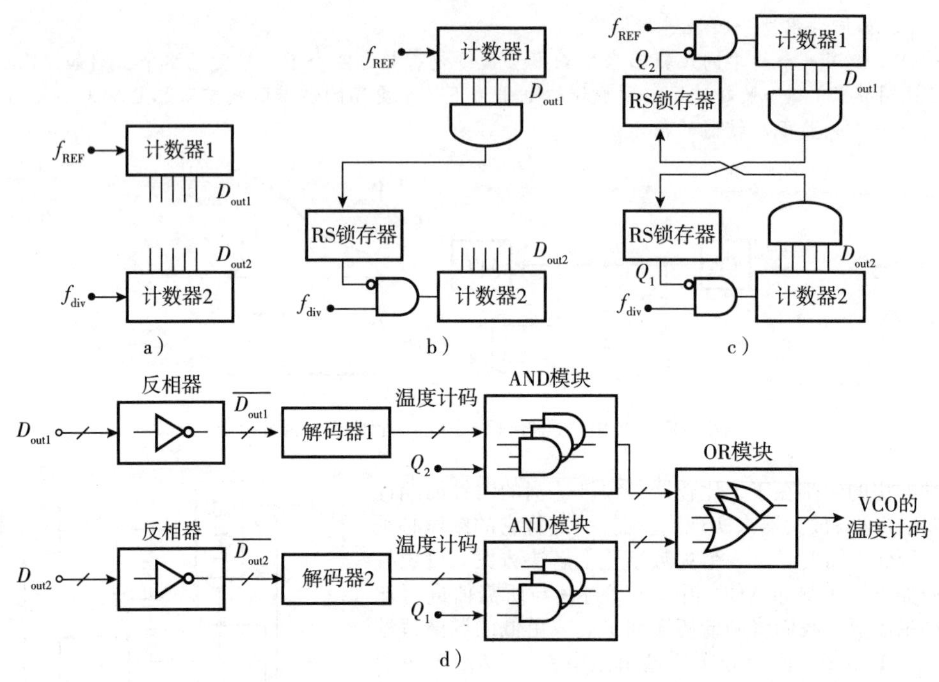

图9-39 a)由f_{REF}和f_{div}驱动的两个计数器；b)检测是否$f_{REF}>f_{div}$的逻辑；c)锁定检测器概念图；d)完整的锁定检测器

解： 由于$\overline{D_{out1}}=000011$，因此只需要将$D_{out1}$的LSB转换为温度计码，即11100(≡3)，即可使能前三个电容器组。

第二，锁定检测器必须对f_{REF}和f_{div}进行长时间计数，以抑制初始瞬态期间(当f_{REF}-f_{div}大幅波动时)的不确定性。第三，如果所选的调谐曲线因温度或电源变化而“超出范围”，电路可以继续监控f_{REF}-f_{div}并重复搜索。第四，计数器和锁存器必须从复位状态开始。

另一种方法是执行“开环”校准：我们将V_{cont}绑定到约$V_{DD}/2$，测量f_{div}，并将其与f_{REF}进行比较(使用锁定检测器)，从而相应地将调谐电容接入或接出VCO。为此，可以使用二分搜索或线性搜索。

9.11 设计总结

在本章中，我们提出了一种晶体管级的基本锁相环。基于在第3章中设计的三级环形振荡器，该电路工作频率为2.4 GHz，参考频率为20 MHz，并且具有随机抖动为2 ps,rms和确定性抖动为5.5 ps,pp。电源电流包含约300 μA的电荷泵电流及其参考支路电流[⊖]，660 μA的VCO电流和200 μA的反馈分频器电流。当$V_{DD}=0.95$ V时，功率为1.1 mW，大约是预算的一半。例如，可以将VCO再放大2倍，并将随机抖动降低$\sqrt{2}$倍，但代价是增大了VCO的占用面积。

在设计中不难发现低压电荷泵的设计极其困难。在特定情况下，CP晶体管的低输出阻抗证明是最麻烦的。读者可以复习第8章中改进的CP拓扑结构，尝试是否能缓解这个问题。

我们的环路设计工作基本都建立在行为级仿真上。VCO和分频器都是通过简单的方程建模，这样可以减少晶体管的数量和最大信号频率，使得可以进行更快的仿真。

⊖ 在锁定状态下，CP电流实际上只存在很短的一段时间(大约5个门延迟)。

习题

9.1 想要将9.1节中设计的PLL的带宽减半。如果给定了K_{VCO}，我们该如何调整I_p、R_1和C_1，使ζ保持不变？

9.2 假设一个实际应用要求9.1节中的分频系数M在60到120之间，以提供输出频率为2400 MHz至1200 MHz。假设K_{VCO}与输出频率成正比，解释如何调整I_p、R_1和C_1，以确保ζ和ω_u保持恒定。

9.3 重复前一题，但假设输出频率和K_{VCO}是恒定的，而f_{REF}可以是20 MHz或40 MHz，且满足$\omega_u = 0.1\,\omega_{REF}$。

9.4 图9-2b中曲线的斜率表示什么？

9.5 根据图9-4中的CP噪声电流图，确定本章设计的PLL的带内相位噪声，其中$f_{REF}=20$ MHz，$M=120$，$I_p=100\ \mu$A。假设PFD复位时间为50 ps。

9.6 假设所有晶体管都工作在饱和状态下，计算图9-3a中由于M_5而产生的输出噪声电流。

9.7 在图9-5中，S_1关断后M_5是否会将M_3的栅极电位拉高？解释原因。

9.8 图9-11所示的仿真结果对应于SS，75℃工艺角。说明在FF，0℃工艺角的波形将如何变化？

9.9 假设我们在图9-14c中的分频器和PFD之间插入一个反相器。阐述环路将发生什么变化。

9.10 重复例9-2，但假设控制电压呈指数下降。根据图9-15b，时间常数约为25 ns。

9.11 当ω_m变化时，式(9-13)中的峰-峰值抖动(片刻内的)会如何变化？

9.12 对于图9-21中给定的Δ_1，解释当f_m从零变到大值时Δ_2如何变化？

9.13 一个黑匣子VCO的相位噪声曲线为$S_{\phi n}(f)=\alpha/f^4$。确定采用这种振荡器的Ⅱ型PLL的输出相位噪声。在这种情况下，式(9-20)的结果有何变化？

9.14 在9.6.2节中，我们按15.6的系数进行了线性缩放，以降低VCO相位噪声。假设VCO的功率预算为3 mW，可以再按照3 mW/0.62 mW=4.8的系数进行缩放。那么VCO的抖动贡献会有多少？

9.15 在上一题中，如果VCO抖动贡献不能超过4 ps,rms，我们可以将环路带宽减少多少？

9.16 式(9-23)与K_{VCO}不相关。假设我们将K_{VCO}加倍。如何调整环路参数，使ζ和$S_{\phi,p}$保持不变？

9.17 考虑式(9-23)。如果将M和PLL输出频率减半，并保持K_{VCO}是恒定的。说明如何调整环路参数才能使ζ保持不变？还可以保持$S_{\phi,p}$不变吗？

9.18 假设图9-28a中的V_{in}占空比为50%。说明如果XOR门中的PMOS器件比NMOS器件更弱些，V_{out}会发生什么变化？这种效应是否会在V_{out}中产生杂散？

9.19 如果图9-28中的一个反相器显示出不相等的上升和下降时间，重复上一题。

9.20 考虑图9-33b中的锁存器。目标是确定NMOS器件必须如何调整尺寸，才能确保它们能够改变状态。为简单起见，假设$W_1=W_2=W_5$。当D和CK均位于V_{DD}时，节点X_1必须被拉低到$V_{DD}-|V_{THP}|$，来使M_4导通并开始再生。通过平方律公式，用一个饱和状态下的晶体管对M_1和M_5进行建模，求出W_1的可接受的最小值。

参考文献

[1]. A. Homayoun and B. Razavi, "Analysis of phase noise in phase/frequency detectors," *IEEE Trans. Circuits and Systems - Part I*, vol. 60, pp. 529-539, March 2013.

第 10 章 |Chapter 10|

数字锁相环

前几章中研究的 PLL 架构可以被视为是“模拟”实现，如 PFD 的输出信息、电荷泵的输出电流、控制电压以及 VCO 输出的相位均为模拟量。换句话说，环路中的信号没有被数字化。相比之下，“数字锁相环”(DPLL)，也被称为“全数字锁相环”，是模拟和数字功能的组合。与其纯模拟的实现相比，这种实现具有一些优势，因此得到了广泛应用。

在本章中，我们将介绍数字锁相环设计的原理。在开始学习本章前，读者可以先复习第 7 章和第 8 章的知识。

10.1 基本思想

在一些应用中，PLL 需要工作在较低的参考频率和/或较窄的环路带宽下。由于这个环路带宽可近似为 $2.2\,\omega_n = 2.2\sqrt{I_p K_{VCO}/(2\pi M C_1)}$ (对于 $\zeta = 1$)，因此可以通过增大 C_1 来减小带宽(如果 ζ 必须保持不变的话，则同时减小 I_p)，这需要较大的片上电容。

为了理解其中的难点，考虑一个用于产生蓝牙接收机所使用的 2.4 GHz 输出频率的锁相环，其参考频率为 1 MHz。假设 $K_{VCO} \approx 400$ MHz/V 且注意到 $M = 2400$。为了实现 $2.2\omega_n \approx 2\pi(100$ kHz$)$的带宽，可以选择 $I_p = 50$ μA 的电流，得到电容 C_1 的大小为 102 pF。

作为一种替代方案，我们可以考虑在数字域实现环路滤波器，并预期它能占用更小的面积。因此，我们需要思考如何修改 PLL 的结构，以适应数字滤波器。我们可以预测到：①滤波器的输入必须是数字的，从而决定了 PFD 输出的相位误差是被数字化的；②滤波器的输出是数字的，从而需要对振荡器的频率进行数字化控制。

根据上述这些思考，可以得到图 10-1a 中的转换。在数字 PLL 中，PFD 的输出信息被数字化(通过一个“量化器”)，然后应用于滤波器。同样，滤波器的输出被一个数字-模拟转换器(DAC)转换成模拟量，然后再传送给 VCO。反馈支路上的分频器则不需要修改。

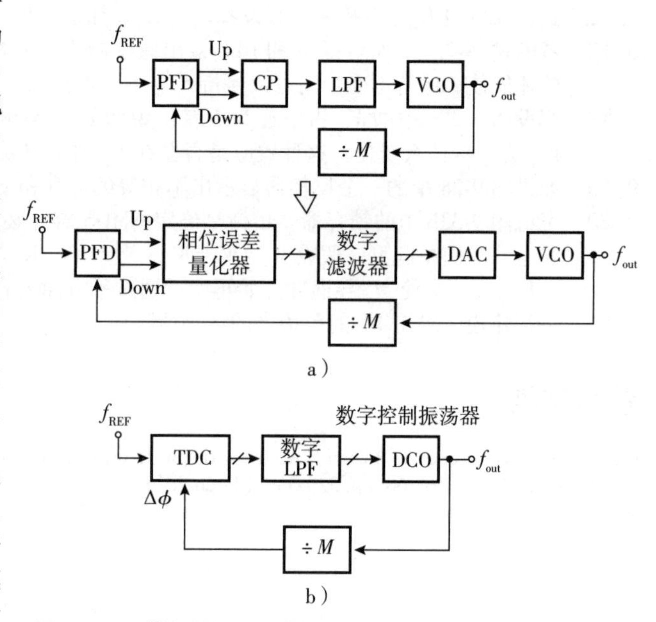

图 10-1 a)模拟锁相环到数字锁相环的转换；b)实际的数字锁相环的实现

图 10-1a 中的 DPLL 通常会以图 10-1b

所示的更加紧凑的形式实现，其中将 PFD 和量化器合并，称为时间-数字转换器(TDC)；将 DAC 和 VCO 合并，称为数字控制振荡器(DCO)。TDC 将相位差 $\Delta\phi$ 进行数字化，并以数字的表示形式传送到滤波器。

数字锁相环有一些优势。第一，它采用的数字环路滤波器占用的面积更小。没有滤波电容也意味着不需要考虑其漏电流的问题。第二，省去了电荷泵，考虑到我们在第 9 章中所面对的设计困难，这是一个巨大的优势。第三，正如第 12 章中所解释的，分数锁相环路中 $\Delta\Sigma$ 调制器的噪声可以被更加精准地消除。第四，对于很大范围的分频比 M，通过简单地调整环路滤波器的参数，就可以保证环路稳定性。例如，这一特点对于微处理器很有用，因为它们必须根据当时的计算任务量，运行在很多不同的频率上，这要求时钟生成 PLL 支持很宽的频率范围。

数字锁相环也有一些缺点。如在本章稍后要讨论的，它们引入了额外的相位噪声和抖动。并且图 10-1b 中的 TDC 和 DCO 面临着严重的模拟方面的设计挑战。

从图 10-1b 明显看出，DPLL 包含了模拟-数字转换(发生在 TDC 中)和数字-模拟转换(发生在 DCO 中)。因此，环路的设计有很多基于 ADC 和 DAC 的概念。在下一节我们将简单回顾一下前者，10.7.2 节将会讨论后者。

10.2 ADC基础知识

10.2.1 量化

ADC，或者更具体地说，一个量化器，可以产生与其输入的模拟量成正比的数字输出。量化器是将一个连续幅度的信号转换为一个离散幅度的信号。图 10-2a 所示为一个理想量化器的输入-输出特性。当输入的模拟量增加 $\Delta=1$ LSB 时，输出的数字量也会增加 1。量化器的*增益*可以定义为输入-输出特性曲线的斜率。

图 10-2 还展示了一个频率为 f_{in} 的正弦输入通过量化器转换的过程。我们如何评估输出的非理想性呢？我们能否说量化器向输入信号中引入了噪声？严格来说，这样的说法是不准确的。由于输入是周期性的，而且系统是时不变的，因此输出也是周期性的，这使我们可以对其进行傅里叶级数展开。换句话说，经过量化的正弦信号只包含谐波——实际上这些谐波一直可以延伸到很高的次数(见图 10-2b)。

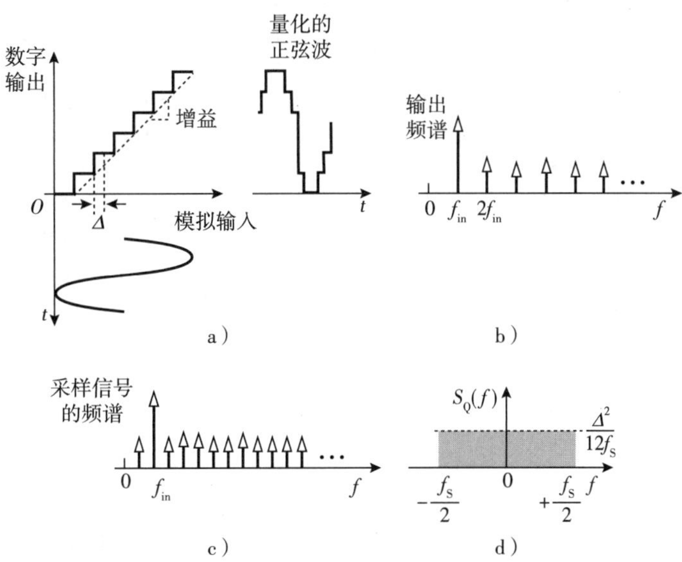

图 10-2 a)感测正弦信号的量化器；b)量化器的输出频谱；c)采样信号的频谱(为了简便，f_S 没有显示)；d)近似为连续平坦频谱

假设以 f_S 对图 10-2a 中量化过的信号进行采样。如果 f_S 比 $2f_{in}$ 略大(以满足奈奎斯特采样定理)，谐波分量会发生严重的混叠(见图 10-2c)。所得的采样信号包含大量紧密间隔的杂音，可以近似为一个从 $-f_S/2$ 到 $+f_S/2$ 的连续平坦的频谱(见图 10-2d)。频谱密度等于 $\Delta^2/(12f_S)$，总的量化噪声功率为 $\Delta^2/12$[⊖]。值得关注的是，提高 f_S 可以降低频谱密度，但并不会改变总的噪声功率。

⊖ 这个近似值表明，输入信号波动偶尔会大到足以达到 3Δ 或 4Δ。

10.2.2 快闪型ADC

回忆一下图10-1b，时间-数字转换器量化的是相位差。为了便于理解，我们首先从电压量的量化器开始学习。如何产生与模拟电压对应的数字值？图10-2a中的特性曲线提示我们需要一组等间隔的参考电压，V_1，…，V_n，以便当V_{in}超过V_1时，D_{out}跳到0001，当V_{in}超过V_2时，D_{out}跳到0010，以此类推，如图10-3a中所示。我们还需要可以将V_{in}与这些参考电压进行比较的方法。

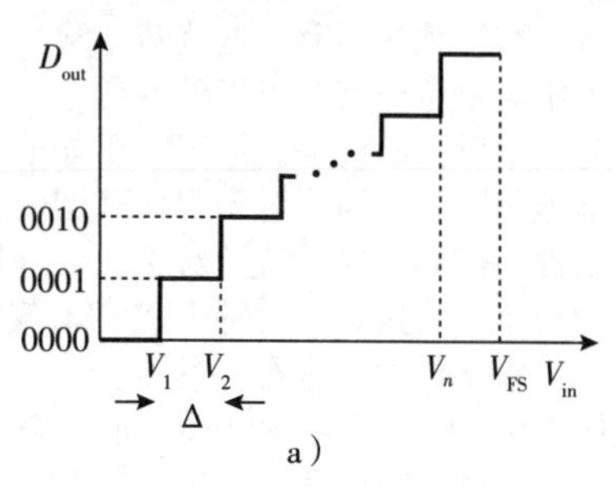

根据前面的分析，可以得到图10-3b所示的快闪型(flash) ADC。在该结构中，从V_{FS}到0之间连接有一个电阻阶梯(resistor ladder)，其产生了2^m-1个等间隔的参考电平，2^m个比较器将V_{in}与V_1，…，V_n进行比较。V_{FS}被称为“满量程”范围，代表ADC在未饱和的状态下可以检测的最大输入电压值。所有的比较器在同一时刻触发，以便完成采样。我们可以看到，当V_{in}从0变化到V_{FS}时，比较器的输出也从$B_1B_2\cdots B_n=00\cdots0$变化到$11\cdots1$。例如，如果$V_j<V_{in}<V_{j+1}$，则$B_1\cdots B_j$等于1，剩下的输出等于0。我们可以说$B_1\sim B_n$形成了温度计码，因为1的数量就像酒精温度计中酒精的高度一样增加。译码器将此输出转换为二进制(或格雷)码。比较器发生翻转的输入电平被称为判断阈值。比较器在设计时要保证其输入参考失调电压小于Δ。

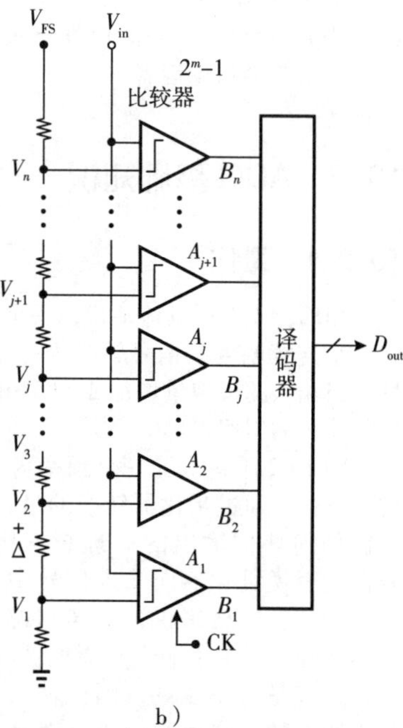

图10-3 a)电压量化器的输入-输出特性；b)快闪型ADC架构

例10-1 假设图10-3b中的比较器A_{j+1}的输入参考失调电压为$\Delta/2$，说明它的输入-输出特性是如何变化的。如果失调电压小于$-\Delta$的话，其温度计码会发生什么变化？

解： 当失调电压为$\Delta/2$时，该比较器的判断阈值电压从V_{j+1}变化为$V_{j+1}+\Delta/2$(见图10-4a)。如果失调电压比$-\Delta$更小的话，阈值将会转移到低于V_j。也就是说，当V_{in}从0开始增加时，A_{j+1}比A_j先翻转。因此，对于$V_j<V_{in}<V_{j+1}$，温度计码为…11110100…(见图10-4)。在译码器对温度计码进行译码时，位于1之间的0可能会造成很大的误差，这被称为“气泡”。由于这一原因，在译码器之前需要加入一些气泡移除算法。后面将会提到一种方法，我们可以简单地数温度计码中“1”的个数来译码，以便在气泡存在时也能得到正确的结果。

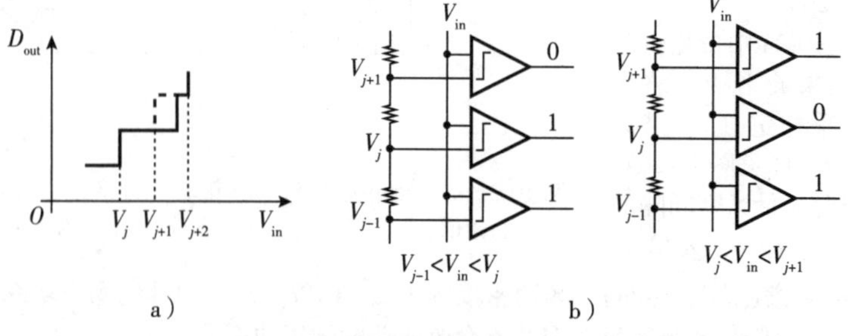

图10-4 a)0.5 LSB的失调电压产生的影响；b)由于过大的比较器失调在快闪型ADC输出中产生的气泡

10.2.3 插值法

图 10-3b 中的快闪型 ADC 架构中的每一级中的比较器通常会采用一个差分对伴随一个锁存器(见图 10-5a)。锁存器 1 根据 $V_{X1}-V_{Y1}$ 的极性，产生一个逻辑输出 B_1。锁存器 2 也是类似的工作原理。为了实现 m 位的分辨率，ADC 会对模拟输入用 2^m 个差分对加载[⊖]。通过插值法可以减少使用的差分对的数量。

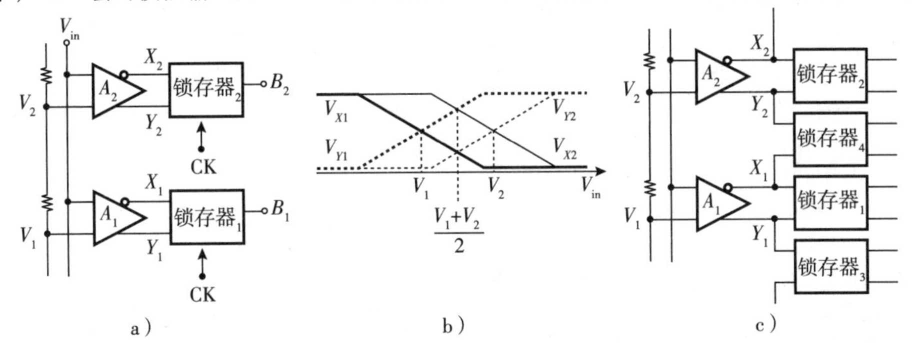

图 10-5 a)快闪型 ADC 的一部分，显示了每个比较器中的信号路径；b)中间点电压作为 V_{in} 的函数曲线；c)插值法网络

为了理解这一概念，我们首先分析当 V_{in} 从低于 V_1 变化到高于 V_2 时，差分输出 X_1、Y_1、X_2 和 Y_2 的情况。我们知道，V_{X1} 和 V_{Y1} 在 $V_{in}=V_1$ 处交叉，V_{X2} 和 V_{Y2} 在 $V_{in}=V_2$ 处交叉(见图 10-5b)。但是通过注意到 V_{X1} 和 V_{Y2} 在$(V_1+V_2)/2$ 处交叉(V_{Y1} 和 V_{X2} 也一样)，这一特点可以为我们提供额外的有用信息。换句话说，如果我们采用一个锁存器来感测 V_{X1} 和 V_{Y2}，就能确定 V_{in} 是小于还是大于$(V_1+V_2)/2$。图 10-5c 所示的结构被称为插值快闪型 ADC，这一结构在不需要两倍数量的差分对的情况下，就可以提供两倍的分辨率。例如，一个 5 bit 的插值型量化器可以采用 16 个差分对和 31 个锁存器实现。在习题 10.2 中，我们将研究这一结构中比较器偏移的影响。

10.3 时间-数字转换

DPLL 必须将输入的模拟相位误差转换为数字量。图 10-6 所示为其工作原理的概念图。TDC 检测两个具有 T_D 相位差的周期性的输入信号，生成一个与之成正比的数字输出 D_{out}。我们将模拟 LSB 的长度记为 Δ。该特性曲线的斜率等于 $1/\Delta$。

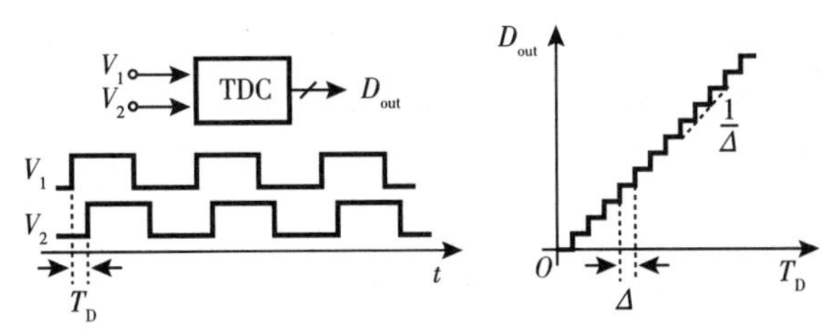

图 10-6 时间-数字转换器及其输入-输出特性

图 10-3a 和图 10-6 中特性曲线的相似性表明，电压域的量化技术也可以拓展到时间域。该观点是下面一节的基础。

10.3.1 基础 TDC 拓扑结构

我们如何量化图 10-6 中 V_1 和 V_2 之间的相位差呢？回忆一下，在 10.2.2 节中，快闪型 ADC 级将输入电压与一组等间隔的参考电压进行比较。在 TDC 的例子中，我们必须生成等间隔的参考时间，即

⊖ 或者，如果不需要与 0 或 V_{FS} 进行比较，则使用 2^m-1 个差分对。

边沿。为此，我们可以将 V_1 施加到一个单位延迟为 Δ 的延迟线路上（见图10-7a）。延迟副本 V_{1a} 等的边沿可以作为快闪转换的参考。接下来，我们必须将 V_2 的相位与这些参考进行比较；换句话说，我们必须确定 V_2 的上升沿是在 V_1 和 V_{1a} 的上升沿之间，还是在 V_{1a} 和 V_{1b} 的上升沿之间，等等。这可以通过图10-7b所示的一组D触发器来实现。在该TDC中，当 V_2 升高时，触发器对 V_1 及其延迟后的副本的逻辑值进行采样，生成一个温度计码 $Q_1Q_2\cdots Q_n$。例如，图10-7c中，如果 V_2 的上升沿在 $t=t_0$ 到达，则对应的输出码为11100。

在图10-7b中，输入信号之间的相位差会随着它们向右的传播而减小。具体来说，假定 V_1 和 V_2 的时间偏差是 T_1。经过 m 个延迟级后，V_1 移动了 $m\Delta$，而 V_2 没有移动，因此第 $(m+1)$ 个触发器处的延迟差等于 $T_1-m\Delta$。

认识到图10-3b所示电压量化器和图10-7b所示的时间量化器之间的相似性是很有意思的。两者都产生了一组参考，将输入与这些参考进行比较，然后生成一个温度计码。值得注意的是，该TDC结构的分辨率 Δ 不能小于一个门延迟，例如，在40 nm CMOS工艺中 Δ>10 ps。

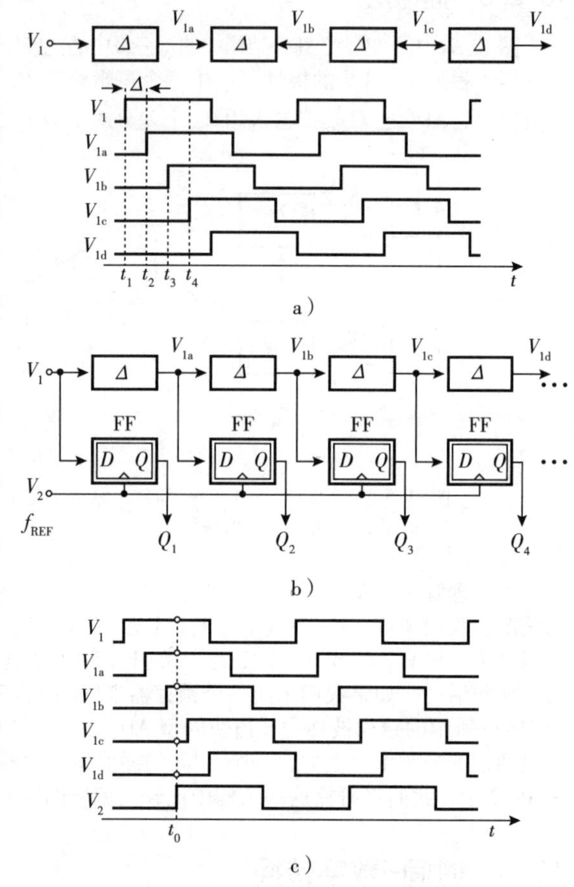

图10-7 a）一个简单的延迟线路；b）一个TDC，其中由 V_2 驱动的触发器对 V_1 延迟的副本进行采样；c）电路的波形

例10-2 一位工程师设计了图10-7b中的TDC，其中两个一样的反相器作为 V_1 和 V_2 的缓冲器（见图10-8）。然而，这两个反相器看到的负载不同。说明这种非对称性对性能的影响。

解： 可以看到，Inv_1 的负载是一个延迟单元和一个触发器，而 Inv_2 的负载是多个触发器。因此，V_2 引起的延迟更大。该延迟偏差即为 $V_{1,in}$ 和 $V_{2,in}$ 之间的静态相位偏移。

例10-3 假设图10-7c中 V_1 和 V_2 间的相位误差有相反的符号，但相对较小，也就是说，V_2 的上升沿比 V_1 的靠前。分析TDC的输出并画出整个TDC的特性曲线。

解： 如图10-9a所示，该情况下 V_2 只采样到0值。图10-9b是TDC的总特性曲线，对于负的相位误差表现为零增益。

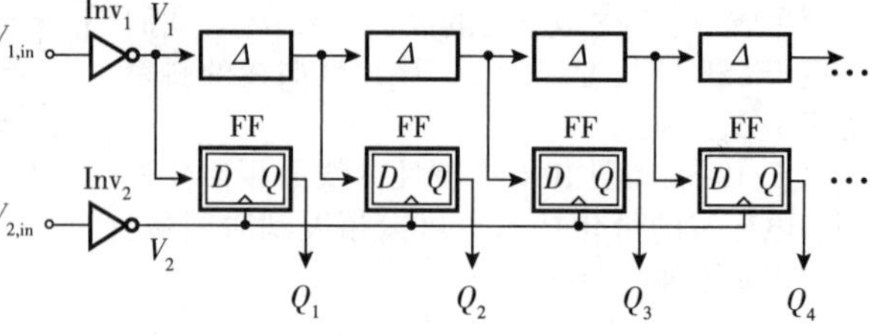

图10-8 扇出不平衡对TDC的影响

图10-9b中TDC的零增益是我们所不希望出现的，因为它会导致环路增益为零。换句话说，例如，如果VCO的抖动累积，导致 T_D 向负方向移动，锁相环不会产生反馈信号来修正它。为解决这一问题，我们可以添加另一个TDC，将 V_1 和 V_2 的角色交换；也就是说，V_2 是延迟的，V_1 执行采样（见图10-10a）。然后从第一个数字输出中减去第二个数字输出，就得到了一个既有正值也有负值的输出码。

图10-10a中TDC的特性曲线在 $T_D=0$ 附近仍然表现出零增益，这会使得PLL输出累积抖动多

至±Δ 都没有被修正。为了避免这种现象，我们希望精确到在 $T_D=0$ 处产生增益。假设我们只需在 TDC 右半边生成的数字码中添加 1 LSB。第一象限的特性曲线会被上移 1 LSB，从而在 $T_D=0$ 处具有向上的转变。类似地，我们可以在 TDC 左半边的输出中减小 1 LSB。如图 10-10b 所示，所得传递函数在原点处具有了高的增益。

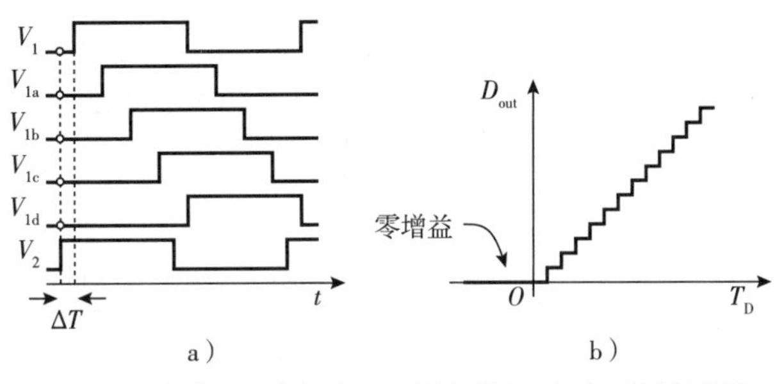

图 10-9 a)相位误差为负时 TDC 的波形图；b)对应的特性曲线

另一种避免零增益区域的方法如图 10-10c 所示，其中对应于某一个特定的相位误差 T_1，数字输出被设定为零值。因此，无限的环路增益会迫使系统锁定在 $T_D \approx T_1$ 处，从而尽量减小表观误差 D_{out}。这时，如果相位围绕 T_1 的波动小于 T_1，则 TDC 传递函数仍保持线性的。这一解决方案确实导致输入和反馈信号之间存在 T_1 的相位偏移，这在定时应用中是一个重要的问题，但是在射频频率综合器中却并不是。

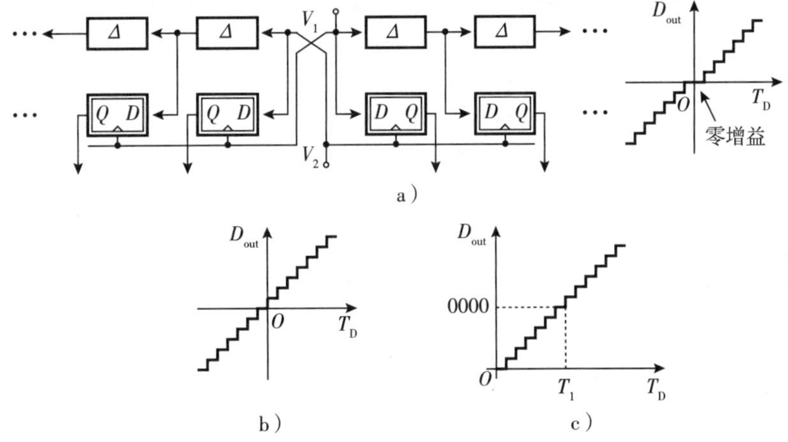

图 10-10 a)使用两个 TDC 来避免图 10-9b 中的零增益区域；b)优化后的特性曲线避免了 $T_D=0$ 附近的零增益；c)另一种替代方法

图 10-7b 中的 TDC 可以作为一个鉴相器，但是不能提供关于 V_1 和 V_2 之间的频率差信息。该问题可以通过结合一个频率追踪电路来解决。例如，第 9 章中描述的锁定检测器，可以产生一个与频率误差成正比的数字输出。将它与 TDC 并行放置，可以将该信息传递给环路滤波器。

例 10-4 鉴于 TDC 的输出都假定是离散值，试解释 DPLL 是如何锁定的。

解： 环路会倾向于以零相位差锁定。实际上，振荡器的时钟抖动会造成 T_D 的波动，使 D_{out} 偶尔会变为一个非零值。如图 10-11 所示，如果振荡器的相位波动超过了 $+\Delta$ 或 $+2\Delta$，则 D_{out} 就会分别变为 0001 或 0010。类似地，T_D 也会随机波动到负值，从而使 T_D 的平均值为零。

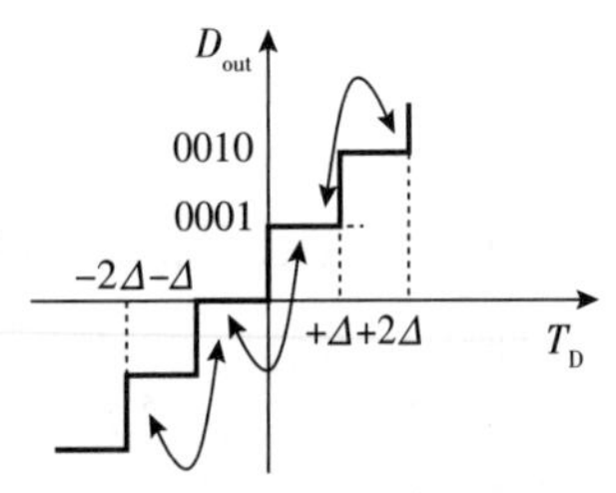

图 10-11 DPLL 锁定时 TDC 数字输出的跳变

10.3.2 量化噪声的影响

由于 TDC 是用数字量近似模拟相位误差，因此它会在相位域中引入量化噪声。回到 10.2.1 节中的噪声计算，可以发现对于 Δ 的 LSB，转化为总噪声功率为 $\Delta^2/12$。我们同样可以认识到，图 10-7b 中的 TDC 以 f_{REF}

的速率对相位进行采样，其具有从$-f_{REF}/2$到$+f_{REF}/2$，大小为$\Delta^2/(12f_{REF})$的噪声频谱密度[⊖]。为了计算对应的相位频谱，我们需要将 Δ 除以 T_{REF}，并将结果乘以 2π，从而得到$(2\pi\Delta/T_{REF})^2/(12f_{REF})$(见图 10-12)。这一噪声在 PLL 的输入端产生，经历环路的低通传递函数后出现在输出相位。也就是说，TDC 的带内相位噪声会被乘以环路分频系数的平方。

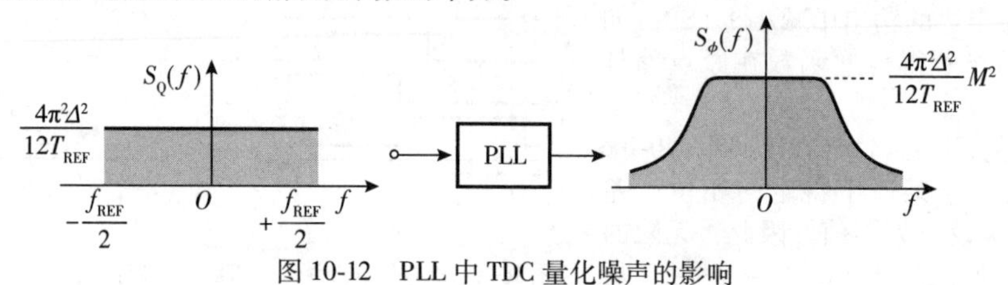

图 10-12　PLL 中 TDC 量化噪声的影响

例 10-5　一个 5 GHz WiFi 频率综合器工作在$f_{REF}=20$ MHz。如果$\Delta=10$ ps，试确定由于 TDC 引入的输出带内相位噪声。

解：TDC 相位噪声频谱的高度为$4\pi^2\Delta^2/(12T_{REF})=6.58\times10^{-15}\text{Hz}^{-1}=-142$ dBc/Hz。由$M=250$，可以得到

$$S_{\phi,\ out}(f)=-94\ \text{dBc/Hz} \tag{10-1}$$

这一计算结果假定 TDC 的输入误差偶尔会达到几个 Δ。如果 VCO 时钟抖动有接近该值的峰值的话，这种情况是会发生的。而在具有恒定的 M 的简单 PLL 中，该结果可能会高估相位噪声。读者可以参见图 10-10b，对于 V_1 和 V_2 间较小的抖动，T_D 不会超过±Δ。

例 10-6　如果例 10-5 中的频率综合器的闭环带宽为 2 MHz，试确定由 TDC 的量化噪声导致的总输出抖动。假设$\zeta\geqslant1.5$。

解：根据式(8-44)，对于$\zeta\geqslant1.5$，环路可以被近似为单极点系统，由输入参考噪声引起的输出抖动可以表示为

$$\Delta t_{rms}=\frac{1}{2\pi}\sqrt{\pi M^2S_0f_{-3dB}T_{out}} \tag{10-2}$$

在这种情况下，$M^2S_0=4\pi^2\Delta^2M^2/(12T_{REF})$，可以得到

$$\Delta t_{rms}=\sqrt{\frac{\pi}{12}\frac{f_{-3dB}}{f_{REF}}}\Delta \tag{10-3}$$

由$f_{-3dB}=0.1f_{REF}$，可得

$$\Delta t_{rms}\approx0.162\Delta \tag{10-4}$$

$$\approx1.62\ \text{ps} \tag{10-5}$$

上面的例子表明，$\Delta=10$ ps 或许对于 WiFi 应用是不够的，因为 VCO 和参考的噪声贡献还会进一步提升Δt_{rms}。在诸如 GSM 或宽带 CDMA 收发机中，这一问题会变得更加严重。这里主要的难题是 Δ 的下限等于工艺决定的最小门延迟。我们将会在 10.5 节中讨论这一问题。

10.3.3　TDC 的动态范围

除了 LSB 的长度，我们还对 TDC 在非饱和情况下能够处理的总输入范围(满量程)感兴趣。如图 10-13 所示，该范围 T_{FS} 和最小量化步长(LSB)Δ 的比值决定了图 10-7b 的电路中所需要的延迟单元

⊖　这些计算假设 TDC 输入相位误差是随机变化的，偶尔达到几个 Δ 的值。

的数量。最小可接受的 T_{FS} 值取决于 PLL 架构：①在简单的(整数锁相)环中，T_{FS} 必须能够覆盖预计的相位偏移以及振荡器峰-峰值抖动；②在分数锁相环中，T_{FS} 必须是比该数值再多几个振荡器的周期的值(见第 12 章)。

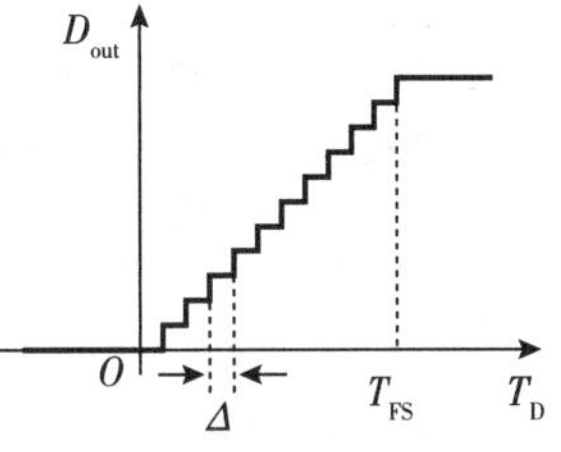

图 10-13 TDC 的特性曲线，超过 T_{FS} 时出现饱和

例 10-7 假设例 10-5 中的 5 GHz 频率综合器所需要的 TDC 输入范围为三个振荡器周期加上 10 ps，pp 的振荡器时钟抖动。TDC 中需要多少个延迟单元？

解： 图 10-13 中 T_{FS} 的值等于 3×200 ps+10 ps=610 ps。对于 Δ=10 ps，TDC 至少需要 122 个延迟单元和触发器(回忆一下 TDC 必须同时检测正负相位误差)。由于 10 ps 的分辨率在大多数情况下是不够的，所以这个数必须更大。

10.3.4 TDC 的非理想性因素

除了分辨率受到工艺限制外，图 10-7b 中的简单 TDC 结构还存在一些在设计过程中必须考虑的非理想性因素。

首先，延迟 Δ 随 PVT 会变化很大，这会成比例地影响 TDC 的特性曲线。例如，反相器的延迟在跨 PVT 工艺角下会变化约两倍。这里的困难有两个方面：①如果单位延迟 Δ 落在 FF 工艺角，图 10-13 中的总延迟范围 T_{FS} 可能会不够；②如果 Δ 位于 SS 工艺角，那么相位噪声和抖动将可能不满足指标。因此，TDC 必须被“过设计”以满足以下两点：①FF 工艺角下最小的 T_{FS} 等于需要的输入范围；②SS 工艺角下最大的单位延迟 Δ 不超过所需要的值。前者意味着例 10-7 中的延迟单元和触发器的数量必须接近原来的两倍，以适应 FF 工艺角。或者，我们可以使用校准来保证单位延迟保持在所需值附近。这可以通过在 DLL 中放置一个复制的延迟链路来实现(见第 13 章)。

其次，TDC 中的延迟失配会使转换失真。例如，图 10-7b 中的 Δ 值出现失配，正如快闪型 ADC 的阶梯(ladder)中的电阻一样，该失配会在输入-输出特性曲线中引入非线性(见图 10-14)。这种影响在分数 N 频率综合器中将尤其成问题，因为它会将高频的噪声折叠(见第 12 章)，甚至会产生杂散。

第三，信号通过延迟链路传播会积累相噪。如果反相器的输入和输出转变都足够快，则反相器本身的相噪可以忽略。但是如下边这个例子所示，电源噪声的影响可能会非常显著。

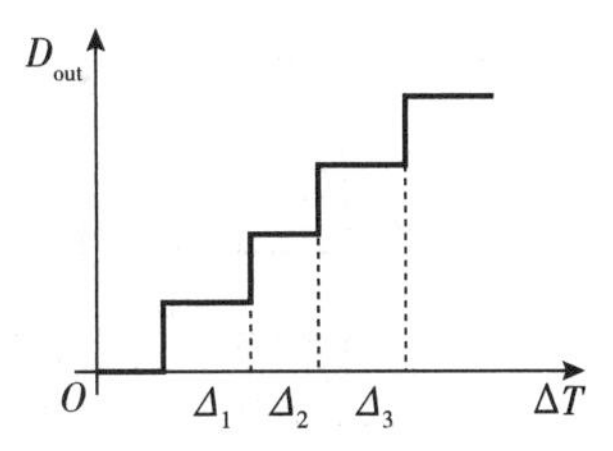

图 10-14 延迟失配对 TDC 特性曲线的影响

例 10-8 电源噪声 $V_{DD}(t)$ 如何影响 TDC 中的延迟链路？

解： 电源噪声会调制单位延迟 Δ。针对单个延迟单元，可以定义一个电源灵敏度指标，$K_{DD}=\partial\Delta/\partial V_{DD}$，其中 K_{DD} 单位是 rad/V。则对于 n 个单元的延迟链路，灵敏度为 nK_{DD}。按照下面的公式，可以将电源噪声转换为相位调制：

$$V_{out}=V_0\cos[\omega_{REF}t+nK_{DD}V_{DD}(t)] \tag{10-6}$$

也就是说，电源噪声的影响在延迟链路上线性地累积，并将相位噪声叠加到了等效输入端。另外一个考虑因素就是 $V_{DD}(t)$ 会调制图 10-13 中 TDC 的总延迟范围 T_{FS}，相当于改变了 TDC 的增益。如图 10-15a 所示，当 $V_{DD}(t)$ 减小时，Δ 和 T_{FS} 会增加，TDC 的增益会减小，反之同理。

让我们也考虑一个准差分延迟线路(见图 10-15b)。我们会发现，电源波动会引起两个延迟链路中相同程度

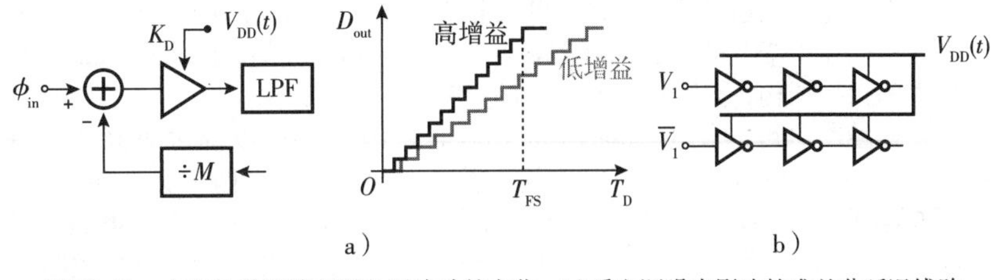

图 10-15 a)TDC 增益随电源电压波动的变化；b)受电源噪声影响的准差分延迟线路

的延迟变化。因此，准差分的工作模式并不能减轻电源噪声的问题。

第四，TDC 的非理想性与图 10-7b 中的延迟单元和触发器的偏移有关；这两个影响与图 10-3b 中快闪型 ADC 中比较器的偏移类似。为了理解这一点，考虑图 10-16a 中的情形，其中 V_{OS1} 和 V_{OS2} 分别代表一个延迟单元和一个触发器的输入参考失调电压。注意，即使对于单端电路也可以定义失调：例如，V_{OS1} 只是代表该延迟单元的输入阈值(trip point，触发点)相对于另外一个延迟单元的阈值发生了移位。对于有限的上升和下降时间，电压失调可以转换为时间偏移。例如，如图 10-16b 所示，由于 V_a 向下移位了 V_{OS1}，因此 V_a' 晚了 t_{OS1} 片刻才发生转变，其中 $t_{OS1}=V_{OS1}/r$，r 是输入信号的压摆率。因此，这一延迟单元具有 $\Delta+V_{OS1}/r$ 的单位延迟。对于 1 V 的电压摆幅，上升时间为 10 ps，$V_{OS1}=20$ mV，可以得到 $t_{OS1}=0.2$ ps。

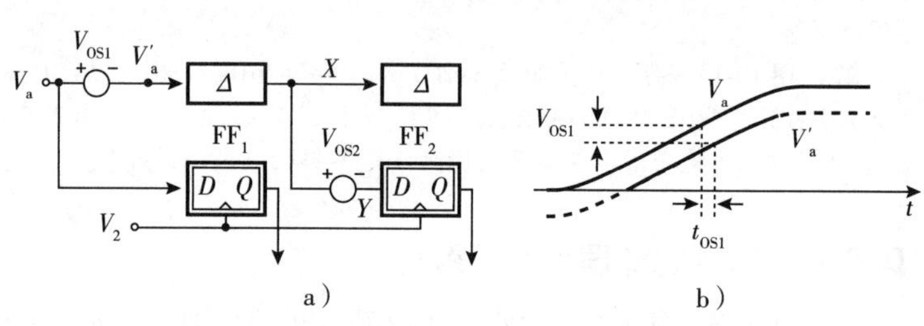

图 10-16 a)包含电压失调的 TDC；b)由电压失调到延迟失配的转换

这里的关键点是，TDC 不能被视为是一个简单的数字电路：压摆率不仅影响其固有的相位噪声，而且会将电压失调转换成时间偏移。因此，必须仔细设计 TDC 的器件尺寸和版图布局，以控制这些非理想性因素。

例 10-9 类比图 10-3b 中的快闪型 ADC，TDC 是否会有气泡问题?

解：是的，TDC 也会有气泡问题。考虑图 10-17a 中的 TDC，其中 V_{OS2} 是负的，导致 V_Y 的上升沿比理想情况晚。如果 $t_{OS2}>\Delta$，V_b 会在 V_Y 之前变高(见图 10-17b)，造成输出的温度计码为 10100。基于这个原因，我们通常会在 TDC 之后增加气泡校正逻辑(见 10.4 节)。

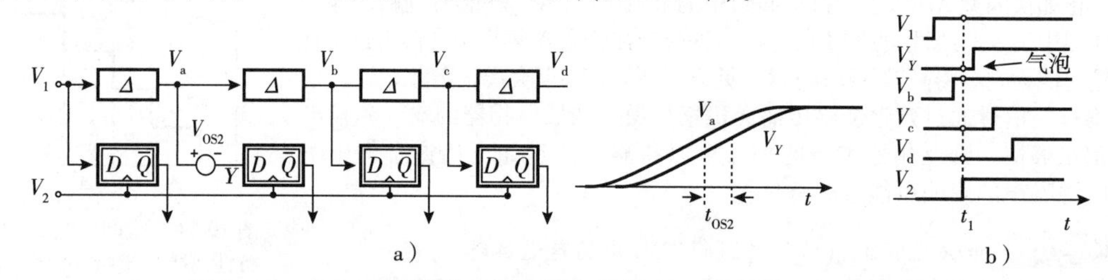

图 10-17 a)TDC 中触发器电压失调的影响；b)在输出码中产生的气泡

10.4 晶体管级 TDC 设计

在本节中，我们将图 10-7b 中的简单 TDC 电路以晶体管级实现。即使例 10-8 中所介绍的由于电源噪声引起的延迟调制依然存在，互补信号和准差分电路通常也是值得使用的。

延迟单元可以通过简单、快速的反相器实现。延迟链路的设计必须处理两个问题：①随机和确定性失配必须在 1 个 LSB 以下，这需要合适的尺寸和仔细的版图布局；②必须使用 LDO 或者选择噪声容限更大的拓扑结构，来降低电源噪声的影响。

采样触发器可以使用 StrongArm 锁存器，因为它可以提供更高的灵敏度和更小的偏移[1-2]。如图 10-18a 所示，该锁存器包括一个输入差分对(M_1-M_2)、两个交叉耦合对(M_3-M_4 和 M_5-M_6)以及四个预充电开关(S_1~S_4)。假设 $V_{in1}>V_{in2}$，我们分四个阶段来研究该电路。当 CK 为低电平时(阶段 1)，全部三对均关断，节点 X、Y、P 和 Q 被预充电至 V_{DD}。因此，M_3~M_6 关断。当 CK 变为高电平时(阶段 2)，M_{CK} 导通，M_1 和 M_2 开始从寄生电容 C_X 和 C_Y 上吸取电流，而 M_3~M_6 保持关断状态(见图 10-18b)。

此时，因为$I_{D1}>I_{D2}$，所以V_X和V_Y以不同的速率下降。通过合理地选择g_{m1}、g_{m2}、C_X和C_Y，在此阶段该电路能够提供$(V_X-V_Y)/(V_{in1}-V_{in2})$的电压增益(见习题10.9)。这是可能实现的，因为V_X和V_Y从V_{DD}开始下降，在等于$V_{DD}-V_{in1}+V_{THN}$的电压之后，M_1(或M_2)才进入线性区。换句话说，输入晶体管将处于饱和状态一段时间。

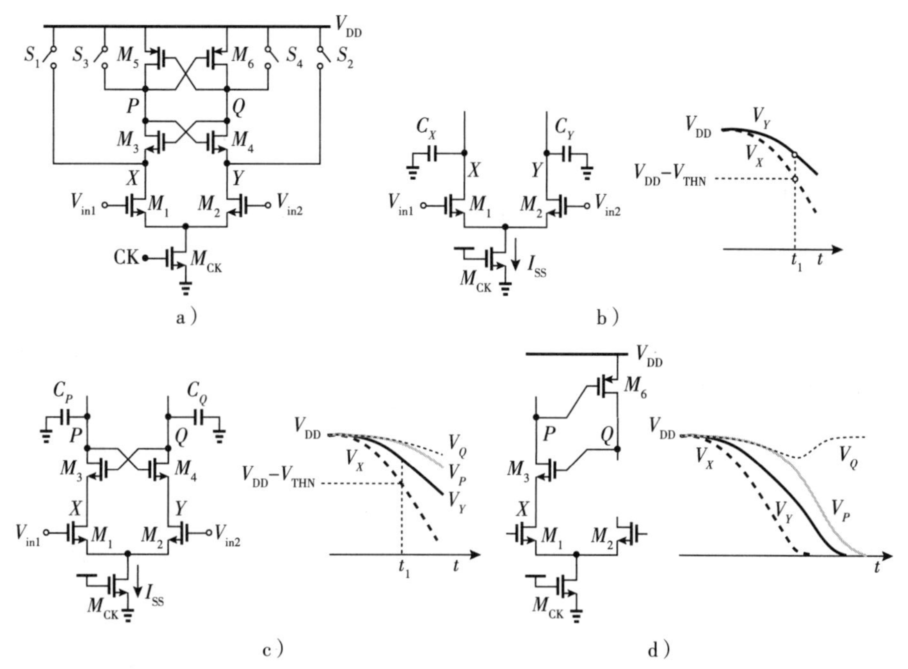

图10-18 a)StrongArm锁存器；b)第一个放大阶段中电路的行为；c)第二个放大阶段中电路的行为；d)最终由PMOS器件实现再生

如图10-18b所示，当V_X和V_Y下降到低于$V_{DD}-V_{THN}$时，M_3和M_4导通(阶段3)，从而从C_P和C_Q汲取电流(见图10-18c)。在该阶段中，M_5和M_6仍然关断，但V_P和V_Q以不同速率下降。这种状态一直持续到这些电压下降至约$V_{DD}-|V_{THP}|$，此时M_5和M_6导通(阶段4)(见图10-18d)。该差分对的再生行为将V_Q充电至V_{DD}并使得V_P降至0。因此M_4也关断了。读者可以自行证明，如果没有M_3和M_4，该电路将在这一阶段产生静态功耗(见习题10.10)。

StrongArm锁存器作为一种鲁棒的采样器，具有相对较小的输入偏移。我们注意到，图10-18b中$t=t_1$处的电压增益等价于削弱了$M_3 \sim M_6$对输入偏移的贡献。类似地，由于M_5和M_6只有在V_X和V_Y相差较大后才导通，因此它们对于输入偏移的贡献可以忽略不计。

例10-10 一些设计者会省略图10-18a中连接至节点X和Y的预充电开关。解释这种配置的缺点。

解：如果没有这些开关，在预充电模式下X和Y达到的是$V_{DD}-V_{THN}$而非V_{DD}(为什么?)。因此在图10-18b中，V_X和V_Y在下降到足以驱动M_1或M_2进入线性区之前所具有的裕度就会很小。也就是说，该电路在此阶段将不能提供足够的增益，从而导致$M_3 \sim M_6$贡献的偏移更加显著。此外，在X和Y节点没有复位操作的情况下，这些节点将保持之前的一些状态，并造成“动态偏移”。

在预充电模式下，StrongArm锁存器在其两个输出端都产生高电平，这不能被视为可以代表输入差异的有效逻辑电平。为了确保后续的逻辑电路在任何时候都能接收到有效信号，我们插入了一个RS锁存器，如图10-19所示。这里，RS锁存器用来存储有效状态，并且只有当P或者Q降至零时才会改变状态。图中的反相器作为缓冲器，也在预充电阶段产生一个低电平，可以在RS锁存器的输入处使用

NMOS 管实现。也就是说，当 StrongArm 锁存器进入预充电模式时，M_7 和 M_8 关断，RS 锁存器保持原状态。这一状态直到 StrongArm 锁存器判决结束，P 或者 Q 变为低电平时才会被改变。

图 10-20 显示的是到目前为止设计的 TDC。准差分延迟线路包含了反相器和测互补输入信号的功能，但是 V_2 是单端的。正如在例 10-8 中提到的，在这种情况下，Δ 仍然对 V_{DD} 很敏感，因为反相器的延迟与 V_{DD} 成反比。

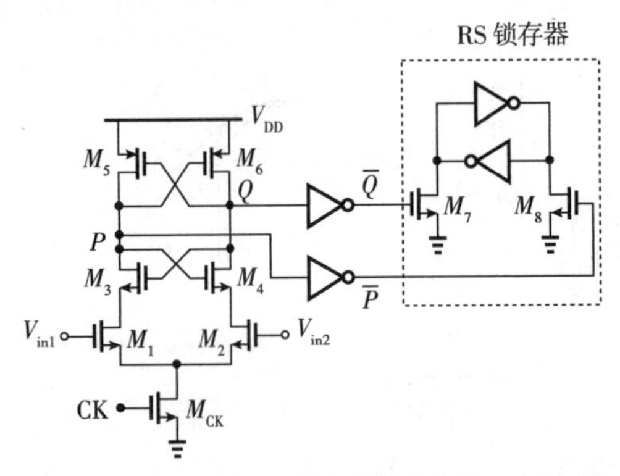

图 10-19 在 StrongArm 锁存器之后使用 RS 锁存器

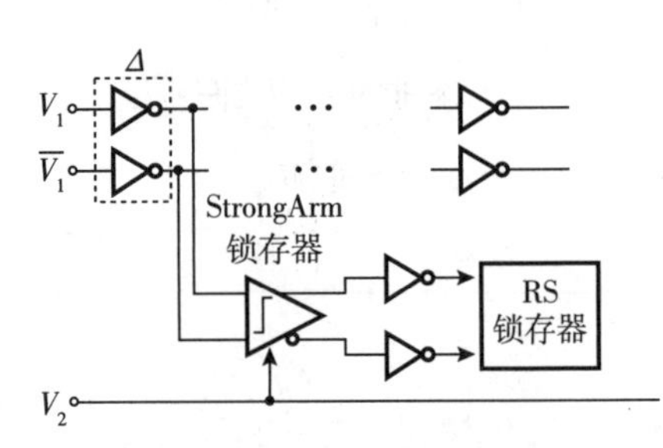

图 10-20 TDC 设计实例

RS 锁存器输出的温度计码现在必须通过气泡修正并转换为二进制码。一种高效的实现方法是将这两项功能合并，设计一种逻辑，产生等于温度计码中“1”的数量的二进制码的输出(见习题 10.12)。例如，如果图 10-7b 中的 TDC 受到“1110100”这种形式的气泡影响(见图 10-21)，则该逻辑通过数“1”的数量而忽略“0”，只产生二进制输出为 4。

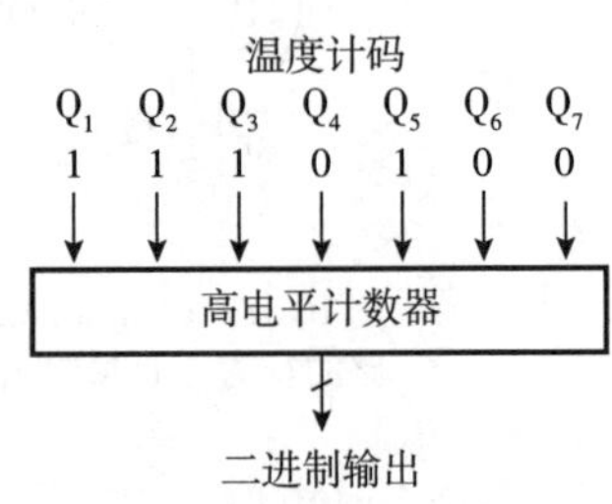

图 10-21 气泡修正和温度计码到二进制码的转换

10.5 优化的 TDC

正如在前几节中观察到的那样，图 10-7b 和图 10-20 中的简单结构 TDC 的分辨率会被工艺的门延迟所限制。对于需要更小延迟步长 Δ 值的应用，我们必须考虑另外一些可替代的结构。

10.5.1 游标型 TDC

一种用来实现比一个门延迟更精细的分辨率的流行方法是使用“游标型”(Vernier)TDC 拓扑结构，如图 10-22 所示[3]。这里，两个输入都会通过延迟线路，但是它们的单位延迟 Δ_1 和 Δ_2 不同。可以发现，经过 m 级延迟之后，V_1 和 V_2 分别被延迟 $m\Delta_1$ 和 $m\Delta_2$。也就是说，它们所对应的触发器看到的延迟差等于 V_1 和 V_2 原始的时钟偏差减去 $m(\Delta_1-\Delta_2)$。因此可以得出结论，该 TDC 实现了 $\Delta_1-\Delta_2$ 的分辨率，且该分辨率不再受工艺门延时的限制。例如，如果 $\Delta_1=15$ ps，$\Delta_2=10$ ps，则其定时分辨率为 5 ps。注意，$\Delta_1-\Delta_2$ 的实际值还需要考虑触发器的数据路径和时钟路径之间的延迟差。例如，在图 10-18a 的 StrongArm 锁存器中，从 $V_{in1}-V_{in2}$ 到输出的延迟比从 CK 到输出的延迟略小一些。如果用 Δ_e 来表示这一差值，则实际上的游标型的延迟间隔等于 $\Delta_1-(\Delta_2+\Delta_e)$。

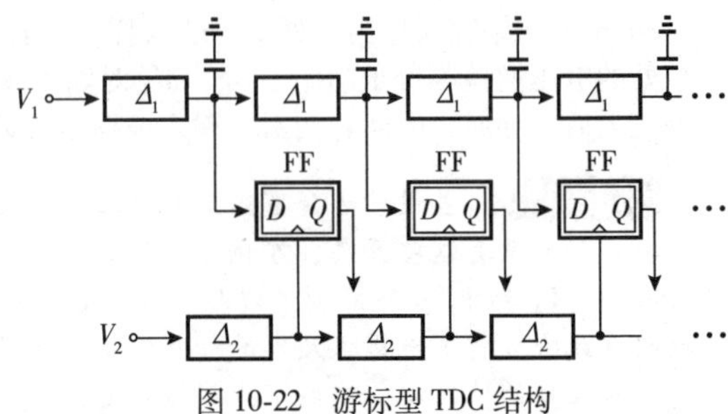

图 10-22 游标型 TDC 结构

那么可以实现多小的 $\Delta_1-\Delta_2$ 呢？在 Δ_1 和 Δ_2 之间存在随机失配的情况下，它们的差可能会改变符号，这是一种不希望发生的情况。在习题 10.14 中，我们将会分析这种误差对于输出的温度计码会有多大的扭曲。最终的结论是，$\Delta_1-\Delta_2$ 必须被设计的比预计的失配要大。

在现实中很难实现 Δ_1 和 Δ_2 之间的差恰好等于所期望的值。例如，考虑图 10-23 中的结构，其中两个反相器是相同的，并通过添加电容 C_1 产生延迟差。随着 PVT 的变化，反相器的驱动能力会发生改变，因此 $\Delta_1-\Delta_2$ 也会改变。

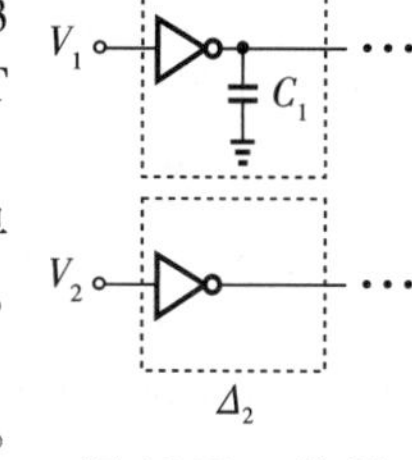

图 10-23 游标型 TDC 示例

尽管游标型 TDC 提供了一个更精细的分辨率，但它也需要成比例地增加延迟单元级和触发器的数量以满足特定的总延迟范围。例如，如果 $\Delta_1=15$ ps，$\Delta_2=10$ ps，那么图 10-22 中每条延迟线路所包含器件的数量是图 10-7b 中的两倍。

将 10.3.4 节中关于非理想性因素的研究扩展到游标型 TDC 也是有指导意义的。第一，分辨率 $\Delta_1-\Delta_2$ 随 PVT 变化，因此需要过设计。所采用的级数即使在 FF 工艺角下也必须能提供所需要的动态范围。而且，$\Delta_1-\Delta_2$ 在 SS 工艺角下必须足够小。第二，如上边解释的，延迟失配不得改变 $\Delta_1-\Delta_2$ 的符号。第三，由于两个延迟链路都会累积相位噪声，使得电路内在噪声和电源噪声都变得更加严重。下面的例子将详细阐述这一点。

例 10-11 对于图 10-22 中的游标型 TDC，重复例 10-8。

解： 设 Δ_1 和 Δ_2 延迟单元的电源灵敏度分别为 K_{D1} 和 K_{D2}，需要认识到，对于反相器来说，如果 $\Delta_1>\Delta_2$，那么 $K_{D1}>K_{D2}$。为了理解这一点，注意 V_{DD} 的改变主要影响反相器的驱动能力。因此，在具有不同电容负载的两个相同的反相器之间，响应 V_{DD} 的改变，较慢的反相器会产生更大的延迟变化。

假设图 10-7b 和图 10-22 分别包含 n 级和 m 级延迟级。后者总的相位调制为 $m(K_{D1}-K_{D2})V_{DD}(t)$，前者总的相位调制为 $nK_DV_{DD}(t)$，两者进行比较。假设 $\Delta_2\approx\Delta$，$K_{D2}\approx K_D$。我们必须使 $m(\Delta_1-\Delta_2)=n\Delta$，以保证两个设计实现相同的总范围。因为 $m=n\Delta/(\Delta_1-\Delta_2)$，这两个相位调制的值分别可以表示为 $[n\Delta_2/(\Delta_1-\Delta_2)](K_{D1}-K_{D2})V_{DD}(t)$ 和 $nK_{D2}V_{DD}(t)$。等价地，我们可以比较 $(K_{D1}/K_{D2})-1$ 和 $(\Delta_1/\Delta_2)-1$（为什么?）。有趣的是，这两个值近似相等，因为 $K_{D1}/K_{D2}\approx\Delta_1/\Delta_2$。换句话说，这两个 TDC 具有相同的电源灵敏度。

游标型 TDC 中 TDC 和触发器偏移的影响与图 10-7b 中简单 TDC 的影响近似。

10.5.2 多路径 TDC

在 TDC 设计中，我们所面临的挑战是如何生成间隔小于一个门延迟的边沿。让我们回到图 10-7b 中的简单 TDC 结构，复制一条延迟线路，同时通过添加一些电容的方式，将第二条延迟线路的第一级的延迟增加 50%（见图 10-24a）[6]。通过观

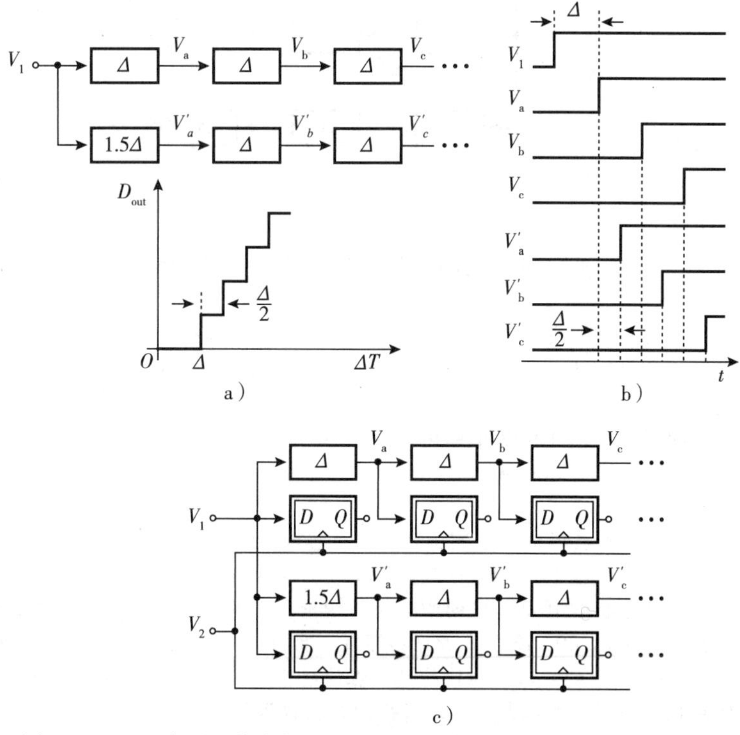

图 10-24 a）两条延迟偏移为 0.5Δ 的延迟线路；b）其内部波形；c）在 TDC 中的应用

察图10-24b中的波形，上下两条路径分别可以提供相对于 V_1 的 $m\Delta$ 和 $1.5\Delta+(m-1)\Delta$ 的延迟。由于下边延迟线路产生的边沿处在上边的中间，因此TDC可以实现两倍的分辨率。图10-24c所示为整体实现结构[6]。只需将二者中"1"的数量进行相加，即可实现两个温度计码的合并。

读者可能会发现，正如在图10-24b中输入-输出特性中展示的那样，V_1 和下一个可用的边沿 V_a 之间的最小延迟仍然是 Δ 而不是 $\Delta/2$。这一问题通过将 V_2 延迟 Δ 即可解决(为什么?)。

例10-12 如果图10-24c中下边的延迟线路中的第一级延迟偏离 1.5Δ 将会发生什么?

解: 这样边沿将不再是均匀间隔，分辨率将会下降。图10-25中的输入-输出特性曲线说明了这一问题，其中的延时等于 1.7Δ。

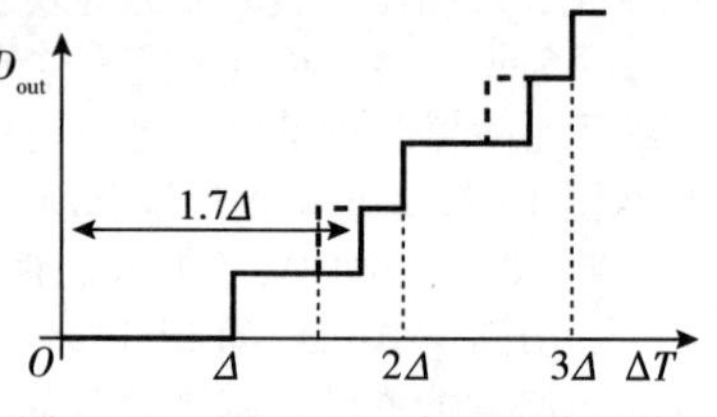

图10-25 图10-24a中延迟偏移偏离 0.5Δ 的影响

如果我们进一步扩展图10-24c中的TDC所用的这种"复制-延迟"的概念，可以实现更高的分辨率[6]。如图10-26所示，是一个具有四条路径且在第一级中使用 1.25Δ、1.5Δ 和 1.75Δ 延迟值的例子。后三条路径在第一条延迟链路生成的每两个边沿之间产生了三个边沿。

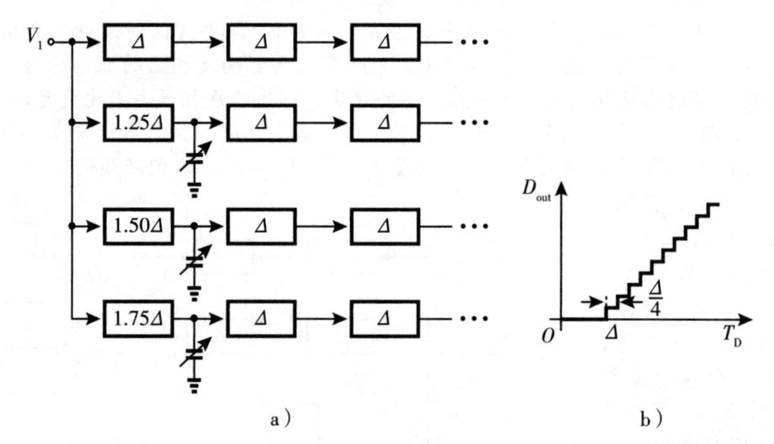

图10-26 a)包含四条延迟线路的TDC，其偏移增量等于 0.25Δ；b)对应的特性曲线

例10-13 我们希望研究一下工艺波动对于游标型TDC和四路径TDC的影响。忽略随机失配，并假设二者都设计为 $\Delta/4$ 的相同标称分辨率。如果负载电容比预计的小10%，它们的输入-输出特性将发生怎样的变化?

解: 对于图10-22中的游标型TDC结构，名义上有 $\Delta_1-\Delta_2=\Delta_2/4$，因此 $\Delta_1=5\Delta_2/4$。对于负载电容减小10%，$\Delta_1=45\Delta_2/40=9\Delta_2/8$，因此 $\Delta_1-\Delta_2=\Delta_2/8$(假设 Δ_2 是恒定的)。因此LSB的长度将减半。

我们现在在时域中绘制标称负载电容和较小负载电容下的边沿(见图10-27a)，可以得出结论，在较小的负载电容下，TDC的满量程减半，增益加倍。

另外，在图10-26a中的四路径结构中，三个前端延迟分别从 $5\Delta/4$、$6\Delta/4$ 和 $7\Delta/4$ 降低为 $45\Delta/40$、$54\Delta/40$ 和 $63\Delta/40$，而 Δ 本身保持不变。因此，附加延迟链路产生的边沿会比预计出现得早，这将会产生图10-27b中的波形和传输特性。在这种情况下，总延迟范围不会发生变化(为什么?)。在这里可以使用校准和调整电容大小，以获得均匀的边沿间隔[6]。

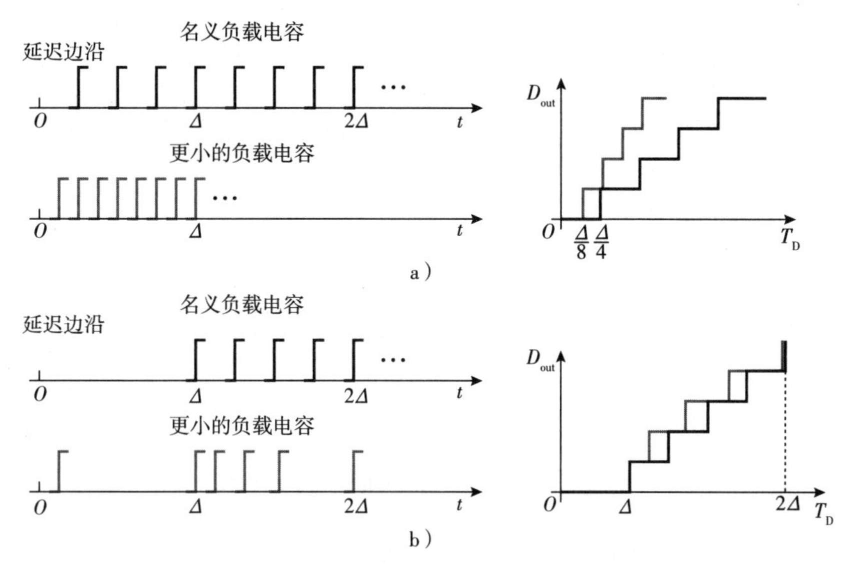

图 10-27 延迟变化的影响：a)游标型 TDC；b)四路径 TDC

10.6 TDC/振荡器的组合

如果数字 PLL 中的振荡器可以提供多个相位，那么它可以与 TDC 合并[5]。为了阐述这一概念，让我们回到图 10-7b 中的简单 TDC，假设 V_1 是 PLL 的反馈信号，V_2 是参考信号。在该例中，V_1 的延迟边沿是通过延迟链路创建的。但是如果这些边沿已经获得了呢？例如，假设振荡器能够产生正交输出。如图 10-28 所示，我们使用参考信号来采样这些输出，发现数字代码 D_1D_2 会随着 T_D 的变化而变化。因此，这种组合可以量化一个振荡器的输出信号和参考信号之间的相位差，并具有 $T_{osc}/4$ 的分辨率(为什么?)。

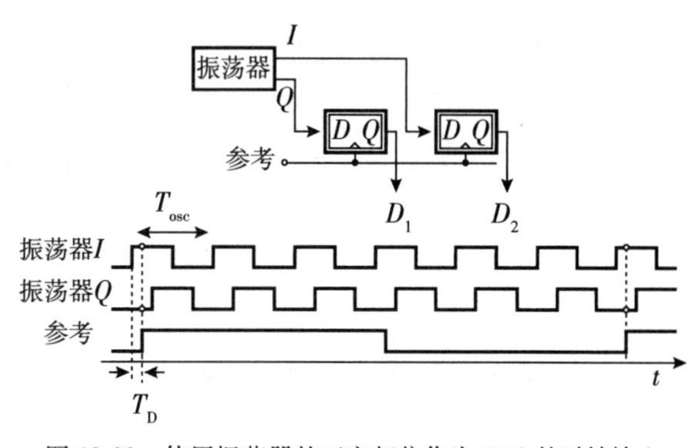

图 10-28 使用振荡器的正交相位作为 TDC 的时钟输入

上述拓扑结构的一个重要优点是 TDC 的分辨率与 PVT 的变化不相关。此外，由于 LSB 随输出的周期等比例缩放，PLL 可以在保持 TDC 具有恒定的归一化分辨率的同时，适应很宽的频率范围。缺点则是振荡器必须至少提供正交相位。

例 10-14 利用快闪型 ADC 中插值的概念(见 10.2.3 节)，解释图 10-28 中如何将电路的分辨率提高一倍。假设可以获得差分形式的正交相位。

解： 参考信号除了可以采样 $(I, \overline{I})$ 和 $(Q, \overline{Q})$ 外，还可以采样 $(\overline{I}, Q)$（见图 10-29)。这里，FF_3 感测 $\overline{I}$ 和 Q 之间的差，如果参考信

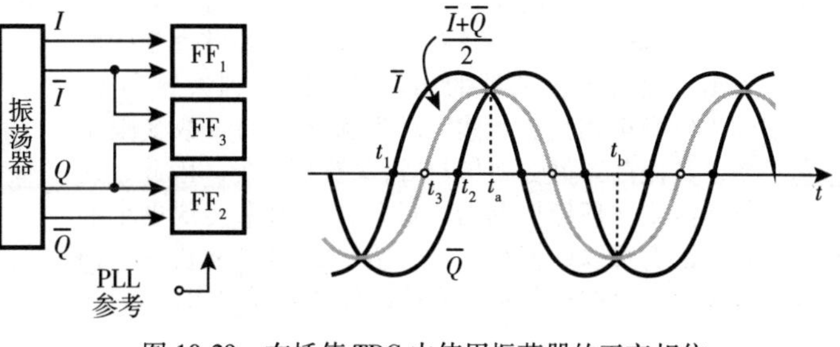

图 10-29 在插值 TDC 中使用振荡器的正交相位

号边沿出现在 $t_3=(t_1+t_2)/2$ 之前或之后，则 FF_3 会提供相反的输出。可以说，FF_3 检测了 $\overline{I}$ 和 Q 之间的差，并检测出其差的极性。为了简便，我们假设正弦波的情况。观察到 $\overline{I}-Q=\overline{I}+\overline{Q}$ 相对于 I 和 Q 有 45° 的相位差。然而，这种配置在 t_a 和 t_b 处没有实现插值。读者可以将另一个触发器连接到 I 和 Q 上，并观察两次的过零点是如何生成的。则插值可以在 I 和 Q 的全部四个象限实现，且 TDC 的分辨率等于 $(T_{osc}/4)/2=T_{osc}/8$。

例 10-15 一位工程师设计了一个 LC 振荡器，可以产生所需频率的两倍频，并在其后接了一级 ÷2 分频器，用来产生正交相位（见图 10-30a）（这种安排通常可以比直接用一个正交 LC 振荡器获得更好的性能）。可以对这些相位进行插值吗？

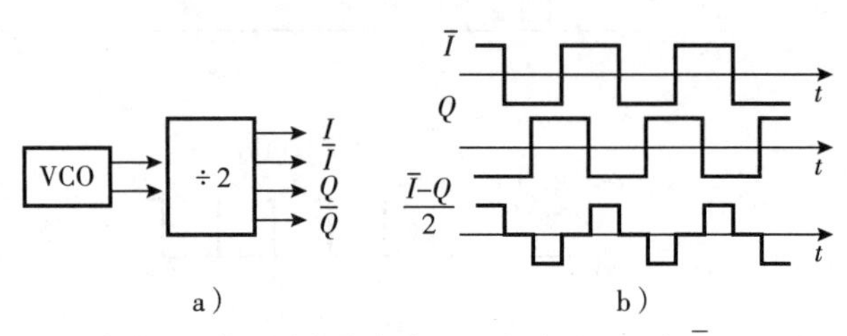

图 10-30 a）使用分频器来产生正交波形；b）在 $\overline{I}$ 和 Q 之间的插值，在 t_3 时刻有失真

解： 该问题要视情况而定。如果分频器的输出电平转变速度很快，插值就会遭受"扭曲"，并变得对噪声和偏移很敏感。考虑图 10-30b 中的极端情况。用于实现插值的触发器（图 10-29 中的 FF_3）所感测到的差值在 t_3 附近具有零斜率。这意味着 FF_3 的失调电压转换从 t_3 开始有较大的偏差。我们可以得出结论，用于插值的边沿不能任意快。

如果可以获得更多的相位，则可以进一步提高 TDC 的分辨率。如图 10-31a 所示一个例子[11]。一个工作在所需频率四倍频的振荡器驱动一个 ÷4 电路，产生 8 个相位，这些相位又被进行一次插值。插值网络包括一些名义上相同的反相器，通过将它们的输出组合起来，实际上在 V_a 和 V_b 之间实现平均效果。也就是说，V_{ab} 是 $(V_a+V_b)/2$ 的反相版本。读者可以将例 10-15 中的分析运用到这一方案，证明如果 V_a 和 V_b 有迅速转变的边沿，V_{ab} 会出现一个扭曲。对于相位插值的有关技术，读者可以参考第 11 章的内容。

文献[11]中的设计遵循了图 10-31a 中的安排，带有额外的插值器并得到 64 个相位。难点在于插值器工作在较高的频率，会产生较大的功耗。

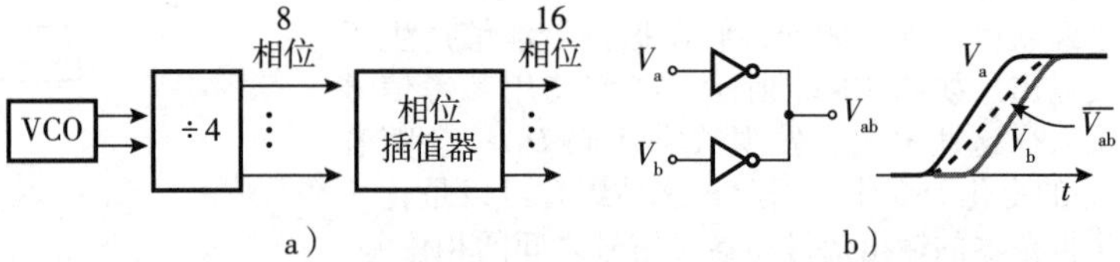

图 10-31 a）对由 ÷4 电路产生的 8 个相位之间进行插值；b）插值网络

确定典型应用中所需的插值因子是有指导意义的。假设 $f_{osc}=2$ GHz，需要 TDC 的分辨率为 5 ps。VCO 的 I 和 Q 相位提供的边沿间距是 125 ps。我们需要插值因子是 25。注意，插值必须在 I 和 Q 的全部四个象限实现，也就是说，在 I 和 Q 之间，$\overline{I}$ 和 Q 之间，等等。

另一种增加振荡器相位数量的方法是用一个 LC 振荡器来注入锁定一个环形振荡器[12]。如图 10-32 所示，这种方法的思路是通过环振的特性创建多个相位，同时又能受益于 LC 振荡器低相位噪声的特性。这种现象能够发生的原因是注入锁定将环形振荡器的相位噪声降低到大致和 LC 振荡器的相位噪声相当。当然，环形振荡器的级数受限于振荡频率，其振荡频率必须与 LC 振荡器相匹配。因此，这种方法仍然需要在环形振荡器之后使用插值来实现更小的相位间距。读者可以比较对于一个给定的 TDC 分辨率，插值和注入锁定拓扑结构分别需要的硬件和功耗要求。

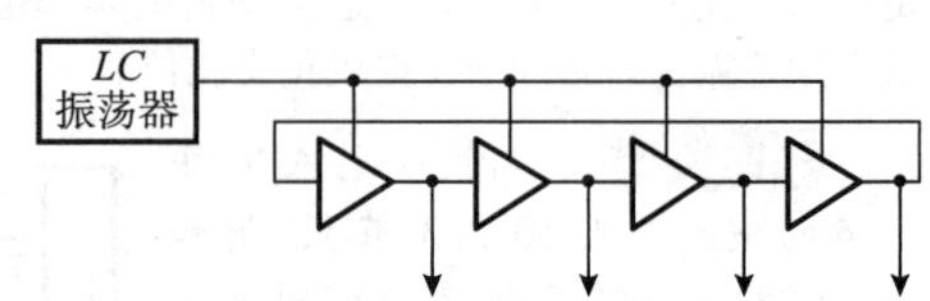

图 10-32 用一个 LC 振荡器注入锁定一个环形振荡器以产生多个相位

10.7 数控振荡器

数字锁相环需要其振荡器能够被环路滤波器的数字输出控制。如图 10-33 所示为概念图和特性曲线，这种振荡器只能产生离散的频率值。具有 LSB 长度为 $\Delta\omega_{LSB}$ 和增益为 K_{DCO} rad/s/LSB。当然，第 3~6 章中描述的离散调频技术在这里也可以使用。DCO 表现得像一个数字-模拟转换器，从而促使我们需要简单回顾一下 DAC 的基础知识。但我们必须首先研究一下离散的频率值的影响。

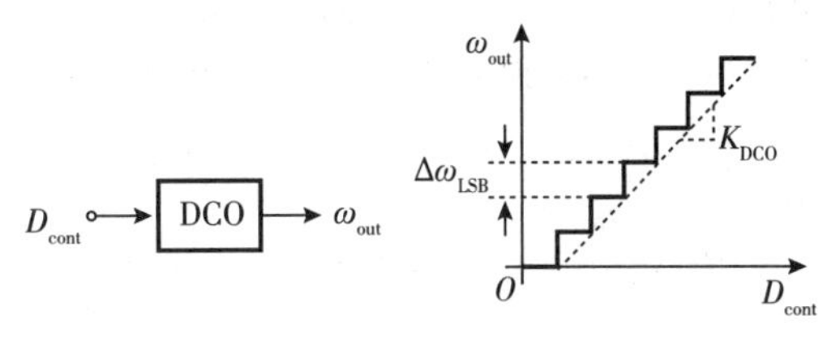

图 10-33 DCO 的概念图和特性曲线

10.7.1 离散频率值的问题

让我们提出一个问题：如果 DCO 不能产生任意的频率，DPLL 将如何锁定？我们在第 7 章中的锁定定义必然是 $f_{out}=Mf_{in}$，但如果图 10-33 中的离散 ω_{out} 值都不等于 $2\pi(Mf_{in})$，则这一条件是不可能满足的。如果无噪声，DPLL 肯定会在两种状态之间跳变：如图 10-34a 所示，DCO 交替在 ω_1 和 ω_2 处运行，从而使“平均”频率值为所需值。当然，这意味着输出频谱由两个谐波(tone)组成(见图 10-34b)，并且输出的时域波形具有很大的抖动。

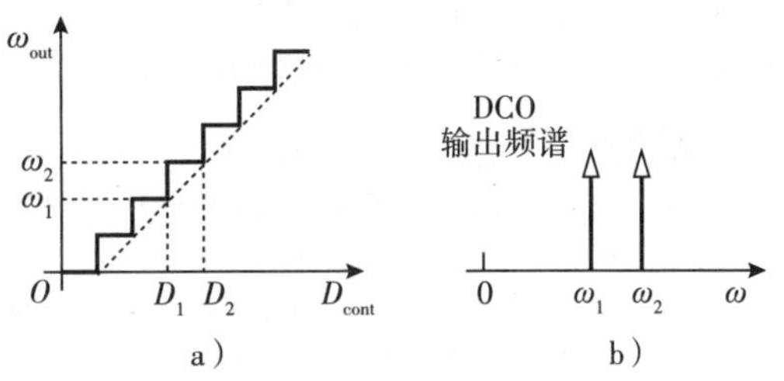

图 10-34 a)DCO 在两个频率之间切换；b)产生的频谱

例 10-16 如果 DCO 停留在 ω_1 处 T_{REF}(秒)，然后停留在 ω_2 处 T_{REF}(秒)，试确定相位变化的峰-峰值。

解： 我们假设振荡器的输出可以表示为

$$V_{out}(t)=V_0\cos\left[\omega_c t+\int KS(t)\,dt\right] \tag{10-7}$$

式中，ω_c 和 K 必须通过计算得到，而 $S(t)$ 每 T_{REF}(秒)在 -1 和 $+1$ 之间切换一次。当 $S(t)=+1$ 时，输出频率 ω_c+K 等于 ω_2。同样，$\omega_c-K=\omega_1$。可以得到 $\omega_c=(\omega_2+\omega_1)/2$ 以及 $K=(\omega_2-\omega_1)/2$。如图 10-35 所示，超额相位(excess phase)的峰-峰值可以表示为

$$\phi_{ex}=\int_0^{T_{REF}}KS(t)\,dt \tag{10-8}$$

$$=\frac{T_{REF}(\omega_2-\omega_1)}{2} \tag{10-9}$$

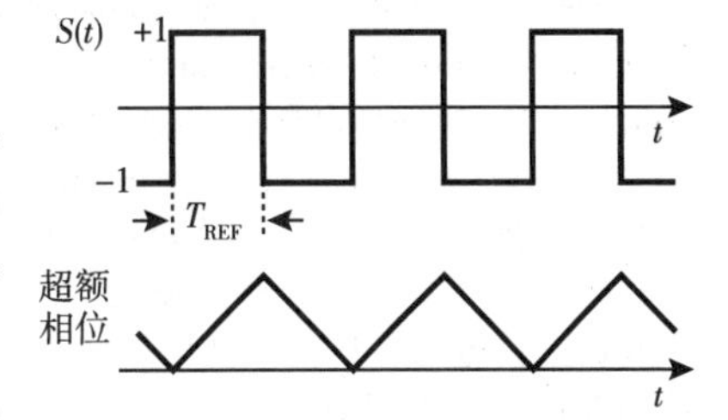

图 10-35 频率跳变过程中 DCO 的相位的变化过程

实际上，振荡器本身的相位噪声和 PLL 中的其他噪声源倾向于将图 10-34 所描述的频率跳变进行随机化，从而将杂散转换为相位噪声。我们通过将量化噪声与 DCO 相关联来得到一个近似结果。类比图 10-2a 中的量化器，将图 10-33 中的 DCO 看成一个 LSB 长度为 $\Delta\omega_{LSB}=2\pi\Delta f_{LSB}$ 的量化器，因此它具有如下式所示的平坦的频率域噪声谱：

$$S_f(f)=\frac{\Delta f_{LSB}^2}{12}\frac{1}{f_{REF}} \tag{10-10}$$

式中，$\Delta^2/12$ 除以 f_{REF} 是因为 DCO 每 T_{REF}(秒)更新(“采样”)一次。回想一下，相位噪声的频谱等于频率噪声的频谱除以 f^2：

$$S_\phi(f)=\frac{\Delta f_{\rm LSB}^2}{12}\frac{1}{f_{\rm REF}}\cdot\frac{1}{f^2} \tag{10-11}$$

式(10-11)规定了一个可接受的小相位噪声的频率分辨率 $\Delta f_{\rm LSB}$——只考虑了 DCO 量化噪声的影响。当然，DCO 还会受到第3~5章中提到的其他相位噪声机制的影响。

例 10-17 一个 2 GHz 的数字锁相环具有 $f_{\rm REF}$=20 MHz 以及 1 MHz 的 DCO 分辨率。计算量化噪声引起的相位噪声。

解： 我们有 $\Delta f_{\rm LSB}$=1 MHz，根据式(10-11)可以得到在 1 MHz 频偏处有

$$S_\phi(f)=-84\ \text{dBc/Hz} \tag{10-12}$$

该结果对于许多应用来说都高得不可接受。

由于例 10-17 中的 DCO 具有很大的相位噪声，因此必须处理它的另一个很重要的问题。假设需要±5%的调谐范围。那么对于 1 MHz 的 LSB，该 DCO 必须能够提供 100 个步长(step)。例如，实现差分形式的 LC 振荡器需要 200 个单位的电容和开关，从而面临很大的设计复杂度。正如后边将解释的，我们可以通过将电容分组为粗调节阵列和细调节阵列来降低设计复杂度。

例 10-18 为上述 LC DCO 绘制一幅平面图。

解： 我们必须通过电感放置 200 个单位的开关支路。如图 10-36 所示，电感的两个端子被拉长了距离 d，以连接上所有的电容。因此，两个引脚(leg)上的电阻会降低 Q 值，必须将这一因素仔细地考虑进来(引脚上的电感由于其强相互耦合大多会抵消)。

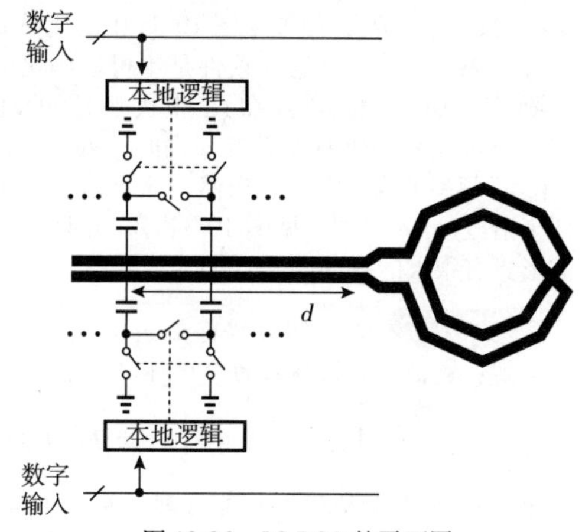

图 10-36 LC DCO 的平面图

10.7.2 DAC 的工作原理

为了将数字输入转换为模拟电压或电流，我们可以采用三种拓扑结构中的一种，即电阻阶梯(resistor ladder)、电流源阵列(current-source array)或电容阵列(capacitor array)。这三种结构也都在 DCO 中得到了使用。

图 10-37 显示了一个可作为 DAC 的电阻阶梯电路。该阶梯电路基于 $V_{\rm REF}$ 产生等间距的抽头电压值，每次打开其中一个开关可以选择与输入 $D_{\rm in}$ 对应的模拟值。因此，开关被"1-of-n"独热码所驱动，例如 000100，从而在任意时刻只有一个开关导通。译码器可以将 $D_{\rm in}$ 转换为这种编码。电阻阶梯表现出单调的特性，因为随着 $D_{\rm in}$ 的增加，会选择阶梯上更高的抽头使得 $V_{\rm out}$ 升高。尽管单调性在这里是显而易见的，但这一特性在其他一些 DAC 架构中未必会得到保证。

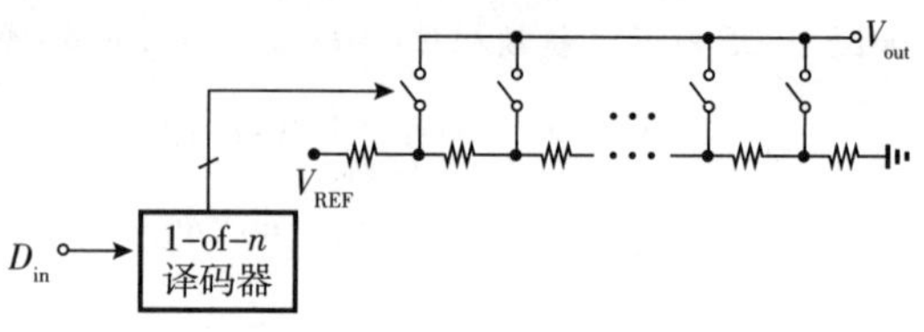

图 10-37 电阻阶梯 DAC

例 10-19 用电阻阶梯 DAC 设计一个 DCO。

解： 我们可以简单地用一个阶梯网络来驱动 VCO，如图 10-38 所示。选择 DAC 的总量程范围 V_2-V_1 与 VCO 的输入电压范围相匹配，例如，$V_1=0$ 和 $V_2=V_{\rm DD}$。在这个例子中，阶梯网络和导通开关的热噪声会调制 VCO，所以它们必须足够小。

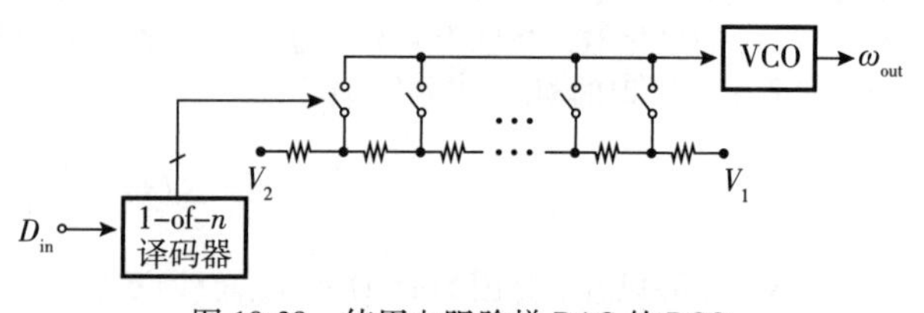

图 10-38 使用电阻阶梯 DAC 的 DCO

DAC 可以包含电流源而不是电阻。如图 10-39a 所示是一个由“二进制码加权”的电流源组成的 3 bit DAC 的例子。当输入二进制码 D_{in} 从 000 变化到 111 时，输出电流以 I_u 为步长从 0 变化到 $7I_u$。当然，为了实现合适的匹配，每一个电流源都会采用整数个单位“切片”(slices)并联的形式实现。图 10-39b 以 $2I_u$ 为例说明了这种设计方法。

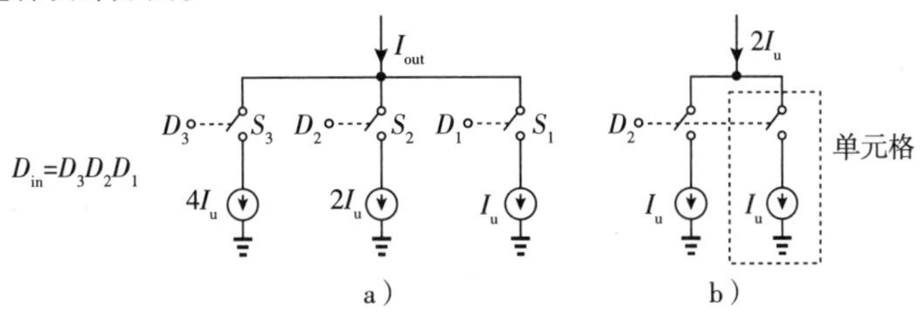

图 10-39 a)二进制码加权的电流舵型 DAC；b)实际的 $2I_u$ 单元的实现方法

例 10-20 使用电流开关型 DAC 设计一个 DCO。

解： 在第 3~5 章中所研究的振荡器中，图 3-47 中的电流控制型环形振荡器结构对于这一设计目的来说是比较合适的。如图 10-40 所示，电流开关型 DAC 可以以离散的步长调谐振荡频率。在这个例子中，如果 $(W/L)_2>(W/L)_1$，则 DAC 的输出噪声电流和 M_1 的噪声会被放大。在典型设计中，这些噪声贡献和 M_2 的噪声会超过环形振荡器本身的噪声。

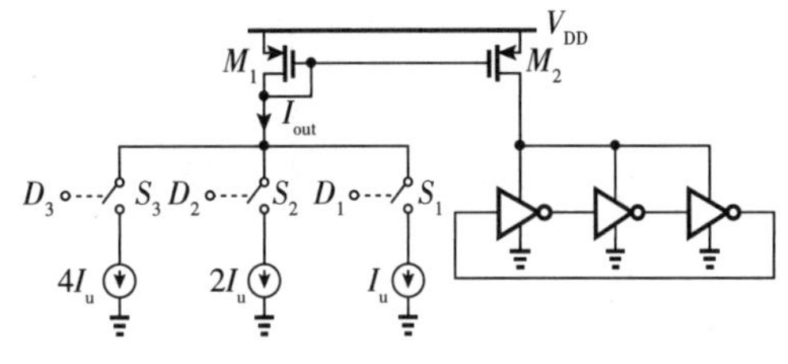

图 10-40 电流控制型 DCO

二进制加权的电流开关型 DAC 可能会受到非单调行为的影响。考虑图 10-41a 中的 4 bit 系统，其中 $D_{in}=0111$，$I_{out}=I_3+I_2+I_1$。如果 D_{in} 上升到 1000，则有 $I_{out}=I_4$(见图 10-41b)，因此 $\Delta I_{out}=I_4-(I_3+I_2+I_1)$。在理想情况下，所有的单元都匹配，$\Delta I_{out}=I_u$。但是如果 I_4 和 $I_3+I_2+I_1$ 受到失配的影响，ΔI_{out} 可能是负的，从而导致图 10-41c 中的非单调性特性。尽管在这里以一个 4 bit 的 DAC 作为说明，实际上这种行为会出现在大约在 8 bit 或者更高分辨率的情况下，因为在高分辨率下匹配的要求会变得非常严格。

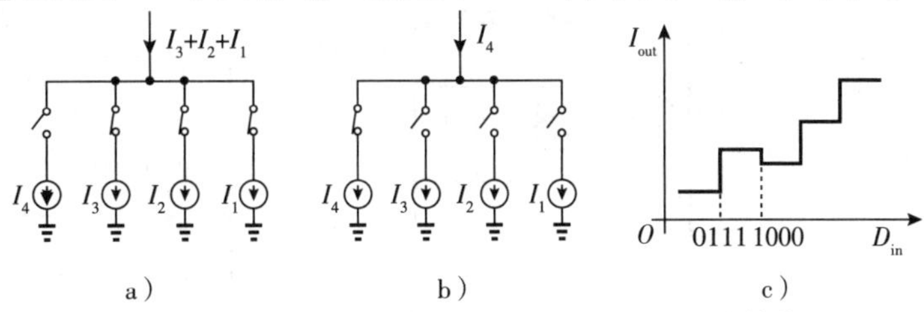

图 10-41 a)前三个 LSB 电流使能的 DAC；b)MSB 电流使能的 DAC；c)存在失配时的输入-输出特性曲线

另一种二进制加权 DAC 中的非理想现象与其瞬态响应有关。假设图 10-40 中的数字输入从 011 跳到 100。如果携带比特信息到开关的线路的延迟不同，I_{out} 将不会从 $3I_u$ 单调地增加到 $4I_u$。例如，如果 S_1 和 S_2 在 S_3 导通之前略微关断，那么 I_{out} 将先下降到零然后才变化到 $4I_u$(见图 10-42)。这种行为会转换成振荡器输出频率的毛刺，造成很大的杂散。特别是，如果 DCO 必须在 ω_1 和 ω_2 之间来回跳变，则输出频率将会出现很大的毛刺(回顾一下 10.7.1 节，在大多数情况下，DCO 确实需要来回跳变)。

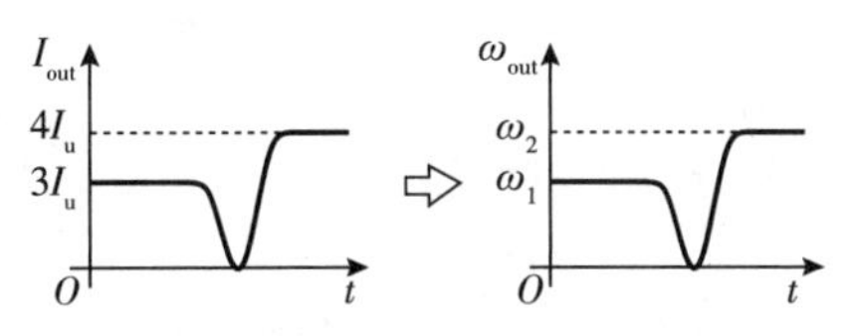

图 10-42 DCO 中电流毛刺向频率毛刺的转换

上述 DAC 的非单调性行为和输出毛刺可以通过使用“分段”的方法来减轻。如图 10-43 所示，分段的 DAC(也被称为“温度计”DAC 或“一元”DAC)，由用温度计码控制的名义上相同的(而非二进制加权的)切片组成。为了弄清为什么 I_{out} 单调变化，假设 D_{in} 从011变化到100。那么，温度计码从1110000变化到1111000。前者有三个单位的电流源导通。而后者有四个导通。也就是说，不管有没有失配，I_{out} 都会增加。这种配置也可以避免毛刺，起码在原理上是这样，因为只有一个单位的电流源(本例中的第4个)在这个瞬态过程中发生改变。然而，正如下面解释的，毛刺在某些情况下仍然可能出现。

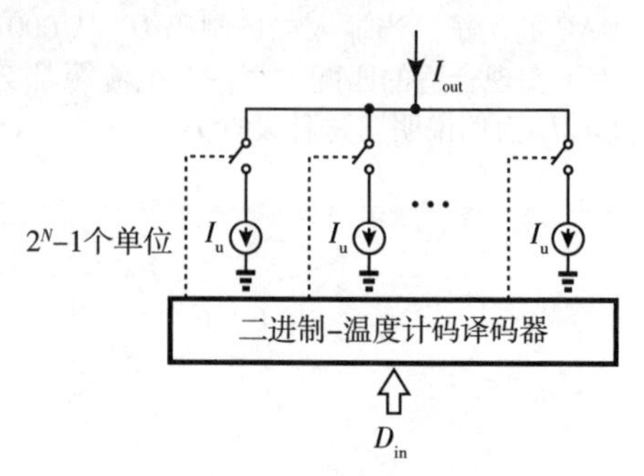

图10-43 分段电流舵型DAC

10.7.3 矩阵架构

如10.7节所述，DCO通常必须合并数百个单位的切片，以便同时实现高分辨率和足够的调谐范围。我们如何安排这些切片及其相关逻辑，以方便版图中的实现呢？如图10-44a所示，“矩阵型”架构是一种高效的解决方案。这里，输入的二进制码分成了LSB控制字($D_3 \sim D_1$)和MSB控制字($D_6 \sim D_4$)，它们分别被应用到列译码器和行译码器。译码器产生独立的温度计码，这些码穿过矩阵到达每个单元。这些单元包括一个本地译码器和一个单位的电流开关切片。

图10-44a中的本地译码器必须根据行和列的温度计码来导通或者关断电流源。我们认识到会有三种可能性：①一行全部导通；②一行全部关断；③一行部分导通。图10-44b中描绘了这样的一个例子。基于这些观察，我们建立了图10-44c所示的逻辑。当 $Row_j = 1$ 且 $Row_{j+1} = 1$ 或 $Column_k = 1$ 时，电流源导通。也就是说，如果两个Row的值都等于1，则输出 $D_{out} = 1$。而如果 $Row_{j+1} = 0$，那么 $Column_k$ 会决定输出。

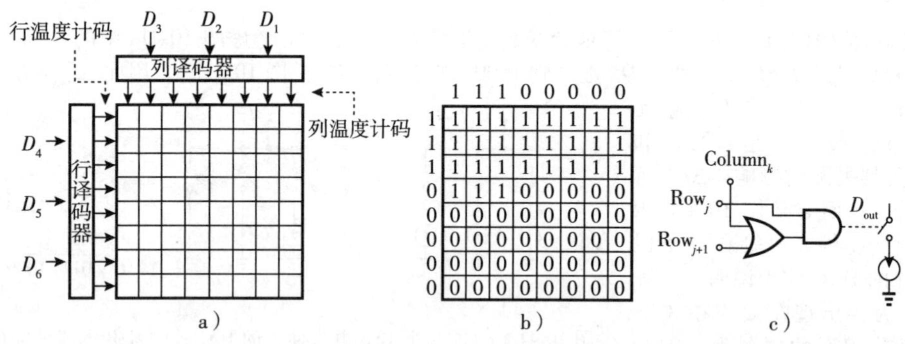

图10-44 a)矩阵型DAC架构；b)矩阵内逻辑值的例子；c)每个单元内本地译码器的实现方法

图10-44a中的矩阵架构为分段DAC提供了一种紧凑的模块化的设计方法。然而，这些穿越矩阵的控制线路可能会经历不相等的延迟，从而在输出导致毛刺。实际上，每一个单元格包含一个锁存器(位于 D_{out} 之后，见图10-44c)，以便只有当时钟信号到达时才使能电流源的控制。当然，这种情况是假设时钟分布比控制线路分布的延迟偏差要小。

第三种DAC由电容组成。和电流开关型DAC的结构一样，电容DAC可以以二进制或者分段阵列的形式实现。采用二进制加权电容DAC的DCO会存在非单调性和输出毛刺的问题。因此，我们更偏向于采用分段形式。下面的例子说明了这个想法。

例10-21 设计一个具有6 bit控制信号的差分 *LC* DCO。

解： 该电路需要64×2个单位的开关电容，我们将其配置为一个8×8的矩阵。图10-45a所示为实现方法。值得注意的是，如图10-45b所说明的那样，电感的引脚必须同时垂直地和水平地穿过阵列，因此会引入较大的电阻。

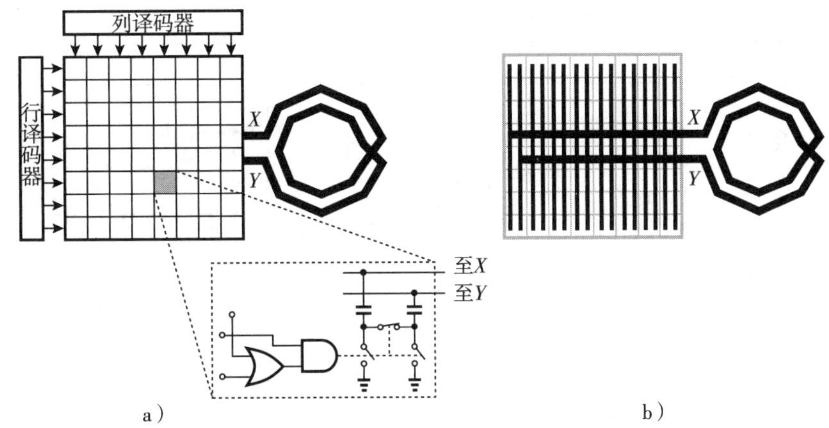

图 10-45 a)电容 DAC 的矩阵架构；b)连接所有单元所必需的长连接线

“梯度”对芯片的影响是大规模阵列中一个值得关注的问题，即当一个器件的参数从芯片的一侧至芯片的另一侧单调变化时。例如，矩阵中电流源的栅极氧化层的厚度可能会从左向右减小，从而产生一个单调递增的漏极电流。因此，当我们导通一行中更多的电流源时，其误差将会累积。稍后我们将讨论这一问题。

10.7.4 粗调/细调 DAC

为了实现更高的分辨率，分段电流开关或电容阵列的复杂度将会达到难以接受的高水平。我们可以添加一个粗调 DAC 来缓解这个问题。图 10-46 中说明了这一概念：输入的 MSB 控制粗调部分，产生部分重叠的调谐特性曲线。而 LSB 控制细调单元，提供较小的步长。相邻的曲线必须有交叠以避免输出频率值中出现盲区。这里的关键点是，当 PLL 锁定时，如果 D_{in} 跳变了几个 LSB，ω_{out} 会单调变化。在这种情况下，MSB 的单元不需要分段，但是 LSB 各单元需要。例如，如果 D_{in} 在 D_{in1} 和 D_{in2} 之间变化，则在所有的特性曲线上都能保证单调变化。读者可以思考如果 D_{in} 可以达到像 D_{in3} 那样的值，将会发生什么。实际上，我们希望避免锁定在 D_{in3} 附近，而是切换到下一条曲线。例如，为了工作在 ω_1 频率下，相比于曲线①，我们更喜欢曲线②。

图 10-47 所示为如何将粗调电容添加到图 10-45a 的 *LC* DCO 中。

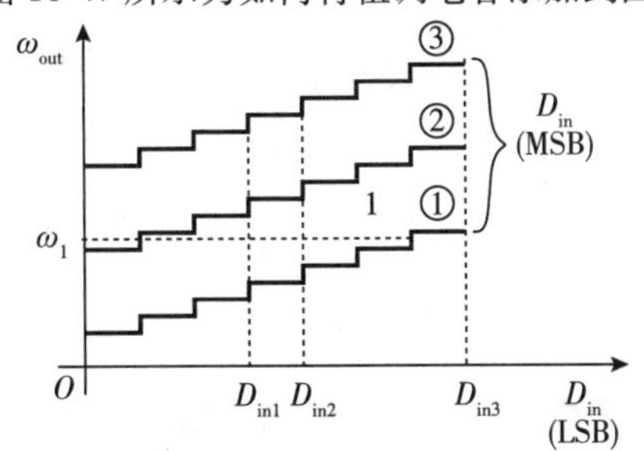

图 10-46 DCO 中粗调和细调的频率控制

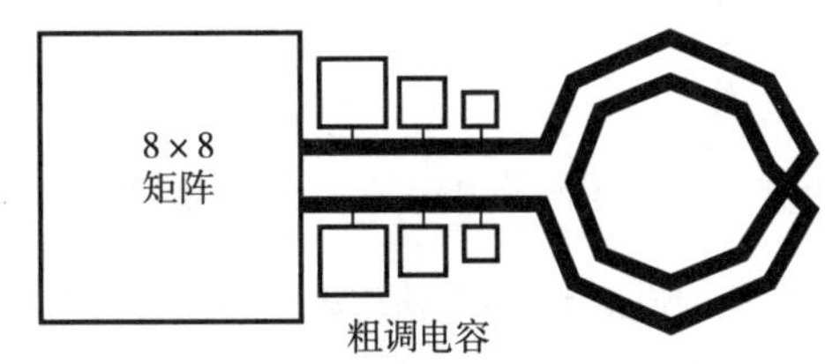

图 10-47 使用粗调电容的 *LC* DCO

10.7.5 DCO 的拓扑结构

前几节中研究的 DAC 的基础知识很自然地指向了某种 DCO 拓扑结构。表 10-1 总结了我们的发现：①*LC* DCO 和环形 DCO 都能通过从 DAC 接收离散电压电平的变容管或者开关电容阵列实现调谐；②环形 DCO 还可以通过电流开关 DAC 调谐。将这些技术相结合也是可以的。在环形振荡器中使用电容阵列会以面积为代价，但通常比其他调谐方法引入的相位噪声小。

表 10-1 不同 DCO 实现方法的总结

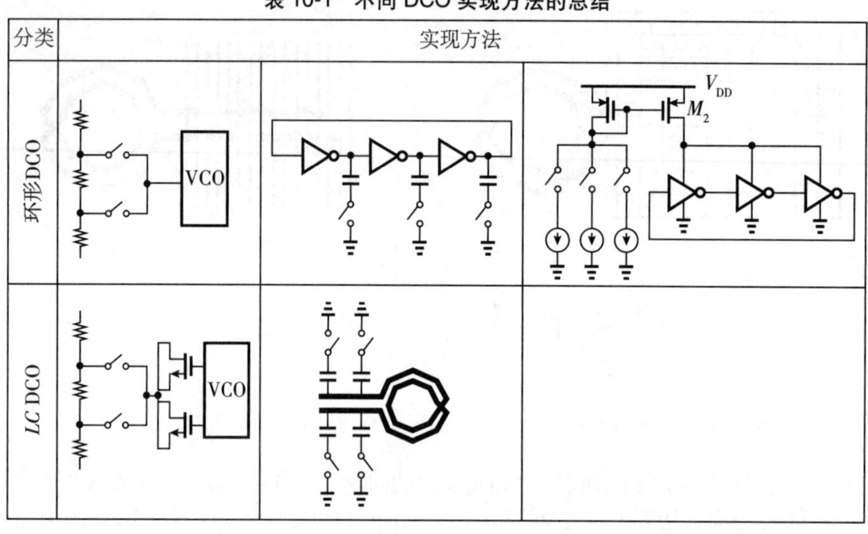

LC DCO 图 10-48 所示为一个包含电阻阶梯和开关电容的 *LC* DCO 的例子[7]。前者提供了 5 bit 的分辨率以实现精细的步长。后者提供了粗调的调谐功能。由 R_1 和 C_1 组成的滤波器抑制了阶梯的瞬态毛刺。

例 10-22 解释图 10-46 所示的范围重叠在图 10-48 中如何得到保证。

解： 我们必须对总体的电路进行大量仿真。这些仿真仅在阶梯电压的一些极端点是必要的。我们通过控制数字输入将 V_{lad} 设为最小值，再通过将粗调输入递增确定 ω_{out} 的值(见图 10-49)。将阶梯电压设为最大值($V_{lad}=V_{max}$)后我们再重复一下这个过程。如果某些特性曲线之间没有交叠，我们必须减小粗调步长或者增加变容管的调谐范围。我们通常会选择前者。

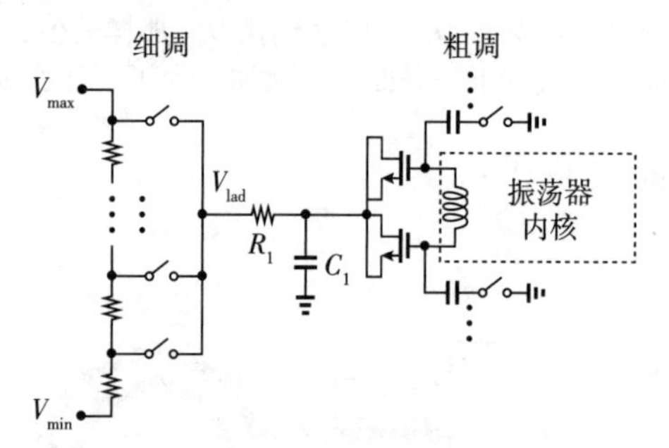

图 10-48 使用电阻阶梯 DAC 和变容管调谐的 *LC* DCO

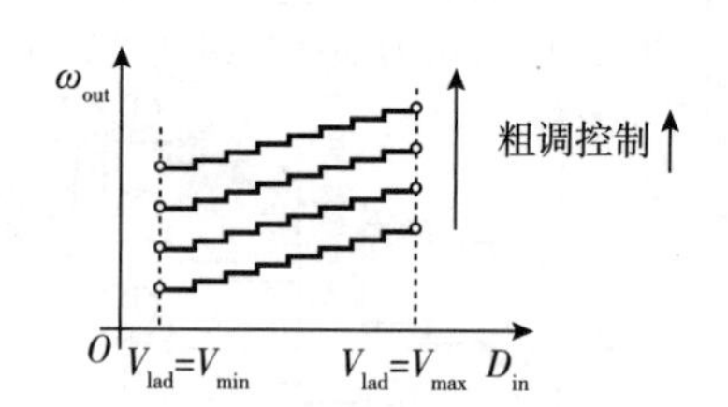

图 10-49 对于如何创建范围重叠的说明

图 10-50a 所示为另一个使用粗调和细调的 *LC* DCO[4]。根据图 10-44 中的矩阵架构进行配置，细调阵列包含 1024 个单元，每一个单元都包含两个变容管。根据本地译码器的输出，变容管的栅极会呈现高电平或低电平，从而以较小步长调谐振荡器。或者，我们也可以用恒定的电容和开关替代这些变容管。正如之前提到的，阵列中 *X* 和 *Y* 方向上的长走线会严重降低谐振腔的 *Q* 值。此外，我们必须保证相邻的细调曲线之间有一些重叠以避免盲区。这意味着粗调间的跳跃必须足够小。

如图 10-50b 所示，阵列内部的切换顺序遵循之字形模式㊀。也就是说，最下面一行的单元格从左

㊀ 为了简单起见，我们在这里假设行从矩阵的底部导通，而不是从顶部导通(如图 10-44b 所示)。

向右依次导通，但下一行的单元格就从右向左依次导通，以此类推。在习题 10.19 中，我们将研究这种方法是否可以减轻水平方向梯度的影响。

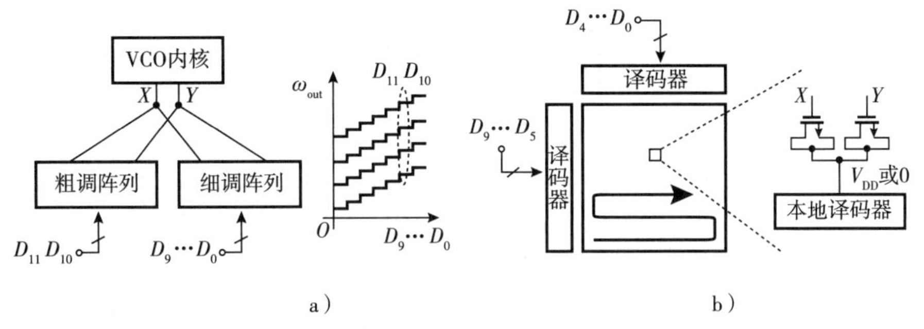

图 10-50　a)使用粗调和细调电容阵列的 *LC* DCO；b)使用之字形电容选择模式的矩阵架构

例 10-23　图 10-50b 中本地译码器的电源噪声会调制变容管。这是一个严重的问题吗？

解：这可能会是。如图 10-51 所示，如果平均变容管的 V_{GS} 将工作点设置在 *A* 附近，那么较高的变容管斜率会产生较大的调制效应。也就是说，给定的电源电压改变量会导致平均电容更大的变化。而在 *B* 和 *C* 点该问题就要小一些。

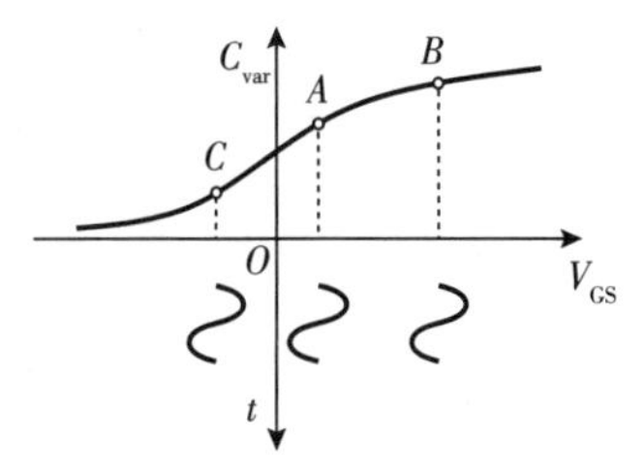

图 10-51　MOS 变容管的特性曲线

是否可能将图 10-48 和图 10-50 中的细调技术进行结合？是的，我们可以通过阶梯来实现更精细的电压步长，而不是只在图 10-50b 中的变容管的栅极处应用高电平或低电平[13]。如图 10-52 所示，这种结构布置实现了两个 DAC 共同提供的分辨率。

例如，文献[13]采用了 8 bit 的分段阵列和 5 bit 的梯形阵列，从而达到了 13 bit 的总分辨率。由于 V_{lad} 从 V_{min} 到 V_{max} 单调增加，因此对于细调的 DAC 来说，频率调谐特性曲线也是单调的。

例 10-24　假设图 10-52 中的阶梯产生 8 个电压步长，每一个都等于 ΔV。研究一下在整个 DCO 特性曲线中可能出现的非线性问题。

解：非线性的第一个来源是变容管本身。在图 10-52 中，当 V_{lad} 变化时，连接到 *X* 和 *Y* 上的变容管沿它们的 *C*-*V* 特性曲线变动，从而产生图 10-53a 中的表现。

非线性的第二个来源与粗调 DAC 和细调 DAC 之间的“一致性”有关，更具体地说，与它们的增益有关。首先考虑图 10-53b 所示的理想情况，其中两个粗调和细调 DAC 有相等的增益，从而可以产生一个线性的总特性曲线⊖。例如，粗调 DAC 使用四个单位的电流源，每个的电流大小等于 I_1。细调 DAC 包括八个单位的电流源，每个的电流等于 $I_1/8$。在这种情况下，细调 DAC 的满量程范围与粗调 DAC 的 LSB 相匹配。另外，如果细调 DAC 的增益小一些(其单位源小于 $I_1/8$)，那么它的满量程就会比粗调 DAC 的 LSB 小，特性曲线就会在 MSB 切

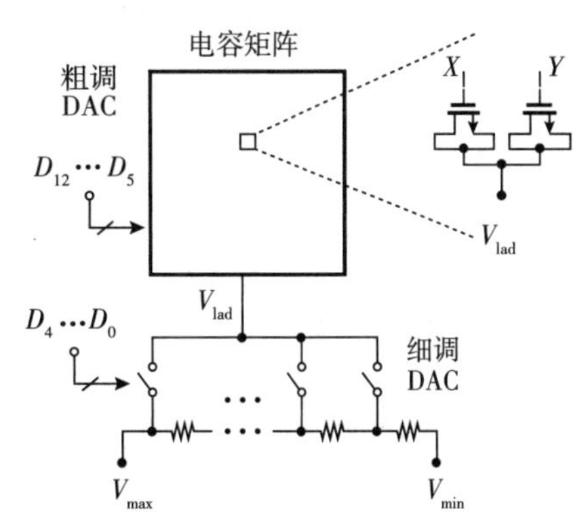

图 10-52　图 10-48 和图 10-50 中 DCO 调谐技术的组合

⊖　这对于电流舵 DAC 来说更容易构想，但也适用于电容 DAC。

换处表现出正向跳跃(见图 10-53c)。类似地，如果细调 DAC 增益更高，就会出现负的跳跃(见图 10-53d)。对于后一种情况，DCO 的增益在这些转变处会变为负值。

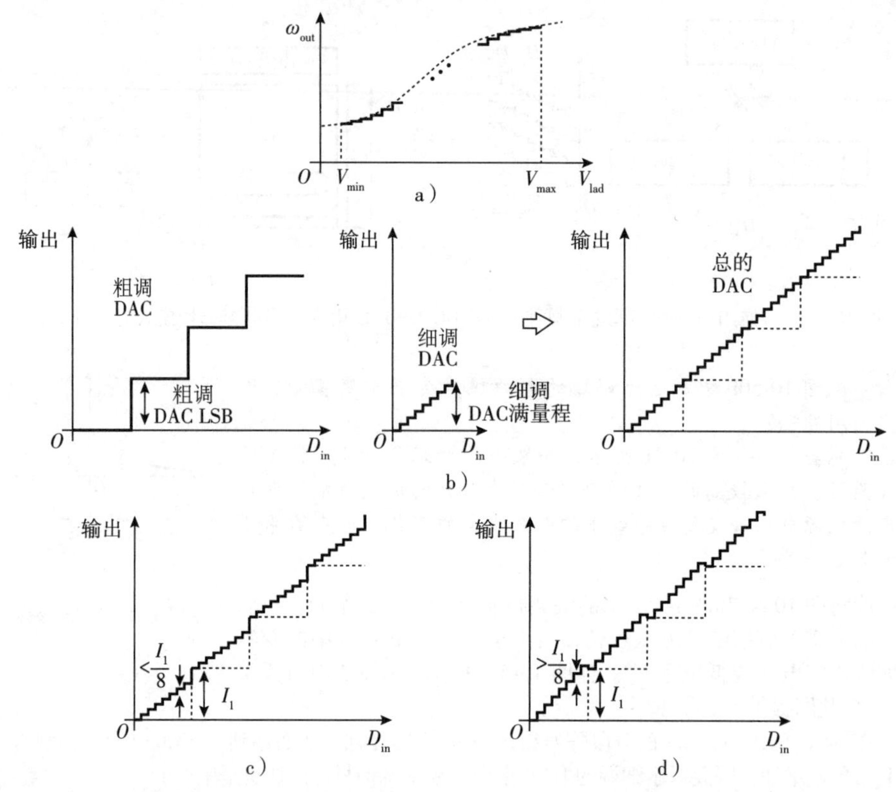

图 10-53 a)由于变容管的非线性导致的 DCO 非线性；b)理想的粗调和细调 DAC 产生一个线性的总体特性曲线；c)细调 DAC 中负增益误差的影响；d)细调 DAC 中正增益误差的影响

如果阶梯提供的满量程不完全匹配电容矩阵的 LSB，则如图 10-52 所示的 DCO 中会出现这些跳跃。回到图 10-53a，我们注意到，当 V_{lad} 达到 V_{max} 时，ω_{out} 会是处于边界的某个值。下一个频率步长是通过将图 10-52 中的 V_{lad} 设为 V_{min} 并关断矩阵中的又一个变容管单元来创建的。实际中很难保证该步长为正并且等于所需值。换句话说，我们应该避免锁相环锁定在粗调/细调的边界处。

如果 DCO 锁定在粗调/细调的边界附近，则上述的频率跳跃就会成为问题。然后，随着 DCO 的跳变，输出频率会做出大的转变，从而造成明显的抖动。如果图 10-53d 中向下的频率跳跃过大，DCO 增益极性的改变甚至可能会阻止 PLL 锁定。

LC DCO 中对极度精细的频率步长的需求已经导致了一些有意思的研究进展。除了将 DAC 技术组合起来，另一个想法是"衰减"开关单位电容对频率的影响，使它们不必设计得过小$^{\ominus}$。图 10-54a 就是这样的一个例子[13]。该电路使得电容退化，从而得到

$$Z_{in}(s) = -\frac{2}{g_m} - \frac{1}{C_1 s} \tag{10-13}$$

⊖ 远低于 1 fF 的单位电容很难实现，因为它们会遇到在相邻单元上的显著的边缘场。

设 s=jω，则导纳为

$$Y_{in}(j\omega)=\frac{-g_m C_1 j\omega}{2C_1 j\omega+g_m} \tag{10-14}$$

同时将分子和分母乘以分母的共轭，并假设 $4C_1^2\omega^2 \gg g_m^2$，我们有

$$Y_{in}(j\omega)\approx-\frac{g_m}{2}-j\frac{g_m^2}{4C_1\omega} \tag{10-15}$$

由于电感 L 的导纳为 $1/(jL\omega)=-j/(L\omega)$，我们可以发现式(10-15)的第二项代表一个并联的电感(见图 10-54b)。如果这个电感远大于谐振腔的电感，那么 C_1 的改变就会产生很小的频率步长。另外一种视角是将式(10-15)重写为

$$Y_{in}(j\omega)\approx-\frac{g_m}{2}-j\omega C_1\left(\frac{g_m}{2\omega C_1}\right)^2 \tag{10-16}$$

并认为$[g_m/(2\omega C_1)]^2$ 为 C_1 缩小的系数[13]。例如，$[g_m/(2\omega C_1)]^2=1/10$ 对于 C_1 的改变是产生 10 倍的衰减。

图 10-54a 中的变换电路可以很方便地与 LC 振荡器结合，如图 10-54c 所示[13]。然而，I_1 和 I_2 注入的差分噪声必须得到合适的管理。

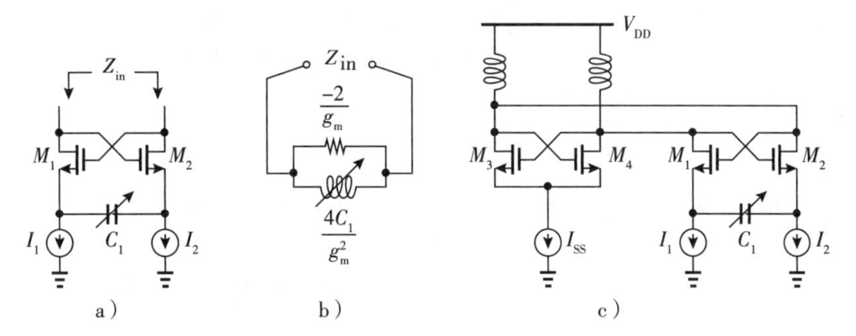

图 10-54 a)产生负电容的拓扑结构；b)等效阻抗；c)在 DCO 的细调电路中使用该电路

环形 DCO 如表 10-1 所示，环形 DCO 可以通过简单地在环形 VCO 之前加一组电阻阶梯型或者电流开关型 DAC 实现。该表说明了电流开关型 DAC 如何控制一个基于反相器的环振。为了研究另一个例子，我们要问，如何通过电流调谐差分的环形振荡器？考虑图 10-55a 和 b 中的各级：前者中 I_{SS} 对延迟的影响很小，而后者中改变 I_1 也会改变输出摆幅，这是一种不希望出现的效应。

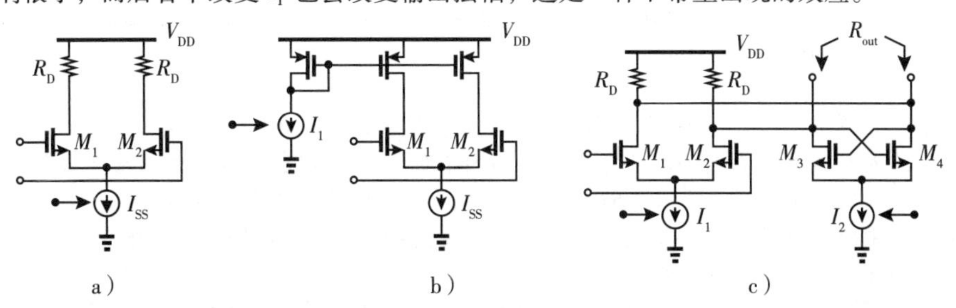

图 10-55 频率调谐的方法：a)尾电流源；b)可变负载电阻；c)负电阻

现在，我们研究图 10-55c 中的电路，其中 I_1 和 I_2 向相反的方向变化，因此 I_1+I_2 保持相对的恒定，从而产生恒定的输出摆幅。我们注意到，当 I_2 增加时，再生对管(regenerative pair)对输出端口提供一个“更强”的负电阻$-2/g_{m3,4}$，从而提高了总电阻和延迟[8]：

$$R_{out} = (2R_D) \parallel \frac{-2}{g_{m3,4}} \tag{10-17}$$

$$= \frac{2R_D}{1-g_{m3,4}R_D} \tag{10-18}$$

在极限情况下，$g_{m3,4}R_D$ 接近 1，M_3 和 M_4 会锁存。例如，环形振荡器可以由三个这样的延迟单元级联而成，并且可以通过调节每一级的 I_1 和 I_2 进行调谐。当然，I_1 和 I_2 中的噪声电流也会在控制路径中出现，并直接调谐频率。基于该想法，文献[9]中的 DCO 采用了 10 bit 的分段电流开关型 DAC 来调节 I_1 和 I_2。图 10-56 所示为这种 DCO 中的一级。该项工作还提出了一种用于 DAC 矩阵的译码机制，可以最大限度地减小 DAC 矩阵中由于时序偏差引起的毛刺。

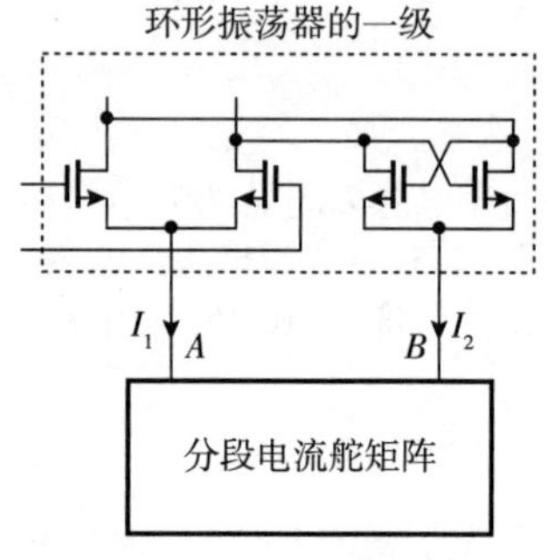

图 10-56 环形振荡器中电流的数字控制

另外一种对环形振荡器进行离散调谐的方法是利用"阵列填充"原理。如图 10-57a 所示，假设我们给环振其中的一级并联添加一个反相器，那么当该反相器关断或启用时将会发生什么？我们注意到，Inv_4 的输入电容在关断和导通状态下变化很小，但是其驱动能力会直接增加 Inv_1 的驱动能力。因此，当 Inv_4 导通时，振荡频率会升高[10]。

图 10-57b 是将该想法拓展到更多的反相器中，并通过分段阵列的形式实现。随着阵列中更多的反相器导通(就像阵列被"填充")，振荡频率将会上升。与图 10-55c 中的拓扑结构不同，该结构不受控制信号路径噪声的影响，但是其频率分辨率有限。下面的例子详细说明了这一点。

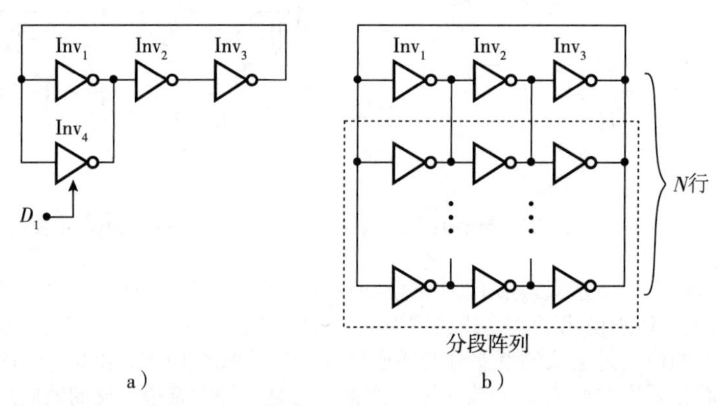

图 10-57 a)通过导通或者关断反相器来调谐环形振荡器频率；b)为实现更宽调谐范围的扩展

例 10-25 估算图 10-57b 中的阵列填充技术能够实现的频率分辨率。假设 N 很大。

解： 假设阵列有 N 行，每行有三个反相器。当所有的反相器都启用时，该电路可以简化为一个简单的三级环形振荡器，工作在 $f_{max}=1/(6T_D)$ 的频率下，其中 T_D 是门延迟。我们也可以将这种情形视为简单的三级环振中的每个反相器都增大到 N 倍；由于反相器的驱动能力和电容都增大了相同的倍数，因此振荡频率仍然与没有增大的环振一样。

当除最上边的一行之外的其他所有行都禁用时，反相器看到的负载电容仍与 N 个反相器并联情况下的电容差不多，产生的振荡频率约为 f_{max}/N。因此，总调谐范围可以表示为 $f_{max}-f_{max}/N\approx f_{max}$。由于有 $3(N-1)$ 个可切换的反相器，因此实现的频率分辨率为 $(f_{max}-f_{max}/N)/[3(N-1)]=f_{max}/(3N)$。

DCO 的分辨率也可以在数字锁相环的架构层面上进行提高。假设 DCO 的分辨率不够，或者说其量化噪声过大，我们可以利用"噪声整形"的概念来抑制这个噪声。将在第 12 章中详细讨论这个概念，在这里仅指出，一个 $\Delta\Sigma$ 调制器可以接收包含量化噪声的数字输入，并通过削弱其低频分量实现频谱整形(见图 10-58a)。整形后频谱的峰值出现在$f_S/2$处，其中f_S代表 $\Delta\Sigma$ 调制器的时钟频率。我们可以将控制 DCO 的低几位信号(LSB)应用于 $\Delta\Sigma$ 调制器中(见图 10-58b)，从而将量化噪声调制到高频。DCO 的传递函数 K_{DCO}/s 会抑制这些噪声分量，前提是当f接近f_S时，$S_{Q,out}K_{DCO}^2/(4\pi f)^2$ 确实足够小。这种方法要求f_S尽可能高，例如$f_S=f_{VCO}/4$。

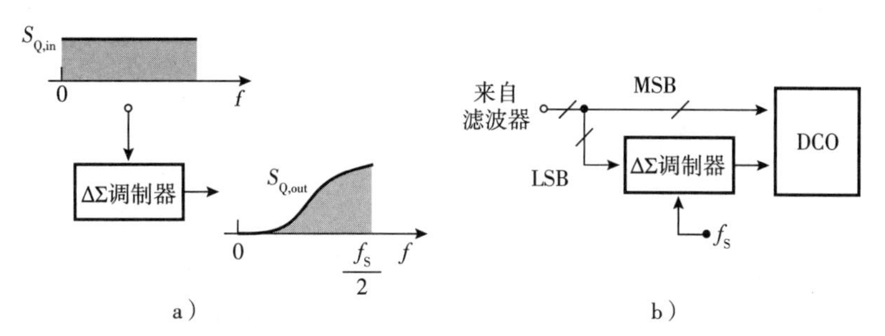

图 10-58　a) $\Delta\Sigma$ 调制器的噪声整形；b)在数字锁相环中使用以提高 DCO 的分辨率

10.8　环路动态模型

在第 9 章中我们为模拟锁相环开发了一套设计流程，并希望可以推广到数字锁相环中。在本节中我们将探索这种可能性。

10.8.1　数字滤波器的实现

让我们首先在数字域实现环路滤波器。首先寻求与下式类似的传递函数：

$$H(s)=R_1+\frac{1}{C_1 s} \tag{10-19}$$

即包括比例路径和积分路径的传递函数(在控制理论中被称为比例-积分(PI)实现)。这为我们引出了图 10-59a 所示的概念上的拓扑结构，其中

$$y=\alpha+\beta\int x\mathrm{d}t \tag{10-20}$$

上式是对于连续的时间量。这里，$\alpha=R_1$ 和 $\beta=1/C_1$。为了在数字域实现对应的形式，我们将 x 改为 D_{in}，y 改为 D_{out}，并将方程写为离散时间的表达式：

$$D_{out}(k)=\alpha+\beta\sum_{k=0}^{\infty}D_{in}(k) \tag{10-21}$$

对两边做 z 变换，注意离散时间的积分器应表示为 $1/(1-z^{-1})$，我们得到如下的传递函数：

$$\frac{D_{out}}{D_{in}}(z)=\alpha+\frac{\beta}{1-z^{-1}} \tag{10-22}$$

如图 10-59b 所示，实际的实现包含了一个由加法器和寄存器组成的累加器，其中寄存器在经过一个时钟周期的延迟后将输出返回给加法器。这里的时钟通常与 PLL 参考时钟相同。具有吸引力的一点是将模拟量 R_1、C_1 与数字域的对应变量 α、β 建立联系。下面的例子将进行这样的尝试。

例 10-26　使用时域的分析方法，用 R_1、C_1 和 T_{CK} 表示 α 和 β。

解： 让我们研究一下模拟和数字环路滤波器的阶跃响应。如图 10-60a 所示，对于 $I_{in}=u(t)$，前者

产生一个大小等于 $I_{in}R_1$ 的跳跃，接着是一个斜率为 I_{in}/C_1 的斜坡。由图 10-59b 可以看出，后者瞬间会产生一个等于 $(\alpha+\beta)u(k)$ 的输出，其中 $u(k)$ 是单位阶跃函数，接着是一个斜率为 β/T_{CK} 的数字斜坡。这是由于图 10-59b 中累加器的输出在每个时钟周期都改变 βD_{in}。我们将图 10-60a 和 b 中的跳跃和斜率分别等同，则可以得到 $\beta=T_{CK}/C_1$ 和 $\alpha=R_1-T_{CK}/C_1$。用这种直观的方法找到了两个系统之间的对应关系，但是这个结果是不对的！下面我们将详细阐述这一点。

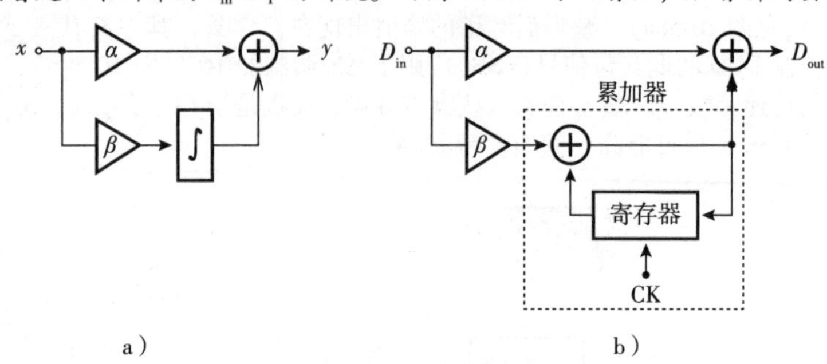

图 10-59 a)使用比例和积分路径的滤波器；b)其数字方式实现

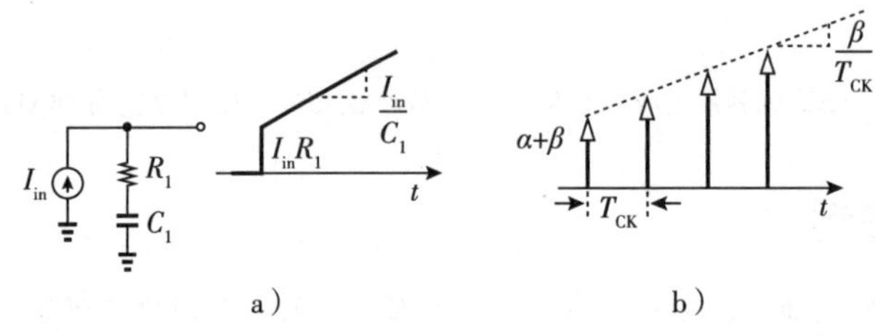

图 10-60 a)*RC* 支路对于电流阶跃的响应；b)对应的数字滤波器的响应

10.8.2 模拟和数字锁相环之间的对应

在建立模拟和数字锁相环之间正确的对应关系之前，让我们先进行两个观察。首先，回顾图 10-6，LSB 长度为 Δ 的 TDC 具有 $1/\Delta$ 的斜率，其单位为 s^{-1}。为了将该单位改为 rad^{-1}，我们用 Δ 除以输入周期 T_{REF}，然后将结果乘以 2π。也就是说，TDC 的增益等于 $T_{REF}/(2\pi\Delta)$。其次，DPLL 中的数控振荡器可以被近似地建模为 K_{DCO}/s，其中 K_{DCO} 代表增益，它等于 DCO 的数字输入改变 1 个 LSB 时输出频率的变化(单位是 rad/s)。

现在，我们可以构建模拟和数字锁相环的模型如图 10-61 所示。数字锁相环的模型中包括离散时间和连续时间的传递函数；因此我们可以寻求 $1-z^{-1}$ 的连续时间近似。z^{-1} 代表一个时钟周期的延迟，可以用延迟线路的拉普拉斯变换 $\exp(-sT_{REF})$ 来建模。由于环路带宽通常远比 $1/T_{REF}$ 小，对于关注的频率范围，我们可以写为 $|sT_{REF}|\ll 1$，从而 $\exp(-sT_{REF})\approx 1-sT_{REF}$，即 $\beta/(1-z^{-1})\approx\beta/(sT_{REF})$。这时可以令两个环路中的前向传递函数相等：

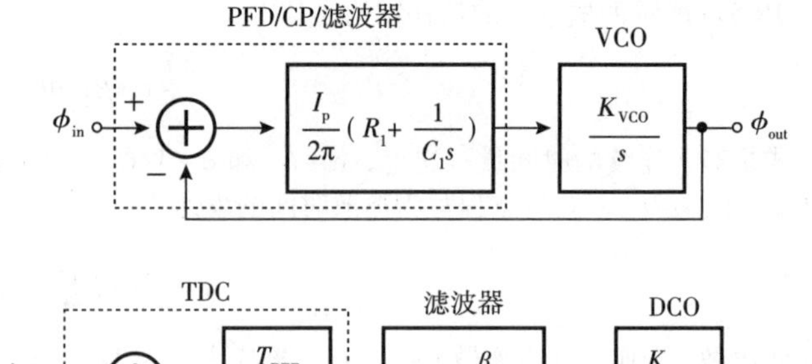

图 10-61 模拟和数字锁相环模型

$$\frac{I_p}{2\pi}\left(R_1+\frac{1}{C_1 s}\right)\frac{K_{VCO}}{s}=\frac{T_{REF}}{2\pi\Delta}\left(\alpha+\frac{\beta}{sT_{REF}}\right)\frac{K_{DCO}}{s} \tag{10-23}$$

令 $1/s$ 的系数相等可得

$$\frac{I_{\mathrm{p}} R_1 K_{\mathrm{VCO}}}{2\pi}=\frac{T_{\mathrm{REF}} K_{\mathrm{DCO}}}{2\pi\Delta}\alpha \tag{10-24}$$

同样地，令 $1/s^2$ 的系数相等可得

$$\frac{I_{\mathrm{p}} K_{\mathrm{VCO}}}{2\pi C_1}=\frac{T_{\mathrm{REF}}\beta K_{\mathrm{DCO}}}{2\pi\Delta T_{\mathrm{REF}}} \tag{10-25}$$

则可以得到

$$\alpha=I_{\mathrm{p}} R_1 \frac{\Delta}{T_{\mathrm{REF}}} \frac{K_{\mathrm{VCO}}}{K_{\mathrm{DCO}}} \tag{10-26}$$

$$\beta=\frac{I_{\mathrm{p}}\Delta}{C_1} \frac{K_{\mathrm{VCO}}}{K_{\mathrm{DCO}}} \tag{10-27}$$

这些方程使我们能够基于模拟环路参数(I_{p}、R_1、K_{VCO} 和 C_1)和数字环路参数(Δ 和 K_{DCO})来设计数字滤波器。在存在反馈分频器的情况下这些结果依然不变。

我们也可以直接设计数字锁相环。根据式(10-23)中的前向传递函数，读者可以求出闭环参数为

$$\zeta=\frac{\alpha T_{\mathrm{REF}}}{2}\sqrt{\frac{K_{\mathrm{DCO}}}{2\pi\beta\Delta}} \tag{10-28}$$

$$\omega_{\mathrm{n}}=\sqrt{\frac{\beta K_{\mathrm{DCO}}}{2\pi\Delta}} \tag{10-29}$$

习题

10.1 如果图 10-3b 中的比较器 A_j 的失调小于 1 LSB，绘制图 10-3a 所示的量化器特性曲线。同时考虑正失调和负失调的情况。当失调接近+1 LSB 或-1 LSB 时会发生什么情况。

10.2 我们想要研究图 10-5c 中插值快闪型 ADC 中失调的影响。首先，假设图 10-5a 中的差分对 A_1 的失调 $V_{\mathrm{OS}}<1$ LSB。这会对图 10-5b 中的特性曲线产生什么影响？现在，假设图 10-3b 中奇数编号 j 的比较器 A_j 输入端的差分对具有失调 $V_{\mathrm{OS}}<1$ LSB，绘制其特性曲线。最后，假设我们移除图 10-3b 中的各偶数编号的差分对，并使用插值来创建缺失的决策阈值。解释 A_1 的失调如何影响特性曲线。

10.3 假设图 10-5c 中的锁存器$_4$ 存在小的失调，对整体特性有何影响？

10.4 查看图 10-6 中的 TDC 概念，一名学生认为，用 XOR 作为 PD 会产生模拟输出，该输出可以通过快闪型 ADC 进行数字化，从而产生数字表示。这是个好主意吗(回想一下，只有 XOR 输出的平均值与相位误差成正比)？

10.5 假设图 10-7c 中的 t_0，即 V_2 和 V_1 之间的相位差，从接近零变化到超过 180°。绘制 TDC 的输入-输出特性。

10.6 一位工程师在图 10-7b 的 V_2 中错误地引入了一个小延迟。解释上一题中得到的特性曲线会发生什么变化。

10.7 考虑图 10-12 所示的 TDC 噪声整形。如果振荡器的增益(类似于 K_{VCO})翻倍，$S_\phi(f)$ 会发生什么变化？通过模拟、连续时间环路来近似此 PLL。

10.8 在图 10-18b 中，V_X 和 V_Y 达到 $V_{\mathrm{DD}}-V_{\mathrm{THN}}$ 需要多长时间？为简单起见，假设 $V_X \approx V_Y$。

10.9 利用上一题的结果，并假设 $I_{\mathrm{D1}}-I_{\mathrm{D2}}=g_{\mathrm{m1,2}}(V_{\mathrm{in1}}-V_{\mathrm{in2}})$，确定在 $t=t_1$ 时的 V_X-V_Y，从而获得电压增益。我们如何选择电路参数以实现增益为 3？

10.10 绘制图 10-18d 中不带 M_3 和 M_4 的 StrongArm 锁存器，并假设 V_{in1} 为高电平，V_{in2} 为低电平。解

释为什么电路在这个阶段会产生静态功耗。

10.11 在图10-20中，跟随StrongArm锁存器之后的反相器的延迟是否会在TDC中引入相位偏移？

10.12 设计图10-21中的气泡校正方案所需的逻辑电路。在此题中真值表会有所帮助。

10.13 在图10-22的游标TDC中，假设$\Delta_1=15$ ps，$\Delta_2=10$ ps。当我们将V_1和V_2之间的相位差从0扫描到20 ps时，确定由触发器生成的输出码。

10.14 在图10-22的游标TDC中，Δ_1和Δ_2标称上等于15 ps和10 ps。假设第三延迟级之间的不匹配导致$\Delta_2=17$ ps。解释当我们将V_1和V_2之间的相位差从0扫描到20 ps时，输出码会发生什么。

10.15 如果V_1路径中的第二个延迟从Δ误变为1.2Δ，绘制图10-24a中TDC的输入-输出特性。

10.16 解释如果1.5Δ的延迟错误地变为0.8Δ，图10-24a中触发器生成的输出码会发生什么变化。

10.17 假设图10-40中每个单元的I_u都伴随着噪声电流$\overline{I_n^2}$。也就是说，随着将更多电流源切换到M_1，它们的噪声也会增加。在将振荡器从低频到高频调谐的过程中，这会对振荡器的相位噪声产生什么影响？

10.18 考虑图10-48中阶梯产生的热噪声。解释对于哪个数字输入，这个噪声会导致最大的相位噪声。假设只有V_{lad}在随编码变化。

10.19 假设图10-50b中的矩阵的变容管值具有线性水平梯度，形式为$C_k=C_0+(k-1)\Delta C$，其中C_0表示一行中最左边单元格的值，ΔC是每个单元格的增量。确定这种之字形切换是否可以抑制这个误差的累积。

10.20 在数字输入也可以更改粗调电容的情况下，重复上一题。

10.21 推导式(10-14)，将分子和分母乘以分母的共轭，并证明式(10-15)。

参考文献

[1]. T. Kobayashi et al., “A current-mode latch sense amplifier and a static power saving input buffer for low-power architecture,” *VLSI Circuits Symp. Dig. Tech. Papers,* pp. 28-29, June 1992.

[2]. J. Montanaro et al., “A 160-MHz 32-b 0.5-W CMOS RISC microprocessor,” *IEEE J. Solid-State Circuits,* vol. 31, pp. 1703-1714, Nov. 1996.

[3]. T. Rahkonen and J. Kostamovaara, “The use of stabilized CMOS delay lines for the digitization of short time intervals,” *IEEE J. Solid-State Circuits*, vol. 28, pp. 887-894, Aug., 1993.

[4]. T. Pittorino et al., “A UMTS-compliant fully digital controlled oscillator withh 100-MHz fine-tuning range in 0.13-μm CMOS,” *ISSCC Dig. Tech. Papers,* pp. 210-211, Feb. 2006.

[5]. M. Chen, D. Su, and S. Mehta, “A calibration-free 800-MHz fractional-N digital PLL with embedded TDC,” *ISSCC Dig. Tech. Papers*, pp. 472-473, Feb. 2010.

[6]. J. Borremans et al., “An 86-MHz-to-12-GHz digital-intensive phase-modulated fractional-N PLL using a 15-pJ/shot 5-ps TDC in 40-nm digital CMOS,” *ISSCC Dig. Tech. Papers*, pp. 480-481, Feb. 2010.

[7]. D. Tasca et al., “A 2.9-to-4.0-GHz fractional-N digital PLL with bang-bang phase detector and 560 fs,rms integrated jitter at 4.5 mW power,” *ISSCC Dig. Tech. Papers*, pp. 88-89, Feb. 2011.

[8]. B. Razavi, Ed., *Monolithic Phase-Locked Loops and Clock Recovery Circuits,* New York, IEEE Press, 1996.

[9]. J. Lin et al., “A PVT-tolerant 0.18 MHz to 600 MHz self-calibrated digital PLL in 90-nm CMOS process,” *ISSCC Dig. Tech. Papers*, pp. 488-489, Feb. 2004.

[10]. A. V. Rylyakov et al., “A wide power supply range (0.5 V to 1.3 V) wide tuning range (500 MHz to 8 GHz) all-static CMOS AD PLL in 65 nm SOI,” *ISSCC Dig. Tech. Papers*, pp. 172-173, Feb. 2007.

[11]. D. Miyashita et al., “A -104dBc/Hz in-band phase noise 3-GHz all-digital PLL with phase interpolation based hierarchical time-to-digital convertor,” *Dig. Symp. VLSI Circuits*, pp. 112-113, June 2011.

[12]. F. Opteynde, “A 40-nm CMOS all-digital fractional-N synthesizer without requiring calibration,” *ISSCC Dig. Tech. Papers*, pp. 346-347, Feb. 2012.

[13]. L. Fanori, A. Liscidini, and R. Castello, “3.3GHz DCO with a frequency resolution of 150Hz for all-digital PLL,” *ISSCC Dig. Tech. Papers*, pp. 48-49, Feb. 2010.

延迟锁相环

延迟锁相环(Delay-Locked Loop，DLL)是锁相环的新发展，其产生可以追溯到 20 世纪 80 年代。在一些应用中，DLL 是必需的或优于 PLL 的，其具有诸如对电源噪声的低灵敏度、较低相位噪声以及可以生成多个相位时钟的优点。在开始本章之前，读者可以先回顾第 7 和 8 章中的 PLL 基本知识。

11.1 基本思想

如图 11-1a 所示，假设一个输入时钟信号经过一个缓冲器 B_1、一个长互连，以及另一个缓冲器 B_2，会有明显的偏差 ΔT。我们如何将 CK_{out} 与 CK_{in} 对齐？由于时钟是周期性的，因此我们推测可以在 B_2 中引入额外的延迟，以使总的延迟等于一个时钟周期(见图 11-1b)。为了正确地设置延迟，我们让 ΔT 成为可以通过负反馈抑制的误差。即如果 CK_{out} 的相位与 CK_{in} 的相位进行比较，则可产生可用于调整延迟并消除偏差的误差。这种推测使我们得出了图 11-1c 所示的设计。在此，鉴相器(PD)测量偏差并调整 B_2 的延迟以减小 ΔT。与 PLL 一样，低通滤波器会衰减 PD 产生的高频分量。该电路是一个简单的延迟锁相环示例。

图 11-1c 中的残余相位误差取决于环路增益，即 PD 的增益 K_{PD} 和可变延迟级的增益。后者定义为 $K_{DL}=\partial\phi/\partial V_{cont}$，其中 ϕ 是此可变延迟级的延迟(以 rad 为单位)。我们可以在环路中添加一个积分器，而不是试图最大化 $K_{PD}K_{DL}$。利用我们对 PLL 的了解，构建如图 11-1d 所示的架构，其中 PFD/CP/电容的组合提供了无限的增益，驱使偏差趋向于零。可变延迟级可以实现为压控延迟线路(Voltage-Controlled Delay Line，VCDL)。虽然环路不需要频率检测(为什么?)，但用 PFD 可提供便捷地驱动 CP 的接口。后面会讲，与 C_1 串联的电阻是不需要的。这种 DLL 体系结构通常在高速系统中使用。

由于 VCDL(几乎)立即响应 V_{cont} 的变化，因此图 11-1d 的 DLL 是一阶的，没有稳定性问题。此外，延迟线路与振荡器相比，有较低的相位噪声和电源灵敏度优势。我们将在以下各节中详细说明这些要点。

与 PLL 不同，延迟锁相环不产生新频率；相反，它们只是将输入延迟。因此，DLL 的通用性不如 PLL。例如，DLL 无法从一个 20 MHz 的参考信号产生一个 5 GHz 的时钟信号。

DLL 的另一个缺点是，它们可以将输入占空比误差传播到输出端。实际上，延迟线路可能会进一步增加该误差。因此，VCDL 通常被设置在占空比校正级之前和/或之后(见 11.10 节)。DLL 的第三个缺点是它们以高速运行 PFD 和 CP。我们将在 11.9 节中讨论这一点。可以通过在 PFD 输入端插入两个分频器来缓解此问题。

DLL 的动态行为决定了它们如何响应输入相位噪声，电源噪声等的影响。因此，我们在下一节中研究这种行为。

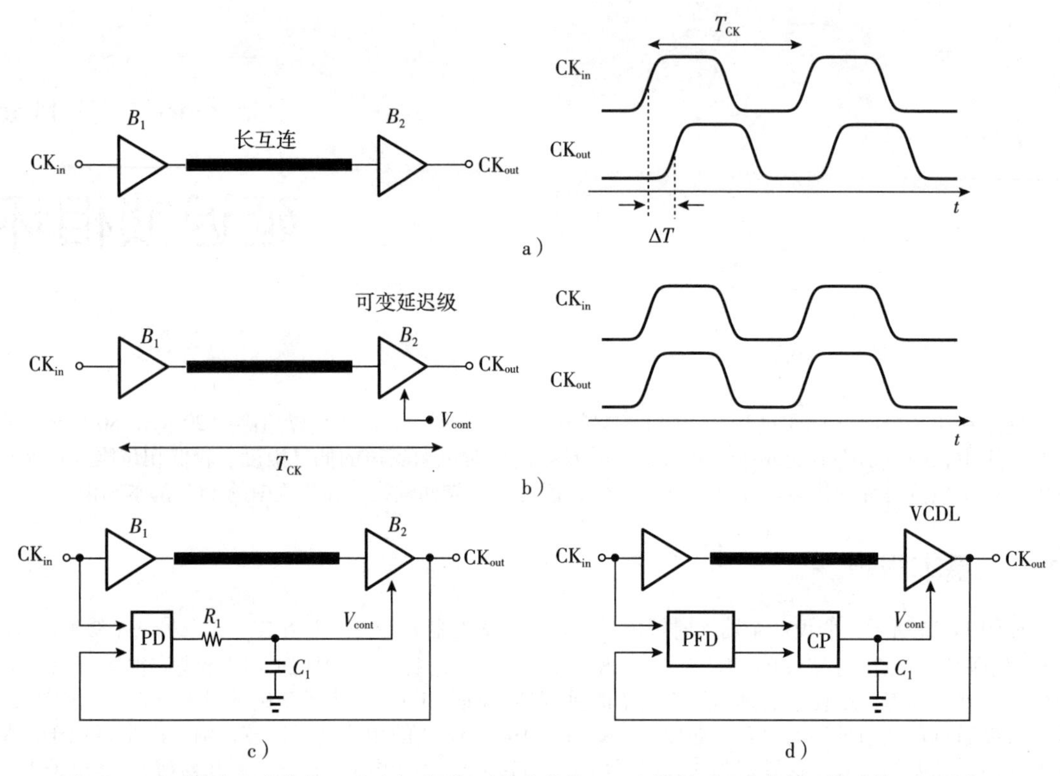

图 11-1 a)时钟分配有偏差；b)可变延迟级对偏差的校正；c)控制延迟的简单反馈系统；d)基本 DLL

11.2 环路动态特性

我们想要分析图 11-2a 所示的 DLL 的动态行为，为简单起见，其中整个时钟路径都由 VCDL 建模。在锁定状态下，CK_{in} 和 CK_{out} 之间的相位差是恒定的，并且原则上等于零。因此，VCDL 提供了一个时钟周期 T_{CK} 的延迟。VCDL 可以使用第 3 章中研究的环形振荡器调谐技术来实现。例如，由变容管控制的反相器链路可以用于这一目的(见图 11-2b)。

我们如何表示 VCDL 的静态行为？与 VCO 类似，可以写成 $\phi_{out}=\phi_0+K_{DL}V_{cont}$，其中 ϕ_0 是截距，K_{DL} 是增益。但这是不正确的，因为 VCDL 会移动输入相位。因此，我们必须写为

$$\phi_{out}=\phi_0+K_{DL}V_{cont}+\phi_{in} \tag{11-1}$$

对于小信号分析，我们可以将 VCDL 视为将 V_{cont} 乘以 K_{DL} 以产生 $\phi_{out}-\phi_{in}$ 相移的电路。

在深入研究整个环路动态特性之前，让我们先了解一下 VCDL 本身的动态行为。该电路具有一个时钟信号输入和一个控制信号输入。如果图 11-2b 中的 CK_{in} 发生相位阶跃，会发生什么？此阶跃通过链路传播，并在 T_{CK} 片刻后出现在输出端(见图 11-2c)。也就是说，与该路径相关联的传递函数可以表示为 $\exp(-T_{CK}s)$。实际上，由于 T_{CK} 远小于整个 DLL 的时间常数，可以近似 $\exp(-T_{CK}s)\approx1$。

第二条路径是从 V_{cont} 到 CK_{out}。如果我们在图 11-2b 的 V_{cont} 上施加一个阶跃，那么需要多长时间它能影响输出相位？从图 11-2d 所示的波形中，我们认识到该路径延迟也最多有一个 T_{CK}。因此，静态模型 $\phi_{out}=\phi_0+K_{DL}V_{cont}+\phi_{in}$ 仍然被证明相当准确。

首先定性地分析整个 DLL 的响应是有指导意义的。如果图 11-2a 中 CK_{in} 的相位缓慢波动，而 DLL 保持较高的环路增益，从而使 CK_{out} 与 CK_{in} 对齐。即，闭环传递函数对于缓慢的相位变化具有一致的

幅度。现在假设 CK_{in} 经历非常快速的相位变化。然后，DLL 的环路增益很小，V_{cont} 不会改变，并且 CK_{in} 只是传播到 CK_{out}。在这种情况下，由于输入信号相位变化仅有 T_{CK} 的延迟便出现在输出上，因此闭环响应也接近一致。因此，我们得出结论，DLL 表现出全通响应，这与 PLL 的低通行为不同。

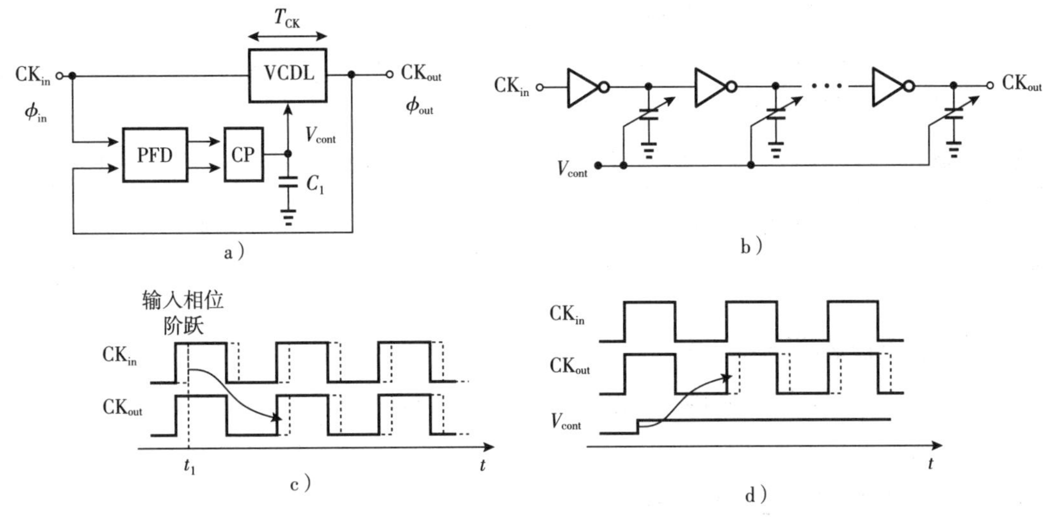

图 11-2 a)具有压控延迟线路的 DLL；b)简单的 VCDL 实现；c)将输入相位阶跃传播到输出；d)将 V_{cont} 上的阶跃传播到输出

DLL 的全通特性也可以通过数学方法来证实。对于图 11-2a 的 DLL，我们绘制如图 11-3a 所示的相位模型，其中 PFD 由相位减法器表示，CP 和电容由积分器表示，VCDL 增益由 K_{DL} 表示。由于 V_{cont} 由 $(\phi_{in}-\phi_{out})[I_p/(C_1s)]$ 给出，并且由于 VCDL 相移 $\phi_{out}-\phi_{in}$ 等于 $K_{DL}V_{cont}$，因此我们可以得到

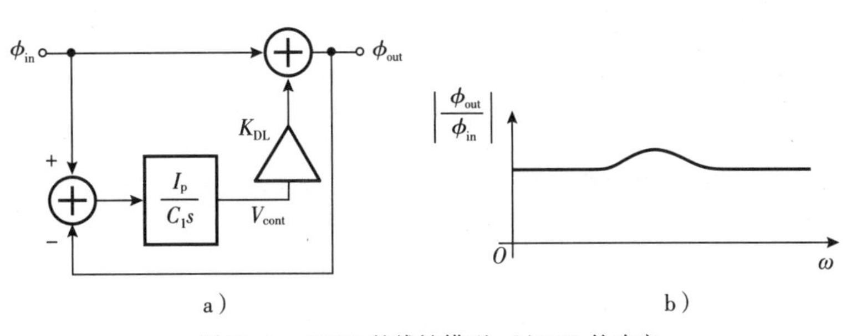

图 11-3 a)DLL 的线性模型；b)DLL 的响应

$$\phi_{out}-\phi_{in}=(\phi_{in}-\phi_{out})\frac{I_p}{C_1s}K_{DL} \tag{11-2}$$

这意味着 $\phi_{in}=\phi_{out}$。在实践中，由于通过 VCDL 的有限延迟，响应呈现出小的峰值[1]（见图 11-3b）。

以上研究揭示了两点：①DLL 通常不会遇到稳定性问题，并且可以在 I_p 和 C_1 的较大取值范围内正常工作；②缺乏滤波能力，使 DLL 无法适用于必须消除输入信号抖动的应用中。

11.3 延迟级数的选择

延迟线路通常以一个反相器链路的形式出现，在延迟、相位噪声和功耗之间进行权衡。对于给定的总延迟 T_D，我们可以选择：①扇出为 1 的足够数量的反相器；②较少数量的反相器，每个反相器都有额外的电容加载。问题在于哪种方法在相位噪声和功耗之间会提供更有利的折中。如果 T_D 与门延迟的比率较大，例如，如果 $T_D=2$ ns 且在 FF、低温工艺角处的门延迟为 5 ps，则这一点变得尤为重要。

为了回答这个问题，我们作两个观察。首先，根据我们在第 3 章中的研究，环形振荡器的相位噪

声与级数和每一级所看到的负载电容相当不相关。其次，如果我们打开一个环形振荡器环路以创建一条延迟线路，则两者的相位噪声曲线之间的关系为[2]

$$S_{\phi,\ \mathrm{ring}}(f)=\left(\frac{f_0}{\pi f}\right)^2 S_{\phi,\ \mathrm{DL}}(f) \tag{11-3}$$

式中，f 表示与 f_0 的偏移量。因此可得出结论，$S_{\phi,\mathrm{DL}}$ 也与级数和负载电容不相关。换句话说，对于给定的 T_D，延迟线路的噪声功率权衡是相对刚性的。

例 11-1 一名学生认为，在反相器的输出端添加电容会超过(电压相关的)漏极-衬底电容，从而降低电源灵敏度。这样说正确吗?

解： 不正确。正如我们在第3章中学到的那样，增加电容不会降低电源灵敏度，因为这种灵敏度主要由反相器的驱动能力决定，而驱动能力仍由电源调节。

11.4 非理想性因素的影响

在 DLL 中也存在 PLL 中遇到的缺陷，但大多数缺陷对性能的影响较小。在本节中我们将讨论这些问题。

11.4.1 PFD/CP 的非理想性因素

如第7章和第8章所述，PFD/CP 缺陷的最关键后果是控制电压上的纹波，因为它会引起 PLL 的抖动和边带。而在 DLL 中，它被证明是良性的，如以下示例所示。

例 11-2 确定图 11-2a 中控制电压纹波的影响。

解： PFD/CP 非理想情况引起的纹波在输入频率 f_in 处重复出现，即 $\mathrm{CK_{in}}$ 与 $\mathrm{CK_{out}}$ 之间的相位差以等于 f_in 的速率被调制。如图 11-4 所示，这只是意味着 $\mathrm{CK_{out}}$ 经历了恒定的相位偏移，没有表现出边带或抖动；无论波纹的整形如何，$\mathrm{CK_{out}}$ 的上升沿在每个周期中都是提前(或延迟)的。可以将相位调制输出近似为下式，以此来分析验证我们的直觉：

$$V_\mathrm{out}(t)=V_0\cos[\omega_\mathrm{in}t+K_\mathrm{DL}V_\mathrm{cont}(t)] \tag{11-4}$$

如果用 $t+2\pi/\omega_\mathrm{in}$ 代替 t，可以观察到 $V_\mathrm{out}=V_0\cos[\omega_\mathrm{in}t+2\pi+K_\mathrm{DL}V_\mathrm{cont}(t+2\pi/\omega_\mathrm{in})]$ 是不变的。也就是说，V_out 仍然是周期性的。与 PLL 相比，此属性似乎是 DLL 的另一个优点，但是如果 PLL 以等于1的反馈分频系数工作，它也会产生无边带的输出。上面观察到的相位偏移证明是有问题的，因为它在 $\mathrm{CK_{in}}$ 和 $\mathrm{CK_{out}}$ 之间引入了偏差。

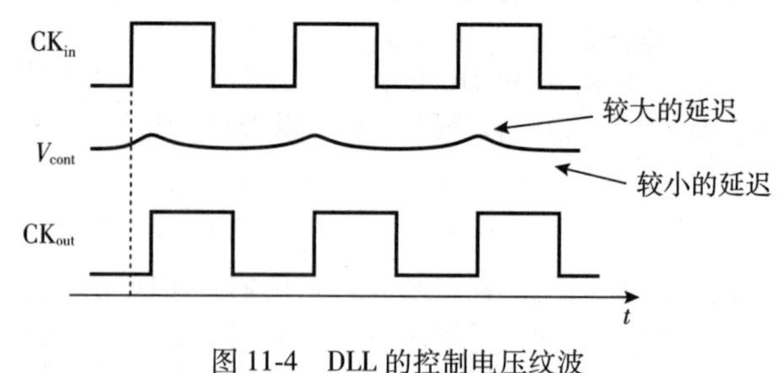

图 11-4 DLL 的控制电压纹波

上述示例表明，在图 11-2a 中，不必令 C_1 太大或 I_p 太小来保证低纹波。如下一节所述，这种灵活性有助于抑制电源噪声的影响。但是，在倍频 DLL 中纹波会成为一个问题(见 11.6 节)。

11.4.2 电源噪声

DLL 中的电源噪声 $V_\mathrm{DD}(t)$ 的主要影响是会调制 VCDL 的延迟。图 11-2a 的 DLL 如何响应 $V_\mathrm{DD}(t)$? 如果电源噪声变化缓慢，则环路具有足够的“能力”来保持 ϕ_out 接近 ϕ_in，即 V_cont 与 $V_\mathrm{DD}(t)$ 相反，而 ϕ_out 不会受到太大影响。另外，对于高频噪声，环路增益下降，ϕ_out 由 V_DD 直接调制。

让我们为 VCDL 定义一个从 V_{DD} 到 ϕ_{out} 的增益，为 $K_{VDD}=\partial\phi_{out}/\partial V_{DD}$。图 11-5a 所示为带有电源噪声且 $\phi_{in}=0$ 的 DLL 模型。我们从输出看去，可将 V_{cont} 写为 $-\phi_{out}[I_p/(C_1 s)]$，因此

$$-\phi_{out}\frac{I_p}{C_1 s}K_{DL}+V_{DD}K_{VDD}=\phi_{out} \tag{11-5}$$

可以得出

$$\frac{\phi_{out}}{V_{DD}}(s)=\frac{K_{VDD}C_1 s}{C_1 s+I_p K_{DL}} \tag{11-6}$$

如图 11-5b 所示，当频率超过极点频率 $\omega_p=I_p K_{DL}/C_1$，响应开始趋于平坦。因此，我们必须为 I_p/C_1 选择一个较高的值，以使电源噪声的抑制最大。

与第 8 章研究的 PLL 电源噪声响应不同，上述结果表明：①DLL 没有抑制高频电源噪声的能力；②但是可以选择比 PLL 的环路带宽大得多的转角频率 $I_p K_{DL}/C_1$，因为 DLL 具有更高的输入频率，其行为更稳定。

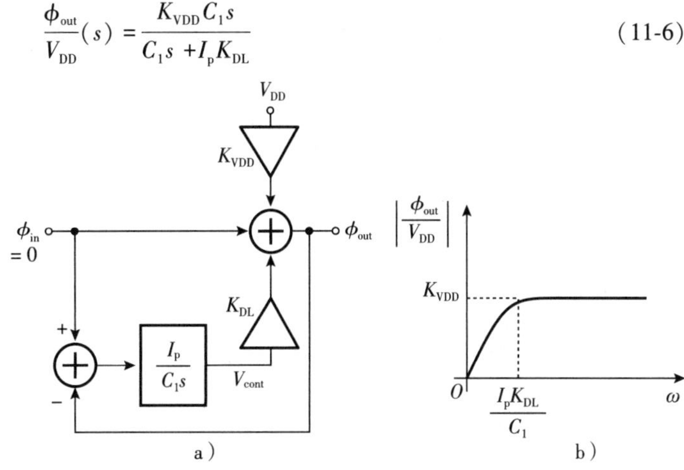

图 11-5 a) DLL 的电源噪声；b) DLL 相位响应

11.4.3 相位噪声

通常认为 DLL 产生的相位噪声要比 PLL 小得多，但是必须仔细进行比较。让我们从输入(参考)相位噪声开始。以如图 11-3b 所示的传递函数为例，该噪声没有衰减，只是传播到输出。

VCDL 相位噪声的情况更有趣。我们来作两方面的观察。首先，如第 3 章所述和在 11.3 节中所提到的，延迟线路的相位噪声 $S_{\phi,DL}$ 和使用这种线路的环形振荡器的相位噪声 $S_{\phi,ring}$ 的相关性如下：

$$S_{\phi,\,ring}(f)=S_{\phi,\,DL}\left(\frac{f_0}{\pi f}\right)^2 \tag{11-7}$$

图 11-6 描述了这种关系。对此结果的一种解释是，当环形振荡器中的边沿在环路中循环时会不断积累相位噪声，而 VCDL 中的边沿在到达输出之前仅经历一次延迟级的相位噪声。因此，我们得出结论，VCDL 产生的相位噪声要比环振产生的相位噪声低得多。

其次，如图 11-7a 所示，我们对 VCDL 相位噪声进行建模，并写成

$$-\phi_{out}\frac{I_p}{C_1 s}K_{DL}+\phi_{n,\,DL}=\phi_{out} \tag{11-8}$$

可得

$$\frac{\phi_{out}}{\phi_{n,\,DL}}(s)=\frac{C_1 s}{C_1 s+I_p K_{DL}} \tag{11-9}$$

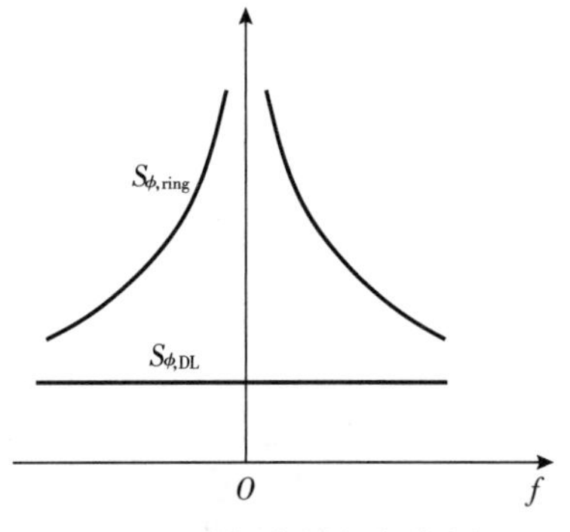

图 11-6 环形振荡器相位噪声与延迟线路相位噪声的比较

与电源噪声的影响相似，该结果表现为一阶高通行为(见图 11-7b)。如预计的那样，该环路抑制了由 VCDL 引起的缓慢的相位波动。通常 VCDL 中相位噪声的主要来源是电源噪声。

11.5　多个相位的产生

除了图 11-1d 所示的偏差校正功能外，DLL 还可以在需要多个时钟相位的系统中得到应用。例如，某些时钟和数据恢复电路需要 32 或 64 个等间隔的时钟相位，这对环形振荡器来说是一个艰巨的挑战，因为它们的工作频率与所使用的级数成反比。

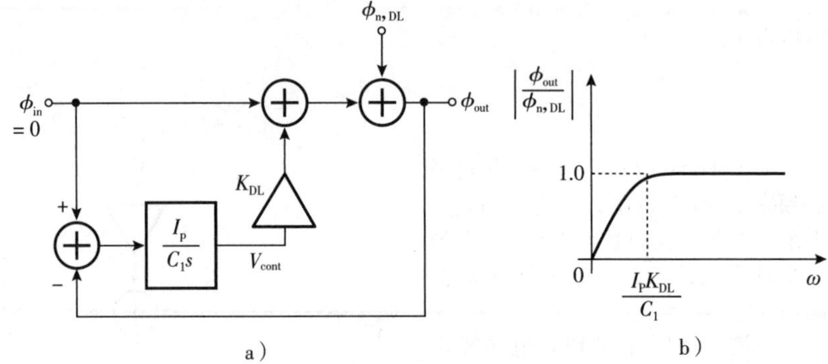

图 11-7　a) 包括延迟线路相位噪声的 DLL 模型；b) DLL 响应

图 11-8 所示为一个提供多个时钟相位的 DLL。VCDL 结合了 N 个标称相同的延迟级，提供 N 个相位，其最小间隔等于一级的延迟 T_D。这里的关键点是 $T_D = T_{CK}/N$，因为环路被锁定，使得 CK_{out} 和 CK_{in} 具有 T_{CK} 的相位差。换句话说，借助环路中的反馈，即使在 PVT 变化的情况下，T_D 仍可保持明确的定义并且相对准确。相比之下，"开环"延迟线路作为 PVT 的函数，其延迟可以经历近两倍的变化。

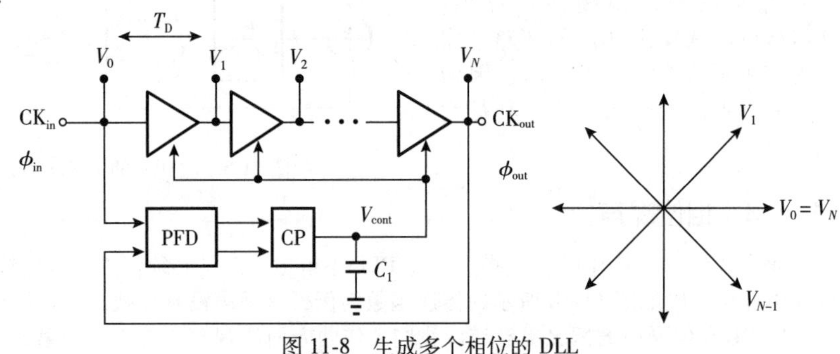

图 11-8　生成多个相位的 DLL

例 11-3　是否能设计一个直接生成 32 个相位的 5 GHz DLL?

解： 在这个案例中，$T_D = 200\ \text{ps}/32 = 6.25\ \text{ps}$。如果 CMOS 工艺节点可以在最坏的 PVT 工艺角处保证如此小的门延迟，那么这种 DLL 设计是可行的。否则，我们必须借助于相位插值(见 11.8 节)。

图 11-8 所示的多相 DLL 面临几个问题。第一个，由于图 11-8 中的 PFD/CP 缺陷，必然会存在相位偏移，导致 V_0 和 V_N 不能完全对齐。此偏移量 $\phi_{out} - \phi_{in} = \Delta\phi$，仅留下 $2\pi - \Delta\phi$ 弧度用于 VCDL 的延迟，因此将 V_1 移动 $\Delta\phi/N$，将 V_2 移动 $2\Delta\phi/N$，等等。相位的不均匀性证明是个挑战，必须通过使用高性能 CP 设计技术(见第 7 章和第 8 章)将其最小化。

第二个，由于负载不相等，VCDL 边界处的相位间距可能与中间的相位间距不同。为了理解这一点，考虑图 11-9a 所示的情况，其中从反相器 Inv_{N-1} 和 Inv_N 看到不同的扇出：前者驱动两个反相器，而后者驱动一个反相器和一个 PFD(会带来更大的负载)。结果是，V_{N-2} 和 V_{N-1} 之间的相位差小于 V_{N-1} 和 V_N 之间的相位差。如图 11-9b 所示的 $N=4$ 的例子，可通过在 PFD 输入端插入两个反相器来解决此问题。如果所有的反相器都相同，我们观察到：①V_4 处的扇出等于 V_1、V_2 和 V_3 处的扇出；②反馈环路将 V_a 和 V_b 之间的相位差收敛至零，从而也使 V_0 和 V_4 对齐。这里的一个假设是，到达 V_0 的波形与到达 V_4 的波形的上升和下降时间大致相同；否则，通过 Inv_a 和 Inv_b 的延迟会略有不同。当然，这些反相器之间的随机失配会带来额外的误差。

图 11-8 的 DLL 中的另一个问题是"错误锁定"问题。让我们假设 VCDL 设计为在 TT，27°C 工艺角下提供的总延迟为 T_{CK}。现在，假设 DLL 在 SS 高温工艺角下工作，并且在启动时，VCDL 的总延迟略

大于 $2T_{CK}$(见图 11-10)。然后，DLL 尝试对齐 V_0 和 V_N，如果这两个信号之间的相位差达到 $2T_{CK}$ 而不是 T_{CK}，则可以这样做。结果是相位间距将等于 $2T_{CK}/N$，是所需值的两倍。

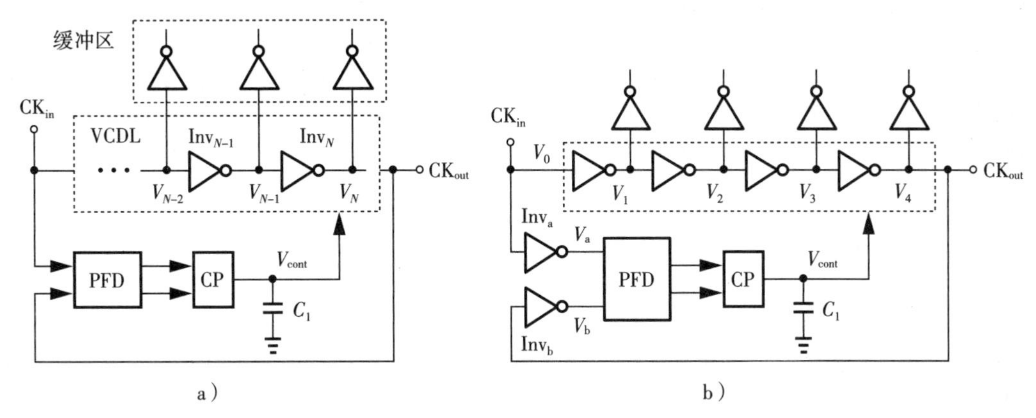

图 11-9 a)图 11-8 的 DLL 添加了输出缓冲区；b)添加了对边界误差的校正

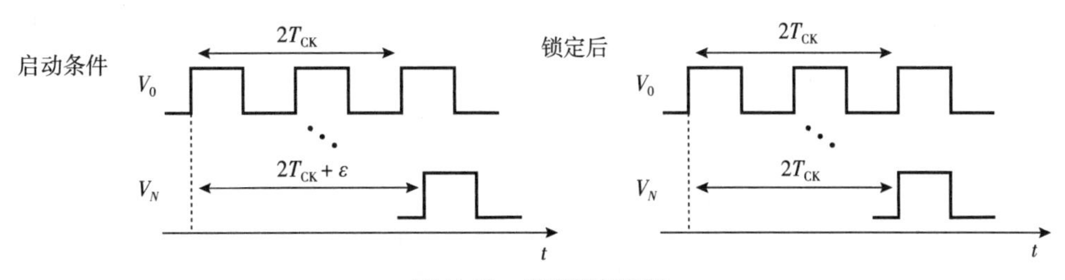

图 11-10 错误锁定问题

应当指出，错误锁定在非倍频 DLL 中也是个问题。总延迟是 $2T_{CK}$，则电路会累积更大的相位噪声，并且对电源更加敏感。

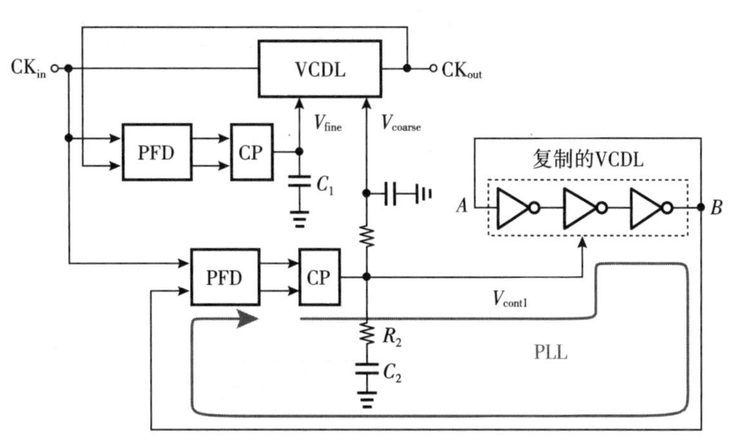

图 11-11 将 PLL 添加到 DLL 中以避免错误锁定

避免错误锁定通常需要增加极大的复杂性，尤其是在 DLL 必须在宽的频率范围内运行的情况下。图 11-11 描述了一种采用 PLL 的解决方案。我们使用外部控制 V_{coarse} 调整 VCDL 延迟，以使其接近 T_{CK}。DLL 只控制 V_{fine} 并对延迟进行小幅调整。该电路的工作原理如下。VCDL 的复制单元被配置为环形振荡器并锁相到主输入，从而确保通过 VCDL 的复制单元从 A 到 B 的延迟等于 T_{CK}，因为 A 和 B 载有同一波形。因此，V_{cont1} 达到所需值。现在，该电压用作主 VCDL 的粗调控制，从而允许 DLL 仅通过 V_{fine} 提供微调。例如，如果两个 VCDL 的延迟失配为 10%，则 V_{fine} 只能将延迟微调这个量，从而避免错误锁定。V_{coarse} 之前的滤波器可抑制 V_{cont1} 中存在的纹波和噪声。这种架构使面积和功耗大约增加了一倍。另一种方法将在 11.6 节中介绍。

图 11-8 中的多相 DLL 的第五个问题与延迟单元之间的失配有关，这会转化为 T_{CK}/N 的相位间隔的偏差。在各个级的驱动能力及其负载电容中都存在这种失配，必须通过适当的尺寸调整和仔细的版图布局来管理，以使相位间隔误差保持在可接受的小范围内。这个问题在倍频 DLL 中被证明尤其重要(见 11.6 节)。

误差的另一个来源是控制电压上的纹波：由于图 11-8 中 V_{cont} 的跳跃改变了总的输入-输出延迟，因此在输入和输出之间会出现相位偏移(见例 11-2)，并且相位间距也受到影响。也就是说，所有的相位间隔都略小于或大于标称值。必须选择足够大的电容 C_1 以最小化这种影响。

11.6 倍频 DLL

11.6.1 基本拓扑

DLL 的一个重要缺点是它们不能执行频率综合，即不能生成任意的输出频率。在某些应用中，DLL 可以将输入频率乘以整数，从而充当“可怜人的”频率综合器。

回想一下，图 11-8 的 DLL 产生了 N 个等间隔的时钟边沿，分辨率为 T_{CK}/N。如果我们“组合”这些边沿，则可以生成一个具有更高频率的输出。图 11-12a 所示为 8 相延迟线路，其输出应用于 XOR 门。注意 DLL 使 V_8 和 V_0 对齐，可以观察到相邻接头之间的相位差为 45°，即 PFD 感测的是 V_8 和 V_0。

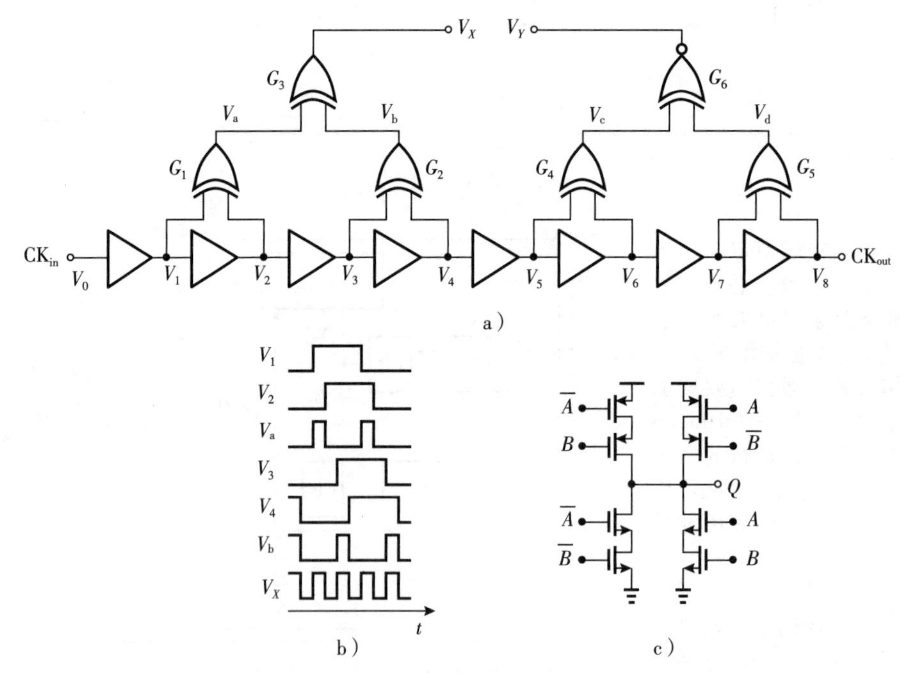

图 11-12 a)用于倍频的边沿组合电路；b)其波形；c)XOR 实现

如图 11-12b 所示，V_1 和 V_2(V_a)的 XOR 结果是每 $T_{CK}/2$ 片刻显示一个脉冲，V_3 和 V_4(V_b)的 XOR 结果也是如此。由于 V_a 和 V_b 的相位差为 90°，因此它们的 XOR 结果 V_X 的周期为 $T_{CK}/4$。另一个输出 V_Y 是 V_X 的补码。从另一个角度看，XOR 门的第一级使频率加倍，第二级使频率再次加倍。当然，该操作是假定 V_0~V_8 的占空比为精确的 50%。因此，8 级 DLL 将输入频率乘以系数 4。注意，这些 XOR 门沿延迟线路引入的是均匀的负载㊀。XOR 门级在这里包含一个“边沿组合器”。图 11-12c 描述了 XOR 门的一种可能实现。读者可以很容易地证明，交换 A 和 $\overline{A}$ 会创建一个 XNOR 门，这对于 V_Y 是必需的。

图 11-12a 的拓扑有两点值得说明。首先，我们认识到，实际上，$V_c=V_a$，$V_d=V_b$(为什么?)。这样看来，G_4 和 G_5 是冗余的，G_6 可以直接与 V_a 和 V_b 相连。但是，第一级的 XOR 还可以确保延迟级具有相等的负载，并产生均匀的 45°相位分离。如果省略了 G_4 和 G_5，则与 $V_5 \sim V_8$ 相关的相位会失真。

其次，假设我们只保留前五个延迟级和 $G_1 \sim G_3$。DLL 应该如何操作以确保 V_0 和 V_4 仍是 180°异相?如果感测 V_0 和 V_4 的鉴相器对于相位误差为 180°产生零输出，则可能发生这种情况。在 11.9 节中将描述这样的 PD。

例 11-4 仅使用 AND 门和 OR 门设计一个边沿组合器。

解: 图 11-12a 所示的延迟线路提供了延迟信号及其补码，因为每一级都会将信号延迟 45°。例如，$V_5=\overline{V_1}$，$V_6=\overline{V_2}$，等等。如果对 V_1 和 $\overline{V_2}$ 执行 AND 功能，则每 T_{CK} 片刻获得一个宽度为 $T_{CK}/8$ 的脉冲(见图 11-13a)。同样，$V_3 \cdot \overline{V_4}$ 呈现相同的整形，但偏移了 $T_{CK}/4$。由此，$V_1 \cdot \overline{V_2}+V_3 \cdot \overline{V_4}$ 每 T_{CK} 片刻产生两个这样的脉冲。注意到 $V_5 \cdot \overline{V_6}+V_7 \cdot \overline{V_8}$ 具有相同的行为，但偏移了 $T_{CK}/2$，我们得出结论，$V_1 \cdot \overline{V_2}+V_3 \cdot \overline{V_4}+V_5 \cdot \overline{V_6}+V_7 \cdot \overline{V_8}$ 是一个频率为输入信号频率四倍的信号。该实现如图 11-13b 所示。实际上，AND 门和 OR 门可以被 NAND 门取代。XOR 门实现仍然是可取的，因为它只需要 $V_1 \sim V_8$ 与第一排 XOR 门之间的短互连即可。

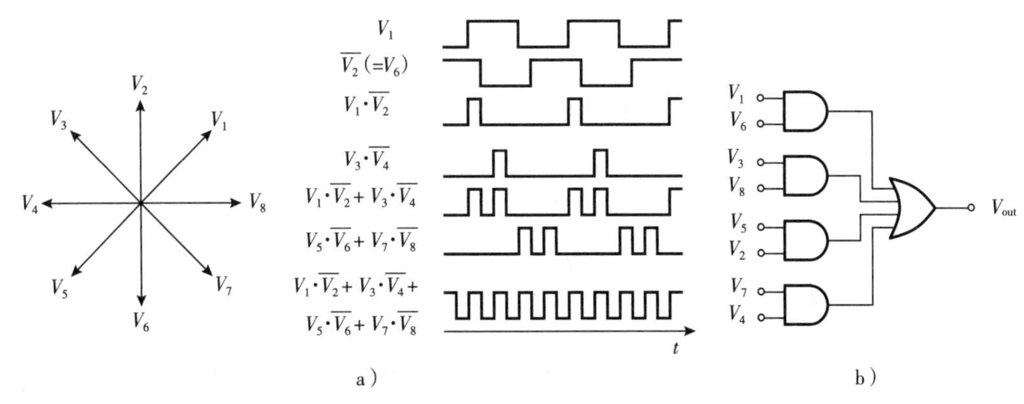

图 11-13 a)将 AND 和 OR 运算用于倍频；b)逻辑实现

另一类倍频的方法是采用求和而不是逻辑门进行边沿组合[3]。举一个简单的例子，假设一条差分延迟线路产生了三个边沿(及其补码)，它们的相位间隔为 120°(见图 11-14a)。如果将这些波形相加会怎样?我们认识到，其和对 V_1、V_2 和 V_3 中的每个边沿都进行了转变，提供了 3 的倍频系数。其实现如图 11-14b 所示，其中三个差分对将抽头的电压转化为电流，并在电流域中执行求和。

例 11-5 使用傅里叶级数，说明图 11-14a 中的组合操作如何倍频。

解: 分别写成

$$V_1 = V_0\cos(\omega_0 t) + (V_0/3)\cos(3\omega_0 t) + \cdots \tag{11-10}$$

$$V_2 = V_0\cos(\omega_0 t + 120°) + (V_0/3)\cos(3\omega_0 t+360°) + \cdots \tag{11-11}$$

$$V_3 = V_0\cos(\omega_0 t + 240°) + (V_0/3)\cos(3\omega_0 t+720°) + \cdots \tag{11-12}$$

式中，$\omega_0=2\pi/T_{CK}$，我们注意到该求和中没有一次谐波(为什么?)，并且在 $3\omega_0$ 处表示为基波[3]。该计

㊀ 只有当 XOR 门本身相对于其两个输入是对称的。

算表明，图 11-14b 中求和的电流必然包含一个大的三次谐波。例如，如果主路径中的差分级不经历硬开关，则三次谐波幅度小于 $V_0/3$。

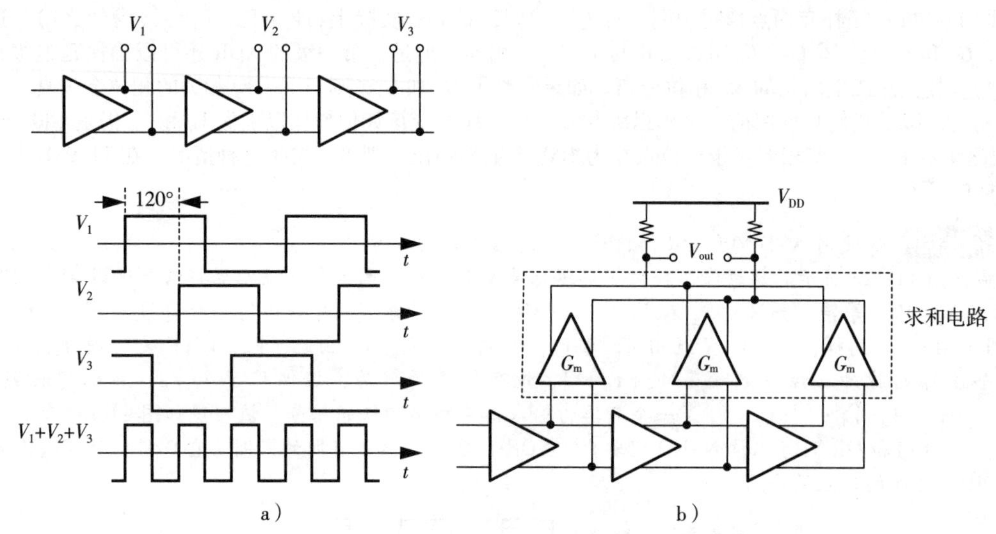

图 11-14 a)产生 120°相位差的电路；b)执行倍频的求和电路

图 11-14b 所示的拓扑可以扩展到 N 级，以便将输入频率 N 倍频。这种方法将 N 限制为奇数整数，因为差分信号，例如上例中的 V_1、V_2 和 V_3，名义上仅包含奇次谐波。

11.6.2 设计问题分析

图 11-12 和图 11-14 中的乘法因数很难更改，这是与 PLL 明显不同的一点。此外，各级之间的延迟失配会引起时域中的抖动和频域中的杂散。例如，如果式(11-10)~式(11-12)中的相移偏离 120°的整数倍，则一次谐波项没有完全抵消，成为三次谐波的杂散分量(见图 11-15a)。假设生成 V_2 的级会产生 ΔT 的延迟误差。如图 11-15b 所示，时域波形还表明，这种失配表现在 $V_1+V_2+V_3$ 的上升沿和下降沿，每 T_{CK} 片刻产生等于 ΔT 的抖动。

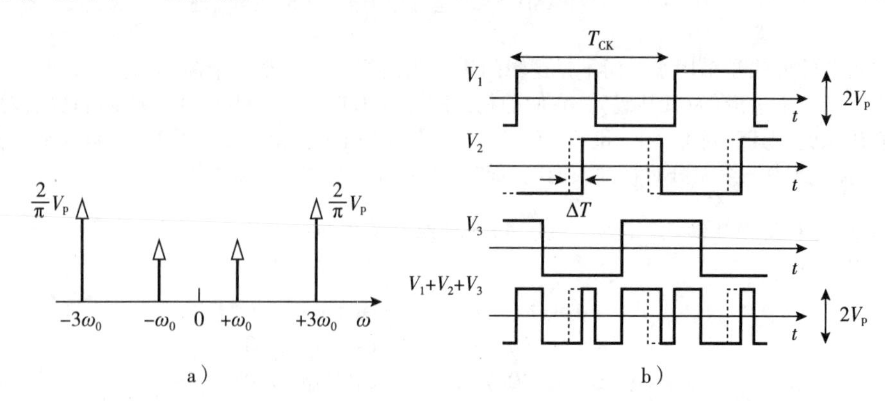

图 11-15 a)由于失配，ω_0 处出现不需要的分量；b)时域波形说明了这种影响

例 11-6 根据图 11-15b 中的 ΔT 确定图 11-15a 中杂散的相对水平。假设 $V_1+V_2+V_3$ 有大小为 V_P 的峰值摆幅。

解：图 11-15b 中的总和波形可以看作是频率为 $3f_{CK}$ 的理想方波加上另外两个波形，它们由每 T_{CK} 片刻出现的宽度为 ΔT 的正负脉冲组成(见图 11-16)。用面积为 $2V_p \cdot \Delta T$ 的冲激近似这些脉冲，可以将它们表示为

$$V_{mis}(t) = 2\Delta T \cdot V_p \sum_{k=-\infty}^{+\infty}\left[\delta\left(t - kT_{CK} - \frac{T_{CK}}{2}\right) - \delta(t - kT_{CK})\right] \tag{11-13}$$

进行傅里叶变换得到

$$V_{mis}(f) = \frac{2\Delta T \cdot V_p}{T_{CK}} \sum_{k=-\infty}^{+\infty}\left[\left(e^{-j\pi f T_{CK}} - 1\right)\delta(f - kf_{CK})\right] \tag{11-14}$$

对于 $\omega_0 = 2\pi f_{CK}$ 处的分量，我们将 k 设为 1，并注意到 $\exp(-j\pi f T_{CK})\delta(f-f_{CK}) = \exp(-j\pi f_{CK} T_{CK})\delta(f-f_{CK}) = -\delta(f-f_{CK})$。也就是说，该分量的大小等于$(2\Delta T \cdot V_p/T_{CK})\times 2$。归一化为 $V_1+V_2+V_3$ 的一次谐波，该值转换为 $2\pi\Delta T/T_{CK}$。例如，在 5 GHz 下 1 ps 的 ΔT 会产生 −30 dBc 的杂散水平。

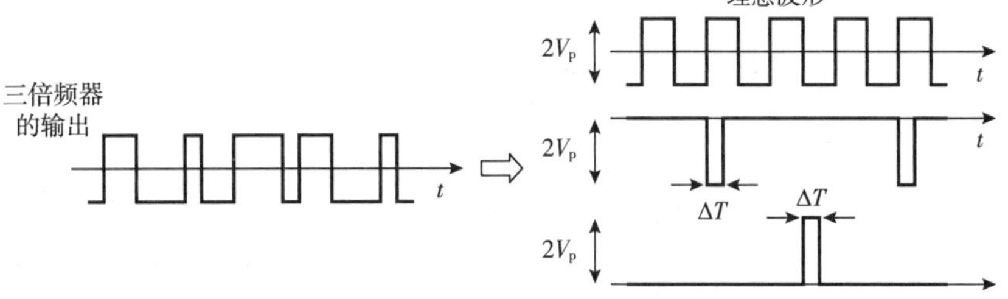

图 11-16 将倍频后的输出信号分解为理想波形和由失配引起的分量

上述例子强调了如果需要低水平的杂散，延迟级需要怎样的严格匹配。例如，要在 f_{CK} = 5 GHz 时获得 −60 dBc 的水平，我们必须使 ΔT = 32 fs，这是一个极低的值。然后，我们要问是否有可能通过校准来抑制失配。原则上，我们可以感测和比较延迟并调整其延迟值，以最大限度地减少延迟之间的差异。但是，我们注意到，任何感测延迟的电路(例如 PD)都会遭受其自身失配的影响，这些失配可能大于 32 fs，从而限制了校准的准确性。当然，调整 32 fs 步长中的延迟也带来了另一个挑战。

如 11.1 节所述，DLL 无法校正输入占空比误差。在习题 11.10 中，我们研究了此误差是否会在倍频 DLL 中引入抖动和杂散。

11.6.3 倍频在错误锁定检测中的应用

可以利用 DLL 的倍频能力来检测错误锁定。考虑图 11-17 所示的架构，其中边沿组合器将频率 N 倍频。然后将这个结果 f_{mult} 除以 N，并与 f_{in} 进行比较。在正确锁定情况下，$f_{mult} = Nf_{in}$，使得 PFD 输出的平均值较低。另外，在存在错误锁定的情况下，从 CK_{in} 到 CK_{out} 的总延迟等于 $2T_{CK}$，且 $f_{mult} = Nf_{in}/2$。因此，CP 的输出是斜升至 V_{DD} 的。这样，错误锁定标志可用于减小延迟线路的调谐范围，以使总延迟保持小于 $2T_{CK}$。在习题 11.12 中，我们将探讨在 DLL 正确锁定之后，是否可以通过关闭边沿组合器及其后面的级来节省电源。

11.7 DLL/PLL 的混合

目前为止我们已经观察到，与环形振荡器相比，延迟线路本质上会产生较少的抖动，但不能轻易地产生新的频率。这样，我们便想知道这两者以及它们的优点是否可以结合在一起。

假设环形振荡器工作在所需的频率 f_0 下，当边沿沿环路传播时会累积抖动(见图 11-18a)。当然，PLL 可以抵消这种影响，但只能在大量周期内实现(回想一下，PLL 最大环路带宽约为参考频率的十分之一)。我们推测，如果用一个“干净”的边沿周期性地替换图 11-18a 中的边沿之一，则可以重置环振的抖动累积。也就是说，如果我们想要将输入频率 M 倍频，可以设计在 Mf_{in} 处工作的环形振荡器，但

每 M 个输出周期将其边沿之一替换为一个输入边沿[5]㊀。如图 11-18b 所示为一个示例，其中直至 t_1（当 S_1 导通时）的时段内将反相器配置为环形振荡器，而从 t_1 到 t_2 的时段内（当 S_2 导通时）配置为延迟线路。因此，输出抖动只能累积 M 个周期[5]。相比之下，一个带宽等于 f_{in} 的十分之一的简单 PLL 会导致更大的抖动累积。

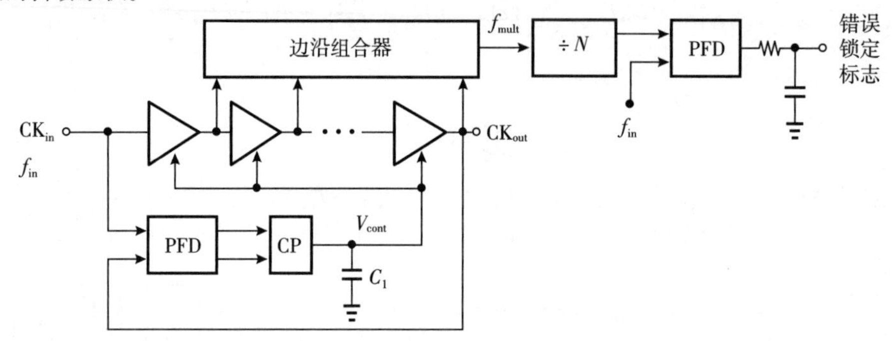

图 11-17 使用倍频器的错误锁定检测器

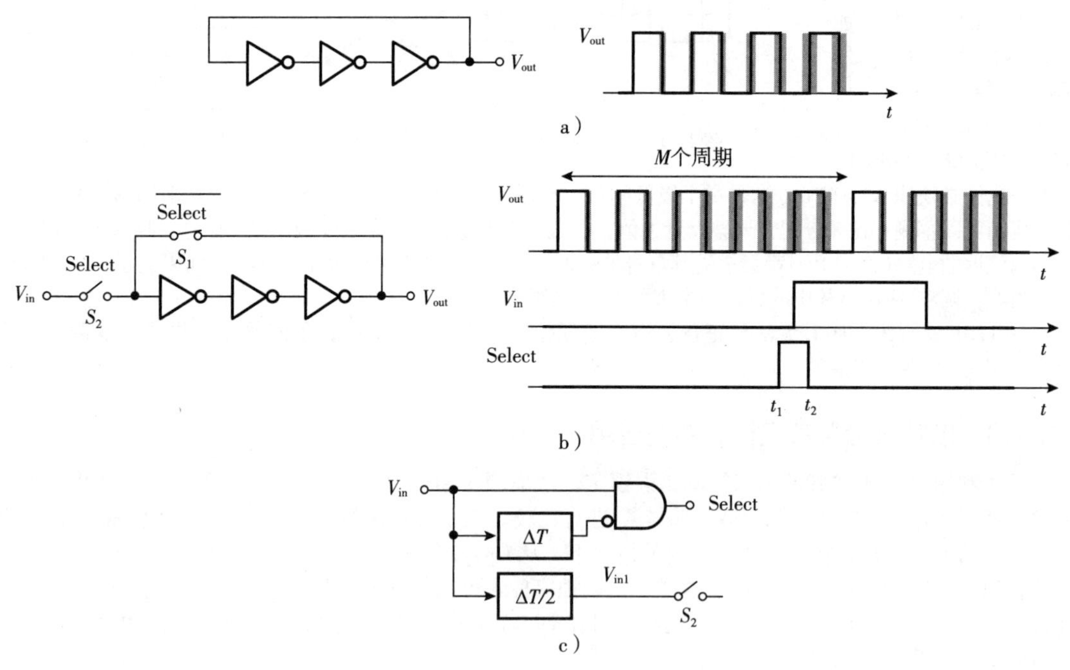

图 11-18 a）环形振荡器中的抖动累积；b）通过输入边沿重置相位；c）生成 Select 命令的逻辑

图 11-18b 中的 Select 命令是如何生成的？该信号必须略微在 V_{in} 的上升沿之前上升，并且略微在 V_{in} 上升沿之后下降。考虑图 11-18c 所示的电路，其中 V_{in} 延迟了 ΔT，反相，并与自身进行“AND”运算。输出表现为在 V_{in} 的上升沿处的宽度为 ΔT 的脉冲。但是，Select 信号并不会在 V_{in} 之前就变为高电平。为了解决这个问题，我们将 V_{in} 延迟 $\Delta T/2$ 以获得 V_{in1}，并将该信号用作图 11-18b 中的输入。我们选择 ΔT 小于振荡器周期的一半。

㊀ 在一个周期后，干净的输入边沿出现在 V_{out} 中。

现在让我们使用这种排列构造一个完整的环路。如图 11-19 所示，我们在振荡器之后加上一个÷M电路，并将结果应用于 PFD。电路锁定以便最小化 V_{in1} 和 V_{div} 之间的相位差。在这里，反相器链路大部分时间都充当 VCO，而整个系统则充当 PLL。每个输入周期当 Select 变为高电平时都会短暂中断一次 VCO 操作。注意，PLL 需要有 R_1、C_1 和 C_2 才能正确工作，而简单的 DLL 则不需要。

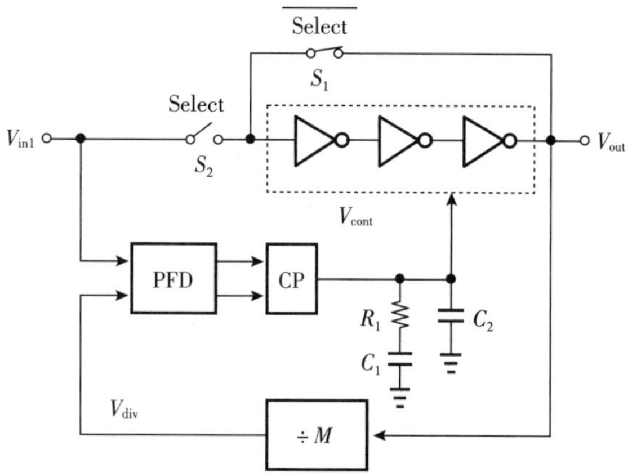

图 11-19 混合 DLL/PLL 电路

图 11-19 中的架构有一个关键问题，即振荡器边沿与输入边沿之间的未对准现象。假设÷M电路产生 T_{div} 的延迟。如果 PLL 将 V_{in1} 和 V_{div} 之间的相位差强制为零，则 V_{out} 中的转变与 V_{in1} 中的转变不是对齐的(见图 11-20a)。因此，如图 11-20b 所示，电路在 t_a 处去除了 V_{out} 的上升沿，并在 t_b 处将其替换为 V_{in1} 的上升沿。输出周期性地显现出一个等于 T_{div} 的替代边沿，这会转化为抖动。

例 11-7 解释图 11-19 的混合回路在图 11-20 中的 $t=t_2$ 之后如何响应。

解： V_{out} 在 t_a 和 t_b 之间经历的边沿替代通过分频器传播，在 PFD 输入端表现为相位误差。因此，PFD、CP 和环路滤波器会在 V_{cont} 中产生一个变化，以校正此误差。如预计的那样，锁相环试图抵消这种干扰。

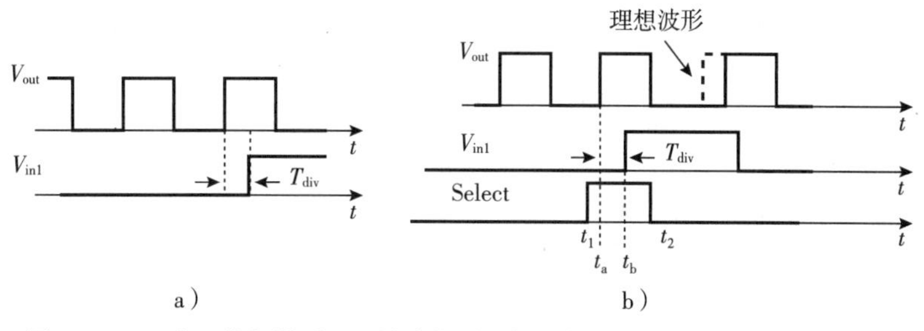

图 11-20 a)由于分频器延迟而导致的边沿未对齐；b)对混合 DLL/PLL 的影响

还有一个办法可以消除分频器延迟的影响。如图 11-21 所示，我们使用 V_{out} 通过一个触发器对 V_{div} 进行“重新定时”。现在，V_{FF} 仅在 V_{out} 的上升沿进行转变。在这种情况下，V_{FF} 和 V_{out} 之间的相位误差等于 FF 的延迟 ΔT_{FF}，它通常比分频器延迟小得多。尽管如此，PFD 和 CP 的非理想性仍会在 PFD 输入处产生相位偏移，不可避免地会产生如图 11-20 所示的相位不连续性。

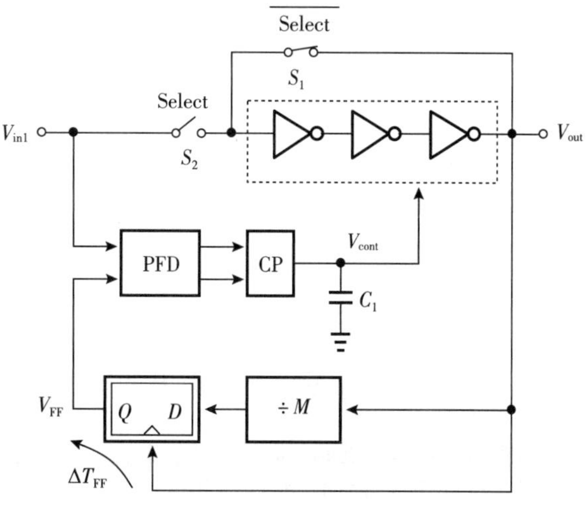

图 11-21 通过重新定时器来校正分频器延迟

11.8 相位插值

前几节中研究的 DLL 无法提供小于一个门延迟的相位间隔，这一限制让人想起第 10 章中介绍的简单 TDC 的局限性。对于更高的分辨率，我们也可以像在第 10 章中那样进行相位插值。

作为示例，图 11-22a 说明了插值系数为 2 的情况，其中通过 t_{12} 处的阈值发生在 t_1 与 t_2 的中间。

理想情况下，有 $V_{12}=(V_1+V_2)/2$。我们如何在轨到轨摆幅下实现这一功能？如图 11-22b 所示，两个相同的反相器可以凭借其有限的输出阻抗来进行插值。可以注意到，在 $t=t_{12}$ 时，Inv_1 中的 NFET 和 Inv_2 中的 PFET 处于强导通状态，彼此对抗。如果这两个器件的驱动能力相等，则 $V_{12}(t_{12})\approx(V_1+V_2)/2$。因此，相位分辨率提高了一倍。该反相输出以 $\overline{V_{12}}$ 表示。

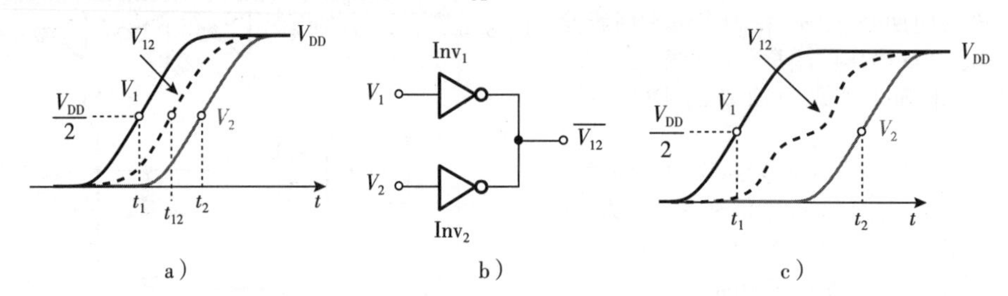

图 11-22 a)两个波形之间的相位插值；b)插值器的实现；c)如果信号转变过快，则出现“扭结”

一个重要的事情需要注意，相位插值从根本上要求转变缓慢！如图 11-22c 所示，如果原始边沿间距 t_2-t_1 大于 V_1 和 V_2 的转变时间，则插值后波形会呈现“扭结”，导致斜率较低，并容易出现更高的抖动。

例 11-8 与未插值的延迟线路相比，插值后的延迟线路具有更高的扇出，因此单位延迟更大。试说明电路如何实现更高的相位分辨率，即使在负载较重的条件下。

解： 如图 11-23 所示，每级驱动三个反相器。为了最小化主路径的单位延迟，该主路径中的反相器级应该选择比用于插值的反相器强得多的。因此，单位延迟会更接近具有单位扇出的基本的门延迟。当然，这种补救措施会增加功耗。

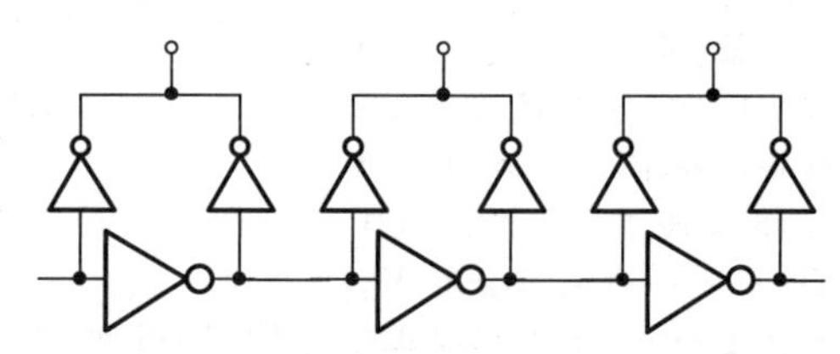

图 11-23 在延迟线路中使用大型反相器以减少扇出的影响

图 11-22b 中的插值网络会提供一个插值边沿，其也会引入相对于原始边沿 V_1 和 V_2 的额外延迟。为了消除这种偏差，V_1 和 V_2 必须经过相同的延迟。图 11-24 所示是一种利用并联反相器来模拟由 Inv_1 和 Inv_2 组成的插值电路的驱动能力的布置方案。这里，V_{12} 的边沿名义上位于 $V_{1\Delta}$ 和 $V_{2\Delta}$ 边沿的中间。这种方法有两点值得说明。首先，V_1 和 V_2 路径中的延迟实际上比插值的反相器级的延迟要小：在转变期间，后者中的 NFET 和 PFET 会争夺更长的时间，为负载电容充电提供的净电流更少。因此，V_{12} 边沿不会恰好出现在 $V_{1\Delta}$ 和 $V_{2\Delta}$ 边沿的正中间。其次，从 V_1 或 V_2 看到的扇出现在会更高，导致沿主路径的单位延迟更大(见例 11-8)。

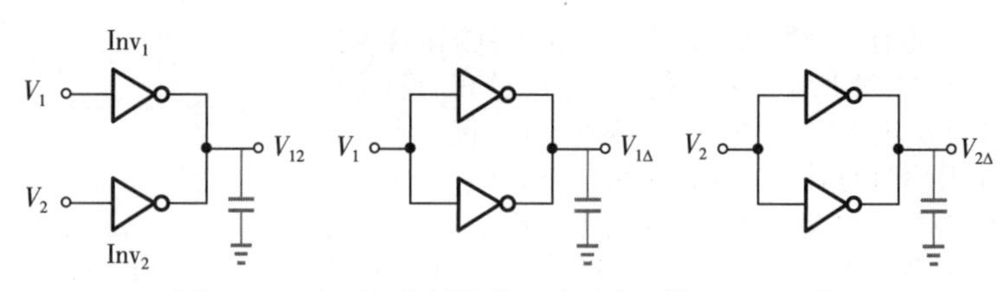

图 11-24 为了相位插值的正确对齐而做的延迟补偿

插值概念可以扩展到更高的因数。图 11-25 描述了额外 2 倍的插值是如何实现的[6]。重复图 11-24 所示的结构，该电路在 V_a 和 V_e 之间提供了插值波形 V_b、V_c 和 V_d。可以看出，这样的网络具有潜在的高功耗。例如，如果 DLL 提供 8 个原始相位，并且我们想要在它们之间进行 4 倍的插值，则电路需要包含大量高速运行的反相器。

作为一种替代方法，让我们考虑用于插值网络的差分对。图 11-26a 中描述的是 2 倍的排列方式，相同的差分对 $M_{1,2}$ 和 $M_{3,4}$ 分别将 V_1 和 V_2 转换为电流，在它们的漏极节点执行求和，并将结果注入负载电阻中。我们假设 V_1 和 V_2 的相位间隔为 ΔT。从小信号的角度来看，我们可以写成 $V_{out} \propto (G_m V_1) R_D + (G_m V_2) R_D = G_m R_D (V_1 + V_2)$，其中 G_m 表示每个差分对的跨导。由于 V_{out} 与 $(V_1+V_2)/2$ 成正比，因此该结果意味着此结构有正确的插值属性。

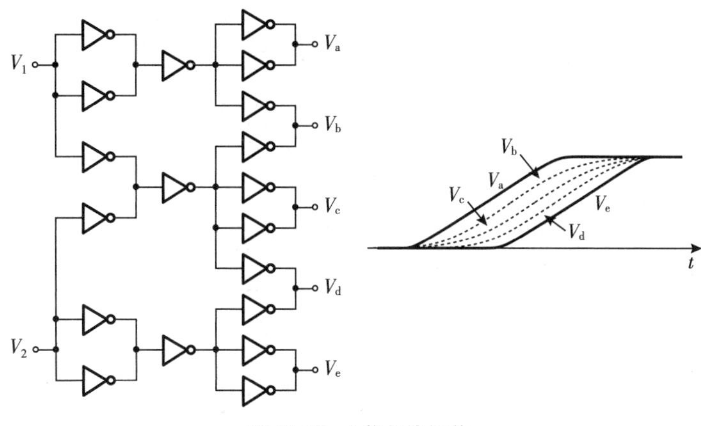

图 11-25　4 倍相位插值

但是如果 V_1 和 V_2 有陡峭的边沿会发生什么？如图 11-26b 所示，当 $I_1 = I_{D1} + I_{D3}$ 从 0 到 I_{SS} 再到 $2I_{SS}$ 时，会表现出扭结（I_2 也是如此）。为了避免扭结，我们有两个选择：①减慢 V_1 和 V_2 的边沿；但即便如此，差分对的非线性也倾向于使边沿变得锐利。换句话说，这种方法同时需要缓慢的输入边沿（这对噪声更敏感）和适度线性的差分对；②在输出节点处应用低通滤波，使电流中的扭结不会出现在输出电压中（见图 11-26c）。实际上，时间常数 $\tau = R_D C_L$ 必须是 ΔT 的几倍才能使扭结可以忽略不计，从而导致输出端信号缓慢转变。为了理解这一点，假设 $\tau \approx 2\Delta T$。这样，如图 11-26d 所示和习题 11.19 的计算，V_X 的斜率在 t_1 处变化了约 40%，但仍然会导致扭结。

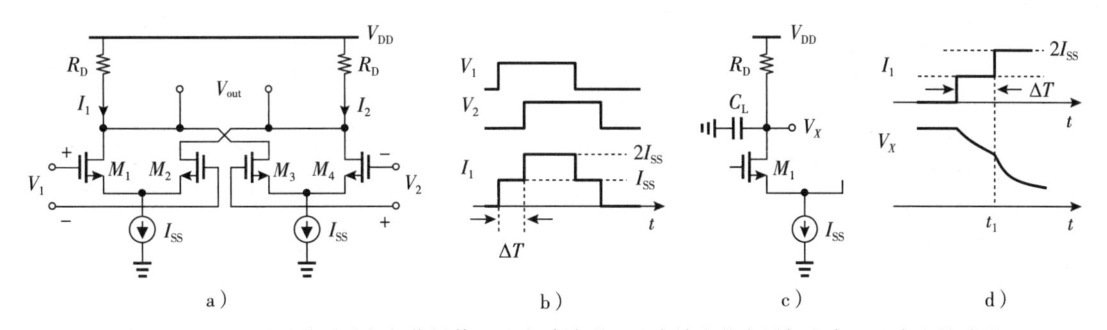

图 11-26　a）通过差分对进行相位插值；b）电路波形；c）在输出节点添加电容；d）产生的波形

11.9　高速 PD 设计

PLL 和 DLL 之间的另一个不同点是，后者要求 PD（或 PFD）和 CP 以高速运行。在本节中，我们将讨论这个问题。

在第 7 章中研究的简单 PFD 实现会在高频下开始失效。为了提高速度，我们可以寻求更快的 D 触发器实现方案。一个很好的候选方案是在第 15 章中描述的真单相时钟（TSPC）逻辑家族[8]。图 11-27 所示为 TSPC PFD 设计[4]。先看 A 到 Up 的路径，假设 A 和 Reset 均为低电平。因此 X 为高电平，M_3 关断，并且 Up 在输出节点电容上保持其当前状态。现在，如果 A 变为高电平，M_1 导通，使 Up 变为零。B 到 Down 路径的行为类似，导致 Down 下降并激活重置路径。Up 和 Down 脉冲的最小宽度 T_{RST} 因而等于三个门延迟（为什么？）。在这种情况下，Up 和 Down 以零为"激活状态"。因此，Up 必须驱动电荷泵中的 PMOS 支路，Down 必须被反相以驱动 NMOS 支路。

在一些 DLL 设计中，我们希望输入和输出之间的相位差为 180°。RS 锁存器可以用于此目的，如

图 11-28 所示。假设输入 A 和 B 的相位差接近 180°。在 $t=t_1$ 之前，$A=0$，$B=1$，因此 $Q_A=1$ 且 $Q_B=0$，保持 CP 关断。当 A 上升时，输出保持不变，而当 B 下降时，Q_A 和 Q_B 都被激活，如果 Up 和 Down 电流匹配，仍然使得 $I_{CP}=0$。在 $t=t_3$ 时，A 下降，Q_A 上升，关断 Up 电流；在 $t=t_4$ 时，B 上升，Q_B 下降。CP 从 t_3 到 t_4 期间吸取的电荷代表了相位误差。因此，DLL 锁定以使 A 的上升沿与 B 的下降沿对齐，反之亦然。

如果 A 和 B 的占空比不是 50%，则上述拓扑将面临难题。为了确保仅在 A 的上升沿和 B 的下降沿之间进行相位比较(或相反)，可以在电路之前使用边沿检测器[7]。

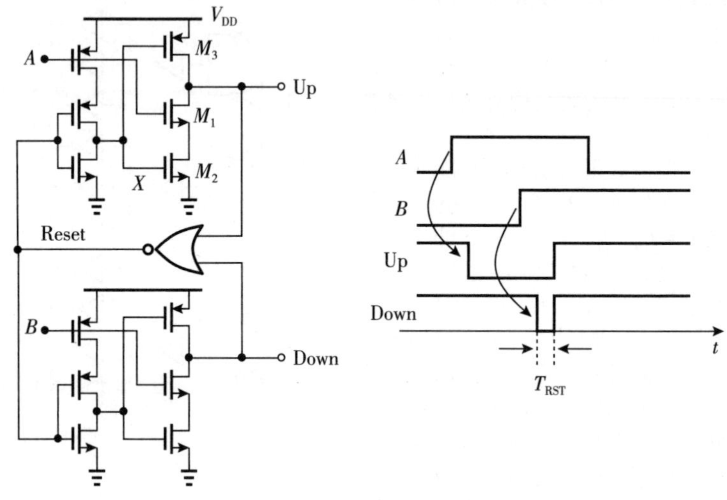

图 11-27 使用 TSPC 逻辑的 PFD 实现

例 11-9 将图 11-28 中的 CP 不匹配的影响与在 PFD/CP 组合中的影响进行比较。

解： 在图 11-28 中，CP 在输入周期的一半时间内保持导通状态，从而对电容充放电的 Up 和 Down 电流若不匹配会导致大量的纹波。而在 PFD/CP 级联中，CP 只导通很短的时间(例如，对于图 11-27 电路中，为三个门延迟)。另一个缺点是这里的 CP 功耗要高得多(为什么?)。

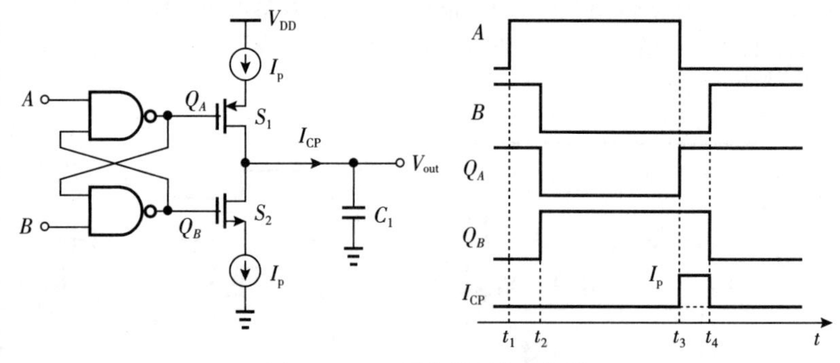

图 11-28 RS 锁存器用作鉴相器

11.10 占空比校正

与 PLL 不同，DLL 生成的输出的占空比取决于输入的占空比。由于在某些系统中输入占空比可能会显著偏离 50%，因此由 DLL 驱动的电路的定时裕度会降低，因此需要进行占空比校正(Duty Cycle Correction，DCC)。

考虑图 11-29a 所示的输入波形，其中占空比由 $(T_{CK}/2+\Delta T)/T_{CK}$ 给出。DCC 需要：①测量 ΔT，或高低电平持续时间之间的差值；②将此误差推向零。前一个任务可以通过比较高低电平下的面积来得到，如利用如图 11-29b 所示的电路[9]。这里，当 CK_{in} 为高电平时，G_m 级对 C_1 充电，反之亦然。因此，如果 $\Delta T\neq 0$，则 V_{int} 的平均值继续上升(或下降)，作为占空比误差的度量。

上述结果必须应用于调整占空比的电路。图 11-29c 所示是一个基于反相器的示例[9]。晶体管 M_3 和 M_4 可以在 X 处的上升和下降时间之间产生任意差值。如果 V_{int} 相对较高，M_3 会减慢上升沿。同样，M_4 控制下降沿。第二个反相器整形出合适占空比的方波，该占空比与 X 处的上升和下降时间相关。我们现在将图 11-29b 中的电路连接到图 11-29c 中的电路，得到的 DCC 电路拓扑如图 11-29d 所示[9]。

上述 DCC 电路的主要问题是它减缓了 X 处的边沿，使波形更容易受到电源噪声的影响。将 M_1 和

M_2 视为反相器，我们观察到，如果图 11-29d 中的 V_{int} 相对恒定，则 V_{DD} 上的噪声会调制该级的延迟并产生抖动。

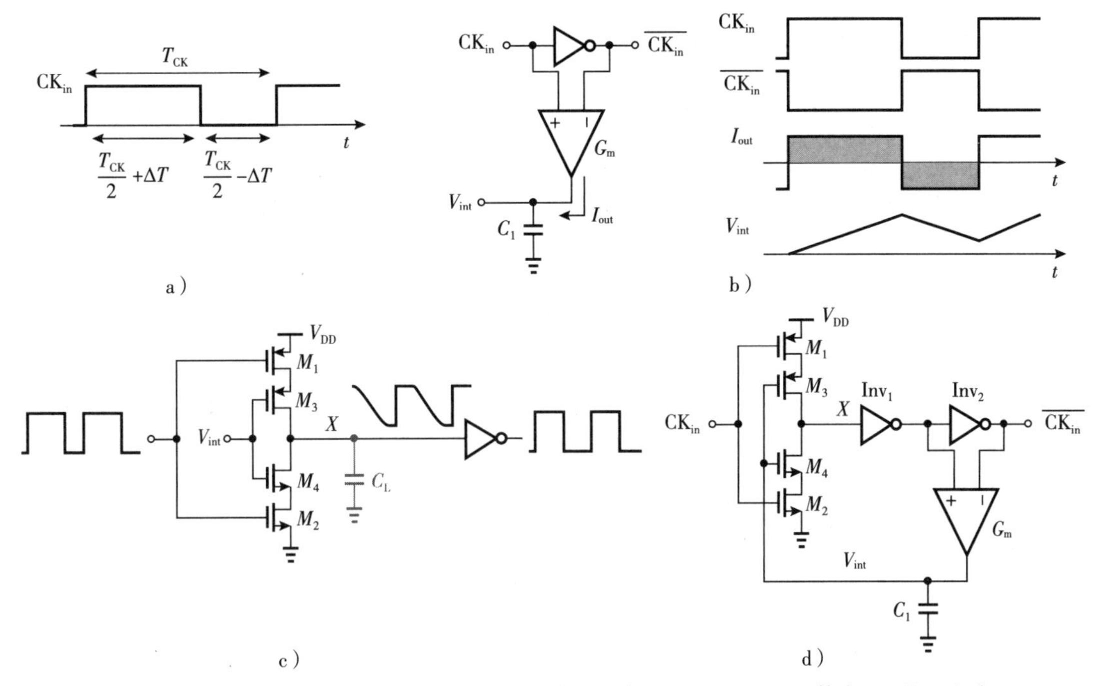

图 11-29 a)占空比误差；b)测量该误差的电路；c)占空比的调整；d)整体占空比校正电路

图 11-29d 中的 G_m 级必须提供从 V_{THN} 到 $V_{DD}-|V_{THP}|$的输出电压范围(为什么?)。此外，该级的输出噪声会调制主路径的延迟，尤其是在低频下。必须选择足够大的电容 C_L 以抑制大部分的此类噪声。如果 Inv_2 的延迟不可忽略，读者推断一下电路的工作原理。

习题

11.1 确定图 11-1c 中的 DLL 的静态相位偏移。假设 PD 的增益为 K_{PD}，B_2 的增益为 $K_{DL}=\partial\phi_{out}/\partial V_{cont}$。

11.2 考虑图 11-1c 中 R_1 的热噪声。这种噪声在输出端转变为相位噪声时会经历什么类型的响应(低通、带通或高通)?

11.3 对图 11-1c 的 DLL 重复图 11-2c 的相位阶跃分析。在此瞬态之后，静态相位偏移是否会发生变化?

11.4 如果图 11-1c 中的 B_1 和 B_2 以反相器实现，说明以下哪一项会改变静态相位偏移：电源电压、工艺、温度或由 B_2 驱动的负载电容。

11.5 对图 11-2a 中的 DLL 重复上一题的分析。

11.6 如果向 VCDL 的电源电压施加一个小阶跃跳变，画出图 11-2a 中的 DLL 的输出相位作为时间的函数。验证得出的结果是否与图 11-5 中描述的分析一致。

11.7 如果图 11-8 中的 CP 的 Up 和 Down 输入交换，则此 DLL 中会发生什么变化?

11.8 如果省略 Inv_b，则图 11-9b 的 DLL 中会发生什么变化?

11.9 图 11-11 中的 VCDL 复制单元是 DLL 中使用的主 VCDL 的副本，其有两个控制信号，即 V_{fine} 和 V_{coarse}。这两个控制信号在 PLL 中是如何连接的? 例如，我们是将 V_{fine} 与 V_{coarse} 短接，还是简单地从 VCDL 复制单元中删除 V_{fine}？这些选择如何影响两个 VCDL 之间的系统性失配？

11.10 仔细绘制图 11-12b 中的波形，$V_1 \sim V_4$ 中存在很小的但相等的占空比误差。解释 V_a、V_b 和 V_X 受到什么影响。

11.11 假设图 11-12b 中的 V_2 和 V_1 有一个小的相位失配 ΔT。确定 V_X 中杂散的归一化水平（此处可以重复例 11-6 中的分析）。

11.12 在图 11-17 中，我们在 DLL 正确锁定后关断边沿组合器和它后面的各级（为此，PFD 生成的标志必须存储为逻辑电平，以确保禁用 PFD 时 VCDL 设置不会消失）。现在，假设 VCDL 延迟随温度变化。DLL 是否有可能进入错误锁定状态？

11.13 假设图 11-17 中的 VCDL 中的各级存在失配。$\div N$ 级的输出是否包含杂散？解释为什么有或者为什么没有。

11.14 如果图 11-19 中的 CP 的 Up 和 Down 电流不匹配，则 V_{out} 是否会出现相位不连续？

11.15 假设图 11-19 中的 Select 和 Select 命令稍微错位。解释①如果 Select 在 Select 下降之前上升；②如果 Select 在 Select 下降之后上升，分别会发生什么变化？

11.16 假设图 11-13b 中顶部的两个 AND 门所看到的负载电容略有不同。解释 V_{out} 会发生什么变化？

11.17 一名学生错误地将图 11-13b 中底部的 AND 门替换为 NAND 门。画出这种情况下的输出波形。

11.18 如果我们在图 11-14b 的电路中再添加两级，同时保持负载电阻不变，则输出幅度（在五次谐波处）与例 11-5 中三次谐波的输出幅度相比如何？

11.19 假设图 11-26c 中的 $\tau = R_D C_4 = 2\Delta T$，确定 V_X 在 $t = t_1$ 处斜率的变化。通过理想电流源对差分对进行建模，该电流源从 0 阶跃到 $I_{SS}/2$ 并在 ΔT 片刻后从 $I_{SS}/2$ 阶跃到 I_{SS}。

11.20 假设图 11-26a 中的 V_1 和 V_2 是 2 GHz 时钟的正交相位。应如何选择图 11-26c 中的时间常数 $R_D C_L$，以确保在 $t = t_1$ 时 V_X 的斜率变化小于 20%？估计 V_X 的上升和下降时间。

参考文献

[1]. M.-J. E. Lee et al., "Jitter transfer characteristics of delay-locked loops - theories and design techniques," *IEEE J. Solid-State Circuits*, vol. 38, pp. 614-621, April 2003.

[2]. A. Homayoun and B. Razavi, "Relation between delay line phase noise and ring oscillator phase noise," *IEEE J. Solid-State Circuits*, vol. 49, pp. 384-391, Feb. 2014.

[3]. B. Razavi, and J. Sung, "A 6-GHz 60-mW BiCMOS phase-locked loop," *IEEE Journal of Solid-State Circuits*, vol. 29, pp. 1560-1565, Dec. 1994.

[4]. W.-H. Lee, J.-D. Cho, and S.-D. Lee, "A high speed and low power phase-frequency detector and charge-pump," *Proc. Asia and South Pacific Design Automation Conf.*, pp. 269-272, Jan. 1999.

[5]. R. Farjad-Rad et al., "A low-power multiplying DLL for low-jitter multigigahertz clock generation in highly integrated digital chips," *IEEE J. Solid-State Circuits*, vol. 37, pp. 1804-1813, Dec. 2002.

[6]. B. W. Garlepp et al., "A portable digital DLL for high-speed CMOS interface circuits," *IEEE J. Solid-State Circuits*, vol. 34, pp. 632-644, May 1999.

[7]. S. Sidiropoulos and M. A. Horowitz, "A semidigital dual delay-locked loop," *IEEE J. Solid-State Circuits*, vol. 32, pp. 1683-1692, Nov. 1997.

[8]. J. Yuan and C. Svensson, "High-speed CMOS circuit technique," *IEEE J. of Solid-State Circuits*, vol. 24, pp. 62-70, Feb. 1989.

[9]. E. Song et al., "A reset-free anti-harmonic delay-locked loop using a cycle period detector," *IEEE J. of Solid-State Circuits*, vol. 39, pp. 2055-2061, Nov. 2004.

射频频率综合器

锁相技术的一个重要应用是在射频频率综合中，即生成驱动射频发射机和接收机的周期波形。RF 频率综合器大致分为“整数 N”和“小数 N”环路。在本章中，我们首先研究 RF 频率综合器需要满足的各项指标。接着，我们在之前章节描述的 PLL 概念基础上来讨论整数 N 环路，然后会介绍小数 N 频率综合器以及噪声整形的概念。最后，我们会强调一些小数 N 设计中的各种不理想因素。读者需要具备一些射频设计的基本知识，并可以在开始本章前先复习第 7 章到第 9 章。

12.1 射频频率综合器的要求

图 12-1a 所示为通用的射频收发机框图。在发射(TX)路径中，要发射的基带信号，如语音或者数据，被施加到“上变频器”中，该上变频器也由频率综合器的周期性输出驱动。上变频器将基带信息印在频率综合器的输出波形上(在称为“调制”的操作中)，将频谱以载波频率 f_C 为中心的信号送往天线。接收机感测由天线接收到的信号，并在频率综合器输出信号的协助下将该信号下变频到基带。频率综合器中的振荡器一般被称为“本机振荡器”(本振，LO)，而驱动上变频器和下变频器的波形一般被称为“本振(LO)信号”。

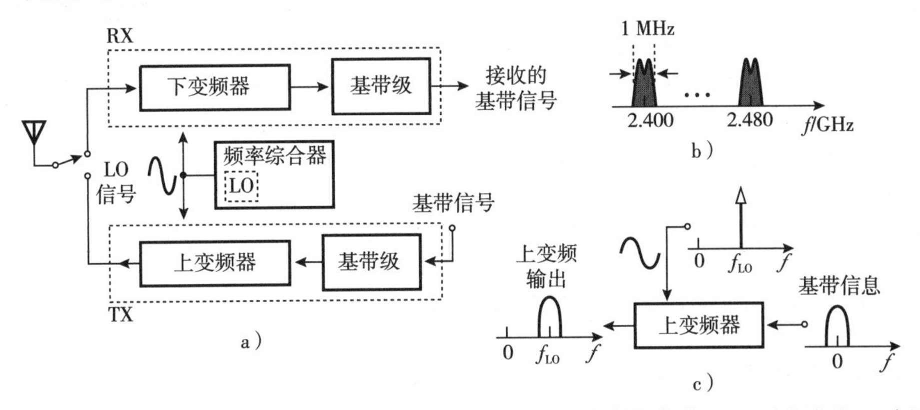

图 12-1 a)通用射频收发机显示频率综合器的作用；b)蓝牙中的射频信道；c)上变频中的 LO 应用

举一个简单的例子说明频率综合器所需具备的功能。一个工作频率从 2.400 GHz 到 2.480 GHz 的蓝牙收发机，提供大约 80 个 1 MHz 带宽的通信信道(见图 12-1b)。在发射模式下，图 12-1a 中的系统将 LO 频率设置为其中一个信道的中心频率，使得发射信号可以占据相应的信道(见图 12-1c)。同样，在接收模式下，LO 频率也被选择成等于所需接收信道的中心频率。在这个例子中，频率综合器必须能够提供步长为 1 MHz，范围从 2.400 GHz 到 2.480 GHz 的输出频率。我们一般说“信道间隔”为 1 MHz。

当参考频率是恒定的，我们如何设计一个可以在这个系统中工作的PLL？如果在PLL的反馈路径中有一个÷M的电路，我们可以得到$f_{out}=Mf_{REF}$。因此，为了使f_{out}有1 MHz的变频步长，一个解决方案是选择$f_{REF}=1$ MHz并且设计一个M可以以步长为1变化的分频器。例如，$M=2400$对应蓝牙系统中的第一个信道，而$M=2480$则对应最后一个信道，如图12-2所示，我们构建了该系统的抽象模型，其中使用数字控制设置M的值。参考频率输入由低噪声晶振提供。

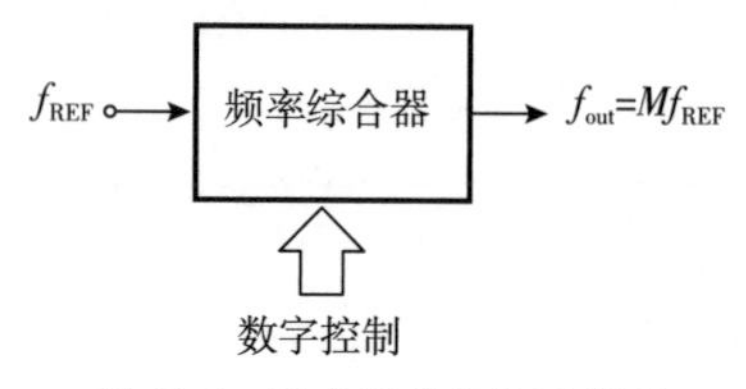

图12-2　综合器的抽象示意图

上述例子说明了RF频率综合器的两个重要问题：它们一般使用①较大的分频系数，这使得适当的稳定性变得更加难以实现，即为了获得$\zeta\approx(R_1/2)\sqrt{I_pC_1K_{VCO}/(2\pi M)}\approx1$；②较低的参考频率，因此环路带宽较窄（回想一下，PLL带宽大约为参考频率的十分之一）。

RF频率综合器通常必须满足较严苛的性能指标，特别是在相位噪声、杂散水平、锁定时间、电源抑制以及功耗方面。如在第2章中所研究的，相位噪声会对发射和接收信号都进行破坏，而杂散会在下变频过程中将不需要的频率分量转移到所需信道上。让我们用几个简明的例子说明其他问题。

例12-1　一个手机用户来到室外，环境温度变化了40℃。解释一下如果频率综合器中的VCO不再工作在所需频率上会发生什么？

解：该VCO这时必须切换到另一个调频特性曲线以达到所需的频率。这意味着频率综合器必须搜索到一个正确的特性曲线（见第9章）并最终重新锁定。而这个搜索和重新锁定的过程必须足够短，否则会干扰用户正常使用。

例12-2　一个蜂窝移动电话正处在一个给定的蜂窝A中，以f_1的RX LO频率工作（见图12-3），并且正在逐渐远离通信基站，其接收到的信号逐渐微弱。在这种情况下，另一个蜂窝B中的基站可能会提供一个更强的信号，并可以更好地为该用户服务。因此，用户被切换到蜂窝B（通过一种叫作"越区切换"的移动通信过程）中的基站。但是现在手机中的频率综合器必须在不同的LO频率f_2下工作，解释这是怎么实现的。

解：新的基站指定为用户分配哪个信道频率。然后，用户手机中的频率综合器必须搜索正确的调频范围并且重新锁定。同样，这个过程必须足够快，以免在过区切换过程中掉线。

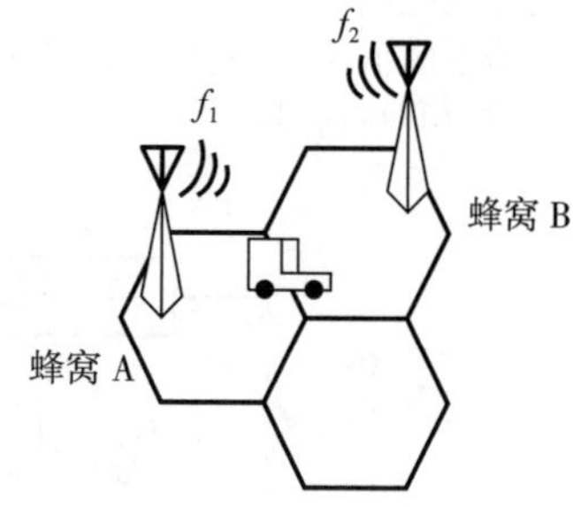

图12-3　在基站间的呼叫越区切换

图12-2中f_{out}的精确度被证明也非常关键。考虑图12-1b所示的蓝牙示例，并假设一个用户的TX LO频率有100ppm的误差，大概240 kHz。这样，该用户的信号会部分地与另一个用户的信道产生重叠，发生通信冲突。f_{out}的精确度直接取决于f_{REF}的精确度，而f_{REF}由晶体振荡器生成。难点在于，生成更高精度LO频率的晶振也更昂贵。

12.2　整数N频率综合器

第7章中研究的倍频PLL也被称为整数N频率综合器，原因在于它们提供的输出频率为整数倍的输入频率。读者可以回顾第7章和第8章中对这种PLL相位噪声、杂散以及锁定行为的描述。

如图12-4所示，整数N频率综合器生成的$f_{out}=Mf_{REF}$，并且要求f_{REF}和信道间隔相等，且M以单位步长变化（见12.1节）。这意味着在使用小信道间隔的无线标准中，该环路带宽一般较窄，例如在GSM系统中，200 kHz信道会使环路带宽小于20 kHz，导致了较低的振荡器相位噪声抑制和较长的锁定时间。另外，参考以及PFD/CP级联引入的相位噪声在传播到输出端时会乘以一个较大的系数，例如，在900 MHz GSM系统中该系数大约为4500。

本章中对整数 N 频率综合器的研究较为简短，因为它们的主要设计原理在第 2~9 章中已经进行了详细的介绍。下一个例子将说明着手点。

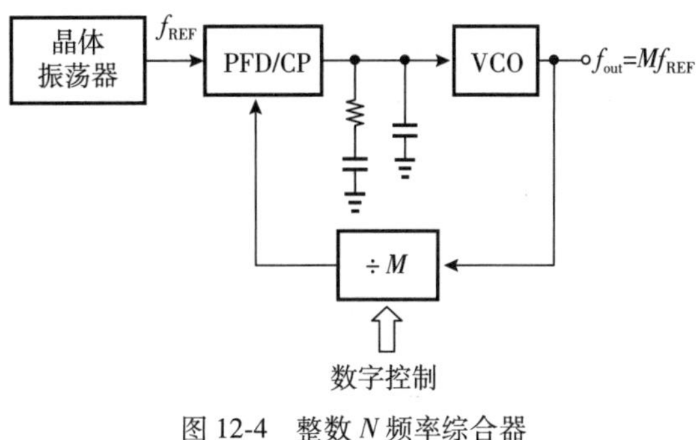

图 12-4 整数 N 频率综合器

例 12-3 2.4 GHz 蓝牙无线系统使用了一个 $K_{VCO}=150$ MHz/V 的 VCO。尝试研究一下频率综合器的环路参数的取值范围。

解： 如上面所说明的，该系统 $f_{REF}=1$ MHz，$M=2400$。当 $\zeta=1$ 时，我们有

$$1=\frac{R_1}{2}\sqrt{\frac{I_p(2\pi\times150\times10^6)C_1}{2\pi\times2400}}\tag{12-1}$$

可得

$$R_1\sqrt{I_pC_1}=\frac{1}{125}\mathrm{V/rad/s}\tag{12-2}$$

此外，如果环路带宽为 $2\zeta\omega_n\approx(2\pi f_{REF})/10$，则

$$2\sqrt{\frac{I_p(2\pi\times150\times10^6)}{2\pi C_1\times2400}}=2\pi(100\ \mathrm{kHz})\tag{12-3}$$

即

$$\sqrt{\frac{I_p}{C_1}}=2\pi(200\ \mathrm{Hz})\tag{12-4}$$

式(12-2)和式(12-4)包含了 3 个变量(同时还得出 $R_1I_p=10$ V)。我们选取 $I_p=0.5$ mA 作为例子，从后一个等式中得到 $C_1=317$ pF，并从前一个等式中得出 $R_1=20$ kΩ。该电容值相对较大。另一种取值为 $I_p=0.25$ mA、$C_1=159$ pF 以及 $R_1=80$ kΩ。

整数 N 频率综合器的性能会直接受到 PFD/CP 的不理想性和 VCO 的相位噪声影响。而大致上，电荷泵和 VCO 的设计就构成了 PLL 设计的两个主要难点。这些问题在前几章中已经讨论过。

例 12-4 一个 20 MHz 的晶振后面跟着一个÷20 的电路，输出 1 MHz 的参考频率用来驱动蓝牙的频率综合器。如果振荡器在 50 kHz 的频率偏移处有相位噪声为−150 dBc/Hz，试着确定在相同频偏处的频率综合器的输出相位噪声。假设环路带宽为 100 kHz。

解： 分频器的输出相位噪声等于−150−20 log 20=−176 dBc/Hz。这个值到达频率综合器输出端时上升了 20 log(2400)≈68 dB。或者，我们可以认为振荡器的相位噪声上升了 20 log(2400/20)= 42 dB。这些计算其实是假设了分频器的相位噪声远低于−176 dBc/Hz，这在分频器电路设计中是一个挑战。

如前所述，图 12-4 中的反馈分频器的模数必须能够以 1 为单位步长变化。这种分频器拓扑结构将在第 15 章中具体讨论。

12.3 分数 N 频率综合器

上一节对整数 N 频率综合器的研究指出了一个严重的局限性，即由于信道间隔和参考频率之间的关系导致了环路带宽很窄。另一个困难是，某些收发机系统在使用一个单晶振荡器时必须支持几个通信标准。例如，手机必须使用一个 19.8 MHz 的晶振频率同时为 GSM、GPS、蓝牙以及 WiFi 等通信协议进行频率综合。这些协议的大部分信道频率相对于该参考频率并不是整数比或者是其整数约数。

这些问题推动了分数 N 频率综合器的发展，其中参考频率和输出频率之间不一定成整数倍关系。基本的分数 N 环路类似于整数 N 环路的拓扑结构(见图 12-4)，除了分频系数(即模数)不是一个恒定的整数。推

测该分频器模数可以随时间变化，因此其平均值是非整数。例如，如果模数在一半时间内等于 M 而在另一半时间内等于 $M+1$，那么平均分频系数等于 $M+0.5$，使得输出频率 $f_{out}=(M+0.5)f_{REF}$。依照这些想法可以得到图 12-5 中的结构，其中 $b(t)$ 信号用来控制模数的跳变。

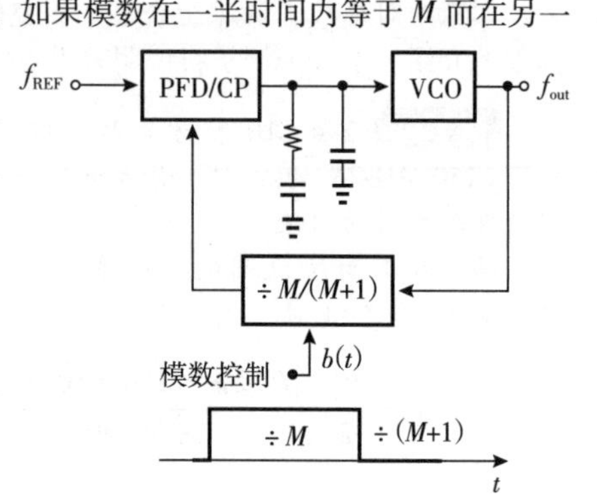

图 12-5 分数分频比的简单实现架构

这个方法有几个优点。①如果平均模数可以是 $M\sim M+1$ 之间的任意值，则对于给定的 f_{REF} 可以得到任意窄的信道间隔，例如，设置模数在 99%的时间内为 M，而在 1%的时间内为 $M+1$，我们可以实现 $M+0.01$ 的平均值，达到输出频率分辨率为 $0.01f_{REF}$。②随着信道间隔与 f_{REF} 的"解耦"，我们可以选择较高的 f_{REF} 和较宽的环路带宽，来抑制 VCO 的相位噪声。③单晶振可以为不同的通信标准提供参考频率，前提是其频率分辨率足够高。例如，如果平均分频系数为 266.667，我们可以从 $f_{REF}=19.5$ MHz 综合出 $f_{out}=5.2$ GHz。④当 f_{REF} 的值比信道间隔足够大时，环路频率倍频系数会很小，使得对参考相位噪声的放大效应变小。

例 12-5 一名学生认为，上述第 4 个优点是无法满足的，原因在于更宽的环路带宽也会导致更大的集成参考噪声，这个结论正确吗？

解：不正确。回想一下第 7 章，当 $\zeta\geqslant1.5$ 时，输出端产生参考相位噪声 S_0 为

$$\phi^2_{out,\ rms}\approx\frac{M^2S_0\omega_{-3dB}}{2} \tag{12-5}$$

因此，即使 ω_{-3dB} 增加与 M 减少的比值相等，$\phi^2_{out,rms}$ 仍会下降。这里的假设是晶振的相位噪声 S_0 与其频率 f_{REF} 相当的不相关。

小数 N 频率综合器必须处理在整数 N 拓扑结构中不存在的无数的问题。为此，工程师们付出了巨大的努力在小数 N 频率综合器上。我们在本节中将会奠定相关的基础，并向读者推荐有关该主题的大量文献，以获取更先进的技术。

12.3.1 模数随机化需求

在图 12-5 的小数 N 环路中，我们尝试设置模数使其周期性地在 M 和 $M+1$ 之间跳变。如图 12-6a 所示，从参考频率中推导出这种周期性的控制信号，例如使用÷10 的电路。如果对于 9 个参考周期，即 $9T_{REF}$，模数等于 M，而 1 个参考周期，模数等于 $M+1$，我们预计平均分频系数为 $M+0.1$。但是环路对这些模数变化的响应是怎样的呢？由于分频器模数变化的时间尺度比 PLL 建立时间要短得多(一般的经验是锁相时间大概是 100 个参考周期)。因此 PLL 环路响应速度较慢，VCO 频率没有足够的时间锁相到"满摆幅"的 Mf_{REF} 或 $(M+1)f_{REF}$。也就是说，f_{out} 一般会建立到两者的平均值，即 $(M+0.1)f_{REF}$ 附近。然而，分频器的输出 V_{div} 是非周期性的(见图 12-6b)：在 $9T_{REF}$ 的时间内输出频率为 $(M+0.1)f_{REF}/M$ 而在 $1T_{REF}$ 内输出频率为 $(M+0.1)f_{REF}/(M+1)$。我们注意到，分频器的输出实际上被周期性地相位调制了，因此输出频谱中会出现边带信号。由于调制周期为 $10T_{REF}$，我们预计 V_{div} 的边带会在频率偏移量为 $\pm0.1f_{REF}$、$\pm0.2f_{REF}$ 等处出现(见图 12-6c)。

我们接下来必须研究 PFD/CP 级联对于无调制的参考频率信号和有调制的反馈信号的响应是怎样的。如果将 PFD 视作混频器(即模拟乘法器)，我们发现，与参考频率混频后，V_{div} 中的边带上、下频移了 f_{REF} 的量，落在频点 $\pm0.1f_{REF}$、$\pm0.2f_{REF}$ 处，等等，体现在电荷泵的输出处(见图 12-6c)。由于 PFD 测量其两个输入之间的相位差，我们得出结论，可以将 V_{div} 中的杂散"等效"到输入的参考频率信号中，即，就像 V_{div} 中没有杂散，而参考输入是相位调制的。这表明杂散经过了一个低通滤波响应后传递到了频率综合器的输出。而 VCO 被 CP 的输出分量调制，并在 $f_{out}=(M+0.1)f_{REF}$ 附近以同样的频

率偏移量产生边带杂散信号。与输入参考频率引起的边带杂散不同，这些频率分量被称为“小数杂散”。

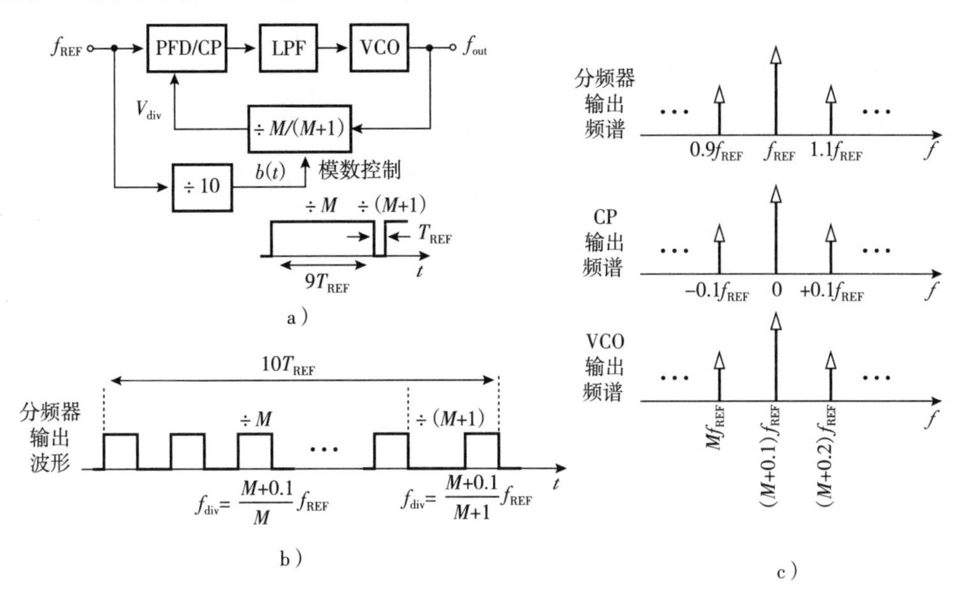

图 12-6　a）小数型分频系数的模数控制生成；b）分频器输出波形；c）在分频器输出、PFD/CP 输出和 VCO 输出的杂散信号

小数杂散很麻烦，因为它们幅度很大，且正好落在频率综合器的环路带宽内，因此不会被衰减掉。例如，如果我们设置模数控制信号的占空比，使得 $f_{out}=(M+0.01)f_{REF}$，则在电荷泵的输出端会出现频点在 $\pm0.01f_{REF}$、$\pm0.02f_{REF}$ 等处的杂散。

我们认识到小数杂散其实是由 $b(t)$ 的周期性本质引入的。为了减小这些杂散的幅度，我们可以尝试随机地切换小频系数的两个值，同时保持理想的平均模数。如图 12-7 所示，模数由随机二进制序列 $b(t)$ 控制，分频器输出频率被随机调制，使其杂散被打散到了噪底上。这种方法下，调制只产生相位噪声，该相位噪声在经过 PFD 和 CP 后，作为穿过环路滤波器的噪声电压出现，从而增加了频率综合器输出端的相位噪声。

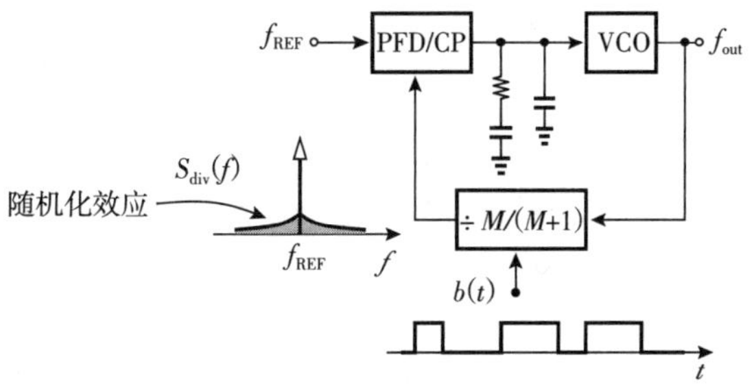

图 12-7　为将杂散转化为噪声的分频系数随机化

总结一下我们的想法。我们的目标是产生一个小数分频系数使得频率综合器输出频率能够在相对较高的 f_{REF} 下实现以较小的步长变化。这可以通过控制分频系数在 M 和 $M+1$ 之间跳变来实现，使得平均值就是所需的值。然而，这种跳变必须是随机的，以防止小数杂散在分频器输出端产生。

模数随机化导致的额外相位噪声带来了其自身的问题。因此我们必须分析这种影响，并确定在什么条件下它可以被容忍。

例 12-6 说明上述结构中分频器产生的输出波形。

解： 图 12-8 画出的是当分频系数从 3 跳变到 4 时 VCO 和分频器的输出。我们将 VCO 周期表示为 T_{VCO}。可以认为分频器输出频率是被调制的。从另一个角度来看，假设只有 V_{div} 的上升沿是我们关心的（例如，因为 PFD 只对这些边沿响应）。注意到 t_1、t_2 和 t_3 时刻的转变都是均匀间隔的，但是下一个上升沿并没有出现在 t_4 处，而是移动了 T_{VCO} 到了 t_5。换句话讲，分频器输出相位在 t_4 时刻跳跃了 T_{VCO}。

因此我们可以认为，模数随机化在分频器输出信号里造成了等于$\pm T_{VCO}$、$\pm 2T_{VCO}$等的相位跳跃，即引入了额外的相位噪声。

相位噪声计算 我们想要公式化由分频系数随机调制导致的相位噪声。分频系数可以表示为$M+b(t)$，其中$b(t)$随机地在0和1之间跳变，其平均值为所需值α（见图 12-9a）。作为一个平均值为α的二进制(1 bit)的波形，$b(t)$中包含了相当大的量化噪声$g(t)$，即$b(t)=\alpha+g(t)$，其中$g(t)$如图 12-9b 所示。当然，如果$b(t)$可以是多电平波形，那么其量化噪声就会小得多，但是困难在于$b(t)$一般只能是一个1 bit 的序列，因为反馈分频器只能是M或者$M+1$分频，而不能是其间的其他值。

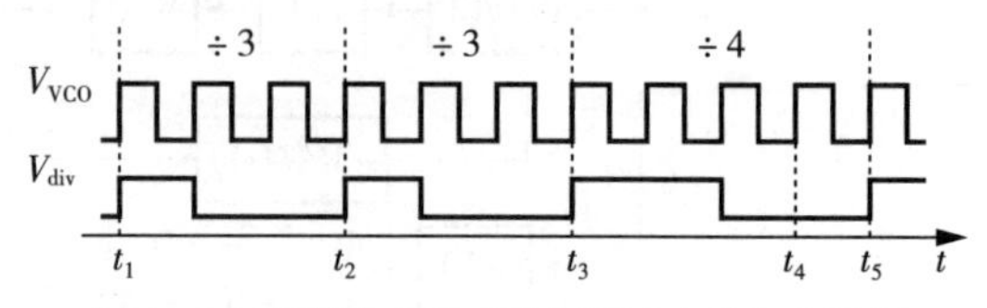

图 12-8 当模数改变时分频器输出的相位跳跃

我们计算额外引入的相位噪声的方法如下。首先我们将分频器输出频率写作时间的函数。然后对这个量进行积分以得到分频器的输出相位，其中随机分量即为相位噪声。

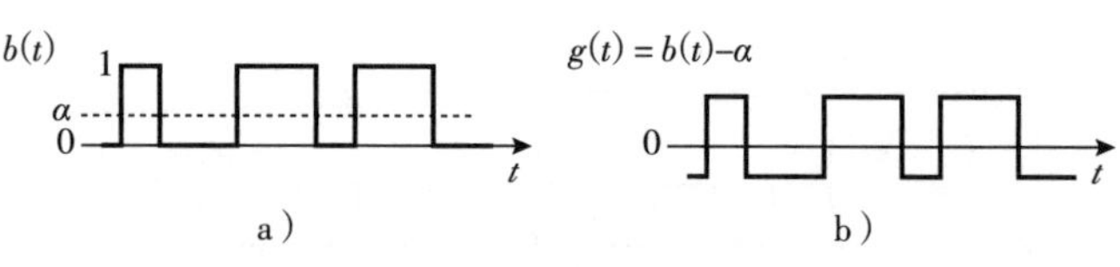

图 12-9 a)平均值为α的随机二进制数据；b)示出量化噪声的波形

我们可以将分频器输出频率写为

$$f_{div} = \frac{f_{out}}{M+b(t)} \tag{12-6}$$

$$= \frac{f_{out}}{M+\alpha+g(t)} \tag{12-7}$$

一般来说，$g(t) \ll M+\alpha$，则

$$f_{div} \approx \frac{f_{out}}{M+\alpha}\left[1-\frac{g(t)}{M+\alpha}\right] \tag{12-8}$$

$$\approx \frac{f_{out}}{M+\alpha}-\frac{f_{out}}{(M+\alpha)^2}g(t) \tag{12-9}$$

我们可以将第二项视为频率噪声，其会直接破坏f_{div}。分频器的输出波形可以通过将f_{div}转换成相位并将其作为正弦函数的相位值而得到

$$V_{div}(t) \approx V_0\cos\left[\frac{2\pi f_{out}}{M+\alpha}t-\frac{2\pi f_{out}}{(M+\alpha)^2}\int g(t)\,\mathrm{d}t\right] \tag{12-10}$$

式中，由于$f_{out}/(M+\alpha)=f_{REF}$，则相位表达式中的第一项代表所需的频率分量，第二项则为相位噪声。这里很重要的一点是，不要将模数控制信号量化噪声$g(t)$与分频器输出的相位噪声混淆；后者是前者积分后乘以系数$2\pi f_{out}/(M+\alpha)^2$的结果。

我们主要考虑相位噪声的频谱$S_{\phi n}(f)$，根据式(12-10)可以写为

$$S_{\phi n}(f) = \left[\frac{2\pi f_{out}}{(M+\alpha)^2}\right]^2 S_g(f)\cdot\frac{1}{4\pi^2 f^2} \tag{12-11}$$

式中，$S_g(f)$是模数控制信号量化噪声频谱（与$b(t)$频谱类似），而系数$(4\pi^2 f^2)^{-1}$代表了从频率转换到相位的时域积分对频谱的影响。结果为

$$S_{\phi n}(f) = \frac{S_g(f)}{(M+\alpha)^4}\left(\frac{f_{out}}{f}\right)^2 \tag{12-12}$$

$$= \frac{S_g(f)}{(M+\alpha)^2}\left(\frac{f_{REF}}{f}\right)^2 \tag{12-13}$$

上式表示分频器输出相位噪声，这个一般结果对应用于分频器模数控制的任何随机序列 $b(t)$ 都是成立的。从图 12-9 中可以看出，$b(t)$ 和 $g(t)$ 的频谱只相差了一个冲激，因为前者包含一个 α 的直流值。

分频器输出中的相位噪声可以简单地等效到参考频率输入信号上，根据 PLL 低通传递函数传输到频率综合器输出端。由于在闭环带宽以内，$S_{\phi n}(f)$ 只需要乘以系数$(M+\alpha)^2$，得到

$$S_{\phi,\text{ out}}(f)=\frac{S_g(f)}{(M+\alpha)^2}\left(\frac{f_{out}}{f}\right)^2 \tag{12-14}$$

例如，如果 $S_g(f)$ 是白噪声，则输出相位噪声频谱如图 12-10 所示。

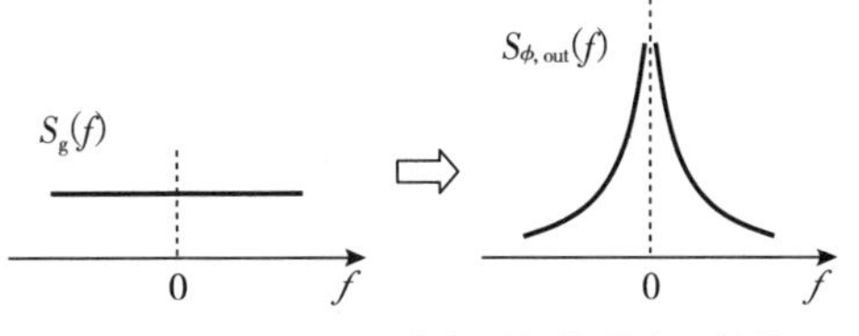

图 12-10　白色量化噪声到相位噪声的转换

例 12-7　图 12-10 所示的输出相位噪声频谱在 PLL 带宽内表现出非常高的幅度，这是一个不可接受的情况。大致解释如何避免这种影响。

解：在从频率噪声到相位噪声转换时，不可避免会引入一个较高的值，来源于 $S_g(f)$ 与 $(f_{out}/f)^2$ 的乘积。为了避免这种影响，我们必须确保随机化分频系数的信号不是白色的频谱。实际上，如图 12-11 所示，该频谱必须在 $f\to 0$ 时也急剧下降至 0，使得其乘以$(f_{out}/f)^2$ 后仍然不会产生太高的值。

小数 N 频率综合器中的主要设计挑战就是尽量减小由于模数随机化而带来的相位噪声。人们已经开发了大量的技术来尝试解决这个问题。其中一个重要的方法是“噪声整形”。

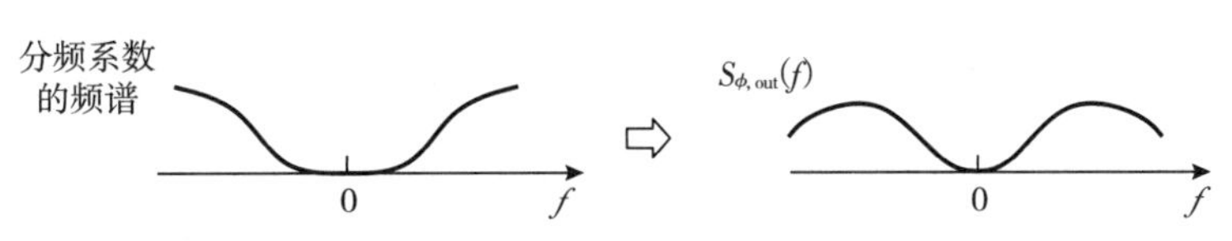

图 12-11　可接受的相位噪声对应的分频系数频谱的一般整形

12.3.2 噪声整形

基本概念　图 12-10 表明，模数量化噪声可能会很大程度上增加输出相位噪声。因此我们必须避免 $g(t)$ 的频谱是白色的。与例 12-7 中一样，我们可能会问，什么是 $S_g(f)$ 理想的整形形状？如图 12-12a 所示，我们更希望噪声只在高频出现，使其能够被 PLL 滤波。换句话说，我们希望随机化分频系数，使得产生的相位噪声在环路带宽内的很小。这就需要对 $b(t)$ 的频谱进行“整形”，如图 12-12a 所示。当然，如果可能的话，我们也会避免远离 $f=0$ 处的更高噪声，但是这种增长是量化和整形的必然结果。我们可以不严格地说，量化噪声的能量被推移至了高频，即频谱被高通整形了。

这些想法自然会导向图 12-12b 所示的方案，其中模数控制信号是一个特定的随机序列 $b(t)$，其频谱不是白色的，而是经过整形的。因此，分频器输出相位噪声频谱从 f_{REF} 处的零开始，随着 $|f-f_{REF}|$ 的增长而增长。

读者可能对这一点有几个疑问。①如何准确地选择这种可以获得高通整形频谱的 1 和 0 的随机序列 $b(t)$，并使其平均值等于 α？②鉴于此，根据式(12-9)，$g(t)=b(t)-\alpha$ 的频谱会出现在分频器的输出频率中，我们如何确保其相位也会按所需的那样被整形？③$b(t)$ 跳变应该(或可以)多快？④当信号通过 PFD/CP/LPF/VCO 的链路时，分频器输

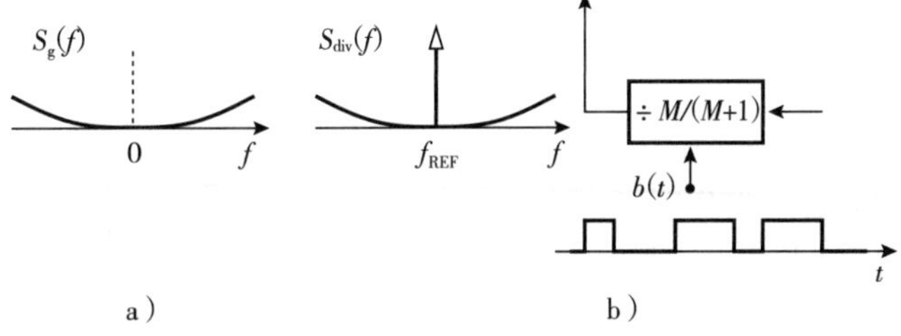

图 12-12　a) 期望的量化噪声频谱；b) 随机的二进制数据控制分频系数得到所需相噪频谱

出的噪声峰值会发生什么变化？我们将通过以下的讨论来逐一回答上述问题。

反馈式噪声整形 在生成具有高通特性频谱的随机序列之前，我们先考虑图 12-13a 所示的负反馈系统。

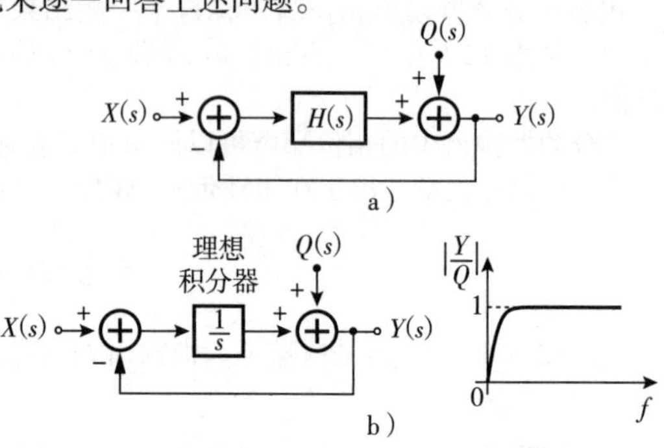

图 12-13 a）将噪声注入负反馈系统；b）如果 $H(s)$ 是理想积分器的表现

在这里，除了输入 $X(s)$ 信号外，环路还感测到了另一个信号 $Q(s)$，“靠近”系统的输出。$Q(s)$ 到输出的传递函数（当 $X=0$）可以表示为

$$\frac{Y(s)}{Q(s)}=\frac{1}{1+H(s)} \tag{12-15}$$

正确选择 $H(s)$ 可以使整个传递函数呈现高通滤波响应；例如，如果 $H(s)$ 是一个理想的积分器（见图 12-13b），则可得

$$\frac{Y(s)}{Q(s)}=\frac{s}{1+s} \tag{12-16}$$

注意在这种情况下，$Y/X=1/(1+s)$。我们发现 $Q(s)$ 中的低频分量被抑制了。这是由于低频时，高环路增益使得负的 $Q(s)$ 值在积分器的输出端出现。而在非常高的频率时，积分器增益趋近于 0，使得 $Q(s)$ 到输出端的传输增益趋近于 1。这种行为类似 PLL 中 VCO 的相位噪声（见第 8 章）。如果我们假设图 12-13b 中的 $X(s)$ 是一个等于 α 的常量，那么低通传递函数 $1/(1+s)$ 则说明输出的平均值也等于 α。换句话说，输出是 DC 量 α 上叠加了 Q 的一些频率分量。如果 Q 表示不想要的噪声，可以注意到系统就会对其进行高通滤波。

例 12-8 一名学生决定将图 12-13b 中的理想积分器替换成一阶低通滤波器，其低频增益为 A_0。解释一下 Q 在这种情况下是如何被整形的。

解： 如图 12-14a 所示，这个系统的噪声整形函数为

$$\frac{Y}{Q}=\frac{1}{1+\dfrac{A_0}{1+\dfrac{s}{\omega_p}}} \tag{12-17}$$

$$=\frac{1+\dfrac{s}{\omega_p}}{1+A_0+\dfrac{s}{\omega_p}} \tag{12-18}$$

我们由上式观察到在 $-\omega_p$ 处的一个零点和在 $-(1+A_0)\omega_p$ 处的一个极点。因此，如图 12-14b 所示，$|Y/Q|$ 在 $\omega=0$ 时不是从零开始的，从 $\omega=0$ 到 $\omega=\omega_p$ 的平坦噪声破坏了输出信号 Y。

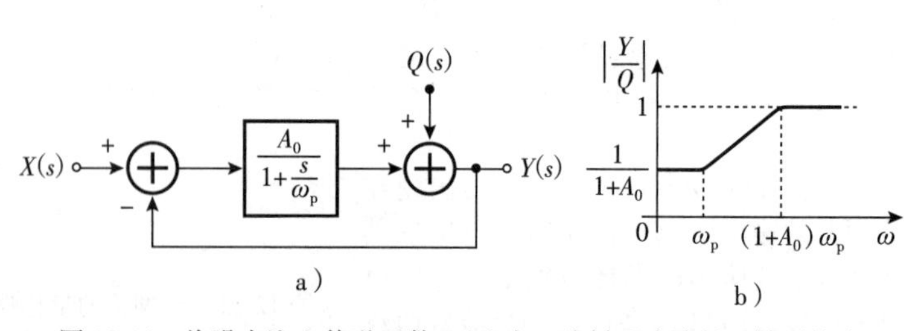

图 12-14 将噪声注入传递函数 $H(s)$ 为一阶低通滤波的反馈系统中

现在让我们构建图 12-13b 所示系统的数字框图对应形式。第一步，我们将数字量 α 应用到由加法器和数字积分器所组成的环路当中，如图 12-15a 所示。注意，由于其有限的分辨率，数字积分器在处理余差信号 C 时会累加量化噪声。这个噪声和图 12-13b 中的额外输入

Q 很相似。在此情况下输出 Y 会怎样呢？该输出是一个平均值等于 α 的数字量。如图 12-13b 中的系统一样，该数字系统的闭环响应也近似为 $Y/X=1/(1+s)$，并假设 $y(t=0)=0$，我们注意到输出信号的增长方式和一阶系统的阶跃响应一样(见图 12-15b)，且在稳态阶段，数字输出以 1 LSB 为幅度围绕 α 跳变。如果数字系统的字长足够长，例如 16 bit，那么输出产生的量化噪声相对于 α 不会太大。因此，我们认为 Y 信号可以作为反馈分频器的模数控制信号(见图 12-15c)。但是困难在于，16 bit 的 Y 不能直接应用于模数控制。

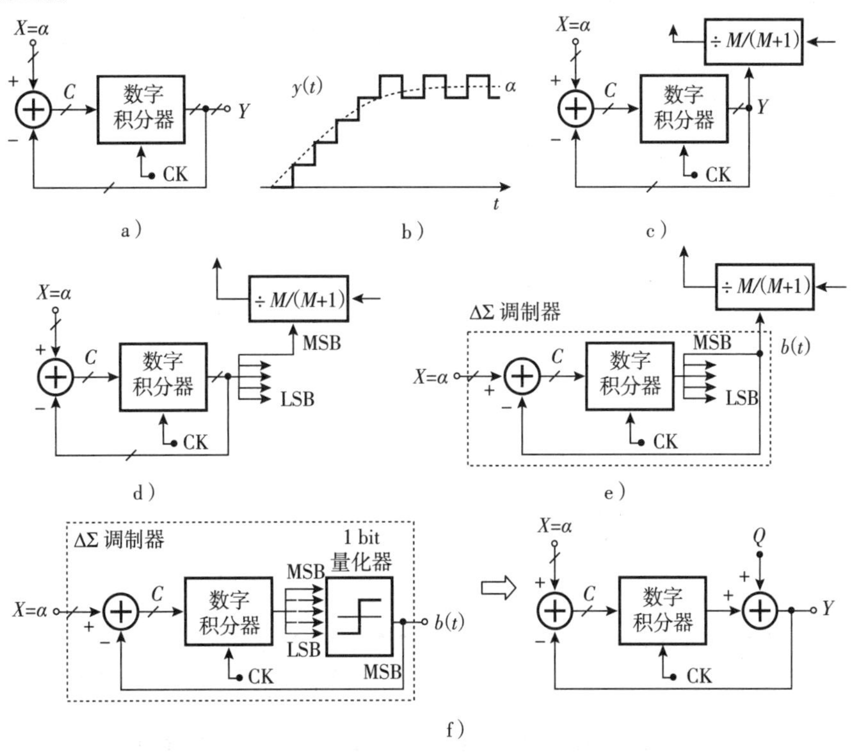

图 12-15　a)使用数字积分器的反馈系统；b)作为时间函数的系统输出；c)驱动反馈分频器的系统；d)只使用 MSB 输出来控制分频器；e)反馈环路内的量化；f)等效的量化操作

如果我们只使用 Y 的最高有效位(MSB)控制分频系数在 M 和 $M+1$ 之间跳变会怎样(见图 12-15d)？作为原数字输出的 1 bit 近似，MSB 将表现出较高的量化噪声。遗憾的是，这个量化噪声并没有被整形，因为量化过程发生在环路之外，即 Q 是在反馈网络感测到的点之后注入环路的。不同的是，我们可以在环路内部进行量化，如图 12-15e 所示。舍弃除 MSB 以外的其他输出位，相当于将信号通过一个 1 bit 的量化器(见图 12-15f)，因此会注入量化噪声，但是此时反馈系统会对这个噪声频谱进行整形，并抑制其低频分量。

总结一下，图 12-15e 中的数字反馈系统感测到一个精确的(如 16 bit)α 输入并生成一个 1 bit 的序列 $b(t)$，由于是包含积分器的环路，其量化噪声会被整形成为高通频谱。如果应用于分频器模数控制，$b(t)$ 会将其整形噪声传输给分频器的输出频率。因此，图 12-15e 中生成 $b(t)$ 信号的环路被称为“ΔΣ 调制器”[⊖]。

⊖　也称为 ΣΔ 调制器。

12.3.3 离散时间模型

图 12-15e 所示为离散数字反馈系统，即每个时钟周期环路都会更新一次结果。实际上 ΔΣ 调制器应该使用离散时间模型进行分析，虽然之前我们使用 $s/(1+s)$ 的模型直观上近似了 Q 到 Y 的传递函数。当然，我们预计在离散模型下 Y/Q 仍然表现出高通响应。

让我们首先分析一下图 12-15e 所示的数字积分器。如图 12-16a 所示，在数字域这个功能是以“累加器”来实现的，即在环路中使用加法器和寄存器构成累加器。

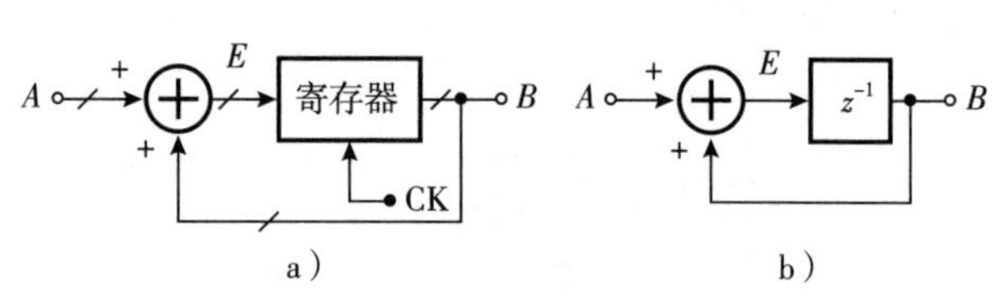

图 12-16 a)简单的累加器；b)其等效离散时间模型

在每个时钟周期内，寄存器读取并存储 $A+B$。寄存器上的内容等于它先前存储的值加上 A 的当前值，这表示离散时间积分。由于寄存器只提供了一个时钟周期的延迟，我们可以使用 z^{-1} 模块来对其进行建模，并得到图 12-16b 所示的离散时间环路，传递函数为

$$\frac{B}{A}(z)=\frac{z^{-1}}{1-z^{-1}} \tag{12-19}$$

因此，该结构是对输入进行积分，并将结果延迟一个时钟周期输出。

例 12-9 图 12-16b 中 E 处的信号也是 A 的积分吗?

解: 是的，它是。E 和 B 处的信号只是相位上有一个时钟周期的延迟。如图 12-17 所示绘制出的一个新的结构，即

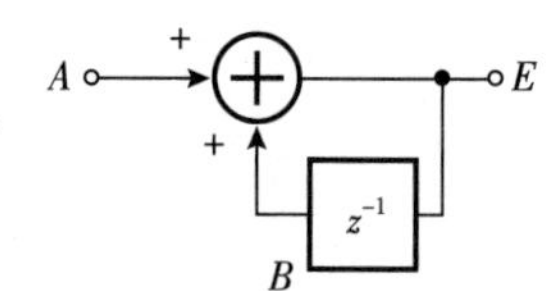

图 12-17 延迟在反馈路径的累加器

$$\frac{E}{A}(z)=\frac{1}{1-z^{-1}} \tag{12-20}$$

图 12-16b 和图 12-17 中的拓扑结构分别称为“延迟”和“无延迟”积分器。我们还可以得出结论，传递函数为 $1-z^{-1}$ 的系统是离散时间差分器，因为积分器和差分器级联的传递函数等于 1。

为了推导出图 12-15e 结构对量化噪声的整形公式，我们在 12-18a 中构建出其离散时间模型。将 X 设为 0，我们得到

$$\frac{Y}{Q}(z)=\frac{1}{1+\dfrac{z^{-1}}{1-z^{-1}}} \tag{12-21}$$

$$=1-z^{-1} \tag{12-22}$$

根据我们得出的图 12-13b 中的连续时间分析，我们预计这个响应为高通特性。为了弄清这一点，我们将式(12-22)图示化，如图 12-18b 所示，其中输出等于 Q 的当前值减去 Q 的延迟值 Q_Δ。我们发现，如果 Q 随时间变化较为缓慢，Q 的当前值与其延迟值 Q_Δ 几乎没有区别，它们之间的差分非常小。反之，如果变化得很快，Q_Δ 和 Q 差别较大，其差分结果相对较大，从而 Y 的变化较大。从另一个角度看，$1-z^{-1}$ 代表简单的差分器。因此，这个系统表现出从 Q 到 Y 的高通响应。同样，Y/X 是一个低通传递函数，使得 Y 的平均值等于 α。

我们希望计算图 12-18a 中的输出噪声频谱。由于 $z=\exp(\mathrm{j}2\pi fT_{\mathrm{CK}})$，其中 T_{CK} 为时钟周期，我们将式(12-22)的幅度的平方写为

$$\left|\frac{Y}{Q}(z=\mathrm{e}^{\mathrm{j}2\pi fT_{\mathrm{CK}}})\right|^2=|1-\mathrm{e}^{-\mathrm{j}2\pi fT_{\mathrm{CK}}}|^2 \tag{12-23}$$

$$= 4\sin^2(\pi f T_{CK}) \quad (12\text{-}24)$$

$$= 2[1-\cos(2\pi f T_{CK})] \quad (12\text{-}25)$$

如图 12-18c 所示为上式表示的示意图，这个频谱整形函数在 $f=1/(2T_{CK})=f_{CK}/2$ 处达到最大值 4。

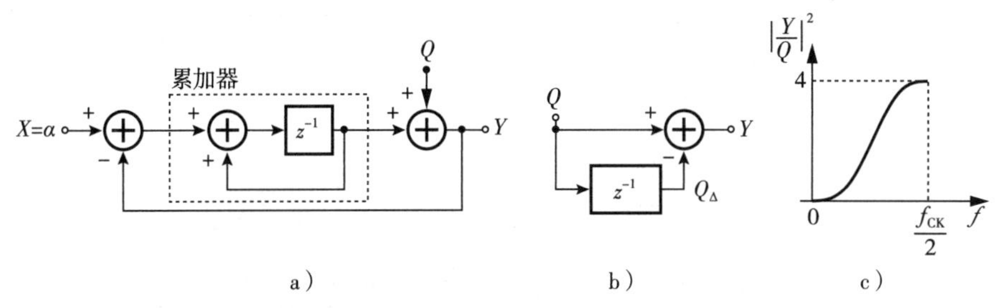

图 12-18 a) ΔΣ 调制器的离散时间模型；b) 量化噪声的等效行为；c) 从 Q 到 Y 的频谱整形函数

例 12-10 式(12-24)给出的结果与我们之前用连续时间模型直觉上近似的结果 $s/(1+s)$ 一致吗？

解： 从由连续时间近似的结果来看，我们有 $|j\omega/(1+j\omega)|^2=\omega^2/(1+\omega^2)$，对于低频率的噪声，这个函数可以简化为 ω^2。式(12-24)同样，当 $f<<(\pi T_{CK})^{-1}$ 时，简化为 $|Y/Q|^2\approx 4\pi^2 f^2 T_{CK}^2=\omega^2 T_{CK}^2$。因此，两个结果是相似的。读者可以解释一下 T_{CK}^2 因子的差异从何而来。

用 $S_q(f)$ 表示图 12-18a 中没有被整形的 Q 的频谱，我们从式(12-24)可以得到

$$S_Y(f) = 4\sin^2(\pi f T_{CK})S_q(f) \quad (12\text{-}26)$$

图 12-15e 和图 12-18a 所示的架构被称为"一阶 ΔΣ 调制器"，调制器的阶数是由积分器的个数界定的[1]。

例 12-11 分析图 12-19a 给出的 ΔΣ 调制器中不同节点的噪声频谱。假设 X 是常量。

解： A 点的频谱与 Y 点的类似，因为 $A=Y-\alpha$。为了确定 B 点的频谱，我们可以先将 X 设置为 0，并写出 $B(z)=-Y(z)[z^{-1}/(1-z^{-1})]=-(1-z^{-1})Q(z)[z^{-1}/(1-z^{-1})]=-z^{-1}Q(z)$。也就是说，$B$ 只是 Q 延迟后取负，其中包括了未整形的量化噪声。假设 Q 的频谱是平坦的，我们得到如图 12-19b 所示的结果。

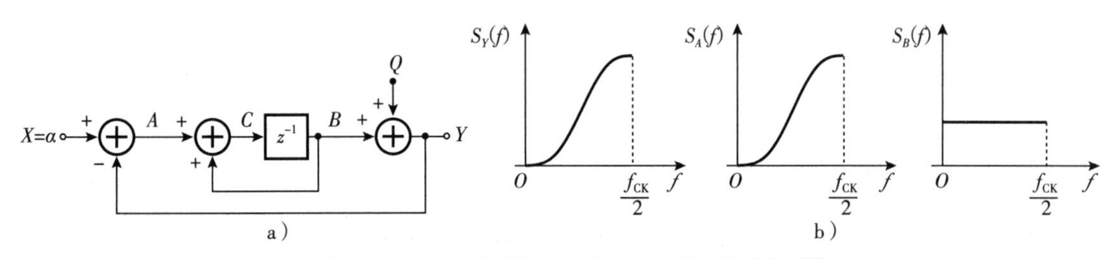

图 12-19 a) ΔΣ 调制器；b) 环路中不同点的噪声频谱

总之，图 12-15e 中的一阶 ΔΣ 调制器产生了一个 1 bit 的随机二进制序列，其平均值为 α，以及一个功率被推到了高频的噪声频谱。我们一般用 $S_q(f)=1/(12f_{REF})$ 近似未被整形的量化噪声。

例 12-12 在前一个例子中，一名学生注意到 Q 和 B 都有白色频谱，而它们的差分，Y 的频谱却不是白色的。这名学生开始怀疑这个结果，并认为两个白噪声源的差分的频谱一定也是白色的。尝试说明这个推断的问题。

解： 两个白噪声源必须是不相关的，其差分结果的频谱才是白色的。而这个例子中，B 是通过 Q 导出的，并且两个信号之间相关。在图 12-18b 中也有同样的结果，Q 和 Q_Δ 频谱可以都是白色的，但

它们的差分不是。

12.3.4 ΔΣ 分数 N 频率综合器

根据上述开发结果可以给出分数 N 频率综合器的完整框图，如图 12-20 所示[2]。在这里，ΔΣ 调制器生成二进制信号 $b(t)$，其平均值等于 α，并具有高通特性的量化噪声频谱。这个波形控制分频器模数在 M 和 $M+1$ 之间跳变，生成的等效平均分频系数为 $M+\alpha$，因此最终输出频率为$(M+\alpha)f_{\mathrm{REF}}$。注意，调制器使用分频器的输出作为时钟驱动。$\alpha$ 的数字表示可以以很小的步长变化(例如，α 的字长可以是 18 bit)，这使得f_{out} 的变化步长也可以这样精细。这个步长的大小是由具体应用给出的最大允许频率误差决定的。

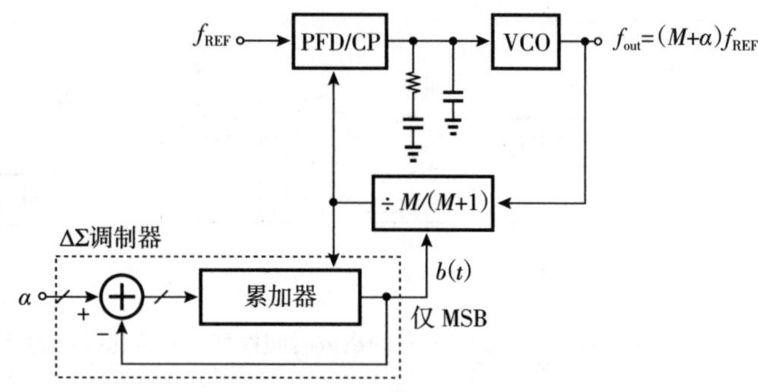

图 12-20 基本 ΔΣ 分数 N 频率综合器

根据式(12-7)可得

$$f_{\mathrm{div}} = \frac{f_{\mathrm{out}}}{M+\alpha+g(t)} \tag{12-27}$$

$$\approx \frac{f_{\mathrm{out}}}{M+\alpha} - \frac{f_{\mathrm{out}}}{(M+\alpha)^2}g(t) \tag{12-28}$$

式中，$g(t)$表示 $b(t)$中的噪声(ΔΣ 量化噪声)，并且在分频器输出中产生频率噪声。我们怎么计算相应的相位噪声？在 12.3.1 节中，我们通过 $1/s$ 的系数关联频率噪声和相位噪声量，并得出式(12-13)。根据这个等式，我们发现 $S_g(f)$现在被 ΔΣ 调制器整形，等于 $4\sin^2(\pi f T_{\mathrm{REF}})S_q(f)$：

$$S_{\phi n}(f) = \frac{1}{(M+\alpha)^2}\left(\frac{f_{\mathrm{REF}}}{f}\right)^2[4\sin^2(\pi f T_{\mathrm{REF}})]S_q(f) \tag{12-29}$$

$$= \frac{f_{\mathrm{REF}}^2}{(M+\alpha)^2}\frac{4\sin^2(\pi f T_{\mathrm{REF}})}{f^2}S_q(f) \tag{12-30}$$

式中，$S_q(f)$是 $b(t)$未整形的频谱。这个整形函数在$f \ll (\pi T_{\mathrm{REF}})^{-1} = f_{\mathrm{REF}}/\pi$ 时是相对平坦的，并近似等于$[4\pi^2/(M+\alpha)^2]S_q(f)$。也就是说，得出相位噪声在低频率偏移处并不为 0。我们在 12.3.5 节会通过提高 ΔΣ 调制器的阶数来解决这个问题，即使用更陡峭的噪声整形函数。注意，分频器的输出噪声和参考噪声其实无法区分，它们都会经历 PLL 的低通滤波响应再到达 VCO 的输出。图 12-21 总结了我们目前的进展。在时域中，分频器输出相位有 $\pm T_{\mathrm{VCO}}$、$\pm 2T_{\mathrm{VCO}}$，等等的跳跃，其中 $T_{\mathrm{VCO}}=1/f_{\mathrm{out}}$。

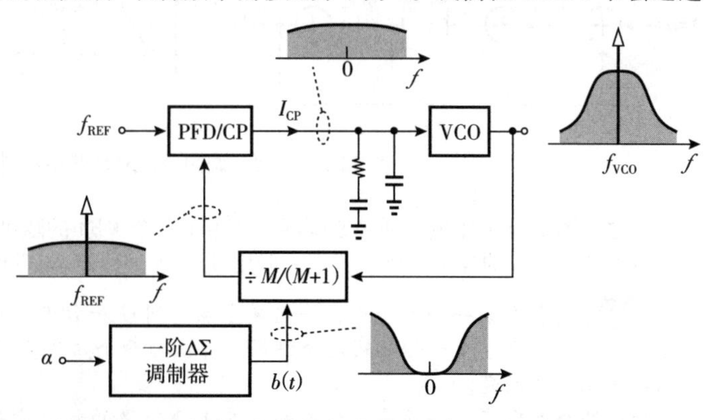

图 12-21 在小数 N 频率综合器中不同位置处的量化噪声频谱

重要的是不要将未整形和已整形的量化噪声量混淆。图 12-15e 中，当积分器输出的 MSB 被保留而其他 LSB 各位被舍弃时，我们引入了未整形的量化噪声 $S_q(f)$(非常像开环 VCO 的相位噪声)。但是反馈环路对这个噪声进行了整形，将其乘以 $4\sin^2(\pi f T_{REF})$。同样重要的是不要混淆频率噪声和相位噪声。

杂音问题 除了高通的噪声频谱外，ΔΣ 调制器的输出还表现出纯正弦分量，即周期性波形。这些杂散或者"杂音"(tone)的产生是因为 ΔΣ 的输出实际上是周期性的。为了理解这种现象，我们回到图 12-15e 中的结构，并将其重新绘制，如图 12-22a 所示，其中累加器由一个有多 bit 输出 $w(t)$ 的积分器进行建模。舍弃 $w(t)$ 中除 MSB 的其他 bit 的操作被表示为一个 1 bit 的量化器，即 $y(t)$ 等于 $w(t)$ 的 MSB。例如，假设 $\alpha=0.1$，$w(t)$ 是从零开始变化的，则减法器的输出 $\alpha-y(t)$ 是正值，此时累加器的输出不断随时间增长(见图 12-22b)。这个增长过程一直持续到 $w(t)$ 的 MSB 位跳到 1，$y(t)$ 也跳到 1，使得在减法器的输出处产生 $\alpha-1=0.1-1$ 的值。在下一个时钟周期中，积分器将这个负值累加到其输出中，使得 $w(t)$ 降至 α。这样的行为每 $10T_{CK}$ 会重复一次，使得 $y(t)$ 的平均值维持在 0.1。换句话说，调制器的输出根本不是随机的！我们说环路是"有限周期"的。

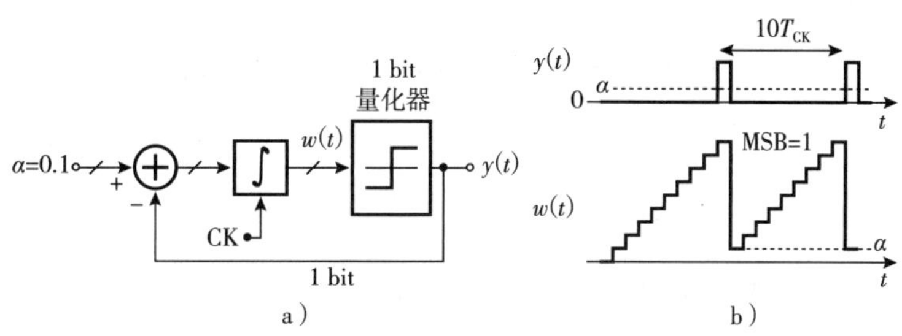

图 12-22 a)输入等于 0.1 的 ΔΣ 调制器；b)揭示环路波形的周期性

图 12-22b 中 $y(t)$ 波形的基频为 $0.1f_{CK}=0.1f_{REF}$，在这个基频处及其谐波处会产生杂音。对于更小的 α 值，杂音的频率甚至更低，而且通过 PLL 不会被衰减。

为了抑制这些杂音，在图 12-22b 中观察到的周期性必须被打破。例如，如果 α 的 LSB 值能够在 0 和 1 之间随机跳变(使用一种称为"扰动(dithering)"的操作)，那么 $y(t)$ 中周期的脉冲就会随机出现。结果是这些杂音被打散到噪底上。而数字抖动操作需要一个它自己的随机序列发生器。另一种减小杂音的方法是提高 ΔΣ 调制器的阶数。

12.3.5 高阶 ΔΣ 调制器

如前一节中所发现的，使用一阶 ΔΣ 调制器的分频器即使在低频率偏移处输出中的相位噪声也不为 0。这是因为噪声整形函数 $4\sin^2(\pi f T_{REF})$ 除以 $4\pi^2 f^2$ 后对于小 f 产生恒定的非零值。由于非零低频相位噪声和它们的杂音等问题，我们一般很少使用一阶调制器。我们的目标是更陡峭的噪声整形函数，其可能的形式是 $\sin^{2n}(\pi f T_{REF})$，其中 $n>1$。离散时间等效为 $(1-z^{-1})^n$。

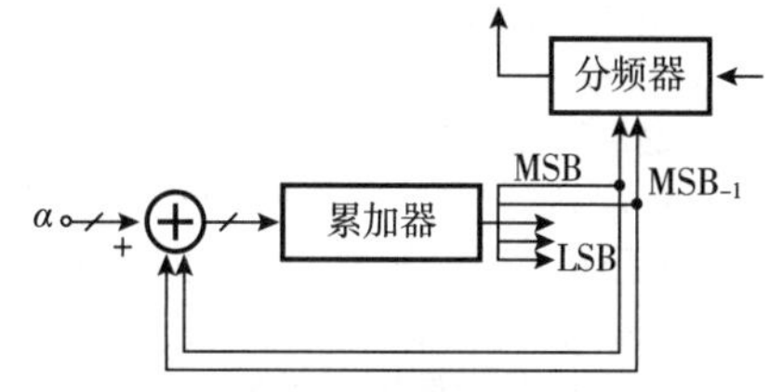

图 12-23 输出为 2 bit 的 ΔΣ 调制器

让我们回顾图 12-22a 中的一阶环路，怎样减小至少是低频处的量化噪声？例如一种方法是，使用累加器输出处的两个 MSB 位(见图 12-23)，并设计一个模数为 2 位的分频器。然而，这种方法并不能有效减小相位噪声，因为分频器的输出相位跳跃的最小值仍然是 T_{VCO}。换句话说，分频器输出相位的分辨率必须得到改善。

我们还能如何减小量化噪声？我们能否在还是提供单 bit 输出位数的前提下将图 12-22a 中 1 bit 量化器更改为噪声较小的？是的，我们可以使用其他 ΔΣ 调制器来代替这个量化器，如图 12-24a 所示。

这个电路现在包括两个积分器，实现了二阶的调制器。注意，将 $y(t)$ 反馈到减法器的两条线路可以合并成一条。在习题 12.24 中我们将证明，图 12-24b 中的等效结构有如下的噪声整形函数：

$$\frac{Y}{Q}(z)=\frac{(1-z^{-1})^2}{z^{-2}-z^{-1}+1} \tag{12-31}$$

分子表现为两个级联的差分器，可以提供更陡峭的噪声整形以及低频处更少的噪声。然而，分母引入的极点被证明是不可取的。因此我们将系统中第一个延迟积分器替换成无延迟积分器(见例 12-9)，得到图 12-24c 所示的架构。将 X 设置为 0，我们可以写出：

$$\left(-Y\frac{1}{1-z^{-1}}-Y\right)\frac{z^{-1}}{1-z^{-1}}+Q=Y \quad (12\text{-}32)$$

即

$$\frac{Y}{Q}(z)=(1-z^{-1})^{2} \quad (12\text{-}33)$$

使用 12.3.3 节中同样的计算方式，我们得到

$$S_Y(f)=|2\sin(\pi f T_{\text{CK}})|^4 S_q(f) \quad (12\text{-}34)$$

式中，$S_q(f)$ 为未整形的量化噪声频谱。图 12-25 比较了一阶和二阶调制器的噪声整形函数，得出两点：①后者在 $f_{\text{CK}}/6$ 之前的频率都保持比前者要低；②后者在 $f_{\text{CK}}/2$ 处有非常高的峰值。第一个性质是我们希望得到的，而第二个性质我们并不想要。

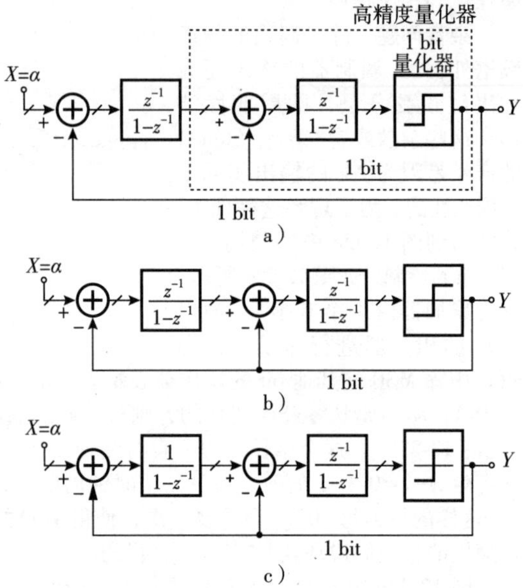

分频器输出相位噪声 由式(12-34)和在 12.3.3 节中的推导，我们可以将分频器输出相位噪声表示为

$$S_{\phi n}(f)=\frac{1}{(M+\alpha)^2}\left(\frac{f_{\text{REF}}}{f}\right)^2|2\sin(\pi f T_{\text{REF}})|^4 S_q(f) \quad (12\text{-}35)$$

图 12-24 a)用另一种 ΔΣ 调制器代替量化器来减少量化噪声；b)简化架构；c)将第一个积分器更改为无延迟积分器

对于 $f \ll f_{\text{REF}}/\pi$，该式可以简化为

$$S_{\phi n}(f)\approx\frac{16\pi^4}{(M+\alpha)^2}\frac{f^2}{f_{\text{REF}}^2}S_q(f) \quad (12\text{-}36)$$

因此，二阶整形后的相位噪声从零开始，并随着 f 增加而平方上升。如 12.3.3 节中提到的，这个噪声会经历频率综合器的低通传递函数后到达 VCO 输出。

级联环路 这种将 ΔΣ 环路中的量化器替换成另一种调制器的想法可以扩展到更高阶。例如，如果我们将图 12-24c 中的 1 bit 量化器用一阶 ΔΣ 环路替代，则整个系统的噪声整形可以达到三阶。然而，三阶或以上的反馈环路可能会很不稳定。

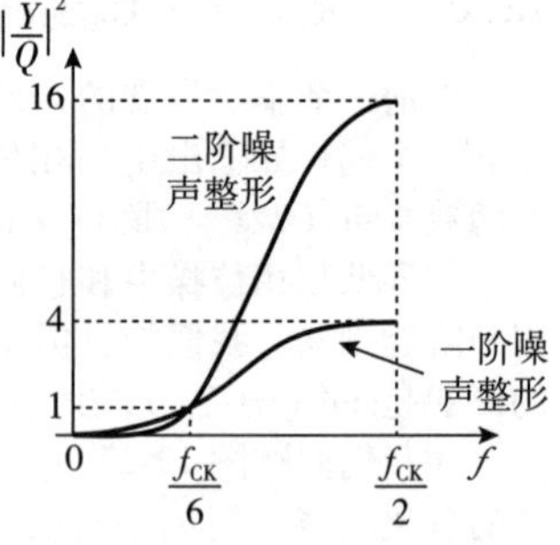

图 12-25 一阶和二阶调制器中的量化噪声整形函数

另一种方法是将不超过二阶的环路级联起来获得等效高阶环路。首先我们注意到，量化器引入的噪声可以通过用其输出减去输入计算得到(见图 12-26a)。这是因为量化器输出等于 $A+Q_1$，其中 Q_1 表示噪声，因此 $B=A+Q_1-A=Q_1$。如图 12-26b 所示，我们可以使用减法器重建未整形的量化噪声。注意，Y 包含了整形后的噪声，但 $Y-P=P+Q_1-P=Q_1$ 包含的是未整形噪声。实际中，这个减法器可以是不必要的，因为 Y(MSB)和 P(整个数字输出)之间的差值可以直接由 P 去掉 MSB 来得到(见图 12-26c)。

这个重建的量化噪声里包含的信息可以用来提高系统性能，但是难点在于这个噪声是由多 bit 数字信号表示的。我们继续进行两步处理：①使用另一个 ΔΣ 将多 bit 的 B 输出转换成单 bit 数据流(见图 12-26d)；②将结果 W 与第一个环路的输出 Y 进行"结合"(见图 12-26e)，以此来减小量化噪声。

为了确定组合器所需要的传递函数，由图 12-26d 中我们可以写出 $W=z^{-1}B+(1-z^{-1})Q_2$，其中 Q_2 代表第二级量化器贡献的未整形噪声。因此可以得到 $W=z^{-1}Q_1+(1-z^{-1})Q_2$。另外，由图 12-26b，得到

$Y=(1-z^{-1})Q_1$（由于 α 是常量，我们将其从 Y 中提出来）。如何组合 W 和 Y 使得 Q_1 能够消除？我们将 W 乘以 $1-z^{-1}$，Y 乘以 z^{-1}，然后将结果相减，可得

$$U=(1-z^{-1})W-z^{-1}Y \tag{12-37}$$

$$=(1-z^{-1})^2Q_2 \tag{12-38}$$

因此，最终的输出为二阶噪声整形函数。

图 12-26d 中的级联拓扑也被称为“MASH”架构，通常可以拓展到更高阶而不需要考虑稳定性问题。然而，这个方法最后的输出是多 bit 的，因此需要一个多位输入分频器。我们注意到，如果 W 和 Y 都是 1 bit 数据流，那么 U 是一个 2 bit 信号。

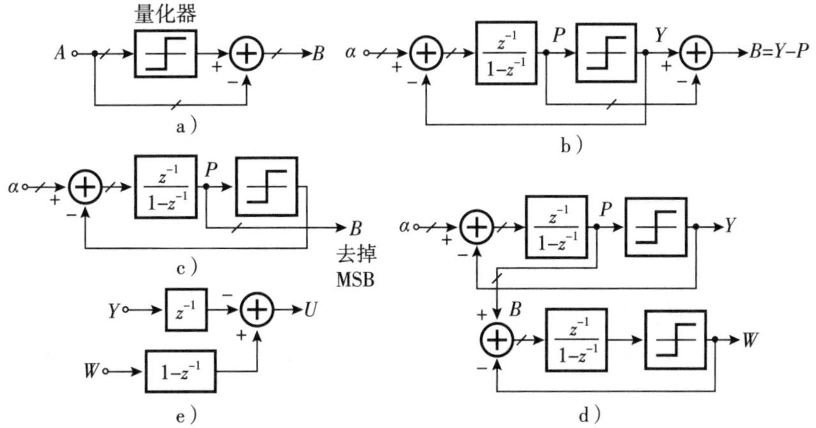

图 12-26 a)量化噪声的重；b)在一阶环路中使用；c)使用去掉 MSB 的积分器输出；d)使用二阶 $\Delta\Sigma$ 调制器来量化 B；e)将 Y 和 W 结合产生最终输出

例 12-13 如在本节中看到的，多位输入分频器在两种方案下是必要的：使用 2 位 MSB（见图 12-23）作为累加器输出，或者采用级联 $\Delta\Sigma$ 拓扑结构。哪一种方法更可取？

解： 前一种方法只是将一阶整形噪声频谱 $S_{\phi n}(f)$ 除以 4，而后者可以提高噪声整形函数的阶数，即生成更陡峭的频率响应。因此后一种方法更可取。

带外噪声 如图 12-25 所示的典型例子，高阶 $\Delta\Sigma$ 调制器会在带外表现出相当高的噪声峰值，而当它在频率综合器环路传播时可能无法被完全抑制。根据式(12-35)，二阶调制器引起的分频器相位噪声在 $f=0$ 时从 0 开始，而在 $f=f_{REF}/2$ 时达到 $[64/(M+\alpha)^2]S_q(f)$。

例 12-14 比较在以下三种情况下 $f=f_{REF}/2$ 时的相位噪声：无整形随机化、一阶调制器和二阶调制器。假设未整形前的噪声频谱 $S_q(f)$ 相对平坦。

解： 从式(12-13)中可知，未整形时，$S_{\phi n}(f_{REF}/2)=[1/(M+\alpha)^2][4S_q(f)]$。对于一阶调制器，由式(12-29)，得到在 $f_{REF}/2$ 时值为 $[16/(M+\alpha)^2]S_q(f)$，与第一种情况类似。而在二阶调制器下，产生的相位噪声为 $S_{\phi n}(f_{REF}/2)=[64/(M+\alpha)^2]S_q(f)$。图 12-27 总结了以上三个结果。

借助图 12-28，我们可以清晰地看出量化噪声峰值带来的影响，其中假设 PLL 带宽等于 $f_{REF}/10$。在这里，式(12-35)乘以 PLL 低通响应幅度的平方。在远比 $f_{REF}/10$ 高的频率下，$|H_{PLL}|^2$ 可以用单极点系统进行近似，因此与 $(M+\alpha)^2/f^2$ 成比例下降[⊖]。$\Delta\Sigma$ 噪声和 PLL 响应的乘积在 $f=0$ 时为 0，逐渐上升到达峰值，然后在高频处回落。如果与 VCO 相位噪声相当，这个峰值就会成为问题。

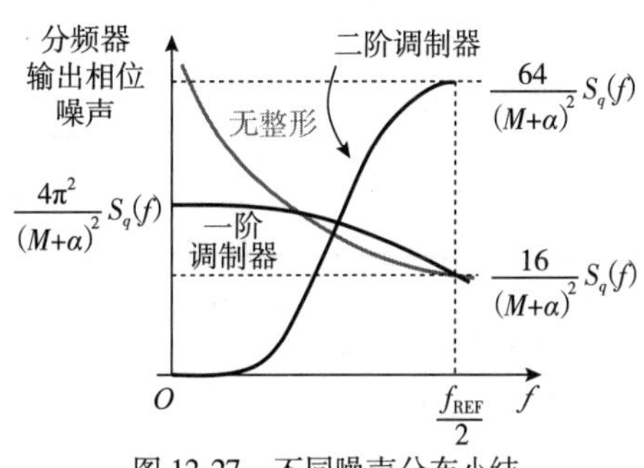

图 12-27 不同噪声分布小结

⊖ 在高频处，PLL 传递函数简化为 $2\zeta\omega_n(M+\alpha)/s$。

例 12-15 假设$\zeta=1$的二阶Ⅱ型PLL，其环路带宽约为$2\zeta\omega_n\approx2\pi f_{REF}/10$，在$f_{REF}/2$处估计图12-28中的输出频谱。

解： 第7章中给出的PLL传递函数幅度的平方在$f=f_{REF}/2$处一般会下降至大约$0.04(M+\alpha)^2$。另外，如上所述，ΔΣ相位噪声频谱在这个频率处为$[64/(M+\alpha)^2]S_q(f)$。因此PLL输出频谱在$f=f_{REF}/2$处大约为$2.6S_q(f)$（但噪声峰值在低一点的频率处出现）。

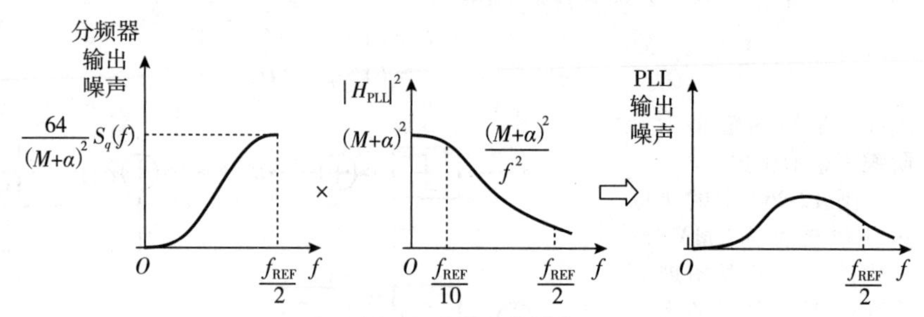

图12-28 由于ΔΣ噪声在PLL输出的相位噪声峰值

上述研究表明，如果使用了二阶甚至更高阶的ΔΣ调制器，整个PLL输出频谱上会出现峰值。特别是，如图12-29a所示，整形最终输出频谱会从整数N环路的平坦响应变成小数N环路中的峰值响应。为了避免这种影响，环路带宽通常降低到大约$f_{REF}/20$甚至更低。这是通过使用较大的环路滤波电容来实现的。另一种方案是在VCO前添加额外的滤波器组件，以提供$f_{REF}/2$处的抑制特性（见图12-29b）。

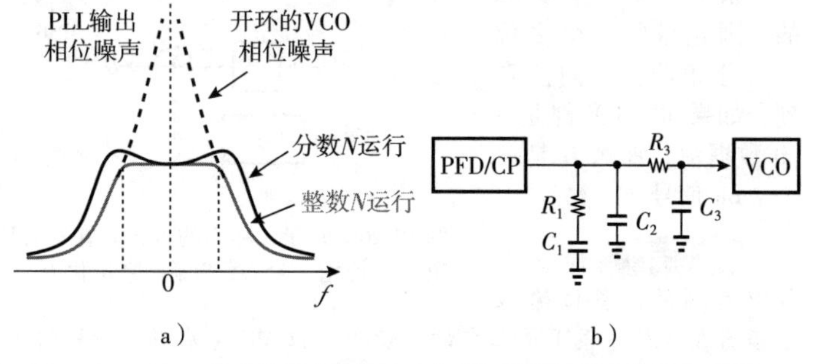

图12-29 a)PLL输出的噪声峰值；b)使用额外滤波器来降低ΔΣ噪声

第三种可能的方案是，在VCO前插入陷波滤波器。该滤波器应在图12-28所示的峰值频率处引入一个陷波。我们介绍两种不同的实现方式。如图12-30a所示，第一种方法是使用电容和有源电感构建一个串联谐振电路（陷波器）。读者可以证明，由M_1、R_3和C_3构成结构的阻抗为

$$Z_T=\frac{R_3C_3s+1}{g_m+C_3s} \tag{12-39}$$

上式假设沟道长度调制效应可以忽略不计。如图12-30b所示，该阻抗在$\omega_z=(R_3C_3)^{-1}$到$\omega_p=g_m/C_3$之间表现为感性。实际上，对于$\omega_z\ll\omega\ll\omega_p$，我们有$|Z_T|\approx R_3C_3\omega/g_m$，因此等效电感值为$R_3C_3/g_m$。该值和$C_2$可以一起选择使得谐振在所需频率$f_1$处，从而得到图12-30c所示的总体滤波响应。

图12-30a中的陷波滤波器有两个问题。第一，M_1的闪烁噪声会贡献很大的相位噪声（见习题12.17）。第二，M_1的非线性会将高频量化噪声转换为低频量化噪声，这将在下一节中提到。

另一种陷波滤波器电路如图12-31a所示。由于该电路包含了两个对称的并联T型组件，因此被称作“twin-T”陷波滤波器。

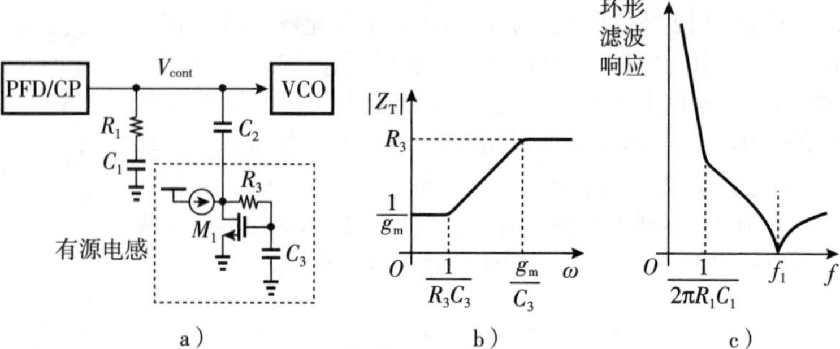

图12-30 a)使用有源陷波滤波器来减少ΔΣ噪声；b)有源电感的阻抗；c)环路滤波响应

我们需要确定电阻和电容的值，使得在$\omega=\omega_1$处得到一

个陷波。也就是说，V_{out}/V_{in} 必须在 $s=j\omega_1$ 处变为 0。在这个频率下，输出电压为 0，因此与接地无法区分(见图 12-31b)，因此我们可以写为

$$V_X=\frac{\dfrac{R_1}{R_1C_1s+1}}{\dfrac{R_1}{R_1C_1s+1}+R_1}V_{in} \tag{12-40}$$

$$=\frac{1}{R_1C_1s+2}V_{in} \tag{12-41}$$

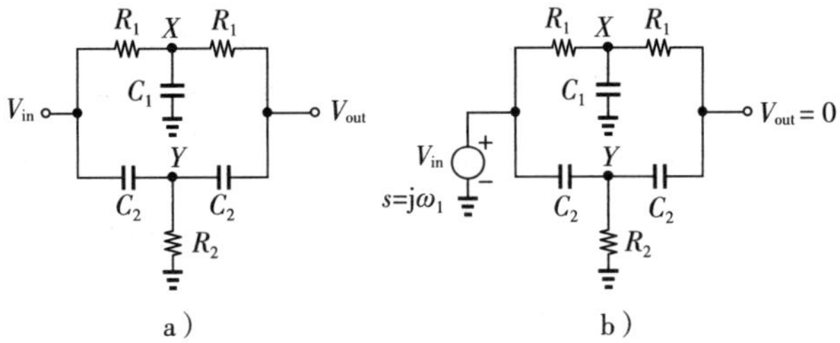

图 12-31 a) twin-T 陷波滤波器；b) 研究其频率响应的装置

和

$$V_Y=\frac{\dfrac{R_2}{R_2C_2s+1}}{\dfrac{R_2}{R_2C_2s+1}+\dfrac{1}{C_2s}}V_{in} \tag{12-42}$$

$$=\frac{R_2C_2s}{2R_2C_2s+1}V_{in} \tag{12-43}$$

由于流入/流出输出节点的电流必须大小相等，方向相反，因此满足 $V_X/R_1+V_YC_2s=0$，可得

$$-R_1R_2C_2^2s^2=\frac{2R_2C_2s+1}{2\left(\dfrac{R_1C_1s}{2}+1\right)} \tag{12-44}$$

如果我们选取 $R_1C_1/2=2R_2C_2$，等式右边可简化为 1/2，由于 $s=j\omega_1$，我们得到

$$\omega_1^2=\frac{1}{2R_1R_2C_2^2} \tag{12-45}$$

为了得到最小的陷波带宽，我们选择 $R_1=2R_2=R$，$C_1=2C_2=2C$，则

$$\omega_1=\frac{1}{RC} \tag{12-46}$$

最终的传递函数简化为

$$\frac{V_{out}}{V_{in}}(s)=\frac{R^2C^2s^2+1}{R^2C^2s^2+4RCs+1} \tag{12-47}$$

twin-T 网络会在低频下引入 $4kT(2R_1)$ 功率密度的热噪声。

在环路带宽内陷波滤波器也会表现出较大的相位移动(见习题 12.18)，从而会导致环路的稳定性下降。这个问题在为了抑制 VCO 相位噪声而设计的宽带宽频率综合器中会变得很严重。例如，twin-T 电路在 $\omega\approx0.1\omega_1$ 处会引入 25°左右的相位移动。

式(12-46)中的 RC 的 PVT 相关性也有问题。如图 12-32 所示，如果由于 PVT 变化，陷波频率移到 $1/(R'C')$，那么原来在 ω_1 处的抑制系数就被限制为 a。为了解决这个问题，我们首先观察到，陷波频率与连接到 twin-T 网络的源阻抗以及负载阻抗是没有相关性的(为什么?)。现在，我们级联三个这样的模块，其中一个提供标称的陷波频率，而另外两个则提供稍高和稍低的陷波频率。在图 12-33a 所示的例子中，附加的模块陷波频率各偏差 10%。这种结构呈现出的标称响应和 PVT 变化下的偏移

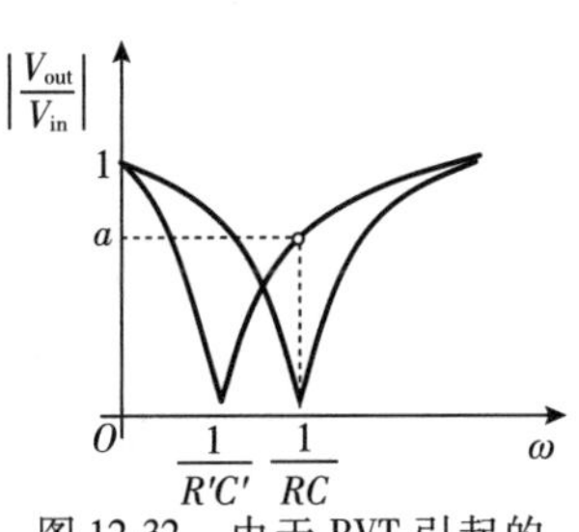

图 12-32 由于 PVT 引起的陷波偏移

响应对比如图 12-33b 所示，能够保证在 ω_1 处的抑制系数为 b。

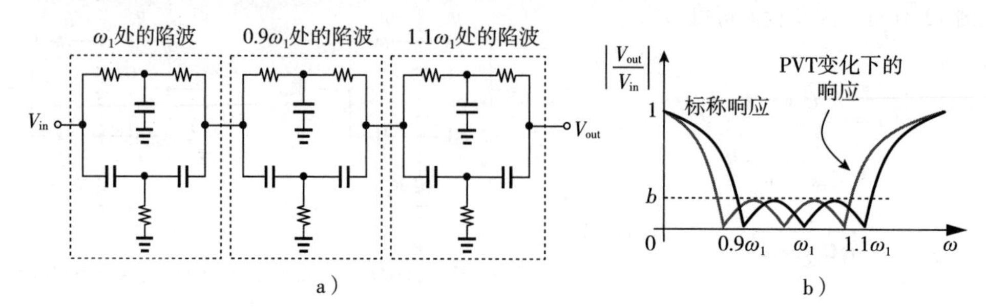

图 12-33 a）级联陷波模块；b）在 PVT 变化下的响应

图 12-33a 中的级联网络有两个缺点：①在低频处的热噪声会调制 VCO；②相位噪声贡献会影响 PLL 的稳定性。

12.4 分数 N 环路中的非线性

如图 12-34 所示，如果通过非线性级，高阶 ΔΣ 调制器中的，在 $f_{REF}/2$ 周围达到峰值的量化噪声会向下混叠到低频。例如，假设一个电路的输入输出特性为 $y(t)=\beta_1x(t)+\beta_2x^2(t)$。

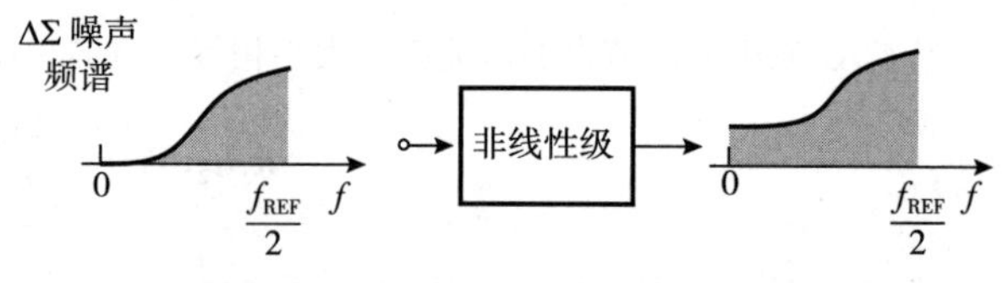

图 12-34 由于非线性引起的噪声混叠

如果 $x(t)$ 频谱为高通特性时，我们希望确定 $x^2(t)$ 的频谱。时域中的乘积 $x(t)\times x(t)$（混频）对应频域中的卷积。我们从 $x(t)$ 只包含两个分别在 f_1 和 f_2 处的正弦信号的简单情况开始处理（见图 12-35a），注意到 $x^2(t)$ 中存在 $f_2\pm f_1$ 处的正弦分量。现在，我们将这个效应扩展到噪声分析上：如图 12-35b 所示，f_1 附近的频率分量和 f_2 附近的频率分量混频，并在 f_2+f_1 和 f_2-f_1 附近产生能量。我们说高频噪声被向下混叠了。因此，$x^2(t)$ 的频谱在低频下包含高水平的噪声，这违背了噪声整形的目的。同时，这种混叠也会发生在 12.3.4 节中提到的杂音上。因此我们必须注意 ΔΣ 噪声路径中所有的非线性因素。

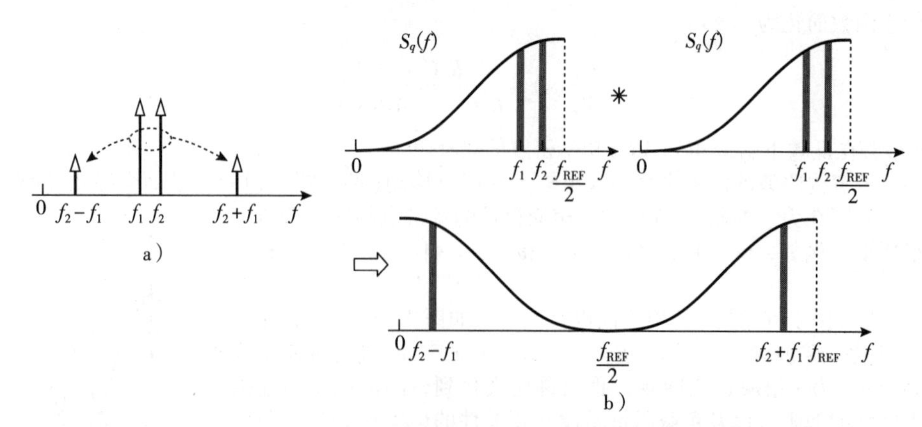

图 12-35 a）f_1 和 f_2 处两个分量的混频；b）由于混频引起的噪声混叠

例 12-16 小数 N 频率综合器中的控制电压含有较大的 ΔΣ 噪声。尝试解释这个噪声会如何向下混叠。

解：如果 VCO 的特性曲线是非线性的（见图 12-36），那么混叠就会发生。我们可以使用理想线性控制的 VCO 级联非线性函数 $g(V)$ 的形式来进行建模。也就是说，$f_{REF}/2$ 附近的 $\Delta\Sigma$ 峰值噪声会通过 $g(V)$ 混叠到低频，并且驱动 VCO，提高了低频处的相位噪声。注意，这个问题在整数 N 环路中是不存在的。

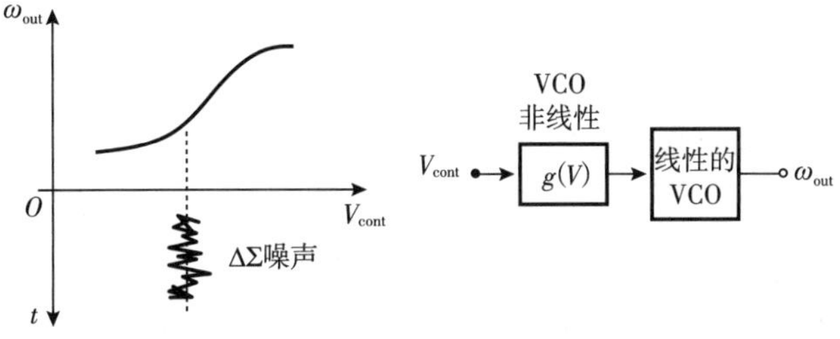

图 12-36 由于 VCO 的非线性导致的噪声混叠

12.4.1 电荷泵非线性

电荷泵中的 Up/Down 电流的失配是非线性的一个特别有问题的来源。以下分析会证明电荷泵的失配是如何导致非线性的。

考虑图 12-37a 所示的 PFD/CP/滤波器级联，其中 $I_1=I_2-\Delta I$。差值 ΔI 是由随机失配和沟道长度调制导致的。让我们考虑两种情况：A 和 B 之间的相位差为 $+\Delta T$ 或者 $-\Delta T$。如图 12-37b 所示，前者会使 I_1 向 C_1 充电，充电电荷量为 $I_1\Delta T$。同样地，如图 12-37c 所示，后者对 C_1 的放电量为 $I_2\Delta T$。画出沉积在 C_1 上的电荷作为相位差的函数（见图 12-37d），我们发现在左半平面和右半平面上直线的斜率不同，因此是非线性的。如果我们使用平滑的曲线来近似这个特性曲线，这一点可能会更直观（见图 12-37e）。从图 12-34 中我们已经知道，这种非线性会使 $\Delta\Sigma$ 噪声向下混叠。

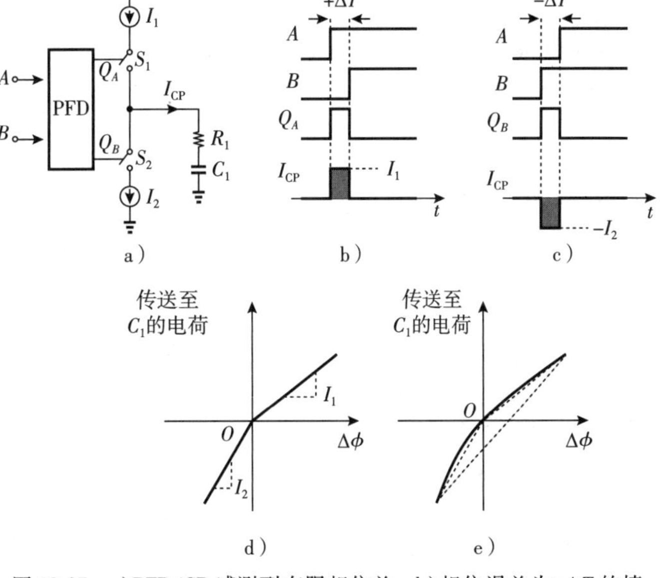

图 12-37 a）PFD/CP 感测到有限相位差；b）相位误差为 $+\Delta T$ 的情况；c）相位误差为 $-\Delta T$ 的情况；d）有 Up 和 Down 电流失配时的特性曲线；e）用抛物线近似的特性曲线

在小数 N 频率综合器中，分频器产生较大的随机的正、负相位波动，例如，会多达 3 个 VCO 周期（见例 12-6）。这会导致 PFD 输入处在正负相位之间来回跳跃，使得电荷泵随机工作在两个不同增益的特性曲线上。可以证明[4]，混叠后的噪声基底与噪声峰值的比值等于 $\Delta I/(4I_p)$，其中 $I_p=(I_1+I_2)/2$。

电荷泵失配可以使用第 7 章中介绍的技术来抑制。另外，还有一种方法也证明在频率综合器中是有用的：我们可以确保 PFD 的输入相位误差的符号不会改变，即，控制其工作范围始终在图 12-37d 中的一个平面内。这是通过故意在 PFD 复位路径之一引入一个偏差来实现的[5]（见图 12-38a）。我们注意到 PFD 中，下面的触发器的复位时间比上面的触发器长 T_D 片刻。由于这个差值存在，环路锁相具有有限的相位误差 ΔT，因此使得进入环路滤波器的净电荷量为 0（见图 12-38b）。读者可以证明 $\Delta T\approx T_D$。结果是，特性曲线向右平移了大约 $2\pi T_D$ 弧度（见图 12-38c），即，环路试图锁相在这个相位偏移上，使得每个输入周期 V_{cont} 没有净变化。如果分频器的输出相位波动峰值保持不超过这个值，那么斜率是不变的，CP 是线性的。例如，如果分频器输出相位最大偏差为 $\pm 2T_{VCO}$，那么我们选择 $T_D>2T_{VCO}$。

上述解决方案主要的困难在于，传送到环路滤波器的额外电荷量，引入了较大的纹波，特别是峰值为$I_1\Delta T/C_1$的电压扰动。注意，之前我们研究的纹波幅度仅与电荷泵Up和Down电流失配的量成正比，而这里它与I_1成正比。

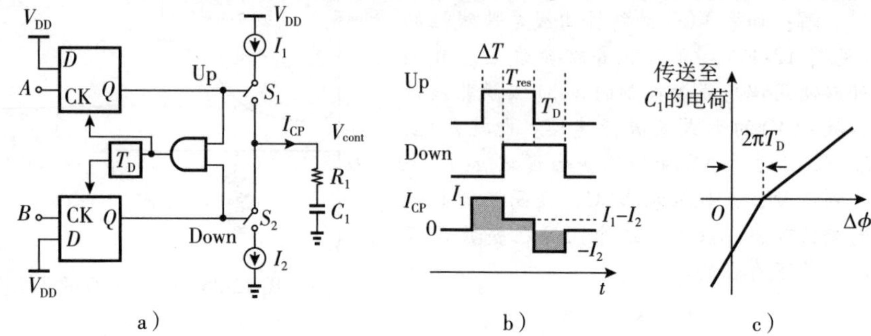

图12-38 a)内置偏差的PFD/CP；b)电路的波形；c)对整体特性曲线的影响

例12-17 对于某个ΔΣ调制器，分频器输出相位的波动峰值等于$3T_{VCO}$。如果在FF，0℃工艺角下40 nm工艺中的门延迟等于6 ps，尝试确定图12-38a中T_D需要多少个门来实现延迟？假设频率综合器为5 GHz。

解： 对于$T_{VCO}=200$ ps，我们需要$T_D=3T_{VCO}=600$ ps，因此需要100个门。这些反相器中的相位噪声会调制Down的脉冲宽度，可能会有问题。同样地，在SS，75℃工艺角下，T_D会上升到约1.2 ns，相位噪声和纹波幅度都会提高。

为了减小上述电路中产生的较大纹波，我们可以使用第8章中描述的采样环路滤波器，仅当V_{cont}上的瞬态响应消退后，采样开关才会导通。

例12-18 在采样电路中，开关沟道电荷会随着输入信号电平而变化，依据$Q_{ch}=WLC_{ox}(V_{GS}-V_{TH})$，这可能会引入非线性。这种现象会在采样环路滤波器中造成高频ΔΣ噪声混叠吗？

解： 确实会，但可以忽略不计。这是因为采样开关源极和漏极上的纹波很小，因此开关沟道电荷变化也很小。从另一个角度说，这个开关的非线性与VCO控制的非线性效果类似，如果控制路径中的ΔΣ量化噪声摆幅很小，那么它们的影响可以忽略不计。

12.4.2 电荷泵建立行为

电荷泵还会受到动态非线性的影响，加剧了噪声混叠问题。让我们首先考虑工作在整数N模式下。PFD产生的输出脉冲宽度大约是五个门延迟(见图12-39a)。而电荷泵电流源开启时间仅是脉冲宽度的一部分，这是有限的上升和下降时间以及本征电容的存在所导致的。例如，如图12-39b所示，节点N处的电容会减缓电荷泵电流的建立，其时间常数τ为$R_{on4}C_N$。换句话说，这会导致在CP关断之前，电流都没有完全稳定下来。

现在，假定电路在小数N模式下工作，感测到的相位误差假设值为$\pm T_{VCO}$、$\pm 2T_{VCO}$，等等。问题是，当相位误差从0到$+T_{VCO}$再到$+2T_{VCO}$等时，传送到环路滤波器中的电荷量是否是线性缩放的？以图12-39c中的PFD波形为例，由于输入相位误差为T_{VCO}，因此在Down脉冲到达之前Up电流会开启T_{VCO}片刻。结果是，电荷泵电流I_{CP}从零开始增加，在T_{VCO}时刻内达到某个值，然后当Down脉冲来到时回落到0。我们发现其中两个非线性机制。首先由于I_{CP}并非瞬间建立到I_p值，因此传送到环路滤波器中的电荷小于$I_p\cdot T_{VCO}$。如果相位误差现在变化到了$2T_{VCO}$，给了电荷泵更多的时间来建立，则总的注入电荷更接近于$I_p\cdot(2T_{VCO})$(见图12-39d)。实际上，如果使用单个时间常数τ来近似建立行为，可以写为$I_{CP}=I_p[1-\exp(-t/\tau)]$，利用曲线下面积计算电荷值：

$$Q=I_pt-\tau I_p\left(1-\exp\frac{-t}{\tau}\right) \tag{12-48}$$

如图12-39e所示为电荷随时间增长的曲线，该结果表明，时间加倍，不会使电荷量翻倍，即指数项引入了非线性。因此，τ需要越小越好，以使该误差最小化。

第二个问题与复位时间有关，在此期间，理论上要求当一个电流源已经建立好，它能够将另一个刚导通并开始建立的电流源的影响消除。如图 12-40 所示，抵消的量部分地与 Up 电流建立的程度相关，即在复位周期之前已经过了多少个 T_{VCO}。因此我们推断，抵消的程度随着参考周期的变化而变化，因为相位误差从 0 到 $\pm T_{VCO}$、$\pm 2T_{VCO}$ 等的跳跃是随机的。为了最大限度减少这个非线性的影响，我们必须尽可能减小复位时间。

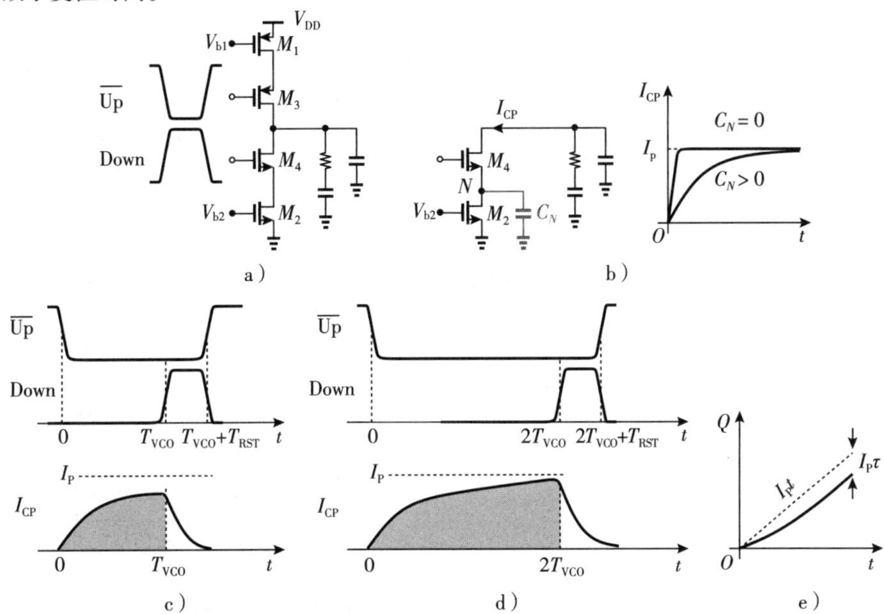

图 12-39　a) CP 感测输入；b) 输出电流的建立行为；c) 相位误差为 T_{VCO} 的建立；d) 相位误差为 $2T_{VCO}$ 的建立；e) 输出电荷随时间增长的函数

12.5　量化噪声的抑制方法

对 $\Delta\Sigma$ 调制器的研究告诉我们，低频处 $\Delta\Sigma$ 量化噪声的抑制是以 $f_{REF}/2$ 处更高的噪声峰值为代价。因此，我们希望在频率综合器环境中寻求其他能够抑制这种噪声的方法。在本节中我们会考虑其中两种。

12.5.1　DAC 前馈

如在 12.3.5 节中所说明的，$\Delta\Sigma$ 噪声可以被重建。鉴于这种噪声同样会在分频器输出端出现，并经过 PFD 和 CP 传播，我们不如将其取负后直接注入环路滤波器（见图 12-41）。我们希望量化噪声分量通过两条不同的路径到达滤波器时能够相互抵消。

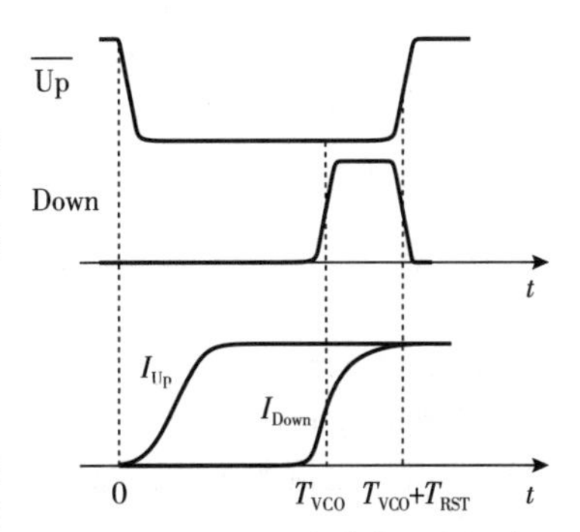

图 12-40　在 PFD 复位期间有限建立时间的影响

图 12-41 所示的概念图有几个必须解决的问题：①由 $\Delta\Sigma$ 调制器提供的重建噪声是数字量，但是环路滤波器支持的是模拟值。因此我们必须在这条路径中插入一个数-模转换器。②分频器输出包含的是相位噪声，而重建的量化噪声是频率噪声。因此第二条路径中必须加入积分器，最好是在数字域中实现；③如果我们通过将量化器的输入输出相减来重建噪声，那么我们得到的其实是未被整形的噪声，而主 $\Delta\Sigma$ 调制器输出的则是已经整形的噪声。为此，噪声重建必须以不同的方式进行。

让我们从最后一个问题开始解决。回到图 12-24c 并考虑如何重建已整形的量化噪声 $(1-z^{-1})^2Q(z)$。

注意到 $Y(z)=z^{-1}X(z)+(1-z^{-1})^2Q(z)$，我们将 X 延迟一个时钟周期并将其从 Y 中减去即可得到。实际上，由于 X 在稳态下是一个常量，因此无须加入延迟模块。最终实现可以简化成图 12-42a 所示的形式，其中 W 表示已整形的量化噪声。读者可以尝试对三阶调制器重建整形量化噪声的工作。

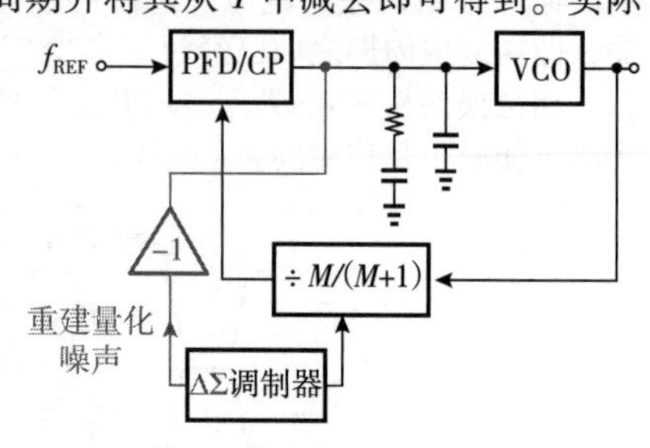

图 12-41 前馈抑制量化噪声的概念图

为了复制分频器从频率到相位的转换行为，我们现在对 W 进行积分，即通过乘以 $(1-z^{-1})^{-1}$。如图 12-42b 所示，输出结果最终将转换为模拟形式并注入环路滤波器中。DAC 的输出自然是电流量，用以与电荷泵的输出相匹配。注意，我们是将 Y 从 X 中减去以生成 $-W$，这样保证了创建的第二条路径是所需的负值。

图 12-42b 中的“DAC 前馈”架构有一些别的需要关注的设计挑战。首先，例如，如果 α 为 16 bit 的数字量，则 $-W$ 至少有 16 bit。这是否意味着 DAC 也必须具有这么高的分辨率？不是，我们无须将 ΔΣ 量化噪声以这么高的精度抵消掉。换句话说，我们只需要将 $-W$ 的前 5 或 6 位 MSB 转换成模拟电流，预计能够实现部分的噪声消除即可。然而，对 $-W$ 的截断等效于使其受到一个陡峭的非线性变换（一个限制函数），导致高频噪声向下混叠。

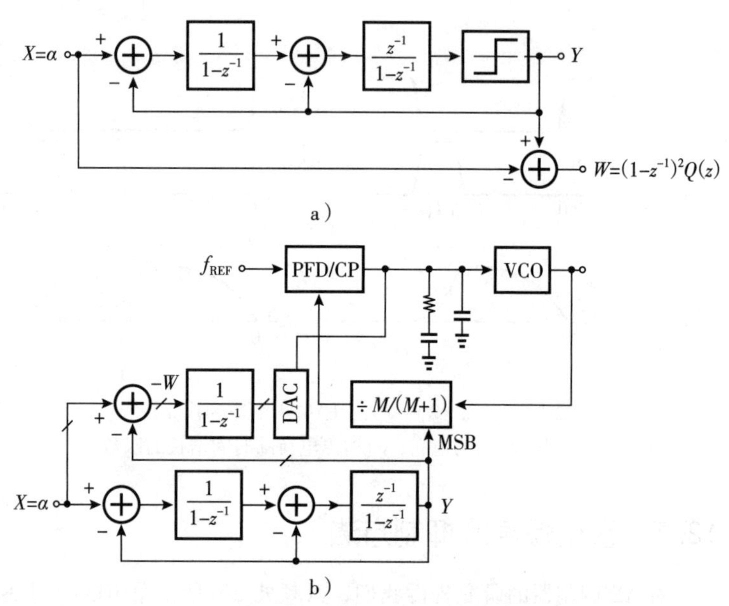

图 12-42 a) 整形的量化噪声的构建；b) 带前馈抑制的小数 N 频率综合器

因此，我们希望找到一个可以以较低分辨率近似 $-W$ 的系统，同时不会引入混叠噪声。例如，将 16 bit 转换成 6 bit。实际上，之前曾处理过一个相似的情况：学习过的 ΔΣ 调制器用 1 bit 输出表示 α 值。同样地，我们将 $-W$ 应用于多位调制器（见图 12-43）[6]，其中，例如只有 6 MSB 进入了反馈环路。在这种情况下，舍弃 10 LSB 会引入量化噪声，但是其会被环路整形，即 $-W'$ 是 $-W$ 的粗略近似，但是其量化噪声被整形了。图 12-44 所示为最终的架构。

虽然放宽了 DAC 所需分辨率的要求，但是上述方法仍然需要较高的 DAC 线性度。例如，如果 DAC 内部的电流源之间存在失配，则其特性曲线会变为非线性的（见图 12-45），会将高频 ΔΣ 噪声混叠[6]。

即使 DAC 的线性度是非常好的，图 12-44 中的 ΔΣ 噪声消除最终会被 CP 和 DAC 输出之间的失配所限制。这个问题很难解决，因为两个输出的峰值和持续时间都是不同的。如图 12-46 所示，电荷泵的输出脉冲高度基本恒定，而宽度等于分频器输出的相位跳跃值，而 DAC 输出的高度是变化的，且其宽度等于 T_{REF}。这些脉冲下的面积会受到两种失配的影响：①CP 和 DAC 的电流从同一（带隙基准）参考源产生，但是不可避免地存在随机失配；②很难将 CP 的沟道长度调制效应与 DAC 的沟道长度调制效应相匹配。

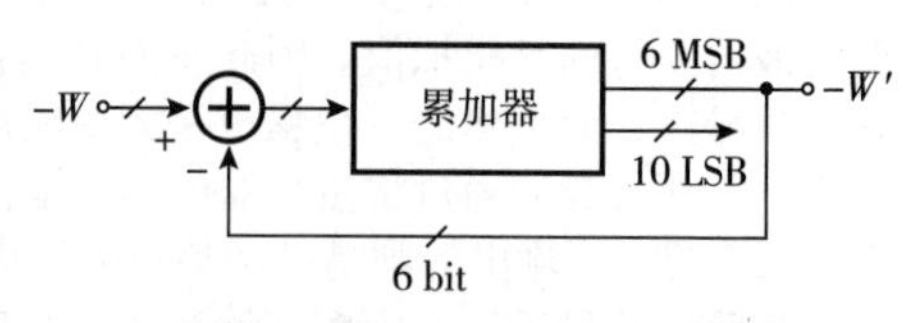

图 12-43 使用 6 MSB 的 ΔΣ 调制器

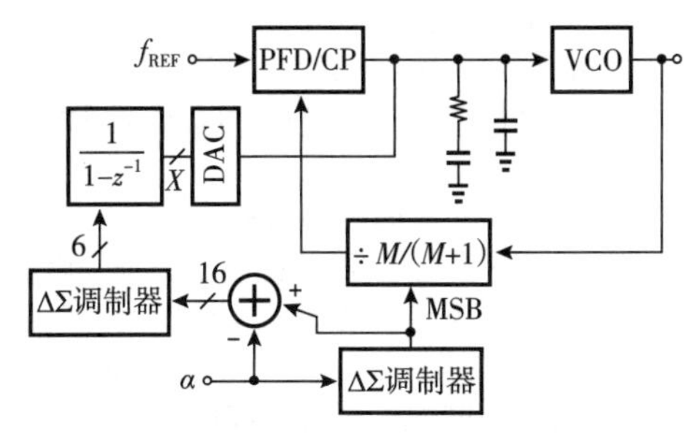

图 12-44 带前馈抑制的整体的小数 N 频率综合器

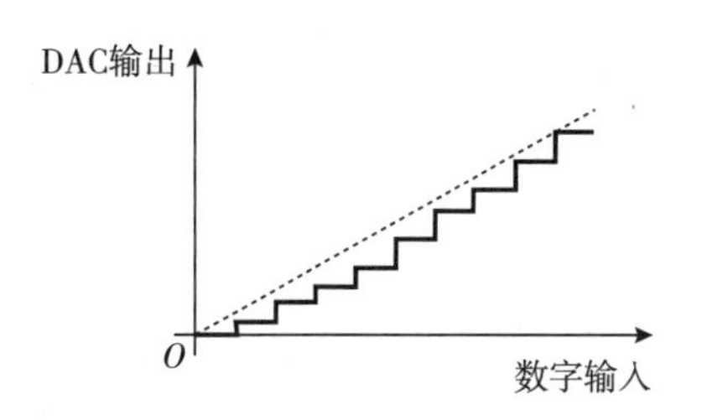

图 12-45 DAC 的非线性示例

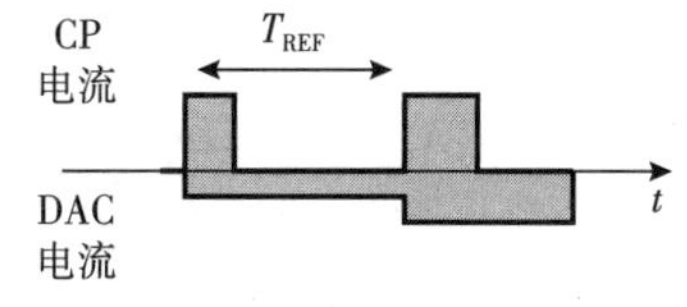

图 12-46 CP 脉冲电流和 DAC 脉冲电流的图示

鉴于与 DAC 前馈设计相关的困难，许多设计者倾向于直接减小频率综合器的环路带宽。在这种情况下，VCO 相位噪声并没有被很好地抑制，因此需要更大的功耗。尽管如此，DAC 前馈思想带来了更简单的，使用数字-时间转换器(DTC)的方法，将在下节介绍。

12.5.2 DTC 噪声消除

上一节中提出的 DAC 前馈方法是将 ΔΣ 噪声在电流域中消除。我们可能会问是否有可能在时间域中执行消除。具体来说，由于分频器输出的相位跳跃是已知的($\pm T_{VCO}$、$\pm 2T_{VCO}$ 等)，我们能否在参考波形中生成相应的跳跃，使得最终输入到 PFD 的相位误差不受 ΔΣ 噪声的影响？图 12-47a 展示了相关概念。我们必须确定带有问号的模块是如何实现的。这个模块需要在参考路径中引入相位跳跃，而跳跃的量等于分频器输出的相位跳跃量。

ΔΣ 调制器可以在数字域上表示相位跳跃量(类似图 12-44 中的 X)，我们必须将这个信息转换到模拟域。为了在参考路径中添加或者减去相位的值，可以使用可变延迟线路来实现。由于是由数字控制码驱动，这种线路也被称为“数字-时间转换器”(DTC)。如图 12-47b 所示，DTC 从输入到输出的相位偏移量可以根据 D_{in} 的值以离散步长变化。我们发现这个方法比 DAC 前馈更简单。

DTC 的设计中涉及两个问题。第一，DTC 的增益误差会转换成对 ΔΣ 噪声的欠补偿或者过补偿。如图 12-47c 所示的例子，如果增益低于标称值，则 DTC 不能产生足够宽的相位跳跃，使得在 PFD/CP 的输出中有一些残余的噪声。第二，DTC 的特性曲线(见图 12-47d)中的非线性会将高频 ΔΣ 噪声向下混叠。后一个问题非常严重，因为减小非线性的校正技术一般来说都比较复杂。

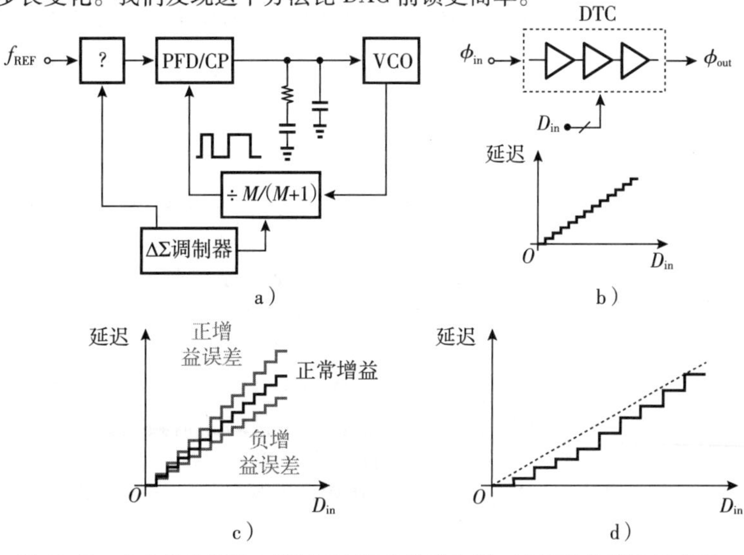

图 12-47 a)在参考路径上抑制 ΔΣ 噪声的概念图；b)DTC 的高阶示意图；c)DTC 增益误差问题；d)DTC 非线性问题

12.5.3 参考频率倍频

本书中对 PLL 的研究表明，参考频率的提升有助于整体性能的改善[㊀]。例如，可以提供更宽的环路带宽，从而降低 VCO 相位噪声。在小数 N 环路中，$\Delta\Sigma$ 调制器可以使用更快的时钟驱动以降低带内噪声，并将其噪声峰值移到更高的频率。式(12-36)揭示了前一点性质。因此，我们希望对参考信号进行倍频以后再送达 PFD[3]，但不使用 PLL 或者 DLL(为什么?)。

为了倍频 f_{REF}，可以将波形简单地延迟并 XOR 处理延迟前和延迟后的信号(见图 12-48a)。这个延迟必须足够长，使得产生的输出脉冲的宽度足够驱动 PFD。然而，如果 V_{in} 的占空比不是 50%，则输出的脉冲不是均匀分布的(见图 12-48b)，这将导致不需要的频率分量。为了确切说明这个影响，我们首先认识到图 12-48b 中的输出波形实际上是以 T_{REF} 为周期重复而非以 $T_{REF}/2$ 为周期。也就是说，V_{out} 会在 f_{REF} 处表现出第一个较弱的谐波，而在 $2f_{REF}$ 处表现出第二个较强的谐波，等等。我们视第一个谐波是杂散频率。

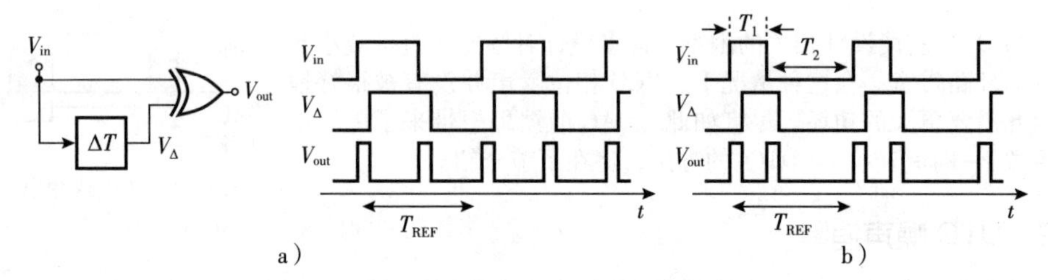

图 12-48 a)倍频器实现；b)占空比误差的影响

例 12-19 对于图 12-48b 中的波形，确定 f_{REF} 处的输出分量的相对幅度，如果 $T_1=(T_{REF}/2)-\varepsilon$。

解：让我们将输出分解成两个半速率的波形，如图 12-49 所示。为了简单起见，我们将脉冲近似成冲激信号，并写为

$$V_{out}(t)=V_{out1}(t)+V_{out2}(t) \tag{12-49}$$

$$=A\sum_{k=-\infty}^{+\infty}[\delta(t-kT_{REF})+\delta(t-kT_{REF}-T_1)] \tag{12-50}$$

式中，A 表示每个冲激的权重大小。对该信号进行傅里叶变换可得

$$V_{out}(f)=\frac{A}{T_{REF}}\sum_{k=-\infty}^{+\infty}\delta(f-kf_{REF})(1+\mathrm{e}^{-\mathrm{j}2\pi fT_1}) \tag{12-51}$$

$$=\frac{2A}{T_{REF}}\mathrm{e}^{-\mathrm{j}\pi fT_1}\cos\pi fT_1\sum_{k=-\infty}^{+\infty}\delta(f-kf_{REF}) \tag{12-52}$$

如果 $T_1=T_{REF}/2$，则在 $f=f_{REF}$ 处其包络 $\cos\pi fT_1$ 下降至 0，且 V_{out} 中不包含基频信号。另外，如果 $T_1=(T_{REF}/2)-\varepsilon$，则我们有 $\cos\pi fT_1\approx\cos(\pi fT_{REF}/2)+\pi\varepsilon f\sin(\pi fT_{REF}/2)$；即 f_{REF} 处的分量归一化幅度等于 $\pi\varepsilon f_{REF}$。这是一个很有用的经验法则。例如，如果 $\varepsilon=0.01T_{REF}$，则以 $2f_{REF}$ 处的分量为基准，f_{REF} 处杂散的幅度大约为 -30 dB。

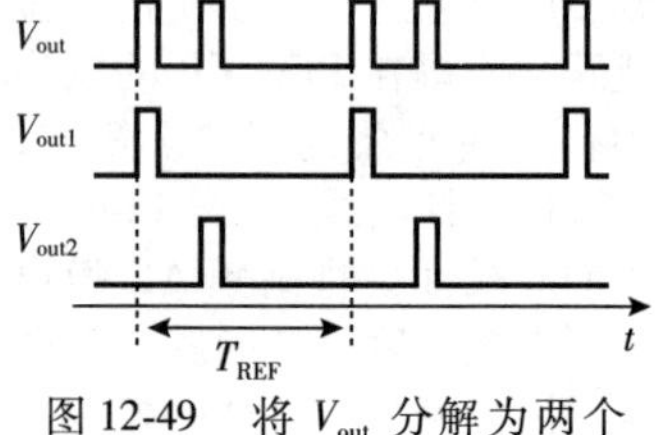

图 12-49 将 V_{out} 分解为两个周期性波形

上述例子表明，输入占空比必须被严格控制。实际上，情况要困难得多：f_{REF} 处的杂散在到达 VCO 输出时会被环路倍频系数“放大”，但它也会被环路滤波。这意味着环路带宽必须大幅减小以抑制这个杂散。举例而言，假设我们倍频一个 20 MHz 的参考信号并将结果应用到 5 GHz 的频率综合器当中。如果

㊀ 我们的假设是，参考相位噪声与晶振频率是相当不相关的。

$\varepsilon=0.01T_{\mathrm{REF}}$，并且我们希望最终输出处的杂散水平为-60 dBc，那么环路对杂散的抑制需要达到$20\log(5000/40)+60-30=72$ dB。如果使用一阶滚降来近似闭环频率响应，我们得出，带宽需要降低到大约 $20\ \mathrm{MHz}/10^{72/20}=5$ kHz。

在实际应用中，我们的策略是在环路滤波器中添加更多的极点，使得传递函数滚降更陡峭，从而避免带宽过度下降。例如，1 MHz 处的第二极点可以为 20 MHz 处的杂散提供额外的 20 倍的抑制，并能够使带宽增加到 100 kHz。

这个例子强调了参考路径中占空比控制的重要性。晶振本身需要设计成标称的 50%的占空比，并且在此振荡器输出需要加入额外的占空比校准单元(见 11.10 节)。然而在某些要求严格的应用中，占空比校准电路额外引入的相位噪声会成为系统瓶颈。

除了占空比控制，我们还可以在振荡器控制路径中插入窄带陷波滤波器，用来抑制 f_{REF} 处的杂散。12.3.5 节中介绍的拓扑结构在这里是有用的。

习题

12.1 设计了一种适用于 5 GHz WiFi 频段的射频频率综合器。如果 $f_{\mathrm{REF}}=20$ MHz，$K_{\mathrm{VCO}}=300$ MHz/V，试确定环路滤波器组件的值。假设 $I_p=1$ mA。

12.2 解释如果图 12-6a 中的分频系数在 M 和 $M+2$ 之间跳变，f_{out} 会如何变化？

12.3 对于图 12-9b 中的 $g(t)$ 波形，根据式(12-10)绘制分频器相位噪声作为时间的函数。

12.4 如果我们将图 12-7 中的 f_{REF} 对半分，并将分频系数更改为 $2M$ 和 $2M+1$，说明式(12-10)和式(12-13)会如何变化。

12.5 假设在图 12-13b 的反馈路径中添加一个积分器。Y/Q 和 Y/X 会如何变化？

12.6 如果在输入端的减法器和第一个积分器之间添加这个积分器，重复上一题。

12.7 假设我们给图 12-15f 中的 Q 添加了一个常量值。说明反馈环路如何抵消这一变化。

12.8 如果图 12-15f 中 Q 的平均值为零，那么减法器输出和数字积分器输出的平均值是多少？

12.9 如果图 12-16a 中的 A 是常量，绘制 B 和 E 作为时间的函数。

12.10 我们已经直观地解释了为什么 $1-z^{-1}$ 表示时域中的差分。对于 $1-z^{-2}$ 我们能说些什么呢？

12.11 如果将 z^{-1} 视为一个单时钟周期的延迟函数，则可以将其连续时间等效为 $\exp(-sT_{\mathrm{CK}})$。这是否与我们推导出的式(12-25)一致？

12.12 如果将图 12-19a 中的延迟积分器替换成非延迟积分器，则图 12-19b 中的频谱会发生变化吗？

12.13 将图 12-22a 中减法器的输出绘制成 $\alpha=0.1$ 和 $\alpha=0.2$ 时的时间函数。

12.14 考虑图 12-24b 所示的二阶 ΔΣ 调制器。用减法器替换量化器(见图 12-19a)，并将 α 设为零，确定噪声传递函数 Y/Q。

12.15 在图 12-24c 中，如果两个积分器都采用非延时结构，会出现什么情况？

12.16 在图 12-26d 中，如果积分器采用非延时结构，推导出两个量化器的噪声传递函数。

12.17 将图 12-30a 中 M_1 的噪声由电压源 V_n^2 与它的栅极串联进行建模，计算得到的 V_{cont} 中噪声电压大小。从 V_n 到 VCO 输出相位的响应是低通、带通还是高通函数？

12.18 如果 $R_1=2R_2=2R$ 且 $C_1=2C_2=2C$，计算图 12-31a 中 V_{in} 到 V_{out} 的相移。在陷波频率的十分之一处相移是多少？

12.19 如果 $R_1=2R_2=2R$ 且 $C_1=2C_2=2C$，确定图 12-31a 中陷波滤波器在陷波频率下的输出噪声电压。

12.20 假设式(12-48)中的 τ 近似等于 T_{VCO}。计算 $t=T_{\mathrm{VCO}}$ 和 $t=2T_{\mathrm{VCO}}$ 时 Q 相对于直线的误差。

参考文献

[1]. R. Schreier and G. C. Temes, *Understanding Delta-Sigma Data Converters,* Wiley, 2004.

[2]. T. A. D. Riley, M. A. Copeland, and T. A. Kwasniewski, "Delta-Sigma modulation in fractional-N frequency synthesis," *IEEE J. Solid-State Circuits,* vol. 28, pp. 553-559, May 1993.

[3]. H. Huh et al, "A CMOS dual-band fractional-N synthesizer with reference doubler and compensated charge Pump," *ISSCC Dig. Tech. Papers,* pp. 186-187, Feb. 2004.

[4]. B. Razavi, "An alternative analysis of noise folding in fractional-N synthesizers," *Proc. ISCAS*, May 2018.

[5]. S. E. Meninger and M. H. Perrott, "A 1-MHz bandwidth 3.6-GHz 0.18-μm CMOS fractional-N synthesizer utilizing a hybrid PFD/DAC structure for reduced broadband phase noise," *IEEE J. Solid-State Circuits,* vol. 41, pp.966-981, April 2006.

[6]. S. Pamarti, L. Jansson, and I. Galton, "A wideband 2.4 GHz Delta-Sigma fractional-N PLL with 1 Mb/s in-loop modulation," *IEEE J. Solid State Circuits,* vol. 39, pp. 49-62, Jan. 2004.

时钟和数据恢复基础知识

除了前几章介绍的应用之外，锁相技术还可用于时钟和数据恢复(Clock and Data Recovery，CDR)。当我们接收异步数据时，即未附带时钟的随机数据流或符号流时，CDR电路是必不可少的。在本章中，我们学习时钟和数据恢复的基本概念，并介绍几种具体实现架构。

在开始本章之前需要对符号作一个明确说明。在数据通信电路中，字母Q有四种不同的含义：品质因子、波形的正交相位、锁存器或触发器的输出，以及误差函数(即高斯分布的积分)。读者可以通过上下文推断Q的具体指代。

13.1 一般考虑因素

谷歌和脸书等软件公司是通过服务器来存储和提供数据的。其数据中心(也称为服务器群组)通常包括数千台需要互连的服务器，以此来存储并交换数据。如图13-1a所示，随机数据通过“铜”介质(如电缆或者印制电路板上的布线)或者光介质(如光纤)从一个服务器传输到另一个服务器。由于在大多此类应用中，仅接收数据而不接收时钟(为什么?)，因此定时信息会丢失(见图13-1b)。注意，时钟包含周期性转换，但数据不包含。由于介质的非理想性，实际数据也会出现频散和抖动(见图13-1c)。因此，我们必须从接收的数据中恢复出时钟，并使用该时钟重新定时和清理数据。

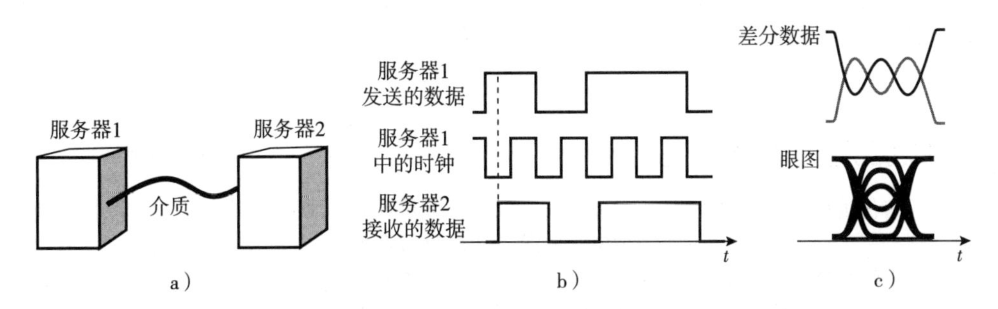

图13-1 a)两台服务器之间的通信链路；b)发送和接收数据的波形；c)实际接收到的差分数据和眼图

根据上述观察，得出图13-2a所示的CDR系统。接收到的数据D_{in}驱动时钟恢复电路，生成周期性时钟波形CK。一个重定时器(例如触发器)接收该时钟，与D_{in}一起恢复数据。在实践中，通常会在图13-2a中添加均衡器来补偿介质的非理想特性。

让我们深入思考一下图13-2a的工作原理。为了使恢复的时钟能够准确地重定时数据，它必须满足：①时钟频率与数据速率相等，例如，10 Gb/s的随机数据流需要10 GHz的恢复时钟；②适当的相位，使得它能在数据信号的最高和最低值进行采样(见图13-2b)，即时钟沿离数据信号边沿尽可能地远。形象地说，让时钟在数据眼图的正中间对数据进行采样。

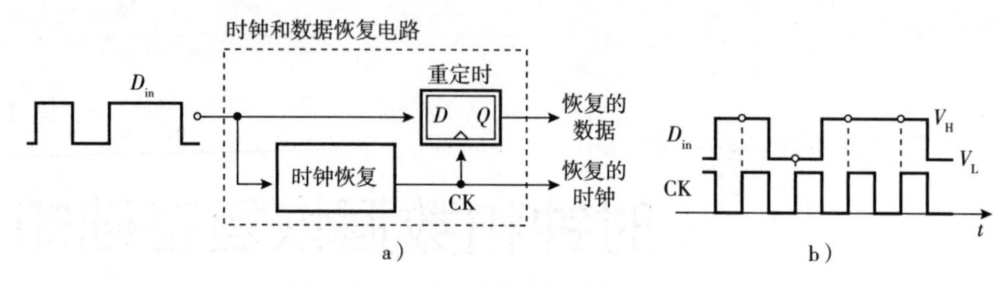

图 13-2 a)时钟和数据恢复系统；b)波形图

例 13-1 用 D 触发器作为数据重定时器。说明重定时对数据抖动的影响。

解：如图 13-3 所示，时钟在远离数据边沿处数据信号 D_{in} 进行了重采样，从而 D_{in} 中的边沿抖动被“掩盖”掉了。也就是说，D_{in} 中的边沿抖动不会传递到 D_{out}。在这种情况下，D_{out} 中抖动的主要来源就只可能是恢复时钟 CK 自身引入的。同时注意到时钟周期与数据信号周期 T_b 相等。

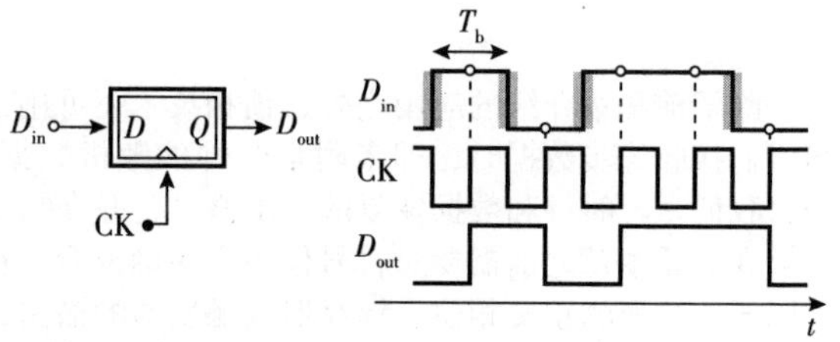

图 13-3 触发器输入端的抖动影响

恢复时钟的周期性指向了两种可能的时钟生成方法：①处理输入的随机数据，以便从中提取周期性分量；②使用振荡器产生周期波形，并设计添加确保频率及相位正确对齐的方法。在深入研究这些技术之前，我们需要先熟悉随机数据的一些性质(见 13.2 节)。

例 13-2 某随机数据信号的频谱如图 13-4 所示。能否使用一个中心频率在 $1/T_b$ 的窄带滤波器对该信号进行滤波以生成频率为 $1/T_b$ 的时钟？

解：不能。为了使结果具有周期性并且噪声很小，这个滤波器的带宽必须非常窄，因此只能通过极少量的能量(等于从 f_1 到 f_2 频谱下的面积)。因此我们得出结论，时钟恢复需要滤波出一个 $1/T_b$ 处的有能量的冲激信号。

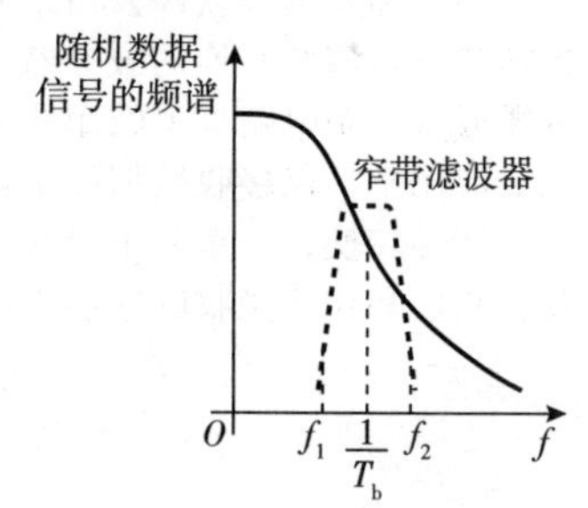

图 13-4 窄带滤波器提取 $1/T_b$ 附近的能量

13.2 随机二进制数据的性质

在数字通信传输中最常用的数据格式是仅由 0 和 1 的随机序列组成(见图 13-5a)。这种格式的数据也被称为“不归零”(Non-Return-to-Zero，NRZ)数据，其在时域和频域中有着一些需要关注的性质。如果数据流是完全随机的，那么它可能包含了一个任意长的连续的 0 或 1 序列，被称为“游程”(run)的。在本章中我们假定随机序列中 1 和 0 出现的概率相等。在图 13-5b 所示的例子中，该信号的“游程长度”(run length)为 4 bit。在这段时间间隔内信号没有上升沿和下降沿，这意味着从 t_1 到 t_2 没有可用的频率或相位信息，从而使 CDR 设计变得困难。在实践中，按照通信标准的规定，会对传输数据进行编码以确保游程长度的上限。

NRZ 数据的频谱

NRZ 数据的频域行为在我们研究 CDR 电路中起着核心作用。由于信号是随机的，我们必须考虑它的功率谱密度(频谱)，而不是它的傅里叶变换。第一步，移除图 13-5a 中波形的直流(DC)分量以得到无 DC 分量的随机序列，如图 13-6 所示。现在，可以认为该波形是由基础脉冲 $p(t)$ 的一系列延迟以及

取反的复制脉冲所构成的，即

$$x(t)=\sum_{k=-\infty}^{+\infty}a_k p(t-kT_b) \tag{13-1}$$

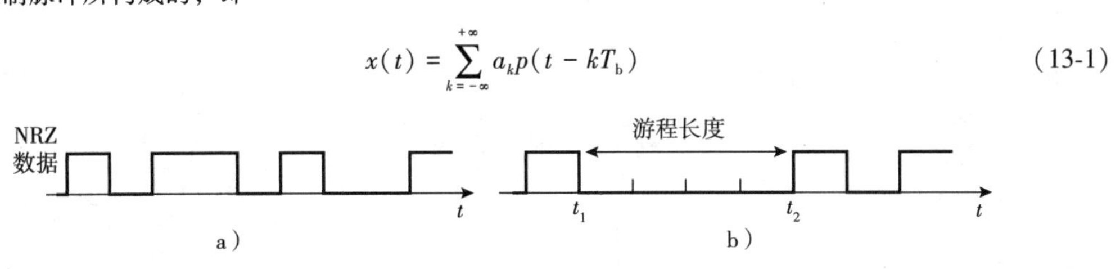

图 13-5 a）NRZ 数据；b）游程长度

式中，a_k 是值为+1 或-1 的随机数，T_b 是数据位的周期。我们说的比特率则是 $1/T_b$ bit/s。为了方便分析，本章在某些情况下会假设数据在 0 和+1 之间切换，在另外一些情况下在-1 和+1 之间切换。

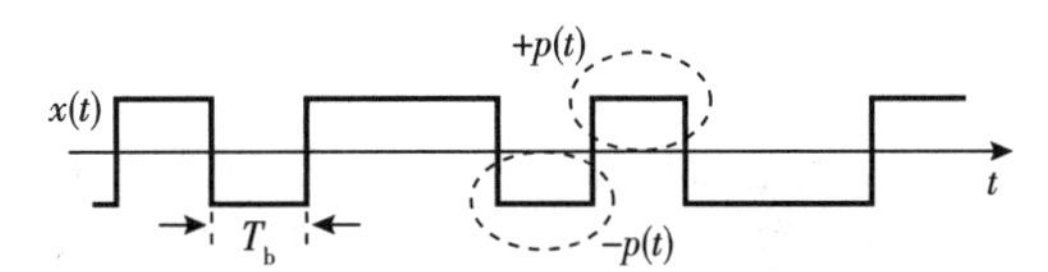

图 13-6 无 DC 分量的 NRZ 数据

如果式（13-1）中 a_k 的取值是相互独立的，同时+1 和-1 出现的概率是相等的，该波形的频谱可以由下式给出：

$$S_x(f)=\frac{1}{T_b}|P(f)|^2 \tag{13-2}$$

式中，$P(f)$表示基础脉冲 $p(t)$的傅里叶变换。例如，如果 $p(t)$是高度为 V_0，宽度为 T_b 的矩形脉冲，则

$$S_x(f)=\frac{1}{T_b}\left[V_0T_b\frac{\sin(\pi fT_b)}{\pi fT_b}\right]^2 \tag{13-3}$$

让我们分析一下这个 sinc^2 函数。如图 13-7a 所示，该频谱在比特率 $1/T_b$ 的整数倍处存在零点，即在这些频率处该波形不携带能量。因此，时钟信号并不能简单地通过对 NRZ 数据滤波来生成。值得注意的是，如果图 13-6 中的 $x(t)$没有下移，有一个有限的 DC 分量，那么在其频谱 $S_x(f)$ 中会出现一个冲激 $\delta(f)$。在图 13-7a 中观察到的另一个值得关注的属性是，在靠近零频率处 $S_x(f)$ 具有有限的能量；即该数据频谱携带任意低频的分量。这是由于 0 和 1 的出现是不相关的，有时会造成任意长的游程（见图 13-7b）。例如，一个由 100 个连续 0 后接 100 个连续 1 组成的序列，其能量分量大致在 $1/(200T_b)$ 处[⊖]。如前文所述，通信标准通常要求对这个数据进行编码以限制游程长度，因此实际上 $S_x(f)$的能量在 f 接近 0 处会消失（见图 13-7c）。

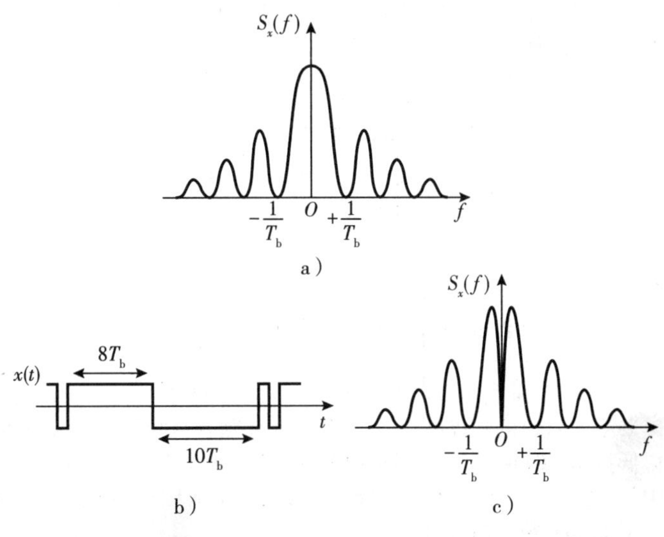

图 13-7 a）NRZ 数据的频谱；b）数据流中的长游程；c）编码过的数据的频谱

⊖ 这个属性不应与 DC 内容混淆：时域中的非零 DC 值转换为 $f=0$ 时的冲激，而任意长的游程会产生 $S_x(f=0)>0$。

例 13-3 使用相关性概念，证明图 13-6 中的 $x(t)$ 信号不包含 $1/T_b$ 处的周期性分量(这一点在图 13-7a 中已经很明显)。

解： 为了检验随机信号中是否存在周期性波形，可以将该信号与周期性波形取“相关”操作，即将二者相乘并求结果的平均值。如果是非零的，那么这个平均值就代表了随机信号中周期分量的大小。图 13-8a 在概念上展示了这个测试方法的设置。相关性本质上揭示了两个信号之间的“相似性”。

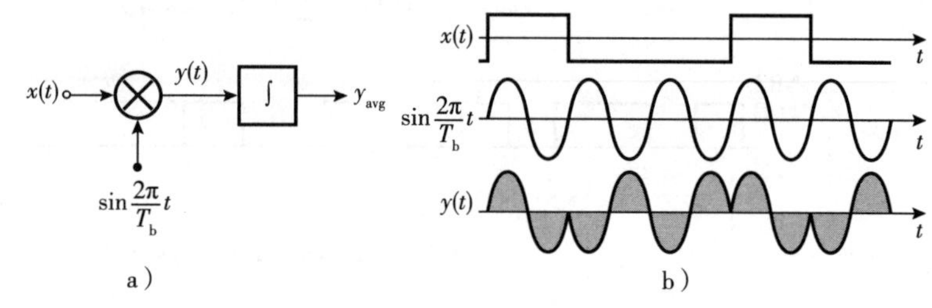

图 13-8 a)对 $x(t)$ 和 $\sin(2\pi t/T_b)$ 取相关；b)波形

借助图 13-8b 中的波形，我们可以观察到每个数据周期内两个信号乘积的平均值都是零，即零相关性。在习题 13.3 中我们会进一步证明，即使任意选择正弦信号的初始相位，这个结论仍然成立。

13.3 边沿检测式时钟恢复

我们已经推测可以通过处理随机数据来提取周期性时钟。换句话说，我们希望从图 13-7a 所示的频谱中产生 $1/T_b$ 的冲激，而这只有在执行非线性操作时才有可能(为什么?)。

“边沿检测”是在 NRZ 数据中生成恢复时钟的方法之一。如图 13-9a 所示，该方法是产生对应于每个数据转变沿的一个脉冲(或冲激)。图 13-9b 展示了一种可能的实现方式。为了确认输出 $y(t)$ 中包含频率为 $1/T_b$ 的周期性分量，可以按照例 13-3 中的步骤，并从图 13-9c 中注意到，$y(t)$ 和 $\sin(2\pi/T_b)t$ 的乘积确实在每个变化周期都有一个非零平均值。也就是说，两个波形间存在有限的相关性。在实践中，我们选择 $\Delta T \approx T_b/2$。

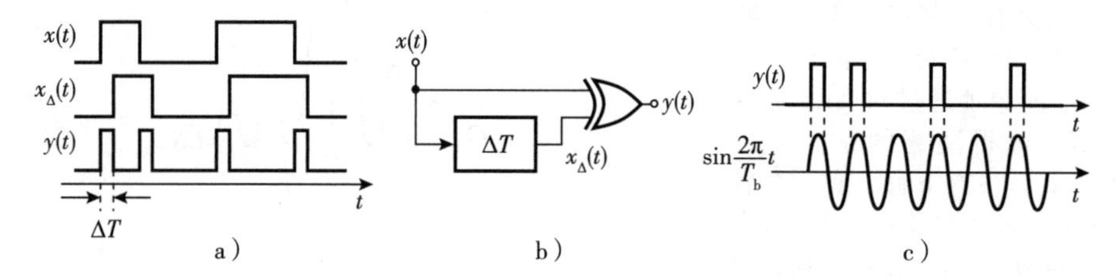

图 13-9 a)随机数据的边沿检测；b)电路实现；c)边沿检测数据与 $\sin(2\pi t/T_b)$ 之间的相关性

如图 13-9a 所示，虽然包含了 $1/T_b$ 处的冲激分量，$y(t)$ 的频谱中也携带了大量的“噪声”，这些噪声来源于 $x(t)$ 的随机性。图 13-10a 所示为 $y(t)$ 的频谱，这表明需要在边沿检测器后加入滤波器，来获得低抖动的时钟。可以用锁相环实现这种极窄带宽及精确中心频率的滤波器(见图 13-10b)。从第 7 章中我们已经了解到，PLL 的带宽可以比其输入频率小很多，从而提供了极高的 Q 值。因此，$w(t)$ 呈现出图 13-10c 所示的频谱。

综上所述，如果 NRZ 数据在经历边沿检测后，在其频谱中呈现 $1/T_b$ 处的冲激，则此冲激可以用作恢复的时钟信号。然而，该频率分量附近的噪声需要使用 PLL 去除，即 PLL 必须锁定频率为 $1/T_b$ 的冲激，同时抑制噪声。

例 13-4 解释如何在图 13-10b 的架构中重新定时(恢复)数据。假设重定时触发器在时钟的下降沿对输入数据进行采样。

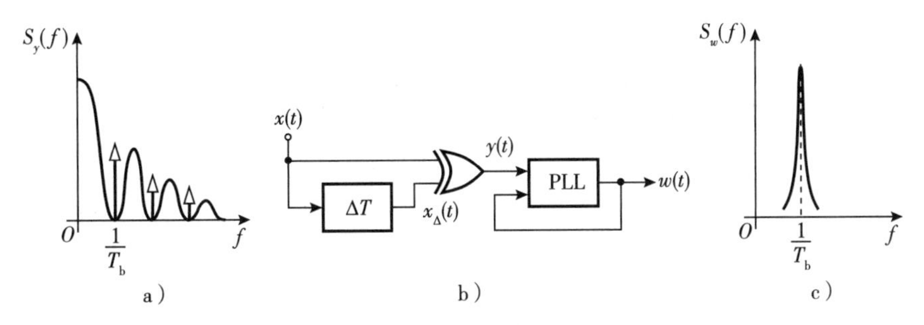

图 13-10　a)边沿检测数据的频谱；b)该数据驱动 PLL；c)PLL 输出频谱

解：如图 13-11 所示，恢复的时钟信号 $w(t)$的上升沿与 $y(t)$以及 $x(t)$的上升沿是对齐的。因此，我们使用 $w(t)$的下降沿通过 D 触发器对 $x(t)$进行采样。

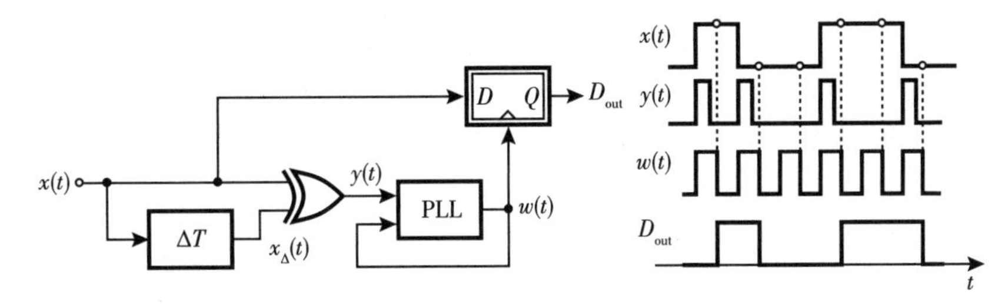

图 13-11　使用边沿检测进行时钟和数据恢复

例 13-5　某学生省略了图 13-11 所示结构中的 PLL，选择 $\Delta T \approx T_b/2$，并将 $y(t)$直接应用于重定时器(见图 13-12a)。尝试解释这种设计的缺陷。

解：如图 13-12b 所示，这种结构确实也对输入进行了正确的重定时。然而，由于没有生成周期时钟，这对于恢复数据 D_{out} 的后续处理(例如解复用)证明是有问题的。此外，D_{out} 继承了 $x(t)$的所有抖动(为什么?)，也就是说 D_{out} 和 $x(t)$其实没有区别。我们得出的结论是，没有任何时钟或者数据得到了恢复。

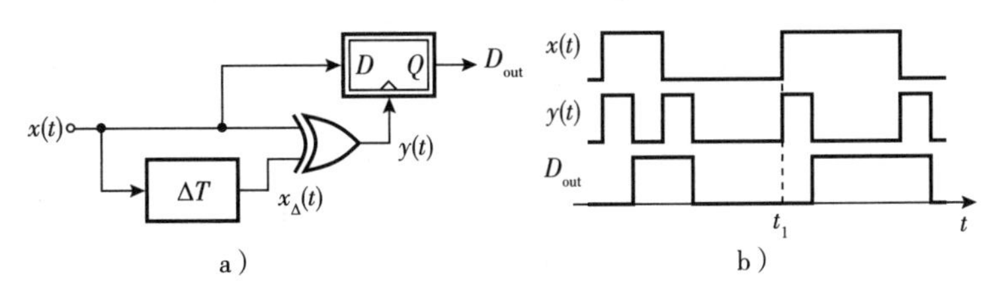

图 13-12　a)使用边沿检测数据直接进行数据恢复；b)对应的波形

例 13-6　在图 13-11 中，如果我们考虑实际电路中的有限延迟，那么对输入信号 $x(t)$的采样会在多大程度上偏离理想的采样点? 假设使用 $w(t)$的下降沿采样 $x(t)$。

解：XOR 门中存在延迟 T_{XOR}，并且触发器中的数据路径和时钟路径的延迟通常是不相等的。例如，如果时钟路径对输出有更长的延迟，可以将这些非理想性都建模到图 13-13a 所示的整体电路中，其中 ΔT_{CK} 表示触发器的数据路径和时钟路径的延迟差。可以注意到，此时对 $x(t)$的实际采样点偏移了 $\Delta T_{XOR}+\Delta T_{CK}$(见图 13-13b)，这个采样偏移量会成为高速下的瓶颈问题，因为：①$x(t)$存在一定的转变时间；②$x(t)$中的抖动在高速下更显著。如图 13-13c 所示为更真实的 $x(t)$波形，在存在偏差和抖动的情况下，采样点偏移会导致较高的比特误码率。

上述发现的难点使得图 13-11 所示的解决方案在高速下不那么具有吸引力。因此，我们另寻其他方法。

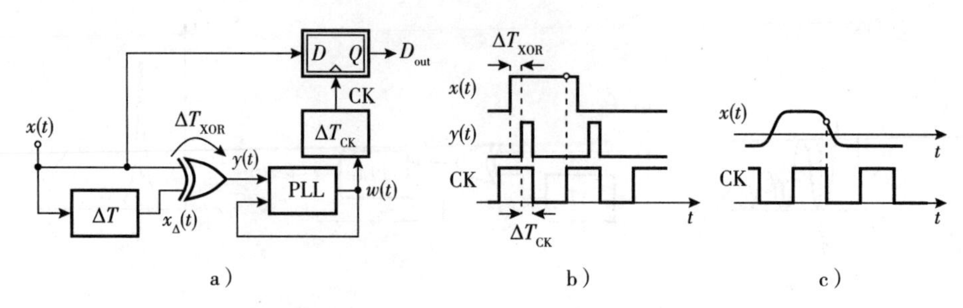

图 13-13 a)包括偏差的图 13-11 电路；b)导致定时裕度损失；c)现实情况

13.4 锁相式时钟恢复

让我们重新审视一下图 13-11 的 CDR 结构：最终恢复出的时钟实际上是由 PLL 中的振荡器生成，并且锁相在数据的边沿。假设将输入数据直接应用于 PLL(见图 13-14a)。那么这种条件下电路能否锁定？已知鉴相器(PD)必须产生一个有限的直流输出来响应 D_{in} 和 CK 之间的相位差。因此，我们回到第 7 章中描述的 PD 和 PFD 实现，并确定当它们的一个输入是随机二进制序列而不是周期信号时，能否正常工作。

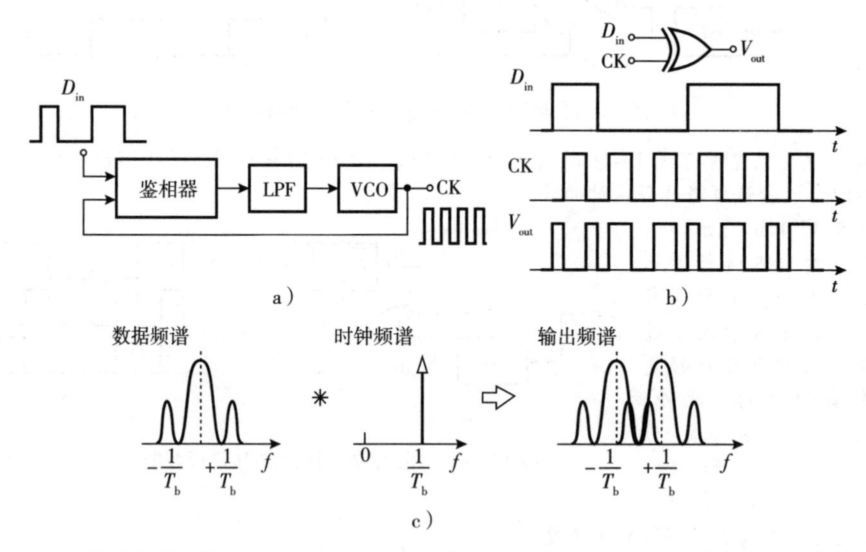

图 13-14 a)随机数据直接驱动 PLL；b)XOR 门作为 PD；c)XOR PD 输入和输出处的频谱(简单起见，表征直流值的冲激未显示在频谱中)

考虑图 13-14b 所示的 XOR 门。读者可以证明 V_{out} 的平均值与 D_{in} 和 CK 之间的相位差是不相关的。因此，XOR 门不能作为 CDR 环境中的鉴相器工作。在习题 13.8 中将证明第 7 章中提出的 PFD 也是如此。

也可以将 XOR 视作一个混频器(乘法器)，并认识到它是将数据和时钟频谱进行卷积。如图 13-14c 所示，卷积结果证实了输出中不包含直流分量。

上述示例表明，处理随机数据的鉴相器的设计并不简单。在接下来的几节中，我们将开发此类鉴相器。

13.4.1　bang-bang 鉴相器

另一种在前几章中没有学习过但可以作为鉴相器的电路元件是 D 触发器(DFF)。首先研究具有周期性输入的这种 PD 的行为是有启发意义的。如图 13-15a 所示，例如，如果 V_{in2} 滞后 V_{in1} 一个$+\Delta\phi$ 相位，则 V_{in1} 的正值被采样，产生$+V_H$ 的正输出平均值，而不管 $\Delta\phi$ 的值如何。相反地，如果 V_{in2} 超前 V_{in1}，假设 V_{out} 是负的平均值为$-V_H$。这个分析就得出了 D 触发器具有的“bang-bang”特性曲线(见图 13-15b)，一种极端的非线性行为，但能够区分相位误差的极性。我们预计采用这种 PD 的 PLL 会表现出有吸引力的和复杂的特性。

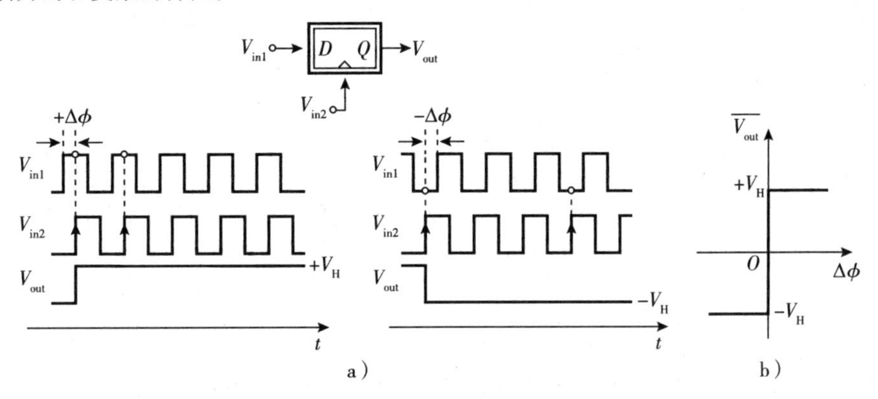

图 13-15　a)D 触发器作为 PD；b)其输入-输出特性曲线

例 13-7　图 13-16 是一个具有周期参考输入的 PLL，并使用 D 触发器作为鉴相器。尝试推断这个电路在锁定状态下的行为。

解： 如图 13-15a 所示，如果 $\Delta\phi$ 是恒定的正值，那么鉴相器的输出就会保持在$+V_H$，但这不一定是 VCO 所需要的。对于恒定的负 $\Delta\phi$ 也是如此。因此，为了使 V_{cont} 是 VCO 所需要的值，鉴相器检测到的相位差必须在正值和负值之间波动，即 ϕ_{out} 必须在两个值之间跳变。而为了使这种波动很小，滤波器的带宽必须大幅减小。换句话说，DFF 产生的在$+V_H$ 和$-V_H$ 之间的大幅跳变必须被充分衰减，才能使它们在 V_{cont} 上产生的纹波可忽略不计。此处精确的环路分析超出了本书的范围。

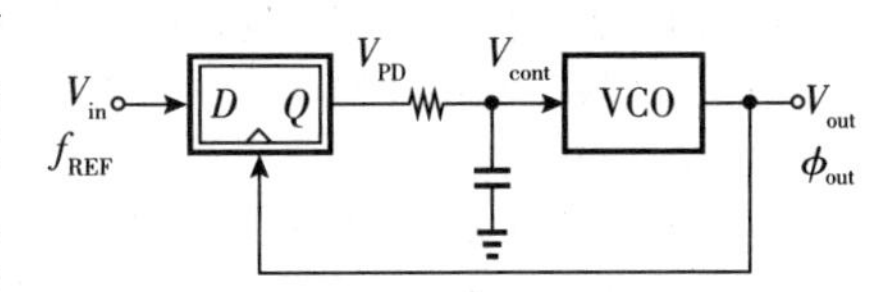

图 13-16　使用 D 触发器作为鉴相器的锁相环

图 13-15b 所示的理想 bang-bang 特性曲线表明 $\Delta\phi=0$ 时的增益是无穷大的。而在实践中，两种非理想效应会对这个特性进行“平滑”。第一种，V_{in1} 和 V_{in2} 中的相位噪声往往会使触发器检测到的相位误差随机化，对于较小的 $\Delta\phi$，在统计上，平均的$|V_{out}|$会比 V_H 小。为了理解这一点，假设相位误差为 $\Delta\phi_1$，使得 V_{in2} 上升沿名义上可以采样到 V_{in1} 的高电平(见图 13-17a)。假如 $\Delta\phi_1$ 很小，同时 V_{in2} 有边沿抖动，此时能够发现，如果这种抖动使 V_{in2} 的上升沿向左移动超过

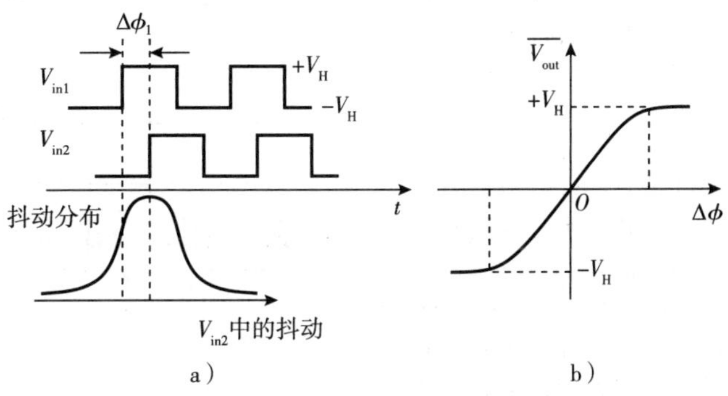

图 13-17　a)应用于 bang-bang PD 的输入；b)抖动致使特性曲线平滑

$\Delta\phi_1$，那么 V_{in2} 在 V_{in1} 上采样到的是 $-V_H$ 而非 $+V_H$。也就是说，在统计上，触发器产生的有些样本是负的，导致平均值比 $+V_H$ 要小。图13-17b展示了平滑后的特性曲线，该曲线实际上可以通过将理想bang-bang函数和时钟抖动分布函数(概率密度函数，PDF)进行卷积得到[1]。如果该概率密度函数是一个高斯PDF，并且标准差是 σ，那么图13-17b中的曲线在大致 $|\Delta\phi|<3\sigma$ 的范围内是相对线性的[1]。

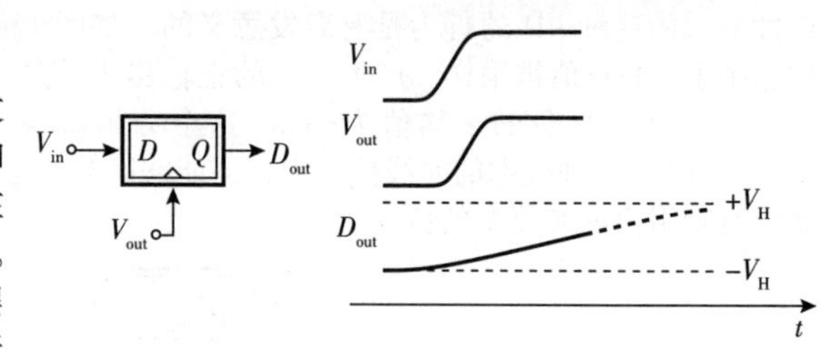

图13-18　bang-bang PD中的亚稳态影响

降低bang-bang PD增益的第二种机制是触发器的亚稳态。当图13-16中的环路被锁定时，V_{in} 和 V_{out} 具有很小的相位差，V_{out} 的边沿对 V_{in} 的采样在其过零点附近时，触发器呈现亚稳态(见图13-18)。因此，输出有时无法在一个输入周期内达到全摆幅，表现出小于 $\pm V_H$ 的平均值。文献[1]中分析了这种影响。

图13-16的PLL是否能正确地处理随机二进制数据输入？我们对于随机输入重复图13-14b所示的分析(见图13-19)，发现无论相位误差如何，D_{out} 始终表现为零平均值。毕竟，DFF只是将随机输入数据进行了延迟。

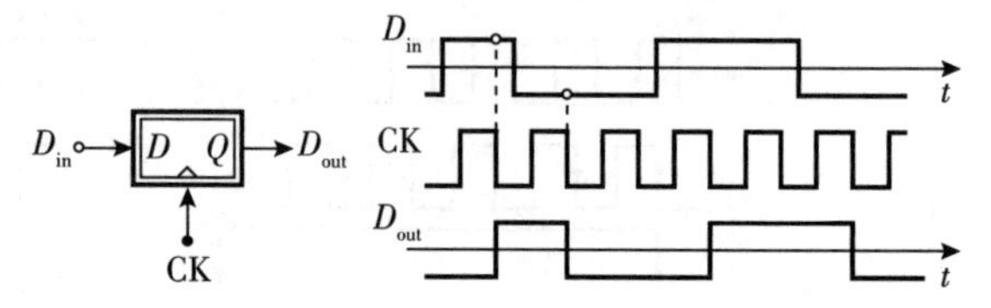

图13-19　时钟对数据采样下的触发器

我们必须尝试另外一种配置方式：如果将图13-19中的数据和时钟连接位置进行交换会怎样？想法是使用数据转变的上升沿(或下降沿)去采样时钟信号，如图13-20所示。此时，该电路根据相位误差的符号产生正或负输出，从而实现了bang-bang鉴相的功能。

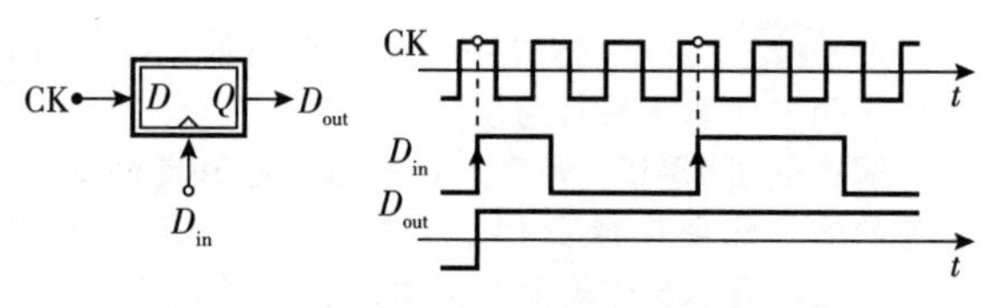

图13-20　数据对时钟采样下的触发器

为何图13-19和图13-20中两种配置的表现不同？可以发现，前一种方法是即使 D_{in} 不发生翻转，也会在每个CK的下降沿对数据电平进行采样。而后者不同，只在数据边沿出现的时候才执行相位比较。在某种程度上，后者执行了边沿检测而前者没有。

根据这些发现可以给出一种简单的bang-bang CDR架构，如图13-21a所示。值得注意的是，其中两个触发器的数据和时钟的连接方式是不同的：FF_1 用作鉴相器，以检测的数据作为其时钟输入；而 FF_2 用作重定时器，使用恢复的时钟采样 D_{in}(见例13-4)。

图13-21a的结构引出了一些问题。首先，该环路是否具有频率捕获能力(见第7章)？很显然并没有。因此，如第7章和接下来的一章解释的那样，当数据速率和VCO频率之间的初始差值超出环路捕获范围时，则必须将一个鉴频器添加到电路中来确保锁定。

其次，如何选择该环路的带宽？这个带宽是由许多与抖动相关的因素决定的。需要关注的是，图13-21a中结构的bang-bang特性会导致恢复的时钟中有很强的抖动，即使原始 D_{in} 中没有抖动。从

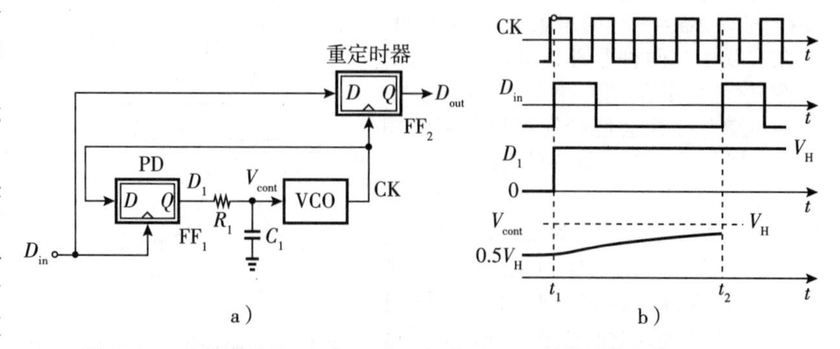

图13-21　a)基本的bang-bang CDR电路；b)PD输出处大幅摆动的影响

图 13-21b 所示的波形可以看出这一点，当 t_1 到 t_2 之间数据信号没有跳变时，使得鉴相器持续输出高或者低电平，这会不断升高(或降低)V_{cont}。VCO 相位的变化可以根据下式确定：

$$\phi(t_2)-\phi(t_1)=K_{VCO}\int_{t_1}^{t_2}V_{cont}\mathrm{d}t \tag{13-4}$$

这可能是一个很大的量。这种相位变化被称为“数据相关”抖动，数据游程越长，数据相关抖动越严重。为了减轻这个影响，R_1C_1 的大小必须比最长的游程大得多，以最小化 V_{cont} 的变化。因此，环路带宽大幅减小。例如，如果 $V_H=1$ V，$t_2-t_1=10T_b$，并且我们希望将 V_{cont} 的变化量控制在 5 mV 以内，则 $R_1C_1\approx2000T_b$。

为了理解此类 PD 的另一难点，可以回顾图 13-1a 中的高速数据在介质中会被严重衰减的情况。如此小的数据摆幅难以正确驱动 FF_1，导致无法对时钟实现采样。

例 13-8 对图 13-21a 中的结构重复例 13-6 的分析。

解： 我们在原结构中对数据和时钟路径的延迟差值进行建模，如图 13-22 所示。容易发现，在锁定状态下，CK 由于寄存器 FF_1 的存在相比 D_{in} 滞后了 ΔT_{CK}。这个时钟在 FF_2 中又被延迟了一个 ΔT_{CK}。因此，对 FF_2 的输入数据进行采样的实际恢复时钟边沿从理想点偏移了 $2\Delta T_{CK}$。这在高速下是一个严重的问题。

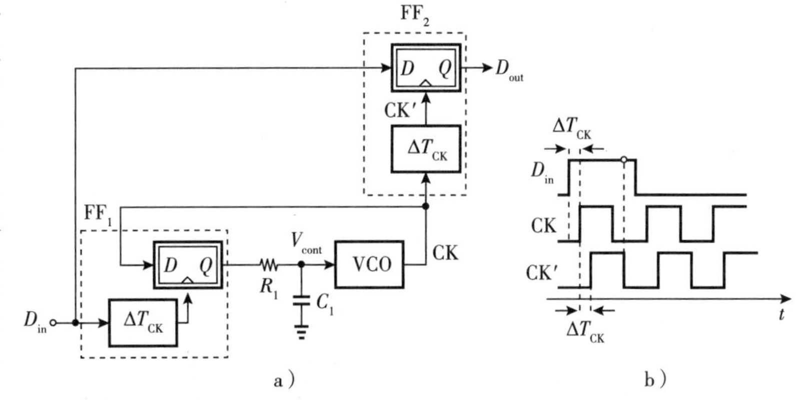

图 13-22　bang-bang CDR 环路中采样偏差的影响

图 13-21a 的 CDR 架构涉及另一个可能增加抖动的问题。在典型的触发器设计中，时钟和数据输入之间存在寄生电容路径，引入了不需要的耦合。例如，考虑图 13-23 所示的锁存器拓扑，其中 C_{GD5} 和 $C_{GS1,2}$ 使得 CK 和 D 与 $\overline{D}$ 之间的信号翻转相互耦合。我们认识到，图 13-21a 中的两个触发器都会受到这种影响，将随机数据输入馈通到 VCO。为了最大限度地减小这个耦合，应在 VCO 后立即插入隔离缓冲器。这个问题其实在所有 CDR 结构中都存在。

对单触发器 PD 的研究表明，在存在较长游程的情况下，bang-bang 操作会在振荡器的控制电压输入端引入可观的纹波。这是因为即使数据信号没有发生跳变，bang-bang 鉴相器也会持续输出其最大电平。因此，我们假设，如果 PD 输出在数据波形没有翻转时与滤波器断开连接或者被禁用，则可以减少抖动。或者说，只在出现数据跳变沿时才应启用 PD 输出。

根据上述思路，尝试构建了图 13-24 所示的系统，其中边沿检测器控制 PD 的输出仅在数据发生跳变时才送入环路滤波器，并仅在一个较短的 ΔT 时间内。因此，在没有数据翻转的情况下，控制电压保持恒定。此方法是假设当开关导通时，PD 由于处于亚稳态中尚未产生满摆幅输出。由于 XOR 门和 PD 之间的时序偏移，上述条件很难保证。或者，可以选择足够大的 R_1C_1，以尽可能减小 V_{cont} 上的纹波。

这里的另一个问题是，XOR 门必须具有轨到轨的输出摆幅才能有效地驱动开关，而这在高速下是颇具难度的挑战。另外，这里应该使用互补型开关，以便 V_{cont} 可以接近 0 和 V_{DD}。

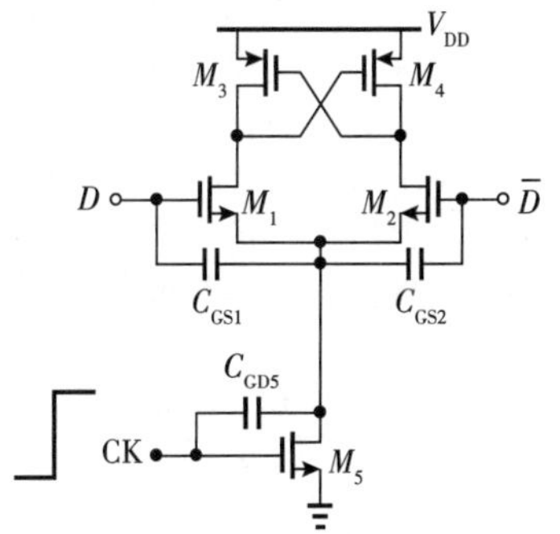

图 13-23　锁存器中的回弹噪声

例 13-9 图 13-21a 所示结构中的哪些问题在图 13-24 的结构中仍存在？

解： 虽然图 13-24 结构有较少的数据相关抖动，但是仍存在几个问题必须处理：①缺乏频率捕获的手段；②仍然存在例 13-8 中讨论的相位偏移问题；③D_{in} 和 CK 之间仍然存在触发器的电容性耦合路径。

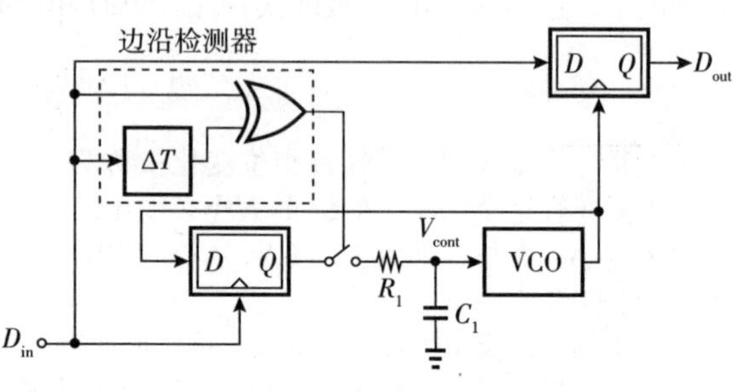

图 13-24 在 bang-bang CDR 电路中使用边沿检测器

13.4.2 Alexander 鉴相器

让我们继续上一节的思路，寻找一种在没有数据翻转时“禁用”其输出的鉴相器拓扑结构。这一开发从以下两个新的设计规则开始：①只能用时钟采样数据；如后文所述，该原则避免了例 13-8 中研究的相位偏移。然而，这种方法不能用单个触发器产生相位信息（见图 13-19），需要多个触发器。②同时使用时钟的上升和下降沿来进行采样。现在，考虑图 13-25a 所示的情况，其中使用 CK 进行连续三次采样，得到 $S_1 \sim S_3$。如果 CK 的下降沿“滞后”于 D_{in} 的上升沿，则 $S_1 \neq S_2 = S_3$。而如果 CK 下降沿“超前”于D_{in} 的上升沿（见图 13-25b），则有 $S_1 = S_2 \neq S_3$。因此 S_1、S_2 和 S_3 的组合可以实现两个功能：①它们以 bang-bang 特性曲线的形式提供输入相位误差的极性：如果 $S_1 \neq S_2 = S_3$，那么鉴相器被设计为输出高电平，而如果 $S_1 = S_2 \neq S_3$，则输出低电平；②检测无跳转发生的情况。例如，在 $t = t_1$ 之后，因为数据没有发生跳转（见图 13-25c），则有 $S_1 = S_2 = S_3$。以上就是 Alexander 鉴相器的设计原则[2]。

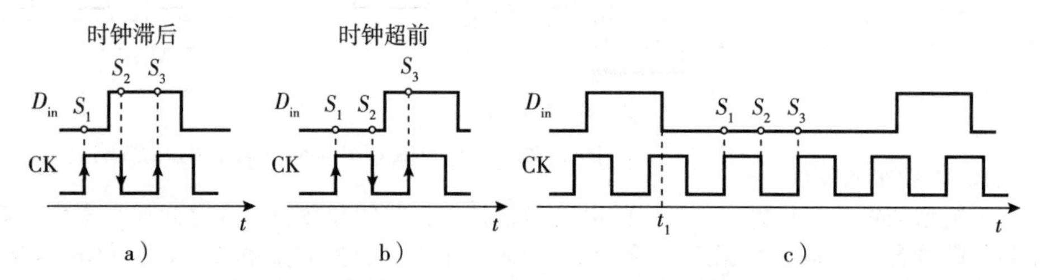

图 13-25 a）时钟滞后时的情况；b）时钟超前时的情况；c）在没有数据跳转时的采样结果

接下来的问题是如何实现上述操作？可行的方法是使用 D 触发器进行采样，并使用 XOR 门来比较 $S_1 \sim S_3$。此外，可以预想到样本 S_1 和 S_2 在 S_3 获得之前必须存储起来，这样三个样本才能在时间上对齐以实现正确的比较。首先，可以从两个工作在不同时钟沿的触发器开始设计（见图 13-26a），其输出分别为 S_1 和 S_2。然后，使用另外两个由 CK 控制的触发器存储并对齐之前的输出结果（见图 13-26b）。也就是说，Q_3 和 Q_4 会同时刷新并存储之前 S_1 和 S_2 的采样值。此外，当 S_1 样本传递到 Q_3 时，FF_1 采样到了 S_3。注意到，FF_2 和 FF_4 实际等效于三个锁存器而不是四个（为什么？）。最终，Q_1、Q_3 和 Q_4 可以同时输出这三个样本 S_3、S_1 和 S_2。

接下来，在电路中添加 XOR 门以实现S_1 与S_2 以及S_2 与S_3 之间的对比。如图 13-26c 所示，XOR 门的两个输出 A 和 B 表示相位差的极性：如果 $A=1$ 且 $B=0$，则 CK 超前；而如果 $A=0$ 且 $B=1$，则 CK 滞后。这种带有 bang-bang 输出特性的实现方式被称为 Alexander 鉴相器[2]。而如果输入数据没有发生翻转，则 $S_1 = S_2 = S_3$，即 $A = B = 0$。

仔细绘制完整的输入输出波形有助于理解 Alexander 鉴相器。注意到 Q_1、Q_3 和 Q_4 均在 CK 的上升沿发生改变，而 Q_2 在 CK 的下降沿改变。如图 13-27 所示，对于提前或者滞后的输入时钟，结果表明了以下几个特性：①触发器的输出均为数据输入 D_{in} 的时延复制；②如果时钟滞后，则 $Q_1 = Q_4$（即 $S_3 = S_2$），如果时钟超前，则 $Q_3 = Q_4$（即 $S_1 = S_2$）；③根据相位误差的极性的不同，A 或者 B 只有一个产生脉冲；④只有在数据发生跳变时 A 或者 B 才会产生这些脉冲。例如，在时钟滞后的情况中，Q_3 比 Q_4 滞后 1 bit 时钟周期；如果 Q_4 中没有跳变，则滞后 1 UI 的 Q_3 中也会没有跳变，在没有跳变期间获得 $Q_3=Q_4$，因此 $B=0$。

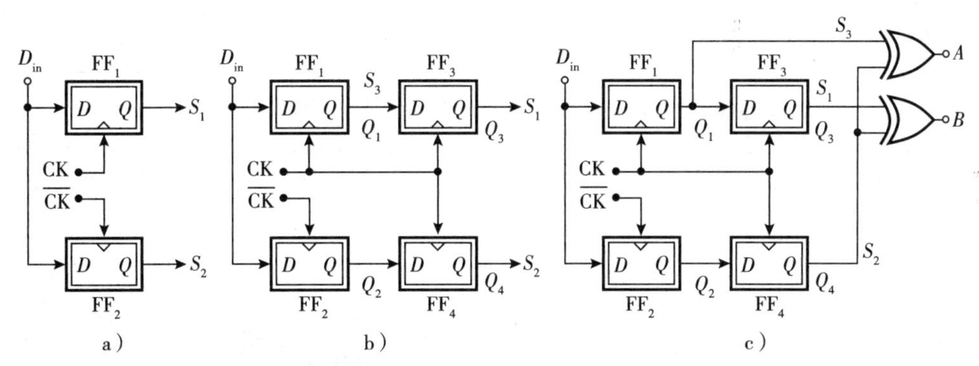

图 13-26　a）使用两个触发器来采样数据；b）添加两个触发器来对齐样本；c）完整的 Alexander 鉴相器设计

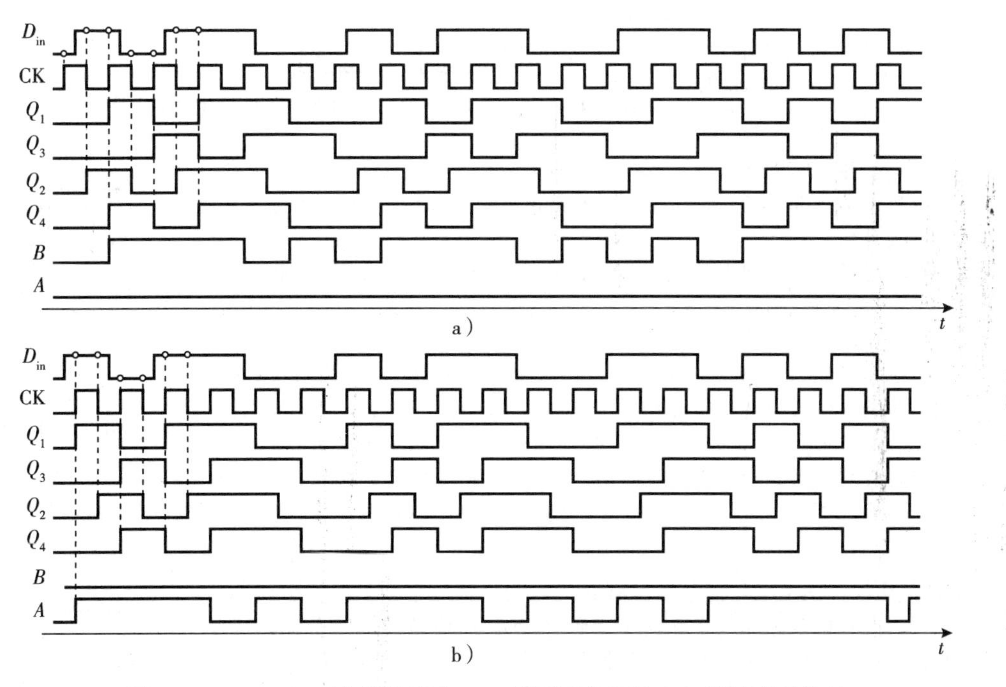

图 13-27　Alexander 鉴相器的波形：a）时钟滞后的情况；b）时钟超前的情况

我们需要强调的是 Alexander 鉴相器的 4 个重要特性。

第一，即使使用时钟采样数据的方式也可以提供相位误差信息（对比在图 13-21a 中单触发器必须使用数据采样时钟的情况）。这个特性源于 Alexander 鉴相器使用 CK 的连续三个边沿进行了采样。可以说 Alexander 鉴相器实际上进行了 2 倍的“过采样”，因为每个时钟周期采集了两个数据样本。

第二，由于使用时钟采样数据，这个结构也内嵌了对数据重定时的功能，在触发器的输出端可以直接得到已经恢复的数据。例如，在图 13-26c 中 Q_3 即为恢复后的数据。

第三，与图13-21a的架构不同，触发器内部的时钟和数据的延迟差值并不会转换成采样的相位偏移(见习题13.14)。

第四，当输入数据没有跳变时，鉴相器也没有输出，仿佛被“禁用”一样。如下文将说明的那样，Alexander鉴相器后接的级可以设定成当没有数据跳变时就不会影响环路滤波器。因此，即使在数据输入中有一个较长的游程的情况下，振荡器的控制电压也不会有较大的改变。这一点与图13-21a中环路的行为形成另一个不同之处。

总的来说，Alexander鉴相器有bang-bang的输出特性，但是产生的控制电压纹波要比图13-21a所示的单触发器拓扑结构少得多。同时，它还可以直接对数据进行重定时。另外，图13-26c中的XOR门的输出节点不需要有太宽的带宽(除非它们驱动电荷泵)，因为我们只对A和B的平均值感兴趣。

CDR环路 我们该如何利用图13-26c中的鉴相器输出？由于节点A和B的电压平均值之差代表了输入相位误差，我们可以将这两个输出施加到一个电压-电流(V/I)转换器(跨导级)并将转换器的输出接入环路滤波器(见图13-28)。节点A和B的带宽无须太宽，因为V/I转换器只需要测量其平均电压。实际设计中，我们会有意为这些输出添加一些电容以滤除到达V/I转换器的高频电压分量。因此V_A和V_B上只有少量的纹波。

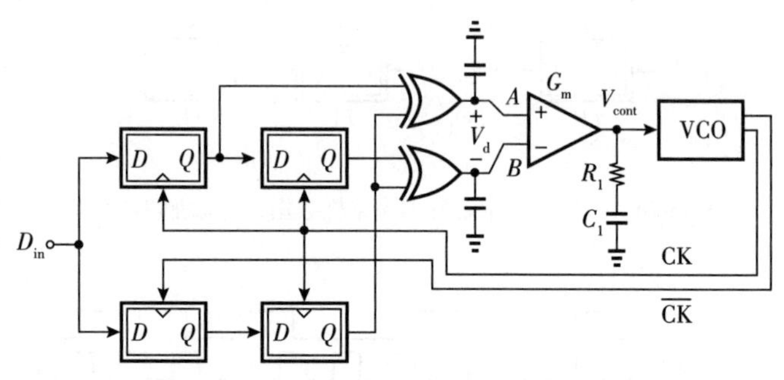

图13-28 采用Alexander鉴相器的CDR环路

例13-10 图13-29所示为一个可用作电压-电流转换器的五晶体管跨导运算放大器(Operational Transconductance Amplifier，OTA)。这种电路结构会遇到哪些设计问题？

解： 该电路最主要的问题是允许的输出电压范围。如果输入共模电压为V_{CM}，则V_{out}只能在$V_{CM}-V_{THN}$到$V_{DD}-|V_{GSP}-V_{THP}|$之间。因此，导致VCO的调谐电压范围受限。

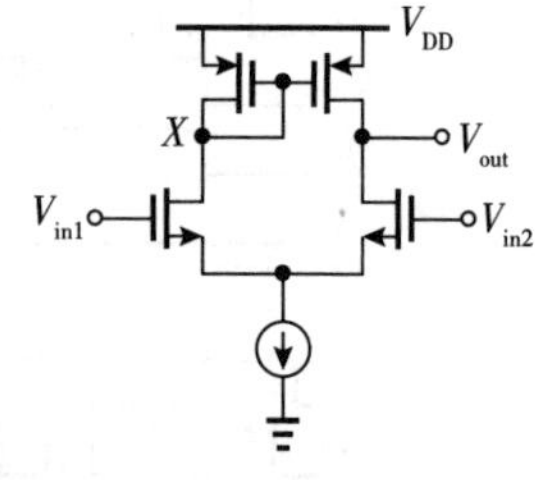

图13-29 一个简单的电压-电流转换器

另外，电路的输入参考失调电压也是有问题的。当图13-28所示系统的输入数据有较长的游程时，输出$A=B$。此时V/I转换器会产生大小为G_mV_{OS}的失调电流，其中G_m和V_{OS}分别代表跨导和失调电压。在整个游程长度中，这个电流流过环路滤波后会导致较大的振荡器控制电压纹波。在习题13.15中我们会研究OTA噪声的影响。在实际OTA设计中，失调电压和噪声问题可以通过使用大尺寸的晶体管解决。

XOR门实现 图13-28中的每个XOR门的两个输入必须是名义上对称的，即其输入路径的延迟相等。在这里将研究XOR门应该使用差分输出或单端输出。从图13-30观察到E、F两个输入到输出的传播延迟是不同的。另外，如果输入不是轨到轨的摆幅，则F输入路径需要额外的电平移位电路，这会导致额外的延迟。在习题13.16中会研究这种偏移对CDR性能的影响。根据经验，如果输入数据速率高到需要使用电流模逻辑(Current-Mode Logic，CML)锁存器时，这个偏移是有隐患的。

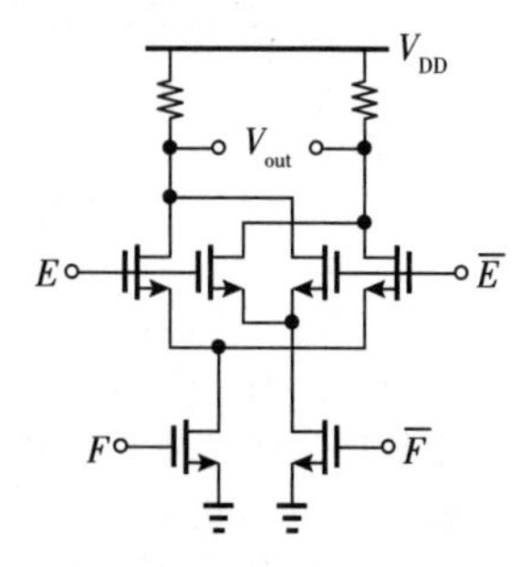

图13-30 用作XOR门的Gilbert单元

例13-11 图13-28中的上述XOR门的差分输出是如何处理的？

解： V/I转换器有两个输入端，而两个差分XOR门有四个输出端。因此我们有三个选择：直接舍弃XOR门的一个输出端，在每个XOR门之后使用差转单转换器，或者设计成具有两组差分输入的V/I转换器。

接下来，我们介绍三种对称的 XOR 门结构。第一种结构只是将已有的 XOR 门复制两份并行放置，但是其输入相反(见图 13-31a)，该结构具有对称的延迟㊀。第二种结构需要轨到轨的输入进行工作[3]，如图 13-31b 所示。假设 $V_b \approx V_{DD}/2$，当 E 为低电平时，只有M_4 和M_5 可以被激活，且 $V_{out}=\overline{F}$。对称地，当 F 为低电平时，$V_{out}=\overline{E}$。因此，总输出 $V_{out}=E \oplus F$。这种结构不需要互补的输入，但是代价是当 E 或者 F 为高电平时会产生静态功耗。

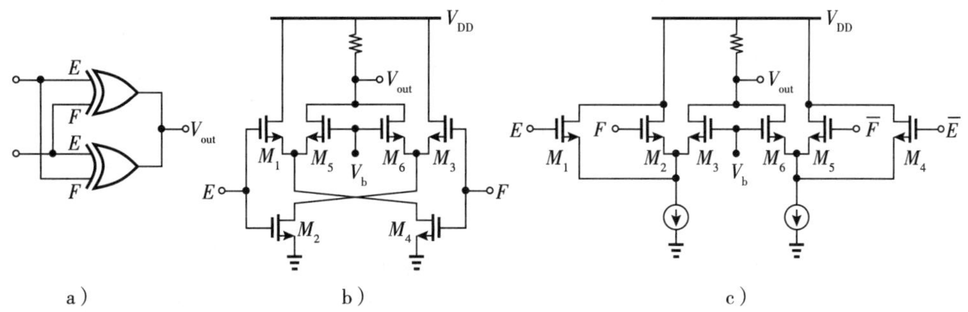

图 13-31　对称 XOR 和 XNOR 门的例子

例 13-12　图 13-31b 中的结构由于是单端输出，可能会对电源噪声敏感。这是个严重的问题吗？

解：一般来说它是，但是在 Alexander 鉴相器环境中，这个问题并不严重。注意到图 13-28 中的 V/I 转换器的输入来自两个 XOR 门，电源噪声在 A 和 B 中成为共模干扰(见图 13-32)。

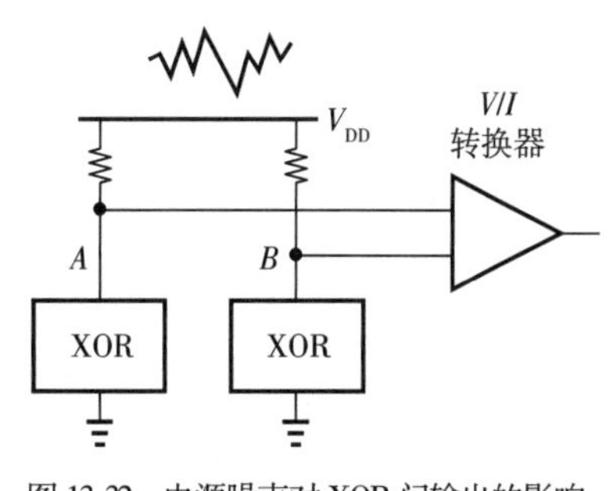

图 13-32　电源噪声对 XOR 门输出的影响

图 13-31c 所示为第三种对称 XOR 拓扑结构[4]，该结构的输入只需要适度的摆幅(几百毫伏)即可。该电路由两个电流舵 NOR 门($M_1 \sim M_3$，$M_4 \sim M_6$)构成，共用一个输出节点。也就是说，I_{D3} 和 I_{D6} 分别表示 $\overline{E+F}$ 和 $\overline{\overline{E}+\overline{F}}$，得出总输出为

$$V_{out} = \overline{(\overline{E+F} + \overline{\overline{E}+\overline{F}})} \tag{13-5}$$

$$= (E+F)(\overline{E}+\overline{F}) \tag{13-6}$$

$$= E\overline{F} + \overline{E}F \tag{13-7}$$

一个互补的输出也可以通过复制电路，并将 F 和$\overline{F}$ 互换位置来生成，但是，如在例 13-12 中说明的那样，在 Alexander CDR 环境中这样的互补输出是不需要的。偏置电压 V_b 被选定为等于输入共模电平，同时如果 E 和 F 信号的电平值是以之前锁存器的电源电压作为参考的话，需要使用一个电容将该偏置点旁路到该电源线上(见图 13-33)。这样，电源噪声对 V_b 和输入信号的共模电平的干扰是相等的。

图 13-33　XOR 门的偏置生成电路

环路类型与增益　图 13-28 所示的 CDR 环路是 Ⅰ 型环路还是 Ⅱ 型环路？从 V_d 到 V_{cont} 的传递函数可以写为

$$\frac{V_{cont}}{V_d}(s) = G_m\left[R_{out} \parallel \left(R_1 + \frac{1}{C_1 s}\right)\right] \tag{13-8}$$

㊀　如果 Up 和 Down 脉冲宽度肯定是精准匹配的，那么这一思路也适用于标准 PFD 拓扑中的复位 NAND 门。

$$=\frac{G_m R_{out}(R_1 C_1 s+1)}{(R_{out}+R_1)C_1 s+1} \tag{13-9}$$

由于 V/I 转换器有限的输出阻抗，极点 $\omega_{p1}=1/[(R_{out}+R_1)C_1]$ 已经偏离了原点。因此严格意义上讲，这个电路是一个 I 型环路。该传递函数与 K_{VCO}/s 的乘积的伯德图如图 13-34 所示：幅度以 -20 dB/dec 下降，直到 $\omega=\omega_{p1}$，在 ω_{p1} 和 $\omega_z=1/R_1C_1$ 之间幅度以 -40 dB/dec 下降；相位从 -90° 开始变化，在 ω_{p1} 时达到 -135°，并在 ω_{p1} 和 ω_z 之间接近 -180°，最后在 ω_z 后回到 -135°。注意，幅度必须乘以鉴相器增益（见图 13-17b 中的斜率和 XOR 门的增益）以得到最后总的环路增益。

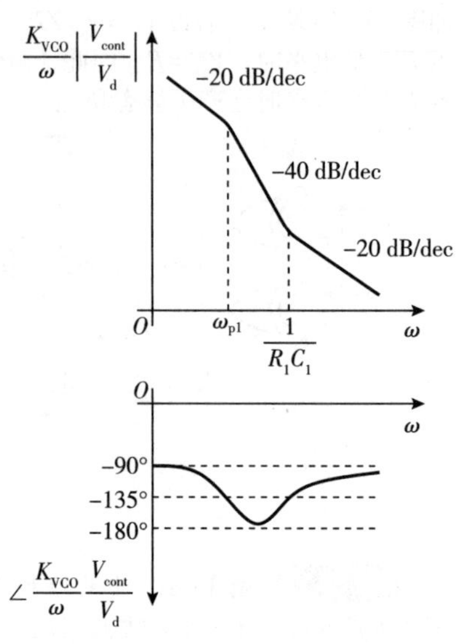

图 13-34 采用 Alexander 鉴相器的 CDR 环路的开环传递函数（幅度必须乘以鉴相器的相位增益）

第 7 章中讲到 I 型 PLL 中存在静态相位偏移的问题。这里的 CDR 环路是否存在相同的问题？我们推测，Alexander PD 的 bang-bang 特性能够提供理想的无限的增益，使得静态相位误差是不存在的。但是，正如 13.4.1 节中讨论的那样，实际 bang-bang 特性曲线会被时钟和数据抖动平滑，鉴相器的增益有限。换言之，假设鉴相器检测到的总相位抖动均方值为 σ，那么大约 3σ 的最大静态相位偏移可能在 CDR 电路中出现。

电荷泵与 V/I 转换器 根据前几章中对 PLL 的设计开发得到的经验，我们可以考虑在 Alexander 鉴相器中使用电荷泵以获得无限的增益。图 13-35 所示为这种实现方式的概念图。与标准的 PFD 不同，该鉴相器不能产生脉冲宽度与相位误差成正比的 Up 和 Down 脉冲。实际上，图 13-27 中 A 和 B 输出脉冲的宽度等于时钟周期的整数倍，该性质的根源也是鉴相器的 bang-bang 特性（见习题 13.13）。

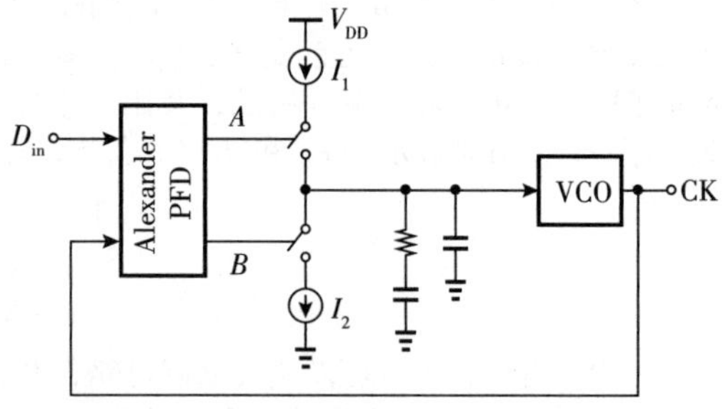

图 13-35 使用带有电荷泵的 Alexander 鉴相器

在 CDR 设计中，与 V/I 转换器相比，电荷泵在工作速度上处于劣势。在图 13-28 中，虽然只关心 A 和 B 之间的平均电压差值，但是图 13-35 中的电荷泵设计要求这些节点是敏捷的，并且提供轨到轨的摆幅，以便在一个时钟周期内实现开关的导通和关断。换句话讲，使用电荷泵时，Alexander 鉴相器中的 XOR 门的输出节点必须具有较宽的带宽，如果它不能提供轨到轨的摆幅，则还必须加入 CML-CMOS 电平转换器。

另一种视角 我们发现，在锁定状态下，图 13-25a 中的采样点 S_1 和 S_3 落在数据位的中间，而采样点 S_2 则在数据位的边沿附近。因此也将前者称为“数据采样”，而将后者称为“边沿采样”。图 13-27 中更详细的波形图表明，如果时钟滞后，$Q_1=Q_4$，因此 $A=0$，同时 $B=Q_3\oplus Q_4$ 产生脉冲。相反地，如果时钟超前，$Q_3=Q_4$，$B=0$，而 $A=Q_1\oplus Q_4$ 产生脉冲。通常将 A 和 B 分别称为“Up”脉冲和“Down”脉冲，可以用来描述其动作，即通过说只要 S_1 不等于 S_2（当时钟滞后），则肯定是 Down 动作指令被下达。同样地，只要 S_2 不等于 S_3，则肯定是 Up 动作指令被下达。也就是说，一个数据采样和下一个边沿采样的异或得到的是 Down 指令，而这个边沿采样和

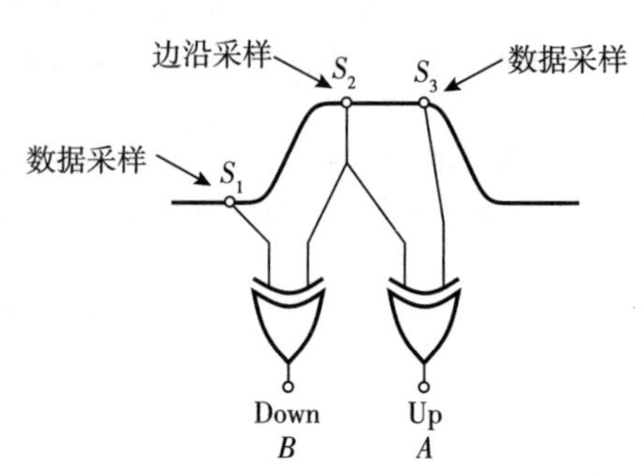

图 13-36 Alexander 鉴相器输出的另一种视角图

下一个数据采样的异或则得出 Up 指令。图 13-36 从概念上说明了这一点。而图 13-35 所示的电荷泵 CDR 环路也可以用这种视角解释。

13.4.3 Hogge 鉴相器

本节中将开发一种可以处理随机二进制数据的线性鉴相器。我们希望这种鉴相器可以提供输出的平均值与相位误差成线性比例的。回到图 13-9b 所示的边沿检测器，并认识到延迟级可以使用触发器替代实现(见图 13-37a)。如图 13-37b 所示，如果 CK 与 D_{in} 正确对齐，则 D_{in} 和 D_1 之间的延迟等于 $T_{CK}/2$。我们假设由 CK 的下降沿采样数据。那么边沿检测器输出在每个输入数据跳转边沿产生一个宽度 $T_{CK}/2$ 的脉冲。这种边沿检测器本身能够作为鉴相器使用吗？假设时钟的上升沿超前了 ΔT 片刻(见图 13-37c)；那么，输出脉冲宽度 $T_{CK}/2-\Delta T$ 确实代表了 D_{in} 和 CK 之间的相位差。如果时钟滞后说法也同样适用。不同于前几节研究的 bang-bang 鉴相器，这种结构的鉴相器的特性曲线是线性的。因此可以称输出 A 包含“比例脉冲”。

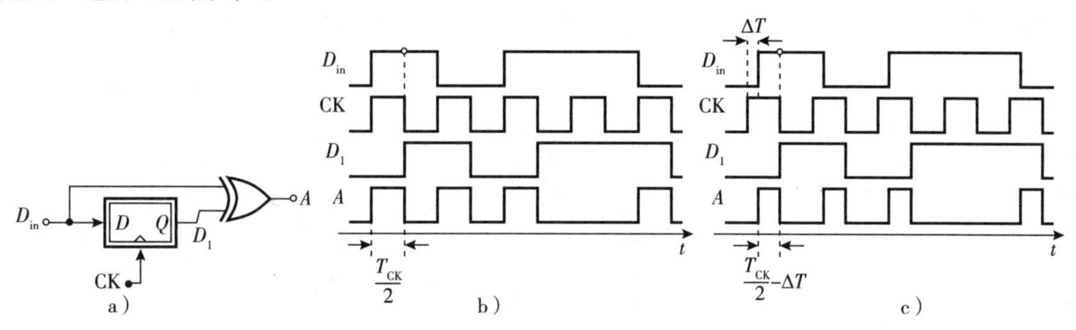

图 13-37 a)同步边沿检测器；b)时钟对齐的情况；c)时钟超前的情况

例 13-13 画出图 13-37a 中鉴相器的输入-输出特性曲线。

解： 由于鉴相器的输出脉冲宽度等于 $T_{CK}/2-\Delta T$，当 $\Delta T=T_{CK}/2$ 时平均输出变为 0，从而得出的特性曲线如图 13-38 所示。

在 CDR 电路中使用这种特性的鉴相器是如何锁定的？假设环路增益非常高；在概念上，可以等效理解为环路滤波器后有一个高增益放大器。由于高增益的存在，鉴相器输出的 DC 值必须趋向于 0，迫使输入相位误差接近 $T_{CK}/2$。但这也意味着 CK 的下降沿出现在数据边沿附近(而理想情况下应该在眼图正中采样)，导致了较高的比特误码率。因此，必须对原始电路加以修正。

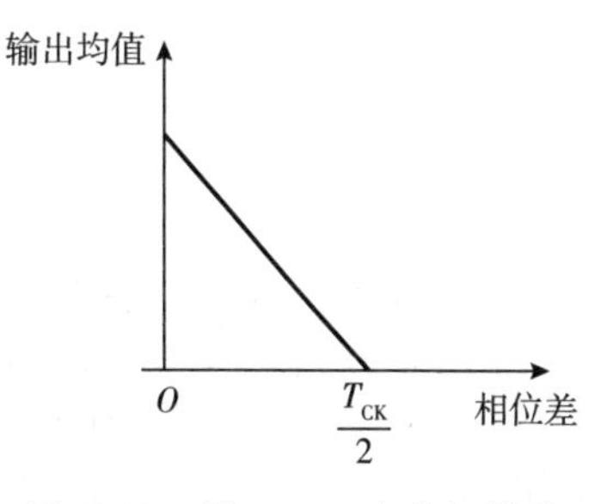

图 13-38 图 13-37a 中鉴相器的输入-输出特性曲线

我们推测，另一个输出脉冲序列是必要的，以使得相位误差为 0 时，两个输出之间的平均差值降为 0。让我们将图 13-37a 中的 D_1 应用到另一个由 CK 驱动的触发器，并将 D_1 与 D_2 进行异或操作(见图 13-39a)。由于 D_1 和 D_2 之间的相位差等于半个时钟周期，所以 B 在每个数据跳转沿产生这个宽度的脉冲。我们称 B 为“参考脉冲”。A 中的脉冲宽度等于 $T_{CK}/2$ 减去相位误差，而 B 中的脉冲宽度始终等于 $T_{CK}/2$。这样 A 和 B 之间的平均差值只有在 D_{in} 和 CK 正好对齐时才会为 0。这就是 CDR 高增益环路的锁定方式。这种拓扑被称作“Hogge 鉴相器”[5]，它同样会对输入数据进行重定时，在输出 D_1 和 D_2 处再现。

重新审视一下构建 Hogge 鉴相器的过程是有意义的。由于 CDR 中的触发器相位偏差难题的存在(见图 13-21a)，我们确定了只使用时钟对数据采样的原则，并发现在这种模式下，单个触发器并不能实现鉴相功能。而图 13-37a 中的 XOR 门恰好可以实现鉴相，但是对于零输入相位误差，其平均输出并

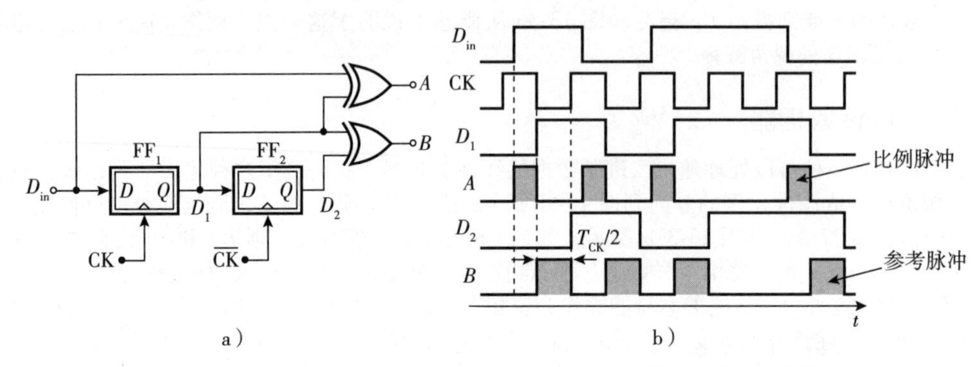

图 13-39 a)完整的 Hogge PD；b)其波形(FF 在各自时钟的下降沿采样其输入)

不为 0。出于这个原因，我们添加了第二级触发器和 XOR 门，使得如果相位误差为零，A 和 B 之间的平均差值为 0。

设计考虑 可以作为线性鉴相器运行的 Hogge 拓扑非常适用于 CDR 设计，但是在高速下仍存在不少挑战。第一，图 13-39b 中的波形过于理想化，没有考虑触发器的有限延迟。具体地，如图 13-40 所示，FF_1 的 CK 到 Q 的传播延迟为 ΔT_1，D_1 滞后 ΔT_1 跳变并因此展宽了 A 中的脉冲。A 中产生的误差量会转换为 CDR 环境中等于 ΔT_1 的静态相位误差。

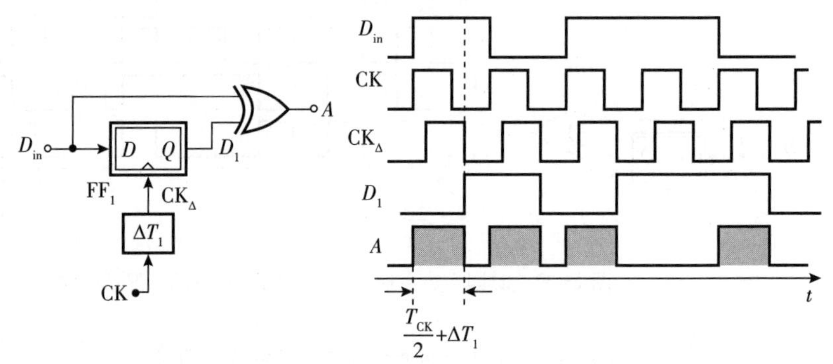

图 13-40 Hogge 鉴相器中时钟偏差的影响

例 13-14 图 13-39 中 FF_2 的 CK 到 Q 的延迟会产生什么影响？

解：该延迟会使 D_2 滞后。由于 D_1 和 D_2 偏移了相同的量，所以 B 中的脉冲宽度仍然是 $T_{CK}/2$。因此参考脉冲并未受到影响。

为了补偿图 13-39 中触发器的延迟，我们可以选择使比例脉冲变窄或者使参考脉冲变宽。前一种方法需要在 D_{in} 和第一个 XOR 门输入之间插入额外的延迟级(见图 13-41a)，以此确保数据和时钟到输出经历相同的延迟。后一种方法需要在 FF_2 输出处插入额外延迟级(见图 13-41b)[6]，使得呈现给 XOR_2 的相位差值从 $T_{CK}/2$ 增加到了 $T_{CK}/2+\Delta T_1$。ΔT_1 级可以通过直接复制触发器中的路径来实现。

Hogge 鉴相器中的第二个问题源于比例脉冲和参考脉冲之间的未对齐。如图 13-42 所示，B 中的脉冲比 A 中的脉冲滞后了 $T_{CK}/2$。结果是，环路滤波器和控制电压在时域上受到了两次扰动。换句话说，虽然 Hogge 拓扑是作为线性的鉴相器工作，但它也会反复向环路滤波器中注入和从中吸收大量电荷，从而引入不小的纹波。这个问题可以通过使用交错的参考脉冲进行缓解[7]。

第三个问题与 Hogge 鉴相器有限的增益有关，因此需要使用电荷泵以迫使静态相位误差趋向于零。如图 13-43 所示，在锁定状态下，这种 CDR 架构必须在 A 和 B 处产生窄至半个时钟 bit 周期的满摆幅脉冲控制电荷泵。也就是说，XOR 输出节点的带宽必须很宽，而且电荷泵本身必须足够敏捷。例如，25 Gb/s 的 CDR 系统需要电荷泵的电流源开关速度控制在 20 ps 以内。我们还注意到，在锁定状态下，A 和 B 会在不同时刻激活电荷泵，而这会产生较高的纹波。

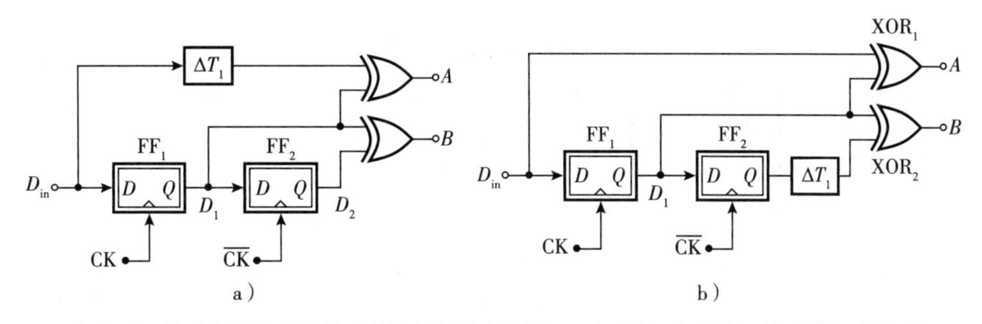

图 13-41 通过在其输入端插入延迟来补偿时钟偏差：a)对第一个 XOR；b)对第二个 XOR

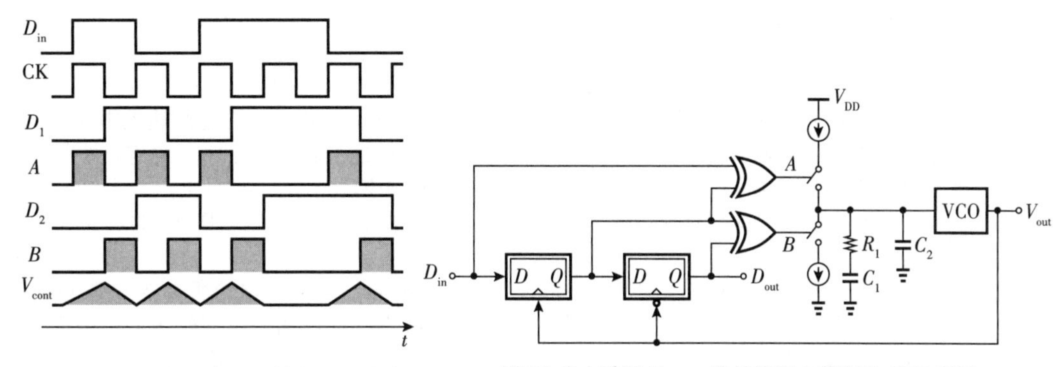

图 13-42 Hogge 鉴相器产生的控制电压纹波

图 13-43 采用 Hogge 鉴相器和电荷泵的 CDR 环路

13.5 数据摆幅问题

如图 13-1c 所示，实际的数据在通过有损耗信道后会严重衰减。由此产生的小的电压摆幅会造成鉴相器和 CDR 设计变得困难。我们对本章中研究的三种鉴相器作如下评述。单触发器 bang-bang 鉴相器需要使用数据采样时钟，这在小的数据摆幅下是非常困难的。而 Alexander 鉴相器可以使用时钟采样数据，这是一种更有利的实现方式，因为生成大的时钟摆幅比大的数据摆幅相对容易。虽然是使用时钟采样数据，Hogge 鉴相器却需要较大的数据摆幅以驱动第一个 XOR 门。因此，在高速下 Alexander 鉴相器是最具吸引力的选择。

习题

13.1 如果正弦波具有 45°相移，即 $\sin[(2\pi/T_b)t+\pi/4]$，重新进行图 13-8 的相关性计算，结果依然为 0 吗？

13.2 图 13-8 中，计算 $x(t)$ 和三次谐波 $\sin[3(2\pi/T_b)t]$ 之间的相关性。

13.3 考虑图 13-8b 中的波形。证明无论选取正弦波的任何相位，乘积 $y(t)$ 的平均值都为 0。

13.4 说明图 13-11 中 PLL 的静态相位偏移是如何影响性能的。

13.5 假如图 13-12 中的信号 $x(t)$ 的相位发生突然的跳变。例如在 $t=t_1$ 处的上升沿发生了微小的偏移。解释这一现象如何影响 $y(t)$ 和 D_{out}。

13.6 针对图 13-11 中的结构重复上一题的分析。

13.7 如果需要补偿图 13-13a 中 XOR 门的延迟，说明可以在通往触发器的 D 输入端口的路径中插入哪种类型的电路模块？

13.8 考虑第7章中介绍的基于NOR门的基础PFD结构。假设输入的一端感测bit周期为T_b的NRZ序列，另一端接收频率为$1/T_b$的时钟。画出相位差分别为10°和45°时的输入和输出信号，并证明Up和Down脉冲之间的平均差值与相位误差是不相关的。

13.9 假设图13-9b中的随机数据$x(t)$在−1和+1之间跳变（而不是在0和+1之间）。证明此时XOR门可以用混频器（模拟乘法器）代替。

13.10 如果图13-21a中的触发器FF_1的输入$\overline{D}$反相，此时CDR环路能否正常工作？

13.11 如果错误地使用$\overline{CK}$驱动图13-26b电路中的FF_4，说明将会发生什么？

13.12 在图13-26c的Alexander鉴相器中，决定将Q_2而不是Q_4连接到XOR门，说明B将会发生什么变化？

13.13 假设一个包含图13-26c所示的Alexander鉴相器的CDR环路已经锁定，可以使CK的下降沿在眼图的正中间对数据采样。画出该电路的波形图。这个鉴相器输出的最小脉冲宽度是多少？

13.14 假设图13-26c中的触发器的时钟路径的延迟略长于数据路径中的，重复上一题，并证明时钟依然在眼图的正中间对数据进行采样。

13.15 将图13-29中的OTA用作图13-28中的V/I转换器。首先，假设其中一端的输入串联插入一个恒定的小电压源。解释输出的（平均）相位将会发生怎样的变化。接下来，确定该电压源的失调在转换为相位噪声时经历的是低通、带通还是高通响应。

13.16 图13-30中的E和F的传播延迟略有不同。将这一偏差记为ΔT，解释图13-28中的环路将会发生什么变化。

13.17 假设将图13-37a中的XOR门替换为模拟乘法器（混频器）。如果电路的所有波形都在−1和+1之间跳变（而不是0和1之间），画出该电路的输出波形，并证明该电路作为同步边沿检测器工作。本题例子表明，工作在大摆幅差分信号下的混频器等效于一个XOR门。

13.18 如果触发器的D和CK路径具有略微不同的延迟，重新构建图13-38中的鉴相器的输入输出特性曲线。

13.19 如果XOR门的两个输入具有略微不同的延迟，重复上一题。

13.20 如果交换图13-43中的A和B，即A作为Down命令，而B作为Up命令，则该CDR环路是否还能正常锁定？

参考文献

[1]. J. Lee and B. Razavi, "Analysis and modeling of bang-bang clock and data recovery circuits," *IEEE J. Solid-State Circuits*, vol. 39, pp. 1571-1580, Sep. 2004.

[2]. J. D. H. Alexander, "Clock recovery from random binary data," *Electronics Letters*, vol. 11, pp. 541-542, Oct. 1975.

[3]. B. Razavi, Y. Ota, and R. G. Swartz, "Design techniques for low-voltage high-speed digital bipolar circuits," *IEEE J. Solid-State Circuits*, vol. 29, pp.332-339, March 1994.

[4]. B. Razavi, K. F. Lee, and R. H. Yan, "Design of high-speed low-power frequency dividers and phase-locked loops in deep submicron CMOS," *IEEE J. Solid-State Circuits*, vol. 30, pp. 101-109, Feb. 1995.

[5]. C. R. Hogge, "A self-correcting clock recovery circuit," *IEEE J. Lightwave Tech.*, vol. 3, pp. 1312-1314, Dec. 1985.

[6]. S. B. Anand and B. Razavi, "A 2.75-Gb/s CMOS clock and data recovery circuit with broad capture range," *ISSCC Dig. Tech. Papers*, pp. 214-215, Feb. 2001.

[7]. L. DeVito et al., "A 52 MHz and 155 MHz clock recovery PLL," *ISSCC Dig. Tech. Papers*, pp. 142-143, Feb. 1991.

高级时钟与数据恢复原理

本章将从几个重要的方面提升对CDR概念的学习。首先，我们将介绍“半速率”架构，这种变体在高速下证明是很有用的。接着，我们将讨论基于DLL的CDR设计，并最终达成数字CDR的实现。最后，我们将分析CDR电路的抖动特性。

14.1 半速率鉴相器

在非常高的速度下，很难做到以下几个方面：①设计一个工作在等于输入数据速率的频率下的低噪声VCO；②将这种高频波形分布传输到整个芯片；③设计实现“全速率”运行的触发器。因此，我们将尝试实现一个鉴相器结构，即使它们感测到全速率数据和较慢的时钟，例如，等于一半的数据速率，也可以正常工作。

14.1.1 半速率bang-bang鉴相器

本节将探讨如何改进Alexander鉴相器使其可以工作在半速率的时钟下。

例14-1 图13-26c中的Alexander鉴相器能否工作在半速率的时钟下？

解： 由于Alexander鉴相器需要在全速率时钟的上升沿和下降沿都进行采样，可以预测在半速率模式下它不能有效工作。如图14-1a所示，时钟采样的每两个连续样本，例如S_1和S_3，确实可以指示数据是否发生跳转，但是“中间”样本（也称为“边沿样本”）S_2并没有采集到。结果是，CDR环路并不知道如何确定时钟边沿的具体位置。例如，图14-1b所示的相位关系的结果（$S_1 \oplus S_3=1$）与图14-1a中的结果完全一样，这意味着环路不能找到唯一的锁定点。

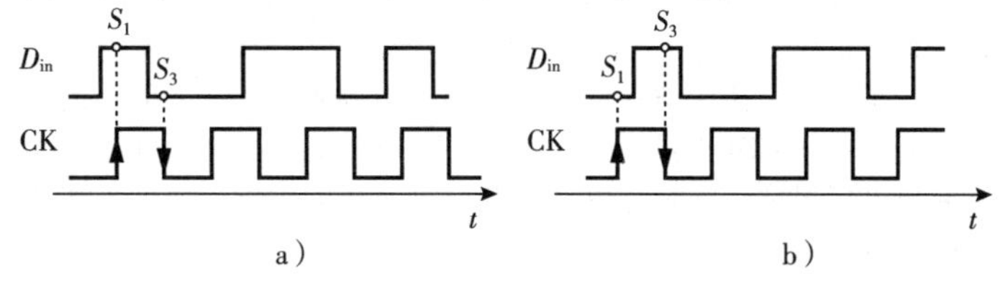

图14-1 半速率时钟下的Alexander鉴相器的运行：a)滞后；b)超前

上述例子表明，半速率的Alexander鉴相器将需要额外的时钟边沿以便生成边沿样本S_2。这样的拓扑结构有一种看似合理的实现方法是使用时钟的正交相位，因为时钟的正交相位加在一起携带的边沿的个数与全速率时钟的边沿个数相等。如图14-2a所示，其思路是通过CK_I的下降沿，CK_Q的上升沿以及CK_I的上升沿进行三次采样，以此得到每个数据跳转沿的必要记录。与在全速率结构中一样，我们可以将S_1与S_2以及S_2与S_3进行比较，来判定时钟是滞后的还是超前的。

图14-2b中所示为一种可能的半速率Alexander鉴相器的实现。三个由CK_I和CK_Q驱动的触发器输出为$S_1 \sim S_3$，去驱动XOR门，这就如同在全速率对应中的一样。当放置在CDR环路中时，电路将S_2

定位在靠近数据跳转边沿，导致 FF_2 进入亚稳态。而另外两个触发器会在最优点对 D_{in} 进行采样。注意到 FF_1 和 FF_3 由互补的半速率时钟驱动，因此其功能类似于多路解复用器，并且产生了重定时的半速率，输出为 S_1 和 S_3。这种鉴相器同样表现出 bang-bang 的特性，在没有数据跳转时净输出为 0。

例 14-2 图 14-2b 中的半速率鉴相器是否提供了所有输入数据边沿的信息?

解：不，没有。考虑图 14-3 中的波形，注意到 CK_Q 的下降沿不采样。在这里，$S_1 \sim S_3$ 能够检测 t_1 和 t_2 之间的数据跳转沿，同时 $S_1' \sim S_3'$ 表示从 t_5 到 t_7 之间并没有数据跳转沿。但是在 $t=t_4$ 时刻没有对 D_{in} 进行采样，因此 t_3 和 t_4 之间的数据沿的信息丢失了。

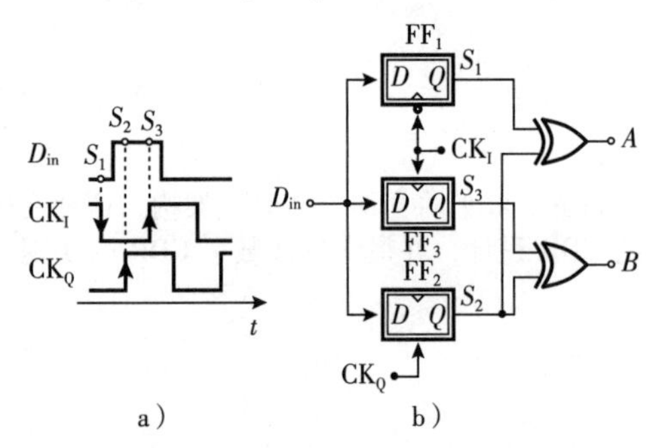

图 14-2 a)正交半速率时钟的 Alexander 鉴相器的运行；b)电路实现

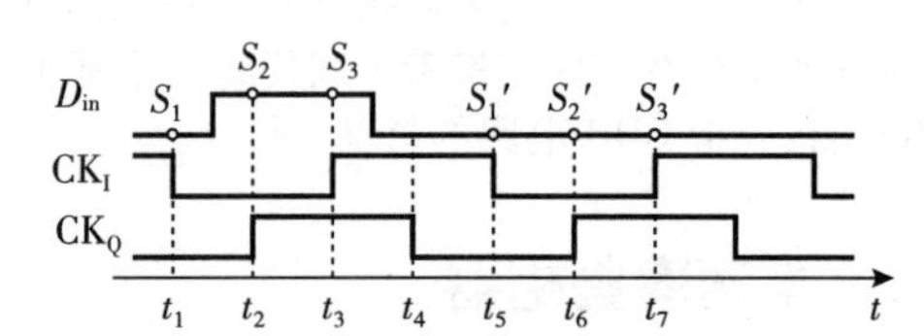

图 14-3 半速率 Alexander 鉴相器的详细波形

为了检测到上述例子中丢失的数据沿，我们多添加一个触发器，并使用 $\overline{CK_Q}$ 进行驱动(见图 14-4a)。这里，$A=S_1 \oplus S_2$，$B=S_2 \oplus S_3$，$C=S_3 \oplus S_4$ 以及 $D=S_4 \oplus S_1$，输出结果通过 G_m 级组合。如图 14-4b 所示，A 和 B 之间以及 C 和 D 之间的平均差值代表了相位误差。

值得关注的是，虽然图 13-27 中的全速率鉴相器的波形显示，在时钟滞后或者超前时，A 和 B 中至少有一个不发生变化。而在图 14-4a 的半速率鉴相器中，B 和 D 始终会输出固定脉宽的脉冲。这是由于 S_2 和 S_3 波形之间存在 $T_{CK}/4$ 的时间偏移，S_4 和 S_1 波形之间也是如此。为了确保 B 和 D 是静止的，必须添加额外的触发器使这些波形正确对齐。

由于需要使用正交的时钟相位，半速率 Alexander 鉴相器被证明是有问题的。由于选择使用半速率结构主要考虑的是驱动的速度限制，而将 VCO 运行在全速率下并将其输出频率除以 2 以得到正交相位是非常困难的[⊖]。设计者可以选择使用第 5 章中提到的正交 LC 振荡器，但需要以功耗和面积为代价。另外，相比于全速率结构，半速率结构中输入数据需要驱动两倍的触发器，这会导致大的电容负载。

而在数字 CDR 电路中，半速率 Alexander 鉴相器会比较有竞争力，因为其中正交时钟相位可以从发射机直接得到。同时它也是降低时钟速率的基础，例如 1/4 或者 1/8 的数据速率。我们将在 14.2 节中研究这些原则。

14.1.2 半速率线性鉴相器

本节将研究线性半速率鉴相器电路，我们从 Hogge 拓扑结构开始。

例 14-3 讨论 Hogge 鉴相器在半速率时钟驱动下的行为。

解：如同在 13.4.3 节中解释的那样，全速率 Hogge 拓扑需要同时使用时钟的上升沿和下降沿来生成比例脉冲和参考脉冲。而在半速率时钟驱动下，这些时钟边沿数量只有一半，无法正常完成 Hogge 鉴相。如图 14-5 中的波形所示，此时 Q_1 并不是 D_{in} 的复制，而且 B 也不是在每个数据跳转边沿都生成参考脉冲。

⊖ 换句话说，如果一个÷2 电路可被设计成在全速率下工作，则在整个 CDR 电路中都可以。

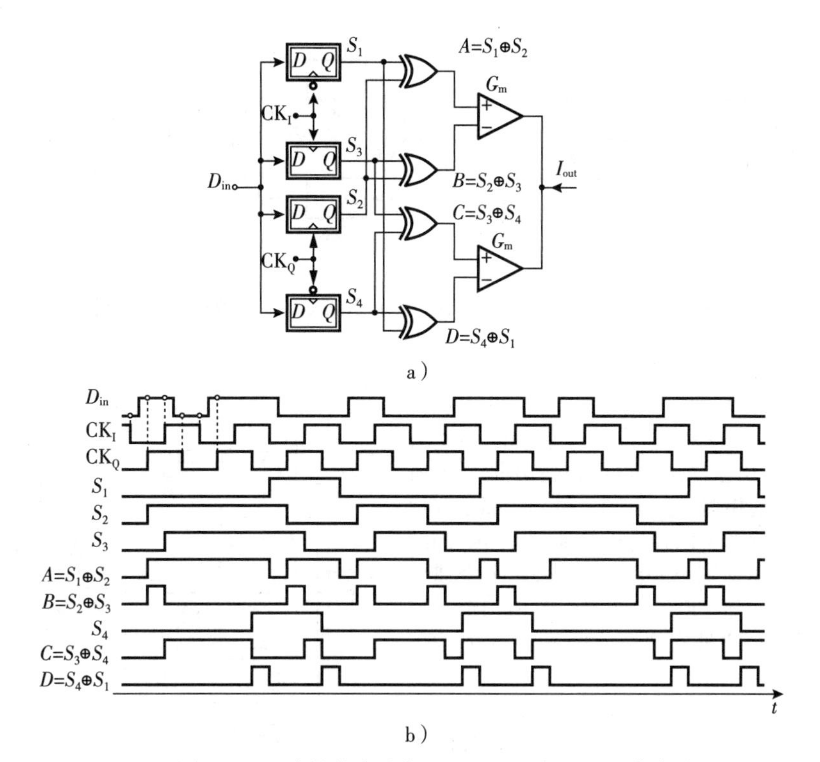

a）

b）

图 14-4　a)完整的半速率 Alexander 鉴相器；b)其波形

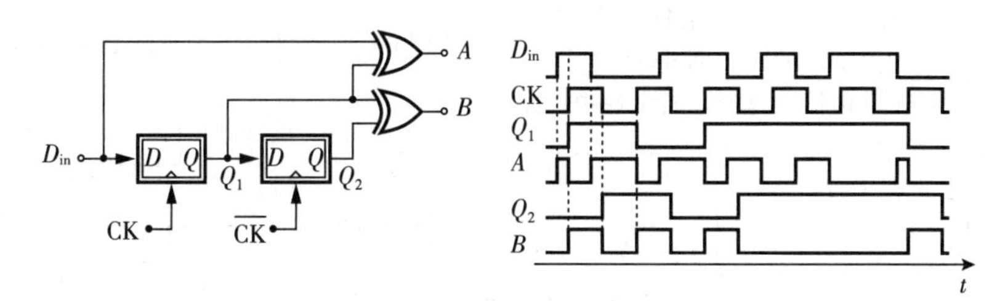

图 14-5　Hogge 鉴相器在半速率工作中的失效

为了实现 Hogge 鉴相器在半速率下工作，可以使用时钟的正交相位，并保证采样到 D_{in} 的所有必要样本。为此，重新回到 13.4.3 节中的全速率拓扑结构，注意到图 13-39 中，全速率时钟的上升沿对数据进行了采样，而其下降沿对采样结果进行了重采样。现在来考虑图 14-6a 中的波形。为了对 D_{in} 的每一 bit 都进行采样，我们必须同时利用 CK_I 的上升沿和下降沿，以此来确保 Q_1 是 D_{in} 的复制。这该如何实现呢？答案是使用“双采样”或者“双边沿触发”的触发器。如图 14-6b 所示，这种电路包括两个由 CK_I 和 $\overline{CK_I}$ 驱动的锁存器和一个多路复用器。当 CK_I 为高电平时，L_1 进入感测模式而 L_2 则进入保持模式，此时多路复用器选择接入后者的输出。同样，当 $\overline{CK_I}$ 为高电平时，多路复用器选择接入 L_1 的输出。因此，该电路在时钟的两个边沿都会更新 Q_1。双边沿触发的触发器的符号表示如图 14-6c 所示。

例 14-4　使用图 13-23 中的互补锁存器拓扑，构建一个双边沿触发的触发器。

解：如图 14-7 所示，可以结合两个锁存器，在 CK 的上升沿和下降沿采样数据。同时我们还将锁存器的拓扑结构加以扩展，构成 2-1 的多路复用器。注意，L_1 和 M_1-M_2 构成了主从触发器(为什么?)，L_2 和 M_3-M_4 也是同样的情况。

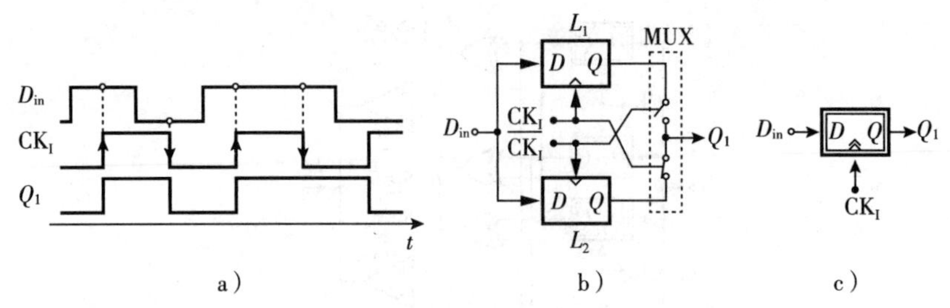

图 14-6 a)使用半速率时钟采样数据；b)使用锁存器和多路复用器实现；c)双边沿触发的触发器符号

鉴于半速率 Hogge 鉴相器也必须使用 CK_Q 的两个边沿来对数据进行重采样；并且从图 13-39 中我们已经知道，重采样必须在第一个采样点后的半个时钟 bit 周期处进行。由这些想法可以构建出图 14-8 所示的半速率 Hogge 鉴相器，其中 FF_1 和 FF_2 都是双边沿触发的触发器。读者可以容易地验证，由 CK_I 的两个边沿驱动的 FF_1 和图 13-39 中 PD 的第一个全速率触发器是等效的。同样，FF_2 和该图中的第二个触发器等效。换句话讲，两种实现生成的 A 和 B 的波形相同。

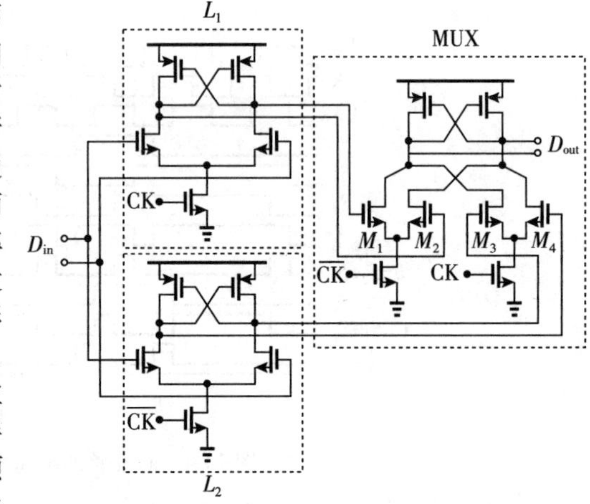

图 14-7 一种双边沿触发的触发器的电路实现

如之前所提到的，在高速下生成正交时钟相位是很难的。因此尝试研究一种不需要这种相位的半速率 Hogge 鉴相器。我们认识到，鉴相器电路仍必须在时钟的上升沿和下降沿对数据进行采样。需要关注的是，如果只使用互补的半速率时钟驱动两个锁存器，我们就可以检测到相位误差。如图 14-9a 所示，该电路产生两个输出：Q_1，当 CK 为高电平时跟踪 D_{in}，当 CK 为低电平时锁存；Q_2，根据 $\overline{CK}$ 对 D_{in} 执行同样的操作。在此说明一下具有相位误差的例子，Q_1 跟随 D_{in}，在 CK 下降之前上升，直到 CK 的下一个上升沿之前维持高电平，生成宽度为 $T_{CK}/2+\Delta T$ 的脉冲。

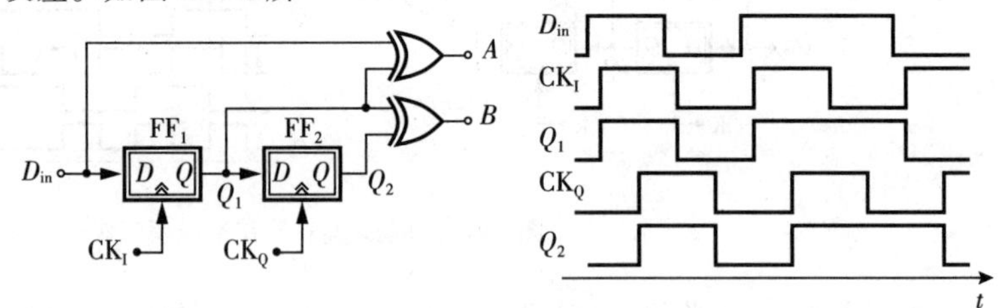

图 14-8 使用正交时钟相位的半速率 Hogge 鉴相器及其波形

另外，当 CK 下降时 Q_2 上升，并在 D_{in} 下降到 0 之前一直维持高电平，生成宽度为 $T_{CK}/2-\Delta T$ 的脉冲。结果是，XOR 门在输入数据的每个跳转边沿都会输出一个宽度为 ΔT 的脉冲；因此 A 输出为比例脉冲。

为了实现图 13-39 所示的全速率鉴相器类似的功能，半速率鉴相器还必须生成参考脉冲。如图 14-9b 所示，这是通过额外添加两个锁存器和一个 XOR 门来实现的[1]。L_1-L_3 以及 L_2-L_4 的级联当在半速率时钟下运行时用作主从触发器，同时对数据进行了 2 倍的解复用，分别在 Q_3 和 Q_4 处生成了半速率的数据流。由于 Q_3 和 Q_4 只能在时钟的相反边沿变化，因此它们之间的相位差为 $T_{CK}/2$，而这会被第二个 XOR 门检测到。对于每次数据跳转，A 表现出宽度为 $T_{CK}/4$ 的脉冲，而 B 表现出宽度为 $T_{CK}/2$ 的脉冲。总的来说，该电路同时实现了线性鉴相器和 1-2 多路解复用器的功能，而且不需要正交时钟。读者可以尝试画出当 CK 下降沿落在数据眼图正中间时的电路波形。

假设上述半速率鉴相器在 CDR 环路中工作。让我们画出当电路以零相位误差锁定时的输入和输出波形。如图 14-9b 所示，CK 下降沿出现在输入 bit 的正中间时可以得到最佳采样。此时，A 和 B 中的脉冲宽度分别是 $T_{CK}/4$ 和 $T_{CK}/2$，产生了不相等的平均值。如果将参考脉冲的结果按比例减小到原来的一半，则可以平衡这个差值。例如，如果鉴相器后面跟着的是电荷泵，那么 B 驱动的电流源大小应该是 A 驱动电流源的一半。

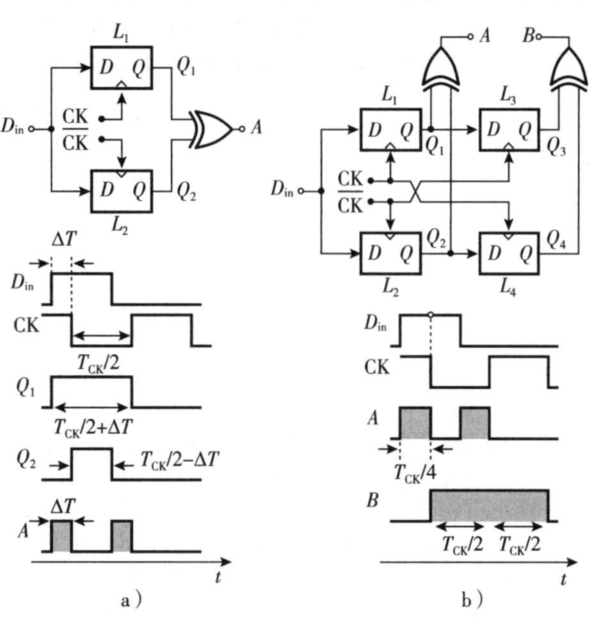

图 14-9 a)无正交时钟的半速率线性鉴相器；b)完整的鉴相器及其在锁定状态下的波形

14.2 无振荡器的 CDR 架构

某些系统需要在一个芯片上集成许多的 CDR 电路。例如，有线收发机需要支持 16 路 I/O"通道"，则需要大量的 CDR 环路。在这种情况下，由于 LC 振荡器的时钟抖动较高，很难使用 LC 振荡器进行时钟恢复。因此在本节中，我们将研究几种不需要自带振荡器的 CDR 架构。

14.2.1 基于 DLL 的 CDR 电路

为了得到可替代的 CDR 电路的实现，我们观察到有线系统中的发射机也使用 PLL 来生成多路复用器所需要的时钟。这里的 PLL 使用晶振作为参考输入并且相位噪声较小(见图 14-10)。可能的设想是，能否在 RX 的 CDR 环路中使用 TX 的 PLL 输出的 CK_{TX}，以消除 RX 中的 VCO？换句话说，使用 TX 端已给定的时钟，能否避免在 RX 中的时钟恢复而直接进行接收数据的重定时？

第一步，可以尝试简单到使用一个触发器的解决方案(见图 14-11a)。如果 TX PLL 的频率等于输入数据速率，那么理论上 CK_{TX} 可以重定时并恢复 D_{in}。然而，D_{in} 与 CK_{TX} 的相对相位是由 D_{in} 传输的物理长度决定的(例如，底板上的几厘米到几十厘米)，这个值是无法确定的。因此必须调整时钟(或者数据)的相位，来达到 D_{in} 的最佳采样点。这可以通过使用鉴相器和可变延迟线路来实现，如图 14-11b 所示。这里，触发器由 CK_1 驱动，其相位与 D_{in} 的相位是通过鉴相器、低通滤波器和压控延迟线路组成的环路来对齐的。读者可能已经发现这三个模块组成了一个 DLL(见第 11 章)，除了目标从对齐 CK_1 和 CK_{TX} 变成了对齐 CK_1 和 D_{in}。该系统中的鉴相器可以是基于本章和之前章节介绍的任何结构。

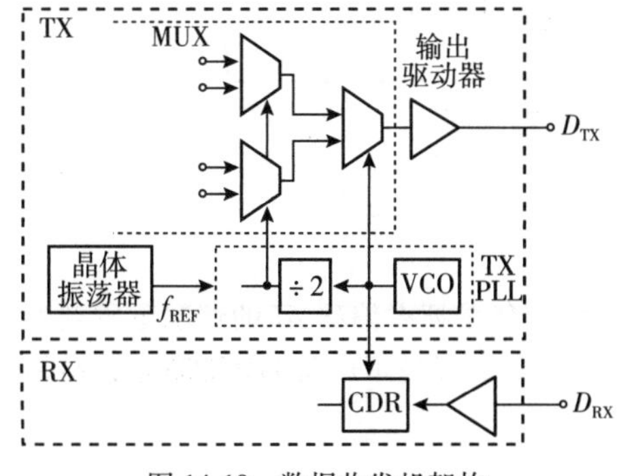

图 14-10 数据收发机架构

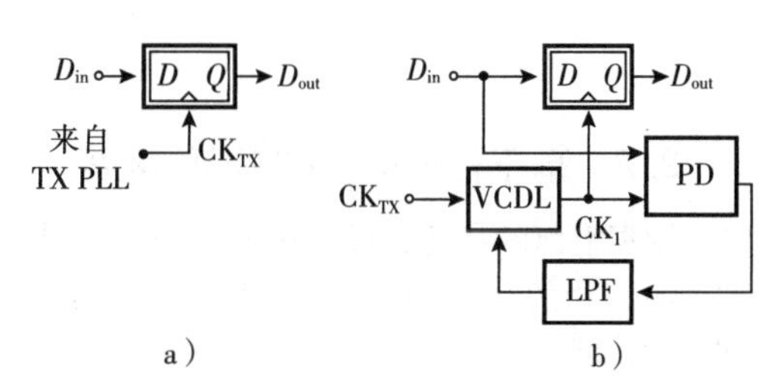

图 14-11 a)使用 TX 时钟重定时接收的数据；b)使用 DLL 来消除偏差

例 14-5 推导图 14-11b 中 D_{in} 相位到 CK_1 相位的传递函数。

解：我们注意到，如果 D_{in} 有一个相位阶跃，由于环路中低通滤波器的存在，CK_1 并不会立刻跟随改变。如果低通滤波器的传递函数为 $1/(1+s/\omega_{LPF})$，我们从图 14-12 中可以得到

$$H(s)=\frac{\dfrac{K_{PD}K_{VCDL}}{1+\dfrac{s}{\omega_{LPF}}}}{1+\dfrac{K_{PD}K_{VCDL}}{1+\dfrac{s}{\omega_{LPF}}}} \tag{14-1}$$

$$=\frac{K_{PD}K_{VCDL}}{\dfrac{s}{\omega_{LPF}}+K_{PD}K_{VCDL}+1} \tag{14-2}$$

式中，K_{VCDL} 表示压控延迟线路的增益。注意这里的传递函数与第 11 章中基础 DLL 传递函数之间的区别。该低通响应意味着，当 D_{in} 的相位缓慢变化时，CK_1 可以跟踪 D_{in}，但是快速变化则会被抑制。

图 14-11b 中的 CDR 架构似乎比本章和前一章开发的架构更简单且高效。实际上，由于 CK_{TX} 不会受到与数据相关的抖动的影响（为什么？），并且 DLL 产生的时钟抖动比 PLL 小得多，因此这种结构容易被优先使用。但是，必须考虑到，在实际应用中这种结构的设计复杂度相当高。为了说明这个问题，考虑图 14-13 中的系统，其中两个收发机使用一个线缆进行通信。TX_1 使用参考频率为 f_{REF1} 的 PLL 对数据进行多路复用并将其传输给 TX_2。后者利用自己的 TX 时钟，该时钟基于参考频率 f_{REF2}，根据图 14-11b 的实现方式进行数据恢复。位于两个收发机中的晶振工作在标称相等的频率，但是不可避免地存在失配（100 ppm 量级）。也就是说，CK_{TX2} 的频率并不完全等于从线缆接收的数据速率。由于图 14-11b 中的 DLL 很难去除这个频率“偏移值”，因此 CK_{TX2} 的边沿相对于输入数据跳转产生了偏移，从而产生了采样误差。

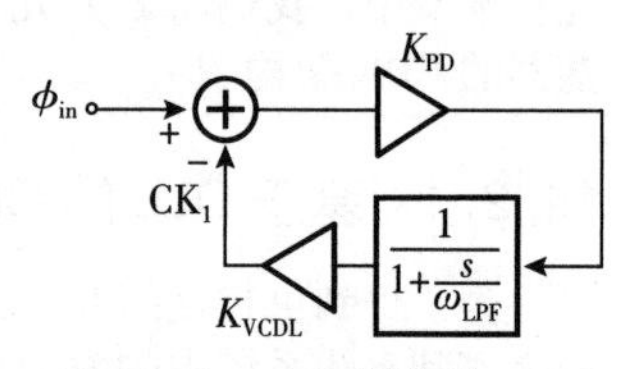

图 14-12 DLL 的模型

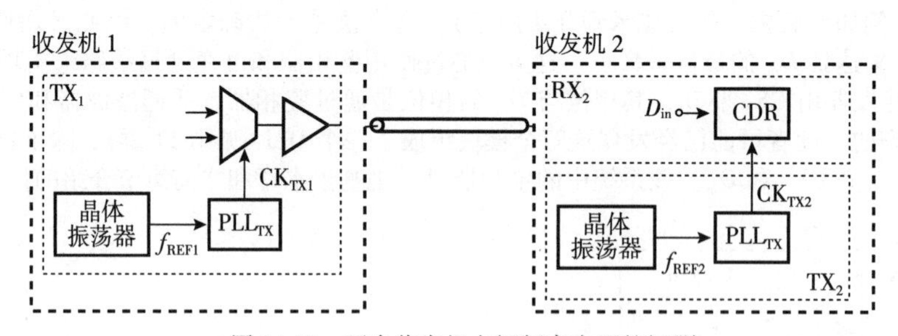

图 14-13 两个收发机之间频率失配的问题

14.2.2 基于相位插值的 CDR 电路

根据上面的描述，进一步的研究方向是在 D_{in} 和 CK_{TX} 之间存在频率偏移 Δf 的情况下重新考察图 14-11b 中的 CDR 电路。这种情况被称为“准同步现象”。下面的例子是可以帮助理解这个运行原理的一个关键点。

例 14-6 VCDL 能否产生与其输入频率不等的输出频率？

解：是的，它可以。回想 VCDL 输出相位可以由 $\phi_{out}=\phi_{in}+\phi_0+K_{VCDL}V_{cont}$ 来给出，其中 ϕ_0 表示不可

避免的最小延迟。假设输入是周期性的，并可以写成 $V_0\cos\phi_{in}=V_0\cos\omega_{in}t$。如果 V_{cont} 是一个斜坡信号 αt，则 VCDL 输出为 $V_0\cos(\omega_{in}t+\phi_0+K_{VCDL}\alpha t)=V_0\cos[(\omega_{in}+K_{VCDL}\alpha)t+\phi_0]$。因此，输出频率等于 $\omega_{in}+K_{VCDL}\alpha$。当然，这需要 V_{cont} 能够在无穷区间内线性变化或者可以在每次输入和输出之间的相位差超过 2π 时直接复位。

假设 VCDL 提供了 ΔT 的延迟，并且鉴相器后接入了电荷泵，以便在 DC 下获得无限的环路增益（见图 14-14）。由于频率偏移的存在，D_{in} 与 CK_{TX} 之间的相位差 $\Delta\phi$ 随着时间线性增长。但为了电路工作的正确性，CK_1 必须不受这个频率偏移量的影响。因此电荷泵需要向 VCDL 提供一个斜坡电压，以保持 CK_1 与 D_{in} 能够对齐。

图 14-14 中的电路实际上并不能正常工作。这是因为电荷泵的输出 V_{cont} 升高到一定程度延迟线路会“饱和”，延迟停止增加，而 D_{in} 和 CK_{TX} 之间的相位差却在无限累积。因此，必须寻找一种可以提供无限延迟的延迟线路结构，即延迟值可以达到 2π、4π，等等。

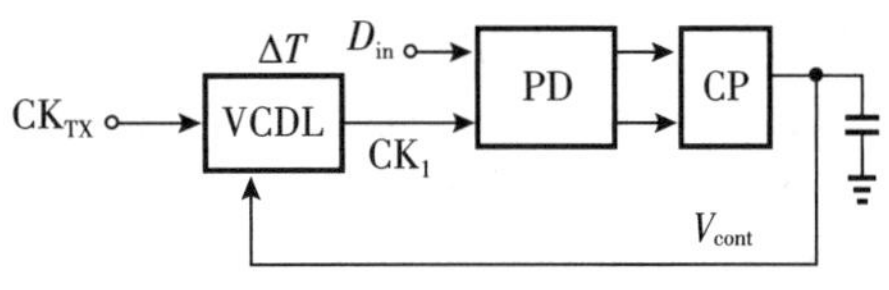

图 14-14 为研究频率失配影响的 DLL

为此，一个重要的结论是：相位插值器（Phase Interpolator，PI）可以作为具有无限相移的可变延迟线路。我们在第 11 章中已经研究了各种 PI 实现，但是，如果将电路的功能抽象为如图 14-15a 所示，我们可以看出：①CK_1 是 $CK_{TX,I}$ 或者 $CK_{TX,Q}$ 的“延迟”复制；②当 V_{cont} 变化时，该延迟量也发生变化。换句话说，如果能够获得 TX 时钟的正交相位的话，我们可以以相位插值器的形式实现 VCDL。这里的关键点是，相位插值器可以为 CK_1 引入一个单调增加且不会饱和的相位。这是可能的，当 CK_1 从 $CK_{TX,I}$ 开始旋转，到 $CK_{TX,Q}$，到 $CK_{TX,\bar{I}}$，到 $CK_{TX,\bar{Q}}$，到 $CK_{TX,I}$，到 $CK_{TX,Q}$，等等，一直循环下去。同时，CK_1 的相位“旋转”速率必须等于 Δf。

图 14-14 中的架构，使用相位插值器代替 VCDL（见图 14-15b）。当然，插值如果仅在 $CK_{TX,I}$ 和 $CK_{TX,Q}$ 之间进行，则 CK_1 的相位旋转不会超过 90°；我们还必须在 $CK_{TX,I}$ 和 $CK_{TX,Q}$，等等，之间进行插值，以便得到一个时钟周期大小的延迟。

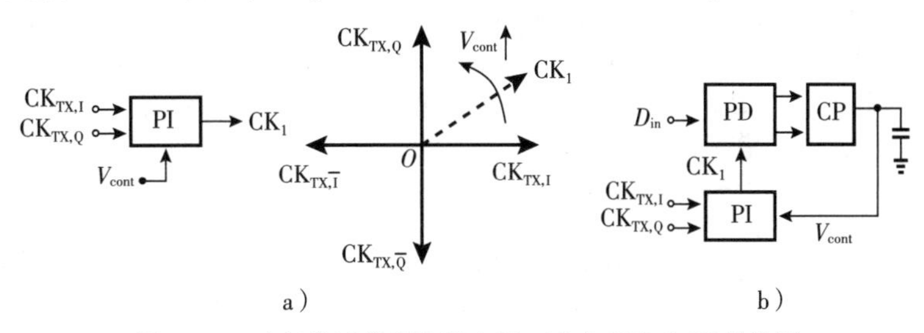

图 14-15 a）相位插值器的概念图；b）在 DLL 中 PI 的使用

由于 D_{in} 和 CK_{TX} 之间存在频率偏移，图 14-15b 中的环路必须持续地改变 V_{cont}，以此尽量减小 D_{in} 和 CK_1 之间的相位误差。但是，如何在 V_{cont} 变化有限的情况下实现这一点？在数字 CDR 电路的背景下会更好理解这个问题。

14.2.3 数字 CDR 电路

大多数基于相位插值器（无 VCO）的 CDR 电路都会引入数字插值。读者可以先复习第 11 章的内容再开始本节的学习。考虑图 14-16a 中的相位插值器拓扑，其中差分对感测输入 CK_I 和 CK_Q 是完全切换的，而 $V_{cont1}-V_{cont2}$ 则负责控制插值比例，生成插值输出 $\alpha\,CK_I+\beta\,CK_Q$。例如，如果 $V_{cont1}-V_{cont2}$ 为较大的正值，则 $\alpha=1$ 且 $\beta=0$。另一种实现方法是将底部的差分对替换成数字控制的电流源，即 DAC，如图 14-16b 所示。随着更多的电流源被切换到 M_1 和 M_2 的尾部，而更少的电流源被切换到 M_3 和 M_4 的尾部，则 α 增大，β 减小。如第 11 章中所说明的，我们希望两个差分对尾电流之和大致维持恒定，以使得输出电压摆幅不会变化太大。同时，为了保证单调性，各单位电流源的标称相等，并由温度计码控制，以相位 LSB 的大小进行选择，以提供必要的相位分辨率。习题 14.10 至习题 14.12 中会详细说明这些要点。

例 14-7 如何选择相位插值器的分辨率？

解：如果图 14-15b 中的 CDR 架构中包含数字相位插值器，那么 CK_1 的相位只能以离散的步长变化。也就是说，D_{in} 和 CK_1 之间的相位差不能小于相位插值器的输出 LSB 的大小。这种机制会导致 CK_1 中的抖动。因此相位插值器的分辨率选择应该是实现足够小的相位跳跃。例如，为了达到 5 ps 以内的总峰-峰值抖动预算，我们必须确保 PI 的分辨率远低于这个值。

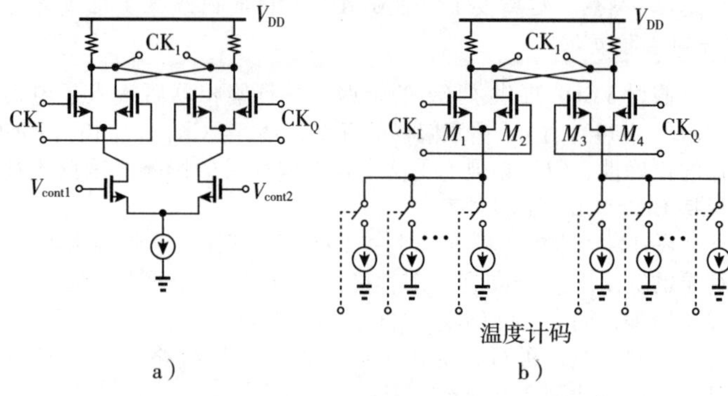

图 14-16 PI 结构：a)模拟控制；b)数字控制

值得注意的是，图 14-16b 中的 PI 只能覆盖相位平面的第一象限，即它只能在 CK_I 到 CK_Q 之间生成一个输出相位。对于其他象限，例如，CK_Q 和 $\overline{CK_I}$ 之间的相位，需要额外的差分对和 DAC(见例 14-10)。

数字相位插值涉及两个问题。第一，由于大多数应用的低时钟抖动要求，DAC 会变得复杂。例如，为了得到在 10 GHz 下的 1 ps 的分辨率，图 14-16b 中的每个尾部网络必须使用超过 100 个的单位电流源(见习题 14.12)。第二，必须修改图 14-15b 中的架构，使相位插值器的控制输入为数字量。也就是说，就如同第 10 章中研究过的数字 PLL，为了设计成完整的“数字 CDR”电路，要求鉴相器同时充当时间-数字转换器(TDC)，而 LPF 也需要在数字域中实现。

但是，设计一个能处理随机数据输入的 TDC 似乎并不容易，但可以将 bang-bang 鉴相器用作 1 bit 的 TDC。跟随这个思路，回到 13.4.1 节中使用单个 D 触发器作为鉴相器的想法，如图 14-17a 所示，我们首先可以构建一个模拟的 bang-bang 环路，其中如果 CK_1 超前，则触发器输出为高电平，使得电荷泵拉高 V_{cont}。如果时钟是滞后的，则出现相反的情况。因此，这个环路可以在 D_{in} 的跳转附近提供 CK_1 的一个采样边沿。

接下来，我们在数字域中模拟电荷泵的 Up/Down 行为：如图 14-17b 所示，一个 Alexander 鉴相器对 D_{in} 进行连续三次采样，并根据图 13-36 所示的机制生成 Up 和 Down 信号。然后使用一个二进制计数器根据 PD 的决定将其输出结果进行累加或者减少，计数器输出通过 DAC 来驱动相位插值器。例如，如果 CK_1 超前，则计数器输出会增加，迫使 PI 将输出相位向 $CK_{TX,Q}$ 处旋转。我们称这个架构为“全速率”数字 CDR 环路。

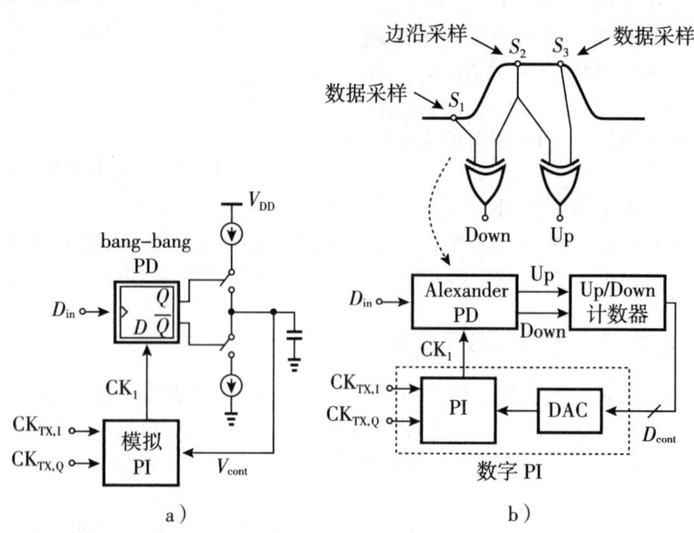

图 14-17 CDR 环路：a)使用模拟 PI 和 FF PD；b)使用数字 PI 和 Alexander PD

图 14-17b 中的电路还有一些问题需要说明。第一，计数器被用作积分器，累积(平均)之前 2^K 次相位比较产生的相位误差信息，其中 K 是计数器的 bit 数。第二，K 是根据必要的 PI 和 DAC 的分辨率选择的，通常在 8～10 bit 的范围内。第三，如果我们使用单触发器作为 bang-bang 鉴相器，那么该环路会像图 14-17a 中的模拟对应形式一样动作，将持续升高或者降低 D_{cont}，

即便此时没有数据跳转边沿。另一方面，如果使用 Alexander 鉴相器，D_{cont} 可以在没有输入边沿时保持定值。

例 14-8 如果 D_{in} 和 CK_{TX} 之间没有频率失配，那么图 14-17b 中拓扑的行为会发生什么样的变化？

解： 假设某个时刻，鉴相器判定 CK_1 超前，生成一个高电平，并命令计数器向上计数。因此，相位插值器会减小 D_{in} 和 CK_1 之间的相位误差。该过程会一直持续到 CK_1 变得稍微滞后，此刻鉴相器会输出低电平，并且相反的情况发生。因此，CK_1 的采样边沿会在数据边沿附近来回波动，波动范围至少是相位插值器的 1 LSB。在实际应用中，输入数据抖动和时钟抖动会进一步使这个波动随机化。

需要关注的是，图 14-17b 中的 bang-bang 鉴相器充当了 1 bit 的相位量化器，其与计数器组合形成了类似一阶 $\Delta\Sigma$ 调制器的环路（见第 12 章）。换句话说，我们可以对该电路如图 14-18a 所示建模，其中 K_{PI} 表示相位插值器的增益（定义为当相位插值器输入发生 1 LSB 变化时其输出相位的变化量）。

与一般的 $\Delta\Sigma$ 调制器不同的是，这个环路将量化器放在了积分器之前。如图 14-18b 所示，我们画出其相位域模型，并将 PD 的量化噪声定义为 ϕ_Q，得到相位插值器的输出相位为

$$\phi_1 = \frac{1}{1+\frac{s}{K_{PI}}}\phi_Q \qquad (14\text{-}3)$$

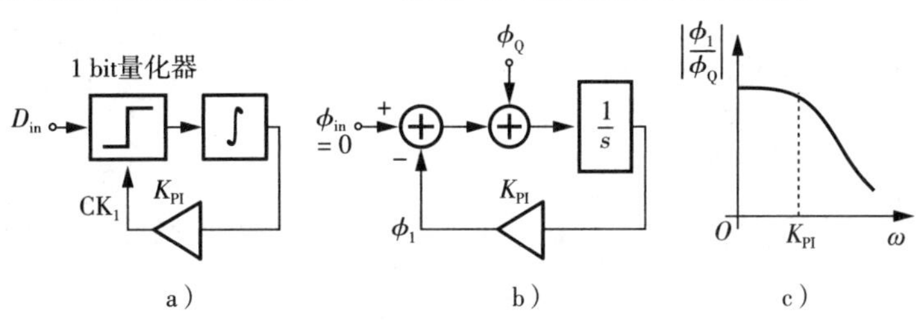

图 14-18 a）bang-bang CDR 环路和 $\Delta\Sigma$ 调制器之间的类比；b）简化模型；c）从量化噪声到恢复的时钟相位的传递函数

也就是说，ϕ_Q 经历了低通滤波响应，其转折频率为 K_{PI}（见图 14-18c），ϕ_{in} 也是如此。这个结果不同于 $\Delta\Sigma$ 环路中的高通噪声整形，这种差异的产生是由于系统的输出是在量化器的输入端而非量化器的输出端。

例 14-9 直观地解释提高相位插值器的分辨率如何影响图 14-18c 中的响应？

解： 如果 PI 分辨率和计数器位数提升，那么，对于一个给定的输入相位误差，环路需要花费更长的时间进行校正，因为 PI 的输出相位步长变小。因此，转折频率会下降。

接下来必须解决图 14-17b 中结构存在的一个问题。哪一个信号来驱动计数器？预计可以使用恢复出的时钟 CK_1。由于高速下计数器和 DAC 的设计是比较困难的，我们考虑使用较低的时钟频率。然而，如果使用恢复时钟 CK_1 的整数倍降频信号去驱动计数器，计数器实际上会忽略一些鉴相器的输出分量，实质上是丢失了部分输入数据跳转的信息。

因此，我们需要探讨半速率甚至四分之一速率时钟在数字 CDR 环境中的可行性。回顾图 14-4 中的半速率 Alexander 鉴相器的波形和实现，其中 4 个 XOR 门的输出的平均值（在模拟域）一同可以揭示出时钟是超前还是滞后的。但在数字环路中，计算这些平均值并不容易。因此我们采取了不同的实现方式。首先回顾一下，一个全速率 Alexander 鉴相器可以通过 XOR 门处理一个数据样本和下一个边沿样本，以及该边沿样本和下一个数据样本，来生成“Up”和“Down”信号。如果有足够的时钟相位可用，该原则在低速率时钟下也适用。例如，可以将图 14-17b 中的全速率鉴相器替换成 8 个触发器，由半正交（45°），四分之一速率的时钟相位来驱动（见图 14-19a）。在这里，奇数编号和偶数编号的触发器分别生成数据样本和边沿样本（反之亦然）。因此，$Q_1 \oplus Q_2$，$Q_3 \oplus Q_4$ 等，可以作为 Up 命令，而 $Q_2 \oplus Q_3$，$Q_4 \oplus Q_5$ 等，可以作为 Down 命令。

剩下的问题是，如何将这些 Up/Down 命令组合起来，用以生成单个的用于向上/向下驱动计数器的 bang-bang 判定信号。“多数表决”是一种可行的实现方法，即只计算 Up 和 Down 的个数，求差值后相应地递增或递减计数器（如果 Up 和 Down 的数目相等，则计数器不会发生改变）。图 14-19b 从概念上说明了这个操作过程。使用简单的 1 bit bang-bang 判定信号，计数器以 1 LSB 向上或向下计数。

在实际应用中，另外两项改进策略是必需的：①由于大多数应用会将计数器替换成一个数字环路滤波器(如第 10 章中研究的数字 PLL)，因此对样本必须进一步解复用，以此降低数字滤波器工作速度的限制；②触发器的输出在进行 XOR 操作前必须正确对齐。

整体 CDR 环路如图 14-19c 中所示，其中相位插值器从 $CK_{TX,I}$ 到 $CK_{TX,Q}$ 生成 $CK_1 \sim CK_8$。8 个触发器对数据进行了 4 倍的解复用，而后续的 DMUX 会再进行 8~16 倍的解复用。注意数字滤波器会根据多数表决的结果同时调整 $CK_1 \sim CK_8$ 的相位。下面将说明，由于准同步现象的存在这个架构还需要进行进一步的优化。同时，需要注意到这个结构存在的两个不利条件：D_{in} 必须驱动 8 个触发器的输入电容；$CK_{1\sim8}$ 所受抖动的影响至少等于 PI 输出的 LSB 大小。

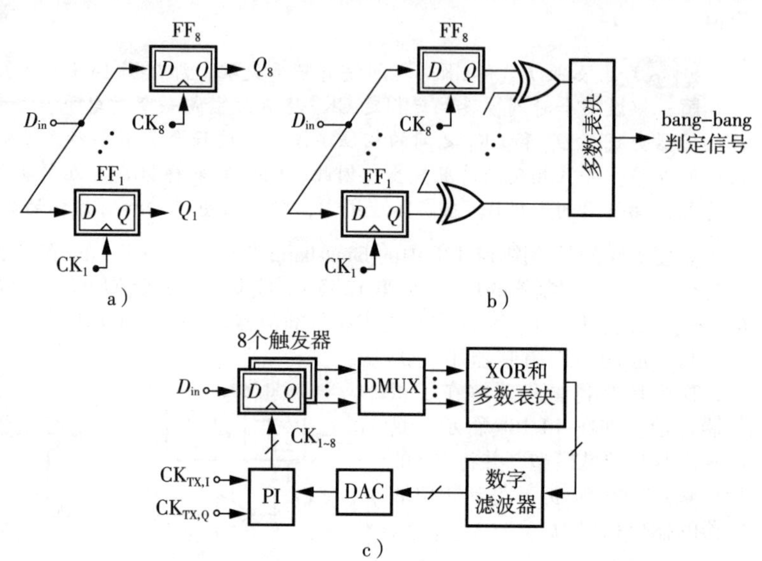

图 14-19 a)由 8 个时钟相位采样输入数据；b)通过多数表决模块输出判定信号；c)数字 CDR 环路

准同步现象 让我们回到最初导致使用相位插值技术的问题上，即 D_{in} 和 CK_{TX} 之间的相位差在存在频率失配的情况下会无限增加。而图 14-19c 中的改进后的 CDR 环路架构其实并没有解决这个问题。具体来说，我们要考虑 PI 如何继续旋转它的所有输出相位。如图 14-20 所示，每一个 PI 的输出必须能够以等于频率偏移的速率不断地旋转。而图 14-16b 中的 PI 的输出只能从 CK_I(当 M_3 和 M_4 关断)旋转至 CK_Q(当 M_1 和 M_2 关断)，图 14-20 中的其他三个象限并没有覆盖到。我们称这个电路为“单象限”PI。

为了解决这个问题，必须在插值器中加入开关，当 PI 的相量达到图 14-20 中的象限边界时，其每个时钟输入的极性可以通过开关改变。例如，为了使相量从第一象限进入第二象限，其中一个 PI 的输入必须从 $CK_{TX,I}$ 切换到 $\overline{CK_{TX,I}}$。因此我们需要“边界检测器”。

例 14-10 某学生认为相位插值器可以配置为自然跨过象限边界，而无须加入显式的边界检测器。即使用两个 Gilbert 单元作为四象限乘法器，电路如图 14-21 所示。该结构的思路是，当单元 A 和 C 激活时，在 CK_I 和 CK_Q 之间进行插值；当单元 B 和 C 激活时，在 $\overline{CK_I}$ 和 CK_Q 之间进行插值，以此类推。这个结构可以在没有边界检测器的情况下工作吗？

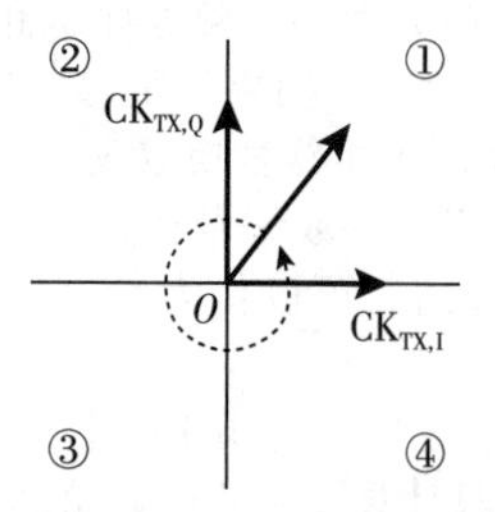

图 14-20 时钟相位在不同象限间的旋转

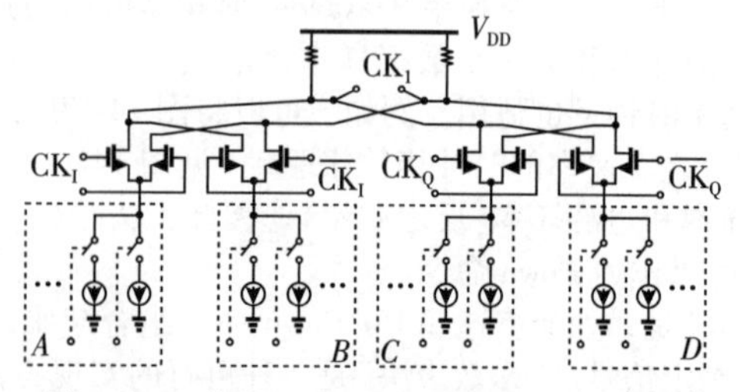

图 14-21 使用两个 Gilbert 单元来实现一个四象限 PI

解：不行。该结构的问题在于，如果图 14-19c 中的数字滤波器的输出只会单纯上升或者下降，则不能直接驱动这个 PI。例如，如果滤波器只是递增单元 A 并递减单元 C，则只会在 CK_I 和 CK_Q 之间插值。如果要在 $\overline{CK_I}$ 和 CK_Q 之间插值，则必须关断 A 并启用 B。同样，要在 $\overline{CK_I}$ 和 $\overline{CK_Q}$ 之间插值，B 和 D 必须保持激活。因此，在滤波器后必须加入有限状态机来跟踪象限的变化并在边界处给出合适的开关操作。

接下来应该对图 14-19c 中的结构进行仔细观察：相位插值器接收的两个输入相差 90°，相位插值器对其进行插值以达到足够的分辨率。在准同步现象下，8 个相位插值器的输出会持续旋转。图 14-22a 所示为一个特定时刻相位插值器输出相位的示意图。关键在于，当其中一个时钟相位跨越象限边界时，其他一些并没有；因此，单个相位插值器显然并不够用。依此思路我们得到图 14-22b 所示的实现形式，其中每个采样触发器由专用的相位插值器驱动。相位误差信息由采样触发器给出，进行多数表决后必须控制相位插值器，以使得偶数编号（或者奇数编号）的触发器能够在输入数据跳转边沿处采样（见图 14-22c）。

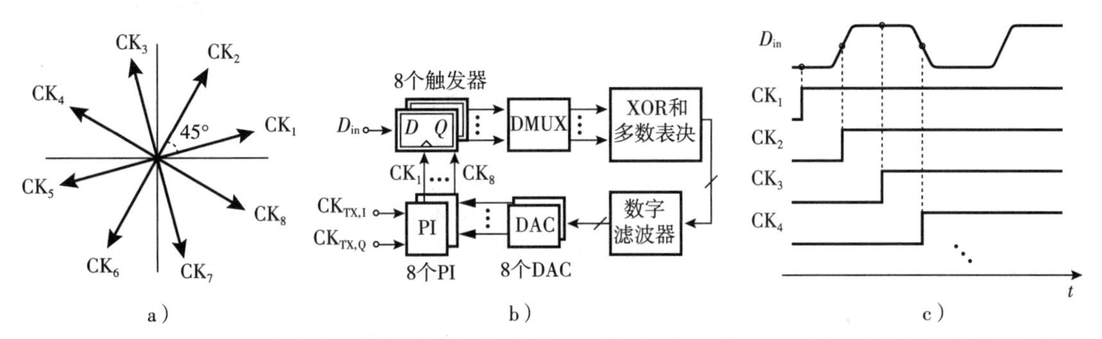

图 14-22 a）在某个时间点有 8 个等间隔的时间相位；b）使用 8 个 PI 的 CDR 环路；c）输入以及时钟波形

14.3 频率捕获

CDR 电路的带宽一般相对较窄（比输入数据速率小很多），这是由于通信标准的规范和/或需要抑制数据相关的振荡器控制电压纹波。由于使用随机数据工作的鉴相器不提供频率误差信息，因此当 VCO 的频率开始远离所需值时，需要额外的部分来保证锁定。

回顾第 7 章中提到，在锁相环中添加第二个包含鉴频器（FD）的环路，可以保证频率捕获。在 CDR 环境中，鉴频器必须能够在随机数据下正常工作，这其实并不容易实现。例如，文献[2]中提到了一个鉴频器，使用双边沿触发的触发器和正交时钟相位来比较数据速率和时钟频率。这种“无参考”的 CDR 电路在某些没有晶振的接收机中被证明是有用的。

大多数系统确实都会使用晶振，因此可以使用较为简单的频率捕获方法。如图 14-23 所示，其思路是，在 CDR 环路停止工作时，可以使用简单的整数 N PLL 将 VCO 频率牵引到所需频率，然后禁用该整数 N PLL 环路并启用 CDR 环路，使 VCO 频率锁定到 D_{in}。在这个例子中，两个环路在低通滤波器的输入端相遇。具体运行如下。首先，电荷泵导通而 PD 保持关断。PLL 牵引 VCO 锁定在 Nf_{REF}上，该状态是被锁定检测器 LD 确定的。如 9.10 节中所介绍的，LD 会测量 f_{REF} 和 f_B 之间的差值，当 $|f_{REF}-f_B|$低于某个阈值（例如 $10^{-4}f_{REF}$）时，LD 给出明确的输出，指示已经锁相。随后，CP 被禁用，PD 被启用。此时，LPF 的状态和 VCO 频率都接近所需要的值，即在 CDR 环路的频率捕获能力之内。因此 CDR 环路接管并成功将 VCO 锁定到 D_{in}。如果像 Hogge 鉴相器中那样在 PD 后加入一个电荷泵，那么 LD 会对两个电荷泵都进行控制。锁定检测器的设计在第 9 章中已经介绍过了。注意，这两个环路不能同时开启，以避免它们之间发生冲突。

例 14-11 为了使图 14-23 中的 VCO 对 V_{cont} 上的噪声不那么敏感，一个工程师决定将控制拆分为细调支路和粗调支路，并且在 PLL 环路中只包括后者(见图 14-24)。V_{cont2} 可以用一个大电容连接到地用以减少该控制线路的波动。尝试解释这里的问题。

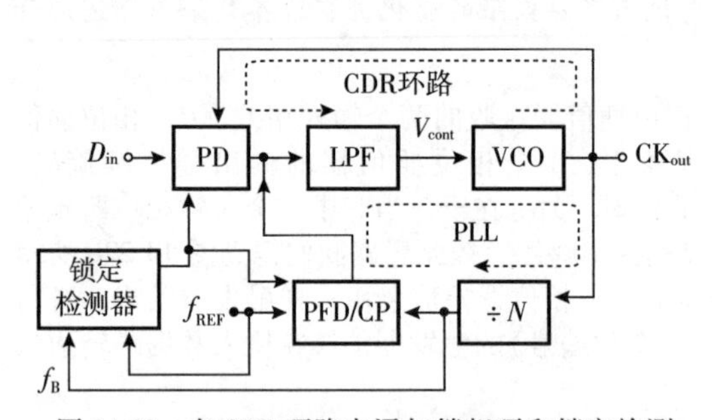

图 14-23 在 CDR 环路中添加锁相环和锁定检测器用于频率捕获

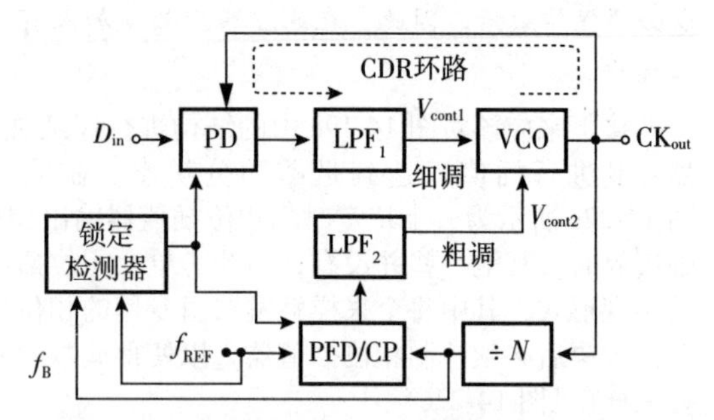

图 14-24 具有细调 VCO 控制和粗调 VCO 控制的频率捕获

解： 该结构的问题在于，当 CP 被禁用后，LPF_2 由于漏电流而开始难以维持原先的锁定状态。结果是 V_{cont2} 会逐渐达到 0 或者 V_{DD}，使得 CDR 环路失去锁定状态。

图 14-23 中的架构有以下问题值得说明。首先，当切换 CDR 环路进入工作状态后，锁定检测器必须持续监视 $f_{REF}-f_B$；比如，如果由于电源上的毛刺使得 CDR 环路失去锁定，则 LD 必须重新开启 PLL 进行频率捕获操作。其次，低通滤波器必须根据 CDR 环路所需的动态特性以及带宽要求来进行设计。这种设计一般也足以满足 PLL 的稳定性要求；除此之外还可以通过另一个自由度来保证 PLL 的稳定性，即调整电荷泵电流大小。

例 14-12 图 14-23 的 LPF 中的电容值可以在环路切换发生时改变吗？

解： 这种方法虽然能够增加设计灵活性，但是面临一个严重的问题。假设，如图 14-25 所示，当 CDR 环路接管工作时，C'_1 被切换到滤波器中。然后，由于两个电容之间的电荷共享，V_{cont} 会经历一个跳跃，可能在 VCO 输出处产生大的频率偏移。因此环路可能无法锁定。

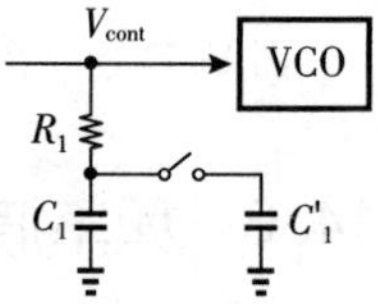

图 14-25 将一个电容切换到环路滤波器中

另一种确保频率捕获的方法利用了第 8 章和第 9 章中介绍的离散 VCO 校准技术。如果 VCO 频率以数字控制调整到一个接近所需值的离散量，则 CDR 环路总是以一个小的频率误差开始，然后进入锁定状态。图 14-26 说明了这一点。当然，为了保证数字控制量的正确性，环路中可能还需要加入除法器和锁定检测器。

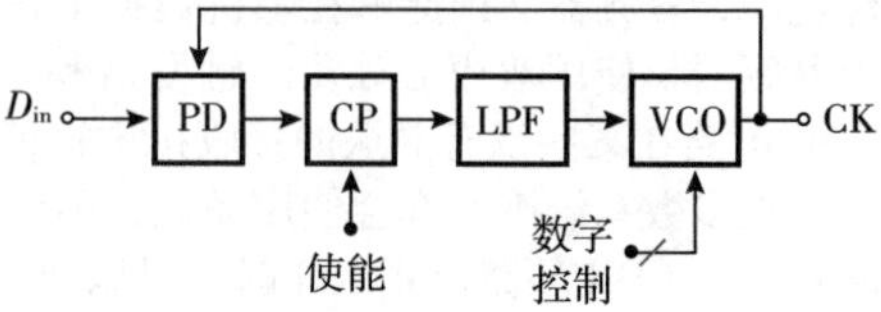

图 14-26 确保 CDR 锁定的 VCO 频率的数字设置

14.4 抖动的特性

由于 CDR 电路感测的是随机的，并且可能是抖动的数据输入，因此其抖动特性比倍频的 PLL 更复杂。本节将研究 CDR 抖动行为的三个层面。在此背景下，我们将输入数据周期称为“单位时间间隔”(Unit Interval, UI)。读者可以先回顾一下第 7 章和第 8 章中得出的 PLL 传递函数。

14.4.1 抖动的产生

与其他 PLL 环路一样，即便 CDR 环路的输入没有抖动，其输出中也会产生抖动。我们可以识别出几个来源：VCO 的本征相位噪声，由于输入数据随机性导致的控制电压纹波(即模式相关抖动)，以及电源和衬底噪声。第一种会根据环路带宽和阶数被整形(见第 8 章)，而第二种取决于鉴相器的类型(见 13.4 节)。例如，以单触发器作为 bang-bang 鉴相器会造成较大的纹波。因此，即使通信标准允许宽环路带宽，模式相关抖动可能仍要求一个窄的带宽。

CDR 电路产生的抖动会使得接收机中对于其他非理想效应的预算缩小。如图 14-27 所示，D_{in} 自身会受边沿比较缓慢(由于接收路径的带宽有限)和随机抖动的影响。另外，由于环路的非理想性，时钟边沿会产生一些静态偏移。而时钟抖动会加剧这个问题，特别是当抖动幅度达到几倍的均方根(rms)值时。根据经验，我们的目标是恢复时钟中产生的均方根抖动约为 0.01UI。

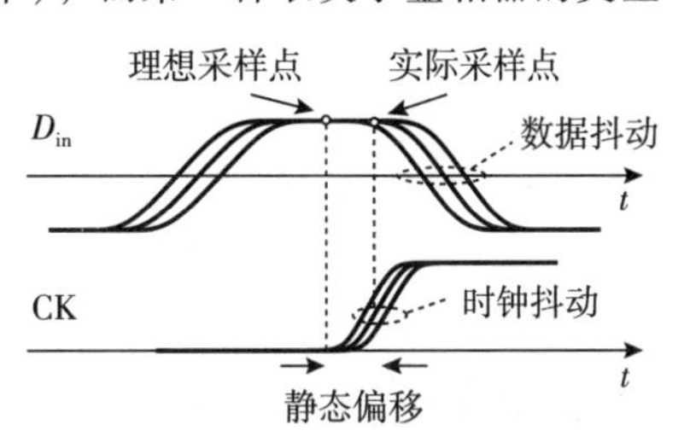

图 14-27 显示抖动和时钟相位偏移影响的数据波形

14.4.2 抖动的传递函数

除了将恢复时钟与输入数据对齐之外，CDR 电路还必须充当窄带滤波器并去除大部分的输入抖动。也就是说，数据抖动会通过闭环输入输出传递函数被进行滤波，简称其为“抖动传递函数”。锁相环的一个独特的性质是，它对于任意高频的输入信号可以实现具有任意窄带宽的抖动(相位)滤波。这种高 Q 值的动作可以在输入抖动到达恢复时钟输出端之前对其大幅度抑制。然而，如在下一节中将解释的，抖动“容忍度”要求会与这种窄带滤波方式产生冲突。

对于Ⅱ型 CDR 电路，其闭环抖动传递函数表示为

$$H(s)=\frac{2\zeta\omega_n s+\omega_n^2}{s^2+2\zeta\omega_n s+\omega_n^2} \tag{14-4}$$

这个传递函数量化了输入数据中的多少抖动会传输到恢复时钟和重定时数据当中。第 7 章曾研究过这种响应，但是在时钟和数据恢复的背景下这个问题仍有待深入讨论。需要注意到，传递函数中的 ζ 和 ω_n 都取决于数据的“跃迁密度”D_T。我们定义 D_T(一个无量纲量)为单位时间内数据边沿的数量除以数据比特率。例如，如果数据流中出现 0 和 1 的概率相等，那么鉴相器检测到上升沿和下降沿的概率相等，即 $D_T=0.5$。传递函数对跃迁密度的相关性来源于本章中研究的鉴相器只有在数据边沿处才会产生净输出的特性，鉴相器表现出正比于 D_T 的增益。可以通过将 PD 或者 VCO 的增益乘以 D_T 来量化这种数据相关性：

$$\zeta=\frac{R_1}{2}\sqrt{\frac{I_p D_T K_{VCO} C_1}{2\pi}} \tag{14-5}$$

$$\omega_n=\sqrt{\frac{I_p D_T K_{VCO}}{2\pi C_1}} \tag{14-6}$$

重新研究一下该传递函数的 3 dB 带宽以及抖动峰值问题。在第 7 章我们得出

$$\omega_{-3dB}^2=\left[2\zeta^2+1+\sqrt{(2\zeta^2+1)^2+1}\right]\omega_n^2 \tag{14-7}$$

在实际情况中，应该选择尽可能窄的 CDR 带宽，使得模式相关抖动尽可能地小。那么如何在不影响稳定性的情况下减小 3 dB 带宽ω_{-3dB}？如果阻尼系数比 1 大，有

$$\omega_{-3dB}\approx 2\zeta\omega_n \tag{14-8}$$

$$\approx\frac{R_1 I_p D_T K_{VCO}}{2\pi} \tag{14-9}$$

因此，减小 R_1 可以减小ω_{-3dB}，同时适当加大环路滤波器的电容以确保合适的阻尼系数。出于这个原因，CDR 的滤波器中一般都需要大的电容。

由于，对于给定的 ζ，减小带宽只能通过减小自由振荡频率 ω_n 来实现，我们回到式(14-4)中的传

递函数，当 s 在一定范围内时，我们可以忽略 ω_n^2 项，写成

$$H(s) \approx \frac{2\zeta\omega_n}{s+2\zeta\omega_n} \tag{14-10}$$

也就是说，该环路可以用 3 dB 带宽为 $2\zeta\omega_n$ 的单极点系统进行近似。这是可预料到的，因为零点和第一个极点在较大阻尼系数的条件下几乎重合(见第 7 章)。同时，可以推测出这种近似在更高的抖动频率下更加准确(为什么?)。

例 14-13 确定单极点系统近似适用的 ω 的范围。

解： 我们需要研究式(14-4)中传递函数的幅度大小。有

$$|H(j\omega)|^2 = \frac{4\zeta^2\omega_n^2\omega^2+\omega_n^4}{(\omega_n^2-\omega^2)^2+4\zeta^2\omega_n^2\omega^2} \tag{14-11}$$

为了将上式简化成式(14-10)的平方 $4\zeta^2\omega_n^2/(\omega^2+4\zeta^2\omega_n^2)$，分子和分母的 ω_n^4 必须都可以忽略不计。这一点的一个充分条件是 $4\zeta^2\omega_n^2\omega^2 \gg \omega_n^4$ 因此有

$$\omega^2 \gg \frac{\omega_n^2}{4\zeta^2} \tag{14-12}$$

换句话说，当 ω 远大于 $3\omega_n/2\zeta$ 时，传递函数有一阶特征。注意，这个值一般比 3 dB 带宽 $2\zeta\omega_n$ 要小。

抖动峰值　一些系统在将数据传送到最终目的地之前会在 CDR 电路的级联中处理数据。例如，长距离光纤收发机每几百公里就包含一个“中继器”来进行重定时和清理数据。在这种情况下，数据路径中 CDR 电路的传递函数会被相乘在一起，使得抖动峰值现象越发明显。

回到式(14-4)的抖动传递函数，并注意到：

$$\omega_z = -\frac{\omega_n}{2\zeta} \tag{14-13}$$

$$\omega_{p1,2} = \left(-\zeta \pm \sqrt{\zeta^2-1}\right)\omega_n \tag{14-14}$$

$$= \left(-1 \pm \sqrt{1-\frac{1}{\zeta^2}}\right)\zeta\omega_n \tag{14-15}$$

这个表达式可以在 $\zeta^2>2$ 时进行简化。一种较好的近似是当 $\varepsilon<0.5$ 时，写成 $\sqrt{1-\varepsilon} \approx 1-\varepsilon/2-\varepsilon^2/8$，由此得到

$$\omega_{p1,2} \approx \left[-1 \pm \left(1-\frac{1}{2\zeta^2}-\frac{1}{8\zeta^4}\right)\right]\zeta\omega_n \tag{14-16}$$

因此，

$$\omega_{p1} \approx -\frac{\omega_n}{2\zeta}-\frac{\omega_n}{8\zeta^3} \tag{14-17}$$

$$\omega_{p2} \approx -2\zeta\omega_n+\frac{\omega_n}{2\zeta}+\frac{\omega_n}{8\zeta^3} \tag{14-18}$$

这个结果很有价值。如图 14-28 所示，我们发现：①零点出现在第一个极点之前，这无可避免地会产生抖动峰值；②如果 $8\zeta^3 \gg 2\zeta$，即 $4\zeta^2 \gg 1$，那么 ω_z 和 ω_{p1} 几乎重合，这是唯一能够控制抖动峰值的参数；③ω_{p2} 和 ω_{-3dB} 之间的差值大约为 ω_{p1}，而当阻尼系数增大时两者相互接近。

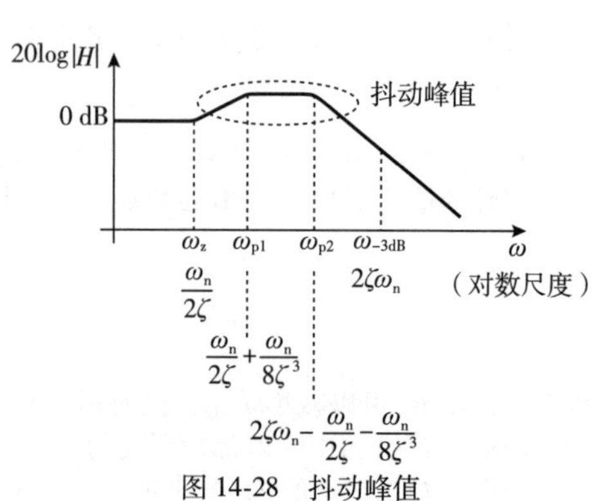

图 14-28　抖动峰值

当ζ的值约大于2时，ω_{p2}比ω_{p1}大得多，对在ω_z和ω_{p1}之间的响应影响可以忽略不计。因此$|H(j\omega_{p1})|/|H(j\omega_z)|\approx\omega_{p1}/\omega_z$，这就是抖动峰值的估计值$J_p$。从式(14-13)和式(14-17)可得到

$$J_p \approx 1+\frac{1}{4\zeta^2} \tag{14-19}$$

有人可能会认为，只有$1/(4\zeta^2)$项才能被称为抖动峰值，但是式(14-19)表示方式更适合分贝计算。例如，$\zeta=2$时抖动峰值大约为0.53 dB。

另一个可能引入抖动峰值的现象与环路中的"额外延迟"有关。例如，一个简单PLL中的分频器具有有限的延迟T_{div}，使得整个环路增益需乘以$\exp(-T_{div}s)$。由于环路的时间常数一般比T_{div}要长得多(见第15章)，因此此因子可以简化为$1-T_{div}s$。而这会产生右半平面零点，恶化了相位裕度。同样，与数字PLL中的TDC和环路滤波器相关的延迟和等待也会产生抖动峰值。在数字CDR电路中，解复用器、计数器和相位插值器都会贡献额外的延迟。

14.4.3 抖动的容限

前一节中对抖动传递函数的分析是基于一种普遍的理解，即CDR电路应该具有窄带宽，以便抑制输入数据抖动并生成"干净"的时钟。然而，在现实中，另一个需要关注的效应使我们进入了需要宽带宽的场景。

随机数据从发射机开始就会产生抖动，其经过(有损)介质最终到达接收机。抖动包含不同频率的分量，即，一些分量会导致缓慢的相位变化，而一些分量则会导致相位变化非常快。对于给定的CDR带宽，非常低频的抖动在到达恢复时钟时几乎没有衰减。可以考察一下在这种状态下环路的行为。如图14-29a所示，即使由于抖动，数据的每个bit周期都在波动，数据边沿从其理想时间点偏离，但恢复时钟却可以"追踪"数据，并且调整其相位以确保采样发生在眼图中间。换句话说，幸运的是，输入抖动是由时钟继承的！

而另一个场景下，假设输入数据的抖动频率超出CDR带宽。这些分量经过CDR电路滤波后不会影响恢复时钟(见图14-29b)。也就是说，时钟边沿继续以均匀的间隔采样，导致采样偶尔会危险地接近数据边沿。如图14-29c所示为更真实的波形，在存在数据抖动的情况下，时钟在B点而非在A点进行了采样。而时钟抖动会进一步加剧这种影响。总结而言，对于十分快速的输入相位抖动，CDR输出会有较高的错误率，这是因为时钟边沿可能在数据过零点附近采样。在这种情况下，数据边沿和时钟的正确边沿的瞬时相位误差可能会达到0.5UI。

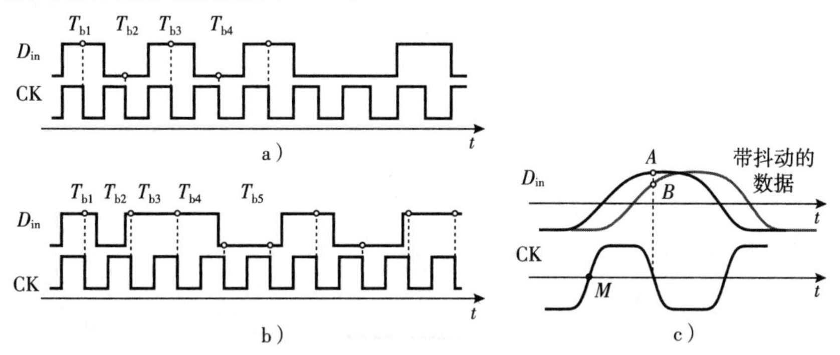

图14-29 a)在缓慢抖动情况下的相位追踪；b)在快速抖动情况下的相位追踪；c)数据抖动对采样值的影响

CDR环路的上述行为会用"抖动容限"J_{tol}来量化，即在电路开始产生误差之前能够容忍的最大输入抖动量。这个指标代表了环路的最终性能，因为它体现了①环路的灵敏度；②输入抖动；③输入的

上升及下降时间；④时钟抖动；⑤时钟的上升及下降时间；⑥静态相位偏移。我们预计 J_{tol} 对于缓慢的抖动分量是大的，此时 CDR 可以有较小的相位误差，而对于快速的相位抖动 J_{tol} 应该会小一些。为了推导相关的响应，从图 14-29c 中可以认识到，当 D_{in} 和时钟的正确边沿之间的相位误差接近 0. 5UI 时，环路采样经常会出现错误。因此，这种最大相位误差可容忍量表示为

$$\phi_{in}-\phi_{out}<\pm\frac{1}{2}\mathrm{UI} \tag{14-20}$$

式中，ϕ_{out} 表示名义上与数据跳转边沿对齐的边沿对应的恢复时钟相位，即图 14-29c 中的 M 点。由于 ϕ_{out}/ϕ_{in} 是由抖动传递函数 $H(s)$ 给出的，因此我们得到 $\phi_{in}|1-H(s)|<0.5\mathrm{UI}$，即

$$\phi_{in}<\frac{0.5\mathrm{UI}}{|1-H(s)|} \tag{14-21}$$

这个不等式说明输入相位抖动 ϕ_{in} 必须保持小于 $0.5\mathrm{UI}/|1-H(s)|$ 以避免误码[⊖]。对于快速抖动分量，式(14-21)的右半部分会在幅度上减小，说明对 ϕ_{in} 施加一个更小的容限峰值。实际上，将式(14-4)中的 $H(s)$ 代入可得

$$\phi_{in}<\frac{1}{2}\frac{s^2+2\zeta\omega_n s+\omega_n^2}{s^2} \tag{14-22}$$

我们将不等式右侧的传递函数定义为抖动容限 $G_{JT}(s)$：

$$G_{JT}(s)=\frac{1}{2}\frac{s^2+2\zeta\omega_n s+\omega_n^2}{s^2}\mathrm{UI} \tag{14-23}$$

该式中包含了与抖动传递函数中的极点值相等的两个零点，以及原点处的两个极点。换句话讲，对于给定的抖动频率，$|G_{JT}|$ 给出了可以容忍的最大输入抖动幅度。如图 14-30 所示，这个函数在 ω_{p1} 之前以 −40 dB/dec 下降；而在 ω_{p1} 和 ω_{p2} 之间以 −20 dB/dec 下降。当超过 ω_{p2} 时，$|G_{JT}|$ 渐进地接近 0. 5。

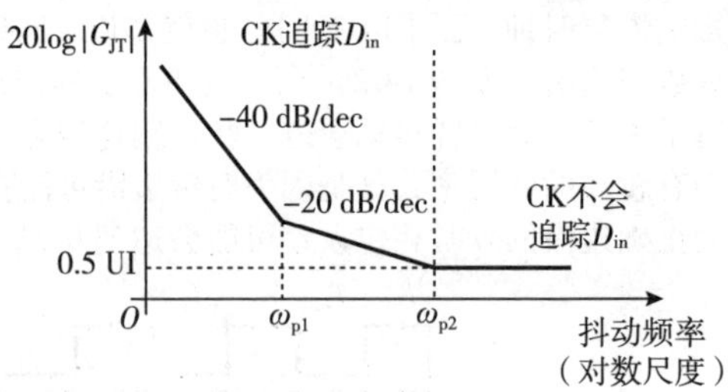

图 14-30 抖动容限图

例 14-14 图 14-30 中的曲线如何在实验室中测量？

解： 对于抖动容限的测试，输入信号为包含了正弦形式的抖动的随机数据，而正弦抖动的频率对应图 14-30 中 x 轴上的每个点。这是通过对数据发生器使用的参考频率的相位进行调制来实现的。如图 14-31 所示，数据通过伪随机二进制序列（Pseudo-Random Binary Sequence，PRBS）发生器生成，而该发生器本身是由周期时钟 CK_1 驱动。生成这个时钟的射频信号发生器一般会有一个可以感测正弦信号的 FM 输入，来调制输出时钟的相位，从而调制数据的相位。我们可以将 CK_1 写为 $A_0\cos[\omega_0 t+k\int V_m(t)]$。例如，形式为 $A\sin\omega_{p1}t$ 的 FM 输入对 D_{in} 的相位进行调制，调制频率等于 ω_{p1}，这是对图 14-30 中 $\omega=\omega_{p1}$ 处的 CDR 抖动容限的测试。

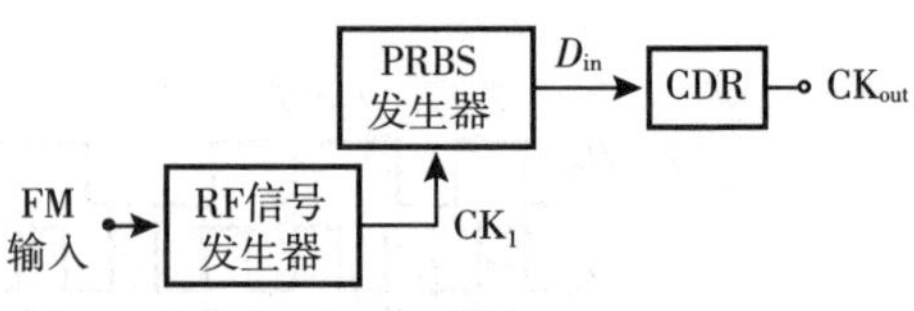

图 14-31 抖动容限的测试装置

通过上述的研究，可以推测 CDR 电路必须设计得有足够的灵敏度，即较宽的带宽，以使得时钟边

⊖ 实际上，由于上述提到的其他不理想性，最大容许的 ϕ_{in} 会更小一些。

沿可以在高频输入抖动存在的情况下有效地追踪数据沿。然而，这种改进方法却隐含了其他问题，下文将进一步讨论。

估算 $\omega=\omega_{p1}$ 处的 $|G_{JT}(s)|$ 是有益的，由式(14-23)我们有

$$|G_{JT}(j\omega_{p1})|^2=\frac{1}{4}\frac{(\omega_n^2-\omega_{p1}^2)^2+4\zeta^2\omega_n^2\omega_{p1}^2}{\omega_{p1}^4} \tag{14-24}$$

如 14.4.2 节中说明的那样，$|\omega_{p1}|\approx\omega_n/(2\zeta)+\omega_n/(8\zeta^3)$，当阻尼系数大于 1.5 左右时，该项简化为 $\omega_n/(2\zeta)$。由此可得出 $|G_{JT}(j\omega_{p1})|^2\approx 8\zeta^4$，即

$$|G_{JT}(j\omega_{p1})|\approx 2\sqrt{2}\zeta^2 \tag{14-25}$$

例如，如果 $\zeta=1.5$，我们有 $|G_{JT}(j\omega_{p1})|\approx 6.36\text{UI}$。也就是说，在这个抖动频率下，输入最多可以包含 6.36UI 的峰值抖动。读者还可以进行同样的估算，得出 $|G_{JT}(j\omega_{p2})|\approx 0.5\text{UI}$，如图 14-30 所示。

由式(14-23)和图 14-30 给出的抖动容限曲线是对 CDR 电路性能的一个基本限制，表明时钟抖动、静态相位偏移以及有限的上升和下降时间都必须足够小，以使得输入的峰值抖动在 $\omega>\omega_{p2}$ 时为 0.5UI。实际上，在这个频率范围内，一般的 CDR 环路表现糟糕，并且抖动容限相对较低。

为了提高抖动容限，我们可以增加环路带宽，从图 14-28 中我们可以看到，$\omega_{p1}\approx\omega_n/(2\zeta)$ 以及 $\omega_{p2}\approx 2\zeta\omega_n$，认识到提升 ω_n 可以同时将 ω_{p1} 和 ω_{p2} 都推到更高的值，而提高阻尼系数则会拉低 ω_{p1} 而升高 ω_{p2}。由于当 s 较小时，$G_{JT}(s)\approx\omega_n^2/(2s^2)$，因此当 ω_n 增大但是阻尼系数保持恒定时，我们得到图 14-32a 所示的行为。在这种情况下，所有低于 ω'_{p2} 的频率的抖动容限都改善了。另一种情况是，当阻尼系数上升而 ω_n 维持恒定值，我们在 $\omega'_{p1}<\omega<\omega'_{p2}$ 之间可以获得更大的抖动容限(见图 14-32b)。

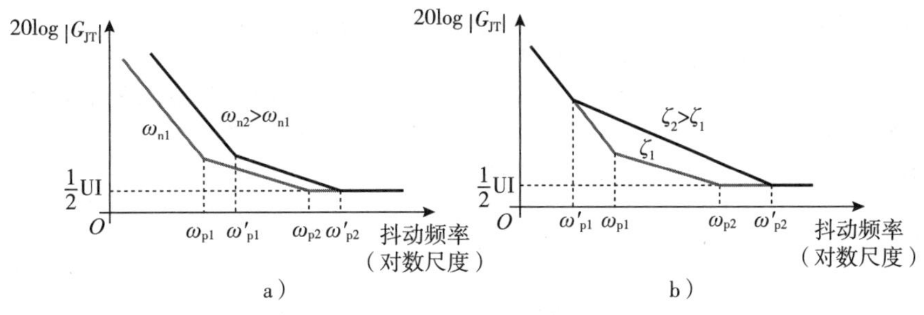

图 14-32 参数改变时的抖动容限影响：a) ω_n；b) ζ

图 14-32a 所示的情况看起来特别有吸引力：我们只需要增加 ω_n(通过减小主环路里的环路滤波器电容)并使得阻尼系数维持恒定(通过增加环路滤波器电阻)。但是这个方法面临两个问题：①更高的控制电压纹波因此更大的模式相关抖动；②更宽的抖动传递函数带宽，这在某些应用中是不好的，例如在光通信中继器中。换句话说，带宽的优化必须同时考虑这些约束条件。我们还必须指出，由于 14.4.2 节中所述的额外延迟导致的抖动峰值可能会导致抖动容限的衰落。

习题

14.1 如第 13 章所述，D 触发器可以作为处理随机数据的 PD。如果用半速率时钟它也能正常工作吗?

14.2 证明感测随机数据和半速率时钟的 XOR 门的平均输出与输入相位误差并不成比例。

14.3 如果图 14-2a 中 CK_Q 的上升沿从其时间点偏移 ΔT，确定采用图 14-12b 中的 PD 的 CDR 环路将如何锁定和重定时数据。

14.4 例 14-2 中的分析是否意味着图 14-2b 中的半速率输出 S_1 和 S_3 也会丢失一些数据样本?

14.5 比较图 14-2b 和图 14-8 中的半速率 PD 中时钟驱动的总电容。

14.6 假设图14-11中VCDL的电源电压随时间波动。解释在缓慢和快速波动的情况下CK_1和D_{out}的相位会发生什么变化？

14.7 假设图14-11中D_{in}的相位随时间略有波动。解释在缓慢和快速波动的情况下CK_1和D_{out}的相位会发生什么变化？

14.8 在传输CK_1时，图14-14中的VCDL(以及同环路的其他部分)是否可被视为一个电路，可以将CK_{TX}的频率改变Δf？你能想到其他可执行此操作的电路吗？

14.9 我们假设图14-14中的环路可以使D_{in}和CK_1之间的相位差为零。对于较大的频率偏移，这一假设是否成立？估算可以使相位误差保持较小的最大频率偏移量。

14.10 在图14-16b的PI中，每个尾部节点都与16个值为I_u的单位电流源相连。开始时，左边有$16I_u$，右边有$0 \times I_u$，因此$CK_1=CK_I$。现在，我们关断左边的一个I_u，导通右边的一个I_u。确定CK_I的相位变化。

14.11 如果从左边有$8I_u$和右边有$8I_u$开始，重复前一题。这种情况下的相位变化与上一题中求得的相位变化相等吗？

14.12 图14-16b的PI必须为10 Gb/s的CDR电路提供1 ps的输出相位分辨率。确定单位电流源的最少数量。注意，该数目必须乘以4才能覆盖所有象限(见例14-10)(提示：先解答出前两道题)。

14.13 我们在CDR设计中将K_{VCO}加倍。则由式(14-10)所表示的近似传递函数是更精确了还是更差了？

14.14 如果将环路滤波器中的主电容加倍，重复前一题。

14.15 考虑图14-28中绘制的抖动传递函数曲线。详细说明如果K_{VCO}加倍，哪些值会发生变化？

14.16 在图14-28中，是否有可能在保持抖动峰值不变的情况下增加ω_z？

14.17 在图14-28中，是否可以在不改变抖动峰值的情况下增加ω_{p1}？

14.18 绘制$\zeta=4$和$\zeta=6$时的图14-28中的抖动传递响应。假设只调整环路滤波器电阻来改变ζ。

14.19 说明如果将K_{VCO}加倍，图14-30所示的抖动容限行为会发生什么变化。

14.20 如果环路滤波器中的主电容加倍，重复前一题。

参考文献

[1]. J. Savoj and B. Razavi, "A 10-Gb/s CMOS clock and data recovery circuit with a half-rate linear phase detector," *IEEE J. of Solid-State Circuits,* vol. 36, pp. 761-768, May 2001.

[2]. A. Pottbacker, U. Langmann, and H. U. Schreiber, "A Si bipolar phase and frequency detector for clock extraction up to 8 Gb/s," *IEEE J. Solid-State Circuits,* vol. 27, pp. 1747-1751, Dec. 1992.

分频器

我们在前几章中已经看到，许多锁相系统都包含分频器。这样的分频器将 VCO 频率按比例缩小，使其等于参考频率。在某些应用中，反馈分频器具有恒定模数，而在其他一些应用中，例如在 RF 频率综合器中，模数必须以统一的步长变化。本章涉及各种分频器拓扑结构的分析和设计。我们将会研究静态和动态锁存器、二分频电路和双模预分频器。随后，我们将提出用于 RF 频率综合的分频器设计，以及介绍 Miller 和注入锁定拓扑。

15.1 一般考虑因素

分频器的性能通常用四个参数来指定：①分频系数；②最大允许输入频率 f_{max}；③功耗；④最小允许输入电压摆幅(也称为“灵敏度”)。虽然分频器的相位噪声也很重要，但在大多数情况下可以忽略不计[⊖]。分频器通常采用保守设计，以免对整个系统构成风险，即它们的 f_{max} 远高于必要值。分频器的电源噪声会导致杂散，必须谨慎处理。

现在将通用分频器的输入灵敏度描绘为输入频率的函数。我们预计更高的频率需要更大的输入摆幅。这种趋势在概念上如图 15-1a 所示，其中灵敏度 V_p 为输入频率的函数。该曲线上的每个点代表对应于某个特定输入摆幅的 f_{max}。对于 $f>f_1$，无论摆幅有多大，电路都会失效。一些分频器环路在其输入为零时可以作为振荡器，表现出图 15-1b 中描述的行为。在这种情况下，电路在 f_{osc} 处振荡，输入幅度为零。

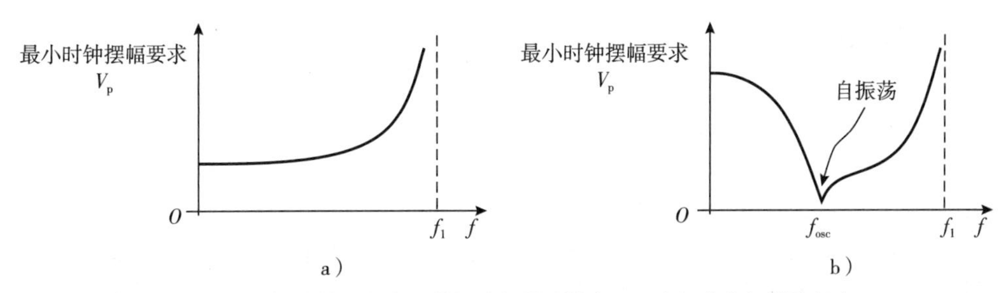

图 15-1　a)作为输入频率函数的分频器灵敏度；b)自振荡分频器的行为

大多数分频器是以轨到轨的输入摆幅工作，如果这些摆幅下降超过 10%，则接近故障。在某些情况下，即使频率远低于图 15-1 中的 f_1，也会发生故障。我们必须区分两种类型的故障，即静态故障和动态故障。前者甚至在低频时也会发生，表明电压摆幅、跨导或直流电压增益不足。后者源于每一级

⊖　大多数分频器拓扑不会在其反馈环路周围累积相位噪声，表现出类似于延迟线路的相位噪声分布。

的有限延迟。因此，必须首先在较低频率下测试高速下发生故障的分频器，以确保正确的静态状态。例如，针对 10 GHz 输入频率的分频器首先在几千兆赫兹下进行测试，以检查其静态行为。如果输入边沿不够陡峭，分频器也可能在非常低的频率下失效。此外，必须仔细设计 VCO 和分频器之间的接口。下面的例子将详细说明这一点。

例 15-1 如图 15-2a 所示，*LC* 振荡器采用交叉耦合 PMOS 对，其单端峰-峰值电压摆幅仅为 0.5 V，以减少闪烁噪声上变频(见第 3 章)。这个振荡器如何驱动需要轨到轨摆幅的分频器？

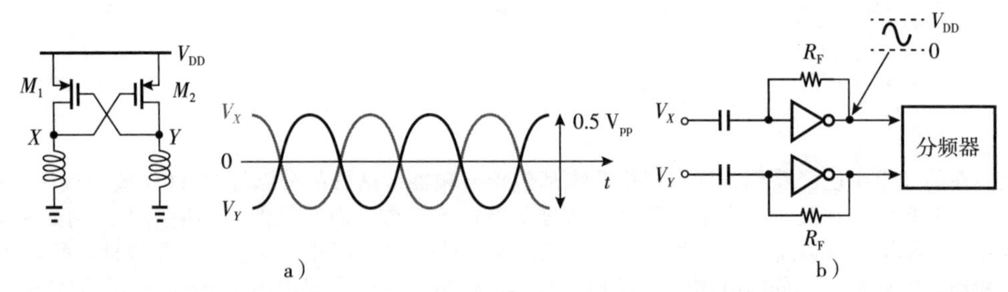

图 15-2 a)具有零输出 CM 电平的 *LC* 振荡器；b)使用自偏置反相器作为缓冲器

解：我们从图 15-2a 中的波形注意到，V_X 和 V_Y 有半个周期在零以下。也就是说，即使它们的摆幅增大到 1 V_{pp}，也不能直接驱动分频器。

在这种情况下，我们可以在 VCO 和分频器之间插入电容耦合的自偏置反相器(见图 15-2b)。凭借其电压增益，反相器提供轨到轨的摆幅。耦合电容选择约为反相器输入电容的 5~10 倍，反馈电阻必须远大于反相器的输出电阻(为什么?)。此外，该网络的高通转角频率必须选择为远低于最小输入频率。我们在习题 15.1~习题 15.3 中分析了该电路的电源耦合问题。

读者可以证明，如果 R_F 很大，自偏置反相器的小信号输入电阻大约等于 $1/(g_{mN}+g_{mP})$。该电阻在一定程度上降低了振荡器的 Q 值。

图 15-2b 的结构中有一个问题是电源噪声：该噪声会调制反相器的延迟，从而将相位噪声添加到振荡器信号中。注意，即使电路是准差分电路，也会出现这种效应。为此，反相器(和 VCO)通常由片上低噪声稳压器供电。

15.2 锁存器设计样式

大多数分频器采用 D 锁存器。在本节中，我们将研究静态和动态锁存器的设计样式，并描述它们的优缺点。我们关注的是诸如最大速度、功耗和时钟晶体管数量(以及因此在输入端呈现的负载)等参数。

例 15-2 使用两个同相的 D 锁存器构建一个÷2 电路。

解：如果将两个同相 D 锁存器置于一个环路中并由 CK 和 $\overline{CK}$ 计时，则它们会呈现特定状态，例如 $Q_1Q_2=11$，并无限期地保持在其中。要实现环路跳变，必须进行净反转(即反馈必须为负)。因此，我们得出如图 15-3 所示的结构，其中两个锁存器形成主从 FF。

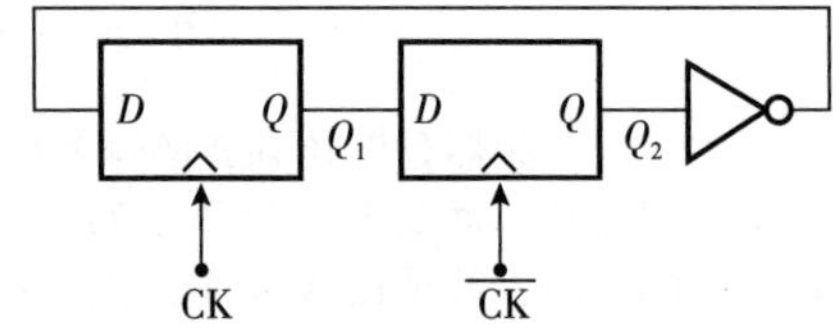

图 15-3 在负反馈环路中使用两个锁存器的简单二分频电路

15.2.1 静态锁存器

一些分频器必须可靠地在低频下运行。对于大约 100 MHz 以下的运行，我们更喜欢使用静态锁存器，因为它们不会因为晶体管的亚阈值和结漏电流而轻易发生故障。至于高频侧，静态锁存器在当今的 CMOS 工艺中可以达到 5~10 GHz 的速度。图 15-4a 描述了一个示例，其中当 CK 为高电平时检测 D_{in}，当 CK 变低电平时存储其值，并启用由两个背对背的反相器组成的反馈回路。这种单端拓扑由八个晶体管组成，时钟的每个相位都有两个晶体管。注意，当电路从检测模式进入锁存模式时，时钟转变时间必须足够短，以最大限度地减少 D_{in} 和 D_F 之间的冲突(见习题 15.4)。该锁存器示例了一个“不成比例”的器件参数配置，对于正确的静态运行，不需要晶体管宽度之间的特定比例。当然，我们还是可以选择更宽的 PMOS 器件来优化速度。

图 15-4b 所示为具有互补数据输入和输出的 D 锁存器。这里，当 CK 变为高电平时，M_1 或 M_2 导通，重写由两个反相器先前保持的状态。当 CK 变为低电平时，新状态将被无限期保留。使用七个晶体管和一个时钟器件，这种拓扑往往比图 15-4a 中的更有效率。然而，这种设计需要适当的器件尺寸比例。具体来说，如图 15-4c 所示，为了使输入数据覆盖先前的状态，M_{CK} 和 M_1(或 M_2)的串联组合必须足够强大，以克服其中一个反相器中的 PMOS 晶体管，这是一个即使在 SF 工艺角下也必须满足的条件。出于这个原因，我们选择 $M_{1,2}$ 和 M_{CK} 至少与 PMOS 器件一样宽。

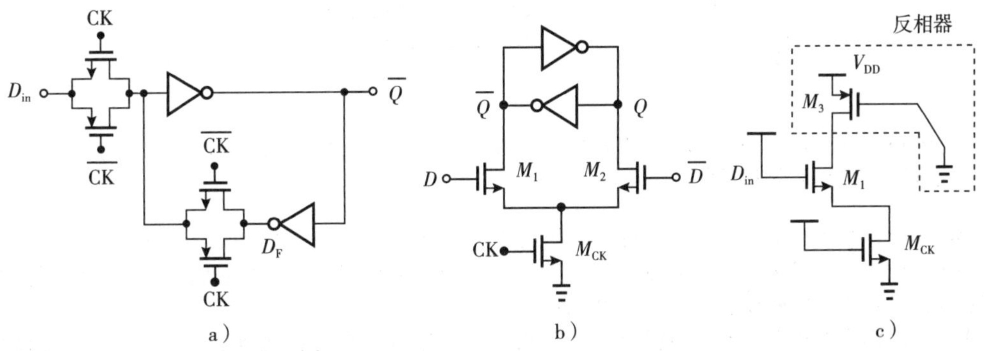

图 15-4 a)具有单端数据路径的静态锁存器；b)具有互补数据路径的静态锁存器；c)写操作期间 b 的简化电路

例 15-3 正如本章稍后所见，一些分频器必须在带有与门的锁存器之前。如何在图 15-4b 中做到这一点？

解： 我们在一侧插入一个 NMOS NAND 支路，在另一侧插入一个 NMOS NOR 支路，得到如图 15-5 所示的结构。注意，AND 支路会使左侧变弱，除非它包含更宽的晶体管。

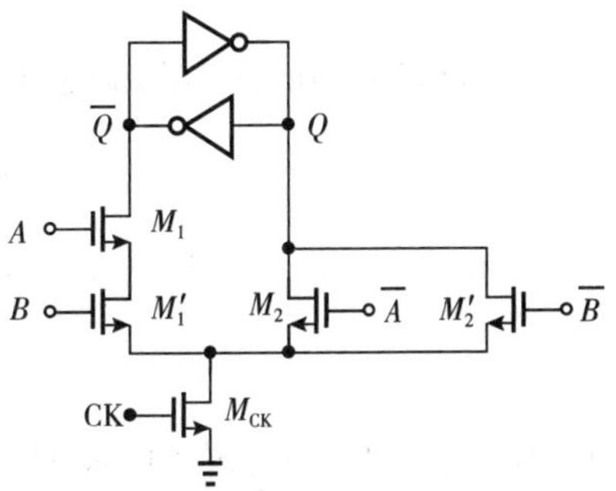

图 15-5 包含 AND 功能的锁存器

在图 15-4 的两种拓扑结构中，状态通过两个背对背反相器或背对背“反相放大器”存储。这是静态锁存器的一个特征：当时钟器件被停用时，状态由接地或接 V_{DD} 的低阻抗路径保持。下面的结构采用了相同的想法。

第三个静态锁存器结合了电流舵，并在非轨到轨输入和输出摆幅下运行。被称为“电流模式逻辑”(Current-Mode Logic，CML)拓扑，如图 15-6a 所示，这种结构会消耗静态功率，并且仅用于非常高的频率下。在检测模式下，CK 为高电平，M_5 导通，M_6 截止，电路简化为图 15-6b 所示。输入因此被 M_1 和 M_2 放大，并施加到节点 X 和 Y 上。接下来，CK 变为低电平，M_5 关断，M_6 导通，再生对 M_3-M_4 继承、放大和存储差分电压 V_X-V_Y(见图 15-6c)。我们将此再生对及其负载电阻视为两个背对背的反相(共源)放大器。如果晶体管完全切换，则单端电压摆幅等于 R_DI_{SS}。

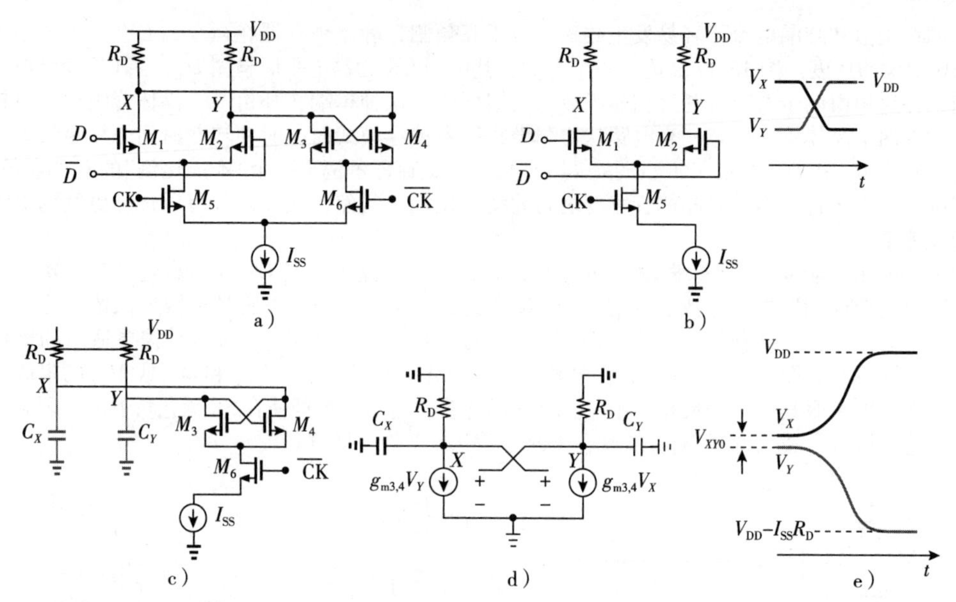

图 15-6 a)CML 锁存器；b)检测模式下的电路；c)再生(锁存)模式下的电路；d)再生模式下的等效电路；e)输出波形

CML 电路的速度优势源于两个特性：①使用适度的电压摆幅，例如 $I_{SS}R_D \approx 300 \sim 400$ mV，以便可以更快地进行转变；②在数据和时钟路径中仅使用 NMOS 器件。然而，静态功耗的不利条件将它们的使用限制在了其他宽带分频器拓扑失效的情况下。

M_3 和 M_4 提供的正反馈放大值得进一步分析。如果这对再生对检测到的 $V_X - V_Y$ 的初始值相对较小，我们可以构建如图 15-6d 所示的小信号模型。在 X 和 Y 处由 KCL 得到

$$\frac{V_X}{R_D} + C_X \frac{dV_X}{dt} = -g_{m3,4}V_Y \tag{15-1}$$

$$\frac{V_Y}{R_D} + C_Y \frac{dV_Y}{dt} = -g_{m3,4}V_X \tag{15-2}$$

用式(15-1)中的对应项中减去式(15-2)的每一项并重新排列结果，有

$$R_D C_D \frac{dV_{XY}}{dt} = (g_{m3,4}R_D - 1)V_{XY} \tag{15-3}$$

式中，$C_D = C_X = C_Y$，$V_{XY} = V_X - V_Y$。如果 V_{XY} 以 V_{XY0} 的初始值开始，则由式(15-3)可得出

$$V_{XY} = V_{XY0}\exp\frac{t}{\tau_{reg}} \tag{15-4}$$

式中，$\tau_{reg} = R_D C_D/(g_{m3,4}R_D - 1)$ 表示再生时间常数。指数增长是由正反馈引起的，从根本上说是由电路在右半平面中的极点引起的。如图 15-6e 所示，V_{XY} 遵循式(15-4)，直到电路进入大信号状态，此时一个晶体管的跨导下降，并且尾电流完全控制到一侧。我们注意到，只有当 $\tau_{reg} > 0$ 并由此当 $g_{m3,4}R_D > 1$ 时，才会发生指数放大。

如前所述，单端电压摆幅 $I_D R_D$ 通常选择在 300~400 mV。然而，图 15-6a 中 $M_1 - M_2$ 和 $M_3 - M_4$ 对在 $M_5 - M_6$ 对上部的堆叠，阻止了 CML 锁存器进行低电压运行。作为补救措施，我们移除尾电流源，并通过电流镜的布置方式对时钟晶体管进行偏置(见图 15-7)。此处，偏置电流由 I_{REF} 定义，耦合电容将 M_5 和 M_6 的栅极偏置与 CK 共模电平隔离。电阻和电容的值要足够大，可以产生远低于时钟频率的高通转

角频率。

例 15-4 图 15-7 中 C_1 和 C_2 的值应该如何选择？

解：我们可以将这两个的值选择为 M_5 和 M_6 栅极处电容的 5~10 倍，以最大限度地减少时钟摆幅的衰减。然而，如果时钟摆幅是轨到轨的，我们可以允许到达 A 和 B 的幅度有一些衰减，例如衰减到 1/2 或 1/3，因为 M_5 和 M_6 可以在中等摆幅下运行。实际上，最好避免 A 和 B 处的轨到轨摆幅，这样 M_5 和 M_6 可以工作在饱和状态，并且电路对 M_1 和 M_2 保持一定的共模抑制。为了理解这一点，假设 V_A 上升到 V_{DD}，从而驱动 M_5 进入深三极管区域。然后，流经 M_1 和 M_2 的电流与其栅极的 CM 电平有很强的相关性[⊖]。在这种情况下，电路的 CM 增益（通过数据路径）可能会超过 1，从而导致锁存器级联中严重的 CM 误差。

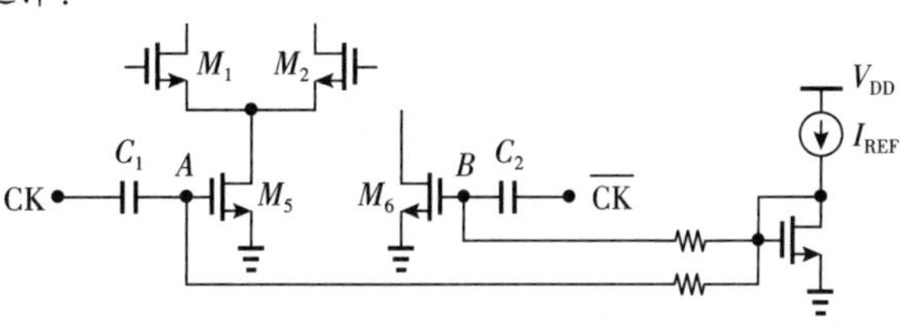

图 15-7 在时钟路径中使用电容耦合和电流镜偏置

由于其有限的输入摆幅，CML 锁存器不能轻易地使用与非门。读者可以观察到，图 15-5 所示的 NAND 原理在此处不成立，因为 M_1 和 M_1' 无法通过中等的输入摆幅来关断。包含正确 NAND 操作的 CML 锁存器如图 15-8 所示，其中只有当 A 和 B 处在检测模式下都为高电平时，V_X 才为低电平。该电路需要对 B 输入进行直流电平转换，以确保 M_1 和 M_2 不会进入三极管区域。这种结构在低电压的设计中很少使用。

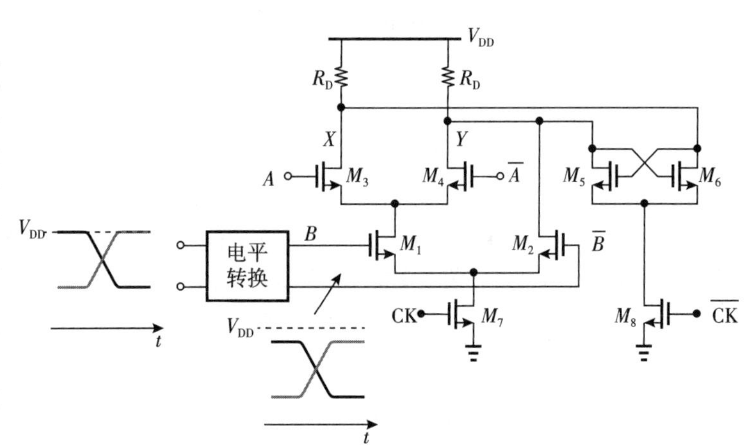

图 15-8 CML NAND 电路中需要进行电平转换

CML 锁存器可能包含一个或门，如图 15-9a 所示，其中 M_1 和 M_1' 可以在 X 处施加一个低电平，在 Y 处施加一个高电平。在这种情况下，M_2 只是由恒定偏置电压 V_b 驱动，该电压被选择为等于 A 和 B 的共模电平。输入的单端特性使得该电路的鲁棒性略低于全差分 CML 拓扑结构，因此需要密切关注输入。具体来说，A 和 B 的电压摆幅以及 M_1 和 M_1' 的宽度必须足够大，以保证尾电流的完全转向。此外，生成的 V_b 也必须能够跟踪 A 和 B 的 CM 电平。如图 15-9b 所示，

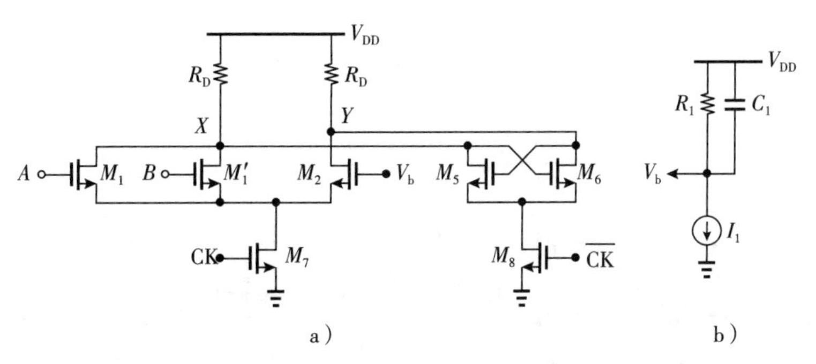

图 15-9 a）CML 或非门和锁存器；b）用于产生 V_b 的电路

⊖ CM 电平被定义为差分信号相互交叉点的电平。

相应地选择了 R_1 和 I_1(或更一般地说是 I_1R_1)。例如，如果前几级的平均尾电流为 I_{SS}，负载电阻为 R_D，则它们的输出 CM 电平等于 $V_{DD}-R_DI_{SS}/2$，这要求 $R_1I_1=R_DI_{SS}/2$。

CML 电路会消耗静态功率，只有在所需的速度高到其他拓扑无法满足时才应使用。本节研究的三个静态锁存器中，前两个没有静态功耗但速度有限，而第三个(CML 拓扑)可以在非常高的频率下运行但功耗高。而动态锁存器通常比前两种拓扑运行得更快，这就提供了一个有吸引力的替代方案。

15.2.2 动态锁存器

在动态锁存器中，状态存储在器件电容上，而不是通过背对背放大级存储。这种锁存器比静态锁存器包含的晶体管要少，并且通常提供更有利的速度-功率权衡。但是，由于器件漏电流，如果时钟频率不够高，它们可能会失去状态。也就是说，动态锁存器对工作频率设定了一个下限。

C^2MOS 逻辑 图 15-10 所示为一个“时钟 CMOS”(Clocked CMOS, C^2MOS)动态锁存器。在这里，当 CK 为高电平时，电路充当反相器，检测输入。当 CK 变为低电平时，P 和 N 支路被禁用，状态存储在输出电容上。与上一节中研究的静态结构相比，这一级仅需要四个晶体管，不要求特定的尺寸比例就可以正常运行。在习题 15.7 中，我们证明了，如果 M_1 和 M_4 被时钟控制并且 D 被施加到 M_2 和 M_3，那么电路会受到电荷共享和输出电平下降的影响。

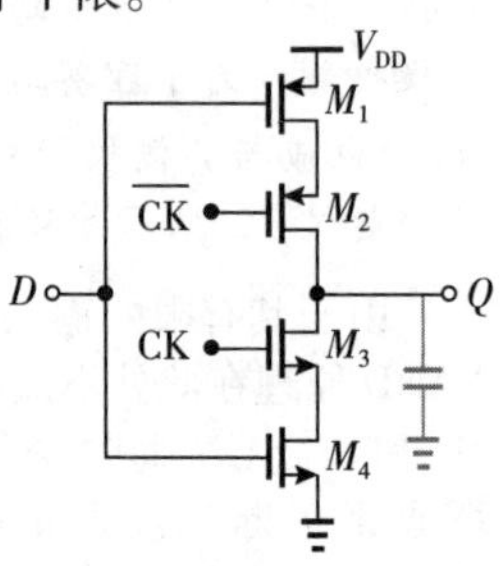

图 15-10 C^2MOS 锁存器

例 15-5 使用 C^2MOS 锁存器构建一个÷2 电路。

解： 由于每个锁存器都反相，两个 C^2MOS 锁存器是不够的(见例 15-2)。因此，我们必须在环路中插入一个反相器，如图 15-11 所示，以确保负反馈。

这个分频器能运行多快呢？对于给定的输入频率 f_{in}，要求环路可以支持频率为 $f_{in}/2$ 的波形。如果我们大致将电路视为三个反相器，则作为一个环形振荡器，可以估计最大输出频率约为 $1/(6T_D)$，其中 T_D 表示各级的平均延迟。将 $1/(6T_D)$ 视为电路的自振荡频率。在这种情况下，$f_{in}\approx 2/(6T_D)=1/(3T_D)$(反相器中时钟晶体管的存在增加了它们的延迟)。从图 15-1b，我们注意到，即使在更高的频率下，环路也可以正确分频。甚至可以说这个电路是一个“注入锁定”到输入时钟的三级环形振荡器。注意，此÷2 电路不提供正交输出。

C^2MOS 锁存器的主要缺点是它们在时钟跳转期间的“透明性”。为了理解这一点，首先考虑图 15-12 所示的主从 FF 和真实的时钟波形。我们认识到，当 CK 上升将从触发器置于存储模式，并将主触发器置于检测模式时，这两级会在一段时间内都变得透明。因此，D 可以改变 B，从而改变 Q。输出状态存储在 Q 处的寄生电容上，如果 D 的新值与 Q 不一致，则输出状态可能会由于这种“馈通”而显著恶化。作为保守的措施，两个锁存器应该是由不重叠的时钟相位驱动，即两个不重叠的时钟及其互补时钟。但是对于分频器的实现，快速时钟跳转就足够了。

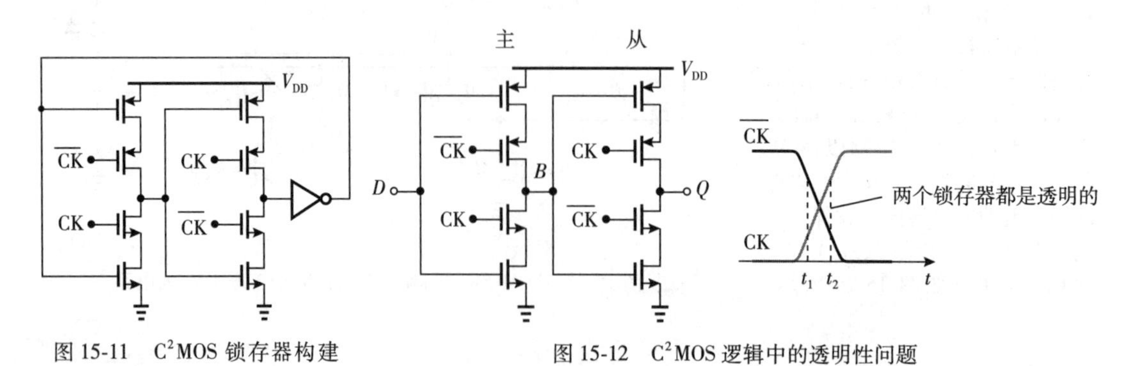

图 15-11 C^2MOS 锁存器构建的÷2 电路

图 15-12 C^2MOS 逻辑中的透明性问题

真单相时钟　一种简单、精美的动态逻辑样式是基于“真单相时钟”(True Single-Phase Clocking，TSPC)实现的[1]。TSPC电路最初是为了避免使用互补时钟而设计的，与C^2MOS电路相比，它表现出更高的速度和更低的功耗。我们从图15-10的C^2MOS级开始，移除时钟PMOS器件(见图15-13a)。这里，当CK为高电平时，电路作为反相器工作；当CK为低电平时，如果Q为高电平或D不下降，则输出状态得到保持。也就是说，为了保证状态被正确存储，当CK为低电平时，D必须保持为高电平。

如何做到这一点？我们在这个电路之前添加另一个类似的结构，其输出满足此条件。如图15-13b所示，当CK为高电平时，由CK控制的反相器允许D输入写入低电平。结合这两级，可以得出图15-13c中的结构。该结构的运行如下。当CK为低电平时，B预充电至V_{DD}，Q保持其状态。当CK变为高电平时，Q取一个与D相等的逻辑值：如果D为高电平，B下降，Q上升；如果D为低电平，B保持高电平，Q下降。因此，两级拓扑充当了D锁存器。在习题15.8和习题15.9中，我们将分析这些电路的其他变形。

图15-13c的电路包含六个晶体管，比图15-10中C^2MOS设计中的多，但它不需要多个时钟相位。此外，对于构建主从配置，我们不需要复制整个级联：如图15-13d所示，在电路之前使用单个TSPC级。在这里，当CK为低电平时，第一级充当反相器并处于检测模式，同时B保持高电平且Q保持其状态。当CK变为高电平时，第二级产生$B=\bar{A}$，第三级产生$Q=\bar{B}=A$。此触发器确实需要一段保持时间：假设$A=1$；从CK变为高电平开始，D必须稳定一段时间，直到A写入B。在这段保持时间之后，D可以改变而不影响Q处的状态。

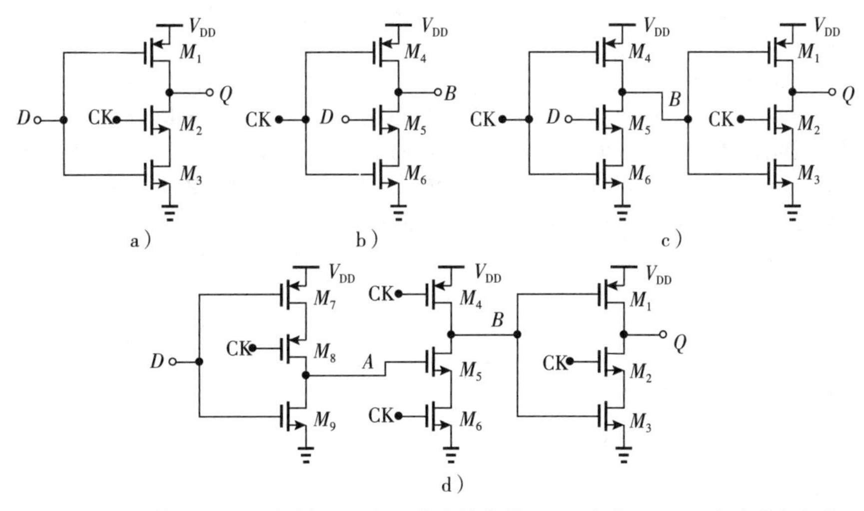

图15-13　a)使用一个时钟器件的反相器作为锁存器；b)a中的CK和D相交换的拓扑结构；c)b与a中的电路级联；d)再增加一级实现TSPC触发器

如果D连接到Q，则上述TSPC触发器可以作为二分频电路工作。然而，该电路既不提供正交输出，也不提供具有50%占空比的输出。

例15-6　一名学生将图15-13d第一级中的时钟器件更改为NMOS晶体管(见图15-14)。该电路是否作为主从触发器工作？

解：不是。当CK为低电平时，第一级不完全处于检测模式，因为它不能将逻辑零写入A。

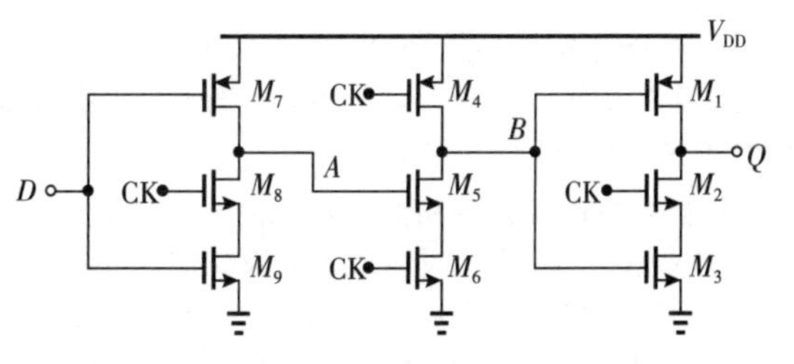

图15-14　第一级带时钟NMOS器件的TSPC触发器

TSPC 触发器也可以很容易地引入逻辑结构。图 15-15 所示为一个在输入端包含有与非门的例子。

图 15-13d 的主从触发器使用了九个晶体管，其中四个是时钟的。某些应用需要大量触发器的，则可以使用另一种包含六个器件的 TSPC 实现，其中只有两个是时钟的。如图 15-16 所示[1]，这种拓扑是利用了时钟晶体管的漏极和源极处可获得的“分裂”电平，同时消除了第三级的时钟。读者可以分析电路的工作过程，但我们应该注意的是，节点 A_1 和 B_2 的逻辑电平会降低，因为它们是在晶体管的源极处创建的。因此，M_1 和 M_5 的上拉和下拉动作分别减慢了。

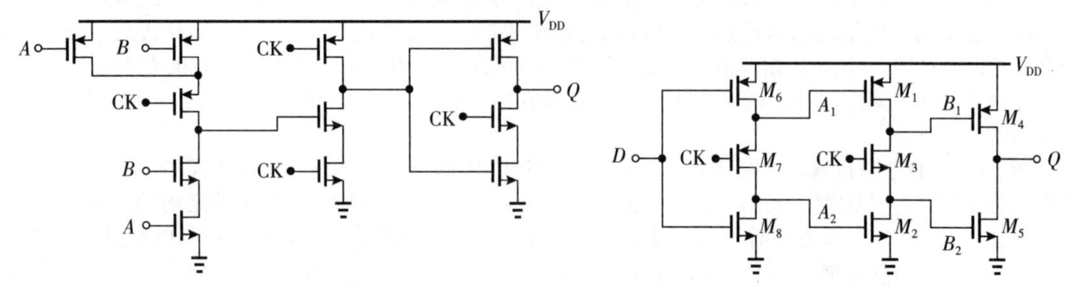

图 15-15 包含 NAND 功能的 TSPC 电路

图 15-16 具有分离信号路径的 TSPC 电路

通过将图 15-16 中的时钟晶体管更改为互补对[2]，可以显著提高速度。如图 15-17 所示，其结果是运行速度快了 2~3 倍，但它需要互补时钟。M_7' 和 M_3' 的加入确保了 A_1 和 B_2 的逻辑电平不会降低，从而分别为 M_2 和 M_5 提供了高的过驱动电压。

比例 TSPC 上述 TSPC 实现是不成比例的，并且没有静态功耗(器件漏电流除外)。TSPC 逻辑的一种变形结合了比例器件以实现更高的速度，但以静态功耗为代价。如图 15-18 所示[3]，该结构省略了最后两级中的堆叠晶体管。在这里，当 CK 为高电平时，第一级处于检测模式，第二级保持 B 为低电平，并且 Q 保持其状态。在这种情况下，如果 M_5 和 M_4 都导通，M_5 必须足够强，以克服 M_4。当 CK 下降时，如果 M_7 比 M_6 强，则 $B=\bar{A}$ 和 $Q=\bar{B}=A$。我们观察到第二级和第三级分别在第一种和第二种模式下消耗静态电流。我们通常选择所有晶体管为相同的宽度，但 M_5 除外，为了获得最佳速度，它的宽度应该比其他晶体管宽 2~3 倍。

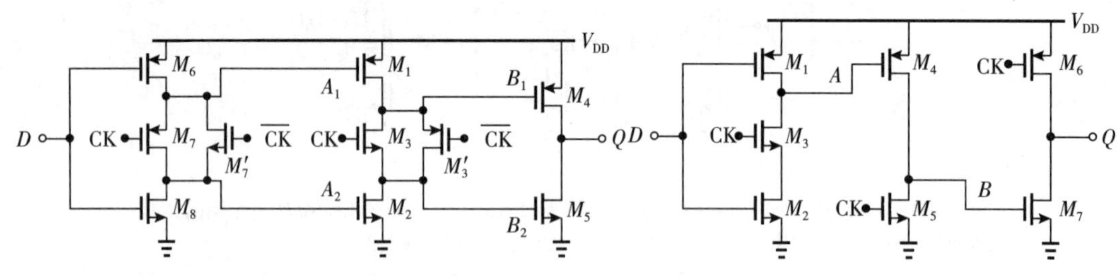

图 15-17 使用互补开关以实现更快速运行的触发器

图 15-18 比例 TSPC 电路

差分逻辑 目前为止所研究的动态锁存器都是以单端输入和输出运行的。在需要互补信号和/或正交输出的应用中，我们必须转向差分(或更准确地说是互补)实现。图 15-19a 所示是一个简单的差分 C^2MOS D 锁存器，它采用了相较之前两倍数量的晶体管。我们注意到，如果 D 和 $\bar{D}$ 保证是互补的，那么电路可同时提供反相输出 $\bar{Q}$ 和同相输出 Q。可以使用这一级来构建一个具有正交输出的÷2 电路吗？我们考虑一个具有负反馈的主从级联作为候选，如图 15-19b 所示。然而，仔细分析电路，发现它实际上由四个级联的锁存器组成(见图 15-19c)，在环路中并没有净反相！因此，该环路只是锁定，在其 4 个节点处保持恒定的 1010 序列，而无法分频。

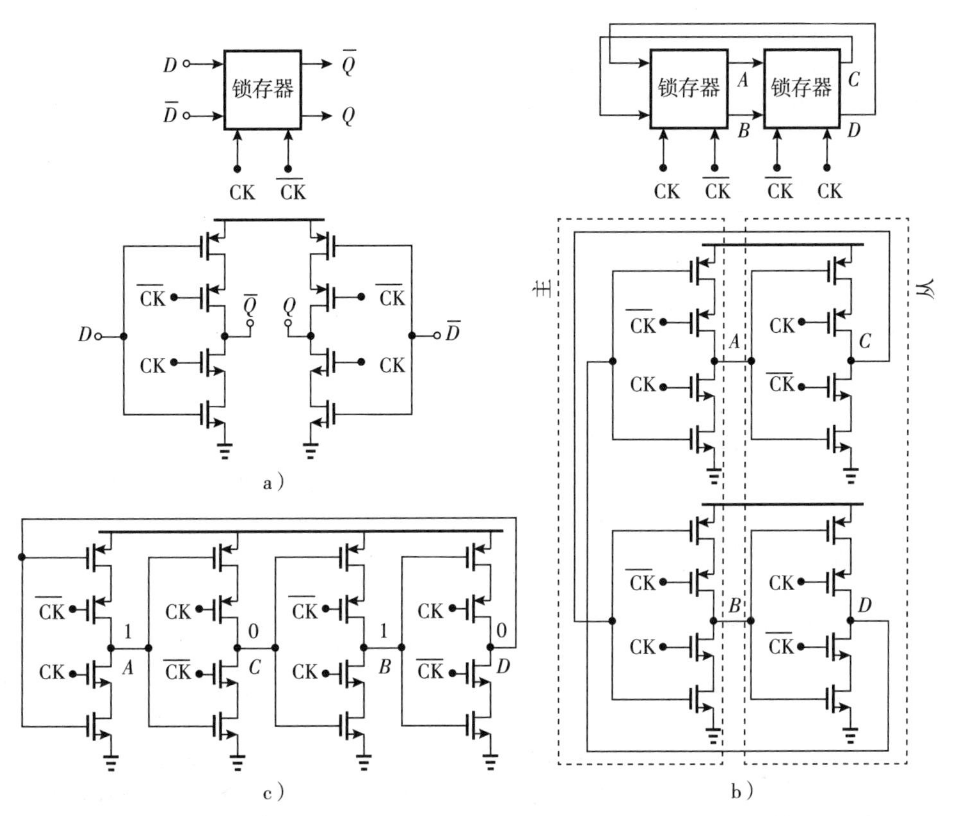

图 15-19 a)基于两个 C^2MOS 级的互补信号的锁存器；b)使用两个 a 电路分别作为主锁存器和从锁存器的二分频电路；c)说明锁存问题的未封装电路

为了解决这个问题，我们必须在图 15-19a 中的两条路径之间创建一些交互，以便每个输入都会影响两个输出。为此，我们在 Q 和 $\overline{Q}$ 之间引入了一个交叉耦合对(见图 15-20a)。该想法是为了避免这些节点在÷2 的环路中有相等的值。如果 Q 和 $\overline{Q}$ 都趋于零，则 M_9 和 M_{10} 充当两个二极管连接的器件(为什么?)，从而抵抗这种状态。另一方面，如果 Q 和 $\overline{Q}$ 向相反的方向变化，则围绕 M_9 和 M_{10} 的正反馈会促进这种转换。有趣的是，即使锁存器在时钟跳转期间是透明的，交叉耦合对也有助于保持 Q 和 $\overline{Q}$ 的逻辑电平。实际上，还可以添加交叉耦合的 NMOS 对，得到如图 15-20b 所示的结构。交叉耦合器件的强度通常选择为主路径强度的 1/4~1/2。该电路现在充当静态锁存器，因为反相器可以无限期地保持状态。

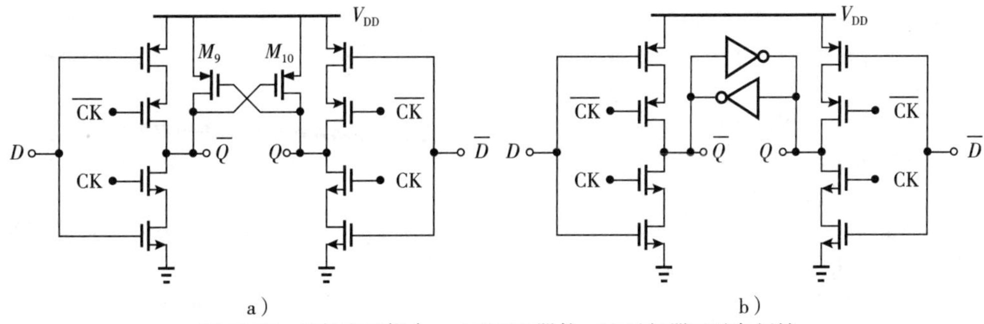

图 15-20 添加交叉耦合：a)PMOS 器件；b)反相器以避免闩锁

通过移除反相器中的 NMOS 器件，可以从图 15-4b 中的结构推导出另一个差分动态锁存器。如图 15-21a 所示，该电路仅包含五个晶体管，但需要适当的比例。事实上，NMOS 和 PMOS 器件之间的初始竞争在一定程度上降低了速度。这种结构表现为动态锁存器，因为当相应的输入晶体管关断时，存储在这一侧的低电平状态可能会消失。

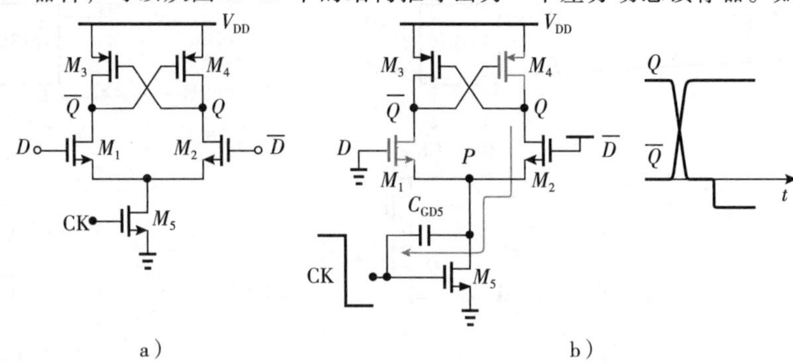

图 15-21 a)差分动态锁存器；b)写入运行期间的简化电路

图 15-21a 的锁存器存在一个可以低于零的输出低电平。如图 15-21b 所示，这种现象出现在 CK 的下降沿。首先，假设时钟为高电平，$\overline{D}$ 也是高电平。因此，M_2 导通，Q 为零，而 M_4 关断。当 CK 下降时，它通过 C_{GD5} 耦合到节点 P，从 Q 处的电容汲取电流。因此，该节点的电压降至零以下，这是一种良性影响。

15.3 二分频电路设计

二分频电路主要用于两种应用：①将超高速的 VCO 的频率减半，以便随后的分频器(例如脉冲吞咽计数器)能够正常工作；②产生正交相位。在这两种情况下，我们更倾向于使用主从触发器，因为它的鲁棒性较好，尽管实现前者不需要该结构配置，即÷2 电路不一定生成正交相位。

本章研究的各种锁存器均可用于基于触发器的二分频电路中。例如，图 15-6a 的 CML 锁存器以非常高的速度运行，但以静态功耗为代价。图 15-21a 中介绍的差分锁存器仅消耗动态功率，但受到速度有限的影响。在÷2 的应用环境中，在注意到 PMOS 晶体管是瓶颈后，可以修改这个结构以提高运行速度。我们可以通过添加 NMOS 源极跟随器来改善上拉过程，这些 NMOS 源极跟随器可以在必须也是上升的输出时施加一个上升的输入。如图 15-22a 所示[4]，M_6 或 M_7 在其栅极上升时上拉其源极节点，从而缩短延迟(同时增加了电容的输入)。

图 15-22 中的源极跟随器还创建了另一种提高速度的机制：即使 CK 是低电平，它们也会将 D 或 $\overline{D}$ 的上升转变耦合到输出。也就是说，M_6 和 M_7 提供了一个“前馈”路径，在 CK 上升之前就“准备”了输出。当然，如果输入和时钟边沿在时间上相隔很远，则输出信号会出现“扭结”(见图 15-22b)，并且在足够低的时钟频率下，分频器会失效。从另一个角度来看，M_6 和 M_7 充当异步路径，绕过了时钟路径而导致在低频下失效。

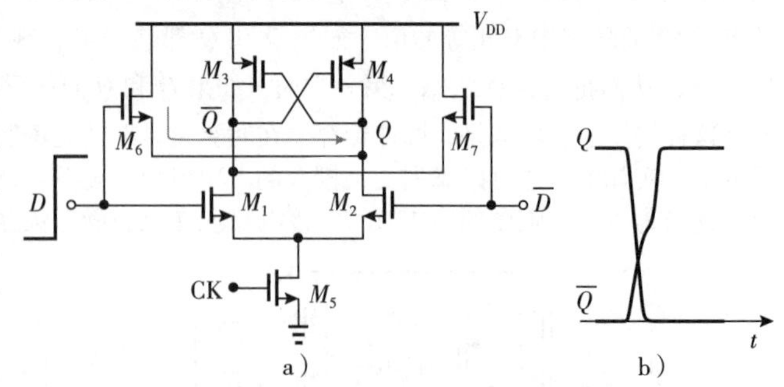

图 15-22 a)将源极跟随器添加到动态锁存器中以提高在分频器应用环境中的速度；b)在较低速度下波形中出现扭结

在某些应用中，需要÷2 电路生成占空比为 25%的正交输出。如图 15-23a 所示是一个基于 FF 的分频器，可以完成这项任务[5]。假设 NMOS 器件比 PMOS 晶体管更强，我们证明了当 CK 为高电平或低电平时，四个输出中只有一个可以为高电平。可以很容易地证明所有四个输出不能同时保持低电平。例如，如果 CK 为低电平而 $\overline{CK}$ 为高电平，可以假设 $V_{out90}=V_{out270}=0$，保持 M_3 和 M_4 为关断状态，但 M_1 和 M_2 的再生作用迫使 V_{out0} 或 V_{out180} 为高电平。

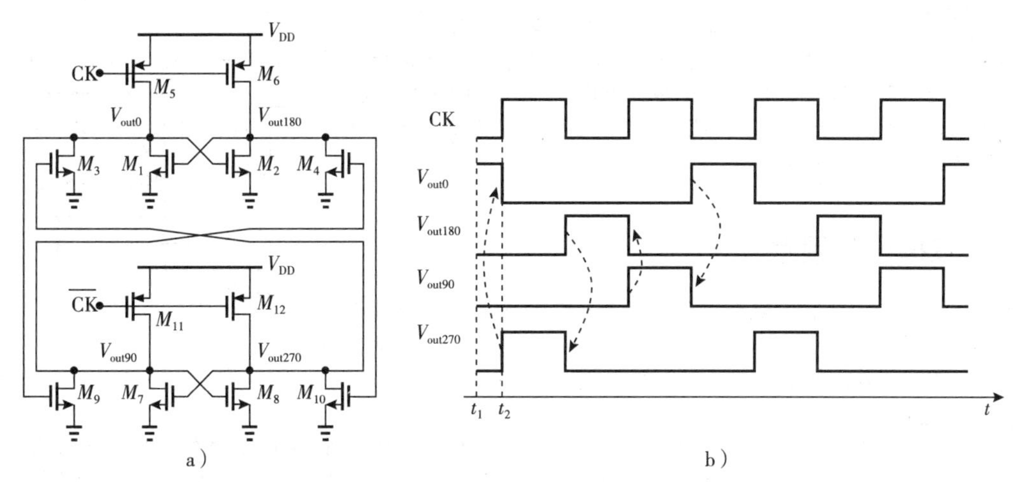

图 15-23 a)二分频电路产生占空比为 25%的输出；b)电路的波形

作为更详细的分析，假设在图 15-23b 中的 $t=t_1$ 处，CK 为低电平且 V_{out0} 为高电平。这意味着 M_2 导通，V_{out180} 为低电平，M_1 关断。此外，M_9 导通，将 V_{out90} 拉为零(因为 M_{11} 是关断的)。此时，M_8、M_{10} 和 M_{12} 关断，允许 V_{out270} 为低电平或高电平。但是 V_{out270} 不能是高电平，因为它会通过 M_3 将 V_{out0} 拉为低电平，这与我们的初始假设不一致。当 CK 变为高电平时，在 $t=t_2$ 处，M_{12} 导通，将 V_{out270} 升高至 V_{DD}，因为 M_8 和 M_{10} 均关断。其他三个输出保持低电平(为什么?)。当 CK 再次变为低电平时，V_{out180} 上升，因为 M_2 和 M_4 都关断。同理，V_{out90} 在 CK 的下一个上升沿上升。总之，当 CK 为低电平时，V_{out0} 和 V_{out180} 取相反的逻辑值，而 V_{out90} 和 V_{out270} 保持为零，反之亦然。

例 15-7 经过更仔细的检查，我们观察到图 15-23a 所示的分频器的输出波形表现出一个降低的零电平(见图 15-24a)。解释这是如何发生的。

解： 当 PMOS 器件导通时，其中一个器件会与同样导通的 NMOS 晶体管形成对抗。例如，如果 V_{out0} 为高电平(见图 15-24b)，则 M_2 会从 M_6 汲取静态电流，产生 $V_{out180}>0$。因此，PMOS 器件必须足够弱，以免显著降低逻辑零电平。

如果某些速度损失是可以接受的，则可以避免由上述电路引起的降低的电平和静态电流。图 15-25 描述了这样一个电路修改：交叉耦合 PMOS 对 M_5'-M_6' 与时钟晶体管串联放置，以便切断保持低电平一侧的电流路径。例如，如果 CK 为低电平，V_{out0} 为逻辑高电平，V_{out180} 为逻辑低电平，则 M_6' 关断。

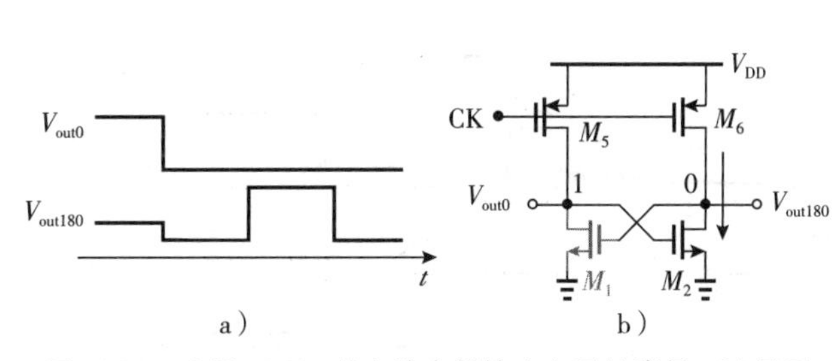

图 15-24 a)图 15-23a 的电路中低输出电平的降低；b)显示电平降低原因的静态电流路径

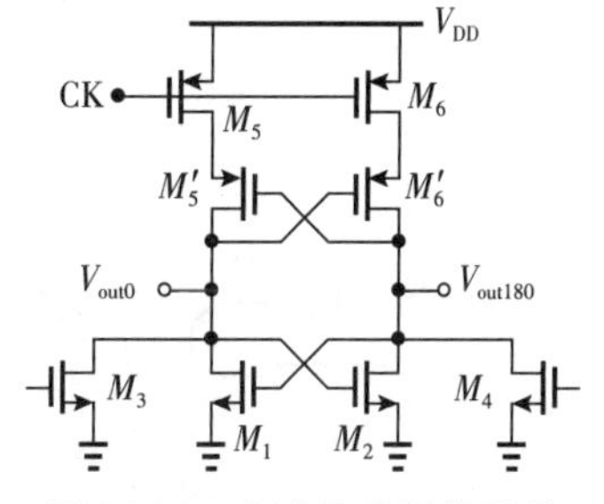

图 15-25 改进的分频器以避免电平降低

例 15-8 解释为什么图 15-25 中的 PMOS 交叉耦合对会降低速度。

解： 假设在 $t=0^-$ 时，CK 为高电平，$V_{out0}=V_{out180}$ 为逻辑低电平，并且一个输入为高电平（见图 15-26）。当 CK 下降时，M_6 和 M_6' 串联出现，它们的栅极电压为零。因此，V_{out180} 充电更缓慢。注意，M_5' 和 M_6' 不提供再生放大，因为 V_{out0} 由 M_3 保持相对恒定并且接近零。

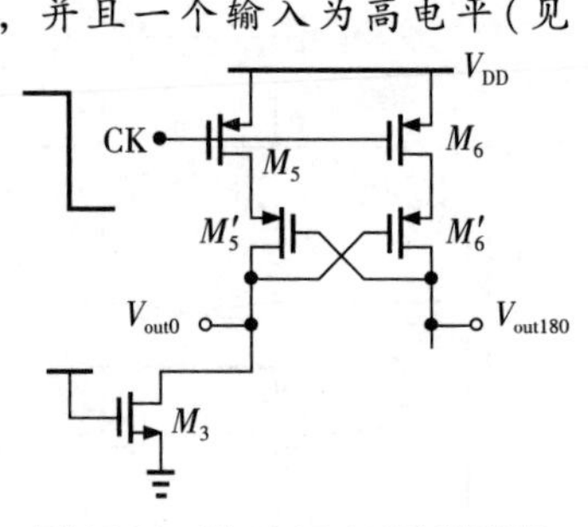

图 15-26 图 15-25 中速度的降低

15.4 双模预分频器

回想第 12 章，RF 频率综合器包含一个反馈分频器，其模数必须以单位步长变化，例如从 N 到 $N+1$。这种运行需要使用双模“预分频器”，即高速分频器，其模数可以在 2 和 3 之间或 3 和 4 之间等切换。我们分别称这种结构为“÷2/3”和“÷3/4”电路。

让我们从÷3 电路开始。如图 15-27a 所示的一个示例，其中两个 D 触发器在三个必要状态下循环。注意到 $\overline{Q_2}$ 的下一个值等于 $\overline{Q_1 \cdot \overline{Q_2}}$。借助图 15-27b 中绘制的波形，并假设 FF 在时钟的上升沿改变其输出，我们注意到，如果 $Q_1\overline{Q_2}=00$ 且 CK 变为高电平（在 t_1 处），则 Q_1 保持在逻辑低电平，而 $\overline{Q_2}$ 上升到逻辑高电平。在下一个时钟周期，Q_1 取 $\overline{Q_2}$ 的值变为高电平，而 $\overline{Q_2}$ 不变。该状态是，$Q_1\overline{Q_2}=11$，在 AND 输出处产生逻辑高电平，并要求 $\overline{Q_2}$ 的下一个值为零。因此，在第三个时钟周期，Q_1 保持高电平而 $\overline{Q_2}$ 下降。状态 $Q_1\overline{Q_2}=00$ 实际上不会再次出现。两个输出的占空比为 1/3，这在某些应用中是有用的特性，而在有些应用中则是不希望有的。记住÷3 电路的 110 或 011 输出模式会很有帮助。

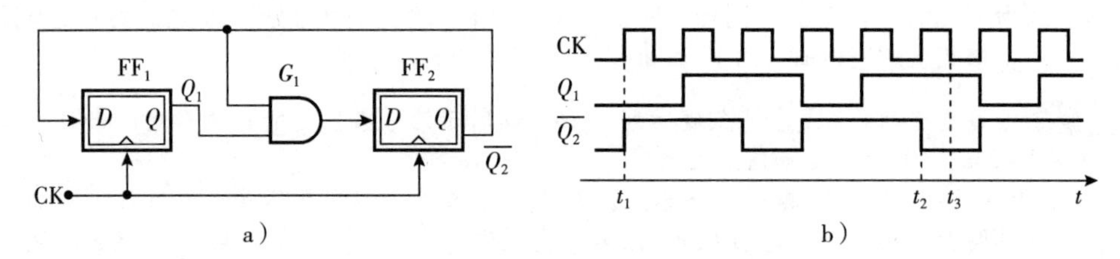

图 15-27 a) 三分频电路；b) 波形

例 15-9 解释为什么图 15-27a 中的÷3 电路通常比÷2 拓扑的速度慢。

解： 围绕第二个触发器的反馈必须处理与门带来的额外延迟。具体来说，在图 15-27b 中，当时钟在 $t=t_2$ 处上升而 $\overline{Q_2}$ 下降时，这种转变必须通过与门传播，并在时钟下降之前在 FF$_2$ 的主锁存器内建立。图 15-28 说明了这种时序约束，揭示出从 CK 到主锁存器输出（B 处）的总延迟必须小于时钟周期的一半。根据经验，我们说÷3 电路的最大速度大约是÷2 电路的一半。

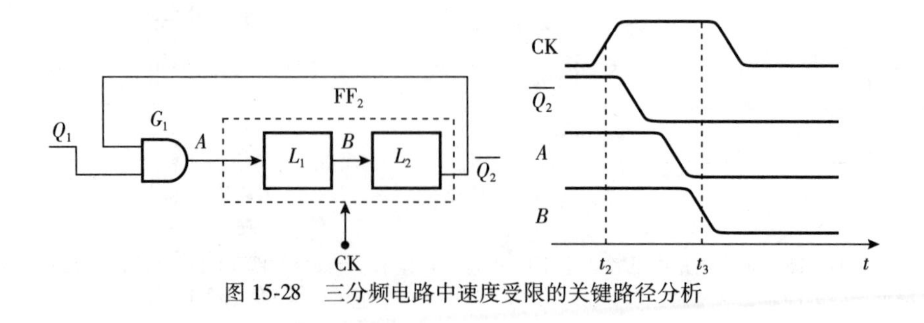

图 15-28 三分频电路中速度受限的关键路径分析

图 15-28 中的 AND 门最好与其后的锁存器合并(见 15.2 节)，以减少延迟。在 CML 设计中，我们更喜欢 NOR 输入，因为我们可以轻松修改分频器结构以适应 NOR 实现。为此，我们感测 FF_2 的 Q 输出，并将缺失的反相传送到FF_1 和 G_1 的输入(见图 15-29a)。接下来，我们允许 FF_1 输入端的反相通过触发器传播并到达与门的输入端(见图 15-29b)。最后的结果等效于 NOR 实现(见图 15-29c)。这种修改的一个有趣的副产品是 FF 现在不需要反相，这一特性被证明对 C^2MOS 触发器很有用，但对 TSPC 设计却没有用(为什么?)。

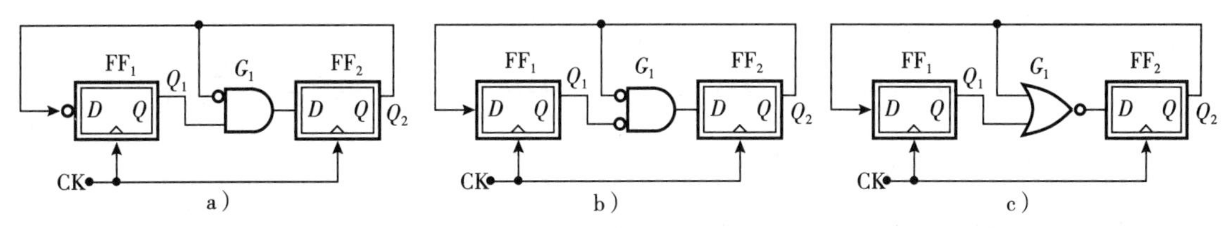

图 15-29　a)将反相移至G_1 和FF_1 输入的三分频电路；b)修改后的电路；c)使用 NOR 门的三分频电路

图 15-27a 和图 15-29c 的÷3 拓扑结构也可以提供÷2 模式。如图 15-30 所示，当电路需要÷2 时，其想法是将电路减少到一个触发器。如果“模数控制”(Modulus Control，MC)输入为低电平，Q_1 只通过或门，电路进行÷3 运行。另外，如果 MC 为高电平，Q_1 不起作用，与门将 $\overline{Q_2}$ 传递到 X，FF_2 充当÷2 电路。注意，此分频器后面的级必须检测 $\overline{Q_2}$ 处(或围绕 FF_2 环路中的任一点)的信号，而不是 Q_1 处的信号(为什么?)。

可以类似地考虑÷3/4 的实现。这样的布置结构仍然只需要两个触发器，并且可以从图 15-27a 或图 15-29c 的÷3 电路演变而来。例如，我们修改前者，使得当 MC 为高电平时，该结构是简化的÷4 电路，即环路中有两个 FF。如图 15-31 所示，如果在围绕 FF_2 的环路中插入一个 OR 门，就会存在这种情况。如果 MC=0，则相当于图中 OR 门不存在，电路为三分频；如果 MC=1，则作为环路中有两个触发器的结构并为四分频。当然，由于两个门的较长延迟会降低最大速度。

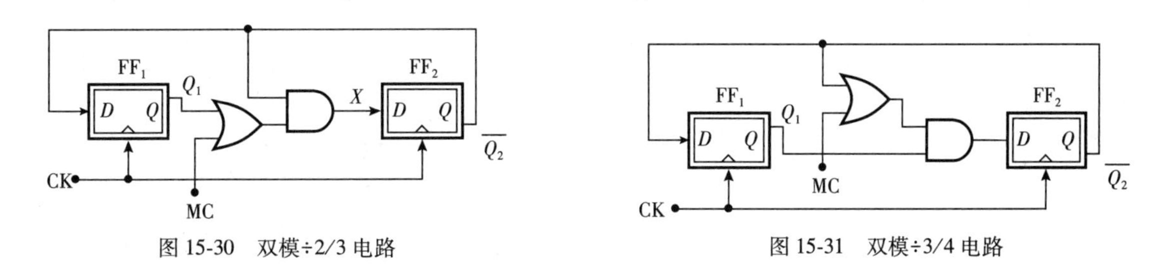

图 15-30　双模÷2/3 电路

图 15-31　双模÷3/4 电路

例 15-10　使用图 15-18 的比例 TSPC 触发器，设计一个÷3/4 的电路。

解：由于这个 FF 反相信号，我们需要一个额外的反相来满足图 15-31 中的结构。将 OR 和 AND 门与FF_2 的第一级合并，我们得到了图 15-32 所示的设计。

上述双模分频器是基于同步操作的，即它们的 FF 被同时驱动的。为了获得更大的分频系数，我们可以将这些预分频器中的一个与额外的异步分频器结合使用。作为一个例子，图 15-33a 描述了如何在一个÷2/3 电路(Div23)后跟随一个异步的÷2 级，来形成一个÷5 的计数器。为了研究该工作原理，假设触发器在其各自时钟的上升沿改变其输出。注意，Q_1 总是在一个时钟延迟后跟随 $\overline{Q_2}$。我们从 $Q_1\overline{Q_2}\overline{Q_3}$=000 开始(见图 15-33b)，并认识到 MC=$\overline{Q_3}$=0，X=0，并且÷2/3 级为三分频。随着 CK 在 $t=t_1$ 时变为高电平，$\overline{Q_2}$ 也变为高电平，但 Q_1 仍然为低电平(为什么?)。响应 $\overline{Q_2}$ 的上升沿，第二(异步)级也将 $\overline{Q_3}$ 更改为 1，并命令 Div23 在下一个周期二分频。因此，$\overline{Q_2}$ 和 Q_1 只在 CK 后续的上升沿在 0 和 1 之间跳变。这会一直持续到 t_2，此时 $\overline{Q_2}$ 上升，因此 $\overline{Q_3}$ 下降，驱动 Div23 进入÷3 模式。在 $t=t_3$ 时，Q_1

变为高电平但 $\overline{Q_2}$ 没有改变(为什么?)，$Q_1\overline{Q_2}=11$ 的当前状态导致在 $t=t_4$ 时 $\overline{Q_2}=0$。在 $t=t_5$ 时，Q_1 下降，$\overline{Q_2}$ 上升，$\overline{Q_3}$ 也上升。该电路现在已达到与 $t=t_1^+$ 时相同的状态，从而揭示了其周期性行为。我们观察到：①Div23 在两个输入周期(从 t_1 到 t_2)为二分频，在三个输入周期(从 t_2 到 t_5)为三分频；②只有 $\overline{Q_3}$ 携带具有正确周期的周期性输出，并且可以被下一级感测到。

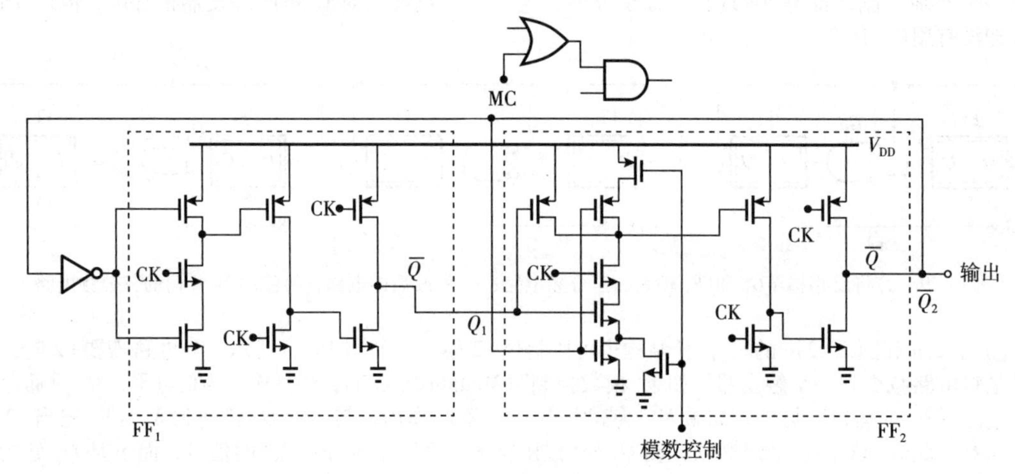

图 15-32　TSPC÷3/4 电路

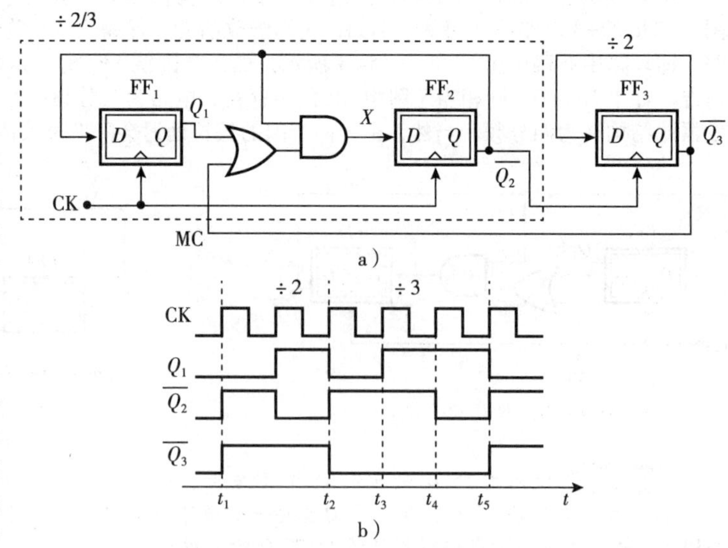

图 15-33　a)5 分频电路；b)其波形

在分析分频器时，我们还可以考虑产生一个输出脉冲的输入脉冲数，而不是输入边沿。例如，在图 15-33 中，Div23 在 t_1 和 t_2 之间接收到两个时钟脉冲，在 t_2 和 t_5 之间接收到三个时钟脉冲。类似地，异步级在 t_1 和 t_5 之间接收到两个脉冲。这个思考方法稍后将证明是有用的。

现在研究图 15-34a 所示的÷8/9 计数器。为了理解其原理，我们首先认识到，如果预分频器为二分频，则整个电路表现的像三个二分频的级级联，因此总体为 8 分频。这发生在当 MC_2 为低电平且因此 MC_1 为高电平时。对于÷9 的工作原理，我们将 MC_2 保持为高电平，仅当 $AB=11$ 时 MC_1 才可以变为低电平。图 15-34b 所示为状态序列，假设触发器在其时钟输入的上升沿改变其输出。我们观察到，÷2/3 电路在三个输入周期为三分频(当 $AB=11$ 时)(回想÷3 运行的模式 110 或 011)和在六个输入周期为二分频。注意，只有 B 携带具有所需周期的周期性波形，并可用作计数器的输出。

作为另一个例子，我们研究图 15-35a 所示的÷15/16 电路。这种结构结合了图 15-31 的÷3/4 预分频器和两个异步÷2 级。如果 MF 或 MC 为高电平，则预分频器为四分频，整个电路为 16 分频。基于我们对图 15-33 和图 15-31 中拓扑结构的分析，可以预测一下这个计数器在÷15 模式下的工作原理。我们推测，当 MC = 0 时，电路在 12 个输入周期为四分频，在 3 个输入周期为三分频(见图 15-35b)。因此，÷3/4 级在 $\overline{Q_2}$ 处产生总共四个脉冲，这在驱动异步级时，在 MF 处产生一个脉冲。该脉冲从 t_1 持续到 t_2，导致÷3 模式。

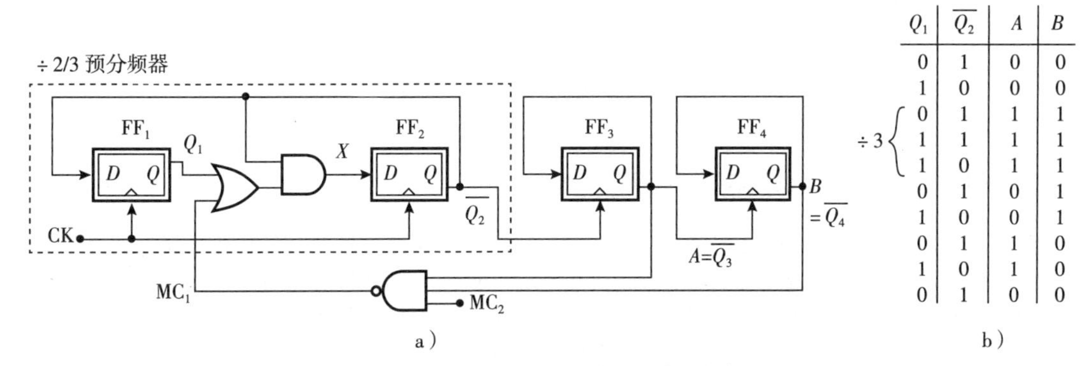

Q_1	$\overline{Q_2}$	A	B
0	1	0	0
1	0	0	0
0	1	1	1
1	1	1	1
1	0	1	1
0	1	0	1
1	0	0	1
0	1	1	0
1	0	1	0
0	1	0	0

(÷3：第 3～5 行)

图 15-34 a)双模÷8/9 电路；b)其状态序列

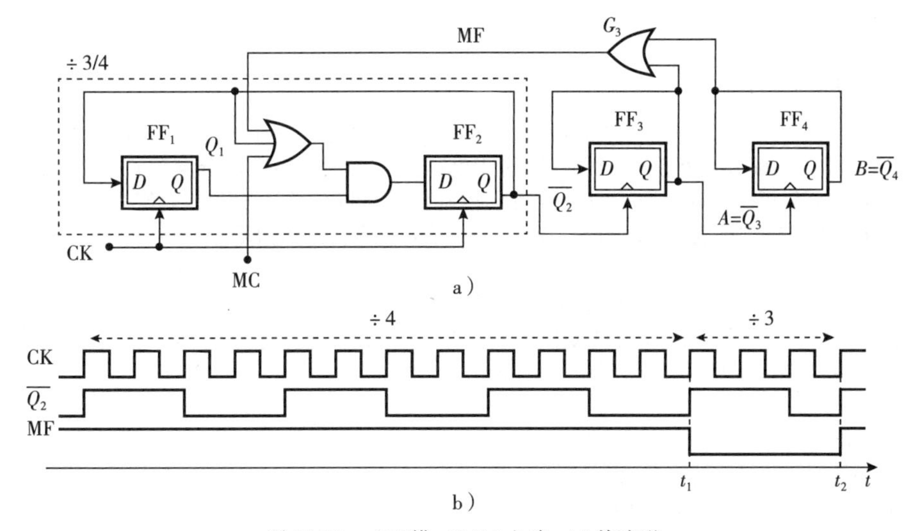

图 15-35 a)双模÷15/16 电路；b)其波形

在图 15-35a 中同时使用同步和异步逻辑会导致竞争状态，从而在极端 PVT 工艺角下失效。假设 FF_3 和 FF_4 在各自时钟输入的上升沿改变其输出状态。如果 MC 为低电平，则电路最初为 16 分频，Q_1 $\overline{Q_2}$ 循环通过 01、11、10 和 00 状态，直到 A 和 B 都为低电平。如图 15-36a 所示，Q_1 $\overline{Q_2}$ 在状态 10 之后跳过了状态 00。从 $\overline{Q_3}$ 变为低电平时到 Q_1 $\overline{Q_2}$ 跳过一个状态时，已经过去三个 CK 周期，允许 FF_3 和 G_3 有一个相对宽松的延迟约束。

另外，如果图 15-35a 中的 FF_3 和 FF_4 在其时钟输入的下降沿改变其状态，则 FF_3 和 G_3 的延迟必须小于输入时钟周期的一半。这可以从图 15-36b 中看出，其中，在 $\overline{Q_3}$ $\overline{Q_4}$ 下降到 00 之后，预分频器必须立即跳过状态 00。因此，我们更喜欢前一种选择，并且必须选择信号，使得 FF_3 和 FF_4 在其时钟输入的上升沿改变其状态。

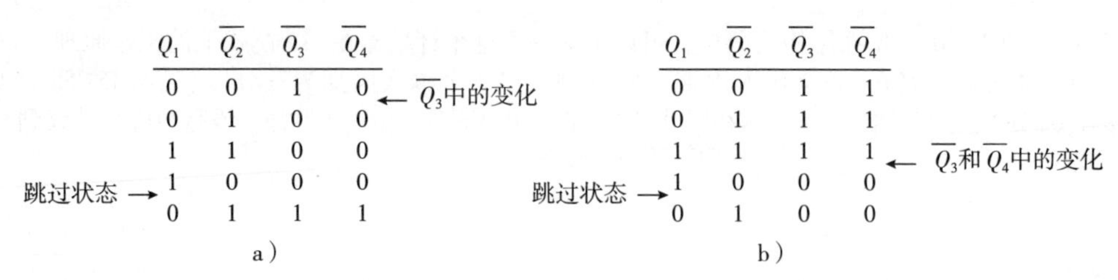

图 15-36 图 15-35a 中的边沿选择：a）合适的；b）不合适的

15.5 RF 频率综合器中的分频器设计

如 15.1 节所述，RF 频率综合器采用反馈分频器，其模数必须以单位步长变化。此外，分频器需要能在 VCO 的最大频率和/或最小输出摆幅下可靠工作。这是一个临界点，因为在频率综合器的锁定瞬态期间，VCO 的频率可能远远超过所需的频率值，因而可能导致分频器失效。

RF 频率综合器通常只覆盖较窄的频带，例如，用于蓝牙的只覆盖 2.400~2.480 GHz。因此，推测输出频率可以表示为$(K+S)f_{REF}$，其中 K 是一个较大的固定整数，S 是一个其值可以按单位步长变化的整数。例如，在蓝牙中，我们可以选择 $K=2400$，$S=1$，…，80，$f_{REF}=1$ MHz。本节主要是探寻一种分频器架构，使其能提供模数为 $K+S$ 的形式，并研究两种不同的实现方式。

15.5.1 脉冲吞噬分频器

图 15-37 所示为一种称为“脉冲吞噬（pulse swallow）分频器”的实现。这种电路包含一个双模预分频器（或更普遍地称为双模分频器）、一个“可编程计数器”（一个固定模数的分频器），以及一个“吞噬计数器”（一个可复位分频器，其模数可以进行数字控制，以单位步长从 1 到最大值变化）。为了简单起见，我们将这些电路分别称为 N、P 和 S 计数器。如后文所述，该架构要求 $P>S$。注意，S 计数器控制预分频器的模数，并且 P 计数器可以复位 S 计数器。我们将证明 $f_{out}=f_{in}/(NP+S)$。

为了研究分频器的工作原理，假设预分频器以÷$(N+1)$模式开始，而 P 和 S 计数器被复位。预分频器在 $N+1$ 个输入时钟周期后在 A 处产生一个脉冲。因此，S 计数器总共需要$(N+1)S$ 个输入周期来改变 B。然后，预分频器开始进行 N 分频。到目前为止，P 计数器已经接收到 S 个脉冲，它需要另外的 $P-S$ 个输入脉冲来填充和复位吞噬计数器。因而预分频器必须再计数$(P-S)N$ 个输入时钟周期（因此 P 必须大于 S）。我们注意到响应每一个$(N+1)S+(P-S)N=NP+S$ 的输入周期，P 计数器都会产生一个输出脉冲。由此可得，$f_{out}/f_{in}=1/(NP+S)$。

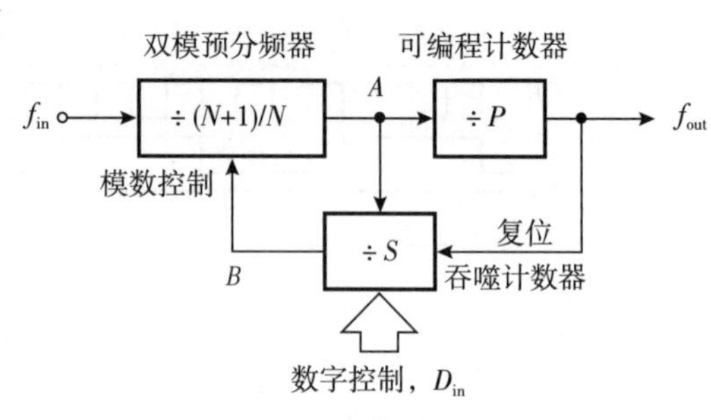

图 15-37 脉冲吞噬分频器

脉冲吞噬分频器是一项聪明的发明：它提供了一个整体的分频系数 $NP+S$ 且只需要调整 S 的值即可以实现单位步长变化。在之前的蓝牙示例中，我们可以选择 $NP=2400$，$S=1$，…，80；例如，如果 $N=8$，则选择 P 等于 300。

例 15-11 图 15-37 中 A 或 B 节点的波形是否可以作为输出？

解： 不行。由于预分频器模数在$(N+1)S$ 个周期后由 $N+1$ 变为 N，因此，A 处波形的频率会先为 $f_{in}/(N+1)$ 赫兹，然后是 f_{in}/N 赫兹（见图 15-38）。类似地，B 处的信号频率在 $f_{in}/[(N+1)S]$ 和 $f_{in}/(NS)$ 之间跳变。因此，这两个节点的波形不具备正确的周期。

回到图 15-37 中吞噬计数器的实现。该计数器必须提供从 1 到最大值的可编程模数。将所需的模数值表示为 $D_{in}=D_n\cdots D_1$，注意到电路是从 0…0 开始，并由预分频器进行时钟计数，直到它计数到 $D_n\cdots D_1$。然后，改变预分频器模数，并保持此输出电平，直到它被 P 计数器复位。图 15-39 所示为一个实现示例，其中 n 个异步可复位÷2 级从 00…0 开始并计数，直到它们的输出与数字输入 $D_n\cdots D_1$ 一致。此时，所有的 XNOR 门都产生逻辑高电平，然后拉高 RS 锁存器的输出，改变预分频器模数，并禁用÷2 级。这种状态一直保持到 P 计数器复位 RS 锁存器。

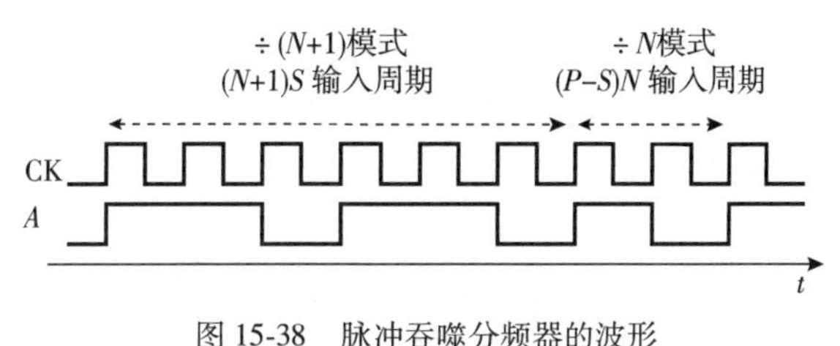

图 15-38 脉冲吞噬分频器的波形

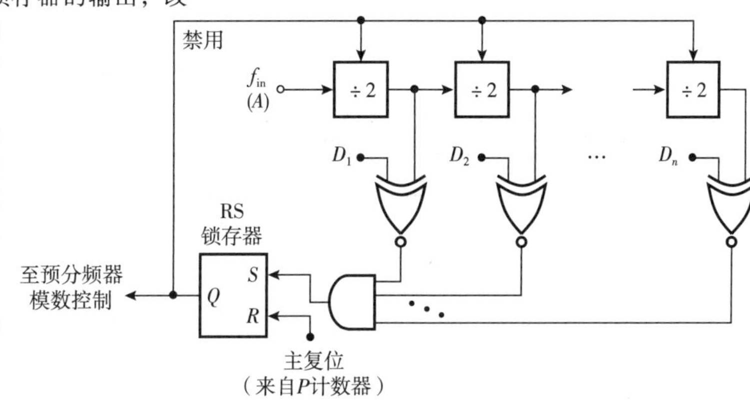

图 15-39 吞噬计数器实现

如图 15-38 中的波形所表明的，脉冲吞噬分频器的运行要求 P 大于 S。这会限制频率综合器的输出和/或参考频率范围，如以下例子所示。

例 15-12 一个 2.4 GHz 的小数 N 频率综合器必须工作在 19~25 MHz 的晶振频率范围内。如果选择 $N=3$ 作为预分频器的模数，则 P 和 S 需要是什么值？

解： 为了使 $f_{out}=2400$ MHz，要求在 $f_{REF}=19$ MHz 时，$NP+S=127$；在 $f_{REF}=25$ MHz 时，$NP+S=96$。即 $N=3$ 时，需要满足 $3P+S_1=127$ 以及 $3P+S_2=96$。可以选择出 P 和 S 来满足这两个条件吗？注意到 $S_1-S_2=31$。如果 S 为从 1 到 32 可编程的，并且选择 P 大于 S，那么 $3P+S_2$ 会超过 96。由此产生矛盾，P 和 S 并不存在。

如果可编程计数器的模数也可变，即如果基于如图 15-39 所示的结构设计，则可以避免上述困难。回到例 15-12，并假设 $P=30$，而 S 从 6 到 20 变化，可以得到 $NP+S=96$，…，110。对于更大的分频系数，令 P 为 33，S 从 12 到 28 变化，可以得到 $NP+S=111$，…，127。换句话说，对 S 和 P 计数器都进行可编程设计，$NP+S$ 可以在很大的范围取值。

15.5.2 Vaucher 分频器

Vaucher 分频器是一种模块化拓扑结构，包含÷2/3 级的级联，并可提供可编程的分频系数[9]。它可被用作脉冲吞噬分频器的替代方案。为了理解 Vaucher 分频器的工作原理，我们从图 15-33 的简单结构开始，在图 15-40a 将其重新画出。回想一下，第一级以二分频运行两个输入周期(当 MC=1 时)，以三分频运行三个输入周期(当 MC=0 时)，$\overline{Q_3}$ 输出所需的信号。

现在用÷3 电路代替第二级(见图 15-40b)，并确定新的分频系数。假设第一级在 MC=1 时为 2 分频，在 MC=0 时为 3 分频。回到图 15-27a 所示的÷3 拓扑结构，注意到，如果从复位开始，其输出 $\overline{Q_2}$ 在时钟的第一个上升沿上升，并在两个输入周期内保持高电平。因此，假设图 15-40b 中的所有节点都被复位为零，观察到 CK 的第一个上升沿就会使 $\overline{Q_2}$ 和 $\overline{Q_4}$ 都变为高电平(见图 15-40c)。因此，第一级开始以 2 分频运行。这一级必须在 $\overline{Q_2}$ 上产生两个脉冲，第二级才能产生一个脉冲，如 $t=t_1$ 时所示。现在，第一级在÷3 模式下运行，并在 CK 的两个周期保持 $\overline{Q_2}$ 为高电平，直到 $t=t_2$，然后变为低电平，持续 CK 的一个周期，直到 $t=t_3$。此后这种行为会周期性地重复。也就是说，整个电路为 7 分频。

图 15-40c 所示的运行情况可以从两个角度来看：①Div23 从 t_1 到 t_3 为 3 分频；②Div23 继续为 2 分频，直到 $t=t_a$，这个时间节点直到 $t=t_2$，它“吞噬”了一个输入脉冲，即不产生转变沿。在我们的分析中，这两种角度都是有用的。

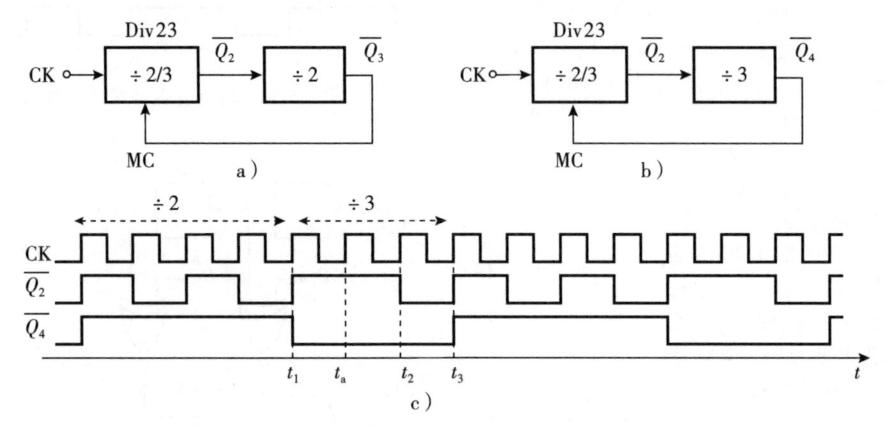

图 15-40 a）环路中的÷2/3 级和÷2 级；b）a 中电路的第二个分频器变为÷3 级；c）7 分频运行的波形

总之，图 15-40a 和图 15-40b 中的结构分别相当于÷5 和÷7 电路。让我们考虑图 15-41 所示的结构，其中每一级在其模数控制为高电平时为 2 分频，在模数控制为低电平时为 3 分频。可以发现，如果 $MC_2=1$，则整个电路为 5 分频（见图 15-40a）；如果 $MC_2=0$，则为 7 分频（见图 15-40b）。此外，假设我们可以从外部改变 MC_1。那么，如果 MC_1 强制为 1 且 $MC_2=1$，则该结构为 4 分频；而如果 MC_1 强制为 1 且 $MC_2=0$，则该结构为 6 分频。也就是说，这种结构可以提供 4~7 的分频系。

对于模块化的设计，我们希望像图 15-41 那样级联多个÷2/3 级。出于该目的，重新审视图 15-27a 中的÷3 电路，并绘制其内部结构如图 15-42a 所示。接下来，将输出从 Q_2 返回到第一个锁存器的输入并选择 $\overline{Q_1}$ 来驱动 AND 门（见图 15-42b）。电路的功能保持不变。

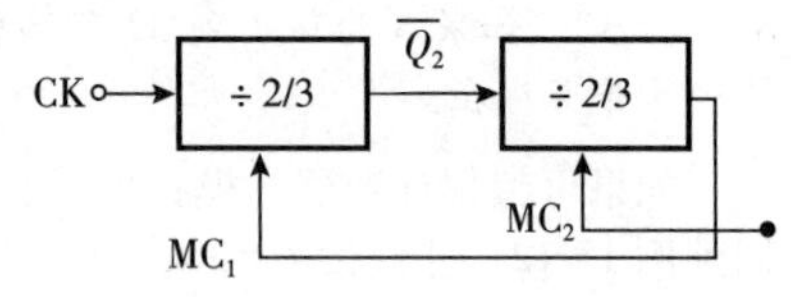

图 15-41 环路中的两个÷2/3 级

现在，在 L_1 和 L_1' 之前插入两个 AND 门（见图 15-42c），注意到，如果 MC=1，$B=1$，则电路为 3 分频，但如果 MC 或 B 有一个为低电平，则电路为 2 分频。在设计的最后一步，重绘这个模块，并使用两个÷2/3 实例来构建一个类似于图 15-41 的环路（见图 15-42d）[9]。得到的结构有几点值得说明。首先，B_1、B_2 和 MC_2 设定分频系数。如果 $MC_2=1$，那么 B_1B_2 可以将这个系数控制在 4~7 的范围内。其次，从 Q_4 得到 MC_1，但由于 L_1 使 MC_1 有半个时钟延迟。

可以证明，如果将图 15-42d 中的级联从 2 级扩展到 n 级，则当 MC_n 被假设为高电平时，输出周期为

$$T_{out}=(2^n+2^{n-1}B_n+\cdots+2^0B_1)T_{in} \tag{15-5}$$

也就是说，分频系数在 2^n 到 $2^{n+1}-1$ 范围内，以单位步长变化。

正如习题 15.17 所研究的，图 15-42c 中加入的 AND 门降低了运行速度。此外，在小数 N 频率综合器中使用 Vaucher 分频器需要额外的措施：当图 15-42d 中 B_1 和/或 B_2 被 $\Delta\Sigma$ 调制器改变时，分频器的一些内部状态并不会立即改变，从而破坏了分频器的输出序列。

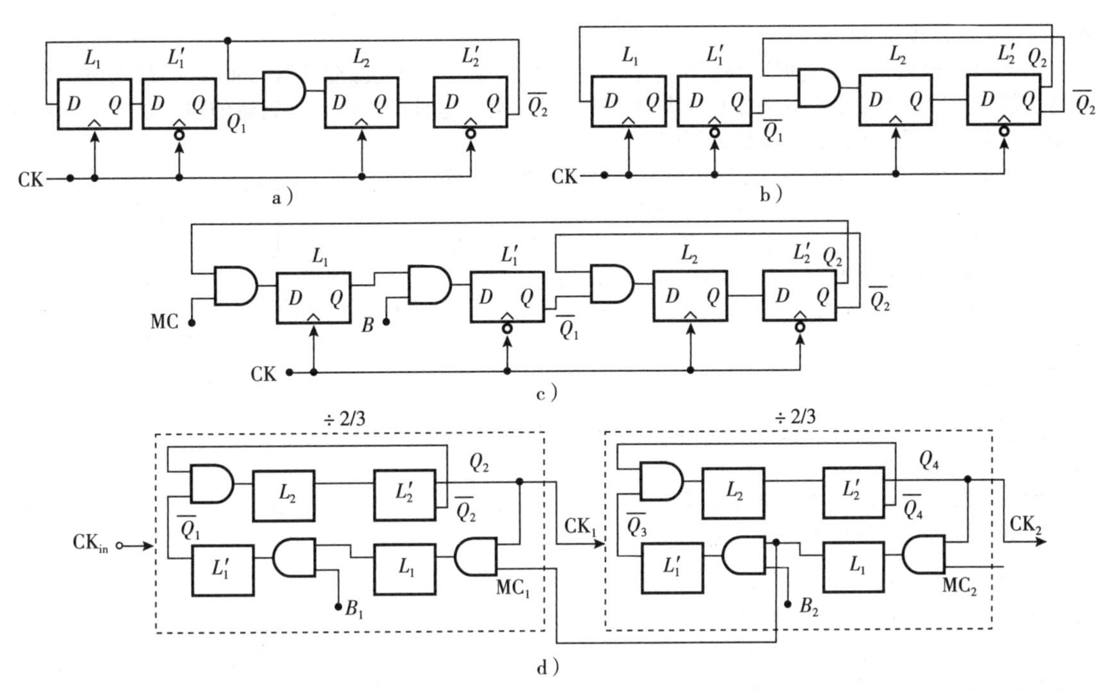

图 15-42 a)锁存器级别的÷3 电路；b)将反馈信号分离开；c)添加控制信号 MC 和 B；d)÷2/3 级的模块化延伸

15.6 Miller 分频器

Miller 分频器通常比基于 FF 的拓扑结构更高速，并且在 CML 的设计失效时证明是有用的。如图 15-43a 所示，Miller 分频器结构由混频器(乘法器)和低通滤波器组成，形成反馈环路[8]。在节点 X 处，混频器同时产生 $f_{in}+f_{out}$ 和 $f_{in}-f_{out}$，但前者会被滤波器抑制。因此，$f_{out}=f_{in}-f_{out}$，从而 $f_{out}=f_{in}/2$。然而，与基于 FF 的结构不同，该电路不会产生正交输出。稍后将会详细介绍这一点。

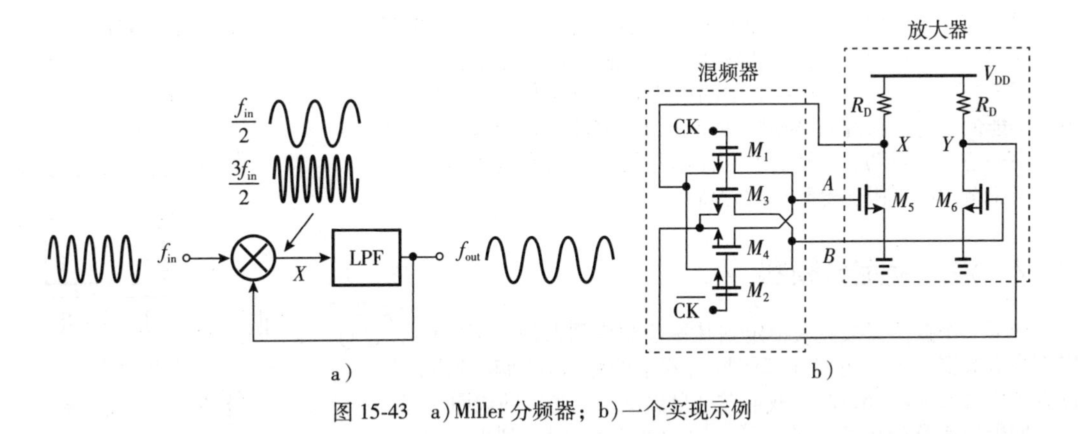

图 15-43 a)Miller 分频器；b)一个实现示例

Miller 分频器由于不需要满足 FF 结构所需的时序约束而可以实现很高的速度。本质上，图 15-43a 中的环路是一个允许 $f_{in}/2$ 分量无衰减地循环的“模拟”路径。这意味着在 $f_{in}/2$ 处环路增益足够大，而在$f_{out}+f_{in}=3f_{in}/2$处足够小。

图15-43b给出了一个实现示例。在这里，$M_1 \sim M_4$构成了一个无源混频器，而$M_5 \sim M_6$构成一个放大器。低通滤波动作发生在混频器和放大器的输出节点处。这种结构需要轨到轨的时钟输入，或者可以使用有源混频器以允许较小的输入摆幅。

虽然单个的Miller分频器不能提供正交输出，但两个这样的结构则可以。这是由于一个二分频电路可以接收形式为$\cos(\omega_{in}t+\theta)$的输入而生成$\cos[(\omega_{in}t+\theta)/2]$的输出。这样，如果使用两个Miller分频器，一个感测$\cos\omega_{in}t$，另一个感测$\cos(\omega_{in}t+180°)$（见图15-44）。因此，输出等于$\cos[(\omega_{in}t)/2]$和$\cos[(\omega_{in}t+180°)/2]$。这一原理可应用于任何二分频电路，包括TSPC结构。

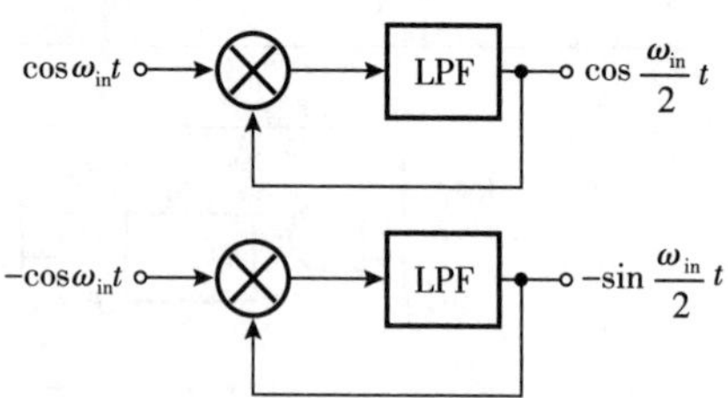

图15-44 使用两个Miller分频器产生正交输出

例15-13 使用反证法证明图15-44中下面的Miller分频器的输出形式不能是$-\cos(\omega_{in}t/2)$。

解： 如果是，则混频器的输出就等于$\cos\omega_{in}t\cos(\omega_{in}t/2)=(1/2)\cos(3\omega_{in}t/2)+(1/2)\cos(\omega_{in}t/2)$。第二项分量可以通过低通滤波器，与我们假设的输出等于$-\cos(\omega_{in}t/2)$相矛盾。

如果分量$f_{out}+f_{in}=3f_{in}/2$的衰减不充分，则Miller分频器就会失效。这似乎违反直觉，因为$3f_{in}/2$只是$f_{in}/2$的三次谐波，该分量应该是有益的（可以使边沿陡峭）或至少是无害的。但仔细观察就会发现并非如此。我们将环路打开，并研究混频器的输出波形（见图15-45）。在振幅相等的情况下，这两个分量会产生一个呈现多个过零点的合成波形。关键是，除非三次谐波衰减至少3倍，否则合成波形的低频部分无法在环路中维持[10]；因此需要LPF。我们还注意到，如果f_{in}小于LPF转角频率的三分之二，电路就开始失效，因为在这种情况下，低通滤波器对三次谐波的衰减很小。

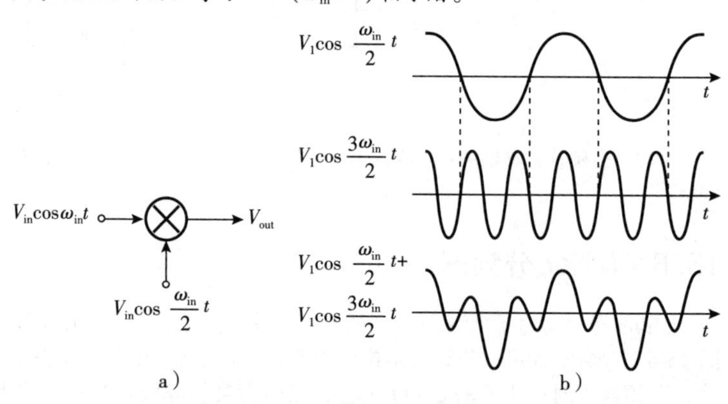

图15-45 a）没有LPF的开环Miller分频器；b）其波形

用LC谐振腔替换图15-43b中的电阻负载以实现更高的速度是可能的。将谐振腔的谐振频率设计为所关注的输出频率范围的中间值，则对$3f_{in}/2$分量也有抑制作用。然而在这种情况下，频率范围的下限比电阻负载时高。

15.7 注入锁定分频器

如果一个振荡器被注入锁定到其振荡频率的谐波，则它可以充当分频器。为了更好地理解振荡器中的注入拉动和锁定，读者可以参考文献[6,12]。我们在这里提供一个简短的说明。

回顾第6章的内容，外部信号可以耦合（注入）到振荡器中。例如，图15-46所示为f_{in}处的周期性输入信号是如何单方面注入LC拓扑结构的。即使振荡器的固有频率，即谐振腔的

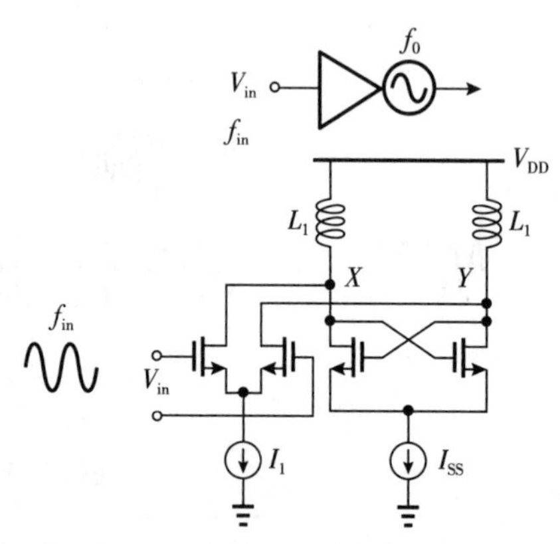

图15-46 将一个周期性信号注入LC振荡器中

谐振频率，$f_0 \neq f_{in}$，也可以确保电路在 f_{in} 处而非 f_0 处振荡。这种“注入锁定”现象在 $|f_{in}-f_0|$ 足够小，并且输入注入强度（如果所有四个晶体管完全切换，则由 I_1/I_{SS} 决定）足够大时会发生。电路锁定的最大 $|f_{in}-f_0|$ 值约为 $[f_0/(2Q)](I_1/I_{SS})$，其中 Q 为 LC 谐振腔的品质因子。例如，当 $I_1 \approx 0.25I_{SS}$ 且 $Q=5$ 时，“锁定范围”约为±2.5%。

如果 f_{in} 在 $2f_0$ 或 $3f_0$ 附近，此时电路几乎没有锁定的趋势。因此，为了将一个振荡器注入锁定到比基波高的谐波，需要通过混频动作将该谐波转换到 f_0 附近。我们称这一动作为“下变频”。在概念上如图 15-47a 所示，输入和输出混频，产生 $f_{in} \pm f_{out}$。如果 $f_{in}-f_{out}$ 落在 f_0 附近并且幅度足够大时，则环路可以作为分频器工作。例如，当 $f_{in}=2f_0+\Delta f$ 时，混频器会生成一个接近 $2f_0+\Delta f-f_0=f_0+\Delta f$ 的分量，该分量可以注入锁定振荡器。然后环路建立，因此 $f_{out}=f_0+\Delta f/2$。

将图 15-47a 所示的原理应用于 LC 振荡器。我们认识到如图 15-47b 所示的差分对，在 M_1 和 M_2 导通和关断时，就可以充当混频器。由于混频器输出在电流域中可用，因此可以直接将其注入振荡器中（见图 15-47c）。现在必须决定如何将 M_1 和 M_2 的栅极连接到振荡器的输出。如果它们分别与 X 和 Y 连接，则这两个晶体管被配置为二极管连接型器件，而无法进行混频。另外，如果 M_1 的栅极连接到 Y 上，M_2 的栅极连接到 X 上，则差分对会被振荡器输出正确地切换。这就引出了图 15-47d 所示的结构。仔细观察就会发现，M_1 和 M_2 实际上形成了交叉耦合对，就像 M_3 和 M_4 一样。因此，我们通过将这两个晶体管与 M_3 和 M_4 合并来简化设计，并将输入施加到振荡器的尾电流源（见图 15-47e）。在这种情况下，M_3 和 M_4 既充当 $-G_m$ 对，又充当混频器。该拓扑结构是二分频运行的一个备用结构。

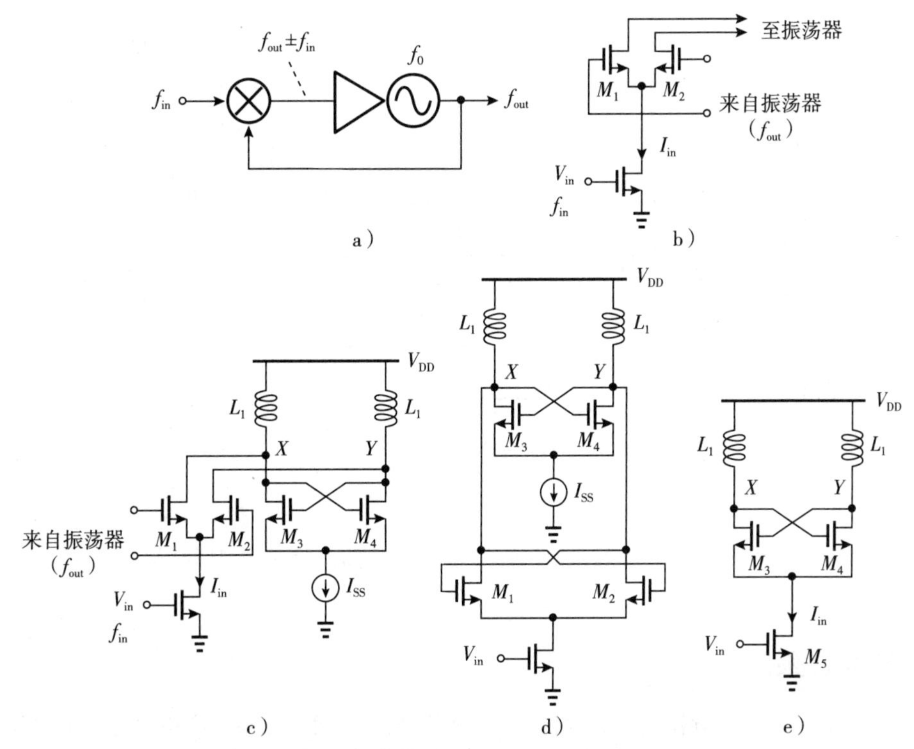

图 15-47 a）注入锁定分频器模型；b）简单混频器；c）应用于 LC 振荡器的注入和混频；d）c 中电路的重画；e）从尾路径的注入

综上所述，图 15-47e 中的注入锁定分频器的工作原理如下：由 M_5 在 f_{in} 处产生的电流波形与 M_3

和 M_4 的开关频率 f_{out} 混频，得到在 $f_{in} \pm f_{out}$ 处它们的漏极电流分量。合成波形被谐振腔衰减，差值现在与图 15-46 的注入相似。因此电路锁定，使得 $f_{in}-f_{out}=f_{out}$。

图 15-47b 中的 M_1 和 M_2 或图 15-47e 中的 M_3 和 M_4 提供的混频行为涉及的增益小于 1，因此削弱了注入。这个增益定义为在所关注的频率处的输出差分电流幅度除以 I_{in} 的幅度，等于 $2/\pi$。由于 $I_{in}=g_{m5}V_{in}$，因此（单边）锁定范围近似为

$$|f_{in}-2f_0| = \frac{f_0}{2Q}\frac{(2/\pi)g_{m5}V_{in}}{I_{SS}} \tag{15-6}$$

式中，I_{SS} 表示 M_5 的偏置电流。实际上，将锁定范围控制在±10%是比较困难的。

注入锁定可以大幅降低振荡器的相位噪声[12]。但是，当电路运行接近锁定范围的边缘时注入锁定振荡器的相位噪声开始接近其开环的分布。例如，如果图 15-47e 中的拓扑结构提供了 55~60 GHz 的锁定范围，那么当它运行在上下限附近时，它的相位噪声几乎没有减少。

环形振荡器也可以被注入锁定到输入端，从而充当分频器。例如，考虑图 15-48a 所示的两级环振，其中交叉耦合对改变了传递函数以允许振荡（见第 5 章）。为了根据图 15-47e 进行混频，我们可以简单地添加两个由互补输入控制的尾部晶体管（见图 15-48b）。这种配置实现了比图 15-47e 的 LC 拓扑更宽的（小数）锁定范围。为了理解这一点，注意到图 15-48b 中的每个级实际上都是一个类似于图 15-21a 的锁存器。换句话说，这个电路也可以视为是一个基于 FF 的简单分频器。然而，缺点是这种结构的最大工作频率比 LC 结构低得多。

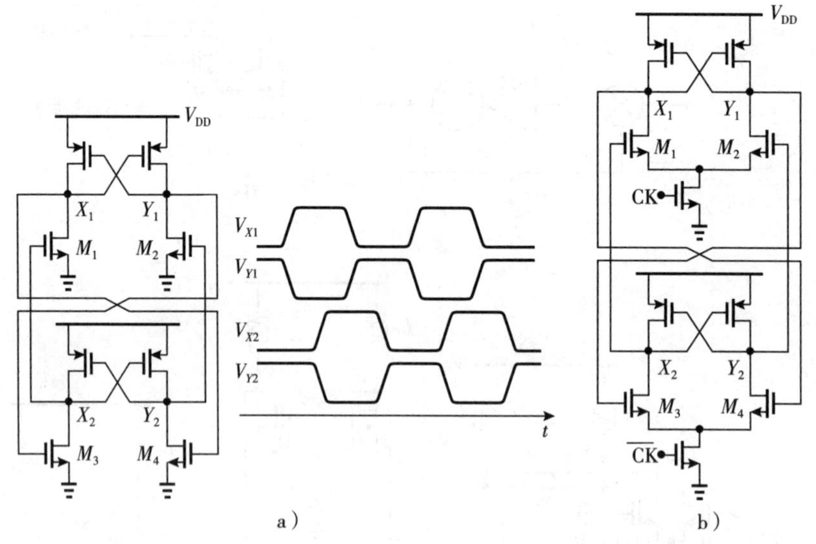

图 15-48 a）两级环形振荡器及其波形；b）使用尾部器件进行注入

15.8 分数分频器

到目前为止所研究的分频器结构都提供的是整数模数。然而，在某些应用中需要小数分频系数。例如，考虑一个射频发射机以 f_0 的载波频率向天线发送大功率信号（见图 15-49），由于功率放大器（PA）的非线性，发射机也会在高次谐波附近产生信号。由于 PA 的输出不可避免地会漏向系统的其他部分，它也可能耦合到频率综合器的 VCO 并干扰其相位。困难在于，即使 VCO 运行在 $2f_0$ 或 $3f_0$，它也不能免受这种影响，因为 PA 的高次谐波可能不可忽略。而如果 VCO 在 $1.25f_0$ 振荡，则干扰会小

很多。

回想一下，之前研究的分频器都只用一个边沿控制触发器。如果使用第 14 章介绍的双边触发的触发器（Double-Edge-Triggered FlipFlop，DETFF）会发生什么？由于 DETFF 在时钟的上升和下降沿都会改变其输出状态，则我们预计分频系数将减半。例如，我们回到图 15-27a 的÷3 电路，分析其如果包含 DETFF 的行为。如图 15-50 所示，从 $Q_1\overline{Q_2}=00$ 开始，注意到在 $t=t_1$ 时 CK 的上升沿使 $\overline{Q_2}$ 变为高电平(为什么?)。$t=t_2$ 时 CK 的下降沿也使 FF 改变状态，期间 FF_1 和 FF_2 分别读取 $\overline{Q_2}$ 和 $Q_1\cdot\overline{Q_2}$。继续切换动作，我们观察到 Q_1 或 $\overline{Q_2}$ 的一个周期对应于 CK 的 1.5 个周期。因此电路频率被 1.5 分频。注意到这些输出的占空比为 2/3。类似地，如果应用于图 15-33a 中的÷5 拓扑，根据上述原理将会得到 2.5 分频电路。

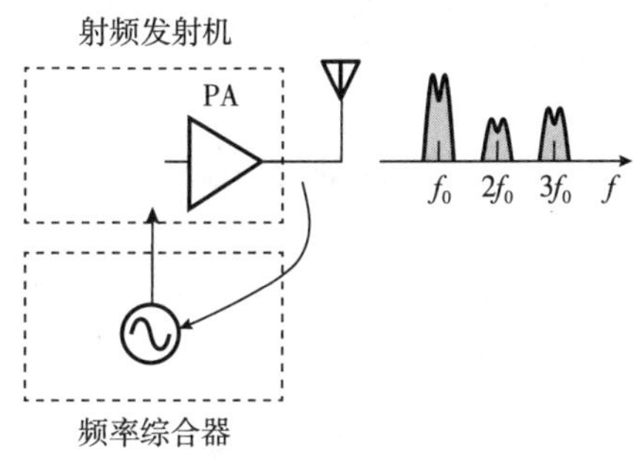

图 15-49 射频发射机的振荡器牵引问题

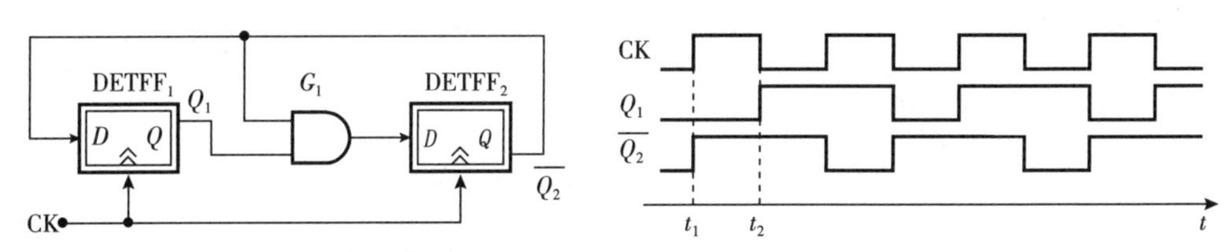

图 15-50 使用带有双边触发的触发器的÷3 电路来实现÷1.5 操作

上述÷1.5 结构必须处理两个问题。第一，读者可以证明，如果输入占空比偏离 50%，则输出包含杂散频率分量。第二，由于 Q_1 或 $\overline{Q_2}$ 的输出都没有 50%的占空比，它们不能直接驱动另一个类似的分频器。如果我们期望得到 2.25 的总体分频系数就会出现这样的情况。因此，占空比校准级(见第 11 章)必须设置在这个电路的前一级(和后一级)。

另一种获得小数分频系数的方法是通过使用 Miller 结构。考虑图 15-51 所示结构，其中在反馈路径中插入了一个÷N 级。

在节点 X 处，有两个频率分量：$f_{in}\pm f_b=f_{in}\pm f_{out}/N$。合成后的波经过 LPF 抑制，得到 $f_{out}=f_{in}-f_{out}/N$，因此

$$f_{out}=\frac{N}{N+1}f_{in} \tag{15-7}$$

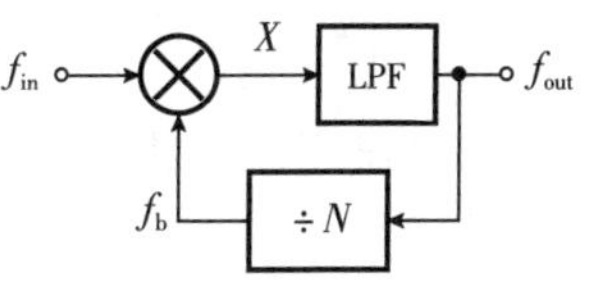

图 15-51 小数 Miller 分频器

分频器输出也可以写为

$$f_b=\frac{1}{N+1}f_{in} \tag{15-8}$$

这种形式被证明是有用的，例如，当 $N=2$ 时，有 $f_{out}=f_{in}/1.5$，$f_b=f_{in}/3$。

图 15-51 所示的结构涉及两个问题。第一个，LPF 输出摆幅必须足够大，以确保÷N 电路正常运行，这一点与原始的只需要足够高的环路增益的 Miller 分频器的行为不同(见图 15-43a)。第二个，由于由混频器产生的和频与差频分量现在彼此更接近，LPF 必须提供更陡峭的滚降，以衰减和频分量。

为了缓解第二个问题，环路可以并入一个单边带(SSB)混频器，这种结构名义上只产生差频(或和频)分量。基于关系式 $\cos(\omega_1-\omega_2)t=\cos\omega_1 t\cos\omega_2 t+\sin\omega_1 t\sin\omega_2 t$，SSB 混频器需要 ω_1 和 ω_2 的正交相位，于是得到图 15-52 所示的拓扑结构[11]。在这里，输入信号以正交形式可用，反馈信号也是如此(通过÷2 操作)。在节点 X 处，得到 $f_{in}-f_{out}$，它必须等于 $2f_{out}$。因此，$f_{out}=f_{in}/3$。此外，节点 X 的输出频率等

于$f_{in}/1.5$。这个结构实现了比图15-51中当$N=2$时的电路更宽的频率范围。

上述拓扑结构的主要缺点是它需要正交输入相位，这在振荡器设计方面是一个严重的问题。此外，在X处得到的小数输出会由于混频器的非理想性，而受到杂散分量的影响[7]。

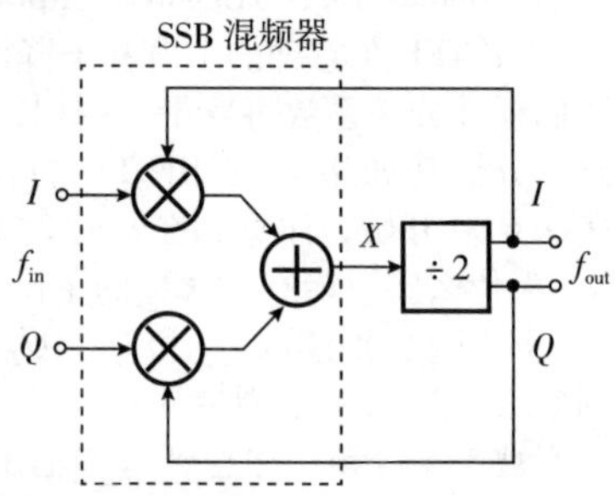

图15-52 使用正交相位的小数Miller分频器

15.9 分频器延迟和相位噪声

分频器电路同时受到延迟和相位噪声的影响，从而影响使用分频器电路的锁相环。本节将研究这些现象。

分频器从输入到输出可能会有很长的延迟。例如，15.5.1节描述的脉冲吞噬计数器，在它产生输出边沿之前，必须使输入边沿先通过预分频器和可编程计数器传播。我们希望分析这种延迟对锁相环动态的影响。对于延迟为ΔT的级，传递函数由$\exp(-\Delta T\cdot s)$给出，如果ΔT远小于感兴趣的时间尺度，则传递函数可以近似为$1-\Delta T\cdot s$。这个条件在锁相环环境中成立，因为环路建立时间至少是几十个输入周期，而分频器延迟通常远低于一个输入周期。因此，对于II型锁相环，有

$$H_{open}(s)=\frac{I_p}{2\pi}\left(R_1+\frac{1}{C_{1s}}\right)\frac{K_{VCO}}{Ms}(1-\Delta T\cdot s) \tag{15-9}$$

如果分析这个响应的幅度和相位，就会注意到$1/\Delta T$处的新零点导致：①$|H_{open}(j\omega=\infty)|$的渐近值为$I_pR_1K_{VCO}\Delta T/(2\pi M)$；②会出现一个大小为$\arctan(-\Delta T\cdot\omega)$的额外相位贡献。响应如图15-53所示，结果表明单位增益频率上升，并且相位变得更负，这两者都降低了相位裕度⊖。

为确保相位裕度的降低是可以被忽略的，必须有$1/\Delta T\gg\omega_u$，例如

$$\frac{1}{\Delta T}=5\omega_u \tag{15-10}$$

$$=5\sqrt{2\zeta^2+\sqrt{4\zeta^4+1}}\,\omega_n \tag{15-11}$$

这个条件通常是满足的，除非ΔT超过了输入周期。

分频器的相位噪声会干扰到达鉴相器的反馈波形。如图15-54所示，这个相位噪声$\phi_{n,div}$与输入无法区分，因此当它出现在ϕ_{out}时经历了环路的低通传递函数。如果采用大量的异步级，则分频器会引入显著的带内噪声。

可以用一个触发器来消除反馈分频器的相位噪声。如图15-55a所示，其思想是使用VCO信号作为时钟对分频器输出进行重定时。如图15-55b所示，V_A中的抖动不会出现在V_B中，因为后者只在V_{out}的下降沿发生变化。

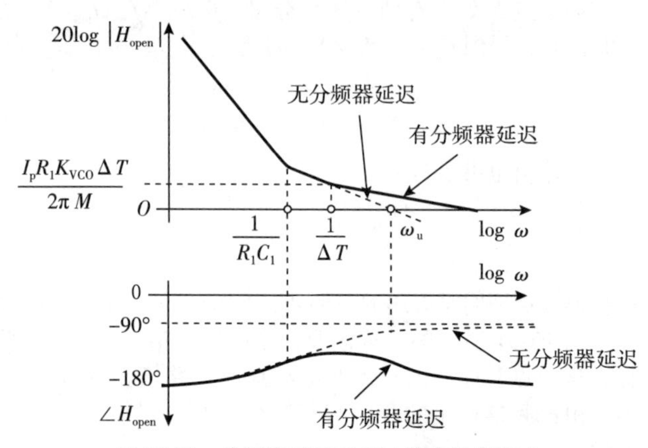

图15-53 分频器延迟对PLL稳定性的影响

⊖ 由于环路中的其他极点，$|H_{open}|$最终会降至这里所示的渐近值以下。

然而，这种方法面临着与 PVT 变化相关的问题。由于分频器延迟与 PVT 相关，图 15-55b 中 V_{out} 的下降沿可以发生在非常接近 V_A 的跳转沿处（见图 15-55c），使 FF 亚稳态。在这种情况下，FF 输出在很长一段时间内是不确定的，这可能会混淆 PFD，并且也积累大量的相位噪声。换句话说，如果总分频器延迟由于 PVT 变化了半个 VCO 周期，则很难避免这种现象。重定时技术因此只能用于某些要求非常苛刻的应用中。

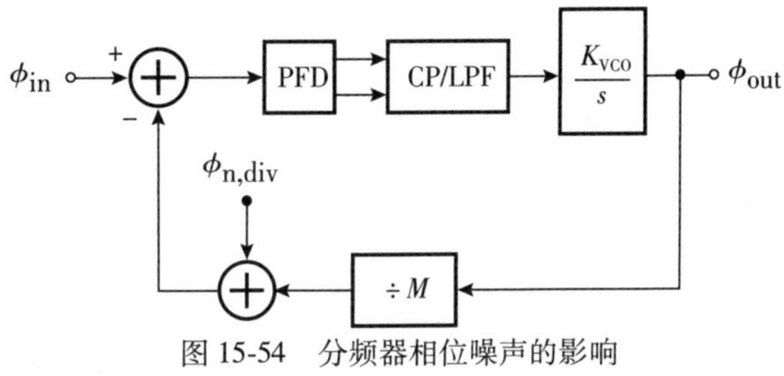

图 15-54 分频器相位噪声的影响

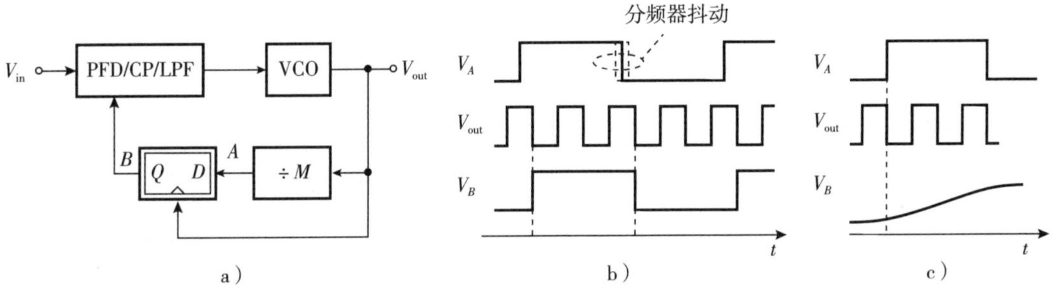

图 15-55 a）通过重定时器消除分频器相位噪声；b）电路的波形；c）重定时亚稳态问题

习题

15.1 在图 15-2 的电路中，振荡器输出信号的一部分泄漏到自偏置反相器的电源中，从而调制了它们的延迟。分析反相器的输出频谱。

15.2 在图 15-2a 的电路中，振荡器从 V_{DD} 中吸收到一个两倍振荡频率的大的瞬态电流。如果该分量泄漏到自偏置反相器的电源中，分析其输出频谱。

15.3 在图 15-2b 的电路中，分频器的分频系数为 M，并从其电源中吸收到一个频率为 f_{in}/M 的瞬态电流，其中 f_{in} 为输入频率。如果该分量泄漏到自偏置反相器的电源中，分析其输出频谱。

15.4 假设图 15-4a 中的 CK 和 $\overline{\text{CK}}$ 的转变很慢，导致输入和反馈开关长时间保持导通状态。解释 D_{in} 和 D_F 之间的冲突会在这里引入什么样的误差。

15.5 假设图 15-6a 中的 CK 和 $\overline{\text{CK}}$ 有轨到轨的摆幅，转变时间为 t_1。绘制它们的共源节点的波形图，并假设都为平方律器件，求出该节点的最小电压。假设 CK 和 $\overline{\text{CK}}$ 在 $V_{DD}/2$ 处相交，此时 M_5 和 M_6 处于饱和状态。

15.6 当 CK 和 $\overline{\text{CK}}$ 相交时如果 M_5 和 M_6 运行在深三极管区域，重复上一题。

15.7 在图 15-10 的电路中，将 M_2 和 M_3 连接 D，将 M_1 和 M_4 连接时钟。考虑 M_1 和 M_4 漏极的寄生电容，解释如果 Q 为高电平，CK 为低电平，D 变为高电平时会发生什么情况。

15.8 如果晶体管 M_2 和 M_5 为 PMOS 器件，说明图 15-13a 和 b 中各级的运行情况。

15.9 对图 15-13c 的电路重复上一题。

15.10 如果两个级互换，图 15-13c 的电路是否还能正常运行？

15.11 图 15-13d 的 TSPC FF 通过将其输出连接到其 D 输入而配置为二分频电路。绘制节点 A、B 和 Q 处的波形。你是否观察到在节点 B 处的电容和 M_6 漏极的寄生电容之间存在电荷共享？

15.12 我们希望使用图 15-13d 的 TSPC FF 实现图 15-27 的三分频电路。注意到这个 FF 总是反相的，说明图 15-27 中的FF_1、G_1 和FF_2 是否也可以这样实现，以避免由于在信号路径中引入额外的反相器带来的速度损失（G_1 门可以与FF_2 合并）。

15.13 使用图15-10中的C^2MOS锁存器，重复上一题。

15.14 绘制图15-29c中FF_1、G_1和FF_2输出处的波形。这三个输出波形都是所需的吗？

15.15 利用图15-10所示的C^2MOS锁存器，设计图15-30所示的÷2/3电路。OR和AND门可以像例15-10那样与FF_2合并吗？

15.16 如果MC_2是高电平或低电平，绘制图15-41中的波形。

15.17 考虑图15-30和图15-42c所示的÷2/3电路。分析比较它们的速度极限（提示：从例15-9入手）。

15.18 在图15-43b的Miller分频器中，应该如何选择CK和$\overline{CK}$的共模电平来提高速度？

15.19 估算图15-43b中Miller分频器的电源电流。假设都为平方律器件。

15.20 图15-43b中电路的最低允许电源电压是多少？

参考文献

[1]. J. Yuan and C. Svensson, "High-speed CMOS circuit technique," *IEEE J. Solid-State Circuits,* vol. 24, pp. 62-70, Feb. 1989.

[2]. L. Kong, Y. Chang and B. Razavi, "A 14 μm x 26 μm 20-Gb/s 3-mW CDR circuit with high jitter tolerance" *Symp. VLSI Circuits Dig. Of Tech. Papers*, pp. 271-272, June 2018.

[3]. B. Chang, J. Park, and W. Kim, "A 1.2-GHz CMOS dual-modulus prescaler using new dynamic D-type flip-flops," *IEEE J. Solid-State Circuits,* vol. 31, pp. 749-754, May 1996.

[4]. J. W. Jung and B. Razavi, "A 25-Gb/s 5-mW CMOS CDR/deserializer," *IEEE J. Solid-State Circuits*, vol. 48, pp. 684-697, Mar. 2013.

[5]. B. Razavi, K. F. Lee, and R. H. Yan, "Design of high-speed low-power frequency dividers and phase- locked loops in deep submicron CMOS," *IEEE J. Solid-State Circuits*, vol. 30, pp. 101-109, Feb. 1995.

[6]. R. Adler, "A study of locking phenomena in oscillators," *Proc. IEEE*, vol. 61, pp. 1380-1385, Oct. 1973.

[7]. B. Razavi, "Cognitive radio design challenges and techniques," *IEEE J. Solid-State Circuits*, vol. 45, pp. 1542-1553, Aug. 2010.

[8]. R. L. Miller, "Fractional-frequency generators utilizing regenerative modulation, " *Proc. IRE,* vol. 27, pp. 446-456, July 1939.

[9]. C. S. Vaucher, et al, "A Family of low-power truly modular programmable dividers in standard 0.35-μm CMOS technology," *IEEE J. Solid-State Circuits,* vol. 35, pp. 1039-1045, July 2000.

[10]. J. Lee and B. Razavi, "A 40-GHz frequency divider in 0.18-μm CMOS technology," *IEEE J. Solid-State Circuits,* vol. 39, pp. 594-601, Apr. 2004.

[11]. C.-C. Lin and C.-K. Wang, "A regenerative semi-dynamic frequency divider for mode-1 MB-OFDM UWB hopping carrier generation," *ISSCC Dig. Tech. Papers,* pp. 206-207, Feb. 2005.

[12]. B. Razavi, "A study of injection locking and pulling in oscillators," *IEEE J. Solid-State Circuits,* vol. 39, pp. 1415-1424, Sep. 2004.